U0260313

国家出版基金项目
NATIONAL PUBLICATION FOUNDATION

"十三五"国家重点图书出版规划项目

中国河口海湾水生生物资源与环境出版工程

庄 平 主编

Fishes of the Yangtze Estuary

Second Edition

长 江 口 鱼 类

（第二版）

庄 平　张 涛　李圣法　等 编著
倪 勇　王幼槐　邓思明

中国农业出版社

北 京

图书在版编目（CIP）数据

长江口鱼类 / 庄平等编著 . —2 版 . —北京：中
国农业出版社，2018.12
中国河口海湾水生生物资源与环境出版工程 / 庄平
主编
ISBN 978-7-109-24971-4

Ⅰ.①长…　Ⅱ.①庄…　Ⅲ.①长江口－鱼类－概况
Ⅳ.①S922.51

中国版本图书馆 CIP 数据核字（2018）第 280646 号

中国农业出版社出版

（北京市朝阳区麦子店街 18 号楼）

（邮政编码 100125）

策划编辑　郑　珂　黄向阳

责任编辑　郑　珂　王金环　肖　邦

北京通州皇家印刷厂印刷　　新华书店北京发行所发行
2018 年 12 月第 1 版　　2018 年 12 月北京第 1 次印刷

开本：787mm×1092mm　1/16　印张：43.5
字数：895 千字
定价：280.00 元
（凡本版图书出现印刷、装订错误，请向出版社发行部调换）

内容简介

　　本书是我国第一部科学、系统地论述长江口鱼类的著作，分为总论和各论两部分。总论主要介绍了长江口的地理位置与气候特征、水文与水资源、饵料生物资源、主要经济鱼类资源概况、渔业资源衰退的主要原因及其保护对策、鱼类研究简史与鱼类区系；各论共编入长江口记录鱼类370种，隶属于2纲29目116科259属，并对其中275种鱼类的形态特征、分布、生物学特性、资源与利用等进行了详细描述，书后还附有长江口鱼类的模式图和检索表以及索引。

　　本书可作为大专院校和研究机构的参考书籍，也可作为普通民众的科普读物。

丛书编委会

科学顾问　唐启升　中国水产科学研究院黄海水产研究所　中国工程院院士
　　　　　曹文宣　中国科学院水生生物研究所　中国科学院院士
　　　　　陈吉余　华东师范大学　中国工程院院士
　　　　　管华诗　中国海洋大学　中国工程院院士
　　　　　潘德炉　自然资源部第二海洋研究所　中国工程院院士
　　　　　麦康森　中国海洋大学　中国工程院院士
　　　　　桂建芳　中国科学院水生生物研究所　中国科学院院士
　　　　　张　偲　中国科学院南海海洋研究所　中国工程院院士

主　　编　庄　平
副 主 编　李纯厚　赵立山　陈立侨　王　俊　乔秀亭
　　　　　郭玉清　李桂峰
编　　委（按姓氏笔画排序）
　　　　　王云龙　方　辉　冯广朋　任一平　刘鉴毅
　　　　　李　军　李　磊　沈盎绿　张　涛　张士华
　　　　　张继红　陈丕茂　周　进　赵　峰　赵　斌
　　　　　姜作发　晁　敏　黄良敏　康　斌　章龙珍
　　　　　章守宇　董　婧　赖子尼　霍堂斌

本书编写人员

庄 平 张 涛 李圣法 倪 勇 王幼槐

邓思明 章龙珍 凌建忠 胡 芬 杨 刚

赵 峰 冯广朋 刘鉴毅 黄晓荣

丛书序

中国大陆海岸线长度居世界前列，约 18 000 km，其间分布着众多具全球代表性的河口和海湾。河口和海湾蕴藏丰富的资源，地理位置优越，自然环境独特，是联系陆地和海洋的纽带，是地球生态系统的重要组成部分，在维系全球生态平衡和调节气候变化中有不可替代的作用。河口海湾也是人们认识海洋、利用海洋、保护海洋和管理海洋的前沿，是当今关注和研究的热点。

以河口海湾为核心构成的海岸带是我国重要的生态屏障，广袤的滩涂湿地生态系统既承担了"地球之肾"的角色，分解和转化了由陆地转移来的巨量污染物质，也起到了"缓冲器"的作用，抵御和消减了台风等自然灾害对内陆的影响。河口海湾还是我们建设海洋强国的前哨和起点，古代海上丝绸之路的重要节点均位于河口海湾，这里同样也是当今建设"21世纪海上丝绸之路"的战略要地。加强对河口海湾区域的研究是落实党中央提出的生态文明建设、海洋强国战略和实现中华民族伟大复兴的重要行动。

最近 20 多年是我国社会经济空前高速发展的时期，河口海湾的生物资源和生态环境发生了巨大的变化，亟待深入研究河口海湾生物资源与生态环境的现状，摸清家底，制定可持续发展对策。庄平研究员任主编的"中国河口海湾水生生物资源与环境出版工程"经过多年酝酿和专家论证，被遴选列入国家新闻出版广电总局"十三五"国家重点图书出版规划，并且获得国家出版基金资助，是我国河口海湾生物资源和生态环境研究进展的最新展示。

　　该出版工程组织了全国 20 余家大专院校和科研机构的一批长期从事河口海湾生物资源和生态环境研究的专家学者，编撰专著 28 部，系统总结了我国最近 20 多年来在河口海湾生物资源和生态环境领域的最新研究成果。北起辽河口，南至珠江口，选取了代表性强、生态价值高、对社会经济发展意义重大的 10 余个典型河口和海湾，论述了这些水域水生生物资源和生态环境的现状和面临的问题，总结了资源养护和环境修复的技术进展，提出了今后的发展方向。这些著作填补了河口海湾研究基础数据资料的一些空白，丰富了科学知识，促进了文化传承，将为科技工作者提供参考资料，为政府部门提供决策依据，为广大读者提供科普知识，具有学术和实用双重价值。

中国工程院院士　唐启升

2018 年 12 月

前　言

　　长江口是世界最大的河口之一，位于太平洋西岸、中国东南沿海中部，其海洋潮流可抵达江苏江阴，为长江口的潮流界，自此以下为河口段。在口门外，长江径流入海与海水混合的冲淡水范围，为长江口的口外海滨。本书所记载鱼类的地理分布区域是河口段和口外海滨，具体为：江苏徐六泾（121°E）以东，口外海滨（123°E）以西，江苏启东廖家嘴以南，上海南汇角以北的区域，以及与河口段相连接的支流、湖泊等附属水体。

　　自近代以来，长江口鱼类研究已有170余年历史。笔者于2006年对以往的研究成果进行收集和整理，出版了《长江口鱼类》一书。10余年来，笔者及团队连续承担了公益性行业（农业）科研专项"长江口重要渔业资源养护与利用关键技术集成与示范"、农业部专项"长江口重要水生生物及产卵场、索饵场调查""长江口渔业资源与环境调查"和上海市科研专项"青草沙水库及其邻近水域生态修复项目""上海临港海上风电二期项目临近水域渔业资源修复项目"等与长江口鱼类资源相关的多项科研任务，构建了长江口鱼类资源监测平台，获得了大量第一手新资料。近年来，受日益频繁的人类活动和加剧的全球气候变化等因素影响，长江口鱼类资源发生了较大的变化。为此，笔者总结了近10年来的最新研究成果，对《长江口鱼类》的内容进行补充完善，完成了《长江口鱼类》（第二版）的修订。

　　本书第一版和第二版的编著得到了多方的大力支持。中国科学院院士、中国鱼类学会名誉理事长曹文宣研究员，中国工程院院士、华

东师范大学 陈吉余 教授，上海海洋大学苏锦祥教授和中国水产科学研究院东海水产研究所陈亚瞿教授审阅了书稿，提出了许多建设性指导意见。沈闪、牟阳、龚小玲、庄立早绘制了大量模式图。顾孝连、罗刚、刘鹏、马境、房斌、闫文罡、徐滨、宋超、童燕、张学江、石小涛、段明、王妤、张慧婷、陈丽惠、赵优、杨金海、江淇、黄庆洋、吴颖、曹晓怡、张婷婷、高宇、王思凯和耿智等协助整理了资料。在此一并致谢！

希望《长江口鱼类》（第二版）的出版能够给广大读者提供一个更为全面地了解长江口鱼类资源的窗口，为开展长江大保护、促进生态文明建设做出应有的贡献。

2018 年 12 月

目 录

总　论

一、长江口的地理位置与气候特征

（一）地理位置

长江全长约 6 300 km，是中国第一大河，居世界第三位。长江干流流经青海、西藏、四川、云南、重庆、湖北、湖南、江西、安徽、江苏、上海 11 个省（自治区、直辖市），汇集了大小 700 余条支流，在黄海与东海的交界处入海，流域面积达 180×10^4 km²，约占全国总面积的 1/5。

长江干流宜昌以上为上游，宜昌至鄱阳湖口为中游，湖口以下为下游。自安徽大通（枯季潮区界）向下至水下三角洲前缘（30～50 m 等深线）为长达 700 km 的河口区。

长江的河口简称为长江口，是太平洋西岸的第一大河口，位于中国东南海岸带的中部。长江口是受径流、潮流共同作用的中等潮汐河口。根据动力条件和河槽演变特性的差异，长江河口区可分成三个区段：①近口段，大通至江阴（洪季潮区界），长 400 km，河槽演变受径流和边界条件控制，多为江心洲河型；②河口段，江阴至口门（拦门沙滩顶），长 220 km，径流和潮流相互消长，河槽分汊多变；③口外海滨，自口门向外至 30～50 m 等深线附近，以潮流作用为主，水下三角洲发育（陈吉余，2009）。

在地形上，位于江苏省常熟市的徐六泾（121°E）是一个河流节点。长江河口自徐六泾以下，呈三级分汊、四口入海的形势：崇明岛将长江河口分为南支和北支，南支又被长兴岛、横沙岛分为南港和北港，九段沙又将南港分为南槽和北槽。鉴于潮区界顶端大通上溯河口的距离过远，一般把徐六泾作为长江河口地形标志上界，而水下三角洲的外缘（123°00′E）作为长江口的外界（陈吉余，2009）。

长江口内有四个冲积岛：崇明岛、长兴岛、横沙岛和九段沙。在长江口口门附近还分布着佘山岛、鸡骨礁等若干基岩岛屿。在长江口外东南侧、杭州湾东面是舟山群岛中的崎岖列岛和嵊泗列岛。长江口外水域则与东海和黄海南部水域相毗邻。

长江河口段的演变是频繁的。长江源远流长，水量丰富，大量的泥沙被带向河口，因水流扩散和和受海潮顶托的影响，泥沙沉积，形成沙洲和横亘于口门附近的河口"拦门沙"。河口沙洲的出现，使河道分汊，在径流、海潮、泥沙和地球自转偏向力诸多因素的影响下，均会导致河道经常演变，长江主泓道南北往复摆动，新的沙洲、沙坝也不断发育和变化。随着河口汊道的发展演变，河口三角洲便不断向海延伸，向东推移。

长江河口历史上是由漏斗状河口演变而成。在 6 000～7 000 年前，长江河口为溺谷型河口湾，湾顶在镇江、扬州一带。2 000 多年以来，由于大量流域来沙的填充，长江河口南岸边滩以平均 25 m/a 的速度向海推进，北岸有许多沙岛相继并岸，口门宽从 180 km 束窄到 90 km，河槽成形加深，主槽南偏，逐渐演变成一个多级分汊的三角洲河口。

在长江河口诸岛中，崇明岛形成至今已历千年；长兴岛和横沙岛则形成于 19 世纪中叶；九段沙直到 20 世纪中叶以后才逐渐露出水面，发展成为河口沙岛（陈吉余 等，1979）。

（二）气候特征

长江口区域位于欧亚大陆东部的亚热带季风气候区，具有温和湿润、雨量充沛、光照充足、冬冷夏热、四季分明的气候特征。由于地处中纬度，受冷暖空气交替影响，气候多变，易发生灾害性天气。年平均气温 15.5～15.8 ℃，最热的 7 月平均气温为 27.3～28.3 ℃，最冷的 1 月平均气温为 2.7～3.6 ℃，气温年极差达 24.1～24.8 ℃。历史最高气温 40.9 ℃（2013 年 7 月 21 日），最低气温−12 ℃（1983 年 1 月 9 日）。长江口水域年平均水温 17.0～17.4 ℃，8 月最高平均水温 27.5～28.8 ℃，2 月最低平均水温 5.6～6.7 ℃。整个水域是一个梯度很小，基本均匀一致的温度场。年平均降水量为 1 083 mm，其中 70% 的降水主要集中在夏季。4—9 月各月平均降水量多在 100 mm 以上，这几月平均总降水量 750 mm 左右。年平均日照时数在 1 800～2 000 h。年平均湿度为 80%，年均蒸发量在 1 300～1 500 mm。雾是长江口天气的一大特征，长江口以东海面全年雾日每年在 50 d 以上，每年雾日有雾时间最长出现在 2—5 月。本区季风盛行，风向有明显的季节性变化，夏季盛行东南风，冬季盛行西北风。年平均风速为 3.7 m/s，年最多风向为西北—北和东东南—南东南，频率分别为 24% 和 23%。全年平均大风日数为 20.7 d，平均风速以冬、春两季为最大，最大风速多发生在夏季的台风期。

二、长江口的水文与水资源

（一）水资源和输沙量

长江河口水量丰沛，根据大通站资料，自 20 世纪 50 年代以来，大通站多年平均径流量为 8 927×10⁸ m³，最大径流量 13 600×10⁸ m³（1954 年），最小径流量 6 688×10⁸ m³（2011 年），在世界大河平均流量中居第五位。三峡水库蓄水后大通站 2003—2011 年平均径流量与 1950—2002 年相比减少了 9.5%。径流量有明显的季节性变化，长江来水量主要集中在洪季（5—10 月），占全年的 70.6%，以 7 月最大；枯季（11 月至翌年 4 月）径流量较小，占 29.4%，以 2 月为最小。

长江多年平均年输沙量 3.84×10⁸ t（1951—2001 年），最大输沙量 6.78×10⁸ t（1964 年），最小输沙量 0.71×10⁸ t（2011 年），居世界第四位。输沙量在年内的分配比水量更集中，洪季（5—10 月）输沙量约占全年的 85.7%，其中 7 月输沙量最大，约占全年的 22.6%；枯季（11 月至翌年 4 月）输沙量占全年的 14.3%，2 月输沙量最小，不足全年的 1.1%。自 20 世纪 80 年代中叶开始，由于上游大规模的水土保持及支流水利工程的兴建，输沙量呈总量锐减、年内分配减缓的趋势。输沙量以葛洲坝工程和三峡工程的蓄水为节点，呈现明显的三个阶段的变化特点：1951—1985 年年均输沙量为 4.70×10^8 t（洪季占 88.4%）；1986—2002 年年均输沙量 3.40×10^8 t（洪季占 87.8%），较 1985 年前减少了 27.7%；2003 年三峡水库蓄水后，来沙量进一步减少，2003—2011 年年均输沙量仅 1.43×10^8 t（洪季占 80.8%），较 2002 年前减少 66.5%（付桂，2018）。

（二）潮汐和波浪

长江口潮汐来自中国东海潮波，平均周期为 12 h 25 min，大潮期间日潮不等现象明显，河口处南槽中浚站多年平均潮差 2.66 m，最大潮差为 4.62 m，属于中等强度的潮汐河口。由于近河口段以下河床纵比降平缓，过水断面亦大，枯水期潮波进入河口段后还继续向上延伸到达安徽大通。长江河口纳潮量很大，潮汐动力强劲，洪季大潮为 53×10^8 m³、小潮为 16×10^8 m³，枯季大潮为 39×10^8 m³、小潮为 13×10^8 m³。

本水域潮波主要是东海前进波系统，此外还受到黄海旋转潮波的影响。东海潮波传入长江口及杭州湾，并受地形作用，使长江口成为一个中等强度的潮汐河口（平均潮差约 2.66 m），杭州湾成为一个强潮河口（平均潮差超过 4.0 m）。本水域潮汐属半日潮类型，以长江口拦门沙为界，外侧属正规半日潮，内侧属非正规浅海半日潮，杭州湾北岸亦属非正规浅海半日潮。潮差分布有较大差别，自长江口外向内，潮差先逐渐增大，再上溯逐渐减小。杭州湾则从口门起，上溯逐渐增大。落潮历时大于涨潮历时，涨落潮历时差从东向西逐渐变大。

长江口区波浪以风浪为主，涌浪次之，东部涌浪频率增加，长江口内主要是风浪。10 m 等深线附近的平均波高为 0.9 m，河口内高桥站平均波高为 0.35 m，总的来说不算太大，但一次强台风在潮间带滩面的侵蚀厚度可达到 0.2～0.3 m。长江口风浪浪向季节变化十分明显，冬季盛行偏北浪，夏季盛行偏南浪，涌浪以偏东浪为主。风浪、以风浪为主的混合浪和以涌浪为主的混合浪年频率分别为 51%、16%、33%。波高由东向西逐渐降低。

（三）盐水入侵

长江口为咸淡水混合区域，盐度平面分布变化极大。夏季长江口内南支水道盐度一般在 1 以下，北支水道盐度稍高。在长江口外佘山岛、鸡骨礁和大戢山附近形成三个低盐舌，长江冲淡水由长江口先向东南伸展，然后在 122°30′ E 左右转向东或东北，扩散到海区东部广大海域，形成本海区在夏季近表层低盐的特征，其影响可达到韩国的济州岛附近，但在水面 10 m 以下的水层，由于台湾暖流水和南黄海混合水组成的外海水将长江内陆水压制在口门处，盐度则很快达到 30 以上。受长江径流影响，盐度季节变化很

大，冬季盐度比夏季高。杭州湾盐度分布总趋势是南高北低，等盐度线呈东北—西南走向。

长江口存在着盐水入侵现象，北支盐水入侵比南支远，枯季盐水入侵一般可达北支上段并倒灌至南支中段，洪季一般可达北支中段；南支在拦门沙附近。北支咸淡水混合类型以垂直混合型为主，在南支口门以部分混合型出现频率最高。长江口的余流比较复杂。在南支、北支、南港和北港上段，余流流向和强度主要取决于径流、潮流的力量对比和潮汐变形程度，落潮槽中的余流与落潮流流向一致，涨潮槽中的余流与涨潮流流向一致。在南槽、北槽和北港下段，受盐水楔异重流的影响，在纵向上存在上层流净向海、下层流净向河口上游的河口环流。口外海滨余流，上层以东向为主，中层多偏北，底层有偏西趋势，长江口外流系主要有台湾暖流、东海沿岸流和苏北沿岸流。

（四）悬沙与拦门沙

长江口悬沙属细颗粒范畴，悬沙颗粒组成主要在 0.001 2～0.05 mm。长江口各河段的含沙量分布受上游径流和潮汐往返运动，以及各河段地形、汊口分流、咸淡水混合等多种因素的作用，总体上悬沙浓度分布是西高东低，在 122°30′E 以东海域悬沙浓度显著降低，而向西在长江口拦门沙一带悬沙浓度较高。涨潮时悬沙浓度明显大于落潮。

长江泥沙主要经南支向东南沿海输移，其中 60% 左右在口门外向东扩散，扩散范围一般限于 123°E 以西，已形成面积为 1×10^4 km² 的水下三角洲，其上端为拦门沙滩顶，下界水深 30～50 m，背面与苏北浅滩相接，南面越大戢、小戢叠复在杭州湾的平缓海底上。20%～25% 的泥沙沿海岸向南运移，夏季因台湾暖流西偏，浙闽沿岸流受偏南风影响贴岸北上，长江南移泥沙受阻，主要沉积在杭州湾以外，部分被潮汐涌入杭州湾内。冬季台湾暖流退缩东移，浙闽沿岸流受北风吹送影响南下，长江泥沙向南可达浙南、闽北沿海；余下 15%～20% 的泥沙向北运移不远，因受苏北沿岸流阻挡，反被潮汐涌入崇明岛以北，沉积在长江口北支内，故长江向北部沿海的输沙量甚少。

长江口的四条入海汊道均存在航道拦门沙，北支的拦门沙深入口内，南槽、北槽和北港的拦门沙位于口门附近，滩顶拦门沙除北支外，水深一般在 6 m 左右，多年来比较稳定，但存在着滩长、坡缓、变化复杂的特点。

（五）陆上地貌特征

在长江口两侧的陆上属于长江三角洲平原，西起镇江，北接苏北平原，南达杭州湾，是历史上长期堆积形成的。长江三角洲由南、北两个大型碟形洼地组成，南岸碟形洼地以太湖为中心，周围较高，中间较低，处于洼地东缘的平原，一般高程在基准面以上 4～6 m，向太湖方向逐渐降低；吴江、青浦一带高程只有 2.5～3.5 m。在这个大型碟形洼地形成后，又分别形成若干个较小的碟形洼地，并组成了汇水的湖群，如淀泖湖群、阳澄湖群、菱湖湖群等。因此区内湖荡棋布、沟渠纵横。长江三角洲的江南部分以平原为主体，包括上海市、苏南平原和杭嘉湖平原。长江三角洲北部的里下河碟形洼地范围大致在苏北灌溉总渠以南，大运河和串场河之间，也称里下河平原；在范公堤一带的古代岸外沙堤，高度一般在 6～7 m，长江北岸古沙嘴一般高度在 7～8 m，由碟缘向着洼地中心和缓微倾，兴化一带地面高程只有 2 m 左右，俗称锅底（胡辉，1998）。

三、长江口的饵料生物资源

强大的长江径流不断向河口输送大量营养物质，为生物资源提供了丰富的生源要素，这一水域是我国近海初级生产力和浮游生物最丰富的水域，为各种经济鱼类及其幼鱼的生长提供了丰富的饵料基础。

（一）叶绿素 a 和初级生产力

长江河口及邻近水域的叶绿素 a 含量 8 月最高（6.14 mg/m³），5 月次之（3.85 mg/m³），11 月（3.15 mg/m³）至翌年 2 月（2.42 mg/m³）相对较低。从叶绿素 a 的平面分布来看，全年最高区域在夏季的长江口南港和北支水域，也可以推测夏季的这两个区域是长江口水生生物的密集分布区。

长江河口及邻近水域的日初级生产力碳含量年平均值为 1 062 mg/（m² · d）（罗秉征和沈焕庭 等，1994），折合年平均初级生产力（以干物质计）为 $92.2×10^4$ t/（km² · a）。以藻类每 100 g 干物质中的 N、P 含量有较稳定的比例（为 1 g P 和 7.2 g N）来计，目前长江口及附近海域的初级生产力可吸收、同化 P 9 220 t/（km² · a）和 N $6.64×10^4$ t/（km² · a）（何文珊和陆健健，2001）。

叶绿素 a 含量是浮游植物现存量的重要指标，其分布反映出了水体中浮游植物的丰度及其变化规律，是海洋生态系统研究的重要内容，也是海域生物资源评估的重要依据。长江口是陆源物质输入东海的主要场所，径流把大量的悬浮泥沙和丰富的溶解营养盐带入海洋，造成了长江口邻近海域独特的生态环境特征。

叶绿素 a 的分布和季节变化在一定程度上反映了水域环境因子对浮游植物生长的影响，也反映了海洋生态系统的发展状况。光和营养盐是影响叶绿素 a 分布的主控因子，长江径流带来丰富的陆源物质，富含了大量的溶解营养盐及悬浮物质。理论上来说，悬浮物直接影响水体真光层的深度，也决定着叶绿素 a 含量的分布。

已有的研究结果表明，长江口叶绿素 a 的分布存在着显著的空间区域化现象，浮游植物生物量和生产力的锋面位于 123°E 附近的冲淡水区，口门处值低是受光的限制，毗连外海主要是受营养盐的限制。长江口外邻近海区悬浮物浓度和营养盐浓度均由近岸向远

岸快速递减，而叶绿素 a 含量的变化趋势与之相反，由近岸向远岸逐渐升高，这是由于近岸水体混浊度较高，透光度较差，光照因子成为限制浮游植物光合作用的主要因子。由冲淡水带来了丰富的营养盐，但是表层却没有在入海口处形成叶绿素 a 的高值区，这是由于强烈的湍流和水体高混浊度限制了浮游植物的光合作用。

（二）浮游植物

根据 2004—2008 年对长江口水域的调查，长江河口水域的浮游植物共有 6 门 92 属 203 种。硅藻门的种类数最多，为 50 属 139 种，占总种数的 68.5%；其次绿藻门 20 属 31 种，占总种数的 15.3%；其他依次为甲藻门 7 属 16 种，占总种数的 7.9%；蓝藻门 12 属 13 种，占总种数的 6.4%；裸藻门 1 属 2 种，黄藻门 2 属 2 种，各占总种数的 1.0%。浮游植物丰度年平均为 481.14×10⁴ 个/m³，春季、夏季浮游植物丰度高于秋季、冬季，其中春季最高为 1 387.55×10⁴ 个/m³，夏季次之，为 342.51×10⁴ 个/m³，秋季为 148.79×10⁴ 个/m³，冬季最低为 30.66×10⁴ 个/m³。从浮游植物的水平分布来看，秋季和冬季北支邻近水域生物量较高，春季和夏季南港邻近水域生物量较高，对比叶绿素 a 平面分布，发现二者四季的平面分布有一定的关联性。

长江河口及邻近水域受长江径流、江苏沿岸流及东海外海水的共同影响。因此，浮游植物群落结构可分为以下几种生态类型。

1. 淡水性类型

本类型主要分布于长江河口，随径流进入河口，分布区可达 122°30′ E，分布范围和个体数量指示着长江淡水入海流路的方向和流量的相对大小。代表种为颗粒直链藻、盘星藻、螺旋藻、鱼腥藻等。

2. 河口和近岸低盐性类型

属于本类型的种类最多（约占总种数的 80%），可细分为以下几种。

① 咸淡水类型：代表种类为缘状中鼓藻和具槽直链藻等，出现数量不多。

② 低盐近岸暖温性类型：代表种类为布氏双尾藻、尖刺菱形藻、短角弯角藻和刚毛根管藻等。洪水期数量比枯水期高，但出现数量不多，仅短角弯角藻的数量相对较多。

③ 广耐性的近岸类型：代表种类为骨条藻和圆筛藻。由于本类型的种类对环境具有广泛的耐受力，是在长江口混浊带海区出现的浮游植物中举足轻重的优势种。

3. 外海高盐性类型

本类型由外海水携带而来，代表种类为高温高盐性的粗根管藻、距端根管藻、洛氏角刺藻、齿角刺藻、密聚角刺藻和平滑角刺藻等，以及低温高盐性的笔根管藻。

（三）浮游动物

据 2004—2008 年调查，长江河口浮游动物共有 6 门 103 种。节肢动物门占绝对优势，共 8 大类 83 种，占总种数的 80.58%；腔肠动物门 3 大类 7 种，占总种数的 6.80%；环节动物门、毛颚动物门和软体动物门各 4 种，分别占总种数的 3.88%；尾索动物门 1 种，占总种数的 0.97%。浮游动物生物量的变化具有明显的季节性，浮游动物生物量年平均为 129.12 mg/m³，其中冬季最高，为 137.33 mg/m³，春季次之，为 135.67 mg/m³，秋季为 132.11 mg/m³，夏季最低，为 93.97 mg/m³。

长江河口水域受径流与潮流、淡水与海水的相互作用，北受苏北沿岸水和南黄海中央水系影响，南受东南外海暖流余脉的影响，形成一个复杂多变的交汇区。盐度由河口和近岸向近海逐渐增加，造成了浮游动物种类组成和生态类型混杂，群落结构复杂。长江河口水域的浮游动物群落大致可分为以下几种生态类型。

1. 淡水性类型

该类型分布在混浊带区盐度小于 3 的水域内，种类组成简单，主要种类有英勇剑水蚤、多刺秀体溞、汤匙华哲水蚤和广布中剑水蚤等。

2. 咸淡水河口性类型

该类型分布于受长江径流影响的河口混浊带，主要种类有虫肢歪水蚤、火腿许水蚤、江湖独眼钩虾和华哲水蚤等。

3. 低盐近岸性类型

该类型分布于长江冲淡水与外海水的交汇混合区。主要种类有背针胸刺水蚤、真刺唇角水蚤、太平洋纺锤水蚤、中华假磷虾和拿卡箭虫等。其中背针胸刺水蚤、太平洋纺锤水蚤能形成高度密集的高生物量区。

4. 温带外海高盐性类型

该类型主要分布于长江口外的东北侧，主要由对盐度适应范围较广的中华哲水蚤、太平洋磷虾等种类所组成。

5. 外海高温高盐性类型

该类型随台湾暖流的前锋入侵而进入长江河口水域，主要种类有亚强真哲水蚤、精致真刺水蚤和肥胖箭虫等。其中肥胖箭虫出现密集。

（四）底栖生物

长江口及邻近水域底栖生物以沉积食性为主，分布格局与沉积物类型密切相关。数量较大的有软体动物的彩虹明樱蛤，多毛类的不倒翁虫，甲壳类的豆形短眼蟹和棘皮动物的滩栖阳遂足等。

在长江口外及杭州湾浅海（123°00′E以内），年平均总生物量为29.4 g/m²，平均密度为79个/m²。一年中总生物量夏季（8月，43.58 g/m²）＞秋季（11月，40.3 g/m²）＞春季（5月，24.2 g/m²）＞冬季（2月，9.53 g/m²）。其中棘皮动物占优势，年平均生物量为10.17 g/m²，占总生物量的34.59％；其次为多毛类和甲壳类，年平均生物量均为5.88 g/m²，各占总生物量的20.0％；软体动物为3.48 g/m²，占总生物量的11.84％；其他底栖动物为3.99 g/m²，占总生物量的13.57％。

在口外区共采集底栖动物153种，包括多毛类51种、软体动物33种、甲壳动物37种、棘皮动物3种、鱼类27种和其他无脊椎动物2种。生物量从高到低依次为软体动物、纽虫、棘皮动物、多毛类。底栖生物类型基本上属于浅海广盐性种类，反映出河口区域其种类组成的特点，其中多毛类的优势种有不倒翁虫、长吻沙蚕、异足索沙蚕、巢沙蚕、异单指虫等，甲壳类的优势种有长额仿对虾、细巧仿对虾、中华管鞭虾、鹰爪虾、葛氏长臂虾、脊尾白虾和三疣梭子蟹等，软体动物的优势种有红带织纹螺、金星蝶铰蛤等，棘皮动物有滩栖阳遂足等。

由于河口区特殊的水文及底质沉积环境，盐度梯度变化剧烈，影响着底栖动物的分布，根据底栖动物与盐度、底质的关系，可将长江河口水域的底栖动物群落分为以下几种生态类型。

1. 广盐性类型

该类型能在长江河口水域广泛分布，对盐度变化不敏感，如狭额绒螯蟹和斑尾刺虾虎鱼等。

2. 淡水性类型

该类型主要代表种为河蚬。

3. 河口咸淡水性类型

该类型一般分布于河口近岸水域，能忍受0.5～16.5的盐度变化，生活于盐度较低的河口或有少量淡水注入的内湾。主要代表种有安氏白虾、脊尾白虾和焦河篮蛤等。

4. 混合高盐水性类型

该类型一般分布于盐度为16.5～30.0的水域，代表种为葛氏长臂虾，为东海区主要的经济虾类。其对环境的盐度变化有较好的适应能力，分布范围大致在长江口 122°—123° E 海区，由于其繁殖洄游分布广，具有向近岸咸淡水海区移动的习性。

5. 底质环境性类型

该类型喜居于有机质较丰富的水域，代表种为寡鳃齿吻沙蚕。

四、长江口主要经济鱼类资源概况

长江口是我国最大的河口渔场，盛产凤鲚、刀鲚、前颌银鱼、白虾和中华绒螯蟹等，素有长江口五大渔汛之称。

长江河口水域的经济鱼类有 50 余种，海洋性种类包括大黄鱼、小黄鱼、日本带鱼、绿鳍马面鲀、日本鲭、鳓、北鲳、灰鲳等；咸淡水性种类包括刀鲚、凤鲚、棘头梅童鱼、前颌银鱼、中国花鲈、鲍、鲻、鳎、鲀、淞江鲈等。

（一）河口区鱼类资源

长江河口区鱼类资源分布于长江口佘山岛以西、杭州湾北岸带 0～10 m 浅水水域的河口海岸渔场。这一带的生态环境与生物关系较为复杂，有明显的时空分布和季节变化，可分为长江南北支、口门外和杭州湾北岸带 3 个不同的生态区域，主要与受长江径流影响形成不同的盐度层次有关，而且该水域饵料生物丰富（如糠虾、腐殖质、碎屑、其他虾类），为我国最大的海水和淡水鱼类洄游通道及繁殖、孵育场所。河口区主要的渔业资源包括凤鲚、刀鲚、前颌银鱼、日本鳗鲡等。

1. 凤鲚

凤鲚是典型的河口性鱼类，虽作短距离的生殖洄游，但终生都生活在河口区。长年生活在咸淡水水域中，春季洄游至淡水中产卵，主要产卵场在崇明岛、长兴岛、横沙岛三岛附近的南、北港一带。从 4 月下旬至 7 月中旬，在该水域中形成渔汛，生殖高峰期 5—6 月旺发，是长江河口重要的渔业资源。

长江河口区凤鲚的产量变化较大，据上海市和江苏省统计，1968—1989 年凤鲚最高年产量达 5 281.8 t（1974 年）；20 世纪 80 年代以来，年均捕捞量为 1 961.3 t，占到长江口鱼类和虾类总产量的 48.6%，是长江口重要的经济捕捞对象。1960—1998 年，上海市的年均捕捞量为 1 192 t，最高年产量为 3 252 t（1995 年）。长江河口区凤鲚产量自 1974 年达到历史高点以后，除 1995 年出现大幅反弹外，总体呈波动下降趋势，并持续至今。1997—2002 年年平均捕捞量仅为 950 t 左右，最大持续产量也仅占 80 年代的 60%；2003—2011 年年平均捕捞量减少至不足 500 t，其中 2009—2011 年年平均捕捞量仅为

100 t 左右。从最近几年的调查监测来看，长江口凤鲚已基本不能形成渔汛，其资源岌岌可危。

2. 刀鲚

刀鲚是长江口重要经济鱼类之一，刀鲚自春分到谷雨（3 月上旬到 5 月中旬），尤以清明前后 10 天（3 月中旬到 4 月中旬）为旺汛，产后刀鲚一般返回近海索饵越冬。幼鱼大量聚集在河口浅海索饵，成为定置渔业的主要渔获物。

长江刀鲚生产从 20 世纪 50 年代末到 70 年代初，产量一直处于上升状态，1973 年最高达 4 142 t。刀鲚捕捞量自 20 世纪 70 年代至今呈持续下降的趋势，1970—1980 年年均总产量 2 904 t，其中长江河口区 179 t，1990—2000 年年均总产量 1 370 t，其中长江河口区 130 t；2001—2005 年年均总产量 664 t，其中长江河口区 118 t；2008—2013 年年均总产量 134 t，其中长江河口区仅 25 t。刀鲚产量较 21 世纪初下降 80.10%，较 20 世纪 90 年代下降了 90.22%，较 20 世纪 70 年代下降 95.39%，长江刀鲚资源已岌岌可危。

刀鲚丰产年 1973 年所捕群体以 3～4 龄鱼为主，占 84%，平均体长 314.5 mm，平均体重 117.7 g，最大个体体长 370 mm，最大体重 178 g，最高年龄达 6 龄，低龄的 1～2 龄鱼所占比例很小。到 20 世纪 80 年代后期，所捕刀鲚以 1～2 龄为主，3 龄以上少见，平均体长在 200 mm 以下，平均体重在 50～100 g，个体显著偏小。

3. 前颌银鱼

前颌银鱼也为河口性鱼类，2 月中旬开始由海入江，沿江岸溯河至江阴以下江段产卵，3 月下旬至 4 月上旬为盛期，形成主要渔场。其生命周期短，产量波动大，据江苏省、上海市两地统计，1973 年前产量多在 500 t 以上，1974 年后骤然下降，多在 100 t 以下，到 21 世纪初已不能形成渔汛。

4. 日本鳗鲡

长江口是日本鳗鲡苗种的重要洄游通道，长江河口水域鳗苗生产自 1972 年开发利用以来每年产量为 1～2 t，上海市 1986—1998 年平均年产量为 2.1 t，1986—1995 年为上升阶段，随后急剧下降。其中 1997 年和 1998 年估计产量分别为 1 t 和 0.8 t，跌入低谷。2000 年后产量大幅回升，但年间波动剧烈。

（二）海洋性鱼类资源

长江口近海渔场是许多鱼类的产卵场和索饵场，产量在 1×10^4 t 以上的海洋经济鱼类有日本带鱼、北鲳、小黄鱼、棘头梅童鱼、海鳗、鳓、银姑鱼等，其中日本带鱼的产量最高。

1. 日本带鱼

日本带鱼为暖温性集群洄游鱼类，平时栖息于近海中下层，产卵时洄游至近岸浅海区，生殖期栖息水深一般在 15～20 m，索饵栖息水深一般在 20 m 以上，冬季则游向外海较深处越冬，水深在 100 m 左右。3—4 月越冬鱼群游向近海并逐步北上，5—7 月经鱼山进入舟山和长江口渔场，产卵后主要鱼群继续北上，8—10 月分布在黄海南部索饵，偏北鱼群最北可达 35°N 附近。10 月以后开始南下，逐步游向越冬场。

日本带鱼是我国重要经济鱼类，在海洋渔业生产中具有重要作用和地位。2000 年全国产量已达 91×10^4 t。东海日本带鱼在 20 世纪 50 年代处于初期开发阶段，至 60—70 年代处于中等开发到充分开发时期，资源尚属稳定阶段，但至 70 年代后期，由于捕捞强度加大，开始进入过度捕捞阶段，鱼体小型化、低龄化和早熟明显，生长型捕捞过度现象十分明显，群体比例关系严重失调，群体结构日趋不合理。然而日本带鱼具生长快、性成熟早、产卵期长、繁殖场分布广、幼鱼发生量多和群体组成简单等特点，同时其对捕捞的适应力也强，因而能长期承受强大捕捞压力，当资源发生波动后，如果采取适当保护措施，有可能得到较快恢复。

2. 小黄鱼

小黄鱼为暖温性底层结群洄游鱼类，其越冬场在 30°30′—34°N、123°30′—126°30′E 海域，越冬期为 1—3 月，春季主要洄游至长江口北侧的吕泗渔场产卵，产卵期为 4 月上旬至 5 月中旬，底层水温为 11～15 ℃，产卵后鱼群分散在产卵场附近索饵，秋季随着水温下降，分批离开索饵场返回越冬场，其产卵、索饵和越冬范围仅限于吕泗渔场、黄海南部至东海北部边缘一带海域。

小黄鱼是我国四大海产经济鱼类之一，是中国、韩国和日本共同利用的资源。长江口北侧的吕泗渔场，20 世纪 50 年代曾是我国近海小黄鱼的最大产卵场，当时群众渔业的捕捞产量，约占全国群众渔业小黄鱼产量的 50%。但进入 60 年代后，产量逐渐下降，过重的捕捞压力，尤其是对幼鱼的捕杀，致使鱼体小型化、低龄化和早熟现象加剧，许多传统渔场已难以形成渔汛。20 世纪 90 年代之后，由于东海区伏季休渔制度的有效实施，资源有所恢复，产量明显上升，2000 年产量达东海区历史最高水平，为 15.95×10^4 t。然而产量增加并没有改变资源基础，渔获物绝大部分是当龄鱼，个体的低龄化和小型化状况不仅没有得到扭转，反而还在加剧。

3. 大黄鱼

大黄鱼 4—6 月在长江口渔场北部、吕泗渔场南部、岱巨洋、大戢山等海域产卵。8—10 月产卵后的亲鱼分散于岛屿、河口及产卵场外围海区索饵。20 世纪 50 年代后半期

至 70 年代初期产量一般在 10×10^4 t 左右，资源仅次于日本带鱼。此后由于过度捕捞，至 1982 年产量仅有 4.9×10^4 t。目前大黄鱼已不能形成渔汛。

4. 北鲳

北鲳为近海暖温性中下层鱼类，栖息于水深 30～70 m 的海区。冬季在东南外海越冬，春季由深水洄游至长江口附近的吕泗渔场、大戢山渔场等产卵，产卵期一般为 4—6 月，盛期为 5 月。

历史上北鲳多为兼捕对象，产量不高，20 世纪 60 年代以前年产量只有（0.3～0.5）$\times 10^4$ t。70 年代以后产量逐年上升。1991—2000 年的 10 年间，除 1992 年的产量有所下降外，其他年份均呈上升趋势，2000 年东海区北鲳产量又创出了历史新高，达 22.5×10^4 t。从近年来的监测调查结果来看，北鲳的年龄、长度组成、性成熟等生物学指标均逐渐趋小，一方面说明其补充群体的捕捞量明显过度，另一方面说明北鲳已处于生长型过度捕捞状况。

五、长江口渔业资源衰退的主要原因及其保护对策

（一）渔业资源衰退的主要原因

长江口淡水与海水交汇，营养盐类丰富，是鱼类栖息、索饵和繁殖的良好场所，从而形成了我国最大的河口渔场——长江口渔场。近些年来长江口的鱼类资源面临着巨大的威胁，表现出生物多样性降低、渔获物个体减小、捕捞产量下降等明显资源衰退的特征。其主要原因可大致归纳为以下几个方面。

1. 过度捕捞和有害渔具渔法

捕捞作为人类对水域生态系统的重要开发行为之一，通常对局部鱼类种群和它们的生境具有负面影响，导致鱼类种群衰退甚至局部灭绝，鱼类资源对管理或控制策略的反应大部分是未知的。捕捞压力改变了鱼类群落的部分属性和特征以及它们的环境。捕捞通过对目标种类的选择性获取、非目标种类的兼捕以及生境的改变影响了鱼类群落和种群结构（如多样性、大小结构、生活史特征）、营养关系（如捕食者的消失、种类更替）。适量的捕捞强度不仅可以为人类提供水产品，并且能够使鱼类种群维持在较适水平。但随着捕捞强度的增加，鱼类群落内的种类组成由大个体、性成熟晚的种类向较小个体、生长快的种类转变，同时较大个体的鱼类的生物量大幅度下降，而生长较快鱼类的生物量则显著上升。

（1）过度捕捞　随着作业渔船、渔具的增加，捕捞强度逐年增大，渔汛时形成了各

种定置渔具、渔船充塞整个长江口的场面，捕捞强度远远超过了资源增补能力。目前长江口的主要经济鱼种均处于过度捕捞状况，如长江河口区凤鲚产量从最高的 5 281.8 t（1974 年）下降至仅 100 t 左右，长江河口区刀鲚从 391.2 t（1973 年）下降至仅 25 t，资源衰退非常严重。鲥曾经是长江中下游重要的渔业捕捞对象，1974 年最高产量曾达 1 669 t，由于 20 世纪 70 年代江西、安徽和江苏等赣江上游及长江中下游的酷渔滥捕，80 年代产量剧减，如今已处于野外灭绝状态。

（2）有害渔具渔法　长江口水域渔具渔法种类不一，有的专捕单一对象，有的兼捕多种渔获物，但长江口作业的有些网具，如密网渔具类、定置张网、帆式张网，以及电捕、毒鱼等渔具渔法，对亲鱼及仔稚鱼、幼鱼危害非常大。如鳗苗网是一种超密眼网，网目只有 1 mm，在鳗苗汛期，大量刀鲚、白虾等幼体同鳗苗一起在长江口进行索饵洄游，在捕捞鳗苗的过程中，大量的刀鲚、白虾等水生动物幼体随潮水进入鳗苗网而被捕获，大量的幼鱼资源被破坏。

（3）对亲鱼和幼鱼资源的破坏　长江口是许多经济鱼类如刀鲚、凤鲚等的产卵场、洄游通道和幼鱼索饵育肥的场所，有关部门为保护鱼类资源也有针对性地建立了禁渔期和禁渔区，但由于执法力量不足，导致渔民在禁渔区和禁渔期作业。如长江口南、北支口门地区及杭州湾北岸一带水域是凤鲚幼鱼的索饵育肥场所，渔民在这些水域设置深水张网等网具，大量捕捞凤鲚等幼鱼，严重损害了渔业资源。如 1987 年 3—8 月长江口刀鲚产量为 171.2 t，其中幼鱼产量为 121.8 t，占总产量的 71%，平均体重仅 6.8 g。大量的未繁殖亲鱼和幼鱼被捕捞，使渔业资源加速衰退。

2. 水域污染

长江口水域污染物输入来源主要有长江径流和陆源入海排污，据《2017 年上海市海洋环境质量公报》（上海市海洋局，2018）显示，长江徐六泾断面年入海化学需氧量（COD_{Cr}）约 601.36×10^4 t、总氮 243.98×10^4 t、总磷 10.90×10^4 t、重金属（铜、锌、铅、镉、汞）2.0×10^4 t；上海市监测的 19 个沿江沿海陆源入海排污口，年排放污水 21.56×10^8 t，其中化学需氧量（COD_{Cr}）排放量约为 1.80×10^4 t、总氮 2.40×10^4 t、总磷 0.08×10^4 t、重金属（铜、锌、铅、镉、汞）0.01×10^4 t。

2014—2017 年最新调查资料显示，长江口调查水域（121°00′—122°45′ E、30°45′—32°00′ N）无机氮和活性磷酸盐等营养盐超标情况非常严重，均超过海水水质Ⅳ类标准，水体已呈富营养化状态。《2017 年上海市海洋环境质量公报》显示，长江口及邻近海域内符合Ⅰ～Ⅱ类标准的海域面积仅占 22.5%，劣于Ⅳ类标准的海域面积占 58.1%。污染海域主要集中在长江口近岸及杭州湾北部近岸，主要污染因素为无机氮和活性磷酸盐。

（1）**引起鱼类死亡** 受长江高氮、高磷来水的影响，长江口及邻近海域是我国沿海营养盐浓度最高的海域之一，同时也是我国有害赤潮高发区之一。自 2000 年以来，长江口及邻近海域大规模有害藻华连年发生，影响海域面积可达 1×10^4 km²，且发生区域已有由外海向近岸逼近的趋势。同时还使生态群落结构发生变化，浮游生物种类和生物多样性均从长江口外海域向近岸海域呈递减趋势。赤潮的影响是多方面的，一方面大量赤潮生物集聚于鱼类的鳃部，使鱼类因缺氧而窒息死亡；另一方面鱼类吞食大量有毒藻类导致鱼类死亡。有些藻类可分泌麻痹性贝类毒素等毒素，通过食物链会威胁到消费者的健康及生命安全（于仁成 等，2017）。

同时，赤潮生物死亡后，形成大量有机物质沉入海底后分解，消耗大量氧气，进一步加剧了由于温盐跃层造成的海底氧亏损，成为低氧区形成的"助推器"，低氧区内生物一般无法生存，因此低氧区又被称为"死亡区"。水体的氧亏通常导致相应水域群落结构的破坏，鱼类的饵料资源受到影响，浮游生物、水生植物、底栖生物等各种鱼类的饵料生物的种类组成和数量发生变化，破坏了鱼类的食物链。调查显示，在过去的 20 多年内，长江输入东海的营养盐量增加了 10 倍以上，相应的 1980 年东海低氧区的面积为 1 000 km²，2003 年东海低氧区面积已达 20 000 km²，而这种增加的趋势似乎仍在继续（顾孝连和徐兆礼，2009）。

（2）**影响鱼类产卵场、洄游路线和生长发育** 鱼类幼鱼的活动能力差，它们大多随水漂游到近岸缓水带，而这些地带常是污染较重的水域，因此易造成幼鱼的大量死亡。长江口南区、西区和吴淞口、金山石化总厂等排污口对刀鲚、凤鲚、前颌银鱼等产卵亲鱼及鱼卵、仔稚鱼的生存有严重威胁。2004—2005 年对长江口进行的鱼卵、仔稚鱼调查发现，所采集到的鱼卵的死亡率高达 80%～90%。1997 年在长江口外高桥外侧江段调查发现，密度为 61 粒/m² 的凤鲚卵中，有 40% 的卵已死亡。另外污染水质还会使鱼类发育受到影响，鱼卵孵化率低，幼鱼发育畸形。

（3）**影响渔获量和渔获物质量** 水质的污染不仅减少渔获量，还影响渔获物的质量。随着径流进入河口的各种污染物，包括有毒重金属、人工合成有机物（农药、杀虫剂等）等，由此产生的急性污染事件可能导致河口生物的大量死亡或急性突变，而在生物耐受性范围内的低浓度污染物排放，虽然不会造成生物的死亡，但会导致污染物随着食物链的累积、放大，富集在高营养级生物体内或被迁徙物种带出河口生态系统，成为其他生态系统的"污染源"，或者被人类食用，导致各种疾病的发生。长江口及其海岸带海域原本是传统的前颌银鱼渔场，20 世纪 60 年代这片海域年产 300 t 以上，但自 1971 年西区石洞口排污口建成启动后，前颌银鱼产量急剧下降，1980 年仅产 10 t，1989 年该渔场已经消失。同时，由于水质污染还使鱼类的外形出现畸形，并伴有异味等。

（4）**影响鱼类饵料生物的组成和数量** 水质污染影响浮游生物、水生植物、底栖生物等各种鱼类的饵料生物的种类组成和数量，破坏了鱼类的食物链，间接影响了鱼类的生长和发育。如中国水产科学研究院东海水产研究所 1997 年 5 月在吴淞口、西区排污口和石洞口断面采样分析表明，由于水质污染，底栖动物中不耐污种群逐渐减少甚至消失，颤蚓类、光滑狭口螺等耐污物种则大量繁殖生长。

3. 栖息地破坏

长江三角洲人口密度高，社会经济发展迅速，生态环境压力巨大。人们对能源、活动空间等需求日益增加，大型水利工程建设、滩涂围垦等成为获取能源、拓展空间的重要手段。然而，这些大型工程对江河湖泊的水文、底质及生活在其中的水生生物均产生极大影响，最突出的是直接造成大量水生生物的栖息地遭到破坏，致使产卵场、索饵场等丧失，严重影响生物群落结构的稳定和多样性，甚至威胁整个区域的生态平衡。

（1）滩涂围垦　生境多样性是河口湿地水生生物多样性的重要保障，在长江口湿地有多种生境，如光滩、盐沼、潮沟、不同的植被群落等等，然而近年来滩涂湿地的围垦造地以及围填海等水利工程建设，使生物栖息地片段化、单调化，影响了水生生物的洄游规律，直接破坏了栖息地和产卵场，加速了生物多样性的降低。长江口湿地以每年超过 200 km² 的速度减少，潮间带湿地已累计丧失 57%，东海沿岸湿地生态服务功能已下降 50%（高宇 等，2015）。

滩涂围垦对环境的影响是多方面的，对一些局部区域的生态环境可能会构成不可逆转的损失。围垦实施后，除了原有的湿地功能全部丧失外，该围区内的生物资源将全部被填埋而损失殆尽，一些依靠湿地并赖以为生的水鸟等生物也将失去栖息的生存条件。待新淤涨出来的涂面形成，生物种类逐步恢复一般至少要数十年时间，有的需要上百年甚至更长的时间。在港湾内进行围垦会减少纳潮量，长久会造成潮汐通道淤积、航道萎缩。潮汐通道的封堵，造成水动力弱化，输沙与沉积条件改变，破坏了自然演变的规律，从而导致一系列负面效应。建坝围垦还使原来复杂曲折的岸线变得单调平直，降低了陆地社会生产、生活与水域接触的概率。滩涂围垦对鱼类的影响显而易见，滩涂湿地是许多生活在潮间带的鱼类不可替代的栖息地，也是许多大型鱼类幼鱼期的重要摄食场所，滩涂湿地还是一些鱼类的产卵繁殖场所。湿地的丧失也意味着一些鱼类的栖息地的丧失，对一些终生生活在潮间带的鱼类来说，滩涂湿地的丧失便是物种绝灭的开始（朱建荣和鲍道阳，2016）。

（2）河口涉水工程　长江口正处于我国沿海黄金海岸带和长江黄金水道的交汇处，构成了 T 形的独特空间区位，这是世界上集双优区位于一身的少数地区之一，具有得天独厚的区位条件，是通江达海的航运枢纽，在促进我国经济社会发展中具有不可替代的作用。

长江口深水航道开发治理工程、洋山深水港工程、长江口南北越江通道工程、青草

沙水源地原水工程等一系列涉水大型工程，改变了河口地貌沉积相分布与水动力条件，造成局部盐度等理化因子改变，加剧了水域底栖生物和渔业资源生境的破碎化程度，对长江口主要经济鱼类资源凤鲚、刀鲚等的洄游通道、产卵场、索饵场产生影响。

（3）大型水利工程　随着水利工程的发展，长江干、支流及通江湖泊等建设了大量的水利工程，包括干、支流上的水利枢纽工程、南水北调工程、沿江沿海节制闸等，这对促进工农业发展起到积极的作用，但对鱼类和水生生物的生殖、索饵、越冬洄游等造成了不可逆的影响，直接或间接地影响了长江口鱼类资源。

长江上游的干流和支流地形优越，落差巨大，水头高，容量大，淹没小，在长江全流域水能开发中占有极其重要的地位。所以长江上游是我国水能开发的重中之重，以葛洲坝工程、三峡工程、溪洛渡工程和向家坝工程的建成标志着上游水能开发的全面展开。这些大型水利工程改变了长江径流原来的季节分配，流速、输沙量、盐度分布和底质条件等均会发生改变。长江口鱼类的分布与盐度的梯度变化相一致，由于海水倒灌，长江口水域的盐度增加，导致河口鱼类种类的分布区将向河口内退缩，而外海种的分布区也将向海岸与河口区扩展。由于入海泥沙量的减少所引起的河口水域海水透明度的增加，可能使浮游植物高生产力区向海岸扩展，许多鱼类的产卵索饵场位置均会有相应的变化。有关研究认为，三峡水库若保持180 m水位，就可能使长江口和舟山渔场的渔业资源量下降8%～10%。

南水北调调走的水量，虽对长江的总水量不会产生大的影响，但如果调度不当，也会对长江口的水环境带来一定的不利影响。同三峡工程一样，南水北调工程实施后，可能会加剧咸潮入侵对长江口河段的影响。

江湖隔绝和围湖造田对长江口造成直接、显著的影响较小，但是受这些工程影响，整个流域鱼类的资源量减少和生物多样性降低，间接地影响到长江口的鱼类资源，尤其是河口淡水区的鱼类资源会受到明显影响。

（二）长江口及近岸水域综合生态治理及环境修复对策

1. 加强法规制度建设，协调各部门综合治理

对长江口环境的综合治理不能仅考虑沿海地区，而需要把整个流域和沿海地区合并起来考虑。建议全国人民代表大会为保护长江水资源专门立法，加快制定有关的政策和法律法规。为进一步加强对长江口的综合治理，建议国家成立相应机构，统筹协调交通、农业、水务、旅游等部门，治理长江口水环境问题。科学布局沿江沿海产业带，加强沿岸国土资源的深度规划，科学利用土地，尤其是在滩涂上进行城市、工业、农业用地规划时，一定要将环境与生态保护的因素考虑进去，必须要把土地的各类使用功能、对环境造成的影响进行预测并做好防治措施，做到科学规划、合理利用。要在组织人事制度

层面采取措施确保长江口的生态环境保护，将长江生态环境的保护与合理开发纳入沿江沿海城市政府部门的政绩考核体系，要大力提拔重用环保意识强的廉政干部和专业人才。

近年来，上海市在长江口加强了湿地保护工作，一方面建立了湿地保护区，如崇明东滩鸟类自然保护区、九段沙湿地自然保护区、长江口中华鲟自然保护区等；另一方面采取了促淤措施，如种青促淤和工程促淤，增加了河口沼泽的面积，改善了湿地的质量，使得围海造地和湿地保护相协调。

2. 利用科学手段，恢复重建生态系统

要对退化生态系统，包括退化原因、退化过程、退化阶段、退化类型等进行科学的评价诊断，对生态退化进行综合评判，确定生态恢复与重建的目标与手段。还要对生态系统恢复重建技术可行性进行评估论证，建立优化模式，形成可操作性强的实施方案。对生态系恢复重建效果需进行长期的监测观察，不断总结经验，优化改进技术路线和措施。

近年来，有些地方在长江口和沿岸一带进行了一些生态修复和重建的实践和努力，例如，上海、浙江和江苏都进行了较大规模的水生生物人工增殖放流，以期重建濒临灭绝的水生生物自然种群。尤其是在鱼、虾、贝等经济性状较高的物种方面投入了大量资金实施人工增殖放流。为了修复长江口深水航道建设对河道底质的破坏，进行了底栖生物放流，对河道进行生态修复和重建，已经取得了显著的效果。浙江和上海利用大量的废旧船舶和轮胎等，建造人工鱼礁，恢复鱼类栖息地，也呈现了良好的前景。

针对 20 世纪 80 年代后长江口中华绒螯蟹资源枯竭的现状，中国水产科学研究院东海水产研究所构建了"亲体增殖＋生境修复＋资源管控"的中华绒螯蟹资源综合修复模式，使长江口成蟹和蟹苗产量均由年产不足 1 t 恢复并分别稳定在 60～90 t 和 30～50 t 的历史最好水平，成为长江口渔业资源修复的成功范例。

3. 唤起民众关注，动员全社会力量

保护好长江口和近岸的生态环境，除了需国家重视和加大投入外，还要充分唤起民众的意识，要发动全社会力量保护长江口生态环境。要大量吸收社会、民间资本进入环保领域；在政策层面大力扶持，建立长江口生态恢复重建专项资金，综合使用，统一管理。要加强宣传教育，充分认识到控制污染，修复生态环境，合理开发利用海洋资源，优化区域产业布局，不仅是维持长江口、杭州湾海洋生态系统健康与服务功能的需要，也是促进长江三角洲地区社会、经济、文化持续发展，提高人民生活水平，维护子孙后代利益的要求。

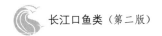

（三）进一步保护长江口鱼类资源的建议

1. 发挥现有保护区的综合功能

在长江口区域现密集分布 4 个自然保护区（表 1），其中长江口中华鲟自然保护区和

表 1　长江口湿地自然保护区名录

序号	保护区名称	行政区域	面积（km²）	主要保护对象	类型	级别	始建时间	主管部门
1	九段沙湿地自然保护区	浦东新区	420.20	河口沙洲地貌和鸟类等	滨海湿地	国家级	2000 年 3 月	环保
2	金山三岛自然保护区	金山区	0.46	海岛、中亚热带常绿阔叶林	海洋海岸	省级	1991 年 10 月	海洋
3	崇明东滩鸟类自然保护区	崇明区	241.55	迁徙鸟类及河口湿地生态系统	野生动物	国家级	1998 年 11 月	林业
4	长江口中华鲟自然保护区	崇明区	276.00	中华鲟等珍稀鱼类	滨海湿地	省级	2002 年 4 月	农业
	合计		938.21					

注：崇明东滩鸟类自然保护区与长江口中华鲟自然保护区重叠面积为 80%，因此，长江口中华鲟自然保护区的实际区划面积约为 55.20 km²。

崇明东滩鸟类自然保护区在地域和功能上有部分重叠，为了充分发挥现有保护区的作用，建议在条件成熟时，调整保护区的功能。第一步是扩大长江口中华鲟自然保护区的保护对象。目前该保护区的特定保护对象是中华鲟，因此在制定有关管理条例和执法管理时，只能够针对中华鲟，其保护功能受到了限制。国务院批准发布的《国家重点保护野生动物名录》中，长江水系有国家一级、二级重点保护鱼类 9 种，其中有 4 种在长江口出现，它们是中华鲟、白鲟、淞江鲈和胭脂鱼。长江口还有许多重要经济鱼类，如刀鲚、凤鲚、前颌银鱼、鲅、鲻、鲥、河鲀等，以及其他经济水生动物，如白虾、中华绒螯蟹等。这些物种的生存环境也受到了严重的威胁，亟待保护。将长江口中华鲟自然保护区更名为长江口珍稀特有水生动物自然保护区，即可顺理成章地将上述物种纳入保护范围，扩大现有保护区的作用。第二步是合并现有的九段沙湿地自然保护区、崇明东滩鸟类自然保护区、长江口中华鲟自然保护区这 3 个保护区，建立长江口湿地综合自然保护区。崇明东滩鸟类自然保护区和九段沙湿地自然保护区已于 2005 年升级为国家级保护区，这两个保护区积累了丰富的建设和管理经验，取得了显著的成效。崇明东滩鸟类自然保护区和长江口中华鲟自然保护区在地域和功能上有重叠和交叉，九段沙湿地自然保护区是许多鱼类的产卵、摄食和栖息场所，尤其是国家一级重点保护野生动物中华鲟幼鱼的重要集中栖息地之一，在长江口鱼类资源保护上有重要的地位。长江口的保护区在功能和地域上都有重叠、交叉或共同之处，但保护区在行政管理上依托于不同的部门。因此，为了优化管理资源配置，高效地发挥保护区的作用，减少重复，扩大保护区的综合功能，建议设立长江口湿地综合自然保护区，将鸟类、水生动物和湿地等纳入统一管理。

2. 加强长江口生态环境的综合治理

保护好长江口鱼类资源不仅仅是渔业主管部门或环境主管部门的事情，而且是全社会的事情。要保护好长江口鱼类资源，首先要保护好长江口的生态环境，保护好鱼类的栖息地。长江口的生态环境必须要进行综合治理，需要环保、渔业、航运、水务、旅游、城市规划、城市建设、公安等相关部门的共同努力，实行协调综合管理。要逐步完善长江口生态环境保护的相关政策和法规，运用经济手段治理生态环境。还需要吸纳社会力量的支持，吸引民众的关注和参与。全社会齐心协力治理好长江口的生态环境，实现区域的可持续发展。

3. 加强长江口鱼类资源的基础研究

长江口鱼类资源的研究尽管有 170 余年的历史，但长期以来研究工作缺乏系统性和完整性，尤其是基础性研究十分薄弱。长江口鱼类资源及其保护的研究工作需要有长远的规划，在基础性研究方面需要做到高屋建瓴，要有超前的意识和责任感。当前长江口鱼类资源的研究处在十分敏感和关键的历史时期，随着长江口区域经济社会的高速发展，生态环境发生急剧的变化，鱼类资源处于高度动荡的状况，有些变化是不可逆转的，研究时机稍纵即逝，或许造成永远的遗憾和损失。保护好长江口鱼类资源必须要有大量的基础性研究工作作为支撑。

六、长江口鱼类研究简史

长江河口鱼类分类研究始于 19 世纪中叶，迄今已 170 余年。最早研究的是美国的 Richardson J. 1845 年在 *The Zoology of the Voyage of H. M. S. Sulphur*（《硫黄号的航行》）一书中，依据 1836—1842 年间采自吴淞和长江口的鱼类标本发表了 5 个新种，但有效的仅 *Gobius ommaturus* ＝斑尾刺虾虎鱼 *Acanthogobius ommaturus*（Richardson）1 种，其余 4 种为已知种：*Ophisurus dicellurus* 为有枝蛇鳗 *Opichthys remiger*（Valenciennes）的异名，*Boleophthalmus aucupatorius* 为青弹涂鱼 *Scartelaos histophorus*（Valenciennes）的异名，*Monopterus cinereus* 为黄鳝 *Monopterus albus*（Zuiew）的异名，*Trachidermus fasciatus* 为淞江鲈 *Trachidermis fasciatus* Heckel 的异名。1846 年 Richardson J. 又在 "Report on the Ichthyology of the Seas of China and Japan"（《中国和日本诸海的鱼类研究》）一文中记述了 8 种长江口鱼类，除上述 5 种之外，增加了泥鳅和龙头鱼，并命名了 1 个新种 *Alosa reevesii* ＝鲥 *Tenualosa reevesii*（Richardson），文内提到的 *Saurus nehereus* 即龙头鱼 *Harpadon nehereus*（Hamilton），*Cobitis anguillicaudatus* 即泥鳅 *Misgurnus*

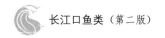

anguillicaudatus（Cantor）。

德国的 Martens E. von 1861 年以采自吴淞附近的标本为模式，发表一新种——白鲟 *Polyodon gladius* ＝ *Psephurus gladius*（Martens）。1876 年在 "Die preussische Expedition nach Ost-Asien"（《普罗士东亚调查报告》）一文中报道，在上海和吴淞采得 23 种，淡水鱼、海水鱼都有，都是已知种。

以 "Novara 号" 环球航行所采集的鱼类标本为依据，德国的 Kner R. 1864—1867 年间曾发表过几篇报告，其中记述的上海鱼类有 30 种，包括 6 个新种，但有效种仅 *Opsarius elongates* ＝ 鳤 *Ochetobius elongatus*（Kner）、*Pseudoperilampus ocellatus* ＝ 高体鳑鲏 *Rhodeus ocellatus*（Kner）；2 种为已知种：*Tylognathus sinensis* 为棒花鱼 *Abbottina rivularis*（Basilewsky）的异名、*Labeo cetopsis* ＝ 铜鱼 *Coreius heterodon*（Bleeker）；还有 2 个为可疑种：*Myxus analis* 臀鳍分支鳍条多达 11～12 根，纵列鳞多达 50 枚以上，疑似仅分布于澳大利亚南部及新西兰西南海域的福氏厚唇鲻 *Aldrichetta forsteri*（Valenciennes）；*Silurodon hexanema* 口裂大，具须 3 对，臀鳍分支鳍多达 90 根，疑似分布于我国云南澜沧江和巴基斯坦、越南、印度尼西亚的叉尾鲇 *Wallago attu*（Bloch *et* Schneider），这两种鱼在上海迄今未再发现，产地记录可疑。其余 24 种均为已知种。

德国的 Günther A. 曾任伦敦大英自然博物馆鱼类馆馆长多年，对长江口鱼类分类研究做了较大贡献。1866 年在他编写的 *Catalogue of Fishes in the British Museum*（《大英自然博物馆鱼类目录》）第 6 卷中记述的 *Belone anastomella* ＝ 尖嘴柱颌针鱼 *Strongylura anastomella*（Valenciennes）产自上海；1868 年在该书第 7 卷中记述 3 种上海鱼类：铜鱼、棒花鱼和鳤。1873 年依当时驻沪领事 Swinhoe R. 在上海所采集的鱼类标本为依据，在英国 *Annals and Magazine of Natural History*（《自然史年鉴》）第 12 卷发表了 "Report on a Collection of Fishes from China"（《中国鱼类采集报告》）一文，报道上海鱼类 58 种，其中有 2 个新属：蝌蚪虾虎鱼属 *Lophiogobius* Günther 和似鲚属 *Toxabramis* Günther，13 个新种：睛尾蝌蚪虾虎鱼 *Lophiogobius ocellicauda*、似鲚 *Toxabramis swinhonis*、短鳍红娘鱼 *Lepidotrigla microptera*、短须鱊 *Acheilognathus barbatulus*、宽体舌鳎 *Cynoglossus robustus*、窄体舌鳎 *Cynoglossus gracilis*、圆尾疯鳕 *Tachysurus tenuis*、马口鱼 *Opsariichthys bidens*、*Eleotris swinhonis* ＝ 小黄黝鱼 *Micropercops swinhonis*（Günther）、*Callionymus olidus* ＝ 香斜棘䱰 *Repomucenus olidus*（Günther）、*Macrones (Liocassis) taenianalis* ＝ 条纹疯鳕 *Tachysurus taenianalis*（Günther）、*Gobio nitens* ＝ 亮银鮈 *Squalidus nitens*（Günther）、*Gobio nigripinnis* ＝ 黑鳍鳈 *Sarcocheilichthys nigripinnis*（Günther）。1874 年在 *Annals and Magazine of Natural History* 一书第 13 卷发表 "Third Notice of a Collection of Fishes Made by Mr. Swinhoe in China"（《斯温霍中国鱼类采集第三次报告》），文中报道了在山东烟台的采集结果，指出 *Platycephalus japonicas* ＝

日本瞳鲉 *Inegocia japonica*（Cuvier）在上海亦产，文后补记上海鱼类 2 种：*Acipenser dabryanus* ＝中华鲟 *A. sinensis* Gray、*Carcharias lamia* ＝长鳍真鲨 *Carcharhinus longimanus*（Poey）。

荷兰的 Bleeker P. 1871 年在 "Mémoire sur les cyprinoïdes de Chine"（《中国鲤亚目鱼类研究报告》）一文中记录上海产鲤科鱼类有鲫、高体鳑鲏、棒花鱼、麦穗鱼、鳡、鳤、赤眼鳟、*Saurogobio heterodon* ＝铜鱼 *Coreius heterodon*（Bleeker）、红鳍原鲌、鲹、鳊和鳙共 12 种。1872 年在 "Mémoire sur la faune ichthyologique de Chine"（《中国鱼类区系研究报告》）一文中报道中国鱼类 130 种，上海鱼类增补 17 种，共 29 种。1878 年对鲢属 *Hypophthalmichthys* 作了整理，报道鲢和鳙上海均产。1879 年发表的 "Sur quelques espèces inédites ou peu connues de poissons de Chine appartenant au Muséum de Hambourg" 一文对德国汉堡博物馆收到的一批中国鱼类标本作了研究和报道，共 72 种，内有上海鱼类 21 种，大多为习见淡水鱼类。

法国的 Dabry de Thiersant P. 1872 年在 *La pisciculture et la pêche en Chine*（《中国鱼类的养殖和捕捞》）一书中，提及在长江口产有 *Hemiramphus gernaerti*，记述十分简略，从其附图可见该鱼下颌特别长，喙长几为头长的 2 倍，腹鳍小，位于腹部远后方等特征判断，可能是乔氏吻鱵 *Rhynchorhamphus georgii*（Valenciennes），现知该鱼在我国南海和台湾海峡均有分布，或许偶尔进入了长江口。1874 年 Sauvage H. E. 和 Dabry de Thiersant P. 合作，联名发表 "Notes sur les poissons des eaux douces de Chine"（《中国的淡水鱼类》）一文，共记述 154 种，内含上海鱼类 19 种，大多为习见淡水鱼类。

俄国的 Warpachowski N. A. 1887 年在 "Über die Gattung *Hemiculter* Bleek und Über eine neue Gattung *Hemiculterella*"（《鲹属 *Hemiculter* 和半鲹属 *Hemiculterella*》）一文中认为 Kner R. 1867 年报道采于上海产的鲹 *H. leucisculus*（Basilewski）与 Basilewski（1985）命名的不是一个种，以此为模式命名了一个新种 *Hemiculter kneri* Warpachowski，其实两者虽有若干差异，但为种内变异，仍属同种。

英国的 Boulenger G. A. 1892 年以上海博物馆所赠上海标本为模式，发表了鲇形目鱼类的 1 个新种——长须黄颡鱼 *Pseudobagrus eupogon* ＝ *Pelteobagrus eupogon*（Boulenger）。1895 年在 *Catalogue of the Perciform Fishes in the British Museum*（《大英自然博物馆馆藏鲈形目鱼类目录》）第 2 卷中，记述上海产鲈形目鱼类 *Serranus akaara* ＝赤点石斑鱼 *Epinephelus akaara*（Temminck et Schlegel）和 *Serranus diacanthus* ＝双棘原黄姑鱼 *Protonibea diacanthus*（Lacepède，1802）等 7 种，并指出 Günther A. 1873 年报道在长江口采到的 *Siniperca chuantsi* 与 Basilewsky 在 1855 年命名的不是同一种，而是斑鳜 *Siniperca scherzeri* Steindachner，产地可能不在长江口。现知该鱼在淀山湖、五里湖及苏州、无锡等长江三角洲内陆水域均有分布。

以 "Über einige neue und seltene Fischarten aus der ichthyologischen sammlung des

k. k. naturhistorischen Hofmuseums"（《霍夫自然博物馆采得的若干鱼类新种和罕见种》）为题，德国的 Steindachner F. 1892 年发文报道在中国和朝鲜等国采得 26 种鱼类标本，包括 10 个新种。其中采于上海的鱼类有 13 种，内有 4 个新种：即斑鳜 *Siniperca scherzeri*、*Crossochilus fasciatus*＝光唇鱼 *Acrossocheilus fasciatus*（Steindachner）、*Trygon Navarrae*＝奈氏半虹 *Hemitrygon navarrae*（Steindachner）和 *Trygon sinensis*＝中国半虹 *Hemitrygon sinensis*（Steindachner）。需指出的是光唇鱼乃浙江南部山区习见鱼类之一，喜栖息于山涧急流中，上海和长江三角洲缺少这种生境，此后亦未采到标本，该项记录颇可疑。已知种有大鳍鱊、黑鳍鳈、棒花鱼等。

美国的 Jordan D. S. 和 Scale A. 1905 年在 "List of Fishes Collected in 1882—83 by Pierre Louis Jouy at Shanghai and Hongkong，China"（《乔埃 1882—1883 年中国上海和香港鱼类采集目录》）一文中报道了 Jouy P. L. 于 1882—1883 年在我国上海和香港采集了一批鱼类标本，共 53 种，包括 6 个新种。其中采自上海的有 22 种，所命名的 3 个新种 *Coilia ectene*＝刀鲚 *Coiloa nasus* Temminck *et* Schlegel、*Zezera rathburni*＝铜鱼 *Coreius heterodon*（Bleeker）和 *Collichthys fragilis*＝棘头梅童鱼 *C. lucidus*（Richardson）均为已知种。此外，新月锦鱼 *Thalassoma lunare*（Linnaeus）和约氏笛鲷 *Lutjanus johnii*（Bloch）的采集记录有误，前者属珊瑚礁鱼类，现知我国仅见于南海，后者在我国见于南海和台湾海峡，两者并非上海所产，标本可能采自香港。

俄国的 Berg L. S. 1907 年在 "Description of a New Cyprinoid Fish，*Acheilognathus signifer*，from Korea，with a Synopsis of All the Known Rhodeinae"（《鳑鲏亚科鱼类概述及韩国鲤科鱼类一新种 *Acheilognathus signifer*》）一文中对亚洲所产的鳑鲏鱼类作了归纳，述及上海产的有高体鳑鲏、短须鱊、兴凯鱊和大鳍鱊，*Acanthorhodeus guichenoti* 和 *Acanthorhodeus taenianalis* 是同种，均为大鳍鱊 *Acheilognathus macropterus*（Bleeker，1871）之异名。

英国的 Regan C. T. 1908 年发表了 "A Synopsis of the Fishes of the Subfamily Salanginae"（《银鱼亚科鱼类概述》）一文，报道银鱼 9 种，除 1 种采自日本之外，其余均采自中国，内含 3 个新种，模式标本均采自上海，仅前颌间银鱼 *Hemisalanx prognathous*＝前颌银鱼 *Salanx prognathus*（Regan）有效，*Parasalanx gracillimus* Regan 是有明银鱼 *Salanx ariakensis* Kishinouye 之异名，*Protosalanx hyalocranius* 是中国大银鱼 *Protosalanx chinensis*（Basilewsky）之异名。

美国哈佛大学曾在长江中上游进行过脊椎动物的采集，Garman S. 1912 年在 "Pisces. In：Some Chinese Vertebrates"（《中国脊椎动物·鱼纲》）一文中曾作报道，有鱼类 29 种。文中述及的 *Coriparius cetopsis*＝铜鱼 *Coreius heterodon*（Bleeker），标本采自泸洲、宜昌和上海；刀鲚 *Coilia nasus* 标本采自四川嘉定，距长江口 1 000 km 有余，是刀鲚上溯最远的记录。

美国的 Evermann B. W. 和我国脊椎动物学研究的开拓者之一寿振黄（Shaw T. H.）1927 年在 "Fishes from Eastern China，with Descriptions of New Species"（《华东的淡水鱼类——新种的描述》）一文中，记述了寿振黄 1924—1925 年在上海、吴淞、松江、南京、杭州和诸暨，以及我国动物学界元老秉志先生 1921—1922 年在南京、吴淞和宁波等地所采鱼类标本 55 种，包括 2 个新种。其中采自上海地区的有 11 种，有青鱼、日本鳗鲡、乌鳢、鳜、缺须鳑、*Squaliobarbus jordani* ＝赤眼鳟 *Squaliobarbus curriculus*（Richardson）、中国花鲈、淞江鲈和克氏栉眼虾虎鱼 *Ctenogobius clarki* 等。克氏栉眼虾虎鱼背鳍、臀鳍分支鳍条数和侧线鳞均较多，至今未再见报道，记录存疑。寿振黄 1930 年发表 "The fishes of Soochow"《苏州鱼类》一文，记述鱼类 42 种，均为长江三角洲内陆水域习见种，所叙 2 个新种无效，*Cultricura tchangi* ＝似鳊 *Pseudobrama simoni*（Bleeker）、*Hemibarbus soochowensis* ＝似刺鳊鮈 *Paracanthobrama guichenoti* Bleeker。文中所述 *Culter kashinensis* ＝蒙古鲌 *C. mongolicus*（Basilewsky），*Sarcocheilichthys nigripinnis*（Günther）从体侧 4 枚宽横大黑斑判断，应为华鳈 *S. sinensis* Bleeker，而非黑鳍鳈。

美国的 Reeves C. D. 1927 年在南京金陵大学任教时，根据以往文献的归纳发表了 "A Catalogue of the Fishes of Northeastern China and Korea"（《中国东北部和朝鲜鱼类目录》）一文，报道中国鱼类 1 086 种，其中有上海鱼类 65 种，海水鱼、淡水鱼都有。名录中采自上海的 *Puntungia rathbuni* 为铜鱼的异名，*Butis butis* 为河川沙塘鳢的异名，*Ophicephalus lucius* 为乌鳢的异名。

美国的 Nichols J. T. 1928 年发表 "Chinese Fresh‐water Fishes in the American Museum of Natural History's Collections"（《美国自然博物馆馆藏中国淡水鱼类》）一文，提供了一份名录，报道该馆收藏有中国各地淡水鱼标本 410 种，其中采自上海的有中华鲟、白鲟、凤鲚、*Salanx prognathous* ＝前颌银鱼 *Salanx prognathus*（Regan）、*Salanx gracillimus* ＝有明银鱼 *Salanx ariakensis* Kishinynoyue 和中国花鲈等 19 种。1943 年出版的 *The fresh‐water fishes of China*（《中国淡水鱼类》）一书，报道上海鱼类与 1928 年基本相同，增加了淞江鲈，前颌间银鱼和有明银鱼并非取材于上海。

英国的 Fowler H. W. 1930 年发表 "Notes on Japanese and Chinese Fishes"（《关于日本和中国的鱼类》）一文，报道他本人自夏威夷去爪哇参加第四次太平洋科学讨论会途中，曾在日本和中国短暂停留，4 月 19 日抵达上海后曾多次到鱼市观看，并采集了一些标本。根据在市场所见和所采集的标本，报道上海鱼类 37 种，大多为海产，如日本带鱼、日本鲭、银鲳、日本方头鱼等，有些显然来自长江口，如鲥、鲖和刀鲚等，淡水鱼类有鲤、鲫、鳊、泥鳅、中华鳑鲏等。发表 1 个淡水新种 *Barbus nigriparipinnis* ＝似刺鳊鮈 *Paracanthobrama guichenoti*（Bleeker）。

张春霖于 1929 年在《科学》杂志第 14 卷第 3 期发表了《长江鱼类名录》，标本是由其本人和中国科学社生物研究所同事方人培、崔芝兰等在江苏、安徽、湖南和四川等省所采，共 84 种，采自长江三角洲上海、江阴、苏州、无锡、太湖、南京等地的有 51 种，其中有 1 个新亚种 *Myxochyprinus asiaticus nankinensis* subsp. Nov.，标本采自南京，体较高，体型近似鳊、鲂，是胭脂鱼 *Myxochyprinus asiaticus*（Bleeker）的未成年个体。*Eleotris potamophila* 为河川沙塘鳢 *Odontobutis potamophila*（Günther）的异名，*Hilsa elongate* 为鳓 *Ilisha elongata*（Bennett）的异名，*Monopterus javanensis* 为黄鳝 *Monopterus albus*（Zuiew）的异名，*Salanx cuvieri* 为短吻新银鱼 *Neosalanx brevirostris*（Fang）的异名，*Tetradon ocellatus* 为暗纹东方鲀 *Takifugu obscurus*（Abe）的异名。张春霖 1930 年在法国巴黎大学博士学位论文 "Contribution á l′étude morphologique, biologique et taxonomique des Cyprinidés du Bassin du Yangtze"（《长江流域鲤科分类、生物学与形态学之研究》）中记述 110 种，其中标本采自长江三角洲上海、松江、苏州、无锡、江阴、宜兴和太湖等地的鲤科、鳅科鱼类 24 种，如同在上述《长江鱼类名录》中，述及上海有 2 种赤眼鳟 *Squaliobarbus curriculus*（Richardson）和 *Squaliobarbus jordani* Evermann *et* Shaw，其实是同种，后者为前者的异名；还记述上海有 2 种马口鱼 *Opsariichthys morrisonii* Günther 和 *Opsariichthys bidens* Günther，前者臀鳍分支鳍条不延长，为雌性，后者臀鳍分支鳍条延长，为雄性，属同种，后者种名无效，为前者的异名。此外，文中所述 *Scombrocypris styani* Günther 是鳡 *Elopichthys bambusa*（Richardson）的异名，*Hemmibarbus dissimilis* Bleeker 是似刺鳊鮈 *Paracanthobrama guichenoti* Bleeker 的异名。张春霖 1933 年在 *The Study of Chinese Cyprinoid Fishes*，*Part I*（《中国鲤类的研究（一）》）一书中记述长江三角洲各地鱼类 27 种，宽鳍鱲 *Zacco platypus*（Temminck *et* Schlegel）在上海也有分布，最早是 Günther A. 于 1873 年报道的，这是第二次，现知该鱼在长江三角洲有分布，据《太湖鱼类志》称，在苏州和宜兴都采到了该鱼标本。

张春霖 1936 年在发表的 "Study on Some Chinese Catfishes"（《中国鲇类之研究》）一文中，记述上海产鲇类 5 种，1960 年出版《中国鲇类志》，上海产鲇类仍为 5 种，前四种为黄颡鱼 *Pseudobagrus fulvidraco*＝疯鲿 *Tachysurus fulvidraco*（Richardson）、长吻黄颡鱼 *Pseudobagrus longirostris*＝杜氏疯鲿 *Tachysurus dumerili*（Bleeker，1864）、纵带鮠 *Leiocassis taeniatus*＝条纹疯鲿 *Tachysurus taeniatus*（Günther）和长鮠 *Leiocassis tenuis*＝圆尾疯鲿 *Tachysurus tenuis*（Günther），第五种瓦氏黄颡鱼 *Pseudobagrus vachelli* 鉴定有误，实际上是长须疯鲿 *Tachysurus eupogon*（Boulenger）。1959 年出版《中国系统鲤类志》，书中记述长江口和长江三角洲的鲤科和鳅科鱼类 30 种，绝大部分为常见种，有些鱼的属名或种名，甚至属名和种名现在都已有所更改，如马口鱼 *Opsariichthys uncirostris*＝*O. bidens*（Günther）、铜鱼 *Coreius cetopsis*＝*C. heterodon*（Bleeker）、鳊 *Parabramis bramula*＝*P. pekinensis*（Basilewsky，1855）、鲂 *Parabramis terminalis*＝*Megalobrama skolkovii*（Dybowski）、红鳍原鲌 *Cultrichthys erythropterus*（Basilewsky）取代了短尾鲌 *Culter brevicauda* Günther、翘嘴鲌 *Culter alburnus* Basilewsky 取代了红鳍

鲌 *C. erythropterus* Basilewsky、张氏刀柄鱼 *Culticula tchangi* ＝ 似鳊 *Pseudobrama simo-nyi*（Bleeker）等。

　　朱元鼎 1930—1932 年以 "Contributions to the Ichthyology of China"（《中国的鱼类研究》）为题在 *The China Journal*（《中国杂志》）上介绍了 36 种鱼类，其中有上海产 24 种，包括 1 个新种——*Saurogobio dorsalis* ＝ 长蛇鮈 *Saurogobio dumerili* Bleeker。1960 年朱元鼎在《中国软骨鱼类志》一书中，记述皱唇鲨、阔口真鲨 *Carcharhinus latistomus* ＝ 铅灰真鲨 *Carcharhinus plumbeus*（Nardo）、白斑星鲨、路氏双髻鲨、日本扁鲨、光魟和双斑燕魟共 7 种，标本采自花鸟、嵊山长江口近海区。1963 年朱元鼎与张春霖、成庆泰联合主编了《东海鱼类志》，报道了标本明确采自吴淞、崇明、上海等长江口区各地以及花鸟、嵊山、泗礁等长江口近海区的鱼类，有长吻角鲨、白斑星鲨、皱唇鲨、孔鳐 *Raja porosa* ＝ 斑鳐 *Okamejei kenojei*（Müller *et* Henle）、白鲟、*Acipenser dabryanus* ＝ 中华鲟 *A. sinensis* Gray、凤鲚、刀鲚、前颌银鱼、尖头银鱼 *Salanx acuticeps* ＝ 居氏银鱼 *S. cuvieri* Valenciennes、海鳗、皮氏叫姑鱼、青鳉、耶氏鳉、竿虾虎鱼、斑头鱼、淞江鲈、桂皮斑鰶、木叶鲽、短舌鳎和紫色东方鲀，共 21 种。

　　日本的木村重（Kimura S.）1934 年发表 "Description of the Fishes Collected from the Yangtze - kiang，China"（《长江鱼类记述》）一文，报道 Kishinouye K. 于 1927—1929 年间所采标本共 88 种，其中采自长江口和长江三角洲苏州、无锡和江阴等地的有 40 种，其中有 1 个新种——长身泥鳅 *Misgurnus elongateus*，模式标本仅 1 尾，采自上海，此后未再见报道，现知泥鳅变异大，可能就是泥鳅的变异个体。文中述及的 *Misgurus mizolepis mizolepis* ＝ *Paramisgunus dabryanus* Dabry de Thiersant、*Leiocassis dumerili* ＝ 杜氏疯鲿 *Tachysurus dumerili*（Bleeker）、*Areliscus rhomaleus* ＝ 窄体舌鳎 *Cynoglossus gracilis* Günther、*Spheroides ocellatus* ＝ 暗纹东方鲀 *Takifgu fascitus*（McClelland）、中华青鳉 *Oryzias sinensis* Chen，Uwa *et* Chu 首次记录于上海。1935 年发表 "The fresh - water fishes of the Tsung - Ming Island，China"（《崇明岛鱼类》）一文，记述长江河口和淡水鱼类 50 种，有 *Hilsa reevesii* ＝ 鲥 *Tenualosa reevesii*（Richardson）、杜氏疯鲿、*Pseudolaubuca angustus* sp. nov. ＝ 寡鳞飘鱼 *P. engraulis*（Nichols）、*Culticula emmelas* ＝ 似鳊 *Pseudobrama simonyi*（Bleeker）、*Hemirhampus kurumeus* ＝ 间下鱵 *Hyporhamphus intermedius*（Cantor）、*Tridentiger bifasciatus* ＝ 纹缟虾虎鱼 *T. trigonocephalus* Gill、*Taenioides hermanianus* ＝ 拉氏狼牙虾虎鱼 *Odontamblyopus lacepedii*（Temminck *et* Schlegel）、*Eleotris swinhonis* ＝ 小黄黝鱼 *Micropercops swinhonis*（Günther）等。

　　意大利的 Tortonese E. 1939 年发表 "Risultati ittiologici del viaggio di circumnavigazione del globo della R. N. ‘Magenta’（1865—68）" 一文，报道了 1865—1968 年 "Megenta 号" 考察船环球航行的调查结果，该船 1866 年 9 月到上海，采得鱼类标本 25 种，大多属淡水产，其中有 1 个新种 *Barbus arcangelii* sp. nov.，下咽齿为 3 行，具须 2

对，臀鳍分支鳍条为 5 根，这些特征显示该鱼确属鲃亚科，但迄今从未再采到过，或许采集地点有误，记录值得存疑。

伍献文等在 1964 年和 1977 年分别出版了《中国鲤科鱼类志》上、下两卷，记述的上海鱼类有 7 种，均为习见种。湖北省水生生物研究所鱼类研究室 1976 年出版了《长江鱼类》一书，共记述 206 种，其中在上海市境内所采的标本有 63 种，以淡水产和河口鱼类居多，所述花鳗鲡 *Anguilla mauritiana* 是日本鳗鲡 *A. japonica* Temminck *et* Schlegel 带花斑的变异个体；赤眼梭鲻 *Liza haematochila* 鉴定有误，应正名为前鳞龟鲛 *Chelon af-finis* （Valenciennes）；沙鳢 *Odontobutis obscura* 仅分布于长江中上游和南方诸省，长江下游和河口所产均为河川沙塘鳢 *O. potamophila* （Günther）；阿匍虾虎鱼 *Aboma lactipes* 为长体刺虾虎鱼 *Acanthogobius elongates* （Fang）的异名、红狼牙虾虎鱼 *Odontamblyopus rubicundus* 已更名为拉氏狼牙虾虎鱼 *Odontamblyopus lacepedii* （Temminck *et* Schlegel）。

孙帼英于 1982 年在《长江口及其邻近海域的银鱼》一文中报道，1979—1981 年曾逐月在崇明和金山沿海调查，得知银鱼有 4 属 5 种 1 亚种，其中乔氏短吻银鱼 *Neosalanx jordani* ＝乔氏大银鱼 *Protosalanx jordani* （Wakiya *et* Takahasi）和太湖短吻银鱼 *Neosalanx tangkahkeii taihuensis*＝短吻大银鱼 *Protosalanx brevirostris* Pellegrin 见于长江口，安氏短吻银鱼 *Neosalanx anderssoni* （Rendahl）＝安氏大银鱼 *Protosalanx anderssoni* （Rendahl）见于杭州湾，中国大银鱼、前颌银鱼和有明银鱼在长江口和杭州湾均有分布。

张玉玲于 1985 年在《银鱼属 *Salanx* 模式种的同名、异名和分布》一文中认为，《东海鱼类志》记述采自崇明的尖头银鱼 *Salanx acuticeps* Regan 是居氏银鱼 *S. cuvieri* Valenciennes 的雄性个体。1987 年在《中国新银鱼属 *Neosalanx* 的初步整理及其一新种》一文对孙帼英在 1982 年的报道作了补充，指出安氏大银鱼不仅见于杭州湾，在长江口亦有分布。

倪勇和伍汉霖 1985 年在《中国阿匍鰕虎鱼属和刺鰕虎鱼属的两新种》和《中国鲻鰕虎鱼属 *Mugilogobius* 的二新种》两文中共发表虾虎鱼类 4 个新种，其中棕刺虾虎鱼 *Acanthogobius luridus* Ni *et* Wu 和多鳞鲻虾虎鱼 *Mugilogobius polylepis*＝多鳞汉霖虾虎鱼 *Wuhanlinigobius polylepis* （Wu *et* Ni）的模式标本，长体阿匍虾虎鱼 *Aboma elongate*＝长体刺虾虎鱼 *Acanthogobius elongata* （Fang）的正模标本均采自上海市郊各县。

美国的 Collette B. B. 和苏锦祥 1986 年以 "The Halfbeaks （Pisces，Beloniformes，Hemiramphidae）of the Far East"（《远东的鱵科鱼类》）为题报道了 6 属 18 种，述及间下鱵 *Hyporhamphus intermedius* （Cantor）和瓜氏下鱵 *H. quoyi* （Valenciennes）两种在上海也有分布。

江苏省淡水水产研究所和南京大学生物系 1987 年联合编写了《江苏淡水鱼类》一书，记述 148 种。长江口产 44 种，其中淡水产的鲤科鱼类仅铜鱼、寡鳞飘鱼、短须鱊、达氏鲌和蒙古鲌 5 种，其余均为河口和过河口鱼类以及偶尔进入长江口的海洋鱼类，诸如阔口真鲨 *Carcharhinus latistomus* ＝铅灰真鲨 *Carcharhinus plumbeus* （Nardo）、赤魟、孔鳐 *Raja porosa*＝斑鳐鳐 *Okamejei kenojei* （Müller *et* Henle）、中华鲟、白鲟、斑鰶、刀鲚、凤鲚、前颌间银鱼、中国大银鱼、龙头鱼、日本鳗鲡、丝鳍海鲇、间下鱵、鲻、龟鲮、前鳞龟鲮、中国花鲈、斑尾刺虾虎鱼、红狼牙虾虎鱼 *Odontamblyopus rubicundus*＝*Odontamblyopus lacepedii* （Temminck *et* Schlegel）、纹缟虾虎鱼、弹涂鱼、北鲳、灰鲳、本氏鲾、香鲔 *Callionymus olidus*＝香斜棘鲔 *Repomucenus olidus* （Günther）、窄体舌鳎、三线舌鳎、弓斑东方鲀、菊黄东方鲀、黄鳍东方鲀和暗纹东方鲀。

中国水产科学研究院东海水产研究所和上海市水产研究所于 1959—1983 年先后在上海各水域，包括郊区的 10 个区县的内陆水域、太仓浏河以东长江口和 123°E 以西、30°45′—31°45′N 的长江口近海区以及杭州湾北岸浅海区，多次做过专业调查，包括 20 世纪 60 年代的全国海岸带调查和 70 年代的长江水产资源调查，采得大量标本，以此为依据联合编写的《上海鱼类志》在 1990 年出版。该书报道上海地区产鱼类 250 种，其中 85 种为淡水鱼类，165 种为河口及海水鱼类。在河海间洄游的有中华鲟、鲥、刀鲚、凤鲚、前颌银鱼、日本鳗鲡、淞江鲈和暗纹东方鲀共 8 种，除中华鲟和淞江鲈外，其余 6 种以往均是长江口的主要捕捞对象，具重要经济意义。河口咸淡水鱼类有 40 余种，包括银鱼科 5 种、鱵科 2 种、鲱科 10 种、鲻科 3 种、鲔科和塘鳢科各 2 种、虾虎鱼科 10 余种、弹涂鱼科 3 种、舌鳎科和鲀科各 4 种。海产鱼类有 100 余种，包括软骨鱼类 19 种，硬骨鱼类中鲈形目最多，有 67 种，鲱形目、鲽形目和鲀形目种类数相对较多，都在 10 种以上。《上海鱼类志》记述的彩石鳑鲏 *Rhodeus lighti* （Wu）就是中华鳑鲏 *R. sinensis* （Günther）的雄性个体，两者是同种；沙塘鳢 *Odontobutis obscura* 和崎塘鳢 *Butis butis* 均为河川沙塘鳢 *Odontobutis potamophila* （Günther），髭虾虎鱼 *Triaenopogon barbatus*＝髭缟虾虎鱼 *Tridentiger barbatus* （Günther），中华钝牙虾虎鱼 *Apocryptichthys sericus*＝犬齿背眼虾虎鱼 *Oxuderces dentatus* Eudoux *et* Souleyet，红狼牙虾虎鱼 *Odontamblyopus rubicundus*＝*Odontamblyopus lacepedii* （Temminck *et* Schlegel），六丝矛尾虾虎鱼 *Chaeturichthys hexanema*＝六丝钝尾虾虎鱼 *Amblychaeturichthys hexanema* Bleeker，花鲈 *Lateolahsax japonicas*＝中国花鲈 *Lateolabrax maculatus* （McClelland），香鲔 *Callionymus olidus*＝香斜棘鲔 *Repomucenus olidus* （Günther）。倪勇和李春生（1992）以采自长江口鱼类标本为模式种，发表了《中国东方鲀属鱼类一新种——晕环东方鲀 *Takifugu coronoidus* Ni *et* Li》一文。

李思忠和王惠民（1995）在《中国动物志·硬骨鱼纲 鲽形目》专著中，记述长江口及口外近海的鲽形目鱼类有长鲽、斑纹条鳎、栉鳞须鳎、日本须鳎、宽体舌鳎、窄体舌鳎和半滑舌鳎共 7 种。

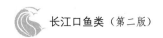

张世义（2001）在《中国动物志·硬骨鱼纲 鲟形目 海鲢目 鲱形目 鼠鱚目》一书中记述的上海和长江口有关鱼类有中华鲟、白鲟、凤鲚和刀鲚 4 种。

朱元鼎和孟庆闻（2001）在《中国动物志·圆口纲 软骨鱼纲》一书中记述长江口及长江口外近海的软骨鱼类有宽纹虎鲨、条纹斑竹鲨、阴影绒毛鲨、虎纹猫鲨、皱唇鲨、白斑星鲨、铅灰真鲨、黑印真鲨、长吻基齿鲨、锤头双髻鲨、路氏双髻鲨、白斑角鲨、长吻角鲨、日本扁鲨、日本锯鲨、日本单鳍电鳐、尖齿锯鳐、颗粒犁头鳐、斑纹犁头鳐、孔鳐、斑鳐、何氏鳐、美鳐、中国团扇鳐、光𫚉、奈氏𫚉、中国𫚉、花点窄尾𫚉、尖嘴𫚉、无斑鳐鳍、鸢鲼和爪哇牛鼻鲼等 32 种，但产地记录多为上海鱼市，无法判断标本是否来自长江口近海区，仅爪哇牛鼻鲼标本产地为崇明，长吻角鲨标本采自长江口近海区的嵊山和花鸟岛、双斑燕𫚉标本采自花鸟岛。

苏锦祥和李春生（2002）联合编著出版了《中国动物志·硬骨鱼纲 鲀形目 海蛾鱼目 喉盘鱼目 鮟鱇目》一书，除鲀形目鲀科由李春生执笔外，余皆由苏锦祥编写。该书述及标本采自上海市和长江口的鲀形目鱼类有 22 种，鮟鱇目仅黑鮟鱇 *Lophiomus setigerus* (Vahl)、黄鮟鱇 *Lophius litulon* (Jordan) 和棘茄鱼 *Halieutaea stellate* (Vahl) 3 种，共 25 种。鲀形目鳞鲀科有宽尾鳞鲀 *Abalistes stellatus* (Anonymous) 和圆斑疣鳞鲀 *Canthidermis maculata* (Bloch) 2 种；单角鲀科有中华单角鲀 *Monacanthus chinensis* (Osbeck)、黄鳍马面鲀 *Thamnaconus hypargyreus* (Cope)、绿鳍马面鲀 *T. modestus* (Günther)、马面鲀 *T. septentrionalis* (Günther) 4 种。箱鲀科有棘箱鲀 *Kentrocapros aculeatus* (Houttuyn)；刺鲀科有六斑刺鲀 *Diodon holocanthus* Linnaeus；鲀科兔头鲀属有克氏兔头鲀 *Lagocephalus gloveri* Abe *et* Tabeta 和怀氏兔头鲀 *Lagocephalus wheeleri* Abe，Tabeta *et* Kitahama 2 种；东方鲀属有 12 种：铅点东方鲀 *Takifugu alboplumbeus* (Richardson)、双斑东方鲀 *T. bimaculatus* (Richardson，1845)、晕环东方鲀 *T. coronoidus* Ni *et* Li、暗纹东方鲀 *T. fascitus* (McClelland) = *T. obscurus* (Abe)、菊黄东方鲀 *T. flavidus* (Li，Wang *et* Wang，1975)、星点东方鲀 *T. niphobes* (Jordan *et* Snyder，1901)、弓斑东方鲀 *T. ocellatus* (Linnaeus)、紫色东方鲀 *T. prophyreus* (Temminck *et* Schlegel)、假睛东方鲀 *T. pseudommus* (Chu)、网纹东方鲀 *T. reticularis* (Tien，Cheng *et* Wang)、虫纹东方鲀 *T. vermicularis* (Temminck *et* Schlegel) 和黄鳍东方鲀 *T. xanthopterus* (Temminck *et* Schlegel)。

伍汉霖和倪勇（2006）认为，分布于长江口北支（崇明裕安）和江苏连云港等地的弹涂鱼 *Periophthalmus cantonensis* Cantor 较少见于黄海和东海，江苏和长江口分布的是韩国鱼类学家 Lee et al.（1995）命名的大鳍弹涂鱼 *P. magnuspinnatus* Lee，Choi *et* Ryu。

2006—2009 年，张涛、王云龙、倪勇、张衡等分别与各自的项目组合作，发表了以长江口及其邻近水域为主的 11 种上海鱼类新记录，详述如下。

方氏鳑鲏 *Rhodeus fangi*（Miao），崇明内河，3 尾，体长 33～41 mm。

日本海马 *Hippocampus japonicas* Kaup，长江口北支，1 尾，体长 55 mm。

大海鲢 *Megalops cyprinoides*（Broussonet），长江口东旺沙，3 尾，体长 70～104 mm。

海鲢 *Elops saurus* Linnaeus，九段沙、杭州湾，3 尾，体长 240～267 mm。

勒氏笛鲷 *Lutjanujs russelli*（Bleeker），杭州湾，1 尾，体长 152 mm。

断斑石鲈 *Pomadasys kaakan*（Cuvier），杭州湾，1 尾，体长 99 mm。

鳞鳍叫姑鱼 *Johnius distincus*（Tanaka），长江口北槽，201 尾，体长 51～108 mm。

美肩鳃鳚 *Omobranchus elengans*（Steindachner），长江口北槽，1 尾，体长 50 mm。

短棘缟虾虎鱼 *Tridentiger brevispinis*（Katayama，Arai *et* Nakamura），长江口北槽、崇明东滩，3 尾，体长 60～78 mm。

长身鳜 *Siniperca roulei* Wu，崇明西南江岸，1 尾，体长 97 mm。

中华乌塘鳢 *Bostrychus sinensis* Lacepède，九段沙，5 尾，体长 137～220 mm。

七、长江口鱼类区系概述

长江口是西北太平洋最为重要的河口之一，具有丰富的鱼类多样性。自 20 世纪 70 年代以来，关于长江口及其邻近海域鱼类区系、生活史、摄食生态和渔业资源的研究已有大量报道（湖北省水生生物研究所鱼类研究室，1976；王幼槐和倪勇，1984；张国祥和张雪生，1985；陈吉余 等，1988；中国水产科学研究院东海水产研究所和上海市水产研究所，1990；杨东莱 等，1990；田明诚 等，1992；杨伟祥 等，1992；卢继武 等，1992；陈渊泉，1995；倪勇 等，1999，2006；唐文乔 等，2003；钟俊生 等，2005，2007；张衡，2007；Jin et al.，2007；蒋日进 等，2008；庄平 等，2009；全为民 等，2009；张衡 等，2009；金斌松，2010；张涛 等，2011；史赟荣，2012；陈兰荣 等，2015）。2004 年至今，中国水产科学研究院东海水产研究所河口渔业研究室对长江河口及邻近海区的鱼类资源状况进行了较为系统的调查。

根据多年调查，结合收集整理的长江口鱼类区系的相关研究资料，对长江口（121°—123° E、30°30′—32°00′ N）的鱼类种类组成、生态类群、仔稚鱼和幼鱼等概述如下。

（一）鱼类生物多样性

1. 种类组成

综合调查结果，结合文献记录，长江口水域共有鱼类 370 种，隶属 2 纲 29 目 116 科 259 属（表 2）。

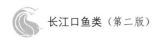

表 2　长江口鱼类区系组成

目	科	属	种	生态类型								
				MS	MM	ES	AN	SA	CA	SC	FM	FS
鼠鲨目 Lamniformes	2	2	2	2								
真鲨目 Carcharhiniformes	3	5	7	7								
角鲨目 Squaliformes	1	1	3	3								
鳐目 Rajiformes	2	2	4	4								
鲼目 Myliobatiformes	4	7	10	10								
鲟形目 Acipenseriformes	2	2	2				1					1
海鲢目 Elopiformes	2	2	2	2								
鳗鲡目 Anguilliformes	5	10	12	8	2				2			
鲱形目 Clupeiformes	3	12	19	11	4	1	2	1				
鼠鱚目 Gonorhynchiformes	2	2	2	2								
鲤形目 Cypriniformes	3	41	56								11	45
鲇形目 Siluriformes	4	5	12	1	1						2	8
胡瓜鱼目 Osmeriformes	1	2	7		5			1				1
仙女鱼目 Aulopiformes	1	2	4	4								
灯笼鱼目 Myctophiformes	1	1	1	1								
鳕形目 Gadiformes	3	3	4	4								
鮟鱇目 Lophiiformes	2	4	5	5								
鲻形目 Mugiliformes	1	3	4			4						
银汉鱼目 Atheriniformes	1	1	1			1						
颌针鱼目 Beloniformes	4	6	7	4	1	1						1
鳉形目 Cyprinodontiformes	1	1	1									1
金眼鲷目 Beryciformes	1	1	1	1								
海鲂目 Zeiformes	1	2	2	2								
海龙目 Syngnathiformes	2	5	5	4	1							
合鳃鱼目 Synbranchiformes	2	2	2									2
鲉形目 Scorpaeniformes	7	15	18	16	1					1		
鲈形目 Perciformes	44	97	128	69	27	20					6	6
鲽形目 Pleuronectiformes	5	11	22	16	3	3						
鲀形目 Tetraodontiformes	6	12	27	21	4	1			1			
合计	116	259	370	195	51	31	4	2	2	1	19	65

注：生态类群根据 Elliott et al.（2007）划分为 MS 海洋偶见性鱼类 marine straggler、MM 海洋洄游性鱼类 marine migrant、ES 河口性鱼类 estuarine species、AN 溯河洄游性 anadromous、SA 半溯河洄游性鱼类 semi - anadromous、CA 降海洄游性鱼类 catadromous、SC 半降海洄游性鱼类 semi - catadromous、FM 淡水洄游性鱼类 freshwater migrant 和 FS 淡水偶见性鱼类 freshwater straggler。

区系组成中软骨鱼类计有 5 目 12 科 17 属 26 种，占长江口鱼类总数的 7.03%。其中鳐目种类较多为 10 种，占软骨鱼类总数的 38.46%，其次真鲨目种类 7 种，占软骨鱼类总数的 26.92%，鲼目、角鲨目和鼠鲨目的种类数相对较少，分别占 15.38%、11.54% 和 7.69%。

长江口硬骨鱼类的种类数占绝大多数，计有 24 目 104 科 242 属 344 种，占长江口鱼类总数的 92.97%。其中鲈形目种类最多，有 44 科 97 属 128 种，占硬骨鱼类总数的 37.21%，绝大部分为海水鱼类；其次为鲤形目，有 3 科 41 属 56 种，占硬骨鱼类总数的 16.28%，均为淡水鱼类；其他种类数相对较多的还有鲀形目（6 科 12 属 27 种）、鲽形目（5 科 11 属 22 种）、鲉形目（3 科 12 属 19 种）、鲉形目（7 科 15 属 18 种）、鲇形目（4 科 5 属 12 种）和鳗鲡目（5 科 10 属 12 种）等；灯笼鱼目、鲻形目、银汉鱼目和金眼鲷目种类数均仅 1 种，多没有经济价值。

2. 生态类群

河口环境具有海洋和淡水两种特性，具有丰富的生物多样性。河口的鱼类群落组成非常复杂，就像河口的分类一样，生物学上对河口鱼类群落的分类非常多，如基于盐度承受力、繁殖、索饵和洄游习性等特性不同而分为形态的、生理的和生态功能组，一般可以根据河口鱼类的垂直分布、水平分布、产卵习性、底质喜好以及食性将它们划分为不同的功能群（表3）。

表3　河口鱼类群落的划分

功能群分类	功能群组成
生态功能群	MS 海洋偶见性鱼类
	MM 海洋洄游性鱼类
	ES 河口性鱼类
	AN 溯河洄游性鱼类
	SA 半溯河洄游性鱼类
	CA 降海洄游性鱼类
	SC 半降海洄游性鱼类
	FM 淡水洄游性鱼类
	FS 淡水偶见性鱼类
垂直分布功能群	P 上层鱼类，生活在主要水体中
	B 底栖鱼类，生活在底质上或底质内
	D 底层鱼类，生活在近海床以上的水体中
底质喜好功能群	S 沙底
	F 软底
	R 糙底
	M 混合或不同底质
	V 不同基质草丛、藻丛

（续）

功能群分类	功能群组成
食性功能群	P 浮游生物
	I 无脊椎动物
	F 鱼类
	V 水生植物
	D 碎屑
	PS、FS、IS、VS、DS 的组合：鱼类只摄食浮游动物、鱼类等
	CS 肉食性鱼类
	OV 杂食性鱼类
	HC 鱼类，既为草食性的、又为肉食性的，但不是杂食性
繁殖功能群	V 胎生
	W 卵胎生
	O 卵生
	Op 浮性卵
	Og 卵由雄性鱼守护
	Ob 沉性卵
	Os 巢中卵
	Ov 卵沉积或黏附在植物上

（1）生态类型　根据鱼类对河口的利用以及对盐度的不同适应性，将长江口鱼类群落组成划分为 4 种主要的类型。

1）淡水鱼类　终生生活在淡水中，它们主要分布于盐度小于 5 的水域中，但有少数种类在河口可以忍耐 5 以上的盐度。长江口水域共有淡水鱼类 84 种，占本水域鱼类总数的 22.70%。长江河口的淡水鱼类主要以鲤形目、鲈形目和鲇形目为主，鲤形目种类最多，有 56 种，占淡水鱼类数的 66.67%；其次鲈形目 12 种，占 14.29%；鲇形目 10 种，占 11.90%；合鳃鱼目、胡瓜鱼目、鲟形目、颌针鱼目、鳉形目种类只有 1～2 种。鲤形目中以鲤科种类最多为 50 种，鳅科和亚口鱼科的种类分别为 5 种和 1 种。鲤科中以鲌亚科种类最多为 13 种，其次鮈亚科 11 种，分别占鲤科鱼类种类数的 26% 和 22%；其他依次为鳑亚科 9 种、雅罗鱼亚科 6 种、鲴亚科 4 种、鲤亚科和鲃亚科各 2 种、鳅鮀亚科 1 种。

长江河口水域淡水鱼类区系属于全北区（Holarctic Region）、华东（江河平原）亚区（East China Plain Subregion）、江淮分区（Kiang - Huai Province）（李思忠，1981）。

① 江河平原鱼类区系复合体：为第三纪由南热带迁入我国长江、黄河平原区，并逐渐演化为许多我国特有的地区性鱼类，包括银鱼科的短吻大银鱼，鲤科的鲃亚科、雅罗鱼亚科、鮈亚科、鲴亚科、鲌亚科（除麦穗鱼属外）、鳑亚科和鲢亚科以及鳅科鱼类。

② 热带平原鱼类区系复合体：为原产于南岭以南的热带、亚热带平原区各水系的鱼类，包括鳡科、大颌鳉科、花鳉科、合鳃鱼科、刺鳅科、沙塘鳢科（河川沙塘鳢、小黄

黝鱼）、塘鳢科（尖头塘鳢）、虾虎鱼科（子陵吻虾虎鱼、波氏吻虾虎鱼和黏皮鲻虾虎鱼）、丝足鲈科和鳢科鱼类。

③上第三纪鱼类区系复合体：为第三纪早期在北半球温热带地区形成的种类。包括鲟形目的白鲟、亚口鱼科、鲤科的鲤亚科、鲍亚科的麦穗鱼属、鳅科的泥鳅属和鲇科鱼类。

④北方平原鱼类区系复合体：原为北半球寒带平原地区形成的种类。长江河口水域仅有鳅科的中华花鳅1种。

从长江口水域淡水鱼类的区系组成来看，主要以鲤科的鲍亚科、鲌亚科、鳘亚科、鲴亚科鱼类为主，显示了本水域淡水鱼类区系系典型的平原静水型特征。长江口水域淡水鱼类区系基本上是由江河平原区系复合体和热带平原区系复合体所组成，清晰地表明了长江河口水域淡水鱼类区系的暖温带性质，胭脂鱼的存在又说明了长江河口鱼类区系的特殊性。

长江口的淡水特有鱼种很少，主要的特有种类为似刺鳊鲍、光唇蛇鲍、线鳅鲀、长须疯鳉以及大鳍半鱶。

2）河口性鱼类　长江口水域的河口性鱼类有6目7科31种，占本水域鱼类总数的8.38％，其中以鲈形目种类最多，计20种，占河口性鱼类数的64.52％；胡瓜鱼目种类次之，计5种，占16.13％；鲽形目3种，占9.68％；鲱形目、颌针鱼目和鲀形目各1种，分别占3.23％。这些鱼种终生生活在河口咸淡水水域中，是典型的河口种，可在较大盐度范围内水中生活，但主要生活在盐度5～20的水体中，有些种类也能进入淡水中生活，如间下鱵、香斜棘鳉、斑尾刺虾虎鱼、弹涂鱼、大弹涂鱼、窄体舌鳎和晕环东方鲀等。这些鱼类有的也有洄游习性，但洄游范围不大，它们主要栖息于近岸浅水中。

3）洄游性鱼类　长江口水域的洄游性鱼类有6目7科9种，占本水域鱼类总数的2.43％。洄游性鱼类是指在其生活史中要经历淡水和海水两种完全不同的生境，河口是它们到达产卵场进行繁殖的通道和最为理想的过渡地带。根据洄游路线的不同可将这些洄游性鱼类分为两大类：一类是溯河洄游性种类（anadromous species），它们从海洋向江河进行生殖洄游，在淡水中产卵繁殖，仔稚幼鱼、成鱼阶段在河口至海中生活，中华鲟、鲥、刀鲚、凤鲚、前颌银鱼、暗纹东方鲀是长江河口主要的溯河产卵种类；其中前颌银鱼和凤鲚为半溯河洄游性种类（semi - anadromous species），在海洋或河口水域育肥，洄游至河口低盐水域产卵。另一类为降海洄游性种类（catadromous species），它们在海洋中产卵，幼鱼和未成熟阶段在淡水中生活，长江河口的降海洄游性鱼种主要为日本鳗鲡、花鳗鲡和淞江鲈；其中淞江鲈为半降海洄游性种类（semi - catadromous species），在淡水中育肥，洄游至河口近岸高盐水域产卵。长江河口水域的洄游性鱼类中，中华鲟、鲥、刀鲚和日本鳗鲡为长距离洄游性种类，其余几种为短距离河口洄游性种类。而且这些洄

游性种类大多数为重要的渔业资源。

4）海洋鱼类　出现于长江口水域的海洋鱼类有 24 目 99 科 246 种，占本水域鱼类总数的 66.49%。其中软骨鱼类 5 目 12 科 27 种，占海洋鱼类总数的 10.98%；硬骨鱼类 19 目 87 科 219 种，占海洋鱼类数的 89.02%。硬骨鱼类中以鲈形目种类最多，计 40 科 95 种；鲀形目种类次之，计 6 科 25 种，其他种类数相对较多的目还有鲽形目（19 种）、鲉形目（17 种）、鲱形目（15 种）和鳗鲡目（10 种）。

从海洋鱼类的适温性来看，长江口的海洋鱼类分为以下三类。

① 暖水性种（warm - water species）：软骨鱼纲中的锥齿鲨、宽尾斜齿鲨、路易氏双髻鲨等，以及硬骨鱼纲中的遮目鱼、鲥、二长棘犁齿鲷等。常年栖息于我国东海、台湾海域及南海的热带、亚热带海区，它们大部分是偶尔随暖流分支进入长江口；到冬季又返回南方，这时在长江口水域很少见到。

② 暖温性种（warm - temperature species）：软骨鱼纲中的长吻角鲨、汤氏团扇鳐、小眼窄尾魟和日本燕魟等，以及硬骨鱼纲中的黄鲫、大黄鱼、日本鬼鲉等。这些暖温性种类常年栖息于我国东海、台湾海域及南海的热带、亚热带海区，一般在夏季随暖流分支由南向北进入长江口水域。

③ 冷温性种（cold - temperature species）：软骨鱼纲中的白斑星鲨、白斑角鲨等，以及硬骨鱼纲中的大头鳕、田中狮子鱼、吉氏绵鳚、石鲽和紫色东方鲀等。这些冷温性种类主要栖息于黄海北部的黄海中央底层冷水团，这些种类的出现与黄海沿岸冷水团有着密切关系，冬季随着气温的下降，这些鱼类随中国大陆沿岸水向南扩散，南移进入长江口水域。

长江口海洋鱼类的区系主要由暖温性和暖水性种类组成，暖温性种类占半数以上，暖水性种类少于暖温性种，冷温性种类相对较少，没有冷水性的种类。长江口鱼类区系为暖温带区系，属于北太平洋温带区的东亚亚区。

这些海洋鱼类中有些种类常年栖息于长江口及邻近海域，它们的适盐范围较广，大多数分布在近岸盐度 30 左右的浅海，如斑鲆鳐、鳓、黄鲫、龙头鱼、皮氏叫姑鱼、棘头梅童鱼、黑鳃梅童鱼、北鲳、灰鲳和短舌鳎等。它们在长江口及邻近海域进行繁殖、育幼和索饵。

有些种类分布相对较靠外海，它们一般生活在盐度高于 30 的海水中，有少数种类在较低的盐度中也有分布。只是在某些季节在长江河口及邻近海域进行生殖或索饵，然后向外海洄游。如奈氏半魟、中国半魟、大黄鱼、小黄鱼、日本带鱼、日本鲭以及鲹科、鲉科、鲆科、鲽科和单角鲀科鱼类等在繁殖季节到河口附近海域进行产卵；铅灰真鲨、日本鳀和蓝点马鲛等夏季在长江口近海区进行索饵。

（2）垂直分布特征　按照鱼类生活方式或生态学特性进行分类，长江河口水域的鱼类可分为中上层鱼类和底层鱼类。

1）中上层鱼类　中上层鱼类主要栖息于水体的中上部，通常具有较强的迁徙行为。长江口的鱼类群落中大约有 20% 的种类属于中上层鱼类。它们的食物资源丰富，这些鱼类包括植物和碎屑食性种类、杂食性种类以及肉食性种类。植物和碎屑食性的鱼类主要摄食藻类以及腐殖质等。杂食性种类主要摄食桡足类、枝角类、糠虾、磷虾、异足类、端足类以及藻类、有机碎屑等，有些种类的食性较广，如鲱科的锤氏小沙丁鱼、斑鰶、鰣、远东拟沙丁鱼，鳀科的日本鳀、黄鲫，灯笼鱼科的七星底灯鱼等。肉食性种类主要摄食小型鱼类、头足类、甲壳类等，如弧形长尾鲨、宽尾斜齿鲨和蓝点马鲛等。

2）底层鱼类　底层鱼类主要栖息于水体的底层或接近底层处，一般在接近底层的水体中摄食。底层鱼类的种类相对较多，长江口的鱼类群落组成中，底层鱼类的数量大约占所有鱼类数量的 80%。罗秉征等（1994）的研究认为，长江口鱼类种类组成中，底层鱼类占很大的优势，但中上层鱼类无论从群体重量还是尾数上都大于底层鱼类，而底层鱼类的个体重量却要大于中上层鱼类。底层鱼类的食性组成也很广泛，多为肉食性鱼类，也有广食性和杂食性的鱼类。

（3）食性类型　在天然水体中鱼类食物质和量的不同与鱼类分布、出现时间和种群数量、生物量等有很大的关系。长江口水域的鱼类区系是由共同的地理起源联系的种类所组成。鱼类的食物可分为碎屑、浮游植物、浮游动物、水生维管束植物、大型无脊椎动物和鱼类等。由于长江每年巨量的泥沙使河口及广阔的水下三角洲地区有时可出现 1～2 m 厚的浮泥带，含沙量大，透明度仅 5～20 cm。浅滩、沙洲和径流使浮游生物种类和数量相对较少，致使长江口水域多数鱼类的食物组成相对较复杂，很少有鱼类只摄食某一类型的食物。根据摄食的主要种类组成大致可将长江口鱼类分为以下几种类型。

1）浮游生物食性鱼类　该类型鱼类大多为中上层鱼类，颌齿细小或退化，鳃耙细密而发达，用以滤食个体细小的食物，胃呈 Y 形。主要以桡足类（如哲水蚤、剑水蚤、猛水蚤等）、枝角类、端足类、异尾类等为主要饵料，兼食糠虾、磷虾、藻类、有机碎屑及鱼卵、仔稚鱼等。该类型鱼类主要包括锤氏小沙丁鱼、小鳞脂眼鲱、斑鰶、鰡、龟鲅、细鳞斜颌鲴、长蛇鮈、日本鳀、康氏侧带小公鱼、赤鼻棱鳀、中颌棱鳀和黄鲫等。

2）底栖生物食性鱼类　该类型鱼类性情温和，游动速度较慢，多属底层鱼类，颌齿形态差异较大，胃型也多样化，鳃耙的形态结构介于浮游生物食性鱼类与游泳生物食性鱼类之间。它们主要以底栖甲壳类（如褐虾、鼓虾、仿对虾、长臂虾、钩虾、鹰爪虾、戴氏赤虾、口虾蛄等）为主要饵料，兼捕一些多毛类（如沙蚕）、双壳类（如小刀蛏）、棘皮类（如海蛇尾）等。该类型鱼类主要包括斑鰶鳔、刀鲚、细条银口天竺鲷、多鳞鱚、乌鲹、鳞鳍叫姑鱼、银姑鱼、宽体舌鳎、木叶鲽、大齿斑鲆等。

3）游泳生物食性鱼类　该类型鱼类凶猛、游泳速度快，口裂大，颌齿强而锐利；鳃耙稀疏、粗短或退化，胃亦多呈 Y 形。主要摄食中、小型鱼类及头足类，食物中的鱼类包括锤氏小沙丁鱼、黄鲫、赤鼻棱鳀、日本鳀、细条银口天竺鲷、黑鳃梅童鱼、凤鲚等。

该类型鱼类主要包括长体蛇鲻、油魣、蓝点马鲛、杜氏疯鲿、中国花鲈、日本鰧、黄鮟鱇、龙头鱼、海鳗、日本带鱼和宽尾斜齿鲨等。

4）混合（底栖生物和游泳生物）食性鱼类 该类型鱼类食性很广，在长江口鱼类中种类最多，其食物包括底埋生物（如多毛类、双壳类、腹足类）、底面层生物（如海葵、海蛇尾）、底层生物（如十足类、口足类）及游泳生物（如中小型鱼类和头足类），偶尔还捕食一些大型浮游生物（如中国毛虾等）。

该类型鱼类主要包括路易氏双髻鲨、白斑角鲨、丝鳍海鲇、短尾大眼鲷、黄姑鱼、银姑鱼、大黄鱼、小黄鱼、棘头梅童鱼、星康吉鳗、黑鳍髭鲷、华髭鲷、黑棘鲷、蓝圆鲹、吉氏绵鳚、单指虎鲉、虻鲉、鲬、田中狮子鱼、石鲽、斑纹条鳎、半滑舌鳎、铅点东方鲀、双斑东方鲀、暗纹东方鲀、菊黄东方鲀和晕环东方鲀等。

（二）河口生境的多样性

河口是流域物质入海的必经之地，是陆海相互作用的通道，在此处，陆海物质交汇、咸淡水混合、径流和潮流相互作用，产生各种复杂的物理、化学、生物和地质过程。因此，河口的生态环境有着特殊性和多样性。

长江口多为 0～10 m 的浅水水域，这一带的生物与环境关系复杂，生物时空分布和季节变化明显。受长江径流的影响，长江口可以划分为南支、北支、口门外和杭州湾等不同的生态区域，构成了丰富多样的鱼类栖息地、洄游通道、产卵场和索饵场。

1. 重要的鱼类洄游通道

长江河口是鱼类溯河、降海洄游的重要通道，无论是主动洄游的成体，还是被动移动的鱼卵、仔稚鱼，都与水温、盐度、径流、潮汐、流速和饵料等有关。主动洄游的鱼类根据其洄游的起因，可分为生殖洄游（产卵洄游）、索饵洄游和越冬洄游三类。

（1）生殖洄游 鱼类在生殖期间常集合成群，以寻找它们在物种进化过程中所形成的、有利于幼鱼发育的产卵地点，这种因产卵而进行的洄游称为生殖洄游。由于产卵场的不同可分为以下 4 种类型。

1）海洋洄游 海洋洄游是指鱼类由较深的外海向浅海或沿岸进行生殖洄游。进行这一类型洄游的种类均为海洋鱼类，如北鲳、大黄鱼、小黄鱼、日本带鱼、日本鲭等，它们的产卵场在浅海或河口附近。

2）过河口洄游 过河口洄游根据洄游方向的不同可分为溯河洄游和降海洄游两种类型。溯河洄游是指鱼类由海洋通过河口进入江河进行产卵，它们在海水中生长、在淡水中繁殖，这些鱼类称为溯河洄游种类，如中华鲟、刀鲚、鲥等。降海洄游是指鱼类由江河通过河口进入海洋进行产卵，它们在淡水中生长、在海水中繁殖，如日本鳗鲡、淞江鲈等，这些鱼类称为降海洄游种类。

3）半溯河洄游　半溯河洄游是指鱼类在河口咸淡水及邻近的近海生长，繁殖季节向河口淡水作短距离洄游。如凤鲚和前颌银鱼，其产卵场均在长江口南支等水域。

4）半降海洄游　半降海洄游是指鱼类在淡水中生长、育肥，繁殖季节自淡水降河入海作短距离洄游，在河口邻近海域繁殖。如淞江鲈，其产卵场位于长江口北侧的蛎牙礁海域。

5）淡水洄游　淡水洄游是指鱼类在淡水中产卵，在长江内进行洄游生长，如青鱼、草鱼、白鲟等。

（2）索饵洄游　索饵洄游是鱼类为寻找适宜生长发育的索饵场而进行的洄游。进行生殖洄游的种类在产卵后常与其仔稚鱼、幼鱼通过索饵洄游摄取大量食物，进行生长发育，如刀鲚、鲥等，它们在淡水中产卵后，其仔稚鱼、幼鱼洄游至河口附近进行索饵育肥。

（3）越冬洄游　越冬洄游是指随着水温的下降，鱼类离开原来索饵育肥的河口及近海浅海海域，集群向水深较深、水温较高的越冬场洄游进行越冬。

2. 重要的鱼类产卵场

长江口是一些鱼类的产卵场，如前颌银鱼、棘头梅童鱼、北鲳、凤鲚等，它们的繁殖时间和地点是交叉的，多数鱼类的繁殖期都是在上半年，下半年为多种幼鱼的索饵期。前颌银鱼从 2 月起溯河到长江口南支沿岸浅滩繁殖；凤鲚从 4 月起溯河到长江口南支敞水区等水域繁殖；棘头梅童鱼和北鲳的繁殖盛期均在 5 月，棘头梅童鱼主要在崇明、南汇等浅滩水域繁殖，北鲳在长江口拦门沙外和杭州湾北岸带附近海域产卵（表 4）。

表 4　长江口鱼类产卵和索饵群体出现的时空顺序

群体	出现时间	种类	主要分布水域	繁殖水域	繁殖盛期
产卵群体	2—4 月	前颌银鱼	南支	南支沿岸浅滩	3 月
	2—7 月	刀鲚	南支、拦门沙	长江中下游湖泊	3 月
	2—7 月	棘头梅童鱼	拦门沙外	崇明、南汇浅滩	5 月
	4—6 月	北鲳	拦门沙外、杭州湾北岸带	拦门沙外、杭州湾北岸带	5 月
	4—7 月	凤鲚	拦门沙外、南支、南汇浅滩	拦门沙外、南支、南汇浅滩	5—6 月
	8—10 月	有明银鱼		河口的南通、崇明淡水水域	9 月
索饵群体	2—6 月	日本鳗鲡	长江口全水域		3 月中旬至 4 月初
	2—11 月	刀鲚	长江口全水域		8—10 月
	6—8 月	北鲳	拦门沙外、杭州湾北岸带		6—8 月
	3—11 月	棘头梅童鱼	拦门沙外、杭州湾北岸带		8—11 月
	3—11 月	凤鲚	拦门沙外、杭州湾北岸带		8—11 月

从繁殖季节水温来看，凤鲚、棘头梅童鱼、北鲳等繁殖期水温在 18～20 ℃，前颌银

鱼从 2 月开始溯河，3 月水温在 7～8 ℃时达繁殖盛期，一些淡水鱼类（如鲢、鳙、草鱼）的繁殖期在 5 月，水温为 22～26 ℃。

3. 仔稚鱼、幼鱼的育幼场和索饵场

长江口水域是多种鱼类的育幼场和索饵场，鱼类浮游生物群落是河口及邻近水域渔业资源补充群体的重要来源之一。长江口水域鱼卵和仔稚鱼、幼鱼的种类记录数量最高的是罗秉征等（1994）1985—1986 年的调查，共捕获鱼卵 90 万枚，仔稚鱼 7 万尾，隶属 54 科、100 种，具有很高的多样性。其他学者也相继调查和分析了长江口水域的鱼卵和仔稚鱼、幼鱼的组成，如朱鑫华等（2002）记录了长江口仔稚鱼、幼鱼 9 目、15 科 19 属 20 种（类），主要以沿岸、咸淡水和近海种类为主，占 90％；钟俊生等（2005）记录了 23 科 50 种；蒋玫等（2006）记录了 10 目 30 科 4 属 45 种；蒋日进等（2008）记录了 31 科 84 种。根据上述这些研究结果，初步总结出长江口出现的鱼卵和仔稚鱼、幼鱼共有 17 目 54 科 140 种（类）。

长江口水域全年皆有鱼卵和仔稚鱼出现，但主要出现在春夏两季，秋冬两季较少。春季出现鱼卵最多，仔稚鱼数量相对较少，主要种类为日本鳀、凤鲚、中国大银鱼、前颌银鱼、小黄鱼、日本鲭、北鲳等。夏季鱼卵相对减少，仔稚鱼数量增多，6—8 月出现的仔稚鱼种类数最高，此时密度也相对较高，主要分布于南水道入海口附近水域和大沙渔场的东南海区，主要种类有日本鳀、康氏侧带小公鱼、凤鲚、七星底灯鱼、蓝圆鲹、皮氏叫姑鱼、大黄鱼、棘头梅童鱼、日本带鱼、日本鲭、北鲳以及鲤科、舌鳎科的鱼类。秋冬两季鱼卵和仔稚鱼相对较少，主要种类有康氏侧带小公鱼、七星底灯鱼、中国花鲈和大海鲢等。

根据长江口仔稚鱼、幼鱼对温度、盐度的适应性以及分布特性的不同，可以将长江口仔稚鱼、幼鱼分为 4 种生态类型（杨东莱 等，1990；罗秉征 等，1994）。

（1）淡水型　淡水型鱼类全部生活史在淡水中度过，长江口淡水鱼类的鱼卵和仔稚鱼、幼鱼的数量较少，仅占 7.14％，主要是以鲤科的一些种类为主，如麦穗鱼、银飘鱼、寡鳞飘鱼等；此外，还包括鲟形目和鲈形目的个别种类，如食蚊鱼和鳜等。它们随着长江径流至河口附近生长发育，这些种类的分布水域随着盐度的增加而逐渐减少。

（2）咸淡水型　咸淡水型鱼类包括溯河洄游和降海洄游种类，多为河口性鱼类，它们早期发育多在河口附近水域完成，种类数仅次于海洋性种类，约占出现种类数的 29.3％。除了虾虎鱼类的适温、适盐范围较广外，多数鱼类早期阶段适应盐度为 0.12～ 12，适应水温为 12～22 ℃。主要种类为大海鲢、刀鲚、凤鲚、中国大银鱼、前颌银鱼、鲻、龟鮻、淞江鲈、虾虎鱼科部分种类、日本鳗鲡、中国花鲈等。这些种类的鱼卵、仔稚鱼多于春季开始在长江口水域出现。

（3）沿岸型　沿岸型鱼类多为春夏两季洄游至沿岸浅水进行产卵繁殖、索饵、生长

发育，秋冬两季则向外海洄游越冬，具有明显的季节洄游特征。其早期发育阶段栖息在25 m等深线以浅的近岸混浊水域，适应温度为17～30 ℃，适应盐度为11～26。此种类型占出现种类数的15.7%，主要种类有大黄鱼、小黄鱼、棘头梅童鱼、北鲳、康氏侧带小公鱼等。其中，小黄鱼仔稚鱼、幼鱼的适应水温为11～21 ℃，盐度为21～33。北鲳适应水温为17～28 ℃，适应盐度为8～26。

（4）近海型　近海型鱼类多栖息于离岸30 m以外的海域中（盐度相对较高）索饵、繁殖、发育和生长，包括大洋性和深海洄游鱼类。此种类型适应温度和盐度范围较广，水温为14～30 ℃，盐度为15～34；鱼卵和仔稚鱼主要分布于水温16～22 ℃、盐度24～33的水域中。此类型种类最多，占出现种类数的41.4%，主要种类为日本鳀、日本带鱼、日本鲭、七星底灯鱼、多鳞四指马鲅和皮氏叫姑鱼等。

日本鳀的卵在4—10月均有出现，至11月仍有仔稚鱼，7月仔稚鱼的数量较高。其产卵场盐度范围较窄，但其鱼卵和仔稚鱼适应盐度范围较广，日本鳀的早期发育阶段对温度、盐度的适应性较强。日本带鱼出现在6—10月，8月仔稚鱼较多，分布水温为20～29 ℃，盐度为19～33。

此外，还有些深海性和大洋性种类，很少到河口区，如发光鲷科、灯笼鱼科的某些种类。

各 论

软骨鱼纲 Chondrichthyes

本纲长江口 1 亚纲。

板鳃亚纲 Elasmobranchii

本亚纲长江口 5 目。

鼠鲨目 Lamniformes

本目长江口 2 科。

科 的 检 索 表

1（2）尾鳍短于全长之半；5 对鳃孔均位于胸鳍基底前方；尾不呈新月形；尾鳍基上方具凹洼……………
……………………………………………………………………………………… 砂锥齿鲨科 Odontaspidae
2（1）尾鳍长占全长之半；最后 2 个鳃孔位于胸鳍基底上方 ……………………… 长尾鲨科 Alopiidae

砂锥齿鲨科 Odontaspididae

本科长江口 1 属。

锥齿鲨属 *Carcharias* Rafinesque，1810

本属长江口 1 种。

1. 锥齿鲨 *Carcharias taurus* Rafinesque，1810

Carcharias taurus Rafinesque，1810，Caratt. Gen. sp. Anim. Piant. Sicilia，Palermo. Pt.，1：10，pl. 14，fig. 1（Sicily，Italy，Mediterranean Sea）。

欧氏锥齿鲨 *Eugomphodus owstoni*：朱元鼎，1960，中国软骨鱼类志：12，图 6（上海鱼市）；朱元鼎等，1963，东海鱼类志：10，图 6（上海鱼市场）。

欧氏锥齿鲨 *Eugomphodus taurus*：朱元鼎、孟庆闻，2001，中国动物志·圆口纲 软骨鱼纲：109，图 49（上海鱼市场）。

戟齿砂鲛 *Eugomphodus taurus*：陈哲聪、庄守正，1993，台湾鱼类志：49，图版 4 - 8（台湾东北及东部沿海）。

戟齿锥齿鲨 *Carcharias taurus*：陈大刚、张美昭，2016，中国海洋鱼类（上卷）：34。

后鳍锥齿鲨 *Eugomphodus taurus*：郭仲仁、倪勇，2006，江苏鱼类志：96，图 6（黄海南部）。

沙锥齿鲨 *Carcharias arenarius*：朱元鼎，1960，中国软骨鱼类志：13，图 7（广东汕尾）；朱元鼎，1962，南海鱼类志：12，图 7（广东汕尾）；倪勇，1990，上海鱼类志：61，图 1（长江口近海区）。

沙锥齿鲨 *Eugomphodus arenarius*：朱元鼎、孟庆闻，2001，中国动物志·圆口纲 软骨鱼纲：107，图 48（广东汕尾）；郭仲仁、倪勇，2006，江苏鱼类志：95，图 5（长江口近海）。

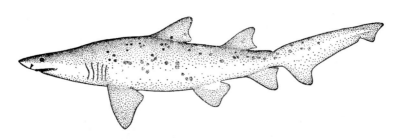

图 1　锥齿鲨 *Carcharias taurus*（倪勇，1990）

英文名　sand tiger shark。

地方名　白蒲鲨。

主要形态特征　体延长，粗大。头宽长而平扁，后部高凸，前部低平且渐狭小。尾侧扁，比头和躯干合长稍短。吻长而尖，约为眼径的 6 倍。眼很小，卵圆形，无瞬膜，距吻端比具第一鳃孔近。鼻孔横平，距眼较吻端近，前鼻瓣具 1 个三角形突出，后鼻瓣简单，鼻间隔为鼻孔宽的 2 倍。口深弧形，长约为宽的 2/3，下颌较短狭，齿裸出，细长，锥形，大小不一，基底分叉；上下颌都无正中齿；齿或具有细小侧齿头。喷水孔小，位于眼后。鳃孔 5 个，最后 2 个相距颇近，最后鳃孔位于胸鳍基底前方。

背鳍 2 个，同形；第一背鳍稍大，起点与胸鳍按平时的后端相对；第二背鳍起点稍后于腹鳍基底。臀鳍几与第二背鳍同大，起点稍前于第二背鳍基底后端下方。腹鳍略大于第二背鳍，位于两背鳍之间下方。胸鳍大，长宽约相等。尾鳍宽长，尾椎轴稍上翘；上叶狭小，下叶前部显著圆形突出，后部具一缺刻；尾鳍基底上方具一凹洼；尾柄上无侧突。

体呈灰褐色或黄褐色。背面、侧面和鳍上具不规则锈色斑点；胸鳍、腹鳍、臀鳍和第二背鳍外缘后部黑色，尾鳍下缘黑色。腹面与背侧面同色，胸前两侧及口隅和下颌上散布着蓝色斑点。

分布　广泛分布于除东太平洋区外的各温暖海域。我国黄海、东海、南海及台湾海域均有分布。长江口近海亦有分布。

生物学特性　近海暖水性底层鲨类，温带水域常见大型鲨。底栖，亦至表层和中层，体密度大于海水，常至表层吞空气入胃以增加浮力。有洄游习性，春夏成群北上，秋冬南下，卵胎生，每1卵群有16～23个受精卵，胎儿在子宫内有同类相残习性，吞食其他受精卵为营养，胎儿长17 cm时，已具尖而有作用的牙齿，一般每个子宫仅有2个胎儿成长，当长26 cm时已能在子宫内活动，出生时达95～105 cm。妊娠期长达8～9个月。性凶猛，常成群围捕鱼类，雄性成鲨长220～257 cm，雌性成鲨长220～300 cm，最长达318 cm。

资源与利用　肉质佳，鳍制鱼翅，肝油入药。长江口近海偶见，无捕捞经济价值。

【朱元鼎等（2001）记述我国分布有2种锥齿鲨，即沙锥齿鲨［*Eugomphodus arenarius* (Ogliby，1911)］＝*Carcharias arenarius* 和欧氏锥齿鲨［*E. taurus*（Rafinesque，1810)］＝*C. taurus*，以上颌第四和第五齿是否细小，及两齿间有无空隙相隔为鉴别特征。Compagno (2001)、Compagno 和 Last（1999）的研究认为 *Carcharias arenarius* 是 *C. taurus* 的同物异名。】

长尾鲨科 Alopiidae

本科长江口1属。

长尾鲨属 *Alopias* Rafinesque，1810

本属长江口1种。

2. 弧形长尾鲨 *Alopias vulpinus*（Bonnaterre，1788）

Squalus vulpinus Bonnaterre，1788，Tableau Encyclop. Method. Trois Règ. Nat.，Ichthyol. Paris：9，pl. 85，fig. 349（Mediterranean Sea)。

长尾鲨 *Alopias vulpinus*：张春霖、王文滨，1955，黄渤海鱼类调查报告：12，图8（山东青岛）。

弧形长尾鲨 *Alopias vulpinus*：朱元鼎，1960，中国软骨鱼类志：21，图14（广东闸坡）；朱元鼎，1962，南海鱼类志：14，图9（广东闸坡）；朱元鼎等，1963，东海鱼类志：12，图8（浙江石塘）；朱元鼎、孟庆闻，2001，中国动物志·圆口纲 软骨鱼纲：116，图53（山东青岛）；郭仲仁、倪勇，2006，江苏鱼类志：97，图7（长江口近海区）。

弧形长尾鲨 *Alopias vulpinus*：倪勇，1990，上海鱼类志：62，图2（长江口近海区）。

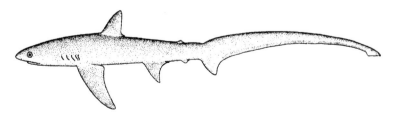

图2　弧形长尾鲨 *Alopias vulpinus*（朱元鼎 等，1963）

英文名 thresher。

地方名 长尾沙、狐鲛。

主要形态特征 体粗大，呈亚圆筒形，背面圆凸，腹面平坦。头较短，略侧扁，呈亚圆锥形。吻短而钝尖。眼小，无瞬膜。鼻孔小而平横，前鼻瓣具1个三角形突出。口弧形，口宽略小于口前吻长；唇褶位于唇的里侧，上唇褶狭长，约为上颌长的一半，下唇褶短而扁薄，长仅上唇褶的一半。齿小，中齿头直，三角形，外侧无小齿头；上半颌每行22齿，下半颌每行20齿。喷水口微小，裂缝状，位于眼后口角上方。鳃孔5个，第三鳃孔最宽，比眼径大1.6倍，最后两个距离较近，位于胸鳍基底上方。

背鳍2个，第一背鳍呈等边三角形，起点与胸鳍里角相对，后端前于腹鳍起点有相当距离；第二背鳍很小，距臀鳍较距腹鳍近。尾鳍很长，腰刀形，大于全长的一半；上叶不发达，仅见于尾端近处；下叶前部呈大三角形突出，中部低而延续近尾端，后部呈小三角形突出，与上叶合并，中部与后部间无缺刻。臀鳍与第二背鳍同形，同大，起点稍后于第二背鳍基底，后者的后角伸达其基底后部上方。腹鳍略小于第一背鳍，起点距第一背鳍基底较距第二背鳍近。胸鳍镰形，其前缘比第一背鳍前缘长1.8倍。

体呈黑褐色，腹面白色。胸鳍和腹鳍外角尖端白色。

分布 广泛分布于世界各温带及热带海域。我国黄海、东海、南海、台湾东北海域均有分布。长江口近海亦有分布。

生物学特性 暖水性大洋表层鱼类。栖息于表层至水深350 m海区，幼鱼也出现于浅水内湾。夏季游近长江口海区捕食小型集群鱼类，常用长尾击水，有时也降入深处。卵胎生，胎儿在子宫内有相残习性，每胎产2～4仔，初产仔鲨长114～150 cm。雄性成鲨319～549 cm，雌性成鲨376～549 cm，最长达609 cm。

资源与利用 肉质佳，可供食用。夏季长江口近海偶见，数量少，无捕捞经济价值。

真鲨目 Carcharhiniformes

本目长江口3科。

科 的 检 索 表

1（4）头颅的额骨区正常，不向左右两侧突出

2（3）齿细小，带状或铺石状排列，多行在使用 ……………………………… 皱唇鲨科 Triakidae

3（2）齿侧扁而大，1～3行在使用 …………………………………………… 真鲨科 Carcharhinidae

4（1）头颅的额骨区向左右两侧突出；眼位于突出的两端 ………………… 双髻鲨科 Sphyrnidae

皱唇鲨科 Triakidae

本科长江口2属。

属 的 检 索 表

1（2）齿侧扁，多齿头型，不呈铺石状排列，前后齿几同形 ·················· 皱唇鲨属 *Triakis*

2（1）齿平扁，铺石状排列，齿头退化或消失 ·················· 星鲨属 *Mustelus*

皱唇鲨属 *Triakis* Müller *et* Henle，1838

本属长江口1种。

3. 皱唇鲨 *Triakis scyllium* Müller *et* Henle，1839

Triakis scyllium Müller and Henle，1839，Syst. Beschr. Plagiostomen：63，pl. 26（Japan）。

皱唇鲨 *Triakis scyllium*：张春霖、王文滨，1955，黄渤海鱼类调查报告：16，图11（河北，山东）；朱元鼎，1960，中国软骨鱼类志：54，图47（浙江花鸟岛）；朱元鼎等，1963，东海鱼类志：21，图16（上海等地）；倪勇，1990，上海鱼类志：64，图3（长江口近海区）；朱元鼎、孟庆闻，2001，中国动物志·圆口纲 软骨鱼纲：202，图101（上海等地）；郭仲仁、倪勇，2006，江苏鱼类志：109，图14（长江口近海区等地）。

图 3　皱唇鲨 *Triakis scyllium*（倪勇，1990）

英文名　banded houndshark。

地方名　沙条。

主要形态特征　体颇延长，前部较粗大，后部细小。头宽扁，头宽大于头高。尾细长，略长于头和躯干，尾基上下方无凹洼。吻中长，背视弧形，前缘广圆，侧视钝尖。眼中大，椭圆形，瞬褶平横外露，外侧有一深沟。鼻孔宽大，鼻间隔约为鼻孔长的1.4倍；前鼻瓣圆形突出，几盖没出水孔；后鼻瓣无半环状薄膜。口宽大，浅弧形。下颌较短。口闭时上颌齿露出，下颌齿在缝合处稍露。唇褶发达，上唇褶宽扁而长，外侧具一深沟，褶长大于上颌长的1/2，下唇褶比上唇褶稍短，后侧亦具一深沟。齿细小而多，多行在使用，每齿具1中齿头及1～2小侧齿头。喷水孔小，长椭圆形，位于眼后。鳃孔5个，中间3个较宽，最后1个较狭。

背鳍2个，第一背鳍距腹鳍比距胸鳍稍近，起点稍后于胸鳍里角，下角几伸达腹鳍起点上方；第二背鳍与第一背鳍同形，起点前于臀鳍起点，基底长与距尾基的距离相等。

尾鳍中长，上叶颇发达；下叶前部圆钝突出，中部与后部之间具一缺刻，后部三角形突出，与上叶连接；尾端圆钝，后缘斜直。臀鳍比第二背鳍小许多，起点几与第二背鳍中部相对，下角延长尖突，伸越第二背鳍下角。腹鳍比第二背鳍稍小，近方形，位于背鳍间隔前半部下方；鳍脚宽扁，后端钝尖。胸鳍比第一背鳍稍大，鳍端伸达或伸越第一背鳍起点。

体呈灰褐色带紫色。具 13 条暗褐色宽幅横纹，横纹上有大小不一的黑色斑点，斑点最大可与眼径等大。腹面白色。各鳍褐色，有时具黑色斑点。

分布　分布于西北太平洋区西伯利亚南部至中国台湾海域。中国黄海、东海、台湾海域均有分布。长江口近海亦有分布。

生物学特性　温带大陆架和岛架近海底栖鲨类。喜在河口、内湾浅水藻类繁茂区逗留。可耐受低盐度。卵胎生，无卵黄囊胎盘，每胎产 10～24 仔。摄食小鱼、甲壳类和其他底栖无脊椎动物。体长可达 1 m 以上。

资源与利用　肉质较好，可供食用。冬季常集群游至长江口近海区，1982 年 1 月 20 日在水深 32 m 处曾一次拖网捕获 46 尾，约 500 kg。

星鲨属 *Mustelus* Linck，1790

本属长江口 1 种。

4. 白斑星鲨 *Mustelus manazo* Bleeker，1857

Mustelus manazo Bleeker，1857，Verh. Batav. Genootsh，26（42）：126（Nagasaki，Japan）。

白斑星鲨 *Mustelus manazo*：张春霖、王文滨，1955，黄渤海鱼类调查报告：15，图 10（辽宁，山东）；朱元鼎，1960，中国软骨鱼类志：56，图 48（上海鱼市，东海中部）；朱元鼎等，1963，东海鱼类志：23，图 17（舟山外海，浙江沈家门）；倪勇，1990，上海鱼类志：65，图 4（长江口近海区）；朱元鼎、孟庆闻，2001，中国动物志·圆口纲 软骨鱼纲：200，图 100（上海鱼市，东海中部）；郭仲仁、倪勇，2006，江苏鱼类志：111，图 16（长江口近海区等地）。

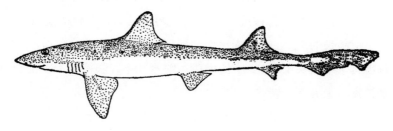

图 4　白斑星鲨 *Mustelus manazo*（倪勇，1990）

英文名　satrspotted smooth‐hound。

地方名　花路。

主要形态特征　体细而延长。头平扁。尾细长，尾基上下方无凹洼。眼椭圆形，瞬褶平横外露，外侧有一深沟。鼻孔宽大，前鼻瓣具三角形突出。口中大，三角形。上唇褶扁而长，短于或等于下唇褶；下唇褶较狭而短。齿细小而多，铺石状排列，多行在使用，齿椭圆形或斜方形，齿面平扁圆突，齿头圆钝或钝尖。

背鳍2个。第一背鳍起点约与胸鳍里角相对；第二背鳍比第一背鳍稍小，起点前于臀鳍起点；臀鳍小，起点约与第二背鳍基底中部相对；腹鳍比第二背鳍稍小；胸鳍鳍端伸达第一背鳍基底前1/3（幼体）至后半部下方。

体背面和侧面灰褐色，侧线上侧面具不规则白色斑点；腹面白色；各鳍褐色、边缘较淡。

分布　分布于西北太平洋区沿海，北起西伯利亚南部、南至越南；西印度洋的肯尼亚亦有发现。我国产于黄海、东海、台湾海域。长江口近海亦有分布。

生物学特性

［习性］冷温性近海中小型鲨类。一般喜栖息于潮间带至200 m以浅沙质底海域，有时亦进入港湾或河口索食。

［年龄和生长］成鲨全长一般在1 m左右，雄鲨可达960 mm，雌鲨可达1 170 mm。生长速度雌、雄各异。经3～4年性成熟，此时长度为620～700 mm（山田梅芳 等，1986）。

［食性］主要捕食较大甲壳动物，如虾类及蟹类；也捕食软体动物，如双壳类、乌贼等，以及沙蚕和其他底栖无脊椎动物。有时也捕食小型鱼类以及人为抛弃在水中的食物。

［繁殖］650 mm个体均可达性成熟。卵胎生。无卵黄囊胎盘。一般在6—8月受精，翌年4月产仔，妊娠期约10个月。每胎产1～22仔，大多数为2～6仔。仔鲨长270～300 mm。左右子宫胎儿数近1∶1，胎儿数随亲鱼体长增多。胎儿具很短的卵黄管，长约30 mm；卵黄腺游离，不与母体子宫壁相连。卵为橘红色，呈长卵圆形，长约40 mm、宽约20 mm。卵外有初级和次级二层卵膜。次级卵膜是由壳腺形成的浅绿褐色的透明薄膜，在子宫内沿卵的长轴方向紧贴在卵外，遇水后向四周膨胀，把卵包在其中。8月可获得全长55～61 mm的胚体，整个胚体呈透明状，外鳃丝明显，脑、下颌骨、鳍条等均清晰可见，此时胚体卵黄囊管长24～26 mm，卵黄囊长约24 mm、宽约13 mm，胚体弯曲地伏在卵上。10月可获全长130～140 mm的胚体，胚胎在子宫内头、尾相对，胚体外有薄的次级卵膜包被。11月可获得全长为170～190 mm的胚体，此时胚胎卵黄管长22～40 mm，卵黄囊长27～30 mm、宽11～13 mm（王者茂，1986）。

资源与利用　本种为我国黄海和东海次要经济鱼类，在黄海产量较大，东海次之，长江口近海常有捕获，是群众渔业和机轮拖网等作业的兼捕鱼种。肉质较好，可供食用。

真鲨科 Carcharhinidae

本科长江口2属。

属 的 检 索 表

1（2）上颌齿颇倾斜，边缘光滑，基底无小齿头；头很平扁；胸鳍宽度与前缘长度几相等；第一背鳍后端位于腹鳍基底中点上方 ………………………………………… 斜齿鲨属 *Scoliodon*

2（1）上下颌齿或上颌齿边缘具细锯齿；基底具小齿头；鳃弓无乳头状鳃耙；尾柄无侧褶；第一背鳍基底距胸鳍较距腹鳍近或几等距 ……………………………… 真鲨属 *Carcharhinus*

真鲨属 *Carcharhinus* Blainville，1816

本属长江口2种。

种 的 检 索 表

1（2）第二背鳍起点与臀鳍起点相对；口前吻长小于口宽；第一背鳍高为第二背鳍高的4倍；鳍灰褐色，后缘较淡 ………………………………………………… 铅灰真鲨 *C. plumbeus*

2（1）第二背鳍起点前于臀鳍起点；口前吻长大于口宽；尾鳍后缘具窄而明显的黑色缘；胸鳍、第一和第二背鳍及尾鳍具明显的黑色鳍尖……………………………… 乌翅真鲨 *C. melanopterus*

5. 铅灰真鲨 *Carcharhinus plumbeus*（Nardo，1827）

Squalus plumbeus Nardo，1827，Isis.，20（6）：477，483（Adriatic Sea）。

阔口真鲨 *Carcharhinus latistomus*：张春霖、王文滨，1955，黄渤海鱼类调查报告：20，图14（山东）；朱元鼎，1960，中国软骨鱼类志：88，图24（上海，浙江嵊泗）；朱元鼎等，1963，东海鱼类志：30，图24（上海，浙江石塘）；湖北省水生生物研究所，1972，长江鱼类：159，图1（崇明）；倪勇，1990，上海鱼类志：67，图6（南汇县东风渔场，崇明裕安捕鱼站）。

阔口真鲨 *Carcharhinus plumbeus*：朱元鼎、孟庆闻，2001，中国动物志·圆口纲 软骨鱼纲：235，图119（上海，浙江嵊山，山东青岛）。

铅灰真鲨 *Carcharhinus plumbeus*：伍汉霖等，2002，中国有毒及药用鱼类新志：433，图329（上海鱼市场）；郭仲仁、倪勇，2006，江苏鱼类志：118，图21（启东、吕四、长江口等地）。

英文名　sandbar shark。

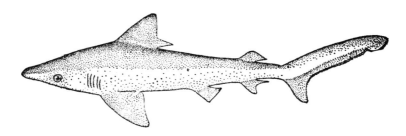

图 5　铅灰真鲨 *Carcharhinus plumbeus*（倪勇，1990）

地方名　青鲨。

主要形态特征　体呈纺锤形。躯干较粗大。头宽扁。尾稍侧扁，尾基上方具一凹洼，下方凹洼不显著。吻背视弧形，吻长约等于眼后缘至第一鳃孔的距离。眼小，瞬膜发达。鼻孔较大，斜列，距口端比距吻端近，鼻间隔比鼻孔约大3倍。口弧形，口宽稍大于口前吻长。唇褶短小，见于口隅处。上颌齿宽扁三角形，外缘有一凹缺；下颌齿较狭而直，内侧和外侧凹入；上下颌齿边缘具细锯齿，正中具一细小正中齿，每侧14枚。喷水孔消失。

背鳍2个。第一背鳍起点与胸鳍基底后端约相对；第二背鳍起点与臀鳍起点相对；背鳍间隔中部正中具一纵行皮嵴。尾鳍宽长，比头长为大；臀鳍约与第二背鳍同大；腹鳍稍大于第二背鳍，近方形；胸鳍近镰形，鳍端伸达第一背鳍基后端下方。

体呈青褐色或灰褐色，腹面白色；鳍灰褐色，后缘较淡。

分布　分布范围为 45°N—38°S、164°W—170°E。太平洋区沿海，夏威夷群岛和印度洋区红海、阿曼湾，大西洋区东、西岸沿海均有分布。我国黄海、东海、南海和台湾海城均有分布。夏季可进入长江河口区。

生物学特性

［习性］温带和热带近海上层鲨类。常栖息于潮间带至水深 280 m 处；作近海洄游，可进入咸淡水中。在北大西洋常形成较大群体，冬季向南、夏季向北洄游。

［年龄与生长］最大体长可达 250 cm、最大体重达 117.9 kg。资源恢复力低，最小族群倍增时间超过 14 年（r_m=0.028，k=0.05～0.09，t_m=12～16，t_{max}=32；Fec=5～12）。

［食性］昼夜均捕食，但夜间更活跃；主要捕食较小的底栖鱼类，如沙丁鱼、鳀、海鲇、西鲱、油鲱、海鳝、蛇鳗、鲆、烟管鱼、绯鲤、带鱼、马鲛、鲭、竹筴鱼、石首鱼、鲽、鳎等，也捕食小鲨鱼、头足类、虾类、蟹类、鳐和腹足类等动物。

［繁殖］估计成熟年龄在 3～10 年，雄性成鱼全长为 131～178 cm，最长可达 224 cm；雌性成鱼全长为 144～184 cm，最长可达 234 cm。产仔期在中国南海为 11—12 月。胎生，具卵黄囊胎盘，每胎产 1～14 仔（一般为 5～12 仔），产仔数随母体大小而变化。初生仔鲨全长为 56～75 cm（Compagno，1984）。

资源与利用　本种是无危害性鲨类。为西北、东北大西洋和中国南海重要渔业种类，也是游钓和水族馆观赏种类。主要供鲜销，制成烟熏、盐干品等；鳍可做鱼翅、用于中药材；肝富含维生素，可制鱼肝油。

【笔者 2018 年 6 月在长江口近岸（122°7′12″E、31°20′36″N）捕获 1 尾全长 820 mm、体重 9.5 kg 的乌翅真鲨 ［*Carcharhinus melanopterus*（Quoy *et* Gaimard，1824）］样本，为长江口新记录。】

斜齿鲨属 *Scoliodon* Müller *et* Henle，1837

本属长江口 1 种。

6. 宽尾斜齿鲨 *Scoliodon laticaudus* Müller *et* Henle，1838

Scoliodon laticaudus Müller and Henle，1838，Syst. Beschr. Plagiost.（1）：27，pl. 8（India）。

尖头斜齿鲨 *Scoliodon sorrakowah*：张春霖、王文滨，1955，黄渤海鱼类调查报告：18，图 12（山东）；朱元鼎，1960，中国软骨鱼类志：73，图 70（广东，广西，海南）；朱元鼎等，1963，东海鱼类志：26，图 20（浙江，福建）。

尖头斜齿鲨 *Scoliodon laticaudus*：倪勇，1990，上海鱼类志：67，图 5（长江口近海）；朱元鼎、孟庆闻，2001，中国动物志·圆口纲 软骨鱼纲：257，图 130（山东烟台，浙江大陈外海，福建厦门、集美）；郭仲仁、倪勇，2006，江苏鱼类志：113，图 17（连云港，黄海南部，长江口）。

宽尾斜齿鲨 *Scoliodon laticaudus*：陈大刚、张美昭，2016，中国海洋鱼类（上卷）：67。

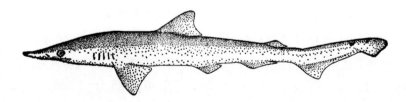

图 6　宽尾斜齿鲨 *Scoliodon laticaudus*（朱元鼎 等，1963）

英文名　spadenose shark。

地方名　尖头鲨。

主要形态特征　体修长。头很平扁，头后至吻端剧斜，自吻端至第一鳃孔区，背面与腹面几相遇合成一侧突。吻长而扁薄，背视三角形，前缘钝尖；口前吻长一般大于眼与第一鳃孔间的距离。眼小而圆，正侧位，在头侧突起中央，眼径约等于第三鳃孔的 1/2，瞬膜发达。鼻孔斜列，外侧位，近口端；鼻间隔宽，前鼻瓣后部有一细小突起，后鼻瓣部无环形薄膜。口深弧形，口宽大于口长，上下唇褶均很短，见于口隅处。齿侧扁，边缘光滑无锯齿，齿头向外弯斜，外缘近基底处有一凹缺，2 行在使用；上下颌均具一尖直正中齿，上下颌每侧每行 13 齿。喷水孔消失。鳃孔 5 个，中大，中间 3 个较宽。盾鳞具 3 棘突 3 纵嵴。

背鳍 2 个；第一背鳍中大，起点位于胸鳍里角后上方，后缘凹入，后端伸达腹鳍基底后部上方；第二背鳍很小，起点与臀鳍基底后端相对，或稍向前。尾鳍颇宽长，约为全长 2/9，尾椎轴稍上翘；上叶位于近尾端处，下叶前部显著三角形突出，中部与后部之间具一缺刻，后部小三角形突出，与上叶相连。臀鳍基底很长，比第二背鳍基底长 2.5 倍或以上，与距腹鳍距离几相等，后缘斜直而长，里角尖突。腹鳍短小，外角圆，里角钝尖；鳍脚圆管形，稍平扁，后端尖突。胸鳍与第一背鳍大小相同，长比宽为大，后缘凹入，外角和里角圆形，鳍端几伸达第一背鳍起点。

背面和上侧面灰褐色，下侧面和腹面白色；背鳍、尾鳍、胸鳍灰褐色，臀鳍、腹鳍淡白色。

分布　分布于印度—西太平洋区波斯湾、索马里、坦桑尼亚、莫桑比克、巴基斯坦、印度尼西亚、日本、澳大利亚和中国海域。中国黄海南部、东海和南海均有分布。长江口近海亦有分布。

生物学特性　暖水性小型鲨类。常成群巡游。为有胎盘胎生种类，受精卵小，直径 1 mm 左右。1～2 龄性成熟，大多数个体小，浙江沿海成熟雌性全长 465～765 mm，平均全长 573 mm，成熟雄性全长 476～761 mm，平均全长 579 mm。以鱼类、甲壳类、头足类等为食，摄食等级以 1～2 级为主，摄食强度较低。

资源与利用　本种是我国东海常见的小型鲨类，浙江沿海终年均可捕获。主要供鲜销。长江口近海较常见，可供食用。

双髻鲨科 Sphyrnidae

本科长江口 1 属。

双髻鲨属 *Sphyrna* Rafinesque，1810

本属长江口 2 种。

种　的　检　索　表

1（2）吻端中央凹入；里鼻沟显著；臀鳍基底大于第二背鳍基底长 ·············· 路易氏双髻鲨 *S. lewini*
2（1）吻端中央圆凸 ··· 锤头双髻鲨 *S. zygaena*

7. 路易氏双髻鲨 *Sphyrna lewini*（**Griffith** *et* **Smith**，**1834**）

Zygaena lewini Griffith and Smith，1834，Class Pisces，Cuvier：640，pl. 50

（South coast of New Holland，Australia）。

路氏双髻鲨 *Sphyrna lewini*：朱元鼎，1960，中国软骨鱼类志：100，图 94（上海鱼市，浙江嵊山等地）；朱元鼎，1962，南海鱼类志：38，图 31（广东，广西，海南）；朱元鼎等，1963，东海鱼类志：33，图 29（江苏，福建）；倪勇，1990，上海鱼类志：69，图 8（长江口近海区）；朱元鼎、孟庆闻，2001，中国动物志·圆口纲 软骨鱼纲：264，图 133（上海，浙江嵊山等地）；郭仲仁、倪勇，2006，江苏鱼类志：122，图 24（大沙，浏河，黄海南部）。

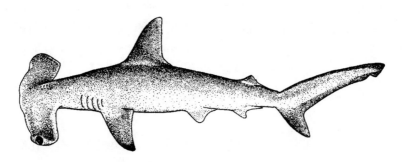

图 7　路易氏双髻鲨 *Sphyrna lewini*（朱元鼎 等，1963）

英文名　scalloped hammerhead。

地方名　相公鱼。

主要形态特征　体延长，侧扁而高。头后部侧扁，前部平扁，向两侧扩展，形成锤状突出。尾侧扁，中长，尾基上、下方各具一凹洼（下方有时不显著）。头侧突出的外缘圆凸，后缘几平直。吻短而宽，前缘广弧形，波曲，正中和里侧浅凹，外侧在鼻孔处深凹。眼圆形，中大，瞬膜发达，位于头侧突出的侧面前部。鼻孔平扁，位于吻端；外鼻沟短，伸达头侧突出上角；里鼻沟颇长，几伸达里侧浅凹处；鼻孔里侧在出水孔上方具一三角形突起。口弧形。下唇褶很短小，无上唇褶。上颌齿侧扁，三角形，齿头外斜，边缘光滑，1～2 行在使用，正中 1 齿，每侧 15～16 齿；下颌齿与上颌齿同形，齿数亦相同。喷水孔消失。鳃孔 5 个，前 4 个同大，最后 1 个较小。盾鳞壳型，具 3 棘突 3 纵嵴。

背鳍 2 个；起点和胸鳍基底末端相对或稍后，下角延长尖突；第二背鳍很小，起点和臀鳍基底前半部相对，下角延长尖突。尾鳍宽长，尾椎轴上翘，上叶见于尾端近处，下叶前部显著大三角形突出，中部低平后延，中部与后部间具一缺刻，后部小三角形突出，与上叶连接。臀鳍比第二背鳍稍大，距尾鳍比距腹鳍基底稍近，里角延长尖突。腹鳍大于臀鳍。胸鳍中大，后缘凹入，外角钝尖，里角圆钝，鳍端几伸达第一背鳍基底后端。

背侧灰褐色，腹面白色；第一背鳍后缘、第二背鳍上部和后缘、尾端部分、尾鳍下叶前部下段、胸鳍外角腹面均为黑色。

分布　广泛分布于温带和热带海域。我国黄海、东海、南海和台湾海域均有分布。长江口近海亦有分布。

生物学特性　热带和温带习见大型鲨类。沿岸栖息，也常出现于内湾和咸淡水处，水深从潮间带至 280 m 左右，常结成大群。胎生，具卵黄囊胎盘，每胎产 15～31 仔，初产仔鲨 42～55 cm，最长达 420 cm。

资源与利用　肉质佳，鳍制鱼翅，皮可制革，肝油可入药。长江口数量较少，无捕捞经济价值。

角鲨目 Squaliformes

本目长江口 1 科。

角鲨科 Squalidae

本科长江口 1 属。

角鲨属 *Squalus* Linnaeus，1758

本属长江口 3 种。

种 的 检 索 表

1（2）体具白斑；第一背鳍棘起点后于胸鳍里角；腹鳍距第二背鳍比距第一背鳍近⋯⋯⋯⋯⋯⋯⋯⋯⋯⋯⋯⋯⋯⋯⋯⋯⋯⋯⋯⋯⋯⋯⋯ 白斑角鲨 *S. acanthias*

2（1）体无白斑；第一背鳍棘起点对着胸鳍里缘中部；腹鳍距第二背鳍与距第一背鳍约相等

3（4）吻长而尖突；鼻孔在吻端与口端之间；胸鳍后缘稍凹入，后角稍尖突⋯⋯⋯⋯⋯⋯⋯⋯⋯⋯⋯⋯⋯⋯⋯⋯⋯⋯⋯ 长吻角鲨 *S. mitsukurii*

4（3）吻短而钝圆；鼻孔显著近吻端；胸鳍后缘深凹，后角尖突 ⋯⋯⋯⋯⋯⋯ 大眼角鲨 *S. megalops*

8. 白斑角鲨 *Squalus acanthias* Linnaeus，1758

Squalus acanthias Linnaeus, 1758, Syst. Nat. ed. 10, 1：233（European Ocean）。

萨氏角鲨 *Squalus suckleyi*：张春霖、王文滨，1955，黄渤海鱼类调查报告：23，图 16（辽宁，山东）。

白斑角鲨 *Squalus acanthias*：朱元鼎，1960，中国软骨鱼类志：107，图 100（上海，烟台）；朱元鼎等，1963，东海鱼类志：35，图 30（上海）；倪勇，1990，上海鱼类志：71，图 9（上海）；朱元鼎、孟庆闻，2001，中国动物志·圆口纲 软骨鱼类：311，图 162（上海，烟台）；郭仲仁、倪勇，2006，江苏鱼类志：126，图 26（长江口近海区等地）。

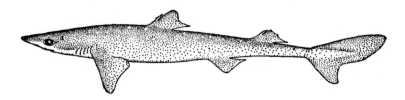

图 8　白斑角鲨 *Squalus acanthias*（倪勇，1990）

英文名　piked dogfish。

地方名　锉鱼。

主要形态特征　体较细长。头平扁。尾细长，比头和躯干为短，尾基上方具一凹洼，尾柄下侧有一纵行皮嵴。吻背视呈三角形，吻长大于眼后缘至第一鳃孔的距离。眼无瞬膜。鼻孔中大，几平横，距口端与距吻端约相等。鼻间隔大于鼻孔长 3 倍。口浅弧形、近横列，口宽小于口前吻长。唇褶发达，上唇褶宽扁、下唇褶较短。齿上下颌同型，宽扁、近长方形，边缘光滑、齿头外斜，里缘几与颌平行，外缘凹入，2～3 行在使用，无正中齿，上颌每侧每行 14 齿，下颌每侧每行 11～12 齿。喷水孔中大。鳃孔 5 个，最后 1 个最宽，位于胸鳍基底前方。

背鳍 2 个，各具一硬棘；第一背鳍起点后于胸鳍里角上方；第二背鳍小于第一背鳍。臀鳍消失。腹鳍近长方形，起点距第一背鳍近。胸鳍较第一背鳍大，后缘凹入，鳍端几伸达第一背鳍硬棘下方。尾鳍宽短，近帚形。

背面和上侧面灰褐色，下侧面和腹面白色。胎儿的背面及上侧具 2 纵行圆形或长形白斑，每行 10 余个；幼小者背面白斑渐消失，上侧的白斑亦减少；成体白斑几消失，仅在上侧留存几个不显明的白斑。胎儿和幼体的背鳍上部暗褐色，基部与后部浅白色，尾鳍上叶端部暗褐色，下叶边缘浅白色，胸鳍前部暗褐色、后部浅白色。成体的各鳍均呈褐色，边缘浅白色。

分布　太平洋区和北大西洋区的温带和寒带各海区均有分布。我国分布于黄海、东海。长江口区罕见。

生物学特性

［习性］近海冷温性底层小型鲨类。主要栖息于沿海和大陆架，大陆坡上部，从表层至底层，从潮间带至 900 m 深处。适温为 6～14 ℃，随水温的季节变化而自南向北洄游，以及向浅处或深处移动，秋冬季节常移栖于 100 m 以下深水区，5 月在 15～20 m 水深处较多。有昼夜垂直移动习性，昼沉夜浮。

［年龄和生长］寿命可达 25～30 龄或更高龄。长可达 1 m 有余。雌性成鲨长 70～100 cm，最大达 124 cm，雄性成鲨长 59～72 cm，最大达 100 cm。初产仔鲨长 22～33 cm。

［食性］性颇凶猛，主要捕食稍小的鱼类，如鳕、鲱、鳀、鲭以及石首鱼类等，也摄食各种软体动物、甲壳动物、环节动物及水母等。

[繁殖] 卵胎生。卵大，具很多卵黄，在早期发生时留在输卵管中，1～4 个，各具一薄壳；后来壳破，胎儿游离，具一大型卵黄腺，卵黄管粗短，不与母体子宫壁相连。与此同时，子宫壁褶皱，生出许多线条突起，分泌乳状液体。胎儿从卵黄营养得到体重的40%，其余是从吸收母体分泌液而来；当胎儿这样发育时，新一批卵又在输卵管中出现。每胎产 10～30 仔不等；妊娠期 6～22 个月不等，依海区而异（中国科学院海洋研究所，1962）。

资源与利用 本种属非危险鲨类，但其齿可伤及网具。背刺有毒。为东海和黄海次要经济鱼类，在黄海产量较大，东海次之，为其他渔业的兼捕鱼类。肉质鲜嫩，为最普通的食用鱼类之一。主要供鲜食，其肝常用于制鱼肝油，较大个体的鳍可制成鱼翅。

鳐目 Rajiformes

本目长江口 2 科。

科 的 检 索 表

1 （2）腹鳍正常，前部不分化为足趾状构造；腹鳍接近胸鳍；尾鳍下叶前部不突出；第一背鳍位于腹鳍后方 ·················· 犁头鳐科 Rhinobatidae
2 （1）腹鳍前部分化为足趾状构造 ·················· 鳐科 Rajidae

犁头鳐科 Rhinobatidae

本科长江口 1 属。

犁头鳐属 *Rhinobatos* Linck，1790

本属长江口 1 种。

9. 许氏犁头鳐 *Rhinobatos schlegelii* Müller *et* Henle，1841

Rhinobatos（*Rhinobatus*）*schlegelii* Müller and Henle，1841，Syst. Beschr. Plagiostomen：123，pl. 42（Japan）。

许氏犁头鳐 *Rhinobatos schlegelii*：张春霖、王文滨，1955，黄渤海鱼类调查报告：28，图 20（河北，山东）；朱元鼎，1960，中国软骨鱼类志：132，图 122（广东）；朱元鼎，1962，南海鱼类志：53，图 42（广东）；朱元鼎等，1963，东海鱼类志：53，图 39（上海鱼市场，东海中部）；朱元鼎、孟庆闻，1984，福建鱼类志（上卷）：61（东山等地）；朱元鼎、孟庆闻，2001，中国动物志·圆口纲 软骨鱼纲：360，图 189（广东，福建）；汤晓鸿、伍汉霖，2006，江苏鱼类志：141，图 35（连云港近海）。

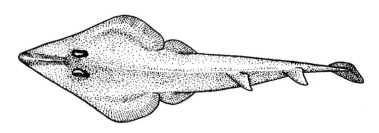

图 9　许氏犁头鳐 *Rhinobatos schlegelii*（朱元鼎和孟庆闻，1984）

英文名　brown guitarfish。

地方名　犁头、犁头鲨。

主要形态特征　体平扁延长。头和胸鳍基底连成一体盘，体盘长大于全长 1/3，宽比长为小。尾平扁，渐狭小，每侧具一皮褶。吻长而钝尖，吻软骨狭，两侧前部几平行，相互靠近，后部向外倾斜。眼中大，瞬褶衰退，眼径比眼间隔稍大。喷水孔小于眼径。鼻孔横列，外侧至吻侧距离比鼻孔长稍大。口平横，唇褶稍发达。齿细小而多，铺石状排列，齿面平坦。鳃孔 5 个，斜列于胸鳍基底里方。体具细小鳞片，背面正中及眼眶上的结刺小。

胸鳍较狭长，边缘广弧形，基底前延，伸达吻侧后部。腹鳍狭长，几与胸鳍相连。背鳍 2 个，约同形等大，第一背鳍起点距腹鳍基底约与背鳍间隔相等；第二背鳍起点距第一背鳍的距离比其基底长约大 3 倍。尾鳍短小，上叶较大，下叶不突出。

背面纯褐色，无斑纹，腹面白色；吻侧色浅；吻的腹面前部具一黑色大斑。

分布　分布于西北太平洋区中国沿海以及朝鲜、韩国西南海域和日本海域。长江河口区罕见。

生物学特性　近海暖温性底栖鳐类。平时半埋于沙土中或在底层徐徐游泳。夏季向浅水游动，冬季游向较深水域。一般体长约 1 m，最大可达 2 m。初生胎儿体长 270～300 mm。主食甲壳类和贝类，也食小鱼和其他底栖动物。卵胎生，胎儿具很大的卵黄囊，卵黄径 10～55 mm，卵黄管粗短。6 月至浅水区产仔，每胎产约 10 仔。雌性亲鱼全长 660 mm、体重 960 g。左侧子宫内胎儿全长约为 162 mm、体重 15.9 g；右侧子宫胎儿全长约为 172 mm、体重 22 g。胎儿在子宫时头部一般向后，胸鳍向腹部折褶，尾部向卵黄侧卷曲（山田梅芳 等，1986）。

资源与利用　本种为我国南海和东海次要经济鱼类，在南海产量较大，是底拖网、延绳钓等渔业的兼捕对象。肉质佳，可供食用。皮可干制"鱼皮"，背鳍和尾鳍可制鱼翅，吻侧半透明的结缔组织可干制成"鱼骨"等名贵食品。

鳐科 Rajidae

本科长江口 2 属。

属　的　检　索　表

1（2）吻软骨长，其长从前端至嗅囊长大于头长的 60%；腹面不只吻部有小刺 ························
·· 长吻鳐属 *Dipturus*

2（1）吻软骨短，其长从前端至嗅囊长小于头长的 60%；腹面仅吻部有小刺········ 甕鳐属 *Okamejei*

长吻鳐属 *Dipturus* Rafinesque，1810

本属长江口 1 种。

10. 中华长吻鳐 *Dipturus chinensis*（Basilewsky，1855）

Raja chinensis Basilewsky，1855，Nouv. Mém. Soc. Nat. Moscou，10：251（Oriental Sea，China）。

华鳐 *Raja chinensis*：朱元鼎，1960，中国软骨鱼类志：145，图 134（上海鱼市）；朱元鼎、伍汉霖、王幼槐，1963，东海鱼类志：59，图 45（江苏，浙江）；田明诚、沈友石、孙宝龄，1992，海洋科学集刊（第 33 集）：271（长江口近海）；成庆泰，1997，山东鱼类志：47，图 28（山东石岛）。

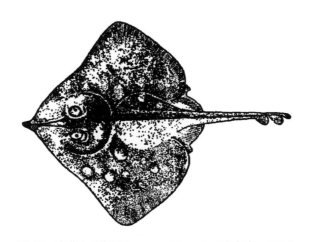

图 10　中华长吻鳐 *Dipturus chinensis*（成庆泰，1997）

英文名　Chinese skate。

地方名　老板鱼、劳子。

主要形态特征　体盘前部斜方形，后部圆形，前缘波曲。吻中长，尖突；吻软骨前端愈合部约为后端分离部 2 倍。尾细长，较头和躯干稍短；侧褶颇发达。前鼻瓣宽大，后缘细裂，伸达下颌外侧；后鼻瓣前部半环形，突出于外侧。鼻间隔后缘圆形凹入，后面具一深沟。口中大，平横；上颌中部凹入，下颌中部突出。齿细小而多，铺石状排列；雄体齿细尖，雌体齿平扁；上下颌各具齿 44～48 纵行。喷水孔椭圆形，紧位于眼后，前部伸达眼后半部下方，前缘里侧具一皮膜，能启闭。鳃孔 5 个，狭小，大小与间距约

相等。

　　眶上和喷水孔上的结刺颇小，眶前 3 个，眶上 3～4 个，喷水孔上 2 个，连续呈半环形排列。头后脊板上具结刺 1 个；尾上具粗大结刺 3 纵行。雌体吻端腹面和吻侧具小刺。雄体吻端背面、腹面和吻侧腹面具小刺；胸鳍前缘里侧具小刺 1 长群，小刺里方在头侧处具大钩刺 3 纵行，刺头向后；在肩区外侧具大钩刺 2～3 行，刺头斜向后和向里；胸鳍外角里方具大钩刺 2～3 纵行，刺头均向里。头后结刺前方两侧具新月形黏液孔 2 纵群，每群由 5～6 个黏液孔组成。

　　胸鳍前延，伸达吻侧中部，外角里角均呈圆形。腹鳍外缘分裂很深，前部突出呈足趾状；鳍脚宽扁，端部向外圆凸，后端钝尖。背鳍 2 个，同形，约等大，前后缘连续成半圆形，后缘连于皮上，无里缘；背鳍间隔很短，小于或等于第一背鳍基底长 1/2。第二背鳍与尾鳍下叶连接或几连接。尾鳍上叶短小，短于第二背鳍基底，下叶几完全消失。

　　背面黄褐色，密具深褐色小斑；肩区两侧各具一由许多小斑组成的椭圆形斑块，在外侧者连合成黑色边缘；胸鳍里角上方具一圆形色暗的斑块。尾上隐具色暗的横纹 10 余条，尾鳍上叶具色暗的横纹 2 条。腹面灰褐色，具许多深褐色细斑，细斑中央为一黏液孔。尾侧皮褶淡褐色。

　　分布　分布于西北太平洋区中国、朝鲜西南部、日本中南部。中国黄海、东海均有分布。长江口近海亦有分布。

　　生物学特性　冷温性近海小型底栖鳐类。喜栖息于沙底，常浅埋于沙中，露出眼和喷水孔，日间潜伏、晚上活动觅食。

　　资源与利用　长江口数量稀少，无捕捞经济价值。

　　【Ishihara（1987）对西北太平洋鳐属（*Raja*）种类进行了修订，认为华鳐（*Raja chinensis* Basilewsky，1855）模式标本已遗失，且原文献中关于种的描述过于简略且并无模式图，认为华鳐应该是斑鳐［*Raja*（*Okamejei*）*kenojei* Müller *et* Henle，1841］的同物异名；朱元鼎和孟庆闻等（2001）在《中国动物志》中也依据了此观点。但 Weigmann（2016）和 Last et al.（2016）均认为华鳐为有效种，且 Last et al.（2016）依据吻软骨长度、尾部结刺和腹面小刺分布等形态特征，将华鳐从鳐属划分至长吻鳐属（*Dipturus*）。据此，本书认为华鳐为分布于我国黄海和东海北部的有效种，其种名应修订为：中华长吻鳐［*Dipturus chinensis*（Basilewsky，1855）］。】

甕鳐属 *Okamejei* Ishiyama，1958

　　本属长江口 2 种。

种 的 检 索 表

1（2）背鳍后尾部长大于第二背鳍基底长的 1.5 倍；腹面后鳍软骨中段黏液孔稀疏，不呈 V 形 …………………………………………………………………………… 何氏甕鳐 *O. hollandi*

2（1）背鳍后尾部长小于或等于第二背鳍基底长的 1.5 倍；腹面后鳍软骨中段黏液孔密集，呈 V 形
…………………………………………………………………… 斑瓮鳐 O. kenojei

11. 斑瓮鳐 *Okamejei kenojei*（**Müller** *et* **Henle**，**1841**）

Raja kenojei Müller and Henle，1841，Sys. Beschr. Plagiostomen：149，pl. 48（Nagasaki，Japan）。

孔鳐 *Raja porosa*：张春霖、王文滨，1955，黄渤海鱼类调查报告：32，图 23（辽宁，河北，山东）；朱元鼎，1960，中国软骨鱼类志：150，图 140，图 141，图 142（青岛，上海，东福山）；朱元鼎等，1963，东海鱼类志：60，图 46（上海鱼市场、浙江泗礁、沈家门、披山、下大陈）；倪勇，1990，上海鱼类志：75，图 72（宝山，长江口近海）。

孔鳐 *Raja*（*Okamejei*）*porosa*：朱元鼎、孟庆闻，2001，中国动物志·圆口纲 软骨鱼纲：385，图 201（青岛，上海鱼市）；汤晓鸿、伍汉霖，2006，江苏鱼类志：148，图 40（连云港，如东，启东，黄海南部海区）。

斑鳐 *Raja*（*Okamejei*）*kenojei*：朱元鼎、孟庆闻，2001，中国动物志·圆口纲 软骨鱼纲：379，图 197（上海鱼市）；汤晓鸿、伍汉霖，2006，江苏鱼类志：147，图 39（连云港，大沙，吕泗渔场）。

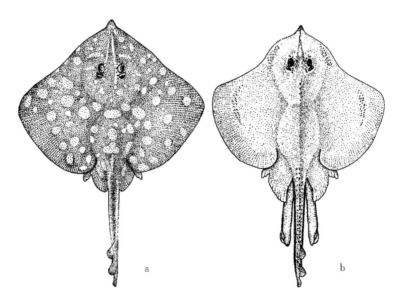

图 11　斑瓮鳐 *Okamejei kenojei*（朱元鼎和孟庆闻，2001）

a. 有斑点　b. 无斑点

英文名　ocellate spot skate。

地方名　鲭鱼、水尺、老板鱼、条鱼。

主要形态特征　体盘亚圆形，前缘波曲；后缘圆，外角和里角圆形。吻端突出。吻

软骨前端愈合部比后端分离部约大 2 倍。尾较宽扁，侧褶发达，尾长比头和躯干较短。前鼻瓣外侧掩盖后鼻瓣边缘，后缘细裂，伸达口隅或下颌；后鼻瓣前部突出于外侧，鼻间隔后缘圆形凹入，后面具 1 深沟。口中大，平横。齿细小而多，铺石状排列。喷水孔亚椭圆形。鳃孔狭小，5 个。

眶前、眶上和眶后，喷水孔上方具结刺，头后背结刺 1～3 个。尾上结刺雌体 5 行、雄体 1 行。背鳍间隔具结刺 1～3 个。头后第一结刺前面正中，常具椭圆形或直条状黏液孔 1 群。腹面在腹腔后部两侧，具黏液孔各 1 群，横列，呈 V 形。

胸鳍前延，距吻端有一相当距离。腹鳍分裂颇深，前部突出作足趾状。第一、第二背鳍大小和形状约相同，背鳍间隔短，约等于第一背鳍基底的 1/2（幼体）或 1/4～1/3（成体）；尾鳍下叶退化，上叶约等于第二背鳍基底长的 2/3。

背面褐色，肩区两侧各具一椭圆形斑块；胸鳍里角上也常具一圆斑，体盘上有时也具色暗的不明显斑块；吻侧白色。腹面常淡白色，有时中间部分灰褐色；腹面黏液孔周围黑色。

分布　分布于西北太平洋区中国黄海、东海，及朝鲜、日本海域。冬季常出现在长江口横沙岛北沿等海域。

生物学特性

［习性］冷温性近海小型底栖鳐类。喜栖息于沙底，常浅埋于沙中，露出眼和喷水孔，日中潜伏、晚上活动觅食。

［年龄与生长］刚孵化的仔鱼体长约 90 mm，成鱼体长为 500 mm 左右。

［食性］主要摄食蟹、虾、端足类、等足类和其他小型甲壳动物以及多毛类，也摄食贝类、各种小型鱼类等。

［繁殖］卵生。产卵期在 4—8 月，产卵盛期为 4 月下旬至 6 月。卵在体内受精后，被包上卵壳遂产于体外。每次产卵 1～2 枚，休息一至数天再产。每尾产卵量平均为 22～31 枚，占怀卵量的 30%～50%。卵壳扁，呈长方形，四角具角状突出，边缘窄突，密具丝状黏液性细条，用以附于藻上、碎贝壳上或石头上。产出后 1～2 d，为原肠期，胚盘直径为 0.48 cm 左右，位于卵子顶端（动物极）。10 d，胚体长 13～16 mm，胚胎出现口、喷水孔和鳃裂。胚胎头部已离开卵黄囊，并左右摆动。22～23 d，胚体长 26～38 mm，外鳃丝长 5 mm，脐带加长，头部向前突出，吻上部也开始突起，鼻沟和鼻瓣出现，肛门形成，背鳍、背褶和臀褶均透明。39～40 d，体盘形成但尚未把头部包住，胚胎全长 56 mm 左右，体盘长 17 mm、体盘宽 18 mm，胚胎体型已变成背腹扁平。70 d 左右，幼鱼孵出，当幼鱼头部挤入卵壳前缘黏合部时，12 h 后可把前缘黏合部顶开孵出而游至水中（王者茂，1982）。

资源与利用　本种为我国黄海和东海次要经济鱼类，在黄海产量较多，常与其他鳐、魟混杂捕获，占拖网作业渔获量的比例较大。为群众机帆船和机轮底拖网作业兼捕鱼类。

主要用于腌制供销，也可鲜食。

【本种体色及体上斑纹变异较大，因此在鉴定时常误鉴定为不同种。我国以往的鱼类志中，多将斑鳐（*Raja kenojei*）和孔鳐（*R. porosa*）作为两个单独的物种。而 Weigmann（2016）总结相关形态和分子的研究结果，认为 *Raja atriventralis* Fowler，1934、*Raja japonica* Nyström，1887 和 *Raja porosa* Günther，1874 均为斑甕鳐［*Okamejei kenojei*（Müller *et* Henle，1841）］的同物异名。Last et al.（2016）将短吻鳐亚属［*Raja*（*Okamejei*）］提升为甕鳐属（*Okamejei*）。据此，本书认为我国分布的孔鳐为斑鳐的同物异名，其种名应修订为：斑甕鳐［*Okamejei kenojei*（Müller *et* Henle，1841）］。】

鲼目 Myliobatiformes

本目长江口 4 科。

科 的 检 索 表

1（2）背鳍 2 个；体盘宽大、团扇状；胸鳍前延、伸达吻端 ………………… 团扇鳐科 Platyrhinidae

2（1）背鳍 1 个或无

3（6）胸鳍前部不分化为吻鳍或头鳍；胸鳍后缘圆凸；无尾鳍

4（5）体盘宽不超过体盘长的 1.5 倍；尾从泄殖腔中央至尾端长大于体盘宽 ………… 魟科 Dasyatidae

5（4）体盘宽超过体盘长的 1.5 倍；尾从泄殖腔中央至尾端长小于体盘宽 ……… 燕魟科 Gymnuridae

6（3）胸鳍前部分化为吻鳍或头鳍；胸鳍后缘凹入 ………………………………… 鲼科 Myliobatidae

团扇鳐科 Platyrhinidae

本科长江口 1 属。

团扇鳐属 *Platyrhina* Müller *et* Henle，1838

本属长江口 1 种

12. 汤氏团扇鳐 *Platyrhina tangi* Iwatsuki，Zhang *et* Nakaya，2011

Platyrhina tangi Iwatsuki，Zhang and Nakaya in Iwatsuki et al.，2011，Zootaxa，2738：37，figs. 2C - D，3D - F（Meitsu，Miyazaki，Japan）。

团扇鳐 *Discobatus sinensis*：张春霖、王文滨，1955，黄渤海鱼类调查报告：30，图 21（辽宁，河北，山东）。

中国团扇鳐 *Platyrhina sinensis*：朱元鼎，1960，中国软骨鱼类志：135，图 124（上海鱼市等地）；朱元鼎、伍汉霖、王幼槐，1963，东海鱼类志：54，图 40（上海鱼市场等地）；倪勇，1990，上海鱼类志：74，图11（长江口近海区）；朱元鼎、孟庆闻，2001，中国动物志·圆口纲 软骨鱼纲：364，图191（上海鱼市等地）；郭仲仁、倪勇，2006，江苏鱼类志：142，图36（长江口近海区等地）。

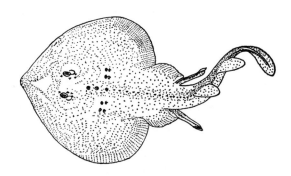

图12　汤氏团扇鳐 *Platyrhina tangi*（倪勇，1990）

英文名　yellow‐spotted fanray。

地方名　团扇、黄点鲌、荡荡鼓。

主要形态特征　体盘亚圆形，宽为长的1.2～1.3倍，肩区最宽。吻端钝圆，吻长为体盘长的1/3，为体盘宽的1/4。眼小，眼径约等于眼间隔的2/5。鼻孔宽大，几平横；前鼻瓣中部具一舌形突出，后鼻瓣外侧具一扁狭半环形薄膜，内侧具一细瓣，转入鼻腔中，后部具一低平圆形薄膜；鼻孔后缘与口隔间具一宽深凹洼；鼻间隔后部伸达口上。口横列，浅弧形，口宽约为口前吻长3/5；上颌腭膜发达，中间和两侧凹入，分为4小瓣，后缘细裂。齿细小而多，铺石状排列。鳃孔5个，斜列于胸鳍基底里方，第三鳃孔约为第五鳃孔间距离的1/6。

背面具细小及较大刺状鳞片，后者在胸鳍前部边缘处尤为明显；脊椎线上自头后至第二背鳍前方具1纵行而侧扁尖锐结刺；肩区每侧具2对结刺，呈方形排列；喷水孔上方具1对结刺，前后排列；眼眶上角及其前方、外侧各具一小结刺。在眼间隔后方，脊椎线上第一结刺前方，具1对黏液孔。

胸鳍发达，前延，伸达吻端两侧，后延伸达腹鳍基底；外缘、后缘和里缘连合成半圆形。腹鳍狭小，前后缘连合呈弧形，里角圆钝；鳍脚扁狭细长，后端稍膨胀尖突。背鳍2个，同形，第二背鳍比第一背鳍稍大，基底也稍长；第一背鳍起点距腹鳍基底比距尾基近，基底长等于第一背鳍与腹鳍基底距离的1/4～1/3。尾平扁细狭，侧褶很发达。尾鳍狭长，尾椎轴平延；上叶稍大，下叶低平，不突出，鳍端圆形。

背面棕褐色或灰褐色，眼上、头后和肩区上的结刺基底橙黄色，周围区域蓝色；腹面淡白色，胸鳍后部外侧、腹鳍边缘和尾上常具灰色斑点。

分布　分布于西北太平洋区中国、韩国、日本南部和越南北部海域。中国沿海均有分布。长江口近海亦有出现。

生物学特性 暖水性近海小型底栖鳐类。喜栖息于岩礁附近，栖息水深 50～60 m。主食虾蟹类。春季繁殖，胎生，每胎产数尾。

资源与利用 长江口数量较少，多分布于长江口近海区 50～60 m 处，常作为拖网和定置张网的兼捕对象。肉味较差，多腌制成咸鱼干。

【Iwatsuki et al.（2011）对西北太平洋的团扇鳐属（*Platyrhina*）进行了研究，记述了 2 个新种，并对中国团扇鳐［*P. sinensis*（Bloch *et* Schneider，1801）］进行了重新描述。他们重新核查了中国团扇鳐的一些特征，包括检查 Lacepède（1801）绘制的中国团扇鳐的模式图。该图清楚显示在尾的中背部有 2 行棘，这个特征就是分布于中国南海和越南的林氏团扇鳐（*P. limboonkengi* Tang，1933）的鉴别特征（Tang，1933；Compagno，1999；朱元鼎和孟庆闻，2001）。这清楚表明，长期以来许多学者（Müller and Henle，1841；Richardson，1846；Matsubara，1955；朱元鼎，1960；朱元鼎和孟庆闻，2001；Hatooka，2001；Compagno et al.，2005）将尾的中背部只有 1 行棘的这些标本都鉴定为中国团扇鳐 *P. sinensis*，事实上一直是错误的，也表明它是一个未被记述过的种，即新命名的汤氏团扇鳐（*Platyrhina tangi* Iwatsuki，Zhang *et* Nakaya，2011）。林氏团扇鳐尾的中背部具 2 行钩状棘（朱元鼎，1960；Compagno，1999）这一特征，与 Lacepède（1801）绘制的中国团扇鳐有 2 行中背部棘的图完全一致，因此，认为它是中国团扇鳐（*P. sinensis*）的次异名。另一新种是仅分布于南太平洋沿岸日本宫崎日向滩（Hyuga Nada Sea）的日本团扇鳐（*Platyrhina hyugaensis* Iwatsuki，Miyamoto *et* Nakaya，2011），其躯干和尾的中背部具 1 行钩状棘的特征，近似于汤氏团扇鳐，但区别是该种在肩区前部有 1 对较大钩状棘，眼眶、项部和肩部周围区域不呈淡黄色或白色；而汤氏团扇鳐肩区前部无钩状棘，眼眶、项部和肩部的钩状棘周围区域呈淡黄色或白色。】

魟科 Dasyatidae

本科长江口 2 属。

属 的 检 索 表

1（2）尾的上方无皮膜突起，下方无皮膜突起或低弱而短 ·························· 窄尾魟属 *Himantura*

2（1）尾的上下方均具皮膜 ·· 半魟属 *Hemitrygon*

半魟属 *Hemitrygon* Müller *et* Henle，1838

本属长江口 4 种。

种 的 检 索 表

1（2）口底乳突 3 个；体光滑 ································· 光半魟 *H. laevigatu*

2（1）口底乳突 5 个，中间 3 个显著；体具小刺或结刺

3（4）尾刺前方具宽大盾形结刺 1～3 个 ·································· 奈氏半魟 *H. navarrae*

4（3）尾刺前方无宽大盾形结刺

5（6）背面正中具 1 纵行结刺，在尾部者较大；肩区两侧具 1～2 行结刺；尾长为体盘长的 2～2.7 倍
··· 赤半魟 *H. akajei*

6（5）背面具细小结刺；尾长为体盘长 1.2～1.5 倍·············· 中国半魟 *H. sinensis*

13. 赤半魟 *Hemitrygon akajei*（**Müller *et* Henle，1841**）

Trygon akajei（Burger）Müller and Henle，1841，Syst. Beschr. Plagiostomen：165，pl. 54（Southwestern coast of Japan）。

赤魟 *Dasyatis akajei*：张春霖、王文滨，1955，黄渤海鱼类调查报告：35，图 25（河北，山东）；朱元鼎，1960，中国软骨鱼类志：174，图 164（福建，广东，广西，海南）；朱元鼎等，1963，东海鱼类志：67，图 54（上海鱼市场，浙江石塘，福建三沙）；湖北省水生生物研究所，1979，长江鱼类：16，图 2（上海崇明）；倪勇，1990，上海鱼类志：80，图 16（横沙岛北沿）；朱元鼎、孟庆闻，2001，中国动物志·圆口纲 软骨鱼纲：413，图 215（广东，广西，福建）。

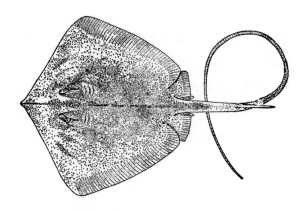

图 13　赤半魟 *Hemitrygon akajei*（倪勇，1990）

英文名　whip stingray。

地方名　尺鱼、赤鱼、黄虎、黄夫。

主要形态特征　体盘宽为体盘长的 1.3 倍，体盘长为吻长的 3.1 倍。吻长为眼径的 4.7 倍，为眼间隔的 1.8～2.3 倍；口前吻长为口宽的 2.7 倍。尾长为体盘长的 2～2.7 倍。

体平扁，呈亚圆形，前缘斜直。吻端略尖突。眼小、稍突出。眼间隔宽平。前鼻瓣伸达口缘、后缘细裂。口小、波曲，口底具乳突 5 个，外侧 2 个较小。齿细小、平扁，铺石状排列。腹鳍后缘平切，外角和后角钝圆。

尾细长如鞭，在尾刺后、尾的上下具皮膜，下皮膜比上皮膜长 1 倍有余。体背中央至

尾刺前具结刺 1 纵行，肩区两侧具结刺 2 短行；眼后具 1 小群小刺；尾上结刺较大，扁长尖利。

体呈赤褐色，体盘边缘浅淡；眼前和眼下、喷水孔上侧和后部以及尾的两侧赤黄色。腹面近边缘橙黄色。

分布　分布于西北太平洋区日本南部至泰国等海域。我国东海、南海和台湾海域均有分布，也见于西江广西南宁段和龙州段。春夏两季出现在长江口外海。

生态学特性　近海暖温性底栖虹类。冬季（11 月至翌年 2 月）移向济州岛南部深水区越冬，春季移向大陆沿岸，5—8 月在长江口外海和黄海南部泥沙质底浅滩产卵，形成渔汛。大者重可达 70 kg。体长 1 m 左右。成熟年龄为 2～3 龄，雌性体盘宽约为 500 mm，雄性体盘宽约为 300 mm。主食虾蟹等甲壳动物、多毛类、端足类、双壳类和小鱼等。卵胎生。每胎产 10 余仔。分娩期为 5—8 月。

资源与利用　本种属刺毒鱼类，毒器由尾刺、外包皮膜和皮膜中的毒腺组织构成，人被刺后伤口剧痛、周围皮肤红肿、有烧灼感，严重者出现恶心、呕吐、呼吸急促及血压下降等症状，甚至会引起呼吸抑制而死亡。为中小型次要经济鱼类。上海市崇明、宝山等地渔民在渔汛期间，用滚钩、钓具等捕捞，有一定的产量。

【Last et al.（2016）基于形态学和分子生物学的研究对虹科的分类进行了修订。本种原属的虹属（*Dasyatis* Rafinesque，1810）是以 *Dasyatis ujo* Rafinesque，1810＝*Dasyatis pastinaca*（Linnaeus，1758）为模式种创立的，原包含 36 个种，广泛分布于热带和温带海洋，经修订后该属仅剩分布于大西洋（含地中海）和西南印度洋的 5 个种。而与本种类似的 10 个种被归入原为虹属亚属的半虹属（*Hemitrygon* Müller *et* Henle，1838）。】

窄尾虹属 *Himantura* Müller *et* Henle，1837

本属长江口 1 种。

14. 小眼窄尾虹 *Himantura microphthalma*（Chen，1948）

Dasyatis microphthalmus Chen，1948，Quar. J. Taiwan Mus.，1（3）：8，fig. 6（Keelung，Taiwan）。

小眼虹 *Dasyatis microphthalmus*：朱元鼎，1960，中国软骨鱼类志：165，图 154（东海）；朱元鼎、伍汉霖、王幼槐，1963，东海鱼类志：63，图 49（上海鱼市场等地）；倪勇，1990，上海鱼类志：77，图 13（长江口近海区）；朱元鼎、孟庆闻，2001，中国动物志·圆口纲 软骨鱼类：423，图 222（东海）；郭仲仁、倪勇，2006，江苏鱼类志：156，图 46（长江口近海区等地）。

英文名　small eye whip ray。

地方名　魟仔。

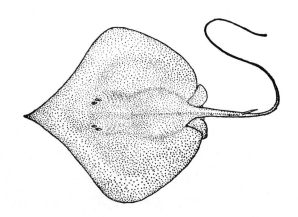

图 14　小眼窄尾𫚉 *Himantura microphthalma*（倪勇，1990）

主要形态特征　体盘圆形带斜方形，前缘凹入，与吻端成 30°～35°；后缘广阔；体盘宽略大于体盘长，最宽处在体盘中部之后。吻颇长，突出。眼很小，稍突出。前囟楔形，前宽后狭。前鼻瓣连合为一长方形口盖，后缘细裂浅凹，伸达上颌。口中大，微波曲；下颌腭膜中部凹入，后缘细裂，下颌齿带后方具一皮膜，前缘具不规则的缺刻；口底无乳突。齿细小而多，铺石状排列，上颌齿 32 行，下颌齿 38 行。鳃孔中大，第三鳃孔等于第五鳃孔间距的 1/5。

尾中长，为体盘长的 1.7 倍，尾刺位于尾的前 1/5 处，上皮褶完全消失，下皮褶低弱而短，仅存在于尾刺下方至尾刺后方近处。背面尾刺后方散布着小刺。

幼体光滑；成体吻上和胸鳍外侧具小刺，脊椎线上具结刺 1 纵行。

腹鳍狭长，后部鳍条比前部短，前角和后角圆钝，里缘分明，鳍脚平扁，后端钝尖。

体背面淡紫色，腹面白色，边缘灰褐色。

分布　分布于西北太平洋区中国台湾海峡和东海。长江口近海亦有分布。

生物学特性　近海暖温性底层𫚉类。主要栖息于近海沙泥质底海域。以底栖甲壳类为主要食物。卵胎生，每胎产数尾。为较大型𫚉类之一，全长可达 1 m。

资源与利用　尾刺有毒腺，人被刺伤后剧痛、红肿，有烧灼感。长江口数量较少，无捕捞经济价值。

【本种是 Chen（陈兼善）1948 年依据采自我国台湾基隆鱼市的标本所命名（*Dasyatis microphthalmus* Chen，1948），但原始描述过于简要，且其正模标本已遗失，为本种分类地位的准确界定带来了困难。我国的鱼类志中多将本种归属为𫚉属（*Dasyatis*）；Compagno 和 Roberts（1982）因本种尾部下方皮质突起低弱而短，将本种归属至窄尾𫚉属（*Himantura*）。而 Manjaji‐Matsumoto 和 Last（2006）依据 Chen（1948）对本种的原始描述"体圆盘形、吻部长、眼很小"等特征，认为本种可能与同样采自我国台湾附近海域的尖吻魟［*Telatrygon acutirostra*（Nishida *et* Nakaya，1988）］＝*Dasyatis acutirostra*
是同种。依据国际动物命名规约（ICZN 34.2）的规定，本种的种加词由 *microphthalmus*
修订为 *microphthalma*（Weigmann，2016）。本书暂据 Compagno 和 Roberts（1982）将
本种定为小眼窄尾魟［*Himantura microphthalma*（Chen，1948）］，关于本种的异名及归
属问题尚待进一步研究。】

燕魟科 Gymnuridae

本科长江口 1 属。

燕魟属 *Gymnura* Van Hasselt，1823

本属长江口 1 种。

15. 日本燕魟 *Gymnura japonica*（Temminck *et* Schlegel，1850）

Pteroplatea japonica Temminck and Schlegel，1850，Pisces，Fauna Japonica Last
Part，(15)：309，pl. 141（Nagasaki Bay，Japan）。

日本燕魟 *Gymnura japonica*：张春霖、王文滨，1955，黄渤海鱼类调查报告：37，
图 26（河北，山东）；朱元鼎，1960，中国软骨鱼类志：181，图 169（浙江，福建，
广东）；朱元鼎，1962，南海鱼类志：72，图 58（广东）；朱元鼎、伍汉霖、王幼槐，
1963，东海鱼类志：69，图 57（上海鱼市场等地）；倪勇，1990，上海鱼类志：83，
图 18（长江口近海区）；朱元鼎、孟庆闻，2001，中国动物志·圆口纲 软骨鱼纲：
437，图 232（福建东山，广东广州）；郭仲仁、倪勇，2006，江苏鱼类志：161，图 51
（长江口近海区）。

双斑燕魟 *Gymnura bimaculata*：朱元鼎，1960，中国软骨鱼类志：178，图 167（浙
江，福建，广东）；朱元鼎，1962，南海鱼类志：70，图 56（广东）；朱元鼎、伍汉霖、
王幼槐，1963，东海鱼类志：68，图 56（浙江，福建）；朱元鼎、孟庆闻，2001，中国动
物志·圆口纲 软骨鱼纲：436，图 231（福建，广东）；郭仲仁、倪勇，2006，江苏鱼类
志：160，图 50（长江口近海区）。

英文名　Japanese butterflyray。

地方名　蝴蝶鱼、臭尿破魟。

主要形态特征　体盘宽大，前缘波曲，与吻端成 60°～70°，后缘广圆；体盘宽为体盘长
的 2.1～2.2 倍。吻短，吻端在雌体微突，在雄体显著尖突；吻长比眼间隔为小。眼小，微
突，眼径比喷水孔为小；眼间隔平坦或微凹。前囟呈亚卵圆形。鼻孔宽大，几横列，位于口
前，大部分为前鼻瓣所盖，仅露出一圆形小的入水孔；前鼻瓣短宽，袋盖状突出，后缘细

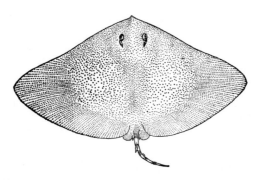

图 15　日本燕𫚉 *Gymnura japonica*（倪勇，1990）

裂；后鼻瓣前部具一薄膜状半圆形突出。口宽平，口宽比口前吻长为大（雌体）、相等或稍小（雄体）。下颌中部凹入，两侧斜直，在雄性成体内侧具 1 对粒状突起，在雌体不显著。腭膜发达，平直或稍波曲，后缘略分裂；口底无乳突。齿细小而多，齿头细尖。

腹鳍呈长方形，外角和里角都圆钝，里缘短而分明；鳍脚圆扁，后端颇尖。尾长约为体盘长的 1/2；尾刺短小，1～2 个；下皮褶低弱，几延至尾端。

背面青褐色，散布着色暗的小斑及大型斑块，后者左右对称，列成 3～4 横行；腹鳍外缘白色；尾具黑色横纹，在尾刺前呈合并状态，在尾刺后 6～7 条；鳍脚边缘淡白色。腹面白色，边缘灰褐色。

分布　分布于西北太平洋区中国、日本本州中部以南及朝鲜半岛海域。中国沿海均有分布。长江口近海亦有分布。

生物学特性　近海暖温性中小型底栖𫚉类。洄游能力较弱，春季产仔，卵胎生，胎儿具外鳃丝，母体子宫内壁密布绒毛状突起，分泌"乳汁"供胎儿营养，每胎产 2～8 仔。体长可达 1 m 左右，体盘宽可达 2 m。

资源与利用　长江口数量较少，无捕捞经济价值。

【朱元鼎（1960，2001）报道，我国东海、南海有两种燕𫚉：日本燕𫚉［*Gymnura japonica*（Temminck *et* Schlegel，1850）］和双斑燕𫚉［*G. bimaculata*（Norman，1925）］，其主要区别是眼后外侧有无 2 个白斑。Shen et al.（2012）对这 2 个种进行了基因序列比对分析，结果是：2 个种在线粒体 16S rRNA 基因片段上完全无差异，共享一个单倍型；2 个种的 *Cyt-b* 基因片段仅有 5 个碱基的变异，2 个种之间的遗传距离仅为 0.4%。这表明两种燕𫚉是同种，白斑有无仅是种内变异。日本学者 Isouchi（1977）也曾对 2 个种进行形态学分析，也认为白斑有无是种内变异。根据国际动物命名规约，双斑燕𫚉（*G. bimaculata*）是日本燕𫚉（*G. japonica*）的同物异名。】

鲼科 Myliobatidae

本科长江口 3 属。

属 的 检 索 表

1 （4） 吻鳍 1 个，不分瓣

2 （3） 吻鳍与胸鳍在头侧相连或分离；上下颌齿各 7 行；尾刺有或无 ·················· 鲼属 *Myliobatis*

3 （2） 吻鳍与胸鳍在头侧分离；上下颌齿各 1 行；具尾刺 ····························· 鹞鲼属 *Aetobatus*

4 （1） 吻鳍前部分成 2 瓣；上下颌具齿 5～10 纵行；具尾刺 ··················· 牛鼻鲼属 *Rhinoptera*

鹞鲼属 *Aetobatus* Blainville，1816

本属长江口 1 种。

16. 无斑鹞鲼 *Aetobatus flagellum* （Bloch *et* Schneider，1801）

Raja flagellum Bloch and Schneider，1801，Syst. Ichth. Bloch：361，pl. 73 （Coromandel，India）。

无斑鹞鲼 *Aetobatus flagellum*：朱元鼎，1960，中国软骨鱼类志：197，图 183 （上海鱼市场等地）；朱元鼎，1962，南海鱼类志：80，图 64 （广东）；朱元鼎、伍汉霖、王幼槐，1963，东海鱼类志：74，图 63 （浙江，福建）；倪勇，1990，上海鱼类志：84，图 19 （长江口近海区）；朱元鼎、孟庆闻，2001，中国动物志·圆口纲 软骨鱼纲：451，图 239 （上海鱼市场等地）；郭仲仁、倪勇，2006，江苏鱼类志：163，图 52 （长江口近海区）。

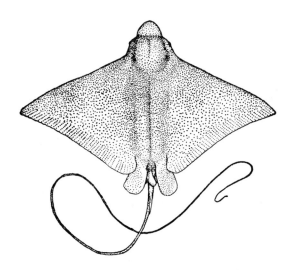

图 16　无斑鹞鲼 *Aetobatus flagellum* （倪勇，1990）

英文名　longheaded eagle ray。

地方名　燕仔魟。

主要形态特征　体盘宽为体盘长的 1.7～1.8 倍。吻较长，前端钝尖，向头前下斜，突出于腹面上。眼圆形，侧位，稍突出。眼间隔微凸。前囟近楔形。喷水孔背位，位于眼后。鼻孔平横，只露出一个小的圆形入水孔；前鼻瓣连合，后缘正中深凹，前部里侧具一叶状皮瓣，边缘细裂，旋入鼻腔内，能开闭出水孔；后鼻瓣前部里侧具一圆形皮褶，能开闭入水孔。口中大，平横；腭膜圆襟形，后缘细裂，基底前部具显著乳突一大群，分作 3 横行，前行 8～9 个，中行 1 个，后行 4 个，比前行为大。口底在咽头前方具一系列细小不规则乳突 15～16 个。齿平扁，宽大，上下颌各 1 纵行；上颌齿比下颌齿为宽；下颌齿中部向前突出，呈弧形排列。鳃孔狭小，距离约相等。

尾细长，为体长的 3.5～4.0 倍；尾刺 1～2 个；无侧褶；上下皮褶均退化。

腹鳍狭长，后部伸出胸鳍里角之后，后缘圆凸，外角和里角圆形，里缘分明；鳍脚粗大，扁管状，后端圆锥形。背鳍 1 个，小型，近长方形，前缘斜直，后缘平切，里缘短而分明，上角和下角都圆钝；起点距腹鳍末端比距基底长稍小。

体光滑，背面暗褐色或赤褐色，无白斑或蓝色斑点，尾隐具色暗和色浅的条纹。腹面白色，边缘灰褐色。

分布　分布于印度—西北太平洋区红海，印度、中国和日本海域。中国东海和南海均有分布。长江口近海亦有分布。

生物学特性　暖温性外海表层中大型鳐类。栖息于温带和热带沿海。全长可达1.6 m。

资源与利用　长江口数量较少，无捕捞经济价值。

鲼属 *Myliobatis* Cuvier，1816

本属长江口 1 种。

17. 鸢鲼 *Myliobatis tobijei* Bleeker，1854

Myliobatis tobijei Bleeker，1854，Natuurk. Tijdschr. Neder. Indië，6（2）：425（Nagasaki，Japan）。

鸢鲼 *Myliobatis tobijei*：张春霖、王文滨，1955，黄渤海鱼类调查报告：38，图 27（辽宁，山东）；朱元鼎，1960，中国软骨鱼类志：185，图 173（上海鱼市场）；朱元鼎、伍汉霖、王幼槐，1963，东海鱼类志：70，图 58（大沙外海）；朱元鼎、孟庆闻，1984，福建鱼类志（上卷）：84（厦门）；王幼槐、倪勇，1984，水产学报，8（2）：149（长江口区）；朱元鼎、孟庆闻，2001，中国动物志·圆口纲 软骨鱼纲：448，图 238（上海鱼市场）；郭仲仁、倪勇，2006，江苏鱼类志：165，图 53（长江口海区等地）。

英文名　Japanese eagle ray。

地方名　头鱼、狗头洋、飞𩷕仔、鹰鲂。

主要形态特征　体平扁。体盘菱形，前缘圆凸，后缘浅凹。吻宽短，圆钝，雄性成体吻端稍延长尖突。眼中大，侧上位，下眼睑游离；眼间隔宽大，凹入，雄性成体眼的

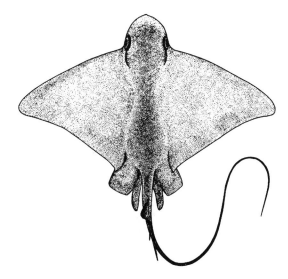

图 17　鸢鲼 *Myliobatis tobijei*（朱元鼎和孟庆闻，1984）

上中部具一角质状突起。前囟楔形，前宽后狭。喷水孔上侧位，近斜方形，上缘盖于孔上，前缘伸达眼后缘下方，里侧具一皮膜，能开闭。鼻孔平横，只露出椭圆形入水孔；前鼻瓣连合为一长方形口盖，后缘细裂呈须状，伸达下颌。腭膜发达，圆襟形，后缘细裂；口底咽头前具乳突 5 个，有时乳突上端分叉。齿平扁，铺石状排列，上下颌各 7 纵行，正中行齿宽大，侧行齿呈等边六角形；上颌齿板圆凸，下颌齿板平坦。鳃孔 5 个，距离约相等。

体光滑，尾颇粗糙，具细鳞。

胸鳍在头侧区与吻鳍相连。腹鳍呈方形或长方形，外缘和后缘斜直，外角和里角圆钝；鳍脚粗大，圆管状，后端圆钝。背鳍 1 个，小型，后位，起点距腹鳍基底的距离为其基底长的 2 倍；前缘和后缘相连呈半圆形，里缘短或不分明。

尾前部宽扁，具明显侧褶，后部细长如鞭；尾长约为体盘长的 2 倍，尾上具一皮突，比尾刺稍长，尾下具一低皮膜，比上皮突稍长；尾刺 1～3 枚。

背面黄褐色带红色，腹面边缘橙黄色带灰褐色。尾灰黑色或花白色，隐具横纹。

分布　分布于西北太平洋区中国、朝鲜半岛和日本海域。中国黄海、东海、南海和台湾海域均有分布。长江口近海亦有分布。

生物学特性　温水性近海底栖小型鲼类。卵胎生，5—8 月产仔，每胎产 8 仔左右。以虾、蟹和双壳类为食。全长 1 m 左右。尾刺有毒。

资源与利用　长江口数量较少，无捕捞经济价值。

牛鼻鲼属 *Rhinoptera* Cuvier，1829

本属长江口 1 种。

18. 爪哇牛鼻鲼 *Rhinoptera javanica* Müller *et* Henle，1841

Rhinoptera javanica Müller and Henle，1841，Syst. Besch. Plagiost.：182，pl. 58（Java，Indonesia）。

叉头燕虹 *Rhinoptera javanica*：沈世杰，1984，台湾鱼类检索：81（台湾）；陈哲聪、庄守正，1993，台湾鱼类志：90，图版13-6（台湾）。

爪哇牛鼻鲼 *Rhinoptera javanica*：朱元鼎、孟庆闻，2001，中国动物志·圆口纲 软骨鱼纲：458，图243（崇明等地）。

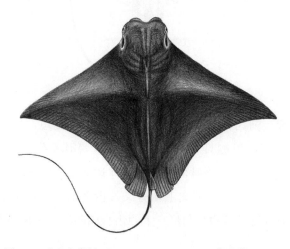

图18　爪哇牛鼻鲼 *Rhinoptera javanica*（郑义郎，2007）

英文名　flapnose ray。

地方名　叉头燕虹、鹰鲂。

主要形态特征　体盘呈菱形，体盘宽为体盘长的1.8～2.0倍，前缘微凸，后缘凹入；前角尖而下弯，后角钝圆。尾细长如鞭，尾刺1个，颇细弱，具锯齿，无侧褶，上下皮褶均消失。头部明显，吻鳍与胸鳍分离。吻鳍中间凹入，前部分为两瓣，突出于头前端腹面；在头侧，吻鳍与头之间形成明显的水平纵沟。头宽大，后部厚，前部渐扁薄。眼圆形，侧位，近前端，眼径为喷水孔的1/3～1/2，眼间隔宽而平坦。鼻孔平横，只露出1个小的椭圆形入水孔；前鼻瓣连合为一扁宽口盖，后缘平横，具1行坚硬细须；后鼻瓣中部和后部转入鼻口沟。口宽大，平横，口宽大于口前吻长。腭膜宽大，膜上具皱褶，皱褶呈粒状和条状突起；口底在咽头前方具一平横低膜，边缘细裂，无乳突；上唇和下唇皱成条状或粒状突起。齿平扁，上下颌齿各7纵行，正中齿最宽，侧面齿依次狭小。喷水孔大，紧位于眼后。鳃孔狭小，距离约相等。

背鳍1个，颇大，三角形，前角钝圆，后角尖突；起点与腹鳍基部终点相对。腹鳍狭长，稍伸出至胸鳍里角之后，外角呈圆形，里角略呈直角形，鳍脚前部宽扁，后部钝尖。

胸鳍呈翅膀状，外角尖突。

体光滑。具很小星状细鳞，散布于头上及背上，中央部较密集，胸鳍前有零星分布；鳞棘细弱，多埋于皮下。

背面黑褐色带蓝色，胸鳍前缘蓝色。腹面白色，头部及胸鳍前腹面散布不规则蓝色斑块，胸鳍外侧部及腹鳍灰黑带蓝色。

分布　分布于印度—西太平洋区的热带和温带沿海地区。我国东海、南海和台湾海域均有分布。长江口近海亦有分布。

生物学特性　暖水性底层中大型鳐类。常大群出现于中上层，但多栖息于中下水层。以底栖软体动物、甲壳类和鱼类为食。卵胎生。

资源与利用　具食用价值。长江口数量极少，无捕捞经济价值。

硬骨鱼纲 Osteichthyes

本纲长江口1亚纲。

辐鳍亚纲 Actinopterygii

本亚纲长江口24目。

鲟形目 Acipenseriformes

本目长江口1亚目。

鲟亚目 Acipenseroidei

本亚目长江口2科。

科 的 检 索 表

1（2）体被5纵行骨板；头部具骨板；上下颌无齿 ……………………………… 鲟科 Acipenseridae

2（1）体无纵行骨板；头部无骨板；上下颌具细齿 ……………………… 匙吻鲟科 Polyodontidae

匙吻鲟科 Polyodontidae

本科长江口1亚科。

匙吻鲟亚科 Polyodontinae

本亚科长江口1属。

白鲟属 *Psephurus* Günther，1873

本属长江口1种。

19. 白鲟 *Psephurus gladius*（Martens，1862）

Polyodon gladius Martens，1862，Monatsber. Akad. Wiss. Berlin：476（Yangtze River，China）；Martens，1865，Preussische Exp. Ost. Asien, Zool. Theil：159，408，pl. 15，fig. 1（上海吴淞）。

Psephurus gladius：Günther，1873，Ann. Mag. Nat. Hist.，12（4）：250（上海）；Nichols，1928，Bull. Am. Mus. Nat. Hist.，58（1）：2（上海）；Tchang，1929，Science，14（3）：399（上海，江阴，南京等）；Kimura，1935，J. Shanghai. Sci. Inst，(3) 3：101（崇明）；Nichols，1943，Nat. Hist. Centr. Asia，9：17（上海）。

白鲟 *Psephurus gladius*：朱元鼎等，1963，东海鱼类志：93，图 70（上海吴淞）；湖北省水生生物研究所，1976，长江鱼类：20，图 5（崇明等地）；余志堂等，1986，水生生物学报，10（3）：295（崇明，幼鱼）；江苏省淡水水产研究所等，1987，江苏淡水鱼类：48，图 7（长江口等地）；朱成德，1987，水生生物学报，11（4）：289（长江口，幼鱼）；邓中粦等，1987，长江三峡工程对生态与环境影响及其对策研究论文集：44（崇明，幼鱼）；倪勇，1990，上海鱼类志：89，图 21（崇明裕安）；毛节荣，1991，浙江动物志·淡水鱼类：24，图 8（杭州钱塘江）；张世义，2001，中国动物志·硬骨鱼纲 鲟形目：40，图Ⅱ-8（崇明，宁波，宜昌）；费志良、边文冀，2006，江苏鱼类志：171，图 55，彩图 5（长江口等地）。

图 19 白鲟 *Psephurus gladius*

英文名 Chinese paddlefish。

地方名 鲟枪、鲟鳇鱼。

主要形态特征 背鳍 58～59；臀鳍 47～54；胸鳍 33～35；腹鳍 34～37。鳃耙 45～50。体长，呈梭状，前部粗大，后部细小。头尖长，大于体长之半。吻延长呈剑状，前部平扁，后部宽圆，吻长为眼后头长的 1.5～1.8 倍。眼小，侧位。口大，下位，弧形。上下颌和舌上具绒毛状细齿。吻腹面有短须 1 对。鳃孔宽大，左右鳃盖膜相连，跨越峡部。

头、体光滑，尾鳍上缘有棘状鳞 7～10 枚。吻部和头部有许多梅花状陷器（感觉器）。侧线完全，平直。

背鳍后位。尾柄圆，短小。尾鳍歪形，上叶长于下叶。

体背侧灰褐带淡红色，腹面白色，各鳍灰褐色。

分布　主要分布于四川省宜宾市以下至河口的长江干流和沱江、岷江、嘉陵江、洞庭湖和鄱阳湖等支流或大型湖泊中，也见于黄河、钱塘江和甬江，东海、南海亦有分布。

生物学特性

[习性] 以淡水生活为主，有洄游习性，主要生活于长江干流，有时进入支流和湖泊中索饵，秋季返回干流深水区越冬。在葛洲坝水利枢纽工程建造前，每年 2—3 月，溯河至四川省宜宾附近江段的产卵场。产卵后，春、夏、秋季则到长江支流、通江湖泊和长江口区索饵育肥。在长江河口区每年 6 月出现较多全长为 13.5～16.9 cm 的幼鱼，8—10 月常可捕获 55～188 cm 不同大小的个体。据报道，1983 年在长江口崇明收集当年白鲟幼鱼 587 尾，其中 6 月下旬有 288 尾（邓中粦 等，1987）。

[年龄与生长] 为长寿型鱼类，有报道，雄鱼最大年龄为 11 龄，全长 250 cm、体重 41.4 kg；雌鱼最大年龄为 17 龄，全长 329 cm、体重 102 kg（马骏 等，1996）。另据报道，最大者可达 500 kg，其年龄可能更大（伍汉霖，2002）。性成熟较迟，最小性成熟年龄雌鱼为 7～8 龄，体重 20～30 kg；雄鱼为 5～6 龄，体重 13～19 kg。

白鲟是一种生长速度较快的大型淡水鱼类。长江河口区（崇明东滩）当年幼鱼从 6 月 21 日至 10 月 12 日，从平均体长 8.77 cm、平均体重 1.83 g 长至平均体长 53 cm、平均体重 640 g，在 113 d 内，体长和体重平均日增长分别为 3.91 mm 和 5.65 g。其生长方程为 $L_t = 79.9723 e^{0.0213t}$。6—10 月，以 8 月的增长率最大，达 1.29（朱成德和余宁，1987）。而长江上游重庆江段的当年幼鱼（从 3—4 月长至 9—10 月）体长可达 64.7 cm，体重达 903.57 g；1 龄鱼体长为 48～86.8 cm，体重为 440～2 020 g；2 龄鱼体长为 98～105.4 cm，体重为 3 000～4 140 g；3 龄鱼体长为 114.8 cm，体重为 6 000 g；幼鱼体重（W）与体长（BL）的关系式是：$W = 5.211 \times 10^{-6} BL^{2.9271}$（李云 等，1997）。性成熟前雌鱼和雄鱼的长度生长无明显差异：1 龄、2 龄、3 龄鱼的平均全长分别为 75 cm、97.9 cm 和 118.5 cm。性成熟后的雌鱼生长速度显著大于同龄雄鱼。雄鱼体长生长方程为：$L_t = 368.5 [1 - e^{-0.0901(t+1.66)}]$，雌鱼体长生长方程为：$L_t = 436.3 [1 - e^{-0.0724(t+2.29)}]$。全长 8～33 cm 的当年幼鱼相应的体重为 1～76 g；全长 50～80 cm 的个体，体重为 440～950 g；2 龄鱼平均全长 114.4 cm，平均体重 2.89 kg。体长（TL）与体重（W）的关系式：$W = 7.452 \times$

$10^{-7}TL^{3.234}$（雄鱼），$W=6.942\times10^{-7}TL^{3.2497}$（雌鱼）。体重生长方程为：$W_t=148.6$ $[1-e^{-0.0901(t+1.66)}]^{3.2340}$（雄鱼），$W_t=264.0$ $[1-e^{-0.0724(t+2.29)}]^{3.2497}$（雌鱼）（马骏 等，1996）。这些数据表明，白鲟在全长 100 cm 以前（1 龄鱼）体长增长较快，全长 100 cm 以上的个体（1 龄以上）体重增长较快。

［食性］健泳、凶猛，纯动物食性，主食鱼类、虾类。食物种类因时因地而异：在长江上游四川江段，春、夏两季以铜鱼、吻鮈等为主，秋、冬两季以吻虾虎鱼和虾类为主；在长江中游江段，以铜鱼、银鲴、鳊、鳅类、黄颡鱼为主（邓中燊 等，1987）；在江阴、崇明一带，春、夏两季以鲚为主（四川省长江水产资源调查组，1988）；在长江口区以虾类、鱼类等为主。崇明东滩的 49 尾白鲟幼鱼（体长 8.0～53.0 cm）的食物组成有 8 类 16 种。食物中出现频率最高的是虾类（主要是脊尾白虾和安氏白虾），达 81.63%；端足类次之，为 32.65%；再次是鱼类和等足类，均为 12.24%。在食物数量和重量上，虾类分别占 52.5% 和 89.8%；鱼类（鲻、多鳞四指马鲅、矛尾虾虎鱼）在数量上占 2.0%，在重量上占 8.9%，其他各类只占重量的 1.3%。幼鲟的摄食率为 100%；胃饱满度以 2～4 级为多，占幼鱼数的 85.7%，饱满指数为 0.33～971.43，平均为 198.5。8.0 cm 体长的幼鲟已开始摄食小虾、小鱼（朱成德和余宁，1987）。

［繁殖］产卵期在 3—4 月。产卵场主要在四川省宜宾市柏树溪镇附近的金沙江河段和江安县附近的长江河段。成熟亲鱼多栖息在水流较急、水较深、底质多为岩石或鹅卵石的河段（刘成汉，1979）。柏树溪镇的周坝产卵场河宽 360 m，其上游河道底质为沙质或泥质，下游河道底质为砾石，水深为 10 m，流速为 0.72～0.92 m/s，溶氧量为 8～10 mg/L，pH 为 8.2，透明度为 39 cm，产卵场水温为 18.3～20.0 ℃。产卵个体一般体重 100～150 kg，在晚上至黎明产卵，产卵时有雌雄追逐和跃出水面的现象（李云 等，1997）。成熟卵灰黑色，椭圆形，卵沉性。卵受精后 45 d 孵化。初孵仔鱼长约 40 mm，半透明。

卵粒大小、性腺脂肪多少和成熟系数高低等是判断性腺发育程度的标志。白鲟的卵径，Ⅲ期卵为 2.0～2.7 mm，Ⅳ期卵为 2.74～3.4 mm。雄鱼Ⅱ期、Ⅲ期和Ⅳ期各发育期的性腺成熟系数分别为 0.19～0.28、1.40～2.78 和 3.64～4.80；雌鱼Ⅲ期和Ⅳ期发育期的性腺成熟系数分别为 3.13～6.27 和 10.7～12.64。7～15 龄的雌鱼绝对怀卵量为 17.8 万～78.7 万粒（平均 35.9 万粒），相对怀卵量为 4.06～8.51 粒/g（平均 6.13 粒/g）（邓中燊 等，1987）。

资源与利用　野生数量不多，群体数量不大。个体大，在 20 世纪 80 年代前有一定天然产量，每年约 25 t，而且肉味鲜美，鱼卵尤佳，曾被视为名贵水产品。自 20 世纪 80 年代以来，资源量明显下降，近些年来在长江干支流较少捕获；在长江河口区，幼鱼和成鱼数量越来越少，在近 20 年来的河口渔业生产和资源调查中，很少发现白鲟。这些情况表明白鲟已面临濒危。致危原因大致有：一是过度捕捞，因为本种属于性成熟迟的长寿大型鱼类，大量捕捞导致补充群体下降，恢复时间甚长；二是长江大型水利工程的建造，对其繁殖、生长产生较大的影响，自1980年葛洲坝截流后，白鲟洄游通道受阻，坝下尚未发现其产卵场和成熟个体，幼鱼数量也大为减少，估计其资源量还将继续减少；三是白鲟的幼鱼游泳能力较弱，具沿江集群活动的习性，故受沿江罾网和定置网误捕的损害量较大。

[保护对策] 白鲟是我国珍稀鱼类，也是濒危物种，1988年已被列为国家一级重点保护野生动物。白鲟种群数量少，有其自身生物学特性脆弱的内因（如成熟期晚，个体大，对产卵场要求高，洄游路线长和成活率低，达到性成熟并能参加繁殖的个数更少等）和环境因素、物种间竞争及人类活动干扰的外因（如过度捕捞、水利建设阻隔洄游通道、水域污染等）。在这种情况下，其资源保护非常重要。保护对策主要有以下几点。①保护幼鱼资源。对长江中下游各处簖、箔、罾网等捕捞各种经济鱼类和白鲟、中华鲟的密眼网具，以及长江口大量捕捞白鲟和中华鲟的插网等有害渔具，沿江各级渔政主管部门根据《中国水生生物资源养护行动纲要》《中国生物多样性保护战略与行动计划》(2011—2030年)等，予以限捕和禁捕，切实保护幼鱼资源。2003年在长江口设立了中华鲟自然保护区，也有利于保护白鲟幼鱼。②保护产卵场和亲鱼。三峡大坝建成后，长江中下游的白鲟资源将主要依靠坝下产卵场的自然繁殖。白鲟在坝下自然繁殖的可能性是存在的。拟将湖北省宜昌市至枝城划为鱼类繁殖保护区，3—6月为禁捕区，保护好这一带的产卵场和栖息地及沿江河游来产卵场的亲鱼至关重要。③进行人工繁殖、放流增殖。三峡大坝建成后，长江上游已得不到来自中下游的成熟个体，繁殖群体数量更少；而长江中下游又得不到产自上游的鱼苗和幼鱼，这对白鲟产生不利影响。为此，为弥补不利影响，增殖资源，有必要采用养殖匙吻鱼的经验，进行白鲟的人工繁殖和养殖。④加强科学研究。白鲟个大、数量少，不易获得，目前对它的繁殖习性了解还是初步的。为了有效地保护这个珍稀物种，需要开展科学研究。例如，白鲟的繁殖生物学、上游产卵场的分布和环境特点、三峡大坝下游产卵场和栖息地的确定、幼鱼的适生环境以及数量变动、人工养殖试验等，均可立项进行调查研究。⑤加强科普宣传工作。应在产区大力宣传保护白鲟的重要意义，严禁捕杀成鱼和幼鱼。如有误捕，应抢救放流。

[学术价值] 匙吻鲟科鱼类起源于约1亿年前的白垩纪末期，世界上现存有2属2种。白鲟为我国特有，在鱼类乃至脊椎动物的起源与演化、动物地理学等方面占有特殊地位，因此有重大研究价值。

鲟科 Acipenseridae

本科长江口1亚科。

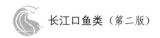

鲟亚科 Acipenserinae

本亚科长江口1属。

鲟属 *Acipenser* Linnaeus，1758

本属长江口1种。

20. 中华鲟 *Acipenser sinensis* Gray，1835

Acipenser sinensis Gray，1835，Proc. Zool. Soc. London：122（China）；Evermann and Shaw，1927，Proc. Calif. Acad. Sci.，（4）16：100（上海虹口鱼市）；Tchang，1928，Contr. Biol. Lab. Sci. Soc. China，4（4）：2，fig. 2（南京）；Wu，1929，Contr. Biol. Lab. Sci. Soc. China，5（4）：15，fig. 11（厦门）；Kimura，1934，J. Shanghai Sci. Inst.，3（1）：14（重庆，宜昌，沙市，汉口）。

Acipenser dabryanus：Dabry de Thiersant，1872，Pirciculture et Peche de Chine：192，pl. 50，fig. 2（长江）；Nichols，1943，Nat. Hist. Centr. Asian，9：16，fig. 1（上海，洞庭湖）。

中华鲟 *Acipenser sinensis*：朱元鼎，1984，福建省鱼类志（上卷）：106～107，图66（霞浦，三沙）；江苏省淡水水产研究所等，1987，江苏淡水鱼类：45，图6（长江口，常熟、镇江、南京）；刘蝉馨，1987，辽宁动物志·鱼类：63，图40（旅顺）；李思忠，1987，动物学杂志，22（4）：35（辽宁海洋岛，山东石岛，黄河，长江，钱塘江，珠江等）；张玉玲，1989，珠江鱼类志：19，图2（藤县，桂平，三水，番禺，中山等）；倪勇，1990，上海鱼类志：86，图20（崇明，南汇，奉贤，长江口九段沙东部浅滩，长江口渔场）；陈马康等，1990，钱塘江鱼类资源：22，图7（杭州）；毛节荣，1991，浙江动物志（淡水鱼类）：22，图7（杭州，钱塘江）；张世义，2001，中国动物志·硬骨鱼纲鲟形目：34，图Ⅱ-4（长江，上海，宁波，福州，广东）；费志良、边文冀，2006，江苏鱼类志：169，图55（南京，镇江，江阴，常熟浒浦，长江口北支，黄海南部）。

达氏鲟 *Acipenser dabryanus*：朱元鼎，1963，东海鱼类志：92，图69（吴淞，福建三沙）。

英文名 Chinese sturgeon。

地方名 着甲鱼、鲟鱼。

主要形态特征 背鳍50～68；臀鳍26～40；胸鳍48～54；腹鳍32～42。鳃耙14～25。

体延长，前部较粗，向后渐细，背部窄，腹部宽平，躯干横切呈五角形。头长，三

图 20　中华鲟 *Acipenser sinensis*

角形。吻尖长，鼻孔大，位于眼前。喷水孔呈裂缝状。眼小，呈椭圆形，位于头的后半部。眼间隔宽。口下位，横裂，上下颌能伸缩；上下唇具细小乳突。口前吻部中央有皮须 2 对，列呈弧形，须长短于须基与口前缘间距的 1/2。鳃裂大，假鳃发达；鳃耙稀疏，短棒状，鳃盖膜连于峡部。头部侧面和腹面有许多小孔，列呈梅花状（此即陷器，又称罗伦氏瓮，为重要感觉器官）。

背鳍 1 个，靠近尾鳍，后缘凹入。臀鳍位于背鳍中部下方。腹鳍小，靠近臀鳍。胸鳍低位，椭圆形。尾鳍歪形，上叶发达，上缘有 1 纵行棘状菱形硬鳞。

幼鱼体表光滑，成鱼体表粗糙。具骨板 5 纵行：背部正中 1 行较大，背鳍前 8～16，背鳍后 0～3；体侧 26～42；腹侧 8～16。臀鳍前后各有 1～2 块骨板。胸鳍基底上下方各具 1 块骨板。成鱼额骨和顶骨在背中线彼此不紧接，留下间缝较长，可见到下面的软骨脑颅。

背部青灰色，体侧浅灰色，腹部乳白色。各鳍灰色，边缘色较浅。

分布　近代在我国沿岸北起黄海北部海洋岛、南抵海南岛万宁县近海，以及长江、珠江、闽江、瓯江、钱塘江和黄河均有分布。沿长江上溯进入鄱阳湖和赣江，亦进入洞庭湖和湘江及澧水，最近可达金沙江下游；沿珠江上溯可达广西浔江、黔江。沿钱塘江上溯到达衢江。目前黄河和闽江均已绝迹。国外朝鲜西南部和日本九州西部亦产。长江口是中华鲟性成熟亲鱼溯河洄游和幼鱼降海洄游的必经通道。

生物学特性

［习性］洄游性鱼类。在近海栖息，性成熟后溯河洄游到长江上游产卵场繁殖。葛洲坝水利枢纽修建后，已在坝下江段形成一新的产卵场。产卵后亲鱼即顺流而下返回海里生活。孵出的仔鱼也降河在中下游的浅水区觅食一段时间后来到长江口，逐渐适应海水环境，然后入海育肥过冬。直至性成熟后再溯河进行生殖洄游。

［年龄与生长］个体较大，生长较快，性成熟较迟，生命周期较长，最长寿命可达 40龄，最大个体体重达 560 kg。据 1972—1976 年长江产卵群体的统计，雄鱼的年龄组成为9～20 龄，体长 1.69～2.67 m，体重 38.5～189 kg，平均年龄 15 龄，平均体长 2.1 m，平均体重 86 kg；雌鱼的年龄组成为 14～27 龄，体长 2.42～3.22 m，体重148.5～378 kg，平均年龄 22 龄，平均体长 2.7 m，平均体重 217 kg。

据葛洲坝截流后 1981—2004 年的 24 年中华鲟产卵群体结构的变化统计，雄鱼年龄8～27 龄，体长 1.63～2.85 m，体重 49～193 kg，平均年龄 15.26 龄，平均体长2.13 m，

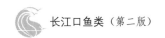

平均体重 88.90 kg；雌鱼年龄 14～33 龄，体长 2.12～3.21 m，体重 68～432 kg，平均年龄 21.27 龄，平均体长 2.69 m，平均体重 215.95 kg（危起伟 等，2005）。

生长迅速，且雌鱼比雄鱼快，在性成熟之前生长较快，幼鱼阶段生长最为迅速，性成熟后生长趋缓，老年阶段生长最慢。幼鱼降海洄游途中在长江口停留期间生长速度，体长和体重分别从 5 月下旬刚抵长江口时的（166.8±32.7）mm 和（28.69±16.06）g，增加到 8 月入海时的（319.0±77.7）mm 和（236.77±176.64）g，仅仅 2 个多月，体长增长 0.91 倍，体重增加 7.25 倍（毛翠凤 等，2005）。

［食性］以动物性食性为主的杂食性鱼类，主要食物为虾、蟹、鱼、软体动物和水生昆虫等。因生活环境的不同食物的种类也有所不同，幼鱼在长江中上游主要以摇蚊幼虫、蜻蜓幼虫、蜉蝣幼虫等水生昆虫为食，在河口食物主要是虾、蟹和鱼。亲鱼洄游时期不摄食，在长江中上游检查所见大多是空胃。根据庄平等 2004—2006 年在长江口的调查，幼鲟在长江口摄食强度较大，摄食率超过 80%，胃含物饱满，3～4 级，食物以底层小型鱼类和甲壳类为主，常见食物有矛尾虾虎鱼 Chaeturichthys stigmatias、舌鳎 Cynoglossus spp.、狭额绒螯蟹 Eriocheir leptognathus、钩虾 Gammarideapo spp.、节鞭水蚤 Ergrasilus spp. 和白虾 Exopalaemon spp. 等（庄平 等，2009）。在长江口外近海，中华鲟摄食强度增大，食物以鱼和蟹为主，还有虾和头足类等。

［繁殖］性成熟迟、初次性成熟的年龄变异大以及性周期长，是鲟鱼类的生物学属性。据四川省长江水产资源调查组（1988）报道，葛洲坝截流前的 1972—1976 年，长江上游、金沙江下游产卵场中华鲟性成熟个体最小型雄性为 9 龄，体长 1.69 m、体重 38.5 kg，雌性为 14 龄，体长 2.39 m、体重 148.5 kg；初次性成熟雄性为 9～22 龄，雌性为 14～27 龄。据常剑波和曹文宣（1999）报道，中华鲟雄性初次性成熟年龄为 8～17 龄，最高为 27 龄；雌性初次性成熟年龄为 13～26 龄，最高为 35 龄。危起伟等（2005）报道葛洲坝截流后 1981—2004 年间宜昌产卵场中华鲟最小成熟个体雄性为 8 龄，体长 1.63 m，体重 49 kg，雌性为 14 龄，体长 2.12 m，体重 68 kg。

成鱼主要栖息于我国东部沿岸及朝鲜半岛西海岸这一广阔海域，性成熟的个体每年 7—8 月经长江口溯江而上，此时性腺发育处于Ⅲ期初期，亲鱼进入长江后需要停留 1 年以上时间，在此期间亲鱼基本不摄食，依靠体内积累的脂肪提供繁殖过程中的能量消耗和和性腺发育所需的物质，待性腺由Ⅲ期发育至Ⅳ期后，于翌年秋季 10 月中旬至 12 月中旬产卵，后亲鱼迅即离开产卵场，降河入海育肥。中华鲟不是以 1 年为一个繁殖周期，并非每年都产，余志堂（1986）根据对胸鳍第一鳍条磨片上的生殖标志的观察，判断中华鲟重复产卵的间隔期为 5～7 年。

葛洲坝截流前中华鲟产卵场分布在长江上游和金沙江下流的干流的老君滩至万县之间，共 20 处以上，主要产卵场集中分布在宜宾到屏山江段。葛洲坝枢纽工程 1981 年大江截流以后，中华鲟赴上游产卵的洄游通道受阻，原有产卵场全部消失，并在坝下形成 1 处新产卵场，即坝下消力池至庙嘴 2 km 范围内，主要集中在南岸笔架山江段的 1 km 内。

正常情况下，中华鲟繁殖群体的雌雄比例，在长江上游和金沙江下游产卵场不同年份、不同江段有所不同，变幅为 1:（0.5～1.6），但就全年或各江段合计而论，总的雌雄性比接近 1:1。中华鲟繁殖群体的世代结构复杂，且雄鱼的年龄明显小于雌鱼。葛洲坝截流前以及截流后的头 3 年（1981—1983 年），雌雄性比接近 1:1，说明当时的资源状况较为稳定，1983—1989 年的 6 年间，雌雄性比下降到（0.63～0.76）:1，随着时间的推移，由于补充群体数量的持续下降，雌雄性比逐年上升，2003—2004 年达到了 5.86:1，并伴随着雄鱼大型化和高龄化。

中华鲟的绝对怀卵量，据 1973—1975 年在长江上游重庆至宜宾江段的测定，波动于30.6 万～130.3 万粒，平均为 64.5 万粒；相对怀卵量为 1.72～4.45 粒/g，平均为2.99 粒/g。1981—1982 年葛洲坝枢纽下游，中华鲟的绝对怀卵量为 47.0 万～69.7 万粒，平均为 60.2 万粒；相对怀卵量为 2.40～4.18 粒/g，平均为 3.12 粒/g。

成熟卵椭圆形，黑褐色，卵径 4.3～4.8 mm，产出受精后 3～5 min，卵膜吸水膨胀，卵径增至 5.05～5.10 mm，分散黏着在产卵下方的岩石或砾石上面，当水温在 16.5～18 ℃时，经 113～130 h 孵化，仔鱼大量出膜。

资源与利用

[渔业概况] 中华鲟为白垩纪存活至今最为古老的现生鱼类之一，在全世界 20 余种鲟科鱼类中分布纬度最低，体型最大，生长最快，因具许多原始性状成为界于软骨鱼类和硬骨鱼类的中间类型，在学术研究上有重要价值。中华鲟为名贵食用鱼，肌肉富含蛋白质，卵是国际市场上的珍品，鳔和脊索可制胶，鳍和鱼唇可与鲨鱼鱼翅媲美，具有很高的经济价值。四川宜宾、泸州和湖北宜昌、江陵等地有专门渔业，下游诸省仅系兼捕，渔获量较少。20 世纪 50 年代以前，崇明岛奚家港有专捕中华鲟成鱼的拖网作业，渔汛期在 2—10 月，渔场在长江口南支北港中泓自奚家港至佘山一带，后因产量低而被淘汰。

1972—1980 年在葛洲坝截流以前的 9 年中，全流域中华鲟成体的总渔获量为4 644 尾，年渔获量为 363～394 尾，平均年产 516 尾。其中葛洲坝以上（四川江段）9 年共捕 2 358 尾，年渔获量为 168～356 尾，平均年产 262 尾；葛洲坝以下（湖北江段）9 年共捕 2 286 尾，年渔获量为 188～327 尾，平均年产 254 尾。1982 年由于没有禁捕，葛洲坝截流致使中华鲟在坝下聚集，形成年捕捞高峰，渔获量高达 1 163 尾（包括截流于坝上的 161 尾）。1984 年起禁捕，1988 年被列为国家一级重点保护野生动物，在全国实施禁捕，每年科研用鱼亦控制在 100 尾以内。

[资源现状] 对于中华鲟的繁殖群体，柯福恩等（1992）采用标志放流回捕率的方法，估算出 1982 年中华鲟繁殖群体的数量为 2 176 尾（95％置信区间为 996～5 933 尾）；1984 年中华鲟繁殖群体资源量为 2 547 尾（95％置信区间为 1 956～3 138 尾）。据 1981—1990 年捕捞数据估算，中华鲟年平均资源量 1 348 尾，年均资源补充量 767 尾，年际增长

率从 1981 年的 6.29％降至 1984 年后的 0.793％～0.956％（黄真理，2013）。20 世纪 90 年代后，中华鲟繁殖群体数量持续下降，从 1998 年的 680 尾降至 2002 年的 300 余尾（陈细华，2007）。据《长江三峡工程生态和环境监测公报》显示，2005—2008 年维持在 200 余尾，2009 年仅 72 尾，2010—2012 年回升至 200 尾左右，2014 年下降至 57 尾。近年来，中华鲟种群衰退的趋势进一步加剧，2013 年后每年到达葛洲坝下产卵场的繁殖群体已不足 50 尾。更为严重的是，2013 年、2015 年和 2017 年的繁殖季节，均未在长江中监测到中华鲟的自然繁殖活动，中华鲟自然群体出现了偶发产卵现象，物种的生存与延续令人担忧。

与 1981 年葛洲坝截流时，以及 20 世纪 80 年代中期至 90 年代中期的情况相比，现中华鲟繁殖群体结构有所变化，主要表现在：①雄性的平均体长明显增长；②性比失调，雄性显著减少；③与未成熟个体相比，性腺成熟个体比例显著增加；④平均年龄都有增加，雄性增幅更大。由于补充群体不足，繁殖群体明显地出现高龄化，是资源衰退的不祥征兆。据常剑波和曹文宣（1999）报道，20 世纪 80 年代前期和中期被拦于坝下的中华鲟的数量和繁殖群体结构是相对稳定的，虽然观察到有些亲鱼性腺退化，但大部分性腺能发育成熟并能自然产卵。进入 90 年代，繁殖群体平均年龄明显上升，并且根据 1994—1998 年捕获群体的年龄结构分析，建坝后出生的个体回归到繁殖群体的数量比例只有预期的 16.5％。在繁殖群体中性腺发育有成熟和尚未成熟两种，前者为上年度进入长江者，后者为调查年度当年进入长江者，根据两者相对比例结合捕捞量推算，20 世纪 80 年代初期中华鲟的年补充量约为 1 000 尾，相应的年资源量为 2 000 尾左右。大坝建成后，20 世纪 90 年代之前被捕群体样本中性成熟个体与未成熟个体所占比例，在年际之间大致相似并接近 50％；1991—1998 年的渔获物样本中性成熟个体的比例则逐年上升，高达 86.52％。20 世纪 90 年代以前繁殖群体雌雄比接近 1∶1，90 年代以后雄性比例则逐年下降。综上所述，20 世纪 90 年代以来，中华鲟繁殖群体数量正在逐年减少。

长江口作为中华鲟幼鱼降海洄游过程中最为重要的索饵育肥场所，其资源变动状况也较大。总体来看，中华鲟幼鱼年际间数量极不稳定，总体下降趋势明显，群体补充无稳定保障。在 20 世纪 60 年代，中华鲟幼鱼曾是长江口重要的渔业资源，在崇明水域捕获量大。葛洲坝截流后，亲鱼产卵洄游途径受阻，3 年内幼鱼数量急剧衰退，资源量减少 97％左右（柯福恩 等，1984）。1981—1999 年间中华鲟幼鱼补充群体减少了 80％。据估算，1998—2001 年长江中华鲟幼鱼资源总量为（18.3～86.5）×10⁴ 尾（危起伟，2003），2004—2008 年为（1.2～10）×10⁴ 尾（庄平 等，2009）。根据长江口监测数据，1988—1992 年长江中华鲟幼鲟数量较多，1993—2000 年呈下降趋势，2001—2003 年略有回升，2004 年后数量波动较大，2006 年幼鲟误捕数量 2 100 尾，2007 年仅 29 尾，2008 年 205 尾，2011 年 14 尾，2012 年跃升至 467 尾，2013 年降至 66 尾；2015 年 4—9 月，监测到有 3 000 余尾中华鲟出现在长江口，而 2014 年和 2016 年长江口未监测到幼鲟出现（陈锦

辉 等，2016）。

　　[资源衰退原因与对策] 导致中华鲟资源衰退的原因是多方面的。首先，中华鲟个体大、寿命长，初次性成熟迟，产卵后重复再产卵的性成熟间隔时间长，资源遭破坏后便不易恢复，这些是中华鲟的生物学特性，是种的属性决定的。其次，葛洲坝截流阻隔了中华鲟的洄游通道，使亲鱼不能到达上游产卵场产卵。虽然在葛洲坝下形成了新的产卵场，但规模远较上游产卵场的规模小。再次，敌害鱼吞食鱼卵对中华鲟资源的影响不容忽视。在葛洲坝下产卵场发现的吞食中华鲟卵的底层鱼类有9种，其中尤以圆口铜鱼、瓦氏疯鳅和铜鱼对中华鲟卵的危害较大，圆口铜鱼个体最高吞食鱼卵数达237粒，瓦氏疯鳅达141粒。坝下产卵场江段食卵鱼年度资源量平均为44.5万尾，由于产卵场范围狭小、敌害鱼类密度高，加之受精卵密集、孵化时间长，中华鲟产下的卵有90%以上都被敌害鱼所吞食（柯福恩，1999；胡德高 等，1992；虞功亮 等，2002）。

　　近年来，中华鲟自然繁殖活动所呈现的偶发性产卵，很可能是三峡调蓄后葛洲坝下中华鲟产卵场江段水温在中华鲟繁殖期间偏高、产卵场的综合环境质量降低所造成的。因此改善产卵场的综合环境，尽量减少人类对其栖息地和洄游的影响，有利于对中华鲟自然种群进行保护。

　　伴随着葛洲坝、三峡等水利枢纽工程的建设，为了保护中华鲟资源，已积极采取了如下一些措施。

　　（1）保护自然资源　①1988年中华鲟被列为国家一级重点保护野生动物；②禁止捕捞和限制科研用鱼数量，从1988年起，在全长江水系实行禁捕，每年科研用鱼控制在100尾以内；③在宜昌至荆州沙市江段建立中华鲟保护站，沿江各级渔政主管部门和相关单位也负起保护长江鱼类的责任，1986—1996年仅宜昌江段放流误捕中华鲟多达155尾；④长江流域渔业资源管理委员会自1988年开始，在崇明建立了中华鲟幼鱼抢救站，2002年上海市政府批准建立上海市长江口中华鲟自然保护区，进行中华鲟幼鱼的保护和抢救。

　　（2）人工放流苗种　葛洲坝截流后，针对坝下亲鱼减少和幼鱼资源衰退的现象，科研机构开展了中华鲟的人工增殖放流活动，对中华鲟群体进行补充。1983年由中国水产科学研究院长江水产研究所和宜昌市水产研究所等5个单位组成的中华鲟人工繁殖协作组在葛洲坝下实施人工繁殖取得了成功，以后4年每年向长江投放20万～80万尾鲟苗和少量幼鲟。1984年长江葛洲坝工程局水产处中华鲟人工繁殖也取得了成功，此后每年向长江投放20万～50万尾鲟苗，并成立了中华鲟研究所，专门负责中华鲟的人工繁殖和放流。截至2014年，相关科研及管理部门向长江放流的中华鲟累计超过700余万尾。

　　（3）建设自然保护区　随着对环境保护理解的加深和我国有关野生动物保护法规的建立和完善，建立自然保护区已成为保护物种资源的一项重要措施，现已建立中华鲟保护区3个，即上海市长江口中华鲟自然保护区（省级，2002年）、湖北省宜昌中华鲟自然保护区（省级，2004年）和江苏省东台中华鲟自然保护区（省级，2000年）。中华鲟幼

鱼在经过 1 850 km 降河洄游，经历了自然淘汰才到达长江口，为适应海洋生活先要在此停留 4 个月（5—8 月）后才进入海洋，在长江口期间极易遭到插网和深水网作业的误捕。因而长江口中华鲟自然保护区的建立最为关键，是中华鲟自然保护和人工放流取得成效的重要前提和有力保障。

海鲢目 Elopiformes

本目长江口 2 科。

科 的 检 索 表

1（2）有假鳃；背鳍最后鳍条不延长 ·· 海鲢科 Elopidae

2（1）无假鳃；背鳍最后鳍条延长为丝状 ····································· 大海鲢科 Megalopidae

海鲢科 Elopidae

本科长江口 1 属。

海鲢属 *Elops* Linnaeus，1766

本属长江口 1 种。

21. 大眼海鲢 *Elops machnata*（Forsskål，1775）

Argentina machnata Forsskål，1775，Descript. Animal.：68（Jeddah，Saudi Arabia，Red Sea）。

海鲢 *Elops saurus*：王文滨，1962，南海鱼类志：103，图 75（广东，海南）；丘书院，1984，福建鱼类志（上卷）：109，图 67（厦门）；陈素芝，1986，珠江鱼类志：20，图 3（广东东莞）；倪勇、陈亚瞿，2007，海洋渔业，29（2）：190，图 1（上海金山）；倪勇等，2008a，水产科技情报，35（3）：123，图 1（长江口九段沙）；蒋日进等，2008，动物学研究，29（3）：300（长江口近岸）；张衡等，2009，生物多样性，17（1）：76～81，附录Ⅰ（长江口北支）。

海鲢 *Elops machnata*：沈世杰，1993，台湾鱼类志：95，图版 14 - 2（台湾）；张世义，2001，中国动物志·硬骨鱼纲 鲟形目 海鲢目 鲱形目 鼠鱚目：45，图Ⅱ - 10（福建，广东）。

英文名 tenpounder。

地方名 肉午、竹鱼。

主要形态特征 背鳍 20～23；臀鳍 14～16；胸鳍 17～18；腹鳍 14～16；侧线鳞 96～

喉板

图 21　大眼海鲢 *Elops machnata*（王文滨，1962）

$97 \frac{13}{10\sim11}$；鳃耙 $7\sim9+14\sim15$。

体长为体高的 5.1～5.7 倍，为头长的 3.7～4.1 倍。头长为吻长的 4.1～4.4 倍，为眼径的 4.7～5.2 倍，为眼间隔的 5.4～6.5 倍。

体呈长梭形，腹部平。头略长，其腹面有喉板。吻圆锥形，长略短于眼径。眼大，侧上位。脂眼睑宽。眼间隔微凹。鼻孔距眼前缘较距吻端近。口中等大，前位。口裂稍斜。上下颌等长。上颌末端伸达眼后下方。齿细小，绒毛状，两颌齿排列为窄带状，犁骨齿呈块状。鳃孔大。假鳃发达。鳃盖膜不与峡部相连。鳃盖条 29～35。鳃耙扁针状。

体被小圆鳞，不易脱落。背鳍与臀鳍基部具鳞鞘。胸鳍和腹鳍的基部具腋鳞。具侧线，其中间微向下弯曲。

背鳍起点距尾鳍基较距吻端稍近，其最后鳍条不延长。臀鳍始于腹鳍起点与尾鳍基的中央处附近。胸鳍侧下位。腹鳍始于背鳍起点稍前处。尾鳍较长，深叉形。

体背部深绿色，头背部略呈黄色。体侧与腹部为白色。各鳍均呈淡黄色，背鳍和尾鳍边缘为黑色，胸鳍末端有许多小黑点。

分布　分布于印度—西太平洋区，西起红海、非洲东南岸，东至澳大利亚、夏威夷群岛海域。我国分布于黄海南部至海南清澜的近海。长江口偶见。

生物学特性　近海暖水性表层中型鱼类。体长通常在 280 mm 左右，最大者可达 735 mm。幼鱼常出现在海湾和河口，成鱼至外海产卵。幼鱼个体发育经过柳叶状变态。

资源与利用　肉味鲜美，营养丰富，除鲜食外，还可加工成鱼干，在国内外市场享有盛誉，但产量不多。为印度、斯里兰卡及中国的咸淡水重要养殖鱼类，有一定的产量。如海南鱼塭中生产的海鲢平均个体重为 150 g，占鱼塭总产量的 5％左右。

【以前国内一些学者将东亚分布的海鲢鉴定为蜥海鲢（*Elops saurus* Linnaeus，1766）。据查，该种模式种采自美国南卡罗来纳州，仅分布于西大西洋墨西哥湾北部至巴西南部海域。而模式种产地为红海的大眼海鲢［*Elops machnata*（Forsskål，1775）］，是印度—西太平洋区的广泛分布种，包括东非、南非，以及菲律宾等地。我国沿海分布的

应是大眼海鲢［*Elops machnata*（Forsskål，1775）］。】

大海鲢科 Megalopidae

本科长江口1属。

大海鲢属 *Megalops* Lacepède，1803

本属长江口1种。

22. 大海鲢 *Megalops cyprinoides*（Broussonet，1782）

Clupea cyprinoides Broussonet，1782，Ichth.：39，pl. 9（Tana，New Hebrides）。

大海鲢 *Megalops cyprinoides*：王文滨，1962，南海鱼类志：104，图76（广东，汕尾）；伍汉霖、许成玉，1963，东海鱼类志：96，图71（福建石码）；张世义，2001，中国动物志·硬骨鱼纲 鲟形目 海鲢目 鲱形目 鼠鱚目：47，图Ⅱ-11（海南，广东）；倪勇等，2007，海洋渔业，29（1）：95，图1（崇明东滩）；钟俊生等，2005，上海水产大学学报，14（4）：377（长江口近岸，稚鱼）；钟俊生等，2007，中国水产科学，14（3）：438（长江口近岸，稚鱼）；蒋日进等，2008，动物学研究，29（3）：300（长江口近岸，仔鱼）。

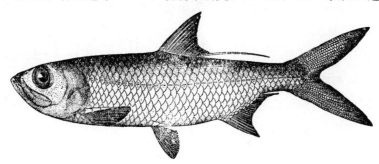

图22 大海鲢 *Megalops cyprinoides*（王文滨，1962）

英文名 Indo - Pacific tarpon。

地方名 海庵。

主要形态特征 背鳍17；臀鳍26；胸鳍15；腹鳍10；侧线鳞39～42 $\frac{5}{6}$。鳃耙14+27。

体长为体高的3.4～3.9倍，为头长的3.4～3.8倍。头长为吻长的3.9～4.4倍，为眼径的3.5～4.9倍，为眼间隔的4.4～5.2倍。

体延长，侧扁，背腹缘浅弧形。头腹面有喉板。吻略钝。眼颇大，大于吻长，侧上位。脂眼睑窄。眼间隔平，其长略短于眼径。鼻孔2个，裂缝状，相互靠近。口上翘，斜裂。口裂达于眼前缘，下颌镶嵌突出，上颌骨伸达眼后缘下方或稍后。两颌、犁骨、腭骨、翼骨和舌上均有绒毛状齿。舌呈圆形，游离。无假鳃。鳃耙较长。鳃盖膜不与峡部相连。

体被大圆鳞，排列整齐，不易脱落。鳞片的前缘呈波状，前缘有 10～16 条辐射线。头部和鳃盖皆无鳞。臀鳍基部及尾鳍有小圆鳞。胸鳍和腹鳍基部有腋鳞。侧线平直，前端稍弯曲，侧线鳞上有辐射管。

背鳍始于吻端与尾鳍基的中间。最后鳍条延长为丝状，向后可伸达臀鳍基后上方。臀鳍位于背鳍后下方，臀鳍基比背鳍基长。胸鳍位低，在鳃盖后下方。腹鳍小，始于背鳍稍前方，介于胸鳍和臀鳍起点之间。尾鳍长而大，深叉形。

体背部深绿色。侧线以下至腹部为银白色。吻端灰绿色。各鳍淡黄色。背鳍和尾鳍边缘以及胸鳍的末端均散有小黑点。

分布　广泛分布于印度—太平洋区，由红海到社会群岛，北至韩国，南到澳大利亚海域。我国分布于福建至海南近海。长江口偶见。

生物学特性　近海暖水性中上层鱼类。栖息于热带和亚热带海区，常上溯进入淡水中，在河流下游及河口常可发现。以小型游泳动物为食，对环境适应力强，鳔可作为辅助呼吸器官。幼鱼期经柳叶状变态。

资源与利用　肉味鲜美，除鲜食外，还可加工成鱼干。为印度、斯里兰卡及中国海南咸淡水重要养殖鱼类之一。

鳗鲡目 Anguilliformes

本目长江口 5 科。

科 的 检 索 表

1（2）体表被鳞，排列呈席纹状；肛门至鳃孔距离明显大于头长 ……………………… 鳗鲡科 Anguillidae

2（1）体表无鳞；如有，则肛门至鳃孔距离明显小于头长

3（10）后鼻孔开口在眼下缘水平线的上方；鳃条骨正常，左右互不重叠；尾鳍正常

4（9）鳃孔 1 对，左右鳃孔分离

5（8）肛门距鳃孔距离大于头长

6（7）舌宽阔，游离；尾部长于头与躯干合长，肛门位于体中部之前，唇边缘具扩展的肉质瓣………
……………………………………………………………………………… 康吉鳗科 Congridae

7（6）舌附于口底，不游离；吻延长，呈喙状；具胸鳍，尾不呈丝状延长……………………………
……………………………………………………………………… 海鳗科 Muraenesocidae

8（5）肛门距鳃孔距离小于头长

9（4）鳃孔下位，左右鳃孔在喉部接近或愈合 ……………… 合鳃鳗科 Synaphobranchidae

10（3）后鼻孔开口在眼前缘水平线下方、下唇缘，甚至开口向内；左右鳃条骨相互重叠，通常无尾鳍或尾鳍较弱小 ┄┄┄┄┄┄┄┄┄┄┄┄┄┄┄┄┄┄┄┄┄┄┄ 蛇鳗科 Ophichthidae

鳗鲡科 Anguillidae

本科长江口1属。

鳗鲡属 *Anguilla* Schrank，1798

本属长江口2种。

种 的 检 索 表

1（2）体表颜色较单一，无特殊斑纹；肛门至背鳍前端基部的距离为全长的9%～15% ┄┄┄┄┄┄┄
┄┄┄┄┄┄┄┄┄┄┄┄┄┄┄┄┄┄┄┄┄┄┄┄┄┄┄┄┄┄┄┄┄ 日本鳗鲡 *A. japonica*

2（1）体表具深褐色斑纹或斑点；背鳍、臀鳍起点间的垂直距离大于头长 ┄┄┄┄┄┄┄┄┄┄┄┄
┄┄┄┄┄┄┄┄┄┄┄┄┄┄┄┄┄┄┄┄┄┄┄┄┄┄┄┄┄┄┄┄┄ 花鳗鲡 *A. marmorata*

23. 日本鳗鲡 *Anguilla japonica* Temminck *et* Schlegel，1842

Anguilla japonica Temminck and Schlegel，1842，Pisces，Fauna Japonica. Parts.，10～14：258，pl. 63，fig. 2（Japan）；Kner，1867，Reise Oster. "Novarra"，Zool. Theil，Fische：370（上海）；Dalry de Thiersant，1872，Piscicaltuce et Peche de Chine：101（长江）；Peters，1880，Monatsb. Akad. Wiss. Berlin：926（宁波）；Fowler and Bean，1920，Pcoc. U. S. Nat. Mus，58：308（苏州）；Fowler，1924，Mem. Asianic Soc. Bengal，6：506（太湖）；Evrmann and Shaw，1927，Pcoc. Calif. Acad. Sci.，（4）16（4）：101（上海，杭州）；Tchang，1928，Contr. Biol. Sci. Soc. China，4（4）：31，fig. 36（南京）；Tchang，1929，Science，14（3）：405（苏州，无锡，江阴，镇江，南京）；Kimura，1934，J. Shanghai Sci. Inst.，（3）1：33～34（苏州，无锡，九江，汉口，沙市）；Kimura，1935，J. Shangai Sci. Inst.，（3）3：114（崇明）。

Anguilla bengalensis：Günther，1873，Ann. Mag. Nat. Hist.，（4）12：250（上海）；Reeves，1927，J. Pan‐Pacific Res. Inst.，2（3）：（上海）。

Muraena bostoniensis：Bleeker，1873，Ned. Tijd. Dierk.，4：123（上海）。

Muraena japonica：Fowler，1929，Proc. Acad. Nat. Sci. Philad.，81：592（上海）。

鳗 *Anguilla japonica*：伍献文，1962，水生生物学集刊（1）：110（无锡五里湖）。

鳗鲡 *Anguilla japonica*：湖北省水生生物研究所，1976，长江鱼类：34，图17（崇明等地）；江苏省淡水水产研究所，1987，江苏淡水鱼类：95，图24（长江口，南京，镇江）；陈马康等，1990，钱塘江鱼类资源：52～53，图27（闻堰、桐庐）；徐寿山，1991，浙江动物志·淡水鱼类：39，图21（湖州，温州）；张春光，2010，中国动物志·硬骨鱼纲 鳗鲡目 背棘鱼目：178，图92（福建，浙江等地）。

日本鳗鲡 *Anguilla japonica*：张春霖，1955，黄渤海鱼类调查报告：69，图48（辽宁，山东）；朱元鼎，1963，东海鱼类志：143，图113（浙江石浦、坎门等地）；张列士，1990，上海鱼类志：131，图49（上海市郊各县）；汤晓鸿、伍汉霖，2006 江苏鱼类志：236，图93，彩图12（太仓浏河等地）。

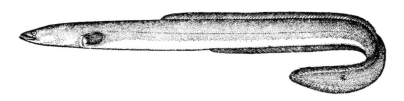

图23　日本鳗鲡 *Anguilla japonica*（张列士，1990）

英文名　Japanese eel。

地方名　鳗鱼、河鳗、白鳝、鳗鲡。

主要形态特征　体长为体高的14.9～16.8倍，为头长的8.1～8.8倍，为肛前躯干长的2.3～2.6倍。头长为吻长的4.9～5.7倍，为眼径的11.0～11.9倍，为眼间隔的5.4～8.4倍。脊椎骨112～120。

体颇长，呈蛇形，前部圆筒状，后部侧扁。头呈钝锥状。吻短而平扁。眼小，埋于皮下。眼间隔宽平。鼻孔两个，前鼻孔具短管，位于吻端；后鼻孔呈裂缝状，位于眼前缘稍前方。口大，口裂稍斜或近水平状，后方伸达眼后缘下方。上颌稍长于下颌。上下唇在前方不相连。两颌及犁骨均具齿，齿细小而尖列如带状。上下颌齿带前部4～5行，后部减为2～3行；犁骨齿带前部5～6行，后部减为2～3行，后端几伸达上颌齿带后端间的连线。鳃孔位于胸鳍基部下方，左右分离。肛门位于体的前半部。鳞细小，埋于皮下，列如席纹状。侧线孔明显。

背鳍、臀鳍低长，与尾鳍相连。尾鳍钝圆或稍尖。背鳍和臀鳍起点间距短于头长。背鳍起点距肛门较距鳃孔近，与肛门间距占全长的32%～36%。胸鳍短小，不及头长1/2。无腹鳍。

背侧暗绿色带褐色，腹侧灰白色。背鳍和臀鳍后部边缘及尾鳍黑色。变异个体体侧有时具不规则暗褐色斑块。

分布　中国、朝鲜和日本均有分布。中国沿海和各大江河及其附属水体均产。日本鳗鲡在降海洄游、生殖洄游和幼鳗溯河洄游时，经过长江河口水域。

生物学特性

［习性］降海洄游性鱼类。一生要栖息在海水和淡水两个完全不同的生活环境。每年春季幼鳗成群由海洋进入各大河口，通常雄性大部分就留在河口区生活，少数雄性个体

和雌性幼鳗则逆流上溯，到中上游进入各通江湖泊等附属水体栖息、生长和育肥。数年后亲鳗在秋末冬初开始降海生殖洄游。日本鳗鲡在外海产卵、受精。受精卵孵化，白色透明的幼体破膜而出，此乃柳叶鳗前体。在卵黄完全吸收后，逐渐变态为体呈扁长叶形的柳叶鳗。柳叶鳗随海流分布开去，向陆地迁移，半年至1年到达大陆沿岸接近河口，变态为半透明的圆柱形幼体，称玻璃鳗，又称白仔或鳗线。白仔经河口上溯，出现黑色素，背部变黑称之为黑仔。在长江口捕捞的鳗苗即白仔，体长5.2～6.5 cm，平均体长5.75 cm，体重0.11～0.21 g，平均体重0.15 g，每千克6 500～8 000尾。

日本鳗鲡不喜欢强光，对弱光有趋光性。鳗苗溯河只在夜间进行，白天潜伏于水底。白仔有趋淡性，当柳叶鳗变态为白仔鳗后就趋向淡水。白仔能感知离岸10 n mile以外的淡水从何处入海，从而向河口聚集。日本鳗鲡的嗅觉器官发达，夜间觅食全凭嗅觉，味觉也非常灵敏。

水温25～27 ℃时食欲最旺，生长最快，低于15 ℃或高于28 ℃摄食不稳定，食量减少，低于5 ℃活动力显著减弱，进入冬眠状态。致死临界水温上限为38 ℃，下限为1～2 ℃。

日本鳗鲡除用鳃呼吸之外，皮肤、鳔、口腔、肠管和鳍等也能进行辅助性呼吸，特别是由于环境变化不能以鳃呼吸时，皮肤呼吸则起重要作用。当水温在15 ℃以下时，只要皮肤保持湿润，日本鳗鲡只用皮肤呼吸便可维持其生命。为了适应环境变化，除了皮肤呼吸之外，日本鳗鲡还有两种独特的呼吸方法。①在水中暂停全部鳃呼吸，将口腔内的水全部吐出来后，口紧闭，停止气体交换。这种现象多发生在水温低于17 ℃，水中溶氧量较高，鱼体呈安静状态时。15 ℃时暂停鳃呼吸1次持续时间可达8 min 20 s，1 h内可暂停8次，时间累计可达37 min 32 s。②单鳃呼吸，呼吸次数比正常呼吸增加1.5倍，呼吸深度增大，滤水量增加，但摄取氧气的效率并不降低，这种现象多发生在水温低、溶氧量较高时。

日本鳗鲡溯江进入淡水水体后，平时就栖息于江河、湖泊、水库或静水池塘的土穴、石缝里。喜穴居，其洞穴往往有前后两个相通的进出口。环境变坏时会从水中游上陆地，经过潮湿草地转移到别的水域栖息。

[年龄与生长]白仔一般每尾重0.1～0.2 g。在自然界2—3月溯河进入淡水水体，到6—7月长成体重达2～3 g的黑仔鳗线，当年长成重达10～25 g的稚鳗（种鳗），到翌年秋长成重达150～200 g的成鳗。人工饲养下生长更快，200～250 g即可上市。日本鳗鲡产卵后，亲鳗即死亡。关于日本鳗鲡在淡水究竟生活多少年，有报道为6～7年，有报道为5～8年。在日本有人试验养了37年，见到最大个体体长为1 297 mm，体重为5.1 kg。

成鳗雌性较雄性大，体长400 mm以下的全为雄性，体长700 mm的以上全为雌性。体长400～700 mm的雌性、雄性均有，随着体长增长，雄性出现率减少，雌性出现率增加（谢刚 等，2002）。

[食性] 日本鳗鲡食性颇杂，食物包括小型鱼类、昆虫幼虫、甲壳类、螺、蚌以及高等水生植物等。不同生长阶段主要食物有所不同。全长 300 mm 以下，以摄食甲壳类为主，胃含物中各种饵料的出现频率依次为甲壳类 53.01%、摇蚊幼虫 17.87%、蜻蜓幼虫 13.64%、软体动物 11.02%、小型鱼类 2.31%、高等水生植物碎片 2.20%。全长 400～750 mm 的日本鳗鲡以摄食小型鱼类为主，各种饵料的出现频率依次是小型鱼类 56.42%、摇蚊幼虫 15.40%、甲壳类 12.20%、软体动物（主要是腹足类）9.03%、蜻蜓幼虫 4.23%、高等水生植物碎片 2.46%。在天然水域，日本鳗鲡除摄食各类新鲜饵料之外，也摄食动物尸体。摄食强度以夏、秋两季为高，在食物实在缺乏的情况下，大鳗也会吞食小鳗，发生同类相残。产卵降海洄游期间，日本鳗鲡不摄食，消化器官也因之而退化。

[繁殖] 关于日本鳗鲡的性成熟年龄，说法不一，有的说雄性为 3～4 龄、雌性为 4～5 龄，也有的说雄性为 2～3 龄、雌性为 3～4 龄。在淡水环境中性腺不能很好发育，更不能在淡水水体中繁殖。2—4 月体长 400 mm 以下的个体连精巢和卵巢都分不清，雌雄难分。5 月在鄱阳湖所捕体长 450 mm 以上的个体，雌性卵巢处于 II 期，透明，分叶，外缘呈锯状，个别可发育到 III 期。在鄱阳湖同时捕到的一尾雌性个体，体长 741 mm，体重 670 g，卵巢呈红色，卵粒清晰可见，边缘开始沉积卵黄。

日本鳗鲡性腺发育和繁殖活动，取决于营养状况和自身的体质，而不取决于年龄，受下丘脑—脑垂体—性腺轴所支配。降河下海时性腺还未成熟，是由于缺乏促性腺激素的刺激，雌性成熟系数为 1%～2%，雄性成熟系数为 0.25%～0.50%，一般均处于 II 期，少数处于 III 期。人工蓄养下必须经过外源性激素的长期诱导，天然产卵者必须经过生殖洄游，到达产卵场后，性腺才逐步发育成熟。

每年 9—10 月日本鳗鲡降河入海时，体呈金属光泽。体侧金黄色较淡，腹部淡红或紫红色，胸鳍基部金黄色。日本鳗鲡开始降河后就不再摄食。国外曾作标志测知，日本鳗鲡下海游速很快，1 d 能游 8～32 n mile，若环境十分有利，1 d 可游 30～60 n mile。

产卵场的位置一直是谜。根据仔鱼分布和海流的输送方向，最早认为日本鳗鲡的产卵场在中国台湾以东、琉球群岛以南自冲绳包括琉球海沟在内的南大东岛、北大东岛到拉沙岛这一椭圆形海区（松井魁，1957）。日本鳗鲡仔鱼分布依黑潮（kuroshio current）而走，中国台湾东岸的白仔来自该产卵场可以理解，但中国台湾西岸和广东、福建沿岸的白仔又来自何处呢？所以有人认为在中国海南岛以北、台湾西部之南海还有一个产卵场（王义强 等，1980）。30 多年来为了求证松井魁（1957）的假设，寻找日本鳗鲡产卵场确切位置，日本进行了多次调查。日本鳗鲡秋冬季节下海，一直被认为在冬季产卵，故 1974—1976 年所进行的 3 次调查都在冬季，总共才采到 56 尾柳叶鳗，个体已相当大。后从白仔内由耳石所显示的日轮提供的信息，得知日本鳗鲡产卵主要在夏季，1986 年以后改在夏季调查。1991 年有了重大进展，该年 6—7 月在菲律宾以东设 34 个测站，共采到 991 尾柳叶鳗，最多时一网捕到 250 尾，全长为 10～25 mm，估计孵化后还不到 14 d，由此推断日本鳗鲡的产卵场可能位于 14°—16° N、134°—143° E，即在菲律宾以东，北赤道洋流与亚热带反流所围绕的马里亚纳群岛西部海域。2005 年 6 月东京大学海洋研究所的调查船"白凤丸"再次驶往该海域，采集到了大量眼、口尚未发育，全长 4.2～6.5 mm 的早期仔鱼，经 DNA 基因测定，发现有 130 多尾是日本鳗鲡，根据耳石日轮推断它们孵化出膜后才 2～5 d。根据海流流速推算，日本鳗鲡产卵场的确切位置在关岛西北马里亚纳海沟以东14° N、143° E 苏鲁加海山（Suruga seamount）附近。

我国也曾作过日本鳗鲡产卵场的调查，国家海洋局第一海洋研究所（现自然资源部第一海洋研究所）陈士群曾先后乘"向阳红 09"船、"向阳红 05"船和"向阳红 10"船等大型调查船，在东海黑潮区、日本黑潮区、北赤道流海区、西北太平洋等海域，分别在春、夏、秋、冬四季进行了 15 个航次调查，总航程为 75 000 n mile，设 1 008 个测站取样。于 1993 年 3 月采集到 80 粒鳗鲡目鱼类的鱼卵，经鉴定其中有日本鳗鲡卵 19 粒，采集位置在马里亚纳群岛西侧、北赤道海流北侧边缘海域。

日本鳗鲡产卵和孵化水层为 400～500 m，水温 16～17 ℃，盐度 35。属一次性产卵，产 700 万～1 300 万粒。卵浮性，卵径 1 mm 左右，受精卵在产后 10 d 内仔鱼出膜。初孵仔鱼全长 3.6 mm，孵出后 3 d 全长约 6 mm 即向表层上升，全长达 7～13 mm 时分布在 100～300 m 水层，再长大就上升至 30 m 水层，昼夜垂直移动，同时随表层洋流从产卵场向各方扩散，白天在 30 m 水层，夜间上升到水体表层。到达大陆沿岸时，在新的环境条件的刺激作用下，开始变态成为透明的白仔鳗，体形由扁平的叶形变为细长圆柱形，由被动浮游转为主动游泳，开始趋淡溯河。

亲鳗产卵与光线强弱有关。在人工繁殖状态下，一般在拂晓前后，04：00—06：00产卵，以 04：30—05：00 产卵居多。产卵在水体表层进行，水温 18.5～24.5 ℃，以 21.5～24.5 ℃较为适宜。在盐度为 23.0～29.8 的海水中均能产卵、受精和孵化。孵出后第 1～2 天，仔鳗悬浮于表层；第 3 天卵黄大部分已吸收，消化道全通，肠内出现食物团，肠道内有强烈的纤毛运动。仔鳗开始缓慢地下沉和上升。第 4 天眼球出现黑色素，晶体透明，上下颌能启闭，有 4 对牙齿；第 5 天肠道有蠕动波，静卧水底；第 13～14 天仔鳗长 7.6 mm，体高显著增加，似有向叶状体过渡的趋势（王义强 等，1980）。

[人工繁殖] 我国自 1973 年开始日本鳗鲡人工繁殖的研究。上海水产学院王义强和赵长春等 1974 年 4—5 月促使亲鳗在水池中自行产卵、受精，孵出一批仔鳗存活约 6 d（140 h），1975 年孵出仔鳗 10 余万尾，存活约 14 d（331 h），1976—1978 年连续 3 年获得大量仔鳗，1979 年存活约 18 d（424 h）。国内报道的人工繁殖苗最多存活了 32 d（谢刚，2001）。我国台湾 1979 年人工繁殖成功，仔鳗存活 3 d，余廷基等 1993 年和 1994 年培育仔鳗分别存活 25 d 和 31 d。日本早在 20 世纪 60 年代就已开始研究，1972 年获得仔鳗 100 尾，存

活 5 d（120 h），1979 年仔鳗存活19 d。据推测，在天然状态下，初孵仔鳗 10 d 后就可变态为柳叶体，但在人工繁殖状态下，终因仔鳗不能摄食或变态而全部夭折。人工繁殖出现了成功不成活的局面。

柳凌等（2010）撰文揭开了日本鳗鲡人工繁育"成功不成活"的奥秘：仔鳗孵出后第 3 天，体表两侧有 8～10 对不对称的感觉丘突起，每个感觉丘有 10～16 根鞭毛，鞭毛长度为 40～120 μm，一直不停地摆动，与外界的水环境形成水纹波动，仔鳗通过这个途径与外界交换取得营养。凡存活下来体质健壮的仔鳗，这种交换一直在正常地进行。感觉丘十分敏感，水体微弱的振动或触及任何物体都会出现鞭毛急剧摆动，致使仔鳗高频率地逃窜，引起突发性死亡。第 3 天仔鳗平均体长 7.1 mm，第 7 天数万尾仔鳗成活 90%以上。第 15 天开始陆续出现下沉卧底、死亡。据切片观察，第 16 天的仔鳗鳔尚未出现，而油球早已消失。存活到第 32 天，仔鳗体长 17.5～21.2 mm，大量静卧于水底，一侧感觉丘的鞭毛不能正常摆动，观察和拍摄到在感觉丘上方（外界水环境）出现了圆柱形的胶质固定的柔性圆柱物，长度为 50～200 μm，感觉丘停止与外界交换，仔鳗开始出现僵直，体变小，直至死亡。在自然界，仔鳗有 2～3 个月或更长时间悬浮于深海有一定条件（流体静压、特定密度、营养盐和气体等）的水层，靠感觉丘与外界交换营养，以这种奇特的生活方式发育，待消化器官发育完全才上浮进入黑潮，开口摄食。

1999 年日本的日本鳗鲡人工繁殖取得了突破性进展，日本水产综合研究中心养殖研究所将人工繁殖所得的仔鳗培育成柳叶鳗，存活到 250 d。其成功经验主要是解决了柳叶鳗的饲料问题，培养方法上亦作了若干改进，使用鲨鱼卵的冻干粉加 20%大豆寡肽和 10%的维生素和矿物质，再掺入磷虾提取液，每天投喂 5 次。饲养时水温 21.5 ℃，保持水质良好。孵化后 20 d，仔鳗全长 10 mm 左右，变态为柳叶体；孵化后第 50 天，柳叶体全长 15.9 mm，第 100 天全长 22.0 mm，第 209 天全长 31.0 mm。

资源与利用　日本鳗鲡肉质细嫩，味美多脂，具有相当高的营养价值，为人们所喜食。长江口是日本鳗鲡降河入海、鳗苗溯河的必经通道，作为我国第一大河的河口，日本鳗鲡资源十分丰富，尤其是鳗苗资源的开发，为我国日本鳗鲡养殖事业的发展提供了最有力的支持。

成鳗捕捞在 9 月下旬到 11 月上旬，10 月上旬寒露前后为旺汛。渔场在江阴、靖江至南通、常熟一带，南京、镇江江段也有生产。捕捞工具为抄网。1969 年江苏全省捕日本鳗鲡 200 t，1973 年仅捕 50 t，其后未再见有报道。

20 世纪 70 年代起，我国养鳗业飞速发展，仅用了 20 年时间，产量已超过了有近 130 年养鳗历史的日本，长江口的鳗苗功不可没。长江径流大，集苗效果强，长江口的鳗苗数量多，成为我国鳗苗的主要产区。以长江口为中心，加上南北两翼，包括江苏、浙江和上海，即现今所称的长三角地区，1998—2003 年鳗苗平均年产量为 21 420 kg，占全国鳗苗总产量的 67.3%，1999—2001 年最好，占全国鳗苗总产量的 77.0%～82.3%。

日本养鳗始于 1879 年，原以蚕蛹和鰶等小杂鱼为饲料，1965 年开始用配合饲料，1972 年用塑料大棚加温育苗成功，养殖技术日趋完善，产量稳步上升，1974 年产量为 1×10^4 t，1978 年产量为 3×10^4 t，1985—1992 年平均年产量为 3.8×10^4 t，1994 年以后产量下跌近 50%，1998 年仅产 2.2×10^4 t，1999 年产量为 2.3×10^4 t。

我国养鳗以台湾为最早。1952 年先在桃园县建场试养，到 1966 年鳗种养殖面积增至 60 hm^2，1972 年扩大到 1 125 hm^2。1972 年成鳗产量为 6 917 t，1975 年产量为 1×10^4 t，1977 年产量为 2×10^4 t，1979 年以后增长较快，1990 年产量最高，达 5.6×10^4 t，1991—2001 年平均年产量为 3.2×10^4 t。

我国大陆于 1971 年开辟了鳗苗出口渠道，所捕鳗苗大部养成黑仔出口日本，也供应给台湾。1973 年浙江省淡水水产研究所试养成鳗成功，每 666.7 m^2 的产量从 1974 年的 162 kg 增长到 1977 年的 1 108 kg。1980 年中国水产科学研究院东海水产研究所的鳗鲡饲料配方试验成功，上海外贸鳗鲡饲料场的建成投产，成鳗养殖从此快速发展，一个群众性的养鳗热潮在我国东南沿海诸省兴起，仅用了 20 年时间，到 1993 年年产量已达 5.9×10^4 t，超过了日本。1997 年以来，成鳗年产量稳定在 16×10^4 t 左右，占世界养鳗总产量的 75%，年创汇约 6.5 亿美元。

鳗苗汛期因各地所处地理位置不同而异，总的趋势是南早北迟。我国台湾西岸一般 10 月中旬见苗，11 月开始捕捞，1—2 月为旺季，3 月下旬结结束。广东韩江口 11 月底、12 月初见苗，1—2 月为旺季，3 月下旬至 4 月初结束。福建沿岸和浙江南部瓯江口，鳗苗汛期在 1—4 月，1 月下旬至 2 月下旬为旺季，4 月中旬结束。长江口和钱塘江口，一般 1 月见苗，有时在上年 12 月中旬就已见苗，2—4 月为旺季，汛期有时可延至 5 月下旬。苏北沿岸见苗稍晚，4 月为旺季。

鳗苗数量与水温、光照、潮汐、水流等环境条件有关。鳗苗溯河水温 5～25 ℃，以 17～18 ℃最为适宜；对光照反应强烈，避强趋弱，溯河量以日落后至黎明前较多；大潮比小潮多，涨潮比落潮多，日落以后开始涨潮 1～3 h 之内为最高峰；水闸处淡水流出量越大，鳗苗数量越多。鳗苗数量与海流关系密切，2002 年和 2003 年黑潮强劲，暖水舌舌轴偏离了长江口，向北进入黄海和渤海，苗发偏北，过去一向默默无闻的山东省鳗苗大发，2002 年捕鳗苗 1.1×10^4 kg，仅次于产苗大省江苏；2003 年捕鳗苗 1.6×10^4 kg，跃居全国之首。鳗苗靠北赤道海流输送，受到季风的推动，才靠近东亚各国大陆沿岸，1997 年发生了大规模的厄尔尼诺现象，由于季风减弱，影响到鳗苗的靠岸溯河洄游，该年中日两国鳗苗产量大减，我国总产量仅 2.1×10^4 kg，1998 年仅 1.2×10^4 kg。

鳗鲡养殖是我国特种水产养殖支柱产业之一，是水产品出口创汇率最高的外向型渔业。从 20 世纪 70 年代到 90 年代中期，中国养鳗确实挣了一大笔外汇，也富了一方人民，但自 20 世纪 90 年代后期以来，鳗价大跌，活鳗囤塘，饲料成本增加，鱼货品级下降（国际市场个体越大价格反而越低廉），导致 90% 的养鳗者经济亏损，养鳗业滑入了前所未有的低谷。我国养鳗主要出口日本。日本 1985—1992 年平均产量为 3.8×10^4 t，1994 年以后产量下跌 50%，1998—1999 年产量仅为 2×10^4 t，消费量却大幅上涨，从 1985 年的 8×10^4 t 上升到 1999 年的 13.7×10^4 t，缺口靠中国和韩国等亚洲国家进口来填补，1985 年进口 3.8×10^4 t，到 2000 年进口 10.6×10^4 t，上升几达 2 倍，但主要进口烤鳗，活成鳗进口增幅不大。20 世纪 80 年代亚洲鳗鲡年产量为 $(7.5 \sim 10.0) \times 10^4$ t，日本消费量为 $(7 \sim 9) \times 10^4$ t，中国为 $(2 \sim 3) \times 10^4$ t，市场供不应求，鳗鲡价格看好。90 年代中期以来，亚洲鳗鲡年产量跃为 17×10^4 t，消费量为 $(12 \sim 13) \times 10^4$ t，出现供大于求，鳗鲡价格暴跌。中国大陆 1986—2002 年鳗鲡年产量从 7.9×10^4 t 上升到 16.4×10^4 t，年产量增加 8.5×10^4 t。国内市场近几年鳗鲡消费量有所上升，但亦仅 $(4 \sim 5) \times 10^4$ t，造成产品过剩。价格何时回升，养鳗业何时能走出低谷尚难预料，投资鳗苗捕捞和日本鳗鲡养殖要注意市场风险。

合鳃鳗科 Synaphobranchidae

本科长江口 1 属。

前肛鳗属 *Dysomma* Alcock，1889

本属长江口 1 种。

24. 前肛鳗 *Dysomma anguillare* Barnard，1923

Dysomma anguillaris Barnard，1923，Ann. S. African Mus.，13（pt. 8）14：443（Off Tugela River mouth，South Africa）。

前肛鳗 *Dysomma anguillare*：张春霖、张有为，1962，南海鱼类志：183，图 150（广东等地）；张有为，1963，东海鱼类志：160，图 128（上海鱼市场等地）；张列士，1990，上海鱼类志：138，图 55（长江口近海区）；汤晓鸿、伍汉霖，2006，江苏鱼类志：247，图 102（吕四鱼市场）；张春光，2010，中国动物志·硬骨鱼纲 鳗鲡目 背棘鱼目：306，图 178（浙江等地）。

英文名　shortbelly eel。

地方名　合鳃鳗。

主要形态特征　体长为体高的 20～28 倍，为头长的 7.6～8.0 倍，为肛前躯干长的 5.9～6.3 倍。头长为吻长的 4.7～4.9 倍，为眼径的 21.3～24.3 倍，为眼间隔的 5.3～7.7 倍。

体延长，较侧扁。躯干部很短小，尾部颇长。头较大，钝锥形。吻突出，锥形。眼小，圆形。眼间隔宽阔，隆起。鼻孔每侧 2 个，分离；前鼻孔短管状，位于近吻端下侧；

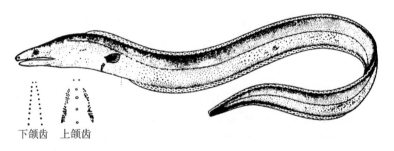

下颌齿　上颌齿

图 24　前肛鳗 *Dysomma anguillare*（张有为，1963）

后鼻孔不具短管或缘瓣，位于眼前缘下方。口大，前位，口裂伸达眼的远后方。上颌突出于下颌之前。前颌齿 2 枚，位于皮质囊内，犬齿状，排列稀疏；上颌齿 2～4 行，排列不规则，呈绒毛状齿带；下颌齿 1 行，8～10 枚，较大，犬齿状，排列稀疏；犁骨齿 1 行，5 枚，较大，犬齿状，排列稀疏。舌附于口底。吻上具绒毛状皮质突起。鳃孔较窄小，侧腹位，位于胸鳍下角之前，斜裂。肛门位于胸鳍下方或后下方，距鳃孔较近。

体无鳞，皮肤光滑。侧线孔不明显。

背鳍起点与鳃孔下角相对或稍前。臀鳍起点位于肛门稍后方，与肛门的距离大于眼径。背鳍、臀鳍与尾鳍相连续；背鳍与臀鳍较发达，臀鳍稍高于背鳍；尾鳍稍小。胸鳍短小。

体呈灰褐色或淡灰黑色，腹侧灰白色。背鳍和臀鳍边缘白色。臀鳍基部及胸鳍上部淡灰黑色。尾鳍黑色，上缘白色。

分布　分布于印度洋区、太平洋区及大西洋区海域。我国东海、南海和台湾海域均有分布。长江口近海亦有分布。

生物学特性　近海暖水性底层鱼类。多分布在水深为 100～400 m 的海域，常在河口泥质底活动。以小型鱼类、甲壳类及软体动物为食。

资源与利用　长江口偶见，无捕捞经济价值。

蛇鳗科 Ophichthidae

本科长江口 2 亚科。

亚 科 的 检 索 表

1（2）尾鳍存在，尾尖柔软，尾鳍鳍条显著；尾鳍与背鳍和臀鳍相连续………………………………
………………………………………………………………… 尾蛇鳗亚科 Myrophinae
2（1）尾鳍缺如，尾端通常坚硬，无鳍条；背鳍和臀鳍分别终止于近尾端处………………………………
………………………………………………………………… 蛇鳗亚科 Ophichthinae

尾蛇鳗亚科 Myrophinae

本亚科长江口 1 属。

虫鳗属 *Muraenichthys* Bleeker，1853

本属长江口1种。

25. 裸鳍虫鳗 *Muraenichthys gymnopterus*（Bleeker，1852）

Muraena gymnopterus Bleeker，1852，Verh. Batav. Gen. Kunst. Wet.，25（5）：52（Jakarta，Java，Indonesia）。

短鳍虫鳗 *Muraenichthys hattae*：朱元鼎、伍汉霖、金鑫波，1984，福建鱼类志（上卷）：202，图138（福建）；张列士，1990，上海鱼类志：135，图52（长江口近海区）。

裸鳍虫鳗 *Muraenichthys gymnopterus*：张春霖、张有为，1962，南海鱼类志：173，图139（广东，广西，海南）；张有为，1963，东海鱼类志：153，图122（浙江）；汤晓鸿、伍汉霖，2006，江苏鱼类志：248，图103（黄海南部）；张春光，2010，中国动物志·硬骨鱼纲 鳗鲡目 背棘鱼目：318，图183（浙江，福建，海南）。

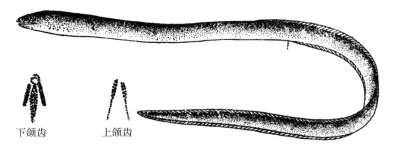

下颌齿　　上颌齿

图25　裸鳍虫鳗 *Muraenichthys gymnopterus*（张春霖和张有为，1962）

英文名　snake eel。

地方名　鳗仔。

主要形态特征　体长为体高的27.0～34.8倍，为体宽的33.7～39.2倍，为头与躯干合长的2.3～2.5倍，为头长的8.2～9.3倍。头长为吻长的6.4～7.0倍，为眼径的12～25倍，为眼间隔的6.9～8.5倍。

体细长，躯干部呈圆柱形。头较小。吻短钝，吻腹面两侧皮肤边缘相隔较远，不具明显的沟。尾部侧扁，长于头和躯干合长。眼很小，圆形。眼间隔宽阔，隆起。鼻孔每侧2个，分离；前鼻孔短管状，位于近吻端的上唇外边缘；后鼻孔具缘瓣，斜形裂孔状，位于上唇边缘、眼前缘的正下方。口大，前位，口裂伸达眼的远后方。上颌长于下颌。齿细小，钝锥状（幼体尖锥状）；上颌齿2～3行，排列不规则；下颌齿前方2～3行，后方1行，排列不规则；犁骨齿排列不规则或菱形，前部2行，中部3～4行，后部2行；前颌骨齿排列呈圆形或圆丛形。无唇。舌附于口底。鳃孔较小，裂缝状。肛门位于体中部前方。

体无鳞，皮肤光滑裸露。侧线孔发达，鳃孔后缘至肛门之间的侧线孔 39～41 个。

背鳍起点在鳃孔远后方，躯干中点之后，距肛门较距鳃孔近。臀鳍起点位于肛门后约一眼径长。背鳍和臀鳍较低等或中等发达，与尾鳍连续。无胸鳍。尾鳍后端尖形。

体呈淡黄绿色，腹侧及各鳍淡黄色，尾端稍具灰黄色。

分布　分布于西太平洋区中国至印度尼西亚海域。中国东海、南海和台湾海域均有分布。长江口近海亦有分布。

生物学特性　近海暖水性底层鱼类。栖息于岩礁附近沙底的滩涂中。全长约 30 cm。

资源与利用　小型鱼类，长江口偶见，无捕捞经济价值。

蛇鳗亚科 Ophichthinae

本亚科长江口 4 属。

属 的 检 索 表

1（4）两颌均无须

2（3）眼中点约位于上颌中点或后方 ·· 蛇鳗属 *Ophichthus*

3（2）眼中点位于上颌中点前方 ·· 列齿蛇鳗属 *Xyrias*

4（1）颌具须

5（6）下颌无须；上颌须较长，约等于眼径 ·· 须鳗属 *Cirrhimuraena*

6（5）两颌均具须，短小，呈皮质状突起 ·· 短体蛇鳗属 *Brachysomophis*

短体蛇鳗属 *Brachysomophis* Kaup，1856

本属长江口 1 种。

26. 鳄形短体蛇鳗 *Brachysomophis crocodilinus*（Bennett，1833）

Ophisurus crocodilinus Bennett，1833，Proc. Zool. Soc. London 1833：32（Ambon Island，Molucca Islands，Indonesia）。

鳄形短体鳗 *Brachysomophis crocodilinus*：张春霖、张有为，1962，南海鱼类志：176，图 150（广东汕尾）；张有为，1963，东海鱼类志：155，图 124（浙江，福建）；王幼槐、倪勇，1984，水产学报，8（2）：149（长江口区）；汤晓鸿、伍汉霖，2006，江苏鱼类志：253，图 106（黄海南部）；张春光，2010，中国动物志·硬骨鱼纲 鳗鲡目 背棘鱼目：362，图 211（浙江等地）。

英文名　crocodile snake eel。

地方名　篡仔、硬骨仔。

主要形态特征　全长为体高的 27.8～30.6 倍，为体宽的 29.0～31.6 倍，为肛前躯干

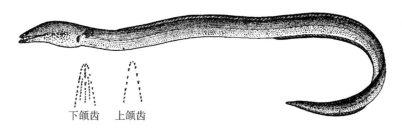

下颌齿　　上颌齿

图 26　鳄形短体蛇鳗 *Brachysomophis crocodilinus*（张春霖和张有为，1962）

长的 1.8～2.2 倍，为头长的 8.1～8.5 倍。头长为吻长的 9.3～10.5 倍，为眼径的16.8～17.4 倍，为眼间隔的 12.9～13.3 倍。

体延长，躯干部呈圆柱形，尾的后部稍侧扁。头中大。吻短小，尖形。眼小，长圆形；眼间隔较宽阔，近平坦。鼻孔每侧 2 个，分离，相距较近；前鼻孔短管状，位于吻部中间的侧下方；后鼻孔较大，裂缝状，位于眼前缘下方上唇的边缘。口宽大，前位。口裂向后伸达眼的远后下方，口裂长为头长的 2/5～1/2。上下颌约等长，或下颌微突出。齿细小而尖锐；上颌齿 2 行，外行排列较稀疏，内行较密，幼鱼内行齿较大；下颌齿 1 行，前方数个齿较大；前颌骨齿 1 行，共 4～5 个，较大；犁骨齿 1 行，细长，犬齿状。上下唇边缘均具 1 行细小的唇须，大小及长短不等，排列不规则，不甚明显。舌附于口底。鳃孔小。肛门位于体中部的稍前方。

体无鳞，皮肤光滑。侧线孔明显。

背鳍起点与鳃孔后方较远处相对，起点至鳃孔的距离为头长的 1/2～3/5。臀鳍起点在肛门后方。背鳍和臀鳍均较发达，止于尾端的稍前方，不连续。胸鳍短小，仅为头长 1/5～1/4。无尾鳍，尾端尖突。

体背暗褐色，腹侧淡黄褐色。头部近黑褐色，腹面淡白色。背鳍和臀鳍具黑色边缘。胸鳍淡黄褐色。体上散布有细小的黑色斑点。头上黏液孔及侧线孔均为黑色。

分布　分布于印度—太平洋区，西起非洲东岸，东到社会群岛（不含夏威夷群岛），北至日本，南至澳大利亚北部海域。我国东海、南海和台湾海域均有分布。长江口近海亦有分布。

生物学特性　近岸暖水性底层鱼类。栖息于泥沙或沙泥质底的浅海区。游泳迅速，体躯伸屈有力，善于用尾尖挖土。性凶猛、贪食，以虾蛄、蟹类和其他底层鱼类为食。成熟个体一般 1 m 左右，体重 1～1.5 kg，大者可达 3 kg。

资源与利用　肉质肥美，含脂量较高，为滋补食品。长江口偶见，无捕捞经济价值。

须鳗属 *Cirrhimuraena* Kaup，1856

本属长江口 1 种。

27. 中华须鳗 *Cirrhimuraena chinensis* Kaup，1856

Cirrhimuraena chinensis Kaup，1856，Arch. Naturgeschichte，22（1）：51（China）。

中国须鳗 *Cirrhimuraena chinensis*：张春霖、张有为，1962，南海鱼类志：175，图 141（广东，广西，海南）。

中华须鳗 *Cirrhimuraena chinensis*：张有为，1963，东海鱼类志：154，图 123（浙江，福建）；张列士，1990，上海鱼类志：136，图 53（南汇芦潮港）；张春光，2010，中国动物志·硬骨鱼纲 鳗鲡目 背棘鱼目：358，图 209（福建）；汤晓鸿、伍汉霖，2006，江苏鱼类志：254，图 107（连云港）。

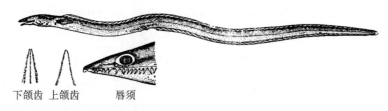

下颌齿 上颌齿　　唇须

图 27　中华须鳗 *Cirrhimuraena chinensis*（张有为，1963）

英文名　snake eel。

地方名　窦龙、土龙。

主要形态特征　体长为体高的 26.2～33.5 倍，为肛门前长的 2.2 倍，为头长和躯干部合长的 2.8～3.1 倍，为头长的 9.6～10.1 倍。头长为吻长的 5.5～5.6 倍，为眼径的 24.3～28.0 倍，为眼间距的 14.0～15.2 倍。

幼体体纤细，成体体略粗壮，躯干部和尾部前 2/3 圆柱形，尾部后 1/3 侧扁。头较短，尖锥形。吻尖突而平扁。眼小，圆形。眼间距大于眼径，微隆起。鼻孔每侧 2 个，分离；前鼻孔短管状，位于上唇边缘，接近吻端；后鼻孔斜形裂孔状，具皮瓣，位于上唇内侧、眼前缘下方。口大，前位，口裂伸达眼的远后方。上下颌扁薄而纤长，上颌长于下颌。齿细小，尖锐；上颌齿 4～6 行，排列呈带状；下颌齿 2 行，排列不规则；前颌骨齿丛较小，呈菱形；犁骨齿 2～4 行，排列呈带状。上唇边缘具发达的唇须，呈流苏状。舌附于口底。鳃孔较小。肛门位于体前方 1/3 处或稍后。

体无鳞，皮肤光滑。侧线孔明显。

背鳍起点在胸鳍基部的上方或稍后。臀鳍起点在肛门后方。背鳍和臀鳍较发达，止于近尾端的稍前方，不相连续。胸鳍发达，长尖形，为头长的 1/3～1/2。无尾鳍。尾端尖秃。

体淡黄褐色。各鳍淡黄色。腹鳍色淡。

分布　分布于西太平洋区菲律宾、印度尼西亚和中国海域。中国分布于东海和南海。长江口有分布，为偶见种。

生物学特性　近岸暖水性小型底层鱼类。穴居于底质为沙泥、贝类丰富的低潮区。

善用尾尖钻穴，退潮时钻入沙泥中，涨潮时游至沙泥上面，以蛏、蛤及其他底栖动物为食，对滩涂贝类养殖有一定危害。

资源与利用 骨软肉嫩，味鲜美，供食用。鱼体较小，产量不大。

蛇鳗属 *Ophichthus* Ahl，1789

本属长江口 2 种。

种 的 检 索 表

1（2）两颌齿均 1 行，犁骨齿 2 行；背鳍起点在胸鳍中部的上方 ·················· 尖吻蛇鳗 *O. apicalis*

2（1）两颌齿均 2 行，犁骨齿 1 行；背鳍起点在胸鳍的远后上方 ············· 暗鳍蛇鳗 *O. aphotistos*

28. 尖吻蛇鳗 *Ophichthus apicalis*（Anonymous［Bennett］，1830）

Ophisurus apicalis Anonymous［Bennett］，1830，Memoir Life Raffles：692（Sumatra，Indonesia）。

尖吻蛇鳗 *Ophichthus apicalis*：张春霖、张有为，1962，南海鱼类志：180，图 146（广东，广西，海南）；张有为，1963，东海鱼类志：158，图 126（浙江，福建）；张列士，1990，上海鱼类志：137，图 54（杭州湾，长江口近海区）；汤晓鸿、伍汉霖，2006，江苏鱼类志：257，图 109（吕四）；张春光，2010，中国动物志·硬骨鱼纲 鳗鲡目 背棘鱼目：340，图 196（东海，南海）。

下颌齿 上颌齿

图 28　尖吻蛇鳗 *Ophichthus apicalis*（张列士，1990）

英文名 bluntnose snake‐eel。

地方名 土龙、篡仔。

主要形态特征 体长为体高的 30.1～41.2 倍，为体宽的 35.2～43.7 倍，为头与躯干合长的 2.6～2.8 倍，为头长的 9.4～9.5 倍。头长为吻长的 5.3～7.1 倍，为眼径的 12.3～16.8 倍，为眼间隔的 6.4～8.4 倍。

体延长，躯干部圆柱形，尾部稍侧扁。头中等大，钝锥形。吻短小而钝。眼小，圆形。眼间隔较宽，稍隆起。鼻孔每侧 2 个；前鼻孔短管状，位于吻端的侧腹缘，接近上唇的边缘；后鼻孔具皮瓣，呈斜形裂孔状，位于眼前部下方上唇边缘的内侧。口大，端位，口裂向后达眼后缘的下方。上颌长于下颌。齿细小，尖锐，锥状；上下颌齿各 1 行；前颌骨齿 5～6 个，略呈"人"字形排列；犁骨齿前方呈不规则 2 行，后方变为 1 行。上唇边缘无唇须。舌附于口底。鳃孔中大，裂缝状。肛门位于身体前部 1/3 处的稍后方。

体无鳞，皮肤光滑。头部感觉孔和侧线孔不明显。

背鳍起点在胸鳍中部的上方。臀鳍起点紧挨肛门后方。背鳍、臀鳍较低，在近尾端处不升高，止于尾端的稍前方，不连续。胸鳍发达，扇形，为头长的 1/5～1/3。无尾鳍，尾端尖秃。

体呈黄褐色，腹侧淡黄色。背鳍和臀鳍边缘灰黑色。胸鳍上方亦呈灰黑色。

分布　分布于印度—太平洋区，西起非洲东南岸，东至菲律宾，北至日本，南至印度尼西亚海域。我国分布于东海和南海。长江口有分布，为偶见种。

生物学特性　近海暖水性底层鱼类。喜穴居于沙泥质底的低潮区，涨潮时游到沙泥上面，以尾端挖滩涂，以蛏、蛤及其他底栖动物为食，对滩涂贝类养殖有一定危害。

资源与利用　供食用，但骨刺较硬。我国台湾俗称土龙，被当地渔民视为药补的食材，可用于浸泡药酒或药炖食用。

列齿蛇鳗属 *Xyrias* Jordan *et* Snyder，1901

本属长江口 1 种。

29. 邱氏列齿蛇鳗 *Xyrias chioui* McCosker，Chen *et* Chen，2009

Xyrias chioui McCosker，Chen and Chen，2009，Zootaxa，2289：63，fig.1～3（Taitung，Taiwan，China）。

邱氏光唇蛇鳗 *Xyrias chioui*：陈大刚、张美昭，2016，中国海洋鱼类（上卷）：221。

邱氏列齿鳗 *Xyrias chioui*：Ho et al.，2015，Zootaxa，4060（1）：176。

头部

图 29　邱氏列齿蛇鳗 *Xyrias chioui*

英文名　snake eel。

地方名　硬骨篡、篡仔。

主要形态特征　全长分别为鳃位体高与肛门位体高的 22.9 倍和 27.6 倍，为尾长与头长的 2.1 倍和 9.0 倍。全长为躯干长的 2.4 倍；体长（头长＋躯干长）大于尾长，占全长的 52.8％。吻长为眼径的 2.6 倍。眼间距为眼径的 1.9 倍。脊椎骨 126，肛前为 61。

体延长。吻尖。上下颌延长，口唇无须。颌长分别为吻长、眼间宽与眼径的 3.3 倍、4.6 倍和 8.7 倍。前鼻孔短管状，近吻端连于上唇缘；后鼻孔位于唇缘腹面，被皮覆盖不甚明显。眼后上方无肉质隆起。眼间隔狭窄。眼小，位于上颌前 30.5％的位置。口裂深且大。齿尖牙状，上颌间齿 8 枚，筛骨齿 3 枚，犁骨齿 7 枚；上颌齿 2 行，内侧 13 枚、外侧 17～20 枚；下颌齿和犁骨齿各 1 行，每行约 11 枚。

背鳍起点在胸鳍末缘后上方。臀鳍起点在肛门后方。胸鳍发达，扇形，基部与鳃裂后缘相连。无尾鳍。尾端钝秃。

体背侧褐橄榄色，腹部灰白色。胸鳍黑褐色。

分布　模式种采自我国台湾省台东市长滨乡。2017 年 12 月 8 日，笔者在长江口北支（122°0′30″ E、31°2′0″ N）采集到 1 尾全长 93 cm 的标本，为长江口新记录。

生物学特性　栖息于沙泥底海域，一般栖息深度 60～70 m。以小型鱼类、甲壳类为食。

资源与利用　罕见种类，无捕捞经济价值。

【本种是 2009 年以我国台湾省台东市长滨乡捕获的 1 尾标本所定的新种（McCosker et al.，2009）。由于外观、轮廓上的类似，本种易被误鉴为紫身短体蛇鳗［*Brachysomophis porphyreus*（Temminck *et* Schlegel，1846）］＝紫匙鳗［*Mystriophis porphyreus*（Temminck *et* Schlegel，1846）］。本种与紫身短体蛇鳗相比，脊椎骨数较少［126∶(137～148)］、尾部较短（全长为尾长的 2.1 倍∶1.9 倍）、吻部较长（头长为吻长的 6.0 倍∶10.9 倍）、上颌较长（头长为上颌长的 1.8 倍∶2.9 倍）；另外，本种体背侧为褐橄榄色，胸鳍为黑褐色；而紫身短体蛇鳗体背侧为紫褐色，胸鳍为灰白色。另外，东海区列齿蛇鳗属（*Xyrias*）还分布有列齿蛇鳗（*X. revulsus* Jordan *et* Snyder，1901），与本种的区别是上颌齿 4～5 行，脊椎骨 155～160，体密布褐色斑点。】

海鳗科 Muraenesocidae

本科长江口 1 属。

海鳗属 *Muraenesox* McClelland，1843

本属长江口 1 种。

30. 海鳗 *Muraenesox cinereus*（Forsskål，1775）

Muraena cinerea Forsskål，1775，Descript. Anima.，10：22（Jeddah, Saudi Arabia, Red Sea）。

海鳗 *Muraenesox cinereus*：张春霖，1955，黄渤海鱼类调查报告：70，图 49（辽宁，河北，山东）；张春霖、张有为，1962，南海鱼类志：168，图 134（广东）；张有为，1963，东海鱼类志：151，图 120（上海，浙江，福建）；湖北省水生生物研究所，1976，长江鱼类：33，图 16（崇明开港）；张列士，1990，上海鱼类志：134，图 51（南汇，崇明，长江北支，长江口近海）；陈马康等，钱塘江鱼类资源：53，图 28（浙江海盐）；汤晓鸿、伍汉霖，2006，江苏鱼类志：250，图 104（长江口近海区等地）；张春光，2010，中国动物志·硬骨鱼纲 鳗鲡目 背棘鱼目：290，图 170 A（浙江沈家门等地）。

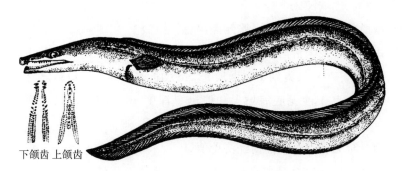

下颌齿 上颌齿

图 30　海鳗 *Muraenesox cinereus*（张春霖和张有为，1962）

英文名　daggertooth pike conger。

地方名　海鳗、大小毛口、大小毛、鲍鳗（5 kg 以上）。

主要形态特征　体长为头与躯干部合长的 2.2～2.6 倍，为体高的 13.4～25.9 倍，为头长的 5.6～6.8 倍。头长为吻长的 3.5～4.0 倍，为眼径的 7.9～10.1 倍，为眼间隔的 6.5～11.7 倍，为口裂的 2.1～2.4 倍。侧线孔 140～153；肛前 40～47。脊椎骨 142～154，肛前为 42～47。

体延长，躯干部近圆筒状，尾部侧扁。头大，锥状。吻长而尖。眼大，长椭圆形。眼间隔微隆起。鼻孔每侧 2 个，前鼻孔具短管，后鼻孔圆孔状。口大，口裂后方达眼的远后方。上颌突出。两颌齿均为 3 行，中间 1 行最大，侧扁，前颌骨及下颌前方具 5～10 个大型犬齿。犁骨齿 3 行，中间 1 行最大、呈三尖形，两侧齿细小。舌附于口底。鳃孔左右分离。肛门位于体中部前方。

体光滑无鳞。侧线孔明显。背鳍、臀鳍和尾鳍相连续，背鳍起于鳃孔稍前方。胸鳍发达，长尖形。无腹鳍。体背侧银灰色，大型个体稍呈暗褐色，腹侧近乳白色，背鳍、臀鳍和尾鳍具黑色边缘，胸鳍淡褐色。

分布　分布于印度—西太平洋区，西起非洲东岸和红海，东至印度尼西亚，南至澳大利亚，北至彼得大帝湾。我国沿海均有分布。为长江口常见种类。

生物学特性

［习性］暖水性近底层鱼类。游泳迅速，分布零散、集群性较低，具广温性和广盐

性。一般栖息于水深 50～80 m 泥沙或沙泥底海区，有季节洄游习性，每年初春从外海越冬场北上，6 月抵达长江口余山海域，6—9 月在水深 40～50 m 一带海区索饵，10 月以后陆续南下产卵，1—2 月返抵外海越冬。长江口近海区常年可捕到，但以秋季产量较多。分布于中国近海的海鳗有 3 个种群：①东海南部种群，沿浙江近海作南北移动，推测越冬场在鱼山至东引列岛一带外海，越冬期为 1—3 月，3 月以后鱼群游向近海并沿岸线北上，5—6 月抵海礁附近，然后越过长江口，8—9 月分布于黄海中部和江苏近海，10 月开始返回越冬场；②东海中部种群，越冬场在济州岛西南，3—4 月鱼群向西移动，5—6 月在海礁一带与东海南部群汇合，一起向北洄游，10 月折向东南作越冬洄游；③黄海和渤海种群，越冬场位于 32—35°N、124—126°E，4 月已游向 124°E 以西的连云港到石岛一带的东部渔场，6 月在海州湾一带的鱼群密度增加，并有部分鱼群进入渤海中部，7—9 月，在海州湾、青岛、石岛、烟台、威海等渔场以及渤海和黄海北部，均有分布，10—11 月鱼群已向东南移动，12 月进入越冬场（赵传纲，1990）。

[年龄与生长] 海鳗为长寿型鱼类，最高年龄为 16 龄。近几年东海区海鳗渔获物以中小型为主，优势年龄组为 4～8 龄。1960—1961 年肛长组成为 110～940 mm，优势组为 250～400 mm，占 66.9%。1977—1980 年肛长组成为 160～860 mm，优势组为 250～400 mm，占 66.8%。海鳗的长度和重量生长方程式为：雌性 $L_t = 635 \left[1 - e^{-0.141(t-0.63)}\right]$，$W_t = 4\,691 \left[1 - e^{-0.141(t-0.63)}\right]^{2.798}$；雄性 $L_t = 369 \left[1 - e^{-0.222(t-0.48)}\right]$，$W_t = 1\,252 \left[1 - e^{-0.222(t-0.48)}\right]^{2.798}$。肛长与体重的增长成曲线关系，可用下列相关式表示：$W = 6.747 \times 10^{-5} L^{2.798}$。东海海鳗的生长雌雄有别。2 龄雌鱼肛长为 110 mm，雄鱼为 100 mm；3 龄雌鱼为 180 mm，雄鱼为 170 mm，5 龄雌鱼为 290 mm，雄鱼为 250 mm；7 龄雌鱼为 380 mm，雄鱼为 300 mm；9 龄雌鱼为 440 mm，雄鱼为 340 mm；11 龄雌鱼为 490 mm，雄鱼为 360 mm。另外，同海域生长南北都有差异，南部较北部大。初次性成熟的最小肛长雌鱼为 300 mm（4～5 龄），雄鱼为 210 mm（3～4 龄），参加产卵活动平均年龄雌鱼为 7.4 龄，雄鱼为 6.2 龄。

[食性] 肉食性凶猛鱼类。饵料生物共 7 类 34 种，以虾、蟹比例较高，占 45.2%，其次为乌贼和章鱼，占 18.5%，再次为鱼类，占 6.3%。随着个体增长，摄食鱼类的比例急剧增加，肛长 400 mm 以上个体，摄食鱼类比例高达 80%。海鳗几乎周年摄食，强度亦大，空胃率较低，仅 10—12 月空胃率较高，占 36%～46%，其他月份胃饱满度 2～4 级者一般占 30%～50%。

[繁殖] 东海、黄海产卵期为 7—11 月。产卵场范围很广，主要在浙江中南部海区，冬季产卵场水深在 20～40 m，底质为沙泥，平均水温为 13.5 ℃，盐度 29～34。长江口近海 11 月中旬曾发现性腺成熟度为 Ⅳ～Ⅴ 期的个体，也有已产过卵的个体。鱼卵、仔鱼分布面很广，由吕四到闽东均有分布，长江口出现的时间，卵为 8 月、仔鱼为 7—11 月。怀卵量 18 万～120 万粒。卵球形，卵径 1.5～2.2 mm（一般 1.6～1.8 mm），为浮性卵，具

40～60 个油球。围卵腔大。卵黄为龟裂状。受精卵在水温 20～22 ℃时经 63～69 h 后可孵化。刚孵化温仔鱼全长 3.1～3.4 mm，卵黄长度约 2.35 mm。卵黄吸收后的叶状仔鱼（柳叶鳗），初期头部较大，具向前倾斜的长针状齿，消化管末端为向体外突出的外肠状态，肛门位于 80～85 体节下。全长 15 mm 以上的叶状仔鱼，肛门位于 91～98 节下。全长 84 mm 叶状仔鱼上颌较下颌稍长。齿尖锐，上颌具 16 齿、下颌具 18 齿。第一垂直血管位于 15 体节。叶状仔鱼变态前最大体长 100～115 mm，水温 20 ℃左右，约经 15 d 完成变态，缩小为 74 mm 的稚鱼，变态期在 8—10 月。

资源与利用　为我国东海、黄海主要经济鱼类。主要渔场有：黄海渔场，生产较好海域在吕四以东，海州湾和大沙渔场西部，渔汛期为 7—9 月；东海北部渔场，包括长江口嵊山、花鸟岛渔场，渔汛期为 11 月至翌年 1 月和 6—10 月；舟山以东渔场，渔汛期为 6—12 月；浙江南部渔场，包括鱼山、温台渔场，渔汛期为 11 月至翌年 5 月。年产量波动于（2～4）×10⁴ t。捕捞以机轮拖网、对拖网、张网和钩钓等为主。海鳗的资源量指数在 1959 年达到最高水平后逐年减少，至 1967 年转为上升，以后一段时间资源基本处于稳定，但从 1978 年起，幼鳗在渔获物组成中的比例有所升高，开始出现捕捞群体小型化现象，资源密度亦在下降。特别是 20 世纪 80 年代中后期至今，渔获物个体更趋小型化，其资源利用已完全由利用剩余群体转向为利用补充群体，资源结构失去平衡，导致东海、黄海海鳗资源已严重衰落。由于海鳗的寿命较长，初始性成熟的年龄也较大，而且也是补充年龄较高的鱼种，这样的鱼种一旦资源减少，其恢复需时较长。其捕捞强度如再得不到有效控制，必将导致资源严重衰退，建议对其制定可捕长度，降低对自然群体的捕捞强度，以求达到有效保护资源的目的。

海鳗肉质细嫩鲜美，含脂量高，为上等食用鱼类。鲜销和制罐，还可加工成"鳗鱼鲞"，为群众喜食。另外，其鳔性平、味甘；血性温、味甘；胆性寒、味苦，可作药用。鳔可制鱼胶，用作胶丸壳和胶合剂。肝可提制鱼肝油。脑和卵巢可提制脑磷脂和卵磷脂制剂，临床用作肝硬化、脂肪肝、神经衰弱及贫血等症的辅助用药（伍汉霖，2005）。

康吉鳗科 Congridae

本科长江口 2 亚科。

亚 科 的 检 索 表

1（2）尾部长等于或略长于头与躯干合长；尾鳍短 ·····························海康吉鳗亚科 Bathymyrinae

2（1）尾部长于头与躯干合长；尾鳍长 ·····································康吉鳗亚科 Congrinae

海康吉鳗亚科 Bathymyrinae

本亚科长江口 1 属。

美体鳗属 *Ariosoma* Swainson，1838

本属长江口1种。

31. 拟穴美体鳗 *Ariosoma anagoides*（Bleeker，1853）

Conger anagoides Bleeker，1853，Verh. Batav. Gen. Kunst. Wet.，25（5）：76（Banda Neira，Banda Islands，Indonesia）。

拟糯鳗 *Alloconger anagoides*：李信彻、杨鸿嘉，1966，师大生物学报，1：54，图2（台湾）。

奇鳗 *Alloconger anagoides*：田明诚、沈友石、孙宝龄，1992，海洋科学集刊（第33集）：273（长江口近海区）。

异糯鳗 *Alloconger anagoides*：莫显荞，1993，台湾鱼类志：115，图版21-9（台湾）。

奇鳗 *Ariosoma anagoides*：张春光，2010，中国动物志·硬骨鱼纲 鳗鲡目 背棘鱼目：193，图100。

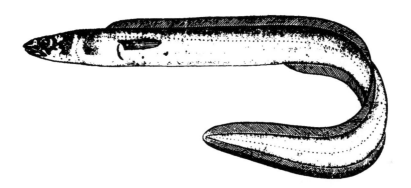

图31　拟穴美体鳗 *Ariosoma anagoides*（李信彻和杨鸿嘉，1966）

英文名　sea conger。

地方名　奇鳗。

主要形态特征　体长为体高的16.5～19.0倍，为头长的6.0～6.2倍。头长为眼径的4.8～5.2倍，为口裂的3.5～4.0倍。尾部长为头与躯干合长的1.2倍。

体延长，亚圆筒形。头中等大。颌较尖，上颌稍长于下颌。口裂伸到眼中央的前下方。头部感觉孔每侧27个（眼上部6个，眼下部8个，下颌7个，前鳃盖3个，头后部3个）。唇具褶，上唇褶较下唇褶小。眼大。鼻孔每侧2个，分离，前鼻孔管状，位于唇褶顶端前；后鼻孔裂缝状，位于眼中央前上方。舌游离，宽大。齿小，圆锥形，犁骨齿钝状。上颌齿同前上颌齿连接，口闭时不外露。鳃孔大，侧位。

体光滑无鳞。侧线明显，肛门前侧线孔53～54个。

背鳍、臀鳍发达，与尾鳍连续。背鳍始于鳃孔前上方。臀鳍始于肛门紧后方。胸鳍

发达。尾鳍小。

体背深褐色，腹部灰白色。吻端褐色，眼后头部有黑斑。背鳍、臀鳍和尾鳍具宽黑边。胸鳍灰白色。

分布　分布于西太平洋区日本南部、中国至东印度群岛海域。中国东海、南海和台湾海域均有分布。长江口近海亦有分布。

生物学特性　浅海性鱼类。中型鳗类。全长约 50 cm。

资源与利用　长江口罕见，无捕捞经济价值。

康吉鳗亚科 Congrinae

本亚科长江口 1 属。

康吉鳗属 *Conger* Bosc，1817

本属长江口 1 种。

32. 星康吉鳗 *Conger myriaster*（Brevoort，1856）

Anguilla myriaster Brevoort，1856，Narra. Exped. Amer. Squad. Chi. Sea. Jap.，2：282，pl. 11，fig. 2（Hakodate，Hokkaido，Japan）。

星鳗 *Astroconger myriaster*：张春霖，1955，黄渤海鱼类调查报告：72，图 30（辽宁，山东）；张有为，1963，东海鱼类志：147，图 116（江苏，浙江，福建）。

星鳗 *Conger myriaster*：张列士，1990，上海鱼类志：133，图 50（长江口近海区）。

星康吉鳗 *Conger myriaster*：汤晓鸿、伍汉霖，2006，江苏鱼类志：242，图 98（海州湾，连云港，吕四）；张春光，2010，中国动物志·硬骨鱼纲 鳗鲡目 背棘鱼目：199，图 103（辽宁，山东，江苏，浙江）。

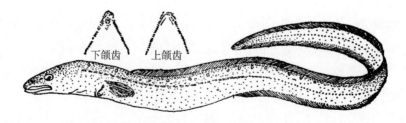

图 32　星康吉鳗 *Conger myriaster*（张列士，1990）

英文名　whitespotted conger。

地方名　沙鳗、星鳝。

主要形态特征　体长为体高的 12.1～22.1 倍，为头长的 6.84～8.72 倍。头长为吻长的 2.3～7.5 倍，为眼径的 4.1～8.6 倍，为眼间距的 3.9～4.1 倍。尾部长为头与躯干部合长的 1.4～1.7 倍。

体较粗壮，中等长，前部圆筒形，尾部侧扁。头中大，锥形。吻较长，稍平扁。眼中大，埋于皮下。眼间隔宽平。鼻孔每侧 2 个，分离；前鼻孔短管状，位于吻端；后鼻孔裂缝状，位于眼前缘前方。上下颌约等长。唇宽厚。口闭时前上颌齿不外露。齿小，锥状，排列较稀，两颌齿后方 1 行，前方齿呈不规则的 3～4 行，前上颌齿形成半弧形的 2～3 行；犁骨具一锥状齿丛。舌宽大，前部游离。鳃孔较大，左右分离，位于胸鳍基部下方。肛门位于体中部前方。

体无鳞，皮肤光滑。侧线明显，肛门前方侧线孔 38～40 个。

奇鳍发达，互相连续。背鳍起点在胸鳍基部后上方。臀鳍始于肛门紧后方。胸鳍发达，尖端圆形。

体背暗褐色，腹侧色淡。头部及体躯的侧线孔白色，头及背缘有 1 行小白点。背鳍、臀鳍、尾鳍边缘黑色。胸鳍色浅。

分布　分布于西北太平洋区日本、朝鲜半岛和中国海域。中国北起鸭绿江口，南至福建沙埕海域，台湾东部、东北部及西南部海域均有分布。长江口近海常见种类。

生物学特性　近海冷温性底层鱼类。常栖息于沿岸的泥沙质底水域，以小型鱼、虾、蟹和头足类等为食。每年 5 月底至 6 月初是星康吉鳗叶状幼体的变态盛期。

资源与利用　本种为渤海、黄海及东海近海习见种类，有一定的产量和经济价值。肉细嫩，可鲜食，也可加工咸淡干品。江苏沿海渔汛期以春季为主，常被拖网和定置张网兼捕，有一定产量。

鲱形目 Clupeiformes

本目长江口 1 亚目。

鲱亚目 Clupeoidei

本亚目长江口 3 科。

科 的 检 索 表

1（4）下颌关节在眼下方或刚刚在眼之后；鳃盖膜彼此不相连

2（3）臀鳍中等长，臀鳍条数少于 30 ······················· 鲱科 Clupeidae

3（2）臀鳍长，臀鳍条数多于 30 ······················· 锯腹鳓科 Pristigasteridae

4（1）下颌关节在眼的远后方；鳃盖膜彼此相连 ······················· 鳀科 Engraulidae

锯腹鳓科 Pristigasteridae

本科长江口 1 亚科。

多齿鳓亚科 Pelloninae

本亚科长江口 1 属。

鳓属 *Ilisha* Richardson，1846

本属长江口 1 种。

33. 鳓 *Ilisha elongata*（Bennett，1830）

Alosa elongata Bennett，1830，Mem. Life Raffles：691（Sumatra，Indonesia）。

Ilisha elongata：Wang，1935，Contr. Biol. Lab. Sci. Soc. China，11（1）：3（舟山）；Tchang，1938，Bull. Fan. Mem. Inst. Biol. Zool.，8（4）：328，fig. 9（厦门，香港，宁波，辽河，安东，龙口）。

鳓 *Ilisha elongata*：张春霖，1955，黄渤海鱼类调查报告：45，图 30（辽宁，河北，山东）；王文滨，1962，南海鱼类志：123，图 94（广东，海南）；湖北省水生生物研究所鱼类研究室，1976，长江鱼类：27（崇明）；张国强、倪勇，1990，上海鱼类志：102，图 29（南汇，崇明，长江口近海）；陈马康等，1990，钱塘江鱼类资源：39，图 16（海盐）；张世义，2001，中国动物志·硬骨鱼纲 鲟形目 海鲢目 鲱形目 鼠鱚目：113，图Ⅱ-49（广东，福建，浙江）；郭仲仁、刘培延，2006，江苏鱼类志：191，图 66（大丰，吕四等地）。

鳓鱼 *Ilisha elongata*：王文滨，1963，东海鱼类志：104，图 79（福建，浙江）。

英文名 elongata ilisha。

地方名 力鱼、鲞鱼、白叶、鲙鱼、曹白鱼、白鳞鱼、鳞鱼。

主要形态特征 背鳍 15～18；臀鳍 46～50；胸鳍 17；腹鳍 7。纵列鳞 52～54，横列鳞 15。腹部棱鳞 23～26＋13～15。鳃耙 11～13＋23～24。鳃盖条骨 6。

体长为体高的 3.4～3.7 倍，为头长的 4.0～4.9 倍。头长为吻长的 3.9～4.5 倍，为眼径的 3.2～3.8 倍，为眼间隔的 7.3～10.8 倍。

体长而宽，侧扁。腹缘具锯齿状棱鳞。头中等大、侧扁。吻短钝，上翘。眼大，侧上位。脂眼睑盖着眼的一半。眼间隔中间平。鼻孔每侧 2 个，约位于吻端和眼之间。口小，近垂直。口裂短。上颌骨末端圆形，向后伸达瞳孔下方。下颌前端向上突出。两颌、

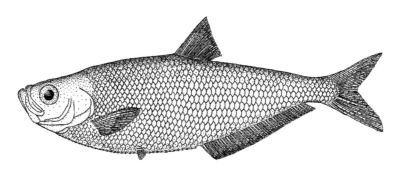

图 33 鳓 *Ilisha elongate*

腭骨和舌上均具细齿。舌游离，前端钝圆形。鳃孔大。鳃盖膜彼此分离，不与峡部相连。鳃耙较粗，边缘具小刺。

体被薄圆鳞，易脱落。无侧线。

背鳍起点距吻端和距尾鳍基底的距离相等。臀鳍始于背鳍基终点下方，基部长约为背鳍基的 4 倍。胸鳍侧下位。腹鳍小，位于背鳍起点前下方。尾柄长短于尾柄高，尾鳍深叉形。

体背部灰色，体侧银白色。头背、吻端、背鳍和尾鳍淡黄色。背鳍和尾鳍边缘灰黑色。其他各鳍色浅。

分布 广泛分布于印度—太平洋区，由印度、马来西亚、印度尼西亚至日本、朝鲜及彼得大帝湾海域。我国沿海均有分布。长江口近海亦有分布。

生物学特性

[习性] 近海暖水性中上层洄游鱼类。黄昏、夜间、黎明和阴天喜栖息于水体的中上层，白天多活动在水的中下层。游泳快。昼夜垂直移动现象不明显。喜集群，产卵前有卧底习性。东海区越冬场主要分布在南自闽东渔场，北至济州岛西北，水深 40～100 m 一带海域，其中以 28°30′—29°30′ N 为北部分布中心，25°—26° N 为南部分布中心，洄游移动范围小，群体分散。分布在东海北部的越冬群，分别在海州湾、山东半岛南岸、黄海北部、渤海及朝鲜西岸海域产卵；分布于东海南部的越冬群，分别在福建、浙江沿岸海区产卵。江苏近海鳓群来自东海北部越冬场，在江苏有南、北 2 个产卵场，南部吕泗渔场产卵群体于 4—6 月自越冬场经花鸟、佘山东北进入产卵场，产卵期为 5 月至 7 月上旬，在长江口及其邻近海区均有产卵场，产卵后亲鱼分散在外海索饵，7—12 月为索饵期。入冬后返回越冬场。

[年龄与生长] 东海渔获物一般以 350～440 mm 为主，大者可达 520 mm，体重 1 kg。最高年龄达 13 龄。第一年生长速度最快，3 龄后生长趋缓慢，雌鱼各龄平均增长较雄鱼快。1～5 龄鱼平均叉长依次为 149 mm、265 mm、344 mm、381 mm 和 409 mm。性成熟最小叉长雌鱼和雄鱼分别为 280 mm 和 268 mm。渔获物年龄组成以 2～3 龄为主，近年来 1 龄比例升高，3 龄、4 龄比例下降。东海区（27°—32° N）鳓生长方程为：$L_t = 475$ [1—

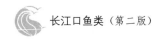

$e^{0.338(t+0.847)}$ ］；$W_t=1\,006\,[1-e^{0.338(t+0.847)}]^{3.095}$ （赵传绸，1990）。

［食性］广食性，胃含物计有 15 类 31 种。生殖期多不进食。摄食强度白天较高。幼鱼以桡足类、箭虫、磷虾、蟹类幼体为食，成鱼则以虾类、头足类、多毛类和鱼类为食。食物中游泳动物占 32.1%，浮游动物占 34.8%，底栖生物占 33.1%。不同叉长组饵料生物存在着差异，叉长小的个体食浮游动物较多，叉长大的则以食底栖生物为主。饵料出现的频率由高到低依次为：头足类、长尾类、鱼类、糠虾类、毛颚类、磷虾类、端足类、口足类、枝角类、桡足类、腹足类、水母类、瓣鳃类。

［繁殖］东海区性腺成熟系数以 5 月最高，达 91.2%。叉长 280～520 mm 的亲鱼，怀卵量为 3.96 万～19.73 万粒。卵为浮性，圆球形，卵膜薄、平滑，卵径 2.22～2.48 mm，卵黄龟裂呈泡状，卵黄径 1.71～1.81 mm，油球 1 个，油球径 0.38～0.42 mm。在水温 23～26℃时，受精卵经 30 h 孵化，初孵仔鱼全长 5.19 mm（沙学坤和阮洪超，1981）。

资源与利用 肉味鲜美，富含脂肪，鲜、干和腌制品皆可食用。鳓是我国重要海产鱼类之一，是流刺网、延绳钓作业的专捕对象，也是机帆船大洋网、定置张网和机轮拖网等渔具的重要兼捕对象。1974 年历史最高产量为 3×10^4 t，1982 年仅为 1×10^4 t，是 1974 年的 33.3% 左右，而后呈逐年下降趋势，近年在较低水平波动，渔获物中幼鱼占 30%～40%。随捕捞强度加大，平均网次产量显著下降，近岸张网对幼鱼的杀伤严重，高龄鱼甚少。这些情况表明东海、黄海资源已趋充分利用，为此必须限量捕捞，保护幼鱼，确保资源再生。

鳀科 Engraulidae

本科长江口 2 亚科。

亚科的检索表

1（2）尾部中等长；尾鳍与臀鳍分离；胸鳍上部无游离的鳍条 ………………… 鳀亚科 Engraulinae
2（1）尾部很长；尾鳍几与腹鳍相连；胸鳍上部有游离的丝状鳍条 ………………… 鲚亚科 Coiliinae

鳀亚科 Engraulinae

本亚科长江口 4 属。

属的检索表

1（2）腹部无棱鳞 ……………………………………………………… 鳀属 *Engraulis*
2（1）腹部有棱鳞
3（4）体纺锤形；臀鳍基短，鳍条少于 25 ………………… 侧带小公鱼属 *Stolephoru*
4（3）体椭圆形；臀鳍基长，鳍条多于 30

5（6）胸鳍上无延长的鳍条 ·· 棱鳀属 *Thryssa*

6（5）胸鳍上有一鳍条延长为丝状；有腹鳍 ······················ 黄鲫属 *Setipinna*

鳀属 *Engraulis* Cuvier，1816

本属长江口1种。

34. 日本鳀 *Engraulis japonicus* Temminck *et* Schlegel，1846

Engraulis japonicus Temminck and Schlegel，1846，Pisces，Fauna Japanica Parts.，10～14：239，pl. 108，fig. 3（Japan）。

鳀 *Engraulis japonicus*：张春霖，1955，黄渤海鱼类调查报告：51，图 35（河北，山东）；张世义，2001，中国动物志·硬骨鱼纲 鲟形目 海鲢目 鲱形目 鼠鱚目：120，图Ⅱ-53（山东）；郭仲仁、刘培延，2006，江苏鱼类志：194，图 67（吕四沙外渔场等地）。

日本鳀 *Engraulis japonicus*：邱书院，1984，福建鱼类志（上卷）：141，图 90（厦门等地）；张国祥、倪勇，1990，上海鱼类志：104，图 30（长江口佘山）。

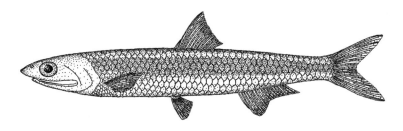

图 34　日本鳀 *Engraulis japonicus*

英文名　Japanese anchovy。

地方名　离水烂、海蜒（幼体）、丁鱼、烂船丁、烂肚翁。

主要形态特征　背鳍14～15；臀鳍16～18；胸鳍17；腹鳍7。纵列鳞43；横列鳞8。鳃耙 29～30＋36～38。

体长为体高的 5.3～7.3 倍，为头长的 3.3～4.3 倍。头长为吻长的 4.6～5.1 倍，为眼径的 3.2～3.9 倍，为眼间隔的 4.8～7.3 倍。

体延长，稍侧扁。腹部近圆形，无棱鳞。头大而稍侧扁。吻尖突。眼侧上位，被盖薄脂眼睑。眼间隔中央隆起。鼻孔距眼前缘较距吻端近。口前下位。上颌长于下颌，上颌骨向后伸达前鳃盖骨。两颌及舌上均具细齿。鳃孔大。鳃盖膜不与峡部相连。鳃耙细长。具假鳃。

除头部外，体均被易落圆鳞。无侧线。

背鳍始于腹鳍稍后上方。臀鳍始于背鳍后下方。胸鳍侧下位，末端不达腹鳍。腹鳍始于胸、臀鳍始点中间。尾鳍深叉形。

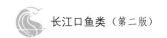

体背部蓝黑色，侧上方微绿色，两侧及下方银白色。体侧具一青黑色宽纵带。尾鳍灰黑色。

分布　分布于西太平洋区，北起库页岛南部，南至印度尼西亚苏拉威西岛海域，其中菲律宾和印度尼西亚海域较罕见。我国北起辽宁大东沟，南至广东的海域均有分布。长江口常见种类。

生物学特性

[习性] 沿海常见的广温性中上层鱼类，一般栖息于水色澄清海区，喜阴影，鱼群常随水面云影而移动。集群，趋光性强，幼鱼较成鱼更明显。风平浪静时成群的日本鳀在海面上呈黑褐色，水面出现小而密集的波纹；十分密集的鱼群在海面呈紫红色。有昼夜垂直移动现象，晴天栖息水层较深，阴雨天栖息水层较浅，清晨和傍晚常成群到水面觅食。赵传细（1990）曾将中国的日本鳀分为黄海和渤海群、东海中北部群和东海南部群3个种群。春季（3—5月）日本鳀主要分布在长江口、浙江北部沿海及济州岛西南部海域，中心分布区在 29°30′—30° N、124°—125°30′ E 的海区内；夏季（6—8月）主要分布区有向北移动现象；秋季（9—11月）仅在济州岛西南部和福建北部沿海出现；冬季（12月至翌年2月）主要分布在东海近海，集中在 28°—32°30′ N、123°—125° E 的范围内。洄游分布 10 多年来没有发生大的变化（郑元甲 等，2003）。

[年龄与生长] 寿命约为 4 龄。1 龄鱼即性成熟，最小叉长为 60 mm、体重为 1.8 g。生殖鱼群主要是 1 龄和 2 龄，平均体长 110 mm，平均体重 8.8 g。当年生的幼鱼经 3～4 个月可长到 45～65 mm。1 龄鱼体长 97 mm、体重 5.8 g，2 龄鱼体长 114 mm、体重 11.2 g，3 龄鱼体长 123 mm、体重 14.2 g。东海生殖群体体长为 90～135 mm，优势体长为 100～130 mm，平均体长 118 mm，年龄由 1～4 龄组成。以 1 龄和 2 龄为主，雌性个体略大于雄性。体长增长速度以 1 龄最快，日增长率为 0.000 8；2 龄增长速度显著变慢，日增长率为 0.000 3；3 龄日增长率为 0.000 1。体长与体重关系式为：$W = 7.170\ 5 \times 10^{-6} L^{3.039\ 8}$。

[食性] 浮游生物食性，主要摄食浮游硅藻、小型甲壳类（如桡足类、磷虾、毛虾等）和小鱼（如七星鱼、犀鳕等），幼鱼主要摄食桡足类无节幼体、双壳类幼体和部分硅藻类。摄食强度白天大于夜晚。

[繁殖] 春、秋 2 次产卵，在一个繁殖期内，分 2～3 次排卵。产卵场分布较广，浙江北部舟山渔场产卵期以 3 月下旬至 4 月下旬最盛；长江口产卵期始于 4 月中旬，盛期为 5—6 月，鱼卵分布表层水温 17～24 ℃、盐度 22.5～30.5。怀卵量为 0.8 万～2.4 万粒。卵为浮性，长椭圆形，彼此分离，无色透明，卵的长径为 1.08～1.57 mm，短径为 0.56～0.70 mm。卵黄呈龟裂状，无油球。

资源与利用　日本鳀为远东海洋渔业重要捕捞对象。1985 年产量为 62.8×10^4 t，主要捕捞国家有日本、朝鲜、俄罗斯和中国等。黄海和渤海渔汛期为 5—8 月，用大拉网、张网和挂子网等捕捞。长江口近海，夏季生物量和密度均较高，资源较丰富，为灯光围网渔获物之一。我国的日本鳀过去利用较少，大规模利用始于 20 世纪 90 年代初，1995年产量已达 45.4×10^4 t，成为小型渔船的重要捕捞对象。日本鳀可鲜销或制成咸干品，也可用作钓饵。幼鳀绝大部分加工成咸干品，称"海蜒"。

黄鲫属 *Setipinna* Swainson，1839

本属长江口 1 种。

35. 黄鲫 *Setipinna taty*（Valenciennes，1848）

Engraulis taty Valenciennes in Cuvier and Valenciennes，1848，Hist. Nat. Poiss，21：60（Puducherry，India）。

黄鲫 *Setipinna giberti*：张春霖，1955，黄渤海鱼类调查报告：56，图 39（辽宁，河北，山东）。

黄鲫 *Setipinna taty*：王文滨，1962，南海鱼类志：136，图 108（广东，广西，海南）；王文滨，1963，东海鱼类志：114，图 88（浙江，福建）；张国强、倪勇，1990，上海鱼类志：107，图 34（崇明长江口，南汇）；陈马康等，1990，钱塘江鱼类资源：41，图 19（海盐，慈溪）；张世义，2001，中国动物志·硬骨鱼纲 鲟形目 海鲢目 鲱形目 鼠鱚目：133，图Ⅱ-62（浙江，福建，广东，海南）；郭仲仁、刘培延，2006，江苏鱼类志：197，图 69（长江口等地）。

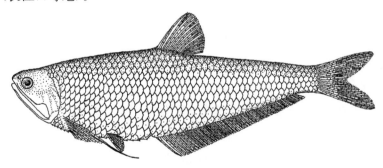

图 35　黄鲫 *Setipinna taty*

英文名　scaly hairfin anchovy。

地方名　毛扣、王吉、毛鱼、黄鲫、薄口、黄尖子。

主要形态特征　背鳍 13～14；臀鳍 50～61；胸鳍 12～13；腹鳍 7。纵列鳞 43～46；横列鳞 12。鳃耙 12＋14～17。腹缘棱鳞 18～21＋7～8。

体长为体高的 3.2～3.5 倍，为头长的 5.5～6.2 倍。头长为吻长的 5.0～9.1 倍，为眼径的 3.9～4.9 倍，为眼间隔的 3.0～5.0 倍。

体甚侧扁，腹缘有强利的棱鳞。头小而侧扁。吻短而圆钝。眼侧前上位。眼间隔中间微凸。鼻孔距眼前缘很近。口大、斜裂。上颌骨向后不达鳃孔。具 2 块辅上颌骨。两

颌、犁骨、腭骨和舌上均具细齿。鳃孔大。鳃盖膜彼此微连而不与峡部相连。肛门距吻端较距尾鳍基底近。鳃耙呈扁针状。

体被易脱落圆鳞。胸鳍、腹鳍基部具腋鳞。

背鳍起点与臀鳍起点相对。臀鳍基部长，约占体长一半。胸鳍位低，其上缘第一鳍条延长为丝状，向后达臀鳍起点。腹鳍位于背鳍的前下方。尾鳍叉形。

吻和头侧中部淡金黄色，体背青绿色，体侧银白色。背鳍、臀鳍和胸鳍均为金黄色。腹鳍白色、尖端黄色。尾鳍金黄色、后缘黑色。

分布　中国、日本、朝鲜和俄罗斯等海域均有分布。中国沿海均产。长江口外海有分布。

生物学特性

[习性]　近海暖水性中下层小型鱼类。喜栖息于底质为淤泥、水流较缓的海区，一般不喜集群，活动范围不大。赵传絪（1990）认为东海、黄海越冬鱼群有两个分布区，北部分布区位于济州岛以西的黄海南部和长江口外海，水温和盐度（底层）的分布范围分别为 $10\sim14\ ℃$、$33\sim34$；南部分布区位于浙、闽近海，水温在 $14\sim18\ ℃$、盐度为 $33\sim34.5$，分布区水深在 $60\sim100\ m$。越冬期为 12 月至翌年 3 月。产卵鱼群遍及东海、黄海西部和渤海，尤其在河口附近 20 m 水深区内都有产卵场，东海产卵期为 5—7 月，水温为 $15\sim26\ ℃$、盐度 $14\sim34$。产卵后亲鱼分别在各自产卵场外侧索饵，幼鱼则游向近岸索饵，11 月返回越冬场。郑元甲等（2003）发现黄鲫分布范围明显缩小，四季分布位置较相似，主要分布在长江口及以北近外海，即 $30°\mathrm{N}$ 以北海域，在 $31°\mathrm{N}$ 以北更为集中，在我国台湾北部及西北部海域也有分布，而浙江沿海很少。

[年龄与生长]　体长组成为 $48\sim189\ mm$，平均为 $122.18\ mm$，体重为 $2\sim43\ g$，平均为 $20.4\ g$。产卵群体由 $1\sim6$ 龄组成，其中 3 龄占优势，1 龄和 2 龄次之，平均年龄为 2.46 龄，优势叉长为 $130\sim170\ mm$，平均为 $143.5\ mm$；索饵群体由 $1\sim5$ 龄组成，其中 1 龄占 84%，2 龄占 11%，平均年龄为 1.23 龄，优势叉长为 $110\sim140\ mm$，平均为 $128.6\ mm$。黄鲫出生后 3 个月叉长可达 30 mm 左右，6 个月可达 75 mm 左右，1 龄可达 100 mm，2 龄为 145.1 mm，3 龄为 162.3 mm，4 龄为 177.2 mm，5 龄为 190.3 mm，6 龄为 195.7 mm。叉长年间生长速度以 1 龄最快，2 龄次之，3 龄趋于缓慢，体重生长速度 $1\sim3$ 龄基本相同，4 龄趋于缓慢。其生长方程为：$L_t = 198.7\ [1-\mathrm{e}^{-0.596(t+0.15)}]$，$W_t = 89.6\ [1-\mathrm{e}^{-0.596(t+0.15)}]^{2.675}$。

[食性]　以浮游甲壳类（桡足类、磷虾类和长尾类）、箭虫、鱼卵和管水母等为食。终年摄食，胃饱满度通常为 $1\sim3$ 级，仅在生殖期前胃饱满度较低。

[繁殖]　达到性成熟个体，在 1 龄鱼中，雄鱼约占 40%，最小叉长为 86 mm，最小体重为 11 g；雌鱼约占 20%，最小叉长为 95 mm，最大体重为 12 g。2 龄鱼中，雄鱼占

90%，雌鱼大多数也达成熟。3龄鱼中，雄鱼、雌鱼全部成熟。属一次排卵类型。卵为浮性，圆球形，卵径1.4～1.5 mm，卵膜较薄，卵黄龟裂呈泡沫状，卵黄周隙大。油球黄色，一般为1～3个，最多可达13～14个，油球径0.3～0.4 mm。个体产卵量为0.4万～1.4万粒。

资源与利用　鲜销为主。黄鲫属于生长迅速、寿命短、性成熟速度较快鱼种，资源恢复能力较强。常年可捕到，历来是近海定置刺网、各种张网和拖网的兼捕对象。自20世纪70年代以来，由于近海主要经济鱼类资源逐渐衰落，不少地区开始重视对其资源的开发利用，现已成为东海区春、冬季海洋渔业的主要兼捕对象。

侧带小公鱼属 *Stolephorus* Lacepède，1803

本属长江口3种。

种 的 检 索 表

1（2）上颌骨的末端伸达鳃孔·· 康氏侧带小公鱼 *S. commersonnii*

2（1）上颌骨的末端不伸达鳃孔

3（4）腹鳍前棱棘6个 ·· 中华侧带小公鱼 *S. chinensis*

4（3）腹鳍前棱棘4～5个 ··· 印度侧带小公鱼 *S. indicus*

36. 中华侧带小公鱼 *Stolephorus chinensis*（Günther，1880）

Engraulis chinensis Günther，1880，Rep. Voy. Challenger，1（6）：73（Xiamen，China）。

中华小公鱼 *Anchoviella chinensis*：王文滨，1962，南海鱼类志：128，图100（广东）；王文滨，1963，东海鱼类志：108，图82（福建沙埕、集美）。

中华小公鱼 *Stolephorus chinensis*：张国祥、倪勇，1990，上海鱼类志：105，图31（长江口近海区）；张世义，2001，中国动物志·硬骨鱼纲 鲟形目 海鲢目 鲱形目 鼠鱚目：130，图Ⅱ-60（福建，广东）。

中华侧带小公鱼 *Stolephorus chinensis*：郭仲仁、刘培延，2006，江苏鱼类志：198，图70（长江口近海区）。

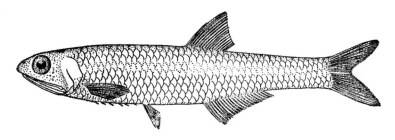

图36　中华侧带小公鱼 *Stolephorus chinensis*（张国祥和倪勇，1990）

英文名 China anchovy。

地方名 公鱼、鲚仔。

主要形态特征 背鳍 15～16；臀鳍 20～22；胸鳍 11～12；腹鳍 7。纵列鳞 38～40；横列鳞 8。鳃耙 17～19＋25～28。

体长为体高的 4.9～5.8 倍，为头长的 4.2～4.7 倍。头长为吻长的 5.0～5.7 倍，为眼径的 3.5～3.6 倍，为眼间隔的 3.7～4.0 倍。

体呈长圆柱形，稍侧扁。头较小。吻短，突出。眼大，侧前位，眼径大于吻长。眼间隔微凸。鼻孔每侧 2 个，距眼前缘较距吻端近。口大，口裂达眼后缘的后下方。上颌长于下颌。上颌骨末端尖，向后伸达前鳃盖骨而不达鳃孔。上下颌具细齿。鳃孔大。鳃盖骨薄而软。假鳃发达。鳃耙长于鳃丝。鳃盖膜彼此略相连而不与峡部相连。鳃盖条 13。肛门位于背鳍基的下方，距臀鳍甚近。

体被圆鳞，易脱落。鳞片上有 11 条横沟线，其间多数相连。环心线细。无侧线。腹鳍前方的腹缘上具 6 个骨刺。

背鳍低，起点距尾鳍基较距吻端近。臀鳍起点在背鳍基底中央的下方，其基部长于背鳍基。胸鳍侧下位。腹鳍小，位于背鳍的前下方，起点距臀鳍起点较距胸鳍基近。尾鳍分叉。

体白色，沿体侧有一银白色纵带。头部具"凹"字状绿斑。各鳍白色，仅尾鳍后缘淡绿色。

分布 分布于西太平洋区中国至新加坡北部海域。中国分布于东海、南海及台湾海域。长江口偶见种类。

生物学特性 近海暖温性中上层小型鱼类。喜栖息于港湾、河口及浅海水域。以浮游动物和幼鱼等为食。

资源与利用 长江口近海数量极少，定置张网很少捕到。一般晒干食用。

棱鳀属 *Thryssa* Cuvier，1829

本属长江口 3 种。

种 的 检 索 表

1（2）上颌骨的末端伸达鳃盖 ·· 赤鼻棱鳀 *T. kammalensis*

2（1）上颌骨的末端伸达胸鳍基部或其后方

3（4）上颌骨末端伸达胸鳍基部；下鳃耙 14～16；背鳍Ⅰ，14～15 ·········· 中颌棱鳀 *T. mystax*

4（3）上颌骨末端伸达胸鳍末端 ·· 杜氏棱鳀 *T. dussumieri*

37. 赤鼻棱鳀 *Thryssa kammalensis*（Bleeker，1849）

Engraulis kammalensis Bleeker，1849，Verh. Batav. Genootsch. ，22：13（Madura

Straits，Indonesia）。

棱鳀 *Scutengraulis kammalensis*：张春霖，1955，黄渤海鱼类调查报告：54，图 37（辽宁，河北，山东）。

赤鼻棱鳀 *Thryssa kammalensis*：王文滨，1962，南海鱼类志：130，图 102（广东）；王文滨，1963，东海鱼类志：109，图 83（浙江，福建）；张国祥、倪勇，1990，上海鱼类志：106，图 32（南汇，长江口近海）；张世义，2001，中国动物志·硬骨鱼纲 鲱形目 海鲢目 鲥形目 鼠鱚目：138，图Ⅱ‑65（浙江，福建，广东）；郭仲仁、刘培延，2006，江苏鱼类志：201，图 72（海州湾，连云港，吕四）。

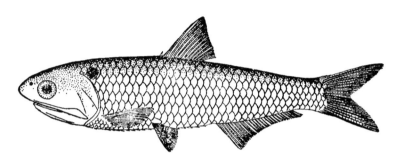

图 37　赤鼻棱鳀 *Thryssa kammalensis*（张国祥和倪勇，1990）

英文名　Kammal thryssa。

地方名　尖口。

主要形态特征　背鳍Ⅰ，12；臀鳍 28～34；腹鳍 7。纵列鳞 38～40；横列鳞 9～10。鳃耙 25～28＋28～31。

体长为体高的 4.9～5.0 倍，为头长的 4.4～4.6 倍。头长为吻长的 4.8～5.2 倍，为眼径的 3.0～3.3 倍，为眼间隔的 4.0～4.3 倍。

体延长，稍侧扁。头中等大，侧扁。头背中间高。吻显著突出，圆锥形。眼侧前位，眼间隔隆起。鼻孔每侧 2 个，位于眼上缘前方，距眼前缘较距吻端近。口大，下位。口裂向后微下斜。上颌骨向后伸达前鳃盖骨的后下缘。上下颌、犁骨、腭骨和舌上均具细齿。鳃盖骨薄而光滑。鳃孔甚宽大。假鳃不发达。鳃盖膜彼此略相连。鳃盖条 11。鳃耙长而硬。

体被圆鳞，鳞片前缘的中间凹入，后缘圆形或尖形，有 10～17 条横沟线。腹缘棱鳞 15～16＋10。胸鳍和腹鳍基部具腋鳞。无侧线。

背鳍中大，位于腹鳍起点的稍后上方，起点距吻端较距尾鳍基近，其基部短于臀鳍基。臀鳍始于背鳍的后下方，其基部较长。胸鳍末端几乎伸达腹鳍基部。腹鳍始于背鳍的前下方，其末端向后不达臀鳍。尾鳍深叉形。肛门距臀鳍起点很近。

体银白色。背部青绿色。胸鳍和尾鳍淡黄绿色，背鳍稍浅。腹鳍和臀鳍白色。

分布　分布于印度—西太平洋区，西起印度海域，东至印度尼西亚海域。我国分布

北起辽宁大东沟，南至广东广海。为长江口近海偶见种类。

生物学特性 近海暖温性中上层小型鱼类。一般体长 80～100 mm，长者达 113 mm。

资源与利用 长江口近海数量不多，4—5 月深水张网渔获物中偶有发现。经济价值不高，一般作为家畜饲料，很少食用。

鲚亚科 Coiliinae

本亚科长江口 1 属。

鲚属 *Coilia* Gray，1830

本属长江口 2 种。

种 的 检 索 表

1（2）臀鳍鳍条 73～86；纵列鳞 53～67；胸鳍上部游离鳍条向后仅伸达臀鳍起点附近 ……………… …………………………………………………………………………………… 凤鲚 *C. mystus*

2（1）臀鳍鳍条 91～123；纵列鳞 71～83；胸鳍上部游离鳍条向后伸越臀鳍起点到达基部 1/3 处附近 …………………………………………………………………………… 刀鲚 *C. nasus*

38. 凤鲚 *Coilia mystus*（Linnaeus，1758）

Clupea mystus Linnaeus，1758，Syst. Nat. ed. 10，1：319（Indian Ocean?）。

Chaetomus playfairii：Meclelland，1843，Culcutta. Nat. Hist.，4：405，pl. 24，fig. 3（中国）；Richardson，1844—1845，Zool. Voy. Sulphur，Fishes：100～101，pl，54，fig. 3～4（舟山，长江口）。

Coilia nasus：Günther，1868，Cat. Fish. Brit. Mus.，7：405（厦门）；Günther，1873，Ann. Mag. Nat. Hist.，（4）12：250（上海）；Peters，1880，Monatsb. Akad. Wiss. Berlin，45：926（宁波）；Karoli，1882，Termèszet. Füzetek.，5 Füzet：183（甬江）；Nichols，1928，Bull. Amer. Mus. Nat. Hist.，58（1）：3（上海等地）；Fowler，1931，Hong Kong Nat.，2（3）：207（上海等地）。

Coilia clupeoides：Günther，1868，Cat. Fish. Brit. Mus.，7：404（中国海）；Bleeker，1879，Versl. Akad. Meded. Amsterdam，2（18）：3（上海）；Fowler and Bean，1920，Proc. U. S. Nat. Mus.，58：307（苏州）。

Coilia mystus：Fowler，1931，Hong Kong Nat.，2（3）：206～207（上海，舟山，长江等）；Wang，1935，Contr. Biol. Lab. Sci. Soc. Chma，11（1）：6（舟山，温州）。

鲚 *Coilia mystus*：张春霖，1955，黄渤海鱼类调查报告：57，图 40（辽宁，河北，山东）。

凤鲚 *Coilia mystus*：王文滨，1963，东海鱼类志：115，图 90（崇明等地）；江苏省淡水水产研究所，1987，江苏淡水鱼类：74，图 16（长江口等地）；张国祥、倪勇，1990，上海鱼类志：109，图 35（崇明等地）；张世义，2001，中国动物志·硬骨鱼纲 鲟形目 海鲢目 鲱形目 鼠鱚目：151，图Ⅱ-74（上海，福州）；朱成德、倪勇，2006，江苏鱼类志：203，图 74（长江口北支等地）。

凤尾鲚 *Coilia mystus*：湖北省水生生物研究所，1976，长江鱼类：25，图 8（崇明开港、南门港）。

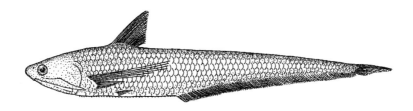

图 38　凤鲚 *Coilia mystus*

英文名　Osbeck's grenadier anchovy。

地方名　籽鲚、烤子鱼、凤尾鱼（雌鱼）、小鲚鱼（雄鱼）。

主要形态特征　背鳍Ⅰ，9～13；臀鳍 73～86；胸鳍 6＋12；腹鳍Ⅰ，6。纵列鳞 53～67。腹缘棱鳞 13～19＋23～29。鳃耙 13～19＋23～27。脊椎骨 60～70。幽门盲囊 6～13。

体延长侧扁，背缘平直，腹缘具锯齿状棱鳞。头短小。吻圆突。眼中大，近吻端，眼间隔圆凸。鼻孔 2 个，近眼前缘。口大，下位，斜裂。上颌骨向后伸达或伸越胸鳍基底，下缘有细锯齿。齿细小，上下颌各具齿 1 行，犁骨和腭骨均具绒毛状齿带。鳃孔宽大，鳃耙细长，鳃盖膜左右相连而不连于峡部。

体被圆鳞，薄而易脱。无侧线。

背鳍起点约与腹鳍起点相对，基底前方有一短棘。臀鳍起点距吻端较距尾鳍基底近，末根鳍条几与尾鳍下叶相连。胸鳍侧下位，上方具 6 根鳍条游离呈丝状，向后伸达或伸越臀鳍起点。腹鳍小，起点稍后于背鳍起点。尾鳍不对称，下叶短小；上叶尖长，约为下叶的 2 倍。

背鳍青灰色，腹侧银白色。鳃孔后缘和各鳍基部呈金黄色。臀鳍灰色，边缘黑色。唇及鳃盖膜橘红色。

分布　分布于西太平洋区中国、朝鲜半岛和日本海域。中国渤海、黄海、东海、南海和台湾海域均有分布。长江口是凤鲚重要的产卵场。

生物学特性

［习性］凤鲚大多生活于沿岸浅水区或近海，平时分散活动不集群，进入繁殖期便集

成大群，游向长江口、钱塘江口等咸淡水区域产卵。洄游距离较短，向钱塘江上溯，一般止于杭州；在长江口上溯到南通附近，一般不过江阴。产卵后亲鱼回归海洋生活，幼鱼在河口成长，冬季来临便游向海洋，在海洋越冬。张世义（2001）认为我国凤鲚至少有3个地方种群，即长江型、闽江型和珠江型。长江型体型较小，体长一般不超过200 mm，体色较浅，多呈银白色；闽江型体型较大，体长一般在200 mm左右，鼻端到头顶色较深，呈金黄色；珠江型体型最大，体长一般超过200 mm，体色较深，亦呈金黄色。

[年龄与生长] 袁传宓和秦安舲（1984）认为凤鲚生命周期较短，产卵后亲鱼便死亡。但中国水产科学研究院东海水产研究所于10月至翌年1月在长江口外还不断捕到过凤鲚的成鱼，据此可以认为凤鲚的生命周期可能不止1年。舟山近海凤鲚的年龄组成有3个年龄组，最高达4龄，3—7月张网作业渔获物群体由1～3龄组成，最高为4龄，以1龄为主，占66.51%，2龄占24.77%，3龄、4龄共占8.72%。秋冬季节（9—12月）所捕当年鱼占5.65%，1冬龄占76.27%，2冬龄占16.38%，3冬龄占1.69%（周永东 等，2004）。

[食性] 凤鲚的仔稚鱼、幼鱼阶段以枝角类、桡足类和端足类等浮游动物为食。体长达60 mm左右，食物成分逐渐改变，以小黄鱼、矛尾虾虎鱼、龙头鱼等幼鱼和鱼卵、虾类、桡足类和端足类为食，也吃一些其他小动物如枪乌贼和虾蛄等。在舟山近海凤鲚主要以磷虾、毛虾和桡足类为食。凤鲚的食物中磷虾和桡足类合占64.71%，毛虾占28.92%，其他虾类占3.43%，矛尾虾虎鱼幼鱼占0.98%，龙头鱼和幼虾蛄各占0.49%，其他幼鱼占0.98%。彼此之间自残也很严重，胃含物中常有同类残体出现。

[繁殖] 凤鲚繁殖群体不同性别个体大小悬殊，雌性体长113～220 mm，体重8.0～32.0 g，雄性体长56～138 mm，体重0.8～6.8 g。怀卵量5 000～23 000粒。11—12月性腺发育处于Ⅱ期，翌年3—4月中旬以前性腺处于Ⅲ期，卵巢深蓝色，精巢乳白色，成熟系数为0.6～1.1；4月下旬至5月上旬性腺发育到Ⅳ期，成熟系数10.0～14.3，卵径0.8～0.9 mm；5月中旬以后转入Ⅴ期，卵巢丰满，呈浅蓝色，成熟系数达18.2～23.6。卵粒透明，圆球形，淡青色，卵径0.9～1.1 mm，卵黄呈泡沫状，油球多达几十个，最大油球直径0.2 mm左右。最小成熟雌性体长96 mm、体重2.4 g，雄性体长80 mm、体重2 g。

凤鲚产卵季节持续较长，从5月中旬直至9月初，小满到夏至（5月下旬到6月下旬）为产卵盛期。钱塘江口产卵场就集中在杭州湾大洋山、滩浒等岛屿附近，长江口集中在崇明岛附近以及横沙岛和长兴岛一带。这一区域水极混浊，产卵季节水温在18～28 ℃，盐度为6～24。受精卵受径流作用被冲到九段沙、铜沙和佘山一带以及杭州湾口外附近水域孵化。在水温19～23.8 ℃时，经32 h，仔鱼便破膜而出，初孵仔鱼全长

3.0 mm。

资源与利用　凤鲚是长江口主要经济鱼类，可鲜食，制罐尤佳。长江口凤鲚的产量变化较大，据上海市和江苏省统计，1968—1989 年凤鲚最高年产量达 5 281.8 t（1974年）；20 世纪 80 年代以来，年均捕捞量为 1 961.3 t，占长江口鱼虾类总产量的 48.6%，是长江口重要的经济捕捞对象。1960—1998 年，仅上海市的年均捕捞量为 1 192 t，最高年产量为 3 252 t（1995 年）。长江口凤鲚产量自 1974 年达到历史最高点以后，除 1995 年出现大幅反弹外，总体呈波动下降趋势，并持续至今。1997—2002 年年平均捕捞量仅为950 t 左右，最大持续产量也仅占 80 年代的 60%；2003—2011 年年平均捕捞量减少至不足 500 t，其中 2009—2011 年年平均捕捞量仅为 100 t 左右。从最近几年的调查监测来看，长江口凤鲚已基本不能形成渔汛，其资源岌岌可危。

凤鲚渔汛期自谷雨到大暑（4 月下旬至 7 月下旬），其中小满到夏至（5 月下旬至 6 月下旬）为旺季。作业有流刺网、深水网和罛网三种。流刺网作业渔场在长江口南支，尤以南港和北港航道两侧为主，崇明岛以西南通到海门，常熟到张家港一带江段也有作业。渔汛总是上面先发，以后下移，一直捕到铜沙浅滩渔汛结束。深水网和罛网都是定置张网，前者双桩，张在水体下层，后者单桩，张在上层。深水网作业主要在长江口北支口门启东港，罛网作业在长江口南沿太仓、常熟、张家港一带。流刺网所捕全部是成熟雌性个体，雄性个体在流刺网渔获物中极为罕见。

【林奈（Linnaeus C.）1758 年命名本种依据的标本据称采自印度洋，导致人们以为本种原产于印度洋。泰国普吉岛（Phuket Island）有 1 个标本但出自何处存疑，印度喀拉拉邦（Kerala）采到的 4 个标本仍是七丝鲚（*Coilia grayii*），可知印度洋并无凤鲚，因此，凤鲚的模式种产地存疑。】

39. 刀鲚 *Coilia nasus* Temminck *et* Schlegel，1846

Coilia nasus Temminck and Schlegel，1846，Pisces，Fauna Japonica Parts.，10～14：243，pl.109，fig.4（Japan）；Günther，1889，Ann. Mag. Nat. Hist.，（6）4：219（九江）；Tchang，1928，Contr. Biol. Lab. Sci. Soc. China，4（4）：3，fig.3（南京）；Shaw，1930，Bull. Fan Mem. Inst. Biol.，1（10）：166（苏州）；Tchang，1938，Bull. Fan Mem. Inst. Biol.，8（4）：325～327，fig.8（上海，南京，宁波）；Nichols，1943，Nat. Hist. Centr. Asia，9：19（上海，宁波，天津）。

Coilia ectenes：Jordan and Seale，1905，Proc. U. S. Nat. Mus.，29（1433）：517，fig.1（上海）；Evermann and Shaw，1927，Proc. Calif. Acad. Sci.，16（4）：100（长江，南京，杭州，诸暨）；Tchang，1928，Contr. Biol. Lab. Sci. Soc. China，4（4）：4，fig.5（南京，长江）；Fowler，1929，Proc. Acad. Nat. Sci. Philad.，81：592（上海）；Tchang，

1929，Science，14（3）：398～407（江阴，镇江，南京）；Shaw，1930，Bull. Fan Mem. Inst. Biol.，1（10）：166，fig.1（苏州）；Kimura，1935，J. Shanghai Sci. Inst.，（3）3：104（崇明）。

Coilia（*Chaetomus*）*nasus*：Bleeker，1873，Ned. Tijd. Dierk.，4（4/7）：148（宁波，厦门）。

Coilia clupeoides：Fowler and Bean，1920，Proc. U. S. Nat. Mus.，58：307（苏州）。

Cilia rendahli：Jordan and Seale，1926，Bull. Mus. Comp. Zool.，67（11）：362（上海）；Fowler，1931，Hong Kong Nat.，2（3）：208（上海）。

刀鲚 *Coilia ectenes*：王文滨，1963，东海鱼类志：116，图91（崇明等地）；江苏省淡水水产研究所，1987，江苏淡水鱼类：61～67，图11（赣榆，射阳，东台，镇江，南京等）；张国祥、倪勇，1990，上海鱼类志：111，图36（宝山，奉贤，川沙，嘉定，青浦，长江口）；郑国生，1991，浙江动物志·淡水鱼类：27～28，图10（余杭，桐庐，平湖，德清，象山港）；张世义，2001，中国动物志·硬骨鱼纲 鲟形目 海鲢目 鲱形目 鼠鱚目：154，图Ⅱ-75（上海崇明，宁波等）。

长颌鲚 *Coilia ectenes*：湖北省水生生物研究所，1976，长江鱼类：21，图6（崇明，江阴，南京，鄱阳湖，洞庭湖）。

短颌鲚 *Coilia brachygnathus*：湖北省水生生物研究所，1976，长江鱼类：24，图7（宜昌，岳阳，监利，鄱阳湖）；江苏省淡水水产研究所，1987，江苏淡水鱼类：71～74，图15（头兴港，东台，镇江，南京）；张国祥、倪勇，1990，上海鱼类志：114，图37（宝山，南汇，奉贤，青浦，嘉定，崇明）；郑国生，1991，浙江动物志·淡水鱼类：28，图11（湖州，上虞）。

太湖湖鲚 *Coilia ectenes taihuensis*：Yuan and Lin，1976，南京大学学报（自然科学版）2：9，图版Ⅱ，图4、5（太湖）；江苏省淡水水产研究所，1987，江苏淡水鱼类：67～71，图14（太湖，阳澄湖，洪泽湖，江都，六合等）。

刀鲚 *Coilia nasus*：朱成德、倪勇，2006，江苏鱼类志：205，图75，彩图8（海门，启东等地）。

英文名 Japanese grenadier anchovy。

地方名 刀鱼、鲚鱼、毛鲚、野毛鲚。

主要形态特征 背鳍Ⅰ，10～13；臀鳍91～123；胸鳍6＋11～12；腹鳍Ⅰ，6。纵列鳞71～83；棱鳞18～22＋28～35。鳃耙16～19＋21～27。脊椎骨77～83。幽门盲囊16～23。

体延长侧扁，前部高向后渐低，背缘平直，腹缘具锯齿状棱鳞。头短小。吻圆突，长较眼径稍长。眼较小，近吻端，眼间隔圆凸。鼻孔2个，近眼前缘。口大，下位，斜

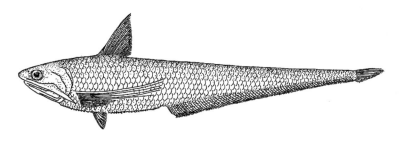

图 39　刀鲚 *Coilia nasus*

裂。上颌骨幼鱼较短，向后仅伸到鳃盖后缘附近，成鱼向后伸达胸鳍基部，下缘具小锯齿。齿细小，上下颌、犁骨和腭骨均具齿。鳃孔宽大。鳃耙细长。鳃盖膜左右相连而不连于峡部。

体被圆鳞，薄而易脱，无侧线。

背鳍基短，起点稍后于腹鳍起点，前方有一小棘。臀鳍基长，与尾鳍下叶相连。胸鳍侧下位，上方具6枚游离鳍条呈丝状，向后伸越臀鳍起点。腹鳍小。尾鳍上叶与下叶不对称，上叶较长。

体呈银白色。背侧色较深，呈青色、金黄或青黄色。吻端和鳃盖上方以及背鳍、胸鳍和腹鳍基部均呈橘黄色。臀鳍基底浅黄色，鳍膜白色。尾鳍黄褐色。唇和鳃盖膜为淡红色。

分布　分布于西北太平洋区中国、朝鲜半岛和日本。中国主要产于渤海、黄海和东海，南海较少见，沿岸各通海江河，如长江、钱塘江、闽江、黄河、辽河等水系中下游及其附属水体皆产。长江口是刀鲚重要的洄游通道。

生物学特性

[习性]　洄游性鱼类，平时生活在海洋，繁殖季节集群由海入江，进行生殖洄游。产卵群体沿江上溯，进入通江湖泊或各支流，或就在干流的浅水弯道处产卵。当年幼鱼顺流而下在河口生长育肥，有些幼鱼在通江湖泊里生活一段时间，待秋季水位下落时便顺流而下，径自回归入海，或在河口作逗留后再入海。

[年龄与生长]　刀鲚在仔幼鱼阶段生长较快，平均每天体长增长1 mm左右；成鱼生长差异很大，同龄鱼之间或不同性别个体之间，体长、体重增长都有一定幅度的变化（袁传宓 等，1978）。1冬龄个体体长雄性一般较雌性大，雄性为117～234 mm，雌性为96～228 mm，体重持平，均为6～35 g；2～3冬龄雄性体长和体重一般大于雌性，最大值也比雌性大；4冬龄雌性略大于雄性，绝大多数生长已达极限，体长最大达410 mm，体重最重达360 g；5冬龄体长和体重均比4冬龄小，说明刀鲚寿命一般为4冬龄，能活到5冬龄只是少数，6冬龄极为罕见。从年生长速度而论，1～3冬龄生长最快。

[食性]　食物包括桡足类、枝角类、端足类、介形类、昆虫幼虫、寡毛类、虾类和鱼

类以及硅藻、水绵等。食物成分出现频率以昆虫幼虫居首位，为 28.7%，其次是桡足类为 26.4%，鱼类为 20.1%，虾类为 10.8%，寡毛类为 8.5%，枝角类为 3.2%，硅藻为 1.5%，水绵为 0.8%。枝角类和寡毛类出现频率虽然不高，但在个别胃含物中所占比例有时却很大。不同大小个体的食性不同，刀鲚幼鱼以桡足类、枝角类和端足类等浮游动物为食；体长 70～80 mm 时兼食水生昆虫、糠虾、水生节肢动物和鱼苗等，体长 150 mm 以下主要摄食桡足类、昆虫幼虫和枝角类，体长 250 mm 以上主要以鱼和虾为食。

［繁殖］每年 2 月刀鲚便开始进入长江口，沿江上溯进行生殖洄游，生殖洄游开始时间因水温不同而有迟早，生殖洄游持续时间较长。

刀鲚产卵群体沿江上溯后，分散进入各个通江湖泊、支流以及干流的洄水缓流区，已建闸的湖泊和河道，只要有过鱼设施或定期开闸，鱼群仍能伺机过闸上溯到达产卵场。进入长江口时，性腺仍处于 Ⅱ 期阶段，在洄游过程中发育成熟。Ⅳ 期卵巢呈铅灰色，成熟系数 2.2～2.6，卵径 0.55～0.70 mm。接近于 Ⅴ 期的卵巢卵粒均匀。成熟系数 7.0 左右，卵径 0.70～0.85 mm。产卵群体由 3～5 龄组成，性成熟最小型为 2 龄，产卵时间一般在 4 月下旬到 5 月底，水温升至 18～28 ℃时为产卵盛期。刀鲚对产卵条件要求并不严格，但溯河数量却与径流量有一定关系，一般流量大，溯河鱼群数量也较多，反之则少。

刀鲚怀卵量一般 1.9 万～11.8 万粒，最大达 13.47 万粒。成熟卵呈球形，卵径 0.7～0.8 mm，具油球，受精后浮在水体上层进行发育孵化。受精卵在水温 26～29 ℃时，经 19 h 仔鱼即破膜而出，初孵化仔鱼全长 2.3 mm 左右。

［陆封问题］在长江三角洲和长江下游的一些通江湖泊，如淀山湖、澄湖、太湖、滆湖、洪泽湖和巢湖等，除了洄游进湖产卵的群体之外，还有俗称湖鲚、梅鲚和毛刀鱼等的另一个定居性群体。沈葡人和郑国用（1963）认为巢湖有洄游性鲚鱼和湖产鲚鱼两个不同的生态类群，认为后者是淡水湖泊定居的种群。这两个不同的种群，形态特征相似，但在生殖习性方面两者截然不同。

此外脊椎骨数、卵巢和肝的性状、摄食行为等也有差异，所以袁传宓等（1976）曾将定居型刀鲚命名为刀鲚的一个新亚种——湖鲚（*Coilia ectenes taihuensis* Yuan et Lin, 1977），长江三角洲包括太湖、澄湖、淀山湖和滆湖等湖群，原先是一个与海相通的大海湾，由于长江与钱塘江向东延伸与反曲，将其环抱于内成了内海，经两侧山水流入，盐度逐渐变低，最终成了淡水湖。由于环境条件长期不断地演变，部分洄游刀鲚产卵后滞留在淡水中，不再作定期洄游，照常生活和繁衍后代，于是派生出了一个陆封型的定居性种群。

资源与利用 刀鲚是长江口重要经济鱼类之一，刀鲚的作业渔场从长江口向西一直延伸到与安徽省交界处，江阴至张家港一带为高产区。作业工具有流刺网、围网和滚钩，以流刺网为主。渔汛期自春分到谷雨，清明前后 10 d 为旺汛。

长江刀鲚生产从 20 世纪 50 年代末到 70 年代初，产量一直处于上升状态，据 1973—1983 年不完全统计，年产量为 1 500～3 000 t，1973 年最高，江苏 3 750 t，上海 391.2 t。刀鲚捕捞量自 20 世纪 70 年代至今呈持续下降的趋势，1970—1980 年年均总产量 2 904 t，其中长江河口区 179 t，1990—2000 年年均总产量 1 370 t，其中长江河口区 130 t；2001—2005 年年均总产量 664 t，其中长江河口区 118 t；2008—2013 年年均总产量 134 t，其中长江河口区仅 25 t。刀鲚 2008—2013 年的产量较 21 世纪初下降近 80%，较 20 世纪 90 年代下降近 90%，较 20 世纪 70 年代下降约 95%。长江刀鲚资源濒临灭绝。

刀鲚群体组成由于捕捞和环境的干扰发生了很大的变化。产量最高的 1973 年所捕群体以 3～4 龄鱼为主，占 84%，平均体长 314.5 mm，平均体重 117.7 g，最大体长 370 mm，最大体重 178 g，最高年龄达 6 龄，低龄 1～2 龄鱼所占比例很小。到了 20 世纪 80 年代后期，刀鲚以 1～2 龄为主，3 龄以上少见，平均体长在 200 mm 以下，平均体重在 50～100 g，个体显著趋小。

长江刀鲚资源衰退的原因有：①上游大坝建成导致径流减少，径流减弱集鱼信号就弱，溯江鱼群就少，同时还导致长江干流各产卵场生态条件的改变，影响刀鲚的产卵繁殖；②捕捞过度，20 世纪 80 年代后期以来，刀鲚产卵群体出现低龄化（以 1～2 龄为主取代了 3～4 龄为主）和个体小型化（平均体长由 300 mm 以上降为 200 mm 以下）现象；③沿江水利工程大量兴建，阻隔了刀鲚进产卵场的洄游通道；④工业废水处置失当造成长江水质污染，导致刀鲚出现个体畸形、生殖器官萎缩等现象。

鲱科 Clupeidae

本科长江口 4 亚科。

亚科的检索表

1（2）腹部圆，无棱鳞；腰棱呈 W 形··圆腹鲱亚科 Dussumieriinae

2（1）腹部通常侧扁，有棱鳞；腰棱呈直立的扁针形

3（6）口前位；辅上颌骨 2 块；胃不为沙囊状

4（5）上颌中间无缺刻；上颌骨后端通常达眼中部前方或下方 ···················鲱亚科 Clupeinae

5（4）上颌中间具显著缺刻；上颌骨后端伸达眼中部或后部下方 ···················西鲱亚科 Alosinae

6（3）口下位；辅上颌骨 1 块；胃呈沙囊状 ··鰶亚科 Dorosomatinae

圆腹鲱亚科 Dussumieriinae

本亚科长江口 2 属。

属 的 检 索 表

1 （2）腹鳍位于背鳍基的下方；犁骨无齿；臀鳍条 14～19；脂眼睑不全盖着眼 ………………
………………………………………………………………………… 圆腹鲱属 *Dussumieria*

2 （1）腹鳍位于背鳍基的后方；犁骨有齿；臀鳍条 9～13；脂眼睑完全盖着眼 ………………
………………………………………………………………………………… 脂眼鲱属 *Etrumeus*

圆腹鲱属 *Dussumieria* Valenciennes，1847

本属长江口 1 种。

40. 黄带圆腹鲱 *Dussumieria elopsoides* Bleeker，1849

Dussumieria elopsoides Bleeker，1849，Verh. Batav. Genoot. Kunst. Wet.，22：12
（Madura，Java，Indonesia）。

圆腹鲱 *Dussumieria hasseltii*：王文滨，1962，南海鱼类志：106，图 78（广西，海
南）；王文滨，1963，东海鱼类志：97，图 72（福建东庠）。

圆腹鲱 *Dussumieria elopsoides*：张国强、倪勇，1990，上海鱼类志：94，图 23（长
江口近海）。

黄带圆腹鲱 *Dussumieria elopsoides*：张世义，2001，中国动物志·硬骨鱼纲 鲟形目
海鲢目 鲱形目 鼠鱚目：56，图Ⅱ-15（海南）；郭仲仁、刘培延，2006，江苏鱼类志：
188，图 65（长江口近海，如东）。

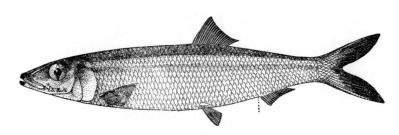

图 40　黄带圆腹鲱 *Dussumieria elopsoides*（王文滨，1962）

英文名　slender rainbow sardine。

地方名　尖嘴鳁、尖头鳁。

主要形态特征　背鳍 19～20；臀鳍 15～16；胸鳍 14～15；腹鳍 8。纵列鳞 54～56；
横列鳞 12～13。鳃耙 14＋27。鳃盖条 15～20。

体长为体高的 4.4～5.6 倍，为头长的 3.7～4.1 倍。头长为吻长的 2.6～2.9 倍，为
眼径的 3.5～3.9 倍，为眼间隔的 4.8～5.4 倍。

体呈椭圆形。腹部圆，无棱鳞。头锥形。吻端尖。眼径小于吻长。脂眼睑较发达，
大部分覆盖着眼。眼间隔平坦。鼻孔距吻端较近。口小。上下颌等长，上颌骨后端不伸

达眼前缘下方。齿细小；两颌、腭骨、翼骨和舌上均具齿；犁骨无齿。鳃孔大。鳃盖膜彼此分离，不与峡部相连。鳃耙细软。肛门紧位于臀鳍的前方。

体被圆鳞，极易脱落。胸鳍、腹鳍基部有细长的腋鳞。

背鳍起点距尾鳍基较距吻端近。臀鳍小，远位于背鳍的后下方。胸鳍位低，其长短于吻端至眼后缘长。腹鳍位于背鳍基前半部中间的下方。尾鳍深叉形。

体背部深绿色，腹部银色。体侧中上部有 1 条金黄色光泽纵带。各鳍微黄绿色。另在背鳍前缘、胸鳍上缘及尾鳍后缘散有灰绿色的小点。

分布　分布于印度—太平洋区，西起苏伊士和西印度洋，东至所罗门群岛海域，北至日本海域，南至澳大利亚北部海域。我国分布于长江口以南海域。长江口近海亦有分布。

生物学特性　近海暖水性中上层鱼类。繁殖期 2—4 月。以浮游动物及小鱼等为食。有较强的趋光性。

资源与利用　可供食用。长江口较少，近海区底拖网偶有捕获，无捕捞经济价值。

脂眼鲱属 *Etrumeus* Bleeker，1853

本属长江口 1 种。

41. 小鳞脂眼鲱 *Etrumeus micropus* （Temminck *et* Schlegel，1846）

Clupea micropus Temminck and Schlegel，1846，Pisces，Fauna Japonica Parts.，10～14：236，pl. 107，fig. 2（Southeastern coast of Japan）。

脂眼鲱 *Etrumeus micropus*：王文滨，1962，南海鱼类志：107，图 79（广西北海）；王文滨，1963，东海鱼类志：98，图 73（江苏环港）。

脂眼鲱 *Etrumeus teres*：张国强、倪勇，1990，上海鱼类志：94，图 24（长江口近海）；张世义，2001，中国动物志·硬骨鱼纲 鲟形目 海鲢目 鲱形目 鼠鱚目：57，图Ⅱ-16（广西，海南）；郭仲仁、刘培延，2006，江苏鱼类志：190，图 65（如东）。

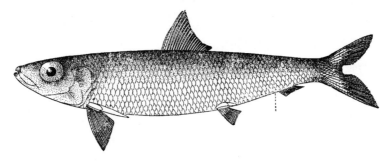

图 41　小鳞脂眼鲱 *Etrumeus micropus*（王文滨，1962）

英文名 Pacific round herring。

地方名 臭肉、肉鳁。

主要形态特征 背鳍15～19；臀鳍11；胸鳍14～17；腹鳍8。纵列鳞53；横列鳞13。鳃耙12～13＋33～35。鳃盖条15。

体长为体高的5.3～6.0倍，为头长的4.1～4.2倍。头长为吻长的3.4～3.6倍，为眼径的2.9～3.0倍，为眼间隔的4.8～5.7倍。

体延长，呈圆筒形。腹部无棱鳞。头稍侧扁。吻尖长。眼大，完全被脂眼睑覆盖。眼间隔平坦。鼻孔距吻端较距眼前缘近。口小，上下颌等长，上颌骨后端伸达眼前缘下方。两颌具锥状细齿；腭骨、犁骨和舌上均具绒毛细齿。鳃孔大。鳃盖膜不与峡部相连。具假鳃。肛门紧位于臀鳍前方。鳃耙坚硬。幽门盲囊发达，呈穗状。

体被易脱落圆鳞。胸鳍、腹鳍基有长腋鳞。无侧线。背鳍位于腹鳍前上方。臀鳍基短于背鳍基。胸鳍底位。腹鳍小。尾鳍叉形。

体背深绿色，体侧下方及腹缘为白色。吻部浅黄色。背鳍、胸鳍和尾鳍均色淡。背鳍前缘和胸鳍基部有许多绿色小点。腹鳍和臀鳍均呈白色。

分布 分布于西太平洋区，从日本东南海域至中国南海。长江口近海亦有分布。

生物学特性

[习性] 暖水性小型中上层集群鱼类。长江口区定置张网偶有捕获。鱼群一般在黄昏、凌晨浮起集群，夜间喜光，在光源下集群时游动迅速。东海鱼群主要在济州岛东南至我国台湾北部，沿大陆架外侧呈弧形分布。

[年龄与生长] 最大体长达330 mm，一般为180 mm。东海鱼群1龄鱼体长为133 mm，2龄为174 mm，3龄为205 mm，渔获物平均体长为230 mm。台湾海峡南部鱼群渔获物叉长为65～251 mm，以161～190 mm占优势；体重为3～200 g，以41～80 g占优势。冬季产卵群体优势叉长为201～220 mm，优势体重为111～140 g；春季产卵群体优势叉长为181～200 mm，优势体重为71～100 g。6—11月索饵鱼群主要由当年幼鱼和未成熟1龄鱼组成，优势叉长为131～170 mm，优势体重为31～70 g。初次性成熟最小叉长雌鱼为155 mm，雄鱼为152 mm，大量成熟群体中雌鱼、雄鱼叉长均为171～180 mm。

[食性] 浮游动物食性，其饵料组成包括13个类群，其中以桡足类、糠虾类、端足类和等足类4个类群为主，占食物出现频率的72.5%。

[繁殖] 东海产卵期从11月至翌年6月，盛期为2—5月，产卵场表层水温为14～20℃，夜间在水中层产卵。卵球形，无油球，卵径为1.2～1.4 mm。2龄鱼参加产卵。一次产卵数为0.5万～1.5万粒（山田梅芳 等，1986）。我国台湾海峡南部群产卵期为3—5月，其中3—4月为盛期。主要产卵场在台湾浅滩南部和闽南近海，水温为22.0～25.0℃，盐度为34～34.7。绝对生殖力为0.56万～1.31万粒，平均为0.95万粒（赵传絪，1990）

资源与利用 我国小鳞脂眼鲱产量以台湾海峡南部和南海北部数量最多，为福建、台湾和广东三省灯光围网作业的主要捕捞对象之一。台湾海峡南部年产约 1.5×10^4 t（不包括粤东地区），资源在低水平波动。1979—1983 年的平均资源密度仅为 1971—1978 年的 1/4～1/3。主要原因除捕捞努力量增加外，还有对产卵群体的过度捕捞。若欲将资源恢复到 20 世纪 70 年代较高水平，应将捕捞强度适当控制，并且减少亲鱼的捕捞数量。鲜销或制成盐干品销售。

【以往学者多将本种鉴定为 *Etrumeus teres*（DeKay，1842）。据 DiBattista et al.（2012）研究，*Etrumeus teres* 为沙丁脂眼鲱［*Etrumeus sadina*（Mithcill，1814）］的同物异名，该种的模式标本采自纽约，仅分布于西北大西洋区，由芬迪湾到墨西哥湾海域，在太平洋无分布。而模式标本采集自日本东南海域的小鳞脂眼鲱（*Etrumeus micropus*）分布于西太平洋，从日本东南至中国南海海域。我国分布的应为小鳞脂眼鲱［*Etrumeus micropus*（Temminck *et* Schlegel，1846）］。】

鲱亚科 Clupeinae

本亚科长江口 2 属。

属 的 检 索 表

1（2）鳃盖光滑；第三鳃弓内侧（后面）通常有鳃耙；角舌骨上缘光滑；鳃孔内的后缘有 2 个显著的肉突；下鳃耙 45 以上，前背鳞通常经中线对列 ························· 小沙丁鱼属 *Sardinell*

2（1）鳃盖有辐射状骨质纹；第三鳃弓内侧（后面）无鳃耙；角舌骨上缘有肉质耙·······················
··· 拟沙丁鱼属 *Sardinops*

小沙丁鱼属 *Sardinella* Valenciennes，1847

本属长江口 3 种。

种 的 检 索 表

1（2）腹鳍条 9（＝i8）······································· 黄泽小沙丁鱼 *S. lemuru*

2（1）腹鳍条 8（＝i7）

3（4）背鳍前缘无黑斑；第一鳃弓下鳃耙 42～56 ··············· 锤氏小沙丁鱼 *S. zunasi*

4（3）背鳍前缘有一黑斑；第一鳃弓下鳃耙 85 以上；鳞片后无小孔 ·········· 裘氏小沙丁鱼 *S. jussieui*

42. 锤氏小沙丁鱼 *Sardinella zunasi*（Bleeker，1854）

Harengula zunasi Bleeker，1854，Natuure，Tijdschr. Ned‐Indië，6（2）：417（Nagasaki，Japan）；Kimura，1935，J. Shanghai Sci. Inst.，(3) 8：103（崇明）。

青鳞鱼 *Harengula zunasi*：张春霖，1955，黄渤海鱼类调查报告：47，图 32（辽宁，河北，山东）。

寿南小沙丁鱼 *Sardinella zunasi*：张国强、倪勇，1990，上海鱼类志：95，图 25（南汇，崇明）。

青鳞小沙丁鱼 *Sardinella zunasi*：邱书院，1984，福建鱼类志（上卷）：125，图 77（厦门等地）；张世义，2001，中国动物志·硬骨鱼纲 鲟形目 海鲢目 鲱形目 鼠鱚目：78，图Ⅱ-29（河北，山东）；郭仲仁、刘培廷，2006，江苏鱼类志：184，图 61（黄海南部）。

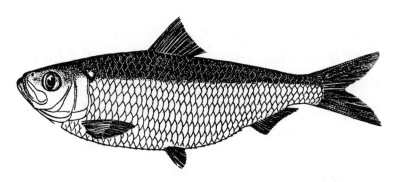

图 42　锤氏小沙丁鱼 *Sardinella zunasi*（张春霖，1955）

英文名　Japanese sardinella。

地方名　青鳞、青皮、柳叶鱼。

主要形态特征　背鳍 16～19；臀鳍 20～22；胸鳍 15～17；腹鳍 8。纵列鳞 42～44；横列鳞 12～14。棱鳞 18+13～14。鳃耙 27+51～54。脊椎骨 45～46。鳃盖条骨 6。

体长为体高的 3.1～3.5 倍，为头长的 3.8～4.2 倍。头长为吻长的 3.5～4.1 倍，为眼径的 3.2～3.7 倍，为眼间隔的 4.2～5.0 倍。

体延长，侧扁。背缘微隆起，胸腹缘具锐利棱鳞。头中等大，侧扁。吻短于眼径。眼侧上位。除瞳孔外均被脂眼睑覆盖。鼻孔位于吻端与眼前缘中间。口前上位。下颌略长于上颌。前颌骨小，上颌骨末端圆形。两颌、腭骨、翼骨和舌上均具细齿。鳃孔大。鳃盖膜分离，不与峡部相连。鳃耙较密、细长。假鳃发达。

体被薄而大的圆鳞。腹鳍基部具腋鳞。无侧线。背鳍起于体中部稍前方。臀鳍起点距尾鳍基较距腹鳍近。胸鳍侧下位，末端不达腹鳍。腹鳍始于背鳍第十鳍条下方。尾鳍深叉形。

体背部青褐色，体侧及腹部银白色。鳃盖后上角具一黑斑。口周围黑色。各鳍灰白色。

分布　太平洋西部的日本南部至中国海域均有分布。中国渤海、黄海、东海和台湾海域均有分布。长江口近海有分布。

生物学特性

[习性]　近海暖温性常见中上层小型鱼类。东海、黄海鱼群，越冬场位于济州岛和五岛之间水深 100 m 处，越冬期为 1—3 月，越冬场底温 10～13℃。3 月上旬鱼群分批由南

向西北进行生殖洄游，3月中下旬至5月中旬鱼群分别抵吕四外海、海州湾、青岛至石岛外海、大连外海和渤海各湾产卵。产卵期为5—7月，产卵后鱼群就近分散在近岸海域索饵，9—10月开始进行越冬洄游，1月上旬返越冬场。东海区福建沿海常年有分布，大体可分为闽东、闽中和闽南3个地方群，只作近距离适温移动，春夏季节向近岸或河口进行生殖、索饵移动，秋冬季节游向较深海区。

［年龄与生长］最大体长为156 mm，通常为100 mm 左右。年龄组成比较简单，渔获物年龄组成为0～5龄，以1～2龄为主，占各年龄组的70%～80%。体长组成为95～205 mm，以110～135 mm 为主。体重为13～70 g，以20～30 g 为主。生长迅速，各龄平均体长和平均体重：1龄为107 mm 和15 g；2龄为120 mm 和25 g；3龄为138 mm 和31 g；4龄为147 mm 和38 g；5龄为156 mm 和51 g。1～2龄大部分成熟。体长和体重关系式为：$W = 1.687 \times 10^{-5} L^{3.2124}$。

［食性］主要摄食浮游动物，如桡足类、瓣鳃类、短尾类、腹足类幼体等；此外，还有底栖多毛类，有时亦摄食相当数量的浮游植物（以硅藻为主）。摄食强度不大，产卵期空胃率通常在20%～75%。

［繁殖］东海区产卵期为4—5月，黄海和渤海为5—6月，属一次性排卵类型。卵为圆球形、浮性，卵膜薄而光滑，透明无色，卵黄呈不规则龟裂。油球1个，油球径为0.08～0.13 mm。人工授精的卵在水温19.4 ℃、盐度29时，需经36～39 h 孵出。

资源与利用　辽宁沿海年产量为2 000～5 000 t，渔汛期春季为5—6月，秋季为8—9月。作业渔具为大拉网、定置张网和流刺网等。自20世纪70年代以来，我国各海区锤氏小沙丁鱼渔获量都有不同程度的上升。近年来，各海区渔获量相对稳定，且呈增长趋势，其资源有一定潜力，可进一步开发利用（赵传䋤，1990）。主要制成咸干鱼，部分鲜销和作为钓鱼饵料。长江口定置网常有捕获。

拟沙丁鱼属 *Sardinops* Hubbs，1929

本属长江口1种。

43. 远东拟沙丁鱼 *Sardinops sagax melanostictus*（Temminck *et* Schlegel，1846）

Clupea melanosticta Temminck and Schlegel，1846，Pisces，Fauna Japonica Parts.，10～14：237，pl. 107，fig. 3（Coast of Japan）。

斑点莎瑙鱼 *Sardinops sagax melanostictus*：张国祥、倪勇，1990，上海鱼类志：96，图26（长江口近海）。

斑点莎瑙鱼 *Sardinops sagax melanosticta*：成庆泰，1997，山东鱼类志：69，图44（山东青岛）。

斑点盖纹沙丁鱼 *Sardinops melanostictus*：张世义，2001，中国动物志·硬骨鱼纲 鲱

形目 海鲢目 鲱形目 鼠鳝目：89，图Ⅱ-37（山东烟台）；陈大刚、张美昭，2016，中国海洋鱼类（上卷）：286。

远东拟沙丁鱼 *Sardinops melanostictus*：郭仲仁、刘培延，2006，江苏鱼类志：185，图62（海州湾，黄海南部）。

拟沙丁鱼 *Sardinops sagax*：伍汉霖等，2012，拉汉世界鱼类系统名典：35。

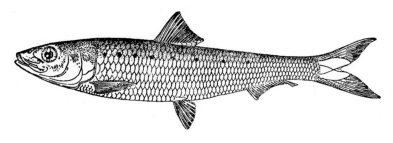

图43　远东拟沙丁鱼 *Sardinops sagax melanostictus*（张国祥和倪勇，1990）

英文名　Japanese pilchard。

地方名　沙丁鱼。

主要形态特征　背鳍18～19；臀鳍18～19；胸鳍16～19；腹鳍8。纵列鳞48～50；横列鳞12～13。棱鳞16～18+16～18。鳃耙（下支）56～58+71～93。

体长为体高的4.7～4.8倍，为头长的4.0～4.1倍。头长为吻长的3.5～3.6倍，为眼径的3.6～3.8倍，为眼间隔的5.7倍。

体狭长，侧扁，背缘、腹缘稍平直。头中大，侧扁，顶部平滑。吻钝尖，长于眼径。眼中大，侧上位，被脂眼睑所遮盖。眼间隔宽平。鼻孔每侧2个，位于眼前上方。口裂小，前位，下颌稍长于上颌，上颌后端伸达眼中部下方。腭骨具细齿，两颌、犁骨和翼骨均无齿。鳃孔大。鳃盖膜分离，不与峡部相连。鳃盖条6，鳃盖上有辐射状条纹。具假鳃。鳃耙细长。幽门盲囊发达。

体被栉鳞，易脱落。无侧线。

背鳍1个，中大，起点在腹鳍前上方，基部有鳞鞘。臀鳍狭长，最后2鳍条粗大延长。胸鳍中大，侧下位。腹鳍腹位，较小，基底有腋鳞，起点位于背鳍中部下方。尾鳍基底近中部上下各有2个重叠的扩大长鳞。尾叉形。

体背深绿色，体侧下方及腹缘为白色，体侧上方前部有1列7～8个黑点。吻部浅黄色。背鳍、胸鳍和尾鳍浅灰色。背鳍前缘和胸鳍基部有许多绿色小点。腹鳍和臀鳍均呈白色。

分布　分布于西北太平洋区，从俄罗斯鄂霍次克海、日本海域、朝鲜半岛东部海域至中国海域。我国渤海、黄海、东海和南海北部均有分布。长江口近海亦有分布。

生物学特性　近岸冷温性中上层集群洄游性鱼类。趋光性强。以硅藻、桡足类和毛颚类等浮游生物为食。在黄海北部，5—6月在近海、港湾处产卵。产卵水温11～20℃，盛期为 13～16 ℃，产卵场盐度 18.3～19.4。一般体长 190～220 mm 的 2 龄鱼性成熟，绝对怀卵呈 3 万～10 万粒。浮性卵，卵径 0.33～1.17 mm，油球 1 个或数个。在水温 15～17 ℃时，受精卵经 2～3 d 孵出，初孵仔鱼全长 4.35～4.82 mm。1 龄鱼体长 150 mm 左右，2 龄鱼 170 mm，3 龄鱼 180 mm 以上。

资源与利用　为西北太平洋重要的捕捞对象，日本 1983 年产量达 442×10^4 t，也是我国灯光围网的主要捕捞对象之一，最高年产量曾达 20×10^4 t 左右。近年来，其资源量存在较大的波动。长江口数量较少，无捕捞经济价值。

【拟沙丁鱼属（*Sardinops*）鱼类为全球广布的重要经济种类，其产量曾占世界鲱科鱼类总产量的 1/4 左右。但关于属内种、亚种的分类不尽一致。世界拟沙丁鱼属有 5 种（或亚种），分别是分布于东南太平洋的 *S. sagax*、东北太平洋的 *S. caeruleus*、西北太平洋的 *S. melanostictus*、西南太平洋的 *S. neopilchardus* 和非洲南部的 *S. ocellatus*，其中拟沙丁鱼［*S. sagax*（Jenyns，1842）］被最早命名（Whitehead，1985）。在以往文献中，有的将本种作为拟沙丁鱼的亚种（张国祥和倪勇，1990；成庆泰，1997；Grant et al.，1998），有的作为有效种（张世义，2001；郭仲仁和刘培延，2006），有的认为本属 5 个种之间的差异还未到亚种水平，应为一个种，即拟沙丁鱼（Parrish et al.，1989；伍汉霖等，2012；Fishbase，2017）。根据 Grant（1998）基于 *Cyt-b* 的研究，拟沙丁鱼可分为 3 个亚种，即分布于南非、澳大利亚和新西兰的 *S. sagax ocellatus*（Pappe，1853），分布于美洲（智利、秘鲁、厄瓜多尔、墨西哥、美国和加拿大）的 *S. sagax sagax*（Jenyns，1842）和分布于中国、朝鲜半岛、日本和俄罗斯的 *S. sagax melanostictus*（Temminck *et* Schlegel，1846）。本书将包括我国在内的远东地区分布的种群作为拟沙丁鱼的远东亚种处理。】

西鲱亚科 Alosinae

本亚科长江口 1 属。

鲥属 *Tenualosa* Fowler，1934

本属长江口 1 种。

44. 鲥 *Tenualosa reevesii*（Richardson，1846）

Alosa reevesii Richardson，1846，Rept. Brit. Assoc. Adv. Sci.，15th Meeting：305～306（China Seas）；Bleeker，1873，Ned. Tijd. Dierk.，4（4/7）：148（中国）。

Clupea reevesii：Peters，1880，Monatsb. Akad. Wiss. Berlin，45：926（宁波）；Günther，1889，Ann. Mag. Nat. Hist.，4：229（九江）。

Hilsa sinensis：Regan，1917，Ann. Mag. Nat. Hist.，19：306（九江，上海）；Fowler，1929，Proc. Acad. Nat. Philadelphia：592（上海，香港）。

Hilsa reevesii：Regan，1917，Ann. Mag. Nat. Hist.，19：306（九江，上海）；Fowler，1931，Hong Kong Nat.，2（1/3）：115（上海，九江，宁波）；Kimura，1935，J. Shanghai Sci. Jnst.，3：104（崇明，长江口）。

鲥 *Hilsa reevesii*：张春霖，1955，黄渤海鱼类调查报告：48，图72（山东青岛）。

鲥 *Macrura reevesii*：王文滨，1962，南海鱼类志：116，图88（广东）；湖北省水生生物研究所鱼类研究室，1976，长江鱼类：28，图10（崇明，南京，湖口，鄱阳湖）；江苏省淡水水产研究所等，1987，江苏淡水鱼类：57，图10（南通，江阴，镇江，南京）；郏国生，1991，浙江动物志·淡水鱼类：25，图9，图版Ⅰ-2（桐庐，宁波，平阳）。

鲥鱼 *Macrura reevesii*：王文滨，1963，东海鱼类志：101，图76（福建厦门）。

鲥 *Tenualosa reevesii*：张国祥、倪勇，1990，上海鱼类志：97，图27（南汇，崇明）；张世义，2001，中国动物志·硬骨鱼纲 鲟形目 海鲢目 鲱形目 鼠鱚目：93，图Ⅱ-39（江西湖口，福建厦门）；朱茂晓、倪勇，2005，太湖鱼类志：75，图3（太湖）；郭仲仁、刘培延，2006，江苏鱼类志：178，图58，彩图7（浏河和长江口区等地）。

中华鲥 *Tenualosa reevesu*：王汉平，2000，动物学杂志：35（5）：55～57（中国东南沿海）。

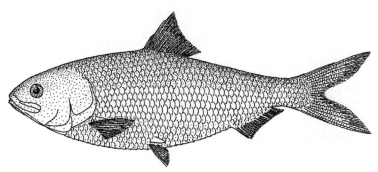

图 44　鲥 *Tenualosa reevesii*

英文名　Chinese shad。

地方名　锡箔鱼（幼鱼）、时鱼、三来。

主要形态特征　背鳍17～18；臀鳍18～20；胸鳍14～15；腹鳍8。纵列鳍40～46；横列鳞16～18。棱鳞16～18＋13～14。鳃耙231～389。

体呈椭圆形，高而侧扁，腹部具棱鳞。头中大，头顶光滑。眼小，脂眼睑发达，盖及眼的1/2，瞳孔呈裂缝状。眼间隔窄而隆起。口较小，上下颌等长，前颌骨中央具一缺刻，下颌骨缝合处具一突起，口闭时上下凹凸相嵌。鳃孔大。假鳃发达。鳃耙细长密列，内侧鳃耙不外翻。鳃盖膜不连峡部。

头部无鳞。体被圆鳞，不易脱落，鳞片前部有5～7条横沟，后部有放射状纵沟，无孔。奇鳍基部具鳞鞘，偶鳍基部具尖长三角形腋鳞。尾鳍深叉形。无侧线。

背部灰黑带蓝绿色光泽，体侧银白色，各鳞灰黄色，背鳍和尾鳍边缘灰黑色。

分布 西起马来半岛西侧的安达曼海，东至菲律宾群岛，北至朝鲜半岛和日本南部，南至越南中部均有分布。鲥在我国分布甚广，从渤海、黄海、东海到南海，北起辽东半岛，南至广东、广西，东起江苏、浙江，西抵四川和贵州，均可见之。

生物学特性

[习性] 暖水性中上层鱼类。平时生活在海洋，分布在 60 m 等深线以浅水域，以 20 m 等深线以浅为多。每年春季，性成熟的鲥便集群溯江，进入淡水水域繁殖。进入长江口的生殖群体，分两支上溯，一支经鄱阳湖进赣江在峡江上下 30 km 范围内产卵，另一支上溯至洞庭湖进湘江在长沙至株洲江段繁殖，少数不进洞庭湖而继续西进在宜昌以下长江干流产卵。入江后呈"之"字形上溯；风平浪静时由上到下，再由下而上呈波浪式地往前游；遇大风游在下层，大风后早潮游在上层，中潮阳光强烈时沉在下层。游泳能力强，通常由长江口到远在江西赣江中游的产卵场只需 20 d 左右。亲鱼产卵后随即分散降河入海索饵和越冬。幼鱼在鄱阳湖、洞庭湖等通江湖泊和江河干流的某些江段生长育肥。喜栖息在湖底平坦而多沙、有较深湖槽和一定水流、水质澄清的湖区，或河湾流缓的江边，9—10 月水温下降，内陆水域水位下落时，顺流而下降河入海。在海洋中生活成长 2～3 年几达性成熟，再溯河参加生殖洄游（陈马康 等，1982）。

[年龄与生长] 鲥生长较快，刚出膜的仔鱼全长仅 2.5 mm，2 个月后体长达 40～80 mm、体重 1.5～2.0 g。降河入海后幼鱼第 1 周年体长可达 170～260 mm、体重可达 76～223 g；2 龄平均体长 400 mm、平均体重 1 000 g；3 龄雄性平均体长 439 mm、平均体重 1 260 g，雌性平均体长 512 mm、平均体重 2 060 g；4 龄雄性平均体长 468 mm、平均体重 1 460 g，雌性平均体长 525 mm、平均体重 2 300 g；5 龄雄性平均体长 491 mm、平均体重 1 740 g，雌性平均体长 557 mm、平均体重 2 730 g；6 龄雄性平均体长 479 mm、平均体重 1 880 g，雌性平均体长 594 mm、平均体重 3 400 g；7 龄雌性平均体长 599 mm、平均体重 3 640 g；8 龄雌性平均体长 616 mm、平均体重 3 820 g。同龄个体雌鱼长得比雄鱼快，个体也比雄鱼大。体长增长以 3 龄最大，此后渐减。

[食性] 终生以浮游生物为食。幼鱼滤食淡水浮游藻类，以及轮虫、枝角类和桡足类。钱塘江的鲥幼鱼降河入海前，主要摄食秀体溞、裸腹溞、象鼻溞、许水蚤、华哲水蚤、晶囊轮虫、臂尾轮虫、龟甲轮虫、双菱硅藻和纺锤硅藻等（陈马康 等，1982，1990）。入海后主要食物有小型拟哲镖水蚤、双刺唇角镖水蚤、日本角眼剑水蚤和其他桡足类，以及溞状幼体和圆筛硅藻。2～3 龄以上的成鱼在近海进行生殖洄游期间，大量摄食海产桡足类、硅藻、糠虾和磷虾等。当生殖群体接近河口时，摄食强度逐渐降低。进入钱塘江后大多数个体停止摄食，消化道亦趋萎缩，仅极个别的个体会吞食少量浮游生物。繁殖后鲥在江中摄食少量浮游生物，然后返回海中栖息。

[繁殖] 鲥因定时洄游而得名，每年两次出现于我国东南沿海，一次在3—5月，另一次在8—11月，温州沿海渔民称之为"客鱼"，视之为过路客。在自南往北生殖洄游过程中，首先出现在汕头、厦门和金门一带海区，在3月上旬至4月。4月下旬和5月初抵达长江口，钱塘江下游一般5月下旬可零星捕到。

鲥生殖洄游由雄鱼打头阵，在渔汛初期出现的都是雄鱼，以后雌鱼比例逐渐增加，至渔汛盛期即产卵时期，雌鱼比例超过或接近雄鱼数；渔汛末期，雌鱼比例又逐步减少，与雄鱼数量相当或低于雄鱼数量。整个汛期雌雄性比大体上保持在1：2。

产卵后亲鲥即降河入海。每年10—11月下海亲鲥在我国东南沿岸自北往南洄游过程中，在舟山群岛、台山列岛、三都澳、马祖岛、白犬列岛一带可捕到零星越冬洄游的鲥。入冬以后，浙江、福建一带便能捕到。推测鲥在台湾海峡以南海区越冬。8—9月在宝山石洞口和启东江段的深水网渔获物中出现幼鲥，长江口水温下降到16℃左右之前，幼鲥出现在舟山群岛一带，以及鱼山、大陈渔场的南麂、北麂等海区。翌年春夏在厦门可捕到2龄鲥，体长为170～280 mm。

性腺在洄游过程中逐步发育成熟。4月上旬到5月上旬到达厦门、福州一带时，雌性卵巢大多处于Ⅱ期，少数达到Ⅲ期，雄性精巢处于Ⅱ期。4月下旬到6月到达浙江沿岸时，卵巢大多为Ⅲ期，精巢为Ⅱ～Ⅲ期，仅发现一例已达到Ⅳ期。进入淡水水域后，精巢在短期内就超越卵巢发育期，达到性成熟阶段。卵巢只有到达产卵场，当具备产卵条件时才达性成熟。

鲥一生多次产卵，产卵群体中既有首次性成熟的补充群体，又有以往已繁殖过的剩余群体。长江的繁殖群体1962年有3～7龄5个年龄组，以4龄为主，占51.17%；1973—1975年有3～6龄4个年龄组，以3龄和4龄占优势，分别占52.65%和40.39%；1980—1986年有2～5龄4个年龄组，以3龄和2龄为主，分别占55.19%和36.48%（邱顺林 等，1998）。钱塘江鲥繁殖群体的年龄组成：1958年雄性有3～7龄5个年龄组，以4龄和5龄占优势，占雄鱼总数的46.3%；雌性有4～9龄6个年龄组，以4龄和5龄占优势，占雌鱼总数的39.8%。1961年雄鱼有2～5龄4个年龄组，以4龄最多，占42.0%，3龄次之，占23.4%；雌鱼有3～6龄4个年龄组，4龄最多占23.2%。1963年雄性有2～8龄7个年龄组，4龄鱼为主，占26.1%，2龄鱼比往年多，占8.7%；雌性有3～7龄5个年龄组，4龄、5龄、6龄鱼较多，分别占总数的8.4%、9.5%、9.7%。1975年雄性有2～5龄4个年龄组，以4龄为主，占34.44%；雌性有3～7龄5个年龄组，以5龄鱼为主，占21.9%（陈马康，1990）。综上所述，无论长江还是钱塘江，鲥的繁殖群体都以4～5龄为主。

长江产卵场主要分布在江西赣江中游新淦到吉安江段，尤以峡江江段为主，钱塘江产卵场主要分布在桐庐县境内的排山门江段。这些江段有其共同特点：通常都处于两岸丘陵地带，江中深潭棋布，浅滩交错，底多卵石，流态复杂。亲鱼进入产卵场后栖息在深水处，当洪水或大雷雨后江水上涨流速增大（0.81～1.00 m/s），透明度降至 15～25 cm，水温达 25 ℃以上（27～30 ℃最佳）时进行产卵。产卵活动大多发生在 16:00—20:00，部分在翌日 04:00—06:00 进行。繁殖时亲鱼三五成群活跃于水体上层，雌雄鱼相互追逐，发情时有的以尾部击拍水面，进行产卵排精。

鲥绝对怀卵量在 100 万粒以上，最高达 389.4 万粒。卵浮性，具油球，卵径 0.7 mm 左右，一次性产出。受精卵在水温 26.5～27 ℃时经 17 h 可孵出仔鱼。初孵仔鱼全长约 2.5 mm，仔稚鱼培育期间水温 26～34 ℃，从仔鱼出膜到鳞片完全形成发育到稚鱼阶段需 29 d。

资源与利用　鲥是长江五个主要捕捞对象之一，有重要经济价值，作业方式主要是流刺网，作业地点在长江下游。

江苏、安徽和江西三省是长江鲥的主要产区，尤以江苏省为主。渔场集中在自南通至南京江段，靖江至沙洲（现称张家港市）一带是高产区，渔汛期自谷雨到夏至（4 月中旬到 6 月下旬），其中小满到芒种（5 月中旬到 6 月上旬）为盛产期。安徽省渔场集中在芜湖到安庆，渔汛期自 5 月中旬到 6 月下旬。江西鄱阳湖 5 月下旬起才能捕到，作业有大拉网（地曳网）和迷魂阵（陷阱网）；赣江中游自新淦到吉安江段均有作业，尤以峡江上下15 km的江段为主，用流网捕捞，自夏至到小暑（6 月中旬到 7 月上旬）。

长江中下游鲥产量在 20 世纪 60 年代较稳定，年产量为 309～584 t，平均年产量为 440 t；70 年代产量波动大，年产量为 72～1 669 t，平均年产量为 475 t；80 年代产量锐减，年产量仅为 12～192 t，平均年产量为 79 t。1974 年产量最高，达 1 669 t，到 1986 年仅为 12 t，80 年代后期数量更少，已不能形成渔汛，如今已濒于绝迹。

资源衰退原因主要有以下几个：

① 捕捞过度。长江鲥捕捞强度逐年加大，生产规模失控。如 1962 年江苏捕鲥有 18 个县市参加，到 1972 年增至 27 个县市，渔网由 32 目增至 56 目，投产船只达 1 192 条。江西鄱阳湖 1973 年捕鲥船只有 34 艘，到 1986 年增至 562 艘。1974 年产量最高，达 1 669 t，1977 年以后产量一路下跌。产卵群体不仅数量减少，而且性成熟提早，成熟个体变小。

② 幼鱼大量被捕杀。仅据 1973 年 7—9 月鄱阳湖北部松门等几个生产单位不完全统计，共捕体长 30～50 mm 的幼鲥 40 t（晒成鱼干 7～8 t），折成尾数高达 1 856 万尾。幼鲥出湖入江以后在长江口又遭到挑网、深水罳的拦截，1973 年启东县连兴港收购的深水罳渔获物中，幼鲥约有 21 万尾。鄱阳湖的豪网，长江口的挑网、深水罳都是定置的密眼网，网目小，对幼鲥杀伤力很大。

③ 鲥下海后在生长育肥阶段遭截捕。沿海用鳓流网、大围缯等捕捞。在浙江温州还有一种专捕鲥的定置网俗称"高季"，专捕个体体重 1.5 kg 以下的鲥。据报道，福建金门岛 1987 年 3 月 6—11 日在海上捕获鲥 10 000 kg，3 月 10 日最高达 3 334.8 kg。海上捕鲥

量增加，溯江产卵者必然会减少。

④ 水利工程的影响。赣江的万安大坝、钱塘江的新安江大坝和富春江大坝的建成，使赣江和钱塘江鲥产卵场发生了根本性变化，径流量减少，使水文条件不利于鲥的溯河与产卵，流速、水位等生态条件的相应改变，直接影响鲥的正常繁殖。

⑤ 工业污染。随着工业发展，环境污染加重。鄱阳湖已经受到重金属的污染，锌超标率达 90%，铜超标率达 20%～30%，酚的检出率和超标率均较高，超过了渔业用水水质标准，幼鲥在该湖生活 2～3 个月，湖区水质污染必然会危及幼鲥的正常发育。

⑥ 近亲繁殖。据 1981—1986 年统计，江西赣江中游峡江产卵场鲥产量逐年在减少，1986 年仅 248 kg，约 250 尾，其中雌性个体还不到 10%，反映出 20 世纪 80 年代后期，进入该产卵场的有效群体数量十分有限，小群体的繁殖不可避免地会产生近亲交配，导致群体基因库的萎缩，后代生长速度减小，繁殖率和适应性降低，种群生存能力下降。

为了保护鲥资源，长江流域渔业资源管理委员会曾于 1987 年 3 月发布禁捕令，3 年内禁止捕捞鲥。江西、安徽、江苏和上海的渔政部门一致行动，开展了长江鲥的保护管理工作，在赣江鲥产卵场和鄱阳湖幼鲥索饵场实施全面禁捕，每年幼鲥出湖高峰期，鄱阳湖实行休渔 10 d 以上，以便幼鲥能顺利出江入海。

鰶亚科 Dorosomatinae

本亚科长江口 1 属。

斑鰶属 *Konosirus* Jordan *et* Snyder，1900

本属长江口 1 种。

45. 斑鰶 *Konosirus punctatus*（Temminck *et* Schlegel，1846）

Chatoessus punctatus Temminck and Schlegel，1846，Pisces，Fauna Japonica Parts.，10～14：240，pl. 109，fig. 1（Bays on coast of southwestern Japan）。

Clupanodon punctatus：Wang，1935，Contr. Biol. Lab. Sci. Soc. China，11（1）：1（宁波，舟山）。

鰶 *Clupanodon punctatus*：张春霖，1955，黄渤海鱼类调查报告：50，图 34（山东，河北，辽宁）；湖北省水生生物研究所，1976，长江鱼类：27，图 9（崇明）。

斑鰶 *Clupanodon punctatus*：王文滨，1962，南海鱼类志：118，图 90（广东）；王文滨，1963，东海鱼类志：102，图 77（浙江沈家门、下大陈、坎门，福建集美）；江苏省淡水水产研究所，1987，江苏淡水鱼类：51，图 8（长江口，启东，大丰，赣榆）。

　　斑鰶 *Konosirus punctatus*：张国祥、倪勇，1990，上海鱼类志：101，图 28（崇明北八滧，南汇芦潮港，长江口近海区）；张世义，2001，中国动物志，硬骨鱼纲·鲟形目 海鲢目 鲱形目 鼠鱚目：99（浙江沈家门等地）；郭仲仁、刘培延，2006，江苏鱼类志：187，图 63（赣榆，连云港，大丰，吕四）。

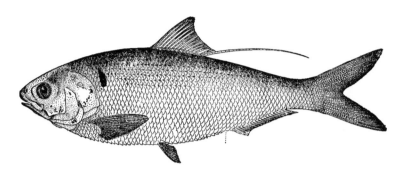

图 45　斑鰶 *Konosirus punctatus*（王文滨，1962）

英文名　dotted gizzard shad。

地方名　扁鰶、气泡鱼、刺儿鱼、黄鱼、金耳环、金耳。

主要形态特征　背鳍 15～17；臀鳍 18～24；胸鳍 15～17；腹鳍 7～8。纵列鳞 53～58；横列鳞 18～24。棱鳞 18～20＋14～16。鳃耙 212～218＋211～215。

　　体呈椭圆形，甚侧扁，腹缘呈锯状。头中大。吻短，约与眼径等长。眼中大，眼间隔微凸，脂眼睑发达，盖及眼的 1/2。口小，亚端位，上颌稍长于下颌，向后伸达瞳孔前缘下方。前颌骨中央无明显缺刻。上下颌无齿。鳃孔大。鳃耙细长密列。鳃盖膜不与峡部相连。

　　体被圆鳞，环心线细，中部具一横沟。头部无鳞，无侧线。

　　背鳍起点稍前于腹鳍起点，最后鳍条延长呈丝状，向后几伸达尾鳍基部。尾鳍深叉形。

　　项背和体侧上部青绿色，背侧有 8～9 纵列亮绿色斑点。鳃盖后上方具一深绿色大斑。

　　分布　分布于印度—太平洋区，西起印度洋北部沿岸，东至太平洋中部法属波利尼西亚，北至中国、朝鲜半岛和日本列岛沿岸。中国渤海、黄海、东海和南海均有分布。长江口常见种。

　　生物学特性

　　［习性］性喜集群游泳，不作长距离洄游。一般栖息于 5～15 m 水深的近海港湾。能忍受广泛的盐度变化，并可进入淡水水体生活。

　　［年龄与生长］渔获物群体的年龄组成为 1～6 龄，以 1 龄和 2 龄占优势，分别占渔获物群体的 38.2% 和 39.6%。1 龄鱼平均体重 26 g，平均体长 131 mm；2 龄鱼平均体重 41.5 g、平均体长 149.5 mm；3 龄鱼平均体重 60 g、平均体长 172 mm；4 龄鱼平均体重 81 g、平均体长 181 mm；5 龄鱼平均体重 115 g、平均体长 195 mm；6 龄鱼平均体重

135 g、平均体长 210 mm。

　　[食性] 浮游生物为食，食物链级次较低。斑鰶的饵料成分有腹足类和瓣鳃类的浮游幼虫，桡足类中的纺锤蚤、蜚镖蚤和猛水蚤，蟹类幼体，浮游植物中有月形藻、菱形藻、舟形藻、圆筛藻、曲舟藻、双缝藻和圆形藻等硅藻类，以及有孔虫、沙壳纤毛虫和角藻等。性情急躁，离水易死，不能忍受水温低于 6 ℃。

　　[繁殖] 雄鱼 1 龄、雌鱼 2 龄性成熟，多次分批产卵。产卵群体体长 155～225 mm，体重 50～135 g。怀卵量 1 龄 6.2 万粒，2 龄 12.9 万粒，3 龄 14.6 万粒，4 龄 24.6 万粒，随年龄和体长增长而增加。产卵场分布于有适量淡水流入的内湾或近海，水深 7～9 m，水温 14～17 ℃，盐度 26 左右。产卵季节北迟南早，黄海北部为 4—6 月，福建沿岸为 2—4 月。产卵时间一般在日落后或凌晨，届时亲鱼集群而导致海面出现一片覆瓦状波纹。卵浮性，球形，无黏性，透明无色，卵径 1.09～1.62 mm，具单油球，球径 0.13～0.17 mm。水温 15.5～18.0 ℃时受精卵经 51～57 h 孵化，初孵仔鱼全长 3.0～4.5 mm。

　　资源与利用　　斑鰶在长江口及比邻海区作业的深水网常有捕获，有一定的数量。在上海郊区养对虾从海里抽水入塘，有时会混进一些斑鰶苗，秋季起捕对虾时，也能收获一些，但数量不多。斑鰶是一种颇受欢迎的小型食用鱼，肉嫩、味鲜而多脂，广盐性，食物链级次低，生长快，当年达商品鱼规格，在我国南方和北方的港塭养殖中占有一定的地位。通常与鲅、鲻一道，靠自然纳苗在港塭中进行粗放养殖。养殖过程与鲻科鱼类养殖过程相同，亦可作为兼养对象与对虾一起混养。斑鰶产量在港塭养殖总产量中仅次于鲅鲻鱼类，居第二位。

鼠鱚目 Gonorynchiformes

　　本目长江口 2 亚目。

亚 目 的 检 索 表

1（2）体被圆鳞；吻部无须；有鳔 ……………………………………………… 遮目鱼亚目 Chanoidei
2（1）体被栉鳞；吻部有须；无鳔 ……………………………………………… 鼠鱚亚目 Gonorynchoidei

遮目鱼亚目 Chanoidei

　　本亚目长江口 1 科。

遮目鱼科 Chanidae

　　本科长江口 1 属。

遮目鱼属 *Chanos* Lacepède，1803

本属长江口1种。

46. 遮目鱼 *Chanos chanos*（Forsskål，1775）

Mugil chanos Forsskål，1775，Descr. Animalium：74（Jeddah，Saudi Arabia，Red Sea）。

虱目鱼 *Chanos chanos*：张春霖，1955，黄渤海鱼类调查报告：59，图41（山东青岛）；王文滨，1962，南海鱼类志：142，图112（海南）；沈世杰，1993，台湾鱼类志：131，图版26-2（台湾）。

遮目鱼 *Chanos chanos*：张玉玲，1979，南海诸岛海域鱼类志：29，图4（中建岛）；张世义，2001，中国动物志·硬骨鱼纲 鲟形目 海鲢目 鲱形目 鼠鱚目：160，图Ⅱ-78（海南）；郭仲仁、刘培延，2006，江苏鱼类志：174，图56（海门江心沙）；蒋日进等，2008，动物学研究，29（3）：300（长江口近岸，仔鱼）。

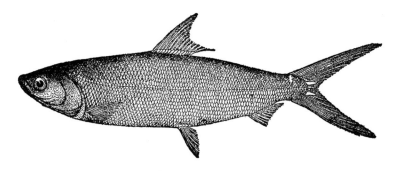

图46　遮目鱼 *Chanos chanos*（张玉玲，1979）

英文名　milkfish。

地方名　虱目鱼。

主要形态特征　背鳍14～16，臀鳍10～11，胸鳍16～17，腹鳍11～12。侧线鳞75～85 $\frac{13}{10}$，鳃耙152＋163。鳃盖条4。

体长为体高的3.8～4.0倍，为头长的3.7～4.7倍。头长为吻长的3.7～4.8倍，为眼径的3.2～4.3倍，为眼间隔的2.4～3.3倍。

体呈长形，稍侧扁。头钝形，中等大。吻钝圆。眼大，侧中位。脂眼睑发达，完全遮盖着眼。眼间隔宽，中间平。鼻孔相距稍远。口小，前位。上颌缘由前颌骨组成。上颌中间具一凹刻，下颌缝合处具一向上突起。口无齿。鳃上颌中间具孔，中等大。鳃盖膜彼此相连，但不与峡部相连。具假鳃。鳃耙细密。

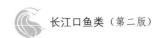

体被细小圆鳞，不易脱落。鳞片前缘的中间有显著凹刻，后部有许多纵沟线，环心线细。背鳍、臀鳍基底有发达的鳞鞘。胸鳍、腹鳍基部有宽大的腋鳞。尾鳍基部有2片狭长大鳞。侧线发达，近直线形，伸达尾柄中央。

背鳍中大，中位，后缘弧形凹入，起点在腹鳍起点前上方，距吻端与距尾鳍基约相等。臀鳍较小，狭长，起点距尾鳍基较距腹鳍近。胸鳍短小，侧下位。腹鳍位于背鳍基近中央的下方。尾鳍长，深叉形。肛门紧位于臀鳍的前方。

体背部青灰色，体侧和腹部银白色。

分布　广泛分布于印度—太平洋区热带及亚热带海域。我国主要分布在东海南部、南海和台湾海域。长江河口区罕见，蒋日进（2008）报道在长江口沿岸碎波带采集到体长12 mm左右的仔鱼；笔者2018年7月在长江口南支青草沙水库附近（121°42′49.86″E、31°26′49.86″N）捕获1尾全长510 mm的样本，为长江口新记录，可能是随黑潮北上到达长江河口区。

生物学特性　暖水性降海洄游鱼类。在离岸10～30 km、水深20～30 m处的沙质底或珊瑚质底产卵。仔鱼孵出后游向近岸，并开始索饵。其后在低盐水域逗留1至数年，后溯河进入淡水湖泊中生长一段时间，而后返回海中完成性腺发育成熟过程。幼鱼时以底栖硅藻、蓝藻、绿藻、软体动物和有机碎屑等为食；成鱼时则以底栖硅藻、瓣鳃类和鱼卵等为食。雄鱼6～8龄性成熟，雌鱼8～9龄性成熟，怀卵量200万～700万粒。浮性卵，无油球，卵径约1.2 mm。受精卵约1 d孵化，初孵仔鱼全长3 mm左右，到达近岸时10～25 mm。

资源与利用　肉味鲜美，食性杂，产量高，是我国台湾以及东南亚地区的重要养殖鱼类，是联合国粮食及农业组织（FAO）提倡发展的养殖鱼类。

鼠鱚亚目 Gonorynchoidei

鼠鱚科 Gonorynchidae

本科长江口1属。

鼠鱚属 *Gonorynchus* Scopoli，1777

本属长江口1种。

47. 鼠鱚 *Gonorynchus abbreviatus* Temminck *et* Schlegel，1846

Gonorynchus abbreviatus Temminck and Schlegel，1846，Pisces，Fauna Japonica Parts.，10～14：217，pl. 103，figs. 5，5a‐b（Japan）.

鼠鱚 *Gonorynchus abbreviatus*：王文滨，1962，南海鱼类志：146，图118（广东）；王文滨，1963，东海鱼类志：122，图98（福建厦门）；张国祥、倪勇，1990，上海鱼类志：91，图22（长江口近海区）；张世义，2001，中国动物志·硬骨鱼纲 鲟形目 海鲢目 鲱形目 鼠鱚目：163，图Ⅱ-79（广东）；郭仲仁、刘培延，2006，江苏鱼类志：175，图57（黄海南部）。

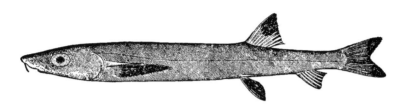

图47　鼠鱚 *Gonorynchus abbreviatus*（张国祥和倪勇，1990）

英文名　beaked salmon。

地方名　老鼠梭、土鳅。

主要形态特征　背鳍10～11，臀鳍8～9，胸鳍10～11，腹鳍8。侧线鳞163～176 $\frac{18\sim19}{19\sim24}$，鳃耙13+15。鳃盖条4。

体长为体高的10.2～12.5倍，为头长的4.0～4.2倍。头长为吻长的2.3～2.7倍，为眼径的3.8～4.4倍，为眼间隔的7.0～7.1倍。

体延长，前部圆筒形，后部侧扁。头尖锥形。吻尖长，突出；吻端腹面具短须1对，须长约为眼径1/2。眼中大，椭圆形，全被皮膜覆盖。眼间隔宽而微突，稍大于眼径。鼻孔每侧2个，裂缝状。口小，下腹位。口侧自颏部至上颌前方各具一薄褶，形成深沟。上下颌、犁骨、腭骨均无齿。唇厚，唇缘有一簇短突起。舌不能活动。鳃盖厚，鳃孔较窄。鳃盖膜与峡部相连。具假鳃。鳃耙细短而密。肛门近臀鳍。

头和体均被细小栉鳞。偶鳍基部有细长肉瓣。侧线平直，伸达尾鳍基部。

背鳍、臀鳍和腹鳍均后位。背鳍1个，起点在腹鳍起点稍后上方，几相对。臀鳍基部短小，位于背鳍基部终点后下方，距腹鳍起点与距尾鳍基约相等。胸鳍较大，尖长，侧下位。腹鳍小，起点稍前于背鳍起点，距尾鳍基较距胸鳍基近许多。尾鳍浅凹。

体背部淡棕色，腹部白色。各鳍末端灰黑色。

分布　西北太平洋区日本南部、韩国和中国海域。中国东海和南海均有分布。长江口近海亦有分布。

生物学特性　近海暖水性中小型底层鱼类。栖息于沙泥底质海域，水深50～100 m。一般体长170～190 mm，最大体长达390 cm。

资源与利用　肉有毒，不能食用。

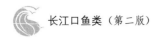

鲤形目 Cypriniformes

本目长江口 3 科。

科 的 检 索 表

1 （4）口前吻部无须，或仅有 1 对吻须

2 （3）背鳍分支鳍条数 50 以上；下咽齿 1 行，多达数十个 ………………………… 亚口鱼科 Catostomida

3 （2）背鳍分支鳍条数 30 以下；下咽齿 1～3 行，每行最多 7 个 ………………… 鲤科 Cyprinidae

4 （1）口前吻部具须 2 对 ………………………………………………………………… 鳅科 Cobitidae

亚口鱼科 Catostomidae

本科长江口 1 亚科。

胭脂鱼亚科 Myxocyprininae

本亚科长江口 1 种。

胭脂鱼属 *Myxocyprinus* Gill，1877

本属长江口 1 种。

48. 胭脂鱼 *Myxocyprinus asiaticus*（Bleeker，1864）

Carpiodes asiaticus Bleeker，1864，Ned. Tijd. Dierk. ，2：19（China）。

Myxocyprinus asiaticus nankinensis：Tchang，1929，Bull. Mus. Paris. ，（2）1（4）：42（南京）；Tchang，1929，Science，14（3）：400（南京长江）；Tchang，1930，Theses Univ. Paris. ，（A）（209）：59（南京，四川）。

亚洲胭脂鱼 *Myxocyprinus asiaticus asiaticus*：张春霖，1959，中国系统鲤类志：2，图 1（安徽，四川）。

南京胭脂鱼 *Myxocyprinus asiaticus chinensis*：张春霖，1959，中国系统鲤类志：3，图 2（福州，洞庭湖，宜昌，南京）。

福建胭脂鱼 *Myxocyprinus asiaticus fukiensis*：张春霖，1959，中国系统鲤类志：4（福建延平）。

胭脂鱼 *Myxocyprinus asiaticus*：伍献文，1962，水生生物集刊，（1）：109（无锡五里湖）；湖北省水生生物研究所鱼类研究室，1976，长江鱼类：150，图 117（南京等地）；

连水珍，1984，福建鱼类志（上卷）：226，图 160（福州，南平等）；王幼槐，1990，上海鱼类志：139，图 56（崇明跃进农场，青浦淀山湖）；费志良，2006，江苏鱼类志：261，图 112（高淳，江浦）。

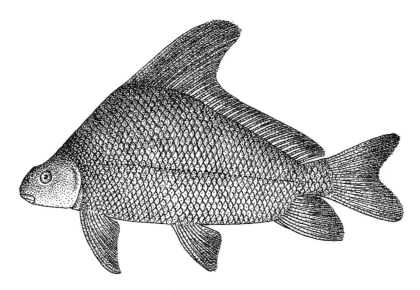

图 48　胭脂鱼 *Myxocyprinus asiaticus*

英文名　Chinese sucker。

地方名　火烧鳊。

主要形态特征　背鳍 3，51～52；臀鳍 3，10～11；胸鳍 1，15～17；腹鳍 1，10。侧线鳞 49～51。鳃耙 30～40。下咽齿 1 行，40～50。脊椎骨 39～41。

体高而侧扁，背部自项后隆起。头小。吻圆突。眼小。口小，下位，马蹄形，唇厚，上唇与吻褶间具一深沟，下唇外翻成沟褶。无须。鳃耙细短，密列如梳状。

体被中等圆鳞。侧线完全，平直。

各鳍均无硬刺。背鳍基部甚长，均占体长 3/5，前部 7 鳍条较长。尾鳍叉形。鳔 2 室，后室长为前室长 2～3 倍。

胭脂鱼体形和体色在不同生长阶段变异很大。稚鱼体细长；幼鱼体较高而侧扁，呈三角形，形似鳊，体侧具 3 条宽黑横带，各鳍黑色；成鱼体延长，背部隆起减缓，全身呈胭脂红色或黄褐色，体侧具 1 条鲜红色纵带，故名胭脂鱼。

分布　本种为亚洲特有种。在我国仅自然分布于长江和闽江水系。现因移殖，广东和广西等一些南方省份亦有所见。在长江下游地区所见者大多为幼鱼，在长江河口区较少见。近年来随着长江口胭脂鱼增殖放流力度的加大，野外捕获记录增多，仅 2017 年调查监测就捕获胭脂鱼 9 尾，其中体重 1 kg 以上个体 3 尾，最大个体体长 520 mm，体重 2.8 kg。

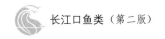

生物学特性

[习性] 胭脂鱼主要生活于长江水系，有溯江生殖洄游习性。成熟个体上溯到长江上游的干流和支流繁殖，孵出的幼鱼随流漂流至中下游及其附属水体索饵生长。秋季成鱼回到长江干流深水区越冬。性温和，不善跳跃，幼鱼行动缓慢，成鱼活动敏捷，生命力强，起捕率高，适于池塘、水库和湖泊等水体养殖。

[年龄与生长] 胭脂鱼是我国特有的大型经济鱼类，生长快。据报道，最大雌鱼体重23.75 kg，最大雄鱼体重19.5 kg（四川省宜宾地区鱼种站，1976）。初孵仔鱼平均全长0.95 cm，孵出后3个月幼鱼平均全长达5 cm，体重1 g（余志堂 等，1988）。至翌年3月，当年幼鱼（无年轮）全长23.5 cm，体重94 g（吴国犀 等，1990）。2冬龄鱼体长34～41 cm，体重1.0～1.25 kg（伍献文 等，1963）。3龄雌鱼全长70 cm，体重3.45 kg，3龄雄鱼全长72.8 cm，体重3.4 kg；11龄雄鱼118 cm，体重16.1 kg（吴国犀 等，1990）；14龄雌鱼123 cm，体重17.05 kg。从胭脂鱼的生长指标和生长参数可以看到，未成熟（雌鱼7龄、雄鱼5龄）前生长迅速，成熟阶段生长速度显著减慢。全长随年龄增加呈抛物线增加。5龄前雄鱼体长增幅大于雌鱼，其后雄鱼体长增幅逐渐平缓，渐小于雌鱼；而雌鱼自9龄开始体长增幅也渐趋平缓。随年龄增加，雌鱼体重增速大于雄鱼。在相同长度时，雌鱼体重大于雄鱼。胭脂鱼全长和体重的关系：

$$W_{(雄鱼)} = 6.114\,8 \times 10^{-5} TL^{2.732} \quad (r = 0.995\,6);$$

$$W_{(雌鱼)} = 8.331\,2 \times 10^{-5} TL^{2.765\,4} \quad (r = 0.990\,8);$$

$$W_{总} = 7.617\,2 \times 10^{-5} TL^{2.688\,5} \quad (r = 0.995\,3).$$

[食性] 主要摄食底栖无脊椎动物，有时也摄食植物碎片、硅藻和丝状藻等。食物组成随栖息地而异，在江河中主要摄食水生昆虫，以摇蚊幼虫为主；在湖泊中则以软体动物为主，以蚬和淡水壳菜占优势；在池塘养殖中，常食水蚯蚓或陆生蚯蚓，也食蚌、螺蛳肉和虾类。胭脂鱼全年摄食，繁殖后摄食频度高，饱满度达3～4级（刘乐和，1996；邓中燐，1987）。

[繁殖] 胭脂鱼性成熟较迟。雌鱼和雄鱼的初始性成熟年龄分别为7龄和5龄。长江雌鱼卵巢在秋末冬初为Ⅳ期（并以Ⅳ期越冬），翌年3月至4月中下旬，卵巢达Ⅴ期，进行产卵。8～10龄个体（体长87～110 cm，体重12.25～19.8 kg）的绝对怀卵量为19.46万～42.25万粒（平均28.27万粒），相对怀卵量为10.9～21.66粒/g（平均为16.58粒/g）（刘乐和，1996）。成熟系数：10—11月（Ⅳ期）雌鱼为5.03～7.73，雄鱼为2.20左右；翌年2月下旬，雌鱼为11.82～15.54，雄鱼为3.31～4.88。在繁殖季节，副性征明显，雌鱼、雄鱼体色皆鲜艳，呈胭脂色。雄鱼珠星明显，在臀鳍、尾鳍下叶珠星粗大，吻部、颊部和体侧的珠星细小。雌鱼珠星通常仅见于臀鳍，在头部和体侧稀少（余志堂，1988）。

胭脂鱼的产卵场在葛洲坝建造前主要分布于长江上游干支流，如金沙江下游段、岷江犍为至宜宾、嘉陵江等；葛洲坝兴建后，主要在坝下至孝子岩，胭脂坝至虎牙滩，红花套至后江沱、白洋至楼子河、枝城上下等江段。产卵场底质为砾石或板礁石。产卵期为 3—4 月。由于水温差异，在坝下宜昌江段的繁殖期要迟于上游江段。产卵活动主要集中在晴天清晨。繁殖时雄鱼多于雌鱼，为一次性产卵。受精卵微黏性，在江底砾石缝隙内发育孵化（刘乐和，1996）。初产卵径 2 mm，吸水后卵径 3.3～4.2 mm。最适繁殖水温 16.5～21.0 ℃。受精卵在水温 16.5～18.0 ℃（平均 17.0 ℃）时，经 7～8 d 孵化；在水温 19.5～21.0 ℃（平均 20.4 ℃）时，经 6 d 以上孵化。初孵仔鱼全长 10.5 mm，平卧水底，6～7 d 后可平游，食道已通，开始摄食（四川省宜宾地区鱼种站，1976）。而余志堂等（1988）报道，孵化出 13～15 d，多数仔鱼仍残存卵黄囊，即开始摄食外源性物质。

资源与利用　胭脂鱼为我国大型名贵鱼类，在长江上游天然产量较高，曾经是当地主要捕捞对象之一。四川省宜宾市渔业社在岷江的渔获物中，胭脂鱼占总产量的 13%（伍献文 等，1963）。葛洲坝水利工程的兴建阻断了亲鱼至上游产卵场产卵，影响了上游繁殖群体的补充，同时使上游幼鱼不能漂流至坝下；而坝下宜昌江段的一些产卵场环境也遭到破坏，虽仍有繁殖群体，但由于产卵群体规模小及捕捞过度等原因，目前自然野生群体数量仍在继续下降，被《中国濒危动物红皮书·鱼类》列为"易危"种类（乐佩琦和陈宜瑜，1998）。因此，应重视胭脂鱼的资源保护。为此，在长江上游和中游地区，应采取有力的政策，保护产卵场，规定每年 3—5 月为禁渔期，严禁捕杀产卵亲鱼。

[学术研究价值] 胭脂鱼是我国特有的珍稀物种，在鱼类学和动物地理学上占有特殊的地位，具有重要的科学研究价值，已被国家列为二级重点保护野生动物。其体形奇特，色泽鲜明，尤其是由于体形别致，游动文静，色彩绚丽，背鳍高大似帆，被人们寓意"一帆风顺"，是观赏鱼的珍品之一，1989 年在新加坡国际野生观赏鱼博览会上曾获银奖。而且，胭脂鱼个体大，食性广，性温和，生长快，抗病力强，是一种食用和观赏兼备的优良养殖品种，具有较高的经济价值。从 20 世纪 70 年代起，我国科技人员在胭脂鱼的生物学特性、人工繁殖、移殖驯化、增殖与保护和人工配合饲料等方面的研究取得了很大的进展，已培育出二代苗，为胭脂鱼这一名贵鱼类的种质资源保存与保护、增殖和开发打下了坚实的基础。

鲤科 Cyprinidae

本科长江口 8 亚科。

亚科的检索表

1（14）臀鳍分支鳍条数一般 6 根以上；臀鳍末根不分支鳍条柔软，不具带锯齿的硬刺；第三椎体的神经棘上部分叉

2（3）眶下骨一般较大，第五眶下骨与眶上骨相接触 ······························ 鲌亚科 Danioninae

3（2） 眶下骨除泪骨外均较小，第五眶下骨一般不与眶上骨相接触；如眶上骨较发达，也只与第四眶下骨相连

4（13） 体细长，圆筒形或侧扁；背鳍短，起点一般约与腹鳍起点相对；臀鳍起点在背鳍基部之后；雌鱼一般无产卵管；肠道呈逆时针方向盘旋

5（12） 臀鳍分支鳍条在 7 根以上；乌喙骨粗壮、与匙骨间有较大骨孔

6（7） 腹部一般无腹棱；腹鳍骨分叉很深，叉深到达或超过骨长 1/2 ………… 雅罗鱼亚科 Leuciscinae

7（6） 腹部具腹棱；腹鳍骨分叉较浅，叉深不达骨长 1/2

8（9） 臀鳍基部较长，分支鳍条数通常在 14 根以上 ……………………… 鲌亚科 Culterinae

9（8） 臀鳍基部较短，分支鳍条数一般在 14 根以下

10（11） 下颌具角质边缘；下咽齿主行通常 6～7 枚；无鳃上器；眼位正常 ……………… 鲴亚科 Xenocyprinae

11（10） 下颌无角质边缘；下咽齿 1 行 4 枚；具鳃上器；眼位于头侧纵轴线之下方 ………………………
………………………………………………………………………………… 鲢亚科 Hypophthalmichthyinae

12（5） 臀鳍分支鳍条 6 根；乌喙骨细弱；乌喙骨和匙骨间骨孔较小 ……………… 鮈亚科 Gobioninae

13（4） 卵圆形；背鳍较长，起点在腹鳍起点之后；臀鳍起点在背鳍基部之下；肠道呈顺时针方向盘旋；雌鱼通常有发达的产卵管 ……………………………………………… 鱊亚科 Acheilognathinae

14（1） 臀鳍一般仅具 5 根分支鳍条；臀鳍末根不分支鳍条特化为带锯齿的硬刺；第三椎体的神经棘呈单片状 ………………………………………………………………………… 鲤亚科 Cyprininae

鲌亚科 Danioninae

本亚科长江口 2 属。

属 的 检 索 表

1（2） 上下颌前端无相吻合的凹刻和突起；侧线不完全或无；腹部有不完全腹棱………………………
………………………………………………………………………………………… 细鲫属 Aphyocypris

2（1） 下颌前端中央有一突起，与上颌凹刻相吻合；口裂较大，上下颌侧缘凹凸相嵌合；侧线完全；腹部无腹棱 ……………………………………………………………………… 马口鱼属 Opsariichthys

细鲫属 *Aphyocypris* Günther，1868

本属长江口 1 种。

49. 中华细鲫 *Aphyocypris chinensis* Günther，1868

Aphyocypris chinensis Günther, 1868, Cat. Fish. Br. Mus., 7：201（Zhejiang, China）。

中华细鲫 *Aphyocypris chinensis*：杨干荣、黄宏金，1964，中国鲤科鱼类志（上卷）：15，图 1-5（四川，湖北）；湖北省水生生物研究所鱼类研究室，1976，长江鱼类：83，

图 66（宜昌）；王幼槐，1990，上海鱼类志：142，图 58（南汇下沙）；陈宜瑜、褚新洛，1998，中国动物志·硬骨鱼纲 鲤形目（中卷）：59，图 27（云南，贵州，湖南，甘肃）；费志良、陈校辉，2006，江苏鱼类志：265，图 113（太湖等地）。

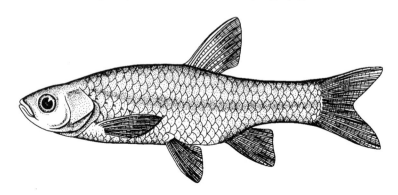

图 49　中华细鲫 *Aphyocypris chinensis*（陈宜瑜和褚新洛，1998）

英文名　Chinese bleak。

主要形态特征　背鳍 3，6～7；臀鳍 3，7；胸鳍 1，11～12；腹鳍 1，6～7。纵列鳞 30～32，侧线鳞 3～6。鳃耙 6～7。下咽齿 2 行（个别为 3 行），3（2）·5（4）－5（4）·3（2）。

体长为体高的 3.8～3.9 倍，为头长的 3.2～3.6 倍。头长为吻长的 3.6～4.0 倍，为眼径的 3.8～4.2 倍，为眼间隔的 2.1～2.5 倍。尾柄长为尾柄高的 1.5～1.8 倍。

体细长，稍侧扁，腹棱不完全，自腹鳍基至肛门具腹棱。头中大，头顶较宽。吻钝圆，小于眼径。眼中大，侧上位。口小，端位，斜裂。下颌稍突出，上颌骨后端伸达眼前缘下方。口无须。鳃盖膜与峡部相连。

体被较大圆鳞。侧线不完全，仅见前部 3～6 鳞。

背鳍无硬刺，起点后于腹鳍起点。臀鳍无硬刺，起点约与背鳍基后端相对。胸鳍侧下位，后端接近腹鳍起点。腹鳍末端接近肛门。尾鳍分叉。

体背部和体侧上半部灰黑色，体侧下部与腹部灰白色，各鳍灰色或浅黄色。

分布　分布于中国、朝鲜和日本。中国广泛分布于自珠江至黑龙江的东部地区。长江下游江湖、内河和沟渠均产。

生物学特性　小型淡水鱼类。体长一般为 35～40 mm。

资源与利用　数量少，无经济价值。

马口鱼属 *Opsariichthys* Bleeker，1863

本属长江口 1 种。

50. 马口鱼 *Opsariichthys bidens* Günther，1873

Opsariichthys bidens Günther，1873，Ann. Mag. Nat. Hist.，（4）12（69）：249

（Shanghai，China）；Sauvage and Dabry，1874，Ann. Sci. Nat.，（6）1（5）：11（上海）；Steindachner，1892，Denk. Akad. Wiss. Wien，59：368（上海，朝鲜）；Tchang，1930，Sinensia，1（7）：91（四川）。

Opsariichthys morrisonii：Tchang，1930，Sinensia，1（7）：91（四川）。

南方马口鱼 *Opsariichthys uncirostris bidens*：杨干荣、黄宏金，1964，中国鲤科鱼类志（上卷）：40，图1-29（浙江，福建）；湖北省水生生物研究所鱼类研究室，1976，长江鱼类：87，图68（南京等地）；江苏省淡水水产研究所等，1987，江苏淡水鱼类：129，图45（宜兴，连云港）；徐寿山，1991，浙江动物志·淡水鱼类：50，图29（瓯江等地）。

马口鱼 *Opsariichthys bidens*：张春霖，1959，中国系统鲤类志：17（上海，安徽，四川，浙江，山东，福建，河北，山西等）；王幼槐，1990，上海鱼类志：141，图57（青浦淀山湖）；陈宜瑜、褚新洛，1998，中国动物志·硬骨鱼纲 鲤形目（中卷）：47，图19（浙江等地）；费志良、陈校辉，2006，江苏鱼类志：266，图114（太湖等地）。

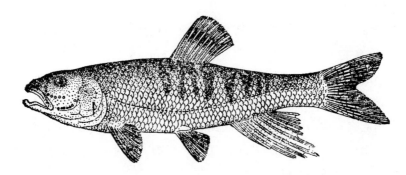

图50　马口鱼 *Opsariichthys bidens*（王幼槐，1990）

英文名　pale chub。

地方名　桃花鱼。

主要形态特征　背鳍3，7；臀鳍3，9；胸鳍1，12～13；腹鳍1，8。侧线鳞44～46。鳃耙9～11。下咽齿3行，1·4·4-5·4·1。

体长为体高的4.1～4.2倍，为头长的3.4～3.6倍。头长为吻长的3.1～3.4倍，为眼径的5.6～7.2倍，为眼间隔的3.0～3.3倍。尾柄长为尾柄高的1.6～1.8倍。

体长，侧扁，腹部无腹棱。吻尖，长约2倍于眼径。眼较小。口大，端位。上颌正中及两侧凹入，下颌正中及两侧正中凸出，上下凹凸相嵌。上颌骨伸越眼前缘下方。

体被中等大圆鳞。侧线完全，在胸鳍上方显著下弯，沿体侧部向后延伸，入尾柄后回升到体侧中部。

背鳍无硬刺，起点距尾鳍基较距吻端近。臀鳍前部第四分支鳍条长，伸达或伸越尾鳍基。胸鳍不伸达腹鳍。腹鳍起点与背鳍不分支鳍条相对。尾鳍分叉。

体呈灰黑色。腹部白色，体侧有多条浅蓝横纹。胸鳍、腹鳍和背鳍橙黄色。生殖期雄鱼头部、臀鳍有明显的珠星，臀鳍第一至第四分支鳍条延长，全身具鲜艳的婚姻色。

分布　广泛分布于东亚和老挝、越南。我国分布极广，南起海南岛，北至黑龙江流域的东部（台湾岛除外）各江河均有分布。长江河口区较少见。

生物学特性　喜栖息于沙石质底的山溪急流中，也进入江河湖泊，集群活动。性凶猛，捕食小型鱼、虾和水生昆虫。1冬龄成熟，5—6月产卵。卵黏性。在长江河口区仅见于淀山湖，系太湖水系偶然进入。

资源与利用　数量少，个体小（通常为100～130 mm），无经济价值。

雅罗鱼亚科 Leuciscinae

本亚科长江口6属。

属 的 检 索 表

1（8）侧线鳞100以下

2（7）背鳍分支鳍条7根；鳃耙20以下；侧线鳞50以下

3（6）无须；生活时眼上无红斑

4（5）下咽齿1行，臼齿状；鳍深黑色　…………………………………… 青鱼属 *Mylopharyngodon*

5（4）下咽齿2行，侧扁梳状；鳍灰黄色　…………………………………… 草鱼属 *Ctenopharyngodon*

6（3）具短须2对；活体眼上缘有红斑　…………………………………… 赤眼鳟属 *Squaliobarbus*

7（2）背鳍分支鳍条9～10根；鳃耙20以上；侧线鳞80以下 ………… 鳡属 *Ochetobius*

8（1）侧线鳞100以上

9（10）口小，口裂伸达眼前缘；头呈鸭嘴形，上颌能伸缩 ………… 鳘属 *Luciobrama*

10（9）口大，口裂伸越眼后缘；头呈锥形；上颌不能伸缩 ………… 鳤属 *Elopichthys*

草鱼属 *Ctenopharyngodon* Steindachner，1866

本属长江口1种。

51. 草鱼 *Ctenopharyngodon idellus*（Valenciennes，1844）

Leuciscus idella Valenciennes in Cuvier and Valenciennes，1844，Hist. Nat. Poiss.，17：270（China）。

Sarcocheilichthys teretiusculus：Kner，1867，Zool. Theil. Fische：356（上海）。

Ctenopharyngodon idellus：Günther，1873，Ann. Mag. Nat. Hist.，（4）12：247（上海）；Chu，1930，China J.，13（3）：142（上海）；Tchang，1933，Zool. Sinica，（B）2（1）：141（上海，南京）；Kimura，1934，J. Shanghai Sci. Inst.，（3）1：51（上海，镇江，九江）；Kimura，1935，Ibid.，（3）3：106（崇明）。

Leuciscus idellus：Bleeker，1879，Verh. Akad. Amst.，18：3（上海）。

Ctenopharyngodon idella：Nichols，1928，Bull. Am. Mus. Nat. Hist.，58（1）：16（上海，宁波）；Nichols，1943，Nat. Hist. Centr. Asia，9：90（上海，宁波等）。

草鱼 *Ctenopharyngodon idellus*：张春霖，1959，中国系统鲤类志：9，图5（上海，苏州，南京等）；杨干荣、黄宏金，1964，中国鲤科鱼类志（上卷）：13，图1-4（湖北）；湖北省水生生物研究所鱼类研究室，1976，长江鱼类：98，图76（湖口，岳阳，宜昌等）；姚根娣，1990，上海鱼类志：146，图62（青浦，淀山湖等郊区各县）；罗云林，1998，中国动物志·硬骨鱼纲 鲤形目（中卷）：102，图55（安徽等地）；边文冀、周刚，2006，江苏鱼类志：269，图116（海门等地）。

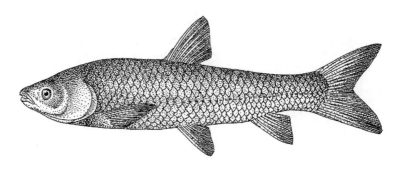

图51 草鱼 *Ctenopharyngodon idellus*

英文名 grass carp。

地方名 鲩、草青、混子。

主要形态特征 背鳍3，7；臀鳍3，8；胸鳍1，16～18；腹鳍2，8。侧线鳞40～41。鳃耙16。下咽齿2行，2·5-4·2。

体长为体高的3.7～3.9倍，为头长的4.0～4.1倍。头长为吻长的3.4～3.6倍，为眼径的7.1～8.6倍，为眼间隔的1.7～1.8倍。尾柄长为尾柄高的1.1～1.3倍。

体延长，前部近圆筒形，后部侧扁，腹部无腹棱。头中大，头背宽扁。吻短钝。眼较小，位于头侧前半部。眼间隔宽突。口中大，前位，弧形。上颌略长于下颌。上颌骨后端伸达鼻孔后缘下方。口角无须。鳃孔中大。鳃盖膜与峡部相连。鳃耙短小，排列稀疏。下咽齿侧扁，镰状，两侧有沟纹。

体被中大圆鳞。侧线完全，广弧形下弯，后部行于尾柄中央。

背鳍无硬刺，起点稍前于腹鳍起点，距吻端较距尾鳍基近。臀鳍无硬刺，起点距尾鳍基较距腹鳍起点近。胸鳍侧下位，后端不伸达腹鳍。腹鳍起点稍后于背鳍起点，末端不伸达肛门。尾鳍叉形。

体呈茶黄色，背部青灰略带黄色，腹部灰白色。胸鳍、腹鳍灰黄色，其余各鳍色浅。

分布 分布于中国至西伯利亚东部。中国除新疆和西藏外，各水系均有分布，长江金沙江以下干流、支流及其附属水体均产。长江口亦有分布。

生物学特性

［习性］生活于水体中下层，觅食时也常在上层活动。性活泼，善游泳。通常在浅滩草地和附属水体多草地区摄食育肥。冬季在干流和湖泊的深水区越冬。繁殖季节亲鱼有洄游习性，在适当江段产卵。

［年龄生长］长江个体 1～2 龄体长增长快，2～3 龄体重增长迅速。5 龄后生长显著减慢。1 龄、2 龄、3 龄鱼体长分别为 34.5 cm、59.8～60 cm 和 67.7～69 cm；体重分别为 0.78 kg、3.4～3.6 kg 和 5～5.4 kg。长江最大个体体重达 35 kg（湖北省水生生物研究所鱼类研究室，1976）。

［食性］典型草食性鱼类。鱼苗、鱼种阶段摄食浮游动物，兼食水生昆虫。体长 50 mm 以上幼鱼，逐步转为草食性，体长达 100 mm 后完全适应摄食水生植物。成鱼主要摄食高等水生植物，如苦草、轮叶星藻、小茨藻、马来眼子菜、浮萍等。

［繁殖］据 1981 年调查，长江草鱼繁殖群体主要是 4～5 龄，体长 65～85 cm，体重 4～9 kg。最小成熟个体雄鱼为 3 龄，体长 55 cm，体重 2.4 kg；雌鱼为 4 龄，体长 54 cm，体重 2.55 kg。绝对怀卵量为 14.3 万～166.4 万粒，相对怀卵量为 20.9～162.7 粒/g，平均为 88.3 粒/g。繁殖期为 5 月中下旬。长江中游江西湖口至湖北宜昌都有产卵场。受精卵吸水后卵径 4～6 mm。在水温 19.4～21.2 ℃时，经 35～40 h 孵化。初孵仔鱼长 6～7 mm，孵化 25 d 左右，体长 18～23 mm，出现鳞，鳍形已似成鱼。

资源与利用　草鱼生长快，饲料来源广，肉质好，为主要食用鱼，我国传统养殖对象之一。草鱼因能迅速清除水体中各种草类，被称为"拓荒者"，适宜放养在水草丰富的浅水湖泊和外荡河道中。亦可作池塘养殖和网箱养殖的主养鱼类，采用投草和颗粒饲料相结合的方法进行饲养。现已移殖到其他 20 多个国家。20 世纪 60 年代前，靠捕捞天然鱼苗进行养殖，苗种多少受各种自然因素影响。以后，随着人工繁殖技术的推广和普及，获得大量苗种，推动了草鱼养殖的蓬勃发展。

鱤属 *Elopichthys* Bleeker，1860

本属长江口 1 种。

52. 鱤 *Elopichthys bambusa*（Richarclson，1845）

Leuciscus bambusa Richardson，1845，Zool. Voy. Sulphur，Ichthyol.：141（Guangzhou，China）。

Opsarius bamusa：Kner，1867，Zool. Theil，Fische：357～358（上海）。

Elopichthys bambusa：Bleeker，1871，Verh. Akad. Amst.，12：11（上海，广东，华北）；Bleeker，1873，Neder. Tijd. Dierk，4：144（上海）；Nichols，1928，Bull. Am. Mus. Nat. Hist，58（1）：17（上海，宁波）；Chu，1930，China J，13（3）：145（上海）；Kimura，

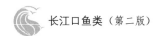

1934，J. Shaghai. Sci. Inst.，（3）1：60～62（上海）；Kimura，1935，Ibid，（3）3：107（崇明）；Tortonese，1937，Bull. Mus. Zool. A nat. Camp. Univ. Torino，47：242（上海等）；Nichols，1943，Nat. Hist. Centr. Asia，9：88～89（上海，宁波等）。

Scambrocypris styani：Tchang，1929，Science，14（3）：400（上海，南京，九江）；Tchang，1930，Theses. Univ. Paris，（A）209：121～122（上海）。

鳡鱼 *Elopichthys bambusa*：杨干荣、黄宏金，1964，中国鲤科鱼类志（上卷）：39，图1-28（湖北，江西）；江苏省淡水水产研究所等，1987，江苏淡水鱼类：127，图20（镇江等地）；徐寿山，1991，浙江动物志·淡水鱼类：49，图28（湖州）。

鳡 *Elopichthys bambusa*：张春霖，1959，中国系统鲤类志：19，图13（上海等地）；湖北省水生生物研究所鱼类研究室，1976，长江鱼类：83，图67（镇江等地）；王幼槐，1990，上海鱼类志：143，图59（川沙，青浦）；罗云林，1998，中国动物志·硬骨鱼纲 鲤形目（中卷）：111，图55（湖北等地）；边文冀、周刚，2006，江苏鱼类志：272，图117（镇江等地）；张衡等，2009，生物多样性，17（1）：76～81，附录Ⅰ（长江口南支）。

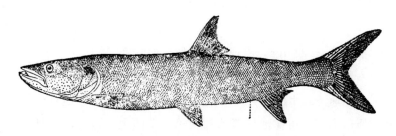

图52　鳡 *Elopichthys bambusa*（王幼槐，1990）

英文名　yellowcheek。

地方名　黄占、鳡鱼。

主要形态特征　背鳍3，9～10；臀鳍3，9～10；胸鳍1，16；腹鳍2，9。侧线鳞 $103～113\frac{18～20}{6～7}$。鳃耙10～12。下咽齿3行，2·3·5-5·4·2。

体长为体高的5.6～6.2倍，为头长的3.5～4.1倍。头长为吻长的3.0～3.6倍，为眼径的7.5～9.0倍，为眼间隔的3.6～4.4倍。尾柄长为尾柄高的1.7～2.1倍。

体延长，稍侧扁，腹部无腹棱。头尖长，锥形。吻尖长，喙状。眼小。眼间隔宽而圆凸。口大，端位，稍斜裂。两颌约等长。上颌骨后端伸达眼中部下方，下颌缝合处有一角质凸起，与上颌前端凹刻嵌合。无须。鳃孔宽大。鳃耙短，稀疏。下咽齿稍侧扁，端部钩状。

体被细小圆鳞。侧线完全，广弧形下弯，后部行于尾柄中央。

背鳍无硬刺，起点距尾鳍基较距吻端近。臀鳍无硬刺，起点距尾鳍基较距腹鳍起点近或约相等。胸鳍侧下位。腹鳍起点前于背鳍起点。尾鳍分叉很深。

背部灰褐色，腹侧银白色。背鳍和尾鳍暗灰色，颊部金黄色，其他各鳍淡黄色。

分布　我国黑龙江、黄河、长江、珠江等水系均有分布。

生物学特性　江河半洄游性鱼类。生活于水体的中上层，幼鱼在通江湖泊中摄食育肥。行动迅速，性凶猛，捕食其他鱼类，以细长形上层鱼类为主，如红鳍原鲌，刀鲚、鳘和虾类，也有同类相残现象。摄食量大，冬季在深水处越冬，仍有摄食现象。在长江中，雌鱼4龄、雄鱼3龄性成熟，以Ⅲ期性腺越冬。产卵期在4月中旬至6月中旬，盛产期为5月。产卵场主要在长江中游。在江河流水中产卵，孵化率较高。卵浮性。受精卵吸水后，卵径达7～8.5 mm。水温21 ℃时约经40 h孵化。初孵仔鱼全长约6 mm。生长十分迅速。1龄鱼可达1 kg以上，2龄鱼达5 kg以上，3龄鱼可达8 kg以上。

资源与利用　20世纪60年代前，鳡曾是包括上海在内的长江三角洲地区习见的鱼类，诸如上海的淀山湖、江苏的太湖均有一定的自然产量，为大型上等食用鱼。以后，由于水利建设以及工业废水等影响，阻断了长江干流与附属水体的洄游通道。因此，现在鳡已十分稀少，在淀山湖、太湖等地鳡已几乎绝迹。2008年3月24日下午有一钓鱼爱好者在崇明区西沙明珠湖南岸钓获1尾鳡，体长151 cm，体重31 kg，是迄今长江河口区鳡的最大、最重记录（新民晚报，2008年3月26日，A10版，薛亚林报道）。另据"沪浦渔48920"船邵忠仁报告，2017年4月18日09∶00在长江口南支灯船附近（122°9′48″ E、30°58′ N）捕获1尾鳡，体长108 cm、体重8 kg，这是鳡在长江河口区最东的分布记录。

鳡属 *Luciobrama* Bleeker，1870

本属长江口1种。

53. 鳡 *Luciobrama macrocephalus*（Lacèpéde，1803）

Synodus macrocephalus Lacepède，1803，Hist. Nat. Poiss.，5∶322（China）。

Luciobrama microcephalus：Chu，1932，China J.，16（3）∶131（上海）；Tchang，1933，Zool. Sinica，(B) 2（1）∶120（松江）；Kimura，1934，J. Shanghai Sci. Inst.，（3）1∶54（上海，镇江，宜昌，重庆）。

尖头鳡 *Luciobrama macrocephalus*：张春霖，1959，中国系统鱼类志∶13，图8（松江，汉口，洞庭湖，宜昌，四川）。

鳡 *Luciobrama macrocephalus*：杨干荣、黄宏金，1964，中国鲤科鱼类志（上卷）∶21，图1-10（湖北，湖南，江西）；湖北省水生生物研究所鱼类研究室，1976，长江鱼类∶90，图72（安徽，江西，湖北，四川）；王幼槐，1990，上海鱼类志∶152，图64（青浦）；罗云林，1998，中国动物志·硬骨鱼纲 鲤形目（中卷）∶109，图58（湖北等地）；边文冀、周刚，2006，江苏鱼类志∶274，图118（固城湖）。

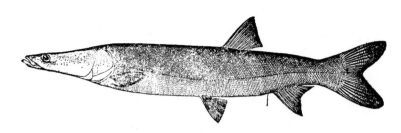

图 53　鳡 *Luciobrama macrocephalus*（王幼槐，1990）

英文名　long spiky - head carp。

地方名　尖头鳡、马头鳡、鸭嘴鳡。

主要形态特征　背鳍 3，8；臀鳍 3，10～11；胸鳍 1，14～16；腹鳍 2，8～9。侧线鳞 148。鳃耙 7。下咽齿 1 行，6 - 5。

体长为体高的 5.9～7.3 倍，为头长的 3.1～3.5 倍。头长为吻长的 4.9～5.3 倍，为眼径的 11.4～14.1 倍，为眼间隔的 6.1～7.4 倍。尾柄长为尾柄高的 1.5～1.9 倍。

体低而延长，稍侧扁，背缘平直，腹部圆。头尖长，前部略呈管状，后部侧扁。吻长，略平扁，似鸭嘴。眼小，位于头前部 1/4～1/3 处，眼后有透明的脂肪体。口端位，裂斜；下颌突出于上颌之前，前端略上翘；上颌骨伸达眼前缘下方或稍后。鳃盖膜与峡部相连，峡部甚窄。

体被细小圆鳞。侧线完全，略呈弧形，向后伸至尾鳍基。

背鳍短小，无硬刺，位于腹鳍后上方，起点距尾鳍基较距吻端近。臀鳍无硬刺，位于背鳍后下方，起点距尾鳍基较距腹鳍起点近。胸鳍短而尖。腹鳍位于背鳍前下方。尾鳍深分叉，下叶略长于上叶，末端尖形。

体背部灰黑色，体侧及腹部银白色。胸鳍淡红色，背鳍和尾鳍灰色。腹鳍和臀鳍浅灰色。

分布　分布于中国和越南。中国分布于珠江、长江、黑龙江水系。在长江干支流及其附属水体均产。长江口区较罕见。

生物学特性　鳡生活于江河和湖泊的中下层，为大型凶猛鱼类。长江最大个体达 50 kg。主食鱼类。4 龄（雄鱼）至 5 龄（雌鱼）性成熟。5 龄个体（体长 108 cm、体重 10.1 kg）怀卵量为 4 万粒。

资源与利用　鳡天然产量较小。20 世纪 50—60 年代长江下游一些湖泊（如上海青浦和松江、江苏太湖和高淳固城湖等地）尚能偶然见到。其后由于沿江兴建水闸及水质污染等，阻断了江湖洄游通道，现已几乎绝迹。

青鱼属 *Mylopharyngodon* Peters，1881

本属长江口 1 种。

54. 青鱼 *Mylopharyngodon piceus*（Richardson，1846）

Leuciscus piceus Richardson，1846，Rep. Br. Ass. Advmt. Sci.，15th Meeting：298（Guangzhou，China）。

Myloleucus aethiops：Günther，1873，Ann. Mag. Nat. Hist.，（4）12：247（上海）；Tchang，1929，Science，14（3）：40（上海，江阴，无锡，南京，九江）。

Myloleuciscus aethiops：Evermann and Shaw，1927，Proc. Calif. Acad. Sci.，（4）16（4）：104（上海，南京等）。

Mylopharyngodon aethiops：Chu，1930，China J.，13（3）：141（上海）；Kimura，1934，J. Shanghai Sci. Inst.，（3）1：49（上海，苏州，无锡）。

Mylopharyngodon piceus：Kimura，1935，J. Shanghai Sci. Inst.，（3）3：106（崇明）。

青鱼 *Mylopharyngodon aethiops*：张春霖，1959，中国系统鱼类志：8，图 4（上海等地）。

青鱼 *Mylopharyngodon piceus*：杨干荣、黄宏金，1964，中国鲤科鱼类志（上卷）：9，图 1-1（湖北，江苏，黑龙江）；湖北省水生生物研究所鱼类研究室，1976，长江鱼类：93，图 74（镇江，湖口，宜昌等）；罗云林，1998，中国动物志·硬骨鱼纲 鲤形目（中卷）：100，图 54（崇明等地）；边文冀、周刚，2006，江苏鱼类志：275，图 119（海门等地）。

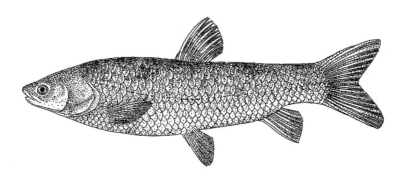

图 54　青鱼 *Mylopharyngodon piceus*

英文名　black carp。

地方名　乌青、螺蛳青。

主要形态特征　背鳍 3，7～8；臀鳍 3，8～9；胸鳍 1，16～18；腹鳍 2，8。侧线鳞 $41～44\frac{6～7}{4～5}$。鳃耙 16～18。下咽齿 1 行，4（5）-5（4）。

体长为体高的 4.2～4.6 倍，为头长的 4.1～4.2 倍。头长为吻长的 4.1～4.5 倍，为眼径的 6.8～7.7 倍，为眼间隔的 2.1～2.3 倍。尾柄长为尾柄高的 1.1～1.3 倍。

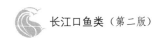

体粗壮，近圆筒形，腹部圆，无腹棱。头中大，稍侧扁，头顶宽平。吻圆钝，稍尖。眼较小，位于头侧前半部。眼间隔宽而微突。口中大，端位，弧形，上颌略长于下颌。鳃盖膜与峡部相连，峡部较宽。鳃耙短小，稀疏。下咽齿臼状，齿面光滑。

体被较大圆鳞。侧线完全，位于体侧中轴，浅弧形，向后伸达尾柄正中。

背鳍无硬刺，起点稍前于腹鳍，距尾鳍基较距吻端近。臀鳍无硬刺，起点在腹鳍起点与尾鳍基的中点，或近尾鳍基。胸鳍侧下位。腹鳍起点稍后于背鳍起点。尾鳍叉形。

体呈青灰色，背部较深，腹部灰白色。各鳍灰黑色。

分布　我国除青藏高原外，广泛分布于黑龙江至云南元江。长江口亦有分布。

生物学特性

［习性］生活于水体中下层，4—10 月常在江河弯道、湖泊中摄食育肥，冬季在河床深水处越冬。在江河中产卵。

［年龄生长］据调查，长江河口地区青鱼年龄组为 2～11 龄，其中 2～6 龄均占 13.6％以上。生长速度以 3 龄鱼最高，5 龄鱼性成熟后生长速度显著下降。1 龄、2 龄、3 龄分别可长至 0.4～0.5 kg、1.5～2.5 kg 和 3～4 kg（甚至 5 kg 以上），4～9 龄体长达 100.1～110 cm，体重 18.0～25.9 kg；9～12 龄体长 121.1～131.1 cm，体重 27～56.9 kg。江河中最大个体达 70 kg。

［食性］幼鱼阶段主要摄食浮游动物。体长约 150 mm 时始食小螺蛳或蚬等。

［繁殖］一次性产卵类型。长江产卵群中 4～7 龄个体占 89.3％。雄鱼初始性成熟年龄为 3 龄，体长 70 cm，体重 5 kg；雌鱼为 4 龄，体长 74 cm，体重 6.25 kg。绝对怀卵量为 30.9 万～212.9 万粒（平均为 104.2 万粒），相对怀卵量为 29.9～100.0 粒/g（平均为 62.4 粒/g）。最大怀卵量可达 695 万粒（9～10 龄，体重 56.8 kg）。繁殖季节为 5—7 月。长江干流产卵场在湖北黄石至四川重庆，支流汉江和湘江等也有产卵场。卵漂流性，卵径 5～7 mm。水温 21～24 ℃时，受精卵约经 35 h 孵化。初孵仔鱼长 6.4～7.4 mm。孵出后约 3 周，体长 18～24 mm，鳞出现，各鳍似成鱼。

资源与利用　青鱼个体大，生长快，肉味美，为上等食用鱼，是我国传统养殖鱼类之一。在长江中下游及其湖泊地区有重要渔业地位，经济价值高。由于天然饵料数量不足，一般作为天然水域或池塘的配养鱼。随人工配合饲料的开发研制，青鱼养殖将会得到进一步发展。

鳡属 *Ochetobius* Günther，1868

本属长江口 1 种。

55. 鳡 *Ochetobius elongatus*（Kner，1867）

Opsarius elongatus Kner，1867，Zool. Theil. Fische：358（Shanghai, China）。

Ochetobius elongatuus：Günther，1868，Cat. Fish. Br. Mus，7：298（上海）；Bleeker，1871，Verh. Akard. Amst.，12：11（上海）；Bleeker，1873，Ned. Tijd. Dierk.，4：144（上海）；Sauvage and Dabry，1874，Ann. Sci. Nat.，（6）1（5）：11（上海）；Tchang，1930，Theses Univ. Paris，（A）（209）：122（上海，南京）。

鳡鱼 *Ochetobius elongatus*：杨干荣、黄宏金，1964，中国鲤科鱼类志（上卷）：44，图 1-32（湖北，江西）。

鳡 *Ochetobius elongatus*：张春霖，1959，中国系统鲤类志：15，图 9（上海，南京，安徽，洞庭湖，宜昌，四川）；湖北省水生生物研究所鱼类研究室，1976，长江鱼类：91，图 73（镇江，鄱阳，宜昌等）；王幼槐，1990，上海鱼类志：144，图 60（上海）；罗云林，1998，中国动物志·硬骨鱼纲 鲤形目（中卷）：107，图 57（湖北等地）；边文冀、周刚，2006，江苏鱼类志：278，图 120（洪泽，苏州，太湖）；张衡等，2009，生物多样性，17（1）：76～81，附录Ⅰ（长江口南支）。

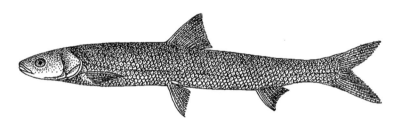

图 55　鳡 *Ochetobius elongatus*

地方名　刁子、麦秆刁。

主要形态特征　背鳍 3，9；臀鳍 3，9～10；胸鳍 1，16；腹鳍 2，9。侧线鳞 66～71 $\frac{10}{4\sim5}$。鳃耙 28。下咽齿 3 行，2·4·5（4）-5（4）·4·2。

体长为体高的 6.2～6.6 倍，为头长的 4.2～4.9 倍。头长为吻长的 3.9～4.7 倍，为眼径的 5.4～6.8 倍，为眼间隔的 2.8～3.5 倍。尾柄长为尾柄高的 2.0～2.2 倍。

体低而延长，圆筒状，稍侧扁，腹部圆，无腹棱。头短小。吻短，稍尖。眼较小，位于头侧前半部。眼间隔宽而微突。口小，端位，上颌略长于下颌。上颌骨末端伸达鼻孔下方。鳃孔宽大，前伸至眼后缘稍后下方。鳃盖膜与峡部相连，峡部甚窄。鳃耙细长，排列紧密。下咽齿宽大而光滑，末端钩曲。

体被较小圆鳞。侧线完全，平直，约位于体侧中央，向后伸达尾鳍基。

背鳍无硬刺，起点距吻端与尾鳍基约相等。臀鳍起点距尾鳍基较距腹鳍起点近。胸鳍小。腹鳍起点约与背鳍起点相对。尾鳍深分叉，上下叶尖形，约等长。

背部灰褐色，腹侧银白色。各鳍淡黄色。

分布　分布于中国长江以南至越南北部。中国长江及其以南水系均有分布。长江口

亦有分布。

生物学特性　有江河洄游习性。每年 7—9 月由江进入湖泊育肥，生殖季节则在江河激流中产卵。长江产卵期 5—6 月。怀卵量 3.5 万～34.8 万粒。以水生昆虫幼虫、枝角类等为食，也食一些小型鱼类。长江个体 1 龄、2 龄、3 龄、4 龄、5 龄平均体长分别为 265 mm、301 mm、374 mm、423 mm 和 469 mm。

资源与利用　鳡在长江数量不多。20 世纪 60 年代以前，在长江下游和河口区较常见。以后由于沿江建闸坝和水质污染等原因，阻断了长江干流与附属水体的洄游通道，现已十分罕见。

赤眼鳟属 *Squaliobarbus* Günther，1868

本属长江口 1 种。

56. 赤眼鳟 *Squaliobarbus curriculus*（Richardson，1846）

Leuciscus curriculus Richardson，1846，Rep. Br. Advmt. Sci.，15th Meeting：299（Guangzhou，China）。

Squaliobarbus curriculus：Bleeker，1871，Verh. Akad. Amst.，12：12（上海，宁波等）；Bleeker，1873，Ned. Tijd. Dierk.，4：145（上海）；Günther，1873，Ann. Mag. Nat. Hist.，（4）12：249（上海）；Tchang，1930，Theses Univ. Paris，（A）（209）：120（上海，江阴，南京等）；Tchang，1933，Zool. Sinica，（B）2（1）：137（松江）；Kimura，1935，J. Shanghai Sci. Inst.，（3）3：107（崇明）。

Squaliobarbus jordani：Evermann and Shaw，1927，Proc. Calif. Acad. Sci.，（4）16（4）：107（上海，南京，杭州）；Tchang，1930，Theses Univ. Paris，（A）（209）：120（上海，南京等）。

赤眼鳟 *Squaliobarbus curriculus*：张春霖，1959，中国系统鲤类志：15，图 10（上海，松江，杭州，南京，九江等）；杨干荣、黄宏金，1964，中国鲤科鱼类志（上卷）：52，图 1-40（湖北，江西，黑龙江）；湖北省水生生物研究所鱼类研究室，1976，长江鱼类：88，图 71（崇明，镇江，安庆，岳阳，宜昌等）；曹正光，1990，上海鱼类志：145，图 61（长江南支，崇明，川沙，南汇，青浦等）；罗云林，1998，中国动物志·硬骨鱼纲 鲤形目（中卷）：105，图 56（湖南等地）；边文冀、周刚，2006，江苏鱼类志：281，图 122，彩图 14（常熟等地）。

英文名　barbel chub。

地方名　红眼鱼、野草鱼。

主要形态特征　背鳍 3，7；臀鳍 3，8～9；胸鳍 1，14～15；腹鳍 2，8。侧线鳞45～

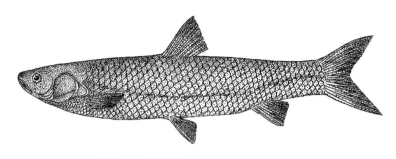

图 56　赤眼鳟 *Squaliobarbus curriculus*

$48\dfrac{7}{3\sim3.5}$。下咽齿 3 行，2（1）·4·4（5）- 5（4）·4·2。

体长为体高的 4.5～5.0 倍，为头长的 4.2～4.5 倍。头长为吻长的 3.6～3.8 倍，为眼径的 4.3～5.8 倍，为眼间隔的 2.3～3.0 倍。尾柄长为尾柄高的 1.3～1.5 倍。

体延长，前部略呈圆筒形，后部较侧扁，无腹棱。头近圆锥形。吻短。眼中大，位于头侧前半部。口端位，斜裂，上下颌约等长。须两对，短小，一对位于口角，一对位于吻的边缘，较口角须细弱。鳃盖膜与峡部相连。鳃耙短，稀疏。下咽齿主行第一、第二齿圆锥状，其余齿侧扁。

体被中大圆鳞。侧线完全，弧形，行于体侧下半部，向后伸达尾柄正中。

背鳍无硬刺，起点距吻端较距尾鳍基近，与腹鳍起点相对。臀鳍起点距尾鳍基较距腹鳍起点近。胸鳍末端可达胸鳍起点至腹鳍基部距离的 3/5 处。腹鳍起点约与背鳍起点相对。尾鳍分叉较浅，上下叶约等长。

体背青灰色，腹部银白色，体侧以上每一鳞片基部有一黑点。生活时眼上缘有 1 个红斑。背鳍和尾鳍深灰色，尾鳍有一黑色的边缘，其余各鳍灰白色。

分布　分布于中国、越南、朝鲜西部和俄罗斯。除西部高原地区外，中国各水系均有分布。在长江口区和崇明、浦东新区、南汇及青浦等内河、湖泊中均产。

生物学特性

［习性］喜栖息于流速较缓的江河和湖泊，一般活动于水体的中层，生殖期集群。幼鱼生活于江湖沿岸。

［年龄生长］长江个体平均体长和平均体重：1 龄为 179 mm，100 g；2 龄为 256 mm，240 g；3 龄为 303 mm，390 g；5 龄为 430 mm，970 g。

［繁殖］2 龄达性成熟，最小性成熟个体雌鱼体长 259 mm，体重 240 g；雄鱼体长 235 mm，体重 160 g。怀卵量 38 160～154 770 粒。繁殖季节为 6 月中旬至 8 月，盛产期为 7 月。产卵场一般在水体沿岸有水草区或浅沙滩。卵沉性。

［食性］杂食性，主要摄食藻类和水生植物（占 84.6%），兼食水生昆虫、小鱼、鱼卵和淡水壳菜等（占 15.4%）。

资源与利用 分布广，肉细嫩，味鲜美，为普通食用鱼。但个体不大，数量较少。由于该鱼对环境适应力较强，且饵料易得，因此近来已进行苗种培育（龙光华 等，2005）和人工养殖，提高了池塘的产量和经济效益。

鲌亚科 Cultrinae

本亚科长江口7属。

属 的 检 索 表

1（12）背鳍具硬刺

2（11）背鳍最后1根硬刺后缘光滑；下咽齿3行

3（8）腹棱完全，自胸鳍基至肛门

4（5）臀鳍分支鳍条在20以下；侧线在胸鳍上方急剧向下弯折 ························· 鳘属 *Hemiculter*

5（4）臀鳍分支鳍条在20以上；侧线平缓，前部不急剧向下弯折

6（7）口上位；体长为体高3倍以上 ····························· 原鲌属 *Cultrichthys*

7（6）口端位；体长为体高3倍以下 ····························· 鳊属 *Parabramis*

8（3）腹棱不完全，自腹鳍基至肛门

9（10）口端位；体长为体高3倍以下 ···························· 鲂属 *Megalobrama*

10（9）口上位或亚上位；体长为体高3倍以上 ····················· 鲌属 *Culter*

11（2）背鳍最后1根硬刺后缘具锯齿；下咽齿2行 ················· 似鳊属 *Toxabramis*

12（1）背鳍无硬刺 ·· 飘鱼属 *Pseudolaubuca*

鲌属 *Culter* Basilewsky，1855

本属长江口3种。

种 的 检 索 表

1（2）口上位；口裂几与体垂直；各鳍灰黑色 ····················· 翘嘴鲌 *C. alburnus*

2（1）口端位或亚上位；口斜裂

3（4）口亚上位；臀鳍分支鳍条23～29；尾鳍青灰色；胸鳍末端伸达或几伸达腹鳍起点 ··············
··· 达氏鲌 *C. dabryi*

4（3）口端位；臀鳍分支鳍条17～21；尾鳍下叶红色；胸鳍末端不伸达腹鳍起点 ··············
··· 蒙古鲌 *C. mongolicus*

57. 翘嘴鲌 *Culter alburnus* Basilewsky，1855

Culter alburnus Basilewsky，1855，Nouv. Mem. Soc. Nat. Mosc.，10：236（Rivers draining to the Gulf of North China，China）；Kner，1867，Zool. Theil，Fische：360（上海）；Kimura，1935，J. Shanghai Sci. Inst.，（3）3：108（崇明）。

Culter ilishaeformes：Bleeker，1871，Verh. Akad. Amst.，12：67（长江）。

Culter erythropterus：Tchang，1929，Science，14（3）：400（上海，江阴，无锡，扬州等）；Tchang，1930，Theses Univ. Paris，（A）（209）：142（上海）；Tchang，1933，Zool. Sinica，（13）2（1）：169（松江等）。

红鳍白鱼 *Culter erythropterus*：张春霖，1959，中国系统鲤类志：97（松江，太湖，苏州等）。

翘嘴红鲌 *Erythroculter ilishaeformes*：易伯鲁、吴清江，1964，中国鲤科鱼类志（上卷）：98，图 2 - 31（长江流域等地）；湖北省水生生物研究所鱼类研究室，1976，长江鱼类：118，图 89（崇明、镇江、南京等）；曹正光，1990，上海鱼类志：162，图 71（川沙，南汇，奉贤，青浦等）。

翘嘴鲌 *Culter alburnus*：罗云林，1994，水生生物学报，18（1）：46（台湾，闽江，钱塘江，长江，淮河，黄河，辽河，黑龙江等）；罗云林、陈银瑞，1998，中国动物志·硬骨鱼纲 鲤形目（中卷）：186，图 107（湖北等地）；秦伟，2006，江苏鱼类志：283，图 123，彩图 15（海门等地）；伍汉霖等，2012，拉汉世界鱼类系统名典：43；张春光、赵亚辉等，2016，中国内陆鱼类物种与分布：59（黑龙江至珠江各大水系及台湾）。

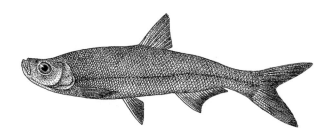

图 57　翘嘴鲌 *Culter alburnus*

英文名　topmouth culter。

地方名　条鱼、白丝、翘嘴白丝、白鱼、大白鱼。

主要形态特征　背鳍 3，7；臀鳍 3，21～24；胸鳍 1，14～16；腹鳍 1，8。侧线鳞 $80～92\frac{18～21}{7～9}$。鳃耙 24～28。下咽齿 3 行，2·4·4（5）- 4（4）·4·2。

体长为体高的 4.5～4.9 倍，为头长的 4.2～4.5 倍。头长为吻长的 3.6～4.5 倍，为眼径的 3.4～5.0 倍，为眼间隔的 4.5～5.0 倍。尾柄长为尾柄高的 1.5～1.7 倍。

体延长，侧扁。背缘较平直，腹部自腹鳍基至肛门具明显腹棱。头中大，侧扁，头背面几乎平直，头后背部略隆起。吻钝。眼大，侧上位。眼间隔较窄。口大，上位，口裂几垂直，下颌显著向上翘，突出于上颌之前。

体被小圆鳞。侧线完全，前部浅弧形下弯，后部平直，伸达尾柄中央。

背鳍末根不分支鳍条为光滑的硬刺，刺强大，起点距吻端较距尾鳍基近或相等。臀鳍无硬刺，鳍棘较长，起点距腹鳍基较距尾鳍基近。胸鳍较短，侧下位。腹鳍位于背鳍起点的前下方。尾鳍深叉，下叶长于上叶，末端尖形。

体背侧灰褐色，腹侧银白色。各鳍深灰色。

分布　分布于蒙古国、中国、俄罗斯和越南。广泛分布于中国各大水系及其附属湖泊。长江河口干流中较少，如淀山湖、太湖等湖泊和内河中较多。

生物学特性　生活在流水及大型水体中，一般活动在水体中上层，游泳迅速，善跳跃，幼鱼喜栖息于湖泊近岸水域和江河缓流的沿岸以及支流、河道和港湾内。冬季，大小个体均在水域较深处越冬。

[食性]　性凶猛，为肉食性鱼类。在冬季和繁殖期都高强度摄食。其食物组成随着生长而有变化。在天然水域中，体长 100 mm 以下的幼鱼期，主要以水生昆虫、枝角类和桡足类等为食，150 mm 时开始捕食小型鱼类，250 mm 时以摄食小型鱼类为主。如在太湖主要捕食刀鲚、间下鱵、似鲚、红鳍原鲌、鲢、鳙、鳛鲏等。

[繁殖]　在天然水域中，性成熟年龄雌鱼一般为 3 龄，雄鱼为 2 龄。在太湖，最小成熟个体：雌鱼体长 250 mm、体重 100 g，成熟系数为 7.5%；雄鱼体长 225 mm、体重 100 g，成熟系数为 3%（许品诚，1984）。在生殖期阴雨转晴、水温明显上升或有 3～4 级风时，在下风靠岸处或在暴雨后水位上升造成有流水的湖滩地带或河口处，都有大批亲鱼聚集产卵。在上海淀山湖，其产卵场则多在湖岸浅滩水深不到 1 m 的泥沙质底、水草很少的水域。产卵适温 22～25 ℃。怀卵量为 1.7 万～53 万粒。卵圆形，不透明，卵径1.1～1.4 mm，无油球。受精卵黏性，约 2 d 孵出。初孵仔鱼全长 4.1～4.2 mm，30 mm时鳞片形成，体形与成鱼相似。在性成熟前（1～2 龄）时，体长生长较快，体长至 250 mm以上时，体重增长明显加快。1～7 龄个体，平均体长分别为 239 mm、326 mm、439 mm、521 mm、579 mm、597 mm 和 642 mm，平均体重分别为 130 g、350 g、850 g、1 450 g、2 100 g、2 400 g 和 3 000 g（湖北省水生生物研究所鱼类研究室，1976）。最大个体可达10 kg（11 龄）。

资源与利用　有一定的天然产量，如在太湖，3 种鲌属鱼类 1994—2003 年平均产量为 159.6 t，占全湖年均总产量的 0.69%；而 1952—1958 年平均年产量则为 406.4 t，占这 7 年中全湖年均产量的 6.3%。由此可知，翘嘴鲌天然资源量有所下降，而且呈现低龄化、小型化。如太湖 3 龄以上高龄鱼比例明显下降，从 1964 年占总数的 32.4%，下降至1981 年的 17%；而 0～2 龄低龄鱼比例上升，从 1964 年的 67.6% 升至 1981 年的 83%。由于捕捞强度增大等因素，翘嘴鲌的天然资源日趋减少，远不能满足市场的需求，从20 世纪 90 年代中期起，国内许多学者对该鱼进行了驯化及人工繁殖技术研究，取得了成功。之后，又进行了大批量的育苗和规模养殖（池塘养殖、网箱养殖）及大水面湖泊放流增殖，取得了明显的社会效益和经济效益，促进了农村养殖结构的调整和水产养殖品种优化及产业化的发展。如池塘养殖，当年繁育鱼苗培育到 10 cm 左右，放养该规格鱼种当年可生长到 0.5 kg/尾，667 m² 面积产量可达 300 kg。如再经 1 年养殖后上市，可长至 1.5 kg/尾，667 m² 面积产量可达 600 kg 以上。比养殖其他鱼类品种有更大的优势（张伟明，2004）。

翘嘴鲌为名贵鱼类，在太湖为"三宝"之一，其可食部分占 58%，营养成分优于其他一些淡水品种和鸭肉、鹅肉、猪肉。翘嘴鲌营养丰富，肉质细嫩鲜美，为长江中下游地区群众所喜食。

【关于 *Culte alburnus* 和 *Culter erythropterus*：鲌属（*Culter*）为 Basilewski 于 1855 年建立，他只是记录了 6 个新种：*C. alburnus*、*C. erythropterus*、*C. mongolicus*、*C. pekinensis*、*C. exiquus* 和 *C. leuciscus*，产地均为中国北方，但未指定属的模式种，对前 3 种描述了"腹部有腹棱"。后来 Bleeker 于 1863 年指定该属的第一种为模式种，但也只叙述腹部有腹棱。因此，以后多数学者采用此属，并认定 *C. alburnus* 为属的模式种，一直沿用至今。

Basilewsky 描述前 3 种"腹部有腹棱"，可认为这 3 种鲌属鱼类或腹棱完全（胸鳍至肛门）或腹棱不完全（腹鳍至肛门）。这为后来的研究者带来了许多困惑，造成了学术界长期的分歧、争议和混乱，甚至延续至今。但是，在已确定 *C. alburnus* 为模式种的前提下，只要对这 3 种，特别是对口上位、口裂几呈垂直的并绘有原图的 2 个种结合原文和自然个体进行考证，是可以判断的。口上位（原图）、各鳍灰黑色（原文）的 *C. alburnus*，其自然个体腹部腹棱不完全；口上位（原图）、各鳍红色（原文）的 *C. erythropterus*，其自然个体腹部腹棱完全。易伯鲁等（1959）对这 2 种的鳍色、腹棱等也进行过考证。

Berg（1909）将鲌属分成 2 个亚属，把 *C. alburnus* 作为指名亚属模式种，主要特征是"胸鳍到肛门全有腹棱"；把 *C. erythropterus* 作为新命名的红鲌亚属 *Erythroculter*（1932 年升为属）的模式种，主要特征是"仅腹鳍基后到肛门有腹棱"。Berg 对 2 个亚属模式种主要特征的界定，在相当长时期内受到学术界的关注和认同，但与 Basilewsky 命名的 2 个种特征正好相反：Basilewsky 因各鳍红色而命名的 *C. erythropterus* 实际上腹部腹棱完全；各鳍为灰黑色的 *C. alburnus* 实际上腹部腹棱不完全。这种倒置反映在苏联和我国的许多鱼类志书中。有一些学者，如 Günther（1868）、Nichols 和 Pope（1927）等记述 *C. alburnus* 的腹棱是不完全的。罗云林（1994）也指出 Berg 对这 2 个种鉴定错误。因此，Berg 建立的红鲌属（*Erythroculter*）是无效的，只是鲌属 *Culter* 的同物异名。

关于红鳍鲌属（*Chanidichthys*）和原鲌属（*Cultrichtys*）：红鳍鲌属（*Chanidichthys*）是 Bleeker（1860）依 *Leptocephalus mongolicus* Basilewsky, 1855 为模式种建立的，描述特征较简短，没有交代腹部腹棱状况。在同一本书记录的鲌属（*Culter*）中，他记载了包括 *C. alburnus* 和 *C. mongolicus* 等 5 个种，可见当时 Bleeker 认为这 2 个种不是同一种。而苏联的有关专著（Berg, 1949，Nikulisky, 1956）中，这 2 个种都存在，分别为 *Chanodichths mongolicus*（Basilewsky, 1855）和 *Erythroculter mongolicus*（Basilewsky, 1855），2 个种的区别是前者"腹部无棱突"，后者"腹鳍前无棱突"（检索

表）。书中指出前一种标本很少，描述仅根据 1860 年采自乌苏里江支流的 1 尾体长为 515 mm 的剥制标本。因此，红鳍鲌属（*Chanodichthys* Bleeker，1960）的模式种是否存在、是否是鲌类，也是需要讨论的。原鲌属（*Cultichthys* Smith，1938）的模式种是 *Culter brevicauda* Gunther，1868（台湾），其主要特征是腹棱完全。经考证，该种就是 Basilewsky 的红鳍原鲌＝*Cultrichtys erythropterus*（Basilewsky，1855）。现在一些学者将本种也归入红鳍鲌属（Bogutskaya and Naseka，2004；伍汉霖 等，2012），使此属既有腹棱完全又有腹棱不完全的种类，似乎不妥。另外，过去将腹棱不完全的种类都归于鲌属，现在又将其中大部分种类归入红鳍鲌属，转归有点不尽一致；即使两种 *mongolicus* 是同一种，那也就是蒙古鲌（*C. mongolicus*）和翘嘴鲌（*C. alburnus*）之间的特征差异。因此，本书还是使用传统的鲌属（*Culter*）和原鲌属（*Cultrichtys*）。】

原鲌属 *Cultrichthys* Smith，1938

本属长江口 1 种。

58. 红鳍原鲌 *Cultrichthys erythropterus*（**Basilewsky，1855**）

Culter erythropterus Basilewsky，1855，Nouv. Mem. Soc. Nat. Mosc.，10：236（Beijing，China）；Kner，1867，Zool. Theil. Fische：360（上海）。

Culter alburnus：Kner，1867，Zool. Theil，Fische：362（上海）；Kimura，1935，J. Shanghai Sci. Inst.，（3）3：108（崇明）。

Culter brevicauda：Günther，1873，Ann. Mag. Nat. Hist.，（4）12：250（上海）；Bleeker，1879，Verh. Akad. Amst，18：3（上海）；Chu，1931，China J，14（2）：86（上海）。

Culter recurviceps：Bleeker，1871，Verh. Akad. Amst，12：13（上海等地）；Bleeker，1873，Ned. Tijd. Dierk，4：145（上海）；Sauvage and Dabry，1874，Ann. Sci. Nat.，（6）1（5）：12（上海等地）；Martens，1876，Zool. Theil. Berlin，1（2）：403（上海）；Fowler，1929，Proc. Acad. Nat. Sci. Philad.，81：595（上海鱼市场）；Tortonese，1937，Bull. Mus. Zool. Anat. Comp. Univ. Torino，47：243（上海等地）。

Erythroculter recurviceps：Nichols，1928，Bull. Am. Mus. Nat. Hist.，58（1）：29（上海）。

短尾白鱼 *Culter alburnus*：张春霖，1959，中国系统鲤类志：96（上海等）。

红鳍鲌 *Culter erythopterus*：易伯鲁、吴清江，1964，中国鲤科鱼类志（上卷）：113，图 2－48（长江等地）；湖北省水生生物研究所鱼类研究室，1976，长江鱼类：116，图 87（崇明，南京，安庆等）；王幼槐，1990，上海鱼类志：154，图 65（崇明，宝山，南汇等上海各郊县）。

红鳍原鲌 *Cultrichthys erythropterus*：罗云林，1994，水生生物学报，18（1）：47（台湾，闽江，钱塘江，长江，淮河，黄河，辽河，黑龙江）；罗云林、陈银瑞，1998，中国动物志·硬骨鱼纲 鲤形目（中卷）：182，图 105（湖北等地）；秦伟，2006，江苏鱼类志：290，图 127，彩图 16（海门等地）；张春光、赵亚辉等，2016，中国内陆鱼类物种与分布：59（我国东部各水系）。

红鳍鲌 *Chanodichthys erythropterus*：伍汉霖等，2012，拉汉世界鱼类系统名典：42。

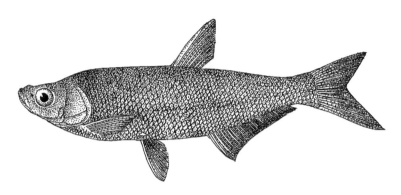

图 58　红鳍原鲌 *Cultrichthys erythropterus*

英文名　predatory carp。

地方名　黄尚鱼。

主要形态特征　背鳍 3，7；臀鳍 3，24～29；胸鳍 1，14～16；腹鳍 1，8。侧线鳞 $59\sim69\frac{12\sim13}{6}$。鳃耙 24～29。下咽齿 3 行，2·4·4（5）-5（4）·4·2。

体长为体高的 3.6～4.7 倍，为头长的 3.8～4.1 倍。头长为吻长的 3.6～4.3 倍，为眼径的 4.1～4.9 倍，为眼间隔的 4.1～4.7 倍。尾柄长为尾柄高的 1.0～1.2 倍。

体延长，侧扁，腹部自胸鳍基部下方至肛门有明显的腹棱。头中大，头部平直，头后部隆起。吻短钝。口小，上位，口裂几垂直。下颌上翘，突出于上颌之前。眼大，侧上位。眼间隔较宽，微突。鳃盖膜与峡部相连。

背鳍短，起点位于腹鳍基的后上方，第三根不分支鳍条为硬刺，边缘光滑，无锯齿。臀鳍无硬刺，位于背鳍基的后下方。胸鳍尖长，下侧位，末端接近腹鳍。腹鳍位于背鳍之前，其长短于胸鳍。尾鳍深叉形，上叶短于下叶，末端尖形。

体被青灰带蓝绿色，腹部银白色，体侧上部每个鳞片后缘有黑色小斑点。背鳍灰色。胸鳍淡黄色，尾鳍下叶和臀鳍橘红色。

分布　分布于中国、越南和蒙古国。除西部高原地区外，中国其他各地的江河、湖泊、水库等水域均有分布。长江下游及上海地区各地均产。

生物学特性　喜栖于水草繁茂的敞水区和沿岸一带，活动于中上层，性凶猛，主要摄食小鱼、小虾等，也捕食部分水生昆虫及其幼虫、枝角类、桡足类及少量水草和软体动物。生殖季节自5月下旬至7月上旬（小满至小暑）。在水草茂盛的敞水区或沿岸泄水区产卵。卵黏性，附着于水草上发育。产卵亲鱼一般为1～2冬龄、体重50～100 g。上海淀山湖个体1冬龄体长65～91 mm（平均81 mm）、体重4.2～9.9 g（平均7.03 g），2冬龄体长125～167 mm（平均149 mm）、体重23.8～54.5 g（平均39.84 g）。

资源与利用 红鳍原鲌是长江三角洲湖泊中的经济鱼类之一。据1974年8月至1975年7月统计，上海淀山湖该鱼产量为15.15 t，占该湖同期总收购量的4.52%。在野生鱼类中，产量仅次于鲤和鲫。

鲹属 *Hemiculter* Bleeker，1860

本属长江口2种。

种 的 检 索 表

1（2）体较厚；侧线在胸鳍上方平缓下弯；腹膜深黑色；⋯⋯⋯⋯⋯⋯⋯⋯⋯ 贝氏鲹 *H. bleekeri*

2（1）体较薄；侧线在胸鳍上方急剧向下弯；腹膜灰黑色；⋯⋯⋯⋯⋯⋯⋯⋯⋯ 鲹 *H. leucisculus*

59. 鲹 *Hemiculter leucisculus*（Basilewsky，1855）

Culter leucisculus Basilewsky，1855，Nouv. Mem. Soc. Nat. Mosc.，10：238（Beijing，China）；Kner，1867，Zool. Theil. Fische：362（上海）。

Culter kneri：Bleeker，1871，Verh. Akad. Amst，12：14（上海）；Bleeker，1873，Ned. Tijd. Dierk.，4：145（上海）。

Hemiculter leucisculus：Günther，1873，Ann. Mag. Nat. Hist.，（4）12：240（上海）；Nichols，1928，Bull. Am. Mus. Nat. Hist.，58（1）：27（上海）；Tchang，1929，Science，14（3）：400（上海，江阴，无锡，南京等）；Tchang，1930，Theses Univ. Paris，（A）（209）：152（上海等）；Tortonese，1937，Bull. Mus. Zool. Anat. Comp. Univ. Torino，47：244（上海，江阴，太湖，南京等）；Nichols，1943，Nat. Hist. Centr. Asia，9：134（上海，长江，河北）。

Chanodichthys leucisculus：Martens，1876，Zool. Theil. Berlin，1（2）：403（上海）。

Hemiculter kneri：Warpachowsky，1887，Bull. Acad. Sci. Petersb.，32：697（上海）；Kimura，1935，J. Shanghai Sci. Inst.，（3）3：109（崇明）。

Cultriculus kneri：Chu，1930，China J.，13（6）：331（上海等）；Kimura，1934，J. Shanghai Sci. Inst.，（3）1：110（上海，江阴，苏州等）。

白条 *Hemicuter leucisculu*s：张春霖，1959，中国系统鲤类志：107，图88（上海，南京等）。

　　鳘条 *Hemiculter leucisculus*：易伯鲁、吴清江，1964，中国鲤科鱼类志（上卷）：89，图2-25（长江流域等地）；湖北省水生生物研究所鱼类研究室，1976，长江鱼类：114，图83（崇明，镇江，南京等地）。

　　鳘 *Hemiculter leucisculus*：曹正光，1990，上海鱼类志：157，图67（宝山，川沙，南汇，青浦等地）；罗云林、陈银瑞，1998，中国动物志·硬骨鱼纲 鲤形目（中卷）：164，图94（湖北等地）；秦伟，2006，江苏鱼类志：294，图129（海门等地）。

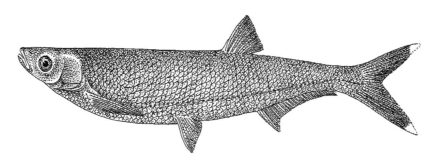

图59　鳘 *Hemiculter leucisculus*

　　英文名　sharpbelly。

　　地方名　鳘条、白条。

　　主要形态特征　背鳍3，7；臀鳍3，10～14；胸鳍1，12～13；腹鳍1，7～8。侧线鳞$49～57\frac{8～9}{2～3}$。鳃耙15～20。下咽齿3行，2·4·4（5）-4（5）·4·2。

　　体长为体高的4.1～4.7倍，为头长的4.4～4.6倍。头长为吻长的3.4～3.7倍，为眼径的3.8～4.4倍，为眼间隔的3.0～3.5倍。尾柄长为尾柄高的1.5～1.8倍。

　　体长，侧扁，背缘平直，腹缘略呈弧形，自胸鳍基至肛门具腹棱。头略尖，侧扁，头部背面平直。吻短。口端位，口裂斜，上下颌约等长。眼中大，侧位。眼间隔宽而微凸。鳃孔宽，鳃盖膜在前鳃盖骨后缘的下方与峡部相连。

　　体被中大圆鳞，薄而易脱落。侧线完全，在胸鳍上方急剧下弯，至胸鳍末弯折成与腹部平行，后延伸至尾柄正中。

　　背鳍末根不分支鳍条为光滑硬刺，刺长短于头长，起点距尾鳍基较距吻端近。臀鳍位于背鳍的后下方。胸鳍尖形，末端一般不伸达腹鳍起点。腹鳍位于背鳍起点之前，其长短于胸鳍，末端不伸达肛门。尾鳍分叉，末端尖形，下叶长于上叶。

　　体背部青灰色，腹侧银色。尾鳍边缘灰黑。

　　分布　分布于中国、朝鲜半岛、日本、俄罗斯和蒙古国。中国分布广，平原地区各大河流、湖泊均有分布。长江下游地区各地均产。长江口区较常见。

　　生物学特性　生活于水体中上层，性活泼，杂食性，主要摄食水生昆虫、高等水生植物、枝角类、桡足类等。

资源与利用 本种为习见的小型鱼类，可供食用，亦可作养殖鱼类的食饵。

鲂属 *Megalobrama* Dybowski，1872

本属长江口2种。

种 的 检 索 表

1（2）背鳍刺短于头长；口裂宽，头宽为口宽的2倍以下；尾柄长小于尾柄高；眶上骨薄而小，三角形 ·· 团头鲂 *M. amblycephala*

2（1）背鳍刺长于头长；口裂窄，头宽为口宽的2倍以上；尾柄长大于尾柄高；眶上骨厚而大，长方形 ·· 东北鲂 *M. mantschuricus*

60. 团头鲂 *Megalobrama amblycephala* Yih，1955

Megalobrama amblycephala Yih，1955，Acta Hydrobiologica Sinica，1（2）：116，pl. 1，figs. 1～2（Lake Liangzi，Hubei，China）。

团头鲂 *Megalobrama amblycephala*：易伯鲁、吴清江，1964，中国鲤科鱼类志（上卷）：96，图2-30（湖北梁子湖、东湖）；湖北省水生生物研究所鱼类研究室，1976，长江鱼类：107，图78（鄱阳湖）；姚根娣，1990，上海鱼类志：159，图70（青浦淀山湖）；罗云林、陈银瑞，1998，中国动物志·硬骨鱼纲 鲤形目（中卷）：205，图120（湖北梁子湖、洪湖）；秦伟，2006，江苏鱼类志：294，图129（南通等地）。

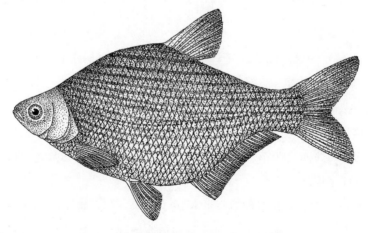

图60 团头鲂 *Megalobrama amblycephala*

英文名 Wuchang bream。

地方名 武昌鱼、团头鳊、草鳊。

主要形态特征 背鳍3，7；臀鳍3，25～29；胸鳍1，14～16；腹鳍1，8。侧线鳞 $49～58\dfrac{11～12}{8～9}$。鳃耙13～18。下咽齿3行，2·4·5（4）-4（5）·4·2。

体长为体高的 2.0～2.4 倍，为头长的 3.9～4.9 倍。头长为吻长的 3.0～3.8 倍，为眼径的 3.8～4.7 倍，为眼间隔的 2.1～2.6 倍。尾柄长为尾柄高的 0.7～0.9 倍。

体侧扁而高，呈菱形，胸部平直，腹部在腹鳍起点至肛门具腹棱，尾柄宽短，头后背部隆起。头小，锥形。吻短钝。眼中大，侧中位。眼间隔宽平，为眼径的 1.9～2.6 倍。上眶骨大，略呈三角形。口宽，端位，呈弧形，头宽为口宽的 1.7～2.0 倍。上下颌角质发达，上颌角质呈新月形。鳃孔向前至前鳃盖骨后缘稍前的下方。鳃盖膜与峡部相连。

体被中大圆鳞，背部、腹部鳞较体侧为小。侧线完全，较平直，中部浅弧形，后部伸达尾鳍基。

背鳍末根不分支鳍条为强大而光滑的硬刺，刺粗短，其长一般小于头长，起点距尾鳍基较距吻端近。臀鳍长，无硬刺，起点在背鳍基后下方。胸鳍侧下位，末端不达腹鳍。腹鳍始于背鳍起点前下方，末端不伸达肛门。尾鳍深分叉，下叶较上叶稍长，末端稍钝。

体呈灰黑色。体侧鳞片基部浅灰黑色，边缘较浅，两侧灰黑色，在体侧各纵行鳞形成数行浅灰黑色纵纹。各鳍灰黑色。

分布　中国特有，原只分布于长江中下游附属湖泊，如湖北梁子湖、江西鄱阳湖等地。移养成功后，已推广至全国。

生物学特性　团头鲂性温和，喜生活于有沉水植物的湖泊中下层。在繁殖季节，集群于有水流的泥坑场所进行产卵。冬季在深水区泥坑中越冬。幼鱼主要摄食浮游动物，随生长也摄食苦草、轮叶黑藻等水生植物。人工饲养时喜食旱草碎屑、米糠、麸皮、豆饼等饲料。一般 2 龄性成熟，最小型性成熟体长和体重：雌鱼为 250 mm，450 g；雄鱼为 258 mm，400 g。繁殖季节为 5—6 月。2～4 冬龄鱼怀卵量分别为 3.7 万～10.3 万粒、10 万～31.5 万粒和 27.3 万～44.4 万粒。卵黏性，卵径 1.1～1.2 mm。受精卵在 20～25 ℃时，约经 2 d 孵化。初孵仔鱼长 3.5～4.0 mm。团头鲂生长较快，当年鱼体长可达 128 mm，体重 46 g。1～4 冬龄鱼体长和体重分别为 250.1 mm，497 g；308.5 mm，903 g；338.1 mm，1 084 g 和 347.8 mm，1 100 g。以当年至 2 冬龄鱼生长较快，一年中 7—9 月生长最快。

资源与利用　肉质细嫩，肉味鲜美，含肉量高，营养丰富，为上等食用鱼。由于具有生长快、抗病力强、草食性、饲料来源广、可自繁苗种等优点，是优良的养殖品种。20 世纪 60 年代起先后被移殖到全国各地，现已成为我国主要的淡水经济鱼类之一。

61. 东北鲂 *Megalobrama mantschuricus*（**Basilewsky，1855**）

Abramis mantschuricus Basilewsky，1855，Nouv. Mém. Soc. Nat. Mosc.，10：239（Mongolia and Manchuria，China）。

Parabramis terminalis：Chu，1930，China J.，13（6）：330（上海）；Tchang，

1933，Zool. Sinica，(B) 2 (1)：178（松江）。

鲂 *Megalobrama terminalis*：张春霖，1959，中国系统鲤类志：95，图 79（上海松江等地）；王幼槐，1990，上海鱼类志：159，图 69（崇明等地）。

三角鲂 *Megalobrama terminalis*：易伯鲁、吴清江，1964，中国鲤科鱼类志（上卷）：93，图 2-28（湖北梁子湖等地）；湖北省水生生物研究所鱼类研究室，1976，长江鱼类：109，图 80（崇明等地）。

鲂 *Megalobrama skolkovii*：罗云林、陈银瑞，1998，中国动物志·鲤形目（中卷）：202，图 118（江西等地）；秦伟，2006，江苏鱼类志：298，图 131（南京等地）。

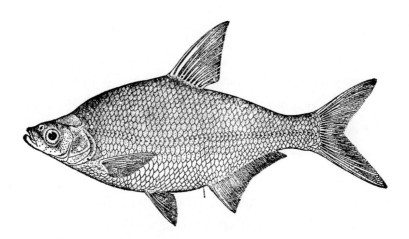

图 61　东北鲂 *Megalobrama mantschuricus*（王幼槐，1990）

英文名　black Amur bream。

地方名　鳊鱼、三角鳊。

主要形态特征　背鳍 3，7；臀鳍 3，25～30；胸鳍 1，15～17；腹鳍 1，8。侧线鳞 $50～58 \frac{11～12}{7～8}$。鳃耙 18～20。下咽齿 3 行，2·4·4 (5) − 5 (4)·4·2。

体长为体高的 2.2～2.4 倍，为头长的 4.3～4.8 倍。头长为吻长的 3.4～3.9 倍，为眼径的 2.8～3.6 倍，为眼间隔的 2.4～2.7 倍。

体高，侧扁，呈菱形。头后背部隆起，背鳍起点处体最高。腹棱不完全，自腹鳍基至肛门。尾柄较短，尾柄长为尾柄高的 1.0～1.1 倍。头小，侧扁。口端位，斜裂，呈马蹄形。口裂较窄，头宽为口宽的 2 倍以上。上下颌角质发达，上颌角质低而长，呈新月形，边缘锐利。

体被中大圆鳞。侧线完全，中部浅弧形下弯，向后伸达尾鳍基。

背鳍第三不分支鳍条为硬刺，刺粗壮光滑而长，刺长一般长于头长（1.3～1.4 倍），背鳍起点距吻端较距尾鳍基近。臀鳍无硬刺，起点与背鳍基末端相对。胸鳍尖形，末端伸达或不伸达腹鳍起点。腹鳍位于背鳍起点前下方。尾鳍深叉形，下叶稍长于上叶，末端尖形。

体呈灰黑色，腹侧银灰色。体侧鳞片中部色浅，边缘灰黑色。体侧鳞片基部无黑斑。各鳍灰黑色。

分布　分布广，长江中下游、闽江、钱塘江、淮河、黄河、辽河、鸭绿江和黑龙江均有分布。长江口区亦有分布。

生物学特性　中下层鱼类。流水或静水水体中均有，在江河或湖泊中均能繁殖。栖息于底质为淤泥或石砾、生长有沉水植物的敞水区。成熟亲鱼集群于有流水的场所进行繁殖。冬季不大活动，一般集群在深水的石隙中越冬。到初春游至江河港汊和附属水体的沿岸觅食。杂食性，幼鱼主要以软体动物（淡水壳菜）、水生昆虫幼虫等为食，成鱼主要摄食沉水植物和底栖动物，也捕食小鱼。生长迅速，渔获物以 1～4 龄为主，最大个体可达 612 mm，体重达 4.5 kg。繁殖期为 5—6 月，繁殖水温 19～28 ℃。绝对怀卵量 17 万～48 万粒。黏性卵，产卵场为具有茂密的水生维管束植物，水底为淤泥，无砾石的港口或河口地区。在江河中则在石滩上产卵，卵黏附于砾石上。

资源与利用　肉质细嫩，肉味鲜美，为较名贵的经济鱼类。长江口插网和地曳网作业能捕获到，但数量不多。

【Vasil'eva 和 Makeeva（2003）研究认为，鲂（*Megalobrama skolkovii* Dybowski，1872）为东北鲂［*Megalobrama mantschuricus*（Basilewsky，1855）］的同物异名。】

鳊属 *Parabramis* Bleeker，1864

本属长江口 1 种。

62. 鳊 *Parabramis pekinensis*（**Basilewsky，1855**）

Abramis pekinensis Basilewsky，1855，Nouv. Mem. Soc. Imp. Nat. Mosc.，10：238（Rivers leading to North China Bay，China）。

Culter pekinensis：Kner，1867，Zool，Theil. 1 Fische：360（上海）。

Parabramis pekinensis：Bleeker，1871，Verh. Akad. Amst.，12：15（上海等）；Bleeker，1873，Ned. Tijd. Dierk.，4：146（上海）；Evarmann and Shaw，1927，Proc. Calif. Acad. Sci.，（4）16（4）：103（上海，南京，杭州）；Nichols，1928，Bull. Am. Mus. Nat. Hist.，58（1）：31（上海等）；Tchang，1930，Theses Univ. Paris，（A）（209）：137（上海）；Kimura，1935，J. Shanghai Sci. Inst.，（3）3：108（崇明）；Tortonese，1937，Bull. Mus. Zool. Anat. Comp. Univ. Torino，47：243（上海，香港）；Nchols，1943，Nat. Hist. Centr. Asia，9：151（上海等）。

Chanodichthys pekinensis：Günther，1873，Ann. Mag. Nat. Hist.，（4）12：249（上海）。

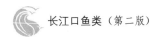

Parabramis bramula：Bleeker，1879，Verh. Akad. Amst.，18：3（上海）；Fowler，1929，Proc. Acad. Nat. Sci. Philad.，81：595（上海）；Chu，1931，China J.，14（2）：84（上海）；Kimura，1934，J. Shanghai Sci. Inst.，（3）1：93（江阴，汉口，重庆）。

鳊 *Parabramis pekinensis*：张春霖，1959，中国系统鲤类志：94（上海）；王幼槐，1990，上海鱼类志：155，图 66（长江口南支，崇明，宝山，川沙，青浦等）；罗云林、陈银瑞，1998，中国动物志·鲤形目（中卷）：198，图 116（湖北等地）；秦伟，2006，江苏鱼类志：300，图 132（海门等地）。

长春鳊 *Parabramis pekinensis*：易伯鲁、吴清江，1964，中国鲤科鱼类志（上卷）：115，图 2-50（长江流域等地）；湖北省水生生物研究所鱼类研究室，1977，长江鱼类：104（崇明，镇江，南京等）。

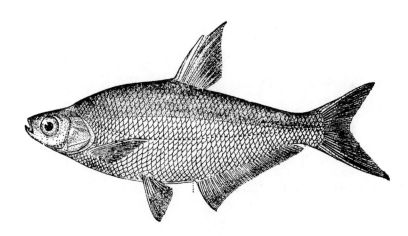

图 62　鳊 *Parabramis pekinensis*（王幼槐，1990）

英文名　white Amur bream。

地方名　鳊鱼、长春鳊。

主要形态特征　背鳍 3，7；臀鳍 3，28～34；胸鳍 1，16～18；腹鳍 1，8。侧线鳞 $54\sim58\,\dfrac{11\sim13}{7\sim9}$。鳃耙 17～22。下咽齿 3 行，2·3·4（5）-4（5）·3·2。

体长为体高的 2.3～2.9 倍，为头长的 4.6～5.3 倍。头长为吻长的 3.2～3.7 倍，为眼径的 3.4～3.7 倍，为眼间隔的 2.3～2.7 倍。尾柄长为尾柄高的 0.8～0.9 倍。

体高而侧扁，略呈长菱形，体长为体高 3.5 倍以下。腹棱完全，腹部自胸鳍至肛门间具明显的腹棱，尾柄宽短。头小。吻短。眼中大，侧位。眼间隔宽，圆突。口小，端位，斜裂，上下颌约等长，并有角质物。鳃孔伸至前鳃盖骨后缘稍前下方。鳃盖膜与峡部相连。

体被中大圆鳞，背腹部鳞较体侧小。侧线完全，近平直，约位于体侧中央，向后伸达尾鳍基。

背鳍末根不分支鳍条为较强硬刺，边缘光滑，无锯齿，刺长稍大于头长，第一分支鳍条最长，一般长于头长。臀鳍无硬刺，起点在背鳍基部末端的正下方。胸鳍侧下位，末端不伸达腹鳍起点。腹鳍位于背鳍的前下方。尾鳍深分叉，下叶略长于上叶，末端尖形。

体背青灰色，体侧和腹部银白色。各鳍灰白色并镶有黑色边缘。

分布 分布于中国、朝鲜和俄罗斯。广泛分布于中国黑龙江、长江、珠江等东部各大水系。在长江干支流及其附属湖泊均产。可见于长江河口区沿岸、内河和湖泊中。

生物学特性 一般生活于水体的中下层。食性较杂。主要摄食水生维管束植物和藻类，兼食枝角类和桡足类等浮游动物及少量小型虾、螺、鱼类等。2 龄性成熟。繁殖期在 5—7 月。体长 24～29 cm 的 2～4 龄鱼怀卵量为 2 万～25 万粒。在江河湖泊中均能产卵。属分批产卵类型。卵漂浮性，卵径 0.9～1.2 mm。受精卵在水温 21.4～24.4 ℃时，约经 2 d 孵化。生长较慢，1～4 龄体长分别为 21.7 cm、27.5 cm、30 cm 和 33 cm；体重分别为 160 g、270 g、460 g 和 540 g。长江个体多数为 1～2 龄，最高为 4 龄。

资源与利用 肉质鲜美，为人们所喜食。由于兴建水利和水质污染，鱼类江湖洄游通道被阻断，内河和湖泊中鳊的自然数量很少。能人工繁殖、育苗和养殖，但数量和规模不及团头鲂。在长江河口区数量也不多，崇明内河中因常开闸进水而有一定的数量。

飘鱼属 *Pseudolaubuca* Bleeker，1864

本属长江口 2 种。

种 的 检 索 表

1（2）体极扁薄；侧线鳞 60 以上；侧线在胸鳍上方急剧向下弯折成明显角度 …………………………
………………………………………………………………………… 银飘鱼 *P. sinensis*

2（1）体侧扁；侧线鳞 60 以下；侧线在胸鳍上方缓慢向下弯折成广弧形 ………………………………
………………………………………………………………………… 寡鳞飘鱼 *P. engraulis*

63. 银飘鱼 *Pseudolaubuca sinensis* Bleeker，1864

Pseudolaubuca sinensis Bleeker，1864，Ned. Tijd. Derk.，2：29（China）。

银飘 *Pseudolaubuca sinensis*：易伯鲁、吴清江，1964，中国鲤科鱼类志（上卷）：82，图 2-17（长江干流等地）。

银飘鱼 *Pseudolaubuca sinensis*：湖北省水生生物研究所鱼类研究室，1976，长江鱼类：126，图 93（镇江等地）；王幼槐，1990，上海鱼类志：166，图 75（崇明，长江口南支，南汇，嘉定）；秦伟，2005，太湖鱼类志：124，图 28（太湖）。

飘鱼 *Pseudolaubuca sinensis*：罗云林、陈银瑞，1998，中国动物志·鲤形目（中卷）：155，图 89（浙江等地）；秦伟，2006，江苏鱼类志：303，图 134（海门等地）。

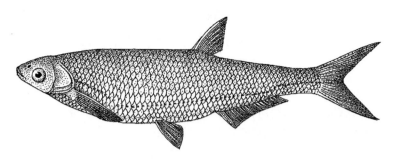

图 63　银飘鱼 *Pseudolaubuca sinensis*

地方名　飘鱼、薄削。

主要形态特征　背鳍 3，7；臀鳍 3，20～26；胸鳍 1，13；腹鳍 1，8。侧线鳞 62～74 $\frac{10}{2}$。鳃耙 14～16。下咽齿 3 行，2·4·4（5）- 5（4）·4·2。

体长为体高的 4.3～4.6 倍，为头长的 4.6～5.0 倍。头长为吻长的 3.3～3.4 倍，为眼径的 3.6～4.3 倍，为眼间隔的 4.0～4.5 倍。尾柄长为尾柄高的 1.2～1.5 倍。

体呈长形，甚侧扁，背部平直，腹部圆凸，从颊部至肛门具明显腹棱。头小，侧扁，头背平直。吻尖端。口端位，斜裂，上下颌约等长，下颌中央具一突起，正与上颌中央凹陷缺刻相吻合。眼中大，侧中位，眼缘周围常具透明脂膜。眼间隔狭而隆起。鳃盖膜与峡部相连。

体被小圆鳞，薄而易脱落。侧线完全，在胸鳍上方急剧向下弯折，沿腹侧下方延伸至臀鳍基后上方上折，伸入尾柄中央。

背鳍短，无硬刺，起点距吻端较距尾鳍基远。臀鳍基部较长，起点与背鳍基末端约相对，距腹鳍基较距尾鳍基近。胸鳍侧下位，末端远不达腹鳍，胸鳍基部内侧具一发达的肉质瓣，其长大于眼径。腹鳍小，位于背鳍前下方。尾鳍深叉形，下叶略长于上叶，末端尖形。

体背部黄褐色，腹侧银白色。各鳍灰色。

分布　广泛分布于我国沅江、珠江、闽江、钱塘江、长江、黄河、辽河等水系。在上海地区分布于长江河口区的崇明、南汇以及嘉定、青浦（淀山湖）的内河和湖泊。

生物学特性　湖泊、江河中常见的小型鱼类。喜成群漂游于水体的表层，故名"飘鱼"。杂食性，主要摄食幼鱼、小虾、水生昆虫、浮游动物、植物碎屑及藻类等。繁殖期为 5—7 月。怀卵量为 3 000～3 400 粒。1 龄鱼体长为 66～110 mm，2 龄鱼体长为 133～163 mm，3 龄鱼体长为 178～210 mm。

资源与利用　个体小，产量少，食用价值不大，可作为养殖鱼、蟹的饵料。

似鲚属 *Toxabramis* Günther，1873

本属长江口 1 种。

64. 似鲚 *Toxabramis swinhonis* Günther，1873

Toxabramis swinhonis Günther，1873，Aun. Mag. Nat. Hist.，12（4）：250（Shanghai，China）；Sauvage and Dabry，1874，Ann. Sci. Nat.，(6) 1 (5)：12（上海）；Chu，1930，China. J.，13（6）：334（上海）。

似鲚鱼 *Toxabramis swinhonis*：易伯鲁、吴清江，1964，中国鲤科鱼类志（上卷）：84，图 2-19（鄱阳湖等地）。

似鲚 *Toxabramis swinhonis*：湖北水生生物研究所鱼类研究室，1976，长江鱼类：103，图 77（鄱阳湖）；王幼槐，1990，上海鱼类志：165，图 74（崇明，宝山，嘉定，奉贤，青浦等地）；罗云林、陈银瑞，1998，中国动物志·鲤形目（中卷）：159，图 91（湖北等地）；秦伟，2006，江苏鱼类志：305，图 134（南京等地）。

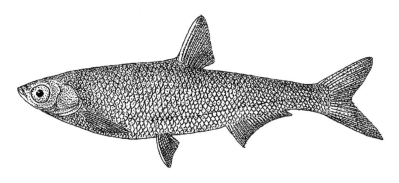

图 64　似鲚 *Toxabramis swinhonis*

地方名　板肖。

主要形态特征　背鳍 3，7；臀鳍 3，16～18；胸鳍 1，12；腹鳍 1，7。侧线鳞 54～66 $\frac{12}{2}$。鳃耙 22～267。下咽齿 2 行，2（3）·4-5·3（2）或 3·5-5·2。

体长为体高的 4.6～5.0 倍，为头长的 3.5～3.9 倍。头长为吻长的 3.6～4.1 倍，为眼径的 3.2～3.5 倍，为眼间隔的 3.4～3.5 倍。尾柄长为尾柄高的 1.4～1.6 倍。

体长，甚侧扁，腹部自胸鳍基前方至肛门具完全腹棱。头短，较侧扁，头长显著小于体高。吻短，稍尖。眼中大，居头部侧前位。眼间隔宽平，隆起。口中大，端位，斜裂。上下颌约等长。鳃孔宽。鳃盖膜与峡部相连。

体被中大圆鳞。侧线完全，在胸鳍上方急剧下弯，折成一明显角度，沿体侧下方直至臀鳍基部后上方上折，伸至尾柄中央。

背鳍末根不分支鳍条为硬刺，其后缘具明显锯齿，刺长短于头长，背鳍起点距尾鳍基较距吻端近。臀鳍中长，起点位于背鳍的后上方。胸鳍侧下位，后端不伸达腹鳍。腹鳍位于背鳍起点的前下方。尾鳍深分叉，下叶长于上叶，末端尖形。

体背侧灰黑色，腹部银白色。尾鳍青灰色，其他各鳍淡灰色。固定标本体侧自头后至尾鳍基常具一色暗的纵带。

分布　分布于长江、黄河、钱塘江及东南沿海等水系。长江中下游干流及其附属湖泊均有分布。长江河口区亦有分布。

生物学特性　分布于水体中上层，主要摄食浮游动物，也食少量水生植物碎屑，水生昆虫及其幼虫。1龄性成熟。繁殖期为6—7月。怀卵量一般为5 000～6 500粒。淀山湖渔获物以体长80～100 mm的2冬龄鱼为主。

资源与利用　个体较小，但数量较多。体薄肉少，大多作为养殖河蟹和家禽的饲料。

鲴亚科 Xenocyprinae

本亚科长江口3属。

属 的 检 索 表

1（4）下咽齿3行

2（3）腹鳍与肛门间有不完全的腹棱（或无腹棱）；下颌有稍发达的角质边缘　……………　鲴属 *Xenocypris*

3（2）腹鳍与肛门间腹棱完全；下颌的角质边缘很发达…………………………　斜颌鲴属 *Plagiognathops*

4（1）下咽齿1行………………………………………………………………………　似鳊属 *Pseudobrama*

斜颌鲴属 *Plagiognathops* Berg，1907

本属长江口1种。

65. 细鳞斜颌鲴 *Plagiognathops microlepis*（Bleeker，1871）

Xenocypris microlepis Bleeker，1871，Verh. Akad. Amst.，12：58，pl. 9（Yangtze River，China）。

细鳞斜颌鲴 *Plagiognathops microlepis*：杨干荣，1964，中国鲤科鱼类志（上卷）：127，图3-6（湖北等地）；湖北省水生生物研究所鱼类研究室，1976，长江鱼类：130，图98（湖北等地）；王幼槐，1990，上海鱼类志：169，图78（青浦）。

细鳞鲴 *Xenocypris microlepis*：刘焕章、何名巨，1998，中国动物志·硬骨鱼纲 鲤形目（中卷）：218，图128（湖北等地）；陈校辉、边文冀，2006，江苏鱼类志：313，图140（兴化等地）。

英文名　smallscale yellowfin。

地方名　沙姑子、黄片、黄板鱼。

主要形态特征　背鳍3，7；臀鳍3，10～14；胸鳍1，15～16；腹鳍1，8。侧线鳞 $72 \sim 83 \frac{13}{7}$。鳃耙36～48。下咽齿3行，2·3·6-6·4·2或2·4（3）·6-7（6）·4·

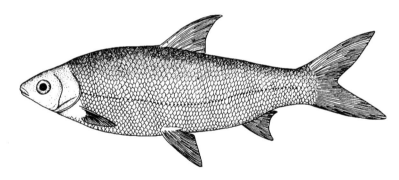

图65　细鳞斜颌鲴 *Plagiognathops microlepis*（刘成汉 等，1991）

2。椎骨4+43～44。

体长为体高的 3.1～3.6 倍，为头长的 4.8～5.2 倍。头长为吻长的 2.9～3.0 倍，为眼径的 4.3～4.5 倍，为眼间隔的 2.4～2.6 倍。尾柄长为尾柄高的 1.0～1.5 倍。

体延长，侧扁，稍厚。腹部前部圆，腹棱发达，腹鳍基部至肛门间有腹棱，腹棱长为肛门至腹鳍基距离的 3/4 以上。头小，锥形。吻钝。眼较小，侧上位。口小，下位，呈弧形。下颌角质边缘较发达。口角无须。鳃盖膜连于峡部。

体被细小圆鳞。侧线完全，侧线前端向腹部微弯，向后延伸到尾柄正中。

背鳍起点约与腹鳍起点相对。胸鳍末端尖，后伸不达腹鳍起点。腹鳍末端不伸达肛门，其基部有 1～2 片长腋鳞。臀鳍短，向后不伸达尾鳍基部。尾鳍叉形。

体背部青灰蓝色或灰黑色，体侧和腹侧银白色。胸鳍、腹鳍、臀鳍淡黄色或灰白色，背鳍灰黑色，尾鳍橘黄色，后缘灰黑色。

分布　广泛分布于珠江、长江、黄河、黑龙江及东南沿海各水系。长江河口区亦有分布。笔者 2018 年 5 月在长江口南支捕获 1 尾体长 380 mm、体重 1.75 kg 的成熟雌鱼，为目前已知长江河口区捕获的最大个体。

生物学特性　中下层鱼类。在产卵期常集群溯水而上。常与其他鲴属鱼类一起生活，有江湖洄游习性。主要以下颌发达的角质边缘刮食固着藻类，亦摄食高等水生植物、丝状藻、水生昆虫、枝角类、桡足类和水中腐殖质。性成熟年龄 2 龄以上，繁殖季节为 4 月下旬至 6 月下旬。卵黏性，分批产出。雄鱼头部和鳃盖等处具珠星。生长速度较鲴亚科其他鱼类快，1 龄平均体长 160 mm，2 龄平均体长 248 mm，3 龄平均体长 325 mm。

资源与利用　肉味鲜美，营养价值高，颇受消费者欢迎。因其能利用其他养殖鱼类不能利用的腐殖质和底栖藻类等饵料资源，常与"四大家鱼"等鱼类混养。长江口数量少，无捕捞经济价值。

【关于细鳞斜颌鲴（*Plagiognathops microlepis*）在鲴亚科（Xenocyprinae）的分类地位一直存在着较多的争议。在早期的分类系统（伍献文 等，1964）中，细鳞斜颌鲴因其发达的腹棱，被单独划分为斜颌鲴属（*Plagiognathops*）；而陈宜瑜等（1998）认为腹棱

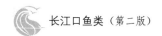

的发达与否不是一个重要的分类特征，因其可能存在较大的种间差异，将斜颌鲴属并入鲴属（*Xenocypris*）。但国内外学者的相关研究表明，细鳞斜颌鲴与鲴属鱼类之间，无论是形态、骨骼特征和同工酶（Bogutskaya and Naseka，1996；曹丽琴和孟庆闻，1992），还是分子系统进化（Xiao et al.，2001）的研究结果，均支持斜颌鲴属应为单独的属。本书将本种种名恢复为细鳞斜颌鲴［*Plagiognathops microlepis*（Bleeker，1871）］。】

似鳊属 *Pseudobrama* Bleeker，1870

本属长江口1种。

66. 似鳊 *Pseudobrama simoni*（Bleeker，1864）

Acanthobrama simoni Bleeker，1864，Ned. Tijd. Dierk.，2：25（China）。

Culticula emela：Kimura，1935，J. Shanghai Sci. Inst.，（3）3：111（崇明）。

Pseudobrama dumerili：Tortonese，1937，Bull. Mus. Zool. Anat. Comp. Univ. Torino，47：242（上海）。

逆鱼 *Acanthobrama simoni*：杨干荣，1964，中国鲤科鱼类志（上卷）：132，图3-10（湖北，湖南）；湖北省水生生物研究所鱼类研究室，1976，长江鱼类：129，图97（崇明，镇江，南京，宜昌等）。

似鳊 *Pseudobrama simoni*：王幼槐，1990，上海鱼类志：170，图80（崇明，宝山，青浦等各郊区）；刘焕章、何名巨，1998，中国动物志·硬骨鱼纲 鲤形目（中卷）：223，图131（崇明等）；陈校辉、边文冀，2006，江苏鱼类志：308，图137（太仓、海门等地）。

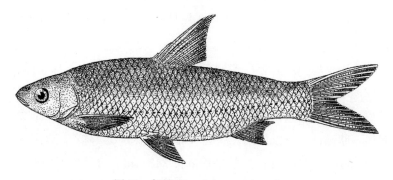

图66 似鳊 *Pseudobrama simoni*

地方名 黄吉子、土肉鲹。

主要形态特征 背鳍3，7～8；臀鳍3，10～11；胸鳍1，13～14；腹鳍1，8。侧线鳞 $41～48 \frac{8～10}{4～5}$。鳃耙130～150。下咽齿1行，6-6（7）。

体长为体高的3.0～3.6倍，为头长的4.7～5.0倍。头长为吻长的3.3～4.0倍，为眼径的 3.2～4.0 倍，为眼间隔的 2.5～3.0 倍。尾柄长为尾柄高的 1.1～1.4 倍。

体侧扁，头后背部稍隆起，腹部前部圆，腹鳍基至肛门前有腹棱。头短。吻圆钝。口小，下位，稍呈横裂。唇较薄，下颌边缘具不发达角质。眼较大，侧上位。眼间隔宽凸。鳃耙短小，排列紧密。

体被较大圆鳞。侧线完全，较直，前端微下弯，后伸至尾柄正中。

背鳍具光滑硬刺，背鳍起点距吻端较距尾鳍基近。臀鳍起点距腹鳍基较距尾鳍基稍近。胸鳍末端不伸达腹鳍。腹鳍起点稍前于背鳍起点，基部有狭长的腋鳞 1 片。尾鳍深叉形。

体背部青灰色，腹侧银白色。背鳍、臀鳍和尾鳍浅灰色，胸鳍和腹鳍浅黄色。

分布　分布于长江、黄河和海河等水系。在长江一般见于中下游及其附属水体。在长江河口区和淀山湖地区常有捕获。

生物学特性　生活于水体中下层，喜集群逆水而游，故有"逆鱼"之称。主要摄食底层藻类和植物碎屑等。2 冬龄性成熟。繁殖期为 6—7 月。卵浮性。

资源与利用　为长江河口区和淀山湖常见鱼类，体长一般为 120 mm，大者可达180 mm，可供食用。

鲴属 *Xenocypris* Günther，1868

本属长江口 2 种。

种　的　检　索　表

1（2）侧线鳞 53～64；体长为体高的 3.7～4.2 倍；尾鳍灰黑色 ·················· 大鳞鲴 *X. macrolepis*

2（1）侧线鳞 63～68；体长为体高的 3.0～3.7 倍；尾鳍黄色 ·················· 黄尾鲴 *X. davidi*

67. 大鳞鲴 *Xenocypris macrolepis* Bleeker，1871

Xenocypris macrolepis Bleeker，1871，Verh. Akad. Amst.，12：53，pl. 5，fig. 2（Yangtze River，China）。

Xenocypris argentea：Tchang，1929，Science，14（3）：401（江阴，无锡，镇江，南京）；Kimura，1934，J. Shanghai Sci. Inst.，(3) 1：62（上海等）；Tortonese，1937，Bull. Mus. Zool. Anat. Camp. Univ. Torino，47：242（上海）。

大鳞鲴 *Xenocypris macrolepis*：张春霖，1959，中国系统鲤类志：29（南京）。

银鲴 *Xenocypris argentea*：杨干荣，1964，中国鲤科鱼类志（上卷）：122，图 3-1（湖北等地）；湖北省水生生物研究所鱼类研究室，1976，长江鱼类：133，图 101（镇江等地）；王幼槐，1990，上海鱼类志：169，图 78（崇明，宝山，川沙，南汇，青浦）；刘焕章、何名巨，1998，中国动物志·硬骨鱼纲 鲤形目（中卷）：212，图 124（湖北等地）；陈校辉、边文冀，2006，江苏鱼类志：310，图 138（浏河、海门等地）。

英文名　yellowfin。

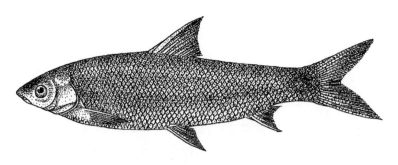

图 67　大鳞鲴 *Xenocypris macrolepis*

地方名　银鲹、刁子。

主要形态特征　背鳍 3，7～8；臀鳍 3，8～10；胸鳍 1，15～16；腹鳍 1，8。侧线鳞 $57～64\frac{9～11}{5～6}$。鳃耙 36～45。下咽齿 3 行，2·4·6-6·4·2 或 2·3·6-6·4·2。

体长为体高的 3.8～3.9 倍，为头长的 4.3～4.9 倍。头长为吻长的 2.9～3.2 倍，为眼径的 4.0～4.7 倍，为眼间隔的 2.5～2.8 倍。尾柄长为尾柄高的 1.1～1.4 倍。

体延长，侧扁，腹部圆，腹部一般无腹棱，或仅在肛门前有一段不明显的腹棱（不超过肛门至腹鳍基距离的 1/5）。头小，锥形。吻钝。眼中大，侧上位。眼间隔凸。口小，亚下位，口裂稍呈弧形，下颌前缘角质稍发达，呈薄锋状。鳃盖膜与峡部相连。

体被小圆鳞。侧线完全，前部下弯，后伸入尾柄中央。

背鳍具光滑硬刺，末端柔软分节，后缘光滑，起点在腹鳍起点稍前方。胸鳍侧下位，后伸不达腹鳍。腹鳍起点约位于胸鳍起点至臀鳍起点的中点，末端不达肛门，腹鳍基部有 1～2 片长形腋鳞。臀鳍至尾鳍基部较至腹鳍起点近。尾鳍深分叉。鳃耙短，三角形，排列紧密。

体背部及体侧上半部青灰色，腹部银白色。鳃盖骨后缘有一橘黄色斑块，胸鳍、腹鳍和臀鳍部分呈淡黄色，背鳍、尾鳍深灰色。

分布　广泛分布于我国各大水系，在长江及其附属水体有一定数量，在长江河口区数量较少。

生物学特性　底层鱼类。主要摄食硅藻和植物碎屑，也食小型甲壳动物。1 冬龄性成熟。繁殖期为 5 月下旬至 6 月下旬，多在有流水的水体中产卵。体长 181 mm 的雌鱼怀卵量为 12 564 粒。生长较慢。1 龄鱼平均体长为 147 mm，2 龄鱼平均体长为 174 mm。

资源与利用　有一定食用价值。池塘中可作为混养品种，一般每 667 m² 可放养 200 尾左右的鱼种，不与主要养殖品种争食，在不增加饲料的情况下，可提高产量 10％～15％，因此，是一种较好的养殖对象（徐兴川和蒋火金，2004）。

【本种在国内文献中多记录为银鲴（*Xenocypris argentea* Günther，1868），但据 Berg

（1909）的研究表明，*Xenocypris argentea* Günther，1868 为 *Leuciscus argenteus* Basilewsky，1855 移到鲴属（*Xenocypris*）后的次后同物异名（junior secondary homonym），该种名为无效种名。后续发表的种名有 *X. macrolepis* Bleeker，1871 和 *X. tapeinosoma* Bleeker，1871，基于命名时间优先原则，*X. macrolepis* 为有效种名（Kottelat，2001；Bogutskaya et al.，2008）。本书依此将本种种名定为大鳞鲴（*Xenocypris macrolepis* Bleeker，1871）。】

鲢亚科 Hypophthalmichthyinae

本亚科长江口1属。

鲢属 *Hypophthalmichthys* Bleeker，1860

本属长江口2种。

种 的 检 索 表

1（2）腹棱不完全，仅存在于腹鳍基底向后至肛门；鳃耙细长密列，互不相连 ················ 鳙 *H. bobilis*

2（1）腹棱完全，从胸鳍基部前方向后伸达肛门；鳃耙细密，相互交错构成海绵状的膜质层············ ·· 鲢 *H. molitrix*

68. 鲢 *Hypophthalmichthys molitrix*（Valenciennes，1844）

Leuciscus molitrix Valenciennes in Cuvier and Valenciennes，1844，Hist. Nat. Poiss.，17：360（China）。

Hypophthalmichthys molitrix：Bleeker，1878，Versl. Akad. Amst.，（2）12：211（上海）；Bleeker，1879，Verh. Akad. Amst.，18：3（上海）；Fowler，1929，Proc. Acad. Nat. Sci. Philad.，81：595（上海）；Kimura，1935，J. Shanghai Sci. Inst.，（3）3：113（崇明）；Tortonese，1937，Bull. Mus. Zool. Anat. Comp. Univ. Torino，47：245（上海）。

白鲢 *Hypophthalmichthys molitrix*：张春霖，1959，中国系统鲤类志：109，图 89（上海，南京，九江等）；杨干荣，1964，中国鲤科鱼类志：225，图 6-2（长江等地）。

鲢 *Hypophthalmichthys molitrix*：湖北省水生生物研究所鱼类研究室，1976，长江鱼类：145，图 116（湖口，宜昌等）；姚根娣，1990，上海鱼类志：199，图 106（青浦淀山湖）；陈炜，1998，中国动物志·硬骨鱼纲 鲤形目（中卷）：228，图 133（崇明，安徽，江西，湖北等）；严小梅、朱成德，2006，江苏鱼类志：317，图 142（海门等地）。

英文名　silver carp。

地方名　白鲢、鲢子。

主要形态特征　背鳍 3，7～8；臀鳍 3，12～13；胸鳍 1，16～17；腹鳍 1，7～8。侧

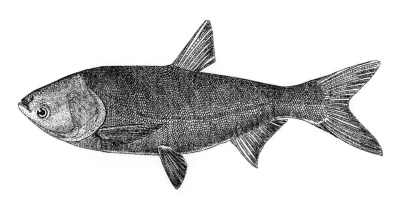

图 68　鲢 *Hypophthalmichthys molitrix*

线鳞 91～120 $\frac{27\sim32}{16\sim20}$。下咽齿 1 行，4-4。

体长为体高的 2.9～3.7 倍，为头长的 2.6～4.2 倍。头长为吻长的 3.5～6.3 倍，为眼径的 4.3～9.1 倍，为眼间隔的 1.7～2.6 倍。尾柄长为尾柄高的 1.4～1.6 倍。

体延长，侧扁，腹部狭窄，自胸鳍基前方至肛门间有腹棱。头大，侧扁。吻短钝。眼较小，位于头前侧中轴下方，近吻端。眼间隔宽突。口宽大，端位，斜裂。下颌稍突出。鳃孔大。左右鳃盖膜互连，不与峡部相连。

体被细小圆鳞。侧线完全，前部弯向腹部，后行至尾柄中央。

背鳍无硬刺，起点距尾鳍基较距吻端近。臀鳍无硬刺，起点距腹鳍较距尾鳍基近。胸鳍侧下位，后端伸达或伸越腹鳍基。腹鳍起点位于背鳍起点下方，后端不伸达肛门。尾鳍叉形，末端尖。

鳃耙特化，彼此相连呈海绵状膜质片。下咽齿宽扁，勺状，齿面有一纵沟和许多斜痕。

体呈银白色。头、体背部色较暗。胸鳍、腹鳍灰白色，背鳍和尾鳍边缘黑色。

分布　广泛分布于我国东部各大水系。在长江自重庆至河口区干支流及其附属湖泊均产。

生物学特性　生活于水体中上层，性活泼，善跳跃，稍受惊动即四处逃窜，能跳出水面 1 m 以上。终生以浮游生物为食。仔鱼期摄食浮游动物，如轮虫、枝角类、桡足类等。稚鱼期后的幼鱼以及成鱼主要滤食浮游植物（藻类）和植物碎屑。平时栖息于干流及其附属水体摄食育肥，繁殖季节集群溯河至产卵场，冬季在干流或湖泊深水处越冬。长江个体一般 4 龄（最小 3 龄）性成熟，雌鱼体长 48 cm、体重 1.9 kg，雄鱼体长 56 cm、体重 3.7 kg。体长 65.1～99.1 cm 个体的怀卵量为 20.7 万～161.0 万。产卵场主要在长江中游水流湍急、多暗礁的峡谷江段和河曲度大、流态复杂的平原型江段。繁殖期为 4 月中旬至 7 月，盛期为 5—6 月。卵漂流性。受精卵吸水后卵径为 4～6 mm，在水温 20～

23 ℃时约经 35 h 孵化。初孵仔鱼长 6～7 mm。鳙生长速度较快，体长以 1～2 龄鱼生长最快，其后变慢；体重在性成熟后仍有增加。20 世纪 60 年代长江中最大为 6 龄个体，生殖群体年龄组成主要为 4～5 龄鱼，占 84％，3 龄和 6 龄占 16％。

资源与利用 食物链短，生长快，适应性强，是我国主要养殖种类之一，是民间普通食用鱼。自从 1958 年人工繁殖成功后，改变了养殖业中只依赖江河天然苗的情况。鳙成为中型湖泊、水库、河道和池塘养殖不可缺少的对象。鳙在长江也有一定的自然产量，为渔业对象之一，如 20 世纪 60 年代，江西省湖口地区鳙的产量占该地区渔业产量的 10％～15％。在长江河口区每年夏季（6—7 月）均可捕获到相当数量的鳙，如崇明东滩附近 6—7 月一排插网，每天一潮水可捕获 10～20 kg 鳙。如遇大洪水年份（如 1998 年），长江中上游湖泊、池塘中养殖的鳙大量冲入长江，河口区鳙的数量大增，崇明新河江段曾一网捕鳙 750 kg。

69. 鳙 *Hypophthalmichthys nobilis*（Richardson，1844）

Leuciscus nobilis Richardson，1844，Ichth. Voy. Sulphur：140，pl. 63，fig. 3（Guangzhou，China）。

Hypophthalmichthys mandschuricus：Kner，1876，Zool. Theil. 1 Fische：350（上海）。

Hypophthalmichthys nobilis：Bleeker，1871，Verh. Akad. Amst.，12：16（上海，长江）；Bleeker，1878，Versl. Med. Akad. Afd. Nat.，（2）12：215（上海）；Bleeker，1879，Verh. Akad. Amst.，18：3（上海）；Nichols，1928，Bull. Am. Mus. Nat. Hist.，58（1）：26（上海，宁波等）；Tortonese，1937，Bull. Mus. Zool. Anat. Comp. Univ. Torino，47：244（上海）；Nichol，1943，Nat. Hist. Centr. Asia，9：13（上海，汉口，宁波）。

Hypophthalmichthys nobilis：Günther，1873，Ann. Mag. Nat. Hist.，（4）12：249（上海）；Bleeker，1873，Ned. Tijd. Dierk.，4：146（上海）。

Aristichthys nobilis：Kimura，1935，J. Shanghai Sci. Inst.，（3）3：113（崇明）。

黑鲢 *Hypophthalmichthys nobilis*：张春霖，1959，中国系统鲤类志：110，图 90（上海，苏州，南京等）。

鳙 *Aristichthys nobilis*：杨干荣，1964，中国鲤科鱼类志：223，图 6-1（长江等地）；湖北省水生生物研究所鱼类研究室，1976，长江鱼类：142，图 115（南京，湖口，宜昌等地）；姚根娣，1990，上海鱼类志：202，图 107（青浦淀山湖）；陈炜，1998，中国动物志·硬骨鱼纲 鲤形目（中卷）：226，图 132（崇明，江都，武汉，岳阳等）；严小梅、朱成德，2006，江苏鱼类志：3175，图 141，彩图 18（海门等地）。

英文名 bighead carp。

地方名 花鲢、胖头鱼、大头鱼。

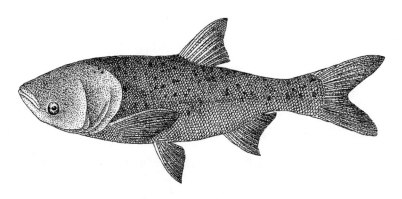

图 69　鳙 *Hypophthalmichthys nobilis*

主要形态特征　背鳍 3，7；臀鳍 3，11～13；胸鳍 1，17～18；腹鳍 1，7～8。侧线鳞 $91～108 \frac{20～28}{13～19}$。鳃耙 400 以上。下咽齿 1 行，4-4。

体长为体高的 3.2～3.9 倍，为头长的 2.8～3.9 倍。头长为吻长的 3.8～4.2 倍，为眼径的 5.8～12.0 倍，为眼间隔的 1.8～2.2 倍。尾柄长为尾柄高的 1.6～1.7 倍。

体延长，侧扁，腹部在腹鳍前呈圆形，腹鳍基后至肛门具腹棱。头很大，头长大于体高。吻宽短。眼小，位于头前侧中轴线下方。眼间隔宽。口大，端位，斜裂。下颌稍突出。鳃孔宽大。左右鳃盖膜互连，不连于峡部。

体被细小圆鳞。侧线完全，前部下弯，后部行至尾柄中央。

背鳍无硬刺，起点距尾鳍基较距吻端近。臀鳍无硬刺，起点距腹鳍基较距尾鳍基近。胸鳍长，末端伸越腹鳍基部。腹鳍始于背鳍起点前下方，末端几伸达肛门。尾鳍叉形，上下叶约等长，末端尖。

鳃耙多，细长，排列紧密，状如栅片，但不愈合。有发达的螺旋形鳃上器。下咽齿扁平而光滑。

体背侧灰黑色，间有浅黄色泽，腹部银白色。体侧有许多不规则黑色斑点。各鳍灰白色，并有许多黑斑。

分布　广泛分布于我国东部各大水系。长江中下游地区均产。

生物学特性　生活于水体中上层，性温和，行动迟缓，不善跳跃。终生以浮游动物为食，成鱼兼食部分浮游植物。未成熟个体和产后个体通常在沿江、湖泊及附属水体中生长，成熟时到江中产卵。冬季在江河深水处越冬。长江个体一般 5 龄（最小 4 龄）性成熟，平均体长约 85 cm，平均体重 10 kg。体长 94.7 cm、体重 17.7 kg 和体长 110.8 cm、体重 31.2 kg 雌鱼的怀卵量为 63.6 万～348.1 万粒。产卵期为 5 月至 7 月上旬。卵漂浮性。受精卵吸水后卵径为 5.0～6.5 mm。水温 19.4～21.2 ℃时，约经 40 h 孵化。初孵仔鱼长 7～8 mm。体长增加以 2 龄鱼最快，体重增长以 3 龄鱼最显著。江西湖口地区 1～4 龄鱼体长分别为 21.3～23 cm、53.1～53.4 cm、71.4～75.5 cm 和 82.5～84 cm；体重分别为 0.22～0.27 kg、2.60～2.7 kg、6.2～7.4 kg 和 9.25～10.1 kg。7 龄鱼体长 100.4 cm、体重 20 kg。长江最大个体体重达 40 kg。

资源与利用　生长快，疾病少，易饲养，为我国主要淡水养殖鱼类之一，也是长江中下游一些湖泊主要的放养鱼类和池塘养殖种类。例如，在太湖，20 世纪 70 年代、80 年代和 90 年代的放养数量分别为 1 896.5 万尾、2 683.1 万尾和 4 451.8 万尾，2003 年放养 326.67 万尾，成为太湖渔业的主要捕捞对象（倪勇和朱成德，2005）。养殖和放养苗种现大部分靠人工育苗提供，少量采自长江。经济价值高，为长江中下游地区常见的食用鱼之一。

【长期以来，本种在国内文献中多归于鳙属（*Aristichthys* Oshima，1919）。Howes (1981) 基于形态、骨骼系统发生的研究表明，鳙与鲢〔*Hypophthalmichthys molitrix* (Valenciennes，1844)〕的差异未到属的级别，鳙应归于鲢属（*Hypophthalmichthys* Bleeker，1860)，国外文献中也多采用这一分类标准。本书依此将本种归于鲢属。】

鮈亚科 Gobioninae

本亚科长江口 10 属。

属 的 检 索 表

1（18）仅具 1 对口角须

2（5）背鳍具光滑硬刺

3（4）下咽齿 3 行；肛门紧靠臀鳍起点 ·························· 鲬属 *Hemibarbus*

4（3）下咽齿 2 行；肛门约位于腹鳍与臀鳍起点间的后 1/4 处 ··········· 似刺鳊鮈属 *Paracanthobrama*

5（2）背鳍无硬刺

6（15）唇薄、简单，无乳突；下唇不分叶；鳔大，外无包被

7（8）口上位；口角无须 ······························· 麦穗鱼属 *Pseudorasbosa*

8（7）口端位或下位；口角具须 1 对

9（10）下颌一般具发达的角质边缘 ····················· 鳈属 *Sarcocheilichthys*

10（9）下颌无角质边缘

11（12）背鳍起点距吻端较其基底后端距尾鳍基大；体中等长，略侧扁 ············ 银鮈属 *Squalidus*

12（11）背鳍起点距吻端较其基部后端距尾鳍基小；体长，前部呈圆筒形，后部侧扁

13（14）吻不甚突出；须长，末端伸达或伸越前鳃盖骨后缘；侧线鳞 54 以上 ·········· 铜鱼属 *Coreiu*

14（13）吻尖长，显著突出；须短，末端不伸越眼后缘下方；侧线鳞 51 以下 ····················· ·· 吻鮈属 *Rhinogobio*

15（6）唇厚、发达，上下唇均具发达乳突；下唇一般分叶（个别例外）；鳔小，前室包被

16（17）背鳍起点与吻端之距等于或大于其基部后端与尾鳍基之距；鳔前室包于膜质囊内；下唇中叶为 1 对椭圆形肉质突起 ····························· 棒花鱼属 *Abbottina*

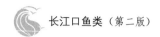

17（16）背鳍起点与吻端之距远小于其基部后端与尾鳍基之距；鳔前室包于骨质囊内；下唇中叶无 1 对
椭圆形肉质突起 ·· 蛇鉤属 *Saurogobio*

18（1）除具 1 对口角须外，还具 2～3 对颏须；鳔后室很小，无鳔管；鳞片较大，侧线上鳞 5～6 枚
·· 鳅鉈属 *Gobiobotia*

棒花鱼属 *Abbottina* Jordan *et* Fowler，1903

本属长江口 1 种。

70. 棒花鱼 *Abbottina rivularis*（Basilewsky，1855）

Gobio rivularis Basilewsky，1855，Nour. Mem. Soc. Nat. Moscou，10：231（Lakes and Rivers，Northern China）。

Tylognathus sinensis：Kner，1867，Fische Novara Exped，1（pt. 3）：354. pl. 15，fig. 5（上海）；Martens，1876，Zool. Theil. ，Berlin，1（2）：402（上海）。

Pseudogobio sinensis：Günther，1868，Cat. Fish. Br. Mus. ，7：175（上海）；Günther，1873，Ann. Mag. Nat. Hist. ，(4) 12：247（上海）。

Pseudogobio rivularis：Bleeker，1871，Verh. Akad. Amst. ，12：8（上海，华北）；Bleeker，1873，Ned. Tijd. Dierk. ，4：144（上海）；Bleeker，1873，Verh. Akad. Amst. ，18（1878）：3（上海）；Steindachner，1892，Denk. Akad. Wiss. Wien，59：371（上海）；Tchang，1930，Theses Univ. Paris，(A)（209）：83（上海，江阴，宜兴，镇江，南京等）；Tortonese，1937，Bull. Mus. Zool. Anat. Comp. Univ. Torino，47：240（上海）。

Abbottina rivularis：Kimura，1935，J. Shanghai Sci. Inst. ，(3) 3：107（崇明）。

棒花鱼 *Pseudogobio rivularis*：张春霖，1959，中国系统鲤类志：68，图 57（上海，苏州，南京等）。

棒花鱼 *Abbottina rivularis*：罗云林等，1977，中国鲤科鱼类志（下卷）：518，图 9-57（黑龙江）；湖北省水生生物研究所鱼类研究室，1976，长江鱼类：68，图 48（崇明，南京，宜昌等）；曹正光，1990，上海鱼类志：180，图 89（崇明，宝山，川沙，南汇，青浦等各县）；乐佩琦，1998，中国动物志·硬骨鱼纲 鲤形目（中卷）：348，图 201（崇明等地）；周刚、倪勇，2006，江苏鱼类志：320，图 143（江阴等地）。

英文名 Chinese false gudgeon。

地方名 爬虎鱼、猪头鱼、椎沙头、淘沙郎、稻烧蜞。

主要形态特征 背鳍 3，7；臀鳍 3，5；胸鳍 1，10～12；腹鳍 1，7。侧线鳞 34～39 $\frac{5.5}{3.5}$。下咽齿 1 行，5-5。鳃耙 4～5。

体长为体高的 4.0～4.8 倍，为头长的 3.6～4.0 倍。头长为吻长的 2.0～2.8 倍，为

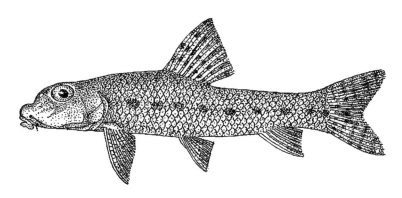

图 70　棒花鱼 *Abbottina rivularis*

眼径的 3.7～4.4 倍，为眼间隔的 3.7～4.8 倍。尾柄长为尾柄高的 1.2～1.5 倍。

体延长，前部粗壮，后部稍侧扁。头中大，头长大于体高。吻较长，在鼻孔前方凹陷。口小，下位，马蹄形。唇厚，乳突不明显；上唇有不明显褶皱，下唇中央有 1 对光滑半圆形肉质突起为中叶；侧叶光滑宽厚，在中叶前端相连，其间有浅沟相隔，在口角处与上唇相连。上颌长于下颌，上下颌无角质边缘。口角须 1 对，粗短，须长等于或小于眼径。

体被圆鳞，胸部前方无鳞。侧线完全，平直。

背鳍无硬刺，外缘明显弧形外突，起点距吻端较距尾鳍基近；雄鱼背鳍高大，第三和第四分支鳍条较长，雌鱼背鳍较小，第一分支鳍条最长。臀鳍无硬刺，起点距尾鳍基较距腹鳍起点近。胸鳍侧下位，后端不伸达腹鳍起点，腹鳍起点后于背鳍起点，约与背鳍第三至第四分支鳍条相对。尾鳍分叉。肛门位于腹鳍、臀鳍间距的前 1/3 处。鳔大，后室为前室长的 1.5～2.0 倍。

体背和体侧青灰色，腹部浅黄色。体侧中上部鳞边缘均具一小黑斑。体侧中央部具 7～8 个较大黑斑。各鳍浅黄色，背鳍和尾鳍有 5～7 条黑色点纹。胸鳍、腹鳍和臀鳍稍带灰黑色。繁殖季节雄鱼体色鲜艳，胸鳍不分支鳍条变硬，其外缘和头部有发达的珠星，各鳍均长，各鳍圆形；雌鱼鳍外缘平截。

分布　分布于中国、朝鲜半岛和日本。中国除少数高原地区外，几分布于全国各水系。长江河口区均产。

生物学特性　杂食性，主要摄食枝角类、桡足类和端足类等，也食水生昆虫、水蚯蚓及植物碎片。

资源与利用　本种为长江河口区内河、湖泊习见的鱼类，可供食用，亦可作为养殖鱼、蟹的饵料。

铜鱼属 *Coreius* Jordan et Starks，1905

本属长江口 1 种。

71. 铜鱼 *Coreius heterodon*（Bleeker，1864）

Gobio heterodon Bleeker，1864，Ned. Tijd. Dierk.，2：26（China）。

Labeo cetopsis：Kner，1866，"Novara" Fische Ⅲ，53（1）：543（上海）；Kner，1867，Zool. Theil. Fische：351（上海）。

Barbus cetopsis：Günther，1868，Cat. Fish. Br. Mus.，7：135（上海）。

Saurogobio cetopsis：Bleeker，1871，Verh. Akad. Amst.，12：8（上海）；Bleeker，1873，Ned. Tijd. Dierk.，4：143（上海）。

Zezera rathburni：Jordan and Seale，1905，Proc. U. S. Nat. Mus.，29：518（上海）。

Coriparius cetopsis：Garman，1912，Mem. Mus. Comp. Zool.，40：120（上海，宜昌，泸州）。

Coreius styani：Tchang，1930，Theses Univ. Paris，（A）（209）：88（江阴，南京等）。

Coreius heterodon：Banarescu and Nalbant，1965，Rev. Roum. Biol.，（2001）10（4）：226（上海，南京等）；Banareascu and Nalbant，1973，Telestei Cyprinidae（Gobioninae）Tierreich：176（上海，九江等）。

铜鱼 *Coreius cetopsis*：张春霖，1959，中国系统鲤类志：63，图52（上海，九江，宜昌等）。

铜鱼 *Coreius heterodon*：湖北省水生生物研究所鱼类研究室，1976，长江鱼类：73，图58（崇明等地）；罗云林等，1977，中国鲤科鱼类志（下卷）：503，图9-47（崇明等地）；王幼槐，1990，上海鱼类志：179，图88（崇明，宝山，浦东，长江南支，黄浦江）；乐佩琦，1998，中国动物志·硬骨鱼纲 鲤形目（中卷）：326，图188（南京等地）；周刚、倪勇，2006，江苏鱼类志：322，图144（海门等地）。

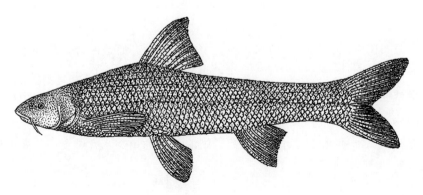

图71 铜鱼 *Coreius heterodon*

英文名 bronze gudgeon。

地方名　黄道士。

主要形态特征　背鳍 3，7；臀鳍 3，6；胸鳍 1，18～19；腹鳍 1，7。侧线鳞 52～54 $\frac{6.5}{7.5}$。鳃耙 11～13。下咽齿 1 行，5-5。

体长为体高的 4.4～5.0 倍，为头长的 4.0～5.0 倍。头长为吻长的 2.8～3.1 倍，为眼径的 7.2～10.2 倍，为眼间隔的 2.2～3.0 倍。尾柄长为尾柄高的 1.7～2.0 倍。

体延长，前部圆筒形，后部稍侧扁，尾柄高而长；腹部较平，无腹棱。头小，锥形。吻圆突，吻长短于眼后头长。眼小。眼间隔宽突。口小，下位，马蹄形，头长为口宽的 7.3～8.5 倍。唇厚，光滑，下唇两侧向前伸，唇后沟中断，间距较狭。口角须 1 对，粗长，向后几伸达前鳃盖骨后缘。鳃盖膜与峡部相连。

体被较小圆鳞，胸腹部鳞细小。背鳍和臀鳍基部两侧具鳞鞘。侧线完全，平直。

背鳍无硬刺，起点前于腹鳍起点，距吻端远近于距尾鳍基。臀鳍起点距腹鳍基底较距尾鳍基部近。胸鳍侧下位，胸鳍后端不伸达腹鳍起点。腹鳍起点距胸鳍基与距臀鳍起点相等。尾鳍叉形，上叶略长于下叶。下咽齿第一、第二齿稍侧扁，末端略钩曲，其余齿锥形。

体背部古铜色，腹部浅黄色。背侧各鳞具一浅灰褐色斑。各鳍色浅，边缘浅黄色。

分布　分布于我国长江和黄河水系。在长江，主要产于上游干流及其支流中。韩国也有分布记录。在长江河口区见于崇明和宝山沿岸。20 世纪 60 年代及以前，也进入黄浦江（现共青森林公园江段）。

生物学特性

［习性］半洄游性鱼类。喜流水性生活，平时多栖息于水质清新、溶解氧丰富的沙壤质底河段，喜群体集游（何学福，1980）。

［年龄与生长］鮈亚科（Gobioninae）中个体较大的种类，常见个体为 0.5 kg，最大个体达 5 kg。最大年龄达 13 龄，体长 518 mm。生长大致分为三个阶段：第一阶段雌鱼为 4 龄内，雄鱼为 3 龄内，这一阶段未达或初达性成熟，雌鱼和雄鱼生长均较快；第二阶段雌鱼一般全长为 5～9 龄，雄鱼为 4～6 龄，个体相继成熟，生长变慢；第三阶段为老年阶段，生长滞缓（许蕴玕 等，1981）。

［食性］杂食性，主要摄食底栖生物，如淡水壳菜、蚬、螺蛳等软体动物，也摄食高等植物碎片、硅藻、水生昆虫、虾类和幼鱼。

［繁殖］性成熟年龄为 3 龄（雄性）至 4 龄（雌性），体长 260～350 mm、体重 320～560 g。绝对怀卵量 4 万～26.5 万粒（3～7 龄）。繁殖季节为 4 月中旬至 6 月下旬，产卵盛期为 4 月底至 5 月中旬。为一次性产卵类型，在流水中产漂浮性卵。1981 年葛洲坝截

流前，产卵场主要在长江上游底质为砾石、流速较大的江段。1981 年后在葛洲坝下虎牙滩形成新的产卵场。在湘江和沅江上游也有其产卵场。产卵场水温 17～25 ℃。成熟卵卵径 1.8 mm，受精卵吸水后卵径为 6～7 mm。水温 20～24 ℃时，经 50～60 h 孵化。初孵仔鱼全长 6～7 mm。孵后 3 周左右，体长 15～16 mm 时，各鳍均已形成，可吞食其他鱼类幼苗。

资源与利用　长江上游重要经济种类，数量较多，是当地主要捕捞对象之一，重庆和宜宾等地其产量占渔获量的 10％～15％。肉细嫩，味鲜美，含肉率高，是产地上等食用鱼。在长江下游和河口区，均为未成熟个体，体型较小，一般全长为 68～216 mm，群体分散，产量不高。近年来，由于过度捕捞，自然资源减少，产量下降，而人们的需求量较大，价格较高。由于铜鱼生长速度快（尤其是 1～3 龄个体），饵料易得，因此一些地区（如江苏靖江）进行了试养，采捕自然幼鱼，与常规鱼混养，每 667 m² 水体放养铜鱼 40 尾，产量为 18～20 kg。但由于是池塘套养，密度较小，产量不高，经济效益不明显。主要问题是苗种数量不足，开发力度不大，没有养殖规模。但作为内陆水域一种优良的种质资源，其养殖前景较好。

［资源保护］由于长江葛洲坝水利枢纽的兴建，阻断了铜鱼的洄游通道，中下游上溯的补充群体受阻于坝下，而上游孵出的幼鱼被阻于库区；同时，由于水文条件的改变，也改变了大坝附近产卵场位置，而且水利枢纽在下泄过程中会对鱼卵、幼鱼造成机械损伤。这些因素将影响铜鱼资源。对此，应采取有力的保护措施，如保护大坝上下游的产卵场，禁止过度捕捞产卵亲鱼和大量捕捞幼鱼（刘乐和 等，1990）。

鳅鉈属 *Gobiobotia* Kreyenberg，1911

本属长江口 1 种。

72. 线鳅鉈 *Gobiobotia filifer*（Garman，1912）

Pseudogobio filifer Garman，1912，Mem. Mus. Comp. Zool. Harv.，40（4）：111（Chongyang，Hubei，China）。

宜昌鳅鉈 *Gobiobotia ichangensis*：湖北省水生生物研究所，1976，长江鱼类：82，图 65（湖北宜昌）；陈宜瑜、曹文宣，1977，中国鲤科鱼类志：565，图 10 - 12（江西等地）；王幼槐，1990，上海鱼类志：198，图 105（崇明、长兴岛南北沿）。

宜昌鳅鉈 *Gobiobotia filifer*：乐佩琦，1998，中国动物志·硬骨鱼纲 鲤形目（中卷）：407，图 234（四川，重庆，湖北，湖南，陕西）；陈校辉、倪勇，2006，江苏鱼类志：353，图 163（常熟淴浦）。

地方名　石虎鱼。

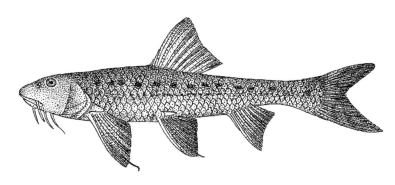

图 72　线鳅鮀 *Gobiobotia filifer*

主要形态特征　背鳍 3，7；臀鳍 3，6；胸鳍 1，12；腹鳍 1，7。侧线鳞 40～42 $\frac{5.5}{3}$。下咽齿 2 行，3·5-5·3。

体长为体高的 4.6～6.1 倍，为头长的 3.8～4.3 倍。头长为吻长的 2.1～2.9 倍，为眼径的 3.3～6.7 倍，为眼间隔的 2.7～6.0 倍。尾柄长为尾柄高的 1.8～3.0 倍。

体延长，前部圆筒形，后部较细而侧扁，腹鳍前腹部平坦。头较长，稍侧扁，头宽等于或稍小于头高。吻稍尖，吻长小于眼后头长。眼小，眼径小于眼间隔，眼间隔中部下凹。口下位，马蹄形，上唇边缘有褶皱，下唇光滑。须 4 对，口角须 1 对，颏须 3 对；各须基部之间具许多小突起。

体被圆鳞，侧线上方各鳞具一皮质棱脊。腹面在胸鳍腋部和腹鳍基之间裸露无鳞。侧线完全，平直。

背鳍基部短，距吻端较距尾鳍基近。臀鳍短，起点在腹鳍起点与尾鳍基间中点。胸鳍大，平展，第二分支鳍条最长，其后一分支呈丝状延长，伸达腹鳍起点。腹鳍平展，起点约位于胸鳍起点与尾鳍基之间的中点。尾鳍分叉，下叶较长。肛门位于腹鳍起点与臀鳍起点间距的前 1/3 处。鳔前室横宽，包于骨质囊内，后室细小。无鳔管。

体背部暗褐色，腹部白色。头和躯干背部有许多小黑点。体侧具一列 12～13 个黑色斑块。背鳍和尾鳍微黑，具 2～4 条黑色斑纹。其他各鳍灰白色。

分布　主要分布于长江水系，多见于中上游干流及其支流。在长江河口区较少见到。

生物学特性　底层鱼类。栖息于江河的沙石底上，以蚊科幼虫、淡水壳菜及水生昆虫等底栖动物为食。

资源与利用　数量少，无经济价值。

【鳅鮀鱼类是东亚特有的淡水鱼类，是一类较为特化的小型底栖鲤科鱼类。该类群有非常明显的单系特征，如 4 对口须（1 对口角须和 3 对颏须）和由第四脊椎腹肋形成的骨质鳔囊。鳅鮀亚科在分类上包括 2 个属，即鳅鮀属（*Gobiobotia*）和异鳔鳅鮀属（*Progobiobotia*），前者又分为鳅鮀亚属和原鳅鮀亚属，整个亚科共有 18 个种。鳅鮀鱼类在鲤科中的分类位置最初难以确定，刘建康（1940）曾提出将鮈亚科及鳅鮀亚科中具有骨质鳔囊的种类合并建立石虎鱼科；但根据其大型的鳞片特别是咽喉齿形态，一般都认为鳅鮀鱼类应属于鲤科，一些学者将其作为一个属划归鲃亚科（陈湘粦 等，1984），但基于传统形态学的分类体系中一直被作为一个亚科——鳅鮀亚科（Gobiobotinae）对待。近年来，基于分子系统学的研究表明（王伟 等，2002；陈安惠，2014），鳅鮀亚科应归属于鲃亚科。本书据此将鳅鮀亚科中的鳅鮀属归属至鲃亚科。】

鳕属 *Hemibarbus* Bleeker，1860

本属长江口1种。

73. 花鳕 *Hemibarbus maculatus* Bleeker，1871

Hemibarbus maculatus Bleeker，1871，Verh. Akad. Amst，12：19（Yangtze River，China）。

Hemibarbus labeo maculatus：Kimura，1934，J. Shanghai Sci. Inst.，（3）1：120（上海等）。

花鳕 *Hemibarbus maculatus*：张春霖，1959，中国系统鲤类志：50，图40（济南等地）；湖北省水生生物研究所鱼类研究室，1976，长江鱼类：79，图62（镇江等地）；罗云林等，1977，中国鲤科鱼类志（下卷）：446，图9-2（湖北等地）；曹正光，1990，上海鱼类志：172，图8（浦东、南汇、松江、青浦等）；乐佩琦，1998，中国动物志·硬骨鱼纲 鲤形目（中卷）：242，图138（浙江等地）；周刚、倪勇，2006，江苏鱼类志：325，图146，彩图19（常熟等地）。

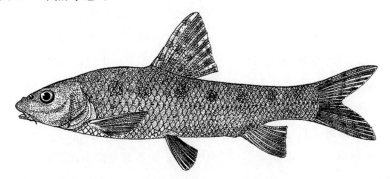

图73 花鳕 *Hemibarbus maculatus*

英文名 spotted steed。

地方名 海王狗头、鸡鸽郎、花鸽郎、麦秸郎、季郎鱼。

主要形态特征 背鳍3，7；臀鳍3，6；胸鳍1，17～19；腹鳍1，8。侧线鳞47～49 $\frac{6.5}{7.5}$。鳃耙10～13。下咽齿3行，1·3·5-5·3·1。

体长为体高的4.9～5.4倍，为头长的3.1～4.8倍。头长为吻长的2.4～3.1倍，为眼径的3.6～5.1倍，为眼间隔的2.8～4.0倍。尾柄长为尾柄高的1.2～1.6倍。

体延长，侧扁，头后背部稍隆起，腹部圆，无腹棱。头中大，头长小于头高。吻稍尖突。眼较大，侧上位。眼间隔宽，略隆起。口中大，下位，口裂呈马蹄形。唇薄，下唇侧叶狭，中叶为一明显宽三角形突起，唇后沟中断。口角具短须 1 对，须长短于眼径。眶前骨、眶下骨及前鳃盖骨边缘具 1 列黏液腔。鳃孔大。鳃盖膜与峡部相连。

体被中小圆鳞。侧线完全，较平直。

背鳍末根不分支鳍条为粗壮光滑硬刺，刺长几等于头长，背鳍起点距吻端较距尾鳍基近。臀鳍无硬刺，末端不伸达尾鳍基。胸鳍侧下位，末端不伸达腹鳍起点。腹鳍短小，起点稍后于背鳍起点，末端远不伸达臀鳍起点。尾鳍分叉，上下叶等长，末端圆钝。肛门紧靠臀鳍起点。

体呈银灰色，背部色较深，腹部白色。背部和体侧具不规则黑褐色斑点，侧线上方有一纵列 7～11 个大黑斑。背鳍边缘略黑色，具少量斑点。尾鳍具 4～5 行黑色点纹。臀鳍、腹鳍和胸鳍色淡。

分布 分布于中国、朝鲜半岛和日本。中国除新疆和青藏高原外，各大水系均有分布。在长江三角洲地区内河和湖泊均产。长江河口区亦有分布。

生物学特性 花鱼骨生活于水体的中下层，摄食底栖动物，成鱼主要摄食虾类和螺、蚬、幼蚌等小型软体动物，也食幼鱼、水生昆虫幼体、枝角类和桡足类及水生植物等。几乎全年摄食，产卵期和冬季仍有摄食。太湖个体 2 冬龄性成熟，体长 150～250 mm 的个体怀卵量为 3 744～23 679 粒，平均 14 097 粒。产卵期 4—5 月。产卵场一般在有水流、多水草的地区。产卵群体以 2～3 龄为主，占 80％左右，体长为 160～210 mm。在渔获物中，花鱼骨的年龄组成以 2～3 龄为主，占 87.7％，1 龄占 4.1％，4 龄占 6.5％，5～6 龄占 1.7％。生长速度中等偏慢，第一年最快，第二年次之。1～6 龄鱼体长分别为 107～115 mm、163～165 mm、189.7～190.7 mm、211.2～212.6 mm、232～240 mm 和 254.5～258.0 mm；1～6 龄鱼体重分别为 19.04～20.1 g、60.5～64.4 g、93.7～98.7 g、135.3～148.8 g、183.8～235.0 g 和 248.5～295.0 g（缪学祖和殷名称，1983）。2006 年 4 月 30 日笔者在崇明陈家镇市场上见到 1 尾体长 360 mm、体重 520 g 的个体（捕自该镇附近内河），为长江河口区迄今记录的最大、最重个体。

资源与利用 长江三角洲地区常见的食用鱼类，肉质细嫩，肉味鲜美，为人们所喜食。然而，由于资源有限，加上捕捞过度，自然产量越来越少。21 世纪以来，各地开展了人工繁殖技术的研究，并取得了成功，随之进行人工养殖和湖泊等水域的放流增殖。花鱼骨生长较快，抗病力强，生长期长，由于其繁殖技术的突破，近几年来，成为苏、浙、沪、皖等地区水产养殖的优良新品种，养殖发展迅速。

似刺鳊鮈属 *Paracanthobrama* Bleeker，1864

本属长江口 1 种。

74. 似刺鳊鮈 *Paracanthobrama guichenoti* Bleeker，1864

Paracanthobrama guichenoti Bleeker，1864，Ned. Tijd. Dierk.，2：24（China）。

Barbus nigripinnis：Fowler，1930，Proc. Acad. Nat. Sci. Philad.，82：594（上海）。

Hemibarbus dissimilis：Tchang，1930，Theses Univ. Paris，(A)(209)：72（江阴）。

Hemibarbus soochowenis：Shaw，1930，Bull. Fam. Mem. Inst. Biol.，1（10）：183（苏州）。

高肩鳊 *Hemibarbus dissimilis*：张春霖，1959，中国系统鲤类志：48，图 39（苏州等地）。

似刺鳊鮈 *Paracanthobrama guichenoti*：湖北省水生生物研究所，1976，长江鱼类：71，图 54（镇江等地）；罗云林等，1977，中国鲤科鱼类志（下卷）：451，图 9-5（太湖等地）；王幼槐，1990，上海鱼类志：173，图 82（奉贤、青浦）；乐佩琦，1998，中国动物志·硬骨鱼纲 鲤形目（中卷）：250，图 143（太湖等地）；周刚、倪勇，2006，江苏鱼类志：331，图 149（太湖等地）。

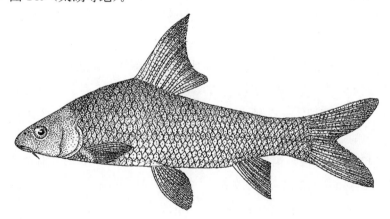

图 74　似刺鳊鮈 *Paracanthobrama guichenoti*

地方名　花石鲫、金鳍鲤。

主要形态特征　背鳍 3，7；臀鳍 3，6；胸鳍 1，15～16；腹鳍 1，7。侧线鳞 45～48 $\frac{7.5～8.5}{4.5}$。鳃耙 5～9。下咽齿 2 行，4·5-5·4。

体长为体高的 3.2～3.8 倍，为头长的 4.5～5.0 倍。头长为吻长的 3.0～3.4 倍，为眼径的 4.3～4.8 倍，为眼间隔的 2.4～3.1 倍。尾柄长为尾柄高的 1.1～1.3 倍。

体延长，甚高，稍侧扁，头后背部显著隆起，至背鳍起点处最高；腹部圆，无腹棱。头短小，呈三角形。吻短，稍尖。眼较小，侧上位。眼间隔宽，稍隆起。口较小，下位，深弧形。唇简单，上唇略厚，下唇向前不达下颌前端。唇后沟中段，间距较宽。颏部无突起。下颌具不发达角质边缘。口角须 1 对，须长等于或短于眼径，末端伸达眼中部下方。眶前骨不扩大，眶前骨及眶下骨边缘具 1 列黏液腔。鳃盖膜与峡部相连。

体被中等圆鳞，胸腹部具鳞，胸部鳞较小。侧线完全，较平直。

背鳍末根不分支鳍条为光滑硬刺，长而粗壮，刺长为头长的 1.1～1.3 倍，背鳍外缘深凹。臀鳍无硬刺，起点距尾鳍基较距腹鳍起点近。胸鳍小，短于头长，末端不伸达腹鳍。腹鳍起点约位于背鳍基中部下方，末端不伸达肛门。尾鳍分叉，上下叶约等长。肛门近臀鳍起点，约位于腹鳍与臀鳍起点间的后 1/4 处。

体背面和上侧面灰色，下侧面和腹部银白色。体侧无斑。背鳍上半部鳍膜黑色。尾鳍红色，鳍端黑色，基部色浅，其他各鳍色淡。

分布　仅分布于长江中下游及其附属水体。在长江三角洲地区见于内河和湖泊中。笔者 2012 年在崇明岛明珠湖采集到 1 尾体长 205 mm 的样本，为长江河口区新记录。

生物学特性　生活于水体底层，摄食底栖动物，如黄蚬、淡水壳菜、幼蚌、螺类、虾类、水蚯蚓等，也食植物碎屑、水草和藻类。2 冬龄性成熟，130～200 mm 的个体怀卵量 3 572～11 979 粒。产卵期 5—6 月。

资源与利用　本种在太湖、淀山湖等地为较常见的食用鱼。长江河口区数量稀少。

麦穗鱼属 *Pseudorasbora* Bleeker，1860

本属长江口 1 种。

75. 麦穗鱼 *Pseudorasbora parva*（Temminck *et* Schlegel，1846）

Leuciscus parvus Temminck and Schlegel，1846，Pisces，Fauna Japonica Parts.，10～14：215，pl. 102（Japan）。

Pseudorasbora parva：Kner，1867，Zool. Theil. Fische：355（上海）；Bleeker，1871，Verh. Akad. Amst.，12：11（上海、浙江）；Bleeker，1873，Ned. Tijd. Dierk.，4：144（上海）；Günther，1873，Ann. Mag. Nat. Hist.，（4）12：247（上海）；Sauvage and Dabry，1874，Ann. Sci. Nat.，（6）1（5）：13（上海）；Martens，1876，Zool. Theil. Berlin，1（2）：403（上海）；Kimura，1934，J. Shanghai Sci. Inst.，（3）1：85（上海，江阴等）；Kimura，1935，Ibid.，（3）3：108（崇明）；Tortonese，1937，Bull. Mus. Zool. Anat. Comp. Univ. Torino，47：241（上海）。

麦穗鱼 *Pseudorasbora parva*：张春霖，1959，中国系统鱼类志：78，图 67（上海等地）；湖北省水生生物研究所，1976，长江鱼类：66，图 45（崇明等地）；罗云林等，1977，中国鲤科鱼类志（下卷）：462，图 9 - 13（崇明等地）；王幼槐，1990，上海鱼类志：174，图 83（崇明，宝山，南汇，青浦等）；乐佩琦，1998，中国动物志·硬骨鱼纲鲤形目（中卷）：263，图 150（崇明等地）；周刚、倪勇，2006，江苏鱼类志：334，图 151（海门等地）。

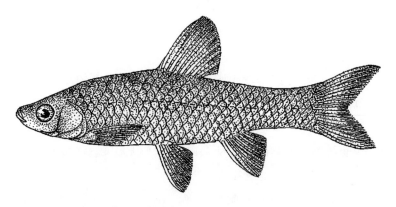

图 75　麦穗鱼 *Pseudorasbora parva*

英文名　stone moroko。

地方名　罗汉鱼、麦鸽郎。

主要形态特征　背鳍 3，7；臀鳍 3，6；胸鳍 1，12～13；腹鳍 1，7。侧线鳞 35～36 $\frac{5.5}{4}$。鳃耙 18～20。下咽齿 1 行，5 - 5、5 - 4 或 4 - 5。

体长为体高的 3.6～4.2 倍，为头长的 4.2～4.6 倍。头长为吻长的 2.9～3.2 倍，为眼径的 3.8～4.2 倍，为眼间隔的 2.1～2.9 倍。尾柄长为尾柄高的 1.6～1.9 倍。

体延长，侧扁，头后背部稍隆起；腹部圆，无腹棱。头稍短小，前端尖，上下略平扁。吻短稍尖突。口小，上位，下颌长于上颌，口裂几垂直。唇薄，简单。唇后沟中断。无须。眼较大。眼间隔宽平。鳃盖膜与峡部相连。

体被较大圆鳞。侧线完全，较平直。

背鳍无硬刺，起点距吻端与距尾鳍基约相等。臀鳍无硬刺，起点距腹鳍起点较距尾鳍基近。胸鳍侧下位，后端不伸达腹鳍起点。腹鳍起点约与背鳍起点相对或略后。尾鳍分叉，上下叶等长。肛门紧靠臀鳍起点。

体背侧灰黑色，腹侧银白色。体侧中央自吻端至尾鳍基具一黑色条纹，在头部横越眼中部，幼鱼较明显。每鳞后缘具新月形黑色斑纹。背鳍具一黑色斜带。繁殖季节雄鱼暗黑色，头部具白色珠星；雌鱼体色浅，产卵管稍突出。

分布　我国各主要水系均有分布。在长江河口区内河、湖泊、池塘和沟渠中均产。

生物学特性　喜栖息于水草丛中，以浮游生物为食，枝角类和桡足类等占总量 90%以上，其次为蓝藻、硅藻、绿藻、水草、水生昆虫及鱼卵等。1 冬龄性成熟，产卵期 4—6 月，卵黏性，黏附于水草茎等附着物上。水温 22.5～24.5 ℃时，受精卵经 44 h 孵化，初孵仔鱼体长 4.4～4.6 mm。孵化期间雄鱼有护卵习性。

资源与利用　本种为长江口地区常见的小型鱼类，体长不超过 100 mm，可供食用，但价值不大，大多作为家禽饲料。麦穗鱼善于捕食孑孓，在灭病治害中有一定的作用。

吻鮈属 *Rhinogobio* Bleeker，1870

本属长江口 1 种。

76. 吻鮈 *Rhinogobio typus* Bleeker，1871

Rhinogobio typus Bleeker，1871，Verh. Akad. Amst.，12：29（Yangtze River，China）。

吻鮈 *Rhinogobio typus*：张春霖，1959，中国系统鲤类志：65（四川）；湖北省水生生物研究所，1976，长江鱼类：73，图 57（重庆）；罗云林等，1977，中国鲤科鱼类志（下卷）：507，图 9－50（湖北等地）；乐佩琦，1998，中国动物志·硬骨鱼纲 鲤形目（中卷）：332，图 191（宜昌，重庆等）；周刚、倪勇，2006，江苏鱼类志：338，图 153（南京等地）。

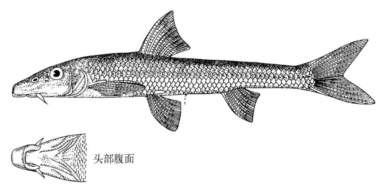

头部腹面

图 76　吻鮈 *Rhinogobio typus*（乐佩琦，1998）

地方名　麻秆、秋子。

主要形态特征　背鳍 3，7；臀鳍 3，6；胸鳍 1，15～17；腹鳍 1，7。侧线鳞 49～51 $\frac{6.5}{4.5}$。鳃耙 10～14。下咽齿 2 行，2·5－5·2。

体长为体高的 5.8～6.8 倍，为头长的 4.8～5.4 倍。头长为吻长的 1.8～2.0 倍，为眼径的 4.7～5.2 倍，为眼间隔的 3.3～4.0 倍。尾柄长为尾柄高的 2.9～3.3 倍。

体细长，呈圆筒形，尾柄细长而略侧扁。头长，锥形，头长远大于体高。吻尖长，显著突出，吻长为眼后头长 1.5 倍，口前吻部长。眼大，头长为眼径 5.5 倍以下。口下位，深弧形。唇厚，光滑，无乳突，上唇有深沟与吻皮分离，下唇限于口角处，前伸不达口前端。唇后沟中断，其间距宽。口须 1 对，须长等于或稍长于眼径。鳃盖膜与峡部相连。

体被小圆鳞，胸部鳞小，常隐于皮下。侧线完全，平直。

背鳍无硬刺，起点距吻端较其基部后端至尾鳍基近。臀鳍无硬刺，臀鳍距腹鳍基较距尾鳍基稍近。胸鳍侧下位，后端不伸达腹鳍基，间距 3～4 鳞。腹鳍起点稍后于背鳍起点，与背鳍第三至第四分支鳍条相对，后端不达臀鳍起点。尾鳍分叉，上下叶等长，末端尖形。肛门位于腹鳍间距的前 2/5 处。鳔 2 室，前室包于厚的膜质囊内，后室略长于前室，露于囊外。

体背侧黑色或灰褐色，腹部浅黄白色。背鳍和尾鳍灰黑色，其他各鳍浅灰色。

分布　分布于长江和闽江水系。在长江主要分布于中上游，偶见于长江河口区的常熟（浒浦）、崇明（绿华）。笔者 2015 年 11 月在长江口崇明绿华水域采集到 1 尾体长 55 mm 的样本，为长江口新记录。

生物学特性　底层鱼类。主要摄食水生昆虫、摇蚊幼虫及丝状藻类。生殖期 4—5 月。

资源与利用　小型鱼类，长江河口区数量稀少，无经济价值。

鳈属 *Sarcocheilichthys* Bleeker，1860

本属长江口 2 种。

种 的 检 索 表

1（2）体侧具 4 条黑色宽横斑；口马蹄形；下唇仅限于两侧口角处；下颌角质边缘发达；口角具 1 对小须 ··· 华鳈 *S. sinensis*

2（1）体侧无黑色宽横斑，而具许多不规则细长散斑；口弧形或深弧形；下唇侧叶前伸几达下颌前端；下颌角质边缘不发达 ························· 黑鳍鳈 *S. nigripinnis*

77. 华鳈 *Sarcocheilichthys sinensis* Bleeker，1879

Sarcocheilichthys sinensis Bleeker，1871，Verh. Akad. Amst.，12：31（Yangtze River，China）；Bleeker，1879，Ibid.，18：3（上海）；Kimura，1934，J. Shanghai Sci. Inst.，(3) 1：83（上海，苏州，芜湖，九江）。

Pseudogobio maculatus：Steindachner，1892，Denk. Akad. Wiss. Wien，59：370（上海）。

华鳈 *Sarcocheilichthys sinensis*：张春霖，1959，中国系统鲤类志：73，图 62（南京等地）；湖北省水生生物研究所，1976，长江鱼类：67，图 46（鄱阳湖等地）；罗云林等，1977，中国鲤科鱼类志（下卷）：470，图 9 - 18（湖州等地）；王幼槐，1990，上海鱼类志：175，图 84（崇明，宝山，南汇，青浦等）；乐佩琦，1998，中国动物志·硬骨鱼纲 鲤形目（中卷）：271，图 154（江西湖口等地）；周刚、倪勇，2006，江苏鱼类志：342，图 156（南京等地）。

英文名　Chinese lake gudgeon。

地方名　花石斑。

主要形态特征　背鳍 3，7；臀鳍 3，6；胸鳍 1，14～17；腹鳍 1，7。侧线鳞 39～

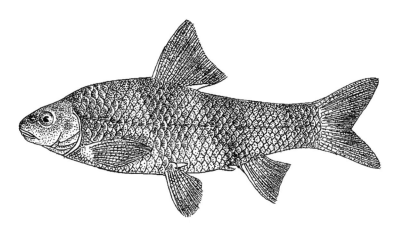

图 77　华鳈 *Sarcocheilichthys sinensis*

$41 \frac{5.5}{4.5}$。鳃耙 6～8。下咽齿 1 行，5-5。

体长为体高的 3.1～3.5 倍，为头长的 4.2～4.5 倍。头长为吻长的 2.6～2.9 倍，为眼径的 3.5～4.0 倍，为眼间隔的 2.0～2.3 倍。尾柄长为尾柄高的 1.0～1.2 倍。

体稍延长，侧扁，头后背部隆起，腹部圆，无腹棱。头短小。吻圆钝。眼中大，侧上位。眼间隔宽凸。口小，下位，马蹄形，口宽大于口长。唇较厚，简单，唇后沟中断，间距较宽。下颌前缘具发达锐利的角质边缘。口角常具短须 1 对，有时消失。

体被圆鳞，胸部、腹部具鳞。侧线完全，平直。

背鳍无硬刺，末根不分支，鳍条基部较硬，上部柔软分节，起点距吻端较距尾鳍基近。臀鳍较短，起点距腹鳍基较距尾鳍基近。胸鳍侧下位，后端不伸达腹鳍起点。腹鳍起点位于背鳍起点稍后下方，末端伸达肛门。肛门至腹鳍基约为至臀鳍基距离的 2 倍。尾鳍分叉。

体呈灰黑色，腹部灰白色。体侧具 4 条宽阔黑色横带，横带宽与其间距几相等或稍大。各鳍灰黑色，边缘色浅。繁殖期雄鱼头部出现珠星，体色变浓变黑；雌鱼肛门突起伸出，其后有一产卵管，其长稍大于吻长，肛突长为产卵管长的 1/3。

分布　我国平原地区各水系均有分布。在长江河口区及湖泊中均产。

生物学特性　栖息于水体中下层。主要摄食小型底栖生物。1 冬龄性成熟，5—6 月为产卵季节。

资源与利用　体型较小，一般不超过 150 mm，数量较少，经济价值不大。

蛇鮈属 *Saurogobio* Bleeker，1870

本属长江口 3 种。

种 的 检 索 表

1 （4）体较大；唇厚，具显著乳突；侧线鳞 47～60

2（3）头较大，体长为头长的 5.5 倍以下；侧线鳞 50 左右；胸鳍基部前的胸部裸露无鳞 ⋯⋯⋯⋯⋯ ⋯⋯⋯⋯⋯⋯⋯⋯⋯⋯⋯⋯⋯⋯⋯⋯⋯⋯⋯⋯⋯⋯⋯⋯⋯⋯⋯⋯⋯⋯ 蛇鉤 *S. dabryi*

3（2）头较小，体长为头长的 5.5 倍以上；侧线鳞 60 左右；胸部具鳞 ⋯⋯⋯⋯ 长蛇鉤 *S. dumerili*

4（1）体较小；唇薄，上下唇无显著乳突；侧线鳞 42～45 ⋯⋯⋯⋯⋯⋯ 光唇蛇鉤 *S. gymnocheilus*

78. 长蛇鉤 *Saurogobio dumerili* Bleeker，1871

Saurogobio dumerili Bleeker，1871，Verh. Akad. Amst.，12：25（Yangtze River，China）；Tchang，1929，Science，14（3）：401（江阴、镇江、南京等）；Tchang，1930，Theses Univ. Paris，（A）（209）：97（江阴、南京、宜昌、浙江等地）；Tortonese，1937，Bull. Mus. Zool. Anat. Comp. Univ. Torino，47：20（上海，香港）。

Saurogobio dorsalis：Chu，1932，China J.，16：133（上海）。

杜氏船钉鱼 *Saurogobio dumerili*：张春霖，1959，中国系统鲤类志：69，图 58（南京等地）。

长蛇鉤 *Saurogobio dumerili*：湖北省水生生物研究所，1976，长江鱼类：70（崇明）；罗云林等，1977，中国鲤科鱼类志：537（上海、江西、湖北等）；王幼槐，1990，上海鱼类志：182，图 90（长江南支，杭州湾，崇明，横沙，长兴，浦东三甲港，南汇，奉贤，青浦）；乐佩琦，1998，中国动物志·硬骨鱼纲 鲤形目（中卷）：332，图 191（崇明等地）；周刚、倪勇，2006，江苏鱼类志：345，图 158（海门等地）。

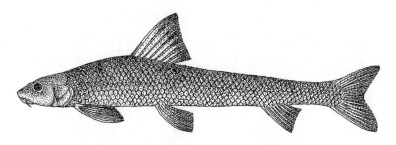

图 78　长蛇鉤 *Saurogobio dumerili*

英文名　Dumeril's longnose gudgeon。

地方名　桥钉、船钉鱼。

主要形态特征　背鳍 3，7～8；臀鳍 3，6；胸鳍 1，14～15；腹鳍 1，7。侧线鳞 59～60 $\frac{6.5}{3.5}$。鳃耙 12～14。下咽齿 1 行，5-5。

体长为体高的 7.2～9.5 倍，为头长的 5.5～6.1 倍。头长为吻长的 2.6～2.8 倍，为眼径的 5.0～5.1 倍，为眼间隔的 2.8～3.2 倍。尾柄长为尾柄高的 2.5～2.7 倍。

体延长，呈亚圆筒形。头后背部稍隆起，腹面平坦，无腹棱，尾柄细长，后部略侧扁。头短小，稍宽，略平扁，头长大于体高。吻短，稍尖突，吻长小于眼后头长。眼小，侧上位，近头背缘。眼间隔宽，微凸起。口较小，下位，深弧形。唇厚，密具细小乳突，下唇中央有横向长圆形肉质突起，光滑或具小乳突。其间有浅沟与唇相隔，后缘不游离。上下唇在口角处相连。唇后沟向前不达下唇前端，间距较宽。口角具须1对，须长约等于眼径。鳃盖膜与峡部相连。

体被较小圆鳞，胸部具鳞。侧线完全，平直。

背鳍无硬刺，起点距吻端远较其基部后端至尾鳍基近。臀鳍无硬刺，起点距尾鳍基较距腹鳍基近。胸鳍侧下位，后端不伸达腹鳍起点。腹鳍起点与背鳍第四至第五分支鳍条相对，后端伸越肛门。尾鳍分叉。肛门靠近腹鳍，位于腹鳍和臀鳍间距的前1/7处。鳔2室，前室包于圆形骨质囊内，后室极小，呈长圆形，露于囊外。

体背侧灰黑色，腹侧银白色。背侧各鳞基部具一黑斑。胸鳍和腹鳍粉红色，其他各鳍灰黑色。

分布　钱塘江、长江、黄河和辽河等水系均有分布。长江河口区常见种。

生物学特性　底层鱼类。主要摄食幼蚌、黄蚬和水生昆虫等底栖动物，兼食枝角类、藻类和植物碎屑。

资源与利用　在长江所产3种蛇鉤中，本种个体最大（大者达290 mm）。在崇明、宝山的长江沿岸水域有一定数量，可供食用。

银鉤属 *Squalidus* Dybowski，1872

本属长江口2种。

种 的 检 索 表

1（2）侧线鳞39～42；须长，等于或大于眼径 ·· 银鉤 *S. argentatus*

2（1）侧线鳞33～36；须短，不及眼径的1/3 ·· 亮银鉤 *S. nitens*

79. 银鉤 *Squalidus argentatus*（Sauvage *et* Dabry，1874）

Gobio argentatus Sauvage and Dabry，1874，Ann. Sci. Nat. Paris.（Zool），（6）1（5）：9（Yangtze River，China）；Tortonese，1937，Bull. Mus. Zool. Anat. Comp. Univ. Torino，47：239（上海）。

银色颌须鉤 *Gnathopogon argentatus*：罗云林等，1977，中国鲤科鱼类志：487（上海，江西，浙江，湖北，湖南，四川）。

银鉤 *Squalidus argentatus*：王幼槐，1990，上海鱼类志：178，图86（宝山，川沙，闵行，青浦）；乐佩琦，1998，中国动物志·硬骨鱼纲 鲤形目（中卷）：314，图181（浙江等地）；周刚、倪勇，2006，江苏鱼类志：349，图160（海门等地）。

英文名　silver gudgeon。

地方名　白鸡郎。

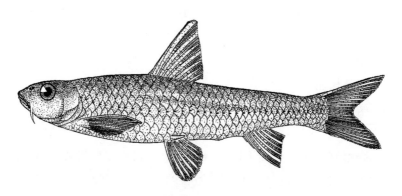

图 79 银鮈 *Squalidus argentatus*

主要形态特征 背鳍 3，7；臀鳍 3，6；胸鳍 1，15～16；腹鳍 1，7。侧线鳞 39～42 $\frac{4.5}{2.5}$。鳃耙 5～10。下咽齿 2 行，3·5-5·3。

体长为体高的 4.8～5.2 倍，为头长的 3.9～4.2 倍。头长为吻长的 3.1～3.6 倍，为眼径的 2.8～3.2 倍，为眼间隔的 3.1～3.9 倍。尾柄长为尾柄高的 1.8～2.4 倍。

体延长，稍侧扁，腹部圆，无腹棱。头中大，锥形，头长大于体高。口小，亚下位。上颌稍长于下颌，上下颌无角质边缘。唇薄，光滑，下唇较狭，唇后沟中断。口角须 1 对，较长，须长等于或稍长于眼径，末端伸达眼中部下方。鳃盖膜与峡部相连。

体被中大圆鳞，胸腹部被鳞。侧线完全，几近平直。

背鳍无硬刺，起点距吻端较距尾鳍基近。臀鳍无硬刺，起点约位于腹鳍基和尾鳍基的中点。胸鳍侧下位，后端不伸达腹鳍基。腹鳍起点位于背鳍起点稍后下方，末端伸达肛门。尾鳍分叉，上下叶约等长。肛门约位于腹臀鳍间距的后 1/3 处。

体呈银灰色，背面色较深，背面正中线有时有 8～10 个小黑点。体侧中部具一银色纵带（浸制标本为黑色纵带），带上具 9～10 个黑斑。背鳍不分支鳍条黑色，尾鳍灰色，其余各鳍浅白色。

分布 分布甚广，除西部高原地区外，我国各水系均有分布。在长江河口区见于崇明、宝山、浦东沿岸及市郊内河中。

生物学特性 喜栖息于水体中下层。主要摄食水生昆虫，也食藻类和水生植物。在长江，5 月中旬至 8 月上旬为繁殖季节。成熟亲鱼体长 65～160 mm、体重 3.4～67.66 g，多数为 2～3 龄。绝对怀卵量 1 732～32 284 粒，相对怀卵量 223～447 粒/g。为一次性产卵类型。成熟卵卵径 0.7～1.2 mm。卵微黏性，属漂流性卵。产卵期水温 17.5～27.0 ℃。产卵场一般分布在平均流速大于 0.6 m/s、水流急缓交错、流态紊乱、含沙量较大、有沙洲或小岛的江段（李修峰 等，2005）。

资源与利用 本种为江河小型鱼类，在长江中游汉江等支流中有一定的数量（约占小型鱼的 30%），而在长江河口区及其内河、湖泊中，自然数量较少，捕捞价值不大。

鱊亚科 Acheilognathinae

本亚科长江口 3 属。

属 的 检 索 表

1 （2） 背鳍鳍条上无由白点连续列成的纵条 ………………………… 田中鳑鲏属 *Tanakia*

2 （1） 背鳍鳍条上由白点连续列成两行纵条（鳑鲏属的雌鱼缺失或不明显）

3 （4） 侧线完全（*A. typus* 和 *A. hondae* 侧线不完全除外）；翼状卵黄囊突起不发达 ……………

…………………………………………………………………… 鱊属 *Acheilognathus*

4 （3） 侧线不完全；翼状卵黄囊有发达突起 ……………………… 鳑鲏属 *Rhodeus*

鱊属 *Acheilognathus* Bleeker，1859

本属长江口 5 种。

种 的 检 索 表

1 （6） 口角须 1 对

2 （3） 背鳍分支鳍条 15～18；臀鳍分支鳍条 12～13 ……………… 大鳍鱊 *A. macropterus*

3 （2） 背鳍分支鳍条少于 15；臀鳍分支鳍条少于 12

4 （5） 体长为体高的 2.1～2.4 倍；鳃耙 9～11 …………………… 越南鱊 *A. tonkinensis*

5 （4） 体长为体高的 2.4～3.2 倍；鳃耙 7～8 …………………… 短须鱊 *A. barbatulus*

6 （1） 口角无须

7 （8） 背鳍分支鳍条 12～14；腹鳍起点前于背鳍起点 ……………… 兴凯鱊 *A. chankaensis*

8 （7） 背鳍分支鳍条 8～9；腹鳍起点与背鳍起点相对 …………… 缺须鱊 *A. imberbis*

80. 大鳍鱊 *Acheilognathus macropterus* （Bleeker，1871）

Acanthorhodeus macropterus Bleeker，1871，Verh. Arad. Amst.，12：40，pl. 2，fig. 2 （Yangtze River，China）。

Acanthorhodeus taenianalis：Günther，1873，Ann. Mag. Nat. Hist.，12 （4）：247 （上海）；Sauvage and Dabry，1874，Ann. Sci. Nat.，（6）1 （5）：11 （上海）；Bleeker，1879，Verh. Akad. Amst.，18 （1878）：3 （上海）；Berg，1907，Ann. Mag. Nat. Hist.，（7）19：163 （上海）；Tortonese，1937，Bull. Mus. Zool. Anat. Comp. Univ. Torino，47：244 （上海）。

Acanthorhodeus guichenoti：Bleeker，1871，Verh. Arad. Amst.，12：41 （长江）；Berg，1907，Ann. Mag. Nat. Hist.，（7）19：162 （上海）。

Acheilognathus asmusi：Evermann and Shaw，1927，Proc. Calif. Acad. Sci.，（4）16

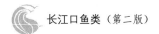

（4）：105（上海）。

石光扁鱼 *Acanthorhodeus taenianalis*：Tchang，1929，Science，14（3）：402（江阴，太湖，无锡，南京）。

臀点鳑鲏 *Acanthorhodeus taenianalis*：张春霖，1959，中国系统鲤类志：24（上海、江苏、南京等）。

大鳍刺鳑鲏 *Acanthorhodeus macropterus*：湖北省水生生物研究所，1976，长江鱼类：136，图103（崇明，镇江，南京等）。

大鳍鱊 *Acheilognathus macropterus*：王幼槐，1990，上海鱼类志：188，图97（崇明，南门港，淀山湖，黄渡，庄行等）；林人端，1998，中国动物志·硬骨鱼纲 鲤形目（中卷）：419，图239（上海等地）；陈校辉、倪勇，2006，江苏鱼类志：363，图170（海门等地）。

斑条鱊 *Acheilognathus taenianalis*：王幼槐，1990，上海鱼类志：191，图100（金山，闵行，青浦）。

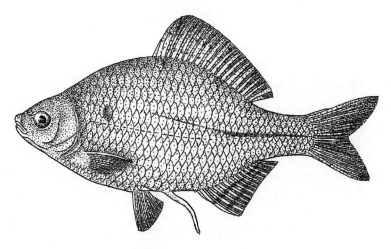

图80 大鳍鱊 *Acheilognathus macropterus*

英文名 largefin bitterling。

地方名 鳑鲏鱼。

主要形态特征 背鳍3，17～18；臀鳍3，13～14；胸鳍1，14～15；腹鳍1，7。侧线鳞34～35。鳃耙7～8。下咽齿1行，5-5。

体长为体高的1.9～3.0倍，为头长的3.2～5.4倍。头长为吻长的3.1～5.4倍，为眼径的2.6～5.6倍，为眼间隔的2.1～4.1倍。

体侧扁，背缘较腹缘隆起。头短小。口亚下位，口裂浅。口角须1对，突起状或缺失。鼻孔近眼前缘较之于吻端。眼侧上位。鳃孔大。鳃耙较短。下咽齿侧扁，多数齿侧有深凹纹，咀嚼面狭，齿端呈钩状。

体被中大圆鳞。侧线完全，或尾部倒数 1~4 鳞无孔，平直，后入尾柄中央。

背鳍位居体中央，或距吻端较尾鳍基部略近。臀鳍起点与背鳍基部中点相对。背鳍、臀鳍末根不分支鳍条粗壮，末端分节。背鳍基底长于臀鳍基底。腹鳍位于背鳍之前，腹鳍基部和背鳍起点往往在同一垂直线上，或略重叠。肛门位于腹鳍基和臀鳍起点之间。尾鳍叉形，末端尖。

体银灰色，肩区有一小黑点，其后间隔 3~4 鳞处具一较明显稍大黑点，体侧中部自臀鳍上方至尾鳍基具一黑色纵纹。雌鱼胸鳍、腹鳍和臀鳍淡黄色，雄鱼臀鳍外缘白色，内缘深黑色，再内为暗灰色，暗灰色中间具 1 条白色点纹；腹鳍鳍端较黑。生殖季节雄鱼色泽明显，吻端和眼眶上缘具白色珠星。

分布 广泛分布于我国黑龙江、黄河、长江和珠江等各大水系。在长江河口区的内河和湖泊中较为常见。

生物学特性 喜栖息于水草丛中。植物食性，主食丝状藻、硅藻等藻类和苦草、轮叶黑藻等水生维管束植物，也少量摄食枝角类和双翅目幼虫。1 龄鱼达性成熟，产卵期4—6 月。据上海水产学院 1964 年记录，体长 99 mm、体重 29 g 的 2 龄个体，怀卵量为716 粒。卵橘黄色，卵径平均为 2.16 mm。雌鱼有长的产卵管，卵产在河蚌的外套腔内，受精卵依附于蚌鳃发育。生长较慢，1 龄、2 龄、3 龄鱼的体长分别为 36~71 mm、79~94 mm 和 99~109 mm。

资源与利用 本种是鳑亚科鱼类中个体最大的种类，最大个体体长达 130 mm。在内河和湖泊中有一定的自然产量，可供食用，或作为养鱼、养蟹的饵料。

【鳑亚科鱼类是分布于亚洲和欧洲的小型鲤科种类，其典型特征为雌鱼具有产卵管，以将卵产在贝类鳃瓣里。1835 年以来，鳑亚科内先后设立了约 8 个属，如吴清江等（1964）使用过 6 个属，Arai（1988）使用过 3 个属，林人端（1998）使用过 3 个属。近年来，基于形态学、染色体和分子生物学的相关研究结果（Okazaki et al.，2001），确定鳑亚科有 3 个有效属，即鳑属（*Acheilognathus*）、鳑鲏属（*Rhodeus*）和田中鳑鲏属（*Tanakia*）。】

鳑鲏属 *Rhodeus* Agassiz，1832

本属长江口 3 种。

种 的 检 索 表

1（2）体侧中央纵带向前伸至背鳍起点前方；雄鱼胸腹部黑色 ························· 方氏鳑鲏 *R. fangi*

2（1）体侧中央纵带向前伸至背鳍起点后方

3（4）鳃孔后上方肩斑明显，呈圆点状；雄鱼胸腹部黄色；鳃耙 6~8；消化道短，为体长的 1.0~1.6 倍 ························· 中华鳑鲏 *R. sinensis*

4（3）鳃孔后上方肩斑不明显，呈云斑状；雄鱼胸腹部红色；鳃耙 12~16；消化道长，为体长的 3.6~

7.2 倍 ··· 高体鳑鲏 *R. ocellatus*

81. 中华鳑鲏 *Rhodeus sinensis* Günther，1868

Rhodeus sinensis Günther，1868，Cat. Fish. Br. Mus.，7：280（China）；Bleeker，1879，Verh. Akad. Amsterdam，18（1878）：3（上海）；Fowler，1929，Proc. Acad. Nat. Sci. Philad.，11：594（上海）；Arai and Kato，2003，Univ. Mus. Tokyo. Bull.，40：4（上海，辽宁等地）。

彩石鲋 *Pseudoperilampus lighti*：湖北省水生生物研究所，1976，长江鱼类：140，图 112（上海，无锡等地）。

中华鳑鲏 *Rhodeus sinensis*：王幼槐，1990，上海鱼类志：185，图 93（宝山，川沙，南汇等地）；陈校辉、倪勇，2005，江苏鱼类志：370，图 174（海门等地）；陈校辉、倪勇、伍汉霖，2005，海洋渔业，27（2）：89～96，图 2（太湖，澄湖，洪泽，东台，建湖，新沂等）。

彩石鳑鲏 *Rhodeus lighti*：王幼槐，1990，上海鱼类志：187，图 95（宝山，川沙，南汇等地）。

高体鳑鲏 *Rhodeus ocellatus*（部分）：林人端，1998，中国动物志·硬骨鱼纲 鲤形目（中卷）：445，图 253（上海、湖北、云南等）。

英文名 Chinese biterling。

地方名 鳑鲏。

主要形态特征 背鳍 3，9～11；臀鳍 3，10～12；胸鳍 1，10～12；腹鳍 1，6。侧线鳞 3～6；纵列鳞 30～33。鳃耙 6～8。下咽齿 1 行，5-5。

体长为体高的 2.1～2.4 倍，为头长的 3.5～4.1 倍。头长为吻长的 3.6～4.8 倍，为眼径的 2.7～3.6 倍，为眼间隔的 2.1～2.7 倍。尾柄长为尾柄高的 1.1～1.5 倍。

体侧扁，似卵圆形。头短小，吻短而钝。眼中大，侧上位。眼间隔圆突，大于眼径。口小，端位。口角无须。鳃孔大。鳃盖膜与峡部相连。

体被中大圆鳞。侧线不完全，仅前面 3～6 鳞具侧线管。

背鳍和臀鳍最后不分支鳍条较硬，端部柔软。背鳍起点位于吻端与尾鳍基中部。背鳍基底长短于背鳍基底至尾鳍基距离。臀鳍起点位于背鳍第四分支鳍条下方。胸鳍侧下位。腹鳍起点位于背鳍起点前下方，末端伸达臀鳍起点。尾鳍浅分叉。

体侧银灰色，腹部银白色。胸腹部雌鱼浅黄色，雄鱼鲜黄色。体侧每鳞后缘黑色。雌鱼、雄鱼体侧均具银蓝色纵带纹，向前伸至背鳍起点后方，雄鱼宽于雌鱼。雌鱼、雄鱼鳃孔后上方均具一明显银蓝色小点，其后约 2 个鳞片距离处具一垂直色暗的云纹。雌鱼背鳍前部 2～4 分支鳍条近基部有黑斑，其余部分浅黄色；雄鱼背鳍无黑斑，大部分鳍条上缘橙红色，其余部分暗灰色。臀鳍黄色，雄鱼下缘具 1 条较宽的外黑内橘黄色纵纹，个

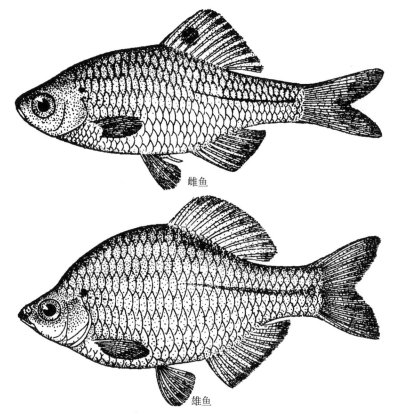

雌鱼

雄鱼

图 81　中华鳑鲏 *Rhodeus sinensis*（王幼槐，1990）

别雌鱼臀鳍下缘亦具很细的黑纵纹。胸鳍和腹鳍黄色，雄鱼腹鳍后缘黑色。尾鳍中部具 1 条橙红色细纵纹。雌鱼产卵管灰色。

分布　分布于中国、朝鲜半岛和日本等地。中国产于黄河、长江、闽江、珠江等水系。长江河口区亦有分布。

生物学特性　底栖小型鱼类。一般体长为 35～55 mm。生活于内河、湖泊、沟渠和池塘中，喜栖息于静水、多草的水体中。摄食藻类。产卵期为 4—6 月。在繁殖季节，雄鱼体色绚丽多彩，吻部具珠星；雌鱼色泽暗淡，具产卵管，卵通过产卵管排入蚌等鳃瓣间或外套腔中，直至孵化。

资源与利用　本种个体小，数量较少，可作为观赏鱼或狗、猫等宠物的饲料，也可作为养鱼、养蟹的饵料。经济价值不大。

【据陈校辉等（2005）研究：①中华鳑鲏（*R. sinensis* Günther，1868）是有效种，与高体鳑鲏 ［*R. ocellatus*（Kner，1866）］区别明显（主要鉴别特征见种的检索表），从而澄清了以往文献中 2 个种不明确的区别特征。②*Pseudoperilampus lighti* Wu，1931＝彩石鳑鲏 ［*Rhodeus lighti*（Wu，1931）］的模式标本是中华鳑鲏的雄性个体（主要特征：臀鳍下缘具 1 条较宽的、外缘黑色内缘橘黄色纵纹，其他特征与中华鳑鲏相同，从而明确了前者是后者的

同物异名。】

田中鳑鲏属 *Tanakia* Jordan *et* Thompson，1914

本属长江口1种。

82. 革条田中鳑鲏 *Tanakia himantegus*（Günther，1868）

Achilognathus himantegus Günther，1868，Cat. Fish. Br. Mus.，7：277（Taiwan，China）。

革条副鱊 *Paracheilognathus himantegus*：吴清江，1964，中国鲤科鱼类志（上卷）：210，图 5-11（浙江）；伍汉霖、沈根媛，1984，福建鱼类志（上卷）：266，图 183（莆田等地）；林人端，1998，中国动物志·硬骨鱼纲 鲤形目（中卷）：439，图 250（江苏，浙江，福建，台湾）。

革条鱊 *Acheilognathus himantegus*：陈校辉、倪勇，2006，江苏鱼类志：359，图 167（太湖等地）；金斌松，2010，长江口盐沼潮沟鱼类多样性时空分布格局：156（崇明东滩）。

革条田中鳑鲏 *Tanakia himantegus*：张春光、赵亚辉等，2016，中国内陆鱼类物种与分布：69。

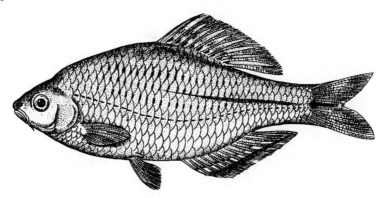

图 82　革条田中鳑鲏 *Tanakia himantegus*（伍汉霖和沈根媛，1984）

英文名　Taiwan bitterling。

地方名　鳑鲏。

主要形态特征　背鳍3，9；臀鳍3，10～11；胸鳍1，10～11；腹鳍1，6～7。侧线鳞35～38。鳃耙11～12。下咽齿1行，5-5。

体长为体高的2.9～3.4倍，为头长的4.0～4.1倍。头长为吻长的3.3～3.8倍，为眼径的2.9～3.8倍，为眼间隔的2.8～3.2倍。尾柄长为尾柄高的1.9～2.2倍。

体稍长，侧扁，似纺锤形。头小，较长，头长大于头高。吻短。眼中大，侧上位。口小，近端位，口裂浅，呈弧形。口角具须1对，长达眼径的2/3以上或更长。鳃孔大。鳃盖膜与峡部相连。

体被圆鳞，背鳍前鳞有一半呈棱脊状。侧线完全，较下弯，行至背鳍和腹鳍对应处弯向腹面，然后入尾柄中线。鳃耙短而细小，呈片状，排列稀疏。下咽齿长而侧扁，齿面侧缘光滑，部分齿端带钩状。

背鳍和臀鳍末根不分支鳍条较细，不骨化成硬刺状，第二根不分支鳍条约为末根不分支鳍条长的 1/2。背鳍起点位于吻端与尾鳍基中间。臀鳍起点位于背鳍第四、第五分支鳍条下方。胸鳍侧下位，末端几伸达腹鳍起点。腹鳍位于背鳍前下方。尾鳍分叉。

体粉红色略带蓝色，腹面浅白色。侧面鳞片后缘镶以黑边。尾柄纵带纹呈黑色，向前伸越超过背鳍起点约 3 个鳞片距离，雄鱼纵带纹粗于雌鱼。鳃盖后方第五、第六个侧线鳞间具一黑斑。雄鱼臀鳍外缘具黑色宽边，雌鱼臀鳍无黑边。胸鳍色浅，腹鳍后缘暗黑色。尾鳍中部 3～4 鳍条的鳍膜黑色。繁殖期雄鱼吻端和泪骨区具明显的白色珠星，雌鱼具产卵管。

分布　中国大陆的长江、九龙江、鸭绿江等水系和中国台湾的浊水溪。金斌松（2010）报道，2008 年在崇明东滩采集到 1 尾体长 63 mm 的样本，为长江口区新记录。

生物学特性　栖息于湖泊、溪流等水域的小型鱼类。

资源与利用　个体小，数量少，无经济价值。可作为观赏鱼。

【本种由 Günther 于 1868 年以我国台湾标本命名，目前仅发现分布于我国，长江口东滩水域也有分布记录。在国内以往的文献中，该种都被归于鱊属或副鱊属（Acheilognathus），但相关研究表明，田中鳑鲏属明显区别于鱊属和鳑鲏属，如具 2 条长须和 48 条染色体等，本种也被归入田中鳑鲏属（Tanakia）。据此，本种种名为革条田中鳑鲏 [*Tanakia himantegus* (Günther，1868)]。】

鲤亚科 Cyprininae

本亚科长江口 2 属。

属 的 检 索 表

1（2）下咽齿 3 行；咽齿近臼齿状；通常具须 ·· 鲤属 *Cyprinus*
2（1）下咽齿 1 行；无须·· 鲫属 *Carassius*

鲫属 *Carassius* Jarocki，1822

本属长江口 1 种。

83. 鲫 *Carassius auratus*（Linnaeus，1758）

Cyprinus auratus Linnaeus, 1758, Syst. Nat. ed. 10：322（China；Japanese Rivers）.

Carassius auratus：Bleeker, 1871, Verh. Akad. Amst.，12：7（上海，宁波，广州

等）；Bleeker，1873，Ned. Tijd. Dierk.，4：143（上海，宁波等）；Günther，1873，Ann. Mag. Nat. Hist.，（4）12：246（上海）；Bleeker，1879，Verh. Akad. Amst.，18：3（上海）；Nichols，1928，Bull. Am. Mus. Nat. Hist.，58（1）：11（上海，宁波，广州等）；Fowler，1929，Proc. Acad. Nat. Sci. Philad.，81：594（上海）；Tchang，1930，Theses Univ. Paris，（A）（209）：65（上海，江阴，扬州，南京等）；Tchang，1933，Zool. Sinica，（3）2（1）：23（松江等）；Kimura，1934，J. Shanghai Sci. Inst.，（3）1：145（上海，苏州，江阴，无锡，南京，九江等）；Kimura，1935，Ibid.，（3）3：112（崇明）；Tortonese，1937，Bull. Mus. Zool. Anat. Comp. Univ. Torino，47：235（上海，天津，香港等）；Nichols，1943，Nat. Hist. Centr. Asia，9：64（上海，宁波等）。

Carassius longsdorfii：Kner，1867，Zool. Theil. 1 Fische：346（上海）。

Carassius vulgaris：Martens，1876，Zool. Theil.，Berlin，1（2）：40（上海）。

鲫 *Carassius auratus*：张春霖，1959，中国系统鲤类志：90（上海，松江，苏州，南京，汉口，宜昌等）；湖北省水生生物研究所，1976，长江鱼类：49（崇明，南京，黄石，岳阳等）；王幼槐，1979，水生生物集刊，6（4）：431（上海，江苏，安徽等）；姚根娣，1990，上海鱼类志：195，图103（崇明，青浦）；罗云林、乐佩琦，2000，中国动物志·硬骨鱼纲 鲤形目（下卷）：429，图267（安徽铜陵等地）；严小梅、朱成德，2006，江苏鱼类志：373，图175（太湖）。

鲫 *Carassius auratus auratus*：陈湘粦、黄宏金，1977，中国鲤科鱼类（下卷）：431，图8-25（江苏等地）。

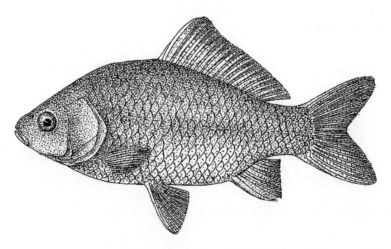

图83 鲫 *Carassius auratus*

英文名 goldfish。

地方名 河鲫鱼、鲫鱼。

主要形态特征 背鳍3，16～18；臀鳍3，5；胸鳍1，14～15；腹鳍1，8。侧线鳞

$28 \sim 31 \dfrac{6.5}{6.5}$。鳃耙 $40 \sim 50$。下咽齿 1 行，4 - 4。

体长为体高的 $2.3 \sim 2.6$ 倍，为头长的 $3.3 \sim 3.7$ 倍。头长为吻长的 $3.8 \sim 4.0$ 倍，为眼径的 $4.0 \sim 4.5$ 倍，为眼间隔的 $2.0 \sim 2.5$ 倍。尾柄长为尾柄高的 $0.8 \sim 0.9$ 倍。

体较高，侧扁，腹部圆，无腹棱。头较小，头长小于体高。吻短钝，吻长约等于眼径。眼较小，位于头侧上方。眼间隔宽而隆起，约为眼径的 2 倍以上。口小，端位，呈弧形，稍斜裂。上颌略长于下颌。无须。鳃孔较大。鳃盖膜与峡部相连。

体被较大圆鳞。侧线完全，微弯，行于体中央。

背鳍和臀鳍不分支鳍条均骨化成硬刺，最后 1 根硬刺后缘均为锯齿状。背鳍起点距吻端较尾鳍基近，基底较长。臀鳍始于背鳍后部鳍条下后方，基底短。胸鳍侧下位，后端几伸达腹鳍基。腹鳍腹位，起点稍前于背鳍起点，后端不伸达肛门。尾鳍叉形。下咽齿侧扁，齿冠有一道沟纹。

体背部灰黑色，腹部灰白色。各鳍灰色。体色因栖息环境不同而异。

分布　广泛分布于我国除青藏高原地区外的各水系。长江干支流及其附属湖泊均产。长江河口区亦有分布。

生物学特性　对各种生态环境适应力强，耐寒，耐低氧，在深水和浅水、流水和静水、清水或混浊水中都能生活，但一般喜栖于多水草的浅水河道和湖泊中。杂食性，摄食水生植物和藻类等，也食枝角类、桡足类、水生昆虫、小型软体动物和虾类等。1 冬龄性成熟。怀卵量 1 万～11 万粒。繁殖期主要在 4—5 月。在多水草的浅水区产卵。卵黏性，成熟卵径为 $1.0 \sim 1.1$ mm。水温 $17 \sim 19$ ℃，受精卵约经 98 h 孵化。鲫生长较慢，$1 \sim 4$ 冬龄鱼体长分别为 90 mm、$100 \sim 140$ mm、$140 \sim 170$ mm 和 $150 \sim 210$ mm，体重分别为 $40 \sim 50$ g、$50 \sim 100$ g、$125 \sim 200$ g 和 $150 \sim 350$ g。

资源与利用　鲫肉质细嫩，味鲜美，营养丰富，为长江三角洲地区居民喜食，是普通的食用鱼。鲫适应性强，成熟早，繁殖力强，在长江中下游地区的湖泊和内河中有一定的自然产量，如在上海淀山湖，1958 年占渔获量的 20%，1974—1975 年占渔获量的 13%。

鲤属 *Cyprinus* Linnaeus，1758

本属长江口 1 种。

84. 鲤 *Cyprinus carpio* Linnaeus，1758

Cyprinus carpio Linnaeus, 1758, Syst. Nat. ed. 10：32（Europe）；Fowler, 1929, Proc. Acad. Nat. Sci. Philad.，11：594（上海）；Tchang, 1930, Theses Univ. Paris, (A)（209）：62（上海，江阴，南京）；Tchang, 1933, Zool. Sinica, (B) 2 (1)：14

（松江等）；Kimura，1935，J. Shanghai Sci. Inst.，（3）3：112（崇明）。

Cyprinus carpio haematopterus：Martens，1876，Zool. Theil.，Berlin，1（2）：401（上海）。

鲤 *Cyprinus carpio*：张春霖，1959，中国系统鲤类志：86，图72（上海，苏州，南京等）；湖北省水生生物研究所，1976，长江鱼类：44，图28（崇明，镇江，南京等）；姚根娣，1990，上海鱼类志：193，图102（周浦，淀山湖）；罗云林、乐佩琦，2000，中国动物志·硬骨鱼纲 鲤形目（下卷）：410，图255（江西湖口等地）；严小梅、朱成德，2006，江苏鱼类志：375，图176，彩图22（海门等地）。

鲤 *Cyprinus*（*Cyprinus*）*carpio haematopterus*：陈湘粦、黄宏金，1977，中国鲤科鱼类（下卷）：412，图8-12（黑龙江水系）。

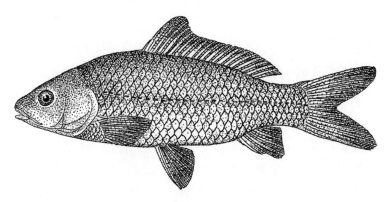

图84　鲤 *Cyprinus carpio*

英文名　common carp。

地方名　鲤鱼、鲤拐子。

主要形态特征　背鳍4，17～18；臀鳍3，5；胸鳍1，16～17；腹鳍1，8～9。侧线鳞 $33\sim35\frac{5\sim6}{5\sim6}$。鳃耙18～21。下咽齿3行，3·1·1-1·1·3。

体长为体高的3.0～3.5倍，为头长的3.3～3.8倍。头长为吻长的2.5～3.0倍，为眼径的5.8～6.5倍，为眼间隔的2.5～2.6倍。尾柄长为尾柄高的1.2～1.3倍。

体延长，侧扁，背面隆起，腹部圆，无腹棱。头中大，侧扁。吻长而钝。眼较小，侧上位。口小，亚下位，上颌稍长于下颌，上颌骨后端伸达鼻前缘下方。须2对，吻须长约为颌须长的1/2。鳃孔中大。鳃盖膜与峡部相连。

体被中大圆鳞。侧线完全，较平直，行于体侧中央。

背鳍和臀鳍的不分支鳍条均骨化成硬刺，最后1根刺后缘均具锯齿状缺刻。背鳍始于腹鳍基稍前上方，基底较长。臀鳍基底短，始于背鳍后部鳍条下方。胸鳍侧下位，后端不伸达腹鳍基。腹鳍后端不伸达肛门。尾鳍叉形。下咽齿发达，外行齿较小，臼齿状，齿面上有凹纹。

体背部暗黑色，体侧暗黄色，腹面黄白色。尾鳍下叶橘红色，胸鳍、腹鳍和臀鳍黄色。

分布　广泛分布于我国各大水系。在长江从河口至上游金沙江的干支流及其附属湖泊均产。

生物学特性　底栖鱼类。一般生活于水体的中下层。杂食性。幼鱼摄食轮虫、枝角类、桡足类和水生昆虫幼虫，100 mm 以上个体摄食苦草、轮叶黑藻等植物性饵料和螺蛳、黄蚬、幼蚌、淡水壳类、幼鱼、虾等动物性饵料。人工饲养时也喜食饼类、麦麸等人工饲料。长江下游地区繁殖期为 4—6 月。一般 2 龄性成熟。体长 25～85 cm 的个体怀卵量为 5.9 万～157.9 万粒，2～2.5 kg 的个体怀卵量为 20 万～30 万粒。分批产卵。卵黏性。受精卵吸水后卵径为 1.4～1.8 mm。在水温 20～25 ℃时，约经 53 h 孵化。鲤 1～2 龄生长最快，3～6 龄生长变慢。

资源与利用　生长快，食物来源广，能在静水中繁殖，对环境适应性强，是我国最早被养殖的鱼类之一，早在公元前 460 年范蠡的《陶朱公养鱼经》中就记述："鲤不相食，易长又贵也。"鲤可单养亦可混养，一般以混养为主，网箱养殖、流水养殖和稻田养殖采用单养。在我国江河和湖泊中有一定的自然产量，如湖北梁子湖鲤产量占渔获量的 40%，上海淀山湖占渔获量的 25%。为维持中小型湖泊鲤产量，每年在湖泊中都放养一定数量的鱼苗（夏花）和大规格鱼种。

鳅科 Cobitidae

本科长江口 2 亚科。

亚科的检索表

1（2）尾鳍深分叉；2 对吻须通常聚生于吻端（个别除外）；骨鳔囊由第二脊椎横突的腹支向后伸展与第四脊椎横突、肋骨和悬器构成 ⋯⋯⋯⋯⋯⋯⋯⋯⋯⋯⋯⋯⋯⋯ 沙鳅亚科 Botiinae

2（1）尾鳍内凹、圆形或截形；2 对吻须分生于吻端；骨鳔囊由第四脊椎横突、肋骨和悬器构成，第二脊椎的背支紧贴于骨囊的前缘，不参与骨鳔囊的形成 ⋯⋯⋯⋯⋯⋯ 花鳅亚科 Cobitinae

沙鳅亚科 Botiinae

本亚科长江口 2 属。

属的检索表

1（2）眼下刺不分叉 ⋯⋯⋯⋯⋯⋯⋯⋯⋯⋯⋯⋯⋯⋯⋯⋯⋯⋯⋯⋯⋯ 薄鳅属 *Leptobotia*

2（1）眼下刺分叉 ⋯⋯⋯⋯⋯⋯⋯⋯⋯⋯⋯⋯⋯⋯⋯⋯⋯⋯⋯⋯ 副沙鳅属 *Parabotia*

薄鳅属 *Leptobotia* Bleeker，1870

本属长江口1种。

85. 紫薄鳅 *Leptobotia taeniops*（Sauvage，1878）

Parabotia taeniops Sauvage，1878，Bull. Soc. Philom. Paris，7（11）：90（Yangtze River，China）。

紫薄鳅 *Leptobotia taeniops*：陈景星，1987，中国鱼类系统检索（上册）：196，图961；朱松泉、陈校辉，2006，江苏鱼类志：379，图177（江苏洪泽湖、江浦、镇江、靖江）；金斌松，2010，长江口盐沼潮沟鱼类多样性时空分布格局：156（崇明东滩）。

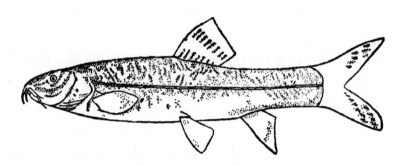

图85　紫薄鳅 *Leptobotia taeniops*（陈景星，1987）

主要形态特征　背鳍3，8；臀鳍2，5；胸鳍1，10～11；腹鳍1，6～7。鳃耙10～11。脊椎骨4，34+1。

体长为体高的4.0～4.8倍，为头长的3.7～4.6倍。头长为吻长的2.5～2.9倍，为眼径的8.8～12.5倍，为眼间隔的3.6～5.4倍。尾柄长为尾柄高的0.8～1.1倍。

体延长，侧扁。背部稍隆起。腹部平直。头短小。吻部略尖，吻长明显短于眼后头长。前、后鼻孔紧靠在一起，之间仅为一鼻瓣分开。眼很小，侧上位，眼间隔较宽。眼下刺不分叉。口下位，口裂深弧形。唇面有浅皱褶，上下唇在口角相连，下唇在中央分开，唇后沟中断。上颌中部有一关节突起，下颌匙状。须3对：2对吻须，1对颌须，均较短；外吻须后伸至口角，颌须末端达眼前缘的下方。鳃盖连于峡部。

体被细圆鳞，胸峡部亦被鳞，隐于皮下。侧线完全，平直。

背鳍末根不分支鳍条软，短于头长，背鳍起点相对于体长中点或略偏后。臀鳍起点距腹鳍基较距尾鳍基近。胸鳍小，侧下位。腹鳍起点相对背鳍起点至第二分支鳍条基部之间的下方，末端略过肛门而不达臀鳍起点。尾鳍后缘深分叉，叶端尖，上叶稍长。肛门位置略前，约位于腹鳍、臀鳍起点连线的中点。

体呈浅棕色，背部和侧部棕色，头部和体上部有多条深棕色的虫形斑纹或横斑，项部常有一深棕色大斑。背鳍基部深棕色，背鳍有 2 行、尾鳍有 2～3 行棕色斑点，其余各鳍也有斑点。

分布　主要分布于长江中下游及其附属水体。在长江下游，之前仅知分布到靖江，在长江口区未有报道。金斌松（2010）报道，2008 年 9 月在崇明东滩采集到 2 尾体长 18～23 mm 的幼鱼；笔者 2017 年 9 月和 10 月分别在崇明绿华和团结沙捕获 2 尾体长 93～ 105 mm 的成体，为长江口区新记录。

生物学特性　底层鱼类，喜生活在流水环境中，以底栖无脊椎动物为食。

资源与利用　小型鱼类，数量稀少，经济价值低。

副沙鳅属 *Parabotia* Dabry de Thiersant，1872

本属长江口 1 种。

86. 花斑副沙鳅 *Parabotia fasciata* Guichenot，1872

Parabotia fasciata Guichenot，1872，Pisciculture Chine：191，pl. 49，fig. 7（Yangtze River，China）。

Botia rubulabris：Tchang，1928，Contr. Biol. Lab. Sci. Soc. China，4（4）：25，fig. 29（南京）；Tchang，1929，Science，14（3）：403（南京，江阴）；Tchang，1930，Thése Univ. Paris（A），(209)：155（南京，江阴等）。

黄唇沙鳅 *Botia rubularis*：张春霖，1959，中国系统鲤类志：115，图 94（南京等）。

花斑沙鳅 *Botia faciata*：湖北省水生生物研究所鱼类研究室，1976，长江鱼类：163，图 132（洞庭湖，九江，湖口，安庆，南京等）。

花斑副沙鳅 *Parabotia fasciata*：徐寿山，1991，浙江动物志·淡水鱼类：147，图 114（钱塘江水系中上游）；周才武，1997，山东鱼类志：197，图 146（南四湖，东平湖）；朱松泉、陈校辉，2006，江苏鱼类志：381，图 179（镇江等地）。

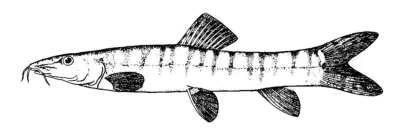

图 86　花斑副沙鳅 *Parabotia fasciata*（叶桂瑶，1991）

地方名　沙鳅、山石猴。

主要形态特征　背鳍 3，9；臀鳍 3，5；胸鳍 1，11～13；腹鳍 1，6～7。鳃耙 12～ 13。脊椎骨 4，37+1。

体长为体高的 5.4～6.0 倍，为头长的 3.9～4.0 倍。头长为吻长的 2.2～2.4 倍，为眼径的 5.3～7.0 倍，为眼间隔的 4.6～4.9 倍。尾柄长为尾柄高的 1.1～1.3 倍。

体延长，侧扁。头侧扁。吻端尖，吻长与眼后头长几相等。眼小，侧上位。眼下刺分叉。口下位。上下唇在口角处相连，下唇中部分开，唇后沟中段，上唇完整，中部不分开。须 3 对：2 对吻须，聚生于吻端，向后伸达前鼻孔下方；1 对颌须，向后伸达眼前缘或眼中央下方。鳃盖膜连于峡部。

体和头的颊部被小圆鳞，鳞隐于皮下。侧线完全，平直。

背鳍起点约位于体长的中点。腹鳍腹位，起点与背鳍第一分支鳍条相对，后端不伸达肛门。尾鳍深分叉，上下叶等长。肛门位于腹鳍后端和臀鳍起点之中点。

体黄褐色，体侧具 13～14 条褐色横纹，从背部向下伸至侧线上方，横纹宽小于横纹间隔。尾鳍基中部具有一明显黑斑。背鳍和尾鳍各具褐色点列 4～6 行。

分布 我国自黑龙江至珠江各大水系均有分布。在长江下游，之前仅知分布到江阴，在长江口区未有报道。笔者 2009 年 9 月在长江口南支浦东机场附近江段捕获 2 尾体长 63～65 mm 的样本，为长江口区新记录。

生物学特性 栖息于流水环境，以底栖动物性饵料为食。

资源与利用 小型鱼类，数量稀少，经济价值低。

花鳅亚科 Cobitinae

本亚科长江口 3 属。

属 的 检 索 表

1 （2）具眼下刺 ·· 花鳅属 *Cobitis*

2 （1）无眼下刺

3 （4）纵列鳞 140 以上；尾鳍基上部具一大黑斑；尾柄背缘皮褶不发达；基枕骨咽突分叉 ···············
 ·· 泥鳅属 *Misgurnus*

4 （3）纵列鳞 130 以下；尾鳍基上部无大黑斑；尾柄背缘皮褶发达，几伸达背鳍基部；基枕骨咽突在
 背大动脉下愈合 ··· 副泥鳅属 *Paramisgurnus*

花鳅属 *Cobitis* Linnaeus，1758

本属长江口 1 种。

87. 中华花鳅 *Cobitis sinensis* Sauvage *et* Dabry de Thiersant，1874

Cobitis sinensis Sauvage and Dabry de Thiersant，1874，Ann. Sci. Nat.，Paris. Zool.，（6）1（5）：16（Western Sizhuan，China）。

Cobitis taenia：Kimura，1935，J. Shanghai Sci. Inst.，（3）3：113（崇明）。

花鳅 *Cobitis tenia*：张春霖，1959，中国系统鲤类志：112，图 91（南京等地）；湖北省水生生物研究所鱼类研究室，1976，长江鱼类：159，图 126（南京等地）。

中华花鳅 *Cobitis sinensis*：王幼槐，1990，上海鱼类志：205，图 108（青浦淀山湖，长江南支）；朱松泉、陈校辉，2006，江苏鱼类志：386，图 181（苏州等地）。

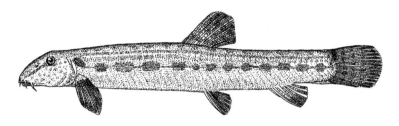

图 87　中华花鳅 *Cobitis sinensis*

英文名　Siberian spiny loach。

地方名　花鳅、花泥鳅。

主要形态特征　背鳍 3，7；臀鳍 3，5。鳃耙（内行）11＋14。脊椎骨 4＋38～39＋1。

体长为体高的 5.5～6.4 倍，为头长的 5.2～5.3 倍。头长为吻长的 2.0～2.2 倍，为眼径的 5.4～8.5 倍，为眼间隔的 5.3～6.0 倍。尾柄长为尾柄高的 1.3～1.7 倍。

体稍延长，侧扁，腹部平直。头侧扁。吻钝。眼很小，侧上位。口下位，上下唇在口角处相连，唇后沟中段。须 4 对：吻须 2 对，颌须和颏须各 1 对，均很短，最长的颌须后伸仅达眼前缘的下方。前后鼻孔紧靠在一起。鳃盖膜与峡部相连。眼下刺分叉，较短。

体被小鳞，头部裸露。侧线不完全，仅伸至胸鳍上方。

背鳍最后一不分支鳍条软，背鳍起点位于吻端和尾鳍基之间的中点。臀鳍起点约位于腹鳍起点至尾鳍基的中点，末端不伸达尾鳍基。胸鳍短小，侧下位。腹鳍起点在背鳍起点后下方，与背鳍第二或第三分支鳍条相对，末端远离肛门。尾鳍后缘圆弧形。肛门距臀鳍起点较距腹鳍末端近。

体浅黄色，背部色较暗。头部具不规则斑纹，自吻端至眼前缘有 1 条黑纹。背部褐色，有 1 列 13 个方形斑块。体侧沿中轴有 1 列 11～15 个较大的深褐色斑。尾鳍基部上方有一小黑斑。背鳍和尾鳍有很多斑点，常排成 2 列（背鳍）和 3～4 列（尾鳍），其他各鳍无斑点。

分布　珠江和长江水系。长江口区较少见，仅在长江口南支采到过样本。

生物学特性　小型底层鱼类。一般栖息于水质较肥的江边或湖岸的浅水处，以泥沙中的植物碎屑、藻类和其他小型底栖生物为食。

资源与利用　小型鱼类，数量稀少，食用价值低。体色花纹多变，可作为观赏鱼

饲养。

泥鳅属 *Misgurnus* Lacepède，1803

本属长江口1种。

88. 泥鳅 *Misgurnus anguillicaudatus*（Cantor，1842）

Cobitis anguillicaudatus Cantor，1842，Ann. Mag. Nat. Hist.，9：485（Zhoushan Island，China）；Richardson，1846，Meet. Br. Assoc. Adv. Sci.，Cambridge Rept.，15：300（长江口，舟山）。

Misgurnus anguillicaudatus：Günther，1873，Ann. Mag. Nat. Hist.，(4) 12：250（上海）；Jordan and Seale，1905，Proc. U. S. Nat. Mus.，29：519（上海）；Fowler，1929，Proc. Acad. Nat. Sci. Philad.，81：594（上海）；Tchang，1929，Science，14 (3)：403（江阴、无锡、镇江、南京等）；Kimura，1934，J. Shanghai Sci. Inst.，(3) 1：156（上海）；Kimura，1935，Ibid.，(3) 3：113（崇明）。

Misgurnus elongates：Kimura，1934，J. Shanghai Sci. Inst.，(3) 1：158（上海）。

泥鳅 *Misgurunus anguillicaudatus*：张春霖，1959，中国系统鲤类志：125（上海，苏州，南京等）；湖北省水生生物研究所鱼类研究室，1976，长江鱼类：166，图 136（南京等地）；王幼槐，1990，上海鱼类志：206，图 109（长江口南支和北支，崇明，宝山，南汇，奉贤，金山，莘庄，青浦，苏州河）；朱松泉、陈校辉，2006，江苏鱼类志：387，图 182（海门等地）。

长身泥鳅 *Misgurnus elongatus*：湖北省水生生物研究所鱼类研究室，1976，长江鱼类：165（南京等地）。

图 88 泥鳅 *Misgurnus anguillicaudatus*

英文名 pond loach。

地方名 鳅、鳅鱼。

主要形态特征 背鳍3，7～8；臀鳍3，5～6；胸鳍1，7～9；腹鳍1，5～6。纵列鳞141～150。下咽齿12～13。鳃耙（内行）14～15。脊椎骨4＋38＋1。

体长为体高的6.1～7.9倍，为头长的5.4～6.7倍。头长为吻长的2.4～3.1倍，为眼径的4.6～7.0倍，为眼间隔的4.4～5.5倍。尾柄长为尾柄高的1.2～1.4倍。

体延长，背腹缘较平直，背鳍前部呈圆柱形，后部侧扁。头较小，头长大于头高。吻尖突。前后鼻孔紧靠在一起。眼小，侧上位。无眼下刺。口亚下位，口裂马蹄形。唇厚，上下唇在口角处相连，唇后沟中段；上唇有 2～3 行乳头状突起，下唇面也有乳头状突起，但不成行。上颌正常，下颌匙状。须 5 对：吻须 2 对，颌须 1 对，颏须 2 对；颌须向后伸达或伸越眼后缘下方。鳃盖膜与峡部相连。

体被不明显细鳞，头部无鳞。体表多黏液。侧线不完全，很短，约终止于胸鳍上方。

背鳍末根不分支鳍条软，背鳍起点距吻端较距尾鳍基远。臀鳍末根不分支鳍条软，臀鳍基部末端达到或接近尾鳍鳍褶。胸鳍小，侧下位。腹鳍起点与背鳍起点相对或稍后，末端不伸达肛门。尾鳍后缘圆弧形，在尾柄上下有尾鳍退化鳍条延伸向前的鳍褶，上方鳍褶达到臀鳍上方，下方达到或接近臀鳍基部末端。

体色变异较大，与生活环境有关。一般背部色深、腹部色浅，体上散布不规则的深褐色斑点，背鳍、尾鳍和臀鳍多深褐色斑点。尾鳍基部上侧具一黑斑。

分布　分布于越南、中国、朝鲜和日本。中国除西部高原地区外，各大水系均有分布。长江河口区和上海郊区各地内河均产。

生物学特性　喜栖息于河沟、湖泊、池塘、稻田等浅水水域的底层或底泥中，昼伏夜出。生长最适水温为 22～28 ℃，高于 30 ℃ 或低于 10 ℃ 便潜入泥中停止活动。除用鳃呼吸外，还能用皮肤和肠呼吸。因此能耐低溶解氧，对环境适应性很强，在溶氧量为 0.16 mg/L 的水体中仍能生活。泥鳅生长较快，生长速度取决于水温和饵料。一般初孵仔鱼体长约 3 mm，1 个月后长至 30 mm，半年后长至 60 mm，第二年底可达 130 mm，体重 15 g 左右。最大个体体长达 200 mm，体重 100 g。水温 25～27 ℃ 时摄食量大，生长最快。泥鳅一般 2 龄性成熟，一年可产卵 2～3 次。产卵期 4—8 月，盛产期 5—6 月。产卵常在雨后夜间进行，产卵场在有微流水的浅滩。怀卵量随个体增大而增加，体长 8 cm 者 0.2 万粒，12 cm 者 1.2 万～1.8 万粒，20 cm 者 2.4 万粒。卵黄色，透明，卵径 1 mm，卵黏性。杂食性，在天然水域中以昆虫幼虫、小型甲壳动物、底栖生物、水草、植物碎屑等为食。5 cm 以内的幼鱼以动物性饵料为主，体长 5～8 cm 时转为杂食性，8～9 cm 时主要摄食藻类、高等水生植物、有机碎屑等。在人工养殖时，能食配合饲料。

资源与利用　本种为常见的小型经济淡水鱼类之一。肉质细嫩，肉味鲜美，营养价值高，有"水中人参"之称。可食部分占 80% 左右，其肉中蛋白质含量为 20.7%，脂肪含量为 2.8%，磷、钙、铁含量丰富，并含有一定量维生素 A。泥鳅还有多种药用功能，据《本草纲目》记载，泥鳅有暖中益气之功效，对治疗肝炎、小儿盗汗、皮肤瘙痒、跌打损伤、手指疗、乳痛等有一定疗效。现代医学认为，常吃泥鳅还可美容、防治眼病和感冒等。因此，在国内外，尤其是日本，泥鳅作为一种营养滋补食品深受人们喜爱。泥鳅分布广，适应性强，耐低溶解氧，运输方便，可活鱼上市，病害少，繁殖较易，饲料广泛，养殖成本较低，是很有发展前途的人工养殖鱼类。近年来，随着泥鳅天然资源量减少和国内外市场需求量增加，价格逐年上扬，从而促进了泥鳅养殖业的迅速发展。目前，在华东、华中和华南地区，泥鳅养殖已有一定规模，养殖面积不断扩大。

副泥鳅属 *Paramisgurnus* Dabry de Thiersant，1872

本属长江口1种。

89. 大鳞副泥鳅 *Paramisgurnus dabryanus* Dabry de Thiersant，1872

Paramisgurnus dabryanus Dabry de Thiersant，1872，Pisciculture Chine，191：pl. 49，fig. 6（Yangtze River，China）；Sauvage，1878，Bull. Soc. Philom. Paris，(7) 2：89（长江）。

Misgurus mizolepis mizolepis：Kimura，1934，J. Shanghai Sci. Inst.，(3) 1：160（上海）。

大鳞泥鳅 *Misgurnus mizolepis*：湖北省水生生物研究所，1976，长江鱼类：165，图135（南京等地）。

大鳞副泥鳅 *Paramisgurnus dabryanus*：王幼槐，1990，上海鱼类志：207，图110（浦东东沟、金山亭林、青浦）；朱松泉、陈校辉，2006，江苏鱼类志：389，图183（海门等地）。

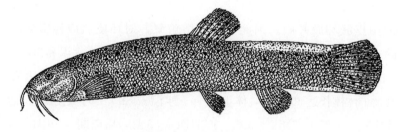

图 89　大鳞副泥鳅 *Paramisgurnus dabryanus*

英文名　weatherfish。

地方名　大泥鳅、板鳅。

主要形态特征　背鳍3，6～7；臀鳍3，5～6；胸鳍1，9～11；腹鳍1，5～6。纵列鳞110～130。鳃耙（内行）17～23。脊椎骨4＋44＋1。

体长为体高的5.5～6.8倍，为头长的5.7～7.3倍。头长为吻长的2.0～3.9倍，为眼径的5.8～10.4倍，为眼间隔的3.3～5.0倍。尾柄长为尾柄高的（包括尾柄上下侧皮褶）0.8～1.2倍。

体延长，侧扁，前部较宽，背缘、腹缘平直，尾柄上下侧皮褶较发达。头小。吻稍突出。前后鼻孔紧靠。眼小，侧上位。无眼下刺。口亚下位，口裂呈马蹄形。上下唇在口角相连，唇后沟中断，唇面多纵向皱褶。下颌匙状。须5对：吻须2对，颌须1对，颏须2对；颏须向后伸达或几伸达鳃盖骨后缘。鳃盖膜与峡部相连。鳃耙外行退化，内行短小。

体被小圆鳞，鳞大于同体长泥鳅。体表多黏液。侧线不完全，终止于胸鳍上方。

背鳍小，游离，圆弧形，起点位于体长中点略偏前。腹鳍小，起点在背鳍下方，与背鳍第一至第三分支鳍条相对。尾鳍末端圆弧形，向前延伸的皮褶在尾柄上下侧形成隆起，尾柄上方皮褶前方伸达或接近背鳍基部后缘，下方接近臀鳍基部，尾柄皮褶上侧高于下侧，个体越大越明显。

体背部和体侧上半部灰黑色，体侧下半部及腹面淡黄色。全体（包括各鳍）密布黑色斑点，背部、侧部斑点更密集。

分布 分布于我国长江中下游及浙江、福建、台湾。在长江河口区见于浦东、金山和青浦等地内河中。

生物学特性 本种习性同泥鳅，但个体比泥鳅大，最大个体全长达 285 mm。

资源与利用 可供食用。天然产量不及泥鳅，可人工养殖，是很有经济潜力的渔业对象。

鲇形目 Siluriformes

本目长江口 1 亚目。

鲇亚目 Siluroidei

本亚目长江口 4 科。

科 的 检 索 表

1（4）具脂鳍

2（3）须 4 对，其中 1 对为鼻须；生活于淡水中 ···················· 鲿科 Bagridae

3（2）须 3 对，无鼻须；生活于海水中 ···················· 海鲇科 Ariidae

4（1）无脂鳍

5（6）背鳍不存在，或短小无硬刺；须 1～3 对 ···················· 鲇科 Siluridae

6（5）背鳍存在，且有硬刺；须 4 对 ···················· 鳗鲇科 Plotosidae

鲇科 Siluridae

本科长江口 1 属。

鲇属 *Silurus* Linnaeus，1758

本属长江口 1 种。

90. 鲇 *Silurus asotus* Linnaeus，1758

Silurus asotus Linnaeus，1758，Syst. Nat. ed. 10，1：501（Asia）；Günther，1873，Ann. Mag. Nat. Hist.，（4）12：244（上海）；Tchang，1929，Science，14（3）：404（上海，江阴，苏州，扬州，南京等）。

Parasilurus asotus：Kner，1867，Zool. Theil. Fische：303（上海）；Rendahl，1928，Ark. Zool，20 A（1）：157（南通，南京等地）；Nichols，1928，Bull. Am. Mus. Nat. Hist.，58（1）：5（上海）；Kimura，1935，J. Shanghai Sci. Inst.，（3）3：105（崇明）；Nichols，1943，Nat. Hist. Centr. Asia，9：34（上海，宁波等）。

鲇 *Parasilurus asotus*：张春霖，1960，中国鲇类志：8，图3（舟山等地）。

鲶 *Parasilurus asotus*：湖北省水生生物研究所鱼类研究室，1976，长江鱼类：181，图154（宜昌等地）。

鲇 *Silurus asotus*：王幼槐，1990，上海鱼类志：209，图111（崇明，宝山，青浦等各郊县）；戴定远，1999，中国动物志·硬骨鱼纲 鲇形目：83，图43（广西，湖北，河北，山东，黑龙江）；朱松泉、朱成德，2006，江苏鱼类志：413，图197，彩图25（镇江等地）。

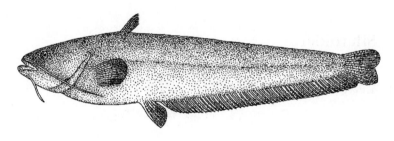

图90　鲇 *Silurus asotus*

英文名　Amur catfish。

地方名　鲇鱼。

主要形态特征　背鳍4～5；臀鳍75～86；胸鳍 I - 10～12；腹鳍1—10。鳃耙9～13。

体长为体高的4.3～6.1倍，为头长的4.3～5.4倍。头长为吻长的3.1～4.4倍，为眼径的6.6～10.0倍，为眼间隔的1.6～2.2倍。

体延长，前部圆筒形，后部侧扁。头平扁，头宽大于头高。吻短。眼小。口宽大，亚上位，口裂呈弧形且浅，伸达眼前缘垂直下方。唇厚，口角唇褶发达，上唇沟和下唇沟明显。下颌突出于上颌。上下颌具绒毛状细齿，形成弧形宽齿带，中央分离或分离界限不明显；犁骨齿绒毛状，呈八字形。眼小，侧上位，为皮膜覆盖。前后鼻孔相离较远，前鼻孔呈短管状，后鼻孔圆形。须2对：颌须较长，向后伸达胸鳍基后端；颏须短，约为颌须长1/3。鳃孔宽大。鳃盖膜不与峡部相连。

体无鳞光滑，富含黏液。侧线完全，位于体侧中轴，侧线上具1纵行黏液孔，背部具多行黏液孔。

背鳍短小，无硬刺，位于腹鳍前上方。臀鳍基部甚长，后端与尾鳍相连。胸鳍圆形，侧下位，具一硬刺，刺前缘具弱锯齿，被皮膜，后缘锯齿强。腹鳍起点位于背鳍基后端垂直下方之后。尾鳍短小，后缘呈斜截形。

体色随栖息环境不同有所变化，一般生活时体呈灰褐色，体侧色浅，具不规则的灰黑色斑块，腹面白色，各鳍灰黑色。

分布　广泛分布于我国除西部高原地区外各大水系。在长江河口区及其内河、湖泊均产。

生物学特性　栖息于缓流河段和湖泊中，昼伏夜出，性凶猛，主食鱼类，兼食虾类和水生昆虫。繁殖期4—6月。1龄鱼达性成熟。体长255～370 mm（体重110～375 g）个体的怀卵量为9 996～25 174粒。卵黏性，受精后附在水草上发育。卵径4.05～4.57 mm，在水温27.5～31 ℃时经29.5 h孵化。初孵仔鱼全长4.64～5.12 mm。1龄和2龄鱼体长分别为200 mm和420 mm。2龄后生长显著变慢，最大个体不超过600 mm。

资源与利用　人工繁殖方法简单，受精率和孵化率较高，生命力强，在池塘容易养殖，采用单养和与大规格"四大家鱼"混养可获得较好效果，为鮠资源增殖提供了条件。鮠肉质细嫩鲜美，为优质食用淡水鱼之一，是长江和珠江流域最重要经济鱼类。在长江口及上海各郊区较常见，有一定的经济价值。

鳗鲇科 Plotosidae

本科长江口1属。

鳗鲇属 *Plotosus* Lacepède，1803

本属长江口1种。

91. 线纹鳗鲇 *Plotosus lineatus*（Thunberg，1787）

Silurus lineatus Thunberg，1787，Mus. Nat. Acad. Upsaliensis Part 1：31（Eastern Indian Ocean）。

鳗鲇 *Plotosus anguillaris*：张春霖、张有为，1962，南海鱼类志：158，图126（广东）；张春霖，1963，东海鱼类志：139，图110（福建）；张其永，1984，福建鱼类志（上卷）：416（厦门等地）；戴定远，1999，中国动物志·硬骨鱼纲 鲇形目：190，图124（福建，广东，广西，海南）。

鳗鲇 *Plotosus lineatus*：伍汉霖等，2002，中国有毒及药用鱼类新志：297，图212

（广东湛江）。

图 91　线纹鳗鲇 *Plotosus lineatus*（张其永，1984）

英文名　striped eel catfish。

地方名　沙鳗。

主要形态特征　背鳍I- 5，75～88；臀鳍 1—65～78；胸鳍I- 9～12；腹鳍 1- 10～11。鳃耙 25～28。

体长为体高的 5.6～7.2 倍，为头长的 4～4.4 倍，为前背长的 3.6～4.0 倍。头长为吻长的 2.2～2.6 倍，为眼径的 6.7～7.8 倍，为眼间隔的 2.5～2.9 倍，为头宽的 1.4～1.6 倍，为口裂宽的 1.9～2.5 倍。

体延长，前部平扁，后部侧扁。头平扁。吻钝圆。口大，次下位，略横直。上下唇厚，有细小乳突。上下颌齿呈锥状，形成齿带；犁骨齿 2～3 行。眼小，圆形，侧上位，位于头的前半部。眼间隔略隆起。前后鼻孔相隔较远，前鼻孔呈短管状。鼻须后伸可及眼前缘，颌须后伸超过眼后缘；颏须 2 对，几等长，后伸可达眼后缘。鳃孔大。鳃盖膜不与峡部相连。

第一背鳍骨质硬刺前缘粗糙，后缘具弱锯齿，起点位于胸鳍基略后的垂直上方；第二背鳍起点位于腹鳍起点略后的垂直上方，后端与尾鳍相连。臀鳍基长，后端与尾鳍连接。胸鳍硬刺前缘粗糙，后缘具弱锯齿，与背鳍硬刺等长，后伸不及腹鳍。腹鳍起点略前于第二背鳍起点的垂直下方，距胸鳍基后端大于距臀鳍起点。肛门距臀鳍起点较距腹鳍基后端近。

体背褐黑色，腹部白色。体侧中央及上半部有 2 条浅黄色纵带。第二背鳍、臀鳍和尾鳍边缘黑色。

分布　分布于印度—太平洋区，西起非洲东部、红海海域，东至萨摩亚海域，北至韩国、日本海域，南至澳大利亚海域。我国分布于东海南部和南海。2017 年 8 月和 9 月在长江口北支（122°19′30″ E、31°19′30″ N）采集 9 尾体长 210～250 mm 个体，为长江口新记录。

生物学特性　暖水性中下层小型鱼类。栖息于近岸岩石海底，以沙蚕、蠕虫、小虾、小蟹等为食。产卵期 4—5 月，产卵于岩石缝中。夜行性，昼间多成群密集栖息于礁洞中，遇危险则聚集成"鲇球"；成鱼多独居。一般体长 200～300 mm。背鳍鳍棘和胸鳍鳍棘均为皮膜所包，内有毒腺组织，皆含有鳗鲇神经毒和鳗鲇溶血毒。毒性强，被刺后剧痛，创口变白，继而青紫，而后红肿，疼痛可持续 48 h 以上，重者常 1 个月内肢体不能活动，约5个月才能恢复健康。严重的引起肢体麻痹和坏疽。

资源与利用　味鲜美，供食用。为长江口偶见种。

【鳗鲇［*Plotosus anguillaris*（Bloch，1979）］为线纹鳗鲇［*Plotosus lineatus*（Thunberg，1787）］的同物异名。】

鲿科 Bagridae

本科长江口2属。

属 的 检 索 表

1（2）脂鳍短，短于或等于臀鳍基；颌须较短，末端一般不伸越胸鳍起点 ……… 疯鲿属 *Tachysurus*

2（1）脂鳍长，一般长于臀鳍基的2倍；颌须较长，末端伸越胸鳍后或伸达腹鳍基………………………
…………………………………………………………………………………… 半鲿属 *Hemibagrus*

半鲿属 *Hemibagrus* Bleeker，1862

本属长江口1种。

92. 大鳍半鲿 *Hemibagrus macropterus* Bleeker，1870

Hemibagrus macropterus Bleeker，1870，Versl. Med. Akad. Wetensch. Amst.，4（2）：257（Yangtze River，China）。

鳠 *Hemibagrus macropterus*：湖北省水生生物研究所，1976，长江鱼类：169，图139（鄱阳湖，黄石，宜昌等）。

大鳍鳠 *Mystus macropterus*：王幼槐，1990，上海鱼类志：217，图118（长江口南支，黄浦江上海第三钢铁厂江段）；郑葆珊、戴定远，1999，中国动物志·硬骨鱼纲 鲇形目：71，图35（广东，广西，湖南，贵州）；朱松泉、朱成德，2006，江苏鱼类志：398，图188（镇江等地）。

大鳍鳠 *Hemibagrus macropterus*：张春光、赵亚辉等，2016，中国内陆鱼类物种与分布：182。

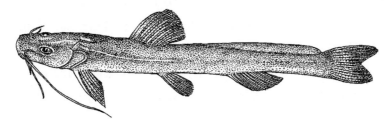

图92　大鳍半鲿 *Hemibagrus macropterus*

英文名　largefin longbarbel catfish。

地方名　江鼠。

主要形态特征　背鳍Ⅰ-7；臀鳍1-11～13；胸鳍Ⅰ-8～9；腹鳍1-5。鳃耙19～20。

体长为体高的6.1～6.9倍，为头长的2.9～3.1倍。头长为吻长的2.9～3.0倍，为眼径的5.2～5.4倍，为眼间隔的3.3～3.4倍。尾柄长为尾柄高的1.9～2.0倍。

体低而延长，前部略纵扁，后部侧扁。头宽而纵扁，头顶被皮膜，上枕骨棘不外露，不连于项背骨。吻钝。口略大，次下位，口裂呈弧形。唇于口角处形成发达的唇褶。上颌突出于下颌。上下颌具绒毛状齿，形成弧形齿带，下颌齿带中央分开；腭骨齿形成半圆形齿带。眼大，侧上位，上缘接近头缘，眼缘游离，不被皮膜覆盖。眼间隔宽平。前后鼻孔相隔较远，前鼻孔呈短管状，后鼻孔裂缝状。须4对：鼻须1对，位于后鼻孔前缘，末端超过眼中央或达眼后缘；颌须1对，很长，后伸达胸鳍条后端；颏须2对，外侧颏须长于内侧颏须，后端伸达胸鳍起点。鳃孔大。鳃盖膜不与峡部相连。

体裸露无鳞，皮肤光滑。侧线完全，位于体侧中部。

背鳍短小，骨质硬刺前后缘均光滑，短于胸鳍硬刺，起点约在体前1/3处。脂鳍低长，起点紧靠背鳍基后，后缘略斜或截形而不游离。臀鳍起点位于脂鳍起点之后。胸鳍侧下位，硬刺前缘具细锯齿，后缘锯齿发达。腹鳍起点位于背鳍基后端垂直下方。尾鳍分叉，上叶长于下叶，末端圆钝。

体背灰褐色，体侧色浅，腹部白色，体及各鳍均散布色暗的小斑点。各鳍灰色，尾鳍上叶微黑色。

分布　分布于珠江和长江水系。长江干支流及附属湖泊均产，以上游数量较多。长江口较少见。

生物学特性　江河底层鱼类。喜栖息于砾石质底的流水江段。摄食水生昆虫及其幼虫、螺、蚬等，底栖动物和小型鱼虾，也食水生植物和藻类。性成熟最小型：雄鱼2龄（体长14.5 cm），雌鱼3龄（体长17.8 cm）。怀卵量426粒。产卵期5—7月，属一次性产卵类型。生殖群体以4～5龄为主（约占50%）（王德寿和罗泉笙，1992）。卵黏性，常黏附在岩石上孵化发育。

资源与利用　在长江上游数量较多，一般个体体重0.5 kg，最大可达5 kg。肉嫩味美，无肌间刺，为产区民众喜爱的上等食用鱼。当前市场价格较高，需求量较大。随着亲鱼驯养以及人工繁殖技术的成熟，其养殖规模必将不断扩大，前景良好（杨德国 等，1996，1998）。在长江口区江段数量较少，个体较小（体长66～180 mm），经济价值不大。20世纪60年代起受沿江兴建水闸和水质污染等影响，70年代后大鳍半鲿在长江下游内河和湖泊中已很少见，甚至绝迹。

【鲿科内属的划分：传统分类系统中我国鲿科有4个属，即黄颡鱼属（*Pelteobagrus*

Bleeker，1864)、拟鲿属（*Pseudobagrus* Bleeker，1858)、鮠属（*Leiocassis* Bleeker，1857)和鳠属（*Mystus* Scopoli，1777)（郑葆珊和戴定远，1999)。近些年来，一些学者进行鲿科鱼类分类的研究取得了新的进展（Mo，1991；Ferraris，2001；Ng and Kottelat，2007，2008)。其中，Mo（1991)基于解剖学对鲿科系统发育的研究表明，拟鲿属和黄颡鱼属形成一个单系群，鮠属应归属于拟鲿属和黄颡鱼属，而我国所分布的 4 种鳠属鱼类应归属于半鲿属（*Hemibagrus* Bleeker，1862)；Ng 和 Freyhof（2007)的研究认为，黄颡鱼属是拟鲿属的异名；Ku et al.（2007)对东亚鲿科中半鲿属、黄颡鱼属、拟鲿属和鮠属 mtDNA 系统发生和形态学的研究表明，半鲿属在系统进化中处于基底位置，而黄颡鱼属和鮠属与拟鲿属亲缘关系较近，认为东亚鲿科鱼类仅包括半鲿属和拟鲿属这 2 个属。

疯鲿属的有效性：疯鲿属（*Tachysurus* Lacepède，1803)是以 *Tachysurus sinensis* Lacepède，1803 为模式种所建立的，但该种的原始描述是依据一幅中国画（Ng and Kottelat，2007)。Ng 和 Kottelat（2007，2008)为 *Tachysurus sinensis* Lacepède，1803 指定了新模标本（neotype)，并基于此种与 *Tachysurus* 属其他种的形态和体色差异，确定其为拟鲿属的首主观异名（senior subjective synonym)，疯鲿属为有效属名。López et al.（2008)向国际动物命名委员会（international commission on zoological nomenclature，ICZN)提交提议（Case 3455)，为避免命名混乱，建议将拟鲿属作为有效属名，而疯鲿属则作为无效属名处理。Kottelat 和 Ng（2010)针对 López et al.（2008)的提案进行了评论，认为其提议证据不充分，应恢复疯鲿属有效属的地位。ICZN（2011)针对提案和评论，认定 López et al.（2008)的提案无效。因此，疯鲿属应为有效属，拟鲿属应为疯鲿属的异名。

据此，长江口鲿科仅有 2 属：半鲿属（即原分类系统中的鳠属）和疯鲿属（包含传统分类系统中的黄颡鱼属、鮠属和拟鲿属)。】

疯鲿属 *Tachysurus* Lacepède，1803

本属长江口 8 种。

种 的 检 索 表

1 (10) 尾鳍后缘深分叉（中央鳍条长度至多为最长鳍条的一半）

2 (9) 臀鳍鳍条一般多于 20；头顶多少裸露且粗糙

3 (6) 胸鳍硬刺前缘、后缘均具锯齿，前缘锯齿细小或粗糙，后缘锯齿强

4 (5) 体较粗壮，背鳍前距小于体长的 1/3，体长为体高的 4.5 倍以下；颌须较短，后端至多稍伸越胸鳍起点；体背、体侧有黄褐相间的斑块 …………………………… 疯鲿（黄颡鱼）*T. fulvidraco*

5 (4) 体较细长；背鳍前距大于体长的 1/3，体长为体高的 5 倍以上；颌须较长，后端伸达胸鳍中部；体侧斑块不明显或无斑块 …………………………… 长须疯鲿（长须黄颡鱼）*T. eupogon*

6 (3) 胸鳍硬刺前缘光滑，后缘锯齿强

7（8）颌须短，后端不伸达胸鳍基部；头顶大部裸出 ……………… 光泽疯鳠（光泽黄颡鱼）*T. nitidus*

8（7）颌须长，后端伸越胸鳍基部；头顶被薄皮 ……………… 瓦氏疯鳠（瓦氏黄颡鱼）*T. vachelli*

9（2）臀鳍鳍条一般在 20 以下；头顶被皮肤，仅上枕骨棘或裸露；吻端尖，明显突出于口的前部；背鳍刺后缘锯齿发达 ……………… 杜氏疯鳠（长吻鮠）*T. dumerili*

10（1）尾鳍稍凹入（中央鳍条长度至少为最长鳍条的 2/3）乃至截形或圆形；头顶被皮肤，仅上枕骨棘或裸露

11（12）脂鳍基短于臀鳍基；颌须伸达鳃盖膜 ……………… 条纹疯鳠（条纹拟鳠）*T. taeniatus*

12（11）脂鳍基等于或长于臀鳍基

13（14）尾鳍后缘圆弧形；颌须稍过眼后缘 ……………… 圆尾疯鳠（圆尾拟鳠）*T. tenuis*

14（13）尾鳍后缘微凹入；颌须伸达鳃盖膜 ……………… 乌苏里疯鳠（乌苏里拟鳠）*T. ussuriensis*

93. 杜氏疯鳠 *Tachysurus dumerili*（Bleeker，1864）

Rhinobagrus dumerili Bleeker，1864，Ned. Tijd. Dierk.，2：7（China）

Leiocassis longirostris：Sauvage and Dabry，1874，Ann. Sci. Nat.，Paris. Zool.，(6) 1（5）：7（上海）；Martens，1876，Zool. Theil. Berlin，1（2）：400（上海）；Jordan and Seale，1905，Proc. U. S. Nat. Mus.，29：519（上海）；Fowler，1929，Proc. Acad. Nat. Sci. Philad.，81：593（上海）。

Leiocassis dumerili：Kimura，1934，J. Shanghai. Sci. Inst.，(3) 1：173（镇江，宜昌等）；Kimura，1935，Ibid.，(3) 3：106（崇明）。

长吻黄颡鱼 *Pseudobagrus longirostris*：张春霖，1960，中国鲇类志：15，图 7（上海，苏州，南京等）。

长吻鮠 *Leiocassis longirostris*：湖北省水生生物研究所鱼类研究室，1976，长江鱼类：173，图 144（苏州，南京等）；王幼槐，1990，上海鱼类志：214，图 116（横沙岛，崇明，南汇等）；郑葆珊、戴定远，1999，中国动物志·硬骨鱼纲 鲇形目：44，图 13（江西，江苏等）；朱松泉、朱成德，2006，江苏鱼类志：397，图 187（长江口北支等）。

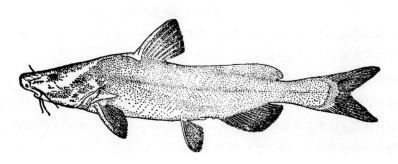

图 93　杜氏疯鳠 *Tachysurus dumerili*（王幼槐，1990）

英文名　Chinese longsnout catfish。

地方名　白吉、蓝鱼、鮰鱼、老鼠鱼、鮰老鼠。

主要形态特征　背鳍 Ⅱ - 6～7；臀鳍 1 - 14～18；胸鳍 Ⅰ - 9；腹鳍 1 - 6。鳃耙 11～18。

体长为体高的 4.7～5.9 倍，为头长的 3.2～3.7 倍。头长为吻长的 2.2～2.9 倍，为眼径的 10.6～17.0 倍，为眼间隔的 2.4～2.9 倍。尾柄长为尾柄高的 2.3～3.0 倍。

体延长，前部粗短，后部侧扁。头略大，后部隆起，不被皮膜所盖；上枕骨棘粗糙，裸露。吻颇尖而突出，锥形。口下位，呈弧形。唇肥厚。上颌突出于下颌。上下颌及腭骨均被绒毛状齿，形成弧形齿带。眼小，侧上位，眼缘不游离，被以皮膜。眼间隔宽，隆起。前后鼻孔相隔较远，前鼻孔呈短管状，位于吻前端下方；后鼻孔呈裂缝状。须短，4 对：鼻须 1 对，位于后鼻孔前缘，后端伸达眼前缘；颌须 1 对，后端超过眼后缘；颏须 2 对，短于颌须，外侧 1 对较长。鳃孔大。鳃盖膜不与峡部相连。

体裸露无鳞，皮肤光滑。侧线完全，平直，位于体侧中轴。

背鳍短，起点位于胸鳍后端的垂直上方，骨质硬刺前缘光滑，后缘具锯齿。脂鳍短，基部位于胸鳍基后端至尾鳍基中央偏后。臀鳍起点位于脂鳍起点之后。胸鳍侧下位，硬刺后缘有锯齿。腹鳍小，起点位于背鳍基后端稍后。尾鳍深分叉，上下叶等长，末端稍钝。

体呈粉红色，背部暗灰色，腹部色浅。头及体侧具不规则紫灰色斑块。各鳍灰黄色。

分布　分布于我国辽河、海河、黄河、长江、钱塘江和闽江等水系，主要产于长江干流及其支流中。在长江口水域的淡水区和咸淡水交汇区均有分布。

生物学特性

［习性］性温和，喜集群，不善跳跃。生活于有流水的江河底层，常栖息于坑洞、石块周围等隐蔽处。昼伏夜出，白天一般群集潜伏于水体下层，夜晚则分散到水体中上层活动觅食。冬季在深处越冬。

［年龄生长］长江口区以 2～3 龄鱼为主，尾数占 72.36%，重量占 54.27%；4～6 龄鱼尾数占 20%，重量占 45.52%；亦有 8～9 龄鱼，但占渔获物比例很小。优势体长为 25～45 cm，占总数 52.6%；优势体重为 15～1 400 g，占总数 78%，而 1 400～2 700 g 的占 14.5%。体长和体重的相互关系式为：$W = 2.221\,3 \times 10^{-2} L^{2.828\,7}$（孙帼英和吴志强，1993）。杜氏疯鲿体长生长速度以低龄鱼为快，其生长加速度随年龄呈减速变化；体重生长速度在 6.1 龄时达最大值，此后随年龄减小，其加速在 2 龄时最大，在 6.1 龄时为零。5～6 龄时一般体重为 3.9～5.2 kg。据报道，在长江口区最大个体体长 875 cm、体重 9.35 kg（王幼槐，1990）。

［食性］肉食性鱼类，主要捕食虾、蟹、鱼和其他水生动物。不同体长、不同地区其食物组成也不同。在长江口区，主要摄食甲壳类，其中以白虾、小蟹和盘水虱等为主。

一般体长在 50 cm 以上的个体，还兼食凤鲚和弹涂鱼等。杜氏疯鲿在水温 15 ℃ 以下的冬季一般不摄食或少摄食，水温高于 30 ℃ 时摄食量下降（孙帼英和吴志强，1993）。

[繁殖] 成熟较晚，3～5 龄达性成熟。最小成熟个体，雌鱼体长 46.6 cm、体重 1.5 kg，雄鱼体长 47.8 cm、体重 1.6 kg，均为 3 龄。在长江口区雌鱼 4 龄性成熟，最小成熟个体体长 49.5 cm、体重 1 525 g；雄鱼为 2 龄，体长 34 cm。怀卵量随鱼体增长而增多，绝对怀卵量为 25 900～56 165 粒，平均为 44 282 粒。相对怀卵量为 10～12 粒/g，平均为 11 粒/g。产卵期 4—6 月，盛产期 5 月。性腺成熟系数，4 月间接近 4，5 月达增大值（约 5.5），6 月明显下降（不到 1）。分批成熟，分期产卵。在繁殖季节，长江河口区从太仓杨林到南汇中浚水域均可捕到成熟亲鱼，表明可以在长江河口区繁殖（孙帼英 等，1993），而以往认为长江下游的杜氏疯鲿均要到长江中上游湖北宜昌和四川宜宾等江段繁殖。受精卵黏性，吸水膨胀，卵径 2.5～3.0 mm。受精卵孵化时间的长短与水温关系密切，最适孵化水温 24～26 ℃，孵化时间 32～45 h。初孵仔鱼全长约 6 mm，全长 9.4～9.6 mm 开始摄食；全长 11.4～12 mm 时卵黄囊消失，依靠摄食为生；全长 12.6～13.4 mm 时已成成鱼形态。

[人工养殖概况] 从 20 世纪 80 年代起，一些高等院校和科研单位对杜氏疯鲿进行了一系列应用技术和基础理论研究。在其生活史的各个阶段，模拟其天然生态条件，让杜氏疯鲿逐渐适应池塘生活环境和人工养殖条件，使其变野生为“家养”。例如，开展了杜氏疯鲿在池塘条件下的自然繁殖和人工繁殖、苗种培育、成鱼养殖、人工配合饲料、病害防治等技术的研究。按年代划分主要包括以下几个阶段：①1981—1983 年为人工养殖初级阶段，主要工作是亲鱼蓄养和人工繁殖，苗种以内需为主；②20 世纪 80 年代中期至 90 年代初为养殖起步阶段，主要工作是人工养殖技术，特别是苗种转食饲料的研制，为以后大规模养殖打下了基础，此期养殖区域局限于四川、湖北、广东、上海，仅有少量试验面积；③20 世纪 90 年代中期以后为养殖推广阶段，随着苗种的产量增加、价格渐降和养殖技术日臻完善，养殖方式更为科学，并向集约化和规模化方向发展，养殖产量不断提高，养殖面积迅速扩大，养殖区域从长江流域向南方和北方扩展。目前，全国许多地区都有养殖。

资源与利用　本种是长江流域重要的经济鱼类。在长江口区终年可捕。渔具有滚钩、鮠鱼钓、荡网和轻拖网 4 种。①滚钩：可常年作业，渔场在南港和北港航道两侧，西起吴淞，东至九段沙和铜沙，以 3 月中旬至 4 月上旬、9 月下旬至 11 月上旬生产较好，产量不稳定，多时一潮水可捕 300 kg，少时仅 5～6 kg。②鮠鱼钓：是饵钩的一种，渔场、渔具同上，饵料有银鱼、凤鲚等，以蚂蟥为最好。③荡网：渔场在长兴岛西部石头沙等处，秋冬季节生产，长兴海星渔业队陈抱度于 1976 年 10 月曾一网捕得 300 kg 以上。④轻拖网：该网是专捕越冬鱼群的作业工具，渔场在长江口南支从吴淞至横沙一带，以 11 月下旬至翌年 2 月上旬生产最好。如 1975 年 11 月 26 日太仓浏河前进渔业队在横沙岛东南，曾一网捕得 2 t 有余；1978 年 11—12 月长兴海星渔民潘小毛在长兴岛北沿水域最多一网捕鱼1 t，整个汛期捕鱼 5 t。

杜氏疯鲿是我国特有的名贵鱼类，骨刺少，味鲜美，肉细嫩，富营养，低脂肪，高蛋白，其肌肉和鳔的蛋白质含量分别为 15.92％ 和 39.82％，脂肪含量分别为 0.98％ 和 0.69％，出肉率高（达 86％），因此深受人们喜爱。在 20 世纪 60 年代，长江干支流中的自然资源尚属稳定，生殖群体和补充群体的数量处于平衡水平。但从 60 年代后期至 80 年代初，由于生态环境逐渐恶化和长期酷渔滥捕等，长江资源量显著下降，自然产量锐减，使这一名优鱼类仅靠从江河捕捞远远不能满足人民群众生活的需要。因此，其人工养殖便随之兴起，养殖产量大大提高。如微流水池塘产量每 667 m² 在 500 kg 左右；流水池每平方米可产成鱼 2～8 kg，最高已达 10 kg 以上；网箱养殖每平方米产成鱼 10～20 kg，最高可达 30 kg 以上。随着养殖技术的更新和饲料质量的提高，养殖产量不断增长，经济效益也逐渐提高。成鱼养殖的投入产出比，池塘养殖在 1∶1.2 以上，网箱养殖达 1∶1.7 以上。

杜氏疯鲿渔业资源的利用和今后的发展的方向：

① 自然资源的保护和增殖。鉴于长江口及其中上游地区自然资源严重衰退，渔政管理部门应加强管理，设立禁渔区和禁渔期，在 4—6 月产卵季节应禁捕，保护生殖群体；规定渔具、渔法，在春秋季节禁止酷渔滥捕低龄鱼，充分利用其自然资源。同时，向江河放流人工苗种，这是自然资源增殖的最有效途径。

② 品种的保纯。从现在起研究并采取措施，防止种质资源退化。制定亲鱼、苗种标准，建立原种场和良种场，把好苗种繁育关，以保持品种的优良性状。

③ 研制环保型饲料。本种为江河型鱼类，更适合于网箱养殖，其生长速度和产量均优于池塘养殖，经济效益高。因此，网箱养殖将成为今后养殖方式的主流。由于目前水资源的紧张状况以及人们对生态环境的忧虑，网箱养殖将面临越来越多的限制。因此，环保型人工配合饲料的研制是人工集约化养殖发展的主要问题。

④ 挖掘增产潜力。池塘养殖每 667 m² 产 1 000 kg 是可能的，尤其在光热条件好的南方地区，大规模发展池塘养殖应予重视。同时，利用工厂余热，人工监控温度，进行工厂化（集约化）养殖很有前途。

⑤ 市场开拓。本种已进入开发利用阶段，形成了多世代、大批量的产品，上市的已不再是资源，而是商品。因此，应考虑组织生产出口创汇，亦可进行国际间资源品种交换，还可移养至国外，开拓国际产品基地和市场。

【*Rhinobagrus* Bleeker，1865 属通常被作为鲀属（*Leiocassis* Bleeker，1857）的异名，其模式种 *R. dumerili* 与 *Leiocassis longirostris* 为同物异名。我国文献中多称之为长吻鲀，Mo（1999）将其划分至拟鲿属（*Pseudobagrus*），目前分类系统中多划分至疯鲿属（*Tachysurus* Lacepède，1803）。依据 Günther（1873）的记载，*Rhinobagrus dumerili* 发

表于 1864 年 4 月，而 *Leiocassis longirostris* 发表于 1964 年 2 月，因此前者多作为后者的次同物异名。实际上，该日期是手稿完成日期而非发表日期，*Rhinobagrus dumerili* 的发表日期（1964 年 5—8 月）要早于 *Leiocassis longirostris*（1964 年 12 月 10 日）（Rendahl，1927）。基于命名优先原则，本种的学名应为 *Tachysurus dumerili*（Bleeker，1864）（Kottelat，2013）。】

94. 长须疯鲿 *Tachysurus eupogon*（Boulenger，1892）

Pseudobagrus eupogon Boulenger，1892，Ann. Mag. Nat. Hist.，（6）9（51）：247（Shanghai，China）。

岔尾黄颡鱼 *Pseudobagrus eupogon*：湖北省水生生物研究所鱼类研究室，1974，长江鱼类：171，图 141（南京等地）。

瓦氏黄颡鱼 *Pseudobagrus vachelli*：张春霖，1960，中国鲇类志：18，图 10（上海等地）。

长须黄颡鱼 *Pseudobagrus eupogon*：王幼槐，1990，上海鱼类志：213，图 114（宝山，青浦）；朱松泉、朱成德，2006，江苏鱼类志：400，图 189（镇江等地）；郑葆珊、戴定远，1999，中国动物志·硬骨鱼纲 鲇形目：39，图 10（江苏镇江等地）。

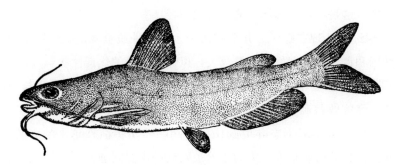

图 94　长须疯鲿 *Tachysurus eupogon*（王幼槐，1990）

英文名　shorthead catfish。

地方名　鲅丝、小头黄颡鱼、江西黄姑。

主要形态特征　背鳍Ⅱ-6～7；臀鳍 2～3-18～23；胸鳍Ⅰ-6～7；腹鳍 1-5。鳃耙 13～19。

体长为体高的 5.0～7.5 倍，为头长的 4.9～7.5 倍。头长为吻长的 3.5～4.1 倍，为眼径的 3.5～4.9 倍，为眼间隔的 1.8～2.1 倍。尾柄长为尾柄高的 1.8～2.8 倍。

体较修长，前背长小于体长 1/3。腹鳍前稍粗壮，后部渐侧扁。头较小，背面光滑，有皮膜覆盖。眼侧上位，位于头前半部。口下位，横裂，口裂呈弧形。上下颌及腭骨具绒毛状齿带。前后鼻孔分离，前鼻孔呈短管状。须 4 对：鼻须 1 对，位于后鼻孔前缘，后端伸达或超过眼后缘；颌须 1 对，最长，后伸可达胸鳍的中部；颏须 2 对，纤细，外侧 1 对较长，后伸可达胸鳍基部。鳃盖膜不与峡部相连。

体裸露无鳞，皮肤光滑。侧线完全，位于体侧中轴。

背鳍短，位前，骨质硬刺长约等于或短于胸鳍硬刺，其前缘光滑，后缘具弱锯齿，起点距吻端较距脂鳍起点近。脂鳍较短，后端游离，基部位于背鳍基后端至尾鳍基中央。臀鳍起点距尾鳍基距离远大于至胸鳍基后端。胸鳍侧下位，硬刺前缘具弱锯齿，后缘锯齿较强。腹鳍短小，向后略伸过臀鳍起点。尾鳍深分叉，上叶较长，后端圆钝。

体呈黄褐色，至腹部色渐浅。体无明显斑纹。

分布　分布于长江水系的长江干流及其附属水体。长江口区亦有分布，主要分布于长江口南支。

生物学特性　底层小型鱼类。成鱼主要以水生昆虫、小虾、软体动物和小鱼等为食。

资源与利用　长江口数量较少，经济价值不大。

95. 疯鲿 *Tachysurus fulvidraco*（Richardson，1846）

Pimelodus fulvidraco Richardson，1846，Rep. Br. Ass. Advmt. Sci.，15 Meet.：286（Guangzhou，China）。

Pseudobagrus fulvidraco：Kner，1867，Zool. Theil. Fische：303（上海）；Sauvage and Dabry，1874，Ann. Sci. Nat.，（6）1（5）：6（上海）；Martens，1876，Zool. Theil. Berlin，1（2）：400（上海）；Nichols，1928，Bull. Am. Mus. Nat. Hist.，58（1）：6（上海，广州）；Fowler，1929，Proc. Acad. Nat. Sci. Philad.，81：593（上海）；Nichols，1943，Nat. Hist. Centr. Asia，9：40（上海等）；Tchang，1929，Science，14（3）：404（江阴，太湖，无锡，扬州，南京等）。

Macrones（Pseudobagrus）fulvidraco：Günther，1973，Ann. Mag. Nat. Hist.，（4）12：244（上海）。

Pelteobagrus calvarius：Bleeker，1873，Ned. Tijd. Dierk.，4：1259（上海）；Bleeker，1879，Verh. Akad. Amst.，18：3（上海）。

Pelteobagrus fulvidraco：Kimura，1934，J. Shanghai Sci. Inst.，（3）1：169（江阴，芜湖）；Kimura，1935，Ibid.，（3）3：105（崇明）；Tortonese，1937，Bull. Mus. Zool. Anat. Comp. Univ. Torino，47：233（上海，香港，天津）。

Fulvidraco fulvidraco：Jordan and Seale，1905，Proc. U. S. Nat. Mus.，29：519（上海）。

黄颡鱼 *Pseudobagrus fulvidraco*：张春霖，1960，中国鲇类志：15（上海，苏州，南京等）；湖北省水生生物研究所，1976，长江鱼类：170（南京，鄱阳湖，梁子湖等）；江苏省淡水水产研究所等，1987，江苏淡水鱼类：204（浏河，石臼湖，固城湖等）。

黄颡鱼 *Pelteobagrus fulvidraco*：王幼槐，1990，上海鱼类志：212，图 113（崇明，宝山，南汇，青浦等各郊县）；郑葆珊、戴定远，1999，中国动物志·鲇形目：36，图 8（江苏镇江等地）；朱松泉、朱成德，2006，江苏鱼类志：401，图 190，彩图 24（海门等地）。

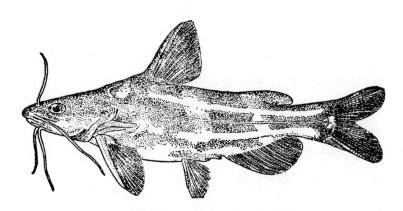

图 95　疯鲿 *Tachysurus fulvidraco*（王幼槐，1990）

英文名　yellow catfish。

地方名　鲹丝。

主要形态特征　背鳍Ⅱ-7；臀鳍 2-15～17；胸鳍Ⅰ-6～7；腹鳍 1-5～6。鳃耙 14～18。

体长为体高的 3.1～4.0 倍，为头长的 3.6～4.5 倍。头长为吻长的 2.9～3.2 倍，为眼径的 2.9～3.8 倍，为眼间隔的 2.1～2.6 倍。尾柄长为尾柄高的 1.1～2.0 倍。

体延长，稍粗壮，吻端向背鳍上斜，后部侧扁。头略大而纵扁，头背大部裸露；上枕骨棘宽短，接近项背部。口大，下位，弧形。两颌及腭骨齿绒毛状，排列呈带状。眼中大，侧上位，眼缘游离。眼间隔宽，略隆起。前后鼻孔相距较远，前鼻孔呈短管状。须 4 对：鼻须 1 对，位于后鼻孔前缘，伸达或超过眼后缘；颌须 1 对，向后伸达或超过胸鳍基部；颏须 2 对，外侧长于内侧。鳃孔大，向前伸至眼中部垂直下方腹面。鳃盖膜不与峡部相连。

体裸露无鳞，皮肤光滑。侧线完全，位于体侧中轴。

背鳍较小，骨质硬刺前缘光滑，后缘具细锯齿。脂鳍短，基部位于背鳍基后端至尾鳍基中央偏前。臀鳍基底长，起点位于脂鳍起点垂直下方之前。胸鳍侧下位，骨质硬刺前缘锯齿细小而多，后缘锯齿粗壮而少。腹鳍短，末端伸达臀鳍，起点位于背鳍基稍后下方。尾鳍深分叉，末端圆，上下叶等长。

体背部黑褐色，至腹部渐浅黄色。沿侧线上下各有一狭窄黄色纵带，约在腹鳍与臀鳍上方各有一黄色横带，交错形成断续的色暗的斑块。尾鳍两叶中部各有一色暗的纵条纹。

分布 除西北高原地区外，我国各大水系均匀分布。在长江河口区和内河、湖泊均产。

生物学特性

[习性] 多生活于江河、湖泊静水和缓流的水体底层。有避光性，昼伏夜出。对环境适应力较强，耐低溶解氧，在水温 28～29 ℃时，其平均耗氧量为 0.141 mg/（g·h），窒息点为 0.314 mg/（g·h）。冬季低温时只要保持一定湿度，即使离开水体后数小时还可存活。

[年龄生长] 天然水域在 0～2 龄为性成熟前的生长旺盛期，平均增长率高，特别是 0～1 龄阶段生长最快，平均体长和体重达 98.3 mm 和 20.6 g，体长和体重的相对增长率分别为 75.5% 和 261.4%。3 龄后相对增长率明显下降。在自然条件下，1～2 龄鱼可长到 25～50 g 和 50～120 g。而在人工饲养下，1 龄鱼即可长至 100～150 g，达到商品鱼规格（张从义 等，2001）。江湖中常见个体以 100 g 左右为多，一般雄鱼比雌鱼大。最大个体体长可达 300 mm 左右，体重可达 500～750 g（徐兴川 等，2004）。

[食性] 以动物性饵料为主的杂食性鱼类。不同生长阶段食性有所不同。体长 20～40 mm 的幼鱼主食桡足类和枝角类，50～80 mm 的个体主食浮游动物和水生昆虫幼虫，大于 80 mm 的成鱼主食软体动物和小型鱼虾。如对太湖 24 尾 89～182 mm 的个体统计，虾的出现率为 79.1%，鱼的出现率为 70.9%，其次是水生昆虫及其幼虫、螺和水生维管束植物。

[繁殖] 一般 1 龄大部分性成熟，2 龄全部成熟。繁殖期 5 月中旬至 7 月中旬，水温 23～30.5 ℃。产卵在夜间进行。雄鱼有筑巢、护卵、护幼习性。鱼巢分布于沿岸水草茂盛和多淤泥的场所。湖北梁子湖 47 尾体长 117～193 mm、体重 37.8～150.2 g 的个体，绝对怀卵量 1 086～6 890 粒，相对怀卵量 25.3～71.2/g 粒。成熟卵卵径 1.86～2.26 mm。卵沉性，产后具黏性。在水温 24 ℃时，经 56 h 孵化。初孵仔鱼全长 4.8～5.5 mm。

[人工繁殖和养殖] 1987—1989 年中国水产科学研究院长江水产研究所成功进行了疯鳉人工繁殖试验。其后，湖北、湖南、江西、江苏、上海、山东、河北、辽宁和吉林等地对驯化、繁殖和苗种培育技术进行了进一步的开发和推广，并相继开展了池塘养殖、网箱养殖和流水高密度养殖。

资源与利用 分布广泛，在长江口沿岸、内河和湖泊有的一定的自然产量，为当地常见的小型食用鱼类。但在天然水域中生长速度较慢、个体较小，长期以来，被视为野生鱼类，在养殖池塘中一直被作为清除的对象。现因其肉质细嫩，味道鲜美，营养丰富，无肌间刺，成为人们喜食的优质水产品之一，已成为淡水养殖的主要品种之一。在养殖中它具有如下优点：适应能力强，便于运输，病害相对较少；食性广泛，饵料来源广，易于解决；人工养殖技术相对简单，投入较少；生产周期较短，可当年投资当年受益。因此，人工养殖尤其是集约化养殖发展较快。

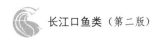

96. 圆尾疯鲿 *Tachysurus tenuis* （Günther，1873）

Macrones（*Pseudobagrus*）*tenuis* Günther，1873，Ann. Mag. Nat. Hist.，（4）12：224（Shanghai，China）。

Pseudobagrus tenuis：Sauvage and Dabry，1874，Ann. Sci. Nat.，（6）1（5）：6（上海）。

长鮠 *Leiocassis tenuuis*：张春霖，1960，中国鲇类志：28，图21（上海，芜湖，南昌，湖南）。

白边鮠 *Leiocassis albomarginatus*：湖北省水生生物研究所，1976，长江鱼类：179，图151（江西鄱阳湖）；江苏省淡水水产研究所等，1987，江苏淡水鱼类：210，图98（太湖，洪泽湖）。

圆尾拟鲿 *Pseudobagrus tenuis*：王幼槐，1990，上海鱼类志：217，图117（长江口南支，南汇，青浦等）；郑葆珊、戴定远，1999，中国动物志·硬骨鱼纲 鲇形目：58，图24（广东，广西，湖南，贵州）；朱松泉、朱成德，2006，江苏鱼类志：408，图194（江阴等地）。

图 96　圆尾疯鲿 *Tachysurus tenuis*

地方名　石格。

主要形态特征　背鳍Ⅰ-7；臀鳍2～4-15～18；胸鳍Ⅰ-7；腹鳍1-6；鳃耙11～16。

体长为体高的5.9～9.7倍，为头长的4.4～5.2倍。头长为吻长的3.0～3.6倍，为眼径的5.7～6.6倍，为眼间隔的3.1～3.6倍。尾柄长为尾柄高的3.0～4.4倍。

体甚延长，前部纵扁，后部侧扁，尾柄细长。头纵扁，顶部被以皮肤，上枕骨棘狭窄，通常裸露，项背骨呈长三角形，短于上枕骨棘。吻圆钝。口小，下位，横裂。唇厚，唇边呈梳状褶，在口角处形成发达的唇褶。上颌突出于下颌。上下颌具绒毛状细齿，形成宽齿带；下颌齿带中央分离；腭骨齿带呈半圆形，中央最狭窄。眼小，侧上位，被以皮膜而无游离眼缘。眼间隔宽平。前后鼻孔相隔较远，前鼻孔呈短管状，位于吻的前端；后鼻孔位于眼的前上方。须4对，较短：鼻须1对，位于后鼻孔前缘，后端伸达眼后缘；颌须1对，末端可达眼后缘；颏须2对，外侧长于内侧，达眼后缘。鳃孔大。鳃盖膜不与峡部相连。

背鳍短小，骨质硬刺前后缘均光滑无锯齿，位于体前部近 1/4 处。脂鳍低长，后缘游离，基部位于背鳍基后端至尾鳍基中央。臀鳍鳍条不少于 20 根，起点位于脂鳍起点垂直下方略后。胸鳍侧下位，具 1 根较扁的硬刺，前缘光滑，后缘具发达锯齿。腹鳍起点位于背鳍基后端垂直下方之后。尾鳍圆形。

体呈暗灰色，腹部浅黄色，无黄色纵纹。各鳍暗灰色。

分布　分布于我国长江、钱塘江和闽江水系。长江河口区偶有捕获：2006 年 5 月 31 日在崇明县中兴镇以南长江沿岸捕获 1 尾，体长 345 mm、体重 275.4 g，为长江口区至今报道的最大个体。

生物学特性　小型底栖鱼类。常栖息于江河水流缓慢的水域，多夜间活动，以水生昆虫及其幼虫、蚯蚓、小型软体动物、甲壳类和小鱼等为食。4—6 月为产卵期。

资源与利用　长江口较少见，数量较少，经济价值不高。

海鲇科 Ariidae

本科长江口 1 属。

海鲇属 *Arius* Valenciennes，1840

本属长江口 1 种。

97. 丝鳍海鲇 *Arius arius*（Hamilton，1822）

Pimelodus arius Hamilton，1822，An account of the fishes found in the river Ganges Its Branches：170（Bengal estuaries，India）。

海鲇 *Arius falcarius*：张春霖，1955，黄渤海鱼类调查报告：67，图 47（山东青岛）。

中华海鲇 *Arius sinensis*：张春霖，1962，南海鱼类志：159，图 127（广东，广西）；张春霖，1963，东海鱼类志：140，图 111（东海，浙江，福建）；湖北省水生生物研究所，1976，长江鱼类：185，图 159（崇明）；王幼槐，1990，上海鱼志：210，图 112（宝山，南汇，崇明，长江口南支和杭州湾）；戴定远，1999，中国动物志·硬骨鱼纲 鲇形目：184，图 121（福建，广东，广西）；朱松泉、朱成德，2006，江苏鱼类志：393，图 184（长江口北支等地）。

丝鳍海鲇 *Arius arius*：王丹、赵亚辉、张春光，2005，动物学报，51（3）：433，图 1（江苏，浙江，福建，广东，广西）。

英文名　threadfin sea catfish。

地方名　骨仔、骨鱼、诚鱼、黄松。

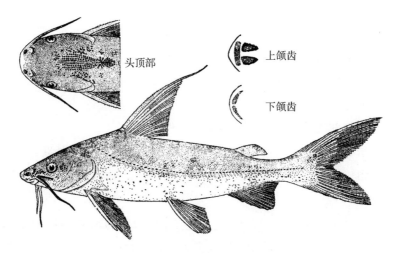

图 97　丝鳍海鲇 *Arius arius*（张春霖，1962）

主要形态特征　背鳍Ⅰ-7；臀鳍17；胸鳍Ⅰ-10～11；腹鳍6。尾鳍14。鳃耙5～7+10～12。

体长为体高的4.7～5.1倍，为头长的3.4～3.6倍。头长为吻长的2.7～3.1倍，为眼径的6.5～7.1倍，为眼间隔的1.6～1.8倍。尾柄长为尾柄高的1.9～2.0倍。

体延长，头部平扁，较宽，体后部侧扁；吻较长，圆钝。眼小，侧位，略高。后鼻孔具发达鼻瓣膜。口大，下位，平裂。上颌突出。齿细尖，绒毛状；上颌齿带左右连续，下颌齿带左右分离；腭骨齿颗粒状，每侧1群，呈三角形。上颌近口隅处具一细长唇须，可伸达胸鳍基部；下颌及颏部各具须1对。鳃孔宽大。鳃盖膜与峡部相连，后缘游离。鳃耙发达。吻上具黏液孔。

体无鳞，头背部散具颗粒状棘突。侧线孔明显。

背鳍始于胸鳍基后上方，具1不分支、7分支鳍条；第一鳍条常呈丝状延长，倒伏时几达脂鳍起点。脂鳍发达，始于臀鳍第一至第三鳍条上方。臀鳍起点在脂鳍起点前下方，具16～18鳍条。胸鳍位低，具1鳍棘状不分支鳍条、10～11分支鳍条，第一分支鳍条短于第一鳍条。腹鳍腹位，后端几达臀鳍起点。尾鳍深叉形，上叶长于下叶。

体背部褐绿色，腹部银白色，各鳍灰黑色。

分布　分布于印度—西太平洋区印度、巴基斯坦、孟加拉国、缅甸、新加坡和中国海域。中国分布于黄海南部、东海、南海和台湾海域。长江口北支及近海常见种类。

生物学特性　暖水性近海底层鱼类。喜活动于水流缓慢的泥质底海区，春季由深水游向河口近岸作生殖洄游，并到表层活动。怀卵量500余粒，卵较大，沉性，卵径12～13 mm。雄鱼有护卵习性，可将70～100粒受精卵含在口中孵化。以底栖动物为食，尤喜食贝类。体重0.5～1.0 kg。背鳍鳍棘和胸鳍鳍棘均为皮膜所包，内有毒腺组织。胸鳍鳍棘表面有许多沟纹，内缘小棘尖锐，锯齿状，刺击时毒液由皮膜毒腺组织经沟释放出。

被刺后剧烈疼痛，红肿，有烧灼感，并影响整个肢体。

资源与利用　肉肥美，含脂量高，鳔可制"鱼肚"。为长江口近海常见鱼类，底拖网、流刺网、延绳钓等均可捕获，产量不大，有一定经济价值。

【长期以来，国内有关研究者将分布于我国海域的腭骨齿单侧 1 群的海鲇属个体定名为中华海鲇（*Arius sinensis*）。据王丹等（2005）查证，原 *Tachysurus sinensis* Lacepède，1803 的命名仅依据一幅中国画，不具科学上的有效性。而 Valenciennes 在 1840 年记录的新种 *A. sinensis* 背鳍无棘，臀鳍鳍条数 13，与我国被定名为"中华海鲇"的标本（背鳍有棘，臀鳍鳍条数 16～19）的特征不符。基于中国科学院动物研究所标本馆馆藏标本的研究认为，*A. sinensis* 的学名无效，我国原被定名为"中华海鲇 *A. sinensis*"的标本实际应为丝鳍海鲇［*Arius arius*（Hamilton，1822）］。】

胡瓜鱼目 Osmeriformes

本目长江口 1 亚目。

胡瓜鱼亚目 Osmeroidei

本亚目长江口 1 科。

银鱼科 Salangidae

本科长江口 2 亚科。

亚科的检索表

1（2）胸鳍条 20 或以上；胸鳍基肉质片发达；吻短，前上颌骨前端正常；上颌骨末端超过眼前缘；下颌联合部无肉质或骨质突起，无犬齿 ……………………………… 大银鱼亚科 Protosalanginae

2（1）胸鳍条约 10；胸鳍基肉质片不发达；吻长，前上颌骨前端扩大呈三角形；上颌骨末端不达眼前缘；下颌联合部有肉质或骨质突起，具犬齿 1 对 ……………………………… 银鱼亚科 Salanginae

大银鱼亚科 Protosalanginae

本亚科长江口 1 属。

大银鱼属 *Protosalanx* Regan，1908

本属长江口 4 种。

种 的 检 索 表

1（2）吻稍尖长；腭骨齿2行；舌有齿 ……………………………………… 中国大银鱼 *P. hyalocranius*

2（1）吻短钝；腭骨齿1行或呈退化状；舌无齿

3（4）背鳍条15以上（16～18）；臀鳍条28以上（30～32）；脊椎骨60以上（60～66）…………… ………………………………………………………………………… 安氏大银鱼 *P. anderssoni*

4（3）背鳍条15以下；臀鳍27以下；脊椎骨60以下

5（6）腹鳍起点距胸鳍基较距臀鳍起点远；脊椎骨50～53 ……………… 乔氏大银鱼 *P. jordani*

6（5）腹鳍起点距胸鳍基较距臀鳍起点近；脊椎骨57～59 ……………… 短吻大银鱼 *P. brevirostris*

98. 短吻大银鱼 *Protosalanx brevirostris* Pellegrin，1923

Protosalanx brevirostris Pellegrin，1923，Mus. Hist. Nat. ，Paris，29（1）：351～352（Tonkin，Vietnam）；Fang，1934，Sinensia，4（9）：236，240（南京）。

Protosalanx tangkahkeii：Wu，1931，Bull. Mus. Paris，Ser. ，（2）3（2）：219（厦门）；Fang，1934，Sinensia，4（9）：240（南京）。

Salanx argentea：Lin，1932，Lingnan Sci. J. Canton，11（1）：63（广东香洲）；林书颜，1932，水产总汇志，1（2）：8（广东香洲）；Fang，1934，Sinensia，4（9）：240（南京）。

Neosalanx hubbsi：Wakiya and Takahasi，1937，J. Coll. Agric. Tokyo Univ. ，14（4）：284（中国天津，汕头；韩国）。

太湖短吻银鱼 *Neosalanx tangkahkeii taihuensis*：Chen，1956，Acta Hydrobiol. Sinica，2：325（太湖）；伍献文，1962，水生生物学集刊，1：100（无锡五里湖）；中国科学院南京地理研究所，1965，太湖综合调查初步报告：62（太湖）；江苏省淡水水产研究所、南京大学生物系，1987，江苏淡水鱼类：87（太湖、固城湖、骆马湖、长江）。

陈氏新银鱼 *Neosalanx tangkahkeii*：郭治之等，1964，江西大学学报（自然科学）（2）：123（鄱阳湖）；张其永，1984，福建鱼类志（上卷）：163（厦门、龙海）；张玉玲，1987，动物学研究，8（3）：280（福建石码，江苏吴江太湖）；张玉玲，1989，珠江鱼类志：28（广东顺德）；梁森汉，1991，广东淡水鱼类志，47（揭阳县榕城，山水县河口，广州，番禺县莲花山，南海县黄竹歧、平洲，新会县会城、三江、罗坑、银洲湖）；倪勇、朱成德，2006，江苏鱼类志：217（骆马湖、固城湖、太湖、阳澄湖、淀山湖、长江干流、长江口北支）；倪勇，2006，长江口鱼类：119；刘静，2008，中国海洋生物名录：918（福建，广东；亚洲）；Zhang et al.，2007，Biol. J. linm. Soc. ，91：325～340（珠江）；金斌松，2010，长江口盐沼潮沟鱼类多样性时空分布格局：157（崇明东滩）；郭立等，2011，水生生物学报，35（3）：451（广东韩江口）。

太湖短吻银鱼 *Neosalanx tangkahkeii taihuensis*：湖北省水生生物研究所鱼类研究室，1976，长江鱼类：32（江西鄱阳湖瑞洪）；唐家汉等，1980，湖南鱼类志（修订重版）：21（洞庭湖）；孙帼英，1982，华东师范大学学报（自然科学）（1）：112～113（长江口）；李伟明等，1984，江西省科学院院刊（2）：48（鄱阳湖）；杨干荣，1987，湖北鱼类志：36（梁子湖）。

Neosalanx brevirostris：Robert，1984，Proc. Calif. Acad. Sci.，43（13）：212［湖南及洞庭湖 25 尾，体长 43.8～60.7 mm；福建及福州 3 尾，体长 49.6～60.8 mm；广州 26 尾，体长 48～65 mm；香港 2 尾，体长 46.1～48.3 mm；汕头 3 尾，体长 56.8～57.9 mm；韩国首尔 3 尾，体长 56.0～58.2 mm；湖北梁子湖 2 尾，体长 51.0～57.4 mm，被鉴定为陈氏新银鱼 *N. tangkahkeii taihuensis*，保存在史密森尼博物院（Smithsonian Institution，USNM）；越南河内（syntypes of *P. brevirostris*）6 尾，体长 65～70 mm，1922 年采集］；张玉玲，1987，动物学研究，8（3）：278～279（广西防城县龙门、江平、潵尾、山心岛、竹山）；张玉玲，1989，珠江鱼类志：27～28（广东三水、佛山、东莞、虎门、莲花山、中山、珠海）；刘静，2008，中国海洋生物名录：918（渤海，黄海，东海，南海；西北太平洋：黄海南部至越南河内）；郭立等，2011，水生生物学报，35（3）：449～458（广西上党河口）；Fu et al.，2012，Molecular Phylogenetics and Evolution，12：848～855［南海北部湾党江河口 2 尾，韩江 2 尾；太湖 2 尾，长江口中游徐家河水库 2 尾，泊湖 2 尾（长江水系）；黄河口 1 尾］。

银色新银鱼 *Neosalanx argentea*：张玉玲（误写为 *argentia*），1987，动物学研究，8（3）：279（广东珠海，斗门，虎门，中山，顺德，番禺，东莞，三水，佛山，汕头）；Zhang et al.，2007，Biol. J. Linn. Soc.，91：325～340（珠江 1 尾）；刘静，2008，中国海洋生物名录：918（中国沿海，亚洲）；Fu et al.，2012，Molecular Phylogenetics and Evolution，12：848～855。

太湖短吻银鱼 *Salangichthys（Neosalanx）tangkahkeii taihuensis*：张开翔，1987，海洋湖沼科学文集：121（太湖）；张开翔，1988，湖泊科学，10（1）：55（东太湖）。

太湖新银鱼 *Neosalanx taihuensis*：张玉玲，1987，动物学研究，8（3）：280（太湖、巢湖、洞庭湖、淮河、瓯江）；张玉玲，1990，水产学报，14（1）：45（太湖）；张国祥、倪勇，1990，上海鱼类志：118（青浦淀山湖、崇明老鼠沙、长江口北支）；陈马康等，1990，钱塘江鱼类资源：50（杭州，海宁）；邬国生，1991，浙江动物志·淡水鱼类：34（湖州、上虞、平阳）；朱松泉、魏绍芬，1993，洪泽湖：174（洪泽湖）；周才武，1997，山东鱼类志：91（微山湖、独山湖、东平湖）；朱松泉，2004，湖泊科学，16（2）：124（太湖）；陈祖培等，2004，内陆水产，（8）：22（澄湖）；Zhang et al.，2007，Biol. J. Linn. Soc.，91：325～340（太湖，巢湖，鄱阳湖等）；郭立等，2011，水生生物学报，35（3）：449～458（安徽泊湖，江苏太湖，黄河口）。

近太湖新银鱼 *Neosalanx pseudotaihuensis*：Zhang，1987，Zool. Res.，8（3）：281（太湖）；张玉玲，1990，水产学报，14（1）：45（太湖）；Zhang et al.，2007，Biol. J. Linn. Soc.，91：325～340（徐家河水库 3 尾）；郭立等，2011，水生生物学报，35（3）：449～458（湖北徐家河水库 3 尾）。

陈氏短吻银鱼 *Salangichthys tangkahkeii*：朱成德、倪勇，2005，太湖鱼类志：217（太湖）；朱松泉等，2007，湖泊科学，19（6）：669（太湖）。

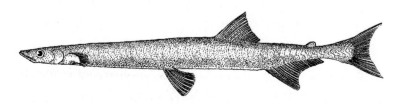

图 98　短吻大银鱼 *Protosalanx brevirostris*

地方名　银鱼。

主要形态特征　背鳍 2 - 12～13；臀鳍 3 - 22～24；胸鳍 25～26；腹鳍 7。鳃耙 14～17。脊椎骨 57～59。雄鱼臀鳍上方鳞片 15～19。

体长为体高的 6.8～8.0 倍，为头长的 5.4～6.9 倍。

体细长。头扁平。吻短钝。口大，上颌稍短于下颌，上颌骨后端超过眼前缘，下颌骨联合部无骨质突起，无犬齿，前端无缝前突。前上颌骨、上颌骨和下颌骨各具 1 行细齿，分别为 1～7 枚、11～26 枚和 1～10 枚。腭骨和舌上无齿。

体无鳞。仅雄鱼臀鳍上方具 1 列鳞。背鳍起点至吻端距离为至尾鳍基距离的 1.5～2.0 倍。脂鳍小，位于臀鳍后部上方。臀鳍起点稍后于背鳍基末端。胸鳍有明显肌肉柄。腹鳍起点距胸鳍起点较距臀鳍起点近。尾鳍分叉。

体半透明。腹部两侧各具 1 行黑色小点。尾鳍基部常有分散的黑色素。一般不形成明显的黑色斑点。

分布　分布于西北太平洋区中国、朝鲜半岛西侧和越南北部沿岸。中国沿海和通海江河及其附属湖泊均产，长江中下游及其通江湖泊数量较多。

生物学特性　在咸淡水中也能生活，沿海近岸栖息的群体有洄游习性，淡水生活的群体能完成成熟、繁殖、仔稚鱼、幼鱼生长的全过程，成为淡水定居性鱼类。在淀山湖和太湖中的数量要多于沿海和河口区。终生以枝角类和桡足类等浮游动物为食。据 1974—1975 年淀山湖调查，有春、秋两种产卵类型。春季产卵期为 3 月上旬至 5 月中旬，盛产期为 4 月上旬；秋季产卵期为 9 月中下旬至 11 月，盛产期为 10 月上旬。怀卵量为 471～2 940 粒。产卵后亲鱼衰弱死亡，寿命为 1 年。卵呈圆形，表面有卵膜丝，为黏性卵。卵径 0.68～0.79 mm。在水温 8 ℃以下时，10 d 孵化，在 15～20 ℃时只需 6 d 孵化。幼鱼生长较快，4 个月平均体长达 56 mm，即达性成熟。

资源与利用　小型上层鱼类。在长江口区无中心渔场，产量不多，而在湖泊资源较为丰富的水域，有一定的自然产量，如上海淀山湖年产约 11.5 t（1974 年 8 月至 1975 年 7 月），太湖年产 1 012.4 t（1994 年），为当地经济鱼类之一，亦供出口。从 1979 年起，先后从太湖移殖到云南、四川、河南、浙江和福建等全国 10 多个省份，成为当地的经济鱼类，取得了显著的经济效益和社会效益。如本种移入云南滇池后 1981—1996 年累计产量达 19 876.6 t（朱成德和倪勇，2005）。

【关于种名问题：从上述所列的同物异名中看到，自 Pellegrin 1923 年发表 *Protosalanx brevirostris* 近百年以来，一些学者相继发表了归置于不同属的 5 个近似种：*Protosalanx tangkahkeii* Wu，1931、*Salanx argentea* Lin，1932、*Neosalanx hubbsi* Wakiya et Takahasi，1937、*Neosalanx taihuensis* Chen，1956 和 *Neosalanx pseudotaihuensis* Zhang，1987。研究和应用得较多的是太湖以及长江水系湖泊经济种类的"太湖新银鱼 *Neosalanx taihuensis*"，先是以陈氏新银鱼的变种报道（陈宁生，1956），后升为亚种（湖北省水生生物研究所，1976），最后升为种（张玉玲，1987）。这 5 个近似种发表后，一些学者对这些种的分类地位进行了研究，特别是进入 21 世纪以来，使用了生物技术，通过基因序列比较，渐渐弄清了这些近似种间的亲缘关系，现有研究表明这 5 个近似种均为本种（短吻大银鱼 *Protoosalanx brevirostris*）的同物异名：

Fang（1934）认为 *Protosalanx brevirostris* Pellegrin，1923、*Protosalanx tangkahkeii* Wu，1931 和 *Salanx argentea* Lin，1932 都是 *Protosalanx hyalocranius*（Abbott，1901）＝*Protosalanx chinensis*（Basilewsky，1855）的同物异名。

Roberts（1984）根据骨骼（脊椎骨数等）研究，认为 *Neosalanx hubbsi* Wakiya et Takahasi，1937 和 *Neosalanx tangkahkeii taihuensis* 是 *Neosalanx brevirostris* 的同物异名，*Protosalanx tangkahkeii* Wu，1931 和 *Salanx argentea* Lin，1932 可能是 *Neosalanx brevirostris* 的同物异名。他指出，*Neosalanx brevirostris* 分布于亚洲大陆从黄海朝鲜沿岸到南海越南河内。

朱成德和倪勇（2005）根据形态学（尾基斑点）和生态学（温度、盐度）分析，认为太湖新银鱼（*Neosalanx taihuensis*）和近太湖新银鱼（*Neosalanx pseudotaihuensis*）是 *Salangichthys tangkahkeii* ＝*Neosalanx tangkahkeii* 的同物异名。

Zhang et al.（2007）基于 *cyt - b* 基因序列研究发现 *Neosalanx tangkahkeii*、*N. taihuensi*、*N. pseudotaihuensis* 复合群种间遗传距离仅为 0.4% ～ 0.6%，认为 *N. taihuensi* 和 *N. pseudotaihuensis* 是 *N. tangkahkeii* 的同物异名。

郭立等（2011）基于基因序列，显示短吻新银鱼 *Neosalanx brevirostris*—*N. tangkahkeii*—*N. tahuensis*—*N. pseudotaihuensis* 复合群种间 K2P 遗传距离为 0 ～ 0.19%，远小于 Ward 基于 *CO* I 基因相似片断序列统计 206 个属内种间 K2P 遗传距离为 8.39%，结合 Roberts（1984）与 Zhang et al.（2007）的结果，可推断这 4 种复合群中，

N. tangkahkeii—*N. tahuensis*—*N. pseudotaihuensis* 是 *Neosalanx brevirostris* 的同物异名。

Fu et al.（2012）在大银鱼 3 个姐妹群的短吻新银鱼 *Neosalanx brevirostris*—银色新银鱼 *N. argentea* 群中，将采集于各地的 11 尾鉴定为短吻新银鱼 *Neosalanx brevirostris*（其中 7 尾采集于长江和黄河水系，这在以往文献中都未有过报道）与取自基因库中的银色新银鱼 *N. argentea* 做了比对，发现 2 种 *cyt-b* 基因遗传距离为 0。据此推断，银色新银鱼为短吻新银鱼（＝短吻大银鱼）的同物异名。

笔者认为新银鱼属（*Neosalanx*）可归并于大银鱼属（*Protosalanx*。）】

99. 中国大银鱼 *Protosalanx chinensis*（Basilewsky，1855）

Eperlanus chinensis Basilewsky，1855，Nouv. Mém. Soc. Nat. Moscou，10：242（Straits of Hebei，China）。

Salanx hyalocranius：Abbott，1901，Proc. U. S. Nat. Mus.，23（1221）：491，fig. 6（天津白河）。

Protosalanx hyalocranius：Regan，1908，Ann. Mag. Nat. Hist.，（8）2：445（上海）；Kimura，1935，J. Shangai Sci. Inst.，3（3）：104～105（崇明）。

大银鱼 *Protosalanx hyalocranius*：张春霖，1962，黄渤海鱼类调查报告：62，图 43（辽宁，河北，山东）；王文滨，1963，东海鱼类志：118，图 91（浙江大陈岛外海）；湖北省水生生物研究所鱼类研究室，1976，长江鱼类：32，图 13（崇明）；孙帼英，1982，华东师范大学学报（自然科学）（1）：114～116（长江口和金山沿海太湖）；江苏省淡水水产研究所等，1987，江苏淡水鱼类：82，图 20（长江口，太湖，阳澄湖等）；陈马康等，1990，钱塘江鱼类资源：50，图 24（杭州，海宁）；郏国生，1991，浙江动物志·淡水鱼类：33，图 14（浙江沿海，甬江，苕溪，平湖）。

大银鱼 *Eperlanus chinensis*：张国祥、倪勇，1990，上海鱼类志：120，图 41（宝山长兴，石洞口，川沙五号沟，南汇芦潮港）。

大银鱼 *Protosalanx chinensis*：倪勇、朱成德，2006，江苏鱼类志：213，图 78，彩图 10（启东寅阳等地）。

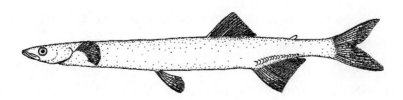

图 99　中国大银鱼 *Protosalanx chinensis*

英文名　large icefish。

地方名　银鱼、黄瓜鱼。

主要形态特征　背鳍2-14～17；臀鳍3-26～30；胸鳍1-22～28，腹鳍1-6。鳃耙13～16。脊椎62～69。雄鱼臀鳍上方具鳞片25～34。

体长为体高的8.6～10.2倍，为头长的4.1～5.4倍。头长为吻长的2.7～3.1倍，为眼径的5.3～7.2倍，为眼间隔的3.2～3.7倍。尾柄长为尾柄高的2.3～2.4倍。

体延长，呈亚圆筒形，后部侧扁。头中大，平扁。吻尖，呈三角形，吻长短于眼后头长。眼中大，眼间隔宽平。鼻孔2个，近眼前缘。口大，端位，下颌稍长于上颌。前上颌骨具齿1行8～14枚，上颌骨齿1行13～24枚，腭骨齿2行5～28枚，下颌骨齿2行13～44枚，舌上具齿一般2行4～17枚，犁骨齿较大1丛或分成2丛。鳃孔大。鳃盖膜与峡部相连。鳃耙细长。有假鳃。

体无鳞，雄性臀鳍基底上方具膜状大鳞1纵行。

背鳍后位，位于臀鳍前上方。脂鳍小，位于臀鳍基底后端上方。胸鳍侧位，基部肌肉发达，雄性前部数枚鳍条稍延长。腹鳍起点距胸鳍基底较距臀鳍起点近。臀鳍较大，起点约与背鳍基底后端相对。雄性臀鳍前部鳍条具波浪形褶皱。尾鳍分叉。

体呈半透明，死后呈白色。头部背面密布小黑点，背侧每个肌节具1列小黑点。各鳍灰白色，边缘灰黑色。

分布　中国、朝鲜半岛和日本均有分布。中国分布于渤海、黄海和东海沿岸水域，通海江河及其附属水体。为长江口偶见种。

生物学特性

［习性］原为海产，有两个生态群，一个为海栖型，栖息于近海，到河口繁殖；另一个为陆封型，定居于通海江河的干流和支流及其附属水体，能在淡水环境中自行繁衍后代。

［食性］幼鱼以枝角类、桡足类等浮游动物为食。体长50 mm个体开始捕食小虾和小鱼，体长110 mm以上的个体完全以小型鱼虾为食。性凶猛，饵料严重不足时会发生同类相残。可吞食占其自身全长33％～68％的个体，远较原鲌属和鲌属鱼类凶狠，后者只吞食占其自身全长20％的鱼类。繁殖季节不停食。

［繁殖］在长江口和杭州湾，产卵期为1月中旬至3月中旬，盛产期在1月下旬至2月中旬，产卵水温2～8 ℃。繁殖群体体长一般110～150 mm，怀卵量3 686～22 242粒。成熟卵球形，黏性，无油球，卵径0.9～1.1 mm，卵膜表面有花纹状的丝状体，受精遇水后丝状体在卵的一端形成一束，借以黏附于其他物体孵化。12月卵巢发育达Ⅳ期，产卵以后卵巢中还留有一些第Ⅳ时相和第Ⅲ时相的卵母细胞，经半个月左右发育至Ⅳ期末且很快进入Ⅴ期，进行第二次产卵。产后亲鱼消瘦，不久死亡，寿命为1年。

资源与利用　本种在长江口不集群，无中心渔场，定置张网有时能兼捕一些，数量

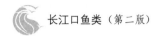

不多，经济价值不高。

银鱼亚科 Salanginae

本亚科长江口 1 属。

银鱼属 *Salanx* Cuvier，1816

本属长江口 3 种。

种 的 检 索 表

1（2）下颌前端的缝前突为肉质；无齿 ························· 前颌银鱼 *S. prognathus*

2（1）下颌前端的缝前突为骨质；具齿 2 行

3（4）腹鳍起点距臀鳍起点与距鳃盖后缘相等；脂鳍起点与臀鳍最后鳍条相对（雌性）或几相对（雄性），约距 1 mm ······················· 有明银鱼 *S. ariakensis*

4（3）腹鳍起点距臀鳍起点较距鳃盖后缘近；脂鳍起点与臀鳍最后鳍条不相对，间距较大，为 3.5～4.5 mm ······················· 居氏银鱼 *S. cuvieri*

100. 前颌银鱼 *Salanx prognathus*（Regan，1908）

Hemisalanx prognathus Regan，1908，Ann. Mag. Nat. Hist.，（8）2（11）：445（Shanghai，China）。

Salanx prognathus：Nichols，1928，Bull. Amer. Mus. Nat. Hist.，58（1）：4（上海）。

雷氏银鱼 *Reganisalanx brachurostris*：陈宁生，1956，水生生物学集刊（2）：324；（无锡五里湖等地）；江苏省淡水水产研究所等，1987，江苏淡水鱼类：81，图 19（太湖等地）。

短吻间银鱼 *Hemisalanx brachurostris*：陈宁生，1956，水生生物学集刊（2）：324；（无锡五里湖等地）；张国祥、倪勇，1990，上海鱼类志：123，图 45（宝山横沙、青浦淀山湖）；倪勇、朱成德，2006，江苏鱼类志：219，图 82（南京等地）。

面鱼 *Hemisalanx prognathus*：陈佩薰、黄鹤年，1963，水生生物学集刊（3）：93～98（崇明奚家港、南门港；南通，江阴）。

前颌间银鱼 *Hemisalanx prognathus*：王文滨，1963，东海鱼类志：119，图 94，94 A（吴淞）；孙帼英，1982，华东师范大学学报（自然科学）（1）：116～117（长江口和金山沿海）；江苏省淡水水产研究所等，1987，江苏淡水鱼类：78，图 18（南通，浒浦，长江口）；张国祥、倪勇，1996，上海鱼类：121，图 42（宝山石洞、长兴岛，崇明北八滧等地）；郏国生，1991，浙江动物志·淡水鱼类：35，图 17（甬江、瓯江、飞云江、鳌江等河口）。

银鱼 *Hemisalanx prognathus*：湖北省水生生物研究所，1976，长江鱼类：30～31，图 11（崇明，宝山，浒浦，南通）。

长江银鱼 *Hemisalanx brachyrostris*：湖北省水生生物研究所，1976，长江鱼类：31，图 12（崇明，鄱阳湖，洞庭湖）。

图 100　前颌银鱼 *Salanx prognathus*

英文名　noodlefish。

地方名　面鱼、面丈鱼、面条鱼。

主要形态特征　背鳍 2 - 11～13；臀鳍 3 - 23～28；胸鳍 1 - 8；腹鳍 1 - 6。鳃耙 2～3＋8～10。

体长为体高的 10.9～14.9 倍，为头长的 6.1～7.0 倍。头长为吻长的 2.4～3.0 倍，为眼径的 5.9～6.7 倍，为眼间隔的 4.5～5.7 倍。

体细长，前部圆筒形，后部侧扁。头尖而平扁。吻长大于眼径。眼中大，位于头的前半部，眼间隔宽平，短于吻长。鼻孔 2 个，后鼻孔较大，位于眼前方。口大，端位，上下颌等长。齿小而尖，前颌骨 4 枚，上下颌各具 10～12 枚，列成 1 行，向后倾斜；下颌前端肉质突起无齿，缝合处具 1 对犬齿。腭骨具齿 1 行，犁骨和舌上均无齿。舌大，游离，前端圆形。鳃孔大。鳃盖膜连于峡部。鳃耙尖细，排列紧密相互重叠。假鳃发达。

体无鳞。雄性臀鳍基底上方具膜状大鳞 1 纵行。

背鳍后位，起点距胸鳍基底约为距尾鳍基底的 2 倍。脂鳍小，位于臀鳍基底后上方。胸鳍侧位，基部肌肉不发达，雄性第一至第三鳍条延长，约等于眼后头长。腹鳍短小，起点距吻端较距尾鳍基部近。臀鳍基底较长，雄性起点约与背鳍起点相对，前部鳍条高大，第四至第十九鳍条间具波浪形皱褶；雌性鳍低平，起点与背鳍第二或第三鳍条基部相对。尾鳍分叉，上下叶末端较尖。

体透明，沿腹侧具 1 行黑色细斑。吻部和下颌前端、胸鳍和尾鳍上亦具黑色细斑。尾鳍浅黑色，其余鳍无色。

分布　中国和朝鲜半岛西部沿岸均有分布。中国产于渤海、黄海和东海北部沿岸。此外，浙江甬江、瓯云江和鳌江，山东小清河和辽宁鸭绿江等江河的河口亦有分布。

生物学特性

［习性］栖息于近海沿岸水域的上层，生殖季节作短距离洄游，到河口产卵繁殖。产

卵后亲鱼死亡。受精卵随径流带到口门内外一带水域孵化，仔鱼和幼鱼在海中生长发育，翌年又来河口产卵。

[年龄与生长] 前颌银鱼在海中的生长情况还未进行调查。就长江口而言，2—3月渔获物群体（繁殖群体）体长为111～156 mm，体重为2.4～7.1 g。4月底至5月中旬在九段沙、团结沙、牛皮礁等咸淡水水域捕到的稚鱼，全长已从初孵时的3.1～3.3 mm长到8.1～10.3 mm，生长颇为快速。产卵后，亲鱼极度消瘦，渔民称之为"鱼骨头"。4月下旬在同时捕到的渔获物中经常出现许多死去已久、白色不透明的雄性个体，渔汛期过后发现在定置张网中甚至拖起的铁锚上附着许多死鱼，说明前颌银鱼产卵后不久雄性大部分就死了，雌性亦随后消亡，寿命仅为1年。

[食性] 在海中的摄食情况不清楚。来长江口产卵的亲鱼，经解剖检查肠管内含物得知其成分有小虾、桡足类和鱼苗。

[繁殖] 产卵季节在3月中旬到4月底，4月中旬为产卵盛期。产卵场分布在崇明岛南沿、长兴岛和横沙岛的南沿和北沿，向西到南通一带，常熟浒浦至白茆口以及张家港市七干河和太字港一带江段，北支从海门青龙港到启东三和港也有产卵场。产卵场的水深一般在10～15 m，最深处可达30 m。底质大多为沙泥，深水处部分底为油泥。开始产卵时表层水温在8 ℃左右，产卵盛期水温可达18 ℃。产卵场的盐度变化很大，根据1963年3月所测产卵场盐度，小潮时为0.10～0.20，大潮达8.00～10.00。

亲鱼来到长江口时，性腺已发育到Ⅳ期。雌雄个体大小显著，雌性较大，体长一般115～156 mm，体重一般3.4～7.1 g；雄性较小，体长一般111～134 mm，体重一般2.4～4.3 g。精巢右叶发达，左叶退化；卵巢左叶长于右叶。成熟系数雄性2.9～4.3，平均3.6；雌性17.2～33.3，平均25.5。怀卵量3 174～9 445粒，平均6 757粒。成熟卵球形，无色透明，黏性，卵径0.80～0.95 mm，卵膜上有花纹状的丝状体，受精卵遇水后丝状体在卵的一端成为一束，另一端则散开，以此黏附于其他物体上。亲鱼在不同江段水流上层产卵，一次产出。产卵时，雄性尾部靠臀鳍基部的膜状鳞片吸附于雌性尾部以利授精，结群成团地进行产卵。

受精卵孵化时间的长短与水温有关，水温10.5～13 ℃时第一批仔鱼出膜需308 h，11.2～14.4 ℃时需216 h，14.2～18.4 ℃时需151 h，17～21 ℃只需136 h。

初孵仔鱼体长3.0 mm，头部向前突出并向下弯曲，口窝特别明显，卵黄囊细长，前部膨大，后部尖细，呈胡萝卜状。卵黄颗粒较粗。听囊内具半规管。肛前距2.5 mm，占体长的82%。眼上有少量黑色素分布。肌节50＋18对。5 d后仔鱼体长4.5 mm，口已形成，卵黄囊大部分被吸收。11 d后仔鱼体长5.8 mm，卵黄囊全部被吸收，肠管已通。14 d后仔鱼全长6.2～6.4 mm，口全开，能摄食，鳍褶尚未分化成背鳍、臀鳍、腹鳍和尾鳍，但胸鳍健壮，有游泳能力。在天然水域采得的仔鱼体长10.0 mm。肛前距7.8 mm，占体长的78%。腹部肛后鳍膜上出现臀鳍原基，有5个点状黑色素细胞，脊椎末端下方的鳍膜上出现弹性丝。腹部肛前鳍膜上有 16 个呈等距排列的点状黑色素细胞。体节 50＋20 对。

资源与利用　本种曾是长江口重要经济鱼类之一，捕捞前颌银鱼是长江口的传统渔业。每年惊蛰前后开始生产到立夏，清明左右为旺季，约生产 2 个月。

渔场广泛，生产较好的有：①启东三和港至海门青龙港；②太仓茜泾至七丫口；③常熟浒浦港至白茆口；④张家港市七干河至西界港；⑤崇明仓房港至奚家港；⑥宝山小川沙（石洞口）向西至浏河口；⑦长兴岛、横沙岛南北沿及其夹泓。由于汛期内水流、气温和盐度等因素的变化，经常出现有的渔场鱼发，有的渔场不发。

渔具主要有 3 种：舻网、挑网和深水网，均属张网类。舻网是上海地区所特有，网呈三角形，无囊；挑网呈筒状，集鱼部为囊网。舻网和挑网都是舷张网，生产时船头顶流抛锚，网架在船的两侧。深水网是双桩张网，在江底打 2 个桩，生产时把网系在水下网架上，网口对着水流。也有用罛网捕前颌银鱼，罛网与深水网相似，但只打 1 个桩，是单桩张网。舻网和挑网张在表层，深水网和罛网张在下层，作业水深一般为 7～10 m。

20 世纪 60 年代以前，前颌银鱼在长江口资源相当丰富。1959—1963 年，年产量变动在 582.5～944.6 t，平均年产 769.6 t，1960 年最高达 944.6 t。1964—1973 年年产量变动在 205.1～599.2 t，平均年产 474.2 t，除 1969 年减产严重仅为 205.1 t 之外，其他年份生产还算平稳。1974—1987 年，产量萎缩，变动在 24.3～252.0 t，平均年产 115.9 t。最近 30 年来，长江口前颌银鱼生产仍无起色，资源依然处于衰退中。资源锐减的原因可能有以下几个方面。①产卵场水质污染日趋严重。上海市日排污量已达 619.4×10⁴ t，尤其是南区和西区的排放口，污染物近岸排放，不易扩散，随着潮涨潮落这团污水回荡在江岸附近，形成了自南区白龙港至西区小川沙全长约 55 km、宽约 0.4 km 的污染区，其中自西区排污口向下长约 11 km、宽约 0.3 km 的黑臭污染带内所含污染物超标相当高，铜为 106.4 倍、铅为 17.8 倍、锌为 14.9 倍、铬为 20.9 倍、镉为 1.7 倍。这一带水域是亲鱼上溯、受精卵下泄必经之路，凡是进入该污染区的亲鱼就不会有好结果（中国水产科学研究院东海水产研究所和上海市水产研究所，1990）。②捕捞强度过大对资源造成了损害。特别是 1974—1983 年，持续 10 年投产船数在 177～330 艘，投产网数除 1978 年为 1 836 张外，其他年份在 2 012～2 738 张，长期的高强度捕捞超过了自然资源所能承担的极限，致使资源再生能力越来越弱。③鳗苗捕捞对前颌银鱼产卵亲鱼有很大的杀伤力。捕鳗苗规模不断发展与前颌银鱼资源衰退同步，并非巧合，两者存在因果关系。每年 2—5 月捕鳗苗，与前颌银鱼来河口产卵同处于一时期。由于捕鳗苗网具是用 10 目的密眼网衣制成，凡进网者均无生还的可能。该项作业对前颌银鱼资源危害很大。近年来，由于长江口水质有所改善，资源在逐渐恢复中。

【经研究，短吻间银鱼 ［*Hemisalanx brachurostris*（Fang，1934）］为前颌银鱼

［*Salanx prognathus*（Regan，1908）］的同物异名（Wakiya and Takahasi，1937；Roberts，1984；郭立等，2011）。】

101. 有明银鱼 *Salanx ariakensis* Kishinynoye，1902

Salanx ariakensis Kishinoye，1901，Zool. Mag. Tokyo，13（157）：359～360（Ariake Sea，Kyushu，Japan）。

Parasalanx longianalis：Regan，1908，Ann，Mag. Nat. Hist.，（8）2：446（辽河）。

长臂银鱼 *Salanx longianalis*：张春霖，1955，黄渤海鱼类调查报告：63，图 44（河北）；王文滨，1963，东海鱼类志：121，图 96（福建东沃）；陈马康等，1990，钱塘江鱼类资源：49，图 23（杭州，海宁）。

有明银鱼 *Salanx araiakensis*：孙帼英，1982，华东师范大学学报（自然科学）（1）：117～118（长江口和金山沿海）；丁耕芜，1987，辽宁动物志·鱼类：94，图 61（黄海北部，辽河口）；张国祥、倪勇，1990，上海鱼类志：124～125，图 44（宝山石洞口，川沙五号沟，南汇芦潮港，崇明北八滧、县水产良种场）；郏国生，1991，浙江动物志·淡水鱼类：36～37，图 18（平湖，上虞，钱塘江、曹娥江下游和苕溪）；倪勇、朱成德，2006，江苏鱼类志：223，图 84（长江口北支）。

图 101 有明银鱼 *Salanx ariakensis*

英文名 Ariake icefish。

地方名 银鱼。

主要形态特征 背鳍 2 - 9～13；臀鳍 3 - 24～29；胸鳍 1 - 8～11；腹鳍 1 - 6。鳃耙 9～11。脊椎骨 69～78。

体长为体高的 12.0～14.5 倍，为头长的 5.5～6.0 倍。头长为吻长的 2.3～2.8 倍，为眼径的 8.0～10.5 倍，为眼间隔的 3.5～4.5 倍。

体延长，呈亚圆筒形，后部侧扁。头平扁。吻尖长，三角形。眼中大，眼间隔宽平。鼻孔 2 个，近眼前缘。口大，端位。上颌稍长于下颌，后伸不达眼前缘。前上颌骨具齿 1 行 5～10 枚，上颌齿 1 行 7～13 枚，腭骨齿 1 行 5～11 枚，下颌骨齿 1 行 6～14 枚，舌上无齿。前上颌骨宽长，呈锐三角形前突。下颌前端缝合处具犬齿 1 对，前侧骨突上每侧具齿 1 枚或 2 枚；前端具一骨质缝前突，两侧各具齿 1 行 3～4 枚。鳃孔大。鳃盖膜与峡部相连。鳃耙细长。具假鳃。

体无鳞。雄性臀鳍基底上方具膜状大鳞 1 纵行。

背鳍后位，起点略前于臀鳍。脂鳍小，起点约与臀鳍最后鳍条基部相对。臀鳍较大，起点稍后于背鳍起点，雄性前部鳍条褶成波浪形。胸鳍小，基部肌肉不发达，雄性第一鳍条延长。腹鳍亦小，起点距鳃盖后缘与距臀鳍起点相等。尾鳍分叉。

体半透明。吻端和下颌均具许多小黑点。腹侧自胸鳍至腹鳍以及尾柄下方各具 1 列小黑点。胸鳍第一鳍条、喉部、肩带部和尾鳍均具小黑点。尾鳍灰黑色。

生物学特性　近海小型上层鱼类。个体较小，成鱼体长 100～120 mm。繁殖季节在 10 月中旬至 12 月上旬，10 月下旬至 11 月中旬为产卵盛期。在长江河口区产卵。2—7 月幼鱼在河口区生长、育肥。8 月以后雄鱼出现副性征，臀鳍基底上方出现 1 列大型鳞片，前部鳍条出现波浪褶皱。8 月至 9 月中旬，性腺发育到 Ⅲ～Ⅳ 期。以桡足类、端足类和幼鱼为食。

资源与利用　集群行为不明显，无中心渔场。为定置张网兼捕对象，可供食用，种群数量不多，无渔业价值。

仙女鱼目 Aulopiformes

本目长江口区 1 亚目。

狗母鱼亚目 Synodontoidei

本亚目长江口 1 科。

狗母鱼科 Synodontidae

本科长江口 1 亚科。

龙头鱼亚科 Harpadontinae

本亚科长江口 2 属。

属 的 检 索 表

1（2）体柔软；身体仅部分被鳞；口有钩状犬齿 ………………………………… 龙头鱼属 *Harpadon*

2（1）体不柔软；身体皆被鳞；口无钩状犬齿；腭骨每侧有 2 组齿带；腹鳍 9；内外侧鳍条约等长；两腰骨缝合处中央具一小孔，腰骨后端粗短；尾鳍主要鳍条具鳞 ……………… 蛇鲻属 *Saurida*

龙头鱼属 *Harpadon* Lesueur，1825

本属长江口1种。

102. 龙头鱼 *Harpadon nehereus*（Hamilton，1822）

Osmerus nehereus Hamilton，1822，Fish. Ganges：209（Ganges River mouths，India）。

Saurus nehereus：Richardson，1846，Rep. Br. Advmt. Sci.，15th Meet.，1845：301（吴淞等）。

Harpodon nehereus：Bleeker，1873，Ned. Tijd. Dierk.，4：147（吴淞）；Wu，1931，Sinensia，1（11）：166（上海）。

龙头鱼 *Harpodon nehereus*：王文滨，1962，南海鱼类志：154，图24（广东等地）；王文滨，1963，东海鱼类志：132，图105（浙江洞头、披山、石塘）；湖北省水生生物研究所鱼类研究室，1976，长江鱼类：33，图15（崇明开港）；张国祥、倪勇，1990，上海鱼类志：128，图47（南汇，崇明，长江口近海）；陈马康等，1990，钱塘江鱼类资源：51，图26（海盐）；陈素芝，2002，中国动物志·硬骨鱼纲 灯笼鱼目 鲸口鱼目 骨舌鱼目：83，图Ⅰ-28（海南，广东，福建）；汤建华、阎斌伦，2006，江苏鱼类志：226，图86（长江口近海等地）。

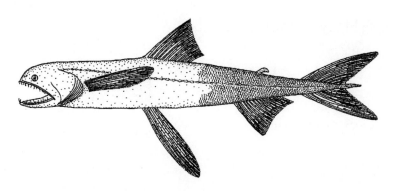

图102　龙头鱼 *Harpadon nehereus*

英文名　bombay-duck。

地方名　虾潺、龙头烤。

主要形态特征　背鳍11～13；臀鳍13～15；胸鳍10～11；腹鳍9；尾鳍15～17。侧线鳞40～45。鳃耙50～65。幽门盲囊16～20。鳃盖条骨18～26。脊椎骨42～45。

体长为体高的5.0～7.8倍，为头长的4.7～5.1倍。头长为吻长的7.6～12.3倍，为眼径的8.6～10.9倍，为眼间隔的3.5～4.5倍。

体柔软，延长侧扁，躯干部较粗、尾部渐细。头中等大，头长大于体高。吻甚短，前端钝圆形。眼小，前上位，近吻端。脂眼睑发达。眼间隔中央圆凸。前鼻孔具鼻瓣，后鼻孔呈椭圆形。口大，前位，口裂倾斜，其长超过头长之半。下颌长于上颌。两颌、腭骨和犁骨具针尖状小齿带，大小不一，部分齿末端呈弯钩状，能倒伏，口闭时颌骨齿外露。鳃孔大。鳃盖膜不与峡部相连。假鳃不很明显。鳃耙呈短针状。腹部圆、无棱。无鳔。

体前部光滑无鳞，后部被细小圆鳞，鳞薄而易脱落。侧线稍直，呈管状，向后延伸达尾鳍中叉的前端。

背鳍起点约与腹鳍起点相对。脂鳍小，位于臀鳍后部上方。臀鳍起于腹鳍与尾鳍起点中间。胸鳍位高，其长大于头长，向后伸达背鳍前部下方。腹鳍长，其长大于胸鳍长。尾鳍三叉形，上下叶长于中叶。

新鲜时体呈乳白色，头背部和两侧呈半透明状，具淡灰色小黑点，腹前部淡银白色，各鳍灰黑色。

分布　分布于印度—西太平洋区，索马里至巴布亚新几内亚海域，北至日本海域，南至印度尼西亚海域。我国黄海南部、东海和南海河口海域均有分布。为长江口常见种类。

生物学特性

[习性]　近海暖温性海中下层鱼类。栖息于长江口佘山及杭州湾近海一带，水深一般50 m以浅，泥沙底海域常年可见。春季（3—5月）主要分布在东海北部近海和南部近海的里侧，夏季（6—8月）大部分鱼群到江苏南部沿海产卵，秋季（9—11月）主要集中在东海北部近海进行索饵，冬季（12月至翌年2月）仍集中在东海北部近海，分布水深一般不超过150 m。

[年龄与生长]　一般体长为200 mm，最大体长可达400 mm。一般1龄即达性成熟，据郑元甲等（2003）资料，体长为65～280 mm，体重为3～295 g。东海南部平均体长大于北部，分别为207.48 mm和133.84 mm。冬季体长为123～250 mm，峰值出现在200～210 mm和220～230 mm，较秋季大。秋季体重分布为3～295 g，平均体重为60.4 g，优势体重组为10～20 g。体长与体重关系式为：$W = 5.872\,9 \times 10^{-6} L^{3.099\,2}$（$R^2 = 0.923\,3$）。

[食性]　肉食性鱼类，主要以鳀、小公鱼、棱鳀、小沙丁鱼、大黄鱼的幼鱼等小型鱼类为食，兼食毛虾、虾类和头足类等，秋季有较强的摄食现象。

[繁殖]　繁殖季节为夏季（6—8月），产卵场位于江苏南部沿海。产卵卵径0.8 mm左右，无油球，卵黄无龟裂，卵膜腔狭。全长25.2 mm稚鱼，体较长而侧扁，肛门位于紧贴臀鳍正前方，口裂大，下颌较上颌突出，前鳃盖骨显著前倾，各鳍均较长，脂鳍长，从鳃盖至臀鳍前腹侧具7对黑色素，稚鱼夏、秋季节在吕四近海可采到（山田梅芳 等，1986）。

资源与利用　本种在东海和南海渔业中占有一定的地位。长江口区的崇明浅滩、南汇嘴的深水张网和拖网均能捕到大量龙头鱼。东海区龙头鱼，被视为一般经济鱼种，过去产量较低，仅为沿岸张网捕捞，没有产量统计数据。浙江省沿海渔民用张网捕捞有悠久历史，资源稳定，在当地沿海主要渔汛期，可占渔获量的 20%～40%（陈素芝，2002）。近年来渔获量有所增加，分布范围明显扩大，近海拖网中经常兼捕渔获，正逐渐引起重视。据郑元甲等（2003）调查资料，其渔获量约占总生物量 1.38%、占鱼类总量的 1.62%，网次出现频率为 18.99%，估计资源量可达 5 426.23 t，其中东海北部近海资源量最丰富，可达 4 232 t。其肉质含水量较多，味美，骨刺松软，可鲜食或干制，盐干品是美味水产品，被称为"龙头烤"。

蛇鲻属 *Saurida* Valenciennes，1850

本属长江口 3 种。

种 的 检 索 表

1 （2） 胸鳍短，后端不伸达腹鳍起点；背及体侧无灰色斑；侧线鳞 59～71 ·············· 长蛇鲻 *S. elongata*

2 （1） 胸鳍长，后端伸达腹鳍基底上方或后下方

3 （4） 背鳍前缘和尾鳍上缘无节状色暗的斑；体侧无斑；幽门盲囊 18～23 ········· 多齿蛇鲻 *S. tumbil*

4 （3） 背鳍前缘和尾鳍上缘常有 1 行呈节状暗斑；体侧有 9～10 个黑斑；幽门盲囊 16～21 ··········
·· 花斑蛇鲻 *S. undosquamis*

103. 花斑蛇鲻 *Saurida undosquamis*（**Richardson，1848**）

Saurus undosquamis Richardson，1848，Ichth. Erebus & Terror，2（2）：138，pl. 51，figs. 1～6（Coast of northwestern Australia）。

花斑蛇鲻 *Saurida undosquamis*：王文滨，1962，南海鱼类志：152，图 122（广东，海南）；王文滨，1963，东海鱼类志：130，图 102（浙江省沈家门、石塘，福建省集美）；陈素芝，2002，中国动物志·硬骨鱼纲 灯笼鱼目 鲸口鱼目 骨舌鱼目：73，图 I - 22（广东，海南岛，浙江舟山）；汤建华、阎斌伦，2006，江苏鱼类志：229，图 89（黄海南部）。

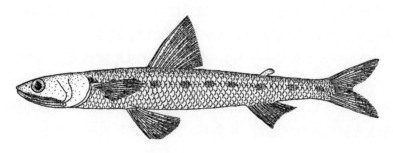

图 103 花斑蛇鲻 *Saurida undosquamis*

英文名　brushtooth lizardfish。

地方名　锤子鱼。

主要形态特征　背鳍 12～13；臀鳍 11～12；胸鳍 14～15；腹鳍 9。侧线鳞 50～52 $\frac{3}{6}$。

体长为体高的 7.9～8.3 倍，为头长的 4.2～4.6 倍。头长为吻长的 3.7～4.3 倍，为眼径的 5.1～5.8 倍，为眼间隔的 3.6～4.5 倍。

体延长，前部亚圆筒形，后部侧扁，头近长圆形。吻钝圆。眼侧上位，脂眼睑窄。口大，口裂伸至眼的远后方。上下颌密生细齿，腭齿每侧 2 组齿带，内组齿带较短，有数行；外组齿带长，2 行。鳃孔大，鳃盖膜不与峡部相连，鳃盖条 13～16。

体被圆鳞，头后部和颊部有鳞。背鳍位于体中部前方，具小脂鳍。臀鳍短小。胸鳍侧中位。腹鳍较长，后部鳍条较长。尾鳍深分叉，上下叶约等长。

体背部淡棕色，体侧下部和腹部白色。各鳍多无色暗的斑纹，但在背鳍前缘和尾鳍上缘一般各有 1 行节状色暗的斑纹，且在体侧通常有 9～10 个黑斑。

分布　分布于印度洋东部的马来半岛、菲律宾南部、爪哇岛北部、阿拉弗拉海、路易群岛、澳大利亚东南及北半部，以及西中太平洋沿岸的中国、日本海域。中国南海及东海均有分布。

生物学特性

［习性］近海暖水性底层鱼类。喜栖息于沿岸水域的沙底或泥底海域。大多集成小群栖息于近底层，不做远距离的洄游，没有明显的集群洄游习性，仅随着季节更替，在深水和浅水间移动。春季游向浙江近岸产卵，7—8 月以后游向外海索饵，12 月南下游向深海越冬，主要越冬海区在 31° N 以南，沿着西南—东北走向的 100 m 等深线附近。

［年龄与生长］据 1997—2000 年东海调查，花斑蛇鲻体长为 92～312 mm，优势体长为 120～190 mm 和 220～250 mm，分别占 56.7％和 21.1％，平均体长 183 mm；体重为 18～178 g，优势体重为 20～50 g，占 52.1％，平均体重 66.9 g。纯体重为 16～72 g，优势组为 20～50 g，占 76.5％，平均纯体重 36.1 g。体长和体重关系为：$W = 1 \times 10^{-6} L^{3.3564}$（$r = 0.9912$）。花斑蛇鲻渔获物年龄组成以 1～3 龄为主，1 龄标准体长为 172 mm，2 龄为 244 mm，3 龄为 329 mm，其年龄组成为 0～9 龄。

［食性］游泳动物食性，且是捕食同种的中级肉食性鱼类。闽南—台湾浅滩与南海北部和东海的食性基本相似，饵料生物组成比较简单，主要摄食鱼类、头足类、长尾类、短尾类、口足类等，其中鱼类是最重要的组成部分，重量百分比可达 80％以上，种类也较多，有 30 多种，隶属 19 个科。被其捕食对象的大小，随着捕食者叉长的增加而增大。在产卵盛期（3—4 月）摄食强度不受影响，仍较高（张其永，1986）。

［繁殖］卵圆球形，彼此分离，浮性，卵径 0.9～0.97 mm。无油球，卵黄均匀，无

龟裂。受精后 15 min，胚盘形成（水温 26.7 ℃），受精后 55 min，形成 2 细胞；受精后 15 h 40 min，胚盾伸长；受精后 60 h 45 min，胚体自头至尾的体侧出现小点状黑色素，每侧 10 余个。全长 12 mm 仔鱼，体呈圆筒状，肛门位于体后 1/3，胸鳍基前方起沿消化道背部有 7 个椭圆形棕黑色素斑块分布，肌节数为 30～31＋16～17 对。全长 15.5 mm 仔鱼，腹鳍芽出现于体前 1/3 的腹缘，肌节为 30＋17 对。全长 22 mm 稚鱼，两颌齿发达，鼻孔分为 2 个，鳍膜消失，背鳍条 11，腹鳍位于背鳍前下方 3～4 肌节处，有鳍条 8～9 条，臀鳍鳍条 11。腹缘椭圆形，棕黑色素斑大部分隐于肌肉内。

资源与利用 本种为南海、东海的经济鱼类之一。据东海调查资料，花斑蛇鲻占蛇鲻类样品总重的 39.3%，是蛇鲻中渔获量最高的种类，平均资源密度为 0.14 kg/h。其中 83.7% 的渔获物集中在东海南部 26°—29° N，每站平均资源密度为 0.29 kg/h，是东海北部的近 15 倍。据评估，调查海区四季平均资源量约为 1 631.39 t（郑元甲 等，2003）。

灯笼鱼目 Myctophiformes

本目长江口 1 科。

灯笼鱼科 Myctophidae

本科长江口 1 亚科。

灯笼鱼亚科 Myctophinae

本亚科长江口 1 属。

底灯鱼属 *Benthosema* Goode *et* Bean，1896

本属长江口 1 种。

104. 七星底灯鱼 *Benthosema pterotum*（Alcock，1890）

Scopelus（*Myctophum*）*pterotus* Alcock，1890，Ann. Mag. nat. Hist.，（6）6（33）：217（Madras coast，India）。

七星鱼 *Myctophum pterotum*：成庆泰，1963，东海鱼类志：136，图 108（浙江舟山、竹屿，福建东庠）。

七星底灯鱼 *Benthosema pterotum*：张国祥、倪勇，1990，上海鱼类志：129，图 48（长江口近海）；陈素芝，2002，中国动物志·硬骨鱼纲 灯笼鱼目 鲸口鱼目 骨舌鱼目：

124，图 I - 48（浙江大陈渔场，福建平潭等地）；汤建华、阎斌伦，2006，江苏鱼类志：233，图 92（长江口等地）。

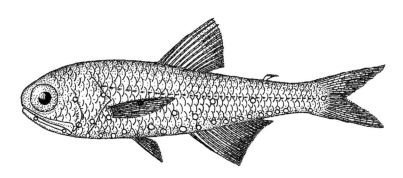

图 104　七星底灯鱼 *Benthosema pterotum*

英文名　skinnycheek lanternfish。

地方名　七星鱼。

主要形态特征　背鳍 11～13；臀鳍 17～19；胸鳍 12～13；腹鳍 8。侧线鳞 32～34。鳃耙 7～9＋11～15。脊椎骨 31。臀后部发光器 5～6＋4～5 个。

体长为体高的 3.9～5.1 倍，为头长的 3.0～3.6 倍。头长为吻长的 3.5～6.3 倍，为眼径的 2.5～4.2 倍，为眼间隔 3.7～4.8 倍。尾柄长为尾柄高的 1.8～2.0 倍。

体延长，侧扁。头大。吻甚短，前端圆突，其长短于眼径。眼大，位于头前部。眼间隔窄，中间具一隆起骨嵴。鼻孔位于吻端与眼之间。口大，前位，口裂略倾斜。两颌约等长，上颌骨后端伸达前鳃盖后下角边缘。两颌、犁骨、腭骨具绒毛状锐利齿带。鳃盖骨呈膜状，后缘光滑。鳃孔大。鳃盖膜不与峡部相连。具假鳃。鳃耙细密。

体、头背后部、颊部均被圆鳞，易脱落。侧线完全。

背鳍起点距吻端较距尾鳍基稍近。脂鳍小，位于臀鳍后部上方。臀鳍位于背鳍基底末端稍前下方，其基底长于背鳍基底。胸鳍侧下位，其末端可达肛门上方。腹鳍较小，腹位，起于背鳍起点的前下方。尾深叉形。

体呈银灰色，头部、体侧和腹部有许多圆形发光器。胸鳍上方发光器位于侧线与胸鳍基中间，胸部发光器约呈平行状，尾前部发光器在侧线下缘。各鳍皆无斑点。

分布　分布于印度—西太平洋热带和亚热带海区。我国南海和东海沿岸均有分布。为长江口海域常见种。

生物学特性

［习性］东海沿岸常见中上层小型鱼类。栖息水深 15～150 m。秋末、冬初盛产于东海，鱼群习惯在黎明前密集海洋表面。七星底灯鱼季节移动明显，既有南北向，也有东西向移动趋势，春夏两季主要分布在东海北部外海，北部近海和南部近海有少量分布，南部外海和台湾海峡没有渔获物。秋冬两季分布范围较广，但以北部近海为主，外海次

之，其中秋季在南部近海和台湾海峡也有一定数量。水深分布，春季和夏季最高渔获量、最高平均资源量和最高尾数密度出现在水深 $60 \sim 100$ m 海区，其中春季在水深大于 150 m 海域无渔获物，夏季则在水深大于 100 m 海域无渔获物；秋季主要分布水深小于 60 m；冬季则主要分布在水深 $60 \sim 150$ m（郑元甲 等，2003）。

［年龄与生长］渔获物体长组成为 $15 \sim 51$ mm，平均为 28.93 mm；体重为 $0.05 \sim 7.0$ g，平均为 0.53 g。平均体重夏季最大，为 1.93 g，秋季为 0.51 g，冬季为 0.39 g。

［食性］以浮游硅藻和甲壳类为主。

［繁殖］本种鱼卵、仔鱼在东海分布水深为 $20 \sim 200$ m，其中以 $40 \sim 80$ m 较多，水温为 $14 \sim 24$ ℃，盐度为 $31 \sim 34$，仔鱼几乎全年都有出现，但以 $7 \sim 8$ 月数量最多，出现在 $27° \sim 32°$ N、$121° \sim 127°$ E。卵呈圆球形，彼此分离，浮性，卵膜有六角形龟裂纹，每个角上都有树状突起，卵径 1.33 mm，油球 1 个。

资源与利用 本种是近海定置网主要捕捞对象，冬春季节为主要渔汛期，年产量在 $5\,000 \sim 10\,000$ t（陈素芝，2002）。东海调查海区四季平均资源密度为 0.5 kg/h，尾数密度为 95 804 尾/h。四季平均资源量为 0.1×10^4 t，合计为 0.432×10^4 t（郑元甲 等，2003）。本种是多种鱼类的饵料，在鱼类食物链中颇为关键，是东海渔业生态系统的重要基础环节，而过去对其研究很少，为保持海区生态平衡，故应开展生物学、生态学和资源数量变动等研究，为渔业资源的可持续利用提供翔实的基础科学资料。除少量鲜销外，多加工成鱼粉、鱼露和鱼油等。

鳕形目 Gadiformes

本目长江口 2 亚目。

亚 目 的 检 索 表

1（2）背鳍无硬刺；腹鳍喉位；尾鳍明显，与背鳍、臀鳍分离或微连；无发光器官 ……………………
…………………………………………………………………………………… 鳕亚目 Gadoidei

2（1）背鳍常有 $1 \sim 2$ 硬刺；腹鳍胸位或喉位；尾鳍无或极不明显；常有发光器官 ……………………
…………………………………………………………………………… 长尾鳕亚目 Macrouroidei

鳕亚目 Gadoidei

本亚目长江口 2 科。

科 的 检 索 表

1（2）头后部有一独立长鳍条；腹鳍特别延长；下颌无须 …………………… 犀鳕科 Bregmacerotidae

2（1）头后部无一独立背鳍条；腹鳍不特别延长；下颌中央常有 1 须 …………………… 鳕科 Gadidae

犀鳕科 Bregmacerotidae

本科长江口1属。

犀鳕属 *Bregmaceros* Thompson，1840

本属长江口1种。

105. 拟尖鳍犀鳕 *Bregmaceros pseudolanceolatus* Torii，Javonillo *et* Ozawa，2004

Bregmaceros pseudolanceolatus Torii，Javonillo and Ozawa，2004，Ichth. Res.，51 (2)：110，figs. 2B，3B，4B，5B，7 (Bangkok fish market，Thailand)。

犀鳕 *Bregmaceros mcclellandi*：朱元鼎等，1962，南海鱼类志：216，图182（广东，澳门）。

麦氏犀鳕 *Bregmaceros mcclellandi*：朱元鼎、罗云林，1963，东海鱼类志：171，图137（浙江，福建）；伍汉霖，福建鱼类志（上卷）：452，图310（福建霞浦、平潭）；田明诚、沈友石、孙宝龄，1992，海洋科学集刊（第三十三集）：273（长江口近海）；李思忠、张春光等，2011，中国动物志·硬骨鱼纲 银汉鱼目 鳉形目 颌针鱼目 蛇鳚目 鳕形目：605，图257（台湾）。

黑鳍犀鳕 *Bregmaceros atripinnis*：朱元鼎、罗云林，1963，东海鱼类志：170，图136（浙江大陈岛）；李思忠、张春光等，2011，中国动物志·硬骨鱼纲 银汉鱼目 鳉形目 颌针鱼目 蛇鳚目 鳕形目：603，图256（台湾）。

银腰犀鳕 *Bregmaceros nectabanus*：刘培廷、伍汉霖，2006，江苏鱼类志：437，图209（连云港）。

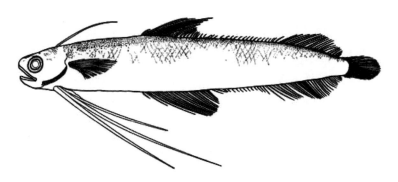

图105　拟尖鳍犀鳕 *Bregmaceros pseudolanceolatus*（Torii et al.，2004）

英文名　false lance codlet。

地方名　海泥鳅。

主要形态特征　背鳍 1，58～64；臀鳍 58～67；胸鳍 18～22；尾鳍 27～30。纵列鳞 68～77；横列鳞 14～15。脊椎骨 52～55。

体长为体高的 5.1～7.7 倍，为头长的 5.4～6.2 倍。头长为吻长的 4.5～6.9 倍，为眼径的 3.3～4.3 倍，为眼间隔的 3.5～6.1 倍。

体延长，侧扁。头短小，被海绵状皮肤。吻短，圆形。眼侧位，大而圆形，背缘被脂眼睑。鼻孔每侧 2 个，位于眼前方。口中大，近端位，斜裂。上颌骨后延至眼的中部至瞳孔边缘下方。上下颌、犁骨具齿；上颌齿 2 行，圆锥形，中等大小，内行齿稍大且稍向内斜，外行齿稍小且稍向外斜；犁骨齿中等，圆锥形，排列不规则；腭骨无齿。第一鳃弓无鳃耙。

体被中型圆鳞，易脱落，头部无鳞，鳃盖具鳞。无侧线。

背鳍 2 个，第一背鳍为一丝状延长鳍条，位于头顶部；第二背鳍延长，前部鳍条高，中部鳍条低，后部鳍条低于前部鳍条。臀鳍与第二背鳍同形，略相对，起点位于背鳍起点下方或略后一鳍条。胸鳍中位，边缘尖。腹鳍喉位，外侧 3 鳍条延长为丝状。尾鳍圆形或略尖。

身体黑色素会随成长改变，成鱼体背具数列黑色素细胞，体腹黄色或稍淡。背鳍前叶具有一黑斑或无，胸鳍上半部深黑色，下半部透明，臀鳍接近透明或仅有少数黑色素细胞，尾鳍前半透明，后半黑色。

分布　分布于印度—西太平洋区，中国东南海域至东南亚各国海域。中国东海、南海和台湾海域均有分布。长江口近海亦有分布。

生物学特性　近海暖水性中上层鱼类。一般栖息于水深 20～50 m 海区的上层，喜结群洄游。摄食浮游生物。冬末春初由外海向近岸做生殖洄游。产卵期为 3—4 月。个体很小，一般体长 70～80 mm，大者可达 130 mm。为蓝圆鲹等中上层鱼类经常摄食的饵料生物。

资源与利用　个体小，长江口数量稀少，无捕捞经济价值。

【关于麦氏犀鳕（*Bregmaceros mcclellandi*）在我国的分布一直存在较多的争议，Iwamoto（1999）和 Torii et al.（2003）认为，麦氏犀鳕仅分布于阿拉伯海、孟加拉湾和泰国湾。朱元鼎和罗云林（1963）及李思忠和张春光等（2011）依据背鳍、尾鳍与胸鳍为黑色或色浅、背鳍和臀鳍的鳍条数差异及成鱼尾鳍形状，作为麦氏犀鳕和黑鳍犀鳕（*B. atripinnis*）的分类依据，而 Cohen（1990）的研究认为黑鳍犀鳕为麦氏犀鳕的同物异名。刘培廷和伍汉霖（2006）在《江苏鱼类志》中则认为朱元鼎和罗云林（1963）所描述的麦氏犀鳕为银腰犀鳕（*B. nectabanus*）之误鉴。同时，李思忠和张春光等（2011）描述麦氏犀鳕时采用的是我国台湾采集的标本，而 Torii et al.（2003，2004）和 Ho et al.（2011）对过去台湾所记录的麦氏犀鳕经重新鉴定，确认为拟尖鳍犀鳕（*B. pseudolanceolatus* Torii，Javonillo *et* Ozawa，2004）之误鉴。综上所述，麦氏犀鳕在我国应无分布，产于我国的应为拟尖鳍犀鳕或银腰犀鳕，其主要区别为：胸鳍色浅、尾鳍浅凹（银腰犀鳕）或胸鳍大半部黑色、尾鳍圆形（拟尖鳍犀鳕）。本书所依据的为田明诚等（1992）对长江口及邻近海区鱼类区系研究一文中的采样记录，其附表名录所记录的为麦氏犀鳕，因在长江口及邻近海区其他调查中未见相关捕捞记录及相关形态学描述，无法确认为何种之误鉴，因此本书将其作为拟尖鳍犀鳕作为长江口分布种进行报道。】

鳕科 Gadidae

鳕亚科 Gadinae

本科长江口 1 属。

鳕属 *Gadus* Linnaeus，1758

本属长江口 1 种。

106. 大头鳕 *Gadus macrocephalus* Tilesius，1810

Gadus macrocephalus Tilesius，1810，Mém. l′ Acad. Impé. Sci. Pétersb.，2：250 (Kamchatka，Russia)。

鳕 *Gadus macrocephalus*：李思忠，1955，黄渤海鱼类调查报告：78，图 54（辽宁，河北，山东）。

大头鳕 *Gadus macrocephalus*：朱元鼎、罗云林，1963，东海鱼类志：169，图 135（江苏大沙）；刘培廷、伍汉霖，2006，江苏鱼类志：438，图 210（吕四）；李思忠、张春光，2011，中国动物志·硬骨鱼纲 银汉鱼目 鳉形目 颌针鱼目 蛇鳗目 鳕形目：629，图 267（大连，烟台，青岛）。

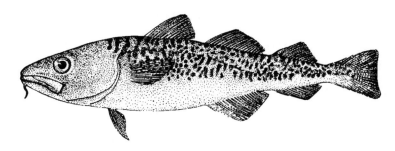

图 106　大头鳕 *Gadus macrocephalus*（李思忠，1955）

英文名　pacific cod。

地方名　大头鱼、大口鱼。

主要形态特征　背鳍 12～14，16～19，18～20；臀鳍 19～22，18～20；胸鳍 2-17～18；腹鳍 2-4；尾鳍 41～44。纵列鳞 150～170。鳃耙外行 3＋17～19，内行 2＋16。椎骨

18＋32～35。

体长为体高的 4.9～5.7 倍，为头长的 3.4～3.6 倍。头长为吻长的 2.7～3.3 倍，为眼径的 4.8～6.1 倍，为眼间隔的 3.3～3.8 倍。尾柄长为尾柄高的 2.3～2.8 倍。

体呈长形，稍侧扁，体高为体宽的 1.2～1.5 倍，第一背鳍前体最高；尾部向后渐尖；尾柄细而侧扁。吻微突出，前端钝圆，背面略圆凸。每侧鼻孔 2 个，位于吻后半部和眼正前方。鼻孔区微凹。眼位于体侧中线上方，后缘距鳃孔较距吻端远。口大，微斜；下颌较上颌稍短，上颌达瞳孔前缘下方。两颌及犁骨具尖齿，外行颌齿较长达。唇厚，上唇下缘有绒状突起。下颏须约等于或稍短于眼径。舌厚，游离。鳃孔大，鳃膜互连，游离。鳃膜骨条 7。有假鳃。外行鳃耙长扁形，较发达。肛门约位于第一背鳍基后端下方。

头、体被长椭圆形小圆鳞。侧线前端位置很高，到尾部渐下降，到第三背鳍中部呈中侧位，到第三背鳍下方呈虚线状，止于尾鳍基稍前方；在头部沿前鳃盖骨及下颌支、眶下感觉管及眶上感觉管有小孔。

背鳍 3 个，明显分离；第一背鳍始于胸鳍基略后上方，第二背鳍始于第一臀鳍始点略后方，第三背鳍位于第二臀鳍上方。第一臀鳍始于泄殖孔稍后，第二臀鳍似第三背鳍而鳍条稍短。胸鳍圆刀状，侧中位。腹鳍喉位，左右鳍远离。尾鳍后端浅凹截形。

头、体背侧淡绿褐色，具许多棕褐色及黄色小斑点；腹侧淡白色。鳍蓝褐色而腹鳍基、臀鳍色较淡。

分布　东北达朝鲜、白令海峡北部、阿拉斯加湾及美国洛杉矶海区，在日本自北海道南达本州岛西岸的山阴县及东岸中部均有分布。我国分布于黄海 32°30′ N 以北及 124°00′ E 以西到渤海及鸭绿江口等海区。2014 年 3 月和 2018 年 3 月在长江口北支口外海域共采集体长 380～420 mm 的大头鳕 4 尾（3 尾雌性，1 尾雄性），均处于产卵 V 期。

生物学特性　冷水性近底层海鱼。在黄海区、渤海区，其食物有鱼类、甲壳类、瓣鳃类、头足类、蛇尾类和海绵等 6 类群 22 种，其中主要有小黄鱼、方氏云鳚、大头鳕、脊腹褐虾、太平洋磷虾等。黄海区、渤海区为冬季产卵，每年产卵 1 次，怀卵量 100 万～200 万粒。卵无油球，卵径 1.25～1.3 mm，沉性卵，略有黏性。最适孵化及生存水温为 5 ℃时，10～20 d 可孵出。

资源与利用　本种曾是黄海重要的渔业捕捞对象，其产量过去仅次于小黄鱼及鲆鲽类，年产量最高达到 $2.8×10^4$ t（1959 年），是底拖网和延绳钓的重要捕捞对象。由于过度捕捞，其资源从 20 世纪 70 年代开始衰退，至 1985 年只有 1 776 t 的资源量。

长尾鳕亚目 Macrouroidei

本亚目长江口 1 科。

长尾鳕科 Macrouridae

本科长江口1属。

腔吻鳕属 *Coelorinchus* Giorna，1809

本属长江口2种。

种 的 检 索 表

1（2）上颌显著长于眼径；体斑明显，成年鱼体斑连成不规则的纵斑带状、虫纹状和环状……………
………………………………………………………………… 多棘腔吻鳕 *C. multispinulosus*

2（1）上颌长约等于或短于眼径；头长为上颌长的3.6～4.3倍；后背鳍前部鳍条较对应的臀鳍条很
短，吻前缘后方背面无鳞……………………………………… 长管腔吻鳕 *C. longissimus*

107. 多棘腔吻鳕 *Coelorinchus multispinulosus* Katayama，1942

Coelorhynchus multispinulosus Katayama，1942，Zoological Magazine Tokyo，54
(8)：332，fig.1（Tsuiyama market，Yogo Prefecture，Japan）。

多棘腔吻鳕 *Coelorinchus multispinulosus*：周开亚，1959，动物学报，11（2）：273，
图2（连云港）；朱元鼎、罗云林，1963，东海鱼类志：172，图138（浙江，福建）；熊国
强、詹鸿禧、邓思明，1988，东海深海鱼类：186，图147（东海琉球海沟西侧）；田明
诚、沈友石、孙宝龄，1992，海洋科学集刊（第三十三集）：273（长江口近海）；刘培
廷、伍汉霖，2006，江苏鱼类志：440，图211（大沙渔场）。

腔吻鳕 *Coelorinchus commutabilis*：朱元鼎等，1962，南海鱼类志：217，图183（海南）。

多刺腔吻鳕 *Coelorinchus multispinulosus*：李思忠、张春光等，2011，中国动物志·
硬骨鱼纲 银汉鱼目 鳉形目 颌针鱼目 蛇鳗目 鳕形目：796，图336（山东，广东，海南）。

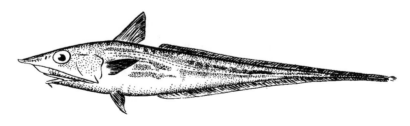

图107　多棘腔吻鳕 *Coelorinchus multispinulosus*（朱元鼎和罗云林，1963）

英文名　spearnose grenadier。

地方名　鳕鱼。

主要形态特征　背鳍Ⅱ-9～10，93～104；臀鳍90～105；胸鳍15～16；腹鳍7。侧

线鳞 180，鳃耙 1～2＋6～8。

体长为体高的 6.7～9.4 倍，为头长的 4.0～4.6 倍。头长为吻长的 2.1～2.5 倍，为眼径的 3.8～4.5 倍，为眼间隔的 4.1～4.4 倍。

体细长而侧扁；尾完全侧扁，向后渐细小，约为头与躯干合长的 1.5 倍。腹面正中自胸前至肛门之间有一黑色带形发光器，长度为眼径的 2.8～3.0 倍；前端扩大呈圆形，后端分为三叶。头中大稍侧扁，头部棱嵴较弱。吻尖突。眼中大，侧位，椭圆形；眶下棘甚强，向前伸达吻端，向后伸达前鳃盖骨下角，眶上棱显著，自鼻孔前方伸达鳃盖后缘上方；眼间隔宽平，约与眼径等长。鼻孔 2 个，位于眼前方的凹窝后侧，前鼻孔圆形，后鼻孔半月形。口下位，弧形，颌骨伸达眼后缘下方。上下颌齿细小，绒毛状，排列呈齿带，上颌外侧齿扩大；犁骨、腭骨及舌上均无齿。舌短，圆形，前端不游离。下颌具 1 短颏须，须细，长度约为眼径的 1/2。鳃孔宽大，左右鳃盖膜相连，跨越峡部，鳃盖膜内侧具一薄膜与峡部相连。鳃盖条 6，无假鳃。第一鳃弓上方有一皮膜与鳃盖里侧相连；外侧鳃耙退化，内侧鳃耙呈瘤状突起，5～6 个。

体被栉鳞，具纵行小棘，小棘前后交迭排列，呈五点形。头部粗糙，密具小棘；头部背面在吻的前端无鳞，鼻窝和头部腹面也无鳞。侧线前方稍呈弧形，后部平直。

第一背鳍位于胸鳍基底上方或稍后上方，第一鳍棘短小，第二鳍棘较长，约为头长的 1/2，前缘光滑。第二背鳍低而延长，起点前于臀鳍起点。臀鳍与背鳍相对，同形，鳍条较长，起点在第二背鳍第二、第三鳍条下方。腹鳍位于胸鳍基底下方，第二鳍条稍延长。胸鳍侧位，中大，上部鳍条较长，大于眼后头长，鳍端不伸达第二背鳍起点垂直线。尾鳍不显著，与第二背鳍及臀鳍相连。

体呈银灰色，体侧具 3 纵行蠕虫状不规则断续黑色斑块，沿侧线具一色浅的纵带。鳍浅灰色，发光器黑色，下颌腹面灰黑色。

分布 分布于西太平洋区日本南部和中国东南暖水海域。中国分布于黄海北部（烟台）至海南岛东西海域，广东及海南习见。长江口近海偶见。

生物学特性 近海暖水性底层中小型鱼类。栖息于 150～300 m 的沙泥底的较深海区。以多毛类、甲壳类等底栖无脊椎动物为食。大者体长可达 380 mm。

资源与利用 本种为大型拖网渔获物中的杂鱼之一，大型个体躯干部可食用。长江口近海区极少见，无捕捞经济价值。

【2018 年 8 月，笔者在长江口近海（122°28′ E、31°25′ N）捕获 1 尾全长 175 mm 的长管腔吻鳕（*Coelorinchus longissimus* Matsubara，1943）样本，为长江口新记录。】

鮟鱇目 Lophiiformes

本目长江口 2 亚目。

亚 目 的 检 索 表

1（2）具假鳃；皮肤光滑；胸鳍辐状骨2块；额骨左右愈合 ……………………… 鮟鱇亚目 Lophioidei

2（1）无假鳃；皮肤粗糙；胸鳍辐状骨3块；左右额骨后部愈合，前部分开 …………… ……………………………………………………………… 躄鱼亚目 Antennarioidei

鮟鱇亚目 Lophioidei

本亚目长江口1科。

鮟鱇科 Lophiidae

本科长江口2属。

属 的 检 索 表

1（2）背鳍鳍条8，臀鳍鳍条6；脊椎骨18～19；下颌齿3行；口底前部黑白色交叉 ………………… ……………………………………………………………… 黑鮟鱇属 Lophiomus

2（1）背鳍鳍条9～12，臀鳍鳍条8～10；脊椎骨26～31；下颌齿1～2行；口底前部黄色 ………… ……………………………………………………………… 鮟鱇属 Lophius

黑鮟鱇属 *Lophiomus* Gill，1883

本属长江口1种。

108. 黑鮟鱇 *Lophiomus setigerus*（Vahl，1797）

Lophius setigerus Vahl，1797，Skrivter af Naturhistorie‐Selskabet Kiøbenhavn，4：215，pl. 3，fig. 5～6（China）。

黑鮟鱇 *Lophiomus setigerus*：张春霖，1962，南海鱼类志：1115，图850（广东，海南）；张春霖，1963，东海鱼类志：581，图439（东海）；苏锦祥，2002，中国动物志·鲀形目 海蛾鱼目 喉盘鱼目 鮟鱇目：346，图161（上海，福建，广东，海南）；史赟荣，2012，长江口鱼类群落多样性及基于多元排序方法群落动态的研究：103（长江口近海）。

英文名　blackmouth goosefish。

地方名　蛤蟆鱼。

主要形态特征　背鳍Ⅵ，8～9；臀鳍6；胸鳍22～24；腹鳍5，尾鳍6。椎骨18～19。

体长为体高的5.7～8.5倍，为体宽的1.5～2.5倍，为头长的1.7～2.6倍。头长

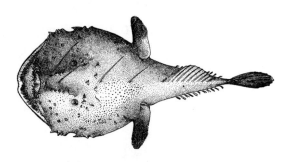

图 108　黑鮟鱇 *Lophiomus setigerus*（张春霖，1962）

为吻长的 3.2～3.6 倍，为眼径的 9.6～13.2 倍。尾柄长为尾柄高的 1.3～2.3 倍。

体平扁，柔软。头大呈圆盘状宽阔而平扁；躯干部粗短，圆锥形。吻宽阔，平扁。额嵴上有 3～4 小突起。头部有不少棘突，关节骨具 1 棘，指向前侧方；间鳃盖骨具 2 棘；蝶耳骨具 2～3 棘；方骨具 1 棘；下鳃盖骨 1 棘；上耳骨棘及肩棘发达，肩棘两叉形，上有 2～7 小棘。眼较小，上位，眼间隔宽而稍凹入，眶上部和眶后部具骨棘，眼间隔宽为眼径的 2.0～4.0 倍。鼻突起有短柄，突出于吻端。鼻孔 2 个，开口在囊状鼻突起的前后方。口宽大，前上位，下颌突出，明显长于上颌。两颌具齿 3 行以上，均能倒伏，上颌齿较短，下颌内行齿最大，外侧各行渐小，排列不规则。犁骨、腭骨及鳃弓上具齿。鳃孔大，位于胸鳍基的下方和后方。鳃 3 对，完整，鳃丝发达，无鳃耙。具假鳃。肛门位于体部较后方。

体光滑无鳞，头部周缘及体侧具发达的分支状皮质触手突起。体背方具有细弱不明显的小皮质触手突起。

背鳍 2 个，第一背鳍各鳍棘分离，第一鳍棘位于吻端，细长呈竿状，成为吻触手，末端有皮穗状拟饵体；第二鳍棘短于第一鳍棘；第三鳍棘约与第二鳍棘等长；第四、第五鳍棘渐短小，第六鳍棘常隐于皮下。第二背鳍位于尾部，起点在肛门稍前上方。臀鳍与第二背鳍相对，起点在第二背鳍第四至第六鳍条下方。胸鳍发达，支鳍骨形成一长形假臂状构造，埋于皮下。腹鳍喉位，左右分离较远。尾鳍截形。

体背方黑褐色，腹面色浅，胸鳍、背鳍、尾鳍黑褐色，臀鳍、腹鳍白色。口底前部黑褐色，散有一些白色圆斑或条纹。腹膜通常褐色，少数为黑色或色浅。

分布　分布于印度—太平洋区，自印度洋非洲东海岸，东至菲律宾海域，北至日本海域。我国产于东海、南海及台湾沿海。长江口近海有分布。

生物学特性　近海暖水性底层鱼类。栖息于水深 40～50 m、泥沙质底的海区。行动迟缓，常匍匐于海底。摄食日本绯鲤、银姑鱼、二长棘犁齿鲷、大头狗母鱼等鱼类和一些虾类。性腺在冬季开始发育，春季产卵。体长一般为 200～300 mm，最大可达 1 m 左右。

资源与利用　肉味美；胃大而厚，味美；卵巢腌制后为佳品。沿海有一定产量，黑鮟鱇为舟山渔场及邻近海域春季桁杆拖网作业优势种，占渔获量的 15.77%。长江口区数量较少。

鮟鱇属 *Lophius* Linnaeus，1758

本属长江口 1 种。

109. 黄鮟鱇 *Lophius litulon*（Jordan，1902）

Lophiomus litulon Jordan，1902，Proc. U. S. Nat. Mus.，24（1261）：364，fig. 1（Tokyo，Japan）。

黄鮟鱇 *Lophius litulon*：张春霖，1955，黄渤海鱼类调查报告：329，图 205（辽宁，河北，山东）；张春霖，1963，东海鱼类志：580，图 438（大沙，沈家门）；苏锦祥，2002，中国动物志·鲀形目 海蛾鱼目 喉盘鱼目 鮟鱇目：349，图 162（山东，江苏，上海，浙江，广东）；刘培廷、伍汉霖，2006，江苏鱼类志：886，图 474，彩图 64（连云港，如东，吕四，大沙渔场，黄海南部）。

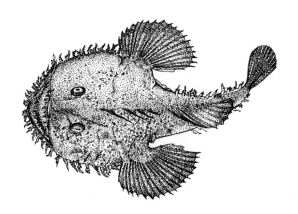

图 109　黄鮟鱇 *Lophius litulon*（张春霖，1963）

英文名　yellow goosefish。

地方名　老头鱼、蛤蟆鱼。

主要形态特征　背鳍Ⅵ，9～10；臀鳍 8～11；胸鳍 22～23；腹鳍 5，尾鳍 8。椎骨26～27。

体长为体高的 7.2～8.1 倍，为体宽的 1.9～2.3 倍，为头长的 2.8～3.2 倍。头大，头长为吻长的 2.2～2.5 倍，为眼径的 4.9～6.1 倍，为眼间隔的 2.9～3.2 倍。尾柄长为尾柄高的 1.4～1.8 倍。

头、体前端甚平扁，头部圆盘状，躯干部粗短，圆锥形。吻宽阔，平扁，头部有不少棘突，顶骨棘长大；方骨具上、下 2 棘；间鳃盖骨具 1 棘；关节骨具 1 棘；肩棘不分叉，上有 2～3 棘。额嵴上无明显突起。眼较小，位于头背方，距吻端较距鳃孔近。眼间隔宽，稍凹，眼间隔宽为眼径的 2.3～3.2 倍。鼻突起突出，位于吻端，鼻孔 2 个，开口在囊状鼻突起的前、后端。口宽大，前上位，下颌突出，明显长于上颌。上下颌、犁骨、腭骨及舌上均具尖形齿，能倒伏，下颌具 1～2 行齿。鳃孔宽大，位于胸鳍基下缘后方。鳃 3 对，完整，鳃丝发达，无鳃耙。具假鳃。

体裸露无鳞，头、体上方及两颌边缘均有很多大小不等的皮质突起。

背鳍 2 个，第一背鳍具 6 鳍棘，前 3 鳍棘细长，后 3 鳍棘细短，第一鳍棘细竿状，位于吻背部，顶端有皮质穗；第二鳍棘细长，常稍长于第一鳍棘；第三鳍棘中长；第四至第六鳍棘短。第二背鳍位于尾部。臀鳍与第二背鳍相对，起点后于第二背鳍起点。胸鳍很宽，侧位，圆形，辐状骨 2 块，在鳍基形成假臂状构造，埋于皮下。腹鳍短小，喉位。尾鳍近截形。

体背紫褐色，腹部白色，背鳍、尾鳍黑色。胸鳍背面褐色，腹鳍白色。口底前部黄色。

分布　分布于西北太平洋区沿岸的中国、朝鲜、日本海龙。中国渤海、黄海、东海和南海均有分布。长江口近海有分布。

生物学特性　近海冷温性底层鱼类。行动迟缓，常匍匐于海底。口大，胃大，食量亦大，有时能摄食与其体重约相等的鱼、虾类。以背鳍皮瓣为"拟饵"诱捕小鱼，能发出似老人咳嗽声，故称"老头鱼"。体长 200～300 mm，大者可达 1.5 m。

资源与利用　肉味美，尤以冬季的肉更为鲜美，干制品也甚受欢迎。渤海和黄海有一定产量，江苏沿岸也有一定产量，长江口数量较少。

躄鱼亚目 Antennarioidei

本亚目长江口 1 科。

躄鱼科 Antennariidae

本科长江口 2 属。

属 的 检 索 表

1（2）皮肤光滑，或仅有极细的单棘；吻触手极短；腹鳍较长，仅略短于胸鳍 …… 裸躄鱼属 *Histrio*

2（1）皮肤粗糙，或有双叉的棘；吻触手较发达；腹鳍短，明显短于胸鳍…………… 躄鱼属 *Antennarius*

躄鱼属 *Antennarius* Daudin，1816

本属长江口 2 种。

种 的 检 索 表

1（2）拟饵体由 2～7 片长形皮瓣组成 ·························· 带纹躄鱼 A. striatus

2（1）拟饵体为一卵圆形皮瓣，上有许多丝状突起 ·················· 毛躄鱼 A. hispidus

110. 带纹躄鱼 *Antennarius striatus*（Shaw，1794）

Lophius striatus Shaw in Shaw and Nodder，1794，Naturalist's Misc：pl. 175（Tahiti，Society Islands）。

三齿躄鱼 *Antennarius tridens*：张春霖、张有为，1962，南海鱼类志：1120，图 854（广东，海南）；张春霖，1963，东海鱼类志：583，图 440（浙江坎门）；田明诚、沈友石、孙宝龄，1992，海洋科学集刊（第三十三集）：279（长江口近海）。

三齿躄鱼 *Antennarius pinniceps*：伍汉霖，1985，福建鱼类志（下卷）：630，图 809（厦门等地）。

黑躄鱼 *Antennarius melas*：伍汉霖，1985，福建鱼类志（下卷）：632，图 810（厦门等地）。

条纹躄鱼 *Antennarius striatus*：沈世杰，1993，台湾鱼类志：182，图版 39－10、40－1（台湾）。

斑条躄鱼 *Antennarius striatus*：苏锦祥，2002，中国动物志·鲀形目 海蛾鱼目 喉盘鱼目 鮟鱇目：363，图 170（浙江，福建，台湾，广东，海南）；刘培廷、伍汉霖，2006，江苏鱼类志：888，图 475（吕泗洋外海）。

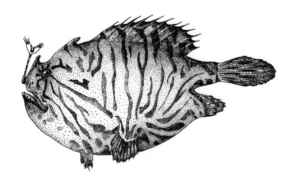

图 110　带纹躄鱼 *Antennarius striatus*（张春霖和张有为，1962）

英文名　striated frogfish。

地方名　五角虎。

主要形态特征　背鳍Ⅲ，11～12；臀鳍7；胸鳍10～11；腹鳍Ⅰ-5，尾鳍9。

体长为体高的 1.4～1.8 倍，为头长的 1.5～2.1 倍。头长为吻长的 3.5～6.6 倍，为眼径的 10.1～17.5 倍。尾柄长为尾柄高的 0.6～1.0 倍。

体粗短，侧扁，呈长卵圆形，背缘弧形隆突，腹部凸出。尾柄宽短。头较大，头高和头长几相等，前端圆钝。额部在第二、第三鳍棘间具一凹窝区，凹窝区皮肤光滑。吻较短，为眼径的 1.4～1.7 倍。眼小，侧上位，眼间隔宽突。鼻孔每侧 2 个，前鼻孔具鼻瓣，较小，圆形，后鼻孔大，椭圆形，嗅囊较大，具初级嗅板 19～21 片。口大，上位，口裂几近垂直状。下颌稍突出。上颌后端为皮膜所盖，不伸达眼前缘。上下颌、犁骨、腭骨均具齿；颌齿尖锐、细长、梳状，多行排列；犁骨齿为 2 横列齿丛；腭骨齿每侧 1丛，为纵列带状。唇发达。鳃孔小，圆形，位于胸鳍基部的下方。第一鳃弓背部无鳃丝，腹部仅前半部有鳃丝，鳃丝发达。鳃耙退化。

体无鳞，密被细绒状皮棘，皮肤粗杂。侧线不明显，由腺孔连接而成。

背鳍 2 个，第一背鳍具 3 分离鳍棘，第一鳍棘形成吻触手，位于眼前上方的吻背中央，细竿状，顶端具 3 条状分支，中央分支较短，基部不呈黑色；第二鳍棘紧接第一鳍棘后方，位于眼上方的头顶部，粗强，基部由皮膜所包，棘端短钝；第三鳍棘较前二鳍棘短，位于头的后上方，粗强，全为皮膜所包，呈三角形隆突，距第二鳍棘和第二背鳍较远。第二背鳍长大，起点在胸鳍基部上方，前部鳍条不分支，后部至多 4 鳍条分支。臀鳍与第二背鳍相对，起点在第二背鳍第六至第七鳍条下方，均为分支鳍条。胸鳍位于体侧下方，假臂构造发达，埋于皮下，均为不分支鳍条。腹鳍喉位，较小，最后一鳍条分支，其余不分支，腹鳍在头腹面常作水平状向两侧伸展。尾鳍圆形，均为分支鳍条。

体色多变，黄色、绿色、浅红色、浅黄褐色、褐色及黑色等皆有。色浅的标本头、体及鳍上具不规则黑褐色带纹和斑块，色深的标本斑纹不明显，隐具若干色暗的斑点、斑块，或完全无斑点及斑块，各鳍深黑色，边缘色浅。

分布　广泛分布于太平洋区、大西洋区和印度洋区的温暖海域。我国黄海、东海、南海和台湾海域均有分布。长江口近海亦有分布。

生物学特性　沿岸暖水性底层小型鱼类。栖息于沿岸浅水岩礁海区和沙泥质底海区，栖息水层自表层至 220 m，多数生活在 30 m 以下的海域中。常潜伏于海底，以假臂状胸鳍在海底匍匐爬行，摆动吻触手诱食小鱼及甲壳动物，遇敌害时腹部充气漂浮于水面。体色随环境改变，具拟态习性。

资源与利用　无食用价值，可作为观赏鱼。长江口近海数量极少，无捕捞经济价值。

裸躄鱼属 *Histrio* Fischer，1813

本属长江口 1 种。

111. 裸躄鱼 *Histrio histrio*（Linnaeus，1758）

Lophius histrio Linnaeus，1758，Syst. Nat.，ed. 10，1：237（Sargasso Sea）。

裸躄鱼 *Pterophryne marmoratus*：张春霖、张有为，1962，南海鱼类志：1117，图 851（海南）。

斑条光躄鱼 *Histrio histrio*：沈世杰，1993，台湾鱼类志：182，图版 40-3（台湾）。

裸躄鱼 *Histrio histrio*：苏锦祥，2002，中国动物志·鮟形目 海蛾鱼目 喉盘鱼目 鲹
鳒目：367，图 172（台湾，广东，海南）。

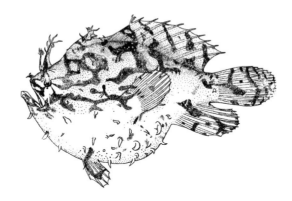

图 111　裸躄鱼 *Histrio histrio*（张春霖和张有为，1962）

英文名　sargassum fish。

地方名　五角虎。

主要形态特征　背鳍Ⅲ，11～13；臀鳍 6～8；胸鳍 9～11；腹鳍Ⅰ-5，尾鳍 1-7-1。

体长为体高的 1.6～2.0 倍，为头长的 1.5～1.9 倍。头长为吻长的 6.1～8.8 倍，为眼径的 5.2～13.6 倍。

体侧扁，呈卵圆形。头高大，以第三背鳍棘基部处体最高。体腹部突出。尾柄较短，尾柄长小于或约等于尾柄高。吻较短，稍大于眼径。眼较小，眼间隔宽而隆起。口前上位，口裂斜裂而大，下颌突出，口裂后端达眼后缘。前颌骨发达，可伸出。上下颌具多行细尖锐齿，内行齿较大；具腭骨齿，单行，较大而尖锐。鳃孔小，圆孔状，位于胸鳍基底下方。鳃丝发达，鳃耙退化。鳃盖条埋于峡部皮下。肛门紧位于臀鳍前方。

体裸露无鳞，皮肤光滑，无绒状短刺，仅有时在侧线孔附近有不分叉的小棘。吻触手与前颌骨联合间的吻背部具 2 片皮状突起。

背鳍 2 个，第一背鳍具 3 鳍棘，第一鳍棘形成吻触手，位于吻部，吻触手光滑，无短棘，其末端的拟饵体明显；第二鳍棘紧位于第一鳍棘后方，其长明显超过第一鳍棘；第三鳍棘较短粗，部分埋于皮下。第二背鳍基底较长，常大部分埋于皮肤中，仅末端外露。臀鳍与第二背鳍相对，起点在第二背鳍后半部下方。胸鳍较宽大，由辐状骨形成的假臂很长，埋于皮下，胸鳍鳍叶大部分与体侧分离。腹鳍喉位，较长大，其长仅略短于胸鳍，约等于或大于体长的 1/4。尾鳍后缘圆形。

体呈灰白色，具不规则的黑色网状带纹，腹部具不规则黑色斑，各鳍具不规则的横带和黑斑。

分布　广泛分布于太平洋区、大西洋区和印度洋区的温暖海域。我国南海和台湾海

域均有分布。笔者 2012 年 9 月在长江口北支东旺沙水域捕获 1 尾体长 85 mm 的样本，为长江口及东海区新记录。

生物学特性　浅海暖水性藻丛和珊瑚礁底层小型鱼类。栖息于 0～11 m 水深的珊瑚礁、海藻丛或漂浮物中，常随海藻漂浮于海洋中，具拟态习性。个体不大，一般在 50～100 mm。

资源与利用　无食用价值，可作为观赏鱼。长江口近海数量极少，无捕捞经济价值。

鲻形目 Mugiliformes

本目长江口 1 科。

鲻科 Mugilidae

本科长江口 3 亚科。

亚 科 的 检 索 表

1（2）颌末端终止位于口裂处或口裂上方，且眶前骨前缘不具凹口 ………………… 鲻亚科 Mugilinae

2（1）颌末端终止位于口裂下方，且眶前骨前缘凹陷或具凹口

3（4）闭口时上颌骨明显位于口角下方 …………………………………… 龟鲛亚科 Cheloninae

4（3）闭口时上颌骨不明显位于口角下方 …………………………… 吻鲻亚科 Rhinomugilinae

龟鲛亚科 Cheloninae

龟鲛属 *Chelon* Artedi，1793

本属长江口 2 种。

种 的 检 索 表

1（2）第一背鳍前方正中有一纵行隆起嵴 ……………………………… 前鳞龟鲛 *C. affinis*

2（1）第一背鳍前方正中无纵行隆起嵴 …………………………………… 龟鲛 *C. haematochiela*

112. 前鳞龟鲛 *Chelon affinis*（Valenciennes，1836）

Mugil affinis Günther，1861，Cat. Fish. Brit. Mus.，3：433（Xiamen，China）；Martens，1876，Preuss. Exped. Ost‒Asien，1：385（上海）；Wu，1929，Contr. Biol. Lab. Sci. Soc. China，5（4）：81～82，fig. 4（厦门）。

稜鲛 *Liza carnatus*：张春霖、张有为，1962，南海鱼类志：257，图 214（广东，广西，

海南）；朱元鼎，1963，东海鱼类志：198，图 55（浙江龙江、坎门，福建东厝、集美）。

赤眼梭鲻 Liza haematoheila：湖北省水生生物研究所鱼类研究室，1976，长江鱼类：188（崇明）。

棱鲹 Liza carinatus：江苏省淡水水产研究所，1987，江苏淡水鱼类：227，图 108（长江口、启东、射阳）；张列士，1990，上海鱼类志：239，图 132（南汇东风渔场，崇明裕安捕鱼站，太仓浏河口）；陈马康，1990，钱塘江鱼类资源：177，图 165（浙江海盐）；郏国生，1991，浙江动物志·淡水鱼类：177，图 165（海盐）；冯照军、郭仲仁，2006，江苏鱼类志：467，图 226（长江口北支等地）。

前鳞鲹鱼 Liza affinis：沈世杰，1993，台湾鱼类志：438，图版 137-8（台湾）。

棱鲹 Liza affinis：刘璐等，2016，中国水产科学，23（5）：1108～1116（宁德等地）。

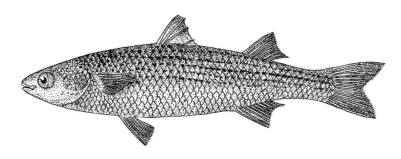

图 112　前鳞龟鲹 Chelon affinis

英文名　eastern keelback mullet。

地方名　三棱鲻、青筋鲻、隆背鲻。

主要形态特征　背鳍Ⅳ，Ⅰ-8～9；臀鳍Ⅲ-9；胸鳍 15～16；腹鳍Ⅰ-5。纵列鳞 36～41，横列鳞 13，背鳍前鳞 22～25。鳃耙 24～25＋43～46。

体长为体高的 3.9～4.2 倍，为头长的 3.8～4.3 倍。头长为吻长的 4.4～4.6 倍，为眼径的 3.6～4.2 倍，为眼间隔的 2.5～3.1 倍。

体延长，前部亚圆筒形，后部侧扁。背面正中自背鳍起点至眼间隔中部具一纵行隆起嵴。头中大，稍侧扁，头顶宽平。吻长短于眼径。眼中大，侧上位，脂眼睑不发达，止于眼的前缘和后缘。眶前骨在口角处向下弯曲，下缘及后缘具锯齿。前鼻孔圆形，后鼻孔呈裂缝状。口小，亚下位，口裂小而平横。上颌中央有一缺刻，下颌边缘锐利，中央有一突起。上颌骨在口角处突然下弯，后端外露。两颌、犁骨、腭骨和舌上均无齿。舌小不游离。鳃孔大。鳃盖膜不与峡部相连。前鳃盖骨和鳃盖骨边缘均光滑。鳃耙细短密列。

鳞大，体被栉鳞，头部被圆鳞。头顶鳞始于前鼻孔上方。第一背鳍基底两侧、胸鳍基部和腹鳍基部两侧各具一尖长形鳞瓣。无侧线。体侧鳞中央具一不开孔的纵行小管。

背鳍 2 个，第一背鳍起点距吻端较距尾鳍基部近，第二背鳍距尾鳍基较距第一背鳍起

点近。臀鳍与第二背鳍同形相对。胸鳍小，侧上位，向后伸展超过腹鳍基部。腹鳍位于胸鳍末端稍前下方，短于胸鳍。尾柄颇长。尾鳍分叉。

背侧青灰色，腹侧银白色。体侧有数条色暗的纵带。背鳍、尾鳍灰黑色，其余各鳍的色淡或淡黄色。

分布　分布于西北太平洋区日本北海道以南至中国东南沿海，西中太平洋区较罕见。中国分布于长江口以南的东海、南海和台湾海域。长江口主要分布在北支和南汇沿岸，长江径流小时可上溯到太仓浏河口附近。

生物学特性　暖水性中小型鱼类。多栖息于河口及近岸水域，有时亦进入河流下游江段，以摄食附生藻类和有机碎屑等为生。胃含物中腐败有机质占 24%～32%，沙粒占 25%～35%，蓝绿藻等占 12%～22%，硅藻占 14%～19%，桡足类、枝角类等无脊椎动物占 4%～10%。福建、广东沿岸繁殖期为 1—3 月，体长 140～138 mm 的雌性成熟个体，成熟系数可达 14.2%～29%，怀卵量可达 10 万～18 万粒。卵小，圆形，橘黄色，浮性，卵径 0.86～0.92 mm，具单一油球，直径 0.28～0.39 mm。水温 14～19 ℃历时 3 d 才孵化。初孵仔鱼全长 2 mm 左右，摄食浮游动物。随着体长的增加，幼鱼的食性逐渐由动物性转化为动物和植物兼容的混合性，进而转变为植物性食性，以刮取海底和滩涂表层的"油泥"，吞食其中的着生硅藻和有机碎屑为生。南方生长快，1 龄即可性成熟；北方生长慢，2 龄才成熟。

资源与利用　在福建、广东和海南种群数量大，体长多在 200 mm 以下，大者可达 260 mm，是鱼塭养殖对象之一，具一定的经济价值。在长江口和江苏、浙江沿岸，所见个体均较小，一般体长为 100 mm 左右，可供食用，数量少，渔业意义不大。

【鲻科下属的划分：鲻形目鱼类的系统发育位置以及属间系统发育关系，一直是鱼类系统学研究的难题，存在较多的争议。传统上基于骨学和形态特征的鲻科鱼类分类研究，并未得到关于鲻科分类的一致结论，有效属的数目和属间关系存在较大争议（夏蓉，2014）。近年来，基于分子标记的鲻科鱼类系统发育研究（Durand et al.，2012；Durand and Borsa，2015；Xia et al.，2016）结果表明，鲻科鱼类能分为四个亚科，包括三个新建的黏鲻亚科（Myxinae）、吻鲻亚科（Rhinomugilinae）和龟鲹亚科（Cheloninae）以及一个重新组合的鲻亚科（Mugilinae）。在此分类系统中，长江口分布的 4 种鲻科鱼类分别归属于鲻亚科的鲻属、吻鲻亚科的骨鲻属和龟鲹亚科的龟鲹属，其中鲹属（*Liza* Jordan et Swain，1884）是龟鲹属的同属异名。本书据此对鲻科的分类系统进行了修订。

本种学名的更正：本种为广泛分布于我国黄海南部至南海北部的近海鱼类，多栖息于河口近岸水域，为长江口北支及近海的常见种类，但其学名一直存在混用和错用的问题。Oshima（1919）把中日近海一种背部带有棱脊的鲻科鱼类命名为 *Mugil carinata*，我国鱼类志中多据此将棱鲹命名为 *Mugil carinata* 或 *Liza carinata*。Senou（1987）将背部具棱嵴的 3 种鲻科鱼类（*Liza carinata* complex）的模式标本进行了重新鉴定，并对其异名及地理分布进行了研究，研究指出传统定义分布于西北太平洋中国和日本海域的 *Liza carinata*（Valenciennes，1836）的模式种采自红海，仅分布于印度洋印度孟买至红海以及地中海东部；*Liza klunzingeri*（Day，1888）的模式种采自印度孟买，仅分布于印度洋印度、巴基斯坦和波斯湾；*Liza affinis*（Gunther，1861）的模式种采自中国，分布于西北太平洋日本北海道以南至中国东南沿海，其分布区与上两种并无重叠。近年来，许浙滩（2015）和刘璐等（2016）基于形态特征分析和 DNA 条形码研究也表明，广泛分布于我国沿海的本种应为 *Liza affinis*。本书据此及其他相关研究，将本种的学名修订为：前鳞龟鲹［*Chelon affinis*（Valenciennes，1836）］。】

113. 龟鲹 *Chelon haematochiela*（**Temminck** *et* **Schlegel**，**1845**）

Mugil haematocheilus Temminick and Schlegel，1845，Pisces，Fauna Japon. Parts.，7～9：135，pl. 72，fig. 2（Nagasaki，Japan）。

Mugil so‑iuy：Basilewsky，1855，Nour. Mém. Soc. Nat. imp. Moscou，10：226，pl. 4，fig. 3（北京）；Günther，1873，Ann. Mag. Nat. Hist.，12：243（上海）。

Mugil haematochilus：Peters，1880，Monatsb. Akad Wiss. Berlin，923（宁波）。

Liza haematocheila：Kimura，1935，J. Shanghai Sci. Inst.，（3）3：116（崇明）。

梭鱼 *Mugil so‑iuy*：成庆泰，1955，黄渤海鱼类调查报告：89，图 61（山东，河北，辽宁）；江苏省淡水水产研究所，1987，江苏淡水鱼类：225，图 107（启东，连云港）；湖北省水生生物研究所，1976，长江鱼类：189，图 163（崇明）。

梭鲻 *Mugil so‑iuy*：张春霖、张有为，1962，南海鱼类志：259，图 217（广西北海）。

赤眼鲹 *Liza so‑iuy*：朱元鼎，1963，东海鱼类志：199，图 156（浙江沈家门、坎门等地）。

鲹 *Liza haematocheila*：张列士，1990，上海鱼类志：240，图 133（宝山月浦、横沙，川沙蔡路，南汇东风渔场，嘉定黄渡，崇明前哨农场、裕安捕鱼站和长江口北支）；冯照军、郭仲仁，2006，江苏鱼类志：468，图 227（长江口北支等地）。

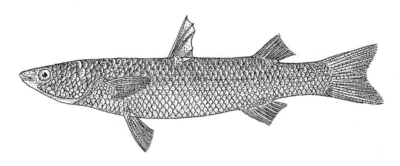

图 113　龟鲹 *Chelon haematochiela*

英文名 so - iuy mullet。

地方名 草鲻、红眼鲻、赤眼鲻、梭鲻。

主要形态特征 背鳍Ⅳ，Ⅰ-8；臀鳍Ⅲ-9；胸鳍16～18；腹鳍Ⅰ-5。纵列鳞39～43。鳃耙26～37+50～57。

体长为体高的4.9～5.2倍，为头长的4.2～4.3倍。头长为吻长的4.4～4.6倍，为眼径的5.6～6.0倍，为眼间隔的2.3～2.5倍。

体延长，前部近圆筒形，后部侧扁。头较小，头颅宽扁，颊部隆起。吻短，宽弧形，吻长稍大于眼径。眼较小，脂眼睑不发达。眶前骨在口角处下弯，下缘及后缘具锯齿。前鼻孔圆形，后鼻孔呈裂缝状。口小，下位，口裂小而平横，呈∧形，上颌骨在口角后方突然下弯，后端外露。齿细小呈绒毛状，上颌齿单行，下颌、犁骨和腭骨以及舌上均无齿。舌小，位于口腔后部，端部不游离。鳃孔大。鳃盖膜不与峡部相连。前鳃盖骨和鳃盖骨边缘光滑。鳃耙短而细密。

鳞大。体被栉鳞，栉齿细弱。头部除鼻孔前方无鳞外，余均被圆鳞。第一背鳍和腹鳍基部两侧各具一尖长形鳞瓣。无侧线。体侧鳞片中央有一不开孔的纵行小管。

背鳍2个，第一背鳍位于胸鳍后上方，起点距吻端较距尾鳍基部近，第二背鳍位于臀鳍上方，起点与臀鳍第二鳍条相对。臀鳍起点前于第二背鳍起点，后缘凹入。胸鳍高位，稍大于腹鳍。尾鳍浅分叉。

头、体背面青灰色，两侧浅灰色，腹部银白色。体侧上方有数条黑色纵纹，各鳍浅灰色，边缘色较深。鲜活标本瞳孔前后和上方的眼球呈橘红色。

分布 分布于西北太平洋区日本北海道至九州、朝鲜半岛和中国海域。中国渤海、黄海、东海和台湾海域均有分布。为长江口常见鱼类。

生物学特性

[习性] 广温广盐性鱼类，营养级次低，生长快，喜栖于河口与内湾，亦进入淡水水体。活泼善跳，喜集群逆流上溯。稚鱼、幼鱼趋光。春季游向近岸，冬季游向外海在深水区越冬，一般不做远距离洄游。

[年龄与生长] 渤海龟鲛最高年龄为8龄，最大体长720 mm，体重4 600 g。各龄生长速度不等，体长和体重变动范围较大（李明德 等，1991）。

[食性] 龟鲛的食性相当广泛，不同发育阶段食性不同。全长不及8 mm的仔鱼以桡足类、枝角类和轮虫等浮游动物为食。其后转为混合性，动物性和植物性饵料兼食。动物性饵料主要是桡足类，也有少量轮虫、砂壳虫、枝角类和双壳类软体动物的幼虫，个别稚鱼胃内充满了整条的沙蚕；植物性饵料以硅藻为主，此外还有蓝绿藻、双鞭藻和绿藻等，有机碎屑和沙粒占有相当大的比例。全长14 mm的稚鱼以摄食着生硅藻和有机碎屑为主，兼食少量浮游动物。全长30～50 mm的幼鱼以摄食着生硅藻和有机碎屑为生。成鱼胃含物以底泥和有机碎屑为主，底泥中夹有着生硅藻和少量小型无脊椎动物如桡足

类、细螯虾、蟹幼体、双壳类稚贝、有孔虫和放射虫等。

［繁殖］雄性一般体长达 250 mm、2 冬龄性成熟，个别体长 195 mm、1 冬龄性成熟。雌性体长 400 mm 以上，3 冬龄才性成熟，个别体长 348 mm、2 冬龄性成熟。在海水、咸淡水和淡水水体，性腺都能发育成熟。每年成熟一次，一次性产卵。

繁殖季节因各地水温、环境不同而有所不同。渤海的繁殖季节为 4 月底至 5 月底。长江口和江苏、浙江沿岸为 4—6 月，盛产期为 5 月，海南岛东部沿岸为 9—11 月。

产卵于近岸河口港湾，有淡水注入的咸淡水交汇区。产卵场水温在 15 ℃左右，盐度在 20 左右，pH8 左右，水深 2~8 m。产卵时 1 尾雌鱼之后跟随着 3~5 尾雄鱼，而且雌鱼和雄鱼互相贴近，雄鱼包围在雌鱼的腹部两侧，用头顶住雌鱼腹部力图使其抬起，雄鱼的尾鳍不时露出水面产生"水花"。从开始发情到不时滚起"水花"历时半小时左右，再过半小时水面便恢复宁静。已知的产卵场有渤海湾、胶州湾、海州湾、象山港和海南岛博鳌港。

怀卵量 30 万~300 万粒，随体长增长而增多。卵圆球形，无色透明，中央有一个大油球，卵径 0.903~1.100 mm，油球径 0.430~0.523 mm。卵受精不久就出现受精膜，扩大围卵腔。受精卵的分裂，和其他硬骨鱼类一样同属盘状卵裂。水温 17~18.5 ℃受精后 56 h 便有少数仔鱼破膜而出。受精后 62 h 大多数仔鱼已经孵出。水温 19~21 ℃时受精卵约经 42 h 即可孵化。

资源与利用　本种在长江口终年可捕，与鲻、中国花鲈、杜氏疯鱨合称长江口常年作业"四台柱"，是常年捕捞的四个主要对象之一。3 月和 11 月生产较好。作业以插网为主，渔场在崇明岛东滩和南汇沿岸，川沙沿岸原来也是渔场，因受污水影响而废弃。另一作业为地曳网，渔场在崇明岛南沿自老鼠沙到奚家港，太仓浏河口到宝山石洞口。

龟鲹已成为咸淡水养殖主要对象之一。在黄海和渤海沿岸一些咸淡水水域，纳苗进行大面积粗放养殖，也有在对虾池中放苗与对虾混养，江苏赣榆也做过类似试验，证明与对虾混养时鲹生长特别快速和丰满。龟鲹也可在淡水池塘或水库与"四大家鱼"混养，山东蓬莱和江苏东台都取得了成功。

养殖所需鱼苗全靠天然苗，时歉时丰不稳定，龟鲹的人工繁殖早在 1960 年就已开始。中国科学院海洋研究所从海上采集受精卵带回室内进行人工孵化和育苗试验取得了成功，室内育苗成活率最高达 70%；1963 年中国水产科学研究院黄海水产研究所室外育苗最高成活率达 68%；这些试验都是在海水水体中进行的。在咸淡水水体中养殖的龟鲹的全人工繁殖于 1967—1968 年首次成功，由中国科学院海洋研究所等完成。到 20 世纪 70 年代中期，江苏省淡水水产研究所等对这项工作有所推进，在 1973 年、1976 年成功的基础上，1977 年产卵 1 008 万粒，孵出鱼苗 588.6 万尾，下塘鱼苗 11.39 万尾，经 45 d 培育，育成 50~70 mm 的夏花 41 090 尾，取得了生产性突破。在淡水水体中养殖的龟鲹的全人工繁殖试验，始于 1969 年，经过多年摸索，得知亲鱼必须经过咸淡水过渡，否则无效。

天津市水产研究所 1981 年人工繁殖成功，育成鲻鲹苗 20 多万尾。

鲻亚科 Mugilinae

本亚科长江口 1 属。

鲻属 *Mugil* Linnaeus，1758

本属长江口 1 种。

114. 鲻 *Mugil cephalus* Linnaeus，1758

Mugil cephalus Linnaeus，1758，Syst. Nat.，ed. 10，1：316（European sea，Europe）；Jordan and Seale，1905，Proc. U. S. Nat. Mus.，29（1433）：521（上海）；Evermann and Shaw，1927，Proc. Calif. Acad. Sci.，16：114（杭州）；Fowler，1929，Proc. Acad. Nat. Sci. philad.，81：603（上海）。

Mugil cephalotus：（not Valenciemes）Cantor，1842，Ann. Mag. Nat. Hist.，（1）9：484（舟山）；Peters，1880，Monatsb. Akad. Wiss. Berlin：923（宁波）。

鲻 *Mugil cephalus*：成庆泰，1955，黄渤海鱼类调查报告：88，图 60（辽宁，河北，山东）；湖北省水生生物研究所鱼类研究室，1976，长江鱼类：188，图 162（崇明）；张列士，1990，上海鱼类志：237，图 131（宝山盛桥、罗店，南汇东风渔场，嘉定黄渡，上海莘庄，崇明前哨农场、长江农场、裕安捕鱼站）；陈马康，1990，钱塘江鱼类资源：173，图 162（海盐、盐官、闻堰、桐庐）。

头鲻 *Mugil cephalus*：张春霖、张有为，1962，南海鱼类志：260，图 218（广东，广西，海南）。

鲻鱼 *Mugil cephalus*：朱元鼎，1963，东海鱼类志：196，图 153（江苏，浙江，福建）；江苏省淡水水产研究所，1987，江苏淡水鱼类：223，图 106（长江口，常熟，连云港）。

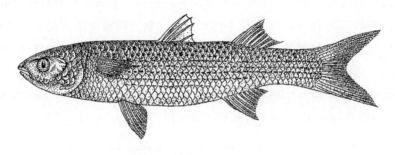

图 114　鲻 *Mugil cephalus*

英文名　flathead grey mullet。

地方名　乌鲻、黑鲻、泡头、鲻鱼。

主要形态特征　背鳍Ⅳ，Ⅰ～8；臀鳍Ⅲ～8；胸鳍16～17；腹鳍Ⅰ～5。纵列鳞36～43。鳃耙31～36＋46～82。

体长为体高的4.7～4.9倍，为头长的4.2～4.4倍。头长为吻长的4.5～5.1倍，为眼径的4.2～4.6倍，为眼间隔的2.7～2.8倍。

体延长，前部亚圆筒形，后部侧扁。头较小，稍侧扁，头顶颇宽。吻宽短，吻长短于眼径。眼中大，眼间隔宽平，前后脂眼睑特别发达，伸达瞳孔。眶前骨平直，下缘及后缘具细锯齿。前鼻孔圆形，后鼻孔呈裂缝状。口下，下位，口裂小而平横，呈∧形。上颌骨完全为眶前骨所盖，后端不露出不下弯，上颌中央有一缺刻。下颌边缘锐利，中央有一突起。齿细弱，上下颌各具1行，犁骨、腭骨和舌上均无齿。舌较大，位于口腔后部，前端不游离。前鳃盖骨和鳃盖骨边缘均光滑，鳃孔宽大，鳃盖膜不与峡部相连。鳃耙细密。

体被弱栉鳞，鳞大。头部被圆鳞，头顶鳞始于前鼻孔上方。除第一背鳍外，其余各鳍均被小圆鳞。第一背鳍基底两侧、胸鳍腋部、腹鳍基底上部和两腹鳍间各具一长三角形腋鳞。体侧鳞中央具一不开孔的纵行小管。无侧线。

背鳍2个，第一背鳍约位于体中部，第一鳍棘最长，最末鳍棘短而细；第二背鳍起点距第一背鳍起点较距尾鳍基近。臀鳍与第二背鳍同形相对，始于第二背鳍前下方，后缘凹入；第二鳍棘最长，第四鳍条位于第二背鳍起点下。胸鳍短宽，侧上位。腹鳍位于胸鳍后部下方，短于胸鳍。尾鳍分叉，上叶稍长于下叶。

头、体呈褐色或青黑色，腹部银白色。体侧上半部具6～7条色暗的纵纹，各条纹间有银白色斑点。各鳍浅灰色，胸鳍基部上方具一黑色斑块。

分布　广泛分布于太平洋区、印度洋区、大西洋区及地中海等温带、亚热带和热带近岸水域；在42°N—42°S之间各沿岸水域均有分布，是世界上分布最为广泛的鱼类之一。我国沿岸南起海南岛，北至渤海北部的丹东近海皆有分布，尤以华南沿岸为多。为长江口常见种。

生物学特性

［习性］喜栖息于近岸浅海、河口或内湾，亦进入淡水水体，广盐性，适应盐度为0～40。国外曾有报道某些咸水湖盐度高达83仍有鲻在活动。适应温度为3～35℃，最适生长水温17～25℃，临界致死低温为0℃，能耐较高水温，但对低温却十分敏感，冬季水温开始变冷，到9℃时便离岸转往深处越冬。感觉灵敏，受惊即逃。性急躁，活动力甚强，游泳迅速，力大善跳，跃向空中可高达1m，能连续跃出水面6～7次之多。稚鱼、幼鱼趋光喜集群，对低盐度水流有强烈的趋流性，喜逆流上溯到咸淡水交汇的河口区生活。

[年龄与生长] 鲻的体型较大，常见体长为 200～400 毫米。在不同地区、不同水域鲻的生长速度不同，即使在同一地区或同一水域，不同年龄组生长也有差异。在养殖条件下，鲻生长很快，一周年体长可达 285 mm，第二年达 380 mm，第三年达 452 mm，第四年达 492 mm，第五年达 530 mm。

[食性] 鲻仔鱼和稚鱼鳃耙短而稀疏，消化道直而短，主要以浮游动物为食。幼鱼鳃耙细长密列，肠道迂回盘曲，长可达体长 7 倍以上，食性由摄食浮游动物转向摄食着生藻类。鲻的成鱼胃含物中大致有四种成分：①腐殖质占 38%～50%；②泥沙粗粒占 28%～30%；③低等藻类，包括蓝藻和绿藻占 12%～13%，主要种类是栅列藻、平列藻和鼓藻；④硅藻占 4.8%～18%，主要种类是直链藻、菱形藻、舟形藻、根管藻、细筒藻和圆筛藻等。动物性饵料如桡足类残肢和多毛类断片，所占比例极低。

摄食强度有昼夜、季节和不同个体之间的差异。成鱼白天黑夜均摄食，黎明和中午的摄食强度通常较晚间的摄食强度大。仔鱼、幼鱼觅食凭视觉，故仅在白天摄食。繁殖季节前夕摄食强度最大，初期摄食少量，盛期停食，亲鱼空胃居多，胃含物含量与性腺发育程度成反比。

[繁殖] 鲻为雌雄异体，平时很难区别，繁殖季节雄鱼体形修长，雌鱼腹部较大，有时可见其泄殖孔红肿。雌雄同体偶有发现。

性成熟年龄与温度有密切关系，水温高的区域成熟早些，雄鱼 2～3 龄，雌鱼 3～5 龄，体长 300～500 mm。俄罗斯黑海水温较低，鲻性成熟较迟，雄性 6～7 龄、雌性 7～8 龄才性成熟。我国台湾西部沿岸捕获的产卵洄游群体中，性成熟年龄为 2～8 龄，以 4 龄居多，体长 320～500 mm、体重 1 000～2 100 g。福建厦门杏林湾性成熟鲻年龄均在 3 龄以上：雌鱼体长最小 500 mm，最大 650 mm，一般 550～620 mm，体重 1 900～5 500 g，以 3 250～4 500 g 者居多，占总数的 85.6%；雄鱼体长最小 490 mm，最大 570 mm，一般 510～550 mm，体重 1 700～3 500 g，以 2 550～3 000 g 居多，占总数 66.6%。鲻的产卵期各地不同，我国东南沿海多集中在秋冬季节。广东、福建沿海产卵期为 11 月至翌年 1 月，台湾西部沿海产卵期为 12 月至翌年 1 月。

生活在河口或港湾中的鲻，生殖前要离开栖息地，游到远离海岸 15～40 n mile 的外海岛屿附近水域产卵，产卵场水温要在 20 ℃以上，盐度 18 以上，最适盐度为 30。长江口和江苏、浙江沿岸的鲻繁殖季节前，都要洄游到台湾西部沿岸，在黑潮暖流流径的缓流多礁石的浅水水域产卵，然后再返回大陆沿岸索饵育肥。

鲻的绝对怀卵量多数在 100 万粒左右。欧洲黑海产的 13 龄的亲鱼为 700 余万粒。福建厦门杏林湾的 3～5 龄雌性亲鱼怀卵量 200 万～580 万粒。卵圆球形，无色透明，中央有一个油球，卵径 0.801～0.984 mm，油球径 0.355～0.411 mm。卵受精后 30～49 min，卵周隙形成，50～60 min 开始卵裂。胚胎发育与鲅相仿。孵化适宜水温 17～23 ℃，最适盐度 30～32。水温 21～24 ℃时，受精卵经 59～65 h 即可孵化。在 19.1～20.4 ℃孵化需经 57 h，在 21～23 ℃孵化需经 42 h。初孵仔鱼全长 2.58～2.95 mm。

资源与利用　鲻在长江口除冬季外，其他季节均可捕捞，渔场、渔汛期、渔法均与捕鲅相同。相比而言，长江口鲻的数量要比鲅的数量少些。

鲻具广温广盐性，生长快，食物链级次低等优点，为世界各国所瞩目，业已成为咸淡水养殖的主要对象，多次召开国际会议作了专门研究和交流。地中海和黑海沿岸各国如意大利、法国、以色列、埃及、突尼斯和俄罗斯均有养殖，中国、日本、印度和菲律宾等国养鲻尤为发达。上海地区养鲻历史最为悠久，早在明代就已开始，迄今已有 400 年左右历史。鲻的养殖方式大致有港塭养殖和池塘养殖两种。港塭养殖在华北称港养，福建称海埭养殖，广东称鱼塭养殖，发源于广东陆丰，已有近 400 年历史，纳苗不投饵，是粗放养殖。意大利北部的瓦利（Valle）养殖亦称围栏养殖，与鱼塭养殖相似，1976 年面积超过 2 万 hm²，主要围养欧洲鳗鲡和鲻科鱼类。

鲻的池塘养殖是指在小水体进行高密度精养。可分淡水或海水，单养或混养。从鲻的生长特点出发，江苏、浙江一带一般养 2 年，但在广东不少地方实行稀放精养，当年体长 20～30 mm 的鲻苗即可养成商品鱼上市。

鲻单养各地放苗密度不同。浙江一般每 666.7 m² 放体长 33 mm 的鲻苗 4 000 尾或 67 mm 的鲻苗 1 500 尾。广东东莞和宝安两地 1980 年以来养鲻很普遍，每 666.7 m² 放苗 1 000 尾以上，当年每尾体重可达 400 g 左右，每 666.7 m² 产鲻 150 kg 以上。

鲻混养是目前国内外普遍采用的一种方式，可利用不同养殖对象的不同食性和不同的栖息水层，达到充分发挥水体潜力和充分利用池塘中的各种饵料，以提高池塘生产力。在咸淡水池塘，南方多采用鲻与罗非鱼或黄鳍鲷混养，中部地区多与鳗鲡或对虾混养。在淡水池塘多数与草鱼、鲤、鲢、鳙、鲮和罗非鱼等混养。广东汕头混养时以鲻为主，一般每 666.7 m² 放鲻苗 500～1 000 尾，多时可达 4 000 尾，与海水鱼或淡水鱼混养。浙江省海洋水产研究所（1983 年）进行了鲻与尼罗罗非鱼和中国对虾在海水池塘混养，浙江省临海县（1985 年）进行了罗非鱼、鲻和白虾海水混养高产试验，中国水产科学研究院东海水产研究所（1984—1986 年）在奉贤柘林进行了鲻和对虾的混养试验，都取得了成功，获得鱼虾双丰收。广东珠江口两岸，鲻与其他咸淡水鱼类、鲤科鱼类、虾类和锯缘青蟹混养极为普遍，尤其是东莞和深圳两地，咸淡水鱼塘以养鲻为主，搭配其他种类的多品种混养已逐渐模式化，成为现今的主要养殖形式。广东有些地方以养对虾为主，混养一些鲻，以清除对虾残饵，有利于保持虾池良好水质，对虾产量不受影响，增加了鲻的产量，鲻的肉质鲜美，市场价格比"四大家鱼"高，经济效益的提高，促进了鲻与对虾混养模式的发展。

淡水鱼塘鲻与其他鱼类混养的例子也不少。广东饶平在一个面积为 20 hm² 的水库中，按每 666.7 m² 投放鲻苗 333 尾，"四大家鱼"苗 533 尾，收获时每 666.7 m² 产量达 51.5 kg，其中鲻 18.5 kg。上海南汇有养殖场将鲻和"四大家鱼"混养的习惯，每

666.7 m² 混养鲻苗 300 尾，成活率可达 51.3%～76.7%，平均每 666.7 m² 产鲻 10 kg，最高达 87.5 kg，增加了鱼塘利用率，大大提高了经济效益。20 世纪 70 年代湖南的有关单位，还从浙江萧山引进一批鲻，投放到湖南内陆水域与"四大家鱼"混养获得成功。

为了摆脱对天然苗的依赖，鲻的人工繁殖早在 20 世纪 30 年代就已开始，利用野生鲻的成熟个体进行人工授精孵化获得了成功。用激素诱导促熟催产始于 20 世纪 60 年代。我国台湾唐允安于 1964 年用西那荷林（Synaholin，是一种 1/10 哺乳类垂体前叶促性腺激素与 9/10 胎盘素的混合制剂）诱导催产获得了成功。1961 年，福建省水产研究所和厦门市水产研究所利用在杏林湾捕得亲鱼，用棱鲮和鲻的脑垂体催产获得成功。随后以色列（1969 年）、苏联（1971 年）和美国（1973 年）相继用不同的激素，试验成功。美国夏威夷海洋研究所在鲻和遮目鱼［Chanos chanos（Forsskål，1775）］人工繁殖方面做了大量工作，处于领先地位。尽管近 40 年来国内外学者在鲻的繁殖生物学、亲鱼培育、促熟催产、仔稚鱼、幼鱼的生理生态及鱼苗培育等方面做了大量的试验和研究，积累了不少经验，但就生产实践而言，规模性人工育苗技术至今尚未成熟，大量生产苗种仍然存在许多困难和问题，有待今后继续努力。

鲻的卵巢营养价值很高，富含蛋白质、脂肪、维生素和矿物质。我国台湾将其卵巢晒干制成"乌鱼子"，是一种高级食品，大量运销日本，被誉为日本的三大海珍品之一。雌性鲻显得更有经济价值，全雌培育应运而生。我国台湾就培育全雌鲻进行了相关研究，我国大陆研究全雌鲻始于 1999 年，当年取得了成功。方永强等（2001）进行了第二次全雌培育试验，选用体长 28～35 mm 尚未性分化的鲻苗，喂以含一定剂量 17β-雌二醇的饵料，持续投喂 6 个月，这些鲻全部转化成了雌性，同期对照组仅 10% 为雌性。研究结果还显示，药物不仅能有效地促进鲻性腺向雌性转化，还能促进卵巢卵母细胞的发育。

鲻肉丰厚，味鲜美，营养丰富，含蛋白质 26.96%，脂肪 4.27%，无肌间刺，肉质香而不腻，市场价格比"四大家鱼"高几倍，活鱼可销往港澳，卵巢晒干制成"乌鱼子"，可大量销往日本。

吻鲻亚科 Rhinomugilinae

本亚科长江口 1 属。

骨鲻属 *Osteomugil* Luther，1982

本属长江口 1 种。

115. 长鳍骨鲻 *Osteomugil cunnesius*（Valenciennes，1836）

Mugil cunnesius Valenciennes in Cuvier and Valenciennes，1836，Hist. Nat. Poiss.，

11：114（Coromandel coast，India）。

前鳞鲻 *Mugil ophuyseni*：伍汉霖，1984，福建鱼类志（上卷）：489，图 338（东山等地）。

前鳞骨鲻 *Osteomugil ophuyseni*：宋佳坤，1982，动物学集刊（第一集）：13（南海和东海自北部湾到长江口）；宋佳坤，1982，动物学杂志，2：12（舟山等地）；陈清潮等，1997，南沙群岛至华南沿岸的鱼类（一）：37。

长鳍凡鲻 *Valamugil cunnesius*：沈世杰，1993，台湾鱼类志：440，图版 138 - 6（台湾）；陈大刚、张美昭，2016，中国海洋鱼类（上卷）：609。

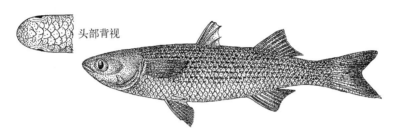

头部背视

图 115　长鳍骨鲻 *Osteomugil cunnesius*

英文名　longarm mullet。

地方名　加剥、青蚬仔。

主要形态特征　背鳍Ⅳ，Ⅰ-8；臀鳍Ⅲ- 9；胸鳍 15～16；腹鳍Ⅰ- 5。纵列鳞 35～39，横列鳞 11～12，背鳍前鳞 19～24。幽门盲囊 5～7。

体长为体高的 3.8～4.4 倍，为头长的 3.9～4.2 倍。头长为吻长的 3.6～4.5 倍，为眼径的 3.3～4.1 倍，为眼间隔的 2.3～2.7 倍。

体延长，前部亚圆筒形，后部侧扁；体较高，等于或稍短于头长。头稍平扁，两侧隆起。吻宽短，吻长短于眼径。眼较大，脂眼睑发达，伸越眼的前缘和后缘，瞳孔呈长圆形。眼间隔宽而圆凸，大于眼径。眶前骨边缘具粗锯齿，下缘截形具细锯齿。前鼻孔圆形，后鼻孔裂缝状。口小，亚下位，口裂呈∧形。上颌骨完全为眶前骨所盖，后端平直不露出。上颌中央具一缺刻，下颌唇部边缘锐薄，中央具一突起。上颌、犁骨、腭骨和舌上均无齿，下颌边缘具稀疏绒毛状突起。舌较大，前端不游离。鳃孔宽大，鳃盖膜不与峡部相连。前鳃盖骨边缘光滑。

鳞大，体被弱栉鳞，头顶、鳃盖和颊部均被圆鳞。头顶前部鳞较小，始于前鼻孔上方。第二背鳍、腹鳍、臀鳍和尾鳍均被小圆鳞。第一背鳍基底两侧、胸鳍腋部、腹鳍基底上部和左右腹鳍之间，各具一尖长三角形鳞瓣；胸鳍腋部鳞瓣较长，几等于胸鳍长的 1/2。无侧线。

背鳍 2 个，第一背鳍起点距吻端较距尾鳍基部近，第二背鳍起点与臀鳍第三鳍条相

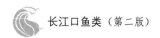

对，距第一背鳍起点较距尾鳍基近。臀鳍较大，始于第二背鳍起点前下方，距腹鳍起点较距尾鳍基近。胸鳍侧上位，向后伸达第一背鳍起点。腹鳍位于胸鳍基底后下方。尾鳍分叉。

体背侧青灰色，腹面银白色。背鳍、尾鳍灰色，边缘灰黑色。胸鳍、腹鳍、臀鳍淡黄色。胸鳍基上部具一小黑斑。

分布 印度洋北部和太平洋西部，产于斯里兰卡、印度尼西亚、菲律宾、中国和日本海域。中国见于南海、台湾海峡和东海南部。长江口曾有报道，非常少见。

生物学特性 暖水性沿岸鱼类，栖息于近岸浅水、内湾沙泥质底海域。

资源与利用 本种为南方港养鱼类之一，一般所见体长在 200 mm 左右。在长江口罕见，缺少利用价值。

【宋佳坤（1982）在对我国 3 种常见鱼类名称的订正中，认为《南海鱼类志》（1962）所描述的前鳞鲻（*Mugil affinis*）和《东海鱼类志》（1963）所描述的开氏鲻鱼（*Mugil kelaartii*）为前鳞骨鲻（*Osteomugil ophuyseni*）的同物异名。其后，据国外有关学者的研究表明，*Mugil affinis* 为前鳞龟鲅 *Chelon affinis*（见前文），*Mugil kelaartii* 为 *Osteomugil perusii*（Valenciennes 1836）的异名，而 *Osteomugil ophuyseni* 为长鳍骨鲻 ［*Osteomugil cunnesius*（Valenciennes，1836）］ 的异名（Kottelat，2013）。本书据此进行了修订。】

银汉鱼目 Atheriniformes

本目长江口 1 亚目。

银汉鱼亚目 Atherinopsoidei

本亚目长江口 1 科。

银汉鱼科 Atherinidae

本科长江口 1 亚科。

银汉鱼亚科 Atherinomorinae

本亚科长江口 1 属。

下银汉鱼属 *Hypoatherina* Schultz，1948

本属长江口1种。

116. 凡氏下银汉鱼 *Hypoatherina valenciennei*（Bleeker，1854）

Atherina valenciennei Bleeker，1854，Nat. Tijdschr. Ned. Indië，5（3）：507（Padang，Sumatra，Indonesia）。

银汉鱼 *Atherina bleekeri*：成庆泰，1955，黄渤海鱼类调查报告：91，图62（辽宁，山东）。

白氏银汉鱼 *Allanetta bleekeri*：张春霖、张有为，1962，南海鱼类志：263，图221（广东，海南）；倪勇、张国祥，1990，上海鱼类志：222，图121（南汇）。

银汉鱼 *Allanetta bleekeri*：朱元鼎、罗云林，1963，东海鱼类志：200，图157（福建苏澳、集美）。

凡氏下银汉鱼 *Hypoatherina valenciennei*：冯照军、伍汉霖，2006，江苏鱼类志：421，图201（连云港）。

瓦氏下银汉鱼 *Hypoatherina valenciennei*：陈兰荣等，2015，上海海洋大学学报，24（6）：923（九段沙）；李思忠、张春光，2016，中国动物志·硬骨鱼纲 银汉鱼目 鳉形目 颌针鱼目 蛇鳚目 鳕形目：66，图23（渤海，黄海，东海舟山，南海）。

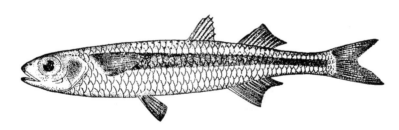

图116 凡氏下银汉鱼 *Hypoatherina valenciennei*（倪勇和张国祥，1990）

英文名 sumatran silverside。

主要形态特征 背鳍Ⅵ～Ⅵ，Ⅰ～Ⅱ-7～11；臀鳍Ⅰ-11～13；胸鳍Ⅰ-14～15；腹鳍Ⅰ-5。体纵列鳞43～47。鳃耙5～6+20～23。

体长为体高的5.9～6.4倍，为头长的4.5～4.8倍。头长为吻长的3.8～4.5倍，为眼径的2.8～3.4倍，为眼间隔的2.5～3.7倍。尾柄长为尾柄高的2.8～3.8倍。

体呈细长纺锤形，侧扁，背缘圆凸，腹缘狭窄。头中等大。吻钝尖。眼大，侧上位。眼间隔平坦。口中等大，稍斜，口裂约达眼前缘，两颌约等长。两颌、犁骨、腭骨及翼骨有细绒毛状齿群。下颌齿骨后上叉（冠状突）高伸向上方。鳃孔大。前鳃盖骨后缘有一凹刻。鳃膜游离；鳃膜骨条5；鳃耙稍短于瞳孔径。肛门约位于两腹鳍中部之间。

体被大鳞，鳞近半圆形，高大于长，后端常有短钝小突起，沿体侧中部鳞较大，喉胸部（胸鳍基前下方）鳞并不显著较小，腹鳍基无长腋鳞。无侧线。

背鳍2个，远分离，均位于肛门后上方；前背鳍始点距尾鳍基较距吻端近，位于腹鳍后端3～4鳞，略伸不到臀鳍始点正上方；后背鳍始于第五、第六臀鳍条基正上方。臀鳍始于肛门后第十一鳞片处，下缘斜凹形，较第二背鳍长大。胸鳍侧上位，上端略高于眼上缘和鳃孔上缘，刀状，略伸达腹鳍始点上方。腹鳍腹位，始点距胸鳍基始点下方较距前背鳍始点下方近。尾鳍深叉状。

体呈银白色，背侧微显青绿色；体侧自胸鳍基至尾鳍基有一纵长形银白色带状纹，离水后色易变暗；吻背侧及眼上缘黑色。

分布　分布于印度—西太平洋区，由印度尼西亚至所罗门群岛，北至日本南部，南至巴布亚新几内亚海域。我国沿岸各海区均有分布。长江口近海有分布。

生物学特性　近海暖温性上层小型鱼类，喜集群。多栖息于沿海内湾的中上层。常集成小群，具趋光习性。用灯光捕捉中上层鱼类时，常成群在中心光照区水面作逆时针游动，有时跃出水面。摄食桡足类、糠虾类和无节幼体等浮游动物。在黄海北部及渤海5—6月为产卵期。个体小，体长一般80～100 mm，最大可达110 mm。

资源与利用　为灯光作业兼捕的小杂鱼，产量不大。除供食用外，也可作为钓捕马鲛的饵料。长江口区数量稀少，经济价值不大。

颌针鱼目 Beloniformes

本目长江口2亚目。

亚 目 的 检 索 表

1（2）具侧线；尾鳍深叉形；鼻孔每侧1个；生命史中有一段时期下颌延长 ……… 颌针鱼亚目 Belonoidei
2（1）无侧线；尾鳍圆形、截形或微凹；鼻孔每侧1对；下颌不延长……………………………………
…………………………………………………………… 大颌鳉亚目 Adrianichthyoidei

大颌鳉亚目 Adrianichthyoidei

本亚目长江口1科。

大颌鳉科 Adrianichthyidae

本科长江口1亚科。

青鳉亚科 Oryziinae

本亚科长江口 1 属。

青鳉属 *Oryzias* Jordan *et* Snyder，1906

本属长江口 1 种。

117. 中华青鳉 *Oryzias sinensis* Chen，Uwa *et* Chu，1989

Oryzias latipes sinensis Chen，Uwa and Chu，1989，Acta Zootaxonomica Sinica，14 (2)：240，fig. 1 (Kunming，Yunnan Province，China)。

Oryzias latipas：Kimura，1934，J，Shanghai Sci. Inst.，（3）1：180（上海，南京，四川）；Kimura，1935，J. Shanghai Sci. Inst.，（3）3：114（崇明）。

青鳉 *Oryzias latipas*：张国祥，1990，上海鱼类志：219，图 118（宝山盛桥，浦东塘桥）；边文冀、陈校辉，2006，江苏鱼类志：415，图 119（大丰，如东等地）。

中华青鳉 *Oryzias latipas sinensis*：陈银瑞、宇和纮、褚新洛，1989，动物分类学报，14（2）：240～243，图 1～2（云南）；李思忠、张春光，2011，中国动物志·硬骨鱼纲 银汉鱼目 鳉形目 颌针鱼目 蛇鳚目 鳕形目：153，图 58（秦皇岛，烟台，青岛）。

中华青鳉 *Oryzias sinensis*：张春光、赵亚辉等，2016，中国内陆鱼类物种与分布：191。

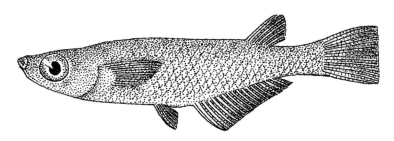

图 117　中华青鳉 *Oryzias sinensis*

英文名　ricefish。

地方名　稻田鱼、小鳉鱼。

主要形态特征　背鳍 6；臀鳍 16～19；胸鳍 9～10；腹鳍 6；尾鳍中央 9～10 分支。椎骨 10＋20（尾杆骨未计入）。纵列鳞 30～32。鳃盖条 5。鳃耙 8～10。

体长为体高的 4.0～4.4 倍，为头长的 3.9～4.3 倍。头长为吻长的 3.6～4.0 倍，为眼径的 2.5～3.0 倍，为眼间隔的 2.0～2.3 倍。

体呈长形，前端稍侧扁，向后甚侧扁且渐尖。头稍短，背面很平坦，向前渐甚平扁。吻钝短，浅弧形。眼大，侧位而稍高，距吻端较近。眼间隔宽坦。鼻孔每侧2个，分别位于口角和眼前缘附近。口前上位，横浅弧状，很短，远不达眼前缘；下颌较上颌略长。上下颌有小尖齿；腭骨及犁骨无齿。鳃孔大，侧位，下端不达眼下方。鳃盖膜相连，游离。

体被中等大圆鳞，自眼部向后头体侧均具鳞。无侧线。

背鳍基很短，位于臀鳍基后端背侧；鳍背缘斜凸弧状（雌性），第二鳍条最长；雄鱼鳍前背角较尖长。臀鳍基较长，下缘斜直。胸鳍侧位而稍高，圆刀状。腹鳍腹位，起点距臀鳍起点较距胸鳍基略近。尾鳍截形。

体背侧灰绿色，两侧及下方银白色，沿背中线及侧中线常各有一黑色纵纹。各鳍淡黄色。

分布　分布于越南、中国、朝鲜和日本海域。中国产于华南和华东，北至河北。长江下游江苏和上海地区均产。

生物学特性　江河平原区缓静淡水沟塘的上层小杂鱼。喜群游于水体表层。以桡足类、蚊幼虫等为食。繁殖期为4—7月。一年产卵多次。怀卵量为180～250粒。卵透明，有油球。受精卵卵膜丝较发达。最大体长可达40 mm。

资源与利用　个体小，数量不多，无食用价值，可作为观赏鱼类。

【传统的分类体系中，中华青鳉所属的大颌鳉科（Adrianichthyidae）、大颌鳉亚目（Adrianichthyoidei）隶属于鳉形目（Cyprinodontiformes）。Rosen 和 Parenti（1981）通过对鳉形目和颌针鱼目（Beloniformes）的比较研究，基于鳃弓骨骼和舌骨骨骼特征给鳉形目和颌针鱼目各规定了7条鉴别特征，主张将大颌鳉亚目划归为颌针鱼目，此建议被Nelson et al.（1994，2016）等所采纳。李思忠（2001，2011）将大颌鳉亚目与鳉形目及颌针鱼目作为3大类群列出96条形态及分布特征进行比较后，发现其中41项大颌鳉亚目与鳉形目较相似，而32项与颌针鱼目较相似，认为大颌鳉亚目仍保留在鳉形目内为宜。但近年来基于骨骼学、分子生物学等的研究（Parenti，2008；Near et al.，2012；Betancour-R et al.，2013）均证实，大颌鳉科应隶属于颌针鱼目。本书采纳这一观点，将中华青鳉划归颌针鱼目。】

颌针鱼亚目 Belonoidei

本亚目长江口3科。

科 的 检 索 表

1（2）两颌均不延长；胸鳍一般特别长大 ·· 飞鱼科 Exocoetidae

2（1）两颌或仅下颌延长，长针状；胸鳍一般较小

3（4）两颌均延长，齿强大，尖锐 ························· 颌针鱼科 Belonidae

4（3）仅下颌延长，齿细小 ·························· **鱵科** Hemiramphidae

飞鱼科 Exocoetidae

本科长江口 1 属。

文燕鳐属 *Hirundichthys* **Breder，1928**

本属长江口 1 种。

118. 尖头文燕鳐 *Hirundichthys oxycephalus*（**Bleeker，1853**）

Exocoetus oxycephalus Bleeker，1853，Nat. Tijdschr. Ned. Indië，3（5）：771（Jakarta，Java，Indonesia；Makassar，Sulawesi，Indonesia；New Guinea）。

尖头燕鳐鱼 *Cypselurus oxycephalus*：张春霖，1963，东海鱼类志：165，图 133（江苏大沙）；杨玉荣，1979，南海诸岛海域鱼类志：66，图 31（永兴岛）。

尖头燕鳐鱼 *Hirundichthys oxycephalus*：冯照军、伍汉霖，2006，江苏鱼类志：425，图 203（大沙渔场）。

尖头燕鳐 *Hirundichthys oxycephalus*：蒋日进等，2008，动物学研究，29（3）：301（长江口沿岸）。

尖头细燕鳐 *Hirundichthys oxycephalus*：李思忠、张春光等，2011，中国动物志·硬骨鱼纲 银汉鱼目 鳉形目 颌针鱼目 蛇鳚目 鳕形目：227，图 88（南海，北部湾）。

尖头文燕鳐 *Hirundichthys oxycephalus*：陈大刚、张美昭，2016，中国海洋鱼类（上卷）：640。

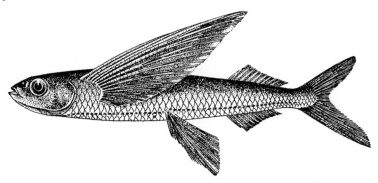

图 118　尖头文燕鳐 *Hirundichthys oxycephalus*（杨玉荣，1979）

英文名　bony flyingfish。

地方名　飞鱼。

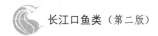

主要形态特征　背鳍 10～12；臀鳍 11～12；胸鳍 Ⅰ - 14～16；腹鳍 6。侧线鳞 52～56，背鳍前鳞 33～35。鳃耙 7＋23～25。

体长为体高的 5.4～5.9 倍，为头长的 4.1～4.6 倍。头长为吻长的 3.2～3.7 倍，为眼径的 2.9～3.5 倍，为眼间隔的 2.5～2.6 倍。尾柄长为尾柄高的 1.5～1.8 倍。

体延长，呈梭形，侧扁，腹缘浅弧形；体高大于体宽。头稍长，额顶部较宽，颊部较狭。吻钝，稍短于眼径。眼大，侧上位，距吻端近。眼间隔宽阔，微凹，大于眼径。鼻孔每侧 1 个，三角形，深凹，位于眼前上方，鼻瓣发达。口小，前位。下颌稍突出。上下颌具锥形齿 1 行；犁骨、腭骨及舌上无齿。鳃孔大，鳃盖膜不与峡部相连。鳃耙发达，细长。

体被圆鳞，鳞薄，易脱落。侧线明显，下侧位，始于峡部，沿体腹缘向后延伸，止于尾鳍下叶基部稍前方。

背鳍位于背部稍后方，起点与臀鳍起点约相对。臀鳍与背鳍同形相对。胸鳍发达，侧上位，向后伸达尾鳍基部后方，第一鳍条不分支，第二分支鳍条最长；胸鳍后缘色浅的边缘很窄。腹鳍长，始于眼和尾鳍基的中央，第一鳍条最短，第三鳍条长，其长大于头长，向后伸达臀鳍基部后方。尾鳍深叉形，下叶长于上叶。肛门紧位于臀鳍前方。

体背侧蓝黑色，腹部银白色。背鳍灰色，臀鳍透明，胸鳍蓝色，近基部处色深；腹鳍透明，中央鳍条灰色；尾鳍暗灰色。

分布　分布于印度—西太平洋区，西起阿拉伯海，东至新几内亚岛海域，北至日本南部海域，南至澳大利亚新南威尔士海域。我国分布于东海北部至南海。长江口近海亦有分布。

生物学特性　近海暖水性中上层鱼类。栖息于近海表层，以小型浮游生物和小型甲壳类为主要饵料。

资源与利用　为南海的流刺网捕捞对象之一，年产量超过 1 000 t。长江口近海极少见，无捕捞经济价值。

鱵科 Hemiramphidae

本科长江口 2 属。

属 的 检 索 表

1（2）鼻孔内嗅瓣穗状或多指状；侧线在胸鳍下方具 2 平行分支，向上伸达胸鳍基部·····················
····················· 吻鱵属 *Rhynchorhamphus*

2（1）鼻孔内嗅瓣圆片状，不呈穗状；侧线在胸鳍下方具 1 分支，向上伸达胸鳍基部；上颌三角部
具鳞 ····················· 下鱵属 *Hyporhamphus*

下鱵属 *Hyporhamphus* Gill，1859

本属长江口 2 种。

种 的 检 索 表

1 （2） 下颌颇长，下颌长大于头长；胸鳍一般具 10～11 鳍条；背鳍前方鳞 48～63 ……………………… ………………………………………………………………… 间下鱵 *H. intermedius*

2 （1） 下颌较短，下颌长短于头长；胸鳍一般具 12～14 鳍条；背鳍前方鳞 66～81 ……………………… …………………………………………………………… 日本下鱵 *H. sajori*

119. 日本下鱵 *Hyporhamphus sajori* （Temminck *et* Schlegel，1846）

Hemirhamphus sajori Temminck and Schlegel，1846，Pisces，Fauna Japonica Parts.，10～14：246，pl. 110，fig. 2 （Nagasaki Bay，Japan）；Kimura，1935，J. Shanghai Sci. Inst.，（3）3：114 ～ 115 （崇明）；Tchang，1928，Contr. Biol. Lab. Sci. Soc. China，4 （4）：32，fig. 37 （南京）。

Hyporhamphus sajori：Kimura，1934，J. Shanghai Sci. Inst.，（3）1：181～183 （江苏镇江，江西九江）。

鱵 *Hyporhamphus sajori*：成庆泰，1955，黄渤海鱼类调查报告：75，图 52 （辽宁，河北，山东）。

细下鱵鱼 *Hyporhamphus sajori*：徐寿山，1990，浙江动物志·淡水鱼类：177，图 142 （钱塘江杭州）。

沙氏下鱵 *Hyporhamphus sajori*：倪勇、张国祥，1990，上海鱼类志：225，图 123 （崇明裕安捕鱼站）。

日本下鱵 *Hyporhamphus sajori*：冯照军、伍汉霖，2006，江苏鱼类志：433，图 208 （连云港）。

细鳞下鱵 *Hyporhamphus sajori*：李思忠、张春光，2011，中国动物志·硬骨鱼纲 银汉鱼目 鳉形目 颌针鱼目 蛇鳚目 鳕形目：271，图 113 （秦皇岛，烟台，青岛）。

图 119　日本下鱵 *Hyporhamphus sajori*

英文名　Japanese halfbeak。

地方名　针鱼。

主要形态特征　背鳍 2 - 13～16；臀鳍 2 - 14～16；胸鳍 10～13；腹鳍 15。侧线鳞

102～112，背鳍前鳞65～80。鳃耙8～10＋20～25。椎骨59～63。

体长为体高的10.7～11.8倍，为头长的4.4～4.9倍。头长为吻长的2.3～2.4倍，为眼径的5.1～5.5倍，为眼间隔的4.7～5.3倍。

体细长，略呈圆筒形，背腹缘较平直，尾部侧扁而渐细。头中大，前部尖突，头顶宽平。眼大。口亦较大，口裂呈水平状。上颌呈三角形，长为宽的1.4～1.5倍；下颌长突出呈喙状，下颌长短于头长。两颌齿小而尖，3～4行，上颌齿单峰或后部呈三峰状；下颌齿三峰状。鼻孔大，每侧1个，紧位于眼前缘上方，具1个圆形嗅瓣，嗅瓣边缘完整，不呈穗状分支。鳃孔大，鳃盖膜分离，不与峡部相连。鳃耙细密。

体被圆鳞，鳞薄而易脱。头顶、颊部、鳃盖及上颌均被鳞。侧线位低，在胸鳍下方具1分支，向上伸达胸鳍基部。

背鳍1个，起点稍前于臀鳍起点。臀鳍与背鳍同形相对，臀鳍基稍短于背鳍基。胸鳍侧上位，长较眼后头长稍长。腹鳍小，起点距胸鳍基较距尾鳍基近。尾鳍叉形，下叶稍长。

背部青绿色，腹部银白色。体侧具一银灰色纵带，自胸鳍基上部向后伸达尾鳍基。

分布　西北太平洋区，中国、朝鲜半岛、日本和俄罗斯彼得大帝湾海域均有分布。中国产于东海、黄海和渤海。长江口见于崇明东滩沿岸水域。

生物学特性　中小型浅海和河口上层鱼类，一般不做长距离洄游。春末夏初在近岸内湾海藻丛生的浅水处产卵，产后仍组成小群进行索饵。主要摄食硅藻、水母、桡足类、端足类和糠虾类等，生长迅速。秋后随水温下降，逐步向外到较深海区越冬。性成熟较早，雄性1龄体长250 mm、雌性2龄体长320 mm可达性成熟。怀卵量0.4万～2.2万粒。卵径甚大，一般在0.35～2.32 mm。产卵季节为5—6月，分批产卵。体长一般180～220 mm、体重20～50 g。

资源与利用　黄海和渤海沿岸为港养对象，用纳潮引苗方法在港湾内蓄养，有一定产量，供食用，味鲜。长江口数量不多，个体较大，大者体长达270 mm。崇明东滩插网作业有时能捕获，经济价值不大。

吻鱵属 *Rhynchorhamphus* Fowler，1928

本属长江口1种。

120. 乔氏吻鱵 *Rhynchorhamphus georgii*（Valenciennes，1847）

Hemiramphus georgii Valenciennes in Cuvier and Valenciennes，1847，Hist. Nat. Poiss.，19：37，pl. 555（Mumbai and Coromandel，India）.

乔氏鱵 *Hemiramphus georgii*：张春霖、张有为，1962，南海鱼类志：202，图170（广东，海南）；张春霖，1963，东海鱼类志：164，图132（福建）；张国祥、张雪生，

1985，水产学报，9（2）：191（长江口区）。

　　乔氏吻鱵鱼 *Rhynchorhamphus georgii*：伍汉霖、金鑫波，1984，福建鱼类志（上卷）：431，图 293（福建）。

　　乔治吻鱵 *Rhynchorhamphus georgii*：李思忠、张春光等，2011，中国动物志·硬骨鱼纲 银汉鱼目 鳉形目 颌针鱼目 蛇鳚目 鳕形目：258，图 106（福建，广东）。

图 120　乔氏吻鱵 *Rhynchorhamphus georgii*（张春霖和张有为，1962）

　　英文名　long billed halfbeak。

　　地方名　针鱼。

　　主要形态特征　背鳍 2＋13～14；臀鳍 2＋12～13；胸鳍 1＋10；腹鳍 1＋5。侧线鳞 55～58，背鳍前鳞 40～48。鳃耙 11～14＋44～48。

　　体长为体高的 10.7～12.8 倍，为头长的 6.0～6.2 倍。头长为吻长的 2.1～2.4 倍，为眼径的 4.8～5.3 倍，为眼间隔的 3.4～4.1 倍。

　　体延长，略呈圆柱形，侧扁，背缘稍突出，腹缘平坦。头较长，前方尖突，顶部及颊部平坦。吻较长。眼大，圆形，侧上位。鼻孔大，每侧 1 个，长圆形，深凹，紧位于眼前缘上方，鼻瓣由 10～12 丝指状皮瓣组成。口较大，上颌三角部由前颌骨形成，中间具 1 隆嵴，长大于宽，长为宽的 1.2～1.3 倍。下颌延长，形成一扁平长针状，针状部长为头长的 1.8～2.1 倍。上下颌相对部具细齿，前方齿锥状，口角部具截形齿及三峰齿；犁骨、腭骨及舌上均无齿。下颌两侧及喙部腹面具皮质瓣膜。鳃孔宽阔。鳃盖膜不与峡部相连。鳃盖条 13～14 个。鳃 4 个。鳃耙发达。

　　体被大圆鳞，头部近上颌三角部具鳞，余皆无鳞。侧线下侧位，始于峡部，沿体腹缘向后延伸，在腹鳍附近稍弯曲，绕过腹鳍后在臀鳍基部稍上方伸展，止于尾柄后下缘，在胸鳍下方具 2 条平行分支，向上伸达胸鳍基部。

　　体呈银白色，背侧淡绿色，体侧自胸鳍基上方至尾鳍基具一银色纵带纹，纵带在背鳍下方最宽。项部、头背面、下颌针状部、唇膜及吻端边缘均为黑褐色。背鳍和尾鳍边缘淡黑色，其余各鳍色淡。背部鳞具淡黑色边缘。

　　分布　分布于印度—西太平洋区暖水海域，西起波斯湾，东至新几内亚岛，北至中国台湾，南至澳大利亚北部海域。中国东海南部福建和台湾海域、南海均有分布。据张国祥和张雪生（1985）报道，在长江口区（佘山岛以西）有捕捞记录，但已超出历史记录范围，可能为其分布新记录。

生物学特性　近海暖水性小型中上层鱼类。栖息于近海表层。个体较大，一般体长 200～250 mm。一般成群洄游，受惊或逃避敌害时有越出水面的动作，甚至滑翔飞行。以浮游生物为食。

资源与利用　可供食用。长江口极罕见，无捕捞经济价值。

颌针鱼科 Belonidae

本科长江口 2 属。

属 的 检 索 表

1（2）尾鳍截形或微凹，后下角较后上角略发达 ……………………………… 柱颌针鱼属 *Strongylura*

2（1）尾鳍深叉状，下叉显著较长；体很侧扁，体高为体宽的 1.5～2.0 倍 …… 扁颌针鱼属 *Ablennes*

扁颌针鱼属 *Ablennes* Jordan *et* Fordice，1887

本属长江口 1 种。

121. 横带扁颌针鱼 *Ablennes hians*（Valenciennes，1846）

Belone hians Valenciennes in Cuvier and Valenciennes，1846，Hist. Nat. Poiss.，18：432，pl. 548（Bahia，Brazil）。

横带扁颚针鱼 *Ablennes hians*：张春霖、张有为，1962，南海鱼类志：197，图 165（海南，广东，广西）；肖真义，1979，南海诸岛海域鱼类志：56，图 24（西沙群岛永兴岛海域）。

横带扁颌针鱼 *Ablennes hians*：伍汉霖、金鑫波，1984，福建鱼类志（上卷）：422，图 287（福建）；冯照军、伍汉霖，2006，江苏鱼类志：427，图 204（赣榆）；李思忠、张春光，2011，中国动物志·硬骨鱼纲 银汉鱼目 鳉形目 颌针鱼目 蛇鳚目 鳕形目：271，图 113（西沙群岛永兴岛海域，海南，广东）；史赟荣，2012，长江口鱼类群落多样性及基于多元排序方法群落动态的研究：103（九段沙南侧海域）。

图 121　横带扁颌针鱼 *Ablennes hians*（张春霖和张有为，1962）

英文名　flat needlefish。

地方名　针鱼。

主要形态特征　背鳍 2 - 22～23；臀鳍 2 - 23～24；胸鳍 1 - 12；腹鳍 1 - 5；尾鳍分支

鳍条 12～13。侧线鳞 319～376。

体长为体高的 12.9～14.8 倍，为头长的 3.7～3.8 倍。体高为体宽的 1.7～1.9。头长为吻长的 1.4～1.5 倍，为眼径的 10～11.6 倍，为眼间隔的 8.8～9.8 倍。尾柄长为尾柄高的 2.8～2.9 倍。

体很侧扁，呈长带状，躯干背、腹缘近平直。头尖长，头顶部平扁。吻特别尖长，两颌呈长喙状，前沿背、腹正中线各有一细长浅沟。鼻孔大，呈三角形，紧位于眼前缘。眼较小，呈长椭圆形，侧上位。眼间隔平坦，宽略大于眼径。额部前方及前上颌骨基部具尖长三角形的骨质隆嵴。口平直，口裂长大。两颌几乎等长。两颌具带状排列的细小尖齿，齿带内侧具 1 行较大的细尖犬齿，微向后弯曲且排列稀疏；犁骨、腭骨及舌无齿。鳃盖膜不与峡部相连。鳃盖条 9。无鳃耙。

体被细小圆鳞，背部鳞微埋于皮下，体侧鳞易脱落。头部仅鳃盖部及额部微具鳞，其余裸露；侧线位很低，邻近腹缘，不甚明显；在胸鳍下方具一分支，伸达胸鳍基部；侧线始于峡部，止于尾鳍下叶基部稍前方。在尾柄两侧未形成隆嵴。

背鳍、臀鳍均位于尾部，背鳍起点位于臀鳍的第三至第七分支鳍条基下方；背鳍、臀鳍以第二至第四分支鳍条较长，其后渐短；背鳍后部鳍条长于臀鳍后部鳍条。胸鳍较小，侧位而稍高。腹鳍位于体正中点的后方，约在尾鳍基至眼前部的正中央。尾鳍叉形，下叶稍长于上叶。

体背侧翠绿色，腹侧银白色。体侧后部有 4～8 条暗蓝色横带状斑，在小的个体中具 10～13 条。各鳍均呈淡翠绿色，边缘黑色，胸鳍与腹鳍颜色较淡。两颌齿亦绿色。

分布　广泛分布于世界各热带及温带暖水海域。我国分布于台湾海峡、南海北部、海南岛到南海诸岛。长江口亦有分布。

生物学特性　暖水大洋性中上层鱼类。常成群巡游于岛屿四周海水表层，也溯游至河口。常以尾鳍击水跃出水面。凶猛肉食性鱼类，摄食中上层小型鱼类、头足类等。体长一般 600～800 mm，大者达 1.5 m。

资源与利用　在台湾海峡南部较常见，长江口偶见。可供食用。

柱颌针鱼属 *Strongylura* Van Hasselt，1824

本属长江口 1 种。

122. 尖嘴柱颌针鱼 *Strongylura anastomella*（Valenciennes，1846）

Belone anastomella Valenciennes in Cuvier and Valenciennes, 1846, Hist. Nat. Poiss.，18：446（China）。

颚针鱼 *Tylosurus anastomella*：成庆泰，1955，黄渤海鱼类调查报告：73，图 51（辽宁，河北，山东）。

尖嘴扁颌针鱼 *Ablennes anastomella*：张春霖、张有为，1962，南海鱼类志：196，图164（广西，海南）；倪勇、张国祥，1990，上海鱼类志：224，图122（崇明）。

扁颚针鱼 *Ablennes anastomella*：张春霖，1963，东海鱼类志：163，图131（福建）。

尖嘴柱颌针鱼 *Strongylura anastomella*：冯照军、伍汉霖，2006，江苏鱼类志：429，图205（吕四、墟沟、南通）。

尖嘴圆尾颌针鱼 *Strongylura anastomella*：李思忠、张春光，2016，中国动物志·硬骨鱼纲 银汉鱼目 鳉形目 颌针鱼目 蛇鳚目 鳕形目：286，图122（秦皇岛，烟台，青岛）。

图 122　尖嘴柱颌针鱼 *Strongylura anastomella*（张春霖和张有为，1962）

英文名　needlefish。

地方名　青条、针鱼、鹤针鱼。

主要形态特征　背鳍 2 - 16～18；臀鳍 2 - 21～22；胸鳍 1 - 10～11；腹鳍 1 - 5；尾鳍分支鳍条 15。侧线鳞 $229～286 \frac{16～18}{5～7}$。鳃耙 2～3。椎骨 85～89。

体长为体高的 14.6～15.9 倍，为头长的 3～3.2 倍。体高为体宽的 1.5～1.6 倍。头长为吻长的 1.4～1.6 倍，为眼径的 11～12.6 倍，为眼间隔的 9.1～9.9 倍。尾柄长为尾柄高的 2.4～3.1 倍。

体细长，很侧扁，背、腹缘近似平直，向前、向后渐尖。头尖长，头顶部稍平扁。吻喙状突出。眼中等大，圆形，侧上位。眼间隔宽阔，稍凹。鼻孔大，每侧 1 个，三角形，紧位于眼前缘，内具一圆形嗅瓣。口裂很长大，前上颌骨和下颌骨延长成长喙状，下颌稍长于上颌。两颌具细小尖齿，齿带状排列，齿带内侧另具 1 行大而排列稀疏的犬齿；犁骨、腭骨及舌上均无齿。鳃孔大。鳃 4 个。鳃膜条 9。鳃膜不与峡部相连。无鳃耙。

体被细小圆鳞，易脱落，排列很不规则，头部除颏部及上下颌外，皆被鳞；侧线鳞较大。侧线下侧位，前端始于峡部，沿腹缘向后延伸，在突起基部后方渐向上移，止于尾鳍下叶基部稍前方，在胸鳍下方具一分支，伸达胸鳍基部。尾柄侧无棱嵴。

背鳍 1 个，基部长，后位，始于臀鳍第七至第八鳍条上方，以第二至第四鳍条较长，向后各鳍条渐短小。臀鳍长于背鳍，与背鳍同形，起点在背鳍起点的前下方，第二和第三鳍条较长。胸鳍较小，侧上位。腹鳍小，位于体中后部，距肛门较近。尾鳍截形，微凹，下叶稍长。

头及体背侧翠绿色，体侧下方及腹部银白色。体背中央具一较宽的深绿色纵带状纹，从头后部直达尾鳍的前方，纵带纹的两侧各有一深绿色的细带纹平行。头部和额部翠绿色，顶部骨骼呈半透明，稍可见脑部轮廓。鳃盖与颊部银白色。胸鳍与各奇鳍均淡绿色；

胸鳍尖端与背鳍、臀鳍外缘及尾鳍后缘淡黑色。腹鳍无色。骨骼翠绿色。

分布　分布于西北太平洋中国、朝鲜、日本海域。中国渤海、黄海、东海和南海沿岸均有分布。长江口北支及近海均有分布。

生物学特性　沿岸暖温性中上层鱼类。栖息于近海浅水水域或河口，能溯河进入淡水；不成大群。凶猛肉食性鱼类，摄食昆虫、毛虾、对虾、鳀、青鳞鱼、玉筋鱼、鲅等。绝对生殖力为 5 386～8 080 粒。无固定产卵场，在沿海各河口均可产卵。在黄海、渤海产卵期为 5—6 月。水温为 18～26 ℃，盐度为 18～24，底质为软沙泥质，在水深 3～6 m 处产沉性附着卵。卵圆球形，卵径 2.96 mm 左右，卵黄大而匀，无油球；卵膜薄而透明，韧性较强；表面有 20 多条细长胶质丝，借以缠绕在其他物体上进行发育。1 龄鱼体长 216 mm，6 龄鱼体长 650 mm。

资源与利用　长江口数量少，仅在夏季游近沿岸，用流刺网、插网等可少量捕获。肉带酸味，可供食用。

鳉形目 Cyprinodontiformes

本目长江口 1 亚目。

鳉亚目 Cyprinodontoidei

本亚目长江口 1 科。

花鳉科 Poeciliidae

本科长江口 1 亚科。

花鳉亚科 Poeciliinae

本亚科长江口 1 属。

食蚊鱼属 *Gambusia* Poey，1854

本属长江口 1 种。

123. 食蚊鱼 *Gambusia affinis*（Baird et Girard，1853）

Heterandia affinis Baird and Girard，1853，Proc. Acad. Nat. Sci. Philad.，6：390

(Rio Medina and Rio Salado，Texas，U. S. A.)。

食蚊鱼 *Gambusia affinis*：张国祥，1990，上海鱼类志：220，图120（宝山盛桥、浦东塘桥、奉贤柘林）；边文冀、陈校辉，2006，江苏鱼类志：418，图200（新沂，靖江，如东）；张衡、朱国平、陆健，2009，生物多样性，17（1）：76～81，附表Ⅰ（长江口南支、北支）；金斌松，2010，长江口盐沼潮沟鱼类多样性时空分布格局：156（九段沙，崇明东滩）。

食蚊鳉 *Gambusia affinis*：李思忠、张春光，2011，中国动物志·硬骨鱼纲 银汉鱼目 鳉形目 颌针鱼目 蛇鳚目 鳕形目：139，图51。

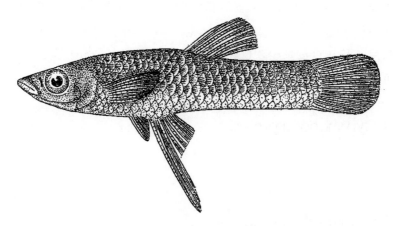

图 123　食蚊鱼 *Gambusia affinis*

英文名　mosquitofish。

地方名　柳条鱼。

主要形态特征　背鳍 1-5；臀鳍 3-6；胸鳍 3-7；腹鳍 1-5。纵列鳞 29-31。鳃耙 6～8＋14～16。

体长为体高的 3.7～4.5 倍，为头长的 3.9～4.4 倍。头长为吻长的 3.4～4.5 倍，为眼径的 2.7～3.4 倍，为眼间隔的 1.8～2.2 倍。尾柄长为尾柄高的 2.3～2.7 倍。

体延长，侧扁。雄鱼体细长，雌鱼胸腹缘圆突。头锥形，顶部宽而平直，头长短于尾柄长。吻宽短，吻长小于眼径。眼中大，眼间隔宽平，稍大于眼径，口小，前上位。无须。齿细小。鳃盖膜不与颊部相连。

体被圆鳞，无侧线。

背鳍 1 个，基部很短，始于臀鳍基部后上方。臀鳍稍大于背鳍，雄鱼第三至第五鳍条延长成输精器。胸鳍发达，侧中位，鳍条末端伸越腹鳍基后方。腹鳍小。尾鳍宽大，后缘圆形。

体背侧浅灰绿色，鳞边缘较暗；体两侧各有一窄的色暗的纵纹；头背面较暗；眼下方多少有一三角形浅蓝黑色斑；腹部前方有色暗的小点；因体内部器官黑色透过皮肤而使腹部两侧各有一色暗的斑。偶鳍白色，背鳍和尾鳍有 2 行平行黑点。

分布　原产于美国南部和墨西哥北部，因善于捕食蚊的幼虫孑孓，且能消灭疟疾和黄热病源的传播，故被广泛移殖到世界各国。据《上海鱼类志》记载："1924 年和 1926 年先后从菲律宾医学科学研究所和美国渔业局运来上海两次，经驯养能在上海郊区小河、池塘大量繁殖。1957 年后又被移殖到全国各地"（倪勇，1985）。目前在崇明东滩、长江口区沿岸小河和上海市郊各地河沟中均有分布。

生物学特性　淡水小型鱼类，喜聚集于小河、沟渠、稻田等静水域表层。幼鱼以轮虫和纤毛虫为饵，成鱼摄食昆虫和浮游甲壳类，嗜食孑孓。食蚊鱼是卵胎生鱼类，繁殖期 3—11 月，最适水温 18～30 ℃，一般 1 年繁殖 3～7 次，以水温 20～30 ℃产仔最盛。通常每胎产 30～50 尾，最多达 100 余尾。初生仔鱼经 1 个月左右发育生长即达性成熟，开始繁殖。

资源与利用　小型鱼类，无捕捞经济价值。

金眼鲷目 Beryciformes

本目长江口 1 亚目。

燧鲷亚目 Trachichthyoidei

本亚目长江口 1 科。

松球鱼科 Monocentridae

本科长江口 1 属。

松球鱼属 *Monocentris* Bloch *et* Schneider，1801

本属长江口 1 种。

124. 日本松球鱼 *Monocentris japonica*（Houttuyn，1782）

Gasterosteus japonicus Houttuyn，1782，Verh. Holland. Maatsch. Wetensch.，Haarlem，20（2）：329，pl. 2（Nagasaki，Japan）。

松球鱼 *Monocentris japonica*：成庆泰，1955，黄渤海鱼类调查报告：84，图 58（青岛）；张春霖、张有为，1962，南海鱼类志：247，图 208（广东，海南）；张春霖，1963，东海鱼类志：186，图 148（江苏，浙江）；张国祥，1990，上海鱼类志：229，图 126（长

江口近海区）；阎斌伦、伍汉霖，2006，江苏鱼类志：445，图214（连云港）。

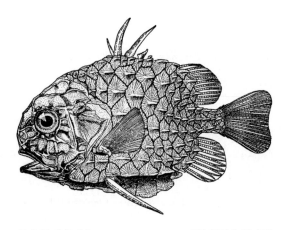

图 124　日本松球鱼 *Monocentris japonica*（张春霖和张有为，1962）

英文名　pineconefish。

地方名　菠萝鱼、刺球。

主要形态特征　背鳍V～VI-11～12；臀鳍10～11；胸鳍13～14；腹鳍I-3。侧线鳞13～15 $\frac{3}{4}$。鳃耙5～7＋12～14。

体长为体高的1.4～1.7倍，为头长的2.0～2.4倍。头长为吻长的3.5～4.0倍，为眼径的3.1～3.6倍，为眼间隔的2.2～2.5倍。

体高而侧扁，呈椭圆形。头大，前端圆钝，具黏液腔，外被薄膜，黏液孔明显。下颌前端具卵圆形发光器。口大，下位。上颌较长，下颌包于上颌内，上颌伸达眼后缘下方。上下颌及腭骨具绒毛状齿带，犁骨及舌上无齿。鳃孔大。鳃盖后缘尖形。鳃盖膜不与峡部相连。鳃盖条8。假鳃发达。鳃耙较发达，细长。肛门位于臀鳍的稍前方。

体被骨板状大鳞，板状鳞相连形成体甲，头上无鳞。鳞上具放射形条纹，每一鳞片中央具一骨质锐嵴，相连形成数条棱突，腹部侧缘及腹面中央具一列特别突出的骨质嵴。腹部最后鳞甲很小，形成1个向后的大棘；臀鳍起点前方的1个鳞片，形成2个向后的小沟状棘。侧线中侧位。

背鳍鳍棘部与鳍条部不相连，鳍棘部起点与腹鳍起点相对，以第二鳍棘最长，各鳍棘可折叠于背沟中；鳍条部与臀鳍相对。臀鳍无棘，起点在背鳍第二至第三鳍条下方。胸鳍小，侧下位。腹鳍棘特别强大，尖端超过肛门，可伸达臀鳍起点，此棘具活动关节，可沿腹侧平卧，后部有3弱小鳍条。尾鳍浅凹。

体呈橙黄色。头上及两颌具黑色条纹。各鳍边缘黑色，第二背鳍、臀鳍、胸鳍及尾鳍红色而微黄。下颌前端橙黄色。

分布　分布于印度—西太平洋区，西起红海、南非，北至日本南部，南至澳大利亚、新西兰海域。我国黄海、东海、南海和台湾海域均有分布。长江口近海亦有分布。

生物学特性　暖水性底层小型发光鱼类。栖息于近海、浅海岩礁质底海区。

资源与利用　长江口近海数量稀少，无食用价值，可作为海水观赏鱼。

海鲂目 Zeiformes

本目长江口 1 亚目。

海鲂亚目 Zeoidei

本亚目长江口 1 科。

海鲂科 Zeidae

本科长江口 2 属。

属 的 检 索 表

1（2）臀鳍具 3 棘；头部背面内陷；体侧中央无黑色椭圆形大斑 ……………………… 亚海鲂属 *Zenopsis*

2（1）臀鳍具 4 棘；头部背面凸出；体侧中央具一大于眼径的黑色椭圆形大斑，外绕一白环…………
……………………………………………………………………………………… 海鲂属 *Zeus*

亚海鲂属 *Zenopsis* Gill，1862

本属长江口 1 种。

125. 云纹亚海鲂 *Zenopsis nebulosa*（**Temminck *et* Schlegel，1845**）

Zeus nebulosus Temminck and Schlegel，1845，Pisces，Fauna Japonica Parts.，7～9：123，pl. 66（Japan，western North Pacific）。

雨印鲷 *Zenopsis nebulosus*：沈世杰，1984，台湾鱼类检索：177（台湾）；沈世杰，1993，台湾鱼类志：220（台湾）。

褐海鲂 *Zenopsis nebulosus*：王幼槐、许成玉，1988，东海深海鱼类：209，图 166（26°59′—29°12′ N、125°41′—127°12′ E）。

雨印亚海鲂 *Zenopsis nebulosa*：阎斌伦、伍汉霖，2006，江苏鱼类志：447，图 215，彩图 27（连云港，吕四）。

云纹亚海鲂 *Zenopsis nebulosa*：陈大刚、张美昭，2016，中国海洋鱼类（上卷）：702。

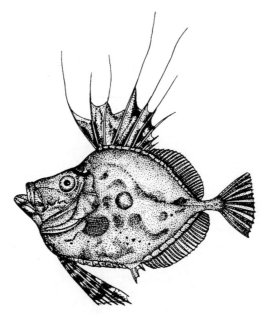

图125　云纹亚海鲂 *Zenopsis nebulosa*（伍汉霖，2006）

英文名　mirror dory。

地方名　雨印鲷、雨的鲷。

主要形态特征　背鳍Ⅸ-26～27；臀鳍Ⅲ-24～26；胸鳍12～14；腹鳍Ⅰ-5；尾鳍Ⅰ-13-Ⅰ。侧线鳞118～122。鳃耙1～4＋7～8。

体长为体高的1.4～1.7倍，为头长的2.4～2.8倍。头长为吻长的1.9～2.4倍，为眼径的3.8～4.7倍，为眼间隔的4.4～5.3倍。尾柄长为尾柄高的1.4～2.0倍。

体高而侧扁，呈卵圆形，背缘在眼上方凹入，腹缘圆弧形。头高，额部至吻短斜直，呈斜方形。吻长。眼较大，侧上位。眼间隔稍小于眼径，中央有棱嵴。鼻孔2个，紧接，位于眼前方；前鼻孔小，圆形；后鼻孔大，裂孔状。口大，口裂近垂直，下颌突出于上颌前方，上颌可伸缩。齿较发达，上颌前端有2行齿，前端齿较大，方向向内；犁骨具5～6齿；腭骨无齿。前鳃盖骨边缘长而斜。鳃孔大，鳃盖膜与峡部不相连。有假鳃。鳃盖条7。鳃耙退化成扁平突起，端部密具小刺。

体光滑无鳞。侧线明显，为一管状线，前半部弧形，后半部平直。沿背鳍鳍条部基底及臀鳍鳍条基底各具1行棘状骨板，骨板分别为12～14和7～9，每个骨板中央具一明显向后的棘；体下侧沿胸部及腹部两侧各具1列棘状骨板（胸板5～6，腹板5～7），板上棘短小，向后排列呈锯齿状。

背鳍1个，鳍棘部与鳍条部相连续，中间具一深缺刻；鳍棘部第一至第六鳍棘较细长，棘间膜延长成丝状，以第三至第四鳍棘的丝状鳍膜较长，向后可伸达尾鳍基部；背鳍起点在鳃盖后角上方。臀鳍起点在背鳍第七鳍棘下方，鳍条部与背鳍鳍条部相对。胸鳍中下位，颇小。腹鳍起点约在胸鳍基前下方，鳍条颇长，伸达臀鳍第三鳍棘基部。尾柄细短，尾鳍后缘微圆形。

体银灰色，体侧中央有一约与眼径等大的暗褐色圆斑，成鱼较不明显；体侧其余部分隐具若干灰色云状斑纹。100 mm 以下幼体体侧较均匀散有暗褐色圆斑。背鳍鳍棘部、腹鳍及尾鳍后半部黑色。

分布　　分布于印度—西太平洋区中国、日本、澳大利亚西北部、新西兰海域，东太平洋区美国加利福尼亚中南部和秘鲁纳斯卡海岭。中国东海和台湾海域有分布。2018 年 4 月在长江口北支口外捕获 1 尾体长 50 cm 的样本，为长江口新记录。

生物学特性　　近岸暖温性深海底层鱼类。栖息于水深 200～800 m 的泥质底海区，冬季（1—2 月）产卵。

资源与利用　　中大型鱼类，偶被底拖网捕获，具食用价值。长江口数量稀少，无捕捞价值。

海鲂属 *Zeus* Linnaeus，1758

本属长江口 1 种。

126. 远东海鲂 *Zeus faber* Linnaeus，1758

Zeus faber Linnaeus，1758，Syst. Nat.，ed. 10，1：267（Seas of Europe）。

日本海鲂 *Zeus japonicus*：张春霖、张有为，1962，南海鱼类志：249，图 250（广东，海南）；张春霖，1963，东海鱼类志：188，图 149（浙江）；张国祥，1990，上海鱼类志：231，图 127（长江口近海区）。

远东海鲂 *Zeus faber*：阎斌伦、伍汉霖，2006，江苏鱼类志：450，图 216（连云港，吕四，黄海南部）；陈大刚、张美昭，2016，中国海洋鱼类（上卷）：703。

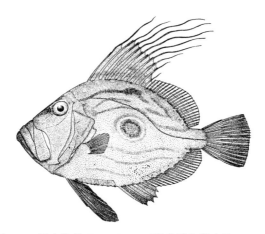

图 126　远东海鲂 *Zeus faber*（张春霖和张有为，1962）

英文名 John dory。

地方名 豆的鲷、马头鲷。

主要形态特征 背鳍Ⅹ-22～24；臀鳍Ⅳ-22；胸鳍14；腹鳍Ⅰ-6；尾鳍Ⅰ-13-Ⅰ。侧线鳞118～122。鳃耙5+9。

体长为体高的1.8～2.1倍，为头长的2.2～2.4倍。头长为吻长的1.7～1.9倍，为眼径的5.0～5.4倍，为眼间隔的6.2～7.3倍。

体略长，呈长椭圆形，颇侧扁。头高大，侧扁，额部至吻端斜直，吻端至峡部及下鳃盖骨形成一突出三角形。吻突出。眼中大，侧上位。眼间隔窄而隆起。鼻孔大，紧位于眼的前方。口大，斜裂。上颌宽大，后方伸达眼前缘下方，下颌突出于上颌。两颌齿呈绒毛状齿带，犁骨部具齿；腭骨无齿。两颌具厚唇。鳃孔宽大，鳃3.5个。鳃盖膜不与峡部相连。鳃耙较短，具较发达的假鳃。

体被细小圆鳞，微凹，似陷于皮下，排列不规则，头部仅颊部具鳞。侧线为一管状线，沿体背侧直达尾鳍基，具一弯曲。沿背鳍条及臀鳍条的基部各具1行棘状骨板。体下侧沿胸腹部各具1列棘状骨板。

背鳍1个，鳍棘部与鳍条部之间具一深凹刻，棘较细长，棘间膜延长成线状，以第三鳍棘上的线较长，可达尾鳍基部。背鳍起点位于鳃盖后角的上方。臀鳍起点在背鳍第六鳍棘的下方，鳍条部与背鳍鳍条部相对。胸鳍位低。腹鳍起点约与胸鳍相对，鳍条颇长，可达臀鳍第四鳍棘的基部。尾鳍后缘圆形。

体呈暗灰色，体侧中部侧线的下方具一大于眼径的黑色椭圆大斑，外绕一白环。背鳍、臀鳍鳍棘部的鳍膜与尾鳍鳍膜淡黑色，腹鳍鳍条部黑色，胸鳍色淡。

分布 广泛分布于西太平洋区日本、朝鲜半岛和澳大利亚海域，印度洋和东大西洋区挪威至非洲、地中海和黑海等海域。我国黄海、东海、南海和台湾海域均有分布。长江口近海亦有分布。

生物学特性 近海暖温性中下层中小型鱼类。栖息于100～200 m水深的海区。

资源与利用 长江口近海底拖网偶有捕获，数量较少，无捕捞经济价值。

海龙目 Syngnathiformes

本目长江口2亚目。

亚目的检索表

1（2）具腹鳍；鳃孔宽大；具后匙骨及后翼耳骨；具感觉管 ……………… 管口鱼亚目 Aulostomoidei

2（1）无腹鳍；鳃孔小；无后匙骨及后翼耳骨；无感觉管 ……………… 海龙亚目 Syngnathoidei

海龙亚目 Syngnathoidei

本亚目长江口1科。

海龙科 Syngnathidae

本科长江口 2 亚科。

亚科的检索表

1（2）头与体轴成一大钝角或在同一水平线上 ···················· 海龙亚科 Syngnathinae

2（1）头与体轴成直角 ··· 海马亚科 Hippocampinae

海龙亚科 Syngnathinae

本亚科长江口 3 属。

属的检索表

1（2）主鳃盖骨隆起嵴呈痕迹状或缺失；无皮瓣 ···················· 海龙属 Syngnathus

2（1）主鳃盖骨隆起嵴显著；皮瓣有或无

3（4）臀鳍具 2～3 鳍条；育儿囊褶发达 ···················· 多环海龙属 Hippichthys

4（3）臀鳍具 4 鳍条；育儿囊褶不发达 ···················· 冠海龙属 Corythoichthys

冠海龙属 Corythoichthys Kaup，1853

本属长江口 1 种。

127. 红鳍冠海龙 Corythoichthys haematopterus（Bleeker，1851）

Syngnathus haematopterus Bleeker，1851，Nat. Tijd. Ned‐Indië，2（2）：258（Banda Islands，Indonesia）。

冠海龙 *Corythoichthys fasciatus*：张春霖、张有为，1962，南海鱼类志：229，图 193（新村）。

刺冠海龙 *Corythoichthys crenulatus*：张春霖，1963，东海鱼类志：179，图 143（浙江洞头、石塘、披山外海）。

刺冠海龙 *Corythoichthys crenulatus*：陈兰荣等，2015，上海海洋大学学报，24（6）：924（九段沙）。

红鳍冠海龙 *Corythoichthys haematopterus*：陈大刚、张美昭，2016，中国海洋鱼类（上卷）：724。

英文名　messmate pipefish。

地方名　海龙。

主要形态特征　背鳍 27～30；臀鳍 4；胸鳍 14；尾鳍 9～10。骨环 17＋40；背鳍下

图 127　红鳍冠海龙 *Corythoichthys haematopterus*（张春霖和张有为，1962）

骨环 1+9。

体长为头长的 5.0～7.2 倍。头长为吻长的 1.9 倍，为眼径的 6.0～6.5 倍。

体细长呈鞭状，躯干部为六棱形，尾部为四棱形。体高稍大于体宽。头细长，与身体在同一直线上。吻细长，管状。眼中等大，圆形。眼眶突出。眼间隔小于眼径，微凹。鼻孔每侧 2 个，很小，相距很近，紧位于眼前缘。口很小，前位，上下颌短小，微可伸缩。无齿。鳃盖隆起。鳃孔窄小，位于头背缘。肛门位于体前方 3/5 处腹面。育儿囊位于雄鱼腹部，囊长约占体长的 1/3。

体无鳞，完全为骨环所包。躯干部与尾部上侧棱不连续，躯干部下侧棱与尾部下侧棱相连续，躯干部中侧棱与尾部上侧棱相连续。

背鳍较长，完全位于尾部，起于第一尾环上，止于第十尾环。臀鳍极短小，紧位于肛门后方。胸鳍较宽，扇形，侧位。尾鳍圆形。

眼、吻呈黑色，体呈黄色，体侧有 20 多个黑斑。雄鱼胸面和腹面有 3 条黑色横带，间有 2 条白色横带。

分布　分布于印度—太平洋区，东非至瓦努阿图海域，北至日本南部海域，南至澳大利亚海域。我国东海、南海均有分布。为长江口偶见种。

生物学特性　暖温性近岸浅海小型鱼类。对盐度适应能力较强，适温范围广，栖息于浅水中。游泳缓慢，常做垂直游动。多栖息于海藻、岛礁丛中或光线黑暗处。靠吻部伸长吸食食物。幼体食微型浮游动物、浮游植物。成体食桡足类、端足类、糠虾、细螯虾等小型甲壳类。繁殖时，雌体产卵于雄鱼育儿囊中，卵在囊内受精，卵孵化后，囊自然张开，幼鱼即游出亲鱼体外。每年 2—6 月常可捕获抱卵的雄海龙，3—5 月为高峰期。怀卵量约为 400 个。生长快，幼体尤为迅速。体长为 47～195 mm，优势体长为 115～130 mm。

资源与利用　无食用价值，为药用鱼类。

多环海龙属 *Hippichthys*

本属长江口 1 种。

128. 笔状多环海龙 *Hippichthys penicillus*（Cantor，1849）

Syngnathus penicillus Cantor，1849，J. Asia. Soc. Bengal，18（2）：1368（Sea of

Penang，Malaysia）。

银点海龙 *Syngnathus argyrostictus*：沈世杰，1984，台湾鱼类检索：180。

笔状副海龙 *Parasyngnathus penicillus*：蒋日进等，2008，动物学研究，29（3）：301（长江口）。

珠海龙 *Hippicthys penicillus*：金斌松，2010，长江口盐沼潮沟鱼类多样性时空分布格局：159（九段沙）。

珠海龙 *Syngnathus argyrostictus*：陈兰荣等，2015，上海海洋大学学报，24（6）：924（九段沙）。

珠副海龙 *Hippicthys argyrostictus*：陈大刚、张美昭，2016，中国海洋鱼类（上卷）：730。

图 128　笔状多环海龙 *Hippichthys penicillus*（沈世杰，1984）

英文名　beady pipefish。

地方名　海龙。

主要形态特征　背鳍 23～31；臀鳍 2～3；胸鳍 14～18；尾鳍 10；体环 15～17＋37～41。

体延长，纤细。头部和躯干部的隆起嵴平滑。躯干部腹面呈 V 形，但不形成龙骨状突起。吻部背中棱完全，低位。鳃盖具一直线形隆起嵴。雄性育儿囊位于尾部腹面，发达。

体无鳞，完全包被于骨环中，体环无弱纵棘，无皮瓣。躯干部的上侧棱与尾部上侧棱不相连续，躯干部下侧棱则与尾部相连续，躯干部中侧棱与身体平行，不在臀部体环附近转向腹面，亦不与尾部相连续。

背鳍起点在尾部。尾鳍小。

体呈褐绿色，头部与躯干部背侧及两侧深褐色，体侧具 7 纵行珍珠状斑点。躯干部腹侧褐色，不具暗横带，棱脊中部具不规则暗褐色或黑色斑块。

分布　分布于印度—太平洋区，西至波斯湾，东至日本和澳大利亚昆士兰海域。我国分布于东海、南海和台湾海域。为长江口偶见种。

生物学特性　近海暖水性小型底层鱼类。栖息于近岸内湾水域。体长约 15 cm。

资源与利用　无食用价值，为药用鱼类。

海龙属 *Syngnathus* Linnaeus，1758

本属长江口 1 种。

129. 舒氏海龙 *Syngnathus schlegeli* Kaup，1853

Syngnathus schlegeli Kaup，1853，Arch. Naturges.，19（1）：232（Japan and China）。

Syngnathus schlegeli：Jordan and Seale，1905，Proc. U. S. Nat. Mus.，27：521（上海）。

海龙 *Syngnathus acus*：张春霖，1955，黄渤海鱼类调查报告：80，图 55（辽宁，河北）。

尖海龙 *Syngnathus acus*：张春霖、张有为，1962，南海鱼类志：228，图 192（广东，广西）；福建鱼类志（上卷）：474，图 324（厦门等地）；阎斌伦、伍汉霖，2006，江苏鱼类志：460，图 222（连云港，如东，吕四）。

舒氏海龙 *Syngnathus schlegeli*：张春霖，1963，东海鱼类志：180，图 144（福建）。

尖海龙鱼 *Syngnathus acus*：张国祥，1990，上海鱼类志：234，图 129（横沙岛，芦潮港外浅海）。

薛氏海龙 *Syngnathus schlegeli*：李信彻，1993，台湾鱼类志：231（台湾）。

图 129　舒氏海龙 *Syngnathus schlegeli*（张春霖和张有为，1962）

英文名　greater pipefish。

地方名　海龙。

主要形态特征　背鳍 35～41；臀鳍 3～4；胸鳍 12～13；尾鳍 10；体环 19＋38～40。体长为头长的 7.4～8.1 倍。头长为吻长的 1.7～1.9 倍，为眼径的 6.9～7.1 倍。

体细长，鞭状，躯干部七棱形，尾部四棱形，腹部中央棱微凸出；尾部后方渐细。头长而细尖。吻细长，呈管状，大于头长的 1/2。眼较大而圆，眼眶微凸出，眼间隔小于眼径，微凹。鼻孔每侧 2 个，很小，相距近，紧位于眼前缘前方。口小，前位，上下颌短小，微可伸缩，无齿。鳃盖隆起，于前方基部 1/3 处，具一直线形隆起嵴，由此嵴向后方有多数放射线纹。鳃孔很小，位于近头侧背方。肛门位于体 1/2 前方腹面。雄性尾部前方腹面有育儿囊。

体无鳞，完全包被于骨环中，体上棱嵴突出，但亦光滑。躯干部与尾部上侧棱不连续，躯干部下侧棱与尾部下侧棱相连续，躯干部中侧棱与尾部上侧棱相连续，腹面中央棱止于肛门前方。

背鳍较长，始于最末体环，止于第九尾环。臀鳍短小，紧位于肛门后方。胸鳍较高，呈扇形，位低。尾鳍长，后缘圆形。

体呈黄绿色，腹侧淡黄色，体具多条不规则色暗的带。背鳍、臀鳍、胸鳍色淡，尾鳍黑褐色。

分布　分布于西北太平洋区中国东南沿海及日本本州、朝鲜半岛南部海域。中国沿岸近海均有分布。在长江口咸淡水区域和近海有分布，为常见种。

生物学特性　近海暖水性小型鱼类，常栖息于海藻丛中，游泳缓慢，以口吸食小型浮游甲壳动物。一般体长 110～190 mm，最大体长为 460 mm。

资源与利用　无食用价值，为药用鱼类。定置张网在长江口外及芦潮港一带近岸，4—6 月可少量捕获。

【本种在以往的文献中多被命名为尖海龙（*Syngnathus acus* Linnaeus，1758），*Syngnathus schlegeli* Kaup，1856 作为其同物异名，而在《东海鱼类志》和《台湾鱼类志》中 *S. schlegeli* 则为有效种。Dawson（1986）的研究指出，*S. acus* 的模式种产地为欧洲，目前已知仅分布于东大西洋区、地中海，印度洋区仅分布在南非邻近海域，中国所处的西北太平洋区的分布记录存疑；而 *S. schlegeli* 模式种产地为日本和中国，分布于西北太平洋区中国、朝鲜半岛和日本海域，因此，长江口分布的应为舒氏海龙（*Syngnathus schlegeli* Kaup，1853）。】

海马亚科 Hippocampinae

本亚科长江口 1 属。

海马属 *Hippocampus* Rafinesque，1810

本属长江口 1 种。

130. 莫氏海马 *Hippocampus mohnikei* Bleeker，1853

Hippocampus mohnikei Bleeker，1853，Verh. Koni. Akad. Wet.，1：16，fig. 2（Kaminoseki Island，Japan）。

Hippocampus japonicus：Kaup，1856，Cat. Loph. Fish Colle. Br. Mus.：7（长崎）。

海马 *Hippocampus japonicus*：张春霖，1955，黄渤海鱼类调查报告：83，图 57（辽宁，河北，山东）。

日本海马 *Hippocampus japonicus*：张春霖、张有为，1962，南海鱼类志：233，图 198（广东，广西）；张春霖，1963，东海鱼类志：181，图 145（浙江披山等地）；阎斌伦、伍汉霖，2006，江苏鱼类志：457，图 220（连云港，如东）；王云龙、倪勇，2006，海洋渔业，48（1）：87，图 1（长江口北支河口）。

图130　莫氏海马 *Hippocampus mohnikei*（张春霖，1963）

英文名　Japanese seahorse。

地方名　海马。

主要形态特征　背鳍 16～17；臀鳍 4；胸鳍 13；体环 11＋37～38。

全长为体高的 8.1～8.3 倍，为头长的 6.8～7.1 倍。头长为吻长的 2.9～3.1 倍，为眼径的 5.8～6.2 倍。

体形很小，侧扁，腹部凸出。头与体轴成直角，头部小刺及体环上棱棘发达。体冠较小，上有不突出的钝棘。躯干部骨环七棱形，尾部骨环四棱形，尾端卷曲。躯干部第一、第四、第七、第十一，尾部第五、第九、第十、第十二体环上棱特别发达。吻管状，很短，短于眼后头长。眼中等大，侧位而高。眼间隔窄小，微凹。鼻孔很小，每侧 2 个，相距很近，紧位于眼前。口小，端位，口张开时略呈半圆形。无齿。鳃盖凸出，光滑，不具放射状隆起线纹。鳃孔小，位于鳃盖后上方。项部头侧及眶上各棘均较发达。肛门位于臀鳍稍前方，在第十一节骨环的腹面。

体无鳞，全体包以骨环，以背侧棱棘最为发达，其次为腹侧，其他则短钝或不明显。腹部很突出，不具棱。无侧线。

背鳍较发达，位于躯干最后三骨环和尾部第一骨环的背方。臀鳍较小。胸鳍宽短，侧位，扇形。无腹鳍和尾鳍。

体呈黑褐色或暗褐色，头上吻部及体侧具斑纹。

分布　分布于西北太平洋区越南、中国、日本和朝鲜海域。中国渤海、黄海、东海和南海均有分布。为长江口偶见种类。

生物学特性　近海暖温性小型底层鱼类。栖息于沿海及内湾的低潮线一带的海藻中，作直立游泳，能用尾卷曲握附海藻上。成熟期早，每次产仔数十尾至 400 尾不等。寿命短，2～3年。

资源与利用　个体小，生长慢，可做药用，有些地方亦作为养殖品种之一。长江口数量少。

【以往国内学者将本种鉴定为日本海马（*Hippocampus japonicus* Kaup，1856），Lourie et al.（1999，2016）研究认为，日本海马是莫氏海马（*Hippocampus mohnikei* Bleeker，1853）的同物异名。】

管口鱼亚目 Aulostomoidei

本亚目长江口1科。

烟管鱼科 Fistulariidae

本科长江口1属。

烟管鱼属 *Fistularia* Linnaeus，1758

本属长江口1种。

131. 鳞烟管鱼 *Fistularia petimba* Lacepède，1803

Fistularia petimba Lacepède，1803，Hist. Nat. Poiss.，5：349，pl. 18，fig. 3（Straits of New Britain，Bismarck Archipelago，Papua New Guinea）。

鳞烟管鱼 *Fistularia petimba*：张春霖、张有为，1962，南海鱼类志：221，图185（广东，海南）；张春霖，1963，东海鱼类志：177，图141（浙江，福建等地）；张国祥，1990，上海鱼类志：233，图128（长江口近海区）；阎斌伦、伍汉霖，2006，江苏鱼类志：456，图219（吕四）。

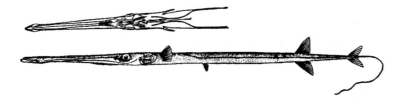

图131　鳞烟管鱼 *Fistularia petimba*（张春霖和张有为，1962）

英文名　red cornetfish。

地方名　马鞭鱼。

主要形态特征　背鳍14～15；臀鳍12～13；胸鳍14；腹鳍6；尾鳍6+1+6。

体长为体高的 24～25 倍，为头长的 2.5～2.7 倍。头长为吻长的 1.2～1.4 倍，为眼径的 11.0～12.5 倍。

体颇延长，呈鞭状，前部平扁，后部圆柱形。体高不及体宽 1/2。吻特长，管状。吻背面具 2 平行峰，于前方形成弧形线。眼椭圆形，眼间隔微凹。鼻孔明显，紧位于眼前。口小，前位，口裂近水平。下颌突出。上下颌、犁骨、腭骨具尖齿。鳃 4 个。鳃孔长大。鳃盖膜不与峡部相连。无鳃耙。肛门紧位于臀鳍前方。

体上除侧线在背鳍、臀鳍间形成线状骨鳞外，大部裸露无鳞。侧线完全，在背鳍和臀鳍后方具峰状侧线鳞。

背鳍 1 个，无棘，始于肛门后上方，在体 1/5 稍后方，与臀鳍相对，同形。胸鳍基较宽。腹鳍小，位于腹部稍前方。尾鳍分叉，中间鳍条延长。尾较短，相当于体长 1/6～1/5。

体呈鲜红色，腹面银白色，尾部暗褐色。

分布　广泛分布于太平洋、大西洋和印度洋。我国黄海、东海、南海和台湾海域均有分布。长江口近海亦有分布。

生物学特性　近海暖水性底层鱼类。栖息于浅水泥沙质底、岩礁或珊瑚礁海区。游泳缓慢，用长吻吸食幼鱼（棱鳀、鲱科鱼类）、虾类和无脊椎动物等。卵浮性。个体大，体长 400～500 mm，大者可达 1 m 以上。

资源与利用　可供食用。长江口附近渔场底拖网常兼捕到，但数量不多。

合鳃鱼目 Synbranchiformes

本目长江口 2 亚目。

亚 目 的 检 索 表

1（2）无胸鳍；无眼下刺；背鳍退化为皮褶状 …………………………… 合鳃鱼亚目 Synbranchoidei

2（1）具胸鳍；具眼下刺；背鳍基底长，前部具许多游离小鳍棘 ……… 刺鳅亚目 Mastacembeloidei

合鳃鱼亚目 Synbranchoidei

本亚目长江口 1 科。

合鳃鱼科 Synbranchidae

本科长江口 1 属。

黄鳝属 *Monopterus* Lacepède，1800

本属长江口1种。

132. 黄鳝 *Monopterus albus*（Zuiew，1793）

Muraena alba Zuiew，1793，Nova Acta Acad. Sci. Petropol. ，7：229，pl. 7，fig. 2（No locality stated）。

Monopterus cinereus：Richardson，1844，Ichth. London，1：117，pl. 52，fig. 1～6（上海吴淞）；Richardson，1846，Rept. Br. Assoc. Ad. Sci. ，15 th Meet. ，315（吴淞等地）。

Monopterus javanicus：Kner，1867，Zool. Theil. Fische，1～3 Abth. ：389（上海）。

Monopterus javanensis：Bleeker，1873，Ned. Tijd. Dierk. ，4：124（上海吴淞等）；Günther，1873，Ann. Mag. Nat. Hist. ，（4）12：250（上海）；Tchang，1929，Science，14（3）：406（江阴，苏州，镇江等）。

Monopterus sp. ：Martens，1876，Zool. Theil. Berlin，1（2）：405（上海）。

Flura alba：Kimura，1934，J. Shanghai Sci. Inst. ，（3）1：28（江阴，南京等）。

Monopterus albus：Kimura，1935，J. Shanghai Sci. Inst. ，（3）3：113（崇明）。

黄鳝 *Monopterus albus*：湖北省水生生物研究所鱼类研究室，1976，长江鱼类：190，图165（南京等地）；江苏省淡水水产研究所等，1987，江苏淡水鱼类：230，图110（江阴，无锡，宜兴，南京）；张列士，1990，上海鱼类志：243，图135（崇明，宝山，川沙南汇，青浦等）；费志良，2006，江苏鱼类志：477，图232，彩图29（海门等地）。

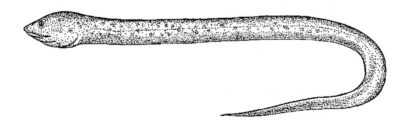

图 132　黄鳝 *Monopterus albus*

英文名　Asian swamp eel。

地方名　鳝鱼。

主要形态特征　体长为体高的18.4～22.8倍，为头长的12.1～12.9倍。头长为吻长的4.3～6.2倍，为眼径的10.7～21.9倍，为眼间隔的5.6～7.4倍。

体细长，鳗形，前端近管状，向后渐细侧扁。尾部尖细。头部膨大，头高大于体高。眼小，侧上位，为皮膜所盖。口大，端位，口裂伸越眼后方。上颌稍突出，唇颇发达。

两颌、腭骨有圆锥状细齿。鳃孔小，下位，左右鳃孔在腹面连成∧形细缝。鳃盖膜与峡部相连。鳃4个，前3个不发达。

体光滑，无鳞。侧线完全，平直。

背鳍和臀鳍均退化成皮褶，与退化的尾鳍相连，无鳍条。无胸鳍和腹鳍，尾鳍甚小。

体呈黄褐色，背部和体侧具不规则的黑色小斑点。腹部橙黄色，有色淡的小斑。

分布　广泛分布于亚洲东部、南部和东南部。我国除西部高原地区外，各淡水水域均产。在长江中下游各浅水水体中数量较多。

生物学特性

［习性］底栖性鱼类，适应能力强，对水体、水质等要求不严，能生活在湖泊、池塘和稻田等水体中。其特性包括：①穴居性。喜栖息于石砾间隙、草丛和泥底洞穴中。②喜暗性。眼小，视觉不发达，喜暗避光，昼伏夜出，多在夜间后、阴雨后离洞觅食。③喜温性。适宜生长水温为15～30℃，最适水温为22～25℃，水温高于32℃和低于5℃时钻洞穴居。④耐氧性。辅助呼吸器官发达，利用鳃腔和皮肤等直接呼吸。因此，即使离水，只要保持皮肤湿润，也能长时存活，其窒息点为0.17 mg/L。

［年龄与生长］黄鳝的生长与水温和饵料密切相关。最大个体体长89.6 cm，体重3 480 g。人工养殖个体，1龄鱼体长27～44 cm，体重19～96 g；2龄鱼体长45～66 cm，体重74.0～270.5 g（杨明生，1993）。黄鳝雌雄同体，有性逆转现象。2龄前全为雌性，3龄开始转入雌雄同体阶段，即同一个体性腺，既为卵巢，又为精巢，少量出现雄性个体，4～5龄大部分为雄性，6龄后全部逆转为雄性。其中3～5龄阶段，是性别转化过渡期。

［食性］黄鳝为动物性为主的杂食性鱼类。在自然条件下，仔稚鱼（鳝苗）主要摄食轮虫、枝角类和桡足类等浮游动物；幼鱼（鳝种）主要摄食水生昆虫、丝蚯蚓、摇蚊幼虫和蜻蜓幼虫，兼食有机碎屑、丝状藻等浮游植物；成鳝主要捕食小鱼、虾类、蝌蚪、幼蛙、小螺、小蚬、水生昆虫及落水的陆生动物（如蚯蚓、蚱蜢、飞蛾、蟋蟀等）。黄鳝耐饥饿能力强，初孵仔鱼不投食，2个月不会死亡；成鳝在湿土中1年不摄食也不会饿死。黄鳝很贪食，夏季日食量占体重1/7左右，饵料不足时甚至捕食小个体同类。

［繁殖］长江中下游地区，繁殖季节为5—9月，盛产期为6—7月。产卵前成熟系数最高，为29%。怀卵量较少，体长20～65 cm的怀卵量为180～1 800粒，一般为300～800粒。在泡沫巢中产卵、受精和发育，并借助泡沫的浮力，使之浮在水面。亲鱼有护卵、护幼习性。卵无黏性，卵径2～4 mm，吸水后达4.5 mm。在水温28～30℃时，5～7 d孵化。初孵仔鱼长11～13 mm。

资源与利用　黄鳝分布广泛，肉味鲜美，营养价值较高（每100 g肉含蛋白质18.8 g，脂肪0.9 g，磷150 mg，钙38 mg，铁1.6 mg），为广大民众喜食，是一种有经济价值的食用鱼类，亦是出口的水产品之一。20世纪50年代末至60年代初开始出口，如湖南省

20世纪60年代每年出口23~60 t，70年代初为92~180 t，1982年增至304 t（创汇72万美元）（徐兴川，2003）。黄鳝亦可药用，明朝《本草纲目》载："鳝性甘温，补中益血，补虚劳，强筋骨，祛风湿"，故民间有"伏天黄鳝胜人参"之说。鳝血有药效：和面调膏涂患处口眼歪斜、颜面神经麻痹（左歪右敷，右歪左敷）；滴耳可治慢性中耳炎。但其血清有毒，含"类蛇血清素"，人畜生饮会中毒死亡。然而遇热毒素会分解，因此熟食不会中毒。

[养殖概况] 我国对黄鳝的利用和食用已有悠久历史。但真正确立黄鳝作为名优水产品发展还是近几年的事。其发展分三个时期：①自然捕捞阶段（20世纪80年代前）。如1958年江苏省兴化县水稻田产鳝60 kg/hm²。②人工养殖开始阶段（20世纪80—90年代中期）。20世纪70年代初江苏省沙州县（现张家港市）开始试养黄鳝（50 m²池塘产量500 kg），80年代初形成养鳝小高潮，如湖北省养鳝面积达2×10⁴ m²，产量6 t。但因鱼病，死亡率高，亏损大，养殖跌入低谷。其后一些研究单位和大学对其习性、育种、设施、鱼病、管理等各方面开展了研究和总结，养殖户在实践中总结，找问题、找出路，这为后一阶段的发展打下了良好的基础，此时台湾也开始养鳝。③人工养殖发展阶段（20世纪90年代中期至今）。长江中下游地区黄鳝养殖发展速度快，特别是湖北和湖南养殖面积不断增加，1997年湖南养鳝面积为673 hm²，产量1 540 t，1998年达1 997 hm²，产量2 342 t。湖北省洪湖市2000年网箱养鳝面积达300×10⁴ m²，产量5 000 t（平均约1.66 kg/m²），2001年面积达400×10⁴ m²。湖北省仙桃市2000年网箱养殖面积也达300×10⁴ m²。养殖形式由原来的水泥池为主的零星养殖，发展到网箱养殖、室内养殖、规模养殖等多种形式，集约化养殖程度显著提高。截至目前，黄鳝基础理论研究和应用技术研究方面均有较大发展。

黄鳝养殖的发展趋势：①种苗生产实现批量化；②投资经营主体多元化；③生产形式呈现规模集约化；④科研、生产、加工实现一体化；⑤流通、营销实现国际贸易化。发展途径是：加大科研投入，增加科技贮备；倡导健康养殖和生态养殖；运用法律规范保护黄鳝天然资源；开展工厂化养殖，提高集约化程度；加强产品深加工研究，增强出口换汇能力（徐兴川，2003）。

刺鳅亚目 Mastacembeloidei

本亚目长江口1科。

刺鳅科 Mastacembelidae

本科长江口1属。

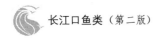

中华刺鳅属 *Sinobdella* Kottelat *et* Lim，1994

本属长江口1种。

133. 中华刺鳅 *Sinobdella sinensis*（Bleeker，1870）

Rhynchobdella sinensis Bleeker，1870，Versl. Akad. Wetenschappen.，（4）4：429.，pl.（bottom fig.）（China）。

Mastacembelus sinensis：Günther，1873，Ann. Mag. Nat. Hist.，（4）12：243（上海）；Nichols，1928，Bull. Am. Mus. Nat. Hist.，58（1）：5（上海，宁波）；Nichols，1943，Nat. Hist. Centr. Asia，9：30（上海，宁波）。

Mastacebemlus aculeatus：Kimura，1935，J. Shanghai. Sci. Inst.，（3）1：30（上海，江阴，芜湖）；Kimura，1935，Ibid.，（3）3：114（崇明）。

刺鳅 *Mastacembelus aculeatus*：湖北省水生生物研究所鱼类研究室，1976，长江鱼类：213，图191（崇明等地）；倪勇，1990，上海鱼类志：343，图216（宝山月浦、川沙、南汇、金山、嘉定、青浦等）。

中华刺鳅 *Mastacembelus sinensis*：严小梅、朱成德，2006，江苏鱼类志：741，图384（苏州等地）。

中华刺鳅 *Sinobdella sinensis*：张春光、赵亚辉等，2016，中国内陆鱼类物种与分布：193。

图133 中华刺鳅 *Sinobdella sinensis*

英文名 spiny eel。

地方名 刀鳅、刀割。

主要形态特征 背鳍XXVI～XXVIII，55～63；臀鳍III-57～64；胸鳍20～22；尾鳍14。脊椎骨75～77。

体长为体高的9.7～11.8倍，为头长的5.8～6.5倍。头长为吻长的3.8～4.2倍，为眼径的7.9～8.5倍，为眼间隔的8.5～9.1倍。

体细长，鳗形，稍侧扁，背腹缘低平，尾部扁薄。头小而尖，略侧扁。吻尖长。眼小，侧上位。眼下方眶前骨具一小刺。口端位，口裂伸达眼前部下方。唇褶发达。口腔顶部口腔膜发达，中央有1条纵褶。上下颌齿多行，细尖；犁骨、腭骨及舌上均无齿。前鳃盖骨无棘，边缘不游离。鳃孔低斜。峡部狭窄。鳃盖膜不与峡部相连。鳃耙退化。无假鳃。

头、体被小圆鳞。无侧线。

背鳍基底长，前部为多枚游离小棘，可倒伏于背正中的沟中；鳍棘部基底较鳍条部基底长。臀鳍与背鳍鳍条部相对，同形，第二鳍棘较大。背鳍、臀鳍鳍条部与尾鳍连续。胸鳍短小，侧位，扇形。腹鳍消失。尾鳍尖圆形。

体呈黄褐色或浅褐色，体侧常具白色垂直纹，与色暗的纹相间组成多条栅状横斑。头部和腹侧有小圆白斑，或相连形成网状。背鳍、臀鳍和尾鳍上亦具白斑，边缘白色。胸鳍浅褐色，无斑纹。

分布　发布于中国和越南。中国各大水系均有分布。在长江三角洲内河和湖泊中较常见，但数量不多。

生物学特性　生活于多水草的浅水区，以水生昆虫和小型鱼虾为食。1 龄鱼性成熟。怀卵量为 600～1 100 粒。产卵期为 6—7 月。

资源与利用　小型鱼类，长江口区数量少，无捕捞经济价值。

【传统的分类体系中，中华刺鳅所属的刺鳅科（Mastacembelidae）隶属于鲈形目（Peciformes）。Travers（1984）的研究表明，基于 6 条共源性状，合鳃鱼科（Synbranchidae）、刺鳅科和鳗鳅科（Chaudhuriidae）共同组成了一个单系群，隶属于合鳃鱼目（Synbranchiformes），该观点被国外其他分类学家所接受（Johnson and Patterson，1993；Britz，1996；Nelson et al.，2016）。但本种的分类地位存在较多的争论。Travers（1984）年重新划分了刺鳅科，将中华刺鳅归入鳗鳅科，但该分类引起了 Kottelat 和 Lim（1994）、Britz（1996）等鱼类学家的强烈反对，他们一致认为中华刺鳅属于刺鳅科。Kottelat 和 Lim（1994）通过形态学特征分析，为中华刺鳅独立建立了中华刺鳅属（*Sinobdella* Kottelat *et* Lim，1994）。而 Britz（1996）通过对中华刺鳅和其他刺鳅属鱼类的骨骼形态分析，发现了 2 个独特的骨骼特征，从而认同了前者的分类。本书采纳上述观点，中华刺鳅隶属于合鳃鱼目，学名应为 *Sinobdella sinensis*（Bleeker，1870）。】

鲉形目 Scorpaeniformes

本目长江口 4 亚目。

亚目的检索表

1（6）左右鼻骨分离；上枕骨和顶骨后方无 2 对案骨；胸鳍中大（蓑鲉亚科的胸鳍长大，鳞片薄弱）

2（5）体具正常鳞片；背鳍具硬棘；有时体被骨板，头骨为骨板包围；肛门位于腹部

3（4）头、体一般不显著平扁；头部具棘突或骨板；侧线 1 条，鼻孔一般 2 对……………………………………………………………………………… 鲉亚目 Scorpaenoidei

4（3）头、体显著平扁；体被覆瓦状鳞，胸鳍下方无游离鳍条；背鳍鳍棘相当坚硬…………………………………………………………………………… 鲬亚目 Platycephaloidei

5（2）体无正常鳞片、裸露无鳞或具棘刺、瘤突、强棘鳞和骨板；背鳍无真正硬棘；肛门前位或腹位
………………………………………………………………………………… 杜父鱼亚目 Cottoidei

6（1）鼻骨愈合；上枕骨和顶骨后方有 2 对案骨；胸鳍长大；鳞片坚硬，具一长棘 …………………
………………………………………………………………………………… 豹鲂鮄亚目 Dactylopteroidei

豹鲂鮄亚目 Dactylopteroidei

本亚目长江口 1 科。

豹鲂鮄科 Dactylopteridae

本科长江口 1 属。

豹鲂鮄属 *Dactyloptena* Jordan *et* Richardson，1908

本属长江口 1 种。

134. 东方豹鲂鮄 *Dactyloptena orientalis*（Cuvier，1829）

Dactylopterus orientalis Cuvier，1829，Le Règne Animal，ed. 2，2：162（Coro-mandel coast，India）。

东方豹鲂鮄 *Dactyloptena orientalis*：李思忠，1962，南海鱼类志：938，图 734（广东，海南，广西）；沈世杰，1993，台湾鱼类志：232，图版 55 - 7（台湾）；金鑫波，2006，中国动物志·硬骨鱼纲 鲉形目：640，图 285（台湾，广东，海南）；邓思明、汤建华，2006，江苏鱼类志：744，图 385（黄海南部）。

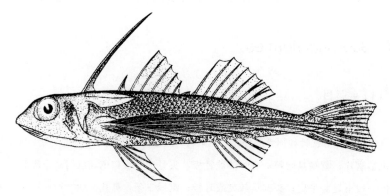

图 134　东方豹鲂鮄 *Dactyloptena orientalis*（李思忠，1962）

英文名　oriental flying gurnard。

地方名　飞角鱼、飞虎、蜻蜓角。

主要形态特征　背鳍Ⅰ，Ⅰ，Ⅴ，Ⅰ，Ⅰ-7；臀鳍6～7；胸鳍32～35；腹鳍Ⅰ-4；尾鳍2+7+3。纵行鳞47～48，横行鳞24。鳃耙外行3+6，内行0+7。

体长为体高的5.1～6.2倍，为头长的4.1倍。头长为吻长的2.9～3.5倍，为眼径的3.5倍，为眼间隔的2.4倍。

体较长，粗大，四棱形，稍平扁。头宽短，近四方形，背面与两侧均被骨板，骨面无高棘。吻短而钝，周缘似圆弧形。眼中等大，侧位而稍高，背缘伸到头背面。眼间隔宽，中央为浅凹沟状，两侧较高，侧缘在瞳孔上方有一半月形凹刻。顶枕骨的中央很短，后缘呈尖角形，向后外侧达项背棘的末端。眼后上方为纵棱状，前端钝，向后渐锐，后端达项背棘，棘后端达第一至第二背鳍棘基之间。头侧近似直立形。鼻孔每侧2个，前鼻孔位较低，距眼较距吻端近。口稍小，半卵圆形，位于吻腹面前端的稍后方，口角达眼下，下颌被包在上颌的后方。前颌骨能伸缩，与上颌骨均被包在吻侧骨板的内下方。下颌腹面大部为骨质。上下颌具绒粒状齿，犁骨与腭骨无齿。舌厚，尖形，与口腔底相连。上下唇发达。前鳃盖骨角长棘状，伸达腹鳍基的后方。主鳃盖骨很小，仅略大于瞳孔。鳃孔中等大，侧位，直立形，下端不向前方延伸。鳃盖膜分离，不与峡部相连。鳃盖条6。鳃耙很短小，为绒块状，内行略呈突起状。

体被中大栉鳞，每鳞具一尖长鳞棘；背侧鳞的鳞棘尖锐，腹侧的鳞棘低弱；尾柄下侧有2～3鳞的鳞棘长；尾鳍基部上下各具一翼状鳞。头部仅眼后方、颊部和鳃盖骨具鳞。各鳍均无鳞。侧线上侧位，浅弧形，前部较明显，后部不明显或消失。

背鳍2个，几相连，具一深缺刻，起点位于鳃盖骨后缘稍前上方，第一鳍棘最长，游离，鳍棘长约为头长的2.4倍；其二鳍棘颇短，游离，与第一鳍棘间距略大于眼径；第三至第七鳍棘连续；倒数第二鳍棘短小，游离，不能活动；最后鳍棘次长，位于第二背鳍前端，第一鳍条最长，与最后鳍棘等长；第五至第六鳍条分支，其余鳍条不分支；鳍条后端不伸达尾鳍基底。臀鳍起点位于背鳍第二鳍条下方，基底长小于背鳍鳍条部基底，鳍条后端不伸达尾鳍基底。胸鳍甚长，伸达尾鳍前半部，基底呈S形旋转，上部鳍条在前，下部鳍条在后，上部鳍条较短，伸达臀鳍基底后端，鳍膜较深裂。腹鳍狭长，亚胸位，伸达或伸越肛门；鳍棘较短，约为第一鳍条1/2，第二鳍条最尖长突出。尾鳍后缘凹入。

体色多变，一般体背侧红色，背缘稍暗，腹侧渐呈白色。鳍多为淡红色，背鳍及尾鳍鳍条上有黄绿色小斑点，第一和第二鳍棘后缘膜深绿色。胸鳍黄绿色，具深绿色或暗金色小圆斑，上缘和下缘浅红色，后端红色。臀鳍和腹鳍无斑点。

分布　分布于印度—太平洋区，西起红海、东非，东至夏威夷群岛、马克萨斯群岛及土阿莫土群岛海域，北至日本南部和小笠原诸岛海域，南至澳大利亚和新西兰海域。我国分布于南海和东海南部。笔者2012年7月在长江口东旺沙水域捕获1尾体长130 mm样本，为长江口新记录。

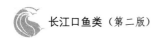

生物学特性　暖水性中小型海洋底层鱼类。栖息于近海泥沙底层海域。摄食虾类和其他无脊椎动物等。胸鳍前部鳍条短小突出，可在水底行动，后部鳍条长大如翼，能滑翔。无远距离洄游习性。卵生。鳔能发声。

资源与利用　在长江口近海区较罕见，无经济价值。

鲉亚目 Scorpaenoidei

本亚目长江口 4 科。

科 的 检 索 表

1（6）头部无骨板，吻侧无吻突或吻棘

2（5）体侧扁；鳃盖膜分离，不与峡部相连

3（4）臀鳍具 3 鳍棘；背鳍起点在头后上方 ·· 鲉科 Scorpaenidae

4（3）臀鳍具 1～2 鳍棘；背鳍起点在眼附近上方 ································ 绒皮鲉科 Aploactinidae

5（2）体粗大；鳃盖膜与峡部相连；头部具棘突和皮须 ······················ 毒鲉科 Synanceiidae

6（1）头部具骨板，吻侧有吻突或吻棘；体被细小鳞；胸部下方具 3 游离鳍条；两颌有齿；无颏须

　　··· 鲂鮄科 Triglidae

鲉科 Scorpaenidae

本科长江口 3 亚科。

亚 科 的 检 索 表

1（4）胸鳍不甚延长

2（3）头部棘棱低弱或较发达；第二眶下骨呈 T 形；第三至第五眶下骨相连；眶下感觉管伸达颅骨；眶下棱不明显 ··· 平鲉亚科 Sebastinae

3（2）头部棘棱发达；第二眶下骨不呈 T 形，等宽，中部较宽或后部宽大，后端与前鳃盖骨固着；第三眶下骨消失；眶下感觉管伸达第二眶下骨后端，不上延伸达颅骨；眶上棱不明显·············
　　··· 鲉亚科 Scorpaeninae

4（1）胸鳍鳍条和背鳍鳍棘常显著延长；背鳍鳍棘长一般大于体高，鳍棘分离；鳃盖骨棘 1 个········
　　··· 蓑鲉亚科 Pteroinae

平鲉亚科 Sebastinae

本亚科长江口 1 属。

菖鲉属 *Sebastiscus* **Jordan** *et* **Starks，1904**

本属长江口 1 种。

135. 褐菖鲉 *Sebastiscus marmoratus*（Cuvier，1829）

Sebastes marmoratus Cuvier in Cuvier and Valenciennes，1829，Hist. Nat. Poiss.，4：345（Japan）。

褐菖鲉 *Sebastiscus marmoratus*：李思忠，1955，黄渤海鱼类调查报告：234，图 149（山东）；李思忠，1962，南海鱼类志：834，图 677（广东，海南）；朱元鼎、金鑫波，1963，东海鱼类志：453，图 340（江苏大沙，上海鱼市场，浙江沈家门等地）；詹鸿禧、许成玉，1990，上海鱼类志：345，图 217（长江口佘山洋）；金鑫波，2006，中国动物志·硬骨鱼纲 鲉形目：157，图 116（烟台，沈家门，南澳等地）；邓思明、汤建华，2006，江苏鱼类志：757，图 393（海州湾，吕四）。

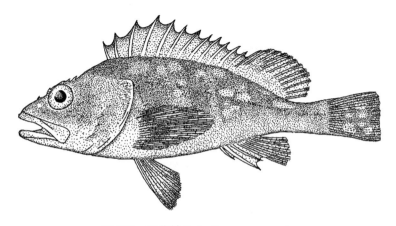

图 135　褐菖鲉 *Sebastiscus marmoratus*

英文名　false kelpfish。

地方名　虎头鱼、石狗公、小红斑。

主要形态特征　背鳍 XII - 12；臀鳍 III - 5；胸鳍 17～18；腹鳍 I - 5。侧线鳞 46～49 $\frac{10\sim11}{20\sim21}$。鳃耙 7＋13～14。

体长为体高的 2.8～3.2 倍，为头长的 2.4～2.7 倍。头长为吻长的 3.3～4.2 倍，为眼径的 4.3～4.7 倍，为眼间距的 6.8～8.3 倍。尾柄长为尾柄高的 1.1～2.0 倍。

体延长，侧扁，近椭圆形。头大，头部棘和棱明显。吻圆凸，吻长稍大于眼径。眼较大，侧上位，突出于头背部，距吻端较距鳃盖后缘近。眼间隔窄、凹入。眶下骨架 T 形，末端不伸达前鳃盖骨；眶下棱低平，无棘。鼻孔每侧 2 个，接近前鼻孔位于鼻棘外侧，具皮瓣突起。口大，端位，稍斜裂，下颌稍短、上颌骨后缘伸达眼后半部的下方。两颌齿细小，呈绒毛状，排列成齿带，犁骨和腭骨均具绒毛状齿群。舌前端尖，游离。前鳃盖骨后缘具 5 棘；鳃盖骨后上方具 2 棘。肩胛棘 3 个。鳃孔宽大，鳃膜不与峡部相

连。鳃盖条 7。假鳃发达。鳃耙排列疏松，呈梳状。

体上除胸部被小圆鳞外，皆被栉鳞；背鳍、臀鳍和尾鳍基部均具细鳞。侧线完全，伸达尾柄中央。

背鳍连续，始于鳃孔上角后上方，鳍棘部与鳍条部之间有一浅凹，鳍条高于鳍棘，后端几伸达尾基。臀鳍位于背鳍第一鳍条下方，基底短于背鳍鳍条部基底。胸鳍宽大，末端略伸越肛门。腹鳍亚胸位，末端常伸达或稍越过肛门。尾鳍后缘截形或微圆突。

体呈红褐色，侧线上方具数条较明显褐色横纹；侧线下方横纹不显著，分散呈云石状或网状。背鳍和尾鳍具色暗的斑点和斑块；胸鳍前部具色暗的斑块，后部具 1 至数行斑点；腹鳍和臀鳍暗灰色或色淡。

分布　西太平洋区中南部，北海道南部至菲律宾均有分布。我国沿海均有分布。长江口近海亦有分布。

生物学特性

[习性] 暖温性近岸底层鱼类。常栖息于岩礁附近，喜缓流水域，尤以海底洞穴、空隙、珊瑚礁、卵石和海藻带居多，具定居生活习性，自岩礁洞内出来觅食后，又会回到原洞穴内，水平活动范围在 2 000 m 以内，多数在 1 000 m 以内。栖息水深自低潮带至80 m。长江口南侧嵊泗列岛广泛分布。春、夏两季分散在岩礁和岛屿四周觅食，冬季游向深海区越冬。有明显昼伏夜出行动习性，白天钻洞穴性极强。体长 1 cm 的仔稚鱼有显著集群现象，长成后便分散活动，为了便于觅食往往 1 尾或几尾占领一定区域，不许同类入侵，这现象在夜间尤为明显。

[年龄与生长] 成鱼体长一般为 150～200 mm，大的个体可达 317 mm。舟山近海最小体长为 94 mm，最大为 296 mm，平均为 175 mm，优势体长分布在 130～200 mm，占80%。体重最小为 37.1 g，最大为 511.0 g，平均为 176.8 g，优势体重分布在 60～200 g，占 87.1%。平均体长和平均体重有小型化趋势，1989 年平均体长与平均体重分别为181 mm 和 172.3 g，1992 年分别为 161 mm 和 156.8 g，1999 年分别为 152 mm 和142.2 g。自然状况下完全性成熟的最小体长仅 90 mm。年龄最高达 8 龄，舟山近海 2～3 龄为主，占 65.5%，平均为 2.76 龄，5 龄及以上极少出现（吴常文，1999）。1 龄鱼可性成熟，体长为 72 mm，2 龄体长为 141 mm（雌）、142 mm（雄），3 龄体长为165 mm（雌）、179 mm（雄），4 龄体长为 182 mm（雌）、207 mm（雄），5 龄体长为193 mm（雌）、226 mm（雄），6 龄体长为 199 mm（雌）、238 mm（雄），7 龄体长为200 mm（雌）、247 mm（雄）。雌鱼 3 龄全部性成熟，雄鱼 2.5 龄全部成熟（山田梅芳等，1986）。

[食性] 凶猛肉食性鱼类。主要食物种类有多毛类、口足类、长尾类、短尾类、鱼类（日本鳀、宽条鹦天竺鲷、日本带鱼、单指虎鲉、褐菖鲉）和头足类等，其中以鞭

腕虾出现频率最高。白天摄食量低，夜间摄食量高，尤其在 18：00—21：00 和 05：00—08：00 摄食最为积极。

　　[繁殖]　卵胎生，体内受精。繁殖期为 10 月至翌年 5 月，11—12 月和 2—4 月为高峰期，雌雄比为 1.43：1。怀卵量约为 5 万粒，每次产仔约 5 000 尾。卵圆球形，淡黄色透明，卵径为 0.68～0.87 mm，油球 1 个、油球径为 0.20～0.25 mm，受精卵壳膜薄而光滑，卵周隙极狭窄，在受精卵的动物极形成胚盘。当胚体包绕卵黄囊 2/3 时，眼囊变成视杯，出现晶体、嗅囊和听囊相继出现，体节 22 对。初孵仔鱼全长 1.5 mm，肌节 28 对，脑的分化完全，眼全黑，消化道呈直管状，肛门位于卵黄囊后缘，但尚未开口，消化道两侧出现不规则黑色素斑，鱼体鳍褶透明，背鳍、臀鳍、尾鳍褶连为一体。5 d 仔鱼，全长 2.86～3.35 mm，肌节 8＋20 对，仔鱼口部初开，口裂加深，下颌可动，肠管出现皱褶，尾鳍褶上出现放射状弹性丝。初产仔鱼全长 3.62～4.00 mm，肌节 8＋18，下颌略突出，鳃盖褶已形成，肠管出现一个弯曲，躯体色素分布除肠管两侧加浓密外，在尾部肌节上出现有规律的 8 个黑色素点。产后 5 d 仔鱼全长 4.2～4.5 mm，卵黄囊基本被吸收，口前位斜裂，鳃丝形成，肛门已通，鳔管形成，头部有星状黑色素分布（林丹军和尤永隆，2002）。

　　资源与利用　20 世纪 60 年代舟山近海数量较多，进入 70 年代数量逐渐减少。之后由于沿岸小型船以捕捞乌贼为主，手钓、延绳钓船减少，使其获得充分繁殖生长，到 80 年代资源呈明显上升趋势，80 年代末、90 年初由于其他鱼类资源量大幅减少，钓捕褐菖鲉的船只增多，致使其数量逐渐下降，平均体长逐年减小，其钓捕量已超过资源再生能力，必须加强对其资源的繁殖保护。褐菖鲉肉鲜味美，经济价值甚高，是定置张网、手钓、延绳钓和底拖网兼捕对象。

鲉亚科 Scorpaeninae

本亚科长江口 1 属。

鲉属 *Scorpaena* Linnaeus，1758

本属长江口 1 种。

136. 斑鳍鲉 *Scorpaena neglecta* Temminck *et* Schlegel，1843

Scorpaena neglecta Temminck and Schlegel，1843，Pisces，Fauna Japonica Parts.，2～4：43，pl. 17，fig. 4 (Nagasaki，Japan)。

　　斑鳍鲉 *Scorpaena neglecta*：李思忠，1962，南海鱼类志：846，图 684（广东，海南）；金鑫波，1985，福建鱼类志（下卷）：455，图 678（厦门等地）；田明诚、沈友石、孙宝龄，1992，海洋科学集刊（第三十三集）：277（长江口近海区）；金鑫波，2006，中国动物志·硬骨鱼纲 鲉形目：207，图 134（舟山等地）。

常鲉 *Scorpaena neglecta*：朱元鼎、金鑫波，1963，东海鱼类志：457，图 344（上海鱼市场等地）。

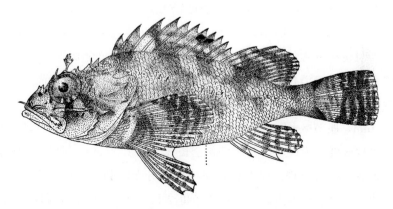

图 136　斑鳍鲉 *Scorpaena neglecta*（李思忠，1962）

英文名　stonefish。

地方名　石狗公、石头鱼。

主要形态特征　背鳍XII-8～10；臀鳍III-5；胸鳍16～17；腹鳍I-5。侧线鳞22～26 $\frac{5～7}{13～15}$。鳃耙4～6＋6～10。

体长为体高的2.8～3.3倍，为头长的2.2～3.3倍。头长为吻长的3.9～4.6倍，为眼径的3.0～4.4倍，为眼间隔的6倍。尾柄长为尾柄高的1.8倍。

体中长，侧扁，长椭圆形。头中大，稍侧扁。头部棱嵴及皮瓣发达，具鼻棘、眶前棘、眶上棘、眶后棘、蝶耳棘、翼耳棘、肩胛棘、耳棘、顶棘、项棘各1个；后颞棘2个，上下排列，上棘细小，下棘较大。眶前棘及眶上棘后方各具一皮瓣，前者皮瓣短小，后者皮瓣长大，边缘有细小分支。吻短，宽圆，背面中央隆起；吻缘具皮瓣2对。眼大，圆形，侧上位。眶前骨下缘具3棘；眶下棱显著，具3棘。眼间隔狭窄而凹入，具额棱1对，中央具一纵沟。鼻孔每侧2个，圆形，位于眼的前方；前鼻孔后缘具一鼻瓣，上缘分裂成小支。口大，前位，斜裂。两颌约等长。上颌骨宽，向后伸达眼后缘下方或稍后。齿绒毛状，上下颌、犁骨及腭骨均具齿群。舌三角形，前端细尖，游离。鳃孔宽大。前鳃盖骨边缘具5棘，上棘分前后2棘；鳃盖骨具2棘。鳃盖膜不与峡部相连。鳃盖条7。假鳃发达。鳃耙粗短，上端具细刺。

体被中大栉鳞，胸部、胸鳍基底及腹部被小圆鳞。侧线发达，上侧位，斜直，伸达尾鳍基。侧线鳞具粗黏液管。

背鳍连续，起点在鳃孔上角上方，鳍棘部基底长于鳍条部基底，鳍间具一缺刻；鳍棘发达，第三至第五鳍棘较长；鳍条后端伸达尾鳍基。臀鳍起点在背鳍第二鳍条下方，第二鳍棘粗大。胸鳍宽圆，后端伸达臀鳍起点，腋部无皮瓣。腹鳍位于胸鳍基底后下方，最后鳍条具一薄膜与体壁相连，后端伸越肛门。尾鳍圆形。

体呈红色，头部及体侧具黑褐色斑块。背鳍具黑色斑纹，雄鱼在第六至第七鳍棘间具一黑色大斑。胸鳍斑纹显著，尾鳍基和臀鳍均具灰黑色斑点。

分布 分布于印度—西太平洋区中国、日本南部及朝鲜半岛南部海域。中国东海、南海及台湾海域有分布。长江口近海亦有分布。

生物学特性 近海暖水性底层中小型鱼类。栖息于潮间带至深水的岩礁或沙底附近，常潜伏在珊瑚礁、石礁、岩缝洞穴中或海藻间。体态与周围环境相似，常伏击小鱼或甲壳动物为食。为刺毒鱼类。

资源与利用 中小型鱼类，体长约 150 mm，大者达 300 mm。可食用。长江口近海数量稀少，底拖网兼捕，无捕捞经济价值。

蓑鲉亚科 Pteroinae

本亚科长江口 1 属。

短鳍蓑鲉属 *Dendrochirus* Swainson，1839

本属长江口 1 种。

137. 美丽短鳍蓑鲉 *Dendrochirus bellus*（Jordan *et* Hubbs，1925）

Brachirus bellus Jordan and Hubbs，1925，Mem. Carneg. Mus.，10（2）：274，pl. 10，fig. 3（Misaki，Kanagawa Prefecture，Japan）。

美丽短蓑鲉 *Brachypterois bellus*：李思忠，1962，南海鱼类志：863，图 693（广东，海南）。

美丽短蓑鲉 *Brachirus bellus*：朱元鼎、金鑫波，456，图 344（浙江）；金鑫波，1979，南海诸岛海域鱼类志：520，图版Ⅷ，图 31（永兴岛等地）。

美丽短鳍蓑鲉 *Dendrochirus bellus*：金鑫波，1985，福建鱼类志（下卷）：462，图 683（厦门等地）；田明诚、沈友石、孙宝龄，1992，海洋科学集刊（第三十三集）：277（长江口近海区）；金鑫波，2006，中国动物志·硬骨鱼纲 鲉形目：260，图 153（浙江等地）。

英文名 lionfish。

地方名 狮子鱼。

主要形态特征 背鳍ⅩⅢ-8～9；臀鳍Ⅲ-5；胸鳍15～18；腹鳍Ⅰ-5。侧线鳞23～

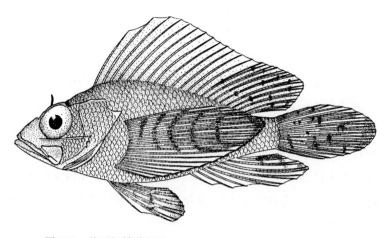

图 137 美丽短鳍蓑鲉 *Dendrochirus bellus*（李思忠，1962）

$28\dfrac{6\sim7}{12\sim15}$。鳃耙 3～6＋8～13。

体长为体高的 2.3～3.0 倍，为头长的 2.3～2.7 倍。头长为吻长的 3.4～4.3 倍，为眼径的 3.0～3.7 倍，为眼间隔的 5.7～8.0 倍。尾柄长为尾柄高的 1.0～1.3 倍。

体中长，侧扁，长椭圆形。头中大，稍侧扁。鼻棘小；蝶耳棘、翼耳棘及后颞棘均具细锯齿；肩棘和额棱光滑，额棱后端具 1 棘；顶项棘前部光滑，后部有锯齿；眶上棱及眶下棱均具细小锯齿。吻宽圆。眼大，侧上位。眶前骨宽平，长方形，边缘有 3 小棘；前棘有一小皮瓣，中棘具一较大皮瓣。眼间隔凹入。鼻孔每侧 2 个，前鼻孔后缘具一鼻瓣；后鼻孔圆形，位于眼的上隅。口中大，前位，斜裂。下颌稍突出。上颌中央具一缺刻，上颌骨后端宽大，伸达眼中部下方。齿细小，上下颌、犁骨及腭骨均具绒毛状齿群。舌三角形，前端细尖，游离。鳃孔宽大。前鳃盖骨具 3 棘；鳃盖骨无棘。鳃盖膜前延伸达眼中部下方，不与峡部相连。鳃盖条 7。假鳃发达。鳃耙粗短。

体被圆鳞和弱栉鳞，头部仅在峡部及眼间隔后方被圆鳞。侧线斜直，上侧位，伸达尾鳍基。

背鳍连续，起点在鳃孔上角上方，鳍棘部基底长于鳍条部基底，鳍间具一缺刻；鳍棘尖长，鳍膜深裂，最长鳍棘略长于最长鳍条，小于体高；鳍条后端伸达尾鳍基。臀鳍和背鳍鳍条部约同形，相对，起点在背鳍第二鳍条下方。胸鳍伸越臀鳍，不达尾鳍基。腹鳍胸位，较长。尾鳍圆尖。

体红色，背侧具 5 条褐色横纹。背鳍鳍条部、臀鳍、尾鳍均具黑色小点，胸鳍具 6～7 条褐色横纹，腹鳍具 4 条褐色横纹。

分布 分布西北太平洋中国和日本海域；南太平洋的新喀里多尼亚海域亦有分布报道。中国东海、南海和台湾海域均有分布。长江口近海亦有分布。

生物学特性 近海暖水性底层小型鱼类。栖息于近海底层，以甲壳动物等为食。活动范围不大，无远距离洄游习性。为刺毒鱼类。

　　潮间带至深水的岩礁或沙底附近，常潜伏在珊瑚礁、石礁、岩缝洞穴中或海藻间。体态与周围环境相似，常伏击小鱼或甲壳动物为食。

　　资源与利用　小型鱼类，体长 100～200 mm。可食用。长江口近海数量稀少，底拖网兼捕，无捕捞经济价值。

鲂鮄科 Triglidae

　　本科长江口 1 亚科。

鲂鮄亚科 Triglinae

　　本亚科长江口 2 属。

属　的　检　索　表

1（2）体被圆鳞；侧线鳞 100 以上 ·················· 绿鳍鱼属 *Chelidonichthys*

2（1）体被栉鳞；侧线鳞 50～70 ·················· 红娘鱼属 *Lepidotrigla*

绿鳍鱼属 *Chelidonichthys* Kaup，1873

　　本属长江口 1 种。

138. 棘绿鳍鱼 *Chelidonichthys spinosus*（McClelland，1844）

Trigla spinosa McClelland，1844，Calc. Journ. Not. Hist.，4（4）：396，pl. 22，fig. 2（China）。

　　绿鳍鱼 *Chelidonichthys kumu*：李思忠，1955，黄渤海鱼类调查报告：247，图 156（辽宁，河北，山东）；李思忠，1962，南海鱼类志：895，图 711（广东）；朱元鼎、金鑫波，1963，东海鱼类志：469，图 354（江苏大沙，上海鱼市场，福建东澳等地）。

　　小眼绿鳍鱼 *Chelidonichthys spinosus*：詹鸿禧等，1988，东海深海鱼类：285（31°46′ N、127°45′ E）；詹鸿禧、许成玉，1990，上海鱼类志：350，图 221（长江口近海）；金鑫波，2006，中国动物志·硬骨鱼纲 鲉形目：343，图 182（烟台，沈家门，南澳等地）；邓思明、汤建华，2006，江苏鱼类志：768，图 399（海州湾，吕四）。

　　英文名　spiny red gurnard。

　　地方名　绿姑、鲂鮄。

　　主要形态特征　背鳍Ⅸ - 16；臀鳍 15～16；胸鳍 11＋ⅲ；腹鳍Ⅰ - 5。侧线鳞 70～

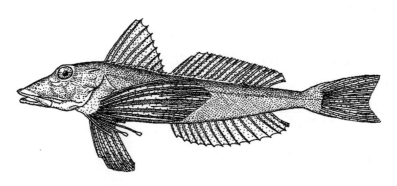

图 138　棘绿鳍鱼 *Chelidonichthys spinosus*

$80 \dfrac{14\sim15}{53\sim57}$。鳃耙 $2+8$。

体长为体高的 4.6～5.6 倍，为头长的 3.3～3.5 倍。头长为吻长的 2.1～2.4 倍，为眼径的 4.2～4.9 倍，为眼间隔的 5.3～6.6 倍。

体延长，稍侧扁，近似圆筒形。头部除腹面外背面与侧面均被骨板。吻背面圆凸，前端中央微凹；吻突广圆形，颇短，具几个小钝棘，较上颌前端稍突出。眼侧上位，前上角有 2 短而尖锐的棘；眼间隔宽而稍凹，略小于眼径。鼻孔 2 个。口端位，上颌骨后端不达眼前缘下方。两颌齿绒毛状，排列成齿带，上颌中央具一凹缺，无齿。犁骨具绒毛状齿群，腭骨无齿。舌宽大，不游离。前鳃盖骨下角具 2 棘，鳃盖骨具 2 棘；颈棘平扁三角形，末端几达第一背鳍起点垂直线；肩胛棘大而锐尖，末端伸达背鳍第三、第四棘基底下方。鳃盖膜相连跨越峡部，鳃盖条骨 7。鳃耙扁平，内侧边缘具毛刺。具假鳃。

体被细小圆鳞，腹部前半部和胸鳍基底周围无鳞。两背鳍基底楯板分别为 9～10 和 15 对，每板具一指向后方的尖棘。

背鳍 2 个；第一背鳍始于胸鳍基底上方，第二背鳍基底较长。臀鳍与第二背鳍相对。胸鳍长而宽大，圆形，末端约伸达臀鳍第八鳍条上方；下方具 3 指状游离鳍条。腹鳍末端几伸达臀鳍起点。尾鳍后缘浅凹。

体背侧呈红褐色，具蠕虫状斑纹；腹面白色，第一背鳍和尾鳍红色；第二背鳍具不明显红色纵行；胸鳍内侧呈墨绿色，边缘蓝色。

分布　分布于西北太平洋自北海道南部向南至中国南海。长江口近海有分布。

生物学特性

［习性］暖温性近海底层鱼类。喜栖息于泥沙底海区，以胸鳍游离鳍条可在海底匍匐爬行。据山田梅芳等（1986）报道，渤海、黄海、东海有 3 个种群，第一个种群为黄海和渤海群，秋冬季节从渤海、山东半岛、海州湾南下，至黄海中部济州岛西部海域越冬，翌年 4 月再北返渤海；第二个种群为东海群，冬季主要集中在舟山外海越冬，翌年 4 月逐渐北上，6—7 月至长江口北部后分散活动；第三个种群为周年移动于九州近海、对马南

部和五岛西南部的鱼群。

　　[年龄与生长] 渔获物群体体长以160～220 mm 为主。满1龄鱼体长为130 mm，2龄为200 mm，3龄为250 mm，4龄为290 mm，5龄为310 mm，6龄为330 mm，7龄为350 mm。性成熟年龄为4龄，体长为270～290 mm。

　　[食性] 主要摄食长尾类，其次为小鱼和头足类；此外，也摄食少量磷虾和糠虾等。

　　[繁殖] 东海产卵期为2—5月。卵球形、浮性、分离。卵径1.2～1.27 mm，油球1个、球径为0.25～0.27 mm，卵黄无龟裂。初孵仔鱼全长3.12～3.26 mm。

　　资源与利用　本种为次要经济鱼类，中国产量不高。黄海和东海交界处渔汛期为10月至翌年3月，舟山群岛为2—5月，石岛东南渔场4—11月为机轮底曳网和风帆拖网捕捞渔汛期。肉白味美，鲜销。

　　【关于棘绿鳍鱼（小眼绿鳍鱼）[*Chelidonichthys spinosus* (McClelland，1844)] 和绿鳍鱼 [*Chelidonichthys kumu* (Cuvier 1829)] 的同物异名问题一直存在着较多争议。这两个种在 Fishbase、Catalog of Fishes 及有关国外文献中均为有效种。但其外形差异很小，主要差别仅为前者肩胛棘不及后者强大，眼较小，胸鳍内侧无一黑斑（偶尔也会有）、色浅的圆斑更不明显等。我国早期鱼类志，如《黄渤海鱼类调查报告》（李思忠，1955）、《南海鱼类志》（李思忠，1962）、《东海鱼类志》（朱元鼎和金鑫波，1963）、《福建鱼类志》（金鑫波，1985）和《台湾鱼类志》（邵广昭和陈正平，1993）中多描述为 *C. kumu*，而该种的模式标本采自新西兰，该种分布于印度—西太平洋区非洲东岸至澳大利亚和新西兰海域，我国海域并无该种分布（Carpenter and Niem，1999）。稍后的《东海深海鱼类》（詹鸿禧等，1988）、《上海鱼类志》（詹鸿禧和许成玉，1990）、《江苏鱼类志》（邓思明和汤建华，2006），以及《中国动物志·硬骨鱼纲 鲉形目》（金鑫波，2006）中均将 *C. kumu* 作为 *C. spinosus* 的同物异名，该种的模式标本采自中国，主要分布于西太平洋区自日本北海道南部至中国南海海域（Carpenter and Niem，1999）。近年来，基于形态学（Chen and Shao，1988）和线粒体 *CoI* 基因等分子生物学（李献儒，2015；柳淑芳等，2016；杨喜书，2017）的研究均认为 *C. spinosus* 为 *C. kumu* 的同物异名。就已有资料来看，两种鱼的分布区并无重叠，关于两种是否为同物异名尚待进行深入研究。本书暂按金鑫波（2006）、Carpenter 和 Niem（1999）将长江口分布的按棘绿鳍鱼 [*Chelidonichthys spinosus* (McClelland，1844)] 进行报道和描述。】

红娘鱼属 *Lepidotrigla* Günther，1860

　　本属长江口2种。

种 的 检 索 表

1（2）第一背鳍第四至第七鳍棘具一大黑斑；吻突钝圆，内侧具数小棘；腹鳍不伸达肛门……………
………………………………………………………………………… 短鳍红娘鱼 *L. microptera*

2（1）第一背鳍无大黑斑；吻突宽大平扁，长三角形，内侧无小棘；背鳍第二鳍棘不显著延长；胸鳍

内侧具黑色弧形条纹 ··· 翼红娘鱼 *L. alata*

139. 短鳍红娘鱼 *Lepidotrigla microptera* Günther，1873

Lepidotrigla microptera Günther，1873，Ann. Mag. Nat. Hist.，4（12）：241（Shanghai，China）。

短鳍红娘鱼 *Lepidotrigla microptera*：李思忠，1955，黄渤海鱼类调查报告：245，图 155（辽宁，河北，山东）；朱元鼎等，1963，东海鱼类志：471，图 357（东海中部，江苏大沙，浙江舟山外海等地）；陈马康等，1990，钱塘江鱼类资源：218，图 216（乍浦）；田明诚、沈友石、孙宝龄，1992，海洋科学集刊（第三十三集）：277（长江口近海区）；金鑫波，2006，中国动物志·硬骨鱼纲 鲉形目：310，图 167（大沙，舟山，东海中部等地）；邓思明、汤建华，2006，江苏鱼类志：773，图 403（海州湾，连云港，吕四）。

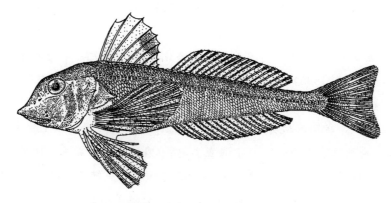

图 139　短鳍红娘鱼 *Lepidotrigla microptera*

英文名　gurnard。

地方名　红娘子。

主要形态特征　背鳍Ⅷ～Ⅸ，Ⅰ-15～16；臀鳍15～17。胸鳍11＋ⅲ；腹鳍Ⅰ-5。侧线鳞64～68。

体长为体高的3.8～4.9倍，为头长的2.5～3.4倍。头长为吻长的2～2.7倍，为眼径的3.5～3.8倍，为眼间隔的4.2倍。

体延长，稍侧扁，向后渐细小。头中大，略呈长方形，高大于宽，背面及侧面均被骨板。吻长，向前部倾斜，前端中央凹入，两侧圆突，具几个小棘。眼中大，侧上位，距鳃孔较距吻端近。眶前棘、眶上棘及眶后棘明显；眼间隔宽，微凹，略大于眼径。鼻孔小，2个，前鼻孔圆形，后鼻孔细狭。口大，前腹位，上颌突出。上下颌及犁骨均具绒毛状齿群，腭骨无齿。上颌缝合处具一凹缺，无齿。舌宽而圆形，不游离。前鳃盖骨无

棘，鳃盖骨具 2 棘。眶前棘 2 个，眶后棘 1 个，均细小；项棘宽扁，尖突，伸越背鳍第二鳍棘。肩胛棘尖长，几伸达背鳍第五鳍棘。鳃孔宽大，鳃膜不与峡部相连，前延伸达后鼻孔下方。鳃盖条 7。假鳃发达。鳃耙短小。

体被中大栉鳞。头部、胸部及腹部前方无鳞。第一背鳍基底具宽扁楯板 8 对，第二背鳍基底具狭小有棘楯板 17 对。

背鳍 2 个；第一背鳍第二、第三鳍棘较长，前缘细锯齿不显著；第二背鳍基底长。臀鳍与第二背鳍相对。胸鳍低位，长而圆形，最长游离鳍条伸达腹鳍中部稍后。腹鳍胸位。尾鳍后缘微凹。

体腔中大，腹膜无色。胃囊状。肠短，约等于体长。幽门盲囊 7，指状。鳔发达。

背侧面红色，腹面白色。胸鳍灰黑色。第一背鳍第四至第七鳍棘的鳍膜上部具一黑色椭圆形大斑。胸鳍里侧橙红色。第二背鳍、臀鳍、腹鳍和尾鳍无斑纹。

分布　分布于西北太平洋区中国沿海、朝鲜和日本海域。长江口近海亦有分布。

生物学特性

［习性］冷温性底层鱼类，通常栖息于沙泥质底海区，能以胸鳍游离鳍条在海底匍匐爬行。栖息水深为 40～340 m，高龄鱼栖息水域较深。适宜水深为 65～70 m 处。春季向近岸做生殖洄游。东海鱼群越冬场在 28°30′—30°30′ N、122°00′—125°00′ E，水深60～100 m，水温 14～19 ℃，盐度 34，越冬期为 1—3 月。

［年龄与生长］渔获物群体体长一般为 140～240 mm，体重 55～220 g。大者长达320 mm，体重 265 g。满 1 龄鱼全长为 130 mm，2 龄为 190 mm，3 龄为 240 mm，4 龄为250～260 mm，5 龄为 280～300 mm。雌鱼最小性成熟体长为 130～240 mm，一般180 mm以上达性成熟。

［食性］仔鱼时以浮游性桡足类为主，成鱼主要摄食底栖动物，其中长尾类（细螯虾属和鹰爪虾属）最多，短尾类次之。此外，胃内还有瓣鳃类和乌贼的幼体、蛇尾类碎片、多毛类残体及浮游性磷虾、糠虾和端足类等。

［繁殖］主要产卵场在渤海湾、鸭绿江外海及连云港外海等处。产卵期大致为 5—6月，生殖群体包括 1～5 龄鱼，以 2～3 龄为主。怀卵量一般为 14 万粒。卵浮性，球形。卵径 1.10～1.34 mm，有一个淡红色油球，球径 0.27～0.29 mm，卵膜光滑而透明，较厚，水温在 16 ℃时，经 72 h 左右孵化。初孵仔鱼全长 3.14～3.22 mm。

资源与利用　本种为次要经济鱼类。1954 年我国机轮底拖网渔业在东海、黄海捕获306 t，1955 年捕获 798 t。黄海南部渔汛盛期在 12 月至翌年 3 月，海州湾和鸭绿江口一带在 4—5 月，对马海峡附近亦可捕到少量渔获物。大陆架边缘全年都有鱼群；常年可捕到，以 4—5 月为捕捞盛期，为机轮底曳网和风帆拖网捕捞对象之一。在东海一直作为兼捕对象，无产量统计资料。

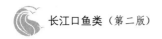

绒皮鲉科 Aploactinidae

本科长江口 1 亚科。

绒皮鲉亚科 Aploactininae

本亚科长江口 1 属。

虻鲉属 *Erisphex* Jordan *et* Starks，1904

本属长江口 1 种。

140. 虻鲉 *Erisphex pottii*（Steindachner，1896）

Cocotropus pottii Steindachner，1896，Ann. Naturh. Mus. Wien，11：203，pl. 4，fig. 1（Kobe，Japan）。

蜂鲉 *Erisphex pottii*：李思忠，1962，南海鱼类志：875，图 700（广东，海南）；朱元鼎、金鑫波，1963，东海鱼类志：464，图 350（浙江，福建，东海北部）；詹鸿禧、许成玉，1990，上海鱼类志：347，图 218（长江口佘山洋及邻近海区）。

虻鲉 *Erisphex pottii*：伍汉霖，2002，中国有毒及药用鱼类新志，375，图 284（福建集美）；邓思明、汤建华，2006，江苏鱼类志：759，图 394，彩图 56（海州湾，黄海南部）；金鑫波，2006，中国动物志·硬骨鱼纲 鲉形目：425，图 211（浙江等地）。

图 140　虻鲉 *Erisphex pottii*（李思忠，1962）

英文名　velvetfish。

地方名　黑虎、老虎鱼。

主要形态特征　背鳍Ⅹ～ⅩⅢ-10～14；臀鳍Ⅰ～Ⅱ-8～12；胸鳍 11～13；腹鳍Ⅰ-2～3；尾鳍 12～15。侧线黏液孔 11～15。鳃耙 2～4＋7～9。

体长为体高的 2.5～3.4 倍，为头长的 2.9～3.6 倍。头长为吻长的 4.3～5.2 倍，为

眼径的 4.1～5.5 倍，为眼间隔的 4.5～5.3 倍。

体延长，甚侧扁，长椭圆形，背缘和腹缘浅弧形，前部较高，后部低斜。头中等大，甚侧扁，无皮瓣。鼻棘小而钝。额棱低平，在眼中部上方愈合，突起，后部再分离；突起前方有一深凹，后方具一浅凹。顶项棱粗短；眼上棱与额棱间凹入；眶前棘、眶上棘、眶后棘钝尖；蝶耳棘、翼耳棘、后颞棘粗短。吻短而钝，背面圆凸。眼小，侧上位，眼径比吻长略小。眶前骨下缘具 2 棘，后棘粗大而尖锐，伸达上颌骨后缘水平线。眶下棱低平。眼间隔约等于眼径。鼻孔每侧 2 个，圆形，前鼻孔较大，在鼻棘旁；后鼻孔较小，靠近眼前方。口大，上位，口裂几垂直。下唇缘有小须状。上颌骨宽，后端伸达眼前缘下方。下颌腹面具黏液孔 3 对。上下颌、犁骨具绒毛状齿群；颚骨无齿。舌厚，前凹，游离。前鳃盖骨边缘具 4 尖棘，第一棘最大，伸达鳃盖边缘；鳃盖骨具 2 小棘。鳃孔宽大。鳃盖膜前延伸达前鼻孔下方，不与峡部相连。鳃盖条 7。具假鳃。鳃耙少而短小，呈突起状。

鳞退化，体被绒毛状细刺。侧线上侧位，伸达尾鳍基。

背鳍连续，起点在瞳孔后缘下方；鳍棘部基底长约等于鳍条部基底长，第一至第四鳍棘较粗短而高，后方鳍棘渐低、细弱，第四鳍棘处有一浅缺刻，鳍条后端伸达尾鳍基底，最后鳍条鳍膜连于尾鳍基底。臀鳍起点在背鳍第二鳍条下方，具 2 短小鳍棘；鳍条细弱，后端几伸达尾鳍基，最后鳍条鳍膜连于尾柄后部。胸鳍侧下位，宽大，尖形，上方鳍条长，伸达臀鳍起点。腹鳍短小，喉位，位于胸鳍基底前下方。尾鳍后缘圆形。

体呈灰黑色，腹部色浅，背侧面具不规则黑斑和小点。背鳍鳍条部、尾鳍、臀鳍和胸鳍黑色，腹鳍无色。幼鱼尾鳍白色。

分布　分布于西太平洋区印度尼西亚、中国、朝鲜和日本等海域。中国沿海各地均有分布。长江口近海有分布。

生物学特性　近海暖水性小型鱼类。栖息于泥沙质底的较深海域。以虾类、蟹类等为食。在南海产卵期为春季，黄海为冬季。其头棘及各鳍棘均有毒腺，被其刺伤后会产生剧痛。体长 100 mm 左右。

资源与利用　数量少，个体小，常混杂在拖网渔获物内，无食用价值。

毒鲉科 Synanceiidae

本科长江口 2 亚科。

亚科的检索表

1（2）胸鳍具 1 游离鳍条 ·· 虎鲉亚科 Minoinae

2（1）胸鳍具 2～3 游离鳍条 ························· 三丝鲉亚科 Choridactylinae

虎鲉亚科 Minoinae

本亚科长江口1属。

虎鲉属 *Minous* Cuvier，1829

本属长江口2种。

种 的 检 索 表

1（2）背鳍第一鳍棘等于或长于第二鳍棘，第一和第二鳍棘基部不明显靠近；尾鳍具横纹；胸鳍内侧
　　　白色；眶前骨后棘长大，约为前棘长的3倍 ···················· 单指虎鲉 *M. monodactylus*
2（1）背鳍第一鳍棘短于第二鳍棘，第一和第二鳍棘基部靠近；背鳍鳍棘细弱，呈丝状·················
　　　··· 丝棘虎鲉 *M. pusillus*

141. 单指虎鲉 *Minous monodactylus*（Bloch *et* Schneider，1801）

Scorpaena monodactyla Bloch and Schneider，1801，Syst. Ichth.，：194（Locality not stated）。

虎鲉 *Minous monodactylus*：李思忠，1955，黄渤海鱼类调查报告：241，图153（山东）；李思忠，1962，南海鱼类志：881，图703（广东，海南）；詹鸿禧、许成玉，1990，上海鱼类志：348，图219（长江口佘山洋）；伍汉霖，2002，中国有毒及药用鱼类新志，381，图291（福建厦门、东山）。

单指虎鲉 *Minous monodactylus*：朱元鼎、金鑫波，1963，东海鱼类志：465，图351（浙江，福建，东海北部）；邓思明、汤建华，2006，江苏鱼类志：763，图396（海州湾，黄海南部）；金鑫波，2006，中国动物志·硬骨鱼纲 鲉形目：442，图217（山东，福建，广东，海南等地）。

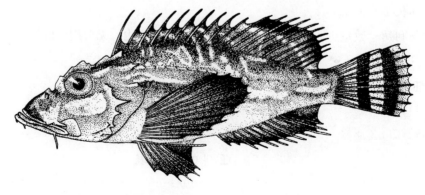

图141　单指虎鲉 *Minous monodactylus*（李思忠，1955）

英文名　gray stingfish。

地方名　虎鱼、虎仔、软虎。

主要形态特征　背鳍Ⅸ～Ⅻ-10～12；臀鳍Ⅱ-7～10；胸鳍11～12-ⅰ；腹鳍Ⅰ-5；尾鳍13～14。侧线黏液孔17～21。鳃耙3～4＋8～12。椎骨25。

体长为体高的2.5～3.2倍，为头长的2.4～2.7倍。头长为吻长的2.5～2.9倍，为眼径的3.7～4.5倍，为眼间隔的4.0～4.6倍。

体中长，长椭圆形，前部粗大，后部稍侧扁。尾柄短而高，侧扁，尾柄长约等于尾柄高。头稍大，粗厚，高宽约相等，背面在眼前和眼后方稍凹，颅骨很粗糙，密具粒状或线状突起。鼻棘钝尖；额棱细，2对，中间1对呈"人"字形。眶上棘低平，棘不明显；眼后顶骨区具一横沟。顶项棱扁而钝尖。蝶耳棘、翼耳棘、后颞棘低钝；肩胛棘呈三角形。吻圆钝，吻长大于眼径，后缘凹入。眼中大，侧上位，上缘具小皮质状突起数条。眶前骨下缘具2尖棘，前棘短小，后棘较长，刺刀状，斜向后方。第一和第二眶下骨棘小而钝。眼间隔宽而凹入，几与眼径相等。鼻孔每侧2个，前鼻孔具1短管状皮膜，位于眼前方。口大，前位，斜裂。下颌稍突出，上颌中间凹入，上颌骨伸达眼下方，下颌下方具2～3行小须及3～4黏液孔。上下颌及犁骨具绒毛状齿群；腭骨无齿。舌宽大，游离，舌端细尖。前鳃盖骨具5～6棘，第二棘最长，伸达或伸越鳃盖骨边缘。鳃盖骨具2棘。鳃孔宽大。鳃盖膜与峡部相连。第四鳃弓后方有一小裂孔。鳃盖条7。具假鳃。鳃耙粗短。

体光滑无鳞。侧线上侧位。

背鳍连续，始于鳃孔上角前上方，鳍棘发达，鳍棘基底略长于鳍条部基底，鳍间缺刻不明显。臀鳍与背鳍鳍条部相对。胸鳍宽大，圆形，侧下位，峡部具1指状游离鳍条。腹鳍位于胸鳍基底下方。尾鳍后缘圆形。各鳍鳍条均布分支。

体呈灰红色，腹面白色，背侧具数条不规则色暗的条纹，体侧中部具2条褐色纵纹。背鳍每棘鳍膜上端黑色，鳍条部前上方具一大黑斑，胸鳍、腹鳍和臀鳍均呈灰黑色，尾鳍灰色，具2条色暗的宽大横纹。

分布　分布于印度—西太平洋区，西起红海和东非，东到中国台湾海域，北至日本南部海域，南至新喀里多尼亚海域。中国分布于沿海各地。长江口近海有分布。

生物学特性　近海暖水性小型海洋鱼类。栖息于近海底层，以甲壳动物等为食。卵生。体长约80 mm。为刺毒鱼类，鳍棘每侧均具一侧沟，沟内具白色柔软组织，该组织膨大，扩展于沟外。被刺后剧痛，伤口红肿，疼痛常达数小时，且创口不易愈合。

资源与利用　长江口数量稀少，不具经济价值。

三丝鲉亚科 Choridactylinae

本亚科长江口1属。

鬼鲉属 *Inimicus* **Jordan** *et* **Starks**，**1904**

本属长江口1种。

142. 日本鬼鲉 *Inimicus japonicus*（Cuvier，1829）

Pelor japonicum Cuvier，1829，Hist. Nat. Poiss.，4：437，pl. 93（Coast of China and seas of Japan）。

鬼鲉 *Inimicus japonicus*：李思忠，1955，黄渤海鱼类调查报告：243，图154（辽宁，河北，山东）；李思忠，1962，南海鱼类志：886，图706（广西，海南）；詹鸿禧、许成玉，1990，上海鱼类志：349，图220（南汇东风渔场）。

日本鬼鲉 *Inimicus japonicus*：朱元鼎、金鑫波，1963，东海鱼类志：467，图353（浙江蚂蚁岛，福建东犀）；伍汉霖，2002，中国有毒及药用鱼类新志，379，图287（上海鱼市场，浙江沈家门）；邓思明、汤建华，2006，江苏鱼类志：761，图395（海州湾）；金鑫波，2006，中国动物志·硬骨鱼纲 鲉形目：471，图228（辽宁，河北，浙江，福建，广东，广西）。

图142 日本鬼鲉 *Inimicus japonicus*（李思忠，1955）

英文名 stonefish。

地方名 海蝎子、蝎子鱼、海蝎鱼。

主要形态特征 背鳍XVI～XVIII-5～8；臀鳍II-8～10；胸鳍9～10-ii；腹鳍I-5；尾鳍14～15。鳃耙2～4+7～9。椎骨27～29。

体长为体高的2.8～3.3倍，为头长的2.7～3.7倍。头长为吻长的2.3～2.5倍，为眼径的5.9～7.5倍，为眼间隔的2.9～3.2倍。

体延长，前部粗大，背缘和腹缘斜弧形，尾部向后渐细小。头宽大，头宽大于头长，头上和头侧有凹窝和棘突，颅骨均被皮膜所盖；头棘棱粗钝，须发达，多为树枝状。无鼻棘；顶项棱具2钝棘；眶上棱高突，具眶前棘、眶上棘、眶后棘各1个，均低钝；蝶耳棘短小，翼耳棘稍高突、肩胛棘低平，均为1棘；后颞棘2个，上下排列。吻圆钝，前颌骨突隆起，与眼间隔具一横凹沟。眼小，侧上位，高而外凸，距吻端较距鳃盖骨后缘近，眼前吻侧具一深凹。眶前骨下缘具2棘及2皮瓣；第一眶下骨中央具1小棘；第二眶下骨具2棘，后缘宽。眼间隔宽而深凹，前半部具1对中筛棱，后方具1横棱；横棱后方与背鳍起点间具1横沟。鼻孔每侧2个，前鼻孔具管状皮瓣，后鼻孔具短管、在眼前凹沟下缘。口中大，前位，口裂几垂直。上颌骨后端不伸达眼前缘，后部具1对皮须；下颌弧形上突、下方具2对皮须，中间1对较长，有许多分支。上下颌和犁骨具绒毛状齿群，腭骨无齿。舌宽大，游离，前端圆钝。前鳃盖骨有4棘，鳃盖骨有2棘。鳃孔宽大，伸达眼前缘下方。鳃盖膜与峡部相连。鳃盖条7。假鳃发达。鳃耙呈颗粒状。

体光滑无鳞。头部、体前端、胸鳍前部和背鳍鳍棘部均有皮瓣，有些为短须状。侧线平直，伸达尾鳍基。

背鳍连续，始于鳃孔前上方，鳍棘部发达，仅端部露出，前3棘鳍棘膜浅凹，其后各棘鳍棘膜深裂，第三与第四棘间距离较大，鳍条部短，后端伸达尾鳍基底，最后鳍条鳍膜连于尾柄。臀鳍始于背鳍第十四鳍棘下方，鳍棘短小，鳍条末端伸达尾鳍基底，最后鳍条鳍膜连于尾柄。胸鳍宽大，圆形，基底下端伸达眼后缘下方，后端伸达臀鳍上方，下方具2指状游离鳍条。腹鳍胸位，后端伸达肛门。尾鳍颇长，后缘圆形。

体呈黑褐色，散布斑纹和斑点。鳍黑褐色，常具斑纹。胸鳍散布斑点，指状游离鳍条具黑白节斑。尾鳍散布斑点。

分布　印度—西太平洋区中国、朝鲜和日本等海域有分布。中国沿海各地均有分布。长江口近海有分布。

生物学特性　近海暖温性中小型底层鱼类。常栖息于沿岸或海岛附近石砾质底的浅海中。为典型底栖生活鱼类，行动滞缓，活动范围小，无远距离洄游习性。肉食性，主要摄食甲壳类和鱼类，胸鳍下部指状游离鳍条可用来爬行和觅食。初夏产卵，怀卵量40万粒。鳍棘和头部棘突具毒腺，毒性强烈，被刺伤后产生急性剧烈阵痛，可持续数天。

资源与利用　肉鲜美，具甘、温、清凉解毒的功效，可供食用。为日本的养殖对象，近年来我国广东等地也在试养。长江口数量稀少。

鲬亚目 Platycephaloidei

本亚目长江口1科。

鲬科 Platycephalidae

本科长江口3属。

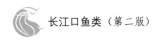

属 的 检 索 表

1（2）前鳃盖骨具 3～4 棘；眼上无皮瓣；上下颌无犬齿；眶前骨下缘具棘，无锯齿；眶上棱上下各 1 条；虹膜分 2 叶 ·················· 大眼鲬属 *Suggrundus*

2（1）前鳃盖骨具 2 棘

3（4）犁骨齿群左右分离；间鳃盖骨无皮瓣；虹膜半圆形；侧线鳞具 1 小管 ·········· 鳄鲬属 *Cociella*

4（3）犁骨齿群连合呈半月形；头大，甚平扁，棘棱低弱；眶下骨下缘无棘；虹膜具舌状突起；眶下棱上下各 1 条 ·················· 鲬属 *Platycephalus*

鳄鲬属 *Cociella* Whitley，1940

本属长江口 1 种。

143. 鳄鲬 *Cociella crocodilus*（Cuvier，1829）

Platycephalus crocodilus Cuvier in Cuvier and Valenciennes，1829，Hist. Nat. Poiss.，4：256（Nagasaki，Japan）。

鳄鲬 *Cocius crocodilus*：李思忠，1955，黄渤海鱼类调查报告：257，图 161（辽宁，河北，山东）。

鳄鲬 *Cociella crocodilus*：李思忠，1962，南海鱼类志：921，图 727（广东，广西）；詹鸿禧、许成玉，1990，上海鱼类志：351，图 222（长江口佘山）；金鑫波，2006，中国动物志·硬骨鱼纲 鲉形目：521，图 243（辽宁，浙江，福建，广东，广西）。

鳄鲬 *Cociella crocodila*：朱元鼎、金鑫波，1963，东海鱼类志：484，图 369（东海北部，浙江、福建）；邓思明、汤建华，2006，江苏鱼类志：778，图 405（海州湾，连云港）。

图 143 鳄鲬 *Cociella crocodilus*（李思忠，1962）

英文名 crocodile flathead。

地方名 大眼骡子、肿眼泡。

主要形态特征 背鳍Ⅰ，Ⅷ，Ⅰ-10；臀鳍 11；胸鳍 19～20；腹鳍Ⅰ-5；尾鳍 20。侧线鳞 50～55 $\frac{9}{20}$。鳃耙 6+11。

体长为体高的 9.2～11 倍，为头长的 2.8～3.2 倍。头长为吻长的 3.1～3.5 倍，为眼径的 5.6 倍，为眼间距的 13～15 倍。尾柄长为尾柄高的 1.3 倍。

体延长，平扁，向后渐细小。头平扁，棘棱显著。前颌骨突外侧具1鼻棱，中部具1鼻棘。顶骨上具数条辐射状细棱，左右顶项棱中央具1纵棱。中筛棱细弱，位于眼间隔前方。眶上棱低平，中部具1棘。蝶耳棘短小，具1棘；翼耳棘颇长，后端具1棘；后颞棘颇长，具2棘；肩胛棘1个。吻平扁，中长，背视呈弧形。眼大，侧上位，虹膜具圆舌状突起，无触毛状分支。眶前骨具数条辐射状细棱及2棘，前棘斜对后鼻孔，后棘正对眼前缘，下缘无棘。眶下棱显著，第一眶下骨具1棘，第二眶下骨无棘；眶前骨和第一、第二眶下骨下缘具一细弱低棱。眼间隔窄小。鼻孔每侧2个；前鼻孔较小，具1鼻瓣；后鼻孔较大，具短管状突起。口大，前位。下颌突出。上颌骨向后伸越眼前缘下方。上下颌、犁骨和腭骨均具绒毛状齿群；犁骨齿群分为2纵行。舌宽薄，前端游离。前鳃盖骨具2棘，上棘较大；鳃盖骨具2细棱，后端各具1棘；间鳃盖骨下缘无皮瓣。鳃孔大。鳃盖膜分离，不与峡部相连，向前伸达后鼻孔下方。鳃盖条7。假鳃发达。鳃耙细长。

体被小栉鳞，头部前端和腹面无鳞。侧线中侧位，几平直，前部稍高，伸达尾鳍基，前方数鳞各具1弱棘。

背鳍2个，相距较近。第一背鳍始于鳃孔后角后上方，第一鳍棘短小、游离，第三鳍棘最长，长于最长鳍条；第二背鳍基底长于第一背鳍基底，后端不伸达尾鳍基。臀鳍始于第二背鳍前端下方，基底长大于第二背鳍基底，鳍条后端几伸达尾鳍基。胸鳍短圆，具2不分支、12分支、5不分支鳍条。腹鳍较长，始于胸鳍基底后下方，左右远离。尾鳍后缘圆形。

体呈褐紫色，具斑纹和斑点。头体散布黑点。虹膜金色。上下颌具褐斑。眼下方具2较大褐斑。体背侧具数道不明显的宽褐色横纹。第一背鳍具数个灰褐色斑点，后上方灰黑色；第二背鳍具数纵行黑色斑点。臀鳍具褐斑和一纵行条纹。胸鳍具数条横纹。腹鳍中部具一横行云状大斑。尾鳍通常具数条色暗的斑纹或成列的斑点。

分布　分布于印度—西太平洋区自红海、东非至所罗门群岛海域，北至日本南部海域，南至澳大利亚海域。我国沿海均有分布。长江口近海区有分布。

生物学特性　近海暖水性海洋鱼类。东海和黄海主要分布区域在海州湾和长江外海这一狭长海域，该海域冬季10 ℃以上，夏季17 ℃以上，盐度18～19。体中型，体长达400 mm。栖息于近海泥沙底层，少游动，体平扁，常半埋土中，露出背鳍鳍棘，以诱饵并御敌害。摄食鱼、虾和其他无脊椎动物等。卵生，卵浮性。黄海和东海产卵期7—8月。具性逆转特性，小型鱼雌雄同体，雄性先成熟，然后向雌性转换，2龄鱼开始出现两性生殖巢，6龄鱼以上均为雌性。

资源与利用　在长江口近海区较常见，底拖网及定置网具等均能捕获，但数量少。味美，肉质属上乘，供鲜销食用。

【我国鱼类志中，鳄鲬为 Tilesius 于 1812 年命名，模式标本采自日本长崎。而据 Imamura 和 Yoshino（2009）对原始文献的研究，Tilesius（1812）是采用俄文字母拼写

（crocodile - like flathead），不符合国际动物命名规约（international commission on zoo-logical nomenclature，ICZN），认定命名无效，有效命名人应为 Cuiver 于 1829 年的首次科学命名 *Platycephalus crocodilus*，模式种产地为日本长崎。现予以纠正，鳄鲬学名应为 *Cociella crocodilus*（Cuvier，1829）。】

鲬属 *Platycephalus* Bloch，1795

本属长江口 1 种。

144. 鲬 *Platycephalus indicus*（Linnaeus，1758）

Callionymus indicus Linnaeus，1758，Syst. Nat.，ed. 10，1：250（Indo - West Pa-cific，Asian）。

鲬 *Platycephalus indicus*：李思忠，1955，黄渤海鱼类调查报告：255，图 160（辽宁，河北，山东）；李思忠，1962，南海鱼类志：921，图 727（海南）；朱元鼎、金鑫波，1963，东海鱼类志：485，图 370（江苏南部，浙江，福建）；湖北省水生生物研究所，1976，长江鱼类：214（崇明开港）；陈马康等，1990，钱塘江鱼类资源：214，图 218（海盐）；詹鸿禧、许成玉，1990，上海鱼类志：352，图 223（长江口近海）；金鑫波，2006，中国动物志·硬骨鱼纲 鲉形目：530，图 246（大沙，吕四等地）；邓思明、汤建华，2006，江苏鱼类志：782，图 408（海州湾，连云港，吕四，黄海南部）。

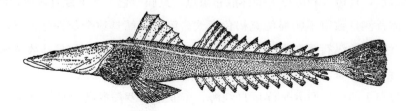

图 144　鲬 *Platycephalus indicus*

英文名　bartail flathead。

地方名　山肖、竹甲。

主要形态特征背鳍Ⅱ，Ⅶ，Ⅰ-13；臀鳍14；胸鳍18～20；腹鳍Ⅰ-5；尾鳍20～21。侧线鳞117～120$\frac{17～18}{28～29}$。鳃耙4+8。

体长为体高的 9.8 倍，为头长的 2.5～3.3 倍。头长为吻长的 3.6～5.4 倍，为眼径的 8.1～12.4 倍，为眼间距的 5.6～7.9 倍。

体延长，平扁，向后渐狭。头宽大，平扁，骨棱低平。吻背视近半圆形。眼中大，侧上位，虹膜常具一舌形突起。眶前骨下缘及眶下骨下缘呈一低弱细棱，眶前骨下缘具 3 小棘，前 2 棘向前，后棘向后。眶下棱低平，具 2 小棘。眼间隔宽而微凹，大于眼径。鼻孔每侧 2 个，前鼻孔后缘具一鼻瓣，后鼻孔较大。口大，前位。上颌骨后端伸达眼后缘下方。下颌突出。上下颌、犁骨和腭骨具绒毛状齿群；犁骨齿呈半月形。舌宽圆扁薄，游离。前鳃盖骨具 2 棘，下棘较大；鳃盖骨具一细棱，棘不明显；间鳃盖骨具一舌状皮瓣。鳃孔宽大。鳃盖膜分离，不与峡部相连，向前伸达眼前缘下方。鳃盖条 7。第四鳃弓后具一裂孔。鳃耙细长。

体被小栉鳞，喉胸部和腹侧鳞细小，吻部和头的腹面无鳞。侧线中侧位，平直，伸达尾鳍基。

背鳍 2 个，相距较近，始于鳃孔后上角稍后上方，第一、第二鳍棘游离；第一鳍棘很小、不明显，第三、第四鳍棘较长，约等于最长鳍条，第十鳍棘细小，游离；第二背鳍基底长约为第一背鳍基底长 2 倍，鳍条末端不伸达尾鳍基。臀鳍起点在第二背鳍起点下方，基底略长于第二背鳍，末端不伸达尾鳍基。胸鳍短圆。腹鳍亚胸位，末端伸达肛门。尾鳍后缘浅凹。幽门盲囊 8 个，细长、指状。

体呈黄褐色，背侧具暗黑色斑点，腹面白色。背鳍具数纵行小黑点。胸鳍密具暗褐色小斑。腹鳍浅褐色，具不规则小斑。尾鳍具黑斑。

分布　分布印度—西太平洋区非洲东南岸、太平洋中部诸岛和日本海域。我国沿海均有分布。长江口近海亦有分布。

生物学特性

[习性] 暖水性近海底层鱼类。喜栖息于沿岸沙质海底，游泳缓慢，一般不集成大群。在东海、黄海秋季水温开始下降后，黄海北部鱼群南下，10—11 月达山东荣成、石岛外海，12 月达 36°N 以南济州岛西北、水深 60~80 m 海区，底层水温 6~13 ℃，盐度 32~33.5。越冬时鱼群分散、潜伏海底。每年 3 月由越冬场逐渐向近岸水域。一支向西到达江苏吕四和海州湾外海至山东半岛南岸。一支向东游向朝鲜西南岸。主群则向北洄游，4 月上中旬到达黄海北部沿岸海区，并于 4 月下旬进入渤海，分布于沿岸浅水区。产卵期间集群性强。产卵各鱼群分散索饵，索饵期为 7—10 月。

[年龄与生长] 一般体长为 200~350 mm，最大可达 540 mm。体重 1~1.5 kg。1 龄鱼全长为 130 mm、2 龄鱼为 230 mm、3 龄鱼为 320 mm、4 龄鱼为 390 mm、5 龄鱼为 450 mm、6 龄鱼为 500 mm、7 龄鱼为 540 mm。生命周期较长，胶州湾最高年龄可达 9 龄，优势年龄组为 2~4 龄（占 88%），莱州湾为 1~8 龄，2~3 龄占 82%。渔获物体长为 195~525 mm，优势体长为 270~360 mm；体重为 64.1~1 600 g，优势体重为 100~400 g。体长增长以 2 龄前较快，3~6 龄稳定，7 龄以上缓慢；体重在 4 龄前增幅小，5 龄以上增幅大。雌鱼体长增长较雄鱼快。体长与体重关系式为：$W = 2.734\,1 \times 10^{-6} L^{3.217\,7}$。初次成熟年龄为 1 龄，雌鱼占 4%、雄鱼占 4.5%，2 龄雌、雄鱼全部性成熟。成长阶段伴有性逆转现象，其小型个体具雌雄两性生殖腺，随着生长，生殖腺发生变化，雄性先成熟，在 200 mm 以下时一般为雄性，再长大即转为雌性，400 mm 以上雌性占 70%，

500 mm 以上全部为雌性。

　　[食性] 肉食性，食性颇广，摄食种类达 30 余种。主要摄食甲壳类中的虾蛄、对虾、鼓虾、脊腹褐虾、太平洋磷虾和蟹类等，鱼类中的日本鳀、多鳞鱚、日本鳀、皮氏叫姑鱼、黄鲫、虾虎鱼、天竺鲷等。此外还摄食头足类和贝类。

　　[繁殖] 产卵场分布广泛，水深 5～20 m、适应温度为 14～21 ℃、盐度为 28.27～31.27。生殖期 5—6 月。个体绝对繁殖力为（8.9～131.8）×10^4 粒，体长相对生殖力波动于 260.9～303 粒/mm、体重相对生殖力波动于 390～1 551 粒/g，有随年龄增长而增加的趋势。性成熟系数变化，4 月平均为 10.59%、5 月上旬为 12.02%、5 月中旬为 18.05%、5 月下旬 10.87%、6 月为 9.27%。春季产卵群体雌鱼多于雄鱼，性比为 3∶2；秋季接近 1∶1，随体长的增长，雌鱼个体增多、雄鱼减少。受精卵孵化水温为 19 ℃，约 24 h，发育全程大约需 48 h。卵呈球形，卵径 0.9～1.2 mm，浮性，具 1 油球，淡黄色，球径 0.22～0.24 mm。初孵仔鱼全长 2.38～2.48 mm。

　　资源与利用　本种为沿海底拖网兼捕对象，此外延绳钓和定置网也时有捕获，产量不多。日本以西底拖网产量 1982 年约为 1 300 t。鲬分布范围广，但集群性差，受集中捕捞的影响较小，所以资源变动不大，但其资源已达充分利用，整个黄海和渤海资源量估计为（1～1.5）×10^4 t，可捕量在 5 000～8 000 t。肉味属上乘，为食用经济鱼类之一。适合鲜销。

大眼鲬属 *Suggrundus* Whitley，1930

本属长江口 1 种。

145. 大眼鲬 *Suggrundus meerdervoortii*（Bleeker，1860）

Platycephalus meerdervoortii Bleeker，1860，Acta Soc. Sci. Indo‑Neêrl.，8：80，pl. 1，fig. 3（Nagasaki，Japan）。

　　大眼鲬 *Suggrundus meerdervoortii*：朱元鼎、金鑫波，1963，东海鱼类志：481，图 366（东海北部，浙江）；田明诚、沈友石、孙宝龄，1992，海洋科学集刊（第三十三集）：277（长江口近海区）；邓思明、汤建华，2006，江苏鱼类志：781，图 407（连云港）；金鑫波，2006，中国动物志·硬骨鱼纲 鲉形目：506，图 238（东海北部等地）。

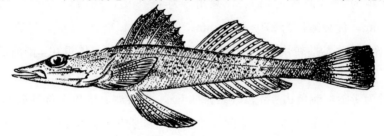

图 145　大眼鲬 *Suggrundus meerdervoortii*（金鑫波，2006）

英文名　flathead。

地方名　牛尾。

主要形态特征　背鳍Ⅷ～Ⅸ-Ⅰ-10；臀鳍11；胸鳍20；腹鳍Ⅰ-5；尾鳍20。侧线鳞 $50\sim53\,\dfrac{5\sim6}{15\sim19}$。鳃耙5+10。

体长为体高的7.2倍，为头长的2.8倍。头长为吻长的3.6倍，为眼径的4倍，为眼间隔的10倍。尾柄长为尾柄高的2.3倍。

体平扁，延长。头平扁，尖长，背面粗糙，具颗粒状突起，棱和棘均较发达。鼻棱小，鼻棘细小；中筛棱1对，细狭，互相靠近，位于眼间隔前方。顶项棱低长，具1棘，左右项棱间具1小纵棱。眶上棱低狭，后部具5棘，眶前棘和眶后棘各1个。翼耳棱较长，具1棘；后颞棘2个；肩胛棘1个。吻平扁，前端钝尖。眼较大，侧上位。眶前骨下缘具2棘；眶下棱具5小棘。眶前骨和第一、第二眶下骨下缘具1明显细棱。眼间隔窄，中间凹入。鼻孔每侧2个，前鼻孔后缘具1皮瓣；后鼻孔具1短管状突起。口大，前位，下颌突出。上颌骨向后伸越眼前缘下方。后端凹入。上下颌、犁骨及腭骨均具绒毛状齿群；犁骨齿呈2纵行。舌宽薄，游离。前鳃盖骨具3棘，上棘最大，约为眼径的2/3，基部具1棘；鳃盖骨具2细棱，后端各具1棘；间鳃盖骨具1小皮瓣。鳃孔大。鳃盖膜分离，前伸达后鼻孔下方，不与峡部相连。鳃盖条7。假鳃发达。鳃耙细长。

体被栉鳞，吻部无鳞。侧线平直，稍高，伸达尾鳍基，前方数鳞各具1细棘。

背鳍2个，稍分离。第一背鳍始于鳃孔上角上方，第一鳍棘短小，第三鳍棘最长；第二背鳍基底稍长于第一背鳍基底，鳍条末端不伸达尾鳍基。臀鳍始于第二背鳍前端下方，基底长大于第二背鳍基底。胸鳍短圆，侧下位，末端约伸达第五鳍棘下方。腹鳍亚胸位，内侧鳍条较长，末端伸越臀鳍起点。尾鳍后缘圆形。

头、体灰色，背侧前半部及头背均具黑色小点，第一背鳍灰黑色，第二背鳍具褐色小点数行；胸鳍灰褐色；腹鳍暗褐色；臀鳍端部灰褐色；尾鳍端部和基部具色暗的横带。

分布　分布于西北太平洋日本南部至中国东南沿海。中国东海、南海和台湾海域均有分布。

生物学特性　近海暖温性中小型底层鱼类。近海底层栖息，少游动，无远距离洄游习性。常半埋于沙中，露出背鳍鳍棘，以诱饵并御敌害。以小鱼、虾类及其他无脊椎动物为食。卵浮性，产卵期4—6月。早期雌雄同体，雄性先成熟，以后转换为雌性。

资源与利用　长江口近海区数量稀少，多混杂于底拖网渔获物中，无捕捞经济价值。

杜父鱼亚目 Cottoidei

本亚目长江口2科。

科 的 检 索 表

1（2）腹鳍不愈合成吸盘；侧线明显；鼻孔 2 个；第一背鳍不明显长于第二背鳍；胸鳍下方无游离鳍条；体前部稍平扁，后部侧扁；头体不全被骨板；沿侧线无 1 列骨板 …………………… …………………………………………………………………………… 杜父鱼科 Cottidae

2（1）腹鳍愈合成吸盘；鼻孔 1 个；侧线消失；背鳍 1 个；臀鳍基底长 ………… 狮子鱼科 Liparidae

杜父鱼科 Cottidae

本科长江口 2 亚科。

亚 科 的 检 索 表

1（2）前鳃盖骨上棘上缘无小棘；前鳃盖骨上棘常上弯；鳃盖骨无棘；下鳃盖骨和间鳃盖骨无棘…… ………………………………………………………………………… 杜父鱼亚科 Cottinae

2（1）前鳃盖骨上棘上缘具小棘；前鳃盖骨上棘粗大，上缘具 2～5 小棘；鳃盖骨无棘；上下颌具细齿，犁骨及腭骨无齿 ……………………………………… 细杜父鱼亚科 Cottiusculinae

杜父鱼亚科 Cottinae

本亚科长江口 1 属。

淞江鲈属 *Trachidermis* Heckel，1839

本属长江口 1 种。

146. 淞江鲈 *Trachidermis fasciatus* Heckel，1839

Trachidermus fasciatus Heckel，1839，Ann. Wien. Mus. Natu.，2：160，pl. 9，fig. 2（Philippines?）；Fowler and Bean，1920，Proc. U. S. Nat. Mus.，58：318（苏州）；Rendahl，1924，Ark. Zool.，16（2）：34～35（奉天葫芦岛，直隶山海关，江苏上海县）；Jordan and Hubbs，1925，Mem. Carn. Mus.，10（2）：277（苏州）；Evermann and Shaw，1927，Proc. Calif. Acad. Sci.，4 th Ser.，16（4）：119（松江）；Kimura，1934，J. Shanghai Sci. Inst.，(3) 1：199～201（江阴，镇江）。

Centridermichthys ansatus：Richardson，1845，Zool. Voy. Sulph.，Pisces：74，pl. 54，fig. 6～10（上海吴淞）。

Centridermichthys fasciatus：Günther，1860，Cat. Fish. Brit. Mus.，2：170（长江口）；Peters，1880，Monatsb. Akad. Wiss. Berlin，45：922（宁波）；Karoli，1882，Term. Fuzetek.：5（南京）。

Trachydermus fasciatus：Jordan and Starks，1940，Proc. U. S. Nat. Mus.，27（1358）：262～264，fig. 14（旅顺港）。

Trachidermis fasciatus：Shaw，1930，Bull. Fan Mem. Inst. Biol.，1（10）：202～203（苏州，南京）；Kimura，1935，J. Shanghai Sci. Inst.，（3）3：117～118（崇明）；Nichols，1943，Nat. Hrit Centr. Asia，9：254（上海松江，南京，苏州）。

松江鲈 *Trachidermus farciatus*：李思忠，1955，黄渤海鱼类调查报告：265，图 165（山东烟台、莱阳，河北秦皇岛、北戴河、山海关，辽宁葫芦岛、庄河、大东沟）；湖北省水生生物研究所，1976，长江鱼类：214（崇明）；严小梅，2005，太湖鱼类志：235，图 89（太湖）；金鑫波，中国动物志·硬骨鱼纲 鲉形目：569，图 258（辽宁，河北，山东，鸭绿江口，上海）。

松江鲈鱼 *Trachidermus fasciatus*：朱元鼎，1963，东海鱼类志：488，图 372（上海）；陈马康等，1990，钱塘江鱼类资源：220，图 219（海盐）；郏国生，1991，浙江动物志·淡水鱼类：218，图 181（宁波，镇海，上虞，平阳）；江苏省淡水水产研究所，1987，江苏淡水鱼类：284，图 142（射阳，盐城，连云港）；詹鸿禧、许成玉，1990，上海鱼类志：353，图 224（宝山，川沙，南汇，嘉定，青浦，崇明）。

淞江鲈 *Trachidermus fasciatus*：李思忠，1998，中国濒危动物红皮书·鱼类：240（综述）。

淞江鲈 *Trachidermis fasciatus*：王幼槐，2006，海洋渔业，28（4）：299。

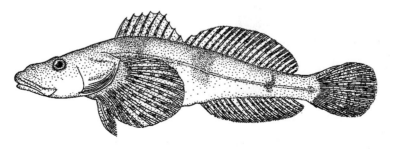

图 146　淞江鲈 *Trachidermis fasciatus*

英文名　roughskin sculpin。

地方名　四鳃鲈、花鼓鱼、花花娘子。

主要形态特征　背鳍Ⅷ～Ⅸ，18～20；臀鳍 16～18；胸鳍 17～18；腹鳍Ⅰ-4；尾鳍 18～26。

体延长，近圆筒形，前部平扁，向后渐细。头大而宽平，棘、棱为皮所盖。鼻棘钝尖。额棱宽短，前端分叉。顶棱低平无棘，前端与眶上棱后端连接，后部外斜与眶后棱末端连接。眶上棱低平，无眶上棘和眶后棘。眶后棱低平。眶下棱低狭无棘。前鳃盖骨具 4 棘，上棘最大，棘端钩状上翘。鳃盖骨具一低棱，端部扁而钝。吻宽而圆钝。口大，端位，上颌稍长，上颌骨伸达眼后缘下方。上下颌、犁骨及腭骨均具绒毛状齿带。舌宽厚，端部稍游离。眼小，侧上位；眼间隔宽而下凹。鳃孔宽大，鳃盖膜连于峡部。鳃耙退化成粒状突起，最后鳃弓后方无裂孔。

体被粒状和细刺状皮质突起。侧线平直，黏液管 37。

背鳍始于胸鳍基底上方，鳍棘部和鳍条部之间有一缺刻，基底连续。臀鳍始于背鳍鳍条部第三、第四鳍条下方。腹鳍胸位，基底相互靠近。胸鳍宽大，圆形，伸越肛门，下部 7～8 枚鳍条不分支。尾鳍圆截形。

体黄褐色，体侧具色暗的横带 5～6 条。吻侧、眼下、眼间隔和头侧具色暗的条纹。鳃盖膜和臀鳍基底橘红色。腹鳍白色，其余各鳍均具黑色斑点，背鳍鳍棘部前部具一黑色大斑。头侧鳃盖膜各有 2 条红色斜带（恰似 4 片鳃叶外露，故称四鳃鲈）。

分布 中国，日本九州海域，朝鲜半岛的西岸、南岸诸河和东岸个别河流均有分布。中国分布于渤海、黄海和东海，北起辽宁鸭绿江口，南抵福建闽江口，沿岸各河流及河口均有分布。

生物学特性

［习性］栖息于近海沿岸浅水水域，以及与海相通的河川江湖中，在淡水水域生长育肥，然后降河入海到河口附近浅海区繁殖。在长江口，幼鱼在 4 月下旬到 6 月上旬溯河。喜栖息于水清而有微流水的水体中，营底栖生活，白天潜伏于水底，夜间四处活动。成鱼降海期与当时气温、水温状况关系密切。通常山东沿海 11 月初开始启程，盛期在中旬，到月底降海结束，历时 1 个月。长江三角洲淞江鲈降海洄游大多始于 11 月底，盛期在 12 月下旬（冬至前后几天），至翌年 2 月上旬结束，历时约 2 个月。

［年龄与生长］幼鱼生长较快，溯河期不足 2 个月，平均体长增长 3.2 倍，6 月平均体长达 43 mm，9 月体长为 50～85 mm，12 月体长达 120～140 mm，12 月以后生长停止。1 龄即达性成熟，最大个体体长 170 mm，体重不超过 100 g。水温、盐度和饵料对淞江鲈生长有影响，在以活饵料饲养条件下，淡水组比盐度为 5 的试验组平均体长增长和平均体重增重都要大；在淡水组同样喂以活饵料，在有自然光环境中个体的生长速度，比在暗环境中个体生长速度要快。高温会影响生长，在高温期降低水温能促进其生长（韦正道等，1997b）。

［食性］肉食性鱼类，体长 40 mm 以下的个体，以摄食枝角类为主。体长 40 mm 以上开始捕食小虾，体长 70 mm 以上的个体以中华小长臂虾和细足米虾为食，兼食栉虾虎鱼、麦穗鱼、棒花鱼和鳑鲏等小型鱼类。在饲养条件下，喜食活饵，不喜食颗粒饲料。繁殖期间不摄食。

［繁殖］长江口淞江鲈幼鱼，每年 4 月底到 6 月上旬上溯，到淡水水体生长育肥，到 11 月底开始洄游移向浅海。降海洄游时雄鱼先启程，雌鱼动身稍晚，性腺尚未成熟，均处于Ⅲ期，在洄游过程中逐步发育成熟。到达产卵场的雄性，精巢发育至Ⅴ期，雌性卵

巢发育到Ⅳ期末，发情时迅速过渡到Ⅴ期。

长江口北侧、黄海南部的蛎牙礁是淞江鲈的产卵场，位于 32°09′ N、121°34′ E，距海门东灶港、南通团结闸各约 5 n mile。蛎牙礁长约 15 km、宽约 1 km，位于潮间带，有牡蛎壳堆积，潮涨时被淹，潮退时露出，牡蛎壳凹凸不平重叠堆积形成许多洞穴，淞江鲈即在其中繁殖。产卵期在 2 月中旬到 3 月中旬，以 2 月底到 3 月初产卵最盛。水温 4～5 ℃，盐度 30～32。

淞江鲈产卵的洞穴，底部有少量泥沙，洞口大多朝南，大小一般仅容一手伸入，洞口退潮后有少量海水，有的无水但较潮湿。雌鱼怀卵量 5 100～12 800 粒。卵黏性，结成团块状，淡黄色、橘黄色或橘红色，产后黏着于洞穴的顶壁。每一洞穴均有一尾雄鱼守护在卵块下方。有的洞穴顶壁的卵块甚大，颜色有 2～3 种，胚胎发育程度不一，起因于在该洞穴产卵的不止一条，护卵雄鱼先后又与后来进洞的雌鱼再次进行了交配。产卵后雌性在 3 月，雄性在 4 月护卵结束后，离开产卵场移向近处沿岸索饵。

受精卵黏性很强，淡黄色、橘黄色或橘红色，卵径 1.48～1.58 mm，原生质集中于动物极，植物极除卵黄外，还有一定数量大小不等而透明的油球。繁殖于早春，水温较低仅 4～5 ℃，经 26 d 孵化仔鱼才出膜。初孵仔鱼全长 5.3～6.3 mm。

[幼鱼的溯河习性] 淞江鲈幼鱼从 4 月中旬开始向近岸移动，5 月中旬出现高峰，随后渐减，6 月中旬便已绝迹。淞江鲈幼鱼移向近岸，一方面可能是移向着盐度较低的水域，另一方面可能与潮水推动有关。水温变化与幼鱼溯河没有明显关系。

资源与利用 淞江鲈肉质细嫩，味道鲜美，深受人们喜爱，名扬古今中外。自东汉以来，在我国历史上赞誉此鱼的诗词、史籍甚多，而且大多出自名家之手，流传甚广，影响深远。隋炀帝曾赞此鱼为"金齑玉脍、东南佳味"。清代康熙帝、乾隆帝南巡时封之为"江南第一名鱼"，与黄河鲤鱼、松花江鲑鱼和兴凯湖鲌鱼合称"中国四大名鱼"。在长江三角洲，捕捞季节自冬至到立春（12 月下旬到翌年 2 月上旬），渔具以簖为主。渔簖渔业是一种古老的作业，横贯河道打以竹桩，围以竹栅，簖底设置捕鱼篮，淞江鲈降河入海遇簖受阻，便沿着竹栅而行，最后钻进了捕鱼篮，渔民随时可用抄网从篮中捞取。

20 世纪 60 年代以前，上海市青浦县和松江县一带产量较高。20 世纪 70 年代以来，随着工农业发展导致污水增多，水利设施大量兴建造成洄游通道受阻，淞江鲈自然资源锐减。到 80 年代初，种群数量少得已不能形成渔汛，但还能见到，现在已经绝迹。江苏和浙江沿海的现状与长江三角洲大体相似，目前仅在渤海沿海某些地区尚有少量资源。现已被列为国家二级重点保护野生动物，禁止捕捞和买卖，挽救这一濒临灭绝的种质资源已刻不容缓。

淞江鲈种质资源的重建，受到上海市有关领导部门和科研单位的重视。1973 年上海市水产研究所等单位做了人工繁殖试验，孵出鱼苗 209 尾。1977—1978 年复旦大学、上海师范大学和上海市水产研究所对淞江鲈的产卵场、繁殖习性和胚胎发育等作了调查和研究。1987 年复旦大学王昌燮等在人工控制条件下成功繁殖鱼苗并存活 99 d。20 世纪 90年代至今，韦正道等（1997a，1997b）就孵化期温度对淞江鲈胚胎发育的影响及控制淞江鲈生长的环境因子，王金秋等（2004）对淞江鲈的胚胎发育等做了研究。总的看来，对淞江鲈的基础研究工作已趋于成熟，但在人工繁殖、苗种培育和集约化养殖技术方面，还未取得突破性进展，还有许多工作要做。复旦大学、上海海洋大学等单位正在为此而努力，以期挽救和恢复淞江鲈这一濒临灭绝的种质资源，为恢复上海的传统渔业增添异彩。

【淞江鲈学名 *Trachidermus farciatus* Heckel，1839，我国鱼类学文献沿用至今，但其属名有误，因其阴性 *Trachiderma* 早已为其他动物先据而失效。订正后的属名 *Trachidermis* 是有效名称，淞江鲈的学名应写作 *Trachidermis farciatus* Heckel，1839。模式种产地菲律宾记录有误，自 1839 年迄今，菲律宾未见再有该鱼之报道。淞江鲈个体发育水温不宜超过 14 ℃，否则会导致胚胎畸形和死亡，菲律宾地处热带，年平均气温26.2 ℃，淞江鲈不可能得以繁衍。该鱼为西北太平洋所特有，仅分布于中国、朝鲜半岛和日本南部，我国分布于渤海、黄海和东海沿岸以及沿岸诸河下游及河口（王幼槐，2006）。】

细杜父鱼亚科 Cottiusculinae

本亚科长江口 1 属。

细杜父鱼属 *Cottiusculus* Jordan *et* Starks，1904

本属长江口 1 种。

147. 日本细杜父鱼 *Cottiusculus gonez* Jordan *et* Starks，1904

Cottiusculus gonez Jordan and Starks（ex Schmidt），1904，Proc. U. S. Nat. Mus.，27（1358）：298，fig. 29（Aniva Bay，Sakhalin Island，Russia）。

小杜父鱼 *Cottiusculus gonez*：李思忠，1955，黄渤海鱼类调查报告：263，图 164（山东青岛）；朱元鼎、金鑫波，1963，东海鱼类志：489，图 373（舟山外海）；金鑫波，2006，中国动物志·硬骨鱼纲 鲉形目：582，图 264（旅顺，青岛，舟山）；张凤英等，2007，生态学杂志，26（8）：1247（长江口）。

地方名　大头鱼、锯鲉。

主要形态特征　背鳍Ⅶ-12；臀鳍 12～13；胸鳍 22；腹鳍Ⅰ-3；尾鳍 14。侧线黏液

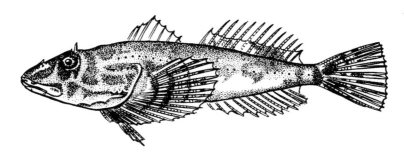

图 147　日本细杜父鱼 *Cottiusculus gonez*（李思忠，1955）

孔 30～31。鳃耙 1+6。

体长为体高的 4.5～6.6 倍，为头长的 2.5～2.8 倍。头长为吻长的 4.2～5.1 倍，为眼径的 3.5～4.1 倍，为眼间隔的 11.4～14.4 倍。

体较长，平扁，向后渐细。头宽大，平扁。吻宽短，圆钝，背侧中央圆凸；鼻棘 1 个，尖锐，不分叉。眶下骨和各鳃盖骨均埋于皮下。眼大，侧上位，眼后缘距吻端与距鳃孔相似。雄鱼眼上缘具 3 行皮质小突起，内行最后一突起最大。眼间隔狭小，凹入，无骨棘；为眼径 1/4～1/3。顶骨中央为一浅凹窝状，凹窝后外侧各有 1 顶棱，粗短，无棘，中央具 1 横棱，与对侧棱相连。鼻孔 2 个，靠近，位于眼前方，后鼻孔与鼻棘间有 1 皮质突起。口宽大，端位，口裂低斜。上下颌约等长，上颌骨露出，伸达眼中部下方。唇肥厚。上下颌、犁骨及腭骨均具绒毛状齿群。舌宽大，圆形，前端稍游离。眶前骨下缘及前鳃盖骨边缘各具扁长黏液孔 3 个，下颌腹面具黏液孔 4 个，与前鳃盖骨边缘的黏液孔相连。前鳃盖骨具 4 棘，上棘粗大，稍小于眼径，伸越鳃盖骨后缘，末端分叉，上弯，上缘具 1～2 小棘，第二和第三棘后斜，第四棘倒向前方。鳃盖骨具 2 低棱，末端各具 1 扁棘，上棘向后，下棘向下。鳃孔宽大，第四鳃弓后方无裂孔。鳃盖膜形成宽大横褶，跨越峡部。鳃盖条 6。假鳃发达。鳃耙短小，刺球状。

体无鳞，皮肤松软，无骨板。头部无鳞。各鳍无鳞。侧线平直，上侧位，具大而明显的侧线黏液孔，伸达尾鳍基底。

背鳍 2 个，分离。第一背鳍鳍棘细弱，始于鳃盖骨后缘稍前上方，鳍基及鳍棘均较第二背鳍鳍基和鳍条短。第二背鳍尚发达，后端伸不到尾鳍基。臀鳍与第二背鳍相对，前方鳍条较短。胸鳍宽大，侧下位，伸达臀鳍前部下方，基底颇宽，鳍基向前伸达峡部附近、眼后缘下方。腹鳍狭小，亚胸位，第三鳍条最长。尾鳍后缘圆形。

体呈灰褐色，具斑纹和条纹。头部具斑块和条纹，眼间隔具一横纹。体侧在第一背鳍基底下方和第二背鳍后部下方以及尾鳍基底各具一前斜横纹。第一和第二背鳍具条纹和斑纹。胸鳍具多条点列横纹。尾鳍具斑纹和斑点。腹鳍和臀鳍无斑纹。

分布　分布于西北太平洋区日本海、鄂霍次克海、彼得大帝湾及日本、朝鲜半岛和中国等海域。中国分布于渤海、黄海和东海北部。为长江口偶见种。

生物学特性 冷温性小型海洋鱼类。头宽扁凹凸，体粗壮，胸鳍宽大，适于底栖生活。摄食虾类和其他无脊椎动物。产卵期在 11—12 月。卵径 2.3 mm 左右。无远距离洄游习性。体长 50～70 mm。

资源与利用 本种在长江口近海区较罕见，无经济价值。

【我国鱼类志中，日本细杜父鱼（*Cottiusculus gonez*）为 Schmidt 于 1904 年命名，模式标本采自彼得大帝湾和鄂霍次克海。而据 Kai 和 Nakabo（2009）对原始文献的研究，*Cottiusculus gonez* 是 Schmidt 于 1903 年首次命名，但没有相关的描述、定义或特征，Jordan 和 Starks（1904）首次对 *Cottiusculus gonez* 的相关分类特征进行了描述，在此之后 Schmidt（1904）才对 *Cottiusculus gonez* 进行了相关描述。因此，基于命名优先原则，日本细杜父鱼学名应为 *Cottiusculus gonez* Jordan *et* Starks，1904。】

狮子鱼科 Liparidae

本科长江口 1 属。

狮子鱼属 *Liparis* Scopoli，1777

本属长江口 2 种。

种 的 检 索 表

1（2）体光滑无刺；头体密具褐色细小斑点 ……………………………… 点纹狮子鱼 L. *newmani*

2（1）体被小刺；胸鳍后下缘不凹入（幼鱼胸鳍后下缘凹入）；头体或头部具多行黑褐色细长条纹 …
……………………………………………………………………… 田中狮子鱼 L. *tanakae*

148. 田中狮子鱼 *Liparis tanakae*（**Gilbert *et* Burke，1912**）

Cyclogaster tanakae Gilbert and Burke，1912，Proc. U. S. Nati. Mus. ，42：357，pl. 42，fig. 2（Vries Island，Sagami Bay，Japan）。

细纹狮子鱼 *Liparis tanakae*：李思忠，1955，黄渤海鱼类调查报告：271，图 169（辽宁，山东）；朱元鼎、金鑫波，1963，东海鱼类志：491，图 375（上海鱼市场等地）；詹鸿禧、许成玉，1990，上海鱼类志：355，图 225（长江口近海区）；邓思明、汤建华，2006，江苏鱼类志：798，图 417（南通等地）；金鑫波，2006，中国动物志·硬骨鱼纲鲉形目：627，图 280（浙江等地）。

英文名 Tanaka's snailfish。

地方名 先生鱼、海鲇鱼。

主要形态特征 背鳍 42～43；臀鳍 32～35；胸鳍 43～47；腹鳍 6；尾鳍 10。鳃耙 1＋9。

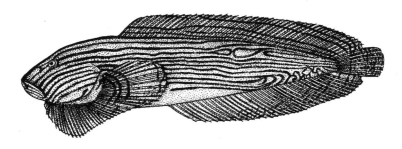

图 148　田中狮子鱼 *Liparis tanakae*（李思忠，1955）

体长为体高的 3.9～5.4 倍，为体宽的 4.1～6.9 倍，为头长的 3.1～5.1 倍。头长为吻长的 2.6～4.3 倍，为眼径的 5.6～11.6 倍，为眼间隔的 1.8～4.3 倍。

体延长，前部宽扁粗大，后部渐侧扁狭小。头大，稍平扁，背面向吻端倾斜，前缘每侧具 3～4 黏液孔。眼小，圆形，侧上位。眼间隔宽平。鼻孔每侧 2 个，分离，各具一短管。口大，近前位，弧形。上颌稍突出。上颌骨后端伸越眼前缘下方；下颌下方每侧具 4 黏液孔。上下颌齿细小，每齿具三叉尖，排列呈宽带状；犁骨和腭骨均无齿。唇发达。舌宽厚，前端游离。鳃孔中大，侧位，下端伸达胸鳍上方第十二鳍条基底前方。鳃盖膜分离，与峡部相连。鳃盖条 6。鳃耙短小，颗粒状。

体无鳞，皮肤松软，成鱼密具沙粒状小刺，小刺基板圆形似图钉状。侧线消失，只在鳃盖上有 2 个小孔。

背鳍 1 个，很长，起点位于鳃孔背角后上方，鳍棘和鳍条不易区分，末端与尾鳍相连。臀鳍基底较背鳍基底为短，起点位于背鳍第九至第十一鳍条下方，末端与尾鳍相连。胸鳍宽圆，鳍基前伸达眼前下方，前下缘无缺刻。腹鳍喉位，连成一圆形吸盘，吸盘周缘游离。尾鳍后缘截形，鳍条约 2/3 与背鳍和臀鳍相连。

体呈红褐色，腹侧较淡。头、体有众多黑褐色纵行细条纹，大个体纵纹模糊而呈褐色斑点和斑块。背鳍、臀鳍、胸鳍和尾鳍的鳍膜外缘均呈黑灰色，各鳍条末端白色。

分布　分布于西北太平洋中国、日本和朝鲜半岛等海域。中国分布于渤海、黄海和东海。长江口近海亦有分布。

生物学特性　近海冷温性中型底层鱼类。栖息于近海底层，一般生活于潮间带附近，腹鳍连合成一吸盘，能在急流中用吸盘附着于岩石或其他物体上，防止被流水冲走，由于流水环境的影响，头部的棘和棱几乎消失。活动能力差，无远距离洄游习性。以虾类和其他无脊椎动物为食。卵黏性，卵块附着于海底，呈橘红色或橘黄色，卵径 1.5 mm 左右，生殖为 10 月中下旬至 12 月初。生殖期间，鱼体表面粗糙，密布粒状小刺。

资源与利用　本种主要栖息于黄海中部海域，随冷水团偶尔可达长江口。过去捕获后大多作为肥料利用，去皮后经风干而成的淡干品是别具风味的食品。长江口数量较少，无经济捕捞价值。

【笔者 2018 年 5 月在长江口近海（122°45′E、31°25′N）捕获 1 尾全长 91 mm 的点纹狮子鱼（*Liparis newmani* Cohen，1960）样本，为长江口新记录。】

鲈形目 Peciformes

本目长江口 11 亚目。

亚 目 的 检 索 表

1（18）第一鳃弓无由上鳃骨扩大而成的鳃上器官

2（17）食道无侧囊

3（16）上颌骨不固着于前颌骨，一般能活动

4（15）尾柄无棘或骨板

5（14）腹鳍正常，左右腹鳍不显著接近、不形成吸盘；一般具侧线

6（9）腹鳍一般胸位；具 1 鳍棘 5 鳍条

7（8）口中大；齿一般不强大；体侧具 1 条侧线 ·························· 鲈亚目 Percoidei

8（7）口大、水平状或垂直上位；齿一般强大；体侧具 1～2 条侧线 ·········· 龙䲢亚目 Trachinoidei

9（6）腹鳍喉位或无腹鳍

10（13）头体一般侧扁

11（12）鼻孔一般每侧 1 个 ····························· 绵鳚亚目 Zoarcoidei

12（11）鼻孔一般每侧 2 个 ····························· 鳚亚目 Blennioidei

13（10）头体平扁；体无鳞 ····························· 鮨亚目 Callionymoidei

14（5）腹鳍左右显著接近、大多数愈合成吸盘；无侧线 ·········· 虾虎鱼亚目 Gobioidei

15（4）尾柄具棘或骨板 ····························· 刺尾鱼亚目 Acanthuroidei

16（3）上颌骨固着于前颌骨，一般不能活动 ·········· 鲭亚目 Scombroidei

17（2）食道具侧囊、囊内具齿 ·········· 鲳亚目 Stromateoidei

18（1）第一鳃弓具由上鳃骨扩大而成的鳃上器官

19（20）背鳍、臀鳍、腹鳍均具鳍棘 ····························· 攀鲈亚目 Anabantoidei

20（19）背鳍、臀鳍、腹鳍均无鳍棘；臀鳍无缺刻；鳔发达 ····························· 鳢亚目 Channoidei

鲈亚目 Percoidei

本亚目长江口 24 科。

科 的 检 索 表

1（44）头背部无吸盘

2（43）两颌齿不愈合、不形成骨喙

3（42）后颞骨不和头颅固连

4（41）颏部无长须

5（40）胸鳍无游离鳍条

6（27）上颌骨外露，一般不为眶前骨所遮盖

7（18）臀鳍具 3 棘

8（9）腹部具发光腺体 ……………………………………………… 发光鲷科 Acropomatidae

9（8）腹部无发光腺体

10（17）鳞不坚厚粗糙

11（16）犁骨与腭骨具齿

12（13）体被圆鳞，头顶裸露无鳞 ………………………………………… 鳜科 Sinipercidae

13（12）体被栉鳞

14（15）背鳍具 12～15 鳍棘；尾鳍分叉深 ………………………… 花鲈科 Lateolabracidae

15（14）背鳍具 7～13 鳍棘；尾鳍浅凹或圆形 ……………………………… 鮨科 Serranidae

16（11）犁骨与腭骨无齿 ……………………………………………………… 松鲷科 Lobotidae

17（10）鳞坚厚粗糙 ………………………………………………… 大眼鲷科 Priacanthidae

18（7）臀鳍具 2 棘

19（20）第一背鳍具 6～9 棘，第二背鳍具 7～9 鳍条 ……………… 天竺鲷科 Apogonidae

20（19）第一背鳍具 9～12 棘，第二背鳍具 16～26 鳍条 ……………… 鱚科 Sillaginidae

21（26）前颌骨能向前伸出

22（23）臀鳍前方有 2 游离鳍棘 ………………………………………… 鲹科 Carangidae

23（22）臀鳍前方无游离鳍棘

24（25）体侧面观几乎呈三角形，腹部比背部更突出；成鱼腹鳍第一鳍条延长 …………………
………………………………………………………………………………… 眼镜鱼科 Menidae

25（24）体侧面观呈卵圆形或长椭圆形；腹鳍位于胸鳍基底下方或前下方 ……… 乌鲂科 Bramidae

26（21）前颌骨不能向前伸出 ……………………………………… 鲯鳅科 Coryphaenidae

27（6）上颌骨全部或大部分被眶前骨所遮盖

28（29）臀鳍具 1～2 棘；额骨和前鳃盖骨黏液腔发达 ……………… 石首鱼科 Sciaenidae

29（28）臀鳍具 3～5 棘

30（31）口能向上、向下或向前伸出；鳞细小；臀鳍具 3 棘 13～14 鳍条 ……… 鲾科 Leiognathidae

31（30）口几不能伸缩

32（33）侧线上方鳞片一般斜行 …………………………………………… 笛鲷科 Lutjanidae

33（32）侧线上方鳞片不斜行

34（39）匙骨上侧角不裸露，无锯齿状突起

35（36）两颌后方具臼齿 ……………………………………………………… 鲷科 Sparidae

36（35）两颌后方无臼齿

37（38）颏部无小髭；背鳍前方无向前倒棘 ………………………… 仿石鲈科 Haemulidae

38（37）颏部具小髭；背鳍前方具 1 向前倒棘 ………………… 髭鲷科 Hapalogeniidae

39（34）匙骨上侧角裸露，具锯齿状突起 ……………………………… 鯻科 Teraponidae

40（5）胸鳍下部有丝状游离鳍条 ·················· 马鲅科 Polynemidae

41（4）颏部中央有2长须 ·················· 羊鱼科 Mullidae

42（3）后颞骨与头颅固连；背鳍无向前倒棘；鳃盖膜与峡部相连 ·········· 蝴蝶鱼科 Chaetodontidae

43（2）两颌齿愈合，各形成一骨喙·················· 石鲷科 Oplegnathidae

44（1）头背部具吸盘 ·················· 鲫科 Echeneidae

发光鲷科 Acropomatidae

本科长江口2属。

属 的 检 索 表

1（2）胸鳍下方具U形发光腺体；肛门靠近臀鳍起始处 ·················· 发光鲷属 Acropoma

2（1）胸鳍下方腹部无发光腺体；体被栉鳞；体呈橘红色 ·················· 赤鲑属 Doederleinia

发光鲷属 *Acropoma* Temminck *et* Schlegel，1843

本属长江口1种。

149. 日本发光鲷 *Acropoma japonicum* Günther，1859

Acropoma japonicum Günther，1859，Cat. Fish. Br. Mus.，1：250（Takashi，Japan）。

发光鲷 *Acropoma japonicum*：成庆泰，1963，东海鱼类志：230，图177（福建东澳，浙江大陈岛、石塘、坎门）；黄克勤、许玉成，1990，上海鱼类志：253，图140（长江口近海）；刘培廷、邓思明，2006，江苏鱼类志：500，图244（大沙渔场，吕四）。

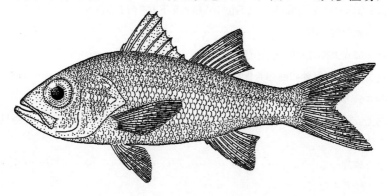

图 149 日本发光鲷 *Acropoma japonicum*

英文名 glowbelly。

地方名 大面侧仔、目本仔。

主要形态特征 背鳍Ⅷ，Ⅰ，Ⅰ-10；臀鳍Ⅲ-7；胸鳍14；腹鳍Ⅰ-5；尾鳍17。侧线鳞45～47 $\frac{4}{8}$。鳃耙5～6+16～17。

体长为体高的 2.9～3.1 倍，为头长的 2.5～2.7 倍。头长为吻长的 3.5～3.8 倍，为眼径的 2.8～3.1 倍。尾柄长为尾柄高的 1.8～2.0 倍。

体长椭圆形，侧扁。头中大，背部平坦。吻短，小于眼径。眼大，眼上缘近头背。口大，稍倾斜，下颌微突。上颌两侧齿呈绒毛带状，前端内侧具 2 枚向内弯的犬齿；下颌齿细小、单行，缝合处具 2 枚小犬齿；犁骨和腭骨具绒毛齿。前鳃盖骨边缘光滑。鳃耙细长。

体被薄栉鳞，鳞易脱落。头部大部裸露，仅颊部与鳃盖上有鳞。背鳍、臀鳍上均无鳞。侧线完全，上侧位，与背缘平行。

背鳍 2 个，相距颇近，第一背鳍鳍棘弱，第二背鳍前有一鳍棘。胸鳍长大于腹鳍。腹鳍短小，位于胸鳍下方。肛门近腹鳍基部。在腹鳍附近有一 U 形发光体，埋于皮下。尾鳍深叉形。

体略呈浅赤色，腹部色较淡。

分布　分布于印度—西太平洋区沿岸，西至东非，东至印度尼西亚海域，北至朝鲜、日本海域，南至澳大利亚北部海域。我国黄海、东海和南海均有分布。长江口近海海域有分布。

生物学特性

［习性］近海暖水性底层鱼类。东海主要栖息于 32°N 以南大陆架，主要在长江口至台湾北部。东海发光鲷春季主要分布在东海北部外海和南部近海，夏季分布集中在南部近海，秋季分布范围扩大，集中在北部近海，冬季主要分布北部外海和南部近海外侧海区越冬。

［年龄与生长］体长为 21～196 mm，平均 54.17 mm，优势体长组春季为 60～70 mm，夏季为 60～80 mm，秋季为 30～40 mm 和 80～90 mm，冬季为 40～60 mm。体重为 0.1～31.0 g，平均为 4.72 g，其中春季为 1.0～43.0 g、平均为 4.43 g；夏季为 1.0～31.0 g，平均为 12.71 g；秋季为 1.0～31.0 g、平均为 2.97 g；冬季为 0.1～38.0 g，平均为 2.87 g。体长与体重关系式为：$W = 3.4527 \times 10^{-4} L^{2.3626}$（$r^2 = 0.8737$）（郑元甲 等，2003）。

［食性］主捕食桡足类、糠虾及少量底栖端足类等。

［繁殖］卵球形，卵径 0.7～0.8 mm，油球无色、油球径 0.23～0.25 mm，卵黄龟裂，分离、浮性。最小成熟个体体长为 60 mm。产卵期在 9 月前后。产卵海区推测在小于 60 m 和 100～150 m 海区（郑元甲 等，2003）。

资源与利用　据郑元甲等（2003）调查资料，东海区发光鲷调查站位平均资源密度为 6.30 kg/h，资源尾数密度为 1 334.81 尾/h，平均体重为 4.72 g。每年 3 月、4 月闽南和台湾浅滩的渔获物中有一定数量。但鱼体小，经济价值不大，多作为鱼粉原料，也可作钓鱼饵料等。

赤鯥属 *Doederleinia* Steindachner，1883

本属长江口 1 种。

150. 赤鲑 *Doederleinia berycoides*（Hilgendorf，1879）

Anthias berycoides Hilgendorf，1879，Sitzungsber. Ges. Naturf. Freunde Berlin：79（Honshu，Japan）。

赤鲑 *Doederleinia berycoides*：成庆泰，1963，东海鱼类志：212，图163（东海北部等地）；黄克勤，1988，东海深海鱼类：227，图180（东海深海）；田明诚、沈友石、孙宝龄，1992，海洋科学集刊（第三十三集）：274（长江口近海区）；黄诚、倪勇，2006，江苏鱼类志：483，图233，彩图31（吕四）。

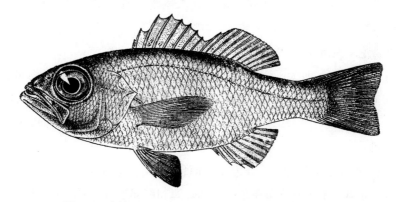

图 150　赤鲑 *Doederleinia berycoides*（成庆泰，1963）

英文名　blackthroat seaperch。

地方名　红鲈、红喉。

主要形态特征　背鳍VIII-I-10；臀鳍III-7；胸鳍17；腹鳍I-5；尾鳍17。侧线鳞 $43\sim49\frac{4}{14}$。鳃耙 $4\sim5+12\sim16$。

体长为体高的2.8～3.2倍，为头长的2.5～2.9倍。头长为吻长的3.9～4.6倍，为眼径的3.1～3.5倍，为眼间隔的5.1～5.6倍。尾柄长为尾柄高的1.5～2.0倍。

体呈长椭圆形，侧扁。头大。吻短。眼巨大，侧上位，眶上缘达头背缘。眼间隔微凹。眶前骨狭，上颌骨不被眶前骨遮盖。鼻孔2个，前鼻孔小，具瓣膜；后鼻孔大，椭圆形。口大，倾斜，上颌能向前伸出；下颌稍突出，缝合处有一凸起嵌于上颌浅凹内。上颌内侧为绒毛状齿带，外侧齿较大而尖，前端2～3对齿犬齿状；下颌中央2齿较大而尖锐，两侧齿细尖，各1行，排列稀疏；犁骨和腭骨具细齿；舌上无齿。前鳃盖骨隅角和下缘具小棘，鳃盖骨具2扁平棘。鳃盖膜不与峡部相连。鳃盖条7。鳃耙竿状，内缘具弱棘。

体被弱栉鳞，鳞薄易脱落。颊部与鳃盖部被小鳞。侧线完全，位高，与背缘平行，伸至尾柄基。

背鳍鳍棘部与鳍条部中央具一较深缺刻，第三鳍棘最长。臀鳍始于背鳍鳍条部起点后下方，第三鳍棘最长。胸鳍长，后端伸达臀鳍起点上方。腹鳍位于胸鳍基下方，后端不伸达肛门。尾鳍浅凹形。

体呈赤红色，腹部色浅。背鳍鳍棘部和尾鳍边缘黑色。

分布　分布于东印度洋—西太平洋区日本西南至澳大利亚西北海域。我国黄海、东海和台湾海域均有分布。长江口近海偶见。

生物学特性　暖水性底层鱼类。栖息于 100～200 m 的较深海区。以甲壳类和软体动物等为食。

资源与利用　本种为高经济价值的食用鱼。长江口近海底拖网渔获物中偶见。

花鲈科 Lateolabracidae

本科长江口 1 属。

花鲈属 *Lateolabrax* Bleeker，1855

本属长江口 1 种。

151. 中国花鲈 *Lateolabrax maculatus*（McClelland，1844）

Holocentrum maculatum MeClelland，1844，J. Nat. Hist. Calcutta，4：395，pl. 21，fig. 1（Ningbo and Zhoushan，China）。

Percalahrax japonicus：Kner，1865—1867，Wien. Zool. Theil. Fische，1 ～ 3 Abth.，13～14（上海）；Günther，1873，Ann. Mag. Nat. Hist.，（4）12：240（上海）；Steindachner，1892，Denkschr. Akad. Wiss. Wien.，59：359（上海）。

Lateolabrax japonicus：Bleeker，1873，Ned. Tijd. Diesk.，4（4～7）：137（上海，舟山等地）；Evesmann and Shaw，1927，Psoc. Calif. Acad. sci.，（4）16（4）：115（吴淞，杭州）；Tchang，1929，Sinensia，14（3）：405（南京，江阴，上海）；Shaw，1930，Bull. Fan Mem. Inst. Bisl.，1（10）：193，fig. 30（苏州）；Miao，1934，Conts. Biol. Lat. Sci Soc. China，10（3）：229，fig. 51（镇江）；Kimura，1935，J. Shanghai Sci. Inst.，（3）3：116～117（崇明）；Nichols，1943，Nat. Hist. Cents. Asia，9：246（上海等地）。

鲈鱼 *Lateolabrax japonicus*：成庆泰，1963，东海鱼类志：224，图 173（舟山，玉环，坎门）；湖北省水生生物研究所鱼类研究室，1976，长江鱼类：198，图 172（崇明南门港、开港、陈家镇）。

花鲈 *Lateolabrax japonicus*：倪勇，1990，上海鱼类志：247，图 136（长江口南支、北支和近海区以及上海郊区各区县）。

中国鲈 *Lateolabrax maculatus*：横川浩治，1995，（日本）养殖（杂志），32（10）：71～74（山东烟台）；伍汉霖等，2002，中国有毒及药用鱼类新志：555，图402（上海南汇，福建集美，山东等地）。

中国花鲈 *Lateolabrax maculatus*：赵盛龙、钟俊生，2005，水产学报，29（5）：670（杭州湾）；黄诚、倪勇，2006，江苏鱼类志：486，图235（长江口近海区等地）。

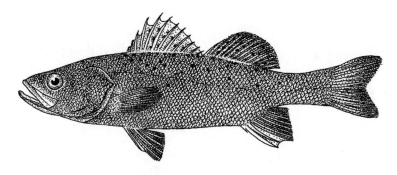

图 151　中国花鲈 *Lateolabrax maculatus*

英文名　Chinese seabase。

地方名　鲈鱼、花鲈、海鲈鱼。

主要形态特征　背鳍XI～XII，I-12～14；臀鳍III，7～8；胸鳍16～18；腹鳍I，5；尾鳍17。侧线鳞 $66～82 \frac{14～16}{17～20}$。鳃耙5～9＋13～15。

体延长，侧扁。头尖，中等大，项背隆起。眼前位，眼前间隔稍隆起，其间有4条隆起嵴。鼻孔2个，前后紧靠，前鼻孔边缘有瓣膜。口大，斜裂，下颌长于上颌。上颌骨后端伸达眼后缘下方。上下颌、犁骨和腭骨均具绒毛状齿带，舌无齿。前鳃盖骨后缘具锯齿，隅角处锯齿较大，下缘有3棘。鳃盖骨后缘具一扁平而尖的大棘。鳃孔大，鳃盖膜不连于峡部。鳃耙细长，最长者较最长鳃丝更长。

头、体被小栉鳞，背鳍和臀鳍基部具鳞鞘。

背鳍2个，前后基底相连，第一背鳍鳍棘发达。胸鳍较小，位于腹侧。腹鳍胸位，稍长于胸鳍。尾鳍分叉较浅。侧线完全。体侧及第一背鳍鳍膜具若干黑色斑点，随年龄增长黑斑会逐渐隐退。

分布　广泛分布于我国黄海、渤海、东海和南海包括台湾和海南岛沿岸，黄海东部朝鲜半岛西部沿岸、南海北部湾西部越南沿岸也有分布。为长江口常见鱼类之一。

生物学特性

［习性］中国花鲈终年栖息于近海，尤喜栖息于河口咸淡水水域，活动于水体中下层，不做远距离洄游。早春游向近岸和河口区索饵，秋季产卵后游向较深处越冬。冬季栖息于水深10～14 m处，春季栖息于水深8～9 m处，夏末秋初活动于河口附近。幼鱼

可进入内河索饵。广盐性，在淡水水域和盐度高达 34 的高盐海区皆可生活。适应温度为 3～34.5 ℃，16～27 ℃生长迅速，3 ℃以下不再摄食停止生长，－1 ℃以下便易冻死。

[年龄和生长] 中国花鲈生长迅速，在山东沿岸 4 月初见苗时体长仅 10～20 mm，到 11 月体长可达 206 mm，体重 175.4 g，港养中的个体到 10 月体重可达 450 g。3 龄前为性未成熟阶段，生长最快，3～6 龄为性成熟阶段，生长速度相对稳定，7 龄生长显著减慢，开始进入老龄阶段。据冯昭信等（1985）报道，渤海和黄海北部中国花鲈的渔获物群体年龄组成为 1～10 龄，5 龄占优势（46.67%），体长组成 165～675 mm，以 500～550 mm 居多，体重组成 65～3 950 g，以 1 550～2 100 g 居多。中国花鲈的寿命为 10 龄或更长，曾观察到年龄为 14 龄的鳞片，说明中国花鲈最高年龄可达 14 龄以上。

[食性] 中国花鲈以吞食活体动物为生，属于肉食性，摄食种类随发育阶段、季节和栖息环境而异。据孙帼英等（1994）报道，在长江口区当年鱼在 3—4 月，体长 17～22 mm 的幼鱼各种食物的出现率由大到小依次为等足类、虾类、枝角类、桡足类、涟虫、鱼和蟹，个别个体的胃含物中还出现了水母、鱼卵和箭虫等，而容积率则依次为虾、鱼和等足类无脊椎类动物；在 7—11 月体长 120～265 mm 的当年鱼，胃含物中虾的出现率和容积率均增大，并由以摄食毛虾、糠虾等小型虾类转变为以摄食个体较大的脊尾白虾和安氏白虾为主，被食小鱼种类也增多。成鱼主要吃鱼，胃含物中常见的有鲚、鲻、鲛、蛇鮈、各种虾虎鱼和舌鳎等，有时还能见到小鲀鱼和小的中国花鲈。

中国花鲈的摄食量可达自身体重的 10.3%，最高达 12%，最低也在 5% 以上。终年摄食，摄食强度随季节而异，通常冬季最低，夏季高于冬季，春季摄食强度增大，秋季摄食强度最大。中国花鲈摄食种类数与季节有关，春、夏季节水域中饵料生物种类较多，此时中国花鲈的活动能力也强；冬季所栖水域饵料生物种类少，中国花鲈活动能力也不如春、夏季。

繁殖季节不停食、冬季照常摄食是中国花鲈摄食习性的特点之一，特点之二是同类相残。不论在幼鱼阶段或是成鱼阶段，中国花鲈都会出现大个体吞食小个体的现象。养殖的苗种经常发生吞食同类，甚至 40 mm 长的幼鱼吞食 20 mm 长的幼鱼，以致被吞食者尾部还出露在掠食者的口外，实在吞不下就往外吐，有时会让被吞幼鲈的鳍棘卡住，出现了吞不下吐不出的现象，最终导致同归于尽。

[繁殖] 中国花鲈性成熟年龄，雄鱼 2 龄，雌鱼 3 龄。怀卵量 30 万～220 万粒。产卵场一般都在靠近外海多岩礁处，底质以细沙为主，在粉沙质黏土软底和粗粉沙底处也有分布。繁殖季节产卵期间形成小群且较分散，很难找到非常集中典型的产卵场。长江口区及浙江沿岸为 11 月至翌年 1 月，以 11 月中旬至 12 月中旬为盛产期。产卵适宜盐度为 22～33。长江口区的盐度较低，中国花鲈繁殖季节要转移到盐度较高（22～26）的近海区才进行产卵繁殖，产后又回到到低盐区索饵和育肥。卵球形，浮性，具单油球，卵径

1.22～1.45 mm，水温 13～15 ℃时受精卵经 4～5 d 孵化，仔鱼破膜而出，初孵仔鱼平均体长 4.27 mm。

中国花鲈胚胎发育的适宜盐度 19～28，以 22～25 为最好。生殖群体的雌雄比一般为 1∶2，雄性较多。中国花鲈属分批非同步产卵型鱼类，产过一次后，卵巢中还有大量空滤泡和正常第Ⅳ时相的卵母细胞，在环境适宜时约经半个月发育，又可进行第二次产卵。

资源与利用　中国花鲈肉质细嫩味美，是一种上等食用鱼，在长江口区是重要捕捞对象之一，遗憾的是缺乏产量专项统计，为了解中国花鲈在长江口区的资源及其利用带来了困难。长江口捕捞中国花鲈有三种作业方式：①插网作业，渔场主要在崇明东滩和南汇沿岸，生产以 5 月至 10 月较好。②滚钩作业，渔场在佘山、铜沙、九段沙、横沙南沿和北沿，自 4 月上旬生产到 10 月下旬（清明到霜降），以 4 月上旬到 6 月下旬（清明到夏至）为最好。③钓钩作业，以鲚等为饵料，在太仓浏河到崇明一带江段作业，生产季节和滚钩作业相同。插网所捕中国花鲈个体大小都有，而以小个体、低龄居多，滚钩和钓钩所捕个体较大，一般 3.5～4.0 kg，最大个体体长达 1.7 m，体重达 30 kg。

长江口区是中国花鲈育肥场所，成熟的亲鱼要到口外邻近渔域产卵繁殖。因此，长江口和邻近海区存在一种互为因果的关系。长江口捕捞日本鳗鲡大量杀伤正在河口索饵的白虾，间接危及以此为食的中国花鲈、刀鲚、凤鲚的生存，捕捞鳗苗后期（3—5 月）正值鳗、鲈鱼苗"进浜"（进入淡水域），直接被杀伤。

我国从 20 世纪 80 年代起就已开展人工育苗研究并取得了成功，成为一个新兴的养殖对象。中国花鲈无论池养还是网箱养，经济效益都很好，是一个理想的、值得推广的对象，很有发展前途。

【花鲈科的建立：以往分类系统中，曾将花鲈属（*Lateolabrax*）作为鲯科（Serranidae）或狼鲈科（Moronidae），Eschmeyer（1998）、Springer 和 Johnson（2004）等将花鲈属独立为花鲈科（Lateolabracidae）。Nelson et al.（2016）采用了这一分类体系，底晓丹（2009）的研究也显示花鲈属以很高的支持率聚类为单系分支，支持花鲈属独立为花鲈科的观点。本书依此将花鲈属独立为花鲈科。

中国花鲈种的确立：世界花鲈属鱼类有 3 种，即中国花鲈 [*Lateolabrax maculatus*（McClelland，1843）]、宽花鲈（*L. latus* Katayama，1957）和日本花鲈 [*L. japonicus*（Cuvier，1828）]。其中日本花鲈与本种十分近似，长期被认为两者是同种，甚至直到 1960 年日本鱼类学家 Katayama 在其《日本动物志·鲯科鱼类》分类专著中仍将它们归为同种。Yokogawa 和 Seki（1995）基于中国台湾和日本香川县人工繁殖的花鲈成鱼样本，研究比较了中国产和日本产花鲈种群的差异，提出中、日花鲈无论在形态上（侧线鳞数目、鳃耙数以及外部色素分布）还是在同工酶、营养成分上均存在着一定的差异。从地理分布而言，中国花鲈分布于朝鲜半岛西部沿岸中国黄海、渤海、东海和南海，包括台湾和海南沿岸，南海北部湾西部越南沿岸也有分布；日本花鲈分布于北海道以南日本各岛以及朝鲜半岛东南部沿岸；在朝鲜半岛西南部丽水沿岸水域，这两种鲈鱼都有栖息。因此，Yokogawa 和 Seki（1995）将中国产的和日本产的花鲈分为 2 个种，根据《国际动物命名规约》，将 McClelland 于 1844 年以宁波和舟山的标本为模式命名的 *Holocentrum maculatum* 作为中国花鲈的种名 *Lateolabrax maculatus*（McClelland，1843）。我国学者分别分析比较了中、日花鲈的营养成分、生化遗传变异和耳石形态，指出了两者之间的差异，进一步证实了将中、日花鲈划分为 2 个种的观点（楼东 等，2003；王远红 等，2003；胡自明 等，2007；叶振江 等，2007）。赵盛龙等（2005）阐明了我国杭州湾湾口和日本九州有明海的花鲈仔稚鱼在形态特征上存在相似性，而与日本四国四万十川的样本有显著差异，也认为中国花鲈种名应为 *Lateolabrax maculatus*（McClelland，1844）。】

鳜科 Sinipercidae

本科长江口 1 属。

鳜属 *Siniperca* Gill，1862

本属长江口 3 种。

种 的 检 索 表

1（2）体较长，稍侧扁，近圆筒状，体长为体高的 4.5 倍以上；鳃耙退化，呈结节状；下颌犬齿发达，外露 ·· 长身鳜 *S. roulei*

2（1）体高，侧扁，体长为体高的 3.5 倍以下；鳃耙发达，浅梳状；下颌前端无发达犬齿，不外露

3（4）背鳍具 11～12 鳍棘；自吻端经眼至背鳍基部前端具 1 条褐色斜纹；鳃耙 6；上颌骨伸达眼后缘后下方；颊下部和鳃盖下部被鳞 ·························· 鳜 *S. chuatsi*

4（3）背鳍具 13～14 鳍棘；自吻端经眼至背鳍基部前端无褐色斜纹；体侧具黑色圈纹和点纹；鳃耙 4（5） ·· 斑鳜 *S. scherzeri*

152. 鳜 *Siniperca chuatsi*（Basilewsky，1855）

Perca chuatsi Basilewsky，1855，Nauv. Mem. Soc. Nat. Mosc.，10：218，pl. 1，fig. 1（Rivers at Tianjin，China）。

Siniperca chuatsi：Gill，1862，Proc. Acad. Philad.，16（上海）；Kner，1865—1867，Wien Zool. Theil. Fische，1～3 Abth.：15，pl. 1，fig. 3（上海）；Bleeker，1873，Ned. Tijd. Dierk.，4：137（上海）；Günther，1873，Ann. Mag. Nat. Hist.，(4) 12：240（上海）；Martens，1876，Zool. Theil.，Berlin，1 (2)：385（上海）；Bleeker，1879，Verh. Akad. Amst.，18：2（上海）；Boulenger，1895，Cat. Perciform Fishes in the Br. Mus. zool.，1：136（上海）；Evermann and Shaw，1927，Proc. Calif. Acad. Sci.，（4）16（4）：116（上海，南京，杭州）；Fowler，1929，Proc. Acad. Nat. Sci. Philad.，81：596（上海）；Tchang，1929，Science，14（3）：405（江阴，镇江，南京等）；Chu，1932，China J.，16（4）：191～193，fig.33（上海）；Kimura，1935，J. Shanghai Sci. Inst.，（3）3：117（崇明）；Tortonese，1937，Bull. Mus. Zool. Anat. Comp. Univ. Torino，47：289（上海，香港）。

Siniperca muatsi：Bleeker，1879，Verh. Akad. Amst.，18：4（Shanghai，China）。

鳜 *Siniperca chuatsi*：湖北省水生生物研究所鱼类研究室，1976，长江鱼类：192，图167（九江等地）；曹正光、许成玉，1990，上海鱼类志：248，图37（崇明，川沙，南汇，青浦等）；黄诚、倪勇，2006，江苏鱼类志：490，图237，彩图33（启东等地）。

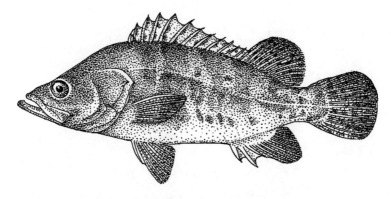

图152　鳜 *Siniperca chuatsi*

英文名　mandarin fish。

地方名　季花鱼、鳌花鱼、桂鱼。

主要形态特征　背鳍Ⅶ-13～15；臀鳍Ⅲ-9～10；胸鳍14～15；腹鳍Ⅰ-5。侧线鳞120～140。鳃耙7～8。

体长为体高的2.2～3.1倍，为头长的2.3～3.0倍。头长为吻长的3.2～3.7倍，为眼径的5.7～7.1倍，为眼间隔的6.6～7.0倍。尾柄长为尾柄高的1.0～2.0倍。

体高而侧扁，眼后至背鳍起点显著隆起。头中大。吻尖。口大，端位，下颌稍突出，上颌骨后端伸达或伸越眼后缘下方。两颌、犁骨和腭骨均具绒毛状齿群，两颌前部数齿扩大成犬齿。前鳃盖骨后缘具细锯齿，下角及后缘各具2小棘；间鳃盖骨下缘无锯齿；鳃盖骨后缘具2扁棘。鳃孔大，鳃盖膜不与峡部相连。鳃耙棒状，上有细齿。

头、体被小圆鳞，吻部与眼间无鳞。侧线完全，伸达尾鳍基。

背鳍连续，始于胸鳍基上方，鳍棘部基底为鳍条部基底长的2.1～2.3倍。臀鳍具硬棘，鳍条部与背鳍同形，基底等长。腹鳍始于胸鳍基下方。尾鳍圆形。

体背侧灰褐带青黄色，具不规则褐色斑点和斑块。吻端经眼至背鳍第一至第三鳍棘基部下方具1条褐色斜带。背鳍、臀鳍和尾鳍具黑色点纹。

分布 除青藏高原地区外，我国各地均有分布。在长江口区及内河、湖泊均产。

生物学特性

［习性］鳜通常生活在静水或缓流的水体中，尤以水草茂盛的浅水湖泊为多。在上海淀山湖，北湖略多于南湖，常栖息在水质澄清、底质软、有藻类的底层。冬季在深水处越冬，春季游向浅水区，此时有钻穴卧洞习性，昼伏夜出。夏秋季游动活跃。

［年龄与生长］据江西鄱阳湖调查，群体组成1～7龄。1龄雄鱼生长较快，此后雌鱼生长较快。上海淀山湖1～4冬龄个体的体长分别为12～14.5 cm、20.4～24.5 cm、28.5～33.5 cm和44.8 cm，其生长速度与江西鄱阳湖接近。

［食性］鳜为肉食性鱼类，性凶猛，终生以鱼类和其他水生动物为食，仔幼鱼阶段即食其他鱼苗，20 cm时主要捕食鲦鲌、鳘、似鲚等小型鱼类和虾类，也食蝌蚪和小蛙；25 cm以上时主要摄食鲤、鲫等鱼类。冬季停止摄食，春夏秋季捕食旺盛。一般多在夜间捕食。

［繁殖］雌鱼以Ⅲ期卵越冬，次年4月卵转入Ⅳ期。繁殖期一般在5月中旬至7月上旬，以农历立夏至端午为盛产期。淀山湖鳜产卵场有2个：一是在靠近湖岸浅滩，水深不超过0.5 m，着生水杨树及芦苇丛生的硬底质处；二是在离岸0.5～1km的湖泊开敞带，水深约2 m，长有繁盛的青泥苔和扁螺、黄蚬等小型软体动物的硬底质处。产卵适宜水温为21～23 ℃。产卵一般在夜间或黎明前进行。分多次产卵。体长22.5～39.0 cm、体重192.5～1 800.9 g的雌鱼绝对怀卵量为29 931～213 818粒，相对怀卵量为96～179粒。卵半浮性，在静水中下沉，在流水中漂浮，卵径1.2～1.4 mm。在水温21～25 ℃时，受精卵经43～62 h孵化。初孵仔鱼全长约4.2 mm。

资源与利用 鳜肉质细嫩，味鲜美，刺少肉多，营养丰富（每100 g鱼肉中含蛋白质19 g，脂肪0.82 g，钾370 mg，磷230 mg，钙206 mg）。早在唐代有诗人张志和盛赞鳜的诗句"桃花流水鳜鱼肥"，佐证了鳜历来为人们所青睐，也深受现代消费者欢迎，是上等淡水食用鱼类之一。同时，鳜肉性平、味甘，有补气血、益脾胃的功能。因此，鳜具有重要经济价值。

［养殖状况］20世纪60年代以前，鳜在长江中下游湖泊有一定自然产量。如上海淀山湖1958年前，鳜占该湖总产量的5%，70年代后产量很少，逐渐失去渔业意义。但市场需求量大，自然产量远不能满足人们的需要。鳜分布广，生长快，能在静水中产卵，能利用天然水体小杂鱼，是养殖和增殖放流的优良品种。有关科研单位等开展了鳜的生物学调查研究（蒋一珪，1959）和人工繁殖试验研究鳜苗种培育（肖元祥和王信书，1983）等，这为我国池塘养鳜和湖泊、水库等大面积增养殖，提供了珍贵的基础资料，为人工繁殖和苗种培育积累了宝贵的经验。20世纪80年代早期，鳜的人工繁殖、苗种培

育和池塘养殖技术日臻成熟，但仍属试养阶段；80 年代中期至现在，鳜的养殖规模不断扩大，养殖方式逐渐多样化（如池塘养殖、网箱养殖、大水面增养殖、河沟养殖和围网养殖等），产量迅速提高。在 20 世纪 90 年代中期前，广东南海、顺德、中山三地的池塘养殖面积超过 966.7 hm²，单养最高产量达 1.05×10⁴ kg/hm²，湖北省麻城市浮桥水库网箱单养鳜平均产量 65 730 kg/hm²，最高达 86 505 kg/hm²；湖北省阳新县网湖（4 867 hm²）1993—1994 年人工放流开食前仔鳜 250 万尾，产量从放养前 0.102～0.21 kg/hm²，上升到放流后的 2.1 kg/hm²，总成活率约为 5%（龚世园，1995）。

【作为重要的淡水经济鱼类、东亚的特有类群和低等鲈类的特殊成分，鳜类在研究和应用上具有极重要的价值，并有大量学者对其进行了多方面的研究，但是有关鳜类的种类有效性、系统分类、系统位置等问题都存在疑问。以往分类系统中曾将鳜类作为鮨科（Serranidae）、真鲈科（Percichthyidae）、锯盖鱼科（Centropomidae）或棘臀鱼科（Centrarchidae），Roberts（1993）则建议将鳜类独立成鳜科（Sinipercidae）。外部形态和骨骼学（刘焕章和陈宜瑜，1994）、分子生物学（底晓丹，2009；Chen et al.，2007；Li et al.，2010）的研究均表明，鳜类是一个单系群，以体被圆鳞、头顶裸露无鳞、鼻骨侧线管封闭、舌颌骨与后翼骨的联结变松、臀鳍第一支鳍骨截面为星形等为共同离征，鳜类应独立成鳜科。鳜科有 2 个属：少鳞鳜属（*Coreoperca*）和鳜属（*Siniperca*），少鳞鳜属的共同离征为前鳃盖骨后下角为小的锯齿、侧线鳞数目减少；鳜属共同离征为上枕骨嵴愈合、幽门盲囊数量增加等。长身鳜是鳜属中的一员，不能作为单独的 1 个属（长身鳜属 *Coreosiniperca*）处理（Nelson et al.，2016）。本书依此观点，将鳜所属的鳜类归属于鳜科。】

鮨科 Serranidae

本科长江口 1 亚科。

石斑鱼亚科 Epinephelinae

本亚科长江口 1 属。

石斑鱼属 *Epinephelus* Bloch，1793

本属长江口 1 种。

153. 青石斑鱼 *Epinephelus awoara*（Temminck *et* Schlegel，1842）

Serranus awoara Temminck and Schlegel，1843，Pisces，Fauna Japonica Part.，1：9， pl. 3, fig. 2（Nagasaki，Japan）。

青石斑鱼 *Epinephelus awoara*：成庆泰等，1962，南海鱼类志：303，图251（广东，海南等地）成庆泰，1963，东海鱼类志：219，图169（浙江，福建）；黄诚、倪勇，2006，江苏鱼类志：484，图234，彩图32（吕四，黄海南部）。

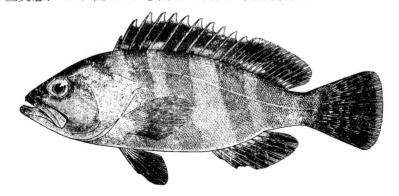

图153　青石斑鱼 *Epinephelus awoara*（成庆泰，1963）

英文名　yellow grouper。

地方名　石斑鱼、青斑、泥斑。

主要形态特征　背鳍Ⅺ-15~16；臀鳍Ⅲ-8~9；胸鳍16~17；腹鳍Ⅰ-5。侧线鳞98~104。鳃耙7~9+11~15。

体长为体高的2.3~3.0倍，为头长的2.2~2.8倍。头长为吻长的4.4~4.7倍，为眼径的4.5~5.7倍，为眼间隔的4.7~5.7倍。尾柄长为尾柄高的1.2~1.6倍。

体呈长椭圆形，侧扁，背腹缘钝圆。头大，头长大于体高。吻短而钝圆。眼中大，侧上位。眼间隔小于眼径。口中大，稍斜裂，下颌突出，前颌骨能稍向前伸出；上颌骨不蔽于眶前骨下，后端伸达眼后缘下方。上下颌前端具1对小圆锥齿，两侧齿细尖；犁骨及腭骨具绒毛状齿；舌上无齿。前鳃盖骨后缘具细锯齿，隅角处较大；鳃盖骨后缘具3扁平钝棘。鳃盖条7。鳃盖膜分离，不与峡部相连。鳃耙短小，稍扁，上具细刺。

体被细栉鳞，栉状齿细弱。头部鳞片多埋于皮下，除两颌外，几全被鳞。侧线完全，与背缘平行。

背鳍鳍棘部与鳍条部相连，中间无缺刻，鳍棘部基底长于鳍条部基底。臀鳍位于背鳍鳍条部下方，第二鳍棘最强。胸鳍低位，后缘圆形。腹鳍较小，位于胸鳍基后下方。尾鳍圆形。

头部和体侧上半部灰褐色，腹部金黄色或色淡。体侧具4条暗褐色横带，各横带宽大于其间隔，尾柄处亦具一暗褐色横带。头颈部具一不明显横斑。头部和体侧散布小黄点，体侧和奇鳍常具灰白色小点。各鳍灰褐色，背鳍和臀鳍鳍条部及尾鳍边缘黄色。

分布　分布于西北太平洋区朝鲜、日本、中国和越南等海域。中国黄海、东海、南海和台湾海域均有分布。笔者2017年8月在长江口北支捕获1尾体长280 mm样本，为长江口

新记录。

生物学特性 暖水性沿岸底层鱼类，栖息于岩礁海区，可生活于咸淡水及淡水中。仔稚鱼摄食浮游生物，成鱼摄食鱼、虾、蟹等。

资源与利用 肉味鲜美，为名贵海产鱼类，也是我国重要的海水养殖经济鱼类。长江口区罕见。

大眼鲷科 Priacanthidae

本科长江口1属。

大眼鲷属 *Priacanthus* Oken，1817

本属长江口1种。

154. 短尾大眼鲷 *Priacanthus macracanthus* Cuvier，1829

Priacanthus macracanthus Cuvier in Cuvier and Valenciennes，1829，Hist. Nat. Poiss.，3：108（Ambon Island，Molucca Islands，Indonesia）。

短尾大眼鲷 *Priacanthus macracanthus*：成庆泰，1962，南海鱼类志：324，图269（广东，海南）；成庆泰，1963，东海鱼类志：227，图175（浙江大陈、沈家门、披山，福建东岸）；曹正光、许成玉，1990，上海鱼类志：252，图139（长江口近海）；伍汉霖、郭仲仁，2006，江苏鱼类志：499，图243（吕四、太仓浏河、黄海南部）。

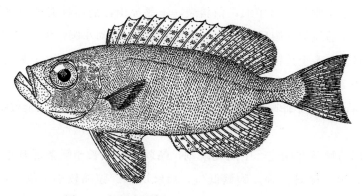

图154 短尾大眼鲷 *Priacanthus macracanthus*

英文名 red bigeye。

地方名 大眼圈、大眼鲷。

主要形态特征 背鳍Ⅹ-13～14；臀鳍Ⅲ-14；胸鳍18；腹鳍Ⅰ-5。侧线鳞98～100$\frac{12}{38}$。鳃耙4～6＋18～22。

体长为体高的 2.8～2.9 倍，为头长的 3.3～3.5 倍。头长为吻长的 4.1～4.2 倍，为眼径的 2.3～2.4 倍，为眼间隔的 3.9～4.1 倍。尾柄长为尾柄高的 1.5～1.7 倍。

体呈长椭圆形，侧扁。头中大，背面平坦。吻短。眼较大。眶前骨边缘具细锯齿。口大，上位，口裂几垂直。下颌稍长于上颌，上颌骨不为眶前骨所遮盖，其后端伸达眼前缘下方。两颌齿细小，犁骨和腭骨均具绒毛状齿，舌无齿。前鳃盖骨边缘具细锯齿，隅角处有 1 强棘。鳃耙细长。

鳞细小而粗糙，头部除两颌裸露外，余皆被细鳞。侧线完全、上侧位。

背鳍 1 个，鳍棘部和鳍条部相连，中间无缺刻。臀鳍后缘圆突。腹鳍较大，短于头长，末端伸越肛门。尾鳍浅凹，上下叶不延长。

全体呈红色，腹部较浅。背鳍、臀鳍和腹鳍鳍膜有棕黄色斑点。

分布　分布于西太平洋区澳大利亚、印度尼西亚海域，北至俄罗斯彼得大帝湾。中国沿海均有分布。长江口近海偶有分布。

生物学特性

[习性] 暖水性中小型近底层鱼类。基本不作长距离洄游，主要栖息于水深 80～120 m，以 100 m 海区较集中，底层水温 16～18 ℃，盐度为 34.5 以上。有昼夜垂直移动习性，昼沉夜浮。幼鱼夜间趋光集群。济州岛东至台湾北部，水深 70 m 以深大陆架边缘海域，30°N 以南、浙江南部分布较集中，在 25°30′—27°00′N、121°30′—125°30′E 一带，并延伸至 28°N、125°—126°E 附近，以 2—4 月数量最大，在闽南和浙江北部外海亦有分布。

[年龄与生长] 东海鱼群 1 龄体长为 170 mm 以下，2 龄为 160～200 mm，3 龄为 210～230 mm。开始成熟体长为 145～165 mm（闽中为 145 mm，闽东、浙江南部为 160 mm，浙江北部为 165 mm）。体长为 70～280 mm、最大 320 mm。年龄为 0～5 龄。东海以 1～3 龄为主，其中福建海区和浙江南部为 1～2 龄，浙江中部、北部为 3～4 龄。当年幼鱼生长快，6 月体长 70～80 mm 鱼体到次年 2 月便可达 140～160 mm，满 1 龄体长为 140～190 mm。体长生长方程为：$L_t = 284.9 [1 - e^{-0.314(t+1.925)}]$。体长与体重关系式为：$W = 5.034 \times 10^{-5} L^{2.85}$（赵传絪，1990）。

[食性] 杂食性，主要摄食小乌贼和浮游甲壳类，其次是小鱼和短尾类。平均饱满系数春季最高，夏季、冬季次之，秋季最低，昼夜摄食节律以拂晓最高、午前稍降，午后急剧下降，黑夜最低。

[繁殖] 东海产卵期为 5—8 月，盛期为 6—7 月，产卵场位于 27°00′—29°30′N、123°—126°E。水深 50～200 m 等深线内，以浙江南部和福建北部外海为主。东海南部产卵场水温为 17～20 ℃，盐度 34.04～34.50，底质为沙泥。性比接近 1∶1，属分批产卵类型。绝对生殖力变动于 4.96 万～37.4 万粒，绝对生殖力 R（粒）与体长 L（mm）和体重 W（g）的关系式为：$R = 29.2 L^{1.649}$，$R = 5580 W^{0.6524}$。卵圆球形，彼此分离，浮性，卵

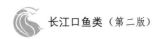

膜薄而光滑，无色透明，卵周隙中等，卵径 0.65～0.75 mm，卵黄粒细而均匀，油球 1 个，油球径 0.17～0.20 mm。初孵仔鱼全长 1.38 mm。

资源与利用 本种日本以西底拖网产量为 5 300～5 500 t（山田梅芳 等，1986）。我国年产量在 2 000～5 000 t，曾是南海底拖网主要捕捞对象之一，东海底拖网兼捕对象。近年来资源量有明显下降，长江口近海数量较少。据调查（郑元甲 等，2003），其出现站位平均资源密度为 1.14 kg/h，东海区短尾大眼鲷年资源量为 1 986 t、1 735.44×10^4 尾，而 20 世纪 70 年代中期估算资源量为 9.6×10^4 t、最大持续渔获量为 3.3×10^4 t，由此可看出其资源量已大幅下降，故应除重点保护较浅海域的幼鱼外，还需注意降低捕捞强度，减少对亲体的压力。肉较坚实，可供食用。

天竺鲷科 Apogonidae

本科长江口 1 亚科。

天竺鲷亚科 Apogoninae

本亚科长江口 3 属。

属 的 检 索 表

1（2）消化道苍白色；第一背鳍鳍棘 7～8；前鳃盖骨缘具锯齿；后颞骨锯齿状；具基蝶骨 …………
…………………………………………………………………… 似天竺鲷属 *Apogonichthyoides*

2（1）消化道具黑点或全黑色；第一背鳍鳍棘 7

3（4）背鳍第四鳍棘长于第三鳍棘；尾鳍后缘微凸、截形或圆形 ……………… 银口天竺鲷属 *Jaydia*

4（3）背鳍第四鳍棘短于第三鳍棘；尾鳍后缘叉形 ……………………… 鹦天竺鲷属 *Ostorhinchus*

似天竺鲷属 *Apogonichthyoides* Smith，1949

本属长江口 1 种。

155. 黑似天竺鲷 *Apogonichthyoides niger*（Döderlein，1883）

Apogon niger Döderlein in Steindachner and Döderlein，1883，Fische Japan's 2：2（Japan）。

黑天竺鱼 *Apogonichthys niger*：成庆泰等，1962，南海鱼类志：335，图 279（广东，广西，海南）；沈根媛，1985，福建鱼类志（下卷）：50，图 380（台湾浅滩等地）；田明诚、沈友石、孙宝龄，1992，海洋科学集刊（第三十三集）：274（长江口近海区）。

英文名 cardinalfish。

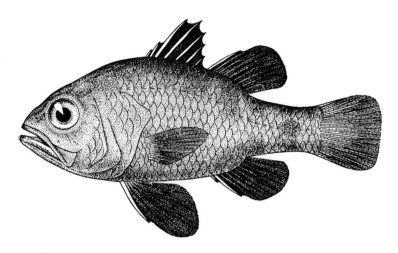

图 155　黑似天竺鲷 *Apogonichthyoides niger*（成庆泰 等，1962）

地方名　大目侧仔。

主要形态特征　背鳍Ⅶ，Ⅰ - 9；臀鳍Ⅱ - 8；胸鳍 13；腹鳍Ⅰ - 5；尾鳍 17。侧线鳞 $24\sim26\dfrac{2}{6}$。鳃耙 $4\sim5+10\sim13$。

体长为体高的 2.2～2.5 倍，为头长的 2.3～2.5 倍。头长为吻长的 4.3～4.8 倍，为眼径的 3.3～3.8 倍。尾柄长为尾柄高的 1.7 倍。

体呈卵圆形，侧扁，背缘和腹缘圆钝，稍呈弧形，以第一背鳍起点处最高；尾柄较长，侧扁。头大，背面有浅的棱凸，两侧平坦。眼大，侧上位，大于吻长。眼间隔短于眼径。鼻孔每侧 2 个，椭圆形，紧位于眼前缘。口大，前位，倾斜。上下颌约等长。上颌骨后端扩大，伸达眼后缘下方稍后。上下颌齿细小，呈绒毛状齿带；犁骨、腭骨均具细齿；舌上无齿。鳃孔大。前鳃盖骨边缘具细锯齿。鳃耙细长。

体被弱栉鳞，不易脱落。头大部裸露，仅颊部、鳃盖部具鳞。侧线完全，上侧位，与背缘平行。

背鳍 2 个，鳍棘尖锐，第三鳍棘最长。臀鳍与第二背鳍同形，起点在第二背鳍起点稍后下方。胸鳍中大，末端伸达肛门上方。腹鳍大，位于胸鳍基底前下方，末端伸达臀鳍起点。尾鳍截形。

体呈棕褐色，体侧有可区别的色深的垂直暗带；背鳍、臀鳍、腹鳍均为黑色，胸鳍及尾鳍灰色。

分布　分布于西北太平洋日本南部至中国东南沿海。中国沿海均有分布。长江口近海亦有分布。

生物学特性　近海暖水性中下层小型鱼类。栖息于沿海礁石散布的沙泥质底海湾。以多毛类或其他底栖无脊椎动物为食。雄鱼具口孵行为。

资源与利用　个体小，体长约 10 cm。无食用价值。长江口近海偶见，无捕捞经济价值。

【Mabuchi et al.（2014）基于分子系统进化和形态学的比较研究，重新构建了天竺鲷科的系统分类，本书据此对长江口区的 4 种天竺鲷科鱼类的亚科、属的划分进行了修订。本种由天竺鱼属（*Apogonichthys*）调整至似天竺鲷属（*Apogonichthyoides*）。】

鹦天竺鲷属 *Ostorhinchus* Lacepède，1802

本属长江口 1 种。

156. 宽条鹦天竺鲷 *Ostorhinchus fasciatus*（White，1790）

Mullus fasciatus White，1790，Journal of a voyage to New South Wales：268，pl. 53，fig. 1（Port Jackson，New South Wales，Australia）。

四线天竺鲷 *Apogon quadrifasciatus*：成庆泰等，1962，南海鱼类志：344，图 288（广东，广西，海南）；成庆泰，1963，东海鱼类志：237，图 183（福建）；沈根媛，1985，福建鱼类志（下卷）：56，图 386（厦门等地）；田明诚、沈友石、孙宝龄，1992，海洋科学集刊（第三十三集）：274（长江口近海区）。

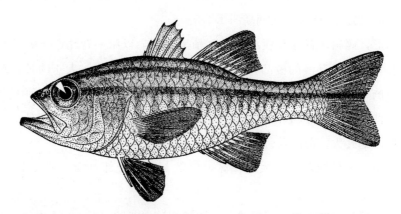

图 156　宽条鹦天竺鲷　*Ostorhinchus fasciatus*（成庆泰 等，1962）

英文名　broadbanded cardinalfish。

地方名　大目侧仔。

主要形态特征　背鳍Ⅶ，Ⅰ-9；臀鳍Ⅱ-8；胸鳍 14；腹鳍Ⅰ-5；尾鳍 17。侧线鳞 $24\sim27\dfrac{2}{6}$。鳃耙 5~6+13~14。

体长为体高的 2.8~3.0 倍，为头长的 2.6~3.0 倍。头长为吻长的 4.0~4.6 倍，为眼径的 2.9~3.2 倍，为眼间隔的 4.2~4.8 倍。

体呈长椭圆形，侧扁，背缘和腹缘浅弧形。头大。吻短钝，小于眼径。眼大，侧上位，近吻端。鼻孔每侧2个，互相分离，前鼻孔圆形，具鼻瓣；后鼻孔卵圆形，位于眼前缘。口中大，前位，稍倾斜。上下颌约等长。上颌骨后端扩大，伸达眼后下方。上下颌、犁骨、腭骨均具绒毛状齿；舌上无齿。鳃孔大。前鳃盖骨边缘具细锯齿。鳃盖骨后缘具一扁棘。

体被弱栉鳞，鳞薄，易脱落。头大部裸露，仅颊部、鳃盖部具鳞。侧线完全，上侧位，与背缘平行。

背鳍2个，鳍棘细弱，第四鳍棘最长，第二背鳍具一强棘。臀鳍与第二背鳍同形，起点在第二背鳍起点稍后下方。胸鳍中大，末端伸达臀鳍起点上方。腹鳍位于胸鳍基底稍前下方，末端伸达肛门。尾鳍浅凹形。

体银灰色，体侧有2条灰褐色纵带：一条较细，自眼眶上方起至第二背鳍基底末端下方；另一条较粗，自吻端起经眼直达尾鳍末端。第二背鳍近基底处具一黑褐色细带，其余各鳍色浅。

分布　分布于印度—西北太平洋区，西至红海和波斯湾，东至菲律宾海域，北至日本南部海域，南至澳大利亚北部海域。我国东海、南海和台湾海域均有分布。长江口近海亦有分布。

生物学特性　近海暖水性中下层小型鱼类。栖息于礁区外围沙泥质底海域。以多毛类或其他底栖无脊椎动物为食。

资源与利用　本种个体小，体长约8 cm。无食用价值。长江口近海偶见，无捕捞经济价值。

【据 Fraser（2005）和 Fricker et al.（2009）研究，我国鱼类志中所记述的四线天竺鲷（*Apogon quadrifasciatus*）是宽条鹦天竺鲷［*Ostorhinchus fasciatus*（White，1790）］的同物异名。】

银口天竺鲷属 *Jaydia* Smith，1961

本属长江口2种。

种 的 检 索 表

1（2）第二背鳍具一大黑斑；臀鳍外缘黑色；体侧无色暗的细横带…………斑鳍银口天竺鲷 *J. carinatus*
2（1）第二背鳍无大黑斑；第一背鳍先端色暗；体侧具8～11条细横带………………………………
……………………………………………………………………细条银口天竺鲷 *J. lineata*

157. 细条银口天竺鲷 *Jaydia lineata*（Temminck *et* Schlegel，1842）

Apogon lineatus Temminck and Schlegel，1842，Pisces，Fauna Japonica Part.，1：3（Nagasaki，Japan）。

天竺鲷 *Apogon lineatus*：成庆泰，1955，黄渤海鱼类调查报告：98，图65（河北，山东）。

细条天竺鱼 *Apogonichthys lineatus*：成庆泰等，1962，南海鱼类：333，图 277（广西北海）；黄克勤等，1990，上海鱼类志：254，图 141（长江口近海）。

细条天竺鱼 *Apogon lineatus*：成庆泰，1963，东海鱼类志：233，图 179（浙江，福建）。

细条天竺鲷 *Apogon lineatus*：刘培廷、邓思明，2006，江苏鱼类志：503，图 246。

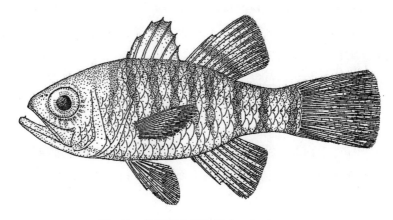

图 157　细条银口天竺鲷 *Jaydia lineata*

英文名　Indian perch。

地方名　带鱼饭。

主要形态特征　背鳍Ⅶ，Ⅰ-9；臀鳍Ⅲ-8；胸鳍 14；腹鳍Ⅰ-5；尾鳍 17。侧线鳞 $24\sim25\frac{2}{5}$。鳃耙 $4-5+12\sim13$。

体长为体高的 2.6～2.8 倍，为头长的 2.3～2.5 倍。头长为吻长的 4.3～4.6 倍，为眼径的 3.2～3.6 倍，为眼间隔的 3.4～4.0 倍。尾柄长为尾柄高的 1.5～1.8 倍。

体呈长椭圆形，侧扁。头大，前端圆钝。吻短钝。眼大，侧上位。眶前骨边缘光滑。眼间隔宽而平坦。口大，微斜。上下颌约等长。上颌骨不被眶前骨遮盖，后端伸达眼后缘下方。两颌具 1 行绒毛状齿。犁骨和腭骨均具细齿，舌上无齿。前鳃盖骨下缘波纹状，鳃盖骨无棘。鳃耙细长。

体被弱栉鳞。头部除颊部被鳞外，其余大部裸露。侧线完全，位高、与背缘平行。

背鳍 2 个，互相分离，第一背鳍起点在胸鳍起点上方，第二背鳍鳍条长于第一背鳍最长鳍棘。臀鳍与第二背鳍同形。胸鳍长，末端伸达臀鳍起点上方。腹鳍位于胸鳍基下方。尾鳍圆形。

体侧具 9～11 条灰褐色细横条纹。头顶部、背鳍及尾鳍边缘具稀疏小黑点，各鳍色浅。

分布　分布于印度—西太平洋区，北海道内浦湾至中国南海南部。中国沿海均有分布。长江口近海亦有分布。

生物学特性

[习性] 暖温性近岸小型中下层鱼类。性喜集群，通常栖息于底质为沙泥浅海。济州岛南至西南为主要分布区，季节移动不大，只作短距离移动，每年 5—6 月由外海游向近岸作生殖洄游，产卵后则分散索饵并逐渐游向外海。

[年龄与生长] 渔获物体长为 22～122 mm，平均为 41.93 mm；体重为 0.3～39.0 g，平均为 2.62 g。满 1 龄鱼全长为 11～13 mm，雌鱼 1 龄为 7～8 mm、雄鱼为 6.5 mm 左右。2 龄极少存活。

[食性] 主要摄食长尾类和桡足类等。雄鱼含卵期不摄食。

[繁殖] 夏季产卵，雄鱼将卵含于口内孵化，亲鱼翌年 3 月孵出仔鱼后即死亡。卵球形，卵径 0.06～0.1 mm，卵膜具特殊胶质丝状突起、彼此紧密围成一团。全长 5.3 mm 的仔鱼，细长，肛门位于体中央前部，第二背鳍和臀鳍基底出现，黑色素细胞在消化管上有数个，臀鳍起点至尾柄后方的腹面具 12 个呈一列的黑色素点，尾鳍基具 2 黑色素点，前鳃盖骨内缘、外缘具 2～3 个小棘。全长 11.5 mm 时，各鳍鳍条数已基本固定，前鳃盖骨外缘棘发达，头顶具黑色素点（山田梅芳 等，1986）。

资源与利用　本种为次要经济鱼类，产量不大，但其是多种经济鱼类的饵料，构成食物链的重要环节。据东海调查资料，其站位平均资源密度为 2.26 kg/h、平均尾数密度为 862.80 尾/h（林龙山 等，2003）。沿海均可捕获，春夏两季捕获量较多，主要是群众渔业的定置网具、沿岸大拉网和帆张网等兼捕对象。除用作鱼粉外，还可作为鱼饵。

【Mabuchi et al.（2014）基于形态和分子系统发育的研究，将本种由天竺鲷属（*Apogon*）调整至银口天竺鲷属（*Jaydia*）。】

鱚科 Sillaginidae

本科长江口 1 属。

鱚属 *Sillago* Cuvier，1816

本属长江口 2 种。

种 的 检 索 表

1（2）第一背鳍起点与侧线间具鳞 3 行 ·· 少鳞鱚 *S. japonica*

2（1）第一背鳍起点与侧线间具鳞 5～6 行 ·· 多鳞鱚 *S. sihama*

158. 多鳞鱚 *Sillago sihama*（Forsskål，1775）

Atherina sihama Forsskål，1775，Descript. Animl.：70（Al‑Luhayya，Yemen，

Red Sea）。

鱚 *Sillago sihama*：成庆泰，1955，黄渤海鱼类调查报告：100，图 66（辽宁，河北，山东）。

多鳞鱚 *Sillago sihama*：成庆泰，1962，南海鱼类志：350，图 294（广东，海南）；成庆泰，1963，东海鱼类志：240，图 185（浙江，福建）；曹正光、许成玉，1990，上海鱼类志：255，图 142（南汇，崇明，佘山）；陈马康，1990，钱塘江鱼类资源：188，图 177（海盐）；刘培廷、邓思明，2006，江苏鱼类志：506，图 248，彩图 34（连云港，吕四，长江口）。

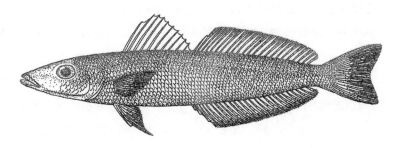

图 158　多鳞鱚 *Sillago sihama*

英文名　silver sillago。

地方名　沙丁。

主要形态特征　背鳍Ⅺ，Ⅰ-21～22；臀鳍Ⅱ-22；胸鳍16；腹鳍Ⅰ-5。侧线鳞73～75$\frac{6}{12}$。鳃耙 3+6～8。

体长为体高的 5.8 倍，为头长的 3.7 倍。头长为吻长的 2.3 倍，为眼径的 5.1～5.5 倍，为眼间隔的 4.0～4.6 倍。尾柄长为尾柄高的 1.4～1.6 倍。

体延长，略呈圆柱状，稍侧扁。头较长，腹面宽平。吻钝尖。眼中大，侧上位。眼间隔宽平。鼻孔位于眼前上方。口小，端位、稍斜裂，上颌长于下颌。两颌齿细小，排列不规则。犁骨齿极细小，呈马蹄状排列，腭骨及舌上无齿。前鳃盖骨边缘具细弱锯齿。鳃盖骨后上方有一弱棘。鳃耙少，短而扁尖。

头体均被弱栉鳞，吻端与两颌无鳞。侧线完全，几呈直线状。

背鳍2个，稍分离，第一背鳍始于胸鳍中部上方，第二背鳍基长。臀鳍与第二背鳍同形，起点稍后于第二背鳍。胸鳍中大。腹鳍位低、起于胸鳍基下方。尾鳍浅凹。

体呈浅黄色。第一背鳍前部黑色。尾鳍上下缘及末端灰黑色，其余各鳍色浅。

分布　分布于印度—西太平洋区沿海，东至澳大利亚海域，北至朝鲜、日本海域。我国沿海均有分布。为长江口常见鱼类。

生物学特性

［习性］沿岸性小型鱼类。喜栖息在水质澄清、浅水沙质海底中下层，也可进入淡

水。东海、黄海鱼群索饵期为 7—10 月，10 月中旬前后逐渐移向深水，12 月中旬前后进入越冬场，越冬场在济州岛西南 80～100 m 深海域，越冬期 1—3 月，3 月下旬向西南移至舟山群岛附近产卵，产卵后分散索饵并随水温降低而渐移向越冬场。

［年龄与生长］群体结构较简单，以 1 龄、2 龄鱼为主、分别占 3.8％和 22.1％，3 龄和 4 龄鱼分别为 3.4％和 0.7％。一般体长为 135～165 mm、体重为 25～45 g，大者可达 250 mm。当年生幼鱼 9 月下旬体长为 42～80 mm，平均为 68 mm，平均体重为 3.2 g，至翌年 5 月体长为 76～137 mm、平均为 121 mm，体重为 6.5～32 g，平均为 19 g，满 1 龄后生长趋缓慢。

［食性］主要摄食底栖动物，如长尾类、歪尾类、多毛类、瓣鳃类、短尾类、端足类、糠虾类和樱虾类等。其摄食强度季节变化不大。

［繁殖］1 龄大量性成熟，雌、雄鱼分别达 90％、95％，2 龄全部达成熟。初始性成熟最小体长，雌鱼为 97 mm、雄鱼为 86 mm。体长 102～180 mm 个体，绝对生殖力波动于 0.29 万～3.53 万粒。渤海产卵期为 6—8 月，盛期为 8 月，卵子分布区表层水温为 26.5～29.0 ℃、盐度为 30～32.5。卵为分离球形、浮性，卵径 0.59～0.68 mm，油球 1 个，油球径 0.17～0.19 mm。受精卵在水温 20.8～20.5 ℃、盐度为 29.80 条件下，经 37 h 仔鱼全部孵化。初孵仔鱼全长 1.56～1.64 mm，肌节 34 对。

资源与利用 肉白味美，主要鲜销，少量制成咸干品。为刺网、钓钩、定置网和底拖网兼捕对象。日本以西底拖网年产波动于 1 500～1 900 t（山田梅芳 等，1986）。鱼体较小，资源所受压力较小，性成熟早，生命周期短，世代更新相对较快，目前资源保持相对稳定，估计现有资源量为 7 000～10 000 t，可捕量为 3 000～5 000 t（赵传絪，1990）。

鲯鳅科 Coryphaenidae

本科长江口 1 属。

鲯鳅属 *Coryphaena* Linnaeus，1758

本属长江口 1 种。

159. 鲯鳅 *Coryphaena hippurus* Linnaeus，1758

Coryphaena hippurus Linnaeus，1758，Syst. Nat.，ed. 10，1：261（Open seas）。

鲯鳅 *Coryphaena hippurus*：张春霖，1955，黄渤海鱼类调查报告：123，图 80（山东青岛）；成庆泰 等，1962，南海鱼类志：408，图 342（广东汕尾）；成庆泰，1963，东海鱼类志：267，图 206（浙江）；冯照军、汤建华，2006，江苏鱼类志：536，图 269（吕四）。

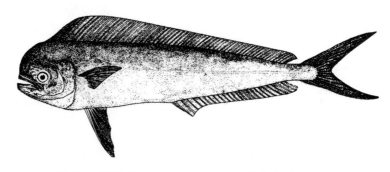

图 159　鲯鳅 *Coryphaena hippurus*（成庆泰 等，1962）

英文名　common dolphinfish。

地方名　阴凉鱼、鳛鱼、青衣、鬼头刀。

主要形态特征　背鳍 58～61；臀鳍 25～26；胸鳍 20；腹鳍I-5；尾鳍 18。鳃耙1+8。

体长为体高的 4.2～4.3 倍，为头长的 4.7 倍。头长为吻长的 3.0～3.2 倍，为眼径的 5.8～6.0 倍，为眼间隔的 2.4～2.6 倍。

体延长，侧扁，体前部纵高，背腹缘微凸起，向后渐变细。尾柄甚短。头大，头背很狭，成鱼头背几呈方形，额部有 1 骨质隆起。吻较长，圆钝。眼较小，位于口角上方，距鳃盖后缘为距吻端的 1.5 倍。眼上缘甚宽阔而平坦。口中大，口裂微斜。下颌稍长于上颌。齿分布于两颌、犁骨及腭骨上，在上下颌边缘排成 1 列。舌齿绒毛状，在舌中央部呈圆点形。鳃盖骨边缘光滑。鳃盖膜不与峡部相连。无假鳃。鳃耙稀疏。

体被小圆鳞，头除颊部被鳞外均裸露无鳞。侧线完全，在胸鳍上方呈不规则波形弯曲，向后平直，伸达尾鳍基底。

背鳍 1 个，基底长，自眼上缘起，止于尾鳍基前；无鳍棘，以第十至第二十鳍条较长，其余鳍条向后逐渐缩短。臀鳍较短，其起点在背鳍中部鳍条下方。胸鳍镰状，长于头长的 1/2。腹鳍细长，位于胸鳍基下方；左右腹鳍紧相连，一部分可收藏于腹沟中。尾鳍大，分叉深。无鳔。

头部及体背面黑褐色，体侧及腹部灰色，散布有黑色小圆斑点。胸鳍灰白色，其余各鳍黑色。

分布　广泛分布于各大洋的热带及亚热带海域。我国沿海均有分布。笔者 2010 年 7 月在长江口崇明东滩（122°6′42″ E、31°27′36″ N）捕获 1 尾体长 910 mm 的样本，为长江口新记录。

生物学特性　暖水性大洋中上层洄游性鱼类。常成群洄游到外海开放水域，但也偶尔发现于沿岸水域。一般栖息于海洋表层，喜栖息在浮藻等的阴影下。肉食性，主要摄食鱼类，亦摄食乌贼及虾类，性贪食，常追捕沙丁鱼等洄游性表层鱼类，有时会跳出水面捕食。生长迅速，1 龄鱼体重 5.9 kg、2 龄为 12.5 kg、3 龄为 25.4 kg；最大体长可达 2 m，体重达 39.5 kg。黄海北部产卵期为 8 月下旬至 9 月上旬，在台湾海域终年可产卵。

卵浮性。水温24～25 ℃时，经 59 h 孵出。

资源与利用 本种为经济鱼类，也是一种高价值游钓鱼类。2016 年世界渔获量达 12.03×10⁴ t，其中产于东南太平洋为 7.37×10⁴ t。肉味欠佳，多腌制成咸鱼。在长江口近海区较罕见，无经济价值。

鲫科 Echeneidae

本科长江口 1 属。

鲫属 *Echeneis* Linnaeus，1758

本属长江口 1 种。

160. 鲫 *Echeneis naucrates* Linnaeus，1758

Echeneis naucrates Linnaeus，1758，Syst. Nat. ed. 10，1：261（Indian Ocean）。

鲫 *Echeneis naucrates*：李思忠，1955，黄渤海鱼类调查报告：306，图 190（河北，山东）；李思忠，1962，南海鱼类志：944，图 737（广西，海南等地）；张春霖、李方成，1963，东海鱼类志：505，图 376（浙江象山、大陈外海、坎门）；伍汉霖、倪勇，2006，江苏鱼类志：605，图 306（连云港）。

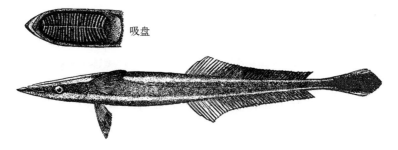

图 160　鲫 *Echeneis naucrates*（李思忠，1962）

英文名 live sharksucker。

地方名 吸盘鱼、鞋底鱼。

主要形态特征 背鳍 XXI～XXII - 31～40；臀鳍 31～38；胸鳍 21～22；腹鳍 I - 5；尾鳍 15。鳃耙 3～5＋13～16。

体长为体高的 8.4～14.2 倍，为头长的 5.2～6.1 倍。头长为吻长的 1.6～2.4 倍，为眼径的 5.2～8.3 倍。尾柄长为尾柄高的 2.3～4.3 倍。吸盘长为吸盘宽的 2.5～2.9 倍。

体细长，前端稍平扁，向后渐成圆柱状，尾柄细，前端圆柱状，后端渐侧扁。头稍短，平扁，在头及体前部的背面有 1 个由第一背鳍形成的长椭圆形吸盘。吻很平扁，略尖，背面大部被吸盘占据。眼小，侧中位，距鳃孔较距吻端近。眼间隔很宽扁，亦被吸盘占据。鼻孔每侧2个，紧相邻，位于口角上方。口大，前位，深弧形，微向前方上方倾斜。下颌突出，长于上颌，前端具三角形皮质膜状突起。上下颌、犁骨及腭骨均具绒毛状齿群，下颌齿群外露。舌窄薄，圆形，游离，其间有绒毛状齿群。鳃孔大，侧位，略低于胸鳍的上端，下端伸达口角下方附近。左右鳃膜稍愈合，不与峡部相连。鳃盖条9。鳃4个，第四鳃后有一大裂孔。无假鳃。鳃耙长扁形，长为鳃丝的2/5～3/5。

体被小圆鳞，很微小，长圆形，除头部及吸盘外，全身均被鳞。侧线完全，始于胸鳍基的上端稍后方，止于尾鳍基的前方，前端上侧位，向后渐低降为中侧位。

背鳍2个，远分离，第一背鳍特化成吸盘，其鳍条由盘中央向两侧裂生成为鳍瓣，由21～24对横列软骨板组成，中央有一纵的轴褶，周缘为游离状膜，软骨板后方具排列不甚规则的3行绒毛状小刺；第二背鳍基底很长，始于肛门后上方。臀鳍与第二背鳍同形，几相对。胸鳍侧上位，三角形。腹鳍胸位，始于胸鳍基的后下方，左右腹鳍紧邻。尾鳍变异大，体长230 mm以下尾鳍为尖长形，后渐为楔形，体长280 mm以上呈截形，成鱼尾鳍为凹叉形。无幽门盲囊和鳔。

体呈暗灰色或棕黄色，体侧有一色暗的水平纵带由下颌端经眼直达尾鳍。各鳍黑褐色，幼鱼尾鳍上下缘灰白色。

分布　全世界热带和温带各海区均有分布。我国各海区均有分布。笔者2016年8月在长江口南支太仓水域捕获1尾体长210 mm的样本，为长江口新记录。

生物学特性　暖水性大洋鱼类，通常单独活动于近海浅水处，常以吸盘吸附于船底或大鱼等寄主身上进行远距离移动，以寄主的残饵料、体外寄生虫为食，也可自行捕捉浅海鱼类或无脊椎动物等。

资源与利用　可供食用，但肉质欠佳。因其吸附于大鱼体表的奇异特性，常作为海洋水族馆观赏鱼。长江口罕见，无经济价值。

鲹科 Carangidae

本科长江口2亚科。

亚科的检索表

1（2）侧线上有棱鳞 ·· 鲹亚科 Caranginae
2（1）侧线上无棱鳞；体被小圆鳞；前颌骨能伸缩；第二背鳍后部一般无小鳍或具一小鳍；体稍侧扁，亚圆筒形或纺锤形；臀鳍短于第二背鳍 ··························· 舟䲠亚科 Naucratinae

舟䲠亚科 **Naucratinae**

本亚科长江口1属。

小条鲕属 *Seriolina* Wakiya，1924

本属长江口1种。

161. 黑纹小条鲕 *Seriolina nigrofasciata*（Rüppell，1829）

Nomeus nigrofasciatus Rüppell，1829，Fische Rothen Meeres：92，pl.24，fig.2（Massawa，Eritrea，Red Sea）。

黑纹条鲕 *Zonichthys nigrofasciata*：朱元鼎、郑文莲，1962，南海鱼类志：396，图332（广东，广西，海南）；郑文莲，1963，东海鱼类志：261，图202（浙江等地）；曹正光、许成玉，1990，上海鱼类志：261，图148（长江口近海区）。

黑纹小条鲕 *Seriolina nigrofasciata*：郭仲仁、伍汉霖，2006，江苏鱼类志：533，图267（吕四外海）。

图161 黑纹小条鲕 *Seriolina nigrofasciata*（郑文莲，1963）

英文名 blackbanded trevally。

地方名 黑甘、油甘。

主要形态特征 背鳍Ⅴ～Ⅶ，Ⅰ-32～35；臀鳍0～Ⅰ，Ⅰ-15～17；胸鳍17～19；腹鳍Ⅰ-5；尾鳍17。侧线鳞130～146。鳃耙0～2+6～8。

体长为体高的2.9～3.7倍，为头长的3.4～4.4倍。头长为吻长的3.2～6.0倍，为眼径的3.0～5.2倍，为眼间隔的2.3倍。

体呈长椭圆形，稍侧扁；尾柄短，尾鳍基底上下缘有一深凹。头中大，稍侧扁。吻钝尖。眼中大，脂眼睑不发达。口大。前颌骨能伸缩。上颌骨后端伸达眼后缘或稍后下方。齿尖细，尖端向里弯；上下颌齿宽带状；犁骨齿群心形；腭骨齿带匙状；舌面中央齿椭圆形。鳃孔大。前鳃盖骨和鳃盖骨边缘光滑。鳃盖条7。

颊部、胸部及体均被小圆鳞。侧线前部浅弧形。后部无棱鳞。背鳍2个，第一背鳍颇短小，各鳍棘间有鳍膜相连；第二背鳍基底长，前部较高。臀鳍与第二背鳍同形而短，

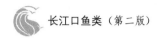

起点在第二背鳍中部稍后下方，前方具一游离短棘。胸鳍短小。腹鳍胸位，长于胸鳍。尾鳍叉形。

体呈蓝绿色而带淡黄绿色。幼鱼从眼间隔开始至尾鳍基具 5～7 条蓝黑色斜横带，略呈斑块状；成鱼条纹渐消退。第一背鳍和腹鳍深黑色；第二背鳍蓝黑微绿色，顶部白色。臀鳍、尾鳍蓝黑稍带绿色。胸鳍色淡。

分布　广泛分布于印度—西太平洋区和东南大西洋区热带和亚热带海域。我国东海、南海和台湾海域均有分布。长江口近海亦有分布。

生物学特性　近海暖水性中上层鱼类。主要栖息水深 20～150 m。独游。以小鱼及无脊椎动物为食。

资源与利用　可食用。长江口近海偶有捕获，数量较少。

鲹亚科 Caranginae

本亚科长江口 9 属。

属 的 检 索 表

1（16）腹鳍存在，背鳍鳍棘部一般不埋于皮下

2（15）侧线的一部分被棱鳞

3（12）第二背鳍和臀鳍后方无小鳍

4（5）鳞退化，第一背鳍鳍棘退化 ·················· 丝鲹属 *Alectis*

5（4）鳞小而明显；第一背鳍鳍棘正常

6（7）腹面有一深沟，腹鳍可收叠其中；腹鳍长于或等于头长 ·········· 沟鲹属 *Atropus*

7（6）腹面无深沟；腹鳍短于头长；上颌有齿

8（11）脂眼睑不发达或仅见于眼的前后缘

9（10）棱鳞弱，存在于侧线直线部的后部 ·················· 若鲹属 *Carangoides*

10（9）棱鳞明显，存在于侧线直线部的全部 ················ 鲹属 *Caranx*

11（8）脂眼睑发达，前部至少伸达眼前缘 ··············· 副叶鲹属 *Alepes*

12（3）第二背鳍和臀鳍后方有 1 个或几个小鳍

13（14）第二背鳍和臀鳍后方各有 1 个小鳍 ············· 圆鲹属 *Decapterus*

14（13）第二背鳍和臀鳍后方各有几个小鳍 ············· 大甲鲹属 *Megalaspis*

15（2）侧线的全部被棱鳞 ····················· 竹筴鱼属 *Trachurus*

16（1）成鱼无腹鳍（幼鱼具腹鳍）；背鳍鳍棘部埋于皮下，一般不见于表皮上 ················· ·························· 乌鲹属 *Parastromateus*

丝鲹属 *Alectis* Rafinesque，1815

本属长江口 1 种。

162. 丝鲹 *Alectis ciliaris*（Bloch，1787）

Zeus ciliaris Bloch，1787，Naturgesch. Ausländ. Fische，3：36，pl. 191（Surate，India）。

短吻丝鲹 *Alectis ciliaris*：朱元鼎、郑文莲、杨东莱，1962，南海鱼类志：357，图 399（广西，广东，海南）；朱元鼎、孟庆闻，1985，福建鱼类志（下卷）：65，图 392（厦门）；成庆泰，1997，山东鱼类志：261，图 190（烟台）；郭仲仁、伍汉霖，2006，江苏鱼类志：511，图 251（吕四）。

丝鲹 *Alectis ciliaris*：莫显荞，1993，台湾鱼类志：331，图版 89－4（台湾）。

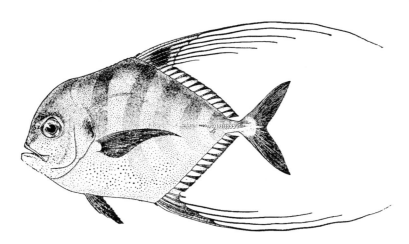

图 162　丝鲹 *Alectis ciliaris*（朱元鼎 等，1962）

英文名　African pompano。

地方名　白须鲹、草扇。

主要形态特征　背鳍Ⅵ～Ⅶ，Ⅰ-18～20；臀鳍0～Ⅱ，Ⅰ-15～17；胸鳍18～19；腹鳍Ⅰ-5；尾鳍17。侧线鳞101～116＋棱鳞12～23。鳃耙5+15。

体长为体高的 1.2～1.8 倍，为头长的 2.9～3.5 倍。头长为吻长的 2.6～3.8 倍，为眼径的 3.0～3.6 倍。

体侧扁而高，幼体时体长与体高约相等，略呈菱形；随着年龄的成长，鱼体逐渐向后延长，体长几为体高的 2 倍。头高略大于头长，头背部轮廓陡斜，枕骨嵴明显。吻长稍小于眼径。眶前骨的高稍短于眼径。脂眼睑不发达。口中大，前位而低，稍斜裂。下颌稍突出。上颌骨后端伸达眼中部下方。上下颌具绒毛状齿带；犁骨齿群三角形；腭骨、舌面均有齿带。鳃盖条7。具假鳃。

鳞退化。侧线前部在胸鳍上方具深弧形弯曲，直线部始于第二背鳍第十至第十二鳍条下方，弯曲部稍长于直线部。棱鳞弱，存在于侧线直线部的后半部。

背鳍2个，第一背鳍鳍棘短小，棘间有低膜相连，幼鱼棘明显，成鱼棘退化；第二背鳍基底长，幼鱼第二背鳍（1～7）、臀鳍（1～5）和腹鳍（1～3）前方数鳍条延长呈细丝状，随着成长逐渐变短。臀鳍与第二背鳍同形；臀鳍前方2短棘不明显，成鱼2短棘退化。胸鳍镰形，末端伸达臀鳍中部。腹鳍胸位。尾鳍分叉。

体背银蓝色，腹部金黄色。幼鱼体侧具4～5条色暗的弧形横带，随成长逐渐消失。第二背鳍与臀鳍的延长鳍条基部各具一大黑斑。各鳍延长鳍条深黑色。

分布 世界广布种，广泛分布于各温暖海域。我国黄海、东海、南海和台湾海域均有分布。笔者2017年7月在长江口北支东旺沙水域捕获1尾体长140 mm样本，为长江口新记录。

生物学特性 暖水性中上层鱼类。成鱼主要巡游于近海及大洋中，有时会进入浅礁区至水深100 m处；幼鱼游泳能力差，行漂浮生活，有时随潮水漂至近岸或港湾内。以沙泥底或游泳速度较慢的甲壳类为食，偶尔捕食小鱼。

资源与利用 可食用。长江口区数量稀少，无捕捞经济价值。

副叶鲹属 *Alepes* Swainson，1839

本属长江口1种。

163. 及达副叶鲹 *Alepes djedaba*（Forsskål，1775）

Scomber djedaba Forsskål，1775，Desc. Animalium：56（Jeddah, Saudi Arabia, Red Sea）。

丽叶鲹 *Caranx*（*Atule*）*kella*：朱元鼎、郑文莲、杨东莱，1962，南海鱼类志：375，图313（广东，广西，海南）。

及达叶鲹 *Caranx*（*Atule*）*djeddaba*：朱元鼎、郑文莲，1962，南海鱼类志：380，图318（广东，广西，海南）；郑文莲，1963，东海鱼类志：253，图195（浙江）；田明诚、沈友石、孙宝龄，1992，海洋科学集刊（第三十三集）：275（长江口近海区）。

及达叶鲹 *Atule djedaba*：郭仲仁、伍汉霖，2006，江苏鱼类志：514，图253（黄海南部）。

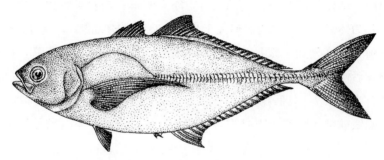

图163　及达副叶鲹 *Alepes djedaba*（朱元鼎 等，1962）

英文名　shrimp scad。

地方名　巴仔鱼、甘仔鱼、瓜仔鱼。

主要形态特征　背鳍Ⅰ，Ⅷ，Ⅰ-23～25；臀鳍Ⅱ，Ⅰ-19～21；胸鳍21～21；腹鳍Ⅰ-5；尾鳍17。侧线鳞31～39＋棱鳞42～48。鳃耙11～14＋27～32。

体长为体高的 2.6～3.2 倍，为头长的 3.4～4.4 倍。头长为吻长的 3.3～4.6 倍，为眼径的 3.4～5.5 倍。

体呈椭圆形，侧扁，尾柄细。头小，侧扁。吻尖锥形。眼中大；脂眼睑发达，前部伸达眼前缘，后部达瞳孔后缘或更前。口小，口裂始于眼中部水平线上。前颌骨能伸缩，上颌骨后端截形，伸达眼前缘下方。齿细小，上下颌各 1 列，犁骨、腭骨及舌面均具齿。鳃孔大。鳃盖条 7。鳃盖膜不与峡部相连。有假鳃。鳃耙细。

头及体均被圆鳞，胸部侧面及腹面部具鳞。第二背鳍和臀鳍基部有低的鳞鞘。侧线前部在胸鳍上方有深弧形弯曲，直线部在第二背鳍起点下方起平直向后，长于弯曲部，全部被发达棱鳞。

背鳍 2 个，第一背鳍鳍棘短，前方有一埋于皮下向前平卧棘；第二背鳍基底长，前方数鳍条稍长。臀鳍与第二背鳍相对，同形，前方具 2 游离短棘。胸鳍镰形，前部鳍条延长，后端伸达臀鳍前部。腹鳍短，胸位。尾鳍深叉形。

体背部浅灰蓝色，腹部银色。鳃盖后缘上方有一黑斑。第一背鳍浅黑色；第二背鳍、尾鳍、胸鳍浅草绿色；臀鳍与腹鳍浅灰色。

分布　分布于印度—太平洋区温暖海域，西起红海和东非沿岸，东至夏威夷群岛海域，北至日本海域，南达澳大利亚海域。我国黄海、东海、南海和台湾海域均有分布。长江口近海亦有分布。

生物学特性　暖水性中上层鱼类。主要栖息于近海礁区表层。喜集群。主要摄食虾、桡足类及十足类等浮游甲壳动物为食，大型个体也摄食小鱼。

资源与利用　肉质佳，可食用。长江口区近海偶有捕获，数量较少。

沟鲹属 *Atropus* Oken，1817

本属长江口 1 种。

164. 沟鲹 *Atropus atropos*（Bloch *et* Schneider，1801）

Brama atropos Bloch and Schneider，1801，Systema Ichthyol.；98，pl. 23（Tranquebar，India）。

沟鲹 *Atropus atropos*：郑文莲，1955，黄渤海鱼类调查报告：109，图 71（河北，山东）；朱元鼎、郑文莲、杨东莱，1962，南海鱼类志：359，图 301（广西，广东，海南）；郑文莲，1963，东海鱼类志：245，图 189（浙江）；曹正光、许成玉，1990，上海鱼类志：257，图 143（长江口近海区）；郭仲仁、伍汉霖，2006，江苏鱼类志：513，图 252（海州湾，连云港，吕四）。

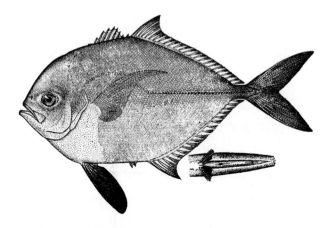

图 164　沟鲹 *Atropus atropos*（朱元鼎 等，1962）

英文名　cleftbelly trevally。

地方名　古斑、鼓板、铜镜。

主要形态特征　背鳍Ⅰ，Ⅶ，Ⅰ-21～23；臀鳍Ⅱ，Ⅰ-17～19；胸鳍 18～22；腹鳍Ⅰ-5；尾鳍 17。侧线鳞 36～45＋棱鳞 33～42。鳃耙 9～10＋21。

体长为体高的 1.9～2.2 倍，为头长的 3.6～4.1 倍。头长为吻长的 3.1～3.6 倍，为眼径的 3.1～3.5 倍，为眼间隔的 2.8～3.1 倍。尾柄长为尾柄高的 2.1～2.2 倍。

体呈卵圆形，甚侧扁；腹面具深沟，腹鳍可收折其中，肛门和臀鳍前方 2 棘亦位于此沟中；尾柄细短。头侧扁。吻短钝。眼大，眼径约等于吻长；脂眼睑不发达。鼻孔每侧 2个，紧邻；前鼻孔圆形，具鼻瓣；后鼻孔裂缝状。口中大，前位，斜裂。下颌稍突出。上颌骨后端伸达眼中部下方。上下颌前方具绒毛状齿带多行，下颌后方齿一般 1 行；犁骨齿群菱形；腭骨和舌面均具齿带。鳃孔大。前鳃盖骨和鳃盖骨边缘光滑。鳃盖膜不与峡部相连。鳃盖条 7。具假鳃。鳃耙细长。

胸部无鳞，头及体被小圆鳞。第二背鳍和臀鳍前半部具低鳞鞘。侧线在胸鳍上方具一弧形弯曲，直线部始于第二背鳍第四至第六鳍条下方。棱鳞细弱，存在于侧线直线部的全部。

背鳍 2 个，第一背鳍低小，前方具一倒棘，起点在胸鳍基底前方；第二背鳍基底长，起点在臀鳍起点前上方。臀鳍前方具 2 游离短棘，与第二背鳍相对，同形。雄性成鱼的第二背鳍和臀鳍中部数鳍条延长为细丝状。胸鳍长镰状，末端伸越臀鳍起点。腹鳍胸位，颇长，等于或大于头长。尾鳍深叉形。

体背青蓝色，腹部银白色。幼鱼体侧具 4～5 条色暗的横带，成鱼则不明显。背鳍上缘浅黑紫色，下部淡黄色，臀鳍色浅，尾鳍和胸鳍浅棕黄色，腹鳍深黑色。

分布　广泛分布于印度—太平洋区暖水区波斯湾至日本南部。我国黄海、东海、南海及台湾海域均有分布。长江口近海亦均有分布。

生物学特性　近海暖水性中上层鱼类。主要栖息于近海，通常三五成群活动于表层水域。主要摄食浮游动物和长尾类、端足类、介形类等底栖动物。

资源与利用　可食用，肉味鲜美。长江口区近海偶有捕获，数量较少。

若鲹属 *Carangoides* Bleeker，1851

本属长江口 1 种。

165. 高体若鲹 *Carangoides equula*（Temminck *et* Schlegel，1844）

Caranx equula Temminck and Schlegel，1844，Pisces，Fauna Japonica Parts.，5～6：111，pl. 60，fig. 1（Nagasaki，Japan）。

高体若鲹 *Carangoides*（*Carangoides*）*equula*：朱元鼎、郑文莲、杨东莱，1962，南海鱼类志：369，图 308（广西，海南）；郑文莲，1963，东海鱼类志：249，图 192（江苏，浙江）；曹正光、许成玉，1990，上海鱼类志：258，图 144（长江口近海区）；

高体若鲹 *Carangoides equula*：郭仲仁、伍汉霖，2006，江苏鱼类志：515，图 254（海州湾，连云港，吕四）。

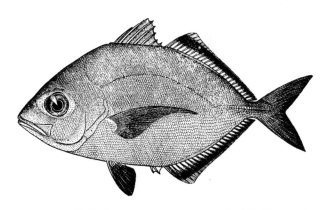

图 165　高体若鲹 *Carangoides equula*（朱元鼎 等，1962）

英文名　whitefin trevally。

地方名　甘仔鱼、瓜仔。

主要形态特征　背鳍Ⅰ，Ⅷ，Ⅰ-23～25；臀鳍Ⅱ，Ⅰ-22～24；胸鳍19～20；腹鳍Ⅰ-5；尾鳍17。侧线鳞61～78＋棱鳞23～27。鳃耙8＋21。

体长为体高的 1.9～2.2 倍，为头长的 3.0～3.3 倍。头长为吻长的 2.2～2.5 倍，为眼径的 3.4～4.3 倍，为眼间隔的 3 倍。尾柄长为尾柄高的 2.0～2.5 倍。

体呈卵圆形，高而侧扁，自吻端至第一背鳍起点几呈斜直状；尾柄较细。头侧扁，枕骨嵴明显。吻钝尖。眼中大，脂眼睑不发达。鼻孔每侧 2 个，紧邻，裂缝状。口中大，前位，斜裂。上下颌几等长，上颌骨后端截形，向后几伸达眼中部下方。齿细小，上下颌齿列成细带状；犁骨齿群箭头形；腭骨和舌面中央齿带呈细带状。鳃孔大。前鳃盖骨和鳃盖骨边缘光滑。鳃盖膜不与峡部相连。鳃盖条 7。

头及体均被小圆鳞，胸部侧面和腹面具鳞；第二背鳍和臀鳍具发达的鳞鞘。侧线前部广弧形，直线部始于第二背鳍第十三至第十五鳍条下方，弯曲部长于直线部；棱鳞弱小，存在于侧线直线部的后部。

背鳍 2 个，第一背鳍三角形，基底短，前方具一倒棘；第二背鳍基底长，前部鳍条钝直，不呈镰形。臀鳍前方具 2 游离短棘，与第二背鳍相对，同形。胸鳍镰状，大于头长。腹鳍胸位，大于头长。尾鳍叉形。

体背蓝灰色，腹部银白色。幼鱼体侧具 5～6 条色暗的横带。第二背鳍和臀鳍中部具一灰黑色宽纵纹，基部黄色，边缘白色。腹鳍灰黑色，尖端乳白色，尾鳍黄色，边缘黑色。

分布　广泛分布于印度—太平洋区和东南大西洋区的暖水区域。我国黄海南部、东海、南海和台湾海域均有分布。长江口近海亦有分布。

生物学特性　近海暖水性中层鱼类。主要栖息于近海沙泥质底海域，也常见于水深 100～200 m 大陆架边坡处。肉食性，以底栖性的甲壳类及小鱼为食。幼鱼具有跟随其他大鱼一起巡游的习性，因此可获得大鱼的保护。

资源与利用　可食用。长江口区近海偶有捕获，数量较少。

鲹属 *Caranx* Lacepède，1801

本属长江口 1 种。

166. 六带鲹 *Caranx sexfasciatus* Quoy et Gaimard，1825

Caranx sexfasciatus Quoy and Gaimard，1825，Voy. Autour Monde.：358，pl. 65，fig. 4（Pulau Waigeo，Papua Barat，Indonesia）。

六带鲹 *Caranx sexfasciatus*：郑文莲，1955，黄渤海鱼类调查报告：113，图 74（山东）；郭仲仁、伍汉霖，2006，江苏鱼类志：518，图 256（浏河，海门，长江口）。

六带鲹 *Caranx（Caranx）sexfasciatus*：朱元鼎、郑文莲、杨东莱，1962，南海鱼类志：372，图 311（广东，海南，广西）；郑文莲，1963，东海鱼类志：250，图 193（东海）；曹正光、许成玉，1990，上海鱼类志：258，图 145（宝山小川沙，崇明裕安）；郭仲仁、伍汉霖，2006，江苏鱼类志：518，图 256（长江口等地）。

英文名　bigeye trevally。

地方名　甘仔鱼、红目瓜仔。

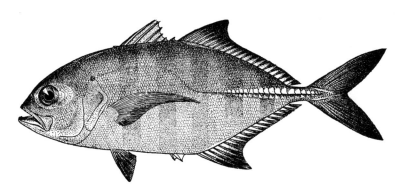

图 166　六带鲹 *Caranx sexfasciatus*（朱元鼎 等，1962）

主要形态特征　背鳍Ⅰ，Ⅷ，Ⅰ-19～22；臀鳍Ⅱ，Ⅰ-15～18；胸鳍20～22；腹鳍Ⅰ-5；尾鳍17。侧线鳞44～46＋棱鳞30～34。鳃耙6～8＋13～17。

体长为体高的2.3～3.0倍，为头长的3.3～3.6倍。头长为吻长的3.6～4.5倍，为眼径的3.1～4.6倍，为眼间隔的3.5～3.7倍。

体呈长椭圆形，侧扁。头侧扁。吻长略等于眼径。脂眼睑稍发达，仅见于眼的前后缘。口中大，斜裂。口裂始于眼下缘水平线上。下颌稍突出。前颌骨能伸缩。上颌骨后端伸达瞳孔后缘下方。上颌齿3行，外行较大；下颌齿1行，近缝合部处有1对犬齿；犁骨齿群三角形，腭骨及舌面中央有一细长形齿带。鳃孔大，鳃盖膜不与峡部相连。鳃盖条7。有假鳃。

颊部、鳃盖上缘、胸部及体均被小圆鳞，第二背鳍和臀鳍有一低的鳞鞘。侧线前部广弧形，直线部始于第二背鳍第四鳍条下方，直线部长于弯曲部。棱鳞明显，存在于侧线直线部的全部。

背鳍2个，相距甚近。第一背鳍有一向前平卧棘与8鳍棘，棘间有膜相连；第二背鳍基底长，鳍的前部呈镰形。臀鳍与第二背鳍相对，同形，前方具2短粗强棘。胸鳍镰形，约等于头长。腹鳍胸位。尾鳍叉形。

不同发育阶段体色变化较大，幼鱼体侧具5～6条色暗的横带；亚成体体背蓝色，腹部银白色，体侧横带开始不甚明显，各鳍色淡或淡黄色，尾鳍具黑缘；成鱼体侧上部灰蓝色，腹部银白色，第二背鳍墨绿色至黑色，前方鳍条末端具白缘，棱鳞由色暗至黑色。眼上缘有一黑色细带，鳃盖后缘上方有比瞳孔小的黑斑。

分布　广泛分布于印度—太平洋区、大西洋区温暖海域。我国黄海、东海、南海及台湾海域均有分布。长江口区及近海均有分布，在长江内可达浏河江段。

生物学特性　暖水性中上层鱼类。主要栖息于近沿海礁石质底水域，幼鱼时偶尔出现于沿岸沙泥质底水域，稚鱼时可进入河口区，甚至河流中下游。以鱼类及甲壳类为食。

资源与利用　长江口区数量较少，且多为稚幼鱼，无经济价值。

圆鲹属 *Decapterus* Bleeker，1851

本属长江口 2 种。

种 的 检 索 表

1（2）第二背鳍前部上端有一白斑；下鳃耙 34～39；臀鳍鳍条 25～30；尾鳍淡黄色 ……………………………………………………………………………………… 蓝圆鲹 *D. maruadsi*

2（1）第二背鳍前部上端无白斑；下鳃耙 28～30；臀鳍鳍条 20～24；尾鳍红色 ……………………………………………………………………………………… 无斑圆鲹 *D. kurroides*

167. 蓝圆鲹 *Decapterus maruadsi*（Temminck *et* Schlegel，1842）

Caranx maruadsi Temminck and Schlegel，1842，Pisces，Fauna Japonica Parts.，2～4：109，pl. 58，fig. 2（Japan）。

圆鲹 *Decapterus maruadsi*：郑文莲，1955，黄渤海鱼类调查报告：105，图 69（山东）。

蓝圆鲹 *Decapterus maruadsi*：朱元鼎、郑文莲、杨东莱，1962，南海鱼类志：387，图 324（广东，广西，海南）；郑文莲，1963，东海鱼类志：254，图 196（浙江，福建）；曹正光、许成玉，1990，上海鱼类志：259，图 146（长江口近海）；郭仲仁、伍汉霖，2006，江苏鱼类志：519，图 257，彩图 35（海州湾，连云港，黄海南部）。

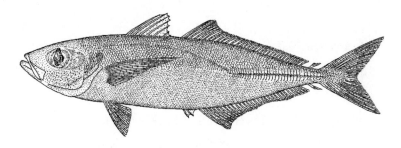

图 167　蓝圆鲹 *Decapterus maruadsi*

英文名　Japanese scad。

地方名　黄占。

主要形态特征　背鳍Ⅷ，Ⅰ-30～32，小鳍 1；臀鳍Ⅱ，Ⅰ-24～29，小鳍 1；胸鳍 21～22；腹鳍Ⅰ-5。侧线鳞 47～53＋32～36。鳃耙 13～14＋34～39。

体长为体高的 3.8～4.4 倍，为头长的 3.6～3.7 倍。头长为吻长的 2.9～3.3 倍，为眼径的 3.3～3.8 倍，为眼间隔的 3.8～4.4 倍。尾柄长为尾柄高的 1.6～2.0 倍。

体呈纺锤形，稍侧扁。头中大。吻钝尖。脂眼睑发达。口斜裂。上颌骨后端几达眼前缘下方。上下颌各具细齿 1 行，犁骨齿箭头形，腭骨和舌上均具 1 细长齿带。鳃孔大。鳃盖膜不与峡部相连。

头体均被小圆鳞。侧线前部弧形，直线部始于第二背鳍第十一至十三鳍条下方，棱鳞覆盖于侧线直线部全部。

背鳍 2 个，第二背鳍基底长、与臀鳍同形。臀鳍前方具 2 游离棘。第二背鳍和臀鳍后方各具 1 小鳍。胸鳍镰形。腹鳍胸位。尾鳍叉形。

背部蓝灰色，腹部银色，鳃盖后上角肩部具 1 黑色斑。第二背鳍前部上端白色；尾鳍黄色。

分布　分布于印度—西太平洋区中国沿海至马里亚纳群岛。中国渤海、黄海、东海、南海和台湾海域均有分布。长江口近海亦有分布。

生物学特性

[习性]　暖水性中上层鱼类。喜集群洄游，白天常集群上浮，夜间有趋光性。具有较长距离洄游习性。东海有 3 个种群，即九州西岸、东海和闽南至粤东种群。东海种群分布于台湾海峡中部（24°N 附近）到济州岛（30°N 附近），最东可达 126°30′E，台湾西侧和台湾以北、水深 100～150 m 分别为越冬场，台湾以北越冬场鱼群在 3—4 月分批游向浙江近海、5—6 月经鱼山渔场进入舟山渔场、7—10 月分散在浙江中部、北部和长江口渔场索饵，10—11 月分别返回越冬场。

[年龄与生长]　生殖群体叉长为 170～320 mm，年龄组成为 0～5 龄，拐点年龄为 2.098 龄。索饵群体叉长为 100～300 mm，年龄组成为 0～4 龄。生长速度较快，6 月优势叉长为 60～70 mm、10 月优势叉长为 170～180 mm，月平均增长 27～28 mm，相应体重由 3～5 g 增加到 60～70 g，到翌年 4 月优势叉长一般为 190～210 mm。东海种群性成熟最小叉长为 174 mm，大量成熟时叉长为 190 mm。东海群体纯体重 W（g）与叉长 L（mm）关系式为：$W = 1.652 \times 10^{-5} L^{2.947}$。生长方程为：$L_t = 361 \left[1 - \mathrm{e}^{-0.276(t+1.840)}\right]$，$W_t = 570 \left[1 - \mathrm{e}^{-0.282(t+180)}\right]^3$（赵传纲，1990）。

[食性]　广食性鱼类，饵料组成随海区饵料生物优势种类变化而变化，长江口和浙江北部近海，主要摄食磷虾、毛颚类，其次是翼足类、端足类、其他小型鱼类、桡足类、头足类和蟹等。成鱼昼夜摄食强度变化较大，高峰在黄昏和黎明。

[繁殖]　产卵场分布范围较广，以福建中部至浙江中部近海为主，长江口海区产卵期为 6—7 月。绝对生殖力为 2.52 万～21.88 万粒，平均 8.92 万粒。卵球形，分离，浮性，卵径 0.67～0.80 mm，卵黄呈大泡状裂纹，油球 1 个、油球径 0.19 mm。初孵仔鱼全长 1.06～1.27 mm。

资源与利用　日本以西围网利用蓝圆鲹资源最多，一般年捕获量约 3×10^4 t，最高达 $(5～6) \times 10^4$ t，我国约为 1×10^4 t。20 世纪 70 年代后期，由于日本捕捞量过大，资源已经下降，至今尚未恢复。1980—2000 年东海区产量波动于 $(0.35～2.53) \times 10^4$ t，东海最大持续资源量为 7.7×10^4 t，最大持续产量为 3.9×10^4 t，蓝圆鲹资源已充分利用或出现轻微过度捕捞现象，故应强调资源保护，通过国际渔业协商，减少捕捞量，推迟秋季

开捕时间，以增加资源补充量。作业渔具有灯光围网、大围罾、对网和底拖网等，以灯光围网为主。适合鲜销或腌制咸鱼。

大甲鲹属 *Megalaspis* Bleeker，1851

本属长江口1种。

168. 大甲鲹 *Megalaspis cordyla*（Linnaeus，1758）

Scomber cordyla Linnaeus，1758，Syst. Nat.，ed. 10，1：298（Riau，Selat Riau，Indonesia）。

大甲鲹 *Megalaspis cordyla*：朱元鼎、郑文莲、杨东莱，1962，南海鱼类志：390，图327（广东，广西，海南）；郑文莲，1963，东海鱼类志：258，图195（江苏，浙江）；田明诚、沈友石、孙宝龄，1992，海洋科学集刊（第三十三集）：274（长江口近海区）；郭仲仁、伍汉霖，2006，江苏鱼类志：521，图258（海州湾，连云港）。

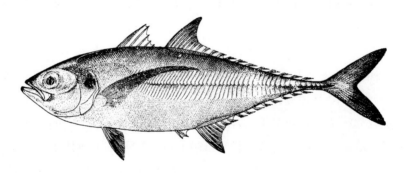

图168　大甲鲹 *Megalaspis cordyla*（朱元鼎 等，1962）

英文名　torpedo scad。

地方名　铁甲、扁甲。

主要形态特征　背鳍Ⅰ，Ⅷ，Ⅰ-10～11，小鳍6～10；臀鳍Ⅱ，Ⅰ-8～10，小鳍6～10；胸鳍21～21；腹鳍Ⅰ-5；尾鳍17。侧线鳞21～26＋棱鳞48～58。鳃耙8～11＋19～23。

体长为体高的3.1～4.0倍，为头长的3.1～4.2倍。头长为吻长的3.6～5.3倍，为眼径的3.2～4.5倍。尾柄长为尾柄高的2.0～2.4倍。

体呈纺锤形，侧扁。尾柄宽而平扁。头侧扁。吻钝尖。眼大，脂眼睑非常发达，前后均伸达眼中部，仅瞳孔中央露出一长缝。口中大。上颌骨后端伸达眼中部下方。齿尖细，尖端向里弯；上颌有齿数行，排列成宽带状，下颌前方仅缝合部有齿2～3行，侧面有齿1行；犁骨齿群稍呈梯形；腭骨及舌面均具细条形齿带。鳃孔大。前鳃盖骨和鳃盖骨后缘光滑。鳃盖条7。具假鳃。

颊部、鳃盖上缘、胸部侧面及体均被小圆鳞。胸部侧面下侧和腹面无鳞。第二背鳍和臀鳍具发达鳞鞘。侧线前部弧形，直线部长，始于第一背鳍第五至第六鳍棘下方，长于弯曲部。棱鳞存在于弯曲部及直线部全部，强大，在尾柄外连接形成一显著隆起嵴。

背鳍2个，第一背鳍短，有一向前平卧棘；第二背鳍中长，前部三角形突起。臀鳍与第二背鳍相对，同形，前方具2游离短棘。背鳍和臀鳍后部各有6～10个游离小鳍。胸鳍长，镰形。腹鳍短，胸位。尾鳍分叉。

体背部深蓝色，腹部银白色稍带淡黄色。鳃盖上缘有一显著蓝黑色圆斑。背鳍、尾鳍浅黑色带淡棕色。胸鳍上部蓝色，下部淡黄色。

分布　广泛分布于印度—西太平洋区暖水海域。我国东海、南海和台湾海域均有分布。长江口近海亦有分布。

生物学特性　暖水性中上层鱼类。主要栖息于近海表层，具洄游习性。喜集群，游泳迅速。主要摄食浮游甲壳动物，也摄食小鱼。白天喜阴影，避强光，夜晚趋光性弱。

资源与利用　肉质佳，可食用。长江口区近海偶有捕获，数量较少。

乌鲳属 *Parastromateus* Bleeker，1864

本属长江口1种。

169. 乌鲳 *Parastromateus niger*（Bloch，1795）

Stromateus niger Bloch，1795，Naturg. Auslä. Fische. 9：93，pl. 422（Tranquebar，India）。

乌鲳 *Formio niger*：成庆泰，1955，黄渤海鱼类调查报告：127，图78（山东）；朱元鼎、郑文莲、杨东莱，1962，南海鱼类志：406，图341（广东，海南）；郑文莲，1963，东海鱼类志：264，图204（江苏，浙江，福建）；曹正光、许成玉，1990，上海鱼类志：262，图149（长江口近海）。

乌鲳 *Parastromateus niger*：郭仲仁、伍汉霖，2006，江苏鱼类志：522，图259（海州湾，吕四，黄海南部）。

英文名　black pomfret。

地方名　黑皮鲳、乌轮头。

主要形态特征　背鳍0～Ⅳ，40；臀鳍0～Ⅱ，Ⅰ-37～38；胸鳍20；腹鳍Ⅰ-5。侧线鳞86～88。鳃耙6+12。

体长为体高的1.5～1.6倍，为头长的2.9～3.1倍。头长为吻长的3.2～3.6倍，为眼径的3.8～4.4倍，为眼间隔的2.8～2.9倍。尾柄长为尾柄高的1.6～2.1倍。

体呈卵圆形，高而侧扁。尾柄每侧有1隆起嵴。头中大、侧扁。吻较钝。眼小，位于

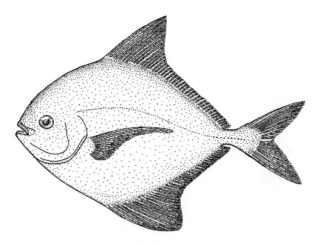

图 169　乌鲳 *Parastromateus niger*

头前部。眼间隔隆起。鼻孔 2 个。口小，前位，稍倾斜。上颌骨后端几伸达眼前缘下方。两颌各具 1 行稀细尖齿，腭骨和舌上无齿。鳃孔大。鳃盖膜不与峡部相连。鳃耙粗短。

头、体均被细小圆鳞。侧线鳞在尾柄处呈棱鳞状，侧线完全，前部弧形，尾柄处平直。

背鳍 1 个，幼鱼具 4 鳍棘，成鱼的棘埋于皮下，不易见到；基底长，前部鳍条较长、镰状。臀鳍与背鳍同形，几相对。胸鳍长镰形。腹鳍胸位、成体消失。尾鳍叉形。

体呈黑褐色。背鳍与尾鳍边缘浅蓝色，各鳍黑褐色。

分布　分布于印度—西太平洋区南非、印度、印度尼西亚、新加坡、越南、菲律宾、朝鲜和日本海域。我国沿海均产。为长江口常见种类。

生物学特性

[习性] 暖水性中上层鱼类。每年夏季游向长江口近海。喜群聚和阴影，一般在产卵季节游至水上层，在气候恶劣时下沉海底。每年 1—2 月从外海集群向近海密集进行生殖洄游，7—8 月产卵结束、鱼群分散逐渐返回深海。我国乌鲳分为海南岛近海和东海近海两个地方种群。其中东海种群越冬场位于台湾海峡南部，3 月起进行生殖洄游，4—6 月鱼群靠近台湾浅滩后，北上经闽南、闽中、闽东和温台等渔场，7—8 月部分鱼群继续北上，抵达浙江中、北部近海。北上鱼群一般沿水深 50 m 以外分布。产卵则在水深 40～60 m 一带，产卵后鱼群比较分散，但仍有亲鱼继续向北移动。当年孵出的仔、幼鱼则广泛分布在近岸水域索饵，秋季陆续折返、游向深水越冬。

[年龄与生长] 东海群 4—7 月叉长为 166～330 mm，优势组为 191～210 mm；体重为 122～925 g，优势组为 176～275 g。群体由 0～5 龄组成，以 1 龄占绝对多数（79.8%），其次为 2 龄（13.7%），0 龄、3 龄、4 龄、5 龄各占 2.9%、2.6%、0.8%、0.2%。生殖群体叉长与体重关系式为：$W = 5.209\,1 \times 10^{-5} L^{2.868\,0}$（$r = 0.997\,7$）；幼鱼叉长与体重关系

式为：$W = 1.311\,9 \times 10^{-5} L^{3.190\,3}$（$r = 0.974\,6$）。叉长和体重生长方程分别为：$L_t = 342.8$ $[1 - e^{-0.28(t+2.0)}]$，$W_t = 971.2\,[1 - e^{-0.28(t+2.0)}]^{2.868\,0}$（卢振彬和颜尤明，1985）。1 龄绝大多数可发育成熟，性成熟最小叉长雌鱼为 183 mm，雄鱼为 177 mm，大量性成熟叉长雌鱼为 200 mm 以上，雄鱼为 190 mm 以上。生长拐点在 1.76 龄处。个体生长快，当年幼鱼到 11 月平均叉长可达 177 mm、平均体重可达 160 g。

［食性］主要摄食浮游动物，饵料组成包括 10 个生物类群，19 种。出现频率最高的是被囊类、桡足类，其次是水母类、樱虾类等。以重量计，被囊类占绝对优势（82.2%），其次是水母类（9.8%）和甲壳类（5.4%），其他类群不超过 2%。摄食强度秋季高于春季、夏季。

［繁殖］产卵场主要分布在中国台湾海峡中、南部，产卵期为 4—8 月，盛期为 5—6 月。个体绝对生殖力为 15.8 万～22.7 万粒，平均为 19.8 万粒。卵径为 0.65～0.93 mm。叉长 38 mm 稚鱼，头后至体后半部体侧具 5 条色暗的横带，尾鳍基底上下叶具明显黑色素，全长至 95 mm 时头上横带不明显（山田梅芳 等，1986）。

资源与利用　本种为我国南海和东海次要经济鱼类，是围网、大围罾、刺网、敷网等作业的捕捞对象。广东和福建两省沿海渔民、捕捞乌鲹有悠久的历史，当地渔民根据乌鲹喜阴影集群习性，利用草席、木制鲳板等诱捕，取得较好效果。广东省 1983 年最高年产量曾达 6 000 余 t，一般产量为 1 000～2 500 t，1981—1982 年中国台湾省产量为 5 000 t 左右，福建省约为 700 t。乌鲹年龄结构比较简单，生命周期较短，性成熟早，食性以被囊类等浮游动物为主，饵料资源丰富，个体生长快，有利资源的恢复和补充，目前对其捕捞强度不大，资源尚有一定潜力。

竹筴鱼属 *Trachurus* Rafinesque，1810

本属长江口 1 种。

170. 日本竹筴鱼 *Trachurus japonicus*（**Temminck *et* Schlegel，1842**）

Caranx trachurus japonicus Temminck and Schlegel，1842，Pisces，Fauna Japonica Parts.，5～6：109，pl. 59，fig. 1 (Japan)。

竹筴鱼 *Trachurus japonicus*：郑文莲，1955，黄渤海鱼类调查报告：104，图 68（辽宁，山东）；朱元鼎、郑文莲、杨东莱，1962，南海鱼类志：391，图 328（广东，广西，海南）；郑文莲，1963，东海鱼类志：259，图 200（浙江沈家门，江苏大沙等地）；曹正光、许成玉，1990，上海鱼类志：260，图 147（长江口近海）；郭仲仁、伍汉霖，2006，江苏鱼类志：530，图 265，彩图 36（海州湾，连云港，吕四，南通市场，黄海南部）。

英文名　Japanese jack mackerel。

地方名　黄鳟。

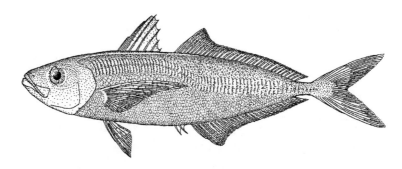

图 170   日本竹筴鱼 *Trachurus japonicus*

主要形态特征   背鳍Ⅰ，Ⅷ，Ⅰ-30～31；臀鳍Ⅱ，Ⅰ-28；胸鳍 21；腹鳍Ⅰ-5。侧线棱鳞 71。鳃耙 13＋30～40。

体长为体高的 3.8～3.9 倍，为头长的 3.7～3.8 倍。头长为吻长的 3.3～3.8 倍，为眼径的 3.5～4.0 倍，为眼间隔的 3.5 倍。尾柄长为尾柄高的 2.2～2.7 倍。

体呈纺锤形，侧扁。头中大，吻锥形。脂眼睑发达。口大，倾斜。下颌稍突出。上颌骨后端伸达眼前缘下方。两颌均具 1 行细齿，犁骨齿呈箭头形，腭骨和舌中央均具细长齿带。鳃孔大。鳃盖膜不与峡部相连。

头部除吻和眼间隔前部外均被小圆鳞，体和胸部被圆鳞。侧线上侧位，前部弧形、后部沿体侧中部伸达尾基。侧线全为棱鳞，直线部明显隆起呈嵴状。

背鳍 2 个，第一背鳍有一倒棘，第二背鳍基底长，与臀鳍同形。臀鳍前方具 2 游离短棘。胸鳍镰形。腹鳍短、胸位。尾鳍叉形。

体背浅绿色，腹部银白色。鳃盖后上方具一黑斑。各鳍草绿色。

分布   西北太平洋朝鲜、日本和中国沿海有分布。为长江口常见种类。

生物学特性

［习性］暖水性集群洄游鱼类。常栖息于中上层，有时也接近底层。在长江口区常与蓝圆鲹混栖。白天栖息水层较深，夜晚有趋光习性。在风平浪静、潮水缓慢、东南风或南风吹来时，极易在黎明或黄昏时集群，集群最适温为 19～21 ℃。体长 100 mm 左右的幼鱼，多与霞水母、海月水母和海蜇等共栖。东海的日本竹筴鱼分为 3 个种群：九州北部群、东海中部群和东海南部群。东海中部群 1—3 月出现在东海中部，其产卵期为 1—5 月，盛期为 2—3 月，部分鱼群可能向九州西部海域洄游，也有一部分向黄海方向洄游，产卵后亲鱼和幼鱼在产卵场附近索饵育肥，秋末返回东海中部越冬场（山田梅芳 等，1986）。

［年龄与生长］东海日本竹筴鱼叉长为 80～310 mm，优势组为 130～190 mm、占测定尾数 84.8%，平均叉长为 160.8 mm。体重为 1～340 g，优势组为 10～40 g 和 40～70 g，分别占 19.6% 和 58.6%，平均为 39.8 g。叉长和体重关系式为：$W = 1.0 \times 10^{-5} L^{2.9835}$（$R^2 = 0.965\ 7$）（俞连福 等，2003）。东海北部群 1～6 龄鱼的叉长分别为

160 mm、220 mm、267 mm、304 mm、332 mm 和 354 mm，体重分别为 56.4 g、146.5 g、261.1 g、383.0 g、501.3 g 和 608.3 g。叉长生长方程为：$L_t = 43.25 \left[1 - e^{-0.249(t+0.86)}\right]$（西海区水产研究所，2001）

[食性] 仔稚鱼以桡足类、枝角类、磷虾、糠虾类的幼体等小型浮游生物为主要饵料，幼鱼至成鱼，除磷虾、糠虾类、甲壳类幼体、沙丁鱼幼体等浮游生物外，以小型鱼类和头足类等为食。摄食种类与海区饵料生物的优势种有关。摄食强度以春、秋两季最高，夏季中等，冬季最低。

[繁殖] 性成熟最小年龄为 1 龄，4 龄全部性成熟。最小性成熟叉长雄鱼为 140～150 mm、雌鱼为 150～160 mm，大量性成熟雌鱼、雄鱼叉长均为 170～180 mm。东海外海区产卵期水温为 19～21.5 ℃。体长 200～300 mm 个体，怀卵量为 30 万～68 万粒。卵浮性，卵径为 0.81～0.93 mm，卵黄有龟裂，油球 1 个、油球径 0.19～0.24 mm，在水温 20～26 ℃时，约 40 h 孵化，初孵仔鱼全长 2.5 mm。

资源与利用 本种为灯光围网和大围缯、拖网和沿岸定置渔具的捕捞对象之一。东海日本竹箕鱼在 20 世纪 50、60 年代曾是中上层鱼类的主要鱼种，其资源主要为日本以西围网渔业所利用，1965—1997 年产量在（4～52）×10⁴ t。黄海和东海资源在 20 世纪 60 年代已被破坏，近年资源量有明显回升趋势，而我国对东海中北部日本竹箕鱼的利用尚很少，需加强利用。可供食用。

眼镜鱼科 Menidae

本科长江口 1 属。

眼镜鱼属 *Mene* Lacepède，1803

本属长江口 1 种。

171. 眼镜鱼 *Mene maculata* （Bloch *et* Schneider，1801）

Zeus maculatus Bloch and Schneider，1801，Systema Ichthyol.：95，pl. 22 （Tranquebar，India）。

眼镜鱼 *Mene maculata*：郑文莲、杨东莱，1962，南海鱼类志：405，图 340 （广东，广西，海南）；郑文莲，1963，东海鱼类志：263，图 203 （浙江）；田明诚、沈友石、孙宝龄，1992，海洋科学集刊（第三十三集）：275 （长江口近海区）；冯照军、汤建华，2006，江苏鱼类志：534，图 268 （吕四）。

英文名 moonfish。

地方名 皮鞋刀、目镜鱼、皮刀、菜刀鱼。

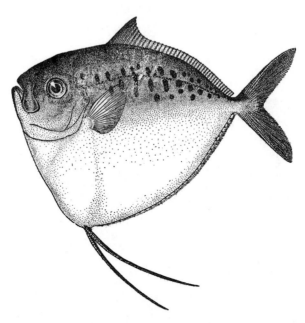

图 171　眼镜鱼 *Mene maculata*（郑文莲和杨东莱，1962）

主要形态特征　背鳍Ⅳ-41～46；臀鳍31～33；胸鳍16；腹鳍Ⅰ-5；尾鳍17。鳃耙7～9＋23～27。

体长为体高的1.0～1.6倍，为头长的2.4～3.6倍。头长为吻长的2.4～3.0倍，为眼径的3.4～5.0倍。

体甚侧扁而高，几呈三角形，背缘浅弧形隆起；腹缘深弧形隆起，轮廓凸出度极大，薄锐似刀锋。尾柄短而侧扁。头小，侧扁，枕骨嵴高。眼中大，圆形，位于头侧中部。鼻孔每侧2个，裂缝状，前鼻孔很小，后鼻孔大。口小，前上位，口裂几垂直。前颌骨能伸缩。上颌骨宽，垂直状，几与眼前缘平行。下颌稍长于上颌。上下颌齿呈绒毛带状，腭骨无齿。前鳃盖骨和鳃盖骨后缘平滑。鳃孔大。鳃盖膜不与峡部相连。鳃盖条7。鳃耙细长。

鳞微小，不易看到，极易脱落，皮肤呈光滑状。侧线无鳞。侧线始于鳃盖后缘紧上方，分为2支，一支斜向头背部弯曲至背鳍鳍条始部基底处，另一支几与背缘平行，伸达背鳍基底末端下方或尾柄上方。

背鳍1个，基底甚长，幼鱼时有9鳍棘，成鱼时鳍棘退化，仅见埋于皮下痕迹状的4退化鳍棘，前部不分支鳍条较长。臀鳍基底长于背鳍基底，幼鱼具2鳍棘和正常鳍条，成鱼时鳍棘消失，大部分鳍条埋于皮下，仅分支末端外露。胸鳍宽短。腹鳍胸位，具1短棘，幼鱼时鳍条细长形，成鱼时第一鳍条特别长，延长呈丝状。尾鳍叉形。

体背部深蓝黑色，腹部银白色。侧线上下缘有2～4列圆形或椭圆形深蓝色斑点。背鳍前部数鳍条、腹鳍第一鳍条及尾鳍均浅黑色，胸鳍比背鳍色浅。

分布　分布于印度—西太平洋区热带及亚热带海域，西起东非，东至新喀里多尼亚海域，北至日本南部海域，南达澳大利亚东北部海域。我国东海、南海和台湾海域均有分布。长江口近海亦有分布。

生物学特性　暖水性中上层鱼类。主要栖息于近海较深海区，有时进入沿岸内湾等浅海区觅食，甚至进入河口区。主要以浮游动物为食。具趋光性。一般体长 200 mm以上。

资源与利用　肉质佳，可食用。为我国福建、台湾等地沿海次要经济鱼类，为机帆船灯光围网捕捞对象之一，闽南渔场夏季较常见。长江口区近海偶有捕获，数量较少。

鲾科 Leiognathidae

本科长江口 1 属。

仰口鲾属 *Secutor* Gistel，1848

本属长江口 1 种。

172. 鹿斑仰口鲾 *Secutor ruconius*（Hamilton，1822）

Chanda ruconius Hamilton，1822，Fishes Ganges：106，371，pl. 12，fig. 35（Ganges River estuaries，India）。

鹿斑鲾 *Leiognathus ruconius*：郑文莲，1962，南海鱼类志：440，图 363（广东，广西，海南）；郑文莲，1963，东海鱼类志：295，图 224（浙江，福建）；黄克勤，1990，上海鱼类志：276，图 160（长江口近海区）；汤晓鸿、阎斌伦，2006，江苏鱼类志：569，图 284（连云港近海）。

仰口鲾 *Secutor ruconius*：沈世杰，1993，台湾鱼类志：346，图版 95 - 5（台湾）。

英文名　deep pugnose pony fish。

地方名　金钱仔。

主要形态特征　背鳍Ⅷ - 16～17；臀鳍Ⅲ - 14；胸鳍 16～15；腹鳍Ⅰ - 5。鳃耙 2～5＋13～18。

体长为体高的 1.8～2.0 倍，为头长的 3.2～3.6 倍。头长为吻长的 2.8～3.8 倍，为眼径的 2.2～3.0 倍。

体呈卵圆形，侧扁而高，腹部隆起度大于背部。头小，背部较凹。吻短于眼径，前端不呈截形。眼大，稍大于眼间隔。脂眼睑不发达。眼的前上缘具 1 枚小棘。头背部由 2

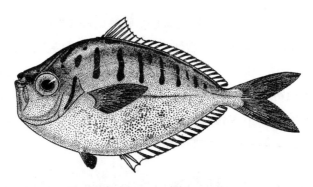

图 172　鹿斑仰口鲾 *Secutor ruconius*（郑文莲，1963）

个眶上骨嵴所围成的凹面略呈三角形，二纵嵴的后端与上枕嵴始部相连。鼻孔每侧 2 个。口小，倾斜，当两颌向前伸出时形成一向上斜口管，当口闭合时，下颌呈垂直状。口裂开在眼中部或瞳孔上缘的水平线上。下颌微凸。齿短细，上下颌各仅 1 列，腭骨、犁骨和舌面均无齿。鳃孔大。鳃盖膜与峡部相连。鳃盖条 5。前鳃盖骨下缘锯齿明显。匙骨前缘和中部各有一显著小棘。

头部无鳞，胸部和体均被小圆鳞。侧线弯曲，末端不伸达尾柄基，一般止于背鳍基的中部或近后端的 2/3 处下方。

背鳍 1 个，第一鳍棘短小，第二鳍棘最长，第三、第四鳍棘的前下缘具细锯齿。臀鳍第三鳍棘前下缘亦具细锯齿。背鳍和臀鳍前部鳍基有鳞鞘，两鳍基底每侧由间鳍骨构成一纵行棘状突。胸鳍略短于头长。腹鳍亚胸位，甚短小，短于胸鳍的 1/2，略等于眼径，基部有 1 枚大腋鳞，尖端不达臀鳍起点。尾鳍叉形。

体背部银青色带红色，眼下缘至颏部具一黑纹，左右两侧黑纹于喉部相遇。体背部约具 10 条色暗的横带，项部和背鳍基具一色暗的纵纹。胸鳍基底黑色。

分布　分布于印度—西太平洋区热带及亚热带海域，西起东非和红海，东至印度尼西亚海域，北至日本南部海域，南达澳大利亚北部海域。我国东海、南海和台湾海域均有分布。长江口近海亦有分布。

生物学特性　近岸暖水性小型鱼类。主要栖息于沙泥质底的沿海，亦可进入河口区，甚至江河的下游。喜集群，活动于水体上层。以小型浮游生物为食。上颌骨与额骨摩擦会发出声响。生殖期为 6—7 月。体长 50 mm 左右即达性成熟。

资源与利用　肉质佳，可食用。为我国福建、台湾等地沿海常见小型食用鱼类，常同棱鲯等鱼类一起为近海定置网捕获，有一定产量，尤以夏秋季产量较大。长江口区近海偶有捕获，数量较少。

乌鲂科 Bramidae

本科长江口 1 亚科。

乌鲂亚科 Braminae

本亚科长江口 1 属。

长鳍乌鲂属 *Taractichthys* Mead *et* Maul，1958

本属长江口 1 种。

173. 斯氏长鳍乌鲂 *Taractichthys steindachneri*（Döderlein，1883）

Argo steindachneri Döderlein in Steindachner and Döderlein，1883，Fische Japan's，1：242，34，pl. 7（Tokyo，Japan）。

大鳞乌鲂 *Taractichthys steindachneri*：莫显荞，1993，台湾鱼类志：347，图版 95 - 8（台湾）。

凹尾长鳍乌鲂 *Taractichthys steindachneri*：赵盛龙、钟俊生，2005，浙江海洋学院学报（自然科学版），24（4）：371（舟山）；陈大刚、张美昭，2016，中国海洋鱼类（中卷）：1126。

图 173　斯氏长鳍乌鲂 *Taractichthys steindachneri*（莫显荞，1993）

英文名　sickle pomfret。

地方名　大鳞乌鲳、黑飞刀、三角仔。

主要形态特征　背鳍 33～37；臀鳍 26～28；胸鳍 19～22。纵列鳞 34～38。鳃耙 17。

体长为体高的 1.8～2.0 倍，为头长的 3.1～3.6 倍。头长为吻长的 6.5～7.0 倍，为眼径的 4.0～5.6 倍。尾柄长为尾柄高的 2.1～2.4 倍。

体呈卵圆形，侧扁而高；头部显著侧扁，头背部圆凸。头中大。吻钝。眼中大，侧中位。眼间隔头背缘突出。口大，倾斜。下颌突出。上下颌齿各 2 行，部分齿向内弯，有

一部分上颌齿不在上颌骨外侧，同行齿大小变异大；腭骨具齿，犁骨亦具少许细齿。鳃孔大。

体被大型鳞，从尾柄向尾鳍基鳞片急剧变小；鳞片中央有棘突，成鱼则消失；背鳍及臀鳍上被有细鳞，但基底无鳞鞘。无侧线。

背鳍1个，起点在鳃盖稍后方。臀鳍与背鳍同形，起点在胸鳍基部下方。背鳍、臀鳍前方数鳍条延长呈弯月形。胸鳍长，体长为胸鳍长的 3.2～3.5 倍，末端不伸达臀鳍基部后方。左右腹鳍分离，位于胸鳍基前方。尾鳍叉形，末端微向内弯；尾柄背面有凹沟。

体呈银白色至银灰色，带古铜色金属光泽，死亡后鱼体迅速转变为灰褐色至黑褐色。胸鳍色淡，其他各鳍深褐色。尾鳍后缘白色。

分布　分布于印度—太平洋区和东中太平洋区，西起南非和留尼汪岛，东至美国夏威夷群岛和加利福尼亚南部海域，北至日本相模湾，南达新喀里多尼亚。我国以前仅见台湾和舟山海域有分布的报道。笔者 2018 年 7 月在长江口北支口门（122°01′15″ E、31°36′30″ N）捕获 1 尾体长 370 mm 的样本，为长江口新记录。

生物学特性　暖水大洋中上层洄游性鱼类。栖息水层 50～360 m，白天栖息在底层，夜晚则到水中上层活动觅食。肉食性，以鱼类、甲壳类和头足类等为食。

资源与利用　肉质佳，可食用。为大洋延绳钓的兼捕渔获物，1982 年被列入《联合国海洋法公约》中高度洄游性物种附录Ⅰ。长江口区极稀少，无捕捞经济价值。

笛鲷科 Lutjanidae

本科长江口 1 亚科。

笛鲷亚科 Lutjaninae

本科长江口 1 属。

笛鲷属 *Lutjanus* Bloch，1790

本属长江口 1 种。

174. 勒氏笛鲷 *Lutjanus russellii*（Bleeker，1849）

Mesoprion russellii Bleeker，1849，Verh. Batav. Genootsch. Kunst. Wet.，22：41（Jakarta，Java，Indonesia）。

勒氏笛鲷 *Lutjanus russellii*：成庆泰，1962，南海鱼类志：473，图 391（广东，广

西，海南）；成庆泰，1963，东海鱼类志：304，图 231（福建集美）；汤晓鸿、阎斌伦，2006，江苏鱼类志：571，图 285（吕四）；倪勇、陈亚瞿，2007，海洋渔业，29（2）：190，图 2（上海金山）。

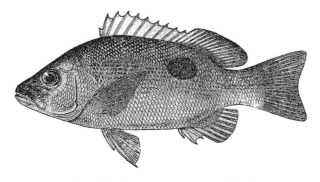

图 174　勒氏笛鲷 *Lutjanus russellii*（成庆泰，1962）

英文名　Russell's snapper。

地方名　沙记、火点、海鸡母。

主要形态特征　背鳍Ⅹ-14；臀鳍Ⅲ-8；胸鳍 14～15；腹鳍Ⅰ-5；尾鳍 17。侧线鳞 $42～50 \frac{7～8}{12～15}$。鳃耙 6～8+6～8。

体长为体高的 2.4～2.6 倍，为头长的 2.7～2.8 倍。头长为吻长的 2.7～2.9 倍，为眼径的 4.1～4.2 倍，为眼间隔的 5.7～5.9 倍。尾柄长为尾柄高的 1.2～1.3 倍。

体呈长椭圆形，侧扁，背面稍狭，腹面钝圆，背缘隆起度较腹缘大。头中大。吻钝尖。眼中大，侧上位。眼间隔宽凸。鼻孔每侧 2 个，前鼻孔圆形，后鼻孔长形。口中大，倾斜。上下颌几等长。两颌齿细小，尖锥形；上颌前端具 2 枚较大齿，口闭时露于唇外；犁骨及腭骨具绒毛状齿群。前鳃盖骨边缘细齿退化。鳃盖骨无棘。鳃耙细扁而少。

体被中大栉鳞，颊部、间鳃盖骨及鳃盖骨被鳞，头顶裸露。侧线上方鳞片斜向背后方，侧线下方鳞片与侧线平行。背鳍鳍条部及臀鳍基底具小鳞片。侧线完全，伸达尾鳍基。

背鳍 1 个，鳍棘部与鳍条部相连续，中间无深缺刻；第四鳍棘最长，各鳍棘平卧时可折叠于背部浅沟中。臀鳍后端不伸达肛门。胸鳍位低。腹鳍位于胸鳍基底后下方。尾鳍分叉。

体背部灰褐色至红褐色，腹部银白色。体侧约有 8 纵行淡黄色至黄褐色纵纹，幼鱼体侧有 3 条黑色纵带。背鳍鳍条部起始下方侧线上具一大黑斑，约有 2/3 位于侧线上方。背鳍鳍条部和尾鳍浅灰色至红褐色，腹鳍和臀鳍黄色。

分布　分布于印度—西太平洋区西起东非，东至斐济，北至日本南部。我国东海、南海和台湾海域均有分布。2006 年 12 月在上海金山城市沙滩水域捕获 5 尾体长 136～152 mm 的样本，为长江口区新记录。

生物学特性　暖水性中下层鱼类。栖息于沿岸珊瑚礁附近水深 3～35 m 处，成鱼主要栖息于外礁，也可发现于沿岸礁区，幼鱼有时进入河口及河流下游咸淡水区。以鱼类及

甲壳类为食。体长一般 200～250 mm，大者可达 350 mm。

资源与利用 本种肉味鲜美，是高价值海产鱼类。长江口区数量稀少，无捕捞价值。

松鲷科 Lobotidae

本科长江口 1 属。

松鲷属 *Lobotes* Cuvier，1829

本属长江口 1 种。

175. 松鲷 *Lobotes surinamensis*（Bloch，1790）

Holocentrus surinamensis Bloch，1790，Naturges. Ausländ. Fisch，4：98，pl. 243（Suriname，Caribbean Sea）。

松鲷 *Lobotes surinamensis*：成庆泰，1955，黄渤海鱼类调查报告：124，图 259（青岛）；成庆泰、孙宝玲，1962，南海鱼类志：503，图 416（广东）；成庆泰，1963，东海鱼类志：225，图 174（浙江，福建）；黄克勤、许成玉，1990，上海鱼类志：278，图 162（南汇，崇明）；汤晓鸿、阎斌伦，2006，江苏鱼类志：580，图 290（吕四）。

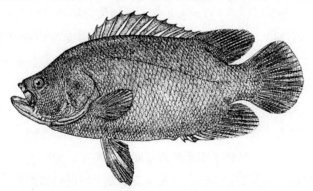

图 175 松鲷 *Lobotes surinamensis*（成庆泰 等，1962）

英文名 tripletail。

地方名 老婆鸡鱼、打铁鲈、黑猪肚。

主要形态特征 背鳍ⅩⅡ - 15～16；臀鳍Ⅲ - 11～12；胸鳍 15～16；腹鳍Ⅰ - 5；尾鳍 16～17。侧线鳞 $44～48 \frac{10～11}{16～17}$。鳃耙 6～7＋12～15。

体长为体高的 2.2～2.4 倍，为头长的 2.9～3.1 倍。头长为吻长的 4.6～4.9 倍，为眼径的 7.0～8.2 倍。尾柄长为尾柄高的 0.7～0.9 倍。

体呈长椭圆形，较高而侧扁，背面狭窄，腹面圆钝。头小，前端钝圆，背面稍凹，腹面较狭而隆起。吻短。眼小，位于头前端，侧上位。眼间隔甚宽，稍凸。鼻孔每侧2个，圆形，紧邻，前鼻孔边缘具发达鼻瓣。口中大，向上倾斜。两颌等长，上颌骨小，稍能伸出，后端伸达眼中部下方。两颌齿细小，多行，呈绒毛状齿带，其外列扩大，圆锥形，犁骨、腭骨及舌面均无齿。前鳃盖骨后缘直立，有强锯齿，下缘锯齿较小。鳃盖骨后缘平滑无棘。鳃耙较长。

体被中大栉鳞，排列整齐。头部除吻及颏部外皆被细鳞。背鳍鳍条部和臀鳍基底有4～6行鳞片。其余各鳍基部亦有小鳞。侧线完全，位高，与背缘平行。

背鳍鳍棘部与鳍条部相连续，鳍棘部发达，以第四至第六鳍棘较长，鳍条部以第八至第十一鳍条较长，起点在胸鳍基底上方。臀鳍与背鳍鳍条部同形，相对，以第三鳍棘最强大，第六至第八鳍条较长。胸鳍小，圆形。腹鳍位于胸鳍基后下方，大于胸鳍。尾鳍圆形。

体呈灰褐色至黑褐色，背侧较深，腹部较浅。除胸鳍灰白色外，其他各鳍黑褐色。

分布　广泛分布于全球热带及亚热带海域。我国黄海、东海、南海及台湾海域均有分布。长江口北支及近海有分布。

生物学特性　暖水性中下层鱼类。成鱼主要栖息于外礁，但也可发现于近岸岩礁海区；幼鱼有时可发现于红树林区、河口或河流下游区。喜栖息于混浊水域，多在海面漂浮物阴影下栖息，或在海水泡沫下游泳，常随浮木或海藻等游至岸边甚至进入河口区。多在水上层活动，不潜入下层。幼鱼有拟态习性，状似枯叶，漂浮在表层，随海流飘向岸边。以底栖甲壳类及小鱼为食。体长可达1 m。

资源与利用　本种为中大型食用鱼，肉质较差。长江口区数量较少，无捕捞价值。

仿石鲈科 Haemulidae

本科长江口2属。

属 的 检 索 表

1（2）颏孔3对 ··· 胡椒鲷属 *Plectorhinchus*

2（1）颏孔1对；背鳍鳍棘部与鳍条部相连，中间具缺刻；鳞较大 ················ 石鲈属 *Pomadasys*

胡椒鲷属 *Plectorhinchus* Lacepède，1801

本属长江口1种。

176. 花尾胡椒鲷 *Plectorhinchus cinctus*（Temminck *et* Schlegel，1843）

Diagramma cinctum Temminck and Schlegel，1843，Pisces，Fauna Japanica Parts.，2～4：61，pl. 26，fig. 1（Japan）。

胡椒鲷 *Plectorhinchus cinctus*：成庆泰，1955，黄渤海鱼类调查报告：126，图 82

（山东）。

花尾胡椒鲷 *Plectorhinchus cinctus*：成庆泰、孙宝玲，1962，南海鱼类志：534，图 441（广东，广西，海南）；成庆泰、孙宝玲，1963，东海鱼类志：326，图 246（浙江）；黄克勤、许成玉，1990，上海鱼类志：282，图 165（长江口近海）；伍汉霖、倪勇，2006，江苏鱼类志：586，图 294（连云港）。

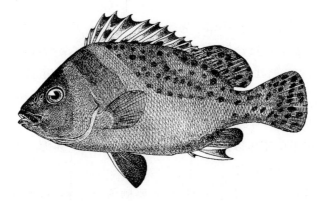

图 176　花尾胡椒鲷 *Plectorhinchus cinctus*（成庆泰和孙宝玲，1962）

英文名　crescent sweetlips。

地方名　加吉、包公鱼。

主要形态特征　背鳍XII - 15～16；臀鳍III - 7；胸鳍 16～17；腹鳍 I - 5。侧线鳞 53～60 $\frac{15～17}{22～23}$。鳃耙 6～7 + 14～15。

体长为体高的 2.1～2.3 倍，为头长的 2.8～3.1 倍。头长为吻长的 2.7～3.1 倍，为眼径的 4.2～4.5 倍，为眼间隔的 3.2～3.4 倍。尾柄长为尾柄高的 1.4～1.7 倍。

体侧扁而高，呈长椭圆形。头中等大。吻钝尖。眼中大，侧上位。口小。两颌等长。前颌骨能伸缩，上颌骨大部被眶前骨遮盖。两颌齿细小，排列呈绒毛状齿带；犁骨、腭骨和舌上无齿。唇较厚。颏部无小髭，颏孔 3 对。前鳃盖骨边缘无棘。鳃盖膜不与峡部相连。鳃盖条 7。具假鳃。鳃耙短钝。

体被小栉鳞，头部除吻端、上下颌、颏部外均被鳞。背鳍和臀鳍基底均有鳞鞘。侧线完全，与背缘平行。

背鳍 1 个，鳍棘部和鳍条部相连，中间具 1 浅凹，鳍棘部基底长于鳍条部基底。臀鳍第二鳍棘强大。胸鳍短小。腹鳍起点在胸鳍基底后下方。尾鳍截形。

体灰褐色，腹面较淡。体侧有宽的黑色斜带 3 条。背鳍、尾鳍和体侧第二至第三黑带间散有黑色圆点。

分布　分布于印度—西太平洋区阿拉伯海至日本南部海域。我国黄海、东海、南海和台湾海域均有分布。长江口近海亦有分布。

生物学特性

[习性] 暖温性中下层鱼类。常栖息于岩礁多的海区，特别是岛屿附近，一般分散活动，移动范围不大。属于广温、广盐鱼类，能养殖在盐度为 5～35 的水体中，幼鱼阶段经过逐步驯化，能生活在淡水中，生长适宜水温为 25～28 ℃，但在水温 17 ℃ 和 33 ℃ 时仍有摄食现象。仔鱼、稚鱼和幼鱼喜较暗环境，对光线反应强烈。

[年龄与生长] 一般体长为 180～300 mm，体重为 300～2 000 g，大者体长可达 400 mm、体重达 4 000 g。1 龄体长为 100 mm，2 龄为 210 mm，3 龄为 310 mm，4 龄为 400 mm，5 龄为 470 mm，6 龄为 540 mm，7 龄为 600 mm。2 龄初次性成熟。生长速度较快，5 月底 50 mm 的苗种，养至当年 12 月体长可达 160 mm、体重达 320～500 g（平均 380 g），养成率达 85%，至翌年 12 月体长可达 280 mm、平均体重 1.2 kg，最重为 1.8 kg，养成率为 90%。

[食性] 主要摄食底层小鱼、虾、蟹及其他甲壳类。开口饵料以牡蛎受精卵和小型轮虫为主，稚鱼期喜食卤虫无节幼体及桡足类等。

[繁殖] 性成熟周期 1 年 1 次，为分批产卵鱼类，雌鱼可产卵 6～8 次。厦门地区产卵期为 4—6 月，盛期为 4 月中旬至 5 月上旬，产卵水温为 19～25 ℃，雌鱼怀卵量为 70 万粒/kg。台湾南部全长 460～600 mm、重 1 400～1 600 g 可达性成熟。卵圆球形，微黄色。卵膜光滑透明，分离浮性。卵径为 0.82～0.92 mm、平均 0.87 mm。大多数具 1 油球，少数有 2～3 个油球，油球径为 0.23～0.27 mm、平均为 0.25 mm。在卵的局部呈空泡状。在孵化水温 20～23.2 ℃、盐度 26.0 条件下胚胎发育历时约 28 h 28 min 孵出仔鱼，胚胎发育最适水温为 21～27 ℃，正常仔鱼孵化率为 82.6%～95.3%。初孵仔鱼平均全长为 1.89 mm。

资源与利用 近岸常年可捕，为拖网兼捕对象，春夏季为手钓、延绳钓对象。适合鲜销和冰冻销售，是名贵海产食用鱼类之一，尤以产卵前所捕获的亲鱼，肉质特别鲜美，价值高，市场价高于真鲷等传统养殖鱼类。日本以西底拖网捕捞年产量为 20～50 t。我国捕捞产量无统计。1990 年我国台湾省首次人工繁殖成功，福建省和广东省 1997 年将第一代鱼苗培育成亲鱼，并繁殖出第二代。

石鲈属 *Pomadasys* Lacepède，1802

本属长江口 1 种。

177. 点石鲈 *Pomadasys kaakan*（Cuvier，1830）

Pristipoma kaakan Cuvier in Cuvier and Valenciennes，1830，Hist. Nat. Poiss.，5：244（Arian River，Kupang，Timor；Puducherry and Mahé，India）。

断斑石鲈 *Pomadasys hasta*：成庆泰、孙宝玲，1962，南海鱼类志：521，图 430（广

东、广西、海南）；成庆泰，1963，东海鱼类志：328，图 248（福建集美）；陈鸿祥，1985，福建鱼类志（下卷）：203，图 498（台湾堆以南海域）。

星鸡鱼（断斑石鲈）*Pomadasys kaakan*：沈世杰，1993，台湾鱼类志：363，图版 104 - 3～4（台湾）。

断斑石鲈 *Pomadasys kaakan*：倪勇、陈亚瞿，2007，海洋渔业，29（2）：191，图 3（上海金山）。

点斑石鲈 *Pomadasys kaakan*：陈大刚、张美昭，2016，中国海洋鱼类（中卷）：1181。

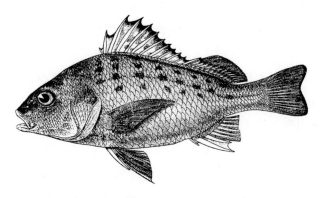

图 177　点石鲈 *Pomadasys kaakan*（成庆泰和孙宝玲，1962）

英文名　javelin grunter。

地方名　石鲈、厚鲈。

主要形态特征　背鳍Ⅻ - 14；臀鳍Ⅲ - 7；胸鳍 15～16；腹鳍Ⅰ - 5；尾鳍 17。侧线鳞 $45～51 \frac{7～8}{11～12}$。鳃耙 5～8+12～13。

体长为体高的 2.5～3.1 倍，为头长的 2.7～3.0 倍。头长为吻长的 2.7～3.1 倍，为眼径的 3.9～5.6 倍。尾柄长为尾柄高的 1.7～2.2 倍。

体呈长椭圆形，侧扁，背面较狭，腹面钝圆，体高以背鳍起点处为最高。头中大，背面稍凸，腹面宽而平。吻钝尖。眼中大，侧上位，距吻端较鳃盖后上角略近。眼间隔宽而平。鼻孔每侧 2 个，长圆形，相距甚近，前鼻孔后缘具鼻瓣，前鼻孔小于后鼻孔。口端位，微倾斜，上颌稍长于下颌，上颌骨大部分为眶前骨所遮蔽，后端伸达眼前下缘。两颌齿细小，呈绒毛带状，外行齿稍大，犁骨、腭骨及舌上无齿。前鳃盖骨边缘有发达的锯齿，在隅角处锯齿强。颏孔 1 对。鳃盖骨向头腹面曲折形成一中央沟缝。鳃孔大，具假鳃，鳃盖条 7。鳃耙粗短。

体被中大薄栉鳞，栉状齿细弱，头部除两颌及吻部无鳞外，余皆被鳞。背鳍与臀鳍基底均有鳞鞘。侧线完全，与背缘平行，后端伸达尾鳍基。

背鳍 1 个，鳍棘部与鳍条部相连接，中间缺刻深；背鳍起点始于胸鳍基上方。背鳍鳍棘强大，以第四鳍棘最长，向后渐次缩短；鳍条部基底短于鳍棘部基底。臀鳍小，起点始于背鳍第三鳍条下方，以第二鳍棘最为强大。胸鳍位低，略呈镰状，末端伸达肛门上方。腹鳍位于胸鳍基底下方，末端不达肛门。尾鳍前凹形。

体背部淡青色，腹部银白色。体侧上方有 6～8 条相间断的黑色点状横带，各横带间隔均匀，自背缘开始向后侧延伸，过侧线后渐消失。鳃盖后上角有一黑色斑点，但不明显。背鳍、尾鳍浅褐色，背鳍鳍棘膜间具黑色斑点，随成长斑点逐渐不明显。臀鳍、胸鳍及腹鳍浅黄色。

分布 分布于印度—西太平洋区，西起东非、红海，东至东南亚，北至日本南部海域，南至澳大利亚昆士兰海域。我国东海南部、南海和台湾海域均有分布。2006 年 12 月在上海金山城市沙滩水域捕获 1 尾体长 99 mm 的样本，为长江口新记录。

生物学特性 暖水性中下层鱼类。栖息于沙泥质底的沿岸海域，也可生活于低盐的河口区。以小鱼、甲壳类或软体动物等为食。最大个体可达 400 mm。

资源与利用 肉味鲜美，曾是我国北部湾习见经济鱼类。长江口区数量稀少，无捕捞价值。

髭鲷科 Hapalogeniidae

髭鲷属 *Hapalogenys* Richardson，1844

本属长江口 2 种。

种 的 检 索 表

1 （2）背鳍第三鳍棘最长；臀鳍第二棘强大，为头长的 3/7～1/2；体侧具 6～7 横带；背鳍、臀鳍、尾鳍具黑色边缘；腹膜和鳃腔黑色 ·· 华髭鲷 *H. analis*

2 （1）背鳍第四鳍棘最长；臀鳍第三棘强大，为头长的 1/4～1/3；体侧具 3 斜带；背鳍、臀鳍、尾鳍无黑色边缘；腹膜和鳃腔白色 ·· 黑鳍髭鲷 *H. nigripinnis*

178. 黑鳍髭鲷 *Hapalogenys nigripinnis*（Temminck *et* Schlegel，1843）

Pogonias nigripinnis Temminck and Schlegel，1843，Pisces，Fauna Japonica Parts.，2～4：59，pl. 25（Nagasaki Bay，Japan）。

黑鳍髭鲷 *Hapalogenys nigripinnis*：成庆泰，1955，黄渤海鱼类调查报告：128，图 83（辽宁，河北，山东）；成庆泰、孙宝玲，1962，南海鱼类志：529，图 437（广东，广西）。

斜带髭鲷 *Hapalogenys nitens*：成庆泰、孙宝玲，1963，东海鱼类志：323，图 244（江苏，浙江）；黄克勤、许成玉，1990，上海鱼类志：281，图 164（长江口近海）；伍汉霖、倪勇，2006，江苏鱼类志：585，图 293，彩图 41（连云港，吕四，黄海南部）。

图 178　黑鳍髭鲷 *Hapalogenys nigripinnis*（成庆泰和孙宝玲，1963）

英文名　short barbeled velvetchin。

地方名　打铁婆、包公鱼。

主要形态特征　背鳍 I，XI‑14～16；臀鳍 III‑9～10；胸鳍 17～18；腹鳍 I‑5。侧线鳞 52～62 $\frac{12～14}{21～23}$。鳃耙 5～6+11～13。

体长为体高的 1.8～2.2 倍，为头长的 2.6～2.8 倍。头长为吻长的 3.0～3.2 倍，为眼径的 4.5～5.8 倍，为眼间隔的 4.1～4.5 倍。尾柄长为尾柄高的 1.0～1.3 倍。

体侧扁而高，呈椭圆形，背缘深弧形隆起，腹缘圆钝，浅弧形，尾柄短而侧扁。头中大，腹面略平。吻钝尖，吻背至第一背鳍起点陡斜。眼中大，侧上位。眼间隔突起。鼻孔每侧 2 个，椭圆形；前鼻孔大于后鼻孔，后缘具三角形鼻瓣。口中大，前位，微斜。上下颌约等长。两颌齿细小呈带状，外行齿较大，圆锥形；犁骨、腭骨及舌上无齿。颏部密生小髭。颏孔 3 对，最后 1 对呈裂孔状。前鳃盖骨后缘具细锯齿。鳃盖条 7。具假鳃。鳃耙短钝，内缘具锯齿。

体被细小强栉鳞。头部除吻端、两颌及颏部外均被鳞。上颌骨具小鳞。背鳍及臀鳍基部均具鳞鞘。侧线完全，与背缘平行。

背鳍 1 个，鳍棘部与鳍条部仅在基部相连，中间深凹；背鳍棘前方具 1 向前倒棘；鳍棘强大，第四鳍棘最长，向后渐短；鳍条部后缘圆形，基底长为鳍棘部基底 1/2。臀鳍小，起点与背鳍鳍条部相对、同形，第二鳍棘强大。胸鳍小，末端圆形。腹鳍位于胸鳍后下方，末端不达肛门。尾鳍圆形。

体上部黑褐色，腹部色较淡。体侧具 3 条黑色宽斜带。各鳍灰褐色，边缘不呈黑色。

分布　分布于西北太平洋区朝鲜、日本和中国沿海。长江口近海有分布。

生物学特性

[习性]　近海中下层鱼类。生活水深一般在 90 m 以浅。喜栖息于多岩礁或泥底海区，因季节和气候影响有在各自栖息海区进行深、浅水水域移动的习性。对温度和盐度适应较广，适应温度为 8.0～35.0 ℃、适应盐度为 15～35。

[年龄与生长]　一般体长为 100～250 mm。生长迅速，全长 40～50 mm 鱼苗，经网箱 7～8 个月养殖，体长可达 190～240 mm，平均体长 209 mm，体重可达 350～750 g，平均体重 509.2 g，其中达到商品规格（500 g）以上个体占 66.7%。养殖 20 个月，体长可达 255～340 mm，平均体长 305 mm，体重可达 550～1 300 g，平均体重 1 010.8 g。养殖 32 个月，体长可达 260～400 mm，平均体长 338 mm，体重可达 800～2 200 g，平均体重 1 402.5 g。相对而言，雄鱼生长速度小于雌鱼，随年龄的增长差异愈大。1 龄可达性成熟，2 龄全部性成熟。雌鱼最小性成熟体长为 235 mm、体重为 525 g，雄鱼最小性成熟体长为 220 mm、体重为 450 g。

[食性]　主要以绯鲤、鲣、鲬等小型鱼类以及虾类、蟹类等为食。饵料组成中，虾、蟹类占 83%，鱼类占 9%，糠虾类占 8%。

[繁殖]　繁殖期随海区的地理位置而异，黄海和渤海的鱼群繁殖期为 8 月，福建、广东沿海为 9—12 月、产卵盛期为 10—11 月，东海一般在 11—12 月。产卵水温为 19～27 ℃、最适温为 20.5～25.0 ℃。属分批产卵类型，亲鱼性腺在每年繁殖期内能连续成熟、分批产卵。体长 300 mm，体重 1 700 g，3 龄鱼怀卵量为 100 万粒左右。受精卵圆形、透明，浮性，卵径为 0.875～1.000 mm，油球 1 个、油球径为 0.178～0.230 mm，卵黄间隙为 0.018～0.022 m。受精卵在水温 22.4～24.0 ℃、盐度 32、pH8.0～8.4 的海水中，经 27～29 h 孵化。初孵仔鱼全长为 2.100～2.475 mm。

资源与利用　我国沿海常年可捕获，群众生产多在春夏季，渔具有手钓、延绳钓及定置张网等捕捞，拖网作业时有兼捕。肉质细嫩，味道鲜美，深受消费者喜爱，市场售价高，是名贵海产鱼类，但产量不多。1990 年起福建和广东两省，在海水网箱中进行少量养殖，1995 年福建省水产研究所等单位，利用网箱养殖的亲鱼进行人工繁殖获得成功，2000 年年底两省已有 20 多个单位开展人工育苗生产，每年有近百万尾鱼苗供应，促进了人工养殖规模化生产。

【传统分类中，髭鲷属（*Hapalogenys*）归属于仿石鲈科（Haemulidae）＝石鲈科（Pomadasyidae），Springer 和 Rassch（1995）将髭鲷属独立成髭鲷科（Hapalogeniidae），FishBase、Nelson（2006）、Nelson et al.（2016）中均采用这一分类体系。本书依此将髭鲷属归并至髭鲷科。另据研究，斜带髭鲷（*Hapalogenys nitens* Richardson，1844）为黑鳍髭鲷 [*Hapalogenys nigripinnis*（Temminck *et* Schlegel，1843）] 的同物异名，横带髭鲷 [*Hapalogenys mucronatus*（Eydoux *et* Souleyet，1850）] 为华髭鲷（*Hapalogenys analis* Richardson，1845）的同物异名（Iwatsuki and Nakabo，1995）。】

鲷科 Sparidae

本科长江口 2 属。

属 的 检 索 表

1（2）臀鳍具 9 鳍条；背鳍第三和第四鳍棘延长 ································· 犁齿鲷属 *Evynnis*

2（1）臀鳍具 8 鳍条；背鳍第三和第四鳍棘不呈丝状延长；背鳍鳍棘 11，鳍条 11；体黑色；上下颌两

侧白齿 3 列以上 ································· 棘鲷属 *Acanthopagrus*

棘鲷属 *Acanthopagrus* Peters，1855

本属长江口 1 种。

179. 黑棘鲷 *Acanthopagrus schlegeli*（Bleeker，1854）

Chrysophrys schlegeli Bleeker，1854，Natuurkd. Tijdschr. Neder. - Indië v.，6：400（Nagasaki，Japan）。

黑鲷 *Sparus macrocephalus*：成庆泰，1955，黄渤海鱼类调查报告：146，图 94（辽宁，河北，山东）；成庆泰、田明诚，1962，南海鱼类志：500，图 413（广东，广西；海南）；成庆泰，1963，东海鱼类志：314，图 238（浙江，福建）；黄克勤、许成玉，1990，上海鱼类志：277，图 161（崇明，长江口近海）；陈马康等，1990，钱塘江鱼类资源：193，图 184（海盐）。

黑棘鲷 *Acanthopagrus schlegeli*：汤晓鸿、伍汉霖，2006，江苏鱼类志：572，图 286（连云港，吕四）。

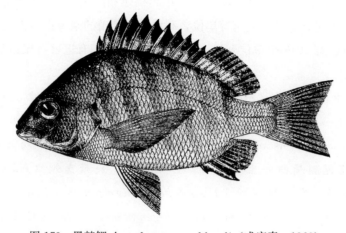

图 179　黑棘鲷 *Acanthopagrus schlegeli*（成庆泰，1963）

英文名 blackhead seabream。

地方名 黑鲷。

主要形态特征 背鳍Ⅺ-11；臀鳍Ⅲ-8；胸鳍 15；腹鳍Ⅰ-5。侧线鳞 51～53$\frac{7}{14}$。鳃耙 5～7+8～9。脊椎骨 24。

体长为体高的 2.2～2.6 倍，为头长的 2.9～3.4 倍。头长为吻长的 3.4～3.6 倍，为眼径的 4.6～5.2 倍，为眼间隔的 3.0～3.4 倍。尾柄长为尾柄高的 1.5～1.7 倍。

体侧扁而高，长椭圆形，背面狭窄，由头顶向吻端渐倾斜，腹面圆钝。头大，沿背缘向吻端斜直。吻钝尖。眼中大，侧位而高。眼间隔凸起。口前位，口裂平直。上颌骨后端达瞳孔前缘下方。上下颌前端各具犬齿 6 枚，两侧具臼齿 3～5 行；犁骨、腭骨及舌上无齿。前鳃盖骨后缘几光滑，鳃盖骨后端具一扁平钝棘。具假鳃。鳃耙粗短。

体被中等大的弱栉鳞，头部除眼间隔、前鳃盖骨、吻及颏部外均被鳞。背鳍和臀鳍棘部有发达鳞鞘，各鳍鳍条基部具小鳞。侧线完全，弧形，与背缘平行。

背鳍 1 个，鳍棘部和鳍条部相连，中间无缺刻，起于胸鳍基上方，鳍棘粗强，以第四鳍棘最强，各鳍棘平卧时左右交错可收于鳞鞘沟中。臀鳍始于背鳍第二鳍条下方，以第二鳍棘最强大。胸鳍位低，长而尖，后端达臀鳍起点上方。腹鳍胸位，较短小。尾鳍叉形。

体灰黑色，具银色光泽，腹部色浅，头部色暗，侧线始处有一不规则黑斑，体侧有若干条褐色细纵纹和 6～8 条色深的横带。背鳍、臀鳍和尾鳍鳍膜褐色，边缘黑色。

分布 分布于西北太平洋区日本、朝鲜和中国海域。中国沿海均有分布。长江口不常见。

生物学特性

[习性] 浅海底层鱼类，喜栖息在沙泥底或多岩礁海区，一般在 5～50 m 水深的沿岸带移动，不作远距离洄游。属广温广盐性鱼类，对环境的适应能力较强，能耐受盐度的大幅度变化，生存盐度为 4.0～35.0，生长适应盐度为 10.0～30.0，生存温度为 3.4～35.5 ℃，致死温度为 3.4 ℃，9 ℃以下停止摄食，生长适宜温度为 17.0～25.0 ℃，可在 7 ℃以上水温中越冬。对水中溶氧量要求较高，常温下 3.2 mg/L 为窒息点。于 5 月初前后进入近岸内湾浅水区产卵，7—8 月成鱼和幼鱼均就近索饵，9—10 月逐渐移向较深且有岩礁的水域栖息。

[年龄与生长] 体长一般在 120～300 mm，体重 125～1 800 g，大的体重可达 4.0 kg。1 龄鱼叉长为 150 mm，2 龄为 210 mm，3 龄为 260 mm，4 龄为 300 mm，5 龄为 330 mm，6 龄为 370 mm，7 龄为 400 mm，最大叉长可达 450 mm，生长比较迅速。最小性成熟雄鱼约为 2 龄，体长约为 170 mm，体重约为 145 g；最小性成熟雌鱼体长约为 200 mm、体重约为 236 g。第四年后生长显著减缓。5～6 龄大部分性成熟（山田梅芳 等，1986）。

［食性］杂食性，极贪食，主要摄食软体动物贝类、多毛类、小鱼、虾类、蟹类、端足类、海星及海藻等，并能用尾部挖掘海底的贝类及环形动物。10 mm 仔鱼食桡足类，45～80 mm 食鱼卵和海藻等，100～300 mm 食桡足类、钩虾类，伴随生长逐渐开始捕食小鱼、虾和蟹类。在人工养殖条件下，大量摄食篮蛤、寻氏肌蛤、小型虾虎鱼类，同时也能吞食个体较小的或正在蜕皮的对虾以及豆饼、糠虾等。

［繁殖］产卵期因地而异，山东沿海为 5 月上旬至 5 月下旬，江苏沿海为 4 月下旬至 5 月上旬，福建沿海为 3 月中旬至 5 为上旬。产卵水温在 14.5～24 ℃。性成熟过程具明显性逆转现象，体长 100 mm 左右鱼体全部是雄鱼，2 龄鱼体长 150～250 mm 为典型雌雄同体两性阶段，3 龄鱼体长 250～300 mm 性分化结束，大部转化为雌鱼，4 龄鱼多数为雌雄异体、但雌性居多，到 5 龄鱼雌雄明显分开。亲鱼性腺分批成熟、多次产卵，在一个产卵期中可产卵数十次，大个体怀卵量超过 50 万粒。卵圆球形，彼此分离，浮性，无色透明。卵径 0.98～1.20 mm，油球 1 个、油球径 0.20～0.23 mm。初孵仔鱼体长 2.25 mm 左右。

资源与利用　本种为海洋次要经济鱼类，肉质尚佳，产量少。沿海附近各渔港在春夏季，多用手钓和延绳钓进行生产，系拖网兼捕对象之一。近年来，大力发展海水养殖业，为东南沿海的重要养殖对象。

犁齿鲷属 *Evynnis* Jordan *et* Thompson，1912

本属长江口 1 种。

180. 二长棘犁齿鲷 *Evynnis cardinalis*（Lacepède，1802）

Sparus cardinalis Lacepède，1802，Hist. Nat. Poiss.，4：46，141（China and Japan）。

二长棘鲷 *Parargyrops edita*：成庆泰、田明诚，1962，南海鱼类志：497，图 411（广东，广西，海南）；成庆泰，1963，东海鱼类志：310，图 235（东海中部，上海渔市场，浙江，福建）；杨永章，1985，福建鱼类志（下卷）：176，图 478（福建福鼎、平潭等地）。

二长棘犁齿鲷 *Evynnis cardinalis*：汤晓鸿、伍汉霖，2006，江苏鱼类志：576，图 288（吕四）。

英文名　threadfin porgy。

地方名　立花、长鳍、板鱼、盘鱼、血鲷、鲅鲷。

主要形态特征　背鳍Ⅻ-10；臀鳍Ⅲ-9；胸鳍15；腹鳍Ⅰ-5；尾鳍17。侧线鳞56～62 $\frac{7}{15}$。鳃耙 7～9＋10～12。

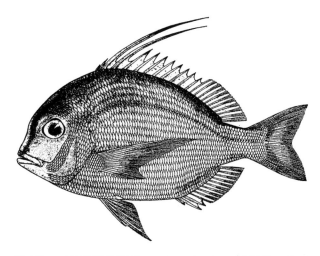

图 180　二长棘犁齿鲷 *Evynnis cardinalis*（成庆泰，1963）

体长为体高的 1.7～2.0 倍，为头长的 3.0～3.4 倍。头长为吻长的 2.7～3.0 倍，为眼径的 2.9～3.7 倍，为眼间隔的 2.9～3.2 倍。尾柄长为尾柄高的 1.0～1.4 倍。

体呈椭圆形，侧扁，背面狭窄，背缘深弧形，腹面钝圆，从背鳍前部向吻端逐渐倾斜。头中大，前端稍钝，左右额骨分离，多孔。吻钝。眼中大，侧上位。眼间隔宽，隆起，稍大于眼径。鼻孔每侧 2 个，前鼻孔小，具鼻瓣；后鼻孔较大，椭圆形。口小，前位。上下颌约等长。上颌前端具犬齿 4 枚，两侧具臼齿 2 列，外列前部数齿稍尖，内列前部为颗粒状齿带；下颌前端具犬齿 6 枚，两侧臼齿与上颌者同；犁骨、腭骨及舌上均无齿。前鳃盖骨后缘光滑，鳃盖后缘具一扁平钝棘。鳃耙短小。

体被中等弱栉鳞。头部除前鳃盖外，其余皆被鳞。背鳍和臀鳍鳍棘部基底具发达鳞鞘，鳍条部基底被细鳞。侧线完全，弧形，与背缘平行。

背鳍 1 个，鳍棘部与鳍条部相连续，中间无缺刻，鳍棘强，第三、第四鳍棘较长，呈丝状延长，各鳍棘平卧时左右交错，可收折于鳞鞘沟内。臀鳍短，与背鳍鳍条部同形相对，第二鳍棘粗强，其长约与第三鳍棘相等。胸鳍位低，后端伸达臀鳍鳍棘部上方。腹鳍较小，胸位，始于胸鳍基略后下方。尾鳍叉形。

体淡红色，腹部色浅。体侧具数列蓝色纵带。

分布　分布于西太平洋区由中国东海至菲律宾海域。中国东海、南海和台湾海域有分布。笔者 2017 年 9 月在长江口北支捕获 1 尾体长 80 mm 样本，为长江口新记录。

生物学特性　暖温性近海底层鱼类。一般栖息于 30～90 m 的岩礁、沙砾及沙泥质底海区，喜食虾蟹类和小型鱼类。会随着季节的改变迁移洄游，通常大鱼在较深海域栖息。

资源与利用　本种为东海南部常见经济鱼类，肉质细嫩，为高价值经济鱼类。长江口区较罕见，无捕捞经济价值。

马鲅科 Polynemidae

本科长江口 2 属。

属 的 检 索 表

四指马鲅属 *Eleutheronema* Bleeker，1862

本属长江口 1 种。

181. 多鳞四指马鲅 *Eleutheronema rhadinum*（Jordan *et* Evermann，1902）

Polydactylus rhadinum Jordan and Evermann，1902，Proc. U. S. Nat. Mus.，25：351，fig. 20（Linkou，Taipei，Taiwan）。

四指马鲅 *Eleutheronema tetradactylum*：成庆泰，1955，黄渤海鱼类调查报告：93，图 63（辽宁，河北，山东）；张春霖、张有为，1962，南海鱼类志：267，图 223（广东，广西，海南）；罗云林，1963，东海鱼类志：203，图 158（浙江坎门、南田岛，福建东庠）；湖北省水生生物研究所鱼类研究室，1976，长江鱼类：190，图 164（上海，启东）；江苏省淡水水产研究所等，1987，江苏淡水鱼类：228，图 109（连云港，盐城）；郏国生，1990，浙江动物志·淡水鱼类：182～183，图 146（杭州钱塘江）；陈马康等，1990，钱塘江鱼类资源：178，图 166（杭州湾海盐）；倪勇，1990，上海鱼类志：241，图 134（奉贤县柘林，金山县金山嘴，崇明县裕安捕鱼站，长江口北支和南支）。

多鳞四指马鲅 *Eleutheronema rhadinum*：伍汉霖、倪勇，江苏鱼类志：473，图 230（海州湾，连云港竹岛，盐城，长江口北支，吕四，启东连兴港外海）。

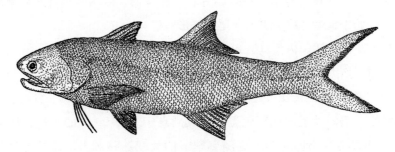

图 181　多鳞四指马鲅 Eleutheronema rhadinum

英文名　East Asian fourfinger threadfin。

地方名　马友、午鱼、章跳。

主要形态特征　背鳍Ⅷ，Ⅰ-12～15；臀鳍Ⅲ-15～16；胸鳍18＋4；腹鳍Ⅰ-5。侧线有孔鳞82～95，侧线上鳞11～14，侧线下鳞15～17。鳃耙4～8＋6～9。

体长为体高的4.1～4.2倍，为头长的3.5～3.6倍。头长为吻长的6.5～7.3倍，为眼径的4.4～4.8倍，为眼间隔的4.5～4.8倍。尾柄长为尾柄高的1.8～2.3倍。

体延长，侧扁，尾柄较长。头中大。吻短而圆突，吻长约与眼径相等。眼大，脂眼睑发达，呈长椭圆形，遮盖眼睛。眼间隔宽。鼻孔很小，每侧2个，距吻端较距眼近，前鼻孔圆形，后鼻孔呈裂缝状。口大，下位，口裂几呈水平状。除下颌近口角处有唇外，余皆无唇。齿细小，绒毛状，上下颌齿带外露；犁骨和腭骨均具齿，犁骨齿丛呈三角形，腭骨齿丛呈长条形。舌大，无齿，前部圆形，游离。鳃孔宽大。前鳃盖骨后缘具细锯齿。鳃盖膜游离，不与峡部相连。鳃耙细长。肛门距臀鳍起点较距腹鳍基底近。

体被细小栉鳞。头部除吻之外均被鳞。背鳍、臀鳍和胸鳍基部均被鳞鞘，各鳍均被细鳞。胸鳍和腹鳍腋部各具1枚尖长形鳞瓣。左右腹鳍基部之间具1枚三角形鳞瓣。侧线平直，伸达尾鳍下叶。

背鳍2个，前后分离。第一背鳍鳍棘细弱，起点距第二背鳍较距吻端近；第二背鳍与臀鳍同形，后缘均呈弧形凹入，基部上下相对。胸鳍侧下位，下部具4枚游离丝状鳍条。腹鳍小，位于第一背鳍下方。尾鳍大，深叉形，上下叶约等长。

背侧灰褐色，腹侧乳白色。背鳍、臀鳍、胸鳍和尾鳍均呈灰黑色，边缘深黑色。腹鳍白色。

分布　分布于西北太平洋区中国、日本和越南海域。中国渤海、黄海、东海、南海和台湾海域均有分布。长江口北支和南支的崇明东滩沿岸、杭州湾北部南汇芦潮港以及奉贤柘林和金山县金山嘴一带。

生物学特性　暖温性海产鱼类，具广盐性，在淡水、咸淡水和海水环境中均可生活。喜栖息于沙质底或泥质底，水深23 m以内沿岸浅水区和河口，也进入河流下游江段。成鱼经常成对或单独生活，不集成大群。性成熟最小型雄性体长225 mm，雌性体长285 mm。3—5月在河口产卵。成熟卵呈球形，卵径0.85～0.95 mm，具油球1个。幼鱼在河口栖息，以枝角类、桡足类、端足类和等足类等无脊椎动物为食；体长50 mm的幼鱼以箭虫、头足类、虾的幼体和多毛类为食。成鱼以虾和鱼（以鲻科、鳀科和石首鱼科为主）为食，也摄食一些多毛类无脊椎动物。各种饵料成分的出现频率随季节而异。上海地区秋季起捕对虾时，在虾塘里常有发现，是虾池进水时混进来的马鲅幼鱼，当年体长可达75～115 mm。一般所见个体，体长以360～420 mm、体重以800～1 300 g居多。笔者2004年5月在长江口启东连兴港外海捕获1尾多鳞四指马鲅，体长945 mm，体重21 kg，为我国迄今所捕获的最大个体。

资源与利用　在我国为次要经济鱼类，无中心渔场，产量不高。长江口和杭州湾北部滚钩作业常有捕获，但数量不多。肉质细嫩鲜美，可跻身于高级海鲜之列。

多指马鲅属 *Polydactylus* Lacepède，1803

本属长江口 1 种。

182. 六指多指马鲅 *Polydactylus sextarius*（**Bloch *et* Schneider，1801**）

Polynemus sextarius Bloch and Schneider，1801，Syst. Ichth.：18，pl. 4 （Tranquebar，India）。

六指马鲅 *Polynemus sextarius*：张春霖、张有为，1962，南海鱼类志：269，图 225（广西，海南）；田明诚、沈友石、孙宝龄，1992，海洋科学集刊（第三十三集）：274（长江口近海）；伍汉霖、倪勇，2006，江苏鱼类志：475，图 231（吕四）。

多指马鲅 *Polydactylus sextarius*：罗云林，1963，东海鱼类志：204，图 159（浙江，福建）。

六指马鲅 *Polydactylus sextarius*：李婉端，1984，福建鱼类志（上卷）：498，图 343（东山等地）。

六丝马鲅鱼 *Polydactylus sextarius*：莫显荞，1993，台湾鱼类志：444，图版 140 - 1（台湾）。

黑斑六丝多指马鲅 *Polydactylus sextarius*：陈大刚、张美昭，2016，中国海洋鱼类（中卷）：878。

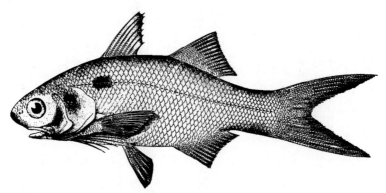

图 182　六指多指马鲅 *Polydactylus sextarius*（张春霖和张有为，1962）

英文名　blackspot threadfin。

地方名　午仔。

主要形态特征　背鳍Ⅷ，Ⅰ - 13；臀鳍Ⅲ - 12；胸鳍 14＋6；腹鳍Ⅰ - 5。侧线鳞 44～48 $\frac{5}{9}$。鳃耙 11～12＋13～15。

体长为体高的 2.9～3.5 倍，为头长的 4.5～5.3 倍。头长为吻长的 5.0～5.5 倍，为眼径的 3.8～4.4 倍，为眼间隔的 3.4～3.9 倍。尾柄长为尾柄高的 1.0～1.2 倍。

体延长，体较侧扁，体高远大于体宽，为体宽的 2 倍。头中大，侧扁，稍隆起。吻短而圆突，短于眼径。眼较大，位于头的前方；脂眼睑发达，长椭圆形，遮盖眼的全部。

眼间隔宽阔，隆起。鼻孔每侧 2 个，裂孔状，相距甚近，位于眼前方。口大，下位，口裂近水平。齿细小，绒毛状，两颌齿呈带状，不延伸到两颌的外侧；犁骨无齿；腭骨齿呈窄带形。舌大，位于口腔前部，前端游离，无齿。鳃孔较大。前鳃盖骨后缘具细锯齿。鳃盖膜不与峡部相连。鳃耙细长。

体被较大的弱栉鳞。头部除吻和颊部之外均被鳞。除胸鳍游离鳍条外，各鳍均被细鳞，胸鳍和腹鳍腋部各具 1 枚长尖形腋鳞。左右腹鳍基部之间具 1 枚三角形鳞瓣。侧线平直，伸达尾鳍下叶。

背鳍 2 个，分离。第一背鳍起点距第二背鳍起点较距吻端近；第二背鳍起点前于臀鳍起点。臀鳍与第二背鳍同形，起点位于第二背鳍第三鳍条下方。胸鳍侧下位，下方具 6 游离丝状鳍条；丝状鳍条长约与胸鳍最长鳍条相等。腹鳍小，亚胸位，位于胸鳍后半部下方，末端伸达肛门。尾鳍大，深叉形，上下叶均尖长。

体背淡青黄色，腹部银白色。各鳍灰色略带黄色，边缘和端部黑色，肩部侧线起点处具一大黑斑。

分布　分布于东印度洋和西太平洋区，西起印度西南部海域，东至巴布亚新几内亚海域，北至日本南部海域，南至印度尼西亚海域。我国黄海南部、东海、南海和台湾海域均有分布。长江口近海亦有分布。

生物学特性　近岸暖水性小型中下层鱼类。主要栖息于沙泥质底海区，也可进入河口、港湾和红树林等。集群性，常成群洄游。以浮游动物或软体动物等为食。

资源与利用　可食用。个体较小，最大体长 20 cm。长江口区近海偶有捕获，数量较少。

石首鱼科 Sciaenidae

本科长江口 7 属。

属 的 检 索 表

1（2）鳔前端两侧突出呈球状 ····················· 叫姑鱼属 *Johnius*

2（1）鳔前端两侧不突出呈球状

3（12）臀鳍具 7~9 鳍条；枕骨脊棱不显著

4（7）鳔侧肢具腹分支、无背分支

5（6）颏孔 5 个；鳔第一对附肢向前伸入头区 ····· 黄姑鱼属 *Nibea*

6（5）颏孔 6 个 ····················· 银姑鱼属 *Pennahia*

7（4）鳔的侧肢具背、腹分支；背鳍、臀鳍鳍条部具鳞

8（9）口腔及鳃腔黑色 ····················· 黑姑鱼属 *Atrobucca*

9（8）口腔及鳃腔色浅或灰色

10（11）体灰褐色带紫绿色，腹部无黄色皮腺体；两颌具犬齿 ····· 鮸属 *Miichthys*

11（10）体金黄色，腹部具金黄色皮腺体；两颌无犬齿 ································· 黄鱼属 *Larimichthys*

12（3）臀鳍具 11～13 鳍条；枕骨脊棱明显 ································· 梅童鱼属 *Collichthys*

黑姑鱼属 *Atrobucca* Chu，Lo *et* Wu，1963

本属长江口 1 种。

183. 黑姑鱼 *Atrobucca nibe*（Jordan *et* Thompson，1911）

Sciaena nibe Jordan and Thompson，1911，Proc. U. S. Nati. Mus.，39（1787）：258，fig. 4（Wakanoura，Japan）。

黑口白姑鱼 *Argyrosomus nibe*：成庆泰等，1962，南海鱼类志：432，图 357（广东汕尾）。

黑姑鱼 *Atrobucca nibe*：朱元鼎、罗云林、伍汉霖，1963，东海鱼类志：281，图 218（上海鱼市场，浙江，福建）；熊国强、许成玉，1990，上海鱼类志：268，图 154（长江口近海）；伍汉霖、倪勇，2006，江苏鱼类志：548，图 274（大沙渔场）。

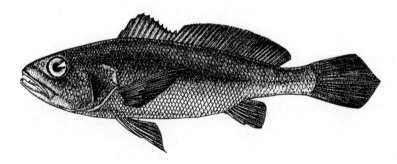

图 183　黑姑鱼 *Atrobucca nibe*（伍汉霖和倪勇，2006）

英文名　blackmouth croaker。

地方名　黑姑子、黑口、乌喉。

主要形态特征　背鳍Ⅹ，Ⅰ-29～32；臀鳍Ⅱ-7；胸鳍 17；腹鳍Ⅰ-5；尾鳍 17。侧线鳞 49～54 $\frac{8}{9～10}$。鳃耙 5～8＋9～13。

体长为体高的 3.5～3.7 倍，为头长的 3.0～3.3 倍。头长为吻长的 3.8～4.3 倍，为眼径的 3.6～4.4 倍，为眼间隔的 3.8～4.0 倍。尾柄长为尾柄高的 2.5～2.6 倍。

体延长，侧扁，背缘和腹缘浅弧形。头中大，侧扁，背部稍隆起。吻钝尖，约与眼睛等长。吻褶完整，不分叶；吻上孔 3 个，弧形排列；吻缘孔 5 个；中吻缘孔 1 个，圆形，浅窝状，位于吻缘稍上方；侧吻缘孔 4 个，裂缝状，位于吻缘。眼较大，侧上位，位于头的前半部。眼间隔宽，中央微圆凸，约与眼径等大。鼻孔每侧 2 个，前鼻孔小，圆形；后鼻孔大，半圆形或新月形，紧位于眼之前方。口大，前位，斜裂，始于眼上缘水平线上。上下颌约等长，上颌骨后端伸达眼中部下方。齿细小，排列呈齿带；上颌外行齿及下颌内行齿较大，上颌前端有 2～3 对齿较大。犁骨、腭骨及舌上均无齿。舌发达，端部圆形，游离。唇薄。颏孔 6 个，细小。无颏须。鳃孔大。鳃盖膜不与峡部相连。前鳃盖骨边缘具细锯齿。鳃盖骨后上方具 2 柔软扁棘。鳃盖条 7。具假鳃。鳃耙细长。

体被栉鳞，头前部被小圆鳞；背鳍及臀鳍仅基部具鳞鞘。侧线弧形，向后几伸达尾鳍末端。

背鳍连续，鳍棘部与鳍条部之间具一缺刻，起点在胸鳍基部上方，第一鳍棘短，第三鳍棘最长。臀鳍起点在背鳍第十二至第十三鳍条下方，第一鳍棘细小，第二鳍棘约与眼径等长。胸鳍尖形，短于头长。腹鳍位于胸鳍基底后上方。尾鳍尖长，略呈楔形。

鳔较小，圆筒形，前部不向外突出成侧囊，后部细尖，鳔侧具树枝状侧肢 24～30 对；每一对侧肢具背分支和腹分支，背分支分出许多向后的小支，腹分支分出许多向前方的小支，侧肢及其分支细密，都埋于脂肪体中。耳石腹面具一蝌蚪形印迹。

体背侧面灰黑色，腹面银白色。各鳍灰色；胸鳍基上端有一黑色腋斑。口腔及鳃腔黑色。

分布　印度—西太平洋区，西起非洲东部，东至菲律宾海域，北至济州岛、日本南部海域，南至澳大利亚北部海域皆有分布。我国黄海南部、东海、南海和台湾海域均有分布。长江口近海有分布。

生物学特性　近海暖温性中下层鱼类。栖息于水深 60～80 m 泥沙质海区。肉食性，主要摄食虾、蟹、幼鱼和软体动物等。每年 6—7 月在福建闽东渔场外海及浙江南部沿海产卵，成熟卵大小为 0.75～0.95 mm，浮性卵，具 1 油球。秋后，逐渐沿大陆架向深水区（100～120 m）越冬，1—6 月生长一般停滞，7 月以后生长迅速。寿命约为 10 年。体长一般为 120～160 mm。

资源与利用　本种为我国东海、黄海区底拖网兼捕对象，5—7 月鱼群在台湾北部及闽东外海形成渔汛。长江口区数量较少，无捕捞经济价值。

梅童鱼属 *Collichthys* Günther，1860

本属长江口 2 种。

种　的　检　索　表

1（2）枕骨棘棱光滑，无锯齿；鳔具 14～15 对侧肢；鳃腔上部深黑色⋯⋯⋯⋯⋯⋯⋯⋯ 黑鳃梅童鱼 *C. niveatus*

2（1）枕骨棘棱具小锯齿；鳔具 21～23 对侧肢；鳃腔几全为白色或灰色 ⋯⋯⋯⋯ 棘头梅童鱼 *C. lucidus*

184. 棘头梅童鱼 *Collichthys lucidus*（Richardson，1844）

Sciaena lucida Richardson，1844，Ichthy. Voyage Sulphur.，1：pl. 44，figs. 3～4

(China Seas)。

Collichthys lucidus：Martens，1876，Preussiche. Exped. Ost－Asien：390（上海）；Fowler，1929，Proc. Acad. Nat. Sci. Phila.，81：596（上海鱼市场）。

Collichthys fragilis：Jordan and Seale，1905，Proc. U. S. Nat. Mus.，29（1433）：522～523（上海）。

棘头梅童鱼 *Collichthys fragilis*：张春霖，1955，黄渤海鱼类调查报告：133，图 85（辽宁，河北，山东）；成庆泰等，1962，南海鱼类志：409，图 343（广东广海、唐家湾）。

棘头梅童鱼 *Collichthys lucidus*：朱元鼎、罗玉林、伍汉霖，1963，东海鱼类志：293，图 223（浙江，福建）；湖北省水生生物研究所，1976，长江鱼类：200，图 174（崇明开港）；熊国强、许成玉，1990，上海鱼类志：274，图 159（宝山，南汇，崇明，长江口近海）；陈马康等，1990，钱塘江鱼类资源：193，图 183（海盐）；伍汉霖、倪勇，2006，江苏鱼类志：556，图 278（长江口等地）。

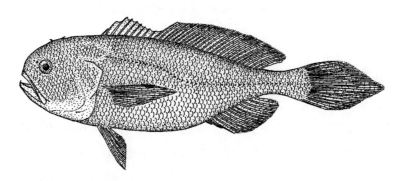

图 184　棘头梅童鱼 *Collichthys lucidus*

英文名　big head croaker。

地方名　梅子、馒头鱼、大头梅、梅头鱼。

主要形态特征　背鳍Ⅷ，Ⅰ-25～28；臀鳍Ⅱ-12～13；胸鳍 15；腹鳍Ⅰ-5。侧线鳞 47～49。鳃耙 10+19。

体长为体高的 2.7～3.4 倍，为头长的 2.8～3.7 倍。头长为吻长的 3.7～3.9 倍，为眼径的 5.6～6.8 倍，为眼间隔的 2.5～3.4 倍。尾柄长为尾柄高的 2.5～3.4 倍。

体呈长椭圆形，侧扁，背部浅弧形，腹部平圆；尾柄细长。头大而圆钝，额部隆起，黏液腔发达，头部枕骨棘棱发达，除前后两棘外，中间尚有 2～3 小棘，形似小锯齿。吻短而圆钝。眼小。眼间隔宽凸。鼻孔每侧 2 个，前鼻孔大，圆形；后鼻孔裂缝状，接近眼缘。口大，前位，口裂宽大而深斜。两颌等长，上颌骨后端伸达眼中部下方。下颌缝处有一凸起，与上颌中间凹陷相对。两颌具绒毛状齿带，上颌外行和下颌内行齿稍扩大；犁骨、腭骨及舌上均无齿。舌发达，游离。唇薄。颏孔 4 个，细小。鳃孔大。鳃盖膜不与峡部相连。前鳃盖骨边缘具细锯齿。主鳃盖骨后上方具一柔软扁棘。鳃盖条 7。具假鳃。鳃耙细长。

头、体均被薄圆鳞，鳞小，易脱落；背鳍鳍条部及臀鳍自基部向上 1/3～1/2 处均具小鳞。皮腺体极少，限于腹部。侧线发达，略呈弧形，前部稍弯曲，向后几伸达尾鳍。

背鳍连续，鳍棘和鳍条部之间具一深凹，起点在胸鳍基部上方，鳍棘细弱。臀鳍基底短，起点在背鳍第十至第十一鳍条下方，鳍棘细弱，第二鳍棘最长。胸鳍尖长，伸越腹鳍末端。腹鳍胸位，起点在胸鳍基底下方稍后。尾鳍尖形。

鳔大，亚圆筒形，前端弧形，后端尖长；鳔侧具 21～23 对侧肢，各侧肢分为背、腹分支；背分支在鳔的背部中央与对侧之背分支几相遇，腹分支也分出许多小支，在腹壁下方与对侧的腹分支几相遇。

体背侧面灰黄色，腹侧面金黄色；鳃腔白色或灰白色。背鳍鳍棘部及尾鳍末端灰黑色；各鳍淡黄色。

分布　分布于西太平洋区日本九州至中国南海海域。中国沿海均有分布。为长江口常见种类。

生物学特性

[习性] 暖水性近海底层小型鱼类。对温度、盐度的适应能力较强，在长江口、杭州湾等河口海湾内侧沿岸江河淡水注入海区的地方均有分布，有向深、浅水间移动和能发声习性。

[年龄与生长] 体长一般在 80～160 mm，优势组 90～140 mm，体重 11～73 g、优势组 15～50 g。浙江近海张网渔获物体长偏小，体长为 4～154 mm，平均体长 48.35 mm，优势体长 20～75 mm；体重为 0.1～45 g，平均体重 3.38 g。体长与体重关系式为：$W' = 1.678\,1 \times 10^{-5} L^{2.996\,7}$（$r = 0.979\,7$）。渔获物年龄组成为 0～3 龄，其中当年和 1 龄鱼约占 90% 以上，2 龄不到 10%，3 龄鱼较少见。0～3 龄鱼平均体长和平均体重分别为：81.15 mm、108.77 mm、128.58 mm、143.75 mm 和 10.22 g、24.71 g、40.43 g、55.41 g。0～1 龄鱼为幼鱼增长阶段，体长和体重的相对增长率、生长比速和生长指标都比较高；性腺尚未成熟，生长旺盛，体长和体重增长最快。1～2 龄鱼为成鱼稳定生长阶段，体长和体重增长相对稳定。2～3 龄鱼进入衰老生长阶段，体长与体重增长小、生长已趋缓慢。1 年后可达性成熟，首次性成熟体长约为 80 mm，生殖后摄食强度大，生长速度仍比较快，入冬后生长减慢，年间增长第一年最大，平均体长可达 84 mm、平均体重为 20 g，拐点年龄为 1.65 龄。生长方程分别为：$L_t = 178.87\,[1 - e^{-0.571\,5(t + 0.266\,8)}]$，$W_t = 126.82\,[1 - e^{-0.571\,5(t + 0.266\,8)}]^{2.996\,7}$（吴振兴 等，1990；吴振兴和陈贤亮，1991）。

[食性] 以捕食底栖生物和小鱼、虾和糠虾为主，有自食幼体现象。

[繁殖] 产卵期朝鲜西岸为 5—6 月，黄海和渤海为 5—7 月，东海为 4—6 月，南海为 3—5 月。长江口 4—6 月为产卵期，5 月为盛期，产卵场在南汇和崇明的潮间带滩涂和浅

滩处。浙江中心产卵场主要集结在岛礁、$10\sim20$ m 等深线之间，底质为沙泥质，产卵水温为 $18.0\sim24.0\,℃$，盐度 $20\sim30$，春夏季产卵期为 4 月下旬至 7 月初，盛期为 5 月下旬至 6 月中旬，秋季产卵期为 $9—10$ 月，产卵雌雄比约为 $6：4$。个体生殖力为 $3\,504\sim22\,258$ 粒，个体绝对生殖力与体长、体重关系式分别为：$r=1.979\,7\times10^{-4}\,L^{3.715}$（$R=0.949\,397\,4$），$r=351.977\,8W-561.445\,4$（$R=0.973\,818\,3$）。个体绝对生殖力明显地随年龄的增大而提高（吴常文和王伟洪，1996）。卵球形，彼此分离，浮性，无色透明，卵膜薄而光滑。卵径为 $1.10\sim1.20$ mm。油球 1 个、油球径 $0.46\sim0.53$ mm，克氏泡消失后，嗅囊、视囊内两侧、延脑外两侧及背面出现 2 行不规则星状小褐色素胞，在第七至第九对肌节处有数个点状褐色素粒，肌节 $8\sim14$ 对。全长 3.28 mm 仔鱼，头圆而大，卵黄囊已大部消失，口裂达眼后下缘，尾部腹缘、自肛门至尾部有 1 行小星状褐色素胞，肌节 $21\sim25$ 对（张仁斋 等，1985）。全长 17.8 mm 时，形态与成鱼相似，头部显著大，头背上鸡冠状骨突呈锯齿状（山田梅芳 等，1986）。

资源与利用 本种是常见近海食用鱼类，肉鲜嫩味美，分布广，已成为沿海居民主要鲜食水产品。是长江口较重要的小型经济鱼类之一，1982 年、1987 年产量曾达 180 t、222.6 t。渔具主要是插网、张网等。估计产量为 $(4\sim5)\times10^4$ t，其中黄海为 2×10^4 t，东海为 $(2\sim3)\times10^4$ t（赵传纲，1990）。近几年来由于传统的经济鱼类资源衰减，敌害鱼类减少，使棘头梅童鱼得到了充分繁殖与生长，资源呈上升趋势。浙江近海捕捞的鱼体以当年和 1 龄为主，这些鱼尚有较大生长潜力，因此应以利用 $1\sim2$ 龄为宜，在渔业管理上，应提倡使用梅童鱼拖网，适当限制在 $10\sim20$ m 的张网作业，以利资源的合理利用和保护幼鱼生长（吴常文和王伟洪，1991）。2013 年，中国水产科学研究院东海水产研究所首次突破棘头梅童鱼的人工繁殖。

叫姑鱼属 *Johnius* Bloch，1793

本属长江口 4 种。

种 的 检 索 表

1（4）口小、下位，水平；上颌突出；下颌内行和外行齿均呈细小绒毛状

2（3）体侧具 $6\sim8$ 条灰黑色宽横纹 ························· 条纹叫姑鱼 *J. fasciatus*

3（2）体侧无横纹；背鳍鳍棘部边缘黑色，其余各鳍浅黄色 ············ 皮氏叫姑鱼 *J. belengerii*

4（1）口大、端位、倾斜；两颌约等长；下颌内行齿稍扩大

5（6）侧线上有一白色纵条，背鳍下方有一白色纵带；鳃盖上方无黑斑 ················ ··· 鳞鳍叫姑鱼 *J. distincta*

6（5）侧线上无白色纵条；鳃盖上方具一瞳孔大小黑斑 ············ 杜氏叫姑鱼 *J. dussumieri*

185. 皮氏叫姑鱼 *Johnius belengerii*（Cuvier，1830）

Corvina belengerii Cuvier，1830，Hist. Nat. Poiss.，5：120（Malabar，India）。

叫姑鱼 *Johnius belengerii*：张春霖，1955，黄渤海鱼类调查报告：143，图 92（辽宁，河北，山东）；成庆泰等，1962，南海鱼类志：418，图 348（广东，海南）。

皮氏叫姑鱼 *Johnius belengerii*：朱元鼎、罗玉林、伍汉霖，1963，东海鱼类志：269，图 207（浙江，福建）；熊国强、许成玉，1990，上海鱼类志：264，图 150（长江口近海）；陈马康等，1990，钱塘江鱼类资源：190，图 180（海盐）；伍汉霖、倪勇，2006，江苏鱼类志：539，图 270（海州湾，连云港）。

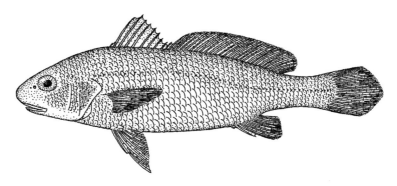

图 185　皮氏叫姑鱼 *Johnius belengerii*

英文名　Belenger's croaker。

地方名　叫吉子、赤头。

主要形态特征　背鳍Ⅸ～Ⅹ，Ⅰ-28～30；臀鳍Ⅱ-7；胸鳍 17～18；腹鳍Ⅰ-5。侧线鳞 46～48 $\frac{7～8}{12～13}$。鳃耙 5～6＋10～12。

体长为体高的 3.7～3.9 倍，为头长的 3.5 倍。头长为吻长的 4.0～4.5 倍，为眼径的 4.0～4.1 倍，为眼间隔的 3.6～4.2 倍。尾柄长为尾柄高的 3.0～3.3 倍。

体延长，侧扁，背部广弧形，腹部较平坦；尾柄中长。头侧扁，短而圆钝。吻圆钝，稍突出于上颌前方。吻褶边缘游离，分成 4 叶。眼中大，侧上位。眼间隔宽，微隆起。鼻孔每侧 2 个，前鼻孔较小，圆形；后鼻孔较大，裂缝状，位于眼前缘。口小，下位，深弧形。上颌骨后端伸达眼中部下方。齿细小，两颌具绒毛状齿带，上颌外行齿稍大，排列稀疏，下颌齿均等大；犁骨、腭骨及舌上均无齿。颏孔为似五孔型：中央颏孔 1 对，互相靠近，其中间夹有一肉垫，肉垫下陷时呈现 1 浅孔，内侧颏孔及外侧颏孔均存在。舌大，游离，前端圆形。鳃孔宽大。鳃盖膜不与峡部相连。前鳃盖骨边缘具细锯齿。鳃盖骨后上方具 2 柔软扁棘。具假鳃。鳃耙粗短。

眼间隔、吻部及颊部被圆鳞；胸部被圆鳞，手感圆滑；头部其余部分及体均被栉鳞。背鳍鳍条部及臀鳍 2/3 以上被小圆鳞。侧线完全，弧形，向后几伸达尾鳍基。体背侧和腹侧鳞大于侧线鳞。

背鳍连续，鳍棘部与鳍条部之间具一深缺刻，起点在胸鳍基底后上方。臀鳍第二棘

细长。胸鳍尖长。腹鳍起点在胸鳍基底后上方，约与胸鳍等长，外侧第一鳍条延长呈丝状。尾鳍楔形（幼体尖长）。

鳔中大，呈 T 形，前端略凹入，两侧向外突出成球形侧囊，后端尖细而长，两侧具 13～14 对缨须状侧肢，侧肢无背分支、具腹分支。

体呈深灰色，背部色深色暗，两侧及体下方银白色。鳃腔灰黑色，常使鳃盖部呈色暗的斑。背鳍鳍棘部的上半部黑色，背鳍鳍条部、腹鳍外侧、臀鳍下半部及尾鳍下部深灰色，腹鳍两外侧的丝状鳍条白色。

分布　分布于印度—西太平洋区，南至非洲南岸，东至印度尼西亚海域，北至朝鲜和日本海域。我国沿海均产。为长江口常见种类。

生态学特性

[习性] 暖温性近岸中下层小型鱼类。喜栖息于泥沙底以及岩礁附近海区，产卵时能发出"咕咕"叫声。据推测东海有两个地方群体，东海北部群体越冬场在济州岛西南部，春季向西至西南洄游，春末至夏季到近海区产卵，夏季到东海北部至江苏近海海区，产卵后亲体分散索饵，冬季返回济州岛西南部越冬。另一为东海南部群体，越冬场在台湾海峡至台湾北部海区，春季向近海和向北洄游，春末至夏季主要分布在福建北部至浙江南部近海产卵，秋季分散索饵，冬季返回越冬场（周荣康，2003）。

[年龄与生长] 生命周期短，一般不超过 3 龄，最高 4 龄。体长一般在 70～130 mm，少数可达 150 mm，最大达 182 mm。1960—1966 年生殖群体优势体长组有 76～100 mm 和 106～130 mm 两个。1972—1974 年优势体长减少，1973 年仅出现 71～95 mm 1 个优势体长组。1～4 龄平均体长和体重分别为：83.5 mm、10.9 g，114.2 mm、24.3 g，135.8 mm、43.6 g，150 mm 以上、54 g 以上。1 龄性成熟。

[食性] 主要饵料为桡足类、多毛类、细螯虾、小眼端足类、小蟹、褐虾、鼓虾和小鱼等。幼鱼以浮游动物为食，成鱼主要摄食小型鱼、虾类、底栖生物等。

[繁殖] 东海、南海区叫姑鱼的产卵场分散不集中，在沿海浅水区几乎均有产卵。产卵期黄海和渤海为 5 月中旬至 6 月下旬，盛期为 5 月下旬至 6 月上旬，东海区产卵期略早于黄海和渤海。产卵期间喜栖息于透明度低的河口浅水区，底质大多为细沙泥，水深 5～15 m 处。怀卵量为 7 万～10 万粒。卵圆球形，彼此分离，浮性，无色透明，卵膜薄而光滑，卵径为 0.71～0.77 mm，卵黄细匀，略带淡黄色，油球 1 个、油球径 0.19～0.20 mm。初孵仔鱼全长 1.25 mm。

资源与利用　本种为小型食用鱼，系定置网和拖网等作业兼捕对象。黄海和渤海 1980 年产量曾达 $3.5×10^4$ t，但 1981 年后北部分布密度已减少，而南部较稳定，东海除定置网兼捕外，还未充分利用，据调查，东海北部近海、外海，东海南部近海和台湾海峡有一些渔获物，秋季在大沙渔场西南部、长江口渔场东部、江外渔场西部渔获物较好，最高渔获量达 6.74 kg/h（郑元甲 等，2003）。

黄鱼属 *Larimichthys* Jordan *et* Starks，1905

本属长江口 2 种。

种 的 检 索 表

1（2）尾柄长为尾柄高 3 倍余；背鳍与侧线间具鳞 8～9 行；鳔的腹分支的下小支的前、后小支等长
……………………………………………………………………………………… 大黄鱼 *L. crocea*

2（1）尾柄长为尾柄高 2 倍余；背鳍与侧线间具鳞 5～6 行；鳔的腹分支的下小支的前小支延长，后小
支短小 ……………………………………………………………………………… 小黄鱼 *L. polyactis*

186. 大黄鱼 *Larimichthys crocea*（Richardson，1846）

Sciaena crocea Richardson，1846，Rep. Br. Ass. Advanc. Sci.，15th Meeting：224
（Guangzhou，China）。

Sciaena amblyceps：Steindachner，1892，Denk Akad. Wiss. Wien.，Math. - Nat.
Kl.，59（1）：369（上海）。

大黄鱼 *Pseudosciaena crocea*：张春霖，1955，黄渤海鱼类调查报告：125，图 87
（山东青岛）；成庆泰等，1962，南海鱼类志：411，图 344（广东，海南）；朱元鼎、罗玉
林、伍汉霖，1963，东海鱼类志：284，图 220（上海鱼市场，江苏吕四，浙江沈家门、
石塘、大陈，福建东澳）；朱元鼎、罗玉林、伍汉霖，1963，中国石首鱼类分类系统的研
究和新属新种的叙述：68，图 39、图 65、图 91（上海，江苏，浙江，福建）；熊国强、
许成玉，1990，上海鱼类志：270，图 156（长江口近海区）。

大黄鱼 *Larimichthys crocea*：伍汉霖、倪勇，2006，江苏鱼类志：560，图 280，彩
图 39（长江口等地）。

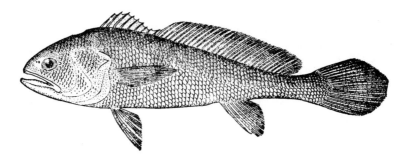

图 186　大黄鱼 *Larimichthys crocea*（熊国强和许成玉，1990）

英文名　large yellow croaker。

地方名　黄瓜鱼、黄花鱼、大鲜、大黄花鱼、桂花黄鱼（秋汛大黄鱼）。

主要形态特征　背鳍Ⅸ，Ⅰ-31～33；臀鳍Ⅱ-8～9；胸鳍 16～17；腹鳍Ⅰ-5；尾鳍

17。侧线鳞 $52 \sim 56 \dfrac{8 \sim 9}{8 \sim 9}$。鳃耙 $8 \sim 9 + 16 \sim 19$。脊椎骨 26。

体长为体高的 3.5～3.7 倍，为头长的 3.3～3.5 倍。头长为吻长的 4.1～4.4 倍，为眼径的 3.8～4.1 倍，为眼间隔的 3.0～3.3 倍。尾柄长为尾柄高的 3.2～3.4 倍。

体呈长椭圆形，侧扁，背缘和腹缘广弧形；尾柄细长。头大而钝尖，侧扁，黏液腔发达。吻钝尖。吻褶完整，不分叶。眼中大，侧上位。眼间隔宽而隆起。下颌略微突出，缝合处具一瘤状突起。上颌骨向后几伸达眼后缘下方。齿细小，尖锐，上颌齿多行，外行齿扩大，前侧数齿最大；下颌齿 2 行，齿尖向内；犁骨、腭骨及舌上均无齿，唇厚、光滑。舌游离，端部圆形。颏孔 6 个，细小，不显著。鳃孔大。鳃盖膜与峡部分离。具假鳃。鳃耙细长。

头部及体前部被圆鳞，体后部被栉鳞，背鳍鳍条部及臀鳍鳍膜的 2/3 以上均被小圆鳞，尾鳍被鳞。背鳍与侧线间具鳞 8～9 行。体侧下部各鳞下均具一金黄色皮腺体。侧线发达，前部稍弯曲，位高，后部平直，中位，伸达尾鳍之端部。

背鳍连续，基底长，鳍棘部和鳍条间具一缺刻，起点在胸鳍基部上方。臀鳍基底短，起点位于背鳍第十六鳍条下方，第二鳍棘长等于或稍大于眼径。胸鳍尖长，侧位而略低。腹鳍胸位，起点稍后于胸鳍基点。尾鳍尖长，稍呈楔形。

鳔大，前端圆形，两侧不突出，后端尖长，伸达腹腔的后端；鳔侧具 31～33 对侧肢，每一侧肢具背分支和腹分支，腹分支的下小支分为前、后两平行且等长小支。

体背侧和上侧面黄褐色，下侧面和腹面金黄色。背鳍和尾鳍灰黄色，臀鳍、胸鳍和腹鳍黄色。胸鳍基底上端后方具一黑斑。上唇的上缘在吻端为黑色，其他部分为橘红色。

分布　分布于西北太平洋区自越南中部至朝鲜南部和日本海域。我国黄海南部、东海和南海均有分布。为长江口海域常见鱼类。

生物学特性

[习性] 暖温性近岸洄游性鱼类，常栖息于水深 60 m 以内的中下层，喜浊流水域，黎明、黄昏或大潮时多上浮，白昼和小潮时下沉。具集群习性，在生殖季节集群由外海游向近岸，形成渔汛。渔汛分春、秋两汛，春汛一般在 4—6 月，渔场集中在江苏、浙江、福建各处近海的产卵区，进入长江口及毗邻海区的大黄鱼，主要为在大戢洋和岱衢洋产卵和索饵鱼群，产卵亲鱼在附近 30～40 m 海区索饵，10 月逐渐转向外海较深水域越冬。秋汛则在 9—10 月间的浙江北部海区形成。产卵适温一般为 17～24 ℃。大黄鱼具有能发出非常强烈声音的能力，产卵期鱼群作"呜呜""哼哼""咯咯"的声音。据形态和生态地理学研究，大黄鱼存在 3 个地理种群（田明诚 等，1962；徐恭昭 等，1962，1963，即分布于黄海南部和东海北部沿岸浅海的岱衢族，包括吕四、岱衢、猫头洋等产卵场的生殖群体；分布在东海南部和南海北部沿岸浅海的闽—粤东族，包括官井洋、南澳、汕尾

等产卵场的生殖群体和分布在珠江以西到琼州海峡以东沿岸浅海的硇洲族，包括硇洲岛附近生殖群体。东海区的岱衢族和闽—粤东族，其中包括朝鲜西南部沿海、吕四、岱衢、猫头、官井洋、牛山和闽南7个群体。

[年龄与生长] 最大全长达755 mm，最大重量为3 800 g。浙江岱衢族春季产卵群体优势体长为260～380 mm、平均优势体长为321 mm；秋季产卵群体优势体长为300～380 mm、平均优势体长为343 mm。年周期内体长和体重依季节而变化，在不同生命阶段也有差异。浙江近海大黄鱼成体（5～13龄）的体长季节增长率在6—9月最高，可达全年增长量的60％以上，其次为1—6月较高，达35％，9—12月生长处于缓滞阶段，其增长量尚不及全年的5％；幼体（2龄）的快速生长期出现在7—10月，其增长量约占全年44％，1—6月和10—12月增长速度有所减弱，但无停滞现象。两性体长生长有较明显的差异，一般低龄时雄鱼体长大于雌鱼，高龄时则雌鱼体长大于雄鱼。体重生长拐点位于1.8龄处，其变化特征不仅有明显增长期，也有下降期，如浙江近海春季生殖鱼群，自生殖活动结束时起体重迅速增加，至9月达全年最高水平，冬季和春季洄游阶段，体重处于缓滞生长期，进入繁殖季节的生殖群体体重则明显下降。幼鱼体重的季节生长与成鱼有显著不同，快速生长期出现在7—10月，且无停滞和下降期。肥满度的季节变化节律与体重相似，秋季索饵育肥期较高，春季生殖期较低。成鱼最高值（$K_{n雌}=1.05$，$K_{n雄}=1.08$）出现在9月，低值出现在6月；幼鱼的最高值出现在8月，最低值出现在4月。体长、体重关系式为：$W=7.0\times10^{-5}L^{2.743\,3}$（$r=0.949\,6$）（郑元甲 等，2003）。大黄鱼生长特征表现为性成熟以前，体长年生长速度最高，达82.42％，性成熟过程中生长速度显著降低，10龄鱼的体长已达生长渐近值的98％，高龄阶段的体长增量极其微小。最高年龄雌鱼为30，雄鱼为27。1960年捕捞群体年龄为1～25龄，岱衢洋雌鱼由20～24世代组成、雄鱼由17～24世代组成。此后群体年龄逐渐降低，1958年平均年龄组成为5.5龄、1965年为4.5龄、1975年为2.7龄、1985年为1.5龄、1993年为1龄（罗秉征 等，1993）。

[食性] 捕食性鱼类，摄食对象有鱼类、甲壳类、头足类、水螅类、多毛类、毛颚类、腹足类、蔓足类、鳃足类、瓣鳃类、星虫类、尾索类和硅藻。仔鱼（体长3～6 mm）平均摄食率为68.9％，以摄食小拟哲水蚤、日本大眼剑水蚤、磷虾溞状幼体和多毛类海稚虫幼体等浮游动物为主。稚鱼（体长6～16 mm）平均摄食率为93.9％，以摄食小拟哲水蚤、中华哲镖蚤、百陶箭虫、蔓足类幼体、磷虾幼体、刺糠虾、日本大眼剑水蚤和多毛类幼体等为主。幼鱼（16～200 mm）平均摄食率为93％，以摄食中华假磷虾、中华哲水蚤、细螯虾、中华管鞭虾、虾蛄和七星鱼等为主。成鱼（200 mm以上）平均摄食率为55.6％～97.0％，捕食对象主要以鱼类和甲壳类为主，头足类和水螅类为次之。

[繁殖] 生殖群体体长为150～530 mm，岱衢洋优势体长为260～280 mm，占93.1％，开始性成熟年龄为1～5龄。绝对生殖力，春季生殖群为5.22万～161.68万粒、

平均为 37.62 万粒；秋季生殖群为 15.61 万～60.12 万粒，平均为 28.68 万粒。浙江近海达性成熟雌鱼最小体长为 200～240 mm、体重为 200 g；雄鱼最小体长为 180～220 mm、体重为 150 g。大量性成熟雌鱼体长为 260～280 mm、体重为 250～300 g，雄鱼体长为 230～250 mm、体重为 200 g（徐恭昭 等，1980）。个体生殖力随鱼体长度、重量增长而增大，其回归方程式为：春季生殖群 $R=796W-174\,183$（20 世纪 80 年代），$R=0.671L^{3.60}$（20 世纪 80 年代）；秋季生殖群 $R=604W-81\,876$，$R=8.38\,L^{2.92}$。性腺发育冬季处于停滞阶段，早春性细胞进入大生长期，5 月前后进入繁殖期，春季繁殖群一般在 6 月以后进入性腺恢复发育期，秋季繁殖群在 9—11 月性腺发育成熟，秋冬季处于性腺恢复期。卵圆球形，浮性，卵径 1.09～1.52 mm。卵黄粒细匀，无龟裂。油球 1 个，油球径 0.36～0.47 mm。水温 22～24 ℃时，23 h 34 min 仔鱼破膜而出，初孵仔鱼全长 2.8 mm。

资源与利用 本种曾是我国海洋重要经济鱼种，历史上一度与小黄鱼、带鱼、墨鱼等被列为四大海洋渔业之一，捕捞作业为群众围网类、张网类、流网类及手钓等；机轮拖网和围网等，1974 年产量曾达 20 多万吨，但由于 20 世纪 50 年代敲舷渔业发展、60 至 70 年代捕捞未产卵亲鱼、过度利用越冬场和捕捞幼鱼等原因，使其资源急速衰退，2000 年东海产量仅为 9 035 t，而官井洋、猫头洋和大目洋等均不能形成渔汛。大黄鱼年龄组成复杂，最高年龄达 30 龄，资源受到破坏以后很难得到恢复，因此尽管在其主要产卵场之一的吕泗渔场实行了 20 多年的休渔，但仍未见有恢复迹象。其产卵场从吕泗渔场至福建南部沿海都有分布，要全面实施休渔管理难度较大，故其资源近年内难以有明显恢复的可能，近年来随着人工繁殖技术日臻成熟，养殖规模逐年扩大，至 2016 年养殖产量已达 16.55×10^4 t，浙江近海的放流措施也取得了初步成效，今后应继续加强保护并加大对其增殖放流的力度。大黄鱼经济价值颇高。肉质鲜嫩、味美可口很受人们喜爱，为宴席上的上乘佳肴。除鲜食外，干制品黄鱼鲞也久负盛名，畅销国内外。鱼鳔干制品"鱼肚"既是高级滋补品，又是黄鱼鳔胶的优质原料。其耳石、鳔等均可作药用。

187. 小黄鱼 *Larimichthys polyactis*（Bleeker，1877）

Pseudosciaena polyactis Bleeker, 1877, Versl. Akad. Amsterdam, Proc. - Verb. 24 Nov.：2（Shanghai, China）.

小黄鱼 *Pseudosciaena polyactis*：张春霖，1955，黄渤海鱼类调查报告：126，图 88（辽宁，河北，山东）；朱元鼎、罗玉林、伍汉霖，1963，东海鱼类志：285，图 221（上海，江苏，浙江，福建）；熊国强、许成玉，1990，上海鱼类志：272，图 157（长江口近海）。

小黄鱼 *Larimichthys polyactis*：伍汉霖、倪勇，2006，江苏鱼类志：563，图 281（长江口等地）。

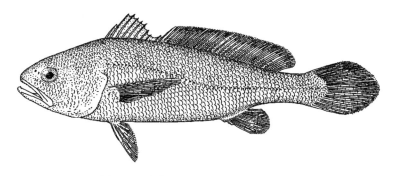

图 187　小黄鱼 *Larimichthys polyactis*

英文名　yellow croaker。

地方名　小黄瓜、黄花鱼、小鲜、小黄花。

主要形态特征　背鳍 IX～X，I - 31～36；臀鳍 II - 9～10；胸鳍 16；腹鳍 I - 5。侧线鳞 58～60 $\frac{5\sim6}{7\sim8}$。鳃耙 9～10＋17～20。脊椎骨 28～30。

体长为体高的 3.7～3.8 倍，为头长的 3.4 倍。头长为吻长的 3.7～4.2 倍，为眼径的 4.9～5.0 倍，为眼间隔的 3.2～3.4 倍。尾柄长为尾柄高的 2.1～2.4 倍。

体延长，侧扁，背缘和腹缘广弧形。头大而钝尖，侧扁，具发达黏液腔。吻短而钝尖；吻褶完整，不分叶。眼中大，侧上位。眼间隔宽而隆起。口前位，口裂大而斜裂。上下颌约等长。上颌骨向后伸达眼后缘下方。齿细小，尖锐，上颌齿多行，排列成齿带，外行齿较大；下颌齿 2 行，内行齿较大；下颌缝合处瘤状突起处 2 齿较大；犁骨、腭骨及舌上均无齿。舌游离，端部圆形。颏孔 6 个，细小，不明显：中央颏孔和内侧颏孔排列成四方形，外侧颏孔存在，不显著。鳃孔大。鳃盖膜不与峡部相连。前鳃盖骨后缘有锯齿状弱棘，鳃盖骨后上缘具 2 柔弱扁棘。具假鳃。鳃耙发达。

头部及体前部被圆鳞，体后部被栉鳞。背鳍鳍条部及臀鳍鳍膜的 2/3 以上均被小圆鳞，尾鳍亦被小圆鳞。背鳍与侧线间具鳞 5～6 行。体侧下部各鳞常具一金黄色腺体。侧线发达，前部稍弯曲，后部平直，伸达尾鳍后端。

背鳍连续，鳍棘部和鳍条部之间具一缺刻，起点在胸鳍基部上方。臀鳍基底短，起点与背鳍第十六、十七鳍条相对，第二鳍棘长小于眼径。胸鳍尖长，其长达于腹鳍。腹鳍胸位，起点后于胸鳍起点。尾鳍尖长，略呈楔形。

鳔大，前端圆形，两侧不突出，后端尖细，鳔侧具 26～32 对侧肢，每一侧肢具背、腹分支，腹分支分上、下两小支，下小支又分出前、后两小支，后小支短小，前小支细长。

体背面和上侧面黄褐色，下侧面和腹侧面金黄色。各鳍灰黄色。唇橘红色。

分布　分布于西太平洋区中国、朝鲜、日本海域。中国渤海、黄海和东海均产。为

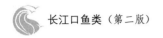

长江口海域常见鱼类。

生物学特性

［习性］暖温性底层集群洄游鱼类。一般栖息于软泥或泥沙质海区，具垂直移动现象，黄昏时上升，黎明时下降，白天常栖息于底层或近底层。冬季在东海分布范围，南界约在 26°00′ N，东界约在 126°30′ E，水深一般不超过 100 m。林新濯等（1965a）将分布于东海、黄海和渤海鱼群分为 3 个种族，即黄海和渤海族、南黄海族和东海族。黄海和渤海族的最大特点是生殖期最晚，主要产卵期在 5 月，体节形质如椎骨、背鳍软条、鳃耙、幽门盲囊都发育得最少。南黄海族最大特点是生殖期居中，主要在 4 月，尾柄较高，椎骨、鳃耙、幽门盲囊最多，但背鳍软条不如东海族，其越冬场在30°30′—34°00′ N、123°30′—126°30′E 海域，越冬期为 1—3 月，春季主要洄游至长江口北侧的吕泗渔场产卵，产卵期为4月上旬至 5 月中旬，适温为 11～15 ℃，产卵后鱼群分散在产卵场附近索饵，秋季随着水温下降分批离开索饵场返回越冬场，其产卵、索饵和越冬范围仅限于吕泗渔场、黄海南部至东海北部边缘一带海域。东海族最大特点是生殖期最早，主要产卵期在 3 月，椎骨、鳃耙、幽门盲囊数处于两族之间，但背鳍软条最多，而鳔支管最少，越冬场主要在温州至台州外海、水深 60～80 m 海域，越冬期为1—3 月，春季游向浙江与福建近海产卵，主要产卵场在浙江北部沿海和长江口外海，亦有在余山岛、海礁岛一带浅海区产卵，产卵期为 3 月底至 5 月初，产卵后分散在长江口一带海域索饵，11 月前后随水温下降向温州至台州外海越冬洄游，其产卵、索饵和越冬一般仅限于东海范围。

［年龄与生长］小黄鱼的生长有比较明显的三个阶段，第一年为生长旺盛阶段，第二年至第六年生长变化不大，为生长稳定阶段，自第六年开始，生长非常滞缓，进入衰老阶段。1 年内的生长情况表现为不均匀的周期性，即上半年生长缓慢或几停止，而下半年趋于迅速生长。其生长率是随年龄的增高而下降，特别在性成熟之后更为明显。据1997—2000 年调查，东海鱼群体长组为 40～220 mm，平均为 126.6 mm，优势体长组为100～160 mm、占 87.9％，与 20 世纪 50 年代优势体长组 180～240 mm、平均 219.9 mm比，平均优势体长小了 93.3 mm。体重为 1～180 g，优势组为 20～60 g、占 75.9％，平均为 37.9 g。体长和体重关系式为：$W = 2.0 \times 10^{-5} L^{3.0186}$（$r = 0.9746$）（俞连福 等，2003）。1956—2000 年吕泗渔场小黄鱼体长和体重组成变化：50 年代体长为 214.2～225.0 mm、体重为 190.0～211.0 g；60 年代体长为 200.7～244.2 mm、体重为229.0～318.0 g；70 年代体长为 140～215.5 mm、体重为91.6～139.8 g；80 年代体长为128.33～204.00 mm、体重为 37.58～147.7 g；90 年代体长为 134.76～161.39 mm、体重为35.54～61.27 g，由此可见小黄鱼群体组成小型化越来越严重。20 世纪 90 年代小黄鱼生长方程分别为：$W_t = 1005 \left[1 - e^{-0.11777(t+1.76429)}\right]^3$（$r = 0.9586$），$L_t = 366 \left[1 - e^{0.11777(t+1.76429)}\right]$（$r = 0.9589$）（水柏年，2003）。小黄鱼的寿命具明显地理变异现象，南

黄海族最大，发现有 23 龄鱼，东海族最小，已发现最大为 8 龄，而黄海和渤海族也发现过 21 龄。20 世纪 50 年代以 3～5 龄为优势年龄组，年龄为 4.94～5.43 龄，60 年代年龄为 3.78～6.29 龄，70 年代年龄为 1.40～1.99 龄，80 年代末年龄为 1.15～1.37 龄，最高年龄为 4 龄，90 年代年龄为 1.10～1.16 龄。1999 年据吕泗渔场鱼群鉴定结果，1 龄鱼占 91.5%，2 龄鱼占 8.5%，而在 1959 年年龄分布为 1～20 龄，10 龄以上占 14.2%，1 龄仅占 0.3%，平均年龄为 5.12 龄。1959 年初始性成熟体长为 140～160 mm，1 龄鱼性成熟比例小于 5%，大量性成熟体长为 170～180 mm，2 龄鱼性成熟比例不超过 70%。而 2000 年的春季大量性成熟体长仅为 110～130 mm。由此可见东海区小黄鱼的初始性成熟体长在进一步趋小，与之相对应的初始性成熟年龄也进一步提早，而且这种趋势仍有此继续加剧之势（程家骅 等，2006）。

[食性] 东海区小黄鱼主要食物为浮游甲壳类，也捕食十足类和其他幼鱼。食物组成与海区、季节、潮汐和鱼体不同生长阶段有关，体长超过 11 mm 幼鱼，主要饵料为桡足类的双刺纺锤镖溞、太平洋哲镖溞、真刺唇角镖溞、腹针刺镖溞、汤氏拟镖溞等；糠虾科的长额刺糠虾；毛颚类的强壮箭虫；甲壳类及虾虎鱼科幼鱼。幼鱼各发育阶段食物转换现象明显，体长 9～20 mm，以双刺纺锤镖溞为主要饵料；体长达 16 mm 后，吞食较大型虾类和小鱼、但仍摄食浮游生物；体长达 81 mm 后，以脊腹褐虾和虾虎鱼等小鱼为主食。成鱼一年中摄食可分为四个时期。即产卵前摄食很强，以太平洋磷虾为主；产卵期停止摄食；索饵期初期摄食强度很弱，空胃率达 70%～80%，随后空胃率逐渐降低；越冬期以太平洋磷虾和鱼类为主（洪惠馨 等，1965）。

[繁殖] 东海区小黄鱼产卵场有大陈岛、舟山群岛以东的 50 m 等深或附近海区，产卵期为 2 月中旬至 4 月初；温州的瓯江口外及其附近海区，产卵期亦在 2 月中旬至 4 月初；三门湾外及灵江口附近海区，产卵期在 3 月中旬至 4 月下旬；长江口外海区，产卵期在 4 月初至 5 月初。产卵场水深一般在 20～50 m，主要分布在外海和沿岸水交汇海区的内侧，盐度水平梯度越大，鱼群越集中。产卵场水温变化较小，在 11～15 ℃，主要为 12～14 ℃，盐度为 24～33，主要为 28～33。卵圆球形，彼此分离，浮性，卵膜较薄，表面光滑，无色透明，卵径 1.28～1.66 mm，油球 1 个、油球径 0.41～0.56 mm，卵黄均匀，无龟裂。初孵仔鱼全长 3.30～3.50 mm。

资源与利用　本种是我国四大海产经济鱼类之一，为渤海、黄海、东海群众渔业和机轮拖网的主要捕捞对象，也是中国、韩国和日本共同利用的资源。长江口北侧的吕泗渔场，20 世纪 50 年代曾是我国近海小黄鱼的最大产卵场，当时群众渔业的捕捞产量，约占全国群众渔业小黄鱼产量的 50%，但进入 60 年代后，产量逐渐下降，过重的捕捞压力，尤其是对幼鱼捕杀，致使鱼体趋于小型化、早熟和低龄化现象加剧，许多传统渔场已基本难以形成渔汛。90 年代之后，由于东海区伏季休渔制的有效实施，资源有所恢复，产量明显上升，2000 年产量创东海区历史最高纪录，达 15.95×10^4 t，然而产量增加并没有改变资源基础，渔获物绝大部分是当年鱼，个体的低龄化和小型化不仅没有停止，反而还在加剧。为此仍应严格控制捕捞强度，尤其应控制定置网具的捕捞强度和秋汛、冬汛产量，加强渔业执法力度，严格执行对幼鱼比例检查，加强国际合作，共同维护以达到可持续利用目的。2015年浙江省海洋水产研究所人工繁殖小黄鱼获得成功，对于海洋鱼类种质资源开发、海洋渔业资源与生态保护和海水养殖业可持续发展均具有重大意义。除鲜食外，干制品黄鱼鲞在市场上也颇受欢迎。

鮸属 *Miichthys* Lin，1938

本属长江口1种。

188. 鮸 *Miichthys miiuy*（Basilewsky，1855）

Sciaena miiuy Basilewsky，1855，Nouv. Mem. Soc. Nat. Moscou，10：221（Seas of Beijing，China）。

鮸 *Miichthys miiuy*：张春霖，1955，黄渤海鱼类调查报告：138，图89（辽宁，河北，山东）；朱元鼎、罗玉林、伍汉霖，1963，东海鱼类志：282，图219（浙江，福建）；朱元鼎、罗玉林、伍汉霖，1963，中国石首鱼类分类系统的研究和新属新种的叙述：66，图6、图38、图64、图90（上海鱼市场，浙江，福建）；湖北省水生生物研究所鱼类研究室，1976，长江鱼类：199（崇明开港）；陈马康等，1990，钱塘江鱼类资源：192，图182（海盐）。

鮸 *Miichthys miiuy*：熊国强、许成玉，1990，上海鱼类志：269，图155（宝山，南汇，崇明和长江口近海区）；伍汉霖、倪勇，2006，江苏鱼类志：550，图275（连云港，浏河，131渔区）。

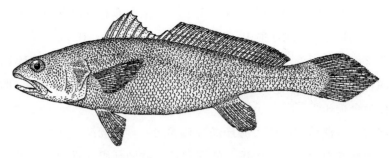

图188　鮸 *Miichthys miiuy*

英文名　miiuy croaker。

地方名　米鱼、鳘鱼。

主要形态特征　背鳍Ⅸ，Ⅰ-28～31；臀鳍Ⅱ-7；胸鳍21～22；腹鳍Ⅰ-5。侧线鳞 $50\sim54\,\dfrac{9}{9\sim10}$。鳃耙8+9。

　　体长为体高的 3.7～4.0 倍，为头长的 3.2～3.9 倍。头长为吻长的 3.2～4.0 倍，为眼径的 4.2～5.1 倍，为眼间隔的 3.3～4.4 倍。尾柄长为尾柄高的 2.9～3.1 倍。

　　体延长，侧扁，背缘和腹缘浅弧形。头中大，略侧扁。吻短而钝尖；吻褶边缘游离成吻叶。眼中大，侧上位，近椭圆形。口前位，口裂大而斜裂。上下颌约等长，口闭时上颌稍突出。上颌骨末端伸达眼后缘下方。上颌齿 2～4 行，外行齿较大，犬齿状，口闭时大部分外露，内行齿细小，排列成齿带；下颌内行齿扩大，犬齿状，犬齿间还生有小齿，外行齿小，成带状齿群。舌发达，游离。唇厚。颏孔 4 个，方形排列，中央 1 对颏孔细小，内侧 1 对颏孔裂缝状。鳃孔宽大。鳃盖膜不与峡部相连。前鳃盖骨边缘具细锯齿，鳃盖骨后上方具一扁棘。具假鳃。鳃耙细小。

　　吻部、鳃盖骨及各鳍基部被小圆鳞，体被栉鳞，上下颌裸露无鳞。背鳍鳍条部及臀鳍约有 1/2 被小圆鳞，尾部小圆鳞伸达尾鳍中部。侧线完全，前部稍高，略呈弧形，向后几伸达尾鳍末端。

　　背鳍连续，鳍棘部和鳍条部之间具一缺刻，起点在胸鳍基部上方。臀鳍起点在背鳍第十三至第十四鳍条下方，第二鳍棘细长。胸鳍尖长。尾鳍楔形。

　　鳔大，圆锥形，后端尖细；鳔侧具 34 对侧肢，每一对侧肢具背、腹分支，背分支又分出细密小支，相互交叉成网状。

　　体灰褐色带紫绿色，腹部灰白色。背鳍鳍棘上缘黑色，鳍条部中央有一纵行黑色条纹。胸鳍腋部上方有一暗斑。各鳍灰黑色。口腔和鳃腔均呈灰白色。

　　分布　分布于西北太平洋区日本西部至中国东海。中国渤海、黄海、东海和台湾海域均有分布。为长江口海域常见鱼类。

　　生物学特性

　　［习性］暖温性底层鱼类。常栖息于水深 15～70 m、底质为泥或泥沙的海区，或栖息于近岸礁石、岛屿附近和河口，有昼沉夜浮的垂直移动习性。集群性不强，每年 4—5 月间，由深水向近岸作生殖洄游，长江口海区生殖期为 7—8 月，产卵后分散索饵。山田梅芳等（1986）认为东海、黄海、渤海有 3 个群体，第一群越冬场在济州岛西至西南海域，春后一部分鱼向山东半岛北上，一部分鱼游向朝鲜西海岸产卵、索饵，秋后返回越冬场。第二群越冬场在济州岛南部，4 月向西北移动，5—6 月至江苏吕泗渔场产卵，一部分向 30°N 以南大陆沿海移动。第三群主要在长江口至台湾北部海区作南、北移动。而赵传絪（1990）认为冬季渤海、黄海、东海的主要分布区有两个：一个在黄海海槽边缘，可延伸到济州岛西南部；另一个分布区在东海的温台渔场近海。这两个分布区的鱼群 4 月份开始向浅水移动，第一越冬场鱼群西进渤海，5—9 月在浅海栖息，10 月在乳山、射阳河口沿海、渤海南部均有分布，11—12 月游向越冬场；第二越冬场鱼群向西北洄游，5—11 月分布在嵊山到浙江沿海的岛礁附近，12 月游向越冬场。

　　［年龄与生长］体长一般不超过 1 m，体重多在 5 kg 以内。渔获物一般为 450～

550 mm，体重为 1 500～2 500 g。黄海和渤海越冬场体长为 230～560 mm，平均体长为 297.4 mm，东海春季体长为 310～530 mm，平均体长为 421.6 mm。生长迅速，当年一般可达 100 mm 以上。1—5 月生长速度慢，6—12 月生长迅速。1 龄鱼全长为 330 mm，2 龄为 430 mm，3 龄为 510 mm，4 龄为 560 mm，5 龄为 600 mm，6 龄为 630 mm。寿命可达 12～13 龄。一般 3 龄鱼可达性成熟。

［食性］肉食性，食量大，以鱼、虾为主要饵料，大量捕食黄鲫、青鳞鱼、小公鱼、龙头鱼、鳀、小黄鱼、白姑鱼、鳝、蓝圆鲹等鱼类，以及对虾、毛虾和鼓虾等。

［繁殖］生殖期朝鲜沿岸为 9—10 月，长江口外海为 7—8 月，舟山群岛附近为 5—6 月。产卵场分布从渤海至东海南部沿海，较集中的有我国辽宁辽东湾、河北泃河口、大清河、山东莱州湾、山东半岛南部、江苏海州湾、长江口、浙江杭州湾、鱼山列岛、台州湾及韩国仁川沿海等。产卵场水深黄海和渤海在 20 m 左右，水温为 20～28 ℃。全长 500～650 mm 个体、怀卵量为 72 万～216 万粒。卵透明，分离浮性，卵径 1.2～1.4 mm。初孵仔鱼全长 1.98～2.08 mm。

资源与利用 本种为沿海常见食用经济鱼类。为沿海机轮拖网和群众渔业拖网的捕捞对象，也是定置张网、钓具的兼捕对象。由于其集群性差，群体数量不大。黄海和渤海产量较大，1959 年曾达 1 120 t，20 世纪 70 年代产量已低于 100 t。东海区的浙江省象山县，1980—1984 年一般年产量在 70～80 t，最高达 100 t（1984），另外在长江口近海区也有一定数量。由于捕捞强度过大，黄海和渤海鮸资源已下降，而东海区由于是以手钓作业为主，资源相对稳定，具体产量不明，但市场上所见个体已较过去偏小。20 世纪 90 年代以来，福建、浙江等沿海地区，开始进行鮸的人工育苗和养殖试验研究，已取得了一定成效，有望成为深水网箱鱼类养殖的优良品种之一（楼宝，2004）。肉质鲜美，含脂量高，为名贵食用鱼类。

黄姑鱼属 *Nibea* Jordan *et* Thompson 1911

本属长江口 1 种。

189. 黄姑鱼 *Nibea albiflora*（Richardson，1846）

Corvina albiflora Richardson，1846，Rep. Br. Assoc. Adv. Sci.，15th Meeting：226（Guangzhou，China）。

Sciaena（Corvina）albiflora：Steindachner，1829，Denk. Akad. Wiss.，Wien.，math. - nat. Kl.，59（Pt. l）：361（上海）。

黄姑鱼 *Nibea albiflora*：张春霖，1955，黄渤海鱼类调查报告：141，图 91（辽宁，河北，山东）；成庆泰等，1962，南海鱼类志：421，图 350（广东，海南）；朱元鼎、罗玉林、伍汉霖，1963，东海鱼类志：274，图 211（福建）；熊国强、许成玉，1990，上海鱼类志：265，图 151；陈马康等，1990，钱塘江鱼类资源：191，图 181（海盐）；伍汉霖、倪勇，2006，江苏鱼类志：543，图 272，彩图 38（连云港，吕四）。

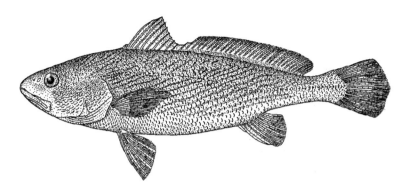

图 189　黄姑鱼 *Nibea albiflora*

英文名　yellow drum。

地方名　黄婆鸡、黄姑、铜罗鱼、黄姑子、黄鲞。

主要形态特征　背鳍 X，I-29～30；臀鳍 II-7；胸鳍 17～18；腹鳍 I-5。侧线鳞 $51～52 \frac{9～10}{9～10}$。鳃耙 6+10。

体长为体高的 3.3～3.6 倍，为头长的 3.3～3.6 倍。头长为吻长的 3.6～4.1 倍，为眼径的 4.1～5.7 倍，为眼间隔的 3.9～4.3 倍。尾柄长为尾柄高的 2.6～2.8 倍。

体延长，侧扁，背部隆起，略呈弧形，腹部广弧形。头中大，侧扁，稍尖突。吻短钝；吻褶游离，分为 2 叶，不显著。眼中大，侧上位，位于头的前半部。眼间隔宽凸。口中大，亚前位，斜裂。上颌稍长于下颌，上颌骨后端伸达眼后缘下方。上下颌齿均为绒毛状齿带，上颌外行齿大而尖；下颌内行齿稍大；犁骨、腭骨及舌上均无齿。舌游离，前端圆形。颏孔为似五孔型：中央颏孔 1 对，相互接近，中央具一肉垫，肉垫下陷时呈现一浅孔，内侧颏孔及外侧颏孔均存在。鳃孔宽大。鳃盖膜不与峡部相连。前鳃盖骨后缘具小锯齿，鳃盖骨后上方具 2 柔弱扁棘。具假鳃。鳃耙短小。

体被栉鳞，头前部被小圆鳞，颊部裸露无鳞。背鳍鳍条部及臀鳍基部有由 1～2 行小鳞组成的鳞鞘。侧线弧形，向后几伸达尾鳍末端。

背鳍连续，鳍棘部和鳍条部之间具一深凹，起点在胸鳍基部后上方。臀鳍起点始于背鳍第十四至第十五鳍条下方，臀鳍第二鳍棘粗大，约为头长 1/2。胸鳍尖长。腹鳍起点在胸鳍基部下方略后，第一鳍条稍呈丝状延长。尾鳍楔形。

鳔大，前端圆形，鳔侧具缨须状侧肢 22 对，侧肢无背分支，具腹分支。

体背侧灰橙色，腹部银白色。背侧具许多斜向前下方的灰黑色波状条纹，不与侧线下方条纹相连。背鳍鳍棘部上部暗褐色，鳍条部边缘黑色，每一鳍条基底有一黑色小点。

胸鳍、腹鳍和臀鳍橙黄色。

分布　分布于西北太平洋区中国、朝鲜、日本。中国沿海均有分布。为长江口海域常见鱼类。

生物学特性

［习性］近海中下层鱼类。喜栖息于水深 70～80 m、泥质或沙泥质底海域。具明显季节洄游习性，具有发声能力，特别是鱼群密集和生殖盛期。越冬期间主要分布在黄海南部和东海北部外海。每年初春鱼群开始北上生殖洄游，4 月上旬主群在 35°30′ N 以南、123°00′ E 以东，4 月中旬到达石岛东南，后分为两支；一支游向乳山外海，主群继续北上，鱼群到达成山头后又分为两支；一支游向鸭绿江口一带，另一支向西越过渤海海峡进入渤海。也有鱼群游向连云港和舟山群岛等处作产卵洄游。

［年龄与生长］黄海渔获物一般大型鱼体长可达 410 mm，体重 1 250 g，优势体长为 210～310 mm、体重为 550～1 890 g。舟山渔场渔获物优势体长在 161～263 mm、优势体重在 175.3～354.8 g。体长和体重关系为：$W=1.633\times10^{-5}L^{3.0357}$。体长和体重的生长方程分别为：$L_t=529.5\left[1-e^{-0.262(t-0.281)}\right]$，$W_t=2\,597.4\left[1-e^{-0.262(t-0.281)}\right]^{2.4164}$。体长生长速度方程为：$dL/dt=138.729e^{-0.262(t-0.281)}$，体重生长速度方程：$dW/dt=1\,644.4056$ $e^{-0.262(t-0.281)}\left[1-e^{-0.262(t-0.281)}\right]^{1.4164}$。东海鱼群年龄从 1 到 6 龄，年龄组成主要为 1～2 龄，其中 2 龄占 49.2%。体长生长速度随年龄的生长而递减，并逐渐趋向于零，生长速度特点基本上是由快转慢，4 龄以前生长迅速，其后呈下降趋势，其寿命约为 10 年；而体重的生长在 1～4 龄时为生长旺盛阶段，在 3 龄时出现拐点，3 龄与 4 龄时其生长速度基本保持一致，此时为体重增加的最快时期，此后体重生长速度开始下降（吴常文等，2005）。满 1 龄鱼全长为 150～170 mm，2 龄为 230～240 mm，3 龄为 310 mm，4 龄为 350～360 mm，初始性成熟年龄为 1 龄，2 龄基本全部达到性成熟（山田梅芳 等，1986）。

［食性］幼鱼主要摄食小型虾类、幼鱼和多毛类，成鱼以小型鱼类、虾类和双壳类等底栖生物为主。

［繁殖］产卵场比较集中和明显的有，莱州湾东部，鸭绿江口至大洋河口附近，渤海东南部，辽东湾北部，乳山外海及东海区舟山群岛一带。产卵期为 5 月上旬至 6 月下旬，盛期为 5 月中下旬，产卵水深在 5～10 m，产卵初期适温约 15 ℃，盛期 18 ℃，末期 23 ℃，盐度 26～28，底质为硬沙泥。卵球形，浮性，卵膜薄、表面光滑，油卵径 0.83～0.87 mm，卵黄均匀，卵黄周隙小，油球 1 个，无色透明，球径约为 0.24 mm。初孵仔鱼全长 1.54 mm。

资源与利用　本种为次要海产经济鱼类。沿海各渔场以春、夏两季为旺汛，产量以黄海和渤海最多，南海最少。日本以西底拖网捕捞产量在 700～1 200 t，渔汛期为 11 月至翌年 3 月。作业渔具有环风网、小打网、手钓、延绳钓和机轮拖网、围网等。从目前捕捞群体年龄 2 龄占多数，1 龄和 2 龄个体占 77.7%，自然海域这些还未性成熟或正在进入性成熟的鱼即遭捕捞，必然使其种群数量减少，其资源受到破坏，为使其资源在科学管理下持续利用，应立即限制对 2 龄前鱼的捕捞，另应在现有人工繁殖育苗取得成功的基础上，开展养殖、放流等多方面工作，力求尽快提高其资源量。主要为鲜销及冰冻销售，部分制成干品。鳔和耳石可作药用。

银姑鱼属 *Pennahia* Fowler，1926

本属长江口 2 种。

种 的 检 索 表

1（2）背鳍第二鳍棘较长，为眼径的 1.3～1.5 倍，为第一鳍条长的 2/3；鳔具侧肢 18 对 …………
…………………………………………………………………… 大头银姑鱼 *P. macrocephalus*

2（1）背鳍第二鳍棘较短，约与眼径相等，为第一鳍条长的 1/3～1/2；鳔具侧肢 25 对 …………
………………………………………………………………………………… 银姑鱼 *P. argentata*

190. 银姑鱼 *Pennahia argentata*（Houttuyn，1782）

Sparus argentatus Houttuyn，1782，Verh. Holl. Maatsch. Wet. Haarlem，20（2）：319（Nagasaki，Japan）。

白姑鱼 *Argyrosomus argentatus*：张春霖，1955，黄渤海鱼类调查报告：140，图 90（辽宁，河北，山东）；朱元鼎、罗云林、伍汉霖，1963，东海鱼类志：280，图 217（浙江，福建，上海鱼市场）；熊国强、许成玉，1990，上海鱼类志：266，图 152（长江口近海）。

银姑鱼 *Pennahia argentatus*：伍汉霖、倪勇，2006，江苏鱼类志：552，图 276（连云港，吕四，黄海南部等地）。

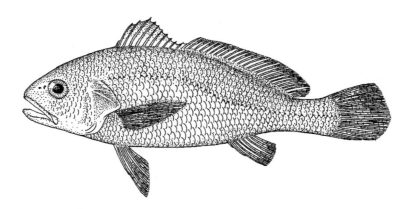

图 190　银姑鱼 *Pennahia argentata*

英文名　silver croaker。

地方名　白姑子、白米子、白口、白江。

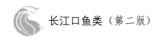

主要形态特征　背鳍Ⅹ，Ⅰ-25～27；臀鳍Ⅱ-7；胸鳍16～17；腹鳍Ⅰ-5。侧线鳞 $48～50\dfrac{6}{11～12}$。鳃耙6+9～11。

体长为体高的3.0～3.3倍，为头长的3.0～3.1倍。头长为吻长的3.9～4.7倍，为眼径的3.4～3.8倍，为眼间隔的3.2～3.9倍。尾柄长为尾柄高的2.4～2.9倍。

体延长，侧扁，背缘浅弧形，腹缘近圆形；尾柄粗短。头中大，侧扁。吻圆钝；吻褶完整，不分叶。眼中大，侧上位。口大，前位，口裂稍斜，始于眼下缘水平线之下。上颌略长于下颌，上颌骨后端几伸达眼中部下方。上颌齿细小，排列成齿带，外行齿扩大，前端3对较大；下颌齿2行，内行齿较大；犁骨、腭骨及舌上均无齿。舌大，游离，端部圆形。颏孔6个，细小。鳃孔大。鳃盖膜不与峡部相连。前鳃盖骨边缘具细锯齿，鳃盖骨后上方具2柔弱扁棘。具假鳃。鳃耙较短。

体被栉鳞，背鳍鳍条部和臀鳍基部具一行鳞鞘。侧线完全，前部浅弧形，后部平直，向后几伸达尾鳍末端。

背鳍连续，鳍棘部与鳍条部之间具一缺刻，起点在胸鳍基底上方稍后。臀鳍基底短，起点在背鳍第十二鳍条下方。胸鳍尖形。腹鳍位于胸鳍基底下方稍后。尾鳍楔形或圆形。

鳔大，前端圆形，后端细尖，鳔侧具粗壮侧肢25对，鳔的侧肢扇状，粗短，无背分支，具腹分支。

体背侧灰褐色，腹部银白色。背鳍鳍条部中间有一白色带，背鳍鳍棘部无黑斑。口腔黄白色，鳃腔的内上方黑色，使鳃盖部外观呈一灰黑色大斑块。

分布　分布于西太平洋区中国、朝鲜、日本。中国黄海南部、东海、南海和台湾海域均有分布。为长江口海域常见种类。

生态学特性

［习性］暖温性近底层鱼类。一般栖息于水深40～100 m的泥沙底海区。有明显季节洄游习性，春季因生殖集群游向近岸产卵场，产卵场水温约为20 ℃、盐度33.4，主要产卵场水深为40～60 m，产卵后在附近海区索饵，秋末返回越冬场，越冬场水深为80～100 m。黄海、东海大致可分为两个种群，东海群有南、北两个越冬场，北部越冬场位于长江口和舟山群岛外海，偏北分布的鱼群常与黄海越冬鱼群相混；南部越冬场位于浙江南部到闽中外海，生殖期间鱼群向岸靠拢后顺着海岸线平行方向向北移动，产卵后分布在浙江中、南部和闽东近海索饵，冬季返回越冬场。在生殖期常发出"咯咯"的声音。

［年龄与生长］生命周期较短，年龄组成简单，最高寿命10龄。东海长江口及舟山产卵场（1979—1983年）年龄组成，以1～2龄为主，体长为60～320 mm、优势体长组为120～200 mm、占75.7%。推算体长1龄鱼平均为107.2 mm、2龄为171.3 mm、3龄为213.5 mm、4龄为237.3 mm、5龄为254.6 mm（浙江渔场）。体长和体重关系式为：$W=2.450×10^{-5}L^{2.974}$（$r=0.980$）；体长和体重的生长方程分别为：$L_t=282.6\,[1-$

$e^{-0.458\,2(t+0.038)}$]，$W_t = 477.5$ [$1 - e^{-0.458\,2(t+0.038)}$]$^{2.974}$ （胡稚竹 等，1989）。1 龄雌鱼有 24.8%、雄鱼有 42%已性成熟，2 龄雌鱼有 82.7%、雄鱼有 86.9%性成熟，3 龄鱼全部性成熟（胡雅竹和钱世勤，1989）。

［食性］捕食性鱼类，食性较杂，主要摄食底栖动物及小型鱼类，如长尾类、短尾类、脊尾白虾、日本鼓虾、鲜明鼓虾、小蟹、矛尾虾虎鱼、纹缟虾虎鱼等。不同月份其摄食强度有较大差异，5—8 月摄食强度较大，冬季则较小。

［繁殖］长江口渔场产卵期为 5—9 月，盛期为 7—8 月，产卵最适水温为 20 ℃左右。怀卵量为 5 万～65 万粒。卵浮性，卵球形，无色透明，卵径为 0.85～0.92 mm，卵膜光滑，卵黄均匀，略呈黄色，油球 1 个。水温 20.4 ℃时，受精卵约 33 h 孵化。初孵仔鱼全长为 2.38 mm，油球位于卵黄囊的后端稍下方，胚体上具 4 丛明显黄色素，分布在吻端、眼后、胸鳍后方及尾部中央，肌节 12～19 对。体长 5.9 mm 稚鱼，腹部、尾部具 2～3 个黑色素，其中臀鳍后黑色素丛在离臀鳍基后 1～2 肌节处，体长 8.3 mm 稚鱼体侧黑色素位于背鳍第四至第五棘基底和体侧正中线中间位置，体长 15 mm 稚鱼，体侧黑色素分散呈斑纹状，体长 25.5 mm 稚鱼全身黑色素增加，黑色素丛之间界线不清，鳃盖下色素呈黑色（山田梅芳 等，1986）。

资源与利用　本种为重要食用底层鱼类。20 世纪 80 年代，产量为 3 000～4 000 t，占拖网渔轮总产量的 1.0%～1.5%。日本以西底拖网产量为 （1.8～2）×10^4 t。东海现在资源量为 （5～6）×10^4 t，最适可捕量为 2×10^4 t，资源已属充分利用。目前黄海和渤海资源水平比较低，历史上的主要产卵场已处于无鱼可捕状态，东海区资源较稳定，其年龄结构比较简单，寿命较短，大量性成熟年龄为 2 龄左右，具有生殖期长、产卵场较广而分散的特点，因此资源恢复能力较强，根据资源状况，有必要推迟其开捕年龄（从 1 龄推迟到 2 龄）、减少幼鱼捕获量，以提高资源水平，达到合理利用目的。沿海常年均可捕获，用底拖网、定置网、刺网或手钓捕捞。鱼肉味一般，供鲜销或制盐干品。

羊鱼科 Mullidae

本科长江口 1 属。

绯鲤属 *Upeneus* Cuvier，1829

本属长江口 1 种。

191. 日本绯鲤 *Upeneus japonicus*（Houttuyn，1782）

Mullus japonicus Houttuyn，1782，Verh. Holl. Maatsch. Wet. Haarlem，20 （2）：334 （Honshu，Japan）。

绯鲤*Upeneus bensasi*：成庆泰，1955，黄渤海鱼类调查报告：150，图96（山东青岛）。

条尾绯鲤*Upeneus bensasi*：成庆泰等，1962，南海鱼类志：549，图452（广东，广西，海南）；成庆泰、王存信，1963，东海鱼类志：341，图257（福建）；刘铭，1995，福建鱼类志（下卷）：221，图513（台湾浅滩等地）；田明诚、沈友石、孙宝龄，1992，海洋科学集刊（第33集）：276（长江口近海）。

日本绯鲤 *Upeneus japonicus*：陈大刚、张美昭，2016，中国海洋鱼类（中卷）：1257。

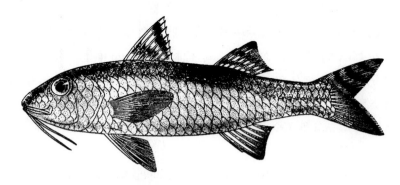

图191　日本绯鲤*Upeneus japonicus*（成庆泰和王存信，1963）

英文名　Japanese goatfish。

地方名　油蜡烛、朱笔、红鱼。

主要形态特征　背鳍Ⅶ，Ⅰ-8；臀鳍Ⅰ-6；胸鳍15；腹鳍Ⅰ-5。侧线鳞30～32$\frac{2}{5-6}$。鳃耙5+15～16。

体长为体高的3.9～4.5倍，为头长的3.3～3.6倍。头长为吻长的2.4～2.5倍，为眼径的3.7～4.5倍，为眼间隔的3.5～4.0倍。尾柄长为尾柄高的2.1～2.5倍。

体呈长椭圆形，稍侧扁。头中等大。吻圆钝。眼大，侧位而高。眼间隔平坦。鼻孔每侧2个，相距远；前鼻孔圆形，位于吻中部；后鼻孔狭小，位于眼前方。口小，前下位，口裂低平。上颌稍长于下颌。上颌骨后端宽圆、露出，伸达眼前缘下方。颏须1对，伸达前鳃盖骨后缘稍后下方。上下颌、犁骨及腭骨均具绒毛状齿群。鳃孔宽大。前鳃盖骨后缘光滑，鳃盖骨后上方具一扁平棘。具假鳃。鳃耙细弱。

体被中大弱栉鳞，鳞薄易脱落。眶前骨具鳞，吻端无鳞，颊部具鳞5行；第二背鳍、臀鳍棘反尾鳍基部亦具小鳞。侧线完全，上侧位，与背缘平行，伸达尾鳍基；侧线鳞感觉管分叉。

背鳍2个，分离；第一背鳍起点在腹鳍起点稍后方，第一和第二鳍棘约等长；第二背鳍基底约等于第一背鳍基底长，最长鳍条短于最长鳍棘。臀鳍与第二背鳍同形，相对，基底长约相等。胸鳍中大，斜圆。腹鳍起点位于胸鳍基底下方。尾鳍分叉。

体红色，各鳍浅黄色。两背鳍各具 2～3 条棕赤色斜条，尾鳍上叶具 3 条浅褐色斜条。颏须浅黄色。

分布　分布于西太平洋区马来西亚西部和菲律宾至韩国和俄罗斯彼得大帝湾。中国黄海、东海、南海和台湾海域均有分布。长江口近海亦有分布。

生物学特性　近海暖水性小型底层鱼类。栖息于水深 20～40 m 的沿岸及近海泥质底或泥沙质底海域。常单独或成小群活动，翻动泥沙，寻找细螯虾、鹰爪虾等甲壳类及软体动物等为食。春末夏初游到近岸生殖和摄食，鱼群较密集；7—8 月以后分散游回较深水域。

资源与利用　可食用，亦可作为水族馆观赏鱼。个体较小，一般体长 150 mm。长江口区近海偶有捕获，数量极少。

【Randall et al.（1993）研究表明，条尾绯鲤 [*Upeneus bensasi*（Temminck *et* Schlegel，1843）] 为本种的同物异名。】

蝴蝶鱼科 Chaetodontidae

本科长江口 1 属。

罗蝶鱼属 *Roa* Jordan，1923

本属长江口 1 种。

192. 朴罗蝶鱼 *Roa modestus*（**Temminck** *et* **Schlegel，1844**）

Chaetodon modestus Temminck and Schlegel，1844，Pisces，Fauna Japonica Parts.，5～6：80，pl. 41，fig. 2（Nagasaki，Japan）。

朴蝴蝶鱼 *Chaetodon modestus*：郑葆珊，1962，南海鱼类志：583，图 479（海南）；成庆泰，1963，东海鱼类志：352，图 265（浙江）；田明诚、沈友石、孙宝龄，1992，海洋科学集刊（第三十三集）：276（长江口近海）；冯照军、汤建华，2006，江苏鱼类志：599，图 302（吕四）。

英文名　brown‐banded butterfly fish。

地方名　草鲳、荷包鱼。

主要形态特征　背鳍Ⅺ‐21～23；臀鳍Ⅲ‐17～18；胸鳍15～16；腹鳍Ⅰ‐5。侧线鳞 $39\sim42\frac{11\sim13}{25\sim27}$。鳃耙 4～5＋9～11。

体长为体高的 1.4～1.5 倍，为头长的 2.6～2.9 倍。头长为吻长的 1.4～1.5 倍，为

图 192　朴罗蝶鱼 *Chaetodon modestus*（成庆泰，1963）

眼径的 2.7～3.3 倍，为眼间隔的 3.2～3.3 倍。

体短而高，甚侧扁；背缘弧形，腹缘浅弧形；尾柄短而高，尾柄长约为尾柄高的 1/2。头短小，陡斜或在眼前方凹下。吻较短，突出。眼大，位于头侧正中。口小，微斜。两颌齿细长，稍弯曲，刷毛状，排列呈带状；犁骨具齿，腭骨无齿。前鳃盖骨边缘有细锯齿。鳃盖膜愈合，连于峡部。鳃盖条 6。假鳃发达。鳃耙短小。

体被中大强栉鳞，头部鳞小，吻端无鳞；背鳍下半部、臀鳍上半部、尾鳍基底附近及胸鳍和腹鳍基底具细鳞。腹鳍鳞瓣上具一群小鳞。侧线圆弧形，与背缘平行，止于背鳍鳍条部后端下方，尾柄具少数不明显侧线管。

背鳍基底长，连续，起点在腹鳍基底上方，鳍棘部约与鳍条部等长，第三至第七鳍棘粗大，第四鳍棘最长；鳍条部浅弧形，后缘与尾柄垂直。臀鳍起点在背鳍鳍条部起点下方，第一鳍棘短小，第二鳍棘与第三鳍棘约等长，鳍条部后缘浅弧形，几与尾柄垂直。胸鳍短小，钝尖，侧下位。腹鳍胸位，外侧鳍条较长，第一鳍条丝状延长，伸达臀鳍起点。尾鳍截形。

体黄褐色，有 3 条边缘为暗蓝色的暗褐色横带：一条由背鳍起点前向下经眼至前鳃盖骨下方；第二条甚宽，位于体侧，由背鳍第四鳍棘基底，向下经胸鳍基底达腹鳍；第三条很宽，由第八鳍棘至第六鳍条起向下至腹部。尾柄后另有一狭横带。背鳍鳍条部前上部有一具白色边的色暗的圆形大蓝斑。胸鳍、腹鳍黄色。尾鳍银灰色。

分布　分布于西太平洋区亚热带日本南部、中国至菲律宾海域。中国黄海、东海、南海和日本海域均有分布。长江口近海亦有分布。

生物学特性　暖温性小型底层鱼类。为珊瑚礁鱼类，主要栖息于近岸岩礁区。游泳速度快，体较高且鳍棘粗强以躲避敌害。以小型甲壳类、蠕虫、其他底栖动物和藻类等为食。

资源与利用　小型鱼类，无食用价值。体型优美，色彩艳丽，可作为水族馆观赏鱼。长江口区近海偶有捕获，数量极少。

【罗蝶鱼属（*Roa*）是 Jordan 于 1923 以夏威夷罗蝶鱼［*Roa excelsa*（Jordan，1921）］为模式种创建，目前该属仅有 5 种，仅分布于印度—太平洋区，这 5 种外形十分相似，如均有暗褐色宽横带，背鳍鳍条部具大黑斑等，常被称为"*modestus* species complex"，在过去的分类系统中多被作为蝴蝶鱼属罗蝶鱼亚属 *Chaetodon*（*Roa*）。近年来基于形态和分子的研究（Blum，1989；Smith et al.，2003；Kuiter et al.，2004）均支持将罗蝶鱼属作为一个独立的属。据此，本书将本种的学名修订为：朴罗蝶鱼［*Roa modestus*（Temminck *et* Schlegel，1844）］。】

鯻科 Terapontidae

本科长江口 1 属。

鯻属 *Terapon* Cuvier，1816

本属长江口 2 种。

种 的 检 索 表

1（2）鳞较大，侧线上鳞 9～10；犁骨及腭骨均无齿 ……………………………… 鯻 *T. theraps*
2（1）鳞较小，侧线上鳞 15～16；犁骨及腭骨均具齿 ……………………… 细鳞鯻 *T. jarbua*

193. 细鳞鯻 *Terapon jarbua*（Forsskål，1775）

Sciaena jarbua Forsskål，1775，Descript. Anim，12：44，50（Jeddah, Saudi Arabia, Red Sea）。

细鳞鯻 *Therapon jarbua*：成庆泰，1962，南海鱼类志：542，图 447（广东，广西，海南）；成庆泰，1963，东海鱼类志：335，图 253（浙江大陈岛、龙江、坎门，福建集美）；黄宗强，1985，福建鱼类志（下卷）：214，图 507（厦门）；陈马康等，1990，钱塘江鱼类资源：196，图 187（杭州湾海盐）；黄克勤、许成玉，1990，上海鱼类志：283，图 166（南汇芦潮港）。

英文名　jarbua terapon。

地方名　花身鸡鱼、斑猪。

主要形态特征　背鳍XI，I - 10；臀鳍III - 7～8；胸鳍 12～13；腹鳍I - 5。侧线鳞 $80 \sim 92 \frac{14 \sim 16}{30 \sim 32}$。鳃耙 6～10＋12～15。

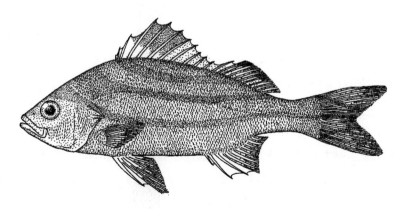

图 193　细鳞鯻 *Terapon jarbua*

体侧扁，长椭圆形，背部较窄，中线尖突呈脊状，腹部圆凸。头中大，后部具骨质线纹。吻短钝。眼中大，眼径稍小于眼间隔；眶前骨下缘具细锯齿。鼻孔 2 个，前鼻孔圆形，后鼻孔椭圆形。口端位，稍斜裂，上下颌等长，上颌骨后端伸达眼下方。上下颌齿细小，排列呈带状，外侧 1 行较大，圆锥状，排列较疏松；腭骨和犁骨均具绒毛状细齿。鳃孔大。前鳃盖骨缘具锯齿，隅角处锯齿较大；鳃盖骨具 2 棘，上棘细弱，下棘强大。匙骨外露，边缘有细小锯齿，鸟喙骨具 4～7 枚明显的锯齿。

体被较细栉鳞。颊部具鳞 5～6 行，背鳍与臀鳍基底鳞鞘较低。侧线完全，与背缘平行。

背鳍 1 个，鳍棘部与鳍条部相连，中间具一深缺刻，起点稍后于胸鳍基底，鳍棘发达，第四至第五鳍棘较长。臀鳍与背鳍鳍条部同形而相对，第二和第三棘约等长。胸鳍短小，约与背鳍最长鳍棘等长。腹鳍位于胸鳍基底后下方。尾鳍分叉。

背部灰褐，腹部乳白色。体侧有 3 条棕色弧形纵带：第一条自背鳍鳍棘部起点至鳍条部前方，第二条自项背后延，伸达背鳍基底后端的后方，第三条自头部弯向体侧下部后延，在背鳍基底后部转向尾柄中央，后伸直达尾鳍后缘。背鳍第四至第七鳍棘间的鳍膜具一大黑斑，鳍条部上部具 2 个小黑斑。尾鳍上下叶各具 1 条斜纹。尾鳍上叶末端黑色。

分布　分布于印度洋北部和太平洋西部，非洲东部沿岸向东至澳大利亚，向北至中国、朝鲜半岛和日本均有分布。中国产于南海、台湾海峡和东海。长江口罕见。

生物学特性　热带、亚热带暖水性近底层鱼类，多栖于沙质底、石砾质底或多礁石的沿岸浅海区，广盐性，海水、咸淡水和淡水环境均可生活。幼鱼在内海港湾内育肥，成鱼移向外海。冬季在深水区栖息，春季至浅水区繁殖。常结成小群活动，白天多活动于近底层，夜晚栖息于水体中上层，具昼夜垂直移动习性。幼鱼生活于河口和近岸水域的表层，集群觅食。攻击性颇强，能集群攻击个体比其自身大的不同类的鱼群，受惊即迅速潜入底泥中。体长 50 mm 以上的幼鱼钻地性强，并具啄食同类鳞片的习性，尤以夜间为甚。幼鱼以桡足类、十足类幼体和浮游植物为食，较大的幼鱼和成鱼以小鱼和虾、蟹等为食。白天摄食强烈，在人工喂养下，12：00—18：00 的非空胃率达 100%，摄食强度依次为下午、上午、黄昏、黎明。适应温度为 18～34 ℃，最适温度为 25～32 ℃，18 ℃以下时摄食强度明显下降，8 ℃为致死温度。生长极为缓慢，平均体长 22.5 mm、平均体重 0.25 g 的幼鱼经 2 周年喂养，平均体长仅 160.1 mm、平均体重仅 114.25 g（张邦杰等，1998）。

资源与利用　在广东和福建沿岸用流网和定置网捕捞，产量不高，个体也较小。该鱼肉质细腻，全长 200 mm 以上的个体可跻身于高级海鲜之列。长江口罕见，无捕捞经济价值。

【笔者 2018 年 7 月在长江口北支（121°52′11″ E、31°37′42″ N）捕获 1 尾体长 35 mm 的蝲（*Terapon theraps* Cuvier，1829）的样本，为长江口新记录。】

石鲷科 Oplegnathidae

本科长江口 1 属。

石鲷属 *Oplegnathus* Richardson，1840

本属长江口 1 种。

194. 条石鲷 *Oplegnathus fasciatus*（Temminck *et* Schlegel，1844）

Scaradon fasciatus Temminck and Schlegel，1844，Pisces，Fauna Japonica Parts.，5～6：89，pl. 46，fig. 1～2（Nagasaki，Japan）。

条石鲷 *Hoplegnathus fasciatus*：成庆泰，1955，黄渤海鱼类调查报告：153，图 98（山东青岛）。

条石鲷 *Oplegnathus fasciatus*：金鑫波，1985，福建鱼类志（下卷）：254，图 534（福建福鼎、平潭）；黄克勤、许成玉，1990，上海鱼类志：286，图 168（长江口近海）；冯照军、汤建华，2006，江苏鱼类志：601，图 303，彩图 46（吕四，南通鱼市场）。

英文名　barred knifejaw。

地方名　石金鼓、黑嘴。

主要形态特征　背鳍Ⅻ-16～17；臀鳍Ⅲ-12～13；胸鳍 17～18；腹鳍Ⅰ-5。侧线有孔鳞 80～83。鳃耙 6～7+9～14。

体长为体高的 1.8～1.9 倍，为头长的 3.0～3.2 倍。头长为吻长的 2.8～2.9 倍，为眼径的 3.9～4.2 倍，为眼间隔的 3.5～3.9 倍。尾柄长为尾柄高的 1.2～1.3 倍。

体延长，侧扁而高。头短小，高大于长，背缘略斜直。吻钝尖。眼较小，侧上位。眼间隔宽，微隆起。口小，前位，不能伸缩。上下颌约等长。上颌骨后端伸达后鼻孔下

图 194　条石鲷 *Oplegnathus fasciatus*（成庆泰，1955）

方。齿与颌愈合，形成坚固的骨喙；腭骨无齿。前鳃盖骨边缘具细锯齿；鳃盖骨边缘具一扁棘。鳃盖膜不与峡部相连。假鳃发达。鳃耙细短。

体被细小栉鳞，头部除吻部无鳞，其余均被鳞。背鳍及臀鳍基底具鳞鞘，背鳍、臀鳍、尾鳍鳍条均具鳞，胸鳍基底和腹鳍基底均具鳞。侧线上侧位，弧形弯曲，与背缘平行，伸达尾鳍基。

背鳍1个，鳍棘部与鳍条部相连续，中间数根鳍棘最长，前部鳍条显著隆起，鳍条部后缘呈截形；起点在胸鳍基底稍后上方，鳍棘部长于鳍条部。臀鳍鳍棘短小，鳍条部与背鳍鳍条部同形相对。胸鳍短圆。腹鳍胸位，鳍长大于胸鳍。尾鳍截形，后缘微凹。

体呈灰褐色，体侧具7条色暗的横带；第一条通过眼睛，第二条在背鳍前方，第三条在背鳍第六至第八鳍棘之间，第四条在背鳍第十至第十二鳍棘下方，第五条在背鳍第五至第八鳍条下方，第六、第七条在尾柄上。背鳍、臀鳍和尾鳍边缘黑色，胸鳍和腹鳍亦黑色。

分布　分布于西北太平洋区朝鲜、日本和中国及东中太平洋夏威夷群岛。中国黄海、东海、南海和台湾海域均有分布。长江口近海有分布。

生物学特性　暖温性近海中下层鱼类。常栖息于岩礁棋布、海藻丛生的海区，自然条件下喜集群。肉食性，齿尖锐，可咬碎贝类或海胆等，主要以海胆、藤壶、甲壳类等底栖无脊椎动物为食。

资源与利用　肉味鲜美，体态优美，是具有较高经济价值和观赏价值的海洋鱼类。由于条石鲷一般栖息于岩礁密布、海藻丛生的海域，自然捕获较为困难。日本自20世纪60年代末开始条石鲷的人工繁育研究，80—90年代发展较快，但繁育规模不大。我国自21世纪初开始，中国水产科学研究院黄海水产研究所、中国科学院海洋研究所和浙江省海洋水产研究所等单位开始研究条石鲷的人工繁育技术，突破了亲鱼调控产卵、苗种规模化繁育及网箱养殖等关键技术，已开发成为新的海水养殖对象。

绵鳚亚目 Zoarcoidei

本亚目长江口2科。

绵鳚科 Zoarcidae

本科长江口1属。

绵鳚属 *Zoarces* Cuvier，1829

本属长江口1种。

195. 吉氏绵鳚 *Zoarces gillii* Jordan et Starks，1905

Zoarces gillii Jordan and Starks，1905，Proc. U. S. Nati. Museum，28（1391）：212，fig. 11（Pusan，South Korea）。

绵鳚 *Zoarces elongatus*：李思忠，1955，黄渤海鱼类调查报告：174，图 111（辽宁，河北，山东）；朱元鼎、罗云林，1963，东海鱼类志：380，图 286（上海鱼市场等地）；倪勇，1990，上海鱼类志：294，图 175（长江口佘山及附近海区）；伍汉霖，1985，福建鱼类志（下卷）：315，图 579（福建霞浦三沙）。

长绵鳚 *Enchelyopus elongatus*：成庆泰，1997，山东鱼类志：334，图 244（山东）。

吉氏绵鳚 *Zoarces gillii*：伍汉霖、郭仲仁，2006，江苏鱼类志：623，图 318（黄海南部等地）；陈大刚、张美昭，2016，中国海洋鱼类（下卷）：1541。

图 195　吉氏绵鳚 *Zoarces gillii*（李思忠，1955）

英文名　blotched eelpout。

地方名　海鲇鱼、光鱼。

主要形态特征　背鳍89～95 - Ⅻ～ⅩⅩ - 16～28；臀鳍94～116；胸鳍19～20；腹鳍3。鳃耙5＋14。

体长为体高的 7.2～7.4 倍，为头长的 5.1～5.3 倍。头长为吻长的 3.2～3.4 倍，为眼径的 5.4～6.0 倍，为眼间隔的 3.7～4.0 倍。

体延长，前部亚圆形，后部侧扁。头中大，宽稍大于高。吻圆钝。眼小，侧上位。两眼在头背相距较远，两眼间隔较宽，平坦或略内凹。鼻孔每侧 2 个，前鼻孔颇小，距吻端较距眼近；后鼻孔具 1 短管。口大，低位，弧形。上颌稍长于下颌。上颌骨后端伸达眼后缘下方。齿尖锐，上颌齿前端 3 行，外行齿较大，中央具 1 对犬齿，侧面 2 行；下颌齿前端 2 行，侧面 1 行，最后 3～4 枚为犬齿。幼体齿较细小，犬齿不发达，上颌前方齿 2 行，侧面 1 行；犁骨及腭骨均无齿。唇发达。舌后，圆形，前端不游离。鳃孔大。鳃盖膜与峡部相连。鳃盖条 6。具假鳃。鳃耙粗短。

鳞圆形，很微小，埋入皮下，除头部外全身及背鳍膜、臀鳍膜均有鳞。侧线中侧位，在胸鳍上方略高，到尾部后半段渐消失。

背鳍延长，始于鳃孔上方稍前，前部具 89～95 鳍条，后部近尾端处具 12～20 短小鳍棘，鳍棘部后方具 16～28 细小鳍条，与尾鳍相连。臀鳍亦延长，始于背鳍第二十一鳍条下方，无鳍棘，后端与尾鳍相连。胸鳍宽圆形。腹鳍很小，喉位，相互接近。尾鳍短小，不显著。

体灰黄色，下侧淡白色，背侧具 16～19 纵行黑色斑块，体侧上半部无人字形斑纹，在侧线上下方具 15～18 个云状色暗的斑块；背鳍第四至第七鳍条上具一黑色圆斑。眼间隔及眼后具一方形黑斑。

分布　分布于西北太平洋区日本、朝鲜半岛东部和中国。中国分布于渤海南部、黄海和东海。长江口近海亦有分布。

生物学特性　近海冷温性底层鱼类。常栖息于水深 40～60 m 的海区，多匍匐于海底，不进行远距离洄游。一般不结成大群。卵胎生。每年在夏末秋初时性腺成熟，生殖期一般为 12 月至翌年 2 月。分批产仔。怀胎数一般数尾至 400 尾。卵球形，成熟卵径约 3 mm。仔鱼产出时与成鱼同形，全长约 40 mm。仔鱼离母体后即营底栖生活。一般渔获物体长 190～270 mm，体重 200～350 g，大者体长可达 470 mm。

资源与利用　中小型鱼类，可食用。在渤海南部和黄海北部为底拖网对象之一，产量较高，有经济价值。长江口数量较少，无捕捞经济价值。

锦鳚科 Pholidae

本科长江口 1 亚科。

锦鳚亚科 Pholinae

本亚科长江口 1 属。

锦鳚属 *Pholis* Scopoli，1777

196. 云纹锦鳚 *Pholis nebulosa*（Temminck *et* Schlegel，1845）

Gunnellus nebulosus Temminck and Schlegel，1845，Pisces，Fauna Japonica Parts.，7～9：138，pl. 73，fig. 2（Bay of Mogi，near Nagasaki，Japan）。

云鳚 *Enedrias nebulosa*：李思忠，1955，黄渤海鱼类调查报告：167，图 106（河北，山东）；朱元鼎、罗云林，1963，东海鱼类志：379，图 285（江苏大沙）。

云纹锦鳚 *Pholis nebulosa*：伍汉霖、郭仲仁，2006，江苏鱼类志：621，图 316（连云港）。

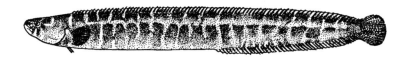

图 196　云纹锦鳚 *Pholis nebulosa*（李思忠，1955）

英文名　tidepool gunnel。

地方名　高粱叶。

主要形态特征　背鳍 L ⅩⅩⅨ；臀鳍Ⅱ-41；胸鳍15；腹鳍Ⅰ-1。鳃耙3+11。

体长为体高的 6.8～7.7 倍，为头长的 8.0～8.3 倍。头长为吻长的 5.1～6.0 倍，为眼径的 4.8～6.0 倍，为眼间隔的 7.6～7.8 倍。

体低而延长，很侧扁，尾部向后渐狭。头短小，侧扁，光滑无棘。背面较窄，腹面宽而略作弧形。吻短，约与眼径相等。眼小，侧上位，位于头部前方，眼后缘至吻端约为头长的 1/3；眼间隔窄，小于眼径。鼻孔大，呈短管状突出。口小，前位。上颌稍长，口裂稍倾斜。齿短钝，上下颌齿均呈狭带状，上颌齿较多；犁骨具细齿。舌不明显。鳃孔大。左右鳃盖膜相连，与峡部分离。鳃盖条5。鳃耙短尖。具假鳃。

鳞小，圆形。头、体均被鳞。无侧线。

背鳍1个，低而延长，始于鳃盖后缘的上方，后端与尾鳍相连。臀鳍与背鳍相似，始于背鳍第三十九鳍棘下方，后端亦与尾鳍相连。胸鳍短圆形。腹鳍胸位，很短小。尾鳍短圆形。

体背侧淡灰褐色，腹侧淡黄色。背面及体侧均有云状色暗的斑纹；自眼间隔到眼下有一黑色横纹，眼后项部有一 V 形黑纹。背鳍及臀鳍亦具色暗的云状斑纹。尾鳍色暗。

分布　分布于西太平洋区朝鲜半岛、日本和中国。中国分布于渤海、黄海和东海。笔者 2016 年 2 月在长江口近海（122°45′E、31°12′N）捕获 1 尾体长 120 mm 样本，为长江口新记录。

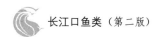

生物学特性 近海冷温性小型底层鱼类。栖息于岩礁或沙泥质底海区，水深约 20 m。

资源与利用 小型鱼类，体长约 120 mm。长江口数量稀少，无经济价值。

龙䲢亚目 Trachinoidei

本亚目长江口 3 科。

科 的 检 索 表

1（4）体每侧具侧线 1 条，且有时中断

2（3）腹鳍喉位；头部宽大，部分被硬骨板 ………………………………… 䲢科 Uranoscopidae

3（2）腹鳍胸位；头部不被硬骨板；侧线中侧位，伸达尾鳍基………………… 拟鲈科 Pinguipedidae

4（1）体每侧各具侧线 2 条 ……………………………………………… 鳄齿鱼科 Champsodontidae

鳄齿鱼科 Champsodontidae

本科长江口 1 属。

鳄齿鱼属 *Champsodon* Günther，1867

本属长江口 1 种。

197. 短鳄齿鱼 *Champsodon snyderi* Franz，1910

Champsodon snyderi Franz，1910，Abhandl. Bayer Akad. Wiss. 4（Suppl.）（1）：82，pl. 9，fig. 74（Fukuura and Misaki，Yagoshima，Japan）。

鳄齿䲢 *Champsodon capensis*：成庆泰等，1962，南海鱼类志：699，图 569（广西，广东，海南）。

鳄齿鱼 *Champsodon capensis*：成庆泰、王存信，1963，东海鱼类志：377，图 283（浙江沈家门等地）；

短鳄齿鱼 *Champsodon snyderi*：倪勇，1990，上海鱼类志：292，图 173（长江口近海区）；史赟荣，2012，长江口鱼类群落多样性及基于多元排序方法群落动态的研究：103（长江口九段沙南侧水域）。

短鳄齿䲢 *Champsodon snyderi*：阎斌伦、汤晓鸿，2006，江苏鱼类志：610，图 309（连云港，吕四，黄海南部）。

英文名 Snyder's gaper。

地方名 沙钩、黑狗母。

主要形态特征 背鳍Ⅴ，Ⅰ-19～21；臀鳍Ⅰ-17～19；胸鳍 9～13；腹鳍Ⅰ-5；尾

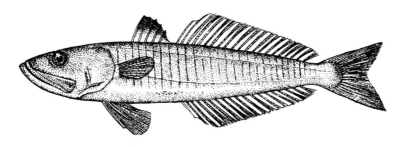

图 197　短鳄齿鱼 *Champsodon snyderi*（成庆泰和王存信，1963）

鳍 15～18。侧线鳞约 110。鳃耙 5＋10～12。

体长为体高的 4.9～6.6 倍，为头长的 3.3～3.8 倍。头长为吻长的 3.8～4.7 倍，为眼径的 4.0～5.0 倍。

体延长，稍侧扁。头中大，侧扁。吻稍长于眼径，背面与头顶平直，具 2 条平行鼻棱，在吻的前下缘具一"丁"字形尖棘。眼稍小，位于头顶部，瞳孔上缘有一黑色小皮瓣。眼间隔平坦，小于眼径。顶枕骨中央微凹，有 2 条顶枕棱，顶枕棱后端在鳃孔后上角处有一肩棱，棱后端有 2 个小棘。鼻孔小，两鼻孔均位于吻前端。口大，前位，甚倾斜。前颌骨能伸缩，其缝合处中央有 1 个圆形凸起，突起的每侧有 1 个小凹刻。上颌骨大部分外露，后端伸达眼后缘下方。下颌发达，伸达上颌前方，在缝合处下缘有一圆丘形小突起。上颌齿 1 行，犬齿状，下颌齿多行，有一行为犬齿，两颌的犬齿均能向口内倒伏；犁骨齿呈短绒毛状，腭骨无齿。舌肥厚，尖形。唇不发达。前鳃盖骨后下角有 3 棘，其中 2 棘短小，伸向前方，另 1 棘尖长，伸向后方。鳃盖骨在皮下具 1 短棘，边缘皮膜具短毛状突起。鳃孔大，侧位。鳃盖膜分离，不与峡部相连。鳃盖条 7。鳃 4 个。鳃耙扁片状。

头、体被微小栉鳞，不易脱落；腹部无鳞。侧线每侧 2 条，上方 1 条始于鳃孔后上角，呈直线形，后端伸达尾鳍基；下方 1 条始于胸鳍基正中，后伸达尾鳍基。2 条侧线均有若干平行分支。

背鳍 2 个，分离。第一背鳍鳍棘细弱，不伸达第二背鳍起点；第二背鳍各鳍条较长，第三鳍条最长。臀鳍与第二背鳍同形，相对。胸鳍侧位，短小。腹鳍喉位，位于胸鳍基稍前下方。尾鳍浅叉状。

体黄褐色，腹侧浅黄色。各鳍浅黄色。第一背鳍尖端无黑斑纹。

分布　分布于西太平洋区日本南部至中国东南沿海。中国东海、南海和台湾海域均有分布。长江口近海有分布。

生物学特性　暖水性小型底层鱼类。栖息于大陆架斜坡沙泥质底海域。肉食性鱼类，以鱼类及底栖甲壳类动物为食。产卵期为 10 月至翌年 4 月，盛产期在冬季。

资源与利用　小型鱼类，体长约 120 mm，无食用价值，在南海底拖网渔获物中较常

见，为带鱼等经济鱼类的饵料。长江口数量少，无经济价值。

拟鲈科 Pinguipedidae

本科长江口1属。

拟鲈属 *Parapercis* Bleeker，1863

本属长江口1种。

198. 六带拟鲈 *Parapercis sexfasciata*（Temminck *et* Schlegel，1843）

Percis sexfasciata Temminck and Schlegel，1843，Pisces，Fauna Japonica Parts.，2～4：23，25（Nagasaki，Japan）。

六带拟鲈 *Parapercis sexfasciata*：成庆泰、王存信，1963，东海鱼类志：358，图269（上海，舟山，浙南外海）；倪勇，1990，上海鱼类志：289，图170（长江口佘山附近）；阎斌伦、汤晓鸿，2006，江苏鱼类志：609，图308（长江口外海）。

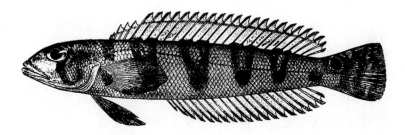

图198　六带拟鲈 *Parapercis sexfasciata*（成庆泰和王存信，1963）

英文名　grub fish。

地方名　海狗甘仔、花狗母。

主要形态特征　背鳍 V-23；臀鳍 I-19；胸鳍 15～17；腹鳍 I-5；尾鳍 15。侧线鳞 $60\sim62\frac{5}{15\sim16}$。鳃耙 5～6＋9～10。

体长为体高的 5.6～6.6 倍，为头长的 3.6～4.0 倍。头长为吻长的 3.2～3.8 倍，为眼径的 3.1～3.8 倍。

体延长，前部亚圆筒形，后部渐侧扁；尾柄短而高，稍侧扁。头较小，稍平扁。吻稍长，前端尖，吻长约与眼径相等。眼大，侧上位，几近头背缘。眼间隔窄，约为眼径的 1/2。鼻孔每侧 2 个，位于吻中部，前鼻孔略大于后鼻孔。口中大，前位，略倾斜。两颌约等长。上颌骨不外露。两颌具绒毛状齿群，外侧一行较大，犁骨有齿，腭骨齿每侧 2行。唇发达。舌较窄，游离。鳃盖膜相连，与峡部分离。鳃孔大。鳃盖条 6。具假鳃。前鳃盖骨边缘有细锯齿，鳃盖骨后上缘有一扁棘。鳃耙很短。

体被弱栉鳞，鳞大小不一，头部鳞较小，胸鳍基部及尾鳍鳍条的 2/3 部分被细鳞。侧线完全，略呈弯曲状。

背鳍 1 个，鳍棘部与鳍条部相连续，中间无缺刻，始于胸鳍基上方，鳍基部甚长，约占背缘的 4/5，第五鳍棘最长。臀鳍与背鳍鳍条部同形，始于背鳍第五鳍条下方。胸鳍宽大，后缘呈楔形。腹鳍位于胸鳍前下方，约与胸鳍等长。尾鳍后缘圆形。

体背部灰褐色，腹部黄色，体侧具 5 个 V 形黑斑，此斑在背鳍基部相连续。自胸鳍基底到项部有一暗黑色横带，尾柄具一暗斑，尾鳍上部具一带白边的黑色圆斑。背鳍暗灰色。臀鳍灰白色。胸鳍淡白色，鳍基部黑色。腹鳍暗灰色。尾鳍暗灰色，具 3～4 条黑色不规则斑纹。

分布　分布于西太平洋区印度尼西亚及日本南部至中国台湾海域。中国东海及台湾海域有分布。长江口近海有分布。

生物学特性　近岸暖水性小型底层鱼类。栖息于沙泥质底的海域。以鱼和虾、蟹等小型底栖动物为食、平时伏于礁盘与沙地间区域，伺机掠食。

资源与利用　小型鱼类，多为底拖网捕获。长江口数量少，无经济价值。

䲢科 Uranoscopidae

本科长江口 3 属。

属 的 检 索 表

1（4）背鳍 1 个，鳞退化

2（3）后肩部有 1 羽状皮膜；体棕褐色 ·· 披肩䲢属 *Ichthyscopus*

3（2）后肩部无羽状皮膜；体青灰色 ·· 奇头䲢属 *Xenocephalus*

4（1）背鳍 2 个，第一背鳍具 4～5 棘；体被细鳞，项背无鳞 ···················· 䲢属 *Uranoscopus*

披肩䲢属 *Ichthyscopus* Swainson，1839

本属长江口 1 种。

199. 披肩䲢 *Ichthyscopus lebeck*（**Bloch** *et* **Schneider**，**1801**）

Uranoscopus lebeck Bloch and Schneider，1801，Sys. Ichth.：47（Tranquebar，India）。

披肩䲢 *Ichthyscopus lebeck*：成庆泰等，1962，南海鱼类志：696，图 567（广东）；倪勇，1990，上海鱼类志：291，图 172（长江口近海区）；阎斌伦、汤晓鸿，2006，江苏鱼类志：613，图 311（长江口外海）。

鱼䲢 *Ichthyscopus lebeck*：成庆泰、王存信，1963，东海鱼类志：374，图 281（东海

北部、南部）；李婉瑞，1985，福建鱼类志（下卷）：309，图 575（厦门等地）。

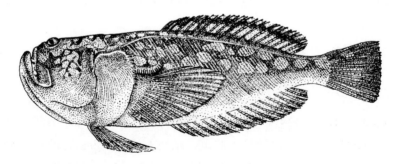

图 199　披肩螣 *Ichthyscopus lebeck*（成庆泰和王存信，1963）

英文名　longnosed stargazer。

地方名　大头丁、向天虎。

主要形态特征　背鳍 18～20；臀鳍 15～16；胸鳍 15～16；腹鳍 I - 5。侧线鳞 66～69。

体长为体高的 2.6～3.1 倍，为头长的 2.5～3.0 倍。头长为吻长的 7.6～12.0 倍，为眼径的 5.4～9.7 倍，为眼间隔的 4.4～4.5 倍。

体长形，侧扁，前端甚粗钝，向后方逐渐变细。头粗大，稍侧扁，背面与两侧被骨板，无棘和锐棱。吻短钝。眼小，背侧位，位于头的前半部，很凸出，其基部似眼柄状。眼间隔宽，约为眼径 1.5 倍。顶枕部中央微凹，两侧稍圆。无肩棘和肱棘。鼻孔每侧 2 个，各有 1 个粗管状的皮质短突起。口中大，几直立，位于头的前端。前颌骨能伸缩，其连合突起很大，伸达眼窝中央凹窝下方。上颌骨几垂直，前端被于眶前骨下，后端宽大、外露。下颌前端无骨棱外露。上颌、犁骨及腭骨具绒毛状齿群，下颌仅有 1 行犬齿状齿。舌厚，圆形，前上缘游离。口内皮膜在下颌内缘呈宽三角形。唇发达，除上颌两侧外，在上下颌各形成一行小须状突起。前鳃盖骨下半部外露，无棘突。间鳃盖骨发达。下鳃盖骨与鳃盖骨无棘，鳃盖骨后上缘有一羽状皮膜。鳃盖膜发达，左右侧相连，与峡部分离。鳃盖条 6。鳃 4 个，第四鳃后无裂孔。在后肩部有一块羽状皮膜，与胸鳍基上缘一行低而短羽状突起形成纵管状。

体被圆鳞，多退化，埋于皮下。侧线完整，位高，自鳃孔后上方起到背部延伸至背鳍后方开始斜下达尾鳍基部。头部、项背部的中央、胸腹部及胸鳍基附近等处无鳞。

背鳍 1 个，始于肛门上方，以第九至第十一鳍条较长。臀鳍与背鳍相对，以第十二或第十三鳍条最长。胸鳍宽大，近半圆形。腹鳍喉位，位于前鳃盖骨中部下方，腰带骨无棘。尾鳍截形。

体背部棕褐色，腹部色较浅，体背缘两侧有许多大白斑（体长 120 mm 以下个体在项部及头部亦有白斑）。背鳍浅褐色，中央有一纵带（体长 200 mm 以上个体为几个长白斑）。臀鳍、腹鳍黄白色；胸鳍浅褐色，近基部有 4～5 个淡黄色斑。尾鳍黄白色，有时亦具不规则斑点。口腔与鳃腔白色。

分布　分布于印度—西太平洋区，西起印度，北至日本南部，南至澳大利亚。中国东海、南海和台湾海域均有分布。长江口近海偶见。

生物学特性　近海暖水性中小型底层鱼类。栖息于沙泥质底的浅海。肉食性，喜隐伏于海底，袭捕底栖动物。

资源与利用　中型鱼类，体长约 400 mm。肉供食用。长江口近海偶见，数量稀少。

䲢属 *Uranoscopus* Linnaeus，1758

本属长江口 1 种。

200. 日本䲢 *Uranoscopus japonicus* Houttuyn，1872

Uranoscopus japonicus Houttuyn，1872，Verh. Holl. Maats. Wetenschappen Haarlem，20：311（Suruga Bay，Shizuoka，Japan）。

网纹䲢 *Uranoscopus japonicus*：李思忠，1955，黄渤海鱼类调查报告：159，图 101（山东）；成庆泰等，1962，南海鱼类志：691，图 563（广东）。

日本䲢 *Uranoscopus japonicus*：成庆泰、王存信，1963，东海鱼类志：371，图 278（浙江）；倪勇，1990，上海鱼类志：290，图 171（长江口佘山附近海区）；陈马康等，1990，钱塘江鱼类资源：197，图 188（海盐）；阎斌伦、汤晓鸿，2006，江苏鱼类志：613，图 311（黄海南部，吕四，长江口）。

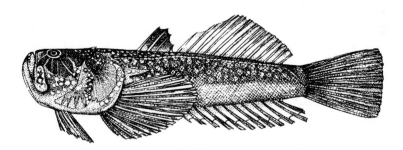

图 200　日本䲢 *Uranoscopus japonicus*（成庆泰和王存信，1963）

英文名　Japanese stargazer。

地方名　瞻星鱼。

主要形态特征　背鳍Ⅳ，13；臀鳍 13；胸鳍 17～18；腹鳍Ⅰ-5。侧线鳞 54～55。

体长为体高的 4.0～5.3 倍，为头长的 2.7～2.9 倍。头长为吻长的 8.2～11.4 倍，为眼径的 8.0～9.8 倍，为眼间隔的 4.8～5.1 倍。

体长形，前端稍平扁，向后渐侧扁。头宽与头长约相等。吻短，吻背中央与眼间隔

间形成 1 凹窝。眼背侧位，近吻端。具 2 个肩棘。两鼻孔位于吻前缘，后鼻孔裂孔状。口几垂直。下颌突出。上颌、犁骨和腭骨具绒毛状齿丛，下颌具 2 纵行犬齿。舌端宽圆、周缘游离。下颌内侧具 1 三角形宽皮瓣。前鳃盖骨下缘具 3 尖棘。鳃孔宽大。鳃盖膜相连，与峡部分离。鳃耙短刺毛状。

体被细小圆鳞，鳞行斜向后下方。头部、项背、胸腹部、背鳍基底与臀鳍基底均无鳞。侧线上侧位。

背鳍 2 个，稍分离。臀鳍起于第二背鳍稍前方。胸鳍宽大，侧下位。腹鳍喉位。尾鳍近截形。

体背侧黄褐色，腹面白色，体两侧和背面具网纹、其间为白色斑点。第一背鳍黑色；第二背鳍和胸鳍淡黄色，臀鳍白色，腹鳍淡红色。尾鳍鳍膜暗黑色。

分布　分布于西太平洋区由日本南部至中国南海。中国沿海均有分布。为长江口海域常见种。

生物学特性

［习性］暖温性近海底层中小型鱼类。栖息于水深 7～10 m 的沙底。不成大群，常喜潜伏海底，埋于泥沙中，两眼外露，以口腔的皮瓣引诱和袭捕其他小鱼及底栖动物或游泳动物。

［年龄与生长］一般体长 80～140 mm，大的可达 200 mm。

［食性］肉食性，摄食小鱼、虾及底栖动物。饵料组成中自游动物占 66%，匍匐性底栖生物占 25%，隐埋性底栖生物占 19%。

［繁殖］春末夏初产卵，卵浮性，卵径 1.52～1.9 mm，卵膜龟裂状，油球 3～27 个，油球径 0.02～0.09 mm。水温 21～26 ℃，约经 80 h 孵出。初始全长 3.68～4.38 mm 仔鱼，体较高，胸鳍圆形，头、体侧和卵黄囊密布黑色素细胞、橙色素细胞和黄色素细胞，尾部中央背、腹具橙黄色素细胞，肌节 9～10＋16～17。口裂发育期，黑色素细胞出现在尾端鳍膜上，胸鳍上也出现黄色素细胞，体侧橙色素细胞从尾部中央向背腹和消化管背面集中，尾部中央鳍膜内色素细胞消失。完全开口后，腹部和体侧背面色素细胞消失，尾部仅在尾端腹面留有色素。孵化后 2～3 d 卵黄囊被吸收，黑色素细胞分布于头部、体背侧、鳃盖部、胸鳍基底和消化管背面，眼后至鳃盖、消化管、尾部中央体侧，头后背、胸鳍后方体侧均散布有橙色素细胞。

资源与利用　全年可见，长江口数量较多，用底拖网或定置网捕捞。属刺毒鱼类，毒器由肱棘、棘外皮膜（内有毒腺组织）构成。被刺后剧痛，严重者则感难以忍受刀割样剧痛、刺痛、痉挛、有烧灼感，以致神志丧失，故在捕捞时应避免赤手拿。

奇头鰧属 *Xenocephalus* Kaup，1858

本属长江口 1 种。

201. 青奇头䲁 *Xenocephalus elongatus* （Temminck *et* Schlegel，1843）

Uranoscopus elongatus Temminck and Schlegel，1843，Pisces，Fauna Japonica Parts.，2～4：27，pl.9，fig.2（Japan）。

青䲁 *Gnathagnus elongatus*：李思忠，1955，黄渤海鱼类调查报告：160，图102（烟台）；成庆泰等，1962，南海鱼类志：698，图568（广西，广东，海南）；成庆泰、王存信，1963，东海鱼类志：375，图282（浙江泗礁，浙江南部外海）；倪勇，1990，上海鱼类志：292，图173（长江口近海区）。

青䲁 *Gnathagnus elongates*：阎斌伦、汤晓鸿，2006，江苏鱼类志：610，图309（连云港，吕四，黄海南部）。

青䲁 *Xenocephalus elongatus*：史赟荣，2012，长江口鱼类群落多样性及基于多元排序方法群落动态的研究：104（长江口近海，九段沙南）。

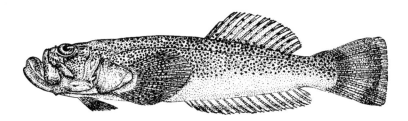

图201　青奇头䲁 *Xenocephalus elongatus*（成庆泰和王存信，1963）

英文名　elongate stargazer。

地方名　铜锣锤、乖鱼、大头丁、向天虎。

主要形态特征　背鳍12～13；臀鳍17；胸鳍18～19；腹鳍Ⅰ-5。尾鳍12。

体长为体高的4.7～5.2倍，为头长的3.3～3.5倍。头长为吻长的5.8～6.1倍，为眼径的4.8～5.6倍。

体呈长形，前端平扁，向后渐侧扁。头中大，平扁。吻短钝，吻长略短于眼径。眼小，背侧位，距吻端较距鳃盖后缘近。眼间隔宽，中央凹入。鼻孔每侧2个，紧位于眼前缘，前鼻孔后缘有一皮瓣，可伸达眼窝中部。口中大，几直立。上颌、犁骨及腭骨齿细小，绒毛状；下颌齿较大，2行。唇发达，口缘有1行短毛状皮突。舌宽短。前鳃盖骨后缘无小突起。鳃孔大。头部在鳃孔的背侧具一粗短的肱棘。鳃盖膜相连，与峡部分离。鳃盖条6。鳃4个。鳃耙呈绒毛状。有假鳃。

体被小圆鳞，退化，多埋入皮下。侧线完全，位高，自鳃孔后上方向后延伸，至尾柄中部下斜至尾鳍基底。头部、胸部及腹部无鳞。项背部有鳞。

背鳍1个，无鳍棘，约始于臀鳍第四鳍条上方，以第四或第五鳍条最长。臀鳍基底长大于背鳍基底长，以第十一或第十二鳍条最长。胸鳍宽，近半圆形。腹鳍喉位，始于眼

后下方。腰带骨外侧无棘。尾鳍截形。

体背部灰青绿色，腹部淡青灰色，体背部及两侧上方具许多不规则深蓝绿色小斑。背鳍淡黄色。臀鳍、胸鳍及腹鳍淡棕褐色。尾鳍青灰色。

分布　分布于印度—西太平洋区印度尼西亚、琉球群岛至中国东海。中国沿海均有分布。长江口近海有分布。

生物学特性　近海暖温性中小型底层鱼类。栖息于大陆架或大陆架边缘。产卵期为8—10月，1龄鱼体长70 mm、2龄鱼160 mm、3龄鱼240 mm、4龄鱼300 mm、5龄鱼达350 mm。捕食鱼类、虾类和蟹类等。

资源与利用　我国沿海底拖网渔获物中常可遇到，但产量不大。长江口数量少，无经济价值。肱棘具毒腺组织，被刺后剧痛难忍。

【Springer 和 Bauchot（1994）研究表明，青䲢属（*Gnathagnus* Gill，1861）为奇头䲢属（*Xenocephalus* Kaup，1858）的异名。】

鳚亚目 Blennioidei

本亚目长江口1科。

鳚科 Blenniidae

本科长江口1亚科。

鳚亚科 Blenniinae

本亚科长江口1属。

肩鳃鳚属 *Omobranchus* Valenciennes，1836

本属长江口1种。

202. 美肩鳃鳚 *Omobranchus elegans*（Steindachner，1876）

Petroscirtes elegans Steindachner，1876，Ichth. Beitr.，5：169（Nagasaki，Japan）。

美鳚 *Dasson elegans*：李思忠，1955，黄渤海鱼类调查报告：163，图103（山东青岛）。

美肩鳃鳚 *Omobranchus elegans*：成庆泰，1997，山东鱼类志：325，图236（山东青岛）；伍汉霖、郭仲仁，2006，江苏鱼类志：619，图315（连云港）；倪勇等，2008b，海洋渔业，30（1）：88，图 2（长江口南港北槽深水航道）。

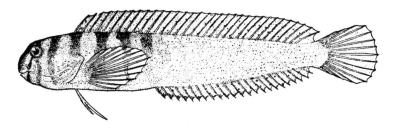

图 202　美肩鳃䲁 *Omobranchus elegans*（李思忠，1955）

英文名　elegant blenny。

地方名　狗鰷。

主要形态特征　背鳍Ⅺ-22；臀鳍 23；胸鳍 13；腹鳍 2；尾鳍 15。鳃耙 8～10。

体长为体高的 5.5～5.7 倍，为头长的 4.4～4.6 倍。头长为吻长的 4.1～4.2 倍，为眼径的 5.1～5.2 倍。

体呈长形，侧扁；自头部向后渐低。头小，侧扁，头高等于体高，无皮质突起。吻短，前端陡斜，吻高大于吻长。眼小，位于头前部，侧上位。眼间隔微凸，其宽等于或略小于眼径。鼻孔 1 个。口小，位低，亚下位。下颌较上颌短。上颌骨后端伸达瞳孔前缘。上下颌各有 1 行密篦状齿，每侧最后一齿稍分离，为大型犬齿。下颌齿较上颌齿大；犁骨及腭骨无齿。无须。鳃孔很窄小，位于胸鳍基前上缘，等于或稍大于眼径。鳃盖膜相连，与峡部不分离。鳃耙很小。

无鳞，亦无侧线。

背鳍很长，始于鳃孔前方附近，鳍棘部与鳍条部间无凹刻，最后鳍条由鳍膜与尾鳍前缘相连。臀鳍与背鳍鳍条部相对，但臀鳍鳍条较短。胸鳍侧位而低，圆形，后端伸达肛门上方。腹鳍喉位。尾鳍短圆形。

体呈黄褐色。吻前端、眼间隔及后头部各有 1 条黑色横纹。体侧前部有 4 条黑色横纹，后部亦具不明显短横纹。头部、体侧、背鳍和臀鳍上均具许多小黑点。

分布　分布于西太平洋区朝鲜半岛、日本和中国。中国分布于黄海、东海和南海。笔者 2007 年 8 月在长江口南港北槽深水航道导堤采集 1 尾体长 50 mm 样本，为长江口新记录。

生物学特性　近海暖温性小型岩礁鱼类。常栖息于有牡蛎的区域。

资源与利用　小型鱼类。长江口数量稀少，无经济价值。

䲗亚目 Callionymoidei

本亚目长江口 1 科。

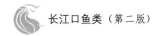

鮨科 Callionymidae

本科长江口 2 属。

属 的 检 索 表

1 （2） 体侧线上方无长或分离的短分支 ···································· 斜棘鮨属 *Repomucenus*

2 （1） 体侧线上方具长或分离的短分支；前鳃盖骨棘短，后端向上弯曲 ·········· 鮨属 *Callionymus*

鮨属 *Callionymus* Linnaeus，1758

本属长江口 1 种。

203. 本氏鮨 *Callionymus beniteguri* Jordan *et* Snyder，1900

Callionymus beniteguri Jordan and Snyder，1900，Proc. U. S. Nati. Mus.，23 (1213)：370，pl. 17 （Tokyo Bay，Japan）。

绯鮨 *Callionymus beniteguri*：李思忠，1955，黄渤海鱼类调查报告：182，图 116 （山东青岛）；朱元鼎、罗云林，1963，东海鱼类志：387，图 292 （江苏大沙）；倪勇，1990，上海鱼类志：296，图 177 （长江口近海区）；伍汉霖、倪勇，2006，江苏鱼类志：627，图 320 （吕四等地）。

本氏鮨 *Callionymus* （*Callionymus*） *beniteguri*：台湾鱼类志：511 （台湾）。

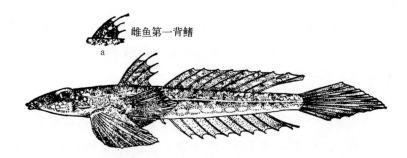

图 203　本氏鮨 *Callionymus beniteguri* （李思忠，1955）

英文名　Chinese darter dragonet。

地方名　小箭头鱼。

主要形态特征　背鳍Ⅳ，9；臀鳍9；胸鳍19；腹鳍1-5；尾鳍10。

体长为体高的 10.2～10.6 倍，为头长的 4.0～4.2 倍。头长为吻长的 2.8～3.1 倍，为眼径的 3.0～3.4 倍。

体延长，宽而平扁，向后渐细，略侧扁。头宽扁，背视三角形。吻平扁，三角形。

眼大，位于头背侧。眼间隔窄而凹入。鼻孔每侧 2 个，较小，位于眼的前方。口亚前位，能伸缩。上颌稍突出，伸达鼻孔下方。前颌骨连合突起很长，伸达眼间隔前缘。眶前骨大，上颌骨为眶前骨所盖。上下颌具绒毛状齿带，犁骨与腭骨均无齿。舌短，圆形，前端游离。鳃孔小，位于头背侧。间鳃盖骨棘长，后端向上弯，上缘具 3～4 个小棘刺，基底前方具一向前倒棘。左右鳃盖膜相连，并与峡部、胸鳍基底的前方及鳃盖等连成一大囊。

体无鳞。侧线发达，平直，上侧位。左右侧线在项部及尾柄上方具一横支，在背侧相连，在眼后缘分出侧支和眼下支。

背鳍 2 个，第一背鳍起点在胸鳍基底前上方，雄鱼第一和第二鳍棘长丝状，极大超越第二背鳍起点，第四鳍棘不呈丝状延长；雌鱼第一背鳍各鳍棘不延长，第二背鳍最后鳍条最长，分支。臀鳍起点在第二背鳍第二鳍条下方。胸鳍中大，略呈斜方形。腹鳍喉位，宽大，较胸鳍长，最后鳍条与胸鳍基底相连。尾鳍略呈菱形，鳍条不延长。

体背灰褐色，具不规则圆形色浅的小斑，沿侧线具 6 个不规则色暗的斑块，腹部白色，幼鱼体侧下部具小圆白斑。雄鱼第一背鳍鳍膜具蓝白色斑纹，第三、第四鳍棘上缘及后缘色浅；雌鱼第三、第四鳍棘间具黑色斑块或全为黑色，雄鱼和雌鱼第二背鳍散布蓝白色及黑色小斑点。雄鱼臀鳍灰黑色，基部色浅，具多行斜纹；雌鱼臀鳍浅灰色。胸鳍色浅，上半部有黑色小斑点。尾鳍下部 3 鳍条的鳍膜黑色。

分布 分布于西北太平洋区日本和中国。中国渤海、黄海、东海和台湾海域均有分布。长江口近海亦有分布。

生物学特性 近海暖温性底层小型鱼类。栖息于近岸内湾沙质底海区。游泳缓慢，以小型软体动物、蠕虫等底栖生物为食。前鳃盖骨上的强棘有毒腺。

资源与利用 小型鱼类，无食用价值。长江口近海数量较少，无捕捞经济价值。

斜棘䗁属 *Repomucenus* Whitley，1931

本属长江口 2 种。

种 的 检 索 表

1（2）第一背鳍小，基底短，具 3 鳍棘；体型小，成体 60 mm 以下 ················· 香斜棘䗁 *R. olidus*

2（1）第一背鳍大，基底长，具 4 鳍棘；体型大，成体 100 mm 以上；第一背鳍鳍膜连于第二背鳍；鳍棘呈丝状延长，平放时伸达或几伸达尾鳍基底；眼径大于或等于吻长··················
··· 丝鳍斜棘䗁 *R. virgis*

204. 香斜棘䗁 *Repomucenus olidus*（Günther，1873）

Callionymus olidus Günther，1873，Ann. Mag. Nat. Hist.，(4) 12：42（Shanghai，China）。

香鮨 *Callionymus olidus*：朱元鼎、罗云林，1963，东海鱼类志：388，图293（浙江蚂蚁岛，石浦）；江苏省淡水水产研究所等，1987，江苏淡水鱼类：283，图141（常熟，南通等）；倪勇，1990，上海鱼类志：295，图176（宝山，吴淞，川沙东沟，南汇惠南子镇，闵行，金山朱泾，亭林，青浦淀山湖，崇明南门港，黄浦江）；陈马康等，1990，钱塘江鱼类资源：198，图189（富春江窄溪）；倪勇，2005，太湖鱼类志：246，图95（太湖）；伍汉霖、倪勇，江苏鱼类志：628，图321（江阴，靖江，南通，常熟，海门等）。

香斜棘鮨 *Repomucenus olidus*：伍汉霖等，2002，中国有毒及药用鱼类新志：342，图254（长江口等地）。

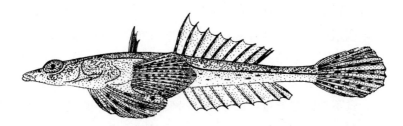

图204　香斜棘鮨 *Repomucenus olidus*（伍汉霖，1991）

英文名　Chinese darter dragonet。

地方名　老鼠鱼。

主要形态特征　背鳍Ⅲ，9～10；臀鳍8～9；胸鳍19～20；腹鳍1-5；尾鳍10。

体长为体高的7.8～8.0倍，为头长的3.5～3.9倍。头长为吻长的2.8～3.1倍，为眼径的3.4～4.0倍，为眼间隔的5.8～6.1倍。尾柄长为尾柄高的3.1～3.3倍。

体延长，平扁。向后渐细尖。头宽扁，三角形，宽与长约相等。吻短，与眼径约等长。眼较小，眼间隔窄而微凹，小于眼径。鼻孔2个，位于眼前，前鼻孔较大，具一鼻瓣。口小，上颌稍突出。上颌骨伸达前鼻孔下方。上下颌能伸缩，具绒毛状齿带；犁骨和腭骨无齿。舌短，前端游离，鳃孔位于背侧。前鳃盖骨具一长棘，上缘具小棘4～5枚，基底具一向前的倒棘。鳃盖膜左右相连，在胸鳍基部前方于峡部形成一大囊。

体表无鳞。侧线发达，上侧位。左右侧线在头后和尾柄上方有横支相连，自鳃孔上端向前至眼后缘又分出头侧支和眼下支，体侧线具许多极短的向下分支。

背鳍2个，相距颇远。第一背鳍很小，始于胸鳍基底上方，雌性鳍棘较短，雄性鳍棘稍长；第二背鳍基底延长。臀鳍起点始于第二背鳍第三鳍条下方。第二鳍条与臀鳍最后鳍条均分支，末端向后伸达尾鳍基部。胸鳍宽大，长于头长。腹鳍喉位，较胸鳍长，鳍膜与胸鳍基部相连。尾鳍圆形，长于头长。

体呈灰褐色，密具色暗的细斑。第一背鳍深黑色。臀鳍色浅。第二背鳍、胸鳍、腹鳍和尾鳍鳍条上均具黑色小斑点。

分布　主要产于东海和黄海，长江、钱塘江、黄浦江和淀山湖、太湖等均有分布。

长江口亦有分布。

生物学特性　喜栖息于江河入海的河口区和沿岸水域，也进入河流下游及其附属水体，在钱塘江上溯至富阳以上中游江段。成鱼体长 50～60 mm，4—6 月为繁殖季节，性腺发达，怀卵量 800～1 200 粒。

资源与利用　在深水定置网作业中有捕获，个体小，一般多作为小杂鱼处理，供应鸡鸭饲养场。生殖季节苏北有些渔民挑选性腺饱满的雌性个体淡盐晒干后，油炸烹饪，味亦鲜美。长江口种群数量不大，无经济价值。

虾虎鱼亚目 Gobioidei

本亚目长江口 3 科。

科 的 检 索 表

1（4）鳃盖条 6；左右腹鳍分离，但较接近，不愈合成吸盘

2（3）肩胛骨大，发达，其上部延伸，将胸鳍的支鳍骨和匙骨隔开 ………… 沙塘鳢科 Odontobutidae

3（2）肩胛骨小，不发达，其上部不延伸，胸鳍的支鳍骨超越肩胛骨并与匙骨相邻或相接……………
　　　　…………………………………………………………………… 塘鳢科 Eleotridae

4（1）鳃盖条 5；左右腹鳍大多愈合成一吸盘，也有相互接近，不愈合成一吸盘；眼背侧位，位于头的背缘，或眼小，退化；口一般斜裂，不垂直，不呈上位；纵列鳞 22～70，或裸露无鳞 ……
　　　　…………………………………………………………………… 虾虎鱼科 Gobiidae

沙塘鳢科 Odontobutidae

本科长江口 2 属。

属 的 检 索 表

1（2）头部略平扁，体前部亚圆筒形，后部稍侧扁；犁骨无齿；第二背鳍具 7～10 鳍条………………
　　　　……………………………………………………………… 沙塘鳢属 *Odontobutis*

2（1）头部及躯干部颇侧扁；头部具感觉管及感觉管孔；第一背鳍具 7～8 鳍棘，第二背鳍具 10～12
　　　　鳍条；纵列鳞 28～32；椎骨 32 枚；体侧有宽横带 12～16 条，横带成对排列 ……………
　　　　……………………………………………………………… 小黄黝鱼属 *Micropercops*

小黄黝鱼属 *Micropercops* Fowler *et* Bean，1920

本属长江口 1 种。

205. 小黄黝鱼 *Micropercops swinhonis*（Günther，1873）

Eleotris swinhonis Günther，1873，Ann. Mag. Nat. Hist.，12：242（Shanghai，

China）；Sauvage and Dabry，1874，Ann. Sci. Nat. Paris，（6）1（5）：3（上海）；Reeves，1927，J. Pan‑Pacific Res. Inst.，2（3）：13（上海）；Reeves，1931，Manual of Vertebate Animals：544（上海）；Kimura，1934，J. Shanghai. Sci. Inst.，（3）1：203（上海，江阴，苏州，芜湖）；Kimura，1935，Ibid，（3）3：118（崇明岛）。

Micropercops dabryi：Fowler and Bean，1920，Proc. U. S. Nat. Mus.，58：319，fig. 2（Suzhou，China）。

Micropercops cinctus：Reeves，1927，J. Pan‑Pacific Res. Inst.，2（3）：13（上海）；Reeves，1931，Manual of Vertebrate Animals：342（上海）。

Hypseleotris swinhonis：Fowler，1962，Quar. J. Taiwan Mus.，15（1/2）：39（上海，南京等地）。

黄鲥 *Hypseleotris swinhonis*：湖北省水生生物研究所鱼类研究室，1976，长江鱼类：201，图 175（南京等地）；倪勇，1990，上海鱼类志：303，图 183（吴淞、堡镇、莘庄、淀山湖、亭林）。

黄鲥鱼 *Hypseleotris swinhonis*：伍汉霖，1985，福建鱼类志（下卷）：332，图 592（云霄）。

小黄黝鱼 *Micropercops swinhonis*：伍汉霖、倪勇，2006，江苏鱼类志：640，图 327（海门等地）；伍汉霖，2008，中国动物志·硬骨鱼纲 虾虎鱼亚目：142，图 64（上海等地）。

图 205　小黄黝鱼 *Micropercops swinhonis*（伍汉霖，1985）

地方名　黄黝鱼。

主要形态特征　背鳍Ⅶ～Ⅷ，Ⅰ‑10～11；臀鳍Ⅰ，8～9；胸鳍 14～15；腹鳍Ⅰ‑5。纵列鳞 29～32，横列鳞 10～11，背鳍前鳞 12～13。鳃耙 3+8。椎骨 32。

体长为体高的 3.5～3.8 倍，为头长的 3.1～3.3 倍。头长为吻长的 3.4～3.6 倍，为眼径的 3.6～4.0 倍，为眼间隔的 3.6～3.9 倍。尾柄长为尾柄高的 2.2～2.3 倍。

体延长，侧扁；尾柄颇长。头侧扁，高大于宽。吻尖突。眼大，背侧位，眼上缘突出于头部背缘。眼间隔狭窄，稍内凹。鼻孔每侧 2 个，分离。口中大，前位，斜裂。下颌长于上颌，稍突出。上颌骨后端不伸达眼前缘下方。上下颌齿细小，尖锐，绒毛状，无犬齿，多行排列；犁骨、腭骨及舌上均无齿。唇颇厚，发达。舌游离，前端浅弧形。鳃孔大，侧位。前鳃盖骨边缘光滑，无棘，后缘具 4 个感觉管孔。峡部狭窄。鳃盖条 6。具假鳃。鳃耙短小。

体被中大栉鳞，头部、前鳃盖骨前部被圆鳞，鳃盖骨被小栉鳞，吻部和眼间隔无鳞。胸部和胸鳍基部被小圆鳞。无侧线。

背鳍 2 个，分离。第一背鳍高，基部短，起点位于胸鳍基底后上方，鳍棘柔软；第二背鳍略高于第一背鳍，基部较长，前部鳍条稍短，中部鳍条较长，平放时不伸达尾鳍基。臀鳍与第二背鳍相对，同形，后部鳍条平放时不伸达尾鳍基。胸鳍宽圆，侧下位，后缘几伸达肛门上方。腹鳍略短于胸鳍，圆形，左右腹鳍分离，不愈合成一吸盘。尾鳍长圆形。肛门与第二背鳍起点相对。

体呈青黄色略带红色，背部色较深，体侧中央具 12～16 条色暗的横带，横带成对排列，眼前下方至口角上方具一暗纹。鳃盖膜和背鳍灰黑色。背鳍第二至第六鳍棘的中部鳍膜黑色，形成一较长黑纹。第二背鳍具 2 行由黑点排列成的纵纹。尾鳍具 6 行黑色横纹。臀鳍暗灰色。胸鳍和腹鳍灰白色。胸鳍基的前上方具一细长黑斜纹。

分布　中国、日本和朝鲜半岛均产。中国黑龙江、黄河、长江、钱塘江、珠江等水系以及长江三角洲地区的内河、池塘均产。

生物学特性　淡水小型底栖鱼类，生活于河沟、池塘、湖泊浅水区，喜栖息于草丛水底，以浮游动物、水生昆虫等为食。

资源与利用　个体较小，体长一般为 30～50 mm，数量不多，利用价值不高。

沙塘鳢属 *Odontobutis* Bleeker，1874

本属长江口 1 种。

206. 河川沙塘鳢 *Odontobutis potamophila*（Günther，1861）

Eleotris potamophila Günther，1861，Cat. fish. Br. Mus.，3：557（Yangtze River，China）；Günther，1873，Ann. Mag. Nat. Hist.，14：242（上海）；Martens，1876，Zool. Theil. Berlin，1（2）：392（上海）；Nichols，1928，Bull. Am. Mus. Nat. Hist.，58（1）：54（上海）；Tchang，1929，Science，14（3）：406（上海，江阴，无锡，南京等）；Kimura，1934，J. Shanghai Sci. Inst.，（3）1：201（上海，镇江，南京等）；Kimura，1935，Ibid.（3）3：118（崇明）。

Eleotris obscura（not of Temminck and Schlegel）：Günther，1861，Cat. Fish. Br. Mus.，3：115（浙江）；Sauvage and Dabry，1874，Ann. Sci. Nat.（6）1（5）：3（上海等）。

Odontobutis obscurus：Bleeker，1879，Verh. Kon. Akad. Wet. Amst.，18（5）：3（上海）；Reeves，1927，J. Pan‐pacific Res. Inst.，2（3）：13（上海，浙江）；Reeves，

1931，Manual of Vertebrate Animals：548（上海）；Chu，1931，Biol. Bull. St. John's Univ. Shanghai，(1)：159（上海，南京，宁波等）。

Mogurnda obscura（not of Temminck and Schlegel）：Jordan and Seale，1905，Proc. U. S. Nat. Mus.，29：526（上海等）；Reeves，1927，J. Pan – Pacific Res. Inst.，2（3）：16（上海）；Tortonese，1937，Bull. Mus. Zool. Anat. Comp. Univ. Torino，47：368～371，fig.15（上海，香港）；Fowler，1962，Quar. J. Taiwan Mus.，15（1/2）：51～53，fig.89（上海，昆山，苏州等）。

Butis butis：Fowler and Bean（not Hamilton），1920，Proc. U. S. Nat. Mus.，58：520（苏州）；Reeves，1927，J. Pan – pacific. Res.，2（3）：13（上海，苏州等）。

Eleotris butis：Reeves，1931，Manual of Vertebrate Animals：546（上海，苏州）。

Odontobutis obscura：Tchang，1939，Bull. Fan Mem. Inst.，9：267（松江，南京等）。

河川鲈塘鳢 *Perccottus potamophilus*：朱元鼎、伍汉霖，1965，海洋与湖泊，7（2）：124（上海，南京）。

沙鳢 *Odontobutis obscura*：湖北省水生生物研究所，1976，长江鱼类：201，图176（崇明，南京，芜湖，安庆，鄱阳湖等）。

沙塘鳢 *Odontobutis obscura*：江苏省淡水水产研究所等，1987，江苏淡水鱼类：249，图121（江阴，宜兴，南京等地）。

嵴塘鳢 *Butis butis*：倪勇，1990，上海鱼类志：300，图180（上海）。

河川沙塘鳢 *Odontobutis potamophila*：伍汉霖、吴小清、解玉浩，1993，上海水产大学学报，2（1）：53（上海，南京，安庆，鄱阳湖，沙市，杭州，温州，安溪，开封）；孙帼英，1996，水产学报，20（3）：193～202（太湖，生物学研究）；伍汉霖、陈文雄、庄棣华，2002，上海水产大学，11（1）：11（长江中下游，钱塘江及闽江水系）；伍汉霖、倪勇，2006，江苏鱼类志：642，图328（吕四等地）；伍汉霖，2008，中国动物志·硬骨鱼纲 虾虎鱼亚目：150，图67（崇明等地）。

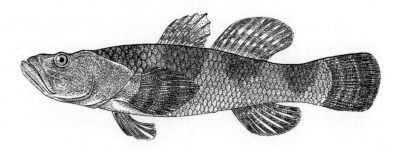

图 206　河川沙塘鳢 *Odontobutis potamophila*

英文名　river sleeper。

地方名　土布鱼、塘鳢王、菜花鱼、虎头鱼。

主要形态特征　背鳍Ⅵ～Ⅷ，Ⅰ-9；臀鳍Ⅰ-6～7；胸鳍14～15；腹鳍Ⅰ-5。纵列鳞34～36，横列鳞14～16，背鳍前鳞25～27。鳃耙1～3+5～10。脊椎骨28～30。

体长为体高的3.8～4.1倍，为头长的2.6～2.8倍。头长为吻长的3.9～4.1倍，为眼径的3.9～4.2倍，为眼间隔的4.1～4.6倍。尾柄长为尾柄高的1.1～1.3倍。

体延长，粗壮，前部亚圆筒形，后部侧扁。头宽大，稍平扁，头宽大于头高。颊部圆凸。吻宽短。眼小，侧上位，稍突出，在头的前半部。眼间隔宽而凹入，其两侧眼上缘处具细弱骨质嵴。眼后方具感觉孔。鼻孔每侧2个，分离。口大，前位，斜裂。下颌突出，长于上颌，上颌骨后端向后伸达眼中部下方或稍前。上下颌齿细尖，多行，排列呈绒毛状齿带；犁骨、腭骨无齿。唇厚。舌大，游离，前端圆形。鳃孔宽大。前鳃盖骨后下缘无棘。峡部宽大。鳃盖膜不与峡部相连。鳃盖条6。具假鳃，鳃耙粗短，稀少。

体被栉鳞，腹部和胸鳍基部被圆鳞；鳃盖、颊部及项部均被小栉鳞，吻部和头的腹面无鳞；眼后头顶部鳞片排列正常，覆瓦状，无侧线。

背鳍2个，分离；第一背鳍起点在胸鳍基底上方，第一鳍棘弱；第二背鳍高于第一背鳍，基部较长，后部鳍条短，平放时不伸达尾鳍基。臀鳍和第二背鳍相对，同形，起点在第二背鳍第三或第四鳍条下方。胸鳍宽圆，扇形。腹鳍较短小，左右腹鳍互相靠近，不愈合成吸盘。尾鳍圆形。

头、体黑青色，体侧具3～4个宽而不整齐的鞍形黑色斑块，横跨背部至体侧。头侧及腹面有许多黑色斑块及点纹。第一背鳍有一色浅的斑块，其余各鳍浅褐色，具多行色暗的点纹。胸鳍基部上下方各具一长条状黑斑。尾鳍边缘白色，基底有时具2个黑色斑块。

分布　中国和越南均产。中国分布于长江中下游和苏、浙、沪、皖、赣、闽各水系，偶见于黄河水系。而近似种中华沙塘鳢 O. sinesis 主要分布于福建、海南经珠江水系北至长江中上游黔、桂、湘、鄂、赣各水系。这两种分布的交汇区和混栖区在江西的鹰潭、宜春、九江及湖北的黄梅、沙市（伍汉霖 等，2002）。在长江三角洲河川沙塘鳢较为常见。

生物学特性

［习性］淡水底层性小型鱼类，生活于河沟、湖泊多水草的浅水区，游泳能力较弱，喜栖息于洞穴、石缝、杂草丛中和有一定流水的区域。昼伏夜出，白天隐蔽于水底草丛、石块遮掩物下，夜晚则到处游动觅食。冬季潜伏于泥沙和洞穴中过冬。

［年龄和生长］太湖渔获物由0～4龄组成，1、2龄组占总数的85%，4龄组仅占1.02%。体长（L）与体重（W）和纯体重（W'）的关系为：$W=2.2416\times10^{-2}L^{3.0867}$（$r=0.9921$），$W'=2.4980\times10^{-2}L^{2.9747}$（$r=0.9714$）。0龄为幼鱼生长阶段，1冬龄性腺发育成熟，进入成鱼生长阶段。生长指标1～2龄为2.0185，2～3龄为1.3117，3～4

龄为 1.410 6。各龄组的生长指标都在 2.0 以下，这表明其生长较为缓慢（孙帼英和郭学彦，1996）。1 龄鱼平均体长 97.8 mm，平均体重 28.7 g；2 龄鱼平均体长 132.6 mm，平均体重 79.1g，已知太湖最大个体体长可达 160 mm，体重 180 g（倪勇和朱成德，2005）。

［食性］为肉食性鱼类。太湖个体的食物种类约有 30 种，各类出现频率依次为鱼类（52.3%）、甲壳类（46.5%）、植物（18.6%）、贝类（16.9%）和昆虫类（5.2%）。鱼类以麦穗鱼、鲫和鳑鲏为主，甲壳类中以日本沼虾、锯齿米虾和细螯虾为主，贝类中扁卷螺出现率较高，植物中以水绵属和红藻属出现率较高。鱼类和甲壳类占食物总量的 84.1%。全年摄食率在 36.8%～92.1%，其摄食强度在 10 月至翌年 4 月较高（61.5%～92.1%），在 5—9 月则较低（36.8%～39.1%）（孙帼英和郭学彦，1996）。

［繁殖］河川沙塘鳢的性腺 11 月开始积累卵黄，至翌年 2 月大部分卵巢发育到 IV 期，成熟系数平均达 11.6%，3 月平均达 22.5%，4 月平均达 32.1%，5 月平均降至 17.2%，6 月回归 II 期。这表明，本种产卵期为 3—6 月，盛产期为 4—5 月。繁殖群体由 1～4 冬龄鱼组成，分别占 48.4%、47.1%、3.9% 和 0.7%。这表明产卵群体主要由 1～2 冬龄鱼组成（共占 95.5%）。怀卵量平均为 4 735 粒，相对怀卵量平均为 87 粒。最小繁殖个体体长 5.4 cm、体重 3.9 g，怀卵量 433 粒。亲鱼在河沟和河岸的浅水区产卵，产卵时间多在夜晚和清晨。卵主要产在较密的芦苇根部、石块、瓦片或其他基质构成的隐蔽洞穴中，在竹簖和网簖的侧壁，甚至在插入水中的旧木板或竹篙上亦见其卵块。卵块附着于洞穴的顶部和侧壁，在水族箱中观察，卵产在石块内面的顶壁。卵块呈圆形或椭圆形，黏性，卵粒以一端黏着丝附着于基质，一端游离，相互紧密排列。雄鱼有守巢护卵习性，防止敌害吞食鱼卵，并不断地扇动胸鳍，形成水流，直至仔鱼孵出。成熟卵圆形，卵径 1.464～4.824 mm，平均 1.586 mm。在 11.0～30.2℃ 时，受精卵约经 21 d 孵出仔鱼。初孵仔鱼体长 4.69～5.44 mm，平均 4.94 mm。仔鱼孵出 1 d 后即开始摄食。从出膜至卵黄囊消失（仔鱼期）历时约 8 d，从卵黄囊消失至鳞片全部形成（稚鱼期）历时约 36 d，即孵化后约 45 d 进入幼鱼期，此时平均体长为 12.04 mm，最适孵化水温为 21～27 ℃，以 24 ℃ 水温孵化率最高（达 80.8%）（谢仰杰和孙帼英，1996）。

［人工繁殖］20 世纪 90 年代初，华东师范大学生物系对太湖河川沙塘鳢的生物学特性和繁殖进行了研究。其后，江苏和浙江等地科技人员也进行了人工育苗的试验，其育苗技术日益完善。例如，江苏杨长根等在 2003 年 4 月 3 日、6 日和 11 日（水温 18.5～19.5℃），分 3 次对 301 组亲鱼催产或不催产，在有微流水的池塘或产卵地（池内布设棕片和吊挂大的蚌壳）让其自然产卵，共获卵 53.5 万粒，受精率为 78%～87%，孵化率为 27%～43%，4 月 17—21 日共孵出鱼苗 17.1 万尾。经 1 个月培育（1 口面积为 1 334 m² 的池塘），夏花规格达 2～3 cm 时分养在 8 口（面积为 10 672 m²）池塘中。这阶段投喂豆饼糊和小杂鱼，日投喂量约为鱼体重的 5%。再经 6 个月饲养，到 11 月 12 日，其体长为 8～11 cm，每尾体重 12～16 g，共捕 12 万尾，成活率 71%，产量约为 1 680 kg。

[成鱼养殖] 河川沙塘鳢可混养也可单养，以混养为好。一般在养殖中华绒螯蟹、青虾和青鱼、草鱼、鲢、鳙的池塘中混养本种，放养密度是每 667 m² 面积放体长 2 cm 本种夏花鱼种 700~1 100 尾，可收获商品鱼 30~35 kg。如利用小型池塘，每 667 m² 水体投放鱼种 2 500~3 000 尾，饲养 7~8 个月，产量可达 120 kg。鱼体按大、中、小分池养殖，避免互相捕食。饵料有小杂鱼和小规格鲫苗等，也可增投螺、蚬、蚌肉等，日投喂量为池鱼体重的 1%~4%。夏季水深宜在 1.5 m 以上。应常换池水，日换水量为 25%~50%。为了提供养殖生产中安全用药的依据，孙文君（2005）研究了沙塘鳢对 6 种常用药物的敏感性，其从强到弱分别为硫酸铜、漂白粉、敌百虫、高锰酸钾、生石灰和食盐。6 种药物对沙塘鳢的安全浓度分别为 0.3 mg/L、0.437 mg/L、0.940 mg/ L、0.970 mg/ L、5.95 mg/ L、2 135 mg/ L。

资源与利用 河川沙塘鳢肉质细嫩，肉味鲜美，含肉量高，富含营养，为长江三角洲地区群众所喜食。其商品鱼长期依靠天然水域捕捞。但目前野生鱼数量不多而且分散。随着人们需求量的增长，仅靠天然捕捞远不能满足市场之需。因此，人工繁殖苗种和成体养殖势在必行，在特种水产养殖业中，本种具有良好的发展前景。同时，在长江三角洲地区的中小型湖泊（如上海淀山湖、江苏太湖等）内将本种作为放养品种，以增加其在天然水域的产量。另外，该鱼个体虽小，但经济价值较高，应注意保护。虽然本种 2 龄鱼可达性成熟，但在初次性成熟后仍有一较快的生长期，此阶段生长肥满度系数较前阶段加大，肉质有所提高。目前在淀山湖、太湖等地渔民终年捕捞，对其资源有一定的危害。因此宜在 3—5 月在这些地方设立禁渔期，以保护其繁殖群体。并减少对低龄鱼的捕捞，保证其资源的可持续发展。

【*嵴塘鳢* [*Butis butis* (Hamilton, 1822)] 是海水种类，但被 Fowler 和 Bean（1920）报道于苏州（1 尾，体长 83 mm）。经考证，文内论述的一些特征完全符合河川沙塘鳢的一些特征。其中，背鳍Ⅶ，1-9；臀鳍Ⅰ-8；纵列鳞 36；背鳍前鳞 30 等性状，显然不同于 *Butis butis*。后者的背鳍Ⅵ，Ⅰ-8；臀鳍Ⅰ-7；纵列鳞 30；背鳍前鳞约 20（郑葆珊，1962）。因此，过去在长江三角洲地区报道的 *B. butis*（Hamilton），如 Revees（1927，1931），以及倪勇 1990 年在《上海鱼类志》中的引证均源自 Fowler 和 Bean（1920）的误鉴，应为河川沙塘鳢的同物异名（倪勇，2005）。】

塘鳢科 Eleotridae

本科长江口 3 属。

属 的 检 索 表

1（4）眼上方无骨质嵴

2（3）犁骨齿 1 丛，呈半月形；纵列鳞大于 90；尾鳍基部上方具一黑斑··········· 乌塘鳢属 *Bostrychus*

3（2）犁骨无齿；纵列鳞小于78；尾鳍基部无黑斑；前鳃盖骨后缘隐具一弯向前方的小棘；头部平扁
·· 塘鳢属 *Eleotris*

4（1）眼上方骨质嵴发达，嵴缘有小锯齿 ························· 嵴塘鳢属 *Butis*

乌塘鳢属 *Bostrychus* Lacepède，1801

本属长江口1种。

207. 中华乌塘鳢 *Bostrychus sinensis* Lacepède，1801

Bostrychus sisnensis Lacepède，1802，Hist. Nat. Poiss.，3：141，pl. 14，fig. 2（China）；Bleeker，1879，Verh. Akad. Wet. Amsterdam，18（5）：2（上海）；Jordan and Seale，1905，Proc. U. S. Nat. Mus.，29：526（上海）；Reeves，1927，J. Pan‑Pacific Res. Inst.，2（3）：13（上海）；Reeves，1931. Manual of Vertebrate Animals：549（上海）；Fowler，1962，Quart. J. Taiwan Mus.，15（1/2）：73～74，fig. 91（上海）。

Eleotris sinensis：Günther，1873，Ann. Mag. Nat. His.，12：242（上海）。

Bostrichthys sinensis：Tomiyama，1936，Japan. J. Zool.，7（1）：43（上海，海南岛）。

乌塘鳢 *Bostrichthys sinensis*：郑葆珊，1962，南海鱼类志：775，图 627（广东，广西，海南）；倪勇，1990，上海鱼类志：299，图 79（江苏响水县陈家港）；倪勇等，2008a，水产科技情报，35（3）：123，图 2（长江口九段沙）；金斌松，2010，长江口盐沼潮沟鱼类多样性时空分布格局：157（崇明东滩）；陈兰荣等，2015，上海海洋大学学报，24（6）：925（长江口九段沙）。

中华乌塘鳢 *Bostrichthys sinensis*：郑米良，1991，浙江动物志·淡水鱼类：197，图 159（舟山平阳铺、镇海，温州，瑞安）。

乌塘鳢 *Bostrychus sinensis*：伍汉霖，2008，中国动物志·硬骨鱼纲 鲈形目 虾虎鱼亚目：165，图 73（崇明等地）；伍汉霖、倪勇，2006，江苏鱼类志：636，图 326（吕四等地）。

图 207　中华乌塘鳢 *Bostrychus sinensis*（倪勇，1990）

英文名　four‑eyed sleeper。

地方名　鲨鳗、鲨鱼、月亮鱼、蚪虎。

主要形态特征　背鳍Ⅴ～Ⅵ，Ⅰ-9～12；臀鳍Ⅰ-8～10；胸鳍17～18；腹鳍Ⅰ-5；尾鳍16～20。纵列鳞112～140。鳃耙3～4＋10～11。

体长为体高的5.3～6.2倍，为头长的3.4～3.7倍。头长为吻长的3.9～4.1倍，为眼径的7.4～8.2倍，为眼间隔的3.8～4.0倍，尾柄长为尾柄高的1.5～1.7倍。

体延长，前部圆筒形，后部侧扁，尾柄长而高。头宽，平扁，稍短于头长，颊部圆凸。吻宽圆，背面稍圆凸。眼小，侧上位。眼间隔颇宽。前后鼻孔相距颇远，均具鼻管，前鼻管细长，悬垂于上唇之上，后鼻管粗短，紧靠眼前缘上方。口宽大，端位，斜裂。上下颌约等长，或下颌稍向前突出。上颌骨颇长，伸达眼后缘下方。上下颌均具齿多行，齿细小而尖，呈宽带状，无犬齿。犁骨齿小，丛状排列呈半圆形。唇宽厚。舌宽，前端略圆。鳃孔大。前鳃骨边缘光滑。峡部宽，鳃盖膜与峡部相连。鳃耙侧扁，短而尖，内侧具细刺突。

头、体均被小圆鳞。无侧线。

背鳍2个，相距颇远，第一背鳍较低，基底较短；第二背鳍大于第一背鳍，基底较长，前部鳍条较短，向后依次增长。臀鳍与第二背鳍上下相对，同形而较小。胸鳍宽圆，侧中位，后端伸越腹鳍。腹鳍左右靠近，但不愈合。尾鳍圆形。

体褐色，腹面浅灰色，尾鳍基部上方具一带白边的眼状大黑斑。第一背鳍褐色，具一色浅的纵带，第二背鳍有6～7条色暗的纵带。尾鳍具多条色暗的横纹。

分布　广泛分布于印度洋区北部、太平洋区中部和西部。印度、斯里兰卡、马来西亚、泰国、印度尼西亚、菲律宾、澳大利亚、美拉尼西亚、法属波利尼西亚、中国和日本海域均有分布。中国分布于南海、东海和黄海南部，多见于福建、台湾、广东和海南沿岸各河口以及各岛屿通海的沟渠中。长江口区虽有记录，但十分罕见。

生物学特性

[习性]　近岸暖水性小型鱼类。体长一般100～150 mm，大者可达280 mm，体重一般50 g，大者达250 g。栖息于河口，也进入淡水水域。喜在滩涂穴居。对环境有较强的适应能力，耐温范围8～30 ℃，6 ℃和35 ℃是致死临界最低和最高温度。耐盐范围0～35，致死临界盐度为40。靠鳃上器和湿润的体表皮肤进行气体交换，可以较长时间离水而不死，并能在1.5 mg/L低溶氧的水体中继续生活。最适水温22～26 ℃，最适盐度10～25，最适溶氧量在4 mg/L以上。

[年龄与生长]　一般所见以1龄鱼居多，2龄鱼较少，3龄鱼罕见。张邦杰（1997）报道在池塘养殖条件下，30 mm的苗种经过18个月饲养，体长230～240 mm，月均增长12.87 mm，月均增重13.85 g，月均增重率49.10%，月均增长率为15%～18%。体长165 mm、体重61.5 g以前的早期个体生长最快。当年可长到50～80 g，体长100～150 mm，第二年可长到130～200 g，体长200～280 mm。不同性别生长差异较大，尤其

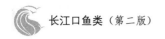

在性成熟以后，同一生长日龄的群体，雄性个体平均体重比雌性个体大 27.8%。

［食性］肉食性，性凶猛，以小鱼、小虾和小蟹以及其他无脊椎动物为食。尤其喜食小蟹，捕食蜉类时会有意地让蜉钳住尾鳍，然后突然扬尾一击，将蜉壳击碎而后吞食之，厦门地区因此称之为"蜉虎"。正在养殖中的中华乌塘鳢，最爱吃活的沙蚕，其次为新鲜的虾肉、鱼肉，蛏肉次之。日摄食量为体重的 8%～12%。在所养个体大小差异较大而饵料不足的情况下，中华乌塘鳢会发生大吃小，同类相互残杀，所以饲养过程中饵料要投足，不同大小个体要及时筛选，分开饲养。

［繁殖］繁殖季节为 4—9 月，以 5—6 月为盛期。雌性体重 50 g 左右性腺开始成熟，成熟最小型为体重 25 g，全长 85 mm。性成熟的雌性个体，外观腹部膨大，卵巢轮廓明显，泄殖突末端圆钝，呈半圆形，粉红色。怀卵量 15 000～20 000 粒。成熟卵卵径 0.92～1.08 mm，以 1.03～1.06 mm 居多。雄性个体一般比雌性个体大，泄殖突呈三角形，外观精巢轮廓不明显。雌雄个体相互配对，同居穴中，雌性产卵黏着于洞壁，雄性排精，精卵结合而受精。受精卵在亲鱼保护下孵化。

受精卵呈降落伞状，黏性，橙黄色，无油球，卵膜较厚不透明，卵黄间隙狭。伞端呈弧形。卵受精后吸水膨胀并生成附着丝，具强黏性，附着时呈长梨形，游离端圆而大。精子对盐度有广泛适应性，在高渗、等渗和低渗条件下均能被激活，但更适应低盐度。

孵化适宜水温为 19.5～29.5 ℃；高于 30 ℃时会孵化过早，仔鱼出膜后不适应外界过高水温而迅速死亡；低于 19 ℃不仅会延长孵化时间，甚至会导致胚体不能破膜而死。最适繁殖盐度为 16.4～23.6，低于或高出这个范围，不但影响产卵率，孵化时间会延长，并会出现胚胎、仔鱼畸形导致夭折。水温 22.5～25 ℃，盐度 15～18，孵化时间长约 145 h。初孵仔鱼平均全长 4.60 mm。

资源与利用 在长江口极为罕见。在我国南方是一种名贵食用鱼，肉质细腻鲜美，具有药用价值，在香港、澳门、深圳和广州等地被视为名贵滋补品，价格昂贵，市场供不应求。中华乌塘鳢人工繁殖和苗种培育已获得成功，为发展中华乌塘鳢养殖创造了条件。

嵴塘鳢属 *Butis* Bleeker，1856

本属长江口 1 种。

208. 锯嵴塘鳢 *Butis koilomatodon*（Bleeker，1849）

Eleotris koilomatodon Bleer，1849，Verh. Batav. Genootsch. Kunst. Wet.，22：21（Madura Straits，Java，Indonesia）。

Prionobutis koilomatodon：Lin，1934，Lingnan Sci. J.，13（4）：686（福州）。

锯塘鳢 *Prionobutis koilomatodon*：郑葆珊，1962，南海鱼类志：777，图 629（广东，广西）；倪勇，1990，上海鱼类志：301，图 181（宝山横沙岛新民镇）。

锯塘鳢鱼 *Prionobutis koilomatodon*：朱元鼎等；1963，东海鱼类志：412，图 309（浙江坎门，福建集美）；

锯嵴塘鳢 *Butis koilomatodon*：伍汉霖，2008，中国动物志·硬骨鱼纲 鲈形目 虾虎鱼亚目：171，图 75，图版Ⅱ-3（上海横沙岛）。

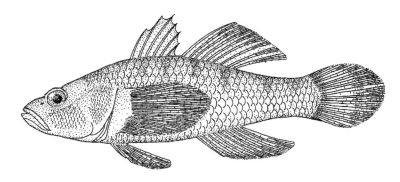

图 208　锯嵴塘鳢 *Butis koilomatodon*

英文名 mud sleeper。

主要形态特征 背鳍Ⅵ，Ⅰ-8～9；臀鳍Ⅰ-7～8；胸鳍 19～22；腹鳍Ⅰ-5。纵列鳞 27～30，横列鳞 7～10。

体长为体高的 3.4～3.7 倍，为头长的 3.3～3.5 倍。头长为吻长的 3.5～4.7 倍，为眼径的 4.5～4.9 倍，为眼间隔的 4.6～5.1 倍。尾柄长为尾柄高的 2.2～2.6 倍。

体延长，前部呈圆筒形，后部侧扁。头短。吻长略大于眼径，吻侧具有 2 条锯状骨嵴。眼大，位于头的前半部；眼睛窄而下凹，间距稍小于眼径。眼眶上缘和后缘具半圆形锯状骨嵴。鼻孔 2 个，前鼻孔下方具 1 短管，后鼻孔圆形。口大，斜裂。下颌稍突出；上颌骨后端伸达眼前缘下方。唇颇厚，两颌齿细小，多行，外行稍扩大。犁骨和腭骨均无齿。舌圆形，端部游离。鳃孔大，向前伸达眼的下方。鳃盖膜连于颊部。前鳃盖骨后缘光滑无棘。鳃耙尖细，排列稀疏。

体被栉鳞，头部除吻裸露外，其余均被栉鳞。胸部和腹部被圆鳞。无侧线。

背鳍 2 个，第一背鳍棘弱，始于胸鳍基部稍后之上方；第二背鳍大于第一背鳍。臀鳍与第二背鳍同形，上下相对，均不伸达尾鳍基部。胸鳍宽圆，稍短于头长。左右腹鳍靠近，不愈合，短于胸鳍。尾鳍圆形。

体灰褐色，体侧具 6～7 条色暗的横带，背鳍及臀鳍黑色，具色浅的条纹；胸鳍淡灰色，基部具一黑色圆斑。腹鳍黑色，尾鳍灰黑色。

分布 分布于印度—太平洋区，印度、斯里兰卡、马来半岛、泰国、中国、日本、印度尼西亚、菲律宾和澳大利亚海域均有分布。中国产于东南沿海、海南、台湾。长江

口极为罕见。

生物学特性　暖水性近岸小型鱼类。喜栖息于海滨多礁石的浅水区，有时也进入淡水水域，以摄食小型甲壳类动物为生。体长一般为 40～60 mm。

资源与利用　个体小，无食用价值，经济意义不大。

塘鳢属 *Eleotris* Bloch *et* Schneider，1801

本属长江口 1 种。

209. 尖头塘鳢 *Eleotris oxycephala* Temminck *et* Schlegel，1845

Eleotris oxycephala Temminck and Schlegel，1845，Pisces，Fauna Japonica，Parts.，7～9：150，pl. 77，figs. 4，5（Japan）；Kner，1865，Wien. Zool. Theil. Fische：185（上海，悉尼）。

尖头塘鳢鱼 *Eleotris oxycephala*：伍汉霖，1985，福建鱼类志（下卷）：328，图 589（福鼎等地）。

尖头塘鳢 *Eleotris oxycephala*：倪勇，1990，上海鱼类志：298，图 178（横沙，浦东东沟）；伍汉霖、倪勇，2006，江苏鱼类志：638，图 326（常熟）；伍汉霖，2008，中国动物志·硬骨鱼纲 鲈形目 虾虎鱼亚目：182，图 80（上海市郊等地）。

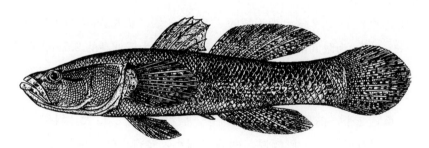

图 209　尖头塘鳢 *Eleotris oxycephala*（伍汉霖和倪勇，2006）

英文名　sleeper。

地方名　黑笋壳、竹壳。

主要形态特征　背鳍Ⅵ，Ⅰ-8～9；臀鳍Ⅰ-8～9，胸鳍 14～16；腹鳍Ⅰ-5。纵列鳞 47～52，横列鳞 15～17，背鳍前鳞 31～45。

体长为体高的 3.7～5.9 倍，为头长的 2.8～3.3 倍。头长为吻长的 4.0～4.3 倍，为眼径的 6.9～7.9 倍，为眼间隔的 3.3～4.5 倍。尾柄长为尾柄高的 1.4～1.8 倍。

体延长，粗壮，前部亚圆筒形，后部稍侧扁。头中大，前部钝尖，略平扁，后部高而侧扁，头宽稍大于头高。吻短而圆钝，平扁。眼小，侧上位，稍突出。眼间隔宽平。鼻孔每侧 2 个，分离，相距颇远。口中大，亚前位，斜裂。下颌稍突出。上颌骨后端向后伸达眼中部下方。上下颌齿细尖，多行，为绒毛状齿带，内行齿较粗壮；犁骨和腭骨无齿。唇厚。舌大，游离，前端圆形。鳃孔宽大。颊部圆凸。前鳃盖骨后缘中部有一弯向前下方的小棘。颊部宽大，鳃盖膜发达，与峡部相连。鳃盖条6。具假鳃。鳃耙小，颗粒状突起。

颊部及鳃盖部被小圆鳞，在第一背鳍前方被中大圆鳞，体后部被栉鳞。吻部和头的腹面无鳞。无侧线。

背鳍2个，分离，相距较近；第一背鳍最后的鳍棘平放时后端伸越第二背鳍起点；第二背鳍高于第一背鳍，基部较长，后部鳍条短，平放时不伸达尾鳍基。臀鳍和第二背鳍相对，同形，鳍条末端不伸达尾鳍基。胸鳍宽圆，扇形，侧中位。腹鳍较小，内侧鳍条长于外侧鳍条，左右腹鳍相互靠近，不愈合成一吸盘。尾鳍长圆形。

体呈棕黄色带微灰色，体侧自鳃盖至尾鳍隐具一条黑色纵带及不规则的云状小黑斑；头部青灰色，头侧有2条黑纵纹：一条自吻端经眼至鳃盖上方，另一条颊部自眼后至前鳃盖骨；鳃盖膜、峡部及颊部下方有20余个青色小亮点。胸鳍棕黄色，基部的上下方各有1个小黑斑。背鳍、腹鳍和臀鳍灰色，上有数纵列黑色点，尾鳍灰色，散布白色小点，边缘浅棕黄色。

分布　分布于中国和日本。中国产于长江以南各省份。在长江口区偶见。

生物学特性　暖水性淡水中小型底层鱼类。栖息于河川和小沟的底层。动物食性，主要摄食小鱼虾和水生昆虫等。

资源与利用　在长江口区数量很少，经济价值不大。

虾虎鱼科 Gobiidae

本科长江口3亚科。

亚科的检索表

1（4）体不呈鳗形；背鳍2个，分离，有时第一背鳍消失；背鳍、臀鳍不与尾鳍相连

2（3）上下颌齿多行，少数2行，直立 ………………………………… 虾虎鱼亚科 Gobiinae

3（2）上下颌齿一般1行（个别种类2行），下颌齿一般平卧；眼小，背侧位；胸鳍发达，基部有或无臂状肌柄 ………………………………… 背眼虾虎鱼亚科 Oxudercinae

4（1）体呈鳗形；两个背鳍连续，中间无深缺刻，起点位于体前半部；背鳍、臀鳍与尾鳍连续………
………………………………………………………………… 近盲虾虎鱼亚科 Amblyopinae

虾虎鱼亚科 Gobiinae

本亚科长江口16属。

属 的 检 索 表

1（2）背鳍1个，起点位于体的后半部 ··· 竿虾虎鱼属 *Leucogobius*

2（1）背鳍2个，起点位于体的前半部

3（24）第一背鳍具6鳍棘

4（5）两颌齿三叉形 ··· 缟虾虎鱼属 *Tridentiger*

5（4）两颌齿不分叉

6（7）舌端深凹或分叉；口大，口裂伸达眼后缘远后下方 ····················· 舌虾虎鱼属 *Glossogobius*

7（6）舌端圆形、平截或微凹；口小，口裂仅伸达眼后缘前下方

8（9）头部腹面具须；尾鳍上叶近尾基处具一有白边的黑色圆斑 ·································
·· 拟矛尾虾虎鱼属 *Parachaeturichthys*

9（8）头部无须

10（15）前鼻孔紧邻上唇，鼻管覆盖于唇上

11（12）纵列鳞54～58；横列鳞18～20；背鳍前鳞25～34 ············· 汉霖虾虎鱼属 *Wuhanlinigobius*

12（11）纵列鳞50以下

13（14）纵列鳞36～40；背鳍前鳞19～22 ······································· 鲻虾虎鱼属 *Mugilogobius*

14（13）纵列鳞27～28；背鳍前鳞7～9 ·· 拟虾虎鱼属 *Pseudogobius*

15（10）前鼻孔不紧邻上唇，鼻管不覆盖于唇上

16（17）前鼻孔下方具一小的皮质隆起线；胸鳍上方具游离鳍条 ··········· 深虾虎鱼属 *Bathygobius*

17（16）前鼻孔下方无一小的皮质隆起线；胸鳍上方无游离鳍条

18（19）第一背鳍第一至第四鳍棘呈丝状延长，向后伸达第二背鳍中、后部鳍条；头部完全无鳞；体被
小圆鳞；纵列鳞64～100 ·· 犁突虾虎鱼属 *Myersina*

19（18）第一背鳍第一至第四鳍棘不呈丝状延长；体被栉鳞，纵列鳞25～50

20（21）体侧具3个显著大黑斑；头部完全无鳞；第二背鳍和臀鳍均具1鳍棘，9鳍条；纵列鳞27～29
··· 裸颊虾虎鱼属 *Yongeichthys*

21（20）体侧无显著圆形大黑斑；头部具鳞或无鳞

22（23）腹鳍盖膜左右侧鳍棘和鳍条相连处的鳍膜呈内凹状，形成2叶状突起（即双凹形）；头部几乎全
部无鳞；胸部、腹部和胸鳍基部一般无鳞；纵列鳞25～50 ··········· 吻虾虎鱼属 *Rhinogobius*

23（22）腹鳍盖膜连续，不形成叶状突起；头部通常被鳞；项部、胸部、腹部被圆鳞，纵列鳞27～40
··· 细棘虾虎鱼属 *Acentrogobius*

24（3）第一背鳍具7～10鳍棘

25（26）头部无须 ··· 刺虾虎鱼属 *Acanthogobius*

26（25）头部有须

27（28）第一背鳍具7鳍棘；头部稍平扁；头腹面、颊部和前鳃盖骨边缘具许多小须 ·····················
··· 蝌蚪虾虎鱼属 *Lophiogobius*

28（27）第一背鳍具8鳍棘；头部侧扁；仅头腹面具须3～4对

29（30）第一背鳍后方具一黑斑；第二背鳍鳍条20～23；臀鳍鳍条17～20；纵列鳞45～50 ············
··· 矛尾虾虎鱼属 *Chaeturichthys*

30（29）第一背鳍边缘黑色；第二背鳍鳍条 14～17；臀鳍鳍条 12～15；纵列鳞 35～40 ·············
·· 钝尾虾虎鱼属 *Amblychaeturichthys*

刺虾虎鱼属 *Acanthogobius* Gill，1859

本属长江口 4 种。

种 的 检 索 表

1（2）头部裸露无鳞，无背鳍前鳞或仅具 1～6 背鳍前鳞 ····················· 长体刺虾虎鱼 *A. elongata*

2（1）头部至少在鳃盖上部具鳞，背鳍前鳞 13～30 枚

3（4）第二背鳍具 1 鳍棘，11 鳍条；臀鳍具 1 鳍棘，9～10 鳍条；纵列鳞 33～37，横列鳞 9～10；背鳍
前鳞 13～15 ·· 棕刺虾虎鱼 *A. luridus*

4（3）第二背鳍具 1 鳍棘，13～22 鳍条；臀鳍具 1 鳍棘，11～18 鳍条；纵列鳞 45～67，横列鳞 16～
20；背鳍前鳞 23～30

5（6）第二背鳍具 1 鳍棘，18～22 鳍条；臀鳍具 1 鳍棘，15～18 鳍条；纵列鳞 57～67，横列鳞 16～
20；背鳍前鳞 27～30；颏部有长方形皮突 ················ 斑尾刺虾虎鱼 *A. ommaturus*

6（5）第二背鳍具 1 鳍棘，13～14 鳍条；臀鳍具 1 鳍棘，11～13 鳍条；纵列鳞 45～55，横列鳞 17～
20；背鳍前鳞 23～30；颏部无长方形皮突 ················ 黄鳍刺虾虎鱼 *A. flavimanus*

210. 斑尾刺虾虎鱼 *Acanthogobius ommaturus*（Richardson，1845）

Gobius ommaturus Richardson，1845，Ichthy. Voyage Part 3：146，pl. 55，fig. 1～4（Wusong and Guangzhou，China）；Günther，1861，Cat. Fish. Brit. Mus.，3：77（长江口，广州，厦门）；Kner，1865—1867，Wien. Zool. Theil. Fische：176（上海）；Martens，1876，Preuss. Exped. Ost‑Asien，1（2）：392（上海）。

Gobius hasta：Temminck and Schlegel，1845，Fauna Japonica，Poiss.：144，pl. 75，fig. 1（日本长崎）；Günther，1873，Ann. Mag. Nat. Hist.，12：241（上海）。

Acanthogobius ommaturus：Bleeker，1873，Ned. Tijd. Dierk.，4（4‑7）：128（上海）；Jordan and Seale，1905，Proc. U. S. Nat. Mus.，29：528（上海）；Kimura，1935，J. Shanghai Sci. Inst.，3（3）：119（崇明）；Tomiyama，1953，Japan Ichthyol. Jour.，2（6）：287（上海）。

Synechogobius hasta：Fowler，1961，Quart. J. Taiwan Mus.，14（3/4）：215（上海等地）。

矛尾刺鰕虎鱼 *Acanthogobius hasta*：郑葆珊，1955，黄渤海鱼类调查报告：207（辽宁，河北，山东）。

矛尾复虾虎鱼 *Synechogobius hasta*：朱元鼎等，1963，东海鱼类志：430，图 327（浙江蚂蚁岛、坎门等）。

斑尾复鰕虎鱼 *Synechogobius ommaturus*：朱元鼎等，1963，东海鱼类志：431，图
328（浙江坎门）；湖北省水生生物研究所，1976，长江鱼类：205，图179（崇明）；江苏
省淡水水产研究所，1987，江苏淡水鱼类：254，图124（启东，南通，如东）；倪勇，
1990，上海鱼类志：319，图198（宝山，南汇，奉贤，嘉定，金山，崇明）；

斑尾刺虾虎鱼 *Acanthogobius ommaturus*：伍汉霖、倪勇，2006，江苏鱼类志：652，
图333（长江口北支等地）；赵盛龙、伍汉霖，2008，中国动物志·硬骨鱼纲 鲈形目 虾虎
鱼亚目：211，图90（上海等地）。

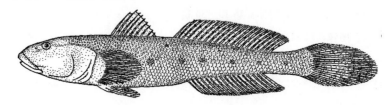

图210　斑尾刺虾虎鱼 *Acanthogobius ommaturus*

英文名　Asian freshwater goby。

地方名　尖鲨鱼。

主要形态特征　背鳍Ⅸ～Ⅹ，18～20；臀鳍15～18；胸鳍20～22；腹鳍Ⅰ，5。纵列
鳞51～67；横列鳞17～19；背鳍前鳞28～30。鳃耙3～4+8～9。

体长为体高的6.8～8.2倍，为头长的4.4～5.6倍。头长为吻长的3.1～3.4倍，为
眼径的6.4～7.0倍，为眼间隔的6.6～7.6倍。尾柄长为尾柄高的1.6～2.0倍。

体延长，前部呈圆筒形，后部侧扁而渐细。头大，宽平。吻较长，圆钝。眼小，侧
上位。眼间隔平坦。鼻孔每侧2个，分离；前鼻孔呈短管状，后鼻孔小而圆。口大，前
位，斜裂。上颌较下颌稍长。上颌具尖细齿1～2行，外行较大，下颌齿2～3行；犁骨、
腭骨和舌上均无齿。唇发达。舌大，游离，前端近截形。颏部有一长方形皮突，后缘稍凹略
呈须状。鳃孔宽大。鳃盖膜与峡部相连。前鳃盖骨后缘具2个感觉管孔。具假鳃。鳃耙短。

体被圆鳞及栉鳞，尾柄上鳞较大，头部除吻部、颊部及鳃盖下部无鳞外，其余部分
均被小圆鳞。

背鳍2个，分离，第一背鳍起点在胸鳍基底后上方，基底短，后端不伸达第二背鳍起
点；第二背鳍基底长。臀鳍起点在第二背鳍第四和第五鳍条下方。胸鳍尖圆形。腹鳍小，
左右腹鳍愈合成一圆形吸盘。尾鳍尖长。

体呈淡黄褐色，中小个体体侧常具一列数个黑色斑块，个体大者不明显。头部有不
规则色暗的斑纹；颊部下缘色淡。第一背鳍淡黄色，上缘橘黄色；第二背鳍具3～5纵行
黑色细斑。臀鳍色浅，下缘橘黄色。胸鳍和腹鳍淡黄色，前下缘橘黄色，基部有一色暗
的斑块，后方有白色半月形条纹。尾鳍基部常具一较大黑斑。较大个体暗斑不明显。

分布　中国、朝鲜半岛和日本均有分布。中国渤海、黄海、东海和南海均有分布。

本种在长江口区是常见鱼类之一。

生物学特性　生活在泥底浅海区，也进入河口咸淡水水域，喜穴居。所居洞穴常以虾蛄或蟹的居穴改造而成，呈 Y 形，有两个出口，相距 60～100 cm，穴深 40～60 cm，入口处较小，口径约 5 cm，往里扩大到 7～8 cm。体长 20 mm 以前，主要摄食桡足类和虾蟹类的幼体，营浮游生活。体长 20 mm 以后转营底栖生活，以虾蟹苗等为食。在长江口区，较大个体以小的虾虎鱼、麦穗鱼和鲞等鱼类以及虾蟹类为食。捕食时多采用突然袭击的方法，先偷偷地游近被食对象的后面，以腹鳍的吸盘附着于池边或器物的壁上，然后伺机猛然扑上去，一口吞食捕食对象。

雌雄异型，雄鱼个体较大，一般比雌鱼大 2～3 cm，因而雄性个体显得更细长，生殖突呈扁平三角形，末端尖锐，泄殖孔开口于末端。雌鱼的生殖突短而肥厚，末端近圆形，泄殖孔离末端稍远，繁殖季节因红肿充血而更加明显。年满 1 龄、体长在 150 mm 以上的雌性个体才能达到性成熟。雄鱼还要更大一些才会性成熟。个体怀卵量 15 000～30 000 粒。性比 1∶1，尤其是在繁殖初期，每个巢穴均有一对雌鱼和雄鱼。4—5 月为产卵期。卵球形，直径 0.7～1 mm，产于所居穴内。受精卵呈长葡萄形，前端较宽圆，长径 5.5～6.0 mm，短径近 1 mm，随着胚胎发育而增长，基部密生黏丝借以附着于洞壁。产卵初期在 3 月下旬，雄性已先性成熟，此时雌鱼、雄鱼已成对进入巢穴，还不时外出觅食。到 4 月上中旬雌鱼性腺已完全成熟即开始产卵。卵产毕雌鱼即离巢而去，留下雄鱼守巢护卵。从受精卵到仔鱼破膜而出，孵化期长达 15～20 d。初孵仔鱼全长约为 5.5 mm，肌节数 15～16＋27～29，除躯干和尾部有少量黑色素之外，余皆色淡而近乎透明。全长达到 15 mm 时的稚鱼，体型已似成鱼，色素变浓，第一背鳍鳍条等已近定型。全长 20 mm 左右时便从浮游转营底栖生活。产卵后亲鱼体重急剧下降，仔鱼孵出后亲鱼因消瘦而亡。

该鱼生长迅速，5 月下旬平均体长为 36 mm、体重为 0.035 g；6 月体长为 55 mm、体重为 2.2 g；7 月体长为 75 mm、体重为 4.35 g；8 月体长为 135 mm、体重为 30.2 g；9 月体长为 209 mm、体重为 85.5 g；10 月体长达到 248 mm、体重为 161 g，仅五个月时间体长和体重分别增长了约 18.2 倍和 4 600 倍。11 月以后增长速度趋缓，翌年 3—4 月体长和体重达到最高峰，个体大的雄鱼体长可超过 400 mm、体重接近 450 g。长江口产的最大个体体长为 460 mm。

资源与利用　肉质细腻，味道鲜美，是一种很好的食用鱼。在长江口及其邻近海域沿岸分布广泛，具一定的经济价值。川沙沿岸斑尾刺虾虎鱼的渔获量占总渔获量的 10%，南汇沿岸由于盐度较高，产量则更高，1—2 月的产量一般占总渔获量的 30%（孙帼英和陈建国，1993）。凶猛，对对虾养殖危害甚大。

细棘虾虎鱼属 *Acentrogobius* Bleeker，1874

本属长江口 1 种。

211. 普氏细棘虾虎鱼 *Acentrogobius pflaumii*（Bleeker，1853）

Gobius pflaumii Bleeker，1853，Verh. Batav. Genoot. Kunst. Wet.，25：42，figs. 3，3a～b（Nagasaki，Japan）。

普氏吻虾虎鱼 *Rhinogobius pflaumi*：郑葆珊，1955，黄渤海鱼类调查报告：200，图 126（辽宁，河北，山东）。

普氏栉鰕虎鱼 *Ctenogobius pflaumi*：黄克静，1987，辽宁动物志·鱼类：326，图 219（大连等地）；周才武，1997，山东鱼类志：379，图 278（山东沿岸）。

普氏缰虾虎鱼 *Amoya pflaumi*：伍汉霖、倪勇，2006，江苏鱼类志：655，图 335（启东寅阳等地）；钟俊生，2008，中国动物志·硬骨鱼纲 鲈形目 虾虎鱼亚目：264，图 116（启东寅阳等地）；张衡等，2017，海洋渔业，39（5）：500～507（崇明东滩）。

普氏细棘虾虎鱼 *Acentrogobius*（*Creisson*）*pflaumi*：钟俊生，1997，上海海洋大学学报，6（3）：202，图 2-c（东海北部等地）。

普氏细棘虾虎鱼 *Acentrogobius pflaumii*：钟俊生等，2005，上海水产大学学报，14（4）：378（长江口沿岸）。

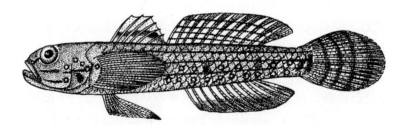

图 211　普氏细棘虾虎鱼 *Acentrogobius pflaumii*（伍汉霖和倪勇，2006）

英文名　striped sandgoby。

主要形态特征　背鳍Ⅵ，Ⅰ-9～10；臀鳍Ⅰ-10；胸鳍 17～18；腹鳍Ⅰ-5。纵列鳞 25～26；横列鳞 8～9；背鳍前鳞 0～2。鳃耙 2＋7～8。

体长为体高的 4.8～6.3 倍，为头长的 3.2～3.9 倍。头长为吻长的 3.8～4.7 倍，为眼径的 3.4～4.3 倍，为眼间隔的 14.0～16.0 倍。尾柄长为尾柄高的 1.8～2.1 倍。

体延长，前部圆筒形，后部侧扁；背缘稍平直，腹缘浅弧形；尾柄较长。头较大，背面圆凸。吻圆钝。眼中大，侧上位，位于头的前半部眼背缘稍突出于头部背缘。眼间隔狭窄，略凹。鼻孔每侧 2 个，分离，前鼻孔圆形，呈细小短管状；后鼻孔裂缝状，位于眼前方。口中大，前位，斜裂。下颌稍突出。上颌骨后端伸达眼前缘下方。上下颌齿细尖，多行，前部齿形成狭带状，外行齿扩大，后部仅 2 行齿，下颌外行最后面的齿扩大成弯向后方的犬齿。唇厚。舌游离，前端截形。鳃孔中大，约与胸鳍基底等高，前鳃盖骨后缘无棘。峡部宽大，鳃盖膜与峡部相连。具假鳃。鳃耙短钝。

体被大型栉鳞。头部的颊部、鳃盖部裸露无鳞。项部仅在背鳍前方有 1～2 枚圆鳞或无鳞，胸鳍基部、胸部被小圆鳞。无侧线。

背鳍 2 个，分离；第一背鳍起点在胸鳍基部稍后上方，鳍棘柔软，平放时不伸达第二背鳍起点；第二背鳍与第一背鳍等高，基底较长，前部鳍条稍短，后部鳍条较长，平放时不伸达尾鳍基。臀鳍与第二背鳍同形，起点在第二背鳍第二、第三鳍条的下方，后部鳍条较长，平放时不伸达尾鳍基。胸鳍尖圆，侧下位，上部鳍条不游离。左右腹鳍愈合成一吸盘，起点在胸鳍基部下方，膜盖连续，不形成叶状突出。尾鳍尖圆。

体呈黄褐色，体背部及体侧鳞片具色暗的边缘。体侧具 2～3 条褐色点线状纵带，并夹杂 4～5 个黑斑。鳃盖下部具 1 个小黑斑。颊部黑色。第一背鳍近基部具 1 行黑色纵带，在第五、第六鳍棘之间具 1 个黑色圆斑；第二背鳍具 4～5 行褐色纵行点线。臀鳍外缘色深，基部色浅。胸鳍与腹鳍灰色。尾鳍具数条不规则横带，尾鳍基部有 1 个色暗的圆斑。

分布　分布于西北太平洋区俄罗斯至中国沿海。中国黄海、东海、南海和台湾海域均有分布。长江口近海也有分布。

生物学特性　沿岸暖温性底层小型鱼类。栖息于河口咸淡水水域、沙岸、红树林及沿海沙泥底海区。体长 60～70 mm。

资源与利用　小型鱼类。在长江口区数量较少，无经济价值。

钝尾虾虎鱼属 *Amblychaeturichthys* Bleeker，1874

本属长江口 1 种。

212. 六丝钝尾虾虎鱼 *Amblychaeturichthys hexanema*（Bleeker，1853）

Chaeturichthys hexanema Bleeker，1853，Verh. Batav. Genootsch. Kunst. Wet.，25：43，fig. 5（Nagasaki，Japan）。

钝尖尾鰕虎鱼 *Chaeturichthys hexanema*：郑葆珊，1955，黄渤海鱼类调查报告：215，图 137（辽宁，河北，山东）。

六线矛尾鱼 *Chaeturichthys hexanema*：郑葆珊，1962，南海鱼类志：815，图 662（广东）。

六丝矛尾鰕虎鱼 *Chaeturichthys hexanema*：朱元鼎等，1963，东海鱼类志：429，图 325（浙江沈家门、大陈岛、石塘，福建东洋）；倪勇，1990，上海鱼类志：315，图 195（长江口佘山附近）。

六丝钝尾虾虎鱼 *Amblychaeturichthys hexanema*：伍汉霖、倪勇，2006，江苏鱼类志：654，图 334（长江口北支等地）；沈根媛，2008，中国动物志·硬骨鱼纲 鲈形目 虾虎鱼亚目：223，图 95（长江口北支等地）。

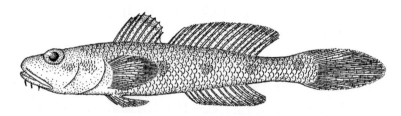

图 212　六丝钝尾虾虎鱼 *Amblychaeturichthys hexanema*

英文名　pinkgray goby。

地方名　六线长鲨。

主要形态特征　背鳍Ⅷ，14～16；臀鳍 12～14；胸鳍 21～22；腹鳍Ⅰ-5；尾鳍 16～17。纵列鳞 34～40；横列鳞 14～15。鳃耙 4+9～10。

体长为体高的 5.9～6.1 倍，为头长的 3.2～3.4 倍。头长为吻长的 3.8～4.0 倍，为眼径的 3.8～4.1 倍，为眼间隔的 7.0～8.5 倍。尾柄长为尾柄高的 2.7～3.1 倍。

体颇延长，前部亚圆筒形，后部稍侧扁。尾柄低而长。头大，较宽，前部稍扁平。吻中长，圆钝。眼较大，侧上位，眼径稍大于吻长；眼间隔窄而下凹，小于眼径之半。鼻孔 2 个，前鼻孔边缘隆起，距上唇较近；后鼻孔边缘稍隆起，位于眼前方正中。口大，端位，斜裂；下颌稍突出，长于上颌。上颌骨后延伸达或几伸达眼中部下方。齿细尖，上颌 2 行，外行稍大，内弯。犁骨、颚骨及舌上均无齿。唇厚。舌宽而游离，前端截平。颊部具短须 3 对。鳃孔大。颊部狭，鳃盖膜连于峡部。鳃耙细小。

体被栉鳞，头部鳞小，仅吻和下颌裸露，余均被鳞。无侧线。

背鳍 2 个，第一背鳍始于胸鳍基底后上方，平放时伸达或几伸达第二背鳍起点；第二背鳍基部较长，后部鳍条较前部鳍条为长，平放时伸达或几伸达尾鳍基。臀鳍与第二背鳍同形，始于其第五鳍条下方，平放时伸达或几伸达尾鳍基。胸鳍长圆形，基部颇宽，稍长于腹鳍。左右腹鳍愈合成一吸盘。尾鳍钝尖，长于头长。

体呈黄褐色，体侧具 4～5 个色暗的斑块。第一背鳍边缘黑色。其余各鳍灰色。

分布　中国、朝鲜半岛和日本均有分布。中国渤海、黄海、东海和南海均产。长江口罕见。

生物学特性　暖温性近岸小型鱼类。栖息于浅海及河口附近水域。以多毛类、小鱼、对虾、糠虾、钩虾为食。1 龄鱼即达性成熟，怀卵量 1 342～6 742 粒。产沉性黏着卵。产卵期为 4—5 月。生长快，当年鱼体长可达 67～113 mm。1 龄鱼体长可达 135 mm，2 龄鱼体长可达 155 mm。体长一般为 70～80 mm。

资源与利用　个体小，数量少，无经济价值。

深虾虎鱼属 *Bathygobius* Bleeker，1878

本属长江口 1 种。

213. 褐深虾虎鱼 *Bathygobius fuscus*（Rüppell，1830）

Gobius fuscus Rüppell，1830，Atl. Reise. N. Afr. Fische.：137（Red Sea）。

深虾虎鱼 *Bathygobius fuscus*：郑葆珊，1962，南海鱼类志：788，图 638（广东，海南）；伍汉霖，1979，南海诸岛海域鱼类志：504，图 358（海南岛等地）；钟俊生等，2007，中国水产科学，14（3）：439（长江口沿岸）；钟俊生，2008，中国动物志·硬骨鱼纲 鲈形目 虾虎鱼亚目：287，图 126（广东，海南，台湾）。

图 213　褐深虾虎鱼 *Bathygobius fuscus*（郑葆珊，1962）

英文名　dusky frillgoby。

主要形态特征　背鳍Ⅵ，Ⅰ-9；臀鳍Ⅰ-8；胸鳍 18～19；腹鳍Ⅰ-5。纵列鳞 35～38；横列鳞 11～12；背鳍前鳞 14～16。鳃耙 2+7～8。

体长为体高的 4.4～5.5 倍，为头长的 3.2～3.5 倍。头长为吻长的 3.7～4.8 倍，为眼径的 3.6～4.5 倍，为眼间隔的 10.0～11.8 倍。尾柄长为尾柄高的 1.6～2.0 倍。

体延长，前部粗壮，呈圆柱形，后部侧扁；背缘、腹缘浅弧形；尾柄较长。头中大，平扁，背面圆凸；颊部凸出。吻宽圆而钝。眼中大，背侧位，眼上缘稍突出于头部背缘。眼间隔颇窄，内凹。鼻孔每侧 2 个，分离，前鼻孔呈短管状，边缘另有鼻瓣，下方具一小的皮质隆起；后鼻孔裂缝状，位于眼前方。口中大，前位，斜裂。上下颌约等长。上颌骨后端伸达眼前缘稍后下方。上下颌齿细小尖锐，多行，外行齿扩大；下颌外行齿近分布在颌的前半部；犁骨、腭骨及舌上无齿。唇颇厚。舌游离，前端凹入或分叉。鳃孔窄，侧位。峡部颇宽，鳃盖膜与峡部相连。具假鳃。鳃耙细长而尖。

体被中大栉鳞。头部无鳞，项部、胸部及腹部被小圆鳞；项部的圆鳞向前仅延伸至眼后缘，最前面的鳞片呈废退状。颊部无鳞。无侧线。

背鳍 2 个，分离；第一背鳍起点在胸鳍基上方，鳍棘柔软，第一鳍棘最长；第二背鳍略高于第一背鳍，基底较长，前部鳍条稍短，后部鳍条较长，平放时可伸达尾鳍基。臀鳍与第二背鳍同形，起点在第二背鳍第二鳍条下方，后部鳍条较长，平放时可伸达尾鳍基。胸鳍宽圆，上部 4～5 根鳍条游离呈丝状。腹鳍，圆形，基底长小于腹鳍全长的 1/2，左右腹鳍愈合成一吸盘，后缘不达肛门；膜盖中央凹入，无突起。尾鳍宽圆。

体色及斑纹变异大。体呈淡褐色或棕褐色，头部灰棕色，体侧和项部具 5～6 条灰褐

色横带或具不规则的横带与纵带交错的云状纹。头、体具亮蓝色小点或体部的小点依鳞片排列呈纵纹状。第一背鳍灰色，具2～3行色深的纵带，边缘为黄色；第二背鳍浅棕色，具4～5纵行小蓝点，边缘深黄色。臀鳍与腹鳍为深黑色。胸鳍棕色，具4～5横行黄色小点。尾鳍浅黄色，具4～5横行蓝色或紫色相间排列的小点，下叶1/3处灰黑色。

分布　分布于印度—太平洋区，西起红海至莫桑比克，东至列岛群岛及土阿莫土群岛，北至韩国和日本南部，南至澳大利亚大堡礁南部。我国南海、台湾海域均有分布。长江口近海极罕见。

生物学特性　沿岸暖温性底层小型鱼类。栖息于潮间带砾石、海滩及珊瑚丛中的浅海区。杂食性，以藻类及底栖无脊椎动物为食。体长70～90 mm。

资源与利用　小型鱼类，可供观赏。在长江口区极罕见，无经济价值。

矛尾虾虎鱼属 *Chaeturinchthys* Richardson，1844

本属长江口1种。

214. 矛尾虾虎鱼 *Chaeturinchthys stigmatias* Richardson，1844

Chaeturichthys Stigmatias Richardson，1844，Ichthy. Zool. Voyage，Sulphur. 1：55，figs. 1～3（South Pacific）；Reeves，1927，J. Pan‑Pacific，Res，Inst，2（3）：13（上海）；Reeves，1931，Manual of Vertebrate Animals：573（上海）；Fowler，1961，Quart，J. Taiwan Mus.，14（3/4）：222（上海等地）。

Gobius Stigmatias：Gunther，1873，Ann. Mag. Nat. Hist.，12：241（上海）。

矛尾鰕虎鱼 *Chaeturichthys stigmatias*：朱元鼎等，1963，东海鱼类志：428，图324（江苏如东，浙江舟山，福建三沙，厦门等）；江苏省淡水水产研究所等，1987，江苏淡水鱼类：253，图123（启东，连云港）；陈马康等，1990，钱塘江鱼类资源：205，图194（宝山横沙岛北沿，川沙施湾，南汇芦潮港，东风渔场）；倪勇，1990，上海鱼类志：315，图194（宝山，川沙，南汇）。

矛尾鰕虎 *Chaeturichthys stigmatias*：湖北省水生生物研究所，1976，长江鱼类：204，图178（崇明）。

矛尾虾虎鱼 *Chaeturichthys stigmatias*：伍汉霖、倪勇，2006，江苏鱼类志：657，图336（长江口北支等地）；沈根媛，2008，中国动物志·硬骨鱼纲 鲈形目 虾虎鱼亚目：312，图142（上海等地）。

英文名　branded goby。

地方名　毛尾鱼。

主要形态特征　背鳍Ⅷ，Ⅰ‑20～22；臀鳍Ⅰ‑18～20；胸鳍21～24；腹鳍Ⅰ‑5，纵列鳞45～52，横列鳞14～16。鳃耙3＋9～11。

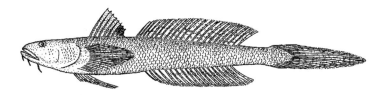

图 214　矛尾虾虎鱼 *Chaeturinchthys stigmatias*

体长为体高的 7.8～9.1 倍，为头长的 4.8～5.0 倍。头长为吻长的 3.6～3.9 倍，为眼径的 6.0～7.1 倍，为眼间隔的 5.8～6.0 倍。尾柄长为尾柄高的 2.5～2.8 倍。

体延长，前部亚圆筒形，后部侧扁。头大，平扁，头宽大于头高。吻圆钝。眼较小，眼间隔宽平。鼻孔 2 个，前鼻孔下方具 1 短管；后鼻孔小，圆形。口大，端位，斜裂，两颌约等长，上颌骨后延伸达眼的中部下方。舌游离，端部宽圆。上下颌各具齿 2 行，齿尖细，外行较大，呈犬齿状，内弯；犁骨、腭骨和舌上均无齿。颏部具短须 3～4 对。鳃孔宽大，伸向前方。峡部甚窄，鳃盖膜与峡部相连。具假鳃。鳃耙细长，长针状。

体被圆鳞，后部鳞较大；头部仅吻部裸露，余皆被小圆鳞。

背鳍 2 个，第一背鳍始于胸鳍基底后上方，放平时不达第二背鳍；第二背鳍基底较长，放平时几伸达尾鳍基。臀鳍基底与第二背鳍基底几等长，始于第二背鳍第三和第四鳍条下方，放平时不伸达尾鳍基。胸鳍宽圆，等于和稍短于头长，不达肛门。位于鳃盖内的肩带内缘有 3 个长指状（或舌形）肉质皮瓣。腹鳍中大，左右腹鳍愈合成一吸盘。尾鳍尖长，大于头长。

体呈黄褐色，背面，吻部，眼间隔，颊部及项部均具不规则色暗的斑纹。背鳍第五至第八鳍棘间具一大黑斑，第二背鳍具 3～4 纵行色暗的斑点。尾鳍具 4～5 条色暗的横纹。胸鳍灰色，具色暗的斑纹。腹鳍和臀鳍色较浅。

分布　西太平洋区中国、朝鲜半岛和日本均有分布。中国沿岸均产。长江口见于南支以及与杭州湾的结合部，横沙岛北沿、川沙、南汇沿岸以及杭州湾芦潮港水域。

生物学特性　暖温性近岸小型底层鱼类。栖息于河口咸淡水滩涂淤泥质水域，以及水深 60～90 m 处的沙泥质底海区，也进入江河下游淡水水体中。摄食桡足类、多毛类、虾类等底栖动物。体长一般为 100～110 mm。

资源与利用　在底拖网和张网作业渔获物中有时能见到一些。数量不多，常作为杂鱼处理，经济意义不大。

舌虾虎鱼属 *Glossogobius* Gill，1859

本属长江口 2 种。

种 的 检 索 表

1（2）眼后及背鳍前方无黑斑 ··· 舌虾虎鱼 *G. giuris*

2（1）眼后及背鳍前方的项部有若干小黑斑 ···················· 斑纹舌虾虎鱼 *G. olivaceus*

215. 舌虾虎鱼 *Glossogobius giuris*（Hamilton，1822）

Gobius giuris Hamilton，1822，Gangetic Fish.：51，366，pl.33，fig.15（Ganges River，India）；Günther，1861，Cat. Fish. Brit. Mus.，3：21（中国沿海）。

Rhinogobius platycephalus：Jordan and Seale，1905，Proc. U. S. Nat. Mus.，29：527（上海）。

舌鰕虎鱼 *Glossogobius giuris*：朱元鼎等，1963，东海鱼类志：418，图 314（福建集美、石码）；倪勇，1990，上海鱼类志：308，图 186（奉贤柘林）；陈米良，1990，浙江动物志·淡水鱼类：202，图 164（温州瑞安）；

舌虾虎鱼 *Glossogobius giuris*：伍汉霖、倪勇，2006，江苏鱼类志：664，图 340（长江口北支等地）；伍汉霖，2008，中国动物志·硬骨鱼纲 鲈形目 虾虎鱼亚目：405，图 189，图版Ⅶ-13。

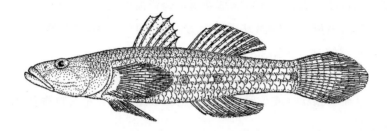

图 215　舌虾虎鱼 *Glossogobius giuris*

英文名　tank goby。

主要形态特征　背鳍Ⅵ，Ⅰ-9；臀鳍Ⅰ-8；胸鳍 17～21；腹鳍Ⅰ-5。纵列鳞 30～33；横列鳞 9～10。鳃耙 9～11。

体长为体高的 4.9～5.2 倍，为头长的 3.0～3.2 倍。头长为吻长的 2.8～3.1 倍，为眼径的 5.8～6.1 倍，为眼间隔的 8.0 倍。尾柄长为尾柄高的 2.1 倍。

体延长，前部亚圆筒形，后部稍侧扁。头中大，尖而平扁。吻尖突，颇长。眼较小，侧上位。眼间隔窄而下凹，上缘和后缘各具 1 个浅弧形的纵行隆起嵴。鼻孔 2 个，前鼻孔位于鼻管的端部；后鼻孔圆形，位于眼前。口中大，前位，斜裂。下颌突出，上颌骨伸达或稍伸越眼前缘下方。上下颌具齿多行，齿细尖，排列成绒毛带状，内行齿稍大；犁骨、腭骨及舌上均无齿。唇略厚，发达。舌游离，前端分叉。鳃孔大，鳃盖膜与峡部相连。鳃耙短小。

体被中大栉鳞。头部除鳃盖上方和眼后项部被鳞外，均裸露无鳞。胸部和腹部被小圆鳞；项部圆鳞向前延伸至眼后方。无侧线。

背鳍 2 个，第一背鳍短小，几伸达第二背鳍起点；第二背鳍基底较长。臀鳍与第二背鳍同形，相对。胸鳍长圆形，侧下位，长约与吻后头长相等。左右腹鳍愈合成一吸盘，长较胸鳍稍短。尾鳍圆形，短于头长。

体灰褐色，背部色较深，隐具5～6个褐色横斑。体侧具1列4～5个较大色暗的斑点。第一背鳍灰褐色，后端具一黑色圆斑。腹鳍灰黑色。背鳍、臀鳍、胸鳍和尾鳍均具色暗的斑纹。

分布　广泛分布于印度—太平洋区，自非洲东岸向东至印度尼西亚，向北至中国、日本，往南至澳大利亚及南太平洋诸岛海域均有分布。中国产于南海和东海。长江口较少见。

生物学特性　暖水性近海底层鱼类。生活于浅海滩涂、河口咸淡水水域，也能进入淡水水域生活，以摄食小鱼、小虾等为生。

资源与利用　个体小，数量少，定置作业偶有所获，作为下杂鱼处理，无经济价值。

蝌蚪虾虎鱼属 *Lophiogobius* Günther，1873

本属长江口1种。

216. 睛尾蝌蚪虾虎鱼 *Lophiogobius ocellicauda* Günther，1873

Lophiogobius ocellicauda Günther，1873，Ann. Mag. Nat. Hist.，（Ser. 4）12（69）：242（Shanghai，China）；Reeves，1927，J. Pan - Pacific Res. Inst.，2（3）：13（上海，烟台）；Fowler，1961，Quart. J. Taiwan Mus.，14（3/4）：227，fig. 62（上海，温州，福州，旅顺）。

蝌蚪鰕虎鱼 *Lophiogobius ocellicauda*：郑葆珊，1955，黄渤海鱼类调查报告：212，图135（辽宁，河北，山东）；朱元鼎等，1963，东海鱼类志：427，图323（江苏吕四）；江苏省淡水水产研究所等，1987，江苏淡水鱼类：256，图126（如东，南通，连云港）；陈马康等，1990，钱塘江鱼类资源：204，图198（杭州湾海盐）；倪勇，1990，上海鱼类志：314，图193（宝山吴淞、横沙，南汇芦潮港、东风渔场，崇明施翘河、堡镇、裕安捕鱼站，长江口南北支）。

蝌蚪鰕虎 *Lophiogobius ocellicauda*：湖北省水生生物研究所鱼类研究室，1976，长江鱼类：206，图181（崇明）。

睛尾蝌蚪虾虎鱼 *Lophiogobius ocellicauda*：伍汉霖、倪勇，2006，江苏鱼类志：668，图343（长江口北支等地）；沈根媛，2008，中国动物志·硬骨鱼纲 鲈形目 虾虎鱼亚目：476，图224（上海等地）。

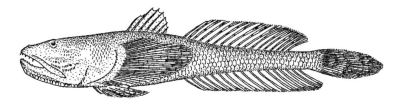

图 216　睛尾蝌蚪虾虎鱼 *Lophiogobius ocellicauda*

英文名　ocellate - tail crested goby。

地方名 麻姑娘。

主要形态特征 背鳍Ⅶ，16～18；臀鳍 17～18；胸鳍 20～22；腹鳍Ⅰ-5。纵列鳞 35～40；横列鳞 12。鳃耙 4～5＋9～12。

体长为体高的 7.2～7.7 倍，为头长的 3.4～3.6 倍。头长为吻长的 3.5～3.7 倍，为眼径的 8.1～8.9 倍，为眼间隔的 4.2～5.4 倍。尾柄长为尾柄高的 1.7～2.1 倍。

体延长，前部稍平扁，后部侧扁，尾部细长。头大，宽而平扁。吻宽扁，前端广圆形。眼小，侧上位。眼间隔宽，眼后有 2 纵行突起，中间稍凹入。鼻孔 2 个，前鼻孔位于鼻管端部，后鼻孔圆形，位于眼前。口大，前位，斜裂。下颌稍突出。上颌骨后延伸越眼后缘下方。上下颌各具 2 行尖细齿，排列稀疏，内行齿较小，内弯；外行齿较大，几呈平卧状，外斜露出于口外；犁骨和腭骨均无齿。舌宽大，游离，前端截形。颊部肌肉发达，略向外凸出。颏部密布短小皮须，颊部、前鳃盖骨边缘及鳃盖上均具小须。鳃孔宽大。鳃盖膜与峡部相连。鳃耙细长。

体被中大圆鳞，颊部、鳃盖和项部均被小鳞。无侧线。

背鳍 2 个，第一背鳍具 7 鳍棘，平放时不伸达第二背鳍起点；第二背鳍后部鳍条平放时不伸达尾鳍基底。臀鳍与第二背鳍相对，同形，平放时后端伸达尾鳍基底。胸鳍宽大，长几与头长相等，后端钝尖。左右腹鳍愈合成一吸盘，短于胸鳍，不伸达肛门。尾鳍长圆形，长约与腹鳍等长。

体呈黄褐色，背部色较深，腹部色浅。头部有不规则断续带状花纹。体侧鳞片后缘各有一弧形黑斑；第二背鳍有 2～3 条黑色条纹。基部中央具一黑色大的睛斑，睛斑后方具 2～3 个新月形黑色横纹。

分布 西北太平洋区中国、朝鲜半岛和日本海域均有分布。中国产于渤海、黄海和东海。长江口南支、北支和近海均有分布。

生物学特性 近海暖温性底层小型鱼类。也进入河口咸淡水中生活。以水生昆虫、糠虾、对虾、幼鱼及底栖水生动物为食。在长江口一些肉食性鱼类如杜氏痩鳕和中国花鲈的胃含物中，常发现有睛尾蝌蚪虾虎鱼。当年鱼体长达 89～127 mm。1 龄性成熟，怀卵量为 3 872～15 764 粒，产卵期为 4—5 月，产卵后多数个体死亡。

资源与利用 头大，肉少，个体小，几乎无经济价值。长江口定置网作业有捕获，可作为家禽饲料。

竿虾虎鱼属 *Luciogobius* Gill，1859

本属长江口 1 种。

217. 竿虾虎鱼 *Luciogobius guttatus* Gill，1859

Luciogobius guttatus Gill，1859，Philad. Proc. Acad. Nat. Sci. Philad.，11：146

（Shimoda，Japan）。

竿鰕虎鱼 *Luciogobius guttatus*：郑葆珊，1955，黄渤海鱼类调查报告：223，图 143（辽宁大东沟，河北秦皇岛、塘沽、山东蓬莱、烟台、石岛、海阳、青岛）；朱元鼎等，1963，东海鱼类志：414，图 310（浙江嵊泗）。

竿虾虎鱼 *Luciogobius guttatus*：伍汉霖、倪勇，2006，江苏鱼类志：670，图 344（海州湾）；庄棣华，2008，中国动物志·硬骨鱼纲 鲈形目 虾虎鱼亚目：483，图 227，图版Ⅷ-15（山东，江苏，浙江，香港）。

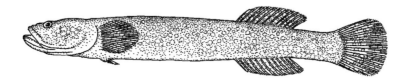

图 217　竿虾虎鱼 *Luciogobius guttatus*

英文名　flat - headed goby。

地方名　竿鲨、斑点竿鲨。

主要形态特征　背鳍Ⅰ-12；臀鳍Ⅰ-12～13；胸鳍18；腹鳍Ⅰ-5；尾鳍4＋18＋5。纵列鳞0；横列鳞0；背鳍前鳞0。椎骨38。

体长为体高的 8.6～9.5 倍，为头长的 4.7～4.9 倍。头长为吻长的 4.0～4.5 倍，为眼径的 7.1～8.7 倍，为眼间隔的 3.8～4.1 倍。尾柄长为尾柄高的 1.1～1.4 倍。

体细长，竿状，前部圆筒形，后部侧扁。头中大，圆钝，前部宽而平扁，背部稍隆起。颊部肌肉发达，隆突，头顶因而呈凹陷状。吻短而圆钝，前端截形。眼较小，圆形，背侧位，眼上缘突出于头部背缘。眼间隔宽而稍凹入。鼻孔 2 个，位于眼前，前鼻孔下方为 1 短管，后鼻孔圆形。口中大，前位，斜裂，下颌突出。上颌骨后延伸达眼后缘下方。上下颌齿细小，尖锐，无犬齿，多行，排列稀疏，呈带状，外行齿稍扩大，下颌内行齿亦扩大；犁骨、腭骨及舌上均无齿。唇颇厚，发达，口腔白色。舌宽大，游离，前端凹入呈分叉。鳃孔窄小，侧位。鳃盖膜与峡部相连。具假鳃。鳃耙短小。

体完全裸露无鳞。无侧线。

背鳍 1 个，第一背鳍消失，第二背鳍颇低，位于体的后部，基部较长，起点距吻端约 3 倍于头长，具 1 鳍棘，12 鳍条，平放时不伸达尾鳍基。臀鳍与背鳍相对，同形，平放时不伸达尾鳍基。胸鳍宽大，圆形，侧下位，上端有 1 游离鳍条，鳍长稍短于头长。腹鳍很小，圆形，左右腹鳍愈合成一吸盘，膜盖发达，边缘内凹。尾鳍长圆形。

头、体淡褐色或深褐色，密布细小黑色斑点。头部和体侧具较大色浅的圆斑。背鳍、胸鳍和尾鳍具带状条纹，但基部无黑色垂直纹。

分布　西北太平洋区中国、朝鲜半岛和日本海域均产，俄罗斯彼得大帝湾也有分布。

中国分布于渤海、黄海和东海。长江口罕见。

生物学特性　暖温性沿岸及河口小型底栖鱼类。海水。咸淡水和淡水水体均能生活。栖息于河口及潮间带滩涂水洼，以及有水流入海的河川、小溪中，偶尔也进入纯淡水水域。低潮时会躲在岩石下以待涨潮。以桡足类、轮虫等浮游动物为食。生长缓慢，1龄鱼体长30～40 mm，2龄鱼体长40～60 mm。1龄鱼达性成熟，冬季产卵，怀卵量370～1 542粒。卵长形，前端钝，末端细小，油球数多。卵黏性，产于岩石间洞穴的顶壁，产后雌性亲鱼即离巢而去，雄性亲鱼守巢护卵，直至仔鱼孵出后才离去。个体小，一般体长40～50 mm，最大全长95 mm。

资源与利用　个体小，无食用价值。数量也不多，无经济价值。

鲻虾虎鱼属 *Mugilogobius* Smitt，1900

本属长江口2种。

种 的 检 索 表

1（2）体侧尾柄部有2条黑色纵带，纵带向后伸达尾鳍后缘；颊部无红色虫纹状条纹及斑点；第一背鳍后部无黑斑 ……………………………………………………………… 阿部鲻虾虎鱼 *M. abei*

2（1）体侧尾柄部无黑色纵带；颊部具红色虫纹状条纹及斑点；第一背鳍后部第五及第六棘中部有一黑斑 …………………………………………………… 黏皮鲻虾虎鱼 *M. myxodermus*

218. 阿部鲻虾虎鱼 *Mugilogobius abei*（Jordan *et* Snyder，1901）

Ctenogobius abei Jordan and Snyder，1901，Proc. s U. S. Nati. Mus.，24（1244）：55，fig. 5（Wakayama，Wakayama Prefecture，Japan）。

鲻鰕虎鱼 *Mugilogobius abei*：郑葆珊，1955，黄渤海鱼类调查报告：201，图127（山东青岛）；伍汉霖，1985，福建鱼类志（下卷）：339，图596（福州马尾）。

阿部鲻虾虎鱼 *Mugilogobius abei*：倪勇，1990，上海鱼类志：312，图190（奉贤，柘林）；伍汉霖、倪勇，2006，江苏鱼类志：671，图345（海州湾，启东等地）。倪勇、伍汉霖，2008，中国动物志·硬骨鱼纲 鲈形目 虾虎鱼亚目：493，图232，图版Ⅸ-17（山东，江苏，浙江，香港）。

阿氏鲻虾虎鱼 *Mugilogobius abei*：郑米良，1991，浙江动物志·淡水鱼类：203，图166（舟山平阳浦）。

英文名　mangrove goby。

主要形态特征　背鳍Ⅵ，Ⅰ-8；臀鳍Ⅰ-8；胸鳍18～19；腹鳍Ⅰ-5；尾鳍16～17。纵列鳞36～40；横列鳞12～13；背鳍前鳞19～22。鳃耙5+8～9。

体长为体高的4.6～5.1倍，为头长的3.5～3.6倍。头长为吻长的4.4～4.6倍，为眼径的4.4～4.6倍，为眼间隔的3.1～3.3倍。尾柄长为尾柄高的1.6～1.9倍。

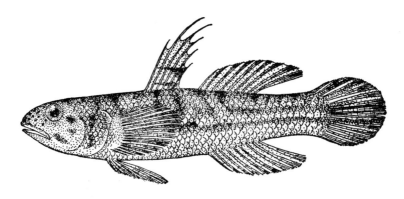

图 218　阿部鲻虾虎鱼 *Mugilogobius abei*（倪勇，1990）

体延长，前部亚圆筒形，后部侧扁。头颇大，稍宽，头部和鳃盖部无任何感觉管孔。颊部球形突出。吻圆钝，约等于眼径。眼中大，侧上位，位于头的前半部。眼间隔宽，稍圆凸，大于眼径。鼻孔每侧 2 个，分离；前鼻孔具一短管，悬垂于上唇；后鼻孔圆形，位于眼前方。口中大，前位，斜裂。上颌稍突出，稍长于下颌，或两颌约等长，上颌骨后端向后伸达眼中部下方。上下颌齿细尖，排列成带状，外行齿稍大。唇发达。舌游离，前端浅分叉。鳃孔中大。鳃盖骨边缘光滑。峡部宽。鳃盖膜与峡部相连。鳃盖条 5。有假鳃。鳃耙短小。

体被弱栉鳞，后部鳞较大，前部被小圆鳞。项部至眼后上方被圆鳞，鳃盖被 2～5 行圆鳞，胸鳍基部、胸部和腹部被圆鳞。吻部和颊部无鳞。无侧线。

背鳍 2 个，分离。第一背鳍起点在胸鳍基底后上方，鳍棘均细弱，末端延长呈丝状，第二、第三鳍棘较长，有时末端伸达第二背鳍第七鳍条基部；第二背鳍略低，基部长，前部鳍条较短，向后各鳍条渐长，平放时不伸达尾鳍基。臀鳍与第二背鳍相对，同形，起点在背鳍第二鳍条下方，最后鳍条平放时不伸达尾鳍基。胸鳍宽圆，侧下位，后端不伸达肛门。腹鳍短，略短于胸鳍，左右腹鳍愈合成一长形吸盘。尾鳍圆形。

头及体呈灰褐色或浅黄褐色，腹面色浅。前部体侧有 5～6 行不规则黑褐色或褐色横斑，后部有 2 条自第二背鳍中部下方延伸至尾鳍基的黑褐色纵带。鳃盖中部有一暗斑。第一背鳍第五、第六鳍棘间具一黑斑。尾鳍上部鳍膜具 3～4 道放射状黑色条纹，边缘白色。其余各鳍色暗。

分布　分布于西北太平洋区朝鲜半岛、日本中南部至南部沿海及中国沿海。中国沿海均有分布。长江口咸淡水区有分布。

生物学特性　暖温性底层鱼类。广泛栖息于河口咸淡水交界和近岸滩涂与红树林等水域。主要摄食水底有机物或小型无脊椎动物。个体小，体长 30～40 mm，大者可达 60 mm。

资源与利用　小型鱼类，无食用价值，可在小型水槽中用淡水饲养，作为观赏性鱼类。

犁突虾虎鱼属 *Myersina* Herre，1934

本属长江口 1 种。

219. 长丝犁突虾虎鱼 *Myersina filifer*（Valenciennes，1837）

Gobius filifer Valenciennes in Cuvier and Valenciennes，1837，Hist. Nat. Poiss，12：106（Indian seas）。

丝鰕虎鱼 *Cryptocentrus filifer*：郑葆珊，1955，黄渤海鱼类调查报告：203，图 128（河北北戴河、山东蓬莱等）；朱元鼎、伍汉霖，1963，东海鱼类志：423，图 319（浙江大陈岛）；田明诚、沈友石、孙宝龄，1992，海洋科学集刊（第三十三集）：277（长江口近海）。

长丝虾虎鱼 *Cryptocentrus filifer*：郑葆珊，1962，南海鱼类志：806，图 654（广西，广东，海南）；伍汉霖、倪勇，2006，江苏鱼类志：659，图 337（海州湾，赣榆，连云港竹岛）；倪勇，2008，中国动物志·硬骨鱼纲 鲈形目 虾虎鱼亚目：326，图 149（山东，江苏，浙江，福建，广东，广西，海南）。

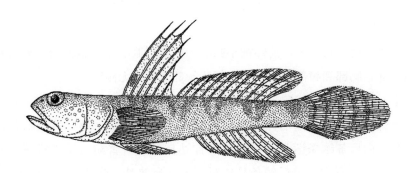

图 219 长丝犁突虾虎鱼 *Myersina filifer*

英文名 filamentous shrimpgoby。

主要形态特征 背鳍Ⅵ，Ⅰ-10～11；臀鳍Ⅰ-9；胸鳍 18～19；腹鳍Ⅰ-5；尾鳍 17～19。纵列鳞 100～110；横列鳞 30～35；背鳍前鳞 0。鳃耙 3～4＋11～12。椎骨 26。

体长为体高的 5.3～6.0 倍，为头长的 3.1～3.5 倍。头长为吻长的 4.2～4.7 倍，为眼径的 3.9～5.0 倍，为眼间隔的 11.0～14.0 倍。尾柄长为尾柄高的 2.0～2.2 倍。

体延长，侧扁，尾柄较长。头中大，侧扁。吻短而圆钝，吻长短于或等于眼径。眼侧上位，位于头的前 1/3 处。眼间隔颇窄，稍隆起，小于眼径。鼻孔 2 个，位于眼前，前鼻孔下方具一短管，后鼻孔圆形。口大，端位，斜裂。上下颌约等长，上颌骨后延伸达眼后缘下方。上下颌均具细齿多行，上颌外行齿稍扩大，下颌外行齿仅分布于下颌前半部，最后一枚为犬齿；犁骨、腭骨和舌上均无齿。舌大，游离，端部圆形。

颊部具黏液沟 2 纵行；眼下缘与上颌间具斜行黏液沟数列；眼后头顶中央鼻孔上侧方和前鳃盖骨边缘各具一黏液孔。鳃孔宽大。峡部颇窄，鳃盖膜与峡部相连。鳃耙短而细弱。

体被小圆鳞，隐于皮下，后部鳞较大。头部及项部均无鳞。

背鳍 2 个，前后分离；第一背鳍甚高，鳍棘均延长呈丝状，第二棘最长，平放时可伸达第二背鳍中部或最后部鳍条；第二背鳍较低，后部鳍条较长，平放时可伸达尾鳍基。臀鳍与第二背鳍同形，始于第二背鳍第三鳍条下方，后部鳍条较长，平放时可伸达尾鳍基。胸鳍宽圆，长约与眼后头长相等。腹鳍较长，圆形，左右愈合成一吸盘，向后延伸达肛门乳突。尾鳍长圆形，较头长长。

体黄绿带红色，腹部白色，体侧具暗褐色横带 5～6 条，最后一条在尾鳍基，项部也具一条暗褐色横带。颊部和鳃盖有亮蓝色小点，各点边缘色暗。第一背鳍第一与第二鳍棘近基部处有一椭圆形黑斑，第二背鳍具 2 纵行色暗的斑纹。臀鳍边缘暗黑色。腹鳍色暗。胸鳍灰色。尾鳍淡黄色，鳍膜色暗，具 6 条色暗的横纹。

分布　分布于印度—太平洋区波斯湾和留尼汪岛至印度尼西亚及菲律宾海域，北至日本南部海域。我国渤海、黄海、东海、南海和台湾海域均有分布。长江口近海有分布，较罕见。

生物学　暖温性近海小型鱼类。栖息于沿岸泥沙地海区。喜与枪虾共生，杂食性，以藻类及底栖动物为食。体长 100～120 mm。

资源与利用　数量很少，经济价值不高。

【Winterbottom（2002）的研究表明，本种由丝虾虎鱼属（*Cryptocentrus*）归并至犁突虾虎鱼属（*Myersina*）。】

拟矛尾虾虎鱼属 *Parachaeturichthys* Bleeker，1874

本属长江口 1 种。

220. 多须拟矛尾虾虎鱼 *Parachaeturichthys polynema*（Bleeker，1853）

Chaeturichthys polynema Bleeker，1853，Verh. Batav. Genoot. Kunst. Wet.，25（7）：44，figs. 4，4a～b（Nagasaki，Japan）。

须鰕虎鱼 *Parachaeturichthys polynema*：郑葆珊，1962，南海鱼类志：813，图 660（广东）。

拟矛尾虾虎鱼 *Parachaeturichthys polynema*：朱元鼎、伍汉霖，1963，东海鱼类志：426，图 322（福建）；伍汉霖，1985，福建鱼类志（下卷）：362，图 616（福建厦门等地）；陈马康等，1990，钱塘江鱼类资源：209，图 2004（海盐）；沈根媛，2008，中国动物志·硬骨鱼纲 鲈形目 虾虎鱼亚目：532，图 252（辽宁，江苏，福建，广东，广西，海

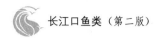

南）；史赟荣，2012，长江口鱼类群落多样性及基于多元排序方法群落动态的研究：103（长江口近海）。

多须拟虾鲨 *Parachaeturichthys polynema*：李信彻，1993，台湾鱼类志：541（台湾）。

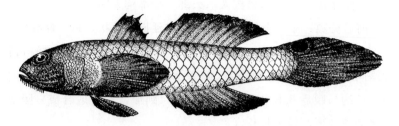

图 220 多须拟矛尾虾虎鱼 *Parachaeturichthys polynema*（郑葆珊，1962）

英文名 taileyed goby。

主要形态特征 背鳍Ⅵ，Ⅰ-10～12；臀鳍Ⅰ-9；胸鳍21～23；腹鳍Ⅰ-5。纵列鳞28～31；横列鳞8～10；背鳍前鳞12～15。鳃耙3～4＋9～10。

体长为体高的5.4～5.6倍，为头长的3.8～4.2倍。头长为吻长的4.0～5.3倍，为眼径的3.8～4.5倍，为眼间隔的4.5～5.7倍。

体延长，前部亚圆筒形，后部侧扁。头中大，稍平扁，背缘微凸。吻圆钝，短于眼径。眼大，侧上位。眼间隔窄小，微凹入。鼻孔每侧2个，分离，前鼻孔具一短管；后鼻孔小，位于眼前方。口小，前位，斜裂。上下颌几等长，或下颌稍突出。上颌骨后端向后伸达眼中部下方。上下颌具多行尖细齿，外行齿扩大呈犬齿状；犁骨、腭骨和舌上均无齿。唇薄。舌游离，前端截形或凹入。下颌腹面两侧各具一纵行短须，颏部两侧各具一纵行较长小须。鳃孔中大。鳃盖膜与峡部相连。无假鳃。鳃耙短小，细弱。

体被中大栉鳞。头部、项部、胸部和腹部均被圆鳞。

背鳍2个，分离；第一背鳍起点在胸鳍基底后上方，平放时后端伸达第二背鳍起点；第二背鳍基底较长，鳍条较高，平放时后端鳍条伸达尾鳍基。臀鳍基底长，与第二背鳍相对，同形，起点在第二背鳍第三鳍条下方，平放时几乎伸达尾鳍基。胸鳍尖长，后端伸达臀鳍起点。左右腹鳍愈合成一吸盘。尾鳍尖形。

体呈棕褐色，腹部色浅。各鳍灰黑色，尾鳍基部上方具一带椭圆形白边的黑色暗斑。

分布 分布于印度—西太平洋区南非至日本南部海域。我国黄海、东海、南海和台湾海域均有分布。长江口近海也有分布。

生物学特性 近海暖水性底层小型鱼类。栖息于近海及河口泥沙及软泥质底海区。体长80～110 mm。

资源与利用 体内含河鲀毒素，主要集中于头部和肌肉内，不能食用。在长江口区数量较少，无经济价值。

拟虾虎鱼属 *Pseudogobius* Popta，1922

本属长江口 1 种。

221. 爪哇拟虾虎鱼 *Pseudogobius javanicus*（Bleeker，1856）

Gobius javanicus Bleeker，1856，Nat. Tijd. Ned. Indie.，11：88（Patjitan，southern Java，Indonesia）。

爪哇缁鰕虎鱼 *Mugilogobius javanicus*：倪勇，1990，上海鱼类志：311，图 189（上海奉贤柘林，海南海口，广东汕尾，福建长乐樟港）。

爪哇拟虾虎鱼 *Pseudogobius javanicus*：伍汉霖、倪勇，2006，江苏鱼类志：676，图 348（吕四等地）；倪勇，2008，中国动物志·硬骨鱼纲 鲈形目 虾虎鱼亚目：558，图 265（上海奉贤柘林等地）。

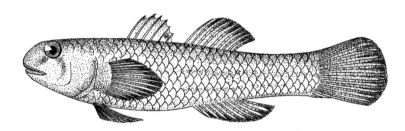

图 221　爪哇拟虾虎鱼 *Pseudogobius javanicus*

英文名　goby of streams。

主要形态特征　背鳍Ⅵ，Ⅰ-7～8；臀鳍Ⅰ-7～8；胸鳍 15～16；腹鳍Ⅰ-5。纵列鳞 27～28，横列鳞 11～12，背鳍前鳞 7～9。鳃耙 2+6～7。

体长为体高的 4.7～5.8 倍，为头长的 3.5～4.1 倍。头长为吻长的 4.0～4.6 倍，为眼径的 3.8～4.1 倍，为眼间隔的 7.5～8.2 倍。尾柄长为尾柄高的 1.8～2.1 倍。

体延长，前部粗壮，近圆筒形，后部侧扁。头中大，宽圆，头宽几等于头长，大于头高。吻宽圆，前端浅弧形，稍突出于上颌之前方，吻长小于或等于眼径。眼中大，侧上位，位于头前部背方。眼间隔较狭。鼻孔每侧 2 个，前鼻孔短管状，悬垂于上唇边缘；后鼻孔圆形，位于眼前方。口中大，前位，稍斜裂。上颌微突，稍长于下颌。上颌骨后端伸达眼前缘下方或眼前部 1/3 下方。上下颌前部各具齿 3 行，细小，无犬齿。舌游离，前端截形。鳃孔中大，前鳃盖骨后缘光滑，无棘。峡部宽。鳃盖膜与峡部相连。鳃耙短而细弱。

体被栉鳞，头部在鳃盖骨和眼后上方被圆鳞。吻部和前鳃盖骨无鳞，胸鳍基部、胸部和腹部被圆鳞。第一背鳍起点至眼后被圆鳞，前部鳞较大，眼后中间第一鳞最大，约为眼径的 2/3。无侧线。

背鳍 2 个，分离，第一背鳍三角形，低于第二背鳍；第二背鳍基部较长，前方鳍条较短，向后各鳍条渐长，后部鳍条平放时几伸达（雄性）或远不达（雌性）尾鳍基底。臀鳍与第二背鳍相对，同形，几等高，后部鳍条平放时不伸达尾鳍基底。胸鳍宽圆，侧下位。腹鳍小，基底长小于腹鳍全长的 1/2，左右腹鳍愈合成一长圆形吸盘，其系膜边缘平直。尾鳍长圆形，稍短于头长。

体呈灰褐色，腹部色浅。头部眼前和眼后下方各具 1 条黑色短纹，上下唇边缘黑色。体背面具许多色暗的横斑；体侧具 5 个较大黑斑，最后黑斑位于尾鳍基中部，每一个大黑斑由 2 个相连的三角形小黑斑组成。体侧具许多小黑点。第一背鳍第五至第六鳍棘间有一黑斑，第二背鳍具多条色暗的条纹。臀鳍、腹鳍和胸鳍色浅。胸鳍基部具 2 个暗斑。尾鳍具 8 条色暗的点横纹。

分布　分布于印度—西太平洋区，南至澳大利亚，北至中国，包括澳大利亚、印度尼西亚、新加坡、印度、菲律宾和中国等。中国黄海中南部（江苏赣榆至启东吕四）、东海、南海和台湾海域均有分布。长江口近海也有分布。

生物学特性　暖水性底层小型鱼类，栖息于沿海近岸和咸、淡水河口区、红树林湿地及沿岸的泥滩水域。常成群出现在浅水区。杂食性，主要以有机碎屑、小型无脊椎动物及浮游动植物为食。体长 30～40 mm，最大达 50 mm。

资源与利用　在长江口区数量较少，经济价值不高。

吻虾虎鱼属 *Rhinogobius* Gill，1859

本属长江口 2 种。

种 的 检 索 表

1（2）头部在眼前方有 4～5 条黑褐色蠕虫状条纹，颊部及鳃盖有 5 条斜向前下方的色暗的细条纹，胸鳍基底上端具一黑色斑点；有背鳍前鳞；第一背鳍第一与第二鳍棘间的鳍膜上无明显大黑斑 …………………………………………………………………………………… 子陵吻虾虎鱼 *R. giurinus*

2（1）头部在眼前方无蠕虫状条纹，颊部及鳃盖无斜向前下方的色暗的细条纹，胸鳍基底上端无黑斑；无背鳍前鳞；第一背鳍第一与第二鳍棘间的鳍膜上具一明显大黑斑………………………………………………………………………………… 波氏吻虾虎鱼 *R. cliffordpopei*

222. 子陵吻虾虎鱼 *Rhinogobius giurinus*（Rutter，1897）

Gobius giurinus Rutter，1897，Proc. Acad. Nat. Sci. Philad.，49：86（Shantou, coast of southeastern China）。

吻鰕虎 *Rhinogobius giurinus*：湖北省水生生物研究所鱼类研究室，1976，长江鱼类：207，图 183（南京，宜昌等）。

子陵栉鰕虎鱼 *Ctenogobius giurinus*：倪勇，1990，上海鱼类志：308，图 187（宝山、南汇、崇明等郊区各县）。

子陵吻虾虎鱼 Rhinogobius giurinus：伍汉霖、倪勇，2006，江苏鱼类志：679，图 350（海门等地）；伍汉霖、陈义雄，2008，中国动物志·硬骨鱼纲虾虎鱼亚目：594，图 282（崇明等地）。

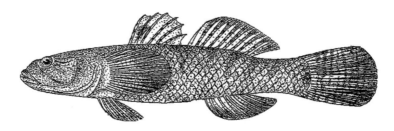

图 222　子陵吻虾虎鱼 Rhinogobius giurinus

地方名　玉如鱼。

主要形态特征　背鳍Ⅵ，Ⅰ-8～9；臀鳍Ⅰ-8～9；胸鳍20～21；腹鳍Ⅰ-5；尾鳍 2+18+4。纵列鳞27～30；横列鳞10～11；背鳍前鳞11～13。鳃耙2～3+6～7。椎 骨26。

体长为体高的4.7～5.6倍，为头长的3.2～4.2倍。头长为吻长的2.9～3.2倍，为 眼径的4.0～5.4倍，为眼间隔的7.9～8.5倍。尾柄长为尾柄高的2.0～2.5倍。

体延长，前部近圆筒形，后部侧扁。头中大，圆钝，前部宽而平扁，头宽大于头高。 颊部肌肉发达，凸出。吻圆钝，颇长，吻长大于眼径。眼中大，背侧位，位于头的前半 部，眼上缘突出于头背缘。眼间隔狭窄，内凹。鼻孔每侧2个，分离，互相接近；前鼻孔 近于吻端，不紧靠上唇；后鼻孔小，圆形，边缘隆起，紧位于眼前方。口中大，前位， 斜裂。两颌约等长。上颌骨后端伸达眼前缘下方。上下颌齿各2行，细小，尖锐，无犬 齿，排列稀疏，呈带状，外行齿稍扩大；下颌齿内行稍扩大；犁骨、腭骨及舌上均无齿。 唇略厚，发达。舌游离，前端圆形。鳃孔中大，侧位。峡部宽。鳃盖膜与峡部相连。鳃 盖条5。具假鳃。鳃耙短小。

体被中大栉鳞，头的吻部、颊部、鳃盖部无鳞。项部在背鳍中央前方具11～13行背 鳍前鳞，向前伸达眼间隔的后方，胸部、腹部及胸鳍基部均无鳞，腹部具小圆鳞。无 侧线。

背鳍2个，第一背鳍高，基部短鳍棘柔软，平放时几伸达第二背鳍起点；第二背鳍略高 于第一背鳍，基部较长，后部鳍条较长，平放时不伸达尾鳍基。臀鳍与第二背鳍相对，同 形。胸鳍宽大，圆形，侧下位。腹鳍略短于胸鳍，长圆形，膜盖发达，膜盖左右侧的鳍棘和 鳍条相连处之鳍膜呈内凹状，形成叶状突起；左右腹鳍愈合成一吸盘。尾鳍长圆形。

体黄褐色，体侧具6～7个宽而不规则黑色横斑，有时不明显。头部在眼前方有4～5 条黑色蠕虫状条纹，颊部及鳃盖有5条斜向前下方的色暗的细条纹。臀鳍、腹鳍和胸鳍黄 色，胸鳍基底上端具一黑色斑点。背鳍和尾鳍黄色或橘红色，具多条色暗的点纹。

分布　广泛分布于中国、朝鲜和日本等地，我国产于除西北地区外的各大江河水系。在长江口区内河中较常见。

生物学特性　淡水小型底层鱼类。生活于河沟、池塘的底层。动物食性，主要摄食水生昆虫或幼鱼等。白天以穴居为主，夜间出穴觅食，生殖季节前积极捕食。生殖期为 5 月下旬至 7 月初。

资源与利用　小型食用鱼，虽个体不大（体长 30～70 mm），但肉味鲜美，鲜食或加工焙制成鱼干，均受人们欢迎。著名的江西庐山石鱼，即为本种。亦可作为养殖鱼、蟹的饵料。因为本种为肉食性鱼类，在池塘中会吞食养殖鱼苗，成为有害的小杂鱼，故在鱼苗放养前，鱼苗池必须进行药物清塘。

缟虾虎鱼属 *Tridentiger* Gill，1859

本属长江口 4 种。

种 的 检 索 表

1（6）头部无须

2（5）纵列鳞 50～60，横列鳞 15～24；第二背鳍具 1 鳍棘，11～14 鳍条

3（4）胸鳍最上方鳍条游离，被有许多小突起；头侧散具较大的白点，头腹面无白点；生活时臀鳍具 2 条红色纵带，2 条红色纵带间为一白色纵带 …………………… 纹缟虾虎鱼 *T. trigonocephalus*

4（3）胸鳍最上方鳍条不游离，无小突起；头侧及腹面密具许多小白点；生活时臀鳍红色，中间无白色纵带 ……………………………………………………… 双带缟虾虎鱼 *T. bifasciatus*

5（2）纵列鳞 37～42，横列鳞 12～17；第一背鳍具 1 鳍棘，10～11 鳍条；胸鳍最上方的鳍条不游离；有背鳍前鳞……………………………………………… 短棘缟虾虎鱼 *T. brevispinis*

6（1）头部具许多小须 ……………………………………………… 髭缟虾虎鱼 *T. barbatus*

223. 髭缟虾虎鱼 *Tridentiger barbatus*（Günther，1861）

Triaenopogon barbatus Günther，1861，Cat. Fish. Brit. Mus.，3：90（China）；Günther，1873，Ann. May. Nat. Hist.，12：242（上海）。

Triaenopogon barbatus：Reeves，1927，J. Pan‑Pacific Res. Inst.，2（3）：13（上海）；Reever，1931，Manual of Vertebrate Animals：574（上海）。

钟馗鰕虎鱼 *Triaenopogon barbatus*：郑葆珊，1955，黄渤海鱼类调查报告：219，图 140（辽宁，河北，山东）；朱元鼎等，1963，东海鱼类志：415，图 311（上海金山嘴、浙江蚂蚁岛、石浦、福建沙埕、集美）；陈马康等，1990，钱塘江鱼类资源：203，图 196（杭州湾海盐）。

髭鰕虎鱼 *Triaenopogon barbatus*：郑葆珊，1962，南海鱼类志：817，图 664（广东）；倪勇，1990，上海鱼类志：306，图 184（宝山横沙，南汇芦潮港，奉贤柘林，金山

县金山嘴，崇明北沿长江口北支）。

髭缟虾虎鱼 *Tridentiger barbatus*：伍汉霖、倪勇，2006，江苏鱼类志：681，图352，彩图50（长江口北支等地）；庄棣华，2008，中国动物志·硬骨鱼纲 鲈形目 虾虎鱼亚目：644，图308，图版 XIV - 27（上海吴淞口、青浦等地）。

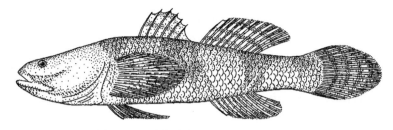

图 223　髭缟虾虎鱼 *Tridentiger barbatus*

英文名　shokihaze goby。

主要形态特征　背鳍VI，I - 9～10；臀鳍I - 9～10；胸鳍21～22；腹鳍I - 5；尾鳍18～19。纵列鳞36～37；横列鳞12～13；背鳍前鳞17～18。鳃耙2+5～7。椎骨26。

体长为体高的3.8～5.2倍，为头长的3.3～3.9倍。头长为吻长的3.7～4.6倍，为眼径的4.2～6.7倍，为眼间隔的4.3～5.6倍。尾柄长为尾柄高的1.3～1.8倍。

体粗壮，前部近圆筒形，后部侧扁。头中大，圆钝，前部宽而平扁，头宽大于头高。颊部肌肉发达，向外突出。吻宽短，前端广弧形。眼小，侧上位。眼间隔宽平。鼻孔每侧2个，前鼻孔开口于鼻管的端部，悬于上唇上方；后鼻孔位于眼前。口宽大，前位，斜裂。上下颌约等长。上颌骨后端伸达眼前缘下方。上下颌各具齿2行，外行齿除最后数齿外，均为三叉形，中齿尖最高，较钝；内行齿细尖，顶端不分叉；犁骨、腭骨及舌上均无齿。唇发达，颇厚。舌游离，前端圆形。头部具许多触须，穗状排列；吻缘具须1行，向后延伸至颊部，其下方具触须1行，向后亦伸达上颌后方，延至颊部；下颌腹面具须2行：一行延伸至前鳃盖骨边缘，另一行伸达鳃盖骨边缘；眼后至鳃盖上方具2群小须。鳃孔较宽。峡部宽大。鳃盖膜与峡部相连。鳃盖条5。前鳃盖骨与鳃盖骨边缘光滑。鳃耙短而钝尖。

体被中大栉鳞，前部鳞较小，后部鳞较大。头部及胸部无鳞，项部和腹部均被小圆鳞。无侧线。

背鳍2个，相距较远，第一背鳍较低，中部鳍棘较长，平放时几伸达第二背鳍起点；第二背鳍较高，平放时不伸达尾鳍基。臀鳍与背鳍相对，同形，起点位于第二背鳍第三鳍条下方。胸鳍宽圆，侧下位，短于头长。腹鳍中大，膜盖发达，边缘内凹，左右腹鳍愈合成一吸盘。尾鳍后缘圆形。

头、体黄褐色，腹部色浅。体侧常具5条较宽的黑色横带。第一背鳍浅灰色，具2条黑色斜纹，有时具一较宽的黑色斜条；第二背鳍具色暗的纵纹2～3条。臀鳍浅灰色。腹鳍白色。胸鳍和尾鳍灰黑色，具色暗的横纹5～6条。

分布　西北太平洋区中国、朝鲜半岛、日本和越南海域均有分布。中国渤海、黄海、东海、南海和台湾海域均产。长江口南支、北支以及杭州湾北部奉贤和金山沿岸均有分布。

生物学特性　近岸暖温性底层小型鱼类。栖息于河口咸淡水水域及近岸浅水处，也进入江河下游淡水水体中。摄食小型鱼类、幼虾、桡足类、枝角类及其他水生昆虫。1龄鱼体长80～90 mm，体重25～32 g，可达性成熟，怀卵量739～6 297粒，平均4 123粒。产沉性、黏性卵，产卵后亲体死亡。体长一般为70～80 mm，大者达120 mm。

资源与利用　个体小，种群数量少，无经济价值。

汉霖虾虎鱼属 *Wuhanlinigobius* Huang，Zeehan *et* Chen，2014

本属长江口1种。

224. 多鳞汉霖虾虎鱼 *Wuhanlinigobius polylepis*（Wu *et* Ni，1985）

Mugilogobius polylepis Wu and Ni，1985，Zool. Res.，6（4，Sup.）：95，fig. 2，2a（Zhonggang，Fengxian，Shanghai，China）。

Calamiana polylepis：Randall and Lim，2000，Raffles B. Zool，Sup.，8：636（中国南海）；Larson，2001，Records of the Western Australian Museum，Sup.，62：57（新加坡，巴西）；Matsuura，Shibukawa，Shinohata，et al.，2001，Natl. Sci. Mus. Monog，（21）：120（海南文昌）。

Eugnathogobius polylepis：Larson，2009，Raffles B. Zool.，57（1）：143，pl. 1B，C，fig. 14～16（中国上海、海南、台湾，泰国，新加坡，澳大利亚）。

Wuhanlinigobius polylepis：Huang，Zeehan and Chen，2013，J. Mar. Sci. Tec.，21（Sup.）：146～155，fig. 1（台湾，香港，福建）。

多鳞鲻虾虎鱼 *Mugilogobius polylepis*：伍汉霖、倪勇，1985，动物学研究，6（4）增刊：95，图2（上海市奉贤中港、南汇泥城）；倪勇，1990，上海鱼类志：314，图192（上海）；倪勇、伍汉霖，2008，中国动物志·硬骨鱼纲虾虎鱼亚目：500，图236（上海）。

多鳞汉霖虾虎鱼 *Wuhanlinigobius polylepis*：张春光、张亚辉，2016，中国内陆鱼类物种与分布：208。

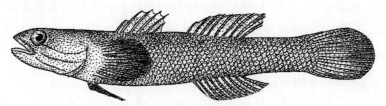

图224　多鳞汉霖虾虎鱼 *Wuhanlinigobius polylepis*

英文名　Wu's goby。

主要形态特征 背鳍Ⅵ，Ⅰ-8～9；臀鳍Ⅰ-8～9；胸鳍17～19；腹鳍Ⅰ-5。纵列鳞54～58，横列鳞18～20，背鳍前鳞25～34。

体长为体高的6.1～6.8倍，为头长的3.3～4.2倍。头长为吻长的3.5～4.1倍，为眼径的3.5～4.1倍，为眼间隔的3.5～6.0倍。尾柄长为尾柄高的2倍。

体延长，前部亚圆筒形，后部侧扁。头中大，稍宽，略平扁，前部稍圆钝，头宽大于头高。头部和鳃盖部无任何感觉管孔。颊部球形凸出，有3条纵向感觉乳突线。吻短钝，吻长等于眼径。眼中大，侧上位。眼间隔平坦。鼻孔每侧2个，前鼻孔短管状，悬垂于上唇边缘；后鼻孔圆形，位于眼前方。口中大，前位，稍斜裂。上颌微突。上颌骨后端伸达眼中部下方稍前。两颌齿尖锐，上颌齿1行，排列稀疏；下颌齿2～3行，外行齿稍扩大，无犬齿。舌不附于口底，大部分游离，前端平截。鳃孔中大。鳃盖边缘光滑。峡部宽。鳃盖膜与峡部相连。鳃耙短小。

体前部被弱栉鳞，后部被较大栉鳞。第一背鳍起点至眼后方被小圆鳞，眼后鳞片最小，向后鳞片稍大，有时眼后方有一裸露区，无鳞。鳃盖、胸鳍基部和腹部均被小鳞，颊部和胸部裸露无鳞。无侧线。

背鳍2个，分离，第一背鳍鳍棘细弱，第一至第三鳍棘较长，平放时末端具第二背鳍起点较远；第二背鳍基部较长，前部鳍条较短，向后各鳍条渐长。臀鳍与第二背鳍相对，同形最后鳍条较长。胸鳍宽圆，侧下位。腹鳍短，左右腹鳍愈合成一长圆形吸盘，其系膜边缘平直。尾鳍圆形。

体呈浅棕色，背部色较深，腹部色浅。体侧隐具不规则云纹或斑块。头侧具3条由浅褐色小点连接而成的纵纹。第一背鳍中部浅黑色，第二背鳍和胸鳍浅灰色，腹鳍和臀鳍深黑色，尾鳍基部上方常具一黑色小圆斑。

分布 西太平洋区越南、新加坡、澳大利亚北部、马来西亚西部、苏拉威西岛和中国海域有分布。中国分布于长江、瓯江、九龙江和珠江等水系。长江口也有分布。

生物学特性 暖温性小型底层鱼类。多栖息于河口咸淡水区底层。

资源与利用 小型鱼类，体长30～40 mm，数量极少，无经济价值。属稀有种类，为濒危物种，已被列入《中国物种红色名录》（2004年）。

【本种（*Mugilogobius polylepis* Wu et Ni，1985）为伍汉霖和倪勇（1985）依据在上海奉贤中港和南汇泥城所采3尾标本命名。由于正模标本在邮寄过程中遗失，澳大利亚学者Larson在2001年的专题报告"A revision of the gobiid fish genus *Mugilogobius* (Teleostei：Gobioidei)，and its systematic placement"中指出，根据本种的原始描述和附图，认为其在色泽斑纹上近似分布于澳洲北部的苇棲虾虎鱼属（*Calamiana*）的一些种（*C. mindora*）；但又指出，两者在一些特征上有差异，例如第一背鳍鳍棘数〔Ⅳ对Ⅵ（常为Ⅴ棘）〕和背鳍前鳞数（25～34 对 0～16）均较多，对将其归入 *Calamiana* 属尚存疑问。Larson（2008）在"An annotated checklist of the Gobioid fishes of Singapore"一文中，将采自新加坡德光岛（Pulau Tekong）和巴西立红树林（Pasir Ris mangroves）的本种命名为 *Calamiana polylepis*。2009 年 Larson 比较 *Mugilogobius polylepis* 的副模标本及采自海南文昌、新加坡、泰国及澳大利亚的标本，将本种归入真颌虾虎鱼属 *Eugnathogobius*（名为多鳞真颌虾虎鱼 *E. polylepis*），伍汉霖（2012）所编著的《拉汉世界鱼类系统名典》也采用这一命名。Huang et al.（2009）根据采自我国台湾、香港和厦门九龙江口的 *Mugilogobius polylepis* 样本，对其骨学形态学特征及基于 mtDNA ND5、*Cyt - b* 基因和 D - loop 区的分子系统学研究，认为 *Mugilogobius polylepis* 应单独成立一新属：汉霖虾虎鱼属（*Wuhanlinigobius*）。张春光和赵亚辉等（2016）出版的《中国内陆鱼类物种与分类》中也采纳了这一观点。因此，本种种名使用：多鳞汉霖虾虎鱼［*Wuhanlinigobius polylepis*（Wu et Ni，1985）］】

裸颊虾虎鱼属 *Yongeichthys* Whitley，1932

本属长江口 1 种。

225. 云斑裸颊虾虎鱼 *Yongeichthys nebulosus*（Forsskål，1775）

Gobius nebulosus Forsskål，1775，Descript. Animalium：24（Jeddah，Saudi Arabia，Red Sea）。

云斑鰕虎鱼 *Ctenogobius criniger*：郑葆珊，1962，南海鱼类志：801，图 650（海南）；伍汉霖、金鑫波、倪勇，1978，中国有毒鱼类和药用鱼类：32，图 28（广东，台湾）；张国祥、张雪生，1985，水产学报，9（2）：192（长江口北支）。

云斑裸颊虾虎鱼 *Yongeichthys criniger*：伍汉霖，1987，中国有毒及药用鱼类新志：146，图 104（海南）。

云纹鰕虎 *Yongeichthys nebulosus*：李信彻，1993，台湾鱼类志：530，图版 177 - 10（台湾）。

云斑裸颊虾虎鱼 *Yongeichthys nebulosus*：伍汉霖，2008，中国动物志·硬骨鱼纲 鲈形目 虾虎鱼亚目：683，图 326（海南）。

图 225　云斑裸颊虾虎鱼 *Yongeichthys nebulosus*（郑葆珊，1962）

英文名 shadow goby。

主要形态特征 背鳍Ⅵ，Ⅰ-9；臀鳍Ⅰ-9；胸鳍17～18；腹鳍Ⅰ-5；尾鳍4+15+3。纵列鳞27～29；横列鳞11～12；背鳍前鳞0。鳃耙1～2+6。

体长为体高的4.2～4.8倍，为头长的3.1～3.5倍。头长为吻长的3.4～4.7倍，为眼径的3.1～3.8倍，为眼间隔的9.0～11.0倍。尾柄长为尾柄高的1.4～1.8倍。

体延长，粗壮，侧扁；背稍隆起，腹缘稍平直；尾柄中长。头中大，圆钝，前部宽而平扁，背部稍隆起，侧扁；颊部肌肉发达，凸出。吻短而圆钝。眼中大，背侧位，眼上缘突出于头部背缘。眼间隔狭窄，凹下。鼻孔每侧2个，分离，前鼻孔具1短管；后鼻孔小，圆形，边缘隆起。口中大，前位，斜裂。上下颌约等长。上颌骨后端伸达眼前缘下方或稍前。上下颌齿细小尖锐，多行，排列稀疏，呈带状，外行齿扩大；下颌两侧中部最后1外行齿呈弯曲犬齿；犁骨、腭骨及舌上无齿。唇略厚，发达。舌游离，前端截形。鳃孔大，侧位。峡部稍宽。鳃盖膜与峡部相连。具假鳃。鳃耙短小，略尖。

体被中大弱栉鳞。头的吻部、颊部、鳃盖部无鳞；项部亦无鳞，背鳍起点前方有颇宽的无鳞区。胸部、腹部及胸鳍基部均被小圆鳞。无侧线。

背鳍2个，分离；第一背鳍高，基部短，起点在胸鳍基后上方，鳍棘柔软，第一至第四鳍棘末端稍呈丝状，以第二鳍棘最长，丝状；第二背鳍略高于第一背鳍，基底较长，前部鳍条稍短，后部鳍条较长，平放时不伸达尾鳍基。臀鳍与第二背鳍相对，同形，起点在第二背鳍第一鳍条下方，后部鳍条较长，平放时不伸达尾鳍基。胸鳍宽大，圆形，侧下位，后缘不伸达肛门上方。腹鳍略短于胸鳍，圆形，左右腹鳍愈合成一吸盘，膜盖发达，边缘凹入。尾鳍长圆形。

头、体淡褐色，体侧正中有3～4个大黑斑，最后的黑斑在尾鳍基底；背侧尚有2～3个鞍状斑与体侧正中的大黑斑相间排列，各斑之间还杂以小的色暗的斑点，项部有2条暗褐色宽横带，各带均有色浅的虫状线纹。头侧由眼至上颌有一色暗的长斑，眼下至口角后方及鳃盖上方均各有一色暗的长斑。第一背鳍有2纵行暗斑，边缘色暗；第二背鳍有3～4纵行暗斑，边缘亦黑色。臀鳍有暗黑色边缘。尾鳍有3～5横行暗斑，边缘亦呈黑色。胸鳍基底常具2个大的暗斑。

分布 分布于印度—西太平洋区，西起东非，东至太平洋小岛群岛，北至琉球群岛，南达澳大利亚北部。我国南海和台湾海域有分布。长江口区极罕见。

生物学特性 沿岸暖水性底层小型鱼类。栖息于河口咸淡水水域的港湾、沙岸、红树林及沿海沙泥质底的环境中，常停栖于底部，较少游动。以底栖动物、小型鱼、虾、有机碎屑为食。体长一般80～120 mm，大者达180 mm。体内含河鲀毒素，以冬季至翌年早春含毒量最高。

资源与利用 有毒，不能食用。在长江口区极罕见，无经济价值。

背眼虾虎鱼亚科 Oxudercinae

本亚科长江口 4 属。

属 的 检 索 表

1（2）无下眼睑；第一背鳍具 6 鳍棘；第二背鳍鳍条多于 24；臀鳍鳍条多于 23；纵列鳞 60 以上；上颌侧面至缝合部具犬齿 …………………………………………………… 背眼虾虎鱼属 *Oxuderces*

2（1）具下眼睑

3（6）第一背鳍具 5 鳍棘

4（5）下颌有须；第一背鳍细长 ………………………………………… 青弹涂鱼属 *Scartelaos*

5（4）下颌无须；第一背鳍宽阔 ………………………………… 大弹涂鱼属 *Boleophthalmus*

6（3）第一背鳍具 13～15 鳍棘 ………………………………………… 弹涂鱼属 *Periophthalmus*

大弹涂鱼属 *Boleophthalmus* Valenciennes，1837

本属长江口 1 种。

226. 大弹涂鱼 *Boleophthalmus pectinirostris*（Linnaeus，1758）

Gobius pectinirostris Linnaeus，1758，Syst. Nat，ed. 10，1：264（China）。

Boleophthalmus boddaerti：Kner，1865—1867，Wien. Zool. Theil.，Fische. 1～3 Abth.：182（上海等地）；Bleeker，1873，Ned. Tijd. Dierk.，4（4～7）：129（上海，厦门，广州）；Fowler，1962，Quart. J. Taiwan Mus.，15（1/2）：8（上海等地）。

Boleophthalmus chinensis：Reeves，1931，Manual Vert. Animals：550（上海）；Kimura，1935，J. Shanghai Sci. Inst.，（3）3：118（崇明）

大弹涂鱼 *Boleophthalmus chinensis*：郑葆珊，1955，黄渤海鱼类调查报告：229，图 147（山东）；江苏省淡水水产研究所，1987，江苏淡水鱼类：262～263，图 131（长江口，启东）。

大弹涂鱼 *Boleophthalmus pectinirostris*：郑葆珊，1962，南海鱼类志：830，图 675（广东，海南）；朱元鼎、伍汉霖，1963，东海鱼类志：435，图 331（浙江沈家门，福建集美）；倪勇，1990，上海鱼类志：323，图 201（崇明堡镇、裕安捕鱼站）；伍汉霖、倪勇，2006，江苏鱼类志：687，图 354（启东寅阳，长江口北支等地）；倪勇，2008，中国动物志·硬骨鱼纲 鲈形目 虾虎鱼亚目：694，图 330，图版 XV‐29（海门，启东，长江口北支，崇明等地）。

英文名 great blue spotted mudskipper。

地方名 跳鲨、跳鱼、弹涂鱼、弹壶。

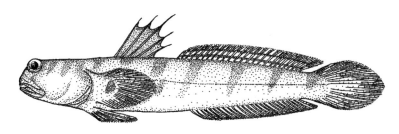

图 226 大弹涂鱼 *Boleophthalmus pectinirostris*

主要形态特征 背鳍Ⅴ，Ⅰ-22～26；臀鳍Ⅰ-21～25；胸鳍18～20；腹鳍Ⅰ-5。纵列鳞105～115；横列鳞22～25；背鳍前鳞28～36。鳃耙5+5～6。

体长为体高的6.0～6.5倍，为头长的3.5～3.9倍。头长为吻长的3.8～4.5倍，为眼径的6.0～7.1倍，为眼间隔的10.8～11.9倍。尾柄长为尾柄高的0.5～0.6倍。

体延长，前部近圆筒形，后部侧扁，背腹缘几呈水平状。头中大，稍侧扁。吻短，向前倾斜。眼小，突出于头的背面；下眼睑发达，向上可盖及眼的1/2。眼间隔颇狭，呈纵沟状。鼻孔2个，相距颇远，前鼻孔位于吻端，呈短管状；后鼻孔圆形，位于眼前缘。口大，亚端位，裂如水平状，上颌稍长。两颌齿单行，上颌齿较细，直立呈尖锥形，每侧前部2～4齿扩大，呈犬齿状；下颌齿较大，平卧，端部斜截或有一浅凹。下颌缝合处具犬齿1对。犁骨、腭骨和舌上均无齿。舌大，前端不游离，宽弧形。鳃孔中大。峡部宽。鳃盖膜与峡部相连。鳃耙尖而短。

头体均被圆鳞，前部鳞小，后部鳞较大。胸鳍基部亦被细圆鳞。体表皮肤较厚。无侧线。

背鳍2个，分离，第一背鳍高，基底短，鳞棘呈丝状延长突出于鳍膜之外；第二背鳍低，基底长，平放时伸达尾鳍基。臀鳍与第二背鳍同形，基底长，起点在第二背鳍第四鳍条下方，平放时伸越尾鳍基。胸鳍尖圆形，基部具臂状肌柄。左右腹鳍愈合成一吸盘，后缘完整。尾鳍尖圆，下缘斜截形。

体背侧青褐色，腹侧色浅。第一背鳍深蓝色，具不规则白色小斑，第二背鳍浅蓝色，具4纵行小白斑。臀鳍、胸鳍和腹鳍浅灰色。尾鳍青黑色，有时具白色小斑。

分布 西北太平洋区中国、朝鲜半岛西部和西南沿岸及日本海域均有分布。中国各海区沿岸和河口均产。在长江口区颇为常见。

生物学特性 生活于近海沿岸及河口区泥底高潮线以下的滩涂上。喜穴居，孔道呈Y形，深浅和长度依滩涂土质而异，泥软层厚者孔道较长，反之则较短，可深达50～70 cm，一般有两个洞口，正孔为进出通道口，后孔供畅通水流和交换气体用。每当风和日丽潮退之后，便出来觅食。能爬善跳，时而匍匐于滩涂上，时而爬行于岩礁间，遇惊即跃，瞬时溜进洞穴，行动敏捷如猴。摄食时以下颌贴地，头部左右摆动而进，以刮取滩涂表面着生藻类、有机碎屑和周丛生物为食。匍匐时凭借胸鳍肌肉柄的支撑，

跳跃时全靠尾柄的弹力。皮肤和尾部均具辅助呼吸的功能，故能长时间离水而不死。待晒得皮肤有点干燥时，便会迅速回到水坑中，左右来回滚动身体以滋润体肤。

4—9月为繁殖季节，5—6月为盛产期。所居洞穴既是栖身之所，又是产房，卵即产于此穴中。雌雄个体不易区别，即使在繁殖季节仅看腹部外形也很难判断，因为大弹涂鱼的肝脏发达，成熟个体不论性别肚子都挺大，唯一鉴别方法是仔细检查其生殖孔，肿大呈圆形者为雌性，狭小尖长者为雄性。怀卵量1万～2.5万粒。成熟卵为圆球形，卵径0.51～0.63 mm，多油球。受精卵属于沉性，淡黄色透明，卵膜一端有一丛黏着丝使之黏附于其他物体上，卵受精15 min后吸水膨胀，卵周隙扩大，卵形由圆球形变成椭圆形，长径0.92～1.26 mm，短径0.54～0.63 mm。在水温26.5～29 ℃、盐度25～27的条件下，经87 h 35 min开始陆续孵出仔鱼。初孵仔鱼体透明，游泳力弱，时而作上下垂直游动，趋弱光。孵后2 d仔鱼除作上下游动外，还作斜向45°游动。孵后3 d仔鱼胸鳍鳍褶渐趋发达，始作水平游动。孵后5 d进入仔鱼后期始食微型游泳生物，细菌和有机碎屑。孵后8 d进入稚鱼期开始摄食轮虫、桡足类及其幼体以及卤虫无节幼体。幼鱼早期经常以吸盘状腹鳍吸附于其他物体上，孵后第43 d幼鱼已钻洞穴居，转而以摄食着生硅藻为主，兼食桡足类和泥土中的有机碎屑。

水温和盐度对大弹涂鱼受精卵的孵化率和仔鱼的成活率关系密切。据张其永（1987）报道，水温25～27 ℃时，平均孵化率为80%；水温28～29.5 ℃时，平均孵化率为60%；水温30～31 ℃时，胚胎发育到后期全部死亡。仔鱼在盐度5～15时成活率较高（86%～96%），在盐度20～30时成活率较低（3%～54%）。

大弹涂鱼生长较慢，从幼鱼到成鱼一般需1～2年。成鱼体长一般80～90 mm，体重一般15～25 g，个体大者体长可达150 mm，体重40 g。

资源与利用　在长江口区人们对大弹涂鱼的了解远不如南方几个沿海省份，对该鱼的资源及其利用和增养殖还处于待开发阶段。大弹涂鱼个体虽小，但味道鲜美，营养丰富，有滋补的功效。大弹涂鱼具有食物链短，抗病力和适应力强，养殖技术简易，成本低，运输成活率高，能自繁自育，经济价值高等优点，因而成为滩涂养殖的一颗新星。长江口和东海沿岸有大量滩涂，自然条件好。养殖大弹涂鱼具有较大的开发潜力。

背眼虾虎鱼属 *Oxuderces* Eydoux and Souleyet，1850

本属长江口1种。

227. 犬齿背眼虾虎鱼 *Oxuderces dentatus* Eydoux et Souleyet，1850

Oxuderces dentatus Eydoux and Souleyet，l850，Voyage Monde：182，pl. 8，fig. 3（Guangdong，near Macao，China）。

中华尖牙鰕虎鱼 *Apocryptichthys sericus*：郑葆珊，1962，南海鱼类志：821，图 667

（广东）；朱元鼎等，1963，东海鱼类志：432，图 329（浙江坎门，石浦，蚂蚁岛）。

中华钝牙鰕虎鱼 *Apocryptichthys sericus*：陈马康等，1990，钱塘江鱼类资源：210，图 205（海盐）；倪勇，1990，上海鱼类志：321，图 199（宝山横沙岛北沿，南汇泥城）。

犬齿背眼虾虎鱼 *Oxuderces dentatus*：倪勇，2008，中国动物志·硬骨鱼纲 鲈形目虾虎鱼亚目：699，图 331（南汇泥城，横沙岛等地）。

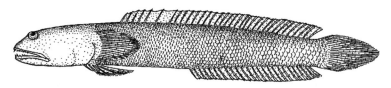

图 227　犬齿背眼虾虎鱼 *Oxuderces dentatus*

英文名　Macao goby。

主要形态特征　背鳍Ⅵ，Ⅰ-25～26；臀鳍Ⅰ-24～25；胸鳍22～23；腹鳍Ⅰ-5；尾鳍17。纵列鳞74～85；横列鳞22～24。鳃耙3～4+9～10。

体长为体高的6.2～7.4倍，为头长的3.6～3.9倍。头长为吻长的3.6～4.3倍，为眼径的8.6～11.2倍，为眼间隔的6.5～6.8倍。尾柄长为尾柄高的1.5～2.2倍。

体延长，前部呈亚圆筒形，后部侧扁。头长，平扁。吻宽而圆钝。眼小，侧上位，位于头的前1/4处，不突出。眼间隔狭，约与眼径相等。鼻孔每侧2个，前鼻孔具1管状皮瓣，悬于唇上；后鼻孔圆形，位于眼前。口大，前位，平裂。上颌骨后延伸达眼后缘下方。上下颌各具齿1行，齿端平钝，分叉；上颌缝合部两侧均具犬齿，下颌齿近于平卧，缝合部后端2齿稍大，不呈犬齿状；犁骨、腭骨和舌上均无齿。舌前端圆形，不游离。鳃孔狭，裂缝状，亚腹位，位于胸鳍和腹鳍基部之间。峡部宽。鳃盖膜与峡部相连。鳃耙短小。

体被小圆鳞，前部鳞细小，向后鳞渐大。眼后项部、前鳃盖骨和鳃盖骨均被细鳞。无侧线。

背鳍2个，以完整的鳍膜相连；第一背鳍最后2鳍棘较长，第六与第五鳍棘、第六鳍棘与第二背鳍第一鳍棘间距较大；第二背鳍基底长，后部鳍条较长，平放时距尾鳍基甚近。臀鳍基底长，与第二背鳍相对，同形，后部鳍条不与尾鳍相连。胸鳍尖圆，基部宽厚，无游离丝状鳍条。左右腹鳍愈合呈一长圆形吸盘。尾鳍尖长，短于头长。

体呈灰褐色，背部蓝黑色，腹部色浅。头和背侧具黑色小点。背鳍鳍条暗灰色，最后3鳍条末端黑色，形成1小黑斑。胸鳍基部及尾鳍黑色，其他各鳍灰色。

分布　印度—西太平洋区印度、越南、马来西亚、印度尼西亚和中国海域均有分布。中国东海、南海和台湾海域均产。长江口见于长江口南支和杭州湾。

生物学特性　暖水性近岸小型鱼类。生活于河口的咸淡水水域及近岸滩涂低潮区，常依靠发达的胸鳍肌柄匍匐或跳跃于泥滩上。适温、适盐性广，洞穴定居。食性与弹涂鱼近似。体长70～100 mm，最大可达120 mm。

资源与利用　肉味鲜美，富有营养，有滋补功效，深受南方沿海各地群众喜爱。长江口区数量少，无太大渔业价值。

弹涂鱼属 *Periophthalmus* Bloch *et* Schneider，1801

本属长江口2种。

种 的 检 索 表

1（2）第一背鳍高耸，略呈大三角形；各鳍棘尖端短丝状，多伸出鳍膜之外；第一鳍棘最长，稍小于头长或为头长的80%；近边缘处具一有白边的较宽黑纹；两背鳍间距小，约为眼径的一半 …………………………………………………………………… 大鳍弹涂鱼 *P. magnuspinnatus*

2（1）第一背鳍较低，长扇形；各鳍棘尖端微伸出鳍膜之外；第二鳍棘最长，为头长的60%；近边缘处无宽黑纹；两背鳍间距大，约与眼径等长或稍小 ……………………… 弹涂鱼 *P. modestus*

228. 大鳍弹涂鱼 *Periophthalmus magnuspinnatus*（Lee，Choi *et* Ryu，1995）

Periophthalmus magnuspinnatus Lee，Choi and Ryu，1995，Korean J. Ichth.，7（2）：120～127，fig. 3（Korea，34°52′ N、127°32′ E）。

弹涂鱼 *Periophthalmus cantonensis*：郑葆珊，1955，黄渤海鱼类调查报告：228，图146（河北，山东）；郑葆珊，1962，南海鱼类志：829，图674（广东，海南）；朱元鼎等，1963，东海鱼类志：434，图330（浙江沈家门、温州）；湖北省水生生物研究所，1976，长江鱼类：209，图186（崇明）；江苏省淡水水产研究所，1987，江苏淡水鱼类：260，图129（长江口，启东）；陈马康等，1990，钱塘江鱼类资源：211，图206（杭州湾海盐）；倪勇，1990，上海鱼类志：322，图200（南汇东风渔场，奉贤柘林，青浦淀山湖，崇明长江农场大夹泓、裕安捕鱼站）。

大鳍弹涂鱼 *Periophthalmus magnuspinnatus*：王正琦、杨金权、唐文乔，2006，动物分类学报，31（4）：906～910（长江口九段沙，浙江定海、慈溪，福建霞浦等地）；伍汉霖、倪勇，2006，江苏鱼类志：688，图335A（长江口北支等地）；倪勇，2008，中国动物志·硬骨鱼纲 鲈形目 虾虎鱼亚目：705，图334（崇明，南汇，青浦，奉贤，九段沙等地）。

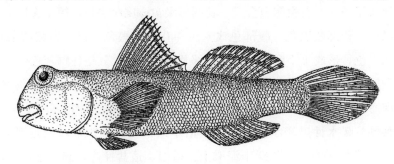

图228　大鳍弹涂鱼 *Periophthalmus magnuspinnatus*

英文名　mudskipper。

地方名　跳跳鱼。

主要形态特征　背鳍Ⅺ～Ⅻ，Ⅰ- 12～13；臀鳍Ⅰ- 11～12；胸鳍13～14；腹鳍Ⅰ- 5；尾鳍5＋16。纵列鳞82～91；横列鳞24～26；背鳍前鳞31～32。鳃耙11～14。

体长为体高的5.3～5.8倍，为头长的3.5～4.0倍。头长为吻长的3.3～3.9倍，为眼径的4.4～5.1倍，为眼间隔的8.8～10.7倍。尾柄长为尾柄高的2.0～2.2倍。

体延长，前部呈圆筒形，后部侧扁，背缘平直，腹缘浅弧形。头宽大。略侧扁。吻短而圆钝，背缘斜直而隆起。吻褶发达，边缘游离，盖于上唇。眼中大，背侧位，左右紧靠，突出于头顶；下眼睑发达。眼间隔甚狭，似1条细沟。鼻孔2个，相距颇远，前鼻孔开口于鼻管的端部，靠近上唇；后鼻孔小，圆形，位于眼前缘上方。口宽，前位，横裂。上颌稍长。上颌骨伸达眼中部下方。上下颌各具齿1行，齿尖锐直立，前端数齿稍大；下颌缝合处无犬齿；犁骨、腭骨及舌上均无齿。唇发达，软厚；上唇分中央和两侧3个部分，口角附近稍厚。舌前端宽圆，不游离。颏部无须。鳃孔狭，裂缝状，位于胸鳍基底下方1/2处。峡部宽。鳃盖膜与峡部相连。鳃盖条5。鳃耙细弱。

头体均被小圆鳞。无侧线。

背鳍2个，分离，较接近；第一背鳍高耸，略呈大三角形，边缘圆弧形，各鳍尖端短丝状，多伸出鳍膜之外；第二背鳍基部长，平放时不伸达尾鳍基。臀鳍基底长，与第二背鳍相对，同形。胸鳍尖圆，基部具臂状肌柄。左右腹鳍愈合成一心形吸盘，后缘凹入，具膜盖及愈合膜。尾鳍圆形，下缘斜直，基底上下具短小副鳍条4～5。

体呈灰褐色，腹部色较淡。体侧中央具若干个褐色小斑。第一背鳍浅褐色，近边缘处具一有白边的较宽黑纹。第二背鳍上缘白色，其内侧具一黑色较宽纵带，此带下缘还另具一白色纵带，近鳍的基底处暗褐色。臀鳍黑褐色，边缘白色。胸鳍黄褐色。腹鳍中间灰褐色。尾鳍褐色，下方鳍条新鲜时呈浅红色。

分布　中国、朝鲜半岛和日本海域。中国渤海、黄海、东海和南海均有分布。长江口常见于崇明北沿和东部滩涂，以及杭州湾北部金山、奉贤和南汇一带滩涂。

生物学特性　暖温性近岸小型鱼类。栖息于底质为淤泥、泥沙的高潮区或咸淡水的河口及沿海岛屿、港湾的滩涂及红树林，也进入淡水。穴居，靠胸鳍肌柄和尾部在滩涂上爬行、跳跃和觅食。主要摄食桡足类、水生昆虫和沙蚕等，也摄食底栖硅藻和蓝藻及绿藻。习性和大弹涂鱼相仿，两者经常混栖在一起。4—5月产卵。怀卵量863～23 437粒。个体较大，体长80～110 mm，大者可达130 mm。

资源与利用　肉味美，供食用，营养价值高。浙江南部、福建和广东沿海群众常用竹筒或小竹篓插入滩涂诱捕，或用铁铲挖穴捕捉。长江口产量较少，无专门渔业捕捞。

青弹涂鱼属 *Scartelaos* Swainson，1839

本属长江口2种。

种 的 检 索 表

1（2）颊部和鳃盖上各具黄色横纹；第一背鳍黄色，前部和后部黑色；尾鳍无黑色斑纹……………
……………………………………………………………………………… 大青弹涂鱼 *S. gigas*

2（1）颊部和鳃盖上无黄色横纹；第一背鳍灰黑色；尾鳍具4～5条黑色横纹 ………………………
…………………………………………………………………………… 青弹涂鱼 *S. histophorus*

229. 青弹涂鱼 *Scartelaos histophorus*（Valenciennes，1837）

Boleophthalmus histophorus：Valenciennes in Cuvier and Valenciennes，1837，Hist. Nat. Poiss.，12：210（Mumbai，India）。

Boleophthalmus aucupatorius Richardson，1845，Fish. Visy. Sulph：148，pl. 62，figs. 1～4（广州，上海吴淞）；Richardson，1846，Rept. Brit. Assoc. Adv. Sci. 15 th Meet.，1845：209（广州黄浦，澳门，吴淞）。

Boleophthalmus viridis：Günther，1873，Ann Mag. Nat. Hist.，12：242（上海）；Bleeker，1873，Ned. Tijd. Dierk.，4：129（上海）；Reeves，1931，Manual of Verte-brate Animals：551（上海）。

Scartelaos viridis：Reeves，1927，J. Pan－Pacific Res. Inst.，2（3）：13（上海）。

Scartelaos histiophorus：Fowler，1962，Quart. J. Taiwan Mus.，15（1/2）：12，fig. 77（上海吴淞，福建厦门，广东汕头等）。

青弹涂鱼 *Scartelaos viridis*：郑葆珊，1962，南海鱼类志：832，图676（广东，海南）；朱元鼎等，1963，东海鱼类志：436，图332（浙江坎门）；陈马康等，1990，钱塘江鱼类资源：212，图208（杭州湾海盐）；倪勇，1990，上海鱼类志：324，图202（南汇芦潮港）。

青弹涂鱼 *Scartelaos histophorus*：伍汉霖、倪勇，2006，江苏鱼类志：691，图356（启东寅阳，长江口北支等地）；倪勇，2008，中国动物志·硬骨鱼纲 鲈形目 虾虎鱼亚目：716，图338（海门，启东，长江口北支，南汇芦潮港等地）。

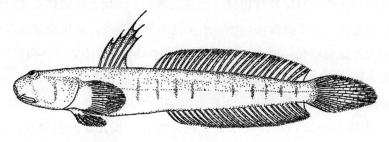

图229 青弹涂鱼 *Scartelaos histophorus*

英文名　walking goby。

地方名　跳跳鱼。

主要形态特征　背鳍 V，Ⅰ-25～27；臀鳍Ⅰ-24～26；胸鳍 21～22；腹鳍Ⅰ-5；尾鳍 16～17。鳃耙 3～6＋4～6。

体长为体高的 8.3～9.3 倍，为头长的 4.3～4.7 倍。头长为吻长的 3.9～4.5 倍，为眼径的 5.5～6.2 倍，为眼间隔的 14.0～18.0 倍。尾柄长为尾柄高的 0.5～0.6 倍。

体延长，前部近圆筒形，后部侧扁；背缘、腹缘平直。头中大，圆钝，稍平扁。吻颇短，稍大于眼径，前端圆凸，向下倾斜。眼小，背侧位，相互靠近。下眼睑发达，能将眼遮住。眼间隔甚狭，呈沟状。鼻孔每侧 2 个，相距较远，前鼻孔具一三角形短管，接近于上唇；后鼻孔小，圆形，位于眼前方。口中大，亚前位，稍斜。上颌稍突出。上颌骨后延伸达眼中部下方。上下颌齿各 1 行，尖锐，上颌齿直立；下颌齿平卧，缝合部有 1 对犬齿；犁骨、腭骨均无齿。唇发达。舌大，略呈圆形，不游离。下颌腹面两侧各具 1 行细小短须。鳃孔狭，斜列，在胸鳍和腹鳍之间。峡部宽。鳃盖膜与峡部相连。鳃盖条 5。鳃耙短小，尖突。

头、体均被细小退化圆鳞，前部鳞隐于皮下，后部鳞稍大。无侧线。

背鳍 2 个，相距颇远。第一背鳍高，基底短，鳍棘延长呈丝状，第三棘最长，大于头长，向后可伸越第二背鳍起点；第二背鳍低，基部长，最后面的鳍条的鳍膜与尾鳍相连。臀鳍基底长，与第二背鳍相对，同形，最后面的鳍条的鳍膜与尾鳍相连。胸鳍尖，基部宽大，具臂状肌柄。左右腹鳍愈合成一心形吸盘，后缘完整。尾鳍尖长，下缘略呈斜截形。

体呈蓝灰色，腹部色较浅。体侧常具 5～7 条黑色狭横带，头背和体上部具黑色小点。第一背鳍蓝灰色，端部黑色；第二背鳍色暗，具小蓝点。臀鳍、胸鳍和腹鳍色浅。胸鳍鳍条和基部具蓝点，尾鳍具 4～5 条暗蓝色点状横纹。

分布　分布于印度—西太平洋区印度洋北部沿岸，东至澳大利亚，北至日本。长江口十分罕见。

生物学特性　暖水性小型鱼类。栖息于沿岸的河口区及红树林区的咸淡水水域，也见于沿岸泥沙质底的滩涂、潮间带及低潮区水域。摄食、穴居等习性与大弹涂鱼和弹涂鱼相似。体长一般为 70～110 毫米，最大可达 180 mm。

资源与利用　可供食用，但种群数量远不及大弹涂鱼，经济价值不高。

近盲虾虎鱼亚科 Amblyopinae

本亚科长江口 4 属。

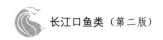

属 的 检 索 表

1 （4） 鳃盖上方无凹陷；眼退化；齿长而弯曲，突出于唇外

2 （3） 下颌缝合部后方具犬齿 1 对；胸鳍具鳍条数 28 以上，胸鳍长约与腹鳍相等；口裂较斜 ………
……………………………………………………………………… 狼牙虾虎鱼属 *Odontamblyopus*

3 （2） 下颌缝合部后方无犬齿；胸鳍具鳍条数 20 以下，较小，短于腹鳍；口裂几乎垂直 ……………
……………………………………………………………………………… 鳗虾虎鱼属 *Taenioides*

4 （1） 鳃盖上方具一凹陷；眼很小；齿短小

5 （6） 左右腹鳍愈合，边缘不完整，后缘凹入，具缺刻；上下颌均无犬齿；腹部裸露无鳞 ……………
………………………………………………………………………… 副孔虾虎鱼属 *Paratrypauchen*

6 （5） 左右腹鳍愈合，边缘完整，呈漏斗状，后缘圆形或钝尖 ………… 孔虾虎鱼属 *Trypauchen*

狼牙虾虎鱼属 *Odontamblyopus* Bleeker，1874

本属长江口 1 种。

230. 拉氏狼牙虾虎鱼 *Odontamblyopus lacepedii* （Temminck *et* Schlegel，1845）

Amblyopus lacepedii Temminck and Schlegel，1845，Pisces，Fauna Japonica Parts.，7～9：146，pl. 75，fig. 2 （Bays of provinces of Fizen and Omura，Japan）.

Taenioides hermanianus：Kimura，1935，J. Shanghai Sci. Inst.，（3）3：119 （崇明）。

狼鰕虎鱼 *Odontamblyopus rubicundus*：郑葆珊，1955，黄渤海鱼类调查报告：225，图 144 （辽宁，河北，山东）；郑葆珊，1962，南海鱼类志：822，图 668 （广东，广西，海南）。

红狼牙鰕虎鱼 *Odontamblyopus rubicundus*：朱元鼎等，1963，东海鱼类志：438，图 334 （江苏吕四，浙江石浦、蚂蚁岛等，福建三沙、东洋）；江苏省淡水水产研究所，1987，江苏淡水鱼类：252，图 122 （启东，如东，常熟）；倪勇，1990，上海鱼类志：326，图 204 （宝山横沙岛南北沿、川沙施湾，南汇泥城、芦潮港、东风渔场，金山县金山嘴，崇明南门港、堡镇、长江农场、裕安捕鱼站以及长江口近海）；陈米良，1990，浙江动物志淡水鱼类：211，图 175 （舟山）；陈马康等，1990，钱塘江鱼类资源：213，图 209 （萧山闻堰）。

红狼牙鰕虎 *Odontamblyopus rubicundus*：湖北省水生生物研究所，1976，长江鱼类：204，图 177 （崇明）。

拉氏狼牙虾虎鱼 *Odontamblyopus lacepedii*：伍汉霖、倪勇，2006，江苏鱼类志：696，图 359 （太仓浏河，海门，吕四等地）；庄棣华，2008，中国动物志·硬骨鱼纲 鲈形目 虾虎鱼亚目：741，图 349 （长江口北支，崇明等地）。

图 230　拉氏狼牙虾虎鱼 *Odontamblyopus lacepedii*

英文名　rubicundus eelgoby。

地方名　江鳅、盲泥鳅、红狼鱼、狼条、长埂、桥埂、红朱笔。

主要形态特征　背鳍Ⅵ-38～40；臀鳍Ⅰ-37～41；胸鳍31～34；腹鳍Ⅰ-5；尾鳍15～17。鳃耙5～7＋12～13。椎骨34。

体长为体高的10.6～13.4倍，为头长的6.7～8.8倍。头长为吻长的3.1～3.5倍，为眼间隔的3.9～5.8倍。

体呈鳗形，前部亚圆筒形，后部侧扁而渐细。头中大，侧扁，略呈长方形。吻短，宽而圆钝，中央稍凸出。眼极小，退化，埋于皮下。眼间隔宽凸。鼻孔每侧2个，前鼻孔具一短管，接近于上唇；后鼻孔裂缝状，位于眼前方。口小，前位，斜裂。下颌突出，稍长于上颌，下颌及颏部向前、向下突出。上颌骨后延伸达眼后缘后方。上颌齿尖锐，弯曲，犬齿状，外行齿每侧4～6个，排列稀疏，露出唇外；内侧有1～2行短小锥形齿；下颌缝合部内侧有犬齿1对。唇在口隅处较发达。舌稍游离，前端圆形。鳃孔中大，侧位。鳃盖上方无凹陷。峡部较宽。鳃耙短小而钝圆。

鳞退化，体裸露而光滑。无侧线。

背鳍连续，起点在胸鳍基部后上方，鳍棘细弱，第六鳍棘分别与第五鳍棘、第一鳍条之间有稍大距离，背鳍后端有膜与尾鳍相连。臀鳍与背鳍鳍条部相对，同形，后部鳍条与尾鳍相连。胸鳍尖形，基部较宽，伸达腹鳍末端。腹鳍胸位，略大于胸鳍，左右腹鳍愈合成一尖长吸盘。尾鳍长而尖形，较头为长。

体呈淡红色或灰紫色。背鳍、臀鳍和尾鳍黑褐色，其余各鳍浅灰色。

分布　分布于西北太平洋区中国、朝鲜半岛、日本沿海。中国沿海均有分布。为长江口常见种类。

生物学特性　暖温性小型鱼类。栖息于河口及沿海浅水滩涂区域，也生活于咸淡水交汇处，水深2～8 m的泥质底或泥沙质底的海区。偶尔进入江河下游的咸淡水区。一般穴居在250～300 mm深的泥层中，最深可达550 mm以上。游泳能力弱，行动迟缓。生命力强。主要摄食圆筛藻、中华盒形藻等浮游植物，也食少量哲水蚤、蛤类幼体等。每年产卵2次，2—4月为春季产卵期，7月下旬至9月为秋季产卵期，在咸淡水水域内产卵，怀卵量3 820～37 364粒。生长快，当年产幼鱼半年后体长可达100～110 mm，1龄鱼体长160～180 mm，2龄鱼体长240～260 mm，成鱼一般体长200～250 mm，大者可达300 mm。

资源与利用　营养价值高，主要供应鲜食，也有的制成罐头或制成盐干品。

副孔虾虎鱼属 *Paratrypauchen* Murdy，2008

本属长江口 1 种。

231. 小头副孔虾虎鱼 *Paratrypauchen microcephalus*（Bleeker，1860）

Trypauchen microcephalus Bleeker，1860，Acta. Soc. Reg. Sci Indo － Neêrl.，8（art. 4）：62（Sungiduri，Indonesia）。

小头栉孔虾虎鱼 *Ctenotrypauchen microcephalus*：郑葆珊，1962，南海鱼类志：826，图 672（广东）；伍汉霖、倪勇，2006，江苏鱼类志：694，图 358（海州湾，吕四等地）；钟俊生，2008，中国动物志·硬骨鱼纲 鲈形目 虾虎鱼亚目：739，图 348（辽宁，天津，江苏，浙江，广东，海南）；金斌松，2010，长江口盐沼潮沟鱼类多样性时空分布格局：157（长江口九段沙，崇明东滩）。

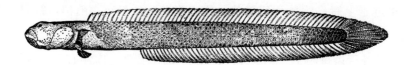

图 231　小头副孔虾虎鱼 *Paratrypauchen microcephalus*（郑葆珊，1962）

英文名　comb goby。

地方名　木乃、栉赤鲨。

主要形态特征　背鳍Ⅵ-47～54；臀鳍 43～49；胸鳍 15～17；腹鳍Ⅰ-5；尾鳍 16～18。纵列鳞 60～70；横列鳞 14～16。背鳍前鳞 0。鳃耙 1～2-6～7。椎骨 36。

体长为体高的 7.8～8.8 倍，为头长的 5.8～6.6 倍。头长为吻长的 3.4～4.4 倍，为眼径的 12.0～14.0 倍，为眼间隔的 6.0～7.0 倍。

体颇延长，侧扁，背缘、腹缘几平直，至尾端渐收敛。头短而高，侧扁，头后中央具 1 纵顶嵴。嵴边缘或具细弱的锯齿。头部无感觉管孔。吻短而钝，背缘斜向后上方。眼甚小，侧上位，在头的前半部。眼间隔狭窄，稍凸起。鼻孔每侧 2 个，分离，前鼻孔具一细管；后鼻孔裂缝状，近眼缘。口小，前位，斜裂。下颌突出。上颌骨后端向后伸达眼后缘稍后方。上下颌齿 2～3 行，向内弯曲，排列稀疏，外行齿稍扩大，无犬齿。犁骨、腭骨、舌上均无齿。唇稍薄。舌游离，前端圆形。鳃孔中大，侧位。鳃盖上方具一凹陷，约等于眼径。峡部较宽。鳃盖膜与峡部相连。具假鳃。鳃耙短而细尖。

体被弱圆鳞，头部、项部、胸部及腹部均裸露无鳞。无背鳍前鳞。无侧线。

背鳍连续，鳍棘部与鳍条部连续，起点位于体的前半部、胸鳍基部后上方，鳍棘较硬，鳍条部稍高于鳍棘部，后部鳍条与尾鳍相连。臀鳍起点在第六、第七鳍条基下方，约与背鳍鳍条部等高，后部鳍条与尾鳍相连。胸鳍短小，上部鳍条较长。腹鳍小，左右腹鳍愈合成一吸盘，后缘具一缺刻。尾鳍尖圆。肛门与背鳍第五鳍条相对。雄鱼生殖突尖突，雌鱼生殖突短而钝，且分为两瓣。

体略呈淡紫红色，幼体呈红色。

分布　分布于印度—西太平洋区，西起东非纳塔尔到肯尼亚，东至印度尼西亚和菲律宾，北至日本新潟和爱知海域，南至澳大利亚中北部。我国沿海均有分布。长江口区咸淡水区及近海均有分布。

生物学特性　近海暖水性小型底层鱼类。常栖息于浅海和河口附近。可在泥质底筑穴，以等足类、桡足类、多毛类、小虾苗及小鱼苗等为食。生长快，1龄鱼可达85 mm，开始性成熟，产卵期为7—8月。体长90～120 mm，大者可达160 mm。

资源与利用　肉质一般，供鲜食，腌制成咸鱼或制成咸干鱼。长江口区数量少，无太大经济价值。

【Murdy（2008）基于本种建立了副孔虾虎鱼属（*Paratrypauchen*），其与原栉孔虾虎鱼属（*Ctenotrypauchen*）的主要区别为腹部裸露无鳞（栉孔虾虎鱼属腹部具鳞）、第一血管棘前臀鳍支鳍骨3（栉孔虾虎鱼属4）。本书依此将本种种名修订为：小头副孔虾虎鱼［*Paratrypauchen microcephalus*（Bleeker，1860）］。】

鳗虾虎鱼属 *Taenioides* Lacepède，1800

本属长江口1种。

232. 须鳗虾虎鱼 *Taenioides cirratus*（Blyth，1860）

Amblyopus cirratus Blyth，1860，J. Asia. Soc. Bengal：147（Calcutta，India）。

须鳗鰕虎鱼 *Taenioides cirratus*：朱元鼎等，1963，东海鱼类志：439；图335（浙江镇海）；倪勇，1990，上海鱼类志：326，图204（长江口佘山洋）；陈马康等，1990，钱塘江鱼类资源：213，图210（杭州湾海盐）；倪勇，2005，太湖鱼类志：255，图101（五里湖，太湖）；伍汉霖、倪勇，2006，江苏鱼类志：699，图361（太仓浏河，启东吕四等地）；沈根媛，2008，中国动物志·硬骨鱼纲 鲈形目 虾虎鱼亚目：747，图351（太仓浏河，启东吕四等地）。

图232　须鳗虾虎鱼 *Taenioides cirratus*

英文名　bearded worm goby。

地方名　灰盲条鱼。

主要形态特征　背鳍Ⅵ-39～43；臀鳍Ⅰ-37～44；胸鳍16～18；腹鳍Ⅰ-5；尾鳍15～16。椎骨29。鳃耙1～2+9～10。

体长为体高的13.5～18.5倍，为头长的7.1～8.1倍。头长为吻长的3.8～4.7倍，为眼间隔的4.8～7.0倍。

体很延长，前部近亚圆筒形，后部侧扁，略呈鳗形。头宽短，亚圆筒形。吻短而圆钝。眼退化，隐于皮下。眼间隔宽而圆凸。鼻孔每侧2个，前鼻孔具一短管，位于三角形突起的端部；后鼻孔较大，圆形，位于眼前方。口中大，上位，口裂几呈垂直。下颌及颏部显著突出。具许多外露的大犬齿；上下颌外行齿扩大，尖端平直，前方齿呈犬齿状，排列稀疏；上颌外行齿每侧5～6个；下颌每侧4个；内行齿多行，呈绒毛状齿带；下颌缝合部后方无犬齿。舌游离，前端圆形。头部腹面两侧各有3对扁须，最前面的一对最细。鳃孔中大，侧下位，位于胸鳍基部前方。峡部宽。鳃盖膜与峡部相连。鳃盖条5。具假鳃。鳃耙短小。

体裸露无鳞。体侧具26～28个乳突状黏液孔。

背鳍1个，鳍棘部与鳍条部连续，起点位于体前部，鳍棘与鳍条均埋于皮膜中，后端具一缺刻，与尾鳍不连，第六鳍棘与第五鳍棘和第一鳍条之间均有较大间距。臀鳍与背鳍鳍条部相对，同形，基底长，起点在背鳍第一或第二鳍条下方，埋于皮膜中，后端有一缺刻，不与尾鳍相连。胸鳍短而圆，约为头长1/3。腹鳍颇长，左右腹鳍愈合成一漏斗状吸盘，后缘完整。尾鳍尖长。

体呈红色带蓝灰色，腹部色浅。尾鳍黑色，其余各鳍灰色。

分布　广泛分布于印度—太平洋区自东非沿岸往东至印度、孟加拉国、澳大利亚、新几内亚、新喀里多尼亚，北至中国和日本。中国东海、台湾海峡和南海均有分布。长江口见于佘山洋。

生物学特性　暖水性小型底层鱼类。栖息于港湾、红树林或河口咸淡水水域及泥质近海滩涂上，也进入淡水水域。常隐于洞穴内。杂食性，以有机碎屑、小鱼、虾等为食。体长130～160 mm，大者达250 mm。

资源与利用　数量很少，无甚经济价值。

孔虾虎鱼属 *Trypauchen* Valenciennes，1837

本属长江口1种。

233. 孔虾虎鱼 *Trypauchen vagina* Bloch *et* Schneider，1801

Gobius vagina Bloch and Schneider，1801，Syst. Ichth：73（Tranquebar，India）。

Trypauchen vagina：Rchardson，1846，Rept. Brit. Ass. Adv. Sci. 15. Meet.：206（吴淞等地）；Bleeker，1873，Ned. Tijd. Dierk. 4：129（吴淞等地）；Fowler，1962，

Quart. J. Taiwan Mus.，15（1/2）：26，fig. 83（吴淞等地）。

孔虾虎鱼 *Trypauchen vagina*：郑葆珊，1962，南海鱼类志：824，图 670（广东，广西，海南）；朱元鼎等，1963，东海鱼类志：441，图 337（浙江坎门、蚂蚁岛，福建三沙、东洋、厦门等）；陈马康等，1990，钱塘江鱼类资源：214，图 211（杭州湾海盐）；倪勇，1990，上海鱼类志：327，图 205（南汇芦潮港、东风渔场）；伍汉霖、倪勇，2006，江苏鱼类志：700，图 362（南通，吕四等地）；钟俊生，2008，中国动物志·硬骨鱼纲 鲈形目 虾虎鱼亚目：750，图 353（吴淞等地）。

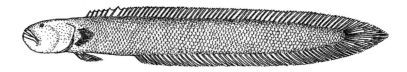

图 233　孔虾虎鱼 *Trypauchen vagina*

英文名　burrowing goby。

地方名　红条、木乃、赤鲇。

主要形态特征　背鳍Ⅵ，42～52；臀鳍Ⅰ-42～49；胸鳍 18～21；腹鳍Ⅰ-5；尾鳍 16～17。纵列鳞 71～85；横列鳞 20～24；背鳍前鳞 0。鳃耙 2+5～6。

体长为体高的 8.3～10.0 倍，为头长的 5.1～6.4 倍。头长为吻长的 3.2～4.7 倍，为眼径的 14.0～16.3 倍，为眼间隔的 5.3～8.6 倍。

体延长，侧扁，背缘、腹缘几平直。头短，侧扁，头后中央具一棱状嵴，嵴边缘光滑。吻短而圆钝。眼甚小，侧上位，埋于皮下。眼间隔窄，中央凸起。鼻孔每侧 2 个，前鼻孔具一细短管；后鼻孔稍大，紧近眼前缘。口小，前位，斜裂，边缘波曲状。下颌弧形突出。上颌骨后端伸达眼前缘下方稍近处。上下颌各具 2～3 行齿，外行齿稍扩大，排列稀疏；犁骨、腭骨及舌上均无齿。唇较薄。舌大，游离，前端圆形。鳃孔中大，侧位。鳃盖上方具一凹陷，内为盲腔，不与鳃孔相通。峡部较宽。鳃盖膜与峡部相连。具假鳃。鳃耙不发达，仅为细小的尖突。

体被小圆鳞，头部裸露无鳞，项部、胸部和腹部均被小鳞。无侧线。

背鳍 1 个，连续，鳍棘部与鳍条部之间无缺刻，后部鳍条与尾鳍相连。臀鳍与背鳍鳍条部同形，始于背鳍第三或第四鳍条下方，后部鳍条与尾鳍相连。胸鳍短小，上部鳍条较长。腹鳍狭小，左右腹鳍愈合成一漏斗状吸盘，后缘尖突，完整，无缺刻。尾鳍尖长。

体呈红色或淡紫红色。

分布　分布于印度—太平洋区区印度往东经马来半岛、中南半岛，北至中国、日本，南至印度尼西亚和菲律宾均有分布，南非沿岸和西南太平洋新喀里多尼亚也产。中国分布于东海、台湾海峡和南海。长江口见于长江口南支和杭州湾北部沿岸。

生物学特性　近岸潮间带暖水性小型底层鱼类。在通潮河流咸淡水水域与河口的泥

1

中挖穴而居。行动缓慢，涨潮游出穴外，不集成大群。生命力较强，在缺氧时也能生活。以摄食着生藻类和无脊椎动物为生。春季产卵，当年鱼到年底体长可达 70～80 mm。成鱼体长以 200 mm 左右者居多，大者可达 250 mm。

资源与利用　肉质一般，供鲜食，腌制成咸鱼或制成咸干鱼。长江口区数量较少，无太大经济价值。

刺尾鱼亚目 Acanthuroidei

本亚目长江口 2 科。

科 的 检 索 表

1（2）背鳍具一向前棘，背鳍具 11～12 鳍棘；尾柄两侧无锐棘或盾板 ┄┄┄┄┄┄ 金钱鱼科 Scatophagidae
2（1）背鳍无向前棘，背鳍具 4～9 鳍棘；尾柄两侧具锐棘或盾板 ┄┄┄┄┄┄ 刺尾鱼科 Acanthuridae

金钱鱼科 Scatophagidae

本科长江口 1 属。

金钱鱼属 *Scatophagus* Cuvier，1831

本属长江口 1 种。

234. 金钱鱼 *Scatophagus argus*（Linnaeus，1766）

Chaetodon argus Linnaeus（ex Brünnich），1766，Syst. Nat.，ed. 12，1（pt 1）：464（India）。

金钱鱼 *Scatophagus argus*：郑葆珊，1962，南海鱼类志：575，图 474（广东，广西，海南）；成庆泰，1963，东海鱼类志：349，图 263（福建厦门等地）；许成玉，1990，上海鱼类志：284，图 167（长江口南支）；倪勇、伍汉霖，2006，江苏鱼类志：596，图 300，彩图 44（吕四等地）。

英文名　elegant blenny。

地方名　金鼓。

主要形态特征　背鳍 I，XI～XII - 16～17；臀鳍 IV - 13～15；胸鳍 16～18；腹鳍 I - 5；尾鳍 17。侧线鳞 $84～89\dfrac{25～30}{56～62}$。鳃耙 4～6+10～13。

体长为体高的 1.4～1.8 倍，为头长的 2.6～3.7 倍。头长为吻长的 3.2～3.9 倍，为眼径的 3.2～4.7 倍，为眼间隔的 2.3～2.4 倍。尾柄长为尾柄高的 1.8～2.1 倍。

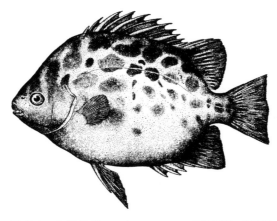

图 234　金钱鱼 *Scatophagus argus*（郑葆珊，1962）

体侧扁，颇高，略呈六边形。头小，后颞骨与颅骨连接密切。吻中长，颇宽钝。眼中大，侧前位。眼间隔宽凸，大于眼径。鼻孔每侧 2 个；前鼻孔圆形，后缘具皮瓣；后鼻孔裂缝状，具低膜。口小，前位，横裂。上颌骨短小，后端不露出，为眶前骨所盖。齿细，刚毛状，有 3 齿尖；两颌齿呈宽带状；犁骨与腭骨无齿。前鳃盖骨边缘有细锯齿。鳃孔大。鳃盖膜连于峡部，且横过峡部形成一皮褶。鳃耙细短。

头、体部，背鳍和臀鳍鳍条部，以及胸鳍、尾鳍均被细栉鳞。腹鳍具腋鳞。侧线完全，与体背缘平行，伸达尾鳍基。

背鳍始于鳃盖后缘的后下方，前方具一向前倒棘；鳍棘部与鳍条部间具深缺刻。臀鳍始于背鳍最后鳍棘下方。胸鳍短圆。腹鳍狭长，长于胸鳍。尾鳍后缘截形或双凹形，幼鱼尾鳍为圆形。

体呈褐色，腹缘银白色。体侧具大小不一的椭圆形黑斑，背鳍、臀鳍和尾鳍具黑斑。

分布　分布于印度—西太平洋区，西起科威特，东至萨摩亚和社会群岛，北至日本南部，南至新喀里多尼亚。我国东海、南海和台湾海域有分布。长江口北支及近海有分布，以稚鱼、幼鱼为主。

生物学特性　暖水性中下层鱼类。栖息于近岸岩礁或海藻丛海域。常进入河口及内湾等咸淡水区或河流下游。杂食性，主要以蠕虫、甲壳类、底栖贝类及藻类碎屑等为食。初春到近岸产卵，产卵后即游向外海，稚鱼、幼鱼多出现于河口咸淡水区域。体长一般100～150 mm，大者可达 280 mm，体重 0.5～1.0 kg。背鳍鳍棘、臀鳍鳍棘和腹鳍鳍棘均具毒腺组织，毒性强，被刺后立即引起剧烈阵痛，为海水中主要刺毒鱼类之一。

资源与利用　用流刺网或定置张网等可少量捕获。长江口以稚鱼、幼鱼为主，无捕捞经济价值。金钱鱼为食用和观赏俱佳的海水经济鱼类，幼鱼体色美丽，可作为观赏鱼，成鱼供食用。金钱鱼环境适应性和抗病抗逆性强，能适应海水、咸淡水甚至淡水养殖环境，同时因其为植食性为主的杂食性鱼类，养殖成本较现有海水养殖鱼类低，具有很好的养殖开发前景，已成为我国南方沿海池塘和网箱养殖的重要种

类。由于野生苗种资源日益枯竭，21世纪初开始，我国相关科研院所与高校开展了金钱鱼人工繁殖的相关研究工作，目前已突破了人工繁殖技术，但育苗量尚不能满足养殖生产需要。

刺尾鱼科 Acanthuridae

本科长江口2亚科。

亚 科 的 检 索 表

1（2）臀鳍具2鳍棘；腹鳍具3鳍条；鳃盖条4 ·· 鼻鱼亚科 Nasinae

2（1）臀鳍具3鳍棘；腹鳍具5鳍条；鳃盖条5 ·· 刺尾鱼亚科 Acanthurinae

鼻鱼亚科 Nasinae

本亚科长江口1属。

鼻鱼属 *Naso* Lacepède，1801

本属长江口1种。

235. 单角鼻鱼 *Naso unicornis*（Forsskål，1775）

Chaetodon unicornis Forsskål，1775，*Descriptiones animalium*：63（Jeddah，Saudi Arabia，Red Sea）。

单角吻鱼 *Naso unicornis*：成庆泰、王存信，1963，东海鱼类志：389，图294（浙江舟山）。

长吻鼻鱼 *Naso unicornis*：王鸿媛，1979，南海诸岛海域鱼类志：461，图326（永兴岛、赵述岛、金银岛及中沙群岛海域）；陈大刚、张美昭，2016，中国海洋鱼类（下卷）：1848。

单角鼻鱼 *Naso unicornis*：沈世杰，1993，台湾鱼类志：547，图版184-8～9（台湾）。

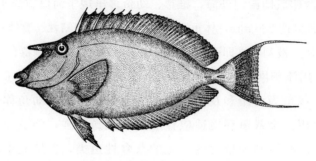

图235 单角鼻鱼 *Naso unicornis*（王鸿媛，1979）

英文名　bluespine unicornfish。

地方名　剥皮仔、打铁婆。

主要形态特征　背鳍Ⅵ-27～30；臀鳍Ⅱ-27～30；胸鳍17；腹鳍Ⅰ-3；尾鳍15。鳃耙3+9～10。

体长为体高的2.0～2.4倍，为头长的3.3～3.7倍。头长为吻长的1.2～1.3倍，为眼径的3.7～4.5倍，为眼间隔的3.0～3.3倍。尾柄长为尾柄高的2.2～2.7倍。

体侧扁，略高，长卵圆形，背腹缘圆凸。尾柄较细，两侧各具2个盾状骨板，板中央突出1水平锐嵴。头较大，额部向前突出，呈圆柱形角状突，其中轴在眼上缘，角状突前端不超越吻端。吻颇长，前端圆锥形，角状突下缘与吻背缘之间为一锐角。眼中等大，侧位而高，距鳃盖后缘较距吻端显著更近。眼间隔宽，中间微凸，宽度大于眼径。鼻孔2个，圆形，位于眼前沟下方；前鼻孔稍大，后缘具短鼻瓣。口小，前位，两颌约等长。上下颌各具齿1行，齿尖略呈圆锥状；犁骨和腭骨无齿。眼前方有一颇深的眼前沟，呈宽三角形，稍斜向前下方。前鳃盖骨被皮肤所遮盖，仅下缘游离；鳃盖骨后缘圆滑。鳃孔宽，侧位。鳃盖膜连于峡部。鳃盖条4。鳃耙退化，短小。

体被细小而粗糙的栉鳞，皮肤与鲨鱼皮肤相似；头部、角状突、胸部及尾柄附近鳞较大。侧线完全，与背缘平行。

背鳍起点在鳃孔稍后上方，鳍棘部与鳍条部相连，中间无凹刻；鳍棘强而尖锐，以第一鳍棘最强大；各鳍条约等长。臀鳍起点在背鳍最后鳍棘下方，形状与背鳍相似。胸鳍宽而短。腹鳍位于胸鳍基下方，略短于胸鳍，后端伸达或超过臀鳍起点。尾鳍后缘凹形，有的个体上下叶呈丝状延长，丝长约为头长的1/2。

体暗褐色，腹部色较浅，各鳍浅灰褐色，背鳍与臀鳍鳍膜间具灰褐色细纹。

分布　分布于印度—太平洋区，西起红海、非洲东部，东至夏威夷群岛、马克萨斯群岛及土阿莫土群岛，北至日本南部，南至豪勋爵岛和拉帕群岛。我国分布于西沙群岛、中沙群岛、台湾和舟山群岛等海域。笔者于2010年6月在长江口（122°06.7′E、31°27.6′N）捕获1尾全长450 mm的样本，为长江口新记录。

生物学特性　暖水性岩礁鱼类。栖息于珊瑚礁的礁盘、潟湖等处。幼鱼于礁区上方活动，成鱼则大多成小群活动。一般在浅水区活动，最大栖息深度可达180 m左右。繁殖季节则会成对出现。多以马尾藻等褐藻类为食。

资源与利用　观赏价值与食用价值兼具，在长江口近海区较罕见，无捕捞经济价值。尾柄上骨板具锐嵴，易伤人。

刺尾鱼亚科 Acanthurinae

本亚科长江口1属。

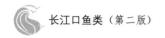

多板盾尾鱼属 *Prionurus* Lacepède，1804

本属长江口 1 种。

236. 三棘多板盾尾鱼 *Prionurus scalprum* Valenciennes，1835

Prionurus scalprum Valenciennes in Cuvier and Valenciennes 1835，Hist. Nat. Poiss.，10：298（Nagasaki，Japan）。

多板盾尾鱼 *Prionurus scalprus*：王鸿媛，1979，南海诸岛海域鱼类志：456，图 322（西沙群岛）；伍汉霖、赵盛龙，1985，福建鱼类志（下卷）：392，图 638（台湾浅滩）；赵盛龙、钟俊生，2005，浙江海洋学院学报（自然科学版）：372（舟山）；陈大刚、张美昭，2016，中国海洋鱼类（下卷）：1846。

锯尾鲷 *Prionurus scalprus*：沈世杰，1993，台湾鱼类志：548，图版 185-2～3（台湾）。

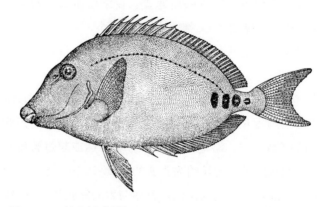

图 236　三棘多板盾尾鱼 *Prionurus scalprum*（王鸿媛，1979）

英文名　scalpel sawtail。

地方名　黑将军。

主要形态特征　背鳍Ⅸ-22～23；臀鳍Ⅲ-22～23；胸鳍 16～17；腹鳍Ⅰ-5；尾鳍 16～21。鳃耙 7+10～9。

体长为体高的 2.2～2.3 倍，为头长的 3.5～3.6 倍。头长为吻长的 1.5 倍，为眼径的 4.2～4.9 倍。尾柄长为尾柄高的 2.0 倍。

体侧高而扁，略呈椭圆形（幼鱼体呈圆形），背缘和腹缘弧形突出。尾柄较细长，两侧各有 4～5 个盾状骨板，盾板中央具狭长的锐嵴，第一盾板的锐嵴较小，其余向后渐增大，最后一块盾板的锐嵴高起，帆状，锐嵴周围的盾板具放射肋。头较短，尖突。吻尖长，但不呈管状突出，吻端圆锥形。眼大，侧上位。眼间隔宽坦，圆凸、项部高，隆起。鼻孔每侧 2 个，位于眼的前方；前鼻孔大，圆形，后缘具皮瓣；后鼻孔小，长裂缝状。眶前沟深而短，位于眼前下方。口小，前位。上颌略长于下颌。上颌骨短，后端远不伸达前鼻孔下方。上下颌各具齿1行，齿侧扁而宽，掌状，边缘具钝锯齿，齿根窄而略膨大；上颌齿18枚，下颌齿20枚。鳃孔短窄。鳃盖膜与峡部相连。鳃耙侧扁而短。肛门位于腹鳍基底的末端。

除唇部外，体密被微细弱栉鳞。侧线完全，几与背缘平行；沿侧线具1列黑点状弱小骨板，排列均匀。

背鳍1个，鳍棘部与鳍条部相连续，无缺刻，起点在胸鳍基底上方；第一鳍棘最短，第二鳍棘稍短于第三鳍棘，其后各鳍棘略等长；鳍条部前方鳍条与鳍棘等长，向后渐短，后缘尖角状。臀鳍与背鳍鳍条部同形，起点位于背鳍第七与第八鳍棘之间下方；第一鳍棘最短，第三鳍棘最长；鳍条部略高于鳍棘部，后缘尖角状。胸鳍短，稍短于头长，略呈三角形。腹鳍相距甚近，起点在胸鳍基底的稍后下方，鳍条后端伸达臀鳍第二鳍棘的中部。尾鳍近截形或内凹。

体呈灰色或淡黑褐色，下唇、颏部、胸部及腹部色浅，腹鳍内缘稍黑。尾柄盾板及侧线上的弱小盾板均为黑色。成鱼尾鳍后缘为白色，幼鱼时尾柄后半段至整个尾鳍均为白色。

分布 分布于西太平洋区中国和日本海域。中国主要分布于南海、东海和台湾海域。笔者于2017年9月在长江口北支（122°12′30″ E、31°25′48″ N）捕获1尾体长295 mm的样本，为长江口新记录。

生物学特性 暖水性岩礁性鱼类。喜栖息于珊瑚礁或岩礁区，幼鱼分散在礁盘上觅食，成鱼则成大群洄游于礁区之间。杂食性鱼类，以藻类及底栖动物为食。

资源与利用 观赏兼食用鱼类。长江口区极罕见，无捕捞经济价值。

鲭亚目 Scombroidei

本亚目长江口3科。

科 的 检 索 表

1（2）背鳍1个，连续 ·· 带鱼科 Trichiuridae

2（1）背鳍2个，明显分离

3（4）第一背鳍具5鳍棘；第二背鳍和臀鳍后无游离小鳍 ······················· 舒科 Sphyraenidae

4（3）第一背鳍具9～27鳍棘；第二背鳍和臀鳍后具游离小鳍 ····················· 鲭科 Scombridae

舒科 Sphyraenidae

本科长江口1属。

舒属 *Sphyraena* Artedi，1793

本属长江口2种。

种 的 检 索 表

1（2）腹鳍亚胸位，起点前于第一背鳍起点；胸鳍末端伸越腹鳍基底；侧线鳞110以下⋯⋯⋯⋯⋯
⋯⋯⋯⋯⋯⋯⋯⋯⋯⋯⋯⋯⋯⋯⋯⋯⋯⋯⋯⋯⋯⋯⋯⋯⋯⋯⋯ 油鲟 *S. pinguis*

2（1）腹鳍腹位，起点后于第一背鳍起点；胸鳍末端不伸达腹鳍基底；侧线鳞110以上⋯⋯⋯⋯⋯
⋯⋯⋯⋯⋯⋯⋯⋯⋯⋯⋯⋯⋯⋯⋯⋯⋯⋯⋯⋯⋯⋯⋯⋯⋯⋯ 日本鲟 *S. japonica*

237. 油鲟 *Sphyraena pinguis* Günther，1874

Sphyraena pinguis Günther，1874，Ann. Mag. nat. Hist.，（4）13：157（Yantai, China）；Chu，1931，Contr. Ichthyol. China，China J.，15（5）：242~243（上海鱼市场）。

油鲟 *Sphyraena pinguis*：成庆泰，1955，黄渤海鱼类调查报告：86，图59（辽宁，河北，山东）；张春霖、张有为，1962，南海鱼类志：254，图212（广东，海南）；朱元鼎、罗云林，1963，东海鱼类志：193，图151（江苏，浙江）；张列士，1990，上海鱼类志：236，图130（长江口近海）；汤建华、邓思明，2006，江苏鱼类志：471，图228（吕四，黄海南部等地）。

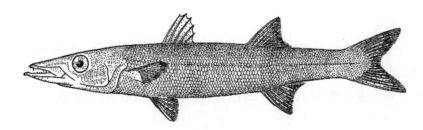

图 237　油鲟 *Sphyraena pinguis*

英文名　red barracuda。

地方名　香梭。

主要形态特征　背鳍Ⅴ，Ⅰ-9；臀鳍Ⅱ-9；胸鳍13~14；腹鳍Ⅰ-5。侧线鳞 $88 \sim 92 \frac{8}{10}$。

体长为体高的6.2~8.4倍，为头长的3~3.5倍。头长为吻长的2.2~2.6倍，为眼径的5.6~6倍，为眼间隔的4.7~5.4倍。尾柄长为尾柄高的2.2~2.3倍。

体细长，近圆筒形；背面在第一背鳍基部处较高。头长，背视呈三角形。头顶自吻向后至眼间隔处具2对纵嵴，吻尖长，眼大，高位，距鳃盖后缘较距吻端近；眼间隔宽约与眼径相等。鼻孔位于眼前上方，每侧2个；前鼻孔小，圆形；后鼻孔较大，覆有薄膜。口端位，口裂大，略倾斜，下颌突出。两颌及腭骨均有齿，上颌前端有犬齿2对，后面1对较强，两侧各具1列细小齿带；下颌前端具一犬齿，前侧齿细密，后侧齿大而尖锐，6~7枚；腭骨具1纵行尖锐犬齿。舌狭长，游离，上有绒毛状细齿。鳃孔宽大。鳃盖膜分离，不连于峡部。鳃盖条 7。假鳃发达。前鳃盖骨后下角光滑稍呈方形，鳃盖骨后上方具 5 扁棘。鳃耙退化，只在第一鳃弓下支具 2～3 显著鳃耙。

鳞小，圆鳞。头除颊部、鳃盖骨及下鳃骨被鳞外，其余均裸露。第二背鳍、臀鳍及尾鳍上皆被细鳞。侧线上侧位，后端伸达尾鳍基底。

背鳍 2 个。第一背鳍起点距眼后缘约与第二背鳍起点相等，第一鳍棘最长，各鳍棘以膜相连，可收褶于背沟中。第二背鳍起点前于臀鳍起点。臀鳍起点与第二背鳍第四鳍条相对。胸鳍小，鳍端伸越腹鳍基底。腹鳍亚胸位，位于胸鳍鳍条后半部的下方。尾鳍分叉。

体上部暗褐色，腹部银白色；背鳍、胸鳍及尾鳍淡灰色，尾鳍后缘黑色。

分布　分布于西北太平洋区中国、朝鲜、日本海域。中国渤海、黄海、东海和南海均有分布。长江口海域也有分布。

生物学特性

[习性] 暖水性中上层鱼类。平时散栖，生殖期间喜集群。东海区主要栖息于济州岛东部海域到台湾北部的大陆架海域，主要分布在水深 60 m 以深，其中济州岛至北部五岛 100～140 m、东海南部 80～140 m 附近海域较多（山田梅芳 等，1986）。

[年龄与生长] 据 1997—2000 年东海调查资料（郑元甲 等，2003），油䶰体长为 187～346 mm，平均体长 260.6 mm，优势体长组 240～270 mm，占 51.5%。各季节平均体长较接近。体重 58～290 g，平均体重 133.2 g，优势体重 90～120 g，占 40.0%；纯体重为 56～273 g，平均纯体重：130.0 g。体长与体重关系式为：$W=1\times10^{-6}L^{3.3006}$（$r=$ 0.921 8）。1 龄鱼体长约为 250 mm，2 龄鱼约为 300 mm。全长 250 mm 左右可达性成熟（山田梅芳 等，1986）。

[食性] 凶猛肉食性鱼类。饵料组成以小鱼、头足类为主，约占 90%；其余为虾类、蟹类，占 10% 左右。

[繁殖] 黄海产卵为 7—8 月，东海产卵期在 6—8 月，属多次产卵类型，全长 270～300 mm 亲体怀卵量为 14.5 万～17.0 万粒。卵圆球形，彼此分离，浮性。卵径 0.81～0.84 mm，卵黄无色透明，有泡状龟裂纹，油球 1 个，油球径 0.19～0.23 mm，在水温 23.0 ℃时，受精后 1 h 20 min，胚盘分裂成 4 个细胞，水温 24.0 ℃时，受精后 11 h 40 min 形成神经胚，15 h 后克氏泡出现，水晶体出现，肌节 8 对，尾部出现尾芽，18 h 45 min 胚体围绕卵黄 3/5 周，初孵仔鱼全长 0.90 mm，孵化后 1 d 的仔鱼全长 2.08 mm，孵化后 2 d 的仔鱼全长 2.71 mm（张仁斋 等，1985）。

资源与利用　本种在我国各海区近海都有分布，以南海数量最多。东海分布以江苏近海较多，有时也见于舟山及大陈外海。油䶰在我国主要是兼捕鱼类，在日本渔获较多，近年来在 400～1 100 t。肉供食用，味美。

带鱼科 Trichiuridae

本科长江口 2 亚科。

亚科的检索表

1（2）尾鳍存在（小而分叉）或退化；具退化腹鳍；背鳍具 3～10 鳍棘；侧线在胸鳍上方不显著下弯
………………………………………………………… 叉尾带鱼亚科 Lepidopodinae

2（1）尾鳍退化；无腹鳍；背鳍具 3～4 鳍棘；侧线在胸鳍上方显著下弯 …………………………
………………………………………………………… 带鱼亚科 Trichiurinae

叉尾带鱼亚科 Lepidopodinae

本亚科长江口 1 属。

小带鱼属 *Eupleurogrammus* Gill，1862

本属长江口 1 种。

238. 小带鱼 *Eupleurogrammus muticus*（Gray，1831）

Trichiurus muticus Gray，1831，Zool. Misce.，1：10（India）。

小带鱼 *Trichiurus muticus*：成庆泰，1955，黄渤海鱼类调查报告：189，图 120（辽宁，河北，山东）；成庆泰等，1962，南海鱼类志：748，图 605（广东等地）；成庆泰，1963，东海鱼类志：393，图 297（浙江，福建）。

小带鱼 *Eupleurogrammus muticus*：倪勇，1990，上海鱼类志：328，图 206（芦潮港，长江口佘山水域及附近海区）；汤建华、邓思明，2006，江苏鱼类志：706，图 365（海州湾，连云港）。

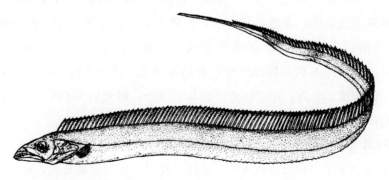

图 238　小带鱼 *Eupleurogrammus muticus*（成庆泰，1955）

英文名　smallhead hairtail。

地方名　带丝。

主要形态特征　背鳍 136～151；臀鳍 Ⅱ- 130～140；胸鳍 11～13。鳃耙 4～6＋8～10。

全长为体高的 15.6～20.8 倍，为头长的 9.1～10.3 倍。头长为体高的 1.3～1.6 倍，为吻长的 2.7～3.4 倍，为眼径的 5.6～7.4 倍。

体延长，侧扁，呈带状；背缘与腹缘几近平行；尾向后渐细，鞭状。头窄长，侧扁，前端尖突，背面圆凸。吻尖长。眼中大，侧上位。眼间隔圆凸。鼻孔每侧 1 个，较小，长圆形，具一小鼻瓣。口大，弧形。下颌向前突出。上颌骨后延，伸达眼前缘下方，被眶前骨遮盖。齿强大，侧扁而尖，排列稀疏；上颌前端具尖锐犬齿 1～2 对，露出口外，两侧各具稀疏扁齿 6～9 枚；下颌前端具 2 枚大犬齿，两侧各具 8 枚小扁尖齿；腭骨、犁骨及舌上均无齿。舌尖长，游离，前端不被下颌骨内侧间皮膜遮盖。鳃孔宽大。鳃盖骨后缘尖长。下鳃盖骨后缘尖长。下鳃盖骨下缘圆凸。鳃盖膜不与峡部相连。具假鳃。鳃耙细小，排列稀疏。

鳞退化。侧线在胸鳍上方不显著下弯，几呈直线状，沿体中部后行，伸达尾端。

背鳍基底长，起点在前鳃盖骨上方，沿背缘伸达尾端。臀鳍起点在背鳍第三十四至三十六鳍棘下方，起点处无鳞片状突起，完全由分离小棘组成，仅尖端外露。胸鳍小，基部平横，鳍条斜向上方。腹鳍退化，具 1 对很小的鳞片状突起。尾鳍消失。肛门位于体的前中部。

体呈银白色。各鳍浅灰色稍带黄绿色，尾鳍黑色。背鳍和胸鳍密布黑色小点。

分布　分布于印度—西北太平洋区波斯湾、印度、斯里兰卡、马来西亚、印度尼西亚、泰国、中国及朝鲜半岛南部海域。中国渤海、黄海、东海和南海均有分布。长江口区近海较常见。

生物学特性　近海暖温性中下层鱼类。栖息于近岸浅海及河口咸淡水水域。性贪食，摄食虾、蟹和小鱼，也摄食等足类、端足类和头足类等。

资源与利用　小型鱼类，主要分布于东海南部、台湾海域和南海。体小肉薄，长江口区数量较少，经济价值不高。

带鱼亚科 Trichiurinae

本亚科长江口 1 属。

带鱼属 *Trichiurus* Linnaeus，1758

239. 日本带鱼 *Trichiurus japonicus* Temminck *et* Schlegel，1844

Trichiurus lepturus japonicus Temminck and Schlegel, 1844, Pisces, Fauna Japon-

ica Parts.，5～6：102，pl. 54（Nagasaki，Japan）。

Trichiurus haumela：Fowler，1929，Proc. Acad. Nat. Sci. Philad.，81：596（上海）；Fowler，l936，Hongkong Nat.，7：78（香港，上海）。

带鱼 *Trichiurus haumela*：成庆泰，1955，黄渤海鱼类调查报告：187，图 119（辽宁，河北，山东）；成庆泰等，1962，南海鱼类志：750，图 607（广东）；成庆泰，1963，东海鱼类志：392，图 296（上海鱼市场，浙江，福建）；陈马康等，1990，钱塘江鱼类资源：198，图 190（慈溪）。

带鱼 *Trichiurus lepturus*：倪勇，1990，上海鱼类志：329，图 207（长江口近海）。

带鱼 *Trichiurus japonicus*：汤建华、邓思明，2006，江苏鱼类志：709，图 367，彩图 53（海州湾，连云港，黄海南部）。

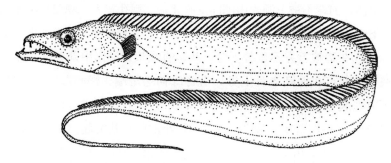

图 239　日本带鱼 *Trichiurus japonicus*

英文名　hairtal。

地方名　牙带、青宗带、带丝。

主要形态特征　背鳍 131～146；臀鳍 92～106；胸鳍 11。鳃耙 9～12＋17～22。幽门盲囊 12～14。脊椎骨 155～157。

全长为体高的 17.1～23.1 倍，为头长的 8.3～9.4 倍。头长为吻长的 2.8～3.1 倍，为眼径的 4.9～6.9 倍，为眼间隔的 6.2～7.1 倍。

体甚延长，侧扁，呈带状。尾后渐细尖，鞭状。头窄长，侧扁，前端尖突，侧视呈三角形倾斜。吻尖长。眼中大，侧上位。眼间隔平坦，中央微凹。鼻孔 1 个，位于眼前缘，具一鼻瓣。口大，平直。下颌突出。上颌骨为眶前骨所盖，伸达眼下方。齿强大，侧扁而尖；上颌前端有倒钩状大犬齿 2 对，口闭时嵌入下颌凹窝内；下颌前端有犬齿 1～2 对，较上颌小，口闭时露出口外；上颌具侧齿 10～12，下颌具侧齿 12～14；犁骨、腭骨和舌上均无齿。舌尖长，游离。鳃孔大。下鳃盖骨下缘凹入。鳃盖膜不与峡部相连。鳃耙细短，大小不一。

鳞退化。侧线在胸鳍上方显著向下弯曲，折向腹缘伸达尾鳍。

背鳍基底长，始于前鳃盖骨上方，伸达尾端。臀鳍完全由分离小棘组成，仅尖端外露，始于背鳍 43～45 鳍条下方，臀鳍第一鳍棘不发达，隐于皮下。胸鳍尖短，侧下位。

无腹鳍。尾鳍消失。

体呈银白色，背鳍上半部及胸鳍淡灰色，具细小黑点。尾色暗。

分布　分布于西北太平洋区中国、朝鲜、日本海域。中国沿海均有分布，为长江口近海常见种类。

生物学特性

[习性]暖温性集群洄游鱼类。平时栖息于近海中下层，产卵时洄游至近岸浅海区，生殖期栖息水深一般在 15～20 m，索饵栖息水深一般在 20 m 以上，冬季则游向外海较深处越冬，水深在 100 m 左右。喜弱光，有昼沉夜浮的垂直移动习性。集群最适温在浙江嵊泗渔场为 16～20 ℃。东海群的重点分布区在浙江近海，北部可达 34°N，南达粤东近海，主要越冬场位于 30°N 以南的浙江中南部外海、水深 60～100 m 的水域，越冬期 1—3 月。另外，在福建近海到粤东近海，冬季亦有南下鱼群分布。3—4 月越冬鱼群游向近海并逐步北上，5—7 月经鱼山进入舟山和长江口渔场，产卵后主群继续北上，8—10 月分布在黄海南部索饵，偏北鱼群最北可达 35°N 附近。10 月以后开始南下，逐步游向越冬场。分布在福建和粤东近海的越冬鱼群在 2—3 月就开始北上，4—6 月产卵后进入浙江南部，并随台湾暖流继续北上，秋季分散在浙江近海索饵。总之，东海群日本带鱼的栖息分布及洄游移动均与台湾暖流的消长关系十分密切，鱼群的集中分布区一般位于台湾暖流舌锋的附近海域（盐度 34 左右，温度 16～23 ℃），随着台湾暖流的北伸或南退进行着周期性的南北相向的生殖或越冬洄游。

[年龄与生长]全长一般不超过 1 500 mm，体重 1 000 g。东海群日本带鱼年龄由 1～8 龄构成，最大年龄为 8 龄。夏秋汛期日本带鱼年龄组成，20 世纪 60 年代初期年龄组成为 1～7 龄，其中 2 龄个体数量居优势，占 64%～82%，70 年代初期年龄组成为 1～4 龄，仍以 2 龄为主体，比例提高到 90% 左右；90 年代初期年龄组成变动较大，1 龄鱼比例占 60% 左右，2 龄鱼比例大幅降低，1～2 龄鱼占 90% 以上。日本带鱼年内生长迅速，在 5 月出生的幼鱼，到当年冬季可长到 200 mm，体重可超过 100 g。肛长与体重关系式为：$W=1\times10^{-5}AL^{3.006}$（$r=0.99$，$n=748$）。生长方程表达式为：$AL_t=493.3\left[1-e^{-0.346(t+0.387)}\right]$（$r=0.98$，$n=710$）（严利平 等，2005）。不同年代，其生长速度约在 1.8 龄之前差异较大，在该年龄之后的生长速度差异相对较小。以时间序列划分，在低年龄阶段的生长过程中，20 世纪 60 年代的生长速度与 90 年代差异不大，生长速度均较慢，但在 80 年代明显变快，而 21 世纪初生长速度均大于 20 世纪的不同年代。资源正常年份，初始性成熟年龄为 1 龄，雌鱼、雄鱼各占 50%。至 20 世纪 70 年代末期，1 龄性成熟比例超过 90%，90 年代 1 龄性成熟比例几达 100%，且有相当数量不足 1 龄的晚生群体，在春夏季节加入到产卵群中，致使最小体长、体重进一步缩小。夏秋汛期间，肛长为 210 mm 以下的群体比例由 1960 年的 17.65% 上升到 20 世纪 90 年代末期的 90.31%，增幅达 4 倍以上；而肛长组为 210～280 mm 的比例由 1960 的 65.88% 下降为 90 年代后期的

9.6%，降幅为85.43%；肛长为280 mm以上的群体比例的降幅高达99%以上，东海区夏秋汛日本带鱼平均肛长由1960年的245.12 mm下降至20世纪90年代末期的179.4 mm。冬汛期间，肛长210 mm以下的群体比例由1960年的37.1%上升到90年代末的81.11%，增幅达1.19倍；而肛长组为210～280 mm的比例由1960年的52.28%下降为90年代末期的17.77%，降幅为66.01%；肛长为280 mm以上的群体比例则由1960年的10.53%下降到90年代末期的1.12%，降幅为89.36%，东海区冬汛日本带鱼的平均肛长由1960年的232.40 mm下降至90年代末期的179.1 mm。性成熟的初始肛长，20世纪60年代初，肛长在240 mm以上的个体大部分达到性成熟，而肛长200 mm以下的个体基本均未达性成熟；至80年代中期，肛长200 mm以上的个体大多数已性成熟，而且肛长180～190 mm的个体也有相当数量达到性成熟，肛长150～160 mm以下的个体基本未达性成熟；进入90年代末期，肛长200 mm以上的个体性腺几乎完全发育成熟。同时初始性成熟个体最小肛长也逐渐变小，20世纪60年代初期为200 mm，1975年为170～180 mm，1979年为160 mm，90年代以后则仅为140 mm，目前日本带鱼个体初始最小肛长估计比60年代初期要小60 mm以上（程家骅 等，2006）。

［食性］广食性凶猛鱼类。饵料种类有16类60种，主要有鱼类、长尾类、头足类、磷虾类、口足类、端足类、糠虾类等，鱼类和长尾类各占33.9%和24.7%。有食性转换和就地摄食的特点，200 mm以下的个体以摄食糠虾、磷虾为主，200 mm以上则摄食鱼类和长尾类为主。全年摄食强度0级占40.94%，1级占37.57%，2级占14.90%，3～4级占1.80%（林龙山 等，2005）。空胃率在索饵期很低，越冬开始时明显增加。摄食强度白天比夜间大。

［繁殖］在我国各海区产卵场较多，产卵期长。东海—粤东群产卵期为4—10月，5—7月为主，浙江近海（28°00′—31°30′ N、122°00′—124°30′ E）产卵最集中，产卵场水深40～70 m，水温17～20 ℃，盐度32～34.5。5—7月到达长江口近海，沿途陆续产卵，在海礁、长江口、吕四产卵场的产卵期为5—8月，牛山、闽东、温台、鱼山产卵场的产卵期为3—5月。鱼卵的主要漂浮水层为5～25 m，60%的鱼卵出现在底层盐度为34以上的海域。属多次性排卵类型，产卵期可排卵2～3次，第一次排卵量约占42%，第一次排卵到第二次排卵间隔时间约为1个月。个体绝对怀卵量1963—1964年为1.28万～33.09万粒，一般为3万～5万粒；1976年为1.23万～43.59万粒，一般为5万～20万粒（李成华，1983）。卵球形，彼此分离，浮性，卵膜薄而光滑，无色透明。卵径1.50～1.90 mm。卵黄均匀无龟裂，浅黄色。油球1个、橙色，油球径0.38～0.50 mm。受精卵在水温21～24 ℃时，经74.5 h孵出仔鱼。受精后6 h 30 min进入囊胚期。受精后35 h 30 min，胚体围绕卵黄1/2，尾部两块黑色素略分散，油球上黑色素呈星芒状。受精后70 h，胚体围绕卵黄一周，听囊内出现耳石，胸鳍呈薄膜状，鳍膜自听囊后至尾部。初孵仔鱼全长4.15 mm，卵黄囊相当大，眼无色素，油球前部、吻端、颅顶、听囊前下方及背鳍膜前部

有许多树枝状黑色素，近体后部的背腹鳍膜上各有 1 丛黑色素，形状为树枝状。体长 5.8 mm 的仔鱼，背鳍膜在背中部稍隆起，背鳍、腹鳍上的 2 丛色素已移向鳍膜边缘。体长 6.6 mm 的仔鱼，口形成，体延长，卵黄囊已缩小，鼻孔形成，眼出现黑色素，在背前部肌节上出现 5～6 个色素点，尾鳍膜上出现放射状弹性丝。体长的 7.5 mm 仔鱼，油球和卵黄囊已消失，上下颌具绒齿，鳃盖上有几枚小棘，胸鳍圆形，背鳍膜前出现 4 根鳍条，下颌前端和峡部有色素，背鳍鳍条基部有 5 个色素点，背鳍、臀鳍膜上的两块色素更移向鳍膜边缘。体长的 9.0 mm 仔鱼，外形已渐近成鱼，下颌较上颌长，两颌具细齿。体长 13.5 mm 的稚鱼，两颌齿发达，背鳍条约 70，臀鳍 1 棘 11 鳍条，棘上有小齿，在吻端、眼上和颅顶背鳍基底开始有色素（张仁斋 等，1985）。

资源与利用　日本带鱼是我国重要经济鱼类，历史上一直为国营机轮渔业和群众机帆船作业的共同捕捞对象，在海洋渔业生产中具有重要作用和地位。2000 年全国产量已达 91×10^4 t。东海群日本带鱼在 20 世纪 50 年代，处于初期开发阶段，鱼群密度高，资源利用尚不足，至 60—70 年代，则处于中等开发到充分开发时期，资源尚属稳定阶段，但至 70 年代后期，由于捕捞强度加大，开始进入过度捕捞阶段，鱼体小型化、低龄和早熟明显。如肛长 280 mm 以上的大型鱼所占比例较 60 年代下降了 15%，230 mm 以下的小型鱼却较之增加了 20%。生长型捕捞过度现象十分明显，群体比例关系严重失调，群体结构日趋不合理，然而日本带鱼具生长快、性成熟早、产卵期长，繁殖场分布广，幼鱼发生量多和群体组成简单等特点，同时其对捕捞的适应力也强，因而能长期承受强大捕捞压力，当资源发生波动后，如果采取适当保护措施，有可能得到较快恢复。近年来对日本带鱼资源采取了一系列养护和管理措施，延缓资源衰退、促进资源量增加取得了一定的成效，但离根本改善资源基础，理顺资源结构的愿望还有较大差距，今后还应加强管理措施，根据日本带鱼产卵场实际情况，将保护区向北延伸至 31°N，向外侧扩大到 125°E，对日本带鱼资源管理采取"夏保、秋养、冬捕"方针，确定许可捕捞量，尽快实施总许可捕捞量（TAC）管理办法。肉质肥嫩，营养丰富，可鲜销、制罐或腌制咸鱼。

【Temminck 和 Schlegel（1844）最早将采自日本长崎的带鱼命名为 *Trichiurus lepturus japonicus*，以表示它与大西洋的高鳍带鱼（*T. lepturus*）既有在形态上极为相似而难于区分的特点，又有在区系分布上存在差异的亚种关系。随后，Bleeker 于 1854 年将在中国和日本采集的带鱼提升为种，定名为 *Trichiurus japonicus* Temminck *et* Schlegel，1844，这一命名 20 世纪 40 年代前被众多学者所认可和采用。

朱元鼎在 1931 年发表的 "Index Piscium Sinensium" 一文中收录了国外学者记录在中国分布的 2 种带鱼属鱼类名录：*T. haumela* 和 *T. japonicus*。Fowler（1936）提出分布于中国近海的头小、体窄而长、背鳍鳍条较多的为 *T. japonicus*，而分布于南海的头大、体宽而短、背鳍鳍条较少的为 *T. haumela*。Lin（1936）认为 *T. japonicus* 分布于中国及日本沿海，*T. haumela* 分布于印度—西太平洋，两者形态酷似，相差甚微。然而，从 20 世纪 50 年代至 80 年代，受"*T. haumela* 从印度分布到马来半岛及中国"的提示（Chu，1931），国内各大海区鱼类志和调查研究报告均记录中国近海带鱼属鱼类仅有 1 种，即带鱼（*T. haumela*），它可分为若干种族或种群（林新濯 等，1965b；张其永 等，1966；罗秉征 等，1981）；或受世界带鱼属为单种属的学说影响（Tucker，1956），认为仅有高鳍带鱼（*T. lepturus*）（林新濯和沈晓民，1986）。而后，Li（1992）通过对中国近海带鱼属鱼类与世界 7 个带鱼属命名种的地模标本进行形态学比较后，提出广泛分布于中国南北沿海的这种带鱼应是 *T. japonicus*，而非 *T. haumela*、*T. lepturus*、*T. lepturus lepturns* 或 *T. lepturusauriga*。然而，Nakamura 和 Parin（1993）认为栖息于中国及日本沿海的带鱼是 *T. lepturus*，而 *T. lepturus japonicus*、*T. haumela* 则是它的同物异名。王可玲等（1995）根据国内多数学者和单位对带鱼学名的长期沿用习惯，认为中国沿海均有分布的这种带鱼仍应称为 *T. haumela*。

21 世纪以来，基于分子生物学的研究表明，分布于日本沿海（Chakraborty et al.，2006a，2006b）和中国南北沿海（吴仁协 等，2011，2017）的带鱼为日本带鱼（*T. japonicus*）。本书依此将分布于长江口的带鱼种名定为：日本带鱼 *Trichiurus japonicus* Temminck *et* Schlegel，1844。】

鲭科 Scombridae

本科长江口 1 亚科。

鲭亚科 Scombrinae

本亚科长江口 2 属。

属 的 检 索 表

1（2）尾鳍基部两侧各具 2 条隆起嵴，无中央隆起嵴；两背鳍相距较远 ·················· 鲭属 *Scomber*

2（1）尾鳍基部两侧各具 3 条隆起嵴，中央隆起嵴大；两背鳍相距较近 ······ 马鲛属 *Scomberomorus*

鲭属 *Scomber* Linnaeus，1758

本属长江口 1 种。

240. 日本鲭 *Scomber japonicus* Houttuyn，1782

Scomber japonicus Houttuyn，1782，Verh. Holl. Maats. Wetenschappen Haarlem.，20：331（Nagasaki，Japan）；Fowler，1929，Proc. Acad. Nat. Philad.，81：596（上海）。

鲐鱼 *Pneumatophorus japonicus*：成庆泰，1955，黄渤海鱼类调查报告：190，图121（辽宁，山东）；成庆泰、田明诚，1962，南海鱼类志：752，图609（广东）；成庆泰，1963，东海鱼类志：399，图299（东海，浙江）。

日本鲐 *Scomber japonicus*：倪勇，1990，上海鱼类志：332，图208（崇明，长江口近海）；汤建华、邓思明，2006，江苏鱼类志：712，图368（海州湾，连云港，吕四，黄海南部）。

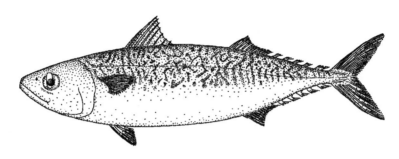

图 240　日本鲐 *Scomber japonicus*

英文名　chub mackerel。

地方名　青占鱼、鲐鱼、油胴鱼。

主要形态特征　背鳍Ⅸ，Ⅰ-11，小鳍 5；臀鳍Ⅰ，Ⅰ-11，小鳍 5；胸鳍 19；腹鳍Ⅰ-5。侧线鳞 202～205。鳃耙 13～14＋27～28。

体长为体高的 4.7～5.2 倍，为头长的 3.4～3.8 倍。头长为吻长的 2.9～3.0 倍，为眼径的 3.8～3.9 倍，为眼间隔的 3.9～4.7 倍。尾柄长为尾柄高的 1.4～1.6 倍。

体呈纺锤形，稍侧扁；尾柄细短，横截面近圆形，尾柄基部两侧各具 2 条小隆起嵴。头中等大，稍侧扁。吻稍尖。眼大，近头背缘，脂眼睑发达。鼻孔每侧 2 个，分离。口大，前位。上下颌约等长。上颌骨完全被眶前骨所盖，后端伸达眼中部下方。两颌各具 1 行细齿，犁骨和腭骨无齿。鳃孔大。鳃盖膜分离，不与峡部相连。鳃耙细长。

体被细小圆鳞。胸部鳞片较大。头部除后头、颊部和鳃盖被鳞外，余均裸露。侧线完全，上侧位，呈波状。

背鳍 2 个，相距较远，间距约与眼后头长相等；第一背鳍由细弱鳍棘组成，以第二鳍棘最长，向后渐短；第二背鳍前部鳍条较长，后方具 5 个分离小鳍。臀鳍始于第二背鳍第五鳍条下方，前方具 1 根独立小棘，后方具 5 个分离小鳍。胸鳍短小，侧上位。腹鳍胸位，约与胸鳍等长，腹鳍间突 1 个，甚小。尾鳍深叉形。

体背青黑色，具深蓝色不规则斑纹，斑纹延续至侧线下方，但不伸达腹部。侧线下部无蓝黑色小圆点。腹部黄白色，头顶部黑色。背鳍、胸鳍和尾鳍灰黑色。

分布　分布于印度—太平洋区亚热带、温带海域。我国沿海均有分布。为长江口海域常见种类。

生物学特性

［习性］大洋暖水性中上层鱼类。每年进行远距离洄游，游泳能力强、速度快。春夏两季多栖息于水体中上层，活动在温跃层以上，生殖季节常集成大群到水面活动。捕捞适温为 8～24 ℃，14～16 ℃渔获量最高。有趋旋光性和昼夜垂直移动习性，早晨、黄昏或阴雾细雨天气，常集群起浮，所产生的波纹在海面形成不同形状，渔民常依此特性瞄准放网围捕。分布于我国东海、黄海的日本鲭主要分为东海西部和五岛西部两个种群。东海西部种群在我国东海中南部至钓鱼岛北部100 m 等深线附近海域越冬，每年春夏季节向东海北部近海、黄海近海洄游产卵，产卵后在产卵场附近索饵，秋冬季节返回越冬场。五岛西部种群冬季分布在日本五岛列岛西部至韩国济州岛西南部，春季鱼群分成两支，一支穿过对马海峡游向日本海，另一支进入黄海产卵。它们的栖息条件与其生活阶段和海洋流系密切相关，黄海产卵群体的分布和黄海暖流及冷水势力的变动密切相关，黄海暖流强的年份，日本鲭分布明显偏北。东海产卵群体主要分布在台湾暖流与浙江沿岸流、黄海冷水的交汇区，底层盐度为 33～34。长江口索饵群主要分布在浙江沿岸低盐水和台湾暖流的交汇处，一般当年生幼鱼分布在低盐水一侧，1 龄以上鱼群则分布在高盐水一侧。

［年龄与生长］最大叉长可达 500 mm。东海群年龄组成为 1～8 龄，优势叉长为310～370 mm，性成熟年龄为 1～2 龄，最小性成熟叉长为 260 mm。叉长与体重关系式为：$W=6.55\times10^{-7}L^{3.52098}$（$r=0.9947$，$n=259$）。生长拐点年龄为 2.7 龄，拐点体重为 450 g，拐点叉长为 320 mm。生长参数 K、L_∞、t_0 分别为 0.320、451.4 和－1.203。体重增长速度分两个阶段：0～2.7 龄体重增长速度逐渐增大，到 2.7 龄左右体重的增长速度达到最大值，2.7 龄以后体重增长速度逐渐降低（刘勇 等，2005）。

［食性］浮游生物食性兼营捕食性鱼类。食性广，且应时、应地而变化。主要饵料为甲壳类中的端足类、磷虾类和桡足类，其次为日本鳀等小型鱼类；此外，也摄食头足类、毛颚类、多毛类甚至钵水母。春末以大型浮游动物和小鱼、乌贼为主，夏秋以浮游甲壳类为主，其次是小鱼，秋季则大量吞食幼鱼。生殖季节摄食强度减弱或停止，生殖前后摄食强烈。黄海叉长 35 mm 以上当年生幼鱼的饵料以鱼类、头足类和甲壳类为主，三者所占的比例分别为 39.5％、38.6％和 16.2％；我国东海南部、台湾海峡的日本鲭饵料中所占比例最高的是桡足类，为 36.97％，其次是端足类，为 32.81％，第三是鱼类，为 10.00％（俞连福 等，2003）。

［繁殖］东海区日本鲭产卵水深在 20～100 m，产卵水温和盐度各渔场略有不同，一般温度为 15～21 ℃，盐度为 29～34.5。卵圆球形，彼此分离，浮性，无色透明，卵膜薄而光滑，卵径 0.93～1.15 mm。卵黄均匀透明无色，卵黄周隙小。油球 1 个，略带棕色，油球径为 0.26～0.30 mm。初孵仔鱼体长 2.70 mm。

资源与利用　我国日本鲭年产量 1981 年最低，为 4.4×10^4 t，1997 年最高，为 19.1×

10^4 t。东海区捕捞主要以东海北部、黄海南部外海、长江口海区和福建沿海为主。每年12月至翌年2月，分布在东海北部和黄海南部外海的1龄以上的鱼是机轮围网的捕捞对象，分布在长江口的当龄幼鱼是机帆船灯光围网及拖网兼捕对象。东海北部和长江口海区资源状况较好，幼鱼发生量最近几年虽有所变动，但基本上处于相对较高水平。近几年产量在波动上升，目前对其资源利用主要是近海当年生群体为主，外海资源尚未得到充分利用。据估算，东海区日本鲭现存资源量约为 50×10^4 t，可利用的持续量为 28×10^4 t左右。日本鲭肉结实，味良好，可鲜销、腌制和制罐头。

马鲛属 *Scomberomorus* Lacepède，1801

本属长江口4种。

种 的 检 索 表

1（2）背鳍后缘圆弧形；侧线在胸鳍后方急剧下弯 ·················· 中华马鲛 *S. sinensis*

2（1）背鳍后缘尖；侧线在胸鳍后方不急剧下弯

3（4）第一背鳍具19～21鳍棘；体高小于头长 ·················· 蓝点马鲛 *S. niphonius*

4（3）第一背鳍具14～18鳍棘；体高等于或大于头长

5（6）头长等于或略小于体高；上颌长约为头长的1/2；幽肠有2个盘曲 ········· 斑点马鲛 *S. guttatus*

6（5）头长显著小于体高；上颌长大于头长的1/2；幽肠有4个盘曲 ·········· 朝鲜马鲛 *S. koreanus*

241. 蓝点马鲛 *Scomberomorus niphonius*（Cuvier，1831）

Cybium niphonius Cuvier，1831，Hist. Nat. Poiss. 8：180（Japan）。

蓝点马鲛 *Scomberomorus niphonius*：成庆泰，1955，黄渤海鱼类调查报告：192，图122（辽宁，河北，山东）；成庆泰，1963，东海鱼类志：401，图300（浙江，福建）；倪勇，1990，上海鱼类志：333，图209（长江口近海）；陈马康等，1990，钱塘江鱼类资源：199，图191（海盐）；汤建华、邓思明，2006，江苏鱼类志：716，图370（海州湾，连云港，吕四，黄海南部）。

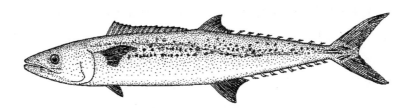

图241　蓝点马鲛 *Scomberomorus niphonius*

英文名　Japanese Spanish mackerel。

地方名　马鲛。

主要形态特征　背鳍 XIX～XX，15～16，小鳍8～9；臀鳍15，小鳍8～9；胸鳍21；

腹鳍Ⅰ-5。鳃耙3～4+9。脊椎骨48～50。鳃耙3～4+9～11。

体长为体高的5.7～6.2倍，为头长的4.7倍。头长为吻长的2.6～2.8倍，为眼径的6.5～6.6倍，为眼间隔的3.4倍。

体延长，侧扁，背腹缘浅弧形，以第二背鳍起点处体最高，向后渐细；尾柄细，两侧在尾鳍基部各具3个隆起嵴，中央嵴较长而高。头较小，头长小于体高。吻钝尖。眼小，侧中位。眼间隔突起。鼻孔2个。口大，前位，斜裂。下颌略长于上颌。上下颌各具齿1行，齿强大，侧扁，尖锐，三角形，排列稀疏，上颌齿16～21，下颌齿14～18；腭骨具细粒状齿带，舌上无齿。鳃孔大。鳃盖膜分离，不与峡部相连。鳃耙稀疏，较长。无鳔。

体被细小圆鳞，侧线鳞较大。腹侧大部分无鳞；头部除眼前有埋于皮下的鳞和鳃盖后上角有数行较大鳞外，其余均裸露。第二背鳍、臀鳍、胸鳍、腹鳍和尾鳍基部均被细鳞。侧线完全，上侧位，始于鳃盖后上角，呈不规则波浪状。

背鳍2个，稍分离；第一背鳍始于胸鳍基底后上方，鳍棘柔弱，可收折于背沟中；第二背鳍短，前端隆起，后方具8～9个分离小鳍。臀鳍与第二背鳍同形，始于第二背鳍第四鳍条下方，其后具8～9个分离小鳍。胸鳍、腹鳍短小。尾鳍大，深分叉形。

体背部蓝黑色，腹部银白色。沿体侧中央有数列黑色圆形斑点。背鳍黑色。腹鳍、臀鳍黄色。胸鳍浅黄色，有黑色边缘。尾鳍灰褐色。

分布 分布于西北太平洋区中国、朝鲜、日本和俄罗斯符拉迪沃斯托克（海参崴）海域。中国渤海、黄海、东海和台湾海域均有分布。为长江口海域常见种类。

生物学特性

［习性］暖温性长距离洄游的中上层鱼类。游泳敏捷，在洄游途中对水温较敏感，4月初适应盐度为31～33，适应温度为9～11℃，最适温度为10℃。5月适应温度为11～14℃，最适温度为12～13℃。产卵期间适应盐度为26～31，适应温度为13～20℃，最适温度为14～16℃。东海近外海越冬场南起28°N，北至33°N，西起禁渔区线附近海域，东至120m等深线附近海域，其中舟山渔场东部和舟外渔场西部、大沙渔场东部至沙外渔场西部海区是主要越冬场，越冬期为1—3月。4月在近海越冬的鱼群首先进入沿海产卵，在外海越冬的鱼群陆续向西或西北方向洄游，相继到达浙江、上海和江苏南部沿海河口、港湾、海岛周围海区产卵，主要产卵场分布在禁渔区线以内海区，产卵后一部分亲鱼留在产卵场附近海区与当年生幼鱼一起索饵，另一部分亲体向北洄游索饵，鳌江口、三门湾、象山港、舟山群岛周围海区、长江口渔场、吕泗渔场和大沙渔场西南部海区是重要索饵场。秋末离开索饵场向东或东南洄游，12月至翌年1月相继返回越冬场（郑元甲 等，2003）。蓝点马鲛鱼群，在长江口渔场停留时间的长短，与渔场范围内的低温区有关，在低温势力较强的年份会阻止鱼群北上，从而推迟主群进入黄海中北部时间。每年4月洄游北上的生殖鱼群，沿123°30′E进入长江口附近，该处位于黄海

南部长江口附近水系复杂的混合区，西部受苏北沿岸及长江口冲淡水影响，使该海区成为水体结构差异较大和饵料生物丰富的优良渔场，此时鱼群的分布与台湾暖流及其舌锋的伸展位置相关，渔场中心位置随 10 ℃等温线分布的不同而变动，两者关系密切。

[年龄与生长] 捕捞群体年龄组成为 1～7 龄，以 2～3 龄为主，6 龄以上数量较少。1952—1964 年捕捞群体平均年龄为 3 龄；体长 450 mm 以下个体所占比例为 6%，体长 500～550 mm 和体长 551～600 mm 占 70%，体长 601～700 mm 占 20%，体长 701 mm 以上占 4%。1965—1980 年捕捞群体平均年龄为 2.1 龄；体长 450 mm 以下比例超过 10%，501～550 mm 和 551～600 mm 占 60%～80%，601～700 mm 以上降至 10%，701 以上降至 1%。1981—1989 年体长 450 mm 以下增至 20%，体长 451～500 mm 和体长 501～550 mm 占 60%～70%，体长 551～600 mm 和 601～650 mm 比例显著减少。1991—1994 年捕捞群体平均年龄为 1.4 龄。体长与体重关系式为：$W = 1.494\ 0 \times 10^{-6} L^{3.268\ 2}$（$r = 0.981\ 9$）（郑元甲 等，2003）。初始性成熟叉长和体重，雄性为 350 mm 和 500 g，雌性为 420 mm 和 680 g。雄性 1 龄大部分达性成熟（97.5%），2 龄全部性成熟。雌性 1 龄仅 10.5% 性成熟，2 龄 96.1% 达性成熟，3 龄全部性成熟。

[食性] 食性凶猛鱼类，常成群追捕小型鱼类和虾类。摄食的饵料有 19 种，其中鱼类排首位，重量占 90.2%，出现频率为 87.4%，以鳀为主；其次为青鳞小沙丁鱼、天竺鲷等，甲壳类和头足类重量合计占 8.9%，出现频率占 12.7%，主要有鹰爪虾和日本枪乌贼。体长 10 mm 的稚鱼已能吞食体长 7～8 mm 的鳀等仔鱼，10 mm 以上时有互相吞食的习性，体长 30 mm 以上时能捕食体长 20 mm 的其他稚鱼，体长 230 mm 的幼鱼主食鳀、天竺鲷和枪乌贼等幼体，其中幼鳀占 75.1%，天竺鲷等其他鱼占 18.4%，枪乌贼等头足类幼体占 6.5%。

[繁殖] 东海中南部产卵场，主要分布在浙江近海的舟山群岛、兴华湾、湄州湾和福建的官井洋、厦门沿海一带，产卵期在 3 月中旬至 6 月中旬，盛期在 4 月上旬至 5 月中旬。产卵场水深为 15～30 m，水质清澈，黄海中部产卵场水温为 9～13 ℃，东海南部产卵场为 11～20 ℃，盐度范围基本一致，为 28～31。雌雄比例差异很大，一般雌鱼多于雄鱼，为 55:45，但不同年龄有差异，1～2 龄时雌鱼明显少于雄鱼（40:60），3 龄以上雌鱼多于雄鱼（55:45）。体重 200～400 g，个体绝对怀卵量为 28 万～120 万粒。属分批产卵类型，卵圆球形，彼此分离，浮性，卵径为 1.52～1.63 mm。油球 1 个，油球径 0.45 mm，呈淡黄色。初孵仔鱼全长 5.33 mm。

资源与利用　本种曾是东海区的主要中上层鱼类之一，历史上主要由流刺网捕捞，1989 年始用变水层拖网捕捞，使其产量有所上升，1991 年达 4.9×10^4 t，但由于过度捕捞，使产量有所下降，1995 年开始伏季休渔，产量逐年回升，1999 年达 15.7×10^4 t，创历史最高纪录。马鲛渔业开发至今曾经历 1952—1964 年低中等利用、1965—1980 年充分利用、1981—1986 年过度利用、1987—1994 年资源衰退和 1995—2000 年资源恢复几个时期。由于捕捞强度过大，过量捕捞产卵亲体和幼鱼群体，使蓝点马鲛产量仍呈上升趋势，但其单位产量却明显下降，主要作业渔场范围缩小，渔获物趋于小型化，已处于生长型过度捕捞状况，为此，今后必须控制其渔汛的捕捞力量，实行捕捞许可证制度，在幼鱼和产卵群体分布集中海区建立休渔区，严格限制流刺网网目尺寸，进一步加强资源监测调查与研究（郑元甲 等，2003）。渔具有流刺网、大围罾、拖网、张网和对网等。春夏汛期（3—5 月）主要捕产卵群体，秋冬汛期（10 月至翌年 1 月），主要捕索饵和越冬鱼群。肉味鲜美，鲜食为主，亦可盐渍保藏。

鲳亚目 Stromateoidei

本亚目长江口 3 科。

科 的 检 索 表

1（2）背鳍 2 个，有腹鳍；犁骨、腭骨无齿；背鳍、臀鳍具 14 或 15 鳍条（印度无齿鲳有个体例外）
   ·· 无齿鲳科 Ariommatidae

2（1）背鳍 1 个，有或无腹鳍

3（4）成鱼具腹鳍；背鳍具 22～33 鳍条，前部鳍条不呈镰形；具上颌辅骨 ·······················
   ·· 长鲳科 Centrolophidae

4（3）成鱼无腹鳍；背鳍具 35～50 鳍条，前部鳍条镰形；无上颌辅骨·············· 鲳科 Stromateidae

长鲳科 Centrolophidae

本科长江口 1 属。

刺鲳属 *Psenopsis* Gill，1862

本属长江口 1 种。

242. 刺鲳 *Psenopsis anomala*（**Temminck** *et* **Schlegel**，1844）

Trachinotus anomalus Temminck and Schlegel，1844，Pisces，Fauna Japonica Parts.，5～6：107，pl. 57，fig. 2（Nagasaki，Japan）。

刺鲳 *Psenopsis anomala*：成庆泰，1962，南海鱼类志：763，图 618（广东，广西，海南）；成庆泰，1963，东海鱼类志：411，图 308（上海，浙江）；汤建华、伍汉霖，2006：江苏鱼类志：725，图 376（海州湾，吕四）。

英文名 Pacific rudderfish。

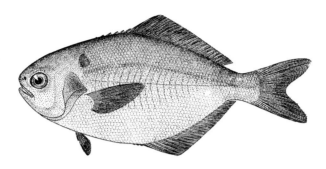

图 242　刺鲳 *Psenopsis anomala*（成庆泰 等，1962）

地方名　冬鲳、鹅蛋鲳、肉鲳。

主要形态特征　背鳍Ⅵ-28～31；臀鳍Ⅲ-25～27；胸鳍Ⅰ-5；腹鳍Ⅰ-5；尾鳍17，侧线鳞约54。鳃耙5～7+12～14。

体长为体高的1.9～2.1倍，为头长的3.1～3.5倍；头长为吻长的4～4.7倍，为眼径的3.4～4.5倍，为眼间隔的1.8～3.1倍。尾柄长为尾柄高的0.9～1.0倍。

体呈卵圆形，侧扁。背腹面皆钝圆，弧状弯曲度相同。背鳍鳍条部起点前体最高，由此向吻前呈弓状，自后头部向吻部坡度大。尾柄侧扁而短，其长与高约相等。头较小，侧扁而高。吻短，钝圆。眼中等大，侧位，靠头前端，距吻端较距鳃盖后上角近。眼间隔宽，凸起。鼻孔2个，紧邻，前鼻孔小，圆形；后鼻孔裂缝状，位于吻与眼前缘之间。口小，微倾斜，上下颌骨等长。上颌骨后端达眼前缘下方。两颌各具微细齿1行，排列紧细；犁骨、腭骨及舌上无齿。前鳃盖骨边缘平滑。鳃盖骨无棘。鳃孔大。具假鳃。鳃耙甚细。排列稀疏，最长鳃耙为眼径的1/2。

体被薄圆鳞，极易脱落，头部裸露无鳞。背鳍、臀鳍及尾鳍基底被细鳞。侧线完全，与背缘平行。

背鳍2个，紧相连。背鳍鳍棘部只具独立短小棘6～9个。鳍条部发达，第五鳍条最长，由此向后逐渐减短，背鳍基底长为最长鳍条的3倍。臀鳍与背鳍鳍条部同形，其起点在鳍条部起点稍后。胸鳍中等大。腹鳍甚小，位于腹鳍基下方。尾鳍分叉。

体背部青灰色，腹部色较浅。在鳃盖后上角有一黑斑。各鳍浅灰色。

分布　分布于西太平洋区中国、韩国半岛和日本北海道以南海域。中国黄海、东海、南海和台湾海域均有分布。长江口近海也有分布。

生物学特性

[习性]　近海暖温性中下层鱼类。通常栖息于水深45～120 m泥沙质底的海区，常在水母触角下游泳。生殖季节自深海向浅海洄游，在水深40 m以内浅海产卵，产卵后游返外海。每年2月前后位于我国东海北部的刺鲳开始逐步南下，3月有部分鱼群已可到达福建的台山列岛附近海域；4—6月在福建沙埕港至浙江温州湾沿岸一带产卵；7月起又转

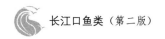

而北上至鱼山列岛附近海域，然后再沿近岸逐步向北至韩国济州岛方向移动。

［年龄与生长］据 1997—2000 年东海调查资料（郑元甲 等，2003），渔获物体长 73～205.1 mm，平均体长 157.9 mm，优势组体长 120～190 mm，占 86.57％；体重 11～232 g，平均体重 107.22 g，优势组体重 50～160 g，占 71.23％。体长和体重关系式为：$W = 9.975\,1 \times 10^{-6} L^{3.181\,7}$（$r = 0.965\,6$）。据记载，刺鲳的生长没有较明显的区域差异，满 1 龄的体长为 125～145 mm，2 龄为 175～190 mm，3 龄为 195～205 mm，4 龄为 210 mm 左右，正常的寿命为 4 龄左右（山田梅芳 等，1986）。

［食性］摄食水母、假磷虾、幼鱼、泥沙中的原生动物和少量底栖硅藻，桡足类及端足类偶有发现。

［繁殖］据记载，刺鲳的产卵期为 4—8 月；未满 1 龄的雌鱼很少能达到性成熟，基本从 3 龄开始才加入产卵群体，产卵场可能在浙江象山港以南的沿岸海域（山田梅芳 等，1986）。卵圆球形，彼此分离，浮性。卵膜较薄，无色透明，卵径为 0.92～1.05 mm，油球 1 个，油球径为 0.22～0.25 mm。

资源与利用　本种是南海、东海次要经济鱼类，是底拖网、流动张网和围罾网的兼捕对象。在我国东海区没有形成对刺鲳进行专业捕捞的渔业，只在拖网及流动张网和围罾网中偶尔兼捕，渔汛期为 9—12 月，盛渔期为 9—10 月。我国的渔业统计数据中仅有鲳类的统计数据，没有刺鲳的产量，估计东海区近年来刺鲳的年产量在（1.5～2.5）× 10^4 t，其中大部分为底拖网兼捕的渔获物。从近年来的资源调查结果和目前的生产情况看，刺鲳的资源状况正呈上升趋势，但仍应注意合理开发和利用这一非传统的新兴鱼种。

无齿鲳科 Ariommatidae

本科长江口 1 属。

无齿鲳属 *Ariomma* Jordan *et* Snyder，1904

本属长江口 1 种。

243. 印度无齿鲳 *Ariomma indicum*（Day，1871）

Cubiceps indicus Day，1871，Proc. Zool. London，1870：690（Madras，India）。

印度双鳍鲳 *Psenes indicus*：成庆泰等，1962，南海鱼类志：765，图 619（海南）；田明诚、沈友石、孙宝龄，1992，海洋科学集刊（第三十三集）：276（长江口近海区）。

印度无齿鲳 *Ariomma indica*：伍汉霖，1985，福建鱼类志（下卷）：426，图 661（东山等地）。

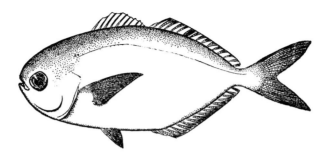

图 243　印度无齿鲳 *Ariomma indicum*（伍汉霖，1985）

英文名　Indian driftfish。

地方名　叉尾鲳。

主要形态特征　背鳍Ⅹ～Ⅻ，14～16；臀鳍Ⅲ-13～15；胸鳍 20；腹鳍Ⅰ-5；尾鳍 17。侧线鳞 41～44$\frac{5}{17}$。鳃耙 8～9+15～16。

体长为体高的 2.1～2.3 倍，为头长的 3.4～3.6 倍。头长为吻长的 4.2～4.9 倍，为眼径的 3.4～3.6 倍。

体呈卵圆形，甚侧扁，背面与腹面圆钝，背缘与腹缘浅弧形隆起，第二背鳍起点处体最高；尾柄短，侧扁，高稍大于长。头中大，侧扁而高，背缘圆凸，两侧平坦。吻短钝。眼中大，侧位，靠近头部前端。眼间隔宽，大于眼径。鼻孔每侧 2 个，紧邻，以一鼻瓣相隔，裂缝状，靠近吻端。口小，前位，稍倾斜。上下颌约等长。上颌骨部分为眶前骨遮盖，后缘扩大，伸达眼前缘下方。两颌各具 1 行排列稀疏的细齿；犁骨、腭骨及舌上均无齿。食道侧囊单个，长椭圆形。鳃孔中大。前鳃盖骨边缘光滑，鳃盖骨无棘。鳃盖膜分离，不与峡部相连。具假鳃。鳃耙细软，上生毛刺，最长鳃耙为眼径的 1/4。

体被细薄圆鳞，易脱落，头部无鳞。第二背鳍基底及臀鳍基底具鳞。侧线完全，上侧位，与背缘平行。

背鳍 2 个，分离；第一背鳍鳍棘弱，第二鳍棘最长，其余鳍棘向后依次渐短，鳍棘平卧时可完全折叠于背沟中；第二背鳍基底长，约为第一背鳍基底长的 2 倍，最长鳍条短于最长鳍棘。臀鳍与第二背鳍同形，相对，第三鳍棘最长。胸鳍中大，侧中位，向后伸达臀鳍起点的上方。腹鳍小，位于胸鳍后下方，可折叠于腹沟中。尾鳍深叉形。

体呈银灰色，背部色深，腹部色浅。各鳍色浅。

分布　分布于印度—太平洋区，由非洲南部至波斯湾，东至印度—马来区，北至日本。我国东海、南海和台湾海域有分布。长江口近海也有分布。

生物学特性　近海暖水性中下层鱼类。栖息于浅海、河口咸淡水沙泥质底海区。主

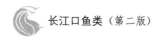

要以浮游动物为食。具昼夜垂直迁徙习性。

资源与利用　可食用，为我国台湾海域经济鱼类，年产量在 1 000～10 000 t。在长江口区极罕见，无捕捞经济价值。

鲳科 Stromateidae

本科长江口 1 属。

鲳属 *Pampus* Bonaparte，1834

本属长江口 2 种。

种 的 检 索 表

1（2）背鳍、臀鳍前部鳍条延长，伸越尾鳍基；头部后上方侧线管的横枕管丛和背分支丛后缘楔形，腹分支丛向后伸达胸鳍 2/3 处上方 ·················· 灰鲳 *P. cinereus*

2（1）背鳍、臀鳍前部鳍条稍延长，不达尾鳍基；头部后上方侧线管的横枕管丛和背分支丛后缘近截形，腹分支丛向后仅伸达胸鳍中部或后上方；两颌约等长；下鳃耙 8～10 ························ ····················· 北鲳 *P. punctatissimus*

244. 北鲳 *Pampus punctatissimus*（Temminck *et* Schlegel，1845）

Stromateus punctatissimus Temminck and Schlegel，1845，Pisces，Fauna Japonica Parts.，7～9：121，pl. 65（Nagasaki，Japan）。

Stromateoides argenteus：Folwer，1929，Proc. Acad. Nat. Sci. Philad.，81：596（上海）。

银鲳 *Stromateoides argenteus*：成庆泰，1955，黄渤海鱼类调查报告：195，图 124（辽宁、河北、山东）；成庆泰，1963，东海鱼类志：408，图 306（浙江，福建）；湖北省水生生物研究所鱼类研究室，1976，长江鱼类：210，图 178（崇明开港）。

银鲳 *Pampus argenteus*：倪勇，1990，上海鱼类志：336，图 211（崇明开港）。

翎鲳 *Pampus punctatissimus*：刘静、李春生、李显森，2002，海洋科学集刊（第四十四集）：235～239（上海等地）。

北鲳 *Pampus punctatissimus*：汤建华、伍汉霖，2006，江苏鱼类志：732，图 380（海州湾）；陈大刚、张美昭，2016，中国海洋鱼类（下卷）：1913。

英文名　silver pomfret。

地方名　车片鱼。

主要形态特征　背鳍Ⅹ-41～44；臀鳍Ⅶ～Ⅷ-41～43，胸鳍 22～24，尾鳍 17。鳃耙 5～6＋8～10。椎骨 34～35。

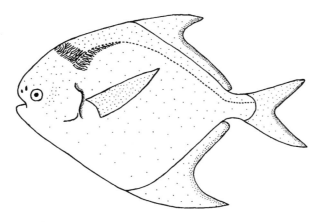

图 244　北鲳 *Pampus punctatissimus*（汤建华和伍汉霖，2006）

体长为体高的 1.4～1.5 倍，为头长的 3.8～4.9 倍。头长为吻长的 3.3～4.6 倍，为眼径的 3.3～4.2 倍，为眼间隔的 2.5～2.8 倍。尾柄长为尾柄高的 1.0～1.1 倍。

体呈卵圆形，甚侧扁，背面与腹面狭窄，背缘和腹缘弧形隆起，背鳍起点前体最高，由此向吻端倾斜，尾柄短，侧扁，高与宽约相等。头较小，侧扁而高，背面隆起，两侧平坦。吻短而圆钝，稍突出，等于或稍短于眼径。眼较小，侧位，靠近头部前端，距吻端较距鳃盖后上角近。眼间隔宽，隆起，约为眼径的 2 倍。鼻孔每侧 2 个，紧邻，均位于眼前上方；前鼻孔小，圆形，后鼻孔大，裂缝状。口小，亚前位，成鱼的口微近腹面。吻及上颌突出，长于下颌。上颌骨后缘伸达眼前缘下方。两颌各具细齿 1 行，齿 3 峰，排列紧密，犁骨、腭骨及舌上均无齿。食道侧囊 1 个，长椭圆形。鳃孔小。前鳃盖骨边缘不游离，鳃盖骨具软柔扁棘。鳃盖膜与峡部相连。鳃盖条 5。无假鳃。鳃耙细弱，排列稀疏。

体被细小圆鳞，易脱落，头部除吻及两颌裸露外，大部分被鳞。侧线完全，上侧位，与背缘平行。项部感觉管丛呈宽带状，侧线起点处具一尖长感觉管丛，腹分支丛沿侧线向后伸达胸鳍中部上方或后上方。

背鳍 1 个，鳍棘短，小戟状，幼鱼时明显，成鱼时埋于皮下，前方鳍条常延长，镰形，不伸达尾鳍基。臀鳍与背鳍同形，几相对，鳍棘小戟状，幼鱼时明显，成鱼时退化，埋于皮下，前方鳍条稍延长，镰形，不伸达尾鳍基。胸鳍大，向后伸达背鳍基底中部下方。无腹鳍。尾鳍深叉形，下叶较上叶长。

体背侧青灰色，腹部银白色，各鳍浅灰色。

分布　分布于印度—西太平洋区日本南部至中国东海。中国渤海、黄海和东海（台湾以北）海域均有分布。为长江口海域常见鱼类。

生物学特性

［习性］近海暖温性中下层鱼类。栖息于水深 30～70 m 的海域。喜在阴影中集群，早晨、黄昏时在水体的中上层。有季节洄游现象，冬季在外海深水区越冬，东海越冬场主

要有：济州岛邻近水域越冬场（32°00′—34°00′N、124°00′E以东，水深80～100 m海域）、东海北部外海越冬场（29°00′—32°00′N、125°30′—127°30′E，水深80～100 m海域）和温台外海越冬场（26°30′—28°30′N、122°30′—125°30′E，水深80～100 m海域）。1997—2000年调查发现，在东海北部近海的29°00′—32°00′N、125°30′E以西区域成为小个体北鲳相对集中的越冬场。每年春季，随水温的回升，各越冬场的鱼群按各自的洄游路线向近海做产卵洄游。其中东海北部外海的越冬鱼群，一般自4月开始，随暖流势力的增强向西—西北方向移动；4月上中旬，舟山渔场和长江口渔场鱼群明显增多，此后鱼群迅速向近岸靠拢，分别进入大戢洋和江苏近海产卵（郑元甲 等，2003）。

［年龄与生长］据郑元甲等（2003）东海调查资料，渔获物体长31～311 mm，平均体长147.8 mm，优势组体长100～180 mm，占79.86%；体重11～100 g，平均体重101.41 g，优势组体重20～140 g，占78.41%。体长和体重关系式为：$W = 1.834\,8 \times 10^{-5} L^{3.083\,3}$（$r = 0.984\,4$）。

［摄食］成鱼摄食水母、底栖动物和小鱼，幼鱼主要摄食小鱼、箭虫、桡足类等。

［繁殖］一般在近海岸岩礁、沙滩水深10～20 m的水域产卵，产卵场水温在14～22 ℃，盐度在26～31。主要产卵场有：江苏的吕泗洋；杭州湾外的大戢洋；浙江的岱衢洋、大目洋和瓯江口外的温州近海；福建闽东渔场的四礵列岛、嵛山、七星一带。吕泗洋、大戢洋和浙江沿海的产卵期在5月初至6月中旬，产卵盛期在5月中下旬。福建闽东渔场产卵期在3—6月，盛期在4月。北鲳个体之间的怀卵量差异可达10倍以上，东海群体平均绝对怀卵量为13万粒，其平均怀卵量虽然不少，但排卵量却较少，平均残存卵数为38 680粒，可见其个体繁殖力是不高的。卵圆球形，彼此分离，浮性，卵径1.2～1.6 mm，油球1个，油球径0.53～0.59 mm。初孵仔鱼全长2.75 mm。

资源与利用 属暖水性中上层集群性经济鱼类，是流刺网专捕对象，也是定置网、底拖网、张网和围罾网的兼捕对象。历史上鲳类多为兼捕对象，产量不高，20世纪60年代以前为东海区集体渔业（包括对拖网、张网和流刺网等）和国有企业（机轮拖网）渔业的兼捕对象，年产量只有（0.3～0.5）×10⁴ t。20世纪60年代以后，由于大黄鱼、小黄鱼相继衰退，北鲳资源得到进一步开发利用。1970年以后，随着北鲳流刺网作业的推广和应用，北鲳逐渐成为专业捕捞对象，产量开始迅速上升。20世纪80年代后，北鲳流刺网作业逐渐被张网作业替代，产量也进一步上升。进入20世纪90年代后，从1991年到2000年，除1992年的产量有所下降外，其他年份均呈上升趋势，2000年东海区鲳类产量又创出了历史新高，达22.5×10⁴ t。

近20年来，东海区鲳类的年海洋捕捞产量虽然呈连续上升的趋势，但其资源状况却并不容乐观，从1997—2000年调查及日常监测的结果来看，鲳类的年龄、长度组成、性成熟等生物学指标均逐渐趋小，一方面说明其补充群体的捕捞量明显过度，另一方面说明鲳类已处于生长型过度捕捞，如不有效控制捕捞力度，其资源必将被进一步破坏，进而使东海区这一经济价值较高的传统经济鱼类无法得到持续利用。

中国水产科学研究院东海水产研究所 2004 年开始研究北鲪全人工繁育技术，于 2007 年突破了人工育苗，2008 年实现子一代、子二代人工繁殖，2016 年实现子三代人工繁殖，年育苗规模达数十万尾，人工养殖的北鲪达到 150～300 g 的商品规格。北鲪人工繁养技术的突破为保护和开发北鲪这一长江口优良养殖品种、保护其天然资源奠定了基础。

攀鲈亚目 Anabantoidei

本亚目长江口 1 科。

丝足鲈科 Osphronemidae

本科长江口 1 亚科。

斗鱼亚科 Macropodusinae

本亚科长江口 1 属。

斗鱼属 *Macropodus* Lacepède，1801

本属长江口 1 种。

245. 眼斑斗鱼 *Macropodus ocellatus* Cantor，1842

Macropodus ocellatus Cantor，1842，Ann. Mag. Nat. Hist.，9（60）：484（Zhoushan Island，China）。

Polycanthus opercularis：Günther，1873，Ann. Mag. Nat，Hist.，12：243（上海）。

Pseudosphromenus opercularis：Bleeker，1879，Verh. Akad. Amst.，18（1878）：2（上海）。

Macropodus opercularis：Nichols，1928，Bull. Am. Mus. Nat. Hist.，58（1）：50（上海）；Kimura，1934，J. Shanghai Sci. Iust.，（3）1：190（上海，苏州，南京，九江，重庆，成都）。

Macropodus chinensis：Kimura，1935，J. Shanghai Sci. Inst.，（3）3：115（崇明）；Nichols，1943，Nat. Hist. Centr. Asia.，9：241（上海，宁波，河北）。

圆尾斗鱼 *Macropodus chinensis*：湖北省水生生物研究所鱼类研究室，1976，长江鱼类志：210，图 188（南京，鄱阳湖等）；倪勇，1990，上海鱼类志：339，图 213（崇明，宝山，南汇等各郊县）；严小梅、朱成德，2006，江苏鱼类志：735，图 381（海门等地）。

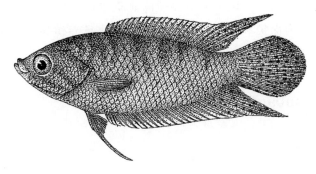

图 245　眼斑斗鱼 *Macropodus ocellatus*

英文名　round tailed paradisefish。

地方名　斗鱼、红眼鳞鲏。

主要形态特征　背鳍 XII ～ XIX - 5～9；臀鳍 XV ～ XX - 7～15；胸鳍 9～12；腹鳍 I - 5。纵列鳞 26～31，横列鳞 12。

体长为体高的 2.6～3.0 倍，为头长的 3.0～3.2 倍。头长为吻长的 3.9～4.1 倍，为眼径的 3.6～4.0 倍，为眼间隔的 3.4～3.6 倍。

体呈长椭圆形，侧扁，背腹缘广弧形。头中大，侧扁。吻短，尖突。眼大，侧上位。眶前骨下缘前半部游离，具不明显弱锯齿，后半部为眶下区皮肤遮盖。眼间距较宽，隆起。口小，上位，斜裂。下颌稍突出。上下颌均具细齿，犁骨和腭骨无齿。鳃孔较狭。前鳃盖骨下缘及下鳃盖骨边缘具细锯齿。左右鳃盖膜相连，与峡部分离。鳃腔上方具一宽大上鳃腔，第一鳃弓的上鳃骨骨片旋入，扩大成一球状鳃上副呼吸器。

体被中大栉鳞，头部被圆鳞。背鳍基和臀鳍基的后半部具鳞鞘。侧线退化，不明显。

背鳍 1 个，鳍棘部与鳍条部相连，始于胸鳍基底后上方。臀鳍与背鳍同形，起点几相对，末端仅以一低膜与尾鳍相连。胸鳍小，圆形，侧下位。腹鳍胸位，第一分支鳍条呈丝状延长。尾鳍圆形。

体呈棕褐色。体侧具 10 条以上蓝色横带，吻端至眼下及眼后至鳃盖各具一色暗的斜带。鳃盖后缘具一蓝色圆斑。背鳍、臀鳍、尾鳍和腹鳍微红色，有绿色细点。胸鳍色淡。雄鱼体色更鲜艳。

分布　分布于中国、日本和朝鲜半岛。中国黑龙江至珠江间的黄河、淮河和长江水系均有分布。在长江河口三角洲内河、湖泊中较常见。

生物学特性　小型淡水鱼类。喜栖息于江河支流、小溪、河沟、池塘、稻田等缓流或静水环境。摄食浮游动物、水生昆虫及其幼体等，也摄食丝状藻类。产卵期为 5—6 月。

资源与利用　个体小，数量少，食用价值不高。可供观赏。

【在我国的鱼类学文献中，本种的学名为圆尾斗鱼［*Macropodus chinensis*（Bloch，1790）］，其典型特征为尾鳍圆形，另一种广泛分布于我国的叉尾斗鱼［*Macropodus opercularis*（Linnaeus，1758）］的尾鳍叉形；以长江为南北分界线，圆尾斗鱼主要分布于长江以北，叉尾斗鱼分布在长江以南，在长江流域其分布区有一定重叠。但在国内以往的文献中两种之间的关系十分混乱，如在《上海鱼类志》和《江苏鱼类志》中，*M. opercularis* 作为 *M. chinensis* 的同物异名，《珠江鱼类志》中 *M. chinensis* 作为 *M. opercularis* 的同物异名，而在《福建鱼类志》（下卷）和《广西淡水鱼类志》（第二版）中两种均为有效种，对该种的鉴定造成了非常大的困扰。近年来的研究结果均证实，*M. chinensis* 是 *M. opercularis* 的次定同物异名；分布于我国且具有尾鳍圆形这一典型特征的应为 *Macropodus ocellatus* Cantor，1842（Papke，1990；Freyhof and Herder，2002；Winstanley and Clements，2008），其模式种产地为浙江舟山。本书据此将本种学名修订为眼斑斗鱼（*Macropodus ocellatus* Cantor，1842）。】

鳢亚目 Channoidei

本亚目长江口 1 科。

鳢科 Channidae

本科长江口 1 属。

鳢属 *Channa* Scopoli，1777

本属长江口 2 种。

种 的 检 索 表

1（2）具腹鳍 ···································· 乌鳢 *C. argus*

2（1）无腹鳍 ···································· 月鳢 *C. asiatica*

246. 乌鳢 *Channa argus*（Cantor，1842）

Ophiocephalus argus Cantor，1842，Ann. Mag. Nat. Hist.，9：484（Zhoushan Island，China）；Kner，1865，Wien. Zool. Theil. Fische，1～3 Abth.：235（上海）；Bleeker，1873，Tijd. Dierk，4：127（上海）；Martens，1876，Zool. Theil. Berlin，1（2）：395（上海）；Evermann and Shaw，1927，Proc. Calif. Acaad. Sci.，（4）16：113（上海）；Tchang，1929，Science，14（3）：405（江阴，太湖，镇江等）；Kimura，

1935，J. Shanghai Sci. Inst.，（3）3：116（崇明）；Tortonese，1937，Bull. Mus. Zool Anat. Comp. Univ. Torino，47：279（上海，香港，天津）。

Ophiocephalus striatus：Kner，1865，Wien. Zool. Theil. Fische，1～2 Abth.：234〔上海（地点可疑）〕。

Ophiocephalus lucius：Bleeker，1879，Verh. Akad. Amst.，18（1878）：2（上海）。

Ophiocephalus pekinensis：Jorden and Seale，1905，Proc. U. S. Nat. Mus.，29：523（上海）。

乌鳢 *Ophiocephalus argus*：湖北省水生生物研究所鱼类研究室，1976，长江鱼类：211，图 190（崇明，南京，九江等）。

乌鳢 *Channa argus*：张列士，1990，上海鱼类志：341，图 214（崇明，宝山，川沙，南汇，奉贤，金山，嘉定，青浦，莘庄）；严小梅、朱成德，2006，江苏鱼类志：737，图 382（海门等地）。

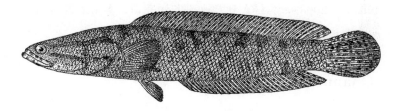

图 246　乌鳢 *Channa argus*

英文名　snakehead。

地方名　黑鱼。

主要形态特征　背鳍 49～50；臀鳍 32～33；胸鳍 17～18；腹鳍 6。侧线鳞 65～69。鳃耙 12～13。

体长为体高的 5.0～5.8 倍，为头长的 3.0～3.3 倍。头长为吻长的 4.7～5.9 倍，为眼径的 6.2～7.5 倍，为眼间隔的 5.2～6.3 倍。尾柄长为尾柄高的 0.6～0.7 倍。

体延长，前端圆筒形，后部侧扁，尾柄短。头长，前部平扁，后部隆起。吻短，圆钝。眼小，侧上位，近于吻端。口大，前位，斜裂。下颌稍突出。上颌骨后端伸越眼后缘下方。上下颌、犁骨和腭骨均具绒毛状齿带，下颌两侧齿尖大，犬齿状。鳃孔大，左右鳃盖膜连合，不与峡部相连。具鳃上器，由第一鳃弓的上鳃骨和舌颌骨各一部分扩展而成。

头体均被圆鳞。侧线平直，在肛门上方下折 1～2 鳞，后延伸达尾鳍基。

各鳍无棘。背鳍 1 个，基底长，始于胸鳍基稍后上方，后延伸几达尾鳍。臀鳍基底较长，始于背鳍第十四、第十五鳍条基部下方。胸鳍宽圆。具腹鳍，始于背鳍起点稍后下方。尾鳍圆形。

体呈灰黑色，腹部色浅。体侧具许多不规则黑斑。头部眼后至鳃盖有 2 条黑色纵带。背鳍、臀鳍和尾鳍色暗，具黑色细纹。胸鳍和腹鳍浅黄色，胸鳍基部有一黑点。

分布　分布于印度、东南亚至俄罗斯远东地区。我国各大水系均产。在长江三角洲内河和湖泊中为常见淡水鱼类。

生物学特性

[习性和食性] 乌鳢为肉食性底层鱼类，一般生活在江河湖泊、沟港、水库和沼泽等各种淡水水体的静水区域或有微流水的水草区，常潜伏于水深 1 m 的水底。性凶猛。其食物组成随生长改变。一般在体长 30 mm 以下时以桡足类和枝角类为食；体长 30～80 mm 的幼鱼以水生昆虫、小虾、蝌蚪和小鱼为食；体长 200 mm 以上成鱼，则主食鱼类、青蛙和虾类，如鳑鲏、麦穗鱼、鲫、鳘、泥鳅等。体重 500 g 以上的个体能捕食体重100～150 g 的其他鱼类。摄食方式有伏击式和掠捕式。春、夏、秋三季摄食强烈，冬季和繁殖季节基本停食。乌鳢生命力强，对水质、水温和环境适应性强。在其他鱼类难以生存的水域环境，乌鳢也能生活，因有"鳃上器"，能耐低氧，在少水或无水时，只要其鳃部和皮肤有一定湿度，仍可存活较长时间，如气温 7 ℃时可存活 5～6 d。适应温度范围广，能耐高温和低温，在水温 0～41 ℃都能生存。冬季可埋于泥中过冬。乌鳢在淡水和咸水中、在 pH 3.1～9.6 的酸性和碱性水域中均能生存。

[年龄与生长] 乌鳢的生长速度较快。在自然条件下，各龄鱼体长和体重一般为：1 冬龄鱼 200～400 mm，100～250 g；2 冬龄鱼 400～500 mm，600～1 400 g；3 冬龄鱼 450～600 mm，1 450～2 000 g。最大个体可达 5 kg。在人工饲养条件下，当年鱼可长到 200～400 g，翌年重达 800～1 500 g。乌鳢的生长速度与水温、食物数量和水体生态条件有关。水温在 20～25 ℃时生长较快，水温在 25～28 ℃时生长最快。在长江流域，每年 5—7 月、9—10 月是乌鳢生长的旺盛期。水温下降，生长渐慢，水温降至 15 ℃以下时，逐渐停止摄食和生长，冬季几乎停止生长。到翌年春季水温回升到 15 ℃以上时，又开始摄食和生长。

[繁殖] 性成熟年龄因地而异。在长江口地区体长 300 mm 的 2 龄鱼性成熟，繁殖季节为 5—7 月，产卵盛期为 5 月下旬至 6 月中旬。一般在黎明前产卵。产卵场条件：水体近岸水草繁茂的场所，底质为淤泥；静水避风的浅水区，水深 0.2～1.0 m。最适水温为 20～25 ℃；产卵日在无风雨的晴天。怀卵量随年龄、体长和体重增加而增加，一般为 1 万～3 万粒，最多达 5 万～6 万粒。怀卵量 2 龄鱼少，3 龄鱼和 4 龄鱼相近，均在 2 万粒左右。亲鱼有营巢护幼习性。产卵前 1 周左右，亲鱼（一雌一雄）在水浅、避风浪、无急流的水草茂盛的区域开始筑巢，用口采集产卵场周围的水草，在水深 20～35 cm 处筑成直径 32～50 cm 的巢。巢的作用是求偶、产卵、受精、孵化，防止受精卵流失。产卵后，雌雄亲鱼或仅雄鱼，潜伏在巢的下面或在附近巡游，进行护卵和护幼，直至幼鱼长至 40～60 mm 能独立生活后为止。

[人工养殖现状] 我国养殖乌鳢有 100 多年的历史，最初只是捞取野生苗种养殖，因而产量很低。20 世纪 60 年代初期进行了食性、生长等生物学研究和人工繁殖试验，并取得初步成功。由于当时对乌鳢认识有限，普遍视乌鳢为池塘养殖的害鱼而加以捕杀和清

除，从而也影响了乌鳢的繁殖试验研究。20世纪70年代后，由于围湖造田和大量使用传统农药、化肥等，导致乌鳢的生态环境遭到破坏，自然资源产量急剧下降，导致乌鳢的产量远不能满足国内市场和外贸出口的需求，市场价格也随之倍增。直到20世纪80年代末、90年代初，由于生活水平的提高，人们对乌鳢才有了新的认识和需求，各地继而开展了人工繁殖、人工养殖、饲料的试验研究，并取得了较大的进展和成绩，从而为乌鳢的人工养殖发展积累了丰富的实践经验。

资源与利用　本种为名贵经济鱼类，素有"鱼中珍品"之称，其养殖发展前景广阔。由于乌鳢的生存环境遭到破坏，自然资源锐减，而人工养殖又受到苗种、饲料等制约，因而乌鳢的人工养殖发展较为缓慢。随着人们生活水平的提高和科学技术的发展，乌鳢的人工养殖及其产品的深精加工前景可观。

鲽形目 Pleuronectiformes

本目长江口1亚目。

鲽亚目 Pleuronectoidei

本亚目长江口5科。

科 的 检 索 表

1（6）前鳃盖骨后缘常游离；无眼侧鼻孔近头背缘，左右不对称；口前位，下颌稍突出；具胸鳍

2（3）两眼位于头右侧；颌齿常不尖细；胸鳍有分支鳍条；背鳍始于眼上方或吻部……………………………………………………………………………………………… 鲽科 Pleuronectidae

3（2）两眼位于头左侧；颌齿尖锐或细尖

4（5）背鳍始于眼上方或前方；偶鳍有分支鳍条；腹鳍甚短，近似对称，距鳃峡大于腹鳍基长；两侧侧线各1条；上眼较下眼位前 …………………………………… 牙鲆科 Paralichthyidae

5（4）背鳍始于吻部；偶鳍无分支鳍条；有眼侧腹鳍基较长，距鳃峡小于腹鳍基长；常仅有眼侧具侧线；上眼较下眼位后 ………………………………………………… 鲆科 Bothidae

6（1）前鳃盖骨后缘不游离，埋于皮下；无眼侧鼻孔位较低，左右近似对称；口前位或下位；胸鳍不发达或无

7（8）眼位于头右侧；有或无胸鳍；两侧有腹鳍 ……………………………………… 鳎科 Soleidae

8（7）眼位于头左侧；无胸鳍；无眼侧无腹鳍 ……………………………… 舌鳎科 Cynoglossidae

牙鲆科 Paralichthyidae

本科长江口2属。

属 的 检 索 表

1（2）两颌齿为大犬齿状；背鳍、臀鳍后部鳍条分支；侧线颞上支无或很短 …… 牙鲆属 *Paralichthys*

2（1）两颌齿不为大犬齿状；背鳍、臀鳍鳍条均不分支；侧线颞上支伸达背鳍基前部附近；侧线鳞58～
100；鳃耙有小刺 ……………………………………………………… 斑鲆属 *Pseudorhombus*

牙鲆属 *Paralichthys* Girard，1858

本属长江口 1 种。

247. 牙鲆 *Paralichthys olivaceus*（**Temminck** *et* **Schlegel**，1846）

Hippoglossus olivaceus Temminck and Schlegel，1846，Pisces，Fauna Japonica
Parts.，10～14：184，pl. 94（Nagasaki，Japan）。

牙鲆 *Paralichthys olivaceus*：郑葆珊，1955，黄渤海鱼类调查报告：276，图 172
（辽宁，河北，山东）；郑葆珊，1962，南海鱼类志：954，图 742（广东）；张春霖、王文
滨，1963，东海鱼类志：511，图 379（江苏南部，福建）；许成玉，1990，上海鱼类志：
357，图 226（长江口近海）。

褐牙鲆 *Paralichthys olivaceus*：李思忠、王惠民，1995，中国动物志·硬骨鱼纲 鲽形目：
117，图Ⅱ-6-1（河北，山东，福建）；倪勇、伍汉霖，2006，江苏鱼类志：803，图 419，彩图
59（海州湾，连云港，吕四）。

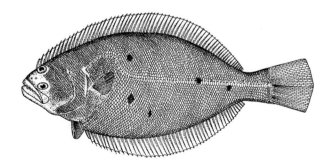

图 247　牙鲆 *Paralichthys olivaceus*（郑葆珊，1955）

英文名　bastard halibut。

地方名　比目鱼、偏口。

主要形态特征　背鳍79；臀鳍60；胸鳍12；腹鳍6；尾鳍17。侧线鳞124。鳃耙5＋15。

体长为体高的 2.3 倍，为头长的 3.7 倍。头长为吻长的 3.9 倍，为眼径的 8.4 倍，为
眼间隔的 7.6 倍。

体呈长圆形，侧扁。头中大，背缘斜；腹缘在下颌后端呈钝角状，前方斜直。吻较
长，短三角形。两眼均位于头左侧，上眼近头背缘。眼间隔宽而平坦。有眼侧 2 鼻孔位于

眼间隔正中的前方，前鼻孔后缘有一狭长鼻瓣；无眼侧2鼻孔在背鳍起点前方，前鼻孔也有一狭长鼻瓣。口大，前位，左右对称。上颌骨后端伸达眼后下方。齿大而尖锐，锥状，上下颌各具齿1行，左右侧同等发达，前部各齿强大呈犬齿状；犁骨及腭骨均无齿。前鳃盖骨边缘游离。鳃孔狭长。鳃盖膜愈合，不与峡部相连。鳃耙细长而扁，内缘有小刺。

有眼侧被小栉鳞，无眼侧被圆鳞。奇鳍均被小鳞。左右侧线均发达，在胸鳍上方呈弓形弯曲，前方无明显的颞上支。

背鳍起点偏在无眼侧，约在眼前缘上方。臀鳍起点约在胸鳍基底后端下方或略前。有眼侧胸鳍较大。左右腹鳍基底短，略对称。尾鳍后缘双截形。

有眼侧灰褐色或暗褐色，在侧线直线部中央及前端上下各有一约等于瞳孔的亮黑斑，其他各处散有色暗的环纹或斑点。背鳍、臀鳍和尾鳍均有色暗的斑纹，胸鳍由黄褐色点列或横条纹。无眼侧白色。各鳍淡黄色。

分布　分布于西太平洋区中国、朝鲜、日本和俄罗斯等海域。中国除台湾外，自珠江口到鸭绿江口外附近海域均产，以黄海和渤海最为常见。长江口近海亦有分布。

生物学特性

[习性] 暖温性底层鱼类。常栖息于泥沙、沙石或岩礁质底，水深20～50 m和潮流较为畅通的沿岸水域，具有潜伏习性，白天常潜伏在泥沙中不大活动，夜间出来觅食。幼鱼多栖息在水深10 m以上，有机质少，易形成涡流的河口地带育肥，当秋季水温下降，逐步向较深海域移动，一般在9—10月移向水深50 m以深外海，11—12月向南移至水深90 m或更深海区越冬，春季游回近岸水深30～70 m浅海海产卵。成鱼生长适温为13～24 ℃，最适温度为21 ℃。在黄海和渤海及东海有两大群体。北群1—2月越冬区位于33°30′—37°30′ N、122°30′—124°00′ E海区，水深50～80 m，底层水温6～11 ℃，底质为黏土软泥、粉沙质黏土软泥和部分细粉沙质的海区，鱼群较密；3月北移，4月到海洋岛南部，沿5～6 ℃等温线进入渤海海峡，开始生殖洄游；5月一群到辽东半岛东南浅海去鸭绿江口外产卵场，另一群经渤海中部和辽东半岛西部浅海去滦河口外产卵，另有少量去山东半岛南部及连云港外产卵，还有部分去朝鲜西岸产卵，生殖鱼群分布水深为15～25 m，底层水温为10～13 ℃；6月产卵后鱼群分散索饵，10月渤海索饵鱼群部分到达渤海海峡，12月成山头至海洋岛南部遍布鱼群，部分鱼群游往石岛东南近海，渐返越冬场。南群1—2月越冬区位于东海中部，即27°00′—27°30′ N、121°30′—122°30′ E，水深40～80 m的海区；3—4月在浙、闽近海产卵，4—5月稍南下，7—9月随暖流北移后又游向东北，渐游往越冬场（李思忠和王慧民，1995）。

[年龄与生长] 多年生鱼类，自然海域可达13龄。体型较大，体长一般为250～300 mm，大者可达800 mm。最小性成熟体长约为480 mm（5龄）。黄海和渤海群体年龄为1～8龄，以1～2龄占优势，体长为110～680 mm，优势组为180～220 mm，体重为

35~6 200 g，优势组为 100~175 g。野生鱼群 1 龄平均生长量为 292 g，2~11 龄生长量为292~801 g，平均生长量为 509 g。4—11 月生长最快，月平均生长量为 52 g。

［食性］凶猛肉食性鱼类。成鱼主要捕食大型甲壳类、贝类、头足类和鱼类，稚鱼和幼鱼则以桡足类、端足类等为食。胶州湾及其近海以小鱼为主，全年出现率占 75％以上。被捕食的鱼类达 13 科 30 余种，其中虾虎鱼最多，鲱科、鳀科、石首鱼科等鱼类次之。其他食物组成中虾类占 12.1％，蟹类占 5.6％，头足类占 5.0％。稚鱼至幼鱼以摄食桡足类、糠虾类、端足类和十足类等为主。

［繁殖］产卵期为 3—6 月，南部海域较早，北部较迟，孵化最适水温 15~20 ℃。体长 500 mm 亲体怀卵量约 50 万粒。受精卵在 20 ℃左右，约经 48 h 孵出。卵圆球形，彼此分离，浮性，卵膜薄而光滑，无色透明，油球 1 个。

资源与利用　牙鲆是我国重要海洋经济鱼类之一，历史年产量曾达 2 000 t，日本以西底拖网年捕捞产量为 1 500~2 500 t。牙鲆不仅是黄海重要捕捞对象，也是重要的海水增养殖鱼类，捕捞工具有拖网、定置网和延绳钓等。近年来，由于捕捞强度过大，资源呈衰退趋势，20 世纪 80 年代初开始增殖放流成功，但仍应对其资源加强保护，并加大增殖放流的力度。

斑鲆属 *Pseudorhombus* Bleeker，1862

本属长江口 2 种。

种 的 检 索 表

1（2）齿大而稀，右下颌齿 8~12 枚；第一间脉棘部不突出；体具许多环纹及小黑点；头长为上颌长
　　的 2.4~2.8 倍 ·· 大齿斑鲆 *P. arsius*
2（1）齿小而密，右下颌齿 22~26 枚；第一间脉棘部突出；侧线直线部前端稍后有一黑斑，斑周乳白
　　色小点状 ·· 桂皮斑鲆 *P. cinnamoneus*

248. 桂皮斑鲆 *Pseudorhombus cinnamoneus*（**Temminck** *et* **Schlegel，1846**）

Rhombus cinnamoneus Temminck and Schlegel，1846，Pisces，Fauna Japonica Parts.，10~14：180，pl. 93（Bays of Japan）。

桂皮斑鲆 *Pseudorhombus cinnamoneus*：郑葆珊，1955，黄渤海鱼类调查报告：276，图 172（山东）；郑葆珊，1962，南海鱼类志：965，图 751（广东汕尾）；张春霖、王文滨，1963，东海鱼类志：513，图 381（嵊泗外海等地）；许成玉，1990，上海鱼类志：358，图 227（长江口近海区）；李思忠、王惠民，1995，中国动物志·硬骨鱼纲 鲽形目：143，图Ⅱ - 17 - 1（山东，福建，广东）；倪勇、伍汉霖，2006，江苏鱼类志：805，图 420（海州湾，连云港）。

英文名　cinnamon flounder。

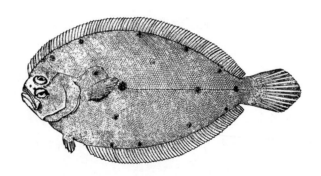

图248　桂皮斑鲆 *Pseudorhombus cinnamoneus*（郑葆珊，1955）

地方名　比目鱼、偏口。

主要形态特征　背鳍 83～84；臀鳍 64～66；胸鳍 10～13（有眼侧），11（无眼侧）；腹鳍 6；尾鳍 17。侧线鳞 82～87。鳃耙 4～5＋10～11。

体长为体高的 2.0～2.1 倍，为头长的 4.0～4.2 倍。头长为吻长的 3.9～4.5 倍，为眼径的 4.1～4.4 倍，为眼间隔的 25～28 倍。

体呈长卵圆形，尾柄高。头中大。吻略短。两眼均位于头左侧，上眼不接近头背缘。眼间隔窄。有眼侧 2 鼻孔位于眼间隔前方，前鼻孔后缘有一狭长鼻瓣；无眼侧 2 鼻孔接近头背缘。口大，前位，左右对称。上颌骨后端伸达眼瞳孔下方。齿小而尖锐，上下颌各 1 行，左右侧同等发达。前鳃盖骨边缘游离。鳃耙扁，短于鳃丝。肛门偏于无眼侧。

有眼侧被栉鳞，无眼侧被圆鳞。奇鳍均被小鳞。左右侧线均发达，在胸鳍上方呈弓形弯曲，有颞上支。背鳍始于无眼侧前鼻孔上方。臀鳍始于胸鳍基底后缘下方。有眼侧胸鳍较大。左右腹鳍对称。尾鳍钝尖。

有眼侧暗褐色，具若干色暗的圆斑，侧线直线部起点附近有一略大色暗的眼斑。奇鳍上具黑褐色小斑。

分布　分布于西太平洋区中国、朝鲜半岛和日本海域。中国渤海、黄海、东海、南海北部和台湾海域均有分布。长江口近海亦有分布。

生物学特性　暖温性中型底层鱼类。栖息于泥质底海域。主要以蟹类、虾类及小鱼等底栖动物等为食。卵浮性，卵径 0.77～0.85 mm，有 1 个 0.12～0.13 mm 的油球。水温 20～22 ℃时自囊胚期到孵化需 26 h。初孵仔鱼全长 1.8～2.0 mm，肌节 14＋23～25 个。做近距离的越冬、生殖和索饵洄游，在黄海有 2 群，越冬场为水深 50～80 m，底层水温 7～9 ℃，底质为黏土质软泥海区。4 月后向浅海洄游，北群主要到辽东半岛东南及渤海内，5 月初开始产卵；南群到山东半岛南及连云港等沿岸产卵。产卵后分散索饵于水温为 9～20 ℃的海区。10—11 月渐返回越冬场。中型鱼类，一般体长 180～240 mm，大者达 300 mm。

资源与利用　有食用价值，为黄海和渤海底拖网兼捕对象。长江口近海数量较少，无捕捞经济价值。

鲽科 Pleuronectidae

本科长江口 3 亚科。

亚科的检索表

1 （4） 口大或中等，有眼侧上颌长大于头长的 1/3；两侧两颌齿相似

2 （3） 上颌齿 2 行 ·· 虫鲽亚科 Eopsettinae

3 （2） 上颌齿 1 行 ·· 拟庸鲽亚科 Hippoglossoidinae

4 （1） 口小，有眼侧上颌长小于头长的 1/3；无眼侧两颌齿发达 ············· 鲽亚科 Pleuronectinae

虫鲽亚科 Eopsettinae

本亚科长江口 1 属。

虫鲽属 *Eopsetta* Jordan *et* Goss，1885

本属长江口 1 种。

249. 格氏虫鲽 *Eopsetta grigorjewi* （Herzenstein，1890）

Hippoglossus grigorjewi Herzenstein，1890，Bull. Acad. Sci. St. － Pétersb.，13：134 (Hakodate, Hokkaido, Japan)。

虫鲽 *Eopsetta grigorjewi*：郑葆珊，1955，黄渤海鱼类调查报告：281，图 174 （山东）；张春霖、王文滨，1963，东海鱼类志：513，图 381 （江苏，浙江）；许成玉，1990，上海鱼类志：360，图 228 （长江口佘山洋及其近海区）；李思忠、王惠民，1995，中国动物志·硬骨鱼纲 鲽形目：229，图 Ⅱ-51-1 （上海等地）；倪勇、伍汉霖，2006，江苏鱼类志：811，图 424 （连云港，吕四，黄海南部）。

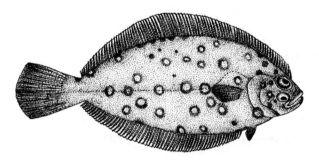

图 249　格氏虫鲽 *Eopsetta grigorjewi* （郑葆珊，1955）

英文名 shotted halibut。

地方名 沙板、比目鱼、偏口。

主要形态特征 背鳍 87～93；臀鳍 69～74；胸鳍 11（有眼侧）；腹鳍 6；尾鳍 16～19。侧线鳞 88～98。鳃耙 6～7+16～18。

体长为体高的 2.3～2.8 倍，为头长的 3.8～4.3 倍。头长为吻长的 5.3～6.4 倍，为眼径的 3.7～4.9 倍，为眼间隔的 13.8～19.7 倍。

体呈长扁圆形，尾柄短高。头颇短，背缘在上眼前上方有一浅凹刻。吻短钝。两眼均位于头右侧，上眼紧邻头背缘。眼间隔颇窄，稍凸起。有眼侧 2 鼻孔位于眼间隔正中前方，相距颇近，前鼻孔有短管，管的尖端有短丝；无眼侧 2 鼻孔位高。口大，前位，弧形，左右对称。上下颌约等长或下颌稍突出。齿小而尖锐，左右侧皆同样发达；上颌齿 2 行，外行的前部齿呈犬齿状，下颌齿 1 行。舌很短窄。鳃孔大，峡部甚窄。肛门约位于腹缘正中线上。

鳞颇小，有眼侧被弱栉鳞，无眼侧被圆鳞。除胸鳍外，各鳍鳍条均被小鳞。左右侧线同等发达，在胸鳍上方呈弓形弯曲，无颞上支。

背鳍始于头背缘凹处，鳍条不分支。臀鳍始于胸鳍基底下方，除后部数条外均不分支。有眼侧的胸鳍较长。左右腹鳍略对称。尾鳍后缘呈圆形或双截形。

有眼侧体呈淡暗褐色，具大小不等暗褐色环纹，最大环纹不大于眼径，体中部上下 3 对最大。鳍灰黄色，奇鳍有黑褐色斑点。无眼侧体呈白色，鳍淡黄色。

分布 分布于西北太平洋区中国、日本和朝鲜半岛海域。中国渤海、黄海、东海和台湾海域均有分布。长江口近海也有分布。

生物学特性 冷温性中大型底层鱼类。栖息于水深 200 m 以浅的沙泥质底海域。以乌贼、蚝等底栖无脊椎动物为食，体长 100 mm 以下个体以小型甲壳类为食。在黄海产卵期为 2—3 月。卵浮性，卵径 1.0～1.1 mm，水温 13 ℃时约 100 h 孵化，初孵仔鱼全长 2.8～3.0 mm。冬末春初在水深 50～60 m，底层水温 8～9 ℃，底质为细粉沙和粉沙质黏土软泥海区越冬。6—8 月在渤海南部有零星索饵鱼群。秋末自黄海北部向黄海南部逐渐移动。中大型鱼类，体长一般 200～300 mm，大者达 400 mm 以上。

资源与利用 肉嫩味美，为上等食用鱼。我国东海、黄海底拖网兼捕对象。长江口近海数量较少，无捕捞经济价值。

拟庸鲽亚科 Hippoglossoidinae

本亚科长江口 1 属。

高眼鲽属 *Cleisthenes* Jordan *et* Starks，1904

本属长江口 1 种。

250. 赫氏高眼鲽 *Cleisthenes herzensteini*（Schmidt，1904）

Hippoglossoides herzensteini Schmidt，1904，Pisces Mar. Orient.：229（Mauka，western Sakhalin Island；Peter the Great Bay）。

高眼鲽 *Cleisthenes herzensteini*：郑葆珊，1955，黄渤海鱼类调查报告：279，图 173（辽宁，山东等）；张春霖、王文滨，1963，东海鱼类志：522，图 389（江苏大沙外海）；李思忠、王慧民，1995，中国动物志·硬骨鱼纲 鲽形目：225，图Ⅱ-57-1（大连，青岛）；倪勇、伍汉霖，2006，江苏鱼类志：808，图 422（连云港，黄海南部）。

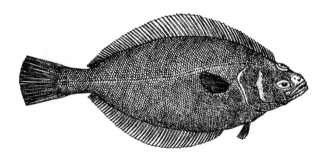

图 250　赫氏高眼鲽 *Cleisthenes herzensteini*（郑葆珊，1955）

英文名　point-head flounder flounder。

地方名　高眼、长脖。

主要形态特征　背鳍 72～73；臀鳍 56～57；胸鳍 11～12；腹鳍 6；尾鳍 16～18。侧线鳞 78～80。鳃耙 6～7＋18～20。

体长为体高的 2.4～2.6 倍，为头长的 3.3～3.5 倍。头长为吻长的 4.1～4.5 倍，为眼径的 4.4～5.2 倍。

体呈长扁圆形，甚侧扁，尾柄窄长。头较长，其长大于其高。吻长与眼径相等。眼大，均位于头部右侧，上眼在头背正中线上。眼间隔颇窄。口颇大，前位，弧形，左右对称。齿小，锐尖，上颌齿 1 行，下颌齿有时交错排列呈 2 行。舌颇短，前端尖。有眼侧 2 鼻孔位于下眼前缘的上方，前鼻孔有一短管，后鼻孔无鼻管而为卵圆孔；无眼侧 2 鼻孔位较高。鳃孔大。峡部甚窄。

鳞颇小，有眼侧大多为弱栉鳞，有时杂以圆鳞，无眼侧体被圆鳞，各鳍鳍条均被小栉鳞。侧线几近直线状。无颞上支。

背鳍起点位于无眼侧，与上瞳孔后缘相对，鳍条不分支。臀鳍始于胸鳍基底后下方，鳍条也不分支。有眼侧胸鳍较长。腹鳍略对称，后端不伸达臀鳍。尾鳍后缘圆形或略呈截形。肛门稍偏位于无眼侧。

有眼侧体呈黄褐色，无明显斑纹，无眼侧白色。鳍灰黄色，奇鳍外缘色较暗。

分布　分布于西北太平洋区鄂霍次克海、日本海和中国沿海。中国分布于渤海、黄海

和东海。笔者于 2017 年 5 月在长江口近海（122°45′ E、31°38′ N）捕获 1 尾体长 40 mm 的幼鱼样本，为长江口新记录。

生物学特性 冷温性底层鱼类。常栖息于水深 60～200 m 的泥沙质底海域。适应温度为 8～10 ℃。生殖期在 4—6 月。卵浮性，圆形，无油球。卵黄颗粒较粗，卵膜上有不规则的花纹。受精卵在水温 16.6～20.1 ℃时，约 57 h 孵出仔鱼。初孵仔鱼全长约 2.47 mm，孵化后 14 h 仔鱼全长 3.40 mm。成鱼体长可达 400 mm。

资源与利用 可供食用，是黄海和渤海的主要捕捞对象。长江口区数量少，无捕捞经济价值。

鲽亚科 Pleuronectinae

本亚科长江口 2 属。

属 的 检 索 表

1（2） 齿小，尖锐，排列呈带状；侧线不在胸鳍上方弯曲，颞上支沿体背缘向后延伸很远………………………………………………………………………… 木叶鲽属 *Pleuronichthys*

2（1） 齿大，钝圆锥形或门牙状，1～2 行；侧线颞上支短或无；两颌齿 1 行；体无鳞或有埋入式小圆鳞，成鱼有眼侧有大骨质突起或粗骨板 ………………………… 川鲽属 *Platichthys*

川鲽属 *Platichthys* Girard，1854

251. 石鲽 *Platichthys bicoloratus*（Basilewsky，1855）

Platessa bicolorata Basilewsky，1855，Nouv. Mém. Soc. Nat. Mosc.，10：260（Shandong，China）

石鲽 *Platichthys bicoloratus*：郑葆珊，1955，黄渤海鱼类调查报告：293，图 181（辽宁，河北，山东）。

石鲽 *Kareius bicoloratus*：许成玉，1990，上海鱼类志：362，图 230（崇明裕安）；李思忠、王惠民，1995，中国动物志·硬骨鱼纲 鲽形目：253，图Ⅱ-68（舟山等地）；倪勇、伍汉霖，2006，江苏鱼类志：812，图 425（海州湾，连云港，吕四）。

英文名 stone flounder。

地方名 石板、石镜、石夹、石江。

主要形态特征 背鳍 64～72；臀鳍 49～54；胸鳍 11；腹鳍 6；尾鳍 18。侧线小孔 74～80。鳃耙 3～5＋5～6。

体长为体高的 2.2～2.4 倍，为头长的 3.4～3.7 倍。头长为吻长的 4.5～6.4 倍，为眼径的 4.7～6.5 倍，为眼间隔的 12.4～16.8 倍。

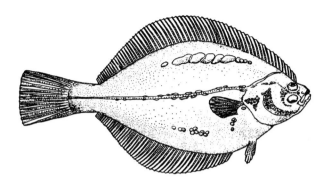

图 251　石鲽 *Platichthys bicoloratus*（郑葆珊，1955）

体呈长椭圆形，背缘、腹缘凸度相似，甚侧扁；尾柄长与高约相等。头中等大，背缘在上眼前缘上方有一凹刻。吻钝尖。眼较大，两眼均位于头右侧，上眼紧邻头背缘。眼间隔窄。有眼侧 2 鼻孔均位于眼间隔前方，前鼻孔有短管；无眼侧 2 鼻孔位于背鳍起点前方，前鼻孔有鼻瓣。口小，前位，左右对称。两颌左侧略长，右上颌骨后端伸达眼瞳孔前缘下方。口闭时下颌微突出。齿小而扁，尖端截形，上下颌各 1 行，无眼侧较发达。舌短，窄圆，游离。鳃孔上端略过胸鳍基。前鳃盖骨后缘外露而不游离。鳃耙短而尖。肛门偏于无眼侧。

小鱼皮内埋有退化的小鳞。成鱼体裸露无鳞，有眼侧沿侧线及侧线与背缘、腹缘间各有 1 纵行粗骨板，下方 2 行骨板较小；自眼间隔到侧线前端，前鳃盖骨与鳃盖骨，胸鳍基及稍后方，以及尾柄前段背缘和腹缘也常有小骨板；无眼侧除侧线前方头部有 1 纵行粗骨嵴外，常无粗骨板，仅少数在侧线与背缘间有 1 纵行分散的小骨板。左右侧线均发达，几呈直线状，仅前部高起；颞上支短，约达第六鳍条基附近，有眼下支。

背鳍起点在无眼侧，稍后于上眼前缘。臀鳍始于胸鳍基底后下方。有眼侧胸鳍长，无眼侧胸鳍短。左右腹鳍几对称。尾鳍后缘圆截形。

有眼侧黄褐色，粗骨板微红色。鳍橙黄色，尾鳍色较暗。小鱼常有不规则暗斑；大个体具不规则白斑。无眼侧乳白色，鳍也白色，奇鳍边部灰褐色而边缘大部为黄白色。

分布　分布于西北太平洋区中国、日本和朝鲜半岛海域。中国渤海、黄海、东海和台湾海域均有分布。长江口近海亦有分布。

生物学特性　冷温性底层鱼类。栖息于水深 30～100 m 的沙质底或岩礁海区。以虾、蟹等小型底栖无脊椎动物为食。

资源与利用　本种为黄海和渤海常见食用鱼类之一。长江口近海数量稀少，无捕捞经济价值。

【在以往的分类系统中，本种因其具有沿侧线连续纵行粗骨板这一独特特征，被作为石鲽属（*Kareius* Girard，1854）的模式种，该属仅本种 1 种。基于骨骼形态学（Cooper and Chapleau，1998）和分子系统发育（Vinnikov et al.，2018）等的研究均证实，本种

应划分至川鲽属（*Platichthys* Girard，1854）。本书据此将本种的学名修订为 *Platichthys bicoloratus*（Basilewsky，1855），中文种名仍为石鲽。】

木叶鲽属 *Pleuronichthys* Girard，1854

本属长江口1种。

252. 木叶鲽 *Pleuronichthys cornutus*（Temminck *et* Schlegel，1846）

Platessa cornuta Temminck and Schlegel，1846，Pisces，Japonica Parts.，10～14：176，pl. 92，fig. 1（Japan）。

木叶鲽 *Pleuronichthys cornutus*：郑葆珊，1955，黄渤海鱼类调查报告：286，图 177（辽宁，河北，山东）；张春霖、王文滨，1963，东海鱼类志：527，图 394（浙江，福建）；许成玉，1990，上海鱼类志：361，图 229（长江口佘山洋）；李思忠、王惠民，1995，中国动物志•硬骨鱼纲 鲽形目：238，图Ⅱ-62-1（辽宁，山东，浙江，福建）；倪勇、伍汉霖，2006，江苏鱼类志：818，图 429，彩图 60（连云港，吕四，黄海南部，长江口）。

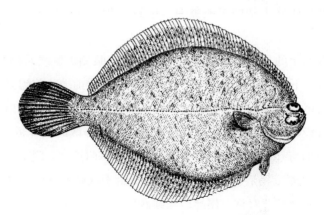

图 252　木叶鲽 *Pleuronichthys cornutus*（郑葆珊，1955）

英文名　ridged - eye flounder。

地方名　田鸡眼。

主要形态特征　背鳍 78～80；臀鳍 56～59；胸鳍 11；腹鳍 6；尾鳍 9。侧线鳞 98～101。鳃耙 2～+6～7。

体长为体高的 1.9～2.0 倍，为头长的 3.8～4.4 倍。头长为吻长的 5.9～10 倍，为眼径的 2.9～3.2 倍，为眼间隔的 8.7～16 倍。

体呈卵圆形，侧扁而高，尾柄短而高。头小，背缘在上眼上缘中部处具深凹。吻短，前端略钝，两眼前缘各有一短骨质突起。眼大，两眼均位于头部右侧，上眼显著高于头背缘而未越头背中线。眼间隔窄，前后缘各有一尖骨棘。前鼻孔短管状，较大，前后缘各有一皮突；后鼻孔无皮突。口小，前位，左右不对称。两颌等长，上颌后端略伸达下眼前缘下方。上颌骨后端达下眼前缘。两颌仅无眼侧具齿 2～3 行，尖锥状；有眼侧无齿。唇厚，内缘有褶皱及小穗状突起。前鳃盖骨后缘埋于皮下，边缘不游离。鳃盖膜不与峡部相连。鳃耙短，近锥形。

体两侧均被小圆鳞。头部除吻、两颌与眼间隔外均被鳞。奇鳍鳍条被小鳞。左右侧线均发达，直线状，具颞上支，弯向后方而沿背鳍基底向后延伸。

背鳍起点偏无眼侧，位于鼻孔后方，与上眼中部相对。臀鳍起点在胸鳍基底后下方。背鳍和臀鳍鳍条均不分支。有眼侧胸鳍较长。左右腹鳍略对称，基底短；有眼侧腹鳍较近腹面正中线。尾鳍后缘圆形。

有眼侧淡黄褐色，具许多大小不等、形状不规则的黑褐色斑点。奇鳍边缘色暗。

分布　分布于西北太平洋区中国、朝鲜和日本。中国渤海、黄海、东海、南海和台湾海域均有分布，渤海和黄海较常见。长江口海域也有分布。

生物学特性

［习性］暖温性中小型近海底层鱼类。常栖息于泥沙质底海域。变态前及变态初期的仔鱼在浅水区游动，变态后转营底层生活，全长达 60 mm 时移向较深海区。活动范围不大，随季节变化在近岸浅水和离岸深水之间移动。黄海和东海分布中心，主要在东海北部、中部海域。

［年龄与生长］体长一般为 110～220 mm，最大可达 290 mm。1 龄鱼雌鱼全长约为11.3 mm，体重约为 19 g；2 龄体长为 17.2 mm，体重为 71 g；3 龄体长为 21.2 mm，体重为 134 g；4 龄体长为 23.9 mm，体重为 193 g。雄鱼 1～4 龄的全长、体重分别为 9.9 mm、13 g，16.9 mm、66 g，21.1 mm、131 g，23.6 mm、185 g。3 龄雌鱼（全长 220 mm）、雄鱼（全长 200 mm）全部性成熟。

［食性］主要摄食多毛类、贝类和端足类。其中多毛类和贝类约占 60%，端足类占30%。栖息于黄海北部的群体也食海葵、多毛类等。稚鱼以捕食端足类和多毛类为主。

［繁殖］产卵期在 9—11 月，各海区略有差异。属多次产卵类型。怀卵量为 9 万～39 万粒。卵球形，分离浮性，卵径为 1.03～1.24 mm，卵膜具龟甲状裂纹。油球淡黄色，油球径为 0.16～0.19 mm，2～11 个。仔稚鱼 2—3 月出现在中国东海，而韩国沿海为 11—12 月。

资源与利用　沿海颇为常见，有一定数量。东海北部和黄海较深水层，冬、春两季捕获较多，为机轮底拖网兼捕对象之一。日本以西底拖网年产量为 2 000～2 900 t。我国产量无记录。据 1997—2000 年东海专项调查，木叶鲽在调查海区的平均资源密度为0.041 kg/h，其中冬季的平均资源密度最高，夏季最低。全年平均资源尾数为 0.533 9 尾/h，各季节中秋季平均资源尾数最高，春季最低。资源密度的区域分布比较分散，春季从济州岛到台湾海峡呈零星分布，且数量较低，夏季主要出现在东海北部外海，秋季分布相对较密，主要出现在东海外海，有两个密集区域（31°30′—32°00′ N、125°30′—127°00′ E 和

28°30′—31°00′ N、125°30′—128°00′ E），冬季主要出现在东海中部（28°30′—30°30′ N、124°00′—126°00′ E），四个季节中平均资源密度和平均资源尾数基本上都是东海北部外海为最高。资源密度水深分布情况显示，均出现在 150 m 以浅海域，春、夏两季平均资源密度以 100～150 m 水深海域为最高，冬季以 60～100 m 水深海域的平均资源密度为最高，各季节不同水深的平均资源尾数的变化趋势和平均资源密度的变化趋势不一致，春季以 60 m 以浅海域平均资源尾数最高，夏季、秋季和冬季以 60～100 m 水深海域为最高（李圣法 等，2003）。肉味一般，可供鲜销。

鲆科 Bothidae

本科长江口 1 属。

左鲆属 *Laeops* Günther，1880

本属长江口 1 种。

253. 北原氏左鲆 *Laeops kitaharae*（Smith *et* Pope，1906）

Lambdopsetta kitaharae Smith and Pope，1906，Proc. U. S. Nat. Muse.，31（1489）：496，Fig.12（Kagoshima，Japan）。

北原左鲆 *Laeops kitaharae*：郑葆珊，1962，南海鱼类志：979，图 762（广东，海南）；张春霖、王文滨，1963，东海鱼类志：516，图 384（浙江）；缪学祖，1985，福建鱼类志（下卷）：536，图 736（福鼎）；田明诚、沈友石、孙宝龄，1992，海洋科学集刊（第三十三集）：278（长江口近海区）。

小头左鲆 *Laeops parvices*：李思忠、王惠民，1995，中国动物志・硬骨鱼纲 鲽形目：175，图Ⅱ‐33（广东，广西，海南）；陈大刚、张美昭，2016，中国海洋鱼类（下卷）：1960。

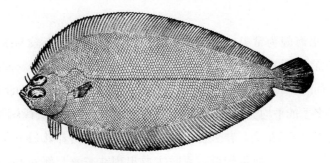

图 253　北原氏左鲆 *Laeops kitaharae*（郑葆珊，1962）

英文名　lefteye flounder。

地方名　比目鱼。

主要形态特征　背鳍 95～104；臀鳍 79～91；胸鳍（有眼侧）12～15，（无眼侧）11～14；腹鳍 6；尾鳍 17。侧线鳞 93～107。鳃耙 1～4＋5～7。

体长为体高的 2.6～3.1 倍，为头长的 4.9～6.1 倍。头长为吻长的 5.9～8.2 倍，为眼径的 2.4～3.1 倍，为眼间隔的 14.1～19.0 倍。

体稍细长，似长矛状，很侧扁，后端较尖。头短高，高大于长，背缘在上眼前方有一凹刻。吻钝短。两眼位于头左侧，上眼较下眼前缘略后。眼间隔窄峭状。鼻孔每侧 2 个，左鼻孔位于眼间隔正前方，前孔有一皮质突起。口小，前位；下颌前端较宽圆，后端略凸出，右侧口较短。上颌较眼径短，约达眼前缘下方。两颌齿尖小，齿群窄带状，仅右侧具齿。鳃孔上端伸越胸鳍基。鳃峡深凹刻状。鳃耙钝短，数少且无小刺。

头体两侧具小圆鳞，极易脱落。奇鳍鳍条被小鳞。侧线仅有眼侧有，中侧位，胸鳍后上方呈弧形，弧长等于（小鱼）或微大于眼径（大鱼）。

背鳍始于无眼侧后鼻孔的上缘，前端 2 鳍条与后方鳍条分离且相距较远；第二鳍条很短（大鱼），其他约以中部稍后鳍条最长。臀鳍始于胸鳍起点下方，与背鳍中后部相似。有眼侧胸鳍较无眼侧长。左右腹鳍不对称。尾鳍后端尖矛状或圆形。

头体有眼侧淡黄褐色，吻部与眼部淡黑色，体背腹缘无纵行黑斑。背鳍、臀鳍外缘黑色纵带状；有眼侧腹鳍与尾鳍末端黑色。无眼侧体淡黄白色。

分布　分布于印度—西北太平洋区东非至日本海域。我国东海、南海和台湾海域均有分布。长江口近海也有分布。

生物学特性　浅海暖水性小型底层鱼类。栖息于水深 40～90 m 海区。大鱼体长可达 160 mm。

资源与利用　小型鱼类，较为罕见。长江口近海数量极少，无捕捞经济价值。

【李思忠和王惠民（1995）、陈大刚和张美昭（2016）将本种作为小头左鲆（*Laeops parviceps* Günther，1880）的同物异名，但在《台湾鱼类志》及其他相关文献中，这两种均为有效种，其主要区别是：本种头上部呈弧形，背鳍、臀鳍、尾鳍边缘为黑色，其余各部为粉红色；小头左鲆头上部几近直线状，体黄棕色。本书据此将本种仍定为北原氏左鲆［*Laeops kitaharae*（Smith *et* Pope，1906）］。】

鳎科 Soleidae

本科长江口 2 属。

属 的 检 索 表

1（2）背鳍第一鳍条甚粗长突出 ……………………………………………………… 角鳎属 *Aesopia*

2（1）背鳍第一鳍条不特别突出；胸鳍退化成皮膜状，或有眼侧胸鳍稍尖长；头体有眼侧约有 12 对横带状黑纹 ………………………………………………………………………… 条鳎属 *Zebrias*

角鳎属 *Aesopia* Kaup，1858

本属长江口 1 种。

254. 角鳎 *Aesopia cornuta* Kaup，1858

Aesopia cornuta Kaup，1858，Arch. Naturgesch.，24（1）：98（India，Indian Ocean）。

角鳎 *Aesopia cornuta*：郑葆珊，1962，南海鱼类志：992，图 771（广东）；缪学祖，1985，福建鱼类志（下卷）：548，图 744（福鼎等地）；李思忠、王惠民，1995，中国动物志·硬骨鱼纲 鲽形目：322，图Ⅱ-99（广东，海南）；庄平等，2009，长江口中华鲟自然保护区科学考察与综合管理：408（长江口）。

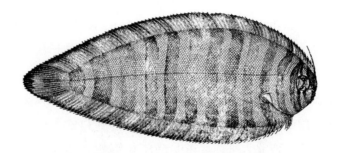

图 254　角鳎 *Aesopia cornuta*（郑葆珊，1962）

英文名　unicorn sole。

地方名　角牛舌。

主要形态特征　背鳍 70～79；臀鳍 60～67；胸鳍 12～14；腹鳍 4；尾鳍 16。侧线鳞 6＋94～100。鳃耙 0＋5。

体长为体高的 2.6～3.1 倍，为头长的 5.4～6.0 倍。头长为吻长的 4.2～5.0 倍，为眼径的 4.2～5.8 倍，为眼间隔的 5.1～7.3 倍。

体长舌状，很侧扁。头短高，前端钝圆。吻短钝。两眼位于头右侧，上眼前缘较下眼前缘略前。眼间隔无鳞。有眼侧前鼻孔长管状，后鼻孔周缘微凸。无眼侧鼻孔均短管状，相距较远。口歪，小，前位；无眼侧下颌较宽厚，有眼侧口角略不达下眼中央。两颌仅左侧有小细齿。唇左侧有纵褶。鳃孔上端较眼下缘低。鳃耙很微小。鳃丝发达。无假鳃。生殖突位于肛门与臀鳍间，微偏右侧，不连腹鳍、臀鳍。

头体两侧被小弱栉鳞，无眼侧头部前部鳞片变形为绒毛状感觉突。奇鳍鳍条均被小鳞。两侧侧线中侧位，直线状；有眼侧有圆弧形颞上支，约达背鳍起点附近；无眼侧有颞上支、前鳃盖支及下颌鳃盖支。

背鳍始于眼上方吻缘，第一鳍条粗长突出且有小突起，头长为鳍条长的 1.2～1.6 倍；其他鳍条上端微分支，后方鳍条较长。臀鳍始于鳃孔后端下方，形似背鳍。胸鳍退化，短宽膜状，上缘连鳃盖膜，鳍条细弱。腹鳍左右略呈对称，基底甚短。尾鳍完全连于背鳍、臀鳍。

有眼侧淡黄褐色，约有 14 条棕褐色横带状宽纹，前 3 条位于头部，横带纹上下端伸入背鳍、臀鳍。鳍淡黄褐色，尾鳍中后部黑褐色，有黄斑。无眼侧淡黄白色，奇鳍色暗。

分布　分布于印度—西北太平洋区自红海、东非至日本海域。我国东海、南海和台湾海域均有分布。长江口近海偶见。

生物学特性　浅海暖水性中小型底层鱼类。栖息于水深 100 m 以内的沙泥质底海区。大鱼体长可达 200 mm。

资源与利用　小型鱼类，较为罕见。长江口近海数量极少，无捕捞经济价值。

条鳎属 *Zebrias* Jordan *et* Snyder，1900

本属长江口 1 种。

255. 斑纹条鳎 *Zebrias zebrinus*（Temminck *et* Schlegel，1846）

Solea zebrine Temminck and Schlegel, 1846, Pisces, Fauna Japonica Parts.，10～14：185，pl. 95，fig. 1（Nagasaki，Japan）。

条鳎 *Zebrias zebra*：郑葆珊，1955，黄渤海鱼类调查报告：295，图 182（辽宁，河北，山东）；郑葆珊，1962，南海鱼类志：990，图 769（广东）；张春霖、王文滨，1963，东海鱼类志：533，图 399（浙江，福建）；许成玉，1990，上海鱼类志：363，图 231（长江口佘山洋）。

带纹条鳎 *Zebrias zebra*：李思忠、王惠民，1995，中国动物志·硬骨鱼纲 鲽形目：317，图Ⅱ-98-1（辽宁，山东，浙江，广东，广西）；倪勇、伍汉霖，2006，江苏鱼类志：824，图 433（海州湾，连云港，吕四，黄海南部）。

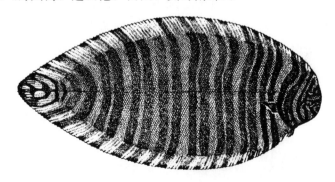

图 255　条鳎 *Zebrias zebra*（张春霖和王文滨，1963）

英文名 zebra sole。

地方名 杂秃、海秃、粗细鳞。

主要形态特征 背鳍84～91；臀鳍73～80；胸鳍9～10；腹鳍4；尾鳍15～16。侧线鳞8～10＋90～124。鳃耙0～3＋4～30。

体长为体高的2.5～2.9倍，为头长的5.7～6.6倍。头长为吻长的3.4～4.3倍，为眼径的5.3～7.6倍，为眼间隔的8.5～9.5倍。

体长舌状，甚侧扁。头短小。吻短而圆。眼小，两眼均位于头的右侧。眼间隔略平。有眼侧2鼻孔均位于下眼前方，前鼻孔管状；无眼侧2鼻孔相距甚远。口小，前位。有眼侧口角后端伸达下眼前缘或中部下方。仅无眼侧两颌具绒毛状齿，排列呈带状。前鳃盖骨后缘不游离。鳃孔侧下位。鳃耙细小突起状。

头体两侧均被小栉鳞。除无眼侧胸鳍外各鳍被鳞。侧线直，有眼侧颞上支弧形，弯到背鳍基前端附近。

背鳍始于上眼前缘上方，前端鳍膜肥厚，鳍条分支，最后鳍条最长，后端与尾鳍相连。臀鳍与背鳍同形，始于鳃孔后端下方，后端与尾鳍相连。有眼侧胸鳍镰形，上缘有膜连于鳃盖膜上端；无眼侧胸鳍宽短。腹鳍左右略对称，有眼侧腹鳍始于峡部后端稍后方，鳍基较长而低，最后鳍条以膜连于生殖突。尾鳍后端圆形。

有眼侧淡黄褐色，有11～12对平行排列的黑褐色横带状纹，纹中央细纹黄纹状；横纹上下端伸入背鳍、臀鳍。胸鳍黑色。尾鳍黑色，具黄色斑点。无眼侧白色或淡黄色。奇鳍边缘黑色。

分布 分布于西太平洋区，西起泰国湾，北至日本，南至澳洲。我国沿海均有分布。

生物学特性

［习性］热带和暖温带近海小型底层鱼类。常栖息于泥沙质底海域。渤海、黄海和东海分布较广，但以江苏海州湾及长江口为主。在近岸浅海产卵，分散索饵，在11—12月离岸向深水移动越冬。

［年龄与生长］最大全长可达250 mm。1龄鱼体长约为68 mm，2龄鱼约为104 mm，3龄鱼约为126 mm，4龄鱼约为156 mm。最小性成熟体长约为150 mm。

［食性］主要摄食多毛类、甲壳类、端足类等小型动物。

［繁殖］黄海生殖期为5—6月，水温为16～25 ℃。卵分离，浮性，球形，卵膜有较大的六角形网纹，各个边缘均有隆起，呈蜂窝状，对角距为0.17～0.20 mm。卵径为1.42～1.69 mm。油球无色透明，有10～60个。卵黄均匀，无色透明。

资源与利用 本种为我国沿海常见种，但资源状况不明。常被底拖网兼捕。适合鲜销。

【据Wang（2014）形态学和分子生物学证据表明，我国沿海分布的模式标本是采自日本长崎的斑纹条鳎［*Zebrias zebrinus*（Temminck *et* Schlegel，1846）］，而非模式标本采自东印度群岛的条鳎［*Zebrias zebra*（Bloch，1787）］。两种选模标本（lectotype）区别明显：前者背鳍77、臀鳍66、胸鳍10、腹鳍5、尾鳍15，有眼侧头部有颞上支且尾鳍具黄斑；后者背鳍71、臀鳍48、胸鳍4、腹鳍6、尾鳍10，有眼侧头部无颞上支且尾鳍无黄斑。】

舌鳎科 Cynoglossidae

本科长江口1亚科。

舌鳎亚科 Symphurinae

本亚科长江口2属。

属 的 检 索 表

1（2）有眼侧上下唇有须状突起；无眼侧前鼻管长、肉质；有眼侧侧线2～3条 ……………………………………………………………………………………………………… 须鳎属 *Paraplagusia*

2（1）有眼侧上下唇无须状突起；无眼侧前鼻管短弱；有眼侧侧线1～3条 ……… 舌鳎属 *Cynoglossus*

舌鳎属 *Cynoglossus* Hamilton，1822

本属长江口10种。

种 的 检 索 表

1（4）有眼侧侧线2条，无眼侧无侧线

2（3）上中侧线间鳞至多11纵行 ……………………………………………… 宽体舌鳎 *C. robustus*

3（2）上中侧线间鳞至多7纵行；口角过下眼后缘，距鳃孔较近 ………… 黑尾舌鳎 *C. melampetalus*

4（1）有眼侧侧线3条

5（10）鳃孔后侧线鳞少于100个

6（7）口角约达下眼中央下方；头长为眼径的4.8～8.0倍；上下侧线终止于体中部 ……………………………………………………………………………………………… 断线舌鳎 *C. inetrruptus*

7（6）口角达下眼后方；头长为眼径的9.8～15.2倍

8（9）上中侧线间鳞最多13纵行；侧线无眼前支；头长至多等于头高 …… 焦氏舌鳎 *C. joyneri*

9（8）上中侧线间鳞最多11纵行；侧线有眼前支；头长大于头高 ………………… 长吻舌鳎 *C. lighti*

10（5）鳃孔后侧线鳞多于100个

11（12）无眼侧被近似圆鳞的弱栉鳞，有眼侧强栉鳞；生殖突游离，位于臀鳍前端右侧；体左侧无大褐斑 ……………………………………………………………………………… 半滑舌鳎 *C. semilaevis*

12（11）体两侧均被强栉鳞；生殖突连第一臀鳍条左侧

13（16）上中侧线间鳞最多 24 纵行

14（15）口后角达下眼后缘后方；上中侧线间鳞至多 24 纵行；头体有眼侧无大黑斑 ……………
……………………………………………………………………………………… 窄体舌鳎 *C. gracilis*

15（14）口角达下眼中央或稍后下方；上中侧线间鳞至多 23 纵行；头体有眼侧有数个不规则大褐斑
……………………………………………………………………………… 三线舌鳎 *C. trigrammus*

16（13）上中侧线间鳞最多 20 纵行

17（18）吻长等于上眼到背鳍基；口裂达下眼后缘稍前方；上中侧线间鳞最多 20 纵行 …………
……………………………………………………………………………………… 短舌鳎 *C. abbreviatus*

18（17）吻长大于上眼到背鳍基；口裂约达下眼中央或略后下方；上中侧线间鳞最多 18 纵行 …………
……………………………………………………………… 紫斑舌鳎 *C. purpureomaculatus*

256. 短舌鳎 *Cynoglossus abbreviatus*（Gray，1834）

Plagusia abbreviate Gray，1834，Illus. Indian zool.，2：pl. 94，fig. 3（China）。

Cynaglossus abbreviatus：Günther，1873，Ann. Mag. Nat. Hist.，4（12）：244（上海）；Peters，1880，Monatsb. Akad. Wiss. Berlin：923（宁波）；Fowler and Bean，1920，Proc. U. S. Nat. Mus.，58：321（苏州）；Evermann and Shaw，1927，Proc. Calif. Acad. Sci.，(4) 16：113（南京，杭州，宁波）；Tchang，1928，Contr. Biol. Lab. Sci. Soc. China，(4) 4：37，fig. 43（南京）；Fowler，1929，Proc. Acad. Nat. Sci. Philad.，81：596，615（上海，香港）；Wu，1932，Poiss. Heterosomes Chine：157（烟台，青岛，舟山）；Miao，1934，Contr. Biol. Lab. Sci. Soc. China，10（3）：223（江苏南部）。

短吻舌鳎 *Cynaglossus abbreviatus*：郑葆珊，1955，黄渤海鱼类调查报告：303，图 188（河北，山东）；张春霖、王文滨，1963，东海鱼类志：544，图 411（浙江舟山，江苏大沙外海等地）。

短吻三线舌鳎 *Cynaglossus*（*Areliscus*）*abbreviatus*：李思忠、王惠民，1995，中国动物志硬骨鱼纲·鲽形目：373，图Ⅱ-126（辽宁大东沟、大连，山东烟台、青岛，福建等地）。

短吻舌鳎 *Cynaglossus*（*Areliscus*）*abbreviatus*：倪勇、伍汉霖，2006，江苏鱼类志：826，图 434（连云港，吕四等地）。

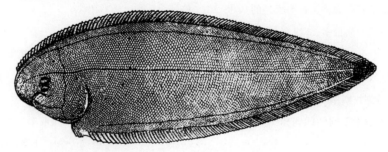

图 256　短舌鳎 *Cynoglossus abbreviatus*（郑葆珊，1955）

英文名　three‑lined tongue sole。

地方名　鞋底鱼、箬鳎鱼。

主要形态特征　背鳍 121～130；臀鳍 100～104；腹鳍 4；尾鳍 8。侧线鳞 10～12＋112～120。

体长为体高的 3.3～3.8 倍，为头长的 4.9～5.5 倍。头长为吻长的 2.5～2.7 倍，为眼径的 9.6～12.7 倍，为眼间隔的 12.7～18.8 倍。

体长舌状，很侧扁，前端较钝，后部渐尖。头较短。吻钝圆，吻长小于或至多等于上眼至背鳍基的距离，吻沟不伸过有眼侧前鼻孔下方。眼稍大，位于头左侧中央稍前方，上眼后缘约位于下眼瞳孔后缘上方。眼间隔约等于或稍小于眼径，被鳞 5～6 行。有眼侧前鼻孔管状，位于下眼前方和上唇相邻；后鼻孔位于眼间隔前缘中央。无眼侧后鼻孔弧形，位于上颌中部正上方；前鼻孔短管状，位于上颌前半部中央上方，位较低。口裂弧形，口角后端伸达下眼后缘稍前方，少数伸达下眼中部之后。无眼侧上下颌具绒毛状齿带。鳃孔侧下位，稍短。无鳃耙。

体两侧均被强栉鳞。有眼侧具侧线 3 条，上侧线上方鳞 6～7 纵行，下侧线下方鳞 8～9 纵行，上中侧线间鳞最多 19～20 行，各鳍近尾鳍基附近有鳞。无眼侧无侧线。有眼侧上中侧线有颞上支相连，到吻端向下弯、相合后延伸到吻沟，无眼前支；中侧线尚有鳃盖支，向后有一叉支，前支连下颌鳃盖支。

背鳍始于吻端稍后上方，后端鳍条较长，完全连于尾鳍。臀鳍始于鳃孔稍后，与背鳍同形，与尾鳍相连。无胸鳍。有眼侧具腹鳍，始于鳃峡后端，具膜与臀鳍相连。尾鳍窄长，后端尖形。肛门位偏于无眼侧。生殖突附连于第一臀鳍条左侧。

有眼侧黄褐色，腹部稍暗。各鳍黄褐色。无眼侧白色，常有不规则棕褐色斑纹。

分布　印度—西太平洋区中国、朝鲜半岛西部和日本海域均有分布。中国沿岸均产。长江口见于近海区。

生物学特性　近海暖温性底层鱼类。栖息于泥沙质海底。在东海和黄海主要分布在吕四外海至长江口一带。做东西向洄游，春、夏季节向我国沿岸水深 40～60 m 以内浅水区移动，秋、冬季节向东抵达济州岛以西深水区越冬。以摄食底栖无脊椎动物和小鱼为生。产卵期长江口外海为 4—5 月，黄海和渤海为 5—6 月。据李思忠和王惠民（1995）报道，5 月在大连检测一尾雌鱼，体长 264 mm，卵巢发达，Ⅳ 期，卵径 0.7 mm，怀卵量 79 455 粒；同期在辽宁大东沟检测，雌鱼体长 350 mm，Ⅳ 期，怀卵量约 85 500 粒。一般体长 200～300 mm。

资源与利用　本种为常见食用鱼类之一，拖网作业兼捕对象，有一定经济价值。

257. 窄体舌鳎 *Cynoglossus gracilis* **Günther**，1873

Cynoglossus gracilis Günther，1873，Ann. Mag. Nat. Hist.，（4）12：244（Shanghai，China）；Wu，1932，Poiss. Hétérosomes Chine：160（南京，北京）；Kimura，1935，J. Shanghai Sci. Inst.，（3）3：120（崇明）。

Areliscus rhomaleus：Kimura，1934，J. Shanghai Sci. Inst.，（3）2：183（江苏无锡，江西九江）。

窄体舌鳎*Cynoglossus gracilis*：郑葆珊，1955，黄渤海鱼类调查报告：305，图189（辽宁，河北，山东）；张春霖、王文滨，1963，东海鱼类志：543，图410（浙江）；湖北省水生生物研究所鱼类研究室，1976，长江鱼类：215，图195（崇明等地）。

窄体舌鳎*Cynoglossus（Areliscus）gracilis*：许成玉，1990，上海鱼类志：368，图236（长江口北支、南支，长江口近海等地）；李思忠、王惠民，1995，中国动物志·硬骨鱼纲 鲽形目：369，图Ⅱ-124（上海松江等地）；倪勇、伍汉霖，2006，江苏鱼类志：827，图435（长江口北支和长江口近海等地）。

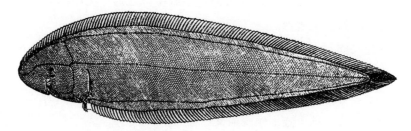

图257　窄体舌鳎*Cynoglossus gracilis*（郑葆珊，1955）

英文名　narrow tongue sole

地方名　鞋底鱼、箬鳎鱼。

主要形态特征　背鳍129～137；臀鳍102～108；腹鳍8。侧线鳞12～13+129～142。

体长为体高的4.3～4.9倍，为头长的4.7～5.2倍。头长为吻长的2.1～2.5倍，为眼径的18.0～23.0倍，为眼间隔的13.6～16.8倍。

体长舌状，很侧扁，前方较钝，后部渐尖。头较短，头长等于或稍大于头高。吻较长，吻长大于上眼上缘和背鳍基底的间距，吻钩短，端部伸达有眼侧前鼻孔下方或稍后。眼甚小，均位于头的左侧，上眼后缘约位于下眼中央上方。眼间隔较平坦，被鳞5～6行。有眼侧前鼻孔具鼻管，位于下眼前方；后鼻孔位于眼间隔前部。无眼侧2鼻孔均位于上颌上方，前鼻孔短管状，后鼻孔新月形。口裂呈弧形，口角后端伸达下眼后缘后下方。唇光滑，无眼侧唇较肥厚。仅无眼侧上下颌具绒毛状齿带。鳃孔侧下位。无鳃耙。

体两侧均被小栉鳞。除尾鳍被鳞外，其余各鳍均不被鳞。有眼侧具侧线3条，上下侧线外侧鳞7～9纵行，上中侧线间鳞23～24纵行。无眼侧无侧线。

背鳍始于吻端稍后上方，臀鳍始于鳃盖后下方，均与尾鳍相连。无胸鳍。有眼侧具腹鳍，始于鳃峡后端，具膜与臀鳍相连。尾鳍尖。肛门位偏于无眼侧。生殖突附于臀鳍第一鳍条的左侧。

头、体有眼侧淡黄褐色，鳞后部常有一灰褐色细横纹。奇鳍黄褐色，边缘黄色。无眼侧白色，鳍淡黄色。

分布　西北太平洋区中国和朝鲜半岛西南部沿岸均有分布。中国产于渤海、黄海、东海和南海北部以及台湾沿岸，也进入长江及其附属水体诸如太湖、巢湖、鄱阳湖和洞庭湖等。长江口南支、北支及近海和毗邻的杭州湾等均有分布。

生物学特性　近海暖温性底层鱼类。也进入淡水水域，具广盐性。成鱼食性较杂，以摄食螺、蚌、蚬和小虾、鱼卵、植物碎屑为主；幼鱼以枝角类、桡足类等浮游甲壳动物为食。春末夏初产卵。性成熟最小型雌性个体体长 219 mm，最大型体长达 313 mm，怀卵量 4.4 万粒，卵径 0.79 mm。体长一般 200～300 mm。

资源与利用　本种为长江口常见的食用鱼类之一，有一定经济价值。

258. 宽体舌鳎 *Cynoglossus robustus* Günther，1873

Cynoglossus robustus Günther，1873，Ann. Mag. Nat. Hist.，（4）12：243（Shanghai，China）。

宽体舌鳎 *Cynoglossus robustus*：郑葆珊，1955，黄渤海鱼类调查报告：297，图 183（山东青岛）；张春霖、王文滨，1963，东海鱼类志：540，图 405（浙江，福建）。

宽体舌鳎 *Cynoglossus*（*Cynoglossoides*）*robustus*：许成玉，1990，上海鱼类志：365，图 233（长江口近海）；李思忠、王惠民，1995，中国动物志·硬骨鱼纲 鲽形目：336，图Ⅱ- 104 - 1（青岛，上海，浙江，广东）；倪勇、伍汉霖，2006，江苏鱼类志：834，图 441（长江口近海区等地）。

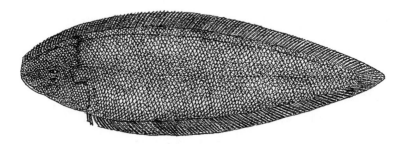

图 258　宽体舌鳎 *Cynoglossus robustus*

英文名　speckled tongue sole。

地方名　牛舌、鳎条、狗舌、水口。

主要形态特征　背鳍 125～133；臀鳍 98～105；腹鳍 4；尾鳍 8～10。侧线鳞 7～8＋71～78。

体长为体高的 3.7～4.1 倍，为头长的 4.2～4.9 倍。头长为吻长的 2.2～2.7 倍，为眼径的 9.8～14.6 倍，为眼间隔的 13.3～21.6 倍。

体长舌状，侧扁，后端渐尖。头较短。吻长大于上眼至背鳍基的距离。吻大钩状，吻钩不达有眼侧前鼻孔下方。两眼位于头左侧，眼间被 3 行小栉鳞。有眼侧前鼻孔管状，位于下眼前方，后鼻孔位于眼间隔前部。无眼侧 2 鼻孔均位于上颌上方。口裂弧形，口角后端伸达下眼后缘下方。仅无眼侧两颌具绒毛状齿带。鳃孔侧下位。无鳃耙。

头体有眼侧被中大栉鳞，无眼侧被圆鳞。有眼侧具侧线 2 条，上中侧线间鳞至多 11 纵行。无眼侧无侧线。

背鳍起于吻端稍后上方，臀鳍起于鳃盖后缘下方，背鳍和臀鳍与尾鳍相连。无胸鳍。有眼侧有腹鳍，与臀鳍相连。尾鳍尖形。

有眼侧淡褐色，鳃部因鳃腔膜黑褐色而较灰暗，鳞后缘暗褐色，鳍膜淡褐色，边缘黄色，鳍条较暗。无眼侧头、体部及鳍淡黄白色。

分布　西太平洋区中国至日本本州中部以南均有分布。中国主要分布于渤海、黄海、东海到粤东沿岸。在长江口外的东海北部有分布。

生物学特性

[习性] 西太平洋区暖温带浅海较大型底层鳎类。喜栖息于泥沙质底海区。黄海北部至东海南部广泛分布，主要栖息在长江口外的东海北部，水深约 80 m 以浅海域。一群晚秋以后从济州岛西部向南深水区进行越冬洄游，5 月向大陆沿岸移动。1—3 月在上海与朝鲜半岛正中水深 40～60 m 海区越冬，4—6 月游往西南方的上海和舟山以东海区，6—8 月于江苏、浙江沿海产卵，9 月开始渐返越冬场。另一群约在 5 月游往连云港，6 月产卵，约在 9 月渐返越冬场，还有些鱼群约在 12 月出渤海湾，经山东半岛向东返回越冬场。

[年龄与生长] 体长一般为 200～300 mm，最大可达 400 mm 以上。宽体舌鳎直至 5 龄生长尚未停止，1～2 龄生长最快，全长的增长率达到 59.99%，体重的增长率达 429.42%，以后生长速度逐渐降低，并且在各年龄阶段全长、体高、体厚增长是不同步的，1 龄时鱼的全长、体高、体厚均快速增长，2 龄鱼的全长、体高的增长尤为突出，3～4 龄鱼的生长则主要表现为体高和体厚的增长，5 龄体重的增长则主要依赖于体厚的增长。1 龄鱼肥满度最小，4～5 龄鱼的肥满度大于 2～3 龄鱼的肥满度，高龄鱼比低龄鱼更肥胖、宽厚。1～5 龄鱼平均体长和体重分别为：163.65 mm、17.20 g，261.83 mm、91.06 g，305.30 mm、141.18 g，345.96 mm、207.94 g，371.76 mm、285.74 g（李思忠和王惠民，1995）。雌鱼达性成熟的体长为 230 mm 左右。

[食性] 主要摄食多毛类、端足类和蟹类。

[繁殖] 产卵期为 6—8 月。主要产卵场在吕泗洋至浙江舟山群岛一带的沿岸水域。卵浮性、球形，卵径 0.85～0.9 mm，有 5～15 个油球，油球径为 0.05～0.08 mm，卵膜有六角形龟甲状裂纹。水温 26.2～27.5 ℃时，受精卵孵化需 16.5～17.5 h。初孵仔鱼全长 1.75～1.85 mm，卵黄囊大，后缘邻肛门，卵黄囊、体侧及背、腹面到尾部后方均散有黑色素细胞和黄色素细胞，鳍膜无色，肌节 13+27～32 对。孵化后 1 d 仔鱼，全长 3.3 mm，

肛门位于体前部 1/3 处，胸鳍出现，体侧具黄色横带，肛门至尾部具 4 横带，肌节 9＋49＋58。孵化后 3 d 仔鱼，全长 3.6 mm，卵黄囊完全吸收，背鳍前端有 1 小棘状突起，肛门至尾端横带 5 条（李思忠和王惠民，1995）。

资源与利用　本种为舌鳎类中味美品种之一，深受消费者欢迎。日本以西底拖网年产约 2 500 t。我国无产量统计，是底拖网渔业对象之一。由于其生长快，初次性成熟早，可作为我国沿海增养殖鱼类品种之一。

259. 半滑舌鳎 *Cynoglossus semilaevis* Günther，1873

Cynoglossus semilaevis Günther, 1873, Ann. Mag. Nat. Hist.，（4）12（71）：379（Yantai, Shandong, China）；Wu, 1932, Poiss, Hétérosomes Chine：152（浙江乍浦、温州，山东青岛等地）；Menon, 1977, Syst. Monogr. Tongue soles：92，fig. 45（上海，浙江，厦门，大连，辽河）。

半滑舌鳎 *Cynoglossus semilaevis*：郑葆珊，1955，黄渤海鱼类调查报告：298，图 184（辽宁，河北，山东）；郑葆珊，1962，南海鱼类志：1010，图 787（广东）；张春霖、王文滨，1963，东海鱼类志：541，图 407（浙江蚂蚁岛，福建厦门）。

半滑舌鳎 *Cynoglossus*（*Areliscus*）*semilaevis*：李思忠、王惠民，1995，中国动物志硬骨鱼纲·鲽形目：364～366，图 Ⅱ - 121（上海，浙江乍浦等地）；倪勇、伍汉霖，2006，江苏鱼类志：832，图 440（连云港，黄海南部）。

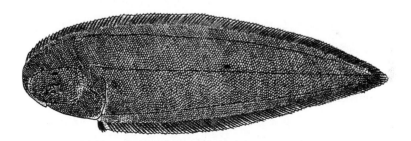

图 259　半滑舌鳎 *Cynoglossus semilaevis*（郑葆珊，1955）

英文名　tongue sole。

地方名　箬鳎鱼、鞋底鱼。

主要形态特征　背鳍 112～127；胸鳍 93～99；腹鳍 4；尾鳍 10。侧线鳞 13～15＋123～132。

体长为体高的 3.3～5.2 倍，为头长的 4.1～4.6 倍。头长为吻长的 2.1～2.8 倍，为眼径的 15.5～24.7 倍，为眼间隔的 10.5～17.0 倍。

体长舌状，侧扁。头较短。吻钝圆，吻长等于或短于上眼至背鳍基底距离。吻钩短，端部不伸达有眼侧前鼻孔下方。眼甚小，均位于头的左侧，下眼前缘稍后于上眼前缘。

眼间隔等于或稍大于眼径，被 7～8 行小栉鳞。有眼侧前鼻孔具鼻管，位于下眼前方；后鼻孔位于两眼前缘正中。无眼侧 2 鼻孔位于上颌上方。口裂弧形，口角后端伸达下眼后缘后下方。有眼侧上下颌无齿，无眼侧两颌具绒毛状齿带。鳃孔侧下位。无鳃耙。

有眼侧被栉鳞，无眼侧被圆鳞。有眼侧具 3 条侧线，上下侧线外侧鳞 10～12 纵行，上中侧线间鳞最多 27 行。无眼侧无侧线。

背鳍始于吻端稍后上方。臀鳍始于鳃盖后缘下方。背鳍与臀鳍均与尾鳍相连。无胸鳍。有眼侧具腹鳍，与臀鳍相连，无眼侧无腹鳍。尾鳍后端尖形。生殖突游离，位于臀鳍前端右侧。

有眼侧头体淡黄褐色，奇鳍淡褐色而背鳍、臀鳍外缘黄色，腹鳍淡黄色。无眼侧头体部白色，鳍淡黄色。

分布　中国、朝鲜半岛西南和日本东南沿岸均有分布。中国分布于渤海、黄海、东海及台湾沿岸。长江口见之于崇明东滩水域、北支和南支以及长江口近海区，与之毗邻的杭州湾北部也有分布。

生物学特性

［习性］温水性近海底层鱼类。大多栖于近海和河口底质为泥沙的水域。平时匍匐于沙泥中，行动缓慢，不太喜欢集群。对多变的温度和盐度等环境条件有较强的适应能力。冬季可在 3 ℃的低温下越冬，夏季亦能生活于 28 ℃的高温环境中。

［年龄与生长］1 龄体长为 105～116 mm，2 龄为 156～178 mm，3 龄为 202.7～214 mm，4 龄为 250～263 mm。体长一般为 200～500 mm，大者可达 800 mm，体重达 2 700 g 左右。

［食性］在仔幼鱼阶段，以轮虫和浮游甲壳动物为食。成鱼以摄食双壳类，小型蛤类和甲壳类等无脊椎动物为主。秋季在黄海和渤海主要摄食蟹类和虾蛄。

［繁殖］半滑舌鳎的繁殖季节，在黄海和渤海为 8 月下旬至 10 月中旬。产卵群体雌鱼体长最大为 735 mm，最小为 490 mm，平均为 523 mm；雄鱼体长最大为 420 mm，最小为 198 mm，平均为 280 mm。雌鱼部分 2 龄可达性成熟，3 龄体长 300 mm 以上的个体已完全性成熟；雄鱼 2 龄、体长 140 mm 以上的个体均已性成熟。自然群体的雌雄性比在不同季节变化较大。一般情况下群体的雌雄性比为 1.56∶1。性比随性腺发育出现明显变化，产卵前（8 月中旬以前）生殖群体雌鱼个体占绝对优势，雌雄性比为 4∶1；8 月中旬以后雄鱼逐渐增多，雌雄比例为 2∶1；9 月上旬个体发育成熟，整个产卵期间雌鱼占 55％，雄鱼占 45％。繁殖季节不同性别的亲鱼很易区分；雌雄腹部饱满，体长都在 390 mm 以上；雄鱼腹部并不膨大，体长为 180～380 mm，不超过 390 mm。怀卵量很高，体长560～700 mm 的亲鱼，怀卵量高达 76 万～250 万粒，绝大多数个体怀卵量为 150 万粒。

产卵场分布于河口附近水深 10 m 左右的海区，繁殖季节表层水温 21.8～25.5 ℃，表层盐度为 29～32。成熟卵呈球形，浮性，无色透明，卵径 1.18～1.31 mm，卵黄颗粒均匀，呈乳白色，具油球 97～125 个，油球径 0.04～0.11 mm。在水温为 22.2～24 ℃时，受精卵径 34～41 h 孵化，仔鱼全部出膜。

资源与利用　在我国沿海资源较少，从未成为主捕对象，也无专门渔业。作为兼捕对象，在长江口底拖网作业和插网作业可捕到一些，数量不多。产量低并非由于过度捕捞所造成，是由该鱼的繁殖生物学特征所决定。在自然海区中，卵子的受精率和仔幼鱼的存活率都较低，导致其种群繁衍兴旺不起来。在黄海和渤海，半滑舌鳎是珍稀名贵品种之一。在舌鳎类中，个体大，肉质细嫩，味道鲜美，为人们所嗜食，历来是我国广大消费者所追求的奢侈品。半滑舌鳎具广盐性，营养级次低，可在室外土池中越冬和度夏，为我国沿海优良的海水养殖品种，可以池塘单养或鱼虾混养，也可开展工厂化养殖，发展前景十分广阔。

须鳎属 *Paraplagusia* Bleeker，1865

本属长江口 2 种。

种 的 检 索 表

1（2）有眼侧被栉鳞，无眼侧被圆鳞 ·· 日本须鳎 *P. japonica*

2（1）体两侧被栉鳞 ·· 栉鳞须鳎 *P. guttata*

260. 日本须鳎 *Paraplagusia japonica*（Temminck *et* Schlegel，1846）

Plagusia japonica Temminck and schlegel，1846，Pisces. Fauna Japonica Parts.，10～14：187，pl. 95，fig. 2（Nagasaki，Japan）。

日本须鳎 *Paraplagusia japonica*：郑葆珊，1962，南海鱼类志：1001，图 778（广东，广西）；张春霖、王文滨，1963，东海鱼类志：536，图 401（江苏，浙江）；倪勇、伍汉霖，2006，江苏鱼类志：837，图 444（连云港，吕四）。

日本须鳎 *Paraplagusia*（*Rhinoplagusia*）*japonica*：许成玉，1990，上海鱼类志：364，图 232（金山嘴，崇明和佘山洋）；陈马康等，1990，钱塘江鱼类资源：223，图 222（海盐）；李思忠、王惠民，1995，中国动物志·硬骨鱼纲 鲽形目：330，图 II - 102（上海，浙江，广东，广西）。

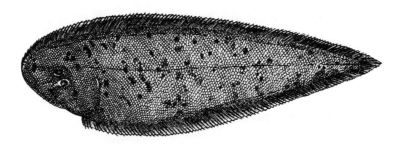

图 260　日本须鳎 *Paraplagusia japonica*（张春霖和王文滨，1963）

英文名 black cow - tongue。

地方名 箬鳎鱼。

主要形态特征 背鳍 115～120；臀鳍 92～95；腹鳍 4；尾鳍 8～10。侧线鳞 10～12＋95～115。

体长为体高的 3.4～4.7 倍，为头长的 4.3～4.6 倍。头长为吻长的 2.1～2.5 倍，为眼径的 10.6～14.6 倍，为眼间隔的 13.7～15.2 倍。

体长舌状，侧扁，后端渐尖。头中等大。吻钩发达，尖端达口角下方。眼小，两眼位于头左侧中央，上眼后缘较下眼中央略前。眼间隔较窄，微凹，有鳞。有眼侧鼻孔 1 个，呈皮管状；无眼侧鼻孔 2 个，位于上唇边缘，前鼻孔粗皮管状，后鼻孔裂隙状。口下位，口角略不达下眼后缘。有眼侧上下唇缘各有 1 行穗状小须，上唇须突较小而多，下唇须较粗而少；无眼侧无须突而有许多横褶纹。仅无眼侧两颌具绒毛状齿，排列呈带状。鳃孔侧下位。无鳃耙。

有眼侧被栉鳞，无眼侧被圆鳞。有眼侧具 3 条侧线，上下侧线外侧最多有鳞 6～7 纵行，上中侧线间鳞最多 18～20 纵行。无眼侧无侧线。

背鳍始于吻端稍后上方，无眼侧有薄膜突出。臀鳍起于鳃盖后缘后下方。背鳍、臀鳍和尾鳍相连。无胸鳍。有眼侧具腹鳍，有膜连于臀鳍。尾鳍后端尖形。

有眼侧头体黄绿褐色，小个体（100 mm 以下）体色较淡且有许多淡白色小圆斑，大个体（190 mm 以上）体色较暗，散有黑褐色小斑；鳍暗褐色，边缘黄色。无眼侧体乳白色，大个体有灰黑色小斑点；小个体鳍黄色，大个体鳍色似有眼侧。

分布 西太平洋区自日本至巴布亚新几内亚海域有分布。我国东海、南海和台湾海域均有分布。为长江口海域常见种类。

生物学特性 亚热带和暖温带近海中小型底层鱼类。长江口南、北近海颇为常见。喜栖息于多泥沙海底。产卵期（春季至夏季）向吕泗洋和浙江北部舟山沿海浅水区移动，秋季至冬季节向东移至深水区越冬。大者可达 334 mm。满 1 龄体长为 90～175 mm、平均为 122 mm，2 龄为 154～237 mm、平均为 303 mm，3 龄为 255～290 mm、平均为 272 mm。最小性成熟体长雌鱼约为 190 mm。主要摄食多毛类、虾类、蟹类、贝类和小鱼。产卵期为 5—6 月。雌鱼、雄鱼生殖腺肉眼可区分的体长为 120～130 mm，一般体长在 200 mm 时均可达成熟。

资源与利用 本种资源状况不明，是拖网渔业兼捕对象之一。产量不多。肉味较差。

鲀形目 Tetraodontiformes

本目长江口 2 亚目。

亚目的检索表

1（2）颌齿不愈合成大板状齿；体被鳞或由鳞形成的骨板 ……………………… 鳞鲀亚目 Balistoidei

2（1）颌齿愈合成大板状齿；体无鳞或具由鳞变成的小刺 ……………………… 鲀亚目 Tetraodontoidei

鳞鲀亚目 Balistoidei

本亚目长江口 3 科。

科 的 检 索 表

1（4）具腰带骨，左右腹鳍仅共有一短鳍棘；背鳍 2 个，具 2～3 鳍棘

2（3）体被大板状鳞 ………………………………………………… 鳞鲀科 Balistidae

3（2）体被绒毛状或棘状细鳞 ………………………………………… 单角鲀科 Monacanthidae

4（1）无腰带骨，无腹鳍；背鳍 1 个，无鳍棘；体被骨板 ……………… 箱鲀科 Ostraciidae

鳞鲀科 Balistidae

本科长江口 1 属。

疣鳞鲀属 *Canthidermis* Swainson，1839

本属长江口 1 种。

261. 疣鳞鲀 *Canthidermis maculata*（Bloch，1786）

Balistes maculatus Bloch，1786，Nat. Ausländ. Fische，2：25，pl. 151（Tharangambadi，India）。

卵圆疣鳞鲀 *Canthidermis maculata*：李思忠，1962，南海鱼类志：1039，图 804（广东汕尾）；苏锦祥，1979，南海诸岛海域鱼类志：547，图版 117（赵述岛，永兴岛海域）；苏锦祥，1985，福建鱼类志（下卷）：571，图 764（福建平潭东庠，台湾堆以南海域）。

圆斑疣鳞鲀 *Canthidermis maculata*：苏锦祥，1985，福建鱼类志（下卷）：571，图 764（台湾堆以南海域等地）；苏锦祥，2002，中国动物志·硬骨鱼纲 鲀形目 海蛾鱼目 喉盘鱼目 鮟鱇目：59，图 20（上海，福建，广东，海南，西沙群岛）；马春燕等，2015，海洋渔业，37（4）：387，图 2（黄海南部）。

疣鳞鲀 *Canthidermis maculata*：沈世杰，1993，台湾鱼类志：589，图版 200 - 2～3（台湾）。

英文名　rough triggerfish。

地方名　乌皮迪、皮鱼、鹿角鱼、沙猛鱼。

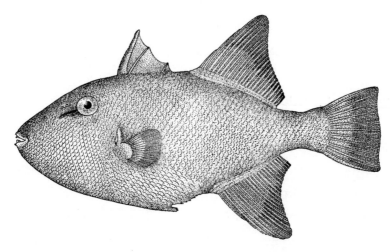

图 261　疣鳞鲀 *Canthidermis maculata*（李思忠，1962）

主要形态特征　背鳍Ⅲ，2＋22～24；臀鳍 2＋19～22；胸鳍 1＋13～14；尾鳍 1＋10＋1。体侧鳞 42～45 横行。

体长为体高的 1.6～2.5 倍，为头长的 2.8～3.4 倍。头长为吻长的 1.6～1.8 倍，为眼径的 4.1～5.3 倍。

体呈长椭圆形或卵圆形，侧扁。尾柄侧扁，幼鱼尾柄长约等于尾柄高，成鱼尾柄长为尾柄高的 1.2～1.6 倍。头中大，头长小于头高，背缘稍隆起。吻中长，在眼前方具一纵凹沟。眼中大，侧上位，眼间隔宽而稍突起，成鱼自第一背鳍基底前方到眼间隔具一低隆起棱。鼻孔小，每侧 2 个，位于眼前方。口小，前位。上下颌齿各 1 行，每侧 4 枚，齿白色，呈楔状，具凹刻。唇稍厚。鳃孔侧中位，稍倾斜，位于眼的后下方。

头体全部被鳞，鳞中大，呈菱形，鳞面上有许多颗粒状突起。鳃孔后方无骨板状大鳞。尾部鳞片无棘。体侧鳞中央多具一隆起嵴，在躯干部连成 20 条隆起线，在尾柄部连成约 10 条隆起线。

背鳍 2 个，第一背鳍起点在鳃孔上方，具 3 鳍棘，第一鳍棘粗大，棘缘有 6～7 行粒状突起，前缘每侧 2 行粒状突起，中间形成一纵行的沟；第二鳍棘尖细，第三鳍棘更细短，但明显突出在背缘鳍沟上。第二背鳍起点在肛门上方，呈犁状，前部鳍条高出，成鱼更突出。臀鳍与第二背鳍同形，起点在第二背鳍第五至第八鳍条下方，成鱼前部鳍条也高出。胸鳍短圆形。腹鳍棘短小，不能活动，上有许多棘突。幼鱼尾鳍圆形，成鱼截形或微凹。

体棕褐色，腹部色稍浅，幼鱼头、体及尾部具许多白色圆斑，稍大的个体在体腹部有一些大型的白色斑点，成鱼则无白色斑点。幼鱼的体上还有一些深褐色的纵纹。成鱼第一背鳍鳍膜灰褐色，第二背鳍、臀鳍棘尾鳍褐色，胸鳍色浅；幼鱼各鳍浅褐色，各鳍基部除胸鳍外散有白色圆斑。

分布　广泛分布于世界各温带及热带海域。我国东海、南海及台湾沿海均有分布。笔者于 2017 年 10 月在长江口东滩水域（121°57′06″ E、31°05′36″ N）底拖网捕获 1 尾体长 250 mm 的样本，为长江口新记录。

生物学特性　暖水性上层游泳鱼类。幼鱼随漂流的藻浮游于海域表层，成鱼栖息于海域上层。体长可达 500 mm。

资源与利用　可供食用，但处理不当可能会引起中毒。长江口区数量稀少，无捕捞经济价值。

单角鲀科 Monacanthidae

本科长江口 5 属。

属 的 检 索 表

1（2）背鳍、臀鳍鳍条 40 以上；第一背鳍棘位于眼中央上方 ················· 革鲀属 *Aluterus*

2（1）背鳍、臀鳍鳍条 40 以下

3（4）腹鳍棘不能活动；第一背鳍棘在眼中央后方；体高小于体长的 1/2；鳃孔位于眼中央下方或稍
　　　前方 ·· 马面鲀属 *Thamnaconus*

4（3）腹鳍棘能活动

5（8）体侧各鳞有许多小棘

6（7）鳞上的棘直接长在基板上；腹鳍棘细长 ·················· 副单角鲀属 *Paramonacanthus*

7（6）鳞上的棘由一个柄部支持；腹鳍棘短，四方形 ·············· 细鳞鲀属 *Stephanolepis*

8（5）体侧各鳞具一强大的中心棘，有时在基板上有小棘存在；腹鳍膜小或中大；尾柄部无逆行棘；
　　　鳞大而粗糙，在体前部排列成横行，在体后部排列成纵行；体上有许多膜状突起··············
　　　·· 棘皮鲀属 *Chaetodermis*

革鲀属 *Aluterus* Cloquet，1816

本属长江口 1 种。

262. 单角革鲀 *Aluterus monoceros*（Linnaeus，1758）

Balistes Monoceros Linnaeus, 1758, Syst. Nat. , ed. 10, 1：327（Asia and America）。

独角鲀 *Aluterus monoceros*：李思忠，1962，南海鱼类志：1051，图 812（广东，海南等地）。

革鲀 *Aluterus monoceros*：朱元鼎、许成玉，1963，东海鱼类志：551，图 416（江苏大沙）；许成玉，1990，上海鱼类志：373，图 239（金山嘴）。

单角革鲀 *Aluterus monoceros*：苏锦祥，1985，福建鱼类志（下卷）：581，图771（台湾浅滩等地）；苏锦祥，2002，中国动物志·硬骨鱼纲 鲀形目 海蛾鱼目 喉盘鱼目 鲛鳒目：88，图34（江苏大沙等）；倪勇、伍汉霖，2006，江苏鱼类志：844，图447（海州湾，大沙）。

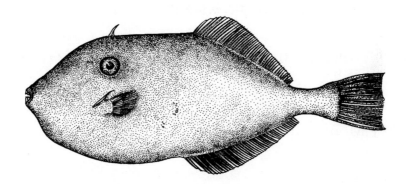

图262 单角革鲀 *Aluterus monoceros*（李思忠，1962）

英文名 unicorn leatherjacket filefish。

地方名 剥皮、牛鱼、剥皮鹿。

主要形态特征 背鳍Ⅱ，46～50；臀鳍34～51；胸鳍14～16；尾鳍1+10+1。

体长为体高的2.3～2.8倍，为头长的2.6～3.8倍。头长为吻长的1.1～1.2倍，为眼径的4.7～6.2倍。

体呈长椭圆形，甚侧扁；背缘浅弧形稍凹，腹缘圆凸。头短而高，略呈斜方形。吻长大。眼中大，侧上位，眼间隔宽而隆起，中央呈棱状。鼻孔小，每侧2个，位于眼前方。口小，前位。上下颌齿楔状，上颌齿2行，外行齿每侧3枚，内行齿每侧2枚，紧贴在外行齿内方；下颌齿1行，每侧2枚。唇薄，光滑。鳃孔大，斜裂，下端位于眼的前下方，上端与眼后缘相对，并超过胸鳍基底；鳃孔位于体中线下方，鳃孔长大于眼径，约等于胸鳍长。

体被细鳞，基板上有小棘多行。

背鳍2个，第一背鳍具2鳍棘，第一鳍棘位于眼中央或眼前部上方，其长大于眼径，棘的上端光滑，下端前缘及后侧缘共具4行细棘，棘后的鳍膜甚小；第二鳍棘退化，粒状，紧贴在第二鳍棘后方，埋于皮膜下。第二背鳍延长，起点在肛门上方，鳍的前部鳍条长于后部鳍条，以第八至第十二鳍条较长。臀鳍与第二背鳍同形，起点在第二背鳍第六、第七鳍条下方，臀鳍基底稍长于第二背鳍基底。胸鳍短小，圆形，上部鳍条较长。腹鳍消失。尾鳍截形或微凹入。

体呈灰褐色，具少数不规则色暗的斑块，幼鱼尤明显，唇灰褐色。第一背鳍棘深褐色，尾鳍灰褐色；第二背鳍、臀鳍及胸鳍黄色。

分布 广泛分布于世界温带与热带海域。我国黄海南部、东海、南海和台湾海域有分布。长江口近海有分布。

生物学特性　近海暖水性底层鱼类。栖息于浅海底层，具集群洄游习性。主要摄食底栖生物，如水螅类、腹足类和端足类等。为单角鲀科中个体较大的种类，一般个体为250～400 mm，大者可达 600 mm。

资源与利用　据记载，其肉有碱毒且硬，不宜食用，南海渔民常用盐腌制后再剥皮晒干后食用，有一定经济价值。长江口区数量不多，无捕捞经济价值。

棘皮鲀属 *Chaetodermis* Swainson，1839

本属长江口 1 种。

263. 单棘棘皮鲀 *Chaetodermis penicilligerus*（Cuvier，1816）

Balistes penicilligerus Cuvier，1816，Le Règne Animal，4：pl. 9，fig. 3（Australia seas）。

棘皮鲀 *Chaetodermis spinosissimus*：苏锦祥，1979，南海诸岛海域鱼类志：550，图版 35，120（西沙群岛）；苏锦祥，1985，福建鱼类志（下卷）：575，图 767（台湾浅滩）；田明诚、沈友石、孙宝龄，1992，海洋科学集刊（第三十三集）：278（长江口近海区）。

棘皮单棘鲀 *Chaetodermis penicilligerus*：沈世杰，1993，台湾鱼类志：595，图版 203 - 6（台湾）。

棘皮鲀 *Chaetodermis penicilligerus*：苏锦祥，2002，中国动物志·硬骨鱼纲 鲀形目 海蛾鱼目 喉盘鱼目 鮟鱇目：100，图 41（福建等地）。

图 263　单棘棘皮鲀 *Chaetodermis penicilligerus*（苏锦祥，1985）

英文名　prickly leatherjacket。

地方名　剥皮鱼、多刺皮夹克。

主要形态特征　背鳍Ⅱ，24～26；臀鳍23～24；胸鳍11～12；尾鳍1＋10＋1。

体长为体高的1.3～1.6倍，为头长的2.6～2.7倍。头长为吻长的1.3～1.4倍，为眼径的3.9～4.4倍。

体呈菱形，侧扁而高，以腹鳍棘处为最高。尾柄宽而高，尾柄长稍大于尾柄高。头较大，侧视几呈三角形，高大于长。吻中长，背缘稍凹入。眼中大，侧上位，眼间隔隆起。鼻孔小，每侧2个，位于眼前方。口小，前位。上下颌齿楔形，上颌齿2行，外行每侧3枚，内行每侧2枚，紧贴在外行齿内方；下颌齿单行，每侧3枚。唇厚。鳃孔侧中位，几垂直，位于眼后缘下方，鳃孔在体中线上方。

鳞大而粗糙，每个鳞的基板呈多角形，鳞棘基部愈合成片状，顶端有几枚小棘；或呈多叶状，即在片状鳞棘的两侧长出侧叶，顶端也有小棘。头部鳞片数目多且排列紧密，棘粗壮，躯干背部鳞棘多呈片状，顶端有2～3小棘；躯干腹部鳞棘呈多叶状，顶端有4～9小棘，居中的1枚最粗大；尾部鳞棘多呈片状，顶端有2～4小棘，多排列成纵行。头部、体躯、尾部以及第一背鳍棘上具许多皮瓣，皮瓣的长度多大于眼径，具分支。

背鳍2个，第一背鳍具2鳍棘，第一鳍棘粗大，起点在眼后缘的稍后方，前缘具2行倒棘，后侧缘各具1行倒棘；第二鳍棘紧贴在第一鳍棘后方，多隐于皮下。第二背鳍起点在肛门背侧稍前方，前部鳍条不高起。臀鳍与第二背鳍同形，起点在第二背鳍第三、第四鳍条下方，前部鳍条也不高起。胸鳍较短，圆形。腹鳍愈合成1鳍棘，由3对特化鳞组成，连于腰带骨后方，能活动，鳍棘上有许多棘突。腹鳍鳍膜特别不发达。尾鳍较长，圆形。

体呈棕褐色，体侧具云状黑斑，头上有灰褐色条纹，眼周围黑色条纹排列成辐射状，体侧具10余条黑色纵行线纹。眼后下方和胸鳍后方有2个大型黑色圆斑。第一背鳍鳍膜灰色，上具黑色斑纹；第二背鳍、臀鳍及尾鳍均灰棕色，上具许多黑斑排列呈纵行。胸鳍灰色，无黑斑。体上皮膜突起多为灰黑色。

分布　分布于印度—西太平洋区由印度—马来区至澳大利亚海域，北至日本南部海域。我国东海、南海及台湾海域有分布。长江口近海极罕见。

生物学特性　近海暖水性岩礁性鱼类。多栖息于50m以浅的海藻丛生的沿岸礁区水域。以皮须拟态于海藻间，借以避敌及诱捕食物。主要以小型甲壳类及小鱼等为食。一般体长为130～150mm，大者可达180mm。

资源与利用　中小型鱼类，肉质佳，可食用，也可作为观赏鱼。长江口区数量极少，无捕捞经济价值。

副单角鲀属 *Paramonacanthus* Bleeker，1865

本属长江口1种。

264. 日本副单角鲀 *Paramonacanthus japonicus*（Tilesius，1809）

Balistes japonicus Tilesius，1809，Mém. Soc. Moscou，2（20）：212，pl. 13（Japan）。

日本前刺单角鲀 *Laputa japonica*：朱元鼎、许成玉，1963，东海鱼类志：549，图 414（象山外海）；田明诚、沈友石、孙宝龄，1992，海洋科学集刊（第三十三集）：278（长江口近海区）。

高体副单角鲀 *Paramonacanthus japonicus*：苏锦祥，2002，中国动物志·硬骨鱼纲 鲀形目 海蛾鱼目 喉盘鱼目 鮟鱇目：108，图 45（浙江，广东，广西，海南）。

日本副单角鲀 *Paramonacanthus japonicus*：陈大刚、张美昭，2016，中国海洋鱼类（下卷）：2055。

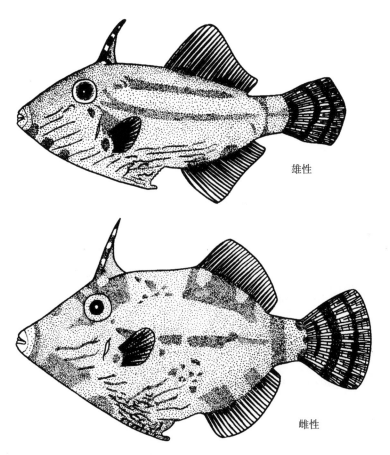

图 264　日本副单角鲀 *Paramonacanthus japonicus*（苏锦祥，2002）

英文名　hairfinned leatherjacket。

地方名　剥皮鱼。

主要形态特征　背鳍Ⅱ，24～31；臀鳍 24～31；胸鳍 12～13；尾鳍 1+10+1。

体长为体高的 1.9～2.4 倍（雌性）或 2.5～3.5 倍（雄性），为头长的 2.8～3.2 倍。

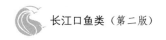

头长为吻长的 1.3～1.5 倍，为眼径的 3.1～5.0 倍。

体侧扁，雌雄鱼体形不同，雌鱼体短而高，雄鱼则为长椭圆形。尾柄宽短，尾柄高稍大于尾柄长。体背缘平直，雄鱼稍隆起，雌鱼微凹。头中大，侧视三角形。吻中长。眼稍小，眼间隔圆突。鼻孔小，每侧 2 个，紧位于眼前缘上方，距吻端较远。口小，前位，上下颌等长。上下颌齿门齿状，上颌齿 2 行，外行每侧 3 枚，最后一枚宽大，内行每侧 2 枚，齿窄小；下颌齿单行，每侧 3 枚，较宽大。唇发达。鳃孔小，侧中位，斜直，位于眼后部下方。

鳞小，每一鳞的基板上有较多鳞棘，作 2 行或多行排列，体侧胸鳍上方有不少鳞棘呈分叉状。头部鳞上的鳞棘强壮粗短；躯干背部鳞棘有部分呈分叉状，躯干腹部鳞棘粗壮，多数不分支；尾部鳞片的棘细弱且数少，多排成 2 行，少数为单行。侧线不明显。

背鳍 2 个，第一背鳍具 2 鳍棘，第一鳍棘长大，位于眼中央的后上方，后侧缘各具 1 行小倒棘，棘端向外，前缘上半部具 2 行较小倒刺，刺尖向下；第二鳍棘很短小，位于第一鳍棘后方背沟内。第二背鳍延长，始于肛门上方，前方鳍条较长。臀鳍与第二背鳍同形，起点在第二背鳍第四、第五鳍条下方。胸鳍短，圆形，侧中位，位于鳃孔后上方，上方鳍条较长。腹鳍愈合成 1 鳍棘，由 3 对特化鳞组成，连于腰带骨后方，能活动。腹鳍后的鳍膜小，不超过腹鳍鳍棘。尾鳍圆形。

体呈褐色，具几条暗褐色纵行断续斑纹；第二背鳍及臀鳍基底各有 2 个色暗的斑块，部分延伸到鳍条上。尾鳍具 3 条色暗的横纹。

分布　印度—西太平洋区由日本南部至澳大利亚西北部及巴布亚新几内亚海域有分布。我国东海、南海和台湾海域均有分布。长江口近海亦有分布。

生物学特性　近海暖水性中小型中下层鱼类。栖息于 100 m 以浅沙质底海区，集群活动。幼鱼喜栖息于海藻丛中。以小型甲壳类、贝类及海胆等为食。个体一般不大，多为80～110 mm，大者达 180 mm。

资源与利用　中小型鱼类，无食用价值，可作为观赏鱼。长江口区数量极少，无捕捞经济价值。

细鳞鲀属 *Stephanolepis* Gill，1861

本属长江口 1 种。

265. 丝背细鳞鲀 *Stephanolepis cirrhifer*（**Temminck** *et* **Schlegel**，1850）

Monacanthus cirrhifer Temminck and Schlegel，1850，Pisces，Fauna Japonica Last Part（15）：290，pl. 130，fig. 1（Japan）。

丝鳍单刺鲀 *Monacanthus setifer*：李思忠，1962，南海鱼类志：1042，图 806（广东汕头、澳头、闸坡）。

丝鳍单角鲀 *Monacanthus setifer*：丁耕耘，1987，辽宁动物志·鱼类：448，图 303（黄海北部）。

丝背细鳞鲀 *Stephanolepis cirrhifer*：苏锦祥，1985，福建鱼类志（下卷）：574，图 766（福鼎，东山等）；苏锦祥，2002，中国动物志·硬骨鱼纲 鲀形目 海蛾鱼目 喉盘鱼目 鮟鱇目：123，图 54（福建，广东，香港）；陈大刚、张美昭，2016，中国海洋鱼类（下卷）：2054。

冠龄单棘鲀 *Stephanolepis cirrhifer*：沈世杰，1993，台湾鱼类志：597，图版 203 - 2（台湾）。

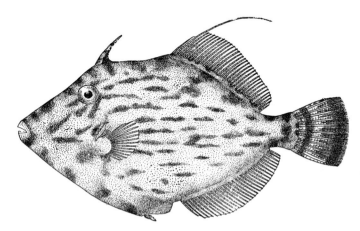

图 265　丝背细鳞鲀 *Stephanolepis cirrhifer*（李思忠，1962）

英文名　threadsail filefish。

地方名　乌皮迪、皮鱼、鹿角鱼、沙猛鱼。

主要形态特征　背鳍Ⅱ，31～35；臀鳍 31～33；胸鳍 13～15；尾鳍 1＋10＋1。

体长为体高的 1.5～1.9 倍，为头长的 2.8～3.3 倍。头长为吻长的 1.3～1.7 倍，为眼径的 3.0～4.7 倍。

体呈短菱形，侧扁而高，背缘第一、第二背鳍间近平直或稍凹入。尾柄短而高，侧扁。头中大，短而高，侧视近三角形。吻高大，背缘近斜直形。眼中大，侧上位，眼间隔中央略呈凸棱状。鼻孔每侧 2 个，位于眼的前方。口小，前位。上下颌齿楔状，上颌齿 2 行，外行每侧 3 枚，内行每侧 2 枚；下颌齿 1 行，每侧 3 枚。唇厚。鳃孔侧中位，稍倾斜，其下端与眼后缘相对。

头体均被细鳞，每一鳞的基板上的鳞棘愈合成柄状，其外端有许多小棘，整个鳞棘呈蘑菇状。头部唇后鳞的鳞棘较少，有的排列成行；躯干背部鳞较大，鳞棘多；躯干腹部鳞与背部相似；尾部鳞稍小，排列较稀疏，鳞棘少，尾柄中部有部分鳞的鳞棘稍延长。

背鳍 2 个，第一背鳍具 2 根鳍棘，第一鳍棘较粗壮，稍短，位于眼后半部上方，鳍棘前缘有粒状突起，后缘具倒棘；第二鳍棘短小，紧贴在第一鳍棘后方，常隐于皮下。第二背鳍延长，起点在肛门背侧或稍前的上方，前部鳍条稍长，雄鱼的第二鳍条特别延长

呈丝状，为第一、第三鳍条的 2.5 倍左右。臀鳍与第二背鳍同形，起点在第二背鳍第五、第六鳍条下方。胸鳍短圆形。腹鳍愈合为一鳍棘，由 3 对特化鳞组成，连于腰带骨后端，能活动。腹鳍棘后的鳍膜较小。尾鳍圆截形。

体呈黄褐色，体侧后黑色斑纹，连成 6～8 条断续的纵行斑纹。第一背鳍棘上有 3～4 个色深的横斑，鳍膜灰褐色。第二背鳍及臀鳍的下半部具褐色宽纹。尾鳍基部及外缘具灰褐色横带。

分布　西太平洋区日本北海道至中国东南沿海有分布。中国东海、南海和台湾海域有分布。笔者于 2017 年 8 月在长江口近海（122°11′—122°45′ E、31°18′—31°25′ N）捕获 4 尾体长 9.1～13.8 cm 的样本，为长江口新记录。

生物学特性　近海暖水性底层鱼类。栖息于 100 m 以浅沙质底海区，集群活动，幼鱼栖息于海藻丛中。主要摄食端足类、瓣鳃类、海胆类等底栖生物，此外还摄食介形类、桡足类等。个体不大，一般体长为 100～160 mm，最大个体可达 300 mm。

资源与利用　中小型鱼类，肉质佳，供鲜食，日本已有人工养殖，经济价值较高。长江口区数量稀少，无捕捞经济价值。

马面鲀属 *Thamnaconus* Smith，1949

本属长江口 1 种。

266. 绿鳍马面鲀 *Thamnaconus modestus*（Günther，1877）

Monacanthus modestus Günther，1877，Ann. Mag. Nat. Hist.，（4）20：446（Japan）。

马面鲀 *Monacanthus modestus*：李思忠，1955，黄渤海鱼类调查报告：312，图 193（辽宁，河北，山东）（部分）。

绿鳍马面鲀 *Navodon modestus*：朱元鼎、许成玉，1963，东海鱼类志：550，图 415（浙江，福建）（部分）；丁耕芜，1987，辽宁鱼类志·鱼类：449，图 304（黄海北部等地）（部分）。

绿鳍马面鲀 *Thamnaconus septentrionalis*：许成玉，1990，上海鱼类志：371，图 238（长江口近海区）。

绿鳍马面鲀 *Thamnaconus modestus*：苏锦祥，2002，中国动物志·硬骨鱼纲 鲀形目海蛾鱼目 喉盘鱼目 鲅鱇目：128，图 57（河北，山东，上海，浙江）；倪勇、伍汉霖，2006，江苏鱼类志：845，图 449（吕四，黄海南部等地）。

英文名　black scraper。

地方名　橡皮鱼、剥皮鱼、马面鱼。

主要形态特征　背鳍Ⅱ，37～39；臀鳍 34～36；胸鳍 13～16；尾鳍 1＋10＋1。

体长为体高的 2.7～3.4 倍，为第二背鳍起点至臀鳍起点间距离的 2.9～3.8 倍，为头

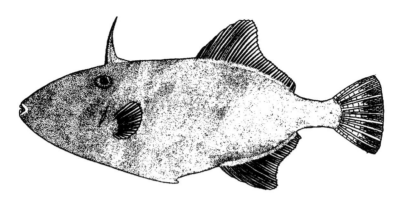

图 266　绿鳍马面鲀 *Thamnaconus modestus*（李思忠，1955）

长的 3.3～3.8 倍。头长为吻长的 1.2～1.5 倍，为眼径的 3.5～5.4 倍。尾柄长为尾柄高的 1.5～2.5 倍。

　　体稍延长，长椭圆形，侧扁。尾柄稍延长，侧扁。头较长大，背缘斜直或稍凹入，腹缘斜直或在前部稍凹入，侧视近三角形。吻长大，尖突。眼中大，侧上位。眼间隔圆突。口小，前位。上下颌齿楔形，上颌齿 2 行，外行每侧 3 枚，内行每侧 2 枚；下颌齿 1 行，每侧 3 枚。唇较厚。鳃孔稍大，斜裂，位于眼后半部下方，鳃孔位较低，几乎全部或大部分在口裂水平线之下。

　　鳞细小，每一鳞的基板上有不少细长鳞棘，排成 2 行以上。头部鳞棘排成多行；躯干背部鳞的基板多为长椭圆形，鳞棘多行，多整齐地遍布于鳞的一侧；躯干腹部鳞的基板略圆，部分鳞棘作单行排列；尾部鳞小，鳞棘单行或 2 行，棘数少。无侧线。

　　背鳍 2 个，第一背鳍具 2 鳍棘，第一鳍棘较长大，位于眼后半部上方，前缘具 2 行倒棘，后侧缘具 1 行倒棘，棘尖向下或向外，每侧 24～26 枚棘；第二鳍棘短小，紧贴在第一鳍棘后侧，常隐于皮下。第二背鳍延长，起点在肛门上方，前部鳍条高起，以第九至第十二鳍条较长。臀鳍与第二背鳍同形，起点在第二背鳍第五至七鳍条下方，前部鳍条也高起。胸鳍短圆形，侧位。腹鳍合为 1 短棘，由 2 对特化鳞组成，连于腰带骨后端，不能活动。尾鳍圆形。

　　体蓝灰色，成鱼体上斑纹不明显，第一背鳍灰褐色，第二背鳍、臀鳍、胸鳍及尾鳍绿色。

　　分布　分布于西太平洋区日本北海道至琉球群岛海域。我国渤海、黄海、东海和台湾海域均有分布。为长江口海域常见鱼类。

　　生物学特性

　　［习性］外海暖温性底层鱼类。栖息于水深 50～120 m 海区，适应温度一般在 13～20 ℃，最适温为 14～17 ℃，最适盐度为 32～34.5。喜集群，在越冬及产卵期间，有明显垂直移动性，白昼上浮、夜间下沉。中国东海、黄海—韩国沿海种群，具 3 个主要洄游方

向，种群的主要越冬场位于济州岛以东至对马岛周围海区，另有少部分鱼群越冬场在东海中部、北部外海。第一支鱼群在 3 月末到 4 月先后到达台湾北部至东北部海区产卵，产卵后各亲体陆续离开产卵场，向北索饵洄游，5—7 月在长江口和舟山渔场外侧做短暂停留，主群经黄海南部移向黄海北部，10—11 月索饵鱼群陆续从黄海外海向南洄游，少数鱼群与停留在东海北部鱼群一起进入东海中北部外海越冬，大部分鱼群进入济州岛东部海区，12 月至翌年 2 月分别在对马海峡和东海外海区越冬。第二支鱼群也是在 2 月末至 3 月初离开济州岛以东越冬海区，向西北偏北方向往我国黄海北部海区洄游，到 10—11 月经黄海外海向南洄游，11 月下旬可达济州岛西部海区，12 月至翌年 2 月回到越冬场。第三支鱼群是从济州岛以东越冬场向北洄游，4—5 月在韩国南部周围海区产卵，产卵后亲体在附近海区索饵，冬季返回越冬场（宓崇道，1980）。

［年龄与生长］渔获物体长为 50～425 mm，一般体长为 180～280 mm。1986 年 2 月曾在舟山外海捕获 1 尾体长 425 mm、体重 1 440 g，年龄为 20 龄的鱼。1 龄鱼体长为 119.5 mm、体重为 44.5 g，2 龄鱼 159.9 mm、70.9 g，3 龄鱼 194.8 mm、136.9 g，4 龄鱼 215.2 mm、190.8 g，5 龄鱼 229.2 mm、231.3 g，6 龄鱼 245.9 mm、283.5 g。雌鱼初次性成熟体长为 107 mm、最小体重为 20 g，即 1 龄鱼全可达性成熟。据 1997—2000 年东海调查资料（郑元甲 等，2003），体长为 50～290 mm，优势体长 80～100 mm 占 13.57%、120～170 mm 占 52.30%、180～200 mm 占 10.73%、200 mm 以上占 23.40%，平均体长为 150.76 mm。体重组成为 1～520 g，优势体重组为 1～80 g 占 66.90%、120～160 g 占 6.18%、160 g 以上占 26.92%，平均体重为 91.22 g。年龄组成中，1 龄鱼占 44.9%、2 龄鱼占 32.8%、3 龄以上依次为 12.3%、5.7%、2.4%、0.7%、1.2%。体长与体重关系式为：$W=1.631×10^{-5}L^{3.033\ 3}$（$r=0.986\ 7$）（钱世勤和胡雅竹，1980）。

［食性］食性广泛的杂食性鱼类。对饵料的选择性不太强，随着环境而略有差异，一般以浮游甲壳类为主要摄食对象，同时兼食底栖软体动物和腔肠动物等，食饵中浮游动物出现频率为 65%，底栖生物占 29.6%，游泳生物占 1.1%，浮游植物占 0.5%，其他占 3.8%。摄食强度秋季高，春季低，春季空胃率高达 23.3%，秋季大部分个体胃饱满度为 2～3 级（秦忆芹，1981）。

［繁殖］东海区产卵场主要在 25°30′—27°00′ N、122°00′—123°30′ E，27°30′—29°00′ N、122°30′—124°30′ E，29°30′—30°30′ N、123°30′—125°30′ E 等处，其中 25°30′—27°00′ N、122°00′—123°30′ E（我国钓鱼岛附近）为主要产卵场。产卵期为 4 月中旬至 5 月中旬，产卵盛期为 4 月中下旬。产卵水深 60～100 m，产卵水温 17～20 ℃，盐度为 33.5～34.5，鱼群较密集在高盐水一侧。怀卵量 5.49 万～32.78 万粒。属分批产卵类型。卵黏性，圆球形，卵膜光滑，卵径为 0.63 mm。油球 1 个，油球径 0.20 mm。初孵仔鱼体长 1.2 mm（宓崇道，1980）。

资源与利用 营养价值高，蛋白质含量高，可鲜销、制咸鱼干、制罐头或做成冷冻鱼片，调味马面鱼干已行销国内外，深受欢迎。绿鳍马面鲀是我国海洋渔业于 20 世纪 70 年代前后开发利用的新对象，是冬、春季节机轮和机帆船拖网重要经济鱼类。1987 年产量已达 40.73×10^4 t，成为中国海洋渔业中仅次于带鱼的主要捕捞品种。但由于多年的过度捕捞和大量捕捞幼鱼，从 1992 年起产量迅速下降，至 1994 年和 1995 年仅有 9 000 t，几乎无渔汛、渔场，至 20 世纪 90 年代末期，它的资源已达到严重衰退地步。为此专家提出以下资源养护和管理建议：①根据资源动态，评价最适可捕量和最适捕捞力量，控制捕捞强度，进行合理利用；②保护产卵场生态环境条件；③禁止用中层网捕捞幼鱼；④实行限额捕捞制度。

箱鲀科 Ostraciidae

本科长江口 1 属。

箱鲀属 *Ostracion* Linnaeus，1758

本属长江口 1 种。

267. 粒突箱鲀 *Ostracion cubicus* Linnaeus，1758

Ostracion cubicus Linnaeus，1758，Syst. Nat. ed. 10，1：332（India）。

粒突箱鲀 *Ostracion cubicus*：李思忠，1962，南海鱼类志：1063，图 820（广东）；朱元鼎、许成玉，1963，东海鱼类志：553，图 418（浙江坎门）；苏锦祥，2002，中国动物志·硬骨鱼纲 鲀形目 海蛾鱼目 喉盘鱼目 鮟鱇目：144，图 65（山东青岛，浙江沿海等）；倪勇、伍汉霖，2006，江苏鱼类志：844，图 447（如东）。

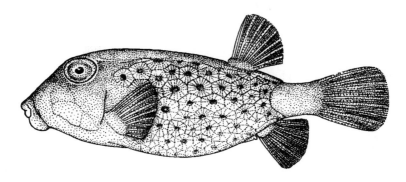

图 267　粒突箱鲀 *Ostracion cubicus*（李思忠，1962）

英文名　yellow boxfish。

地方名　海麻雀、木瓜。

主要形态特征　背鳍 9；臀鳍 9；胸鳍 10；尾鳍 10。

体长为体高的 2.0～2.9 倍，为头长的 2.9～4.7 倍。头长为吻长的 1.6～2.5 倍，为眼径的 2.1～3.6 倍。

体呈长方形，体甲四棱状，背侧棱棘与腹侧棱发达，棱突较圆钝，无背中棱，仅在背鳍前方有一段稍隆起，无侧中棱。体甲在背鳍及臀鳍基底后方闭合。体甲背部宽平，微凸；背侧棱中部稍向外侧突出，无棘突。腹侧棱突出，无棘突，腹部宽平，体甲腹面宽大于背面宽，也大于体高。尾柄侧扁，较短。头短而高，前缘斜直。吻高，稍突出，吻背缘稍凹入。眼中大，侧上位，位于头的后部，眼间隔宽，稍凹入。鼻孔小，每侧 2 个，位于眼前方。口小，位低，前位，上颌稍长于下颌。上下颌齿各 1 行，细长柱状，棕褐色，上颌每侧 5 枚，下颌每侧 4 枚。唇肥厚。鳃孔小，侧位，稍斜向前方，位于眼后缘下方。

鳞特化为骨板，多为六角形，连成体甲。鳃孔后至体甲后端一纵行具骨板 9～10 个；背侧棱与腹侧棱间具骨板 7 个；背面左右背侧棱间具骨板 7～7.5 个；腹面左右腹侧间具骨板 10～11 个。骨板表面有辐射状细纹或细粒状突起。

背鳍 1 个，位于体后部、肛门的前上方，刀状。臀鳍与背鳍相似，起点在背鳍基底后端下方。胸鳍侧下位，刀状，上部鳍条较长。尾鳍较短小，圆形。

体呈灰褐色，背面及体侧每一骨板中央具一瞳孔大的蓝黑色圆斑，腹面无斑点；小型个体骨板上无圆斑。尾柄淡紫色，上有紫褐色斑纹。背鳍、臀鳍及胸鳍淡灰色。尾鳍灰褐色。

分布　分布于印度—太平洋区波斯湾、红海和东非海岸至太平洋中部诸岛，北至日本，南至澳大利亚海域。我国黄海、东海、南海和台湾海域均有分布。分别于 2016 年 8 月和 2018 年 1 月在长江口北支捕获 2 尾体长 40～50 mm 的样本，为长江口区新记录。

生物学特性　近海暖水性底层鱼类。常单独栖息于沿海内湾、潟湖区及半遮蔽的珊瑚礁区，幼鱼躲在阴暗处，成鱼在礁滩边缘近沙地的半遮蔽或洞穴处活动，栖息深度 1～35 m。主要以海藻、底栖无脊椎动物及小鱼为食。一般体长为 100～200 mm，最大可达 460 mm。

资源与利用　肉肥嫩，可洗净煮食或腌制后食用，但内脏不宜食用。有些被饲养于水族馆或制成干制标本供人观赏。长江口区数量稀少，无捕捞经济价值。

鲀亚目 Tetraodontoidei

本亚目长江口 3 科。

科 的 检 索 表

1（4）体一般亚圆筒形；尾柄和尾鳍发达；有气囊；有鳔

2（3）上下颌齿板具中央缝；体裸露或具许多小刺 ……………………………… 鲀科 Tetraodontidae

3（2）上下颌齿板无中央缝；体具许多由鳞变成的粗棘····························· 刺鲀科 Diodontidae

4（1）体甚侧扁；无尾柄和尾鳍；无气囊；无鳔 ······························· 翻车鲀科 Molidae

鲀科 Tetraodontidae

本科长江口 3 属。

属 的 检 索 表

1（2）吻背部两侧各具一肉质皮突起；鼻突起粗，呈叉杆型，自杆基部叉开，呈双叶型··············
·· 叉鼻鲀属 Arothron

2（1）吻背部两侧各具一卵圆形鼻囊；鼻囊具 2 鼻孔

3（4）尾鳍后缘略凹；筛骨长，长方形；背鳍及臀鳍前方各有 1～2 鳍条不分支 ·····················
·· 兔头鲀属 Lagocephalus

4（3）尾鳍后缘截形，或展开时微凸；筛骨短，近方形；背鳍具 12～18 鳍条，前方 2～6 鳍条不分支，
臀鳍具 9～16 鳍条，前方 1～6 鳍条不分支··························· 东方鲀属 Takifugu

叉鼻鲀属 *Arothron* Müller，1841

本属长江口 1 种。

268. 纹腹叉鼻鲀 *Arothron hispidus*（Linnaeus，1758）

Tetraodon hispidus Linnaeus，1758，Syst. Nat.，ed. 10，1：333（India）。

纹腹叉鼻鲀 Arothron hispidus：李思忠，1962，南海鱼类志：1092，图 838（海南三亚，西沙永兴岛）；苏锦祥，1979，南海诸岛海域鱼类志：560，图版Ⅷ，图 34（西沙永兴岛）；沈世杰，1993，台湾鱼类志：604，图版 205 - 7（台湾）；李春生，2002，中国动物志·硬骨鱼纲 鲀形目 海蛾鱼目 喉盘鱼目 鮟鱇目：166，图 75（广东，海南）。

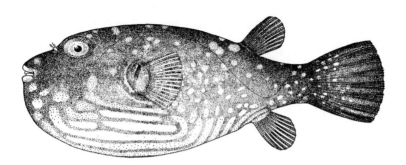

图 268　纹腹叉鼻鲀 *Arothron hispidus*（李思忠，1962）

英文名　white - spotted puffer。

地方名　白点河豚。

主要形态特征 背鳍 10～11；臀鳍 10～11；胸鳍 17～19。

体长为体高的 2.0～2.3 倍，为头长的 2.4～2.7 倍。头长为吻长的 2.1～2.8 倍，为眼径的 4.5～6.7 倍。尾柄长为尾柄高的 1.1～1.3 倍。

体呈长圆筒形，头胸部粗圆，向后渐细，稍侧扁；尾柄圆锥状，侧扁。头中大，背缘弧形。吻短，圆钝。眼中大，侧上位。眼间隔宽平。无鼻孔，每侧有一深叉状皮质鼻突起，位于眼前方。口小，前位。上下颌各有 2 个喙状大牙板，中央缝显著。唇发达，在口缘细裂呈短绒状突起，下唇较上，两端向上稍弯曲。鳃孔中大，弧形，稍倾斜或垂直状，侧中位。鳃膜黑色。

全体除吻端、鳃孔周围和尾柄外，头、体背面、腹面及侧面均被强刺，刺露于皮外。侧线明显，上侧位，背侧支在鳃孔上方分出一项背支，向前弯曲到达眼眶支后端与此相连；背侧支向后伸达在背鳍下方，向下弯曲，而后转向上方，呈一波浪状，达到尾柄中部末端；无吻背支、头侧支和下颌支侧线。

背鳍圆刀形，位于体后部、肛门上方。臀鳍与背鳍几同形，起点在背鳍末端下方。无腹鳍。胸鳍短宽，扇形。尾鳍宽大，亚圆形。

头体背侧绿褐色，背面和体侧至尾鳍中部分布白色小圆斑，喉部圆斑大，尾柄圆斑小；眼睛和鳃孔周围有 1～3 条白色环包围；腹面白色，幼体具许多平行的深褐色细纵纹，由下颌下方伸达臀鳍后方，成体纵纹减少，直至消失，腹部渐浅为白色。胸鳍、背鳍和臀鳍幼体白色；成体浅褐色，胸鳍和背鳍基底黑色，臀鳍基底稍浅。尾鳍黑褐色。

分布 分布于印度—太平洋区，西至红海和非洲东岸，东至巴拿马和加利福尼亚州，北至日本南部及夏威夷群岛海域，南至豪勋爵岛及拉帕群岛海域有分布。我国南海、台湾及西沙群岛海域均有分布。笔者于 2016 年 11 月在长江口北支连兴港水域捕获 1 尾体长 230 mm 的标本，为长江口新记录。

生物学特性 近岸暖水性中大型底层鱼类。常生活在岩礁、珊瑚礁海区。杂食性，以甲壳动物、软体动物和鱼类等为食，也可摄食藻类和珊瑚枝。一般体长为 200～300 mm，大者可达 500 mm。卵巢、肝脏剧毒，肉、皮和精巢也有毒。

资源与利用 有毒，不能食用，常被水族馆作为观赏鱼展示。长江口近海数极少，无捕捞经济价值。

兔头鲀属 *Lagocephalus* Swainson，1839

本属长江口 4 种。

种 的 检 索 表

1（2）鳃孔黑色；背部光滑无刺，腹部具稀疏纵行细沟，每沟有一肉质小突起……………………………
……………………………………………………………………………… 黑鳃兔头鲀 *L. inermis*

2（1）鳃孔白色；背面及腹面均有小刺

3（6）尾鳍浅凹形；上叶末端白色，沿尾鳍下缘具白色边缘

4（5）体背部棕黄色或绿褐色，体侧具几个不规则暗褐色云状斑纹；头部较长，头长等于鳃孔至背鳍起点的距离，胸鳍长等于胸鳍末端至背鳍起点的距离 …………………… 棕斑兔头鲀 L. spadiceus

5（4）体背部茶褐色或灰褐色，体侧无色暗的斑纹；头部短，头长大大短于鳃孔至背鳍起点的距离，胸鳍长大大短于胸鳍末端至背鳍起点的距离 ………………………… 怀氏兔头鲀 L. wheeleri

6（3）尾鳍双凹形，后缘中部突出，上下缘浅凹；上下叶末端白色，沿尾鳍下缘无白色边缘；体背部蓝褐色或黑褐色 ……………………………………………………… 克氏兔头鲀 L. gloveri

269. 克氏兔头鲀 *Lagocephalus gloveri* Abe *et* Tabeta，1983

Lagocephalus gloveri Abe and Tabeta，1983，UO（Jap. Soc. Ichthyol.），32：2，pls.1～3（Futo，Ito City，Shizuoka，Japan）。

棕腹刺鲀 *Gastrophysus spadiceus*：朱元鼎、许成玉，1963，东海鱼类志：556，图421（上海鱼市场等地）（部分）。

格氏腹刺鲀 *Gastrophysus gloveri*：许成玉，1990，上海鱼类志：374，图240（长江口近海区）。

克氏兔头鲀 *Lagocephalus gloveri*：沈世杰，1993，台湾鱼类志：608，图版206－5（台湾）。

暗鳍兔头鲀 *Lagocephalus gloveri*：伍汉霖等，2002，中国有毒及药用鱼类新志：108，图72（浙江舟山）；李春生，2002，中国动物志·硬骨鱼纲 鲀形目 海蛾鱼目 喉盘鱼目 鮟鱇目：201，图94（长江口近海区等地）；倪勇、伍汉霖，2006，江苏鱼类志：853，图452（吕四，黄海南部）。

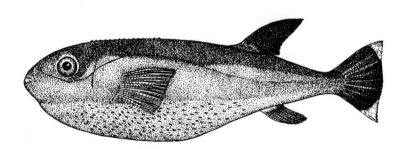

图 269　克氏兔头鲀 *Lagocephalus gloveri*（伍汉霖 等，2002）

英文名　Blowfish。

地方名　乌鱼规、青皮鱼规。

主要形态特征　背鳍13；臀鳍12；胸鳍16；尾鳍1＋8＋2。

体长为体高的3.0～3.2倍，为头长的3.1～3.4倍。头长为吻长的2.5～2.7倍，为眼径的4.4～5.6倍。尾柄长为尾柄高的4.1～4.3倍。

体呈亚圆筒形，头胸部粗圆，向后渐细长，稍侧扁。头较短。吻中长，圆钝，背缘

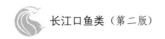

圆突。眼中大，侧上位。眼间隔宽平。鼻瓣呈卵圆形突起，位于眼前缘上方；鼻孔小，每侧 2 个，位于鼻瓣前后各一端。口小，前位，横裂。上下颌骨与牙愈合，形成 4 个喙状牙板，中央骨缝明显。唇发达，细裂，口角有一皮褶，其外侧有一深沟。鳃孔侧位。鳃盖膜暗灰色。

头、体背、腹面均具小刺，侧面光滑无刺，背刺群短，前端始于眼间隔前缘，后端不超过胸鳍后端垂直线。侧线发达，具多条分支。体侧腹面皮褶发达。

背鳍镰形，位于体后部。臀鳍与背鳍相对，同形。胸鳍宽短，上方鳍条较长，下方有小缺刻。无腹鳍。尾鳍宽大，后缘中部突出，其上下两侧稍凹入，呈双凹形。

体背部蓝褐色或黑褐色；体侧具一暗银色纵带；胸鳍暗褐色，臀鳍黄色，无斑纹，腹面色淡。背鳍深灰色微黄；臀鳍灰黄色；胸鳍暗黄绿色，鳍条及鳍膜上均有黑色素。尾鳍暗褐色，上下叶端部具一三角形白色区域。

分布　印度—西太平洋区由日本南部至西太平洋沿岸有分布。我国黄海、东海、南海及台湾海域有分布。长江口近海也有分布。

生物学特性　近海暖温性中大型底层鱼类。生活于大陆架边缘海域的群体，多栖息于水深 100～120 m 的水层。主要摄食甲壳类、贝类头足类和鱼类。产卵期为 4—5 月。中大型鱼类，体长一般为 200～300 mm，大者可达 450 mm。我国东海南部产的肝脏和肠均有毒，南海诸岛产的肉有弱毒，卵巢、肝脏有剧毒。

资源与利用　浙江及福建北部沿海有一定产量，在舟山地区是制作盐干品"乌狼鲞"的原料，在我国台湾北部沿海产量大，占台湾河豚总产量的 80%。长江口近海数量少，无捕捞经济价值。

东方鲀属 *Takifugu* Marshall *et* Palmer，1950

本属长江口 13 种。

种 的 检 索 表

1（4）全体皮肤光滑无刺

2（3）体背部棕褐色，具许多乳白色小椭圆形斑点和蠕虫状细纹；胸斑中等大，具白色菊花状边缘，斑纹稳定，无随生长变化；尾鳍黄色，下缘具白色窄带 …………… 虫纹东方鲀 *T. vermicularis*

3（2）体背部紫褐色；幼鱼体背部具许多白色小圆斑，白斑随生长呈蜂窝状线纹，随即出现黑色小圆点，这些线纹和圆斑随生长消失，成鱼遂呈均匀紫褐色；幼鱼胸斑具菊花状白边，成鱼胸斑几无白边；尾鳍均匀紫褐色，无白色窄带 ……………………… 紫色东方鲀 *T. porphyreus*

4（1）体背部和腹部或侧部皮肤具小刺，或小刺退化而无

5（22）体背部与腹部刺区相互分离，不在体侧相连接

6（13）皮刺细而弱

7（12）体侧色暗的胸斑小，椭圆形，前倾斜位或圆形

8（11）体背部无连接两侧胸斑的色暗的横带或至少成鱼无一些色暗的纵带

9（10）体背部绿褐色或红褐色，具许多色浅的小斑点；椭圆形胸斑具花瓣状白色边缘，背鳍基底亦具一带白色边缘的色暗的大斑；各鳍浅黄色，尾鳍后缘橙色……………………星点东方鲀 *T. niphobles*

10（9）体背部均匀黄棕色，无色浅的小斑点；幼鱼体背具一连接两侧胸斑的色暗的横带，成鱼即消失；胸斑周围具一晕环状宽的色浅的边缘；臀鳍白色，其余各鳍鲜艳黄色……晕环东方鲀 *T. coronoides*

11（8）体背部仅具一呈"一"字形的黑色显著横带，横带与两侧胸斑相连；体背部和尾柄均匀暗绿色，无大斑，连接两侧胸斑的横带、胸斑和背鳍基底的色暗的大斑均被橙色边缘镶嵌；各鳍浅红色，尾鳍后缘红色…………………………………………………………………………弓斑东方鲀 *T. ocellatus*

12（7）体侧色暗的胸斑大，近圆形，竖立或稍前倾斜位；体背部黄棕色，具许多草绿色网状纹，每一个网状纹中心具一同色小圆斑；体侧皮褶具一鲜黄色纵行条带，网状花纹和纵带随生长消失；臀鳍末端褐色，其余白色，尾鳍暗褐色…………………………………网纹东方鲀 *T. reticularis*

13（6）皮刺强而粗

14（17）尾鳍呈黄色

15（16）体背部黄棕色，具多条暗褐色斜带；体侧胸斑暗褐色，胸鳍前部和内侧均具一小暗褐色斑点；各鳍黄棕色 …………………………………………………………………双斑东方鲀 *T. bimaculatus*

16（15）体背部浅蓝色，具多条暗蓝色斜带；体侧及胸鳍前方均无斑点；各鳍鲜黄色……黄鳍东方鲀 *T. xanthopterus*

17（14）尾鳍呈黑色

18（19）体背部棕色，幼鱼时具许多浅黄色小圆斑，圆斑随生长消失；胸斑具色浅的花瓣状边缘，暗褐色，幼鱼时大，成鱼时小；臀鳍末端暗褐色，中部黄色，基部白色………菊黄东方鲀 *T. flavidus*

19（18）体背部黑色，幼鱼时具许多白色小圆斑，圆斑随生长消失；胸斑具一白色边缘，黑色，始终大而不变；臀鳍白色或黑色

20（21）臀鳍白色，有时因充血而发红；幼鱼和成鱼体背和侧部具许多黑白相间的虎斑状花斑，随生长花斑渐少；体较庹长…………………………………………………………………………红鳍东方鲀 *T. rubripes*

21（20）臀鳍全部黑色或末端黑色；幼鱼背面全部黑色，或具许多白色小圆斑，随生长小圆斑逐渐消失，成鱼有时体侧胸斑之后散布一列几个黑色斑点；体较粗短……假睛东方鲀 *T. pseudommus*

22（5）体前刺区和腹部刺区仅在体侧鳃孔前方，或均在鳃孔前方和胸鳍后方相连接

23（24）体背部和腹部刺区仅在鳃孔前方相连接；体侧具一暗褐色小胸斑，幼鱼体背部具 3～4 条浅黄色横带，随生长消失；胸鳍和臀鳍棕黄色，背鳍和尾鳍暗褐色………暗纹东方鲀 *T. obscurus*

24（23）体背部和腹部刺区均在鳃孔前方和胸鳍后方相连接；体背部具 4～6 条显著暗带和众多黄绿色多角形斑点；每个小刺基部具一小圆形肉质突起；各鳍浅黄色……铅点东方鲀 *T. alboplumbeus*

270. 晕环东方鲀 *Takifugu coronoidus* Ni et Li，1992

晕环东方鲀 *Takifugu coronoidus* Ni and Li，1992，Oceanolog. Limnolog. Sinica，23（5）：527，fig. 1（Estuary of Yangtze River，Shanghai，China）。

晕环东方鲀 *Takifugu coronoidus*：许成玉，1990，上海鱼类志：384，图 250（上海宝山区长兴岛、横沙岛，南汇芦潮港，崇明裕安捕鱼站等）；伍汉霖等，2002，中国有毒及药用鱼类新志；121，图 84（崇明）；李春生，2002，中国动物志·硬骨鱼纲 鲀形目 海蛾鱼目 喉盘鱼目 鮟鱇目；230，图 106（上海宝山区、崇明县，江苏沙洲、南通、海门）；倪勇、伍汉霖，2006，江苏鱼类志：863，图 459（张家港，南通，海门）。

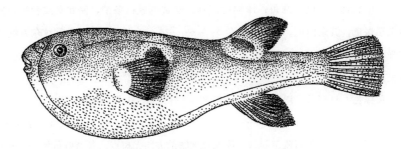

图 270　晕环东方鲀 *Takifugu coronoidus*

英文名　corononal rim puffer。

地方名　河豚。

主要形态特征　背鳍 14～15；臀鳍 13；胸鳍 16～17；尾鳍 1+8+2。

体长为体高的 3.0～3.7 倍，为头长的 2.7～3.1 倍。头长为吻长的 2.7～3.0 倍，为眼径的 5.7～6.1 倍，为眼间隔的 1.9～2.2 倍。尾柄长为尾柄高的 1.9～2.1 倍。

体呈亚圆筒形，前部较粗，向后渐细；尾柄细长，后部渐侧扁。头中大，头长短于鳃孔和背鳍起点的间距。吻短而钝圆，长约等于眼后头长的 1/2。眼中大，上侧位，眼间隔宽而圆凹，鼻孔 2 个，位于鼻瓣内外侧。口小，前位，横裂，上下颌各具 2 个喙状牙板，中央缝明显。唇厚，细裂，下唇较长，两端向上弯曲，伸达上唇外侧。鳃孔中大，浅弧形，位于胸鳍基底前方。鳃盖膜白色。

背面自鼻孔后缘至背鳍起点稍前方，腹面自眼前缘下方至肛门前方，均被不发达小刺。背刺区和腹刺区在胸鳍前的体侧不相连，侧线发达，上侧位，于背鳍基底下方渐渐折向尾柄中央，伸达尾鳍基底，具多条分支。体侧下部左右侧各具一纵行皮褶。

背鳍 1 个，位于肛门后上方，前部鳍条较长。臀鳍与背鳍同形而相对，起点稍后于背鳍起点。胸鳍宽短，上部鳍条较长。尾鳍后缘截形。

背部黄褐色，腹部乳白色。体长 35 mm 的幼鱼背部具一暗褐色横带，与左右侧的胸斑相连；体长 50 mm 的个体，此带增宽约等于眼径；体长 50 mm 以上的个体横带消失、体侧下方自吻至尾柄具一黄色纵带。背鳍和胸鳍黄色。臀鳍乳白色。尾鳍黄色，后缘深黄色。背鳍基底和胸鳍后方各具一深褐色圆斑，围以色淡的日晕状宽环。肛门周围有一明显的白色小圆圈。

分布　仅分布于长江下游和河口水域。长江口见之于江苏省张家港市福姜沙、南通市南通沙、海门县江心沙，上海市崇明岛东滩和长江口南支北水道水域，也见之于南汇芦潮港附近杭州湾。

生物学特性　暖温性中下层小型鱼类。栖息于长江下游和河口的咸淡水或淡水水域。常与暗纹东方鲀混栖，摄食鱼类、虾类和贝类。体长一般为 150～200 mm，大者可达 220 mm。繁殖期可能在 5 月，7 月在崇明可捕到体长仅 30 mm 左右的幼鱼。毒性和毒力与暗纹东方鲀相似，不宜食用。

资源与利用　晕环东方鲀分布范围狭小，群体小，为少见稀有种，渔业意义不大。

271. 菊黄东方鲀 *Takifugu flavidus*（Li，Wang *et* Wang，1975）

Fugu flavidus Li，Wang and Wang in Cheng et al.，1975，Acta Zoolog. Sinica，21 (4)：372，pl. 2，figs. 8～10（Qingdao，China）。

星点圆鲀 *Spherides niphobles*：李思忠，1955，黄渤海鱼类调查报告：326，图 203 （山东，辽宁）（部分）。

星点东方鲀 *Fugu niphobles*：朱元鼎等，1962，南海鱼类志：1081，图 831（广西北海）（部分）；朱元鼎、许成玉，1963，东海鱼类志：565，图 431（江苏北坎，浙江蚂蚁岛、沈家门等）（部分）。

菊黄东方鲀 *Takifugu flavidus*：许成玉，1990，上海鱼类志：383，图 249（南汇芦潮港，长江口北支和长江口近海）；伍汉霖等，2002，中国有毒及药用鱼类新志：122，图 85（长江口）；李春生，2002，中国动物志·硬骨鱼纲 鲀形目 海蛾鱼目 喉盘鱼目 **鮟鱇目**：234，图 108（江苏大沙、吕四，上海佘山，浙江舟山等）；倪勇、伍汉霖，2006，江苏鱼类志：866，图 461（吕四等地）。

星点东方鲀 *Takifugu niphobles*：许成玉，1990，上海鱼类志：382，图 248（南汇芦潮港，长江口近海区）（部分）。

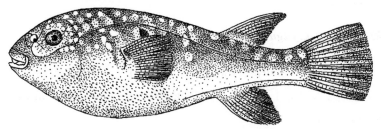

图 271　菊黄东方鲀 *Takifugu flavidus*

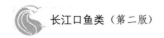

英文名 yellowbelly pufferfish。

地方名 河豚。

主要形态特征 背鳍14～16；臀鳍13～14；胸鳍17～18；尾鳍1＋8＋2。

体长为体高的2.6～3.0倍，为头长的2.7～2.9倍。头长为吻长的2.4～3.1倍，为眼径的6.3～11.0倍，为眼间隔的1.7～2.0倍。尾柄长为尾柄高的1.4～1.6倍。

体呈亚圆筒形，前部较粗，向后渐细；尾柄细长，后部渐侧扁。头较粗短，头长短于鳃孔与背鳍起点的间距。吻钝。眼侧上位。眼间隔宽而圆凸。鼻孔2个，位于卵圆形鼻瓣的内外侧。口小，前位，横裂。上下颌各具2个喙状牙板，中央缝明显。唇厚，细裂，下唇较长，两端向上弯曲，伸达上唇外侧。鳃孔中大，浅弧形，位于胸鳍基底前方。鳃盖膜白色。

头部及体之背面和腹面均具较强的小刺，背刺区呈舌状，前端始于眼间隔中央，后端距背鳍起点有一定距离，背刺区和腹刺区彼此分离。侧线发达，上侧位，于背鳍基底下方渐渐折向尾柄中央，伸达尾鳍基底，具多条分支。体侧下部纵行皮褶发达。

背鳍后位，与臀鳍同形相对。胸鳍宽短。尾鳍后缘截形。

背面黄褐色，腹面白色，体侧下部具一橙黄色纵行宽带。体色和斑纹随个体大小而异。小个体背侧散有白色圆斑，随体长增大，白斑渐渐模糊而后消失，呈一致棕黄色。胸鳍附近体侧具一大黑斑，大部为胸鳍所盖，围以白边，随个体增大，此斑变为狭长甚至分裂成碎斑状。胸鳍基底内外侧常各具一黑斑。体长100 mm以下的个体，背鳍基底黑斑明显，背鳍和臀鳍淡色变为暗黑色，尾鳍尤甚。

分布 仅分布于我国黄海、渤海和东海。长江口见之于北支和南支以及长江口近海，也见之于南汇芦潮港附近之杭州湾水域。

生物学特性 渤海、黄海和东海常见的暖温性近海底层鱼类，也可进入咸淡水区。主要以鱼类、贝类和甲壳类为食。春、夏季节在近海产卵繁殖。体长一般为150～250 mm，大者可达300 mm。长江口的菊黄东方鲀，肝脏、卵巢和肠有强毒，肌肉、精巢与皮肤无毒，但也有个别报道，其肌肉有剧毒，个别鱼精巢具弱毒。

资源与利用 虽内脏有毒，但肉味尚佳，可作生鱼片，日本厚生省于1983年起准予从我国进口。每年秋季在南汇祝桥、泥城、芦潮港和铜沙附近水域用滚钩捕捞产量较好，有时日产可达2.0～2.5 t。

272. 暗纹东方鲀 *Taki fugu obscurus*（Abe，1949）

Sphoeroides ocellatus obscurus Abe，1949，Bull. Biogeogr. Soc. Jap.，14（13）：97，pls. 1，figs. 3～4，pl. 2，fig. 1（Market in Tokyo，Japan. caught from eastern China Sea or its adjoining waters）。

Tetrodon fasciatus：McClelland，1844，J. Calcutta Nat. Hist.，4：412，pl. 21， fig. 2（舟山，宁波）（Non Bloch and Schneider）。

Tetrodon ocellatus bimarculatus：Günther，1873，Ann. Mag. Nat. Hist.，（4）12：250（上海）；Evermann and Shaw，1927，Proc. Calif. Acad. Sci.，（4）16（4）：122（吴淞，杭州）。

Spheroides ocellatus：Fowler and Bean，1920，Proc. U. S. Nat. Mus.，58：317（苏州）；Kimura，1935，J. Shanghai Sci. Inst.，（3）3：117（崇明）。

Tetrodon ocellatus：Tchang，1929，Science，14（3）：407（太湖，苏州，江阴，南京，芜湖）；Shaw，1930，Bull. Fan Mem. Inst. Biol.，196，fig. 34（苏州）。

星弓斑圆鲀 *Spheroides ocellatus*：李思忠，1955，黄渤海鱼类调查报告：321，图199（辽宁，河北，山东）。

河鲀 *Spheroides ocellatus*：伍献文，1962，水生生物学集刊（1）：110（无锡五里湖）。

暗色东方鲀 *Fugu obscurus*：朱元鼎、许成玉，1963，东海鱼类志：567，图433（长江口外海，江苏大沙等）；湖北省水生生物研究所鱼类研究室，1976，长江鱼类：218，图197（崇明，南通，江阴，太湖，芜湖，鄱阳湖，宜昌）。

暗纹东方鲀 *Fugu obscurus*：成庆泰等，1975，动物学报，21（4）：373，图版Ⅰ，图11（上海吴淞等地）；苏锦祥，福建鱼类志（下卷）：605，图790（福建闽江口）。

暗纹东方鲀 *Takifugu obscurus*：许成玉，1990，上海鱼类志：377，图243（石洞口，芦潮港，黄渡，商榻，崇明前哨农场，杭州湾北部）。

暗纹东方鲀 *Takifugu fasciatus*：李春生，2002，中国动物志·硬骨鱼纲 鲀形目 海蛾鱼目 喉盘鱼目 鮟鱇目：232，图107（上海吴淞、佘山、长江口等地）；倪勇、伍汉霖，2006，江苏鱼类志：864，图460，彩图63（吕四、浏河等地）。

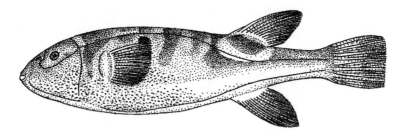

图272 暗纹东方鲀 *Takifugu obscurus*

英文名 obsure puffer。

地方名 河豚、河鲀、巴鱼、浜鱼。

主要形态特征 背鳍15～18；臀鳍13～16；胸鳍16～18；尾鳍1＋8＋2。

体长为体高的3.0～3.8倍，为头长的2.7～3.9倍。头长为吻长的2.3～3.2倍，为眼径的5.7～12.4倍。尾柄长为尾柄高的1.4～1.9倍。

体呈亚圆筒形，头胸部较粗圆，微侧扁，躯干部向后渐细。体侧下缘皮褶发达。头中大，钝圆。前额骨略呈三角形，占眶上缘的 1/2。吻中长，圆钝，吻长短于眼后头长。眼中大，侧上位。眼间隔宽而微凸。鼻瓣呈卵圆形突起，位于眼前缘上方；鼻孔每侧 2 个，紧位于卵圆形鼻瓣的内外侧。口小，前位。上下颌齿呈喙状，上下颌骨与齿愈合，形成 4 个大牙板，中央缝明显。唇厚，下唇较长，两端向上弯曲。鳃孔中大，浅弧形，侧中位，位于胸鳍基底前方。鳃盖膜厚，白色。

体呈背自鼻孔至背鳍起点，腹面自鼻孔下方至肛门稍前方均被小刺；吻侧、鳃孔后方体侧和尾柄光滑无刺。背刺区和腹刺区在眼后相连。侧线发达，具多条分支。

背鳍 1 个，略呈镰形，位于体后部，始于肛门后上方，前部鳍条延长。臀鳍 1 个，与背鳍几同形，基底稍后于背鳍基底。无腹鳍。胸鳍宽短，侧中位，近似方形，后缘亚圆截形。尾鳍宽大，后缘稍呈圆形。

体呈棕褐色，体侧下方黄色，腹面白色。背侧具暗褐色横纹 5～6 条，横跨于眼后、项部、胸鳍上方和被背鳍前部上方，横纹之间具黄褐色狭纹 3～4 条。胸鳍后上方具一大黑斑，边缘浅褐带绿色。背鳍基部也具一黑色大斑，边缘浅褐带绿色。幼体背部色暗的横纹上具小白斑，个体较大者小白斑不明显以至完全消失。背鳍和尾鳍黄褐色，尾鳍后缘暗褐色，胸鳍浅黄，臀鳍黄色，末端暗褐色。

分布　仅分布于中国和朝鲜半岛西岸。中国产于渤海、黄海和东海，也进入淡水水域，见之于长江中下游及其通江湖泊，诸如太湖、鄱阳湖和洞庭湖等，钱塘江中下游、闽江下游和河北大清河也有分布。

生物学特性

[习性] 暖温性底层中大型鱼类，具溯河产卵习性。每年春末夏初，亲鱼结群由海入江溯河产卵。产卵后亲鱼返回大海，幼鱼就在该繁殖水域生活，当年秋季水位下落随流入海，或停留至翌年春季下海，在近海育肥，性腺快要成熟再参加溯河繁殖。经长江口进入长江的繁殖群体上溯最远可达湖北宜昌，也进入太湖、鄱阳湖和洞庭湖等通江湖泊。在钱塘江最远可达桐庐。

暗纹东方鲀有气囊，若遇外敌腹部会迅速膨胀，整个身体便呈球状，皮上小刺竖起可藉以自卫，同时由于牙板或其他骨骼相互摩擦会发出"咕咕"之声，以威吓对方。该鱼有争夺占据生活空间的习性，若身体相互接触或水体中密度过高，会疯狂撕咬对方。爱钻沙，常以腹贴底，左右晃动身体拨开海底沙子，以尾将沙撒在身上，埋于沙中仅露眼睛和背鳍在外。冬季会在塘底弄出一个浅坑，3～5 尾鱼挤在一起越冬。

[年龄与生长] 体长一般为 180～280 mm，最大者达 325 mm。体长增长 1 龄最快，以后增速随年龄增长递减。体重增长当年鱼最小，鱼龄至 3 龄递增，4 龄起生长趋缓。

[食性] 杂食性，肠管中虾、蟹、螺、昆虫幼体、枝角类、桡足类以及高等植物的叶片和丝状藻均有出现。体长 20 mm 左右的幼鱼，食性与其生活环境的饵料基础有关。长江下游幼鱼完全以别种鱼类的幼鱼为食，在太湖幼鱼几乎完全摄食象鼻溞。体长 55 mm

以上的幼鱼上下颌已具牙板，食性与成鱼的食性基本相同，饵料不足或密度过密时会发生同类相残。

［繁殖］性成熟年龄雌鱼为 3～4 龄，雄鱼为 2～3 龄。性成熟最小型雌鱼体长 196 mm、体重 341 g，雄鱼体长 188 mm、体重 245 g。进入长江的繁殖群体，雄鱼体重在 350 g 以上，雌鱼体重在 450 g 以上，性腺均已成熟。卵巢为淡紫红色或乳黄色，两侧卵巢大小常不相等，一般左大右小。卵巢中卵粒充满卵黄，不透明，卵径 0.9～1.0 mm，成熟系数 11.4～20.8，怀卵量一般为 14 万～30 万粒。精巢较大，乳白色，Ⅳ期末的精巢松软，轻压腹部即有精液流出，成熟系数高达 10.8～16.4。

暗纹东方鲀在长江中游干流及通江湖泊洞庭湖、鄱阳湖等水体中产卵。产卵期从 4 月中下旬到 6 月下旬，5 月为产卵盛期，属一次产卵型。成熟卵沉性，圆球形，淡黄色，卵径 1.118～1.274 mm，具油球 280～390 个，油球径 0.026～0.078 mm。受精卵遇水后产生黏性结成团块，黏附在其他物体上进行孵化。孵化温度 18～26 ℃。在水温 18.6～21.5 ℃条件下，受精卵经 5～6 d 孵化仔鱼大量出膜。初孵仔鱼全长 1.90～2.19 mm。

资源与利用　曾是长江口和长江下游江段主要渔业对象之一，产量较高，有一定经济价值。江苏省 1954 年产 1 000 t，20 世纪 60 年代逐年减少，1968 年为 130 t，70 年代一直徘徊在 100 t 上下，1973 年不足 50 t，1990 年仅 26 t，1993 年已不足 10 t。80 年代已不成渔汛，自然资源严重衰退。

渔场在宝山至太仓一带、江阴附近、泰兴洋思港一带、镇江龟山头附近以及仪征大河口一带，以江阴附近和镇江龟山头一带为主，产量较高。生产季节比刀鲚渔汛稍早，一般是立春至谷雨（2 月上旬至 4 月下旬），以清明（4 月上旬）为旺季。作业工具大多用钓，有 2 种：①空钩延绳钓，俗称滚钩，不设饵；②饵钩延绳钓，以白虾、文蛤肉等为饵。崇明等地有插网和罩网作业，暗纹东方鲀是兼捕对象，以晴天东南风或东北风涨潮最适宜。

暗纹东方鲀是食用佳品，既鲜又肥，有人说"吃了河豚鱼，百样无滋味"。但该鱼有毒，处置不当食之甚至会中毒而亡。苏南民间曾有一句顺口溜"河豚本非席中菜，明知有毒心中爱"，但其实只要处理得当，安全不会有问题。

河鲀是东方鲀属（*Takifugu*）鱼类的统称，我国有 22 种，长江口有 12 种，暗纹东方鲀乃其中之一，卵巢和肝脏有剧毒，少数种肌肉、皮肤和精巢也有毒。体内含毒物质为河鲀毒素（tetrodotoxin，TTX），是一种神经毒素，分子式为 $C_{11}H_{17}O_8N_3$，原子量 319，毒性很强，比剧毒品氰化钠还强 1 000 倍，体重 50 kg 的人口服约 2 mg 即可致死。东方鲀属鱼类的河鲀毒素并非天生来自遗传，而是后天获得的一种毒素。这些鱼的体内，尤以肠道为主，存在一种细菌——海洋弧菌，这种细菌代谢过程中产生毒素，不断地积累于东方鲀属鱼类的体内，导致它们具剧毒。不同种、不同季节、不同脏器毒素含量不同。暗纹东方鲀的河鲀毒素含量在脏器呈梯度分布依次为：卵巢、肝脏、血液、皮肤、眼、精巢；雌鱼毒性大于雄鱼毒性；产卵前大于产卵后。生殖季节暗纹东方鲀卵巢中的河鲀毒素Ⅳ期为 $3.7\sim 8.6~\mu g/g$，Ⅴ期为 $11.5\sim 19.8~\mu g/g$。

河鲀毒素的作用机理主要是阻遏神经的传导，使肌体发生神经性麻痹，导致中毒者多因呼吸中枢深度麻痹循环衰竭而亡。中毒症状常在食后 $10\sim 15~min$ 发作，始则全身欠爽，脸色苍白，头眩晕，唇和舌感觉倒错，运动失调。继而呼吸窘迫，频率增高，鼻孔搐动，最后导致失音，语言能力丧失，四肢肌肉麻痹。临终前可发生惊厥，眼球固定，瞳孔缩小或扩大，角膜反射消失。

河鲀毒素理化性质稳定，其结晶不溶于水及乙醇、乙醚、苯等有机溶剂，对酸类、盐类和热均稳定，不易被分解。但在加碱高温条件下可完全被破坏，在 4% 的氢氧化钠、氢氧化钾溶液中迅速被分解，加热 $115~℃$ 经 $3~h$、$120~℃$ 以上经 $30~min$、$200~℃$ 以上经 $10~min$，可使毒素全部破坏毒性消除。野生暗纹东方鲀肝脏含毒量为 $10.504~4~\mu g/g$，在 $150~℃$ 加热 $4~min$，毒素即可去除干净，在用食用油烹饪时一般都能达到 $150~℃$，食用过程中对其肝脏油煎烹调适当时间，可以有效除去毒素。

河鲀毒素对人体有害亦有利，在医药上可用于镇痛、镇静、镇痉，能缓解晚期癌症患者的剧烈疼痛，也可用于戒毒，对治疗气喘、百日咳、胃痉挛、破伤风等病有良好功效。国际市场纯品每克高达 6 万美元。

暗纹东方鲀肌肉、血液和精巢无毒，鲜食时需将内脏、血液、皮肤、鱼眼除去，洗净，长时间烹煮方可食用。在淡水水体中人工繁育、养殖的暗纹东方鲀，在不同组织中河鲀毒素的含量都很低，甚至可称几乎无毒。

1991 年，上海市水产研究所率先在人工繁殖和养殖技术方面研究成功，生产上取得了经济效益，随后一些高等院校和科研单位，以长江下游为中心，与生产单位合作，共同进行开发研究，短短 10 余年，暗纹东方鲀淡水养殖已从上海和江苏扩展到了浙江、安徽、福建、广东、湖北、四川和河南等省，形成了上海、扬中、江阴、南通等生产与销售中心。除上海外，各地年产鱼苗均可达 10 万尾以上。2000 年全国人工繁育的苗种达 300 万尾。在长江口所产 12 种东方鲀属鱼类中，暗纹东方鲀的淡水养殖是发展规模最大、发展速度最快的一种，开发前景看好。

【本种的学名一直较为混乱，我国的鱼类学文献中中文种名为"暗纹东方鲀"的常用种加词有 *obscurus* 和 *fasciatus* 两个。2002 年以前的文献多采用 *obscurus*，为日本学者 Abe 于 1949 年以在东京鱼市（鱼采集自中国东海）标本，以 *Sphoeroides ocellatus obscurus* 的亚种形式命名。李春生（2002）在《中国动物志·硬骨鱼纲 鲀形目》中提出，本种早在 1844 年由 McClelland 将在我国舟山和宁波采集以 *Tetrodon fasciatus* 的学名进行了报道，据此将本种的学名恢复为 *Takifugu fasciatus* (McCelland, 1844)。但对原始文献查阅时发现，在 1844 年 McCelland 命名前，Bloch 和 Schneider 于 1801 年已以相同的学名 *Tetrodon fasciatus* 命名了一个物种，依据国际动物命名规约，McCelland 的命名无效。

据此，本种的学名还应以 Abe 于 1949 年首次命名：*Takifugu obscurus*（Abe，1949）。中文名暗纹东方鲀仍沿用，不作更改。】

273. 黄鳍东方鲀 *Takifugu xanthopterus*（**Temminck et Schlegel，1850**）

Tetrodon xanthopterus Temminck and Schlegel，1850，Pisces，Fauna Japonica Last Part：284，pl. 125，fig. 1（Nagasaki，Japan）。

条圆鲀 *Spherides xanthopterus*：李思忠，1955，黄渤海鱼类调查报告：371，图 196（辽宁，河北，山东）。

条纹东方鲀 *Fugu xanthopterus*：朱元鼎等，1962，南海鱼类志：1075，图 827（广东，广西，海南）；朱元鼎、许成玉，1963，东海鱼类志：562，图 427（上海鱼市场，江苏北坎，浙江舟山等）；湖北省水生生物研究所鱼类研究室，1976，长江鱼类：219，图 198（崇明东滩）。

黄鳍东方鲀 *Fugu xanthopterus*：江苏省淡水水产研究所等，1987，江苏淡水鱼类：292，图 148（长江口，东台，吕四）；陈马康等，1990，钱塘江鱼类资源：231，图 232（海盐，杭州湾）。

黄鳍东方鲀 *Takifugu xanthopterus*：许成玉，1990，上海鱼类志：379，图 245（崇明裕安捕鱼站，长江口近海区）；伍汉霖，2002，中国有毒及药用鱼类新志：140，图 99（上海鱼市场，浙江大陈岛、福建福鼎）；李春生，2002，中国动物志·硬骨鱼纲 鲀形目 海蛾鱼目 喉盘鱼目 鮟鱇目：272，图 124（上海佘山洋，长江口，浙江舟山，江苏连云港、吕四等）；倪勇、伍汉霖，2006，江苏鱼类志：878，图 470（长江口等地）。

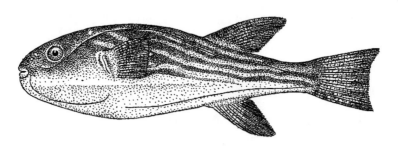

图 273　黄鳍东方鲀 *Takifugu xanthopterus*

英文名　yellowfin puffer。

地方名　青郎鸡、乌郎鲞（盐干品）。

主要形态特征　背鳍 14～18；臀鳍 12～17；胸鳍 15～18；尾鳍 1+8+2。

体长为体高的 3.4～3.6 倍，为头长的 2.9～3.2 倍。头长为吻长的 2.3～2.7 倍，为眼径的 4.1～6.2 倍，为眼间隔的 1.7～2.3 倍。尾柄长为尾柄高的 2.4～2.7 倍。

体呈圆筒形，前部较粗，向后渐细；尾柄较长，后部侧扁。头中大，头长小于鳃孔

和背鳍起点的间距。吻圆钝，吻长显著短于眼后头长。眼中大，眼间隔宽平。鼻孔每侧 2 个，紧位于鼻瓣内外侧。鼻瓣呈卵圆形，位于眼前缘上方。口小，前位，上下颌各具 2 个喙状牙板，中央缝明显。唇厚，细裂，下唇较长，两端向上弯曲，伸达上唇外侧。鳃孔中大，浅弧形，位于胸鳍基底前方。鳃盖膜白色。

背面自鼻孔前缘上方至背鳍起点前方，腹面自鼻孔后缘下方至肛门前方均被较强小刺，背刺区和腹刺区分离。侧面光滑无刺。侧线发达，上侧位，在背鳍基底下方渐渐折向尾柄中央，伸达尾鳍基底，具多条分支。体侧皮褶发达。

背鳍始于肛门后上方。臀鳍和背鳍同形相对，胸鳍宽短，近方形。尾鳍后缘截平或稍凹入。

背面青灰色，具深蓝色斜行宽带多条，有时宽带裂成斑带状。无胸斑。背侧面具 3～4 条蓝黑色弧形宽纹，最后 2 条与背缘平行，后延伸达尾鳍基部。宽纹之间具白色细纹，在胸鳍后方相连并向后分叉。背鳍基底具一椭圆形蓝黑色大斑，边缘白色。胸鳍基底内外侧各具一黑色大斑。腹侧白色。背侧、上下唇、鼻囊和各鳍均为黄色。

分布　中国、朝鲜半岛和日本相模湾以南的太平洋沿岸均有分布。中国分布于渤海、黄海、东海和南海以及台湾沿岸。长江口见之于崇明东滩水域以及近海区。

生物学特性　近海底栖肉食性鱼类。在东海和黄海主要栖息于我国江苏海州湾至韩国济州岛南部海域。以虾类、蟹类、贝类、头足类、棘皮动物和小型鱼类为食。冬末（2月）性腺成熟，开始生殖洄游，向我国沿岸各大河口移动。在长江口繁殖季节在 2—3 月。在河口咸淡水水域产卵。卵呈圆球形，具油球，黏性。4—5 月仔鱼出现于沿岸水域。幼鱼喜集群，栖息于河口咸淡水水域或泥沙底的内湾。10 月游向外海越冬。个体较大，体长一般为 200～500 mm，大者可达 600 mm。牙板锐利，常咬断钓丝及网具逃逸，影响渔民作业。

资源与利用　在东海区和台湾海峡十分常见，在长江口舟山渔场有一定产量，在台湾生产的香鱼片（河鲀鱼干）中，该鱼约占 15％，具一定经济价值。在长江口除冬季外，几乎终年可捕。作业主要有插网和滚钩 2 种，长江口北支渔场在崇明北八滧以东及崇明岛东滩，长江口南支渔场在横沙岛、潘家沙、九段沙以及川沙和南汇沿岸。渔获物去内脏洗净后盐渍再晒干，上市干制品俗称乌郎鲞。长江口的黄鳍东方鲀，卵巢和肝脏有强毒，肠毒性较弱，肌肉、精巢和皮肤基本无毒。鲜肉洗净可供食用，但处理不当亦会发生中毒。

刺鲀科 Diodontidae

本科长江口 1 属。

刺鲀属 *Diodon* Linnaeus，1758

本属长江口1种。

274. 六斑刺鲀 *Diodon holocanthus* Linnaeus，1758

Diodon holocanthus Linnaeus，1758，Syst. Nat.，ed. 10，1：335（India）。

刺鲀 *Diodon holocanthus*：李思忠，1955，黄渤海鱼类调查报告：327，图204（山东青岛）。

六斑刺鲀 *Diodon holocanthus*：李思忠，1962，南海鱼类志：1100，图843（广东，海南）；朱元鼎、许成玉，1963，东海鱼类志：569，图435（浙江）；苏锦祥，1985，福建鱼类志（下卷）：617，图800（厦门等地）；苏锦祥，2002，中国动物志·硬骨鱼纲 鲀形目 海蛾鱼目 喉盘鱼目 鮟鱇目：286，图131（上海等地）；倪勇、伍汉霖，2006，江苏鱼类志：880，图471（吕四等地）。

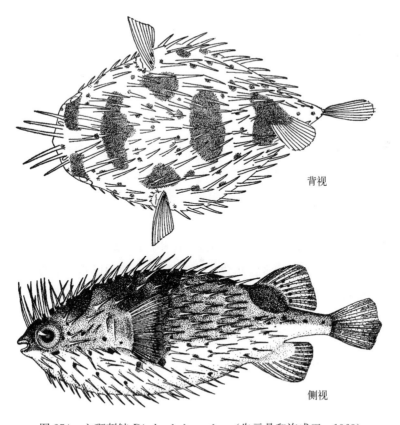

背视

侧视

图274 六斑刺鲀 *Diodon holocanthus*（朱元鼎和许成玉，1963）

英文名 longspined porcupinefish。

地方名 刺乖、刺龟。

主要形态特征　背鳍 13～15；臀鳍 13～15；胸鳍 20～24；尾鳍 9。

体长为体高的 1.8～3.0 倍，为头长的 2.2～2.9 倍。头长为吻长的 2.6～5.3 倍，为眼径的 2.9～5.4 倍。

体宽短，稍平扁，头和体前部粗圆；尾柄细短，稍侧扁。头宽平。吻宽短，前端呈三角状突出。眼大，侧上位。眼间隔宽平，中央微凸。鼻孔每侧 2 个，紧位于鼻瓣的两侧，鼻瓣呈卵圆形突起。口小，前位。上颌稍长于下颌。上下颌齿各具一喙状齿板，无中央缝。唇发达，下颌口角具一唇褶。鳃孔小，侧中位，位于胸鳍基底前方，浅弧形。

头、体除吻端及尾柄外均被长棘，棘大多具 2 棘根，能活动。鳃孔上方有 1～2 短且具 3 棘根的小棘，不能活动。眼下缘下方有一指向腹面的小棘。尾柄上无棘。

背鳍 1 个，位于体后部，肛门前上方，略呈长方形，臀鳍与背鳍同形，起点在背鳍基底后端下方。胸鳍宽短，侧位，略呈方形，上部鳍条较长。尾鳍后缘圆形。

体背侧面灰褐色，头体上具一些大型黑色斑纹，通常黑斑边缘无色浅的环纹：背鳍基底有一圆形黑斑；背鳍和胸鳍间的背中央具一黑色横斑；左右胸鳍基底上方各有一黑色斑块；头顶枕区有一黑色横带；眼区有一黑斑自眼下方向上延伸至眼间隔处，通常左右黑斑连接而横过眼间隔；鳃孔前一半无黑斑。头腹面无横行的喉斑。体背部及侧面有一些分散的小黑色斑点。体腹面白色，有一些黑色斑点分布。各鳍灰白色（新鲜时为黄色），无黑色斑点。

分布　全世界各大洋的热带海区均有分布。我国产于黄海、东海、南海和台湾海域。长江口近海也有分布。

生物学特性　暖水性底层鱼类。栖息于水深 30 m 以浅的珊瑚礁或岩礁区。平时常单独活动，春末繁殖季节则大量聚集。肉食性，以寄居蟹、大型甲壳动物等为食，一般夜间觅食。遇敌害时气囊能使腹部膨大似球状，各棘竖立以自卫。个体一般不大，多为 100～200 mm，大者可达 300 mm。

资源与利用　内脏和生殖腺有毒，不能食用；肉质鲜美，鱼皮富含丰富的胶原蛋白，可供食用，也可作为海洋水族馆观赏鱼供人观赏。2017 年中国水产科学研究院东海水产研究所突破了六斑刺鲀的人工繁育技术，对保护和开发这一具有较高价值的海水鱼类奠定了基础。

翻车鲀科 Molidae

本科长江口 1 属。

翻车鲀属 *Mola* Koelreuter，1766

本属长江口 1 种。

275. 翻车鲀 *Mola mola* （Linnaeus，1758）

Tetraodon mola Linnaeus，1758，Syst. Nat.，ed. 10，1：334（Mediterranean Sea）。

翻车鲀 *Mola mola*：李思忠，1962，南海鱼类志：1108，图848（广东徐闻）；朱元鼎、许成玉，1963，东海鱼类志：570，图437（上海）；苏锦祥，1985，福建鱼类志（下卷）：621，图803（厦门）；苏锦祥，2002，中国动物志·硬骨鱼纲 鲀形目 海蛾鱼目 喉盘鱼目 鮟鱇目：295，图136（上海）；倪勇、伍汉霖，2006，江苏鱼类志：883，图473（黄海南部）。

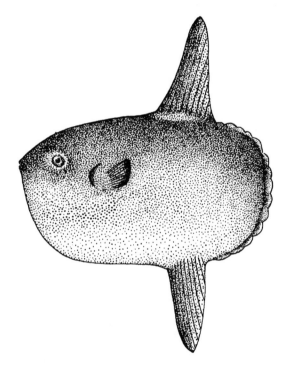

图 275　翻车鲀 *Mola mola*（朱元鼎和许成玉，1963）

英文名　ocean sunfish。

地方名　刺翻车鱼。

主要形态特征　背鳍15～18；臀鳍14～17；胸鳍12～13。

体长为体高的1.6～1.7倍，为头长的3.6～3.8倍。头长为吻长的2.0～2.3倍，为眼径的7.1～8.2倍。

体呈亚圆形，侧扁而高；尾部很短，无尾柄。头高而侧扁。吻圆钝。眼小，侧上位。眼间隔宽突。鼻孔每侧2个，很小，位于眼的正前方。口小，前位。上下颌各具一喙状齿板，无中央缝。唇厚。各鳃盖骨均埋于皮下。鳃孔小，侧上位，位于胸鳍基底前方。

体和鳍均粗糙，具刺状或粒状突起。无侧线。

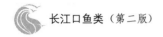

背鳍 1 个，高大，略呈镰形，位于体的后部。臀鳍与背鳍同形，起点稍后于背鳍起点。背鳍和臀鳍后部鳍条后延，在体后端相连，形成类似尾鳍的舵鳍，无真正的尾鳍。舵鳍边缘波曲状，具 12～16 鳍条，中部 8～9 鳍条后端具小骨板。胸鳍短小，圆形，基底平横，并不垂直。无腹鳍。无腰带骨。

体背侧面灰褐色，腹面银白色。各鳍灰褐色。

分布　分布于全世界各大洋的热带和温带海区均有分布。我国产于东海、南海和台湾海域，渤海和黄海偶有出现。长江口近海亦有分布。

生物学特性　暖水性大型大洋鱼类。栖息于各热带和亚热带海洋，也见于温带或寒带海洋。单独或成对游泳，有时 10 余尾成群，小个体鱼较活泼，常跃出水面，大个体鱼行动迟缓，常侧卧于水面而随波逐流，或正常游泳于水表层，背鳍露出水面，也能潜入数百米深水中。摄食海藻、水母、浮游甲壳类及小鱼等。怀卵量极大，可达 3 亿粒，是鱼类中怀卵数量最多的。大型鱼类，最大体长可达 3.0～5.5 m，体重达 1 400～3 500 kg。

资源与利用　肉可供食用，但因其食物链中有时包括东方鲀或刺鲀，食用可能中毒。鱼皮可制胶，鱼肝可提炼鱼肝油。长江口极其稀少，无捕捞经济价值。

附　录

附录一　鱼类形态术语说明图

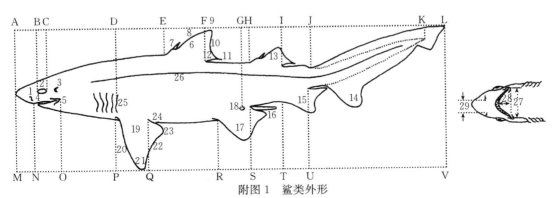

附图 1　鲨类外形

A—L：全长　A—K：体长　A—D：头长　D—G：躯干长　G—L：尾长　J—L：尾鳍长　A—B：吻长　B—C：眼径　M—N：口前吻长　N—O：口长　E—F：第一背鳍基底长　F—H：第一背鳍与第二背鳍之间距离　H—I：第二背鳍基底长　P—Q：胸鳍基底长　R—S：腹鳍基底长　T—U：臀鳍基底长

1. 鼻孔　2. 眼　3. 喷水孔　4. 口　5. 唇褶　6. 第一背鳍　7. 背鳍鳍棘　8. 背鳍前缘　9. 背鳍上角　10. 背鳍后缘　11. 背鳍下角　12. 背鳍下缘　13. 第二背鳍　14. 尾鳍　15. 臀鳍　16. 鳍脚　17. 腹鳍　18. 泄殖孔　19. 胸鳍　20. 胸鳍前缘　21. 胸鳍外角　22. 胸鳍后缘　23. 胸鳍里角　24. 胸鳍里缘　25. 鳃孔　26. 侧线　27. 口宽　28. 口长　29. 鼻间隔

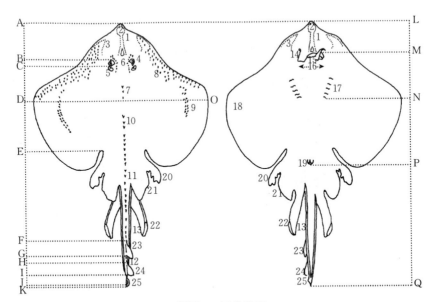

附图 2　鳐类外形

A—K 和 L—Q：全长　A—J：体长　L—N：头长　P—Q：尾长　A—E：体盘长　D—O：体盘宽　A—B：吻长　B—C：眼径　L—M：口前吻长　F—G：第一背鳍基底长　H—I：第二背鳍基底长　G—H：背鳍间距　I—K：尾鳍长

1. 吻软骨　2. 翼状软骨　3. 辐射软骨　4. 眼　5. 喷水孔　6. 眼区结刺　7. 头后结刺　8. 头侧小刺　9. 钩刺群（见于雄性）10. 背上结刺　11. 尾上结刺　12. 鳍间结刺　13. 侧褶　14. 前鼻瓣　15. 口　16. 口宽　17. 鳃孔　18. 胸鳍　19. 泄殖孔　20. 腹鳍前叶　21. 腹鳍后叶　22. 鳍脚　23. 第一背鳍　24. 第二背鳍　25. 尾鳍

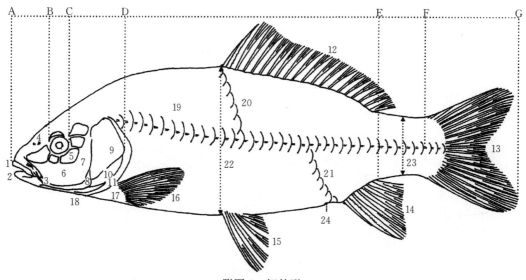

附图 3　鲤外形

A—G：全长　A—F：体长　A—D：头长　A—B：吻长　B—C：眼径　C—D：眼后头长　E—F：尾柄长

1. 上颌　2. 下颌　3. 颌须　4. 鼻孔　5. 围眼骨　6. 颊部　7. 前鳃盖骨　8. 间鳃盖骨　9. 鳃盖骨　10. 下鳃盖骨　11. 鳃盖条　12. 背鳍　13. 尾鳍　14. 臀鳍　15. 腹鳍　16. 胸鳍　17. 胸部　18. 峡部　19. 侧线　20. 侧线上鳞　21. 侧线下鳞　22. 体高　23. 尾柄高　24. 肛门

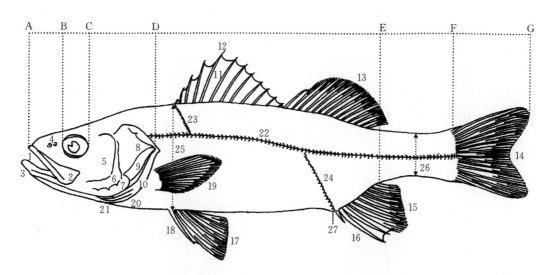

附图 4　中国花鲈外形

A—G：全长　A—F：体长　A—D：头长　A—B：吻长　B—C：眼径　C—D：眼后头长　E—F：尾柄长

1. 前颌骨　2. 上颌骨　3. 下颌　4. 鼻孔　5. 颊部　6. 前鳃盖骨　7. 间鳃盖骨　8. 鳃盖骨　9. 下鳃盖骨　10. 鳃盖骨　11. 第一背鳍鳍条　12. 第一背鳍　13. 第二背鳍　14. 尾鳍　15. 臀鳍　16. 臀鳍鳍棘　17. 腹鳍　18. 腹鳍鳍棘　19. 胸鳍　20. 胸部　21. 峡部　22. 侧线鳞　23. 侧线上鳞　24. 侧线下鳞　25. 体高　26. 尾柄高　27. 肛门

附录二　长江口鱼类目的检索表

1（11）内骨骼完全为软骨；鳃孔每侧 5～7 个，分别开口于体外，或每侧 4 个，外被一膜化鳃盖，后具
　　　　一总鳃孔；体被皮齿（盾鳞）·· 软骨鱼纲 Chondrichthyes

2（8）眼和鳃孔侧位，眼缘游离；胸鳍前缘游离，与体侧和头侧不愈合··
　　　　·· 鲨形总目 Selachomorpha

3（6）具臀鳍

4（5）眼无瞬膜或瞬褶；椎体的 4 个不钙化区无钙化辐条；无鼻口沟；鼻孔不开口于口内 ···············
　　　　··· 鼠鲨目 Lamniformes

5（4）眼具瞬膜或瞬褶；椎体 4 个不钙化区有钙化辐条 ···························· 真鲨目 Carcharhiniformes

6（3）无臀鳍

7（8）体亚圆筒形；胸鳍正常；背鳍一般具棘 ······································· 角鲨目 Squaliformes

8（2）眼背位，鳃孔腹位；上眼缘不游离；胸鳍前缘与体侧及头侧愈合··
　　　　·· 鳐形总目 Batomorpha

9（10）尾部一般粗大，具尾鳍；背鳍 2 个或无；无尾刺 ······························· 鳐目 Rajiformes

10（9）尾部一般细小呈鞭状（如粗大则具尾鳍）；尾鳍一般退化或消失；背鳍 1 个；常具尾刺 ·········
　　　　·· 鲼目 Myliobatiformes

11（1）内骨骼稍为硬骨性；鳃裂外被骨质鳃盖，每侧有 1 个外鳃孔；体被硬鳞、栉鳞、圆鳞或无鳞
　　　　·· 硬骨鱼纲 Osteichthyes

12（13）体被硬鳞或裸露；尾为歪尾型 ····································· 鲟形目 Acipenseriformes

13（12）体被栉鳞、圆鳞或裸露；尾一般为正型尾

14（31）鳔存在时具鳔管

15（16）体呈鳗形；发育过程有叶状幼体；无腹鳍 ······························· 鳗鲡目 Anguilliformes

16（15）体不呈鳗形；一般具腹鳍

17（18）颏部一般有喉板；发育过程中有叶状幼体 ································· 海鲢目 Elopiformes

18（17）颏部无喉板；发育过程无叶状幼体

19（20）无侧线；体被圆鳞 ··· 鲱形目 Clupeiformes

20（21）具侧线；体被栉鳞或圆鳞

21（26）前部第一至第三脊椎骨特化，并与 1 对或数对头肋相接，或前部第一至第四脊椎骨形成韦伯氏器

22（23）前部第一至第三脊椎骨特化，并与 1 对或数对头肋相接 ············· 鼠鱚目 Gonorhynchiformes

23（22）前部第一至第四脊椎骨形成韦伯氏器

24（25）体被圆鳞或裸露；上下颌一般无齿；咽骨和咽齿扩大；具顶骨与下鳃盖骨 ·················
　　　　·· 鲤形目 Cypriniformes

25（24）体裸露或被骨板；上下颌具齿；咽骨和咽齿不扩大；无顶骨与下鳃盖骨 ········· 鲇形目 Siluriformes

26（21）前部第一至第四脊椎骨不特化或形成韦伯氏器

27（28）口裂上缘由前颌骨和上颌骨组成；一般有脂鳍；有侧线 ··············· 胡瓜鱼目 Osmeriformes

28（27）口裂上缘仅由前颌骨组成；上颌不能伸缩

29（30）无发光器；无上咽齿和鳃弓缩肌 ………………………………… 仙女鱼目 Aulopiformes

30（31）具发光器；具上咽齿和鳃弓缩肌 ………………………………… 灯笼鱼目 Scopeliformes

31（14）鳔存在时无鳔管

32（57）具腹鳍；上颌骨不与前颌骨固连或愈合为骨喙

33（56）体对称；头左右侧各具 1 个眼

34（53）腹鳍一般腹位或亚胸位

35（52）体不呈鳗形；背鳍和臀鳍具棘和鳍条

36（51）吻不呈管状；背鳍前无游离棘

37（38）第一脊椎骨附着在头骨上；后耳骨很大，将前耳骨与侧枕骨隔离；背鳍、臀鳍一般无棘（除长尾鳕外）………………………………………………………………………… 鳕形目 Gadiformes

38（37）第一脊椎骨不附着在头骨上；后耳骨不扩大

39（40）胸鳍基底呈臂状；体无鳞；鳃孔位于胸鳍基底下方或后方；腹鳍喉位；背鳍第一棘末端常形成瓣膜状、叶片状或球茎状吻触手 ………………………………………… 鮟鱇目 Lophiiformes

40（39）胸鳍基底不呈臂状

41（42）两背鳍分离颇远；腹鳍腹位或亚胸位 ………………………… 鲻形目 Mugiliformes

42（41）两背鳍相互靠近或只有 1 个背鳍

43（48）背鳍一般无鳍棘

44（45）背鳍 2 个；鼻孔每侧 2 个；体无侧线 ………………………… 银汉鱼目 Atheriniformes

45（44）背鳍 1 个；鼻孔每侧 1 个或 2 个；侧线有或无

46（57）鼻孔每侧 1 个；体具侧线，侧线位低与腹缘平行；尾鳍深凹 ………… 颌针鱼目 Beloniformes

47（46）鼻孔每侧 2 个；体无侧线；尾鳍圆形、截形或微凹 ……… 鳉形目 Cyprinodontiformes

48（43）背鳍一般具鳍棘

49（53）辅上颌骨 1～2 枚；头部黏液腔常较发达 ……………… 金眼鲷目 Beryciformes

50（52）无辅上颌骨；头部无黏液腔；后颞骨与头骨愈合；背鳍、臀鳍基部及胸腹部具或无棘状骨板……
……………………………………………………………………………… 海鲂目 Zeiformes

51（36）吻管状；背鳍前至少有 2 游离棘，不与鳍膜相连；体裸露或沿体侧有 1 行骨板 …………
…………………………………………………………………………… 刺鱼目 Gasterosteiformes

52（35）体呈鳗形，裸露无鳞；背鳍和臀鳍退化为皮褶状，无鳍条，均与尾鳍相连；无胸鳍 …………
…………………………………………………………………………… 合鳃目 Synbranchiformes

53（34）腹鳍一般胸位或喉位

54（53）第二眶下骨后延为一骨突与前鳃盖骨相连 ………………… 鲉形目 Scorpaeniformes

55（54）第二眶下骨不后延为骨突，不与前鳃盖骨相连 ……………… 鲈形目 Perciformes

56（33）体不对称；两眼位于头的左侧或右侧 ……………………… 鲽形目 Pleuronectiformes

57（32）通常无腹鳍；上颌骨常与前颌骨相连或愈合为骨喙 ……… 鲀形目 Tetraodontiformes

参 考 文 献

曹丽琴，孟庆闻，1992. 中国鲴亚科鱼类同工酶和骨骼特征及系统演化的探讨 [J]. 动物分类学报，17（3）：366－376.

曹文宣，余志堂，许蕴玕，等，1987. 三峡工程对长江鱼类资源影响的初步评价及资源增殖途径的研究 [C]//中国科学院三峡工程生态与环境科研项目领导小组. 长江三峡工程对生态与环境影响及其对策研究论文集. 北京：科学出版社：2－10.

长江水产研究所资源捕捞研究室，南京大学生物系鱼类教研组，1977. 刀鲚的生殖洄游 [J]. 淡水渔业，7（6）：19－24.

常剑波，曹文宣，1999. 中华鲟物种保护的历史与前景 [J]. 水生生物学报，23（6）：712－720.

陈安惠，2014. 鮈亚科鱼类的分子系统发育关系研究 [D]. 上海：复旦大学.

陈大刚，张美昭，2016. 中国海洋鱼类（上卷、中卷、下卷）[M]. 青岛：中国海洋大学出版社.

陈吉余，2009. 21 世纪的长江河口初探 [M]. 北京：海洋出版社.

陈吉余，沈焕庭，徐海根，等，1987. 三峡工程对长江河口盐水入侵和侵蚀堆积过程影响的初步分析 [C]//中国科学院三峡工程生态与环境科研项目领导小组. 长江三峡工程对生态与环境影响及其对策研究论文集. 北京：科学出版社：350－368.

陈吉余，杨启伦，赵传絪，等，1988. 上海市海岸带和海涂资源综合调查报告 [M]. 上海：上海科学技术出版社.

陈吉余，恽才兴，徐海根，等，1979. 两千年来长江河口发育的模式 [J]. 海洋学报，1（1）：103－111.

陈兼善，1986. 台湾脊椎动物志（上册、中册）[M]. 台北：台湾商务印书馆.

陈锦辉，刘健，吴建辉，等，2016. 长江口中华鲟幼鲟补充量波动特征分析 [J]. 上海海洋大学学报，25（3）：381－387.

陈景星，1981. 中国花鳅亚科鱼类区系分类的研究 [C]//中国鱼类学会. 鱼类学论文集（第一辑）. 北京：科学出版社：21－30.

陈兰荣，龚小玲，朱敏，等，2015. 九段沙湿地潮沟鱼类组成的时空格局 [J]. 上海海洋大学学报，24（6）：916－925.

陈马康，童合一，1982. 鲥鱼的食性研究和养殖问题的探讨 [J]. 动物学杂志，17（3）：37－40.

陈马康，童合一，俞泰济，等，1990. 钱塘江鱼类资源 [M]. 上海：上海科学技术文献出版社.

陈马康，童合一，张克俭，1982. 鲥鱼在我国近海的分布及其洄游路线的初步探讨 [J]. 海洋渔业，4（4）：157－160.

陈宁生，1956. 太湖所产银鱼的初步研究 [J]. 水生生物学集刊（2）：324－335.

陈佩薰，黄鹤年，1963. 长江三角洲面鱼的形态、生态资料 [J]. 水生生物学集刊（3）：93－98.

陈清潮，蔡永贞，马兴明，等，1997. 南沙群岛至华南沿岸的鱼类（一）[M]. 北京：科学出版社.

陈素芝，2002. 中国动物志·硬骨鱼纲 灯笼鱼目 鲸口鱼目 骨舌鱼目 [M]. 北京：科学出版社.

陈细华，2007. 鲟形目鱼类生物学与资源现状［M］. 北京：海洋出版社.

陈湘粦，1977. 我国鲶科鱼类的总述［J］. 水生生物学集刊，6（2）：197－216.

陈湘粦，乐佩琦，林人端，1984. 鲤科的科下类群及其宗系发生关系［J］. 动物分类学报，16（4）：91-107.

陈校辉，倪勇，伍汉霖，2005. 江苏省鳑鲏属（*Rhodeus*）鱼类的研究［J］. 海洋渔业，27（2）：89-97.

陈宜瑜，1982. 马口鱼分类的重新整理［J］. 海洋与湖沼，13（3）：293－299.

陈宜瑜，等，1998. 中国动物志·硬骨鱼纲 鲤形目（中卷）［M］. 北京：科学出版社.

陈渊泉，1995. 长江口河口锋区及邻近水域渔业［J］. 中国水产科学，2（1）：91－103.

成庆泰，1963. 中国鲽形目鱼类地理分布及区系特征的研究［J］. 海洋与湖沼，5（4）：346－352.

成庆泰，王存信，田明诚，等，1975. 中国东方鲀属鱼类分类研究［J］. 动物学报，21（4）：359－378.

成庆泰，郑葆珊，1987. 中国鱼类系统检索（上册、下册）［M］. 北京：科学出版社.

成庆泰，周才武，1997. 山东鱼类志［M］. 济南：山东科学技术出版社.

程家骅，张秋华，李圣法，等，2006. 东黄海渔业资源利用［M］. 上海：上海科学技术出版社.

褚新洛，郑葆珊，戴定远，等，1999. 中国动物志·硬骨鱼纲 鲇形目［M］. 北京：科学出版社.

邓景耀，赵传絪，等，1991. 海洋渔业生物学［M］. 北京：农业出版社.

邓思明，熊国强，詹鸿禧，1981. 中国鲳科鱼类侧线管系统的比较研究［J］. 动物学报，27（3）：231-239.

邓中粦，余志棠，赵燕，等，1987. 三峡水利枢纽对长江的鲟和胭脂鱼影响的评价及资源保护的研究［C］//中国科学院三峡工程生态与环境科研项目领导小组. 长江三峡工程对生态与环境影响及其对策研究论文集. 北京：科学出版社：42－51.

底晓丹，2009. 中国鲱科鱼类系统发育的线粒体细胞色素 *b* 基因全序列分析［D］. 广州：暨南大学.

方永强，翁幼竹，林君卓，等，2001. 全雌鲻鱼培育的研究［J］. 水产学报，25（2）：131-135.

冯昭信，战凤茶，黄成庆，1985. 渤海与黄海北部鲈鱼的生长［J］. 水产科学，5（3）：10-15.

付桂，2018. 长江口近期来水来沙量及输沙粒径的变化［J］. 水运工程（2）：105－110.

《福建鱼类志》编写组，1984. 福建鱼类志（上册）［M］. 福州：福建科学技术出版社.

《福建鱼类志》编写组，1985. 福建鱼类志（下册）［M］. 福州：福建科学技术出版社.

傅朝君，刘宪亭，鲁大椿，1985. 葛洲坝下中华鲟人工繁殖［J］. 淡水渔业，15（1）：1－5.

高宇，赵峰，庄平，等，2015. 长江口滨海湿地的保护利用与发展［J］. 科学，67（4）：39-42.

龚世园，1995. 鳜鱼养殖与增殖技术［M］. 北京：科学技术文献出版社.

顾孝连，徐兆礼，2009. 河口及近岸海域低氧环境对水生动物的影响［J］. 海洋渔业，31（4）：426-437.

广西壮族自治区水产研究所，中国科学院动物研究所，2006. 广西淡水鱼类志.［M］. 2版. 南宁：广西人民出版社.

郭立，李隽，王忠锁，等，2011. 基于四个线粒体基因片段的银鱼科鱼类系统发育［J］. 水生生物学报，35（3）：449－459.

国家水产总局南海水产研究所，等，1979. 南海诸岛海域鱼类志［M］. 北京：科学出版社.

何舜平，1991. 鳅鮀鱼类鳔囊结构及系统发育研究［J］. 动物分类学报，16（4）：490-495.

何文珊，陆健健，2001. 高浓度悬沙对长江河口水域初级生产力的影响［J］. 中国生态农业学报，9（4）：

24 - 27.

何学福，1980. 铜鱼 *Coreius heterodon*（Bleeker）的生物学研究 ［J］. 西南师范学院学报（自然科学版）
（2）：60 - 76.

洪惠馨，秦忆芹，陈莲芳，等，1965. 黄海南部、东海北部小黄鱼摄食习性的初步研究 ［C］// 1962 年海
洋渔业资源学术会议论文编审委员会. 海洋渔业资源论文选集. 北京：农业出版社：44 - 57.

胡德高，柯福恩，张国良，1983. 葛洲坝下中华鲟产卵情况初步调查与探讨 ［J］. 淡水渔业，13（3）：
5 - 18.

胡德高，柯福恩，张国良，等，1992. 葛洲坝下中华鲟产卵场的调查研究 ［J］. 淡水渔业，22（5）：6 - 10.

胡雅竹，钱世勤，1989. 白姑鱼年龄和生长的研究 ［J］. 海洋渔业，11（4）：158 - 162.

胡自民，高天翔，韩志强，等，2007. 花鲈和鲈鱼群体的遗传分化研究 ［J］. 中国海洋大学学报（自然科
学版），37（3）：413 - 418.

湖北省水生生物研究所鱼类研究室，1976. 长江鱼类 ［M］. 北京：科学出版社.

湖南省水产科学研究所，1980. 湖南鱼类志［M］. 修订重版. 长沙：湖南人民出版社.

华南师范学院，1960. 珠江三角洲淡水鱼类初步调查报告 ［J］. 华南师范学院学报（6）：1 - 33.

黄河水系渔业资源调查协作组，1986. 黄河水系渔业资源 ［M］. 沈阳：辽宁科学技术出版社.

黄真理，2013. 利用捕捞数据估算长江中华鲟资源量的新方法 ［J］. 科技导报，31（13）：18 - 22.

江苏省淡水水产研究所，南京大学生物系，1987. 江苏淡水鱼类 ［M］. 南京：江苏科学技术出版社.

蒋玫，王云龙，沈新强，等，2009. 长江口中华鲟保护区鱼卵和仔鱼的分布特征 ［J］. 生态学杂志，28
（2）：288 - 292.

蒋日进，钟俊生，张冬良，等，2008. 长江口沿岸碎波带仔稚鱼的种类组成及其多样性特征 ［J］. 动物学
研究，29（3）：297 - 304.

蒋一珪，1959. 梁子湖鳜鱼的生物学 ［J］. 水生生物学集刊（3）：375 - 385.

金斌松，2010. 长江口盐沼潮沟鱼类多样性时空分布格局 ［D］. 上海：复旦大学.

金利泰，1966. 朝鲜淡水鱼类的区系与分布 ［C］// 太平洋西部渔业研究委员会中国委员专家办公室. 太
平洋西部渔业研究委员会第八次全体会议论文集. 北京：科学出版社：111 - 127.

金鑫波，2006. 中国动物志·硬骨鱼纲 鲉形目 ［M］. 北京：科学出版社.

柯福恩，1999. 论中华鲟的保护与开发 ［J］. 淡水渔业，29（9）：4 - 7.

柯福恩，胡德高，张国良，1984. 葛洲坝水利枢纽对中华鲟的影响——数量变动调查报告 ［J］. 淡水渔
业，14（3）：16 - 19.

柯福恩，胡德高，张国良，等，1985. 葛洲坝下中华鲟产卵群体退化的观察 ［J］. 淡水渔业，15
（4）：38 - 41.

柯福恩，危起伟，张国良，等，1992. 中华鲟产卵洄游群体结构和资源量估算的研究 ［J］. 淡水渔业，22
（4）：7 - 11.

乐佩琦，陈宜瑜，1998. 中国濒危动物红皮书·鱼类 ［M］. 北京：科学出版社.

乐佩琦，等，2000. 中国动物志·硬骨鱼纲 鲤形目（下卷）［M］. 北京：中国科学技术出版社.

李成华，1983. 东海带鱼个体生殖力及其变动的研究 ［J］. 海洋与湖沼，14（3）：220 - 237.

李明德，张洪杰，等，1991. 渤海鱼类生物学 ［M］. 北京：中国科学技术出版社.

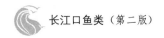

李思忠，1965. 黄河鱼类区系的探讨 [J]. 动物学杂志，7 (5)：217 - 222.

李思忠，1981. 中国淡水鱼类的分布区划 [M]. 北京：科学出版社.

李思忠，1992. 关于鲌 (*Culter alburnus*) 与红鳍鲌 (*C. erythropterus*) 的学名问题 [J]. 动物分类学报，17 (3)：381 - 384.

李思忠，2001. 大颌鳞亚目隶属探讨 [J]. 动物分类学报，26 (4)：583 - 588.

李思忠，王慧民，1995. 中国动物志·硬骨鱼纲 鲽形目 [M]. 北京：科学出版社.

李思忠，张春光，等，2011. 中国动物志·硬骨鱼纲 银汉鱼目 鳉形目 颌针鱼目 蛇鳚目 鳕形目 [M]. 北京：科学出版社.

李献儒，2015，鲱形目和鲉形目 DNA 条形码及电子芯片技术的初步研究 [D]. 大连：大连海洋大学.

李信仰，杨鸿嘉，1966. 台湾产糯鳗科鱼类 [J]. 师大生物学报 (1)：52 - 63.

李云，刁晓明，刘建虎，1997. 长江上游白鲟幼鱼形态发育和产卵场的调查研究 [J]. 西南农业大学学报，19 (5)：447 - 450.

林丹军，尤永隆，2002. 卵胎生硬骨鱼褐菖鲉胚胎及仔鱼的发育 [J]. 台湾海峡，21 (1)：45 - 51.

林德贝格，1985. 世界的鱼类 [M]. 孟庆闻，苏锦祥，译. 北京：农业出版社.

林福申，等，1987. 中国名贵珍稀水生动物 [M]. 杭州：浙江科学技术出版社.

林龙山，2004. 东海区小黄鱼现存资源量分析 [J]. 海洋渔业，26 (1)：18 - 23.

林龙山，严利平，凌建忠，等，2005. 东海带鱼摄食习性的研究 [J]. 海洋渔业，27 (3)：187 - 192.

林书颜，1931. 南中国鲤鱼及似鲤鱼类之研究 [M]. [出版地不详]：广东建设厅水产试验场.

林新濯，沈晓民，1986. 东、黄海带鱼分种问题的初步研究 [J]. 水产学报，10 (4)：349 - 350.

林新濯，邓思明，黄正一，等，1965a. 小黄鱼种族生物测定学的研究 [C]//1962 年海洋渔业资源学术会议论文编审委员会. 海洋渔业资源论文选集. 北京：农业出版社：84 - 108.

林新濯，王福刚，潘家模，等，1965b. 中国近海带鱼 *Trichiurus haumela* (Forsskål) 种族的调查 [J]. 水产学报，2 (4)：11 - 23.

刘蝉馨，秦克静，等，1987. 辽宁动物志·鱼类 [M]. 沈阳：辽宁科学技术出版社.

刘成汉，1964. 四川鱼类区系的研究 [J]. 四川大学学报 (2)：95 - 138.

刘成汉，1979. 有关白鲟的一些资料 [J]. 水产科技情报，6 (1)：13 - 14，32.

刘东，张春光，唐文乔，2012. 中国新纪录种长须拟鲿记述及拟鲿属评述 [J]. 动物分类学报，37 (3)：648 - 653.

刘焕章，陈宜瑜，1994. 鳊类系统发育的研究及若干种类的有效性探讨 [J]. 动物学研究，15 (增刊)：1 - 12.

刘凯，徐东坡，张敏莹，等，2005. 崇明北滩鱼类群落生物多样性初探 [J]. 长江流域资源与环境，14 (4)：418 - 421.

刘乐和，1996. 胭脂鱼生物学特征的研究 [J]. 水利渔业 (3)：3 - 6.

刘乐和，吴国犀，王志玲，1990. 葛洲坝水利枢纽兴建后长江干流铜鱼和圆口铜鱼的繁殖生态 [J]. 水生生物学报，14 (3)：205 - 214.

刘璐，高天翔，韩志强，等，2016. 中国近海棱鲛拉丁名的更正 [J]. 中国水产科学，23 (5)：1108 -1116.

刘瑞玉，罗秉征，崔玉珩，等，1987. 三峡工程对河口生物及渔业资源的影响 [C]//中国科学院三峡工

程生态与环境科研项目领导小组 . 长江三峡工程对生态与环境影响及其对策研究论文集 . 北京：科学
出版社：403 - 446.

刘勇，严利平，胡芬，等，2005. 东海北部和黄海南部鲐鱼年龄和生长的研究 [J]. 海洋渔业，27（2）：
133 - 138.

柳凌，张洁明，郭峰，等，2010. 人工条件下日本鳗鲕胚胎及早期仔鱼发育的生物学特征 [J]. 水产学
报，34（12）：1800 - 1811.

柳淑芳，李献儒，杨钰，等，2016. 鲉形目鱼类 DNA 条形码分析及鲉科 DNA 条形码电子芯片建立 [J].
中国水产科学，23（5）：1006 - 1022.

龙光华，胡大胜，刘坚红，等，2005. 赤眼鳟人工繁殖技术研究 [J]. 淡水渔业，35（3）：44 - 46.

楼宝，2004. **鮸鱼的渔业生物学和人工繁养技术 [J]. 渔业现代化（6）：11 - 13.**

楼东，高天翔，张秀梅，等，2003. 中日花鲈生化遗传变异的初步研究 [J]. 青岛海洋大学学报，33
（1）：22 - 28.

卢继武，罗秉征，薛频，等，1992. 长江口区鱼类群聚结构、丰盛度及其季节变化的研究 [J]. 海洋科学
集刊（33）：303 - 338.

卢振彬，颜尤明，1985. 台湾海峡西部乌鲳年龄与生长的研究 [J]. 福建水产，7（3）：7 - 13.

罗秉征，卢继武，黄颂芳，1981. 中国近海带鱼耳石生长的地理变异与地理种群的初步探讨 [C]//中国
海洋湖沼学会 . 海洋与湖沼论文集 . 北京：海洋出版社：181 - 194.

罗秉征，卢继武，兰永伦，等，1993. 中国近海主要鱼类种群变动与生活史型的演变 [J]. 海洋科学集刊
（34）：126 - 140.

罗秉征，沈焕庭，等，1994. 三峡工程与河口生态环境 [M]. 北京：科学出版社 .

罗云林，1990. 鲂属鱼类的分类整理 [J]. 水生生物学报，14（2）：160 - 165.

罗云林，1994. 鲌属和红鲌属模式种的订正 [J]. 水生生物学报，18（1）：45 - 49.

罗云林，伍献文，1979. 中国胭脂鱼的骨骼形态和胭脂鱼科的分类位置 [J]. 动物分类学报，4
（3）：195 - 203.

马春燕，成伟，倪勇，等，2015. 我国黄海南部鱼类区系三种新记录 [J]. 海洋渔业，37（4）：386 - 388.

马骏，邓中粦，邓昕，等，1996. 白鲟年龄鉴定及其生长的初步研究 [J]. 水生生物学报，20
（2）：150 - 159.

毛翠凤，庄平，刘健，等，2005. 长江口中华鲟幼鱼的生长特性 [J]. 海洋渔业，27（3）：177 - 181.

毛节荣，1959. 杭州钱塘鱼类调查 [J]. 杭州大学学报（2）：25 - 43.

毛节荣，徐寿山，等，1991. 浙江动物志·淡水鱼类 [M]. 杭州：浙江科学技术出版社 .

孟庆闻，1982. 7 种鱼类仔鱼的形态观察 [J]. 水产学报，6（1）：65 - 76.

孟庆闻，苏锦祥，缪学祖，1995. 鱼类分类学 [M]. 北京：中国农业出版社 .

孟田湘，任胜民，1988. 渤海半滑舌鳎的年龄与生长 [J]. 海洋水产研究，9（9）：173 - 183.

宓崇道，1980. 东海绿鳍马面鲀繁殖习性的初步研究 [J]. 海洋渔业，2（3）：1 - 3.

缪学祖，殷名称，1983. 太湖花鲦生物学研究 [J]. 水产学报，7（1）：31 - 44.

尼可里斯基，1960. 黑龙江流域鱼类 [M]. 高岫，译 . 北京：科学出版社 .

尼可里斯基，1982. 鱼类种群变动理论 [M]. 黄宗强，等，译 . 北京：农业出版社 .

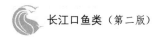

倪勇，1974. 鳗鲡的生殖与生态 [J]. 水产科技情报，1 (5)：19-23.

倪勇，1985. 食蚊鱼 [J]. 水产科技情报，12 (2)：16-17.

倪勇，1989. 中国丝鰕虎鱼之一新种 [J]. 水产学报，13 (3)：239-243.

倪勇，1999. 长江口区凤鲚的渔业及资源保护 [J]. 中国水产科学，6 (5)：75-77.

倪勇，陈亚瞿，2006. 长江口区渔业资源、生态环境和生产现状及渔业的定位和调整 [J]. 水产科技情报，33 (3)：121-123，127.

倪勇，陈亚瞿，2007. 上海鱼类三新记录 [J]. 海洋渔业，29 (2)：190-192.

倪勇，韩保平，1982. 长江口区捕获 3 尾中华鲟 [J]. 海洋渔业，4 (5)：230.

倪勇，李春生，1992. 中国东方鲀属鱼类新种——晕环东方鲀 [J]. 海洋与湖沼，23 (5)：527-532.

倪勇，全为民，陈亚瞿，2007. 上海鱼类新记录——大海鲢 [J]. 海洋渔业，29 (1)：95-96.

倪勇，全为民，陈亚瞿，2008b. 上海鱼类四新纪录 [J]. 海洋渔业，30 (1)：88-91.

倪勇，王云龙，1999. 长江口凤鲚的渔业生物学特征 [J]. 中国水产科学，6 (5)：69-71.

倪勇，伍汉霖，1985. 中国阿匍鰕虎鱼属 Aboma 和刺鰕虎鱼属 Acanthogobius 的两新种 [J]. 水产学报，9 (4)：383-388.

倪勇，伍汉霖，2006. 江苏鱼类志 [M]. 北京：中国农业出版社.

倪勇，张其永，陈德富，等，1990. 大弹涂鱼人工育苗技术研究 [J]. 海洋渔业，15 (2)：356-362.

倪勇，郑麟，全为民，2008a. 长江口九段沙鱼类新记录 [J]. 水产科技情报，35 (3)：123-124.

倪勇，朱成德，2005. 太湖鱼类志 [M]. 上海：上海科学技术出版社.

农牧渔业部水产局，东海区渔业指挥部，1987. 东海区渔业资源调查和区划 [M]. 上海：华东师范大学出版社.

钱世勤，胡雅竹，1980. 绿鳍马面鲀年龄和生长的初步研究 [J]. 水产学报，4 (2)：197-206.

秦忆芹，1981. 东海外海绿鳍马面鲀摄食习性的研究 [J]. 水产学报，5 (3)：245-251.

邱顺林，黄木桂，陈大庆，1998. 长江鲥鱼资源现状和衰退原因的研究 [J]. 淡水渔业，28 (1)：18-21.

全为民，倪勇，施利燕，等，2009. 游泳动物对长江口新生盐沼湿地潮沟生境的利用 [J]. 生态学杂志，28 (3)：560-564.

任慕莲，1981. 黑龙江鱼类 [M]. 哈尔滨：黑龙江人民出版社.

沙学绅，阮洪超，1981. 鳓鱼的习性及早期发育形态 [C]//中国鱼类学会. 鱼类学论文集（第二辑）. 北京：科学出版社：81-90.

陕西省动物研究所，中国科学院水生生物研究所，兰州大学生物系，1987. 秦岭鱼类志 [M]. 北京：科学出版社.

上海市海洋局，2018. 2017 年上海市海洋环境质量公报 [EB/OL]. http：//sw. shanghaiwater. gov. cn/web/bmxx/images/2017 shhygb. pdf.

上海水产学院，1960. 淀山湖渔业资源的初步调查报告 [J]. 上海水产学院学报 (1)：3-99.

上海水产学院，厦门大学，福建省水产研究所，1980. 福建海洋经济鱼类 [M]. 福州：福建科学技术出版社.

沈世杰，1984. 台湾鱼类检索 [M]. 台北：南天书局.

沈世杰，1993. 台湾鱼类志 [M]. 台北：国立台湾大学动物学系.

沈萏人，郑国用，1963. 巢湖鲚鱼的生物学及其资源变动状况的研究 ［R］. 安徽省水产研究所调查研究报告.

施炜纲，刘凯，张敏莹，等，2005. 春季禁渔期间长江下游鱼虾蟹类物种多样性变动（2001—2004 年）［J］. 湖泊科学，17（2）：169 - 175.

史赟荣，2012. 长江口鱼类群落多样性及基于多元排序方法群落动态的研究 ［D］. 上海：上海海洋大学.

史赟荣，晁敏，全为民，等，2011. 2010 年春季长江口鱼类群落空间分布特征 ［J］. 中国水产科学，18（5）：1141 - 1151.

史赟荣，晁敏，沈新强，2014. 长江口张网鱼类群落结构特征及月相变化 ［J］. 海洋学报，36（2）：81 - 92.

水柏年，2003. 黄海南部、东海北部小黄鱼的年龄与生长研究 ［J］. 浙江海洋学院学报，22（1）：16 - 20.

四川省长江水产资源调查组，1988. 长江鲟鱼类生物学及人工繁殖研究 ［M］. 成都：四川科学技术出版社.

四川省农业区划委员会，《四川江河鱼类资源与利用保护》编委会，四川科学技术出版社，1991. 四川江河鱼类资源与利用保护 ［M］. 成都：四川科学技术出版社.

四川省宜宾地区鱼种站，1976. 胭脂鱼移养试验情况的报告 ［J］. 淡水渔业，6（4）：20 - 23.

宋佳坤，1981. 我国鲻科鱼类的头部侧线管形态及系统分类 ［C］//中国科学院动物研究所. 动物学集刊（第 1 集）. 北京：科学出版社：9 - 21.

宋佳坤，1982. 我国三种常见鲻类鱼的名称订正 ［J］. 动物学杂志，17（2）：7 - 13.

苏锦祥，李春生，2002. 中国动物志·硬骨鱼纲 鈍形目 海蛾鱼目 喉盘鱼目 鮟鱇目 ［M］. 北京：科学出版社.

孙帼英，1982. 长江口及其邻近海域的银鱼 ［J］. 华东师范大学学报（自然科学版）（1）：111 - 119.

孙帼英，1985. 大银鱼卵巢的成熟期和产卵类型 ［J］. 水产学报，9（4）：363 - 368.

孙帼英，陈建国，1993. 斑尾复鰕虎鱼的生物学研究 ［J］. 水产学报，17（2）：146 - 153.

孙帼英，郭学彦，1996. 太湖河川沙塘鳢的生物学研究 ［J］. 水产学报，20（3）：193 - 202.

孙帼英，吴志强，1993. 长江口长吻鮠的生物学和渔业 ［J］. 水产科技情报，20（6）：246 - 250.

孙帼英，朱云云，陈建国，等，1994. 长江口花鲈的生长和食性 ［J］. 水产学报，18（3）：183 - 189.

孙文君，2005. 沙塘鳢对 6 种常用药物的敏感性研究 ［J］. 当代水产，30（4）：28 - 30.

唐文乔，诸廷俊，陈家宽，等，2003. 长江口九段沙湿地的鱼类资源及其保护价值 ［J］. 上海海洋大学学报，12（3）：193 - 200.

田明诚，沈友石，孙宝龄，1992. 长江口及邻近海区鱼类区系研究 ［J］. 海洋科学集刊（33）：265 - 279.

田明诚，徐恭昭，余日秀，1962. 大黄鱼形态特征的地理变异和地理种群问题 ［J］. 海洋科学集刊（2）：79 - 97.

童春富，2012. 长江河口潮间带盐沼植被分布区及邻近光滩鱼类组成特征 ［J］. 生态学报，32（20）：6501 - 6510.

王丹，赵亚辉，张春光，2005. 中国海鲇属丝鳍海鲇（原"中华海鲇"）的分类学厘定及其性别差异 ［J］. 动物学报，51（3）：431 - 439.

王德寿，罗泉笙，1992. 大鳍鳠的繁殖生物学研究 ［J］. 水产学报，16（1）：50 - 57.

王金秋，潘连德，梁天红，等，2004. 松江鲈鱼（*Trachidermus fasciatus*）胚胎发育的初步观察 ［J］. 复旦学报（自然科学版），43（2）：250 - 254.

王可玲，尤锋，徐成，等，1995. 评"HAIRTAIL FISHES FROM CHINESE COASTAL WATERS（TRICHIURIDAE）"（《中国近海带鱼类》）一文 ［J］. 海洋与湖沼，26（2）：215 - 222.

王所安，王志敏，李国良，等，2001. 河北动物志·鱼类 ［M］. 石家庄：河北科学技术出版社.

王伟，何舜平，陈宜瑜，2002. 线粒体 DNA d - loop 序列变异与鳅鮀亚科鱼类系统发育 ［J］. 自然科学进展，12（1）：33 - 36.

王尧耕，熊国强，钱世勤，1965. 黄海南部、东海北部小黄鱼生长特性的研究 ［C］//1962 年海洋渔业资源学术会议论文编审委员会. 海洋渔业资源论文选集. 北京：科学出版社：72 - 80.

王以康，1958. 鱼类分类学 ［M］. 上海：上海科学技术出版社.

王义强，赵长春，施正峰，等，1980. 河鳗人工繁殖的初步研究 ［J］. 水产学报，4（2）：147 - 156.

王幼槐，1979. 中国鲤亚科鱼类的分类、分布、起源及演化 ［J］. 水生生物学集刊，6（4）：419 - 438.

王幼槐，2006. 关于淞江鲈学名和模式种产地以及地理分布的探讨 ［J］. 海洋渔业，28（4）：299 - 303.

王幼槐，倪勇，1983. 上海市长江口区的渔业资源和渔业状况 ［J］. 水产科技情报，10（2）：6 - 9.

王幼槐，倪勇，1984. 上海市长江口区渔业资源及其利用 ［J］. 水产学报，8（2）：147 - 159.

王远红，吕志华，高天翔，等，2003. 中国花鲈与日本花鲈营养成分的研究 ［J］. 海洋水产研究，24（2）：35 - 39.

王云龙，倪勇，李长松，等，2006. 上海鱼类新记录——日本海马 ［J］. 海洋渔业，28（1）：87 - 88.

王者茂，1982. 孔鳐胚胎发育的初步观察 ［J］. 水产学报，6（2）：153 - 163.

王者茂，1986. 皱唇鲨和白斑星鲨生殖期的初步研究 ［C］//中国鱼类学会. 鱼类学论文集（第五辑）. 北京：科学出版社：131 - 135.

危起伟，2003. 中华鲟繁殖行为生态学与资源评估 ［D］. 武汉：中国科学院水生生物研究所.

危起伟，陈细华，杨德国，等，2005. 葛洲坝截流 24 年来中华鲟产卵群体结构的变化 ［J］. 中国水产科学，12（4）：452 - 457.

韦正道，王昌燮，杜懋琴，等，1997a. 孵化期温度对松江鲈鱼胚胎发育的影响 ［J］. 复旦学报（自然科学版），36（5）：577 - 580.

韦正道，王昌燮，杜懋琴，等，1997b. 控制松江鲈鱼（*Trachidermus fasciatus*）生长的环境因子的研究 ［J］. 复旦学报（自然科学版），36（5）：581 - 585.

吴常文，1999. 浙江舟山近海褐菖鲉 *Sebastiscus marmoratus* 生物学研究 ［J］. 浙江海洋学院学报（自然科学版），18（3）：186 - 190.

吴常文，王伟洪，1991. 浙江近海棘头梅童鱼的分布生物学与资源变动 ［J］. 海洋渔业，13（1）：6 - 9.

吴常文，王伟洪，1996. 棘头梅童鱼 *Collichthys lucidus* 个体生殖力的研究 ［J］. 浙江水产学院学报，15（3）：174 - 178.

吴常文，赵淑江，胡春春，2005. 东海黄姑鱼年龄与生长的初步研究 ［J］. 海洋渔业，27（3）：193 - 199.

吴国犀，刘乐和，王志玲，等，1990. 葛洲坝水利枢纽坝下宜昌江段胭脂鱼的年龄与生长 ［J］. 淡水渔业，20（2）：3 - 8.

吴仁协，郭刘军，刘静，2011. 高鳍带鱼遗传变异及与近缘种间的系统进化关系 ［J］. 动物分类学报，36（3）：648 - 655.

吴仁协，张浩冉，郭刘军，等. 2017. 中国近海带鱼 *Trichiurus japonicus* 的命名和分类学地位研究 ［J］.

基因组学与应用生物学，37（9）：3782-3791.

吴振兴，陈贤亮，1991. 棘头梅童鱼年龄与阶段生长的初步研究 [J]. 浙江水产学院学报，10（2）：140-143.

吴振兴，吴常文，王伟洪，等，1990. 浙江近海棘头梅童鱼生长规律与群体组成的研究 [J]. 水产科技情报，17（6）：170-174.

伍汉霖，2002. 中国有毒及药用鱼类新志 [M]. 北京：中国农业出版社.

伍汉霖，2005. 有毒药用鱼类及危险鱼类图鉴 [M]. 上海：上海科学技术出版社.

伍汉霖，陈义雄，庄棣华，2002. 中国沙塘鳢属（*Odontobutis*）鱼类之一新种 [J]. 上海水产大学学报，11（1）：6-13.

伍汉霖，金鑫波，倪勇，1978. 中国有毒鱼类和药用鱼类 [M]. 上海：上海科学技术出版社.

伍汉霖，倪勇，1985. 中国鲻鰕虎鱼属 *Mugilogobius* 的2新种 [J]. 动物学研究（S1）：93-98.

伍汉霖，邵广昭，赖春福，等，2012. 拉汉世界鱼类系统名典 [M]. 基隆：水产出版社.

伍汉霖，吴小清，解玉浩，1993. 中国沙塘鳢鱼类的整理和一新种的叙述 [J]. 上海水产大学学报，2（1）：52-61.

伍汉霖，钟俊生，等，2008. 中国动物志·硬骨鱼纲 鲈形目（五）虾虎鱼亚目 [M]. 北京：科学出版社.

伍献文，等，1964. 中国鲤科鱼类志（上卷）[M]. 上海：上海科学技术出版社.

伍献文，等，1982. 中国鲤科鱼类志（下卷）[M]. 上海：上海科学技术出版社.

伍献文，杨干荣，乐佩琦，等，1963. 中国经济动物志·淡水鱼类 [M]. 北京：科学出版社.

伍献文，杨干荣，乐佩琦，等，1979. 中国经济动物志·淡水鱼类 [M]. 2版. 北京：科学出版社.

夏蓉，2014. 鲻形目鱼类的分子系统发育关系和历史生物地理学研究 [D]. 上海：复旦大学.

肖元祥，王信书，1983. 鳜鱼人工繁殖及其养殖的研究 [J]. 动物学杂志，18（3）：14-16.

肖真义，张有为，1981. 我国海鳗属的分类及其分布特点 [C]//中国鱼类学会. 鱼类学论文集（第二辑）. 北京：科学出版社：121-127.

谢刚，2001. 鳗鲡苗种人工繁育的研究概况及其展望 [J]. 大连水产学院学报，16（1）：42-48.

谢刚，祁宝崙，余德光，2002. 鳗鲡某些繁殖生物学特性的研究 [J]. 大连水产学院学报，17（4）：267-271.

谢仰杰，孙帼英，1996. 河川沙塘鳢的胚胎和胚后发育以及温度对胚胎发育的影响 [J]. 厦门水产学院学报，18（1）：55-62.

解玉浩，1981. 辽河的鱼类区系 [C]//中国鱼类学会. 鱼类学论文集（第二辑）. 北京：科学出版社：111-120.

解玉浩，2007. 东北地区的淡水鱼类 [M]. 沈阳：辽宁科学技术出版社.

徐恭昭，罗秉征，王可玲，1962. 大黄鱼种群结构的地理变异 [J]. 海洋科学集刊（2）：98-109.

徐恭昭，田明诚，郑文莲，1963. 大黄鱼 *Pseudosciaena crocea*（Richardson）的种族 [C]//太平洋西部渔业研究委员会中国委员专家办公室. 太平洋西部渔业研究委员会第四次全体会议论文集. 北京：科学出版社：39-46.

徐恭昭，郑文莲，王玉珍，1980. 大黄鱼种群生殖力的比较研究 [J]. 海洋科学集刊（16）：71-82.

徐信，陆厚基，1965. 太湖短吻银鱼发育阶段分期及产卵期的探讨 [J]. 华东师范大学学报（自然科学版）(2)：67-73.

徐兴川，2003. 黄鳝集约化养殖与病害防治技术 [M]. 北京：中国农业出版社.

徐兴川，蒋火金，2004. 红尾鱼养殖与加工技术 [M]. 北京：中国农业出版社.

徐兴川，李伟，高光明，2004. 黄颡鱼、黄鳝养殖 [M]. 北京：中国农业出版社.

许品诚，1984. 太湖翘嘴红鲌的生物学及其增殖问题的探讨 [J]. 水产学报，8 (4)：275-286.

许蕴玕，邓中粦，余志堂，等，1981. 长江的铜鱼生物学及三峡水利枢纽对铜鱼资源的影响 [J]. 水生生物学报，7 (3)：271-293.

许浙滩，2015. 浙江沿岸海域幼鱼期鲾科鱼类的分子鉴定和系统发育研究 [D]. 舟山：浙江海洋学院.

严利平，胡芬，李建生，等，2005. 东海带鱼年龄与生长的研究 [J]. 海洋渔业，27 (2)：139-142.

严利平，李建生，沈德刚，等，2006. 黄海南部东海北部小黄鱼饵料组成和摄食强度的变化 [J]. 海洋渔业，28 (2)：117-123.

杨德国，吴国犀，周剑光，等，1996. 大鳍鳠亲鱼池塘驯养和培育 [J]. 淡水渔业，26 (2)：3-6.

杨德国，吴国犀，周剑光，等，1998. 长江大鳍鳠的人工繁殖 [J]. 中国水产科学，5 (2)：26-30.

杨东莱，吴光宗，孙继仁，1990. 长江口及其邻近海区的浮性鱼卵和仔稚鱼的生态研究 [J]. 海洋湖沼，21 (4)：346-355.

杨干荣，1987. 湖北鱼类志 [M]. 武汉：湖北科学技术出版社.

杨鸿山，钟霞芸，1999. 长江口水质污染及其对渔业的影响 [J]. 中国水产科学，6 (5)：78-82.

杨明生，1993. 黄鳝年龄和生长的研究 [J]. 淡水渔业，23 (1)：43-45.

杨天鸿，1984. 东海黑潮水团温度和盐度的统计特征 [J]. 海洋科学集刊 (21)：165-178.

杨伟祥，罗秉征，卢继武，等，1992. 长江口区鱼类资源调查与研究 [J]. 海洋科学集刊 (33)：218-302.

杨喜书，2017. 中国及邻近地区常见鲉形目鱼类 DNA 条形码研究 [D]. 广州：暨南大学.

易伯鲁，朱志荣，1959. 中国鲌属和红鲌属鱼类的研究 [J]. 水生生物学集刊 (2)：170-197.

易继舫，姜华，万建义，1986. 中华鲟人工繁殖生物学研究 [J]. 水利渔业 (2)：44-46.

于仁成，张清春，孔凡洲，等，2017. 长江口及其邻近海域有害藻华的发生情况、危害效应与演变趋势 [J]. 海洋与湖沼，48 (6)：1178-1186.

余志堂，邓中粦，蔡明艳，1988. 葛洲坝下游胭脂鱼的繁殖生物学和人工繁殖初报 [J]. 水生生物学报，12 (1)：87-89.

余志堂，邓中粦，周春生，等，1985. 长江葛洲坝水利枢纽兴建后鱼类资源变化的预测 [C]//中国鱼类学会. 鱼类学论文集（第四辑）. 北京：科学出版社：193-208.

余志堂，许蕴玕，邓中粦，等，1986. 葛洲坝水利枢纽下游中华鲟繁殖生态的研究 [C]//中国鱼类学会. 鱼类学论文集（第五辑）. 北京：科学出版社：1-18.

虞功亮，刘军，许蕴玕，等，2002. 葛洲坝下游江段中华鲟产卵场食卵鱼类资源量估算 [J]. 水生生物学报，26 (6)：591-599.

袁传宓，林金榜，刘仁华，等，1978. 刀鲚的年龄和生长 [J]. 水生生物学集刊，6 (3)：285-296.

袁传宓，林金榜，秦安黔，等，1976. 关于我国鲚属鱼类分类的历史和现状——兼谈改造旧鱼类分类学的几点体会 [J]. 南京大学学报（自然科学版）(2)：1-12.

袁传宓，秦安舲，1984. 我国近海鲚鱼生态习性及其产量变动状况 [J]. 海洋科学，8 (5)：35 - 37.

张邦杰，梁仁杰，毛大宁，等，1998. 细鳞鲗 *Therapon jarbua* (Forsskål) 的食性、生长与咸淡水池塘驯养 [J]. 现代渔业信息，13 (10)：17 - 21.

张春光，2010. 中国动物志·硬骨鱼纲 鳗鲡目 背棘鱼目 [M]. 北京：科学出版社.

张春光，赵亚辉，等，2016. 中国内陆鱼类物种与分布 [M]. 北京：科学出版社.

张春霖，1929. 长江鱼类名录 [J]. 科学，14 (3)：398 - 407.

张春霖，1954. 中国淡水鱼类的分布 [J]. 地理学报，20 (3)：279 - 283.

张春霖，1957. 中国鲱形类的分布 [J]. 动物学报，9 (4)：339 - 344.

张春霖，1959. 中国系统鲤类志 [M]. 北京：高等教育出版社.

张春霖，1960. 中国鲇鱼志 [M]. 北京：人民教育出版社.

张春霖，成庆泰，郑葆珊，等，1955. 黄渤海鱼类调查报告 [M]. 北京：科学出版社.

张春霖，成庆泰，郑葆珊，等，1994. 黄渤海鱼类 [M]. 基隆：水产出版社.

张从义，胡红浪，林莹莹，等，2001. 黄颡鱼养殖实用技术 [M]. 武汉：湖北科学技术出版社.

张法高，杨光复，沈志良，1987. 三峡工程对长江口水文、水化学和沉积环境的影响 [C]//中国科学院三峡工程生态与环境科研项目领导小组. 长江三峡工程对生态与环境影响及其对策研究论文集. 北京：科学出版社：369 - 402.

张凤英，庄平，徐兆礼，等，2007. 长江口中华鲟自然保护区底栖动物 [J]. 生态学杂志，26 (8)：1244 - 1249.

张国祥，1987. 长江口定置张网渔获物结构组成及其季节变化 [J]. 水产科技情报，14 (2)：1 - 5.

张国祥，张雪生，1985. 长江口定置张网渔业调查 [J]. 水产学报，9 (2)：185 - 198.

张衡，2007. 长江河口湿地鱼类群落的生态学特征 [D]. 上海：华东师范大学.

张衡，陈渊戈，叶锦玉，等，2017. 长江口东滩湿地芦苇和海三棱藨草生境下的鱼类种类组成和数量的月变化 [J]. 海洋渔业，39 (5)：500 - 507.

张衡，樊伟，张健，2009. 长江河口及上海地区鱼类新记录种——长身鳜 [J]. 动物学研究，30 (1)：109 - 112.

张衡，何文珊，童春富，等，2007. 崇西湿地冬季潮滩鱼类种类组成及多样性分析 [J]. 长江流域资源与环境，16 (3)：308 - 313.

张衡，杨胜龙，张胜茂，等，2016. 长江口东滩湿地东北水域鱼类群落种类组成和丰度的季节变化 [J]. 海洋渔业，38 (4)：374 - 382.

张衡，朱国平，2009. 长江河口潮间带鱼类群落的时空变化 [J]. 应用生态学报，20 (10)：2519 - 2526.

张衡，朱国平，陆健健，2009. 长江河口湿地鱼类的种类组成及多样性分析 [J]. 生物多样性，17 (1)：76 - 81.

张开翔，高礼存，张立，等，1982. 洪泽湖所产太湖短吻银鱼的研究 [J]. 水产学报，6 (1)：9 - 16.

张其永，洪万树，戴庆年，等，1987. 大弹涂鱼人工繁殖和仔稚鱼的培育研究 [J]. 厦门大学学报（自然科学版），26 (3)：366 - 373.

张其永，林双淡，杨高润，1966. 我国东、南沿海带鱼种群问题的初步研究 [J]. 水产学报，3 (2)：106 - 108.

张其永，张甘霖，1986. 闽南-台湾浅滩渔场狗母鱼类食性的研究 [J]. 水产学报，10（2）：213-222.

张其永，张雅芝，1981. 闽南-台湾浅滩鱼类区系的研究 [C]//中国鱼类学会. 鱼类学论文集（第二辑）. 北京：科学出版社：91-110.

张仁斋，1981. 小带鱼卵和仔稚鱼的形态特征 [C]//中国鱼类学会. 鱼类学论文集（第二辑）. 北京：科学出版社：145-150.

张仁斋，陆穗芬，赵传絪，等，1985. 中国近海鱼卵与仔鱼 [M]. 上海：上海科学技术出版社.

张世义，2001. 中国动物志·硬骨鱼纲 鲟形目 海鲢目 鲱形目 鼠鱚目 [M]. 北京：科学出版社.

张涛，倪勇，李长松，等，2006. 上海鱼类新记录——方氏鲹鮍 [J]. 海洋渔业，28（3）：263-264.

张涛，庄平，章龙珍，等，2010. 长江口中华鲟自然保护区及临近水域鱼类种类组成现状 [J]. 长江流域资源与环境，19（4）：370-376.

张伟明，2004. 翘嘴红鲌规模养殖关键技术 [M]. 南京：江苏科学技术出版社.

张有为，肖真义，张世义，1981. 鳗鲡在我国的溯河洄游和分布 [C]//中国科学院动物研究所. 动物学集刊（第1集）. 北京：科学出版社：117-121.

张玉玲，1985. 银鱼属 *Salanx* 模式种的同名、异名和分布 [J]. 动物分类学报，10（1）：111-112.

张玉玲，1987. 中国新银鱼属 *Neosalanx* 的初步整理及其一新种 [J]. 动物学研究，8（3）：277-286.

赵传絪，陈莲芳，1980. 绿鳍马面鲀人工授精和仔鱼 [J]. 水产科技情报，7（6）：1-3.

赵传絪，等，1990. 中国海洋渔业资源 [M]. 杭州：浙江科学技术出版社.

赵盛龙，钟俊生，2005. 舟山海域鱼类名录新考 [J]. 浙江海洋学院学报（自然科学版），24（4）：364-376，379.

赵盛龙，钟俊生，2006. 舟山海域鱼类原色图鉴 [M]. 杭州：浙江科学技术出版社.

赵盛龙，钟俊生，木下泉，等，2005. 杭州湾湾口与日本有明海产花鲈稚鱼的比较研究 [J]. 水产学报，29（5）：670-675.

郑葆珊，等，1987. 中国动物图谱·鱼类[M]. 2版. 北京：科学出版社.

郑葆珊，黄浩明，张玉玲，等，1980. 图们江鱼类 [M]. 长春：吉林人民出版社.

郑慈英，1989. 珠江鱼类志 [M]. 北京：科学出版社.

郑米良，伍汉霖，1985. 浙江省淡水鰕虎鱼类的研究及二新种描述 [J]. 动物分类学报，10（3）：326-333.

郑颖，戴小杰，朱江峰，2009. 长江河口定置张网渔获物组成及其多样性分析 [J]. 安徽农业科学，37（20）：9510-9513.

郑元甲，陈雪忠，程家骅，等，2003. 东海大陆架生物资源与环境 [M]. 上海：上海科学技术出版社.

中国海湾志编撰委员会，1998. 中国海湾志·第十四分册（重要河口）[M]. 北京：海洋出版社.

中国科学院动物研究所，中国科学院海洋研究所，上海水产学院，1962. 南海鱼类志 [M]. 北京：科学出版社.

中国科学院动物研究所，中国科学院新疆生物土壤沙漠研究所，新疆维吾尔自治区水产局，1979. 新疆鱼类志 [M]. 乌鲁木齐：新疆人民出版社.

中国科学院海洋研究所，1962. 中国经济动物志·海产鱼类 [M]. 北京：科学出版社.

中国水产科学研究院东海水产研究所，1986. 东海绿鳍马面鲀论文集 [M]. 上海：学林出版社.

中国水产科学研究院东海水产研究所，1988. 东海深海鱼类［M］. 上海：学林出版社.

中国水产科学研究院东海水产研究所，上海市水产研究所，1990. 上海鱼类志［M］. 上海：上海科学技术出版社.

中国水产科学研究院黑龙江水产研究所，1985. 黑龙江省渔业资源［M］. 哈尔滨：黑龙江朝鲜民族出版社.

中国水产科学研究院珠江水产研究所，等. 1986. 海南岛淡水及河口鱼类志［M］. 广州：广东科技出版社.

钟俊生，2005. 鮸鱼仔稚鱼早期发育的研究［J］. 上海水产大学学报，14（3）：231 - 237.

钟俊生，吴美琴，练青平，2007. 春、夏季长江口沿岸碎波带仔稚鱼的种类组成［J］. 中国水产科学，14（3）：436 - 443.

钟俊生，郁蔚文，刘必林，等，2005. 长江口沿岸碎波带仔稚鱼种类组成和季节性变化［J］. 上海水产大学学报，14（4）：375 - 382.

周才武，杨青，蔡德霖，1988. 鳜亚科 Sinipercinae 鱼类的分类整理和地理分布［J］. 动物学研究，9（2）：113 - 125.

周永东，薛利建，徐开达，2004. 舟山近海凤鲚 Coilia mystus（Linnaeus）的生物学特性研究［J］. 现代渔业信息，19（8）：19 - 21.

朱成德，余宁，1988. 长江口白鲟幼鱼的形态、生长及其食性的初步研究［J］. 水生生物学报，11（4）：289 - 298.

朱建荣，鲍道阳，2016. 近60年来长江河口河势变化及其对水动力和盐水入侵的影响Ⅰ. 河势变化［J］. 海洋学报，38（12）：11 - 22.

朱松泉，1995. 中国淡水鱼类检索［M］. 南京：江苏科学技术出版社.

朱松泉，2004. 2002—2003年太湖鱼类学调查［J］. 湖泊科学，16（2）：120 - 124.

朱松泉，刘正文，谷孝鸿，2007. 太湖鱼类区系变化和渔获物分析［J］. 湖泊科学，19（6）：664 - 669.

朱元鼎，1960. 中国软骨鱼类志［M］. 北京：科学出版社.

朱元鼎，金鑫波，1965. 中国杜父鱼类的地理分布和区系特征［J］. 海洋与湖沼，7（3）：235 - 252.

朱元鼎，罗云林，伍汉霖，1963. 中国石首鱼类分类系统的研究和新属新种的叙述［M］. 上海：上海科学技术出版社.

朱元鼎，孟庆闻，1979. 中国软骨鱼类的侧线管系统及罗伦瓮和罗伦管系统的研究［M］. 上海：上海科学技术出版社.

朱元鼎，孟庆闻，等，2001. 中国动物志·圆口纲 软骨鱼纲［M］. 北京：科学出版社.

朱元鼎，王幼槐，1964. 论中国软骨鱼类的地理分布和区系特征［J］. 动物学报，16（4）：674 - 689.

朱元鼎，伍汉霖，1965. 中国鰕虎鱼类动物地理学的初步研究［J］. 海洋与湖沼，7（2）：122 - 140.

朱元鼎，许成玉，1965. 中国鲀形目鱼类的地理分布和区系特征［J］. 动物学报，17（3）：320 - 333.

朱元鼎，张春霖，成庆泰，1963. 东海鱼类志［M］. 北京：科学出版社.

庄平，刘健，王云龙，等，2009. 长江口中华鲟自然保护区科学考察与综合管理［M］. 北京：海洋出版社.

大鹤典生，1982. 南シナ海の魚類［M］. 東京：海洋水产资源开发センター.

内田惠太郎，1939. 朝鲜魚類志（第一册）［M］. 東京：朝鲜总督府水产试验场.

山田梅芳，田川腾，岸田周三，等，1986. 東シナ海·黄海のさかな［M］. 长崎：日本纸工印刷.

山田梅芳，ほか，1995. 東シナ海・黄海魚名図鑑［M］. 東京：海外漁業協力財団.

松井魁，1957. 太平洋海域及隣近海区日本産鰻鱺的種類和分布［J］. 日本生物地理學會會報（7）：151－167.

松原喜代松，1971. 魚類の形態と検索（Ⅰ-Ⅲ）［M］. 東京：石崎書店.

西海区水産研究所，2001. 東海、黄海主要水産資源的生物、生態特性—中日間見解的比較［M］. 長崎：日本水産廳西海水産研究所.

ABE T，1949. Taxonomic studies on the puffers（Tetraodontidae）from Japan and adjacent region. V. Synopsis of the puffers from Japan and adjacent region［J］. Bulletin of the Biogeographical Society of Japan，14（1）：1－15；14（13）：89－140.

ABE T，1952. Taxonomic studies on the puffers（Tetraodontidae，Teleostei）from Japan and adjacent regions. VII. Concluding remarks，with the introduction of two new genera，*Fugu* and *Boesemanichthys*［J］. Japanese Journal of Ichthyology，2（1）：35－44；2（2）：93－97；2（3）：117－127.

ABE T，TABETA O，1983. Description of a new swellfish of the genus *Lagocephalus*（Tetraodontidae，Teleostei）from Japanese waters and the East China Sea［J］. UO（3）：1－8.

ABE T，TABETA O，KITAHAMA K，1984. Notes on some swellfishes of the genus *Lagocephalus*（Tetraodontidae，Teleostei）with description of a new species from Japan［J］. UO（34）：3－4.

AMAOKA K，1969. Studies on the Sinistral Flounders found in the waters around Japan［J］. Journal of the Shimonoseki University of Fisheries，18（2）：65－340.

ANDRÉS LÓPEZ J，ZHANG E，CHENG J L，2008. Case 3455. *Pseudobagrus* Bleeker，1858（Osteichthyes，Siluriformes，BAGRIDAE）：proposed conservation［J］. Bulletin of Zoological Nomenclature，65（3）：202－204.

ARAI R，1988. Fish systematics and cladistics［M］//UYENO T，OKIYAMA M. Ichthyology currents. Tokyo：Asakura Shoten：4－33.

BASILEWSKY S，1855. Ichthyographia Chinae Borealis［J］. Nouveaux mémoires de la Société impériale des naturalistes de Moscou，10：215－264.

BERG L S，1907. Description of a new cyprinid fish，*Acheilognathus signifier*，from Korea，with a synopsis of all know Rhodeinae［J］. Annals and Magazine of Natural History，19（7）：159－163.

BERG L S，1909. Fishes of the Amur River basin［J］. Zapiski Imperatorskoi Akademii Nauk de St. – Petersbourg，24（2）：138. PLOS Currents Tree of Life，2013［2013－4－18］. http：//currents. plos. org/treeoflife/index. html%3Fp＝4341. html. DOI：10. 1371/currents. tol. 53ba26640df0ccaee75bb165c8c26288.

Betancur－R R，Broughton R E，Wiley E O，2013. The ree of life and a new classification of bony fishes［J］. PLOS Currents Tree of Life，DOL：10. 1371currents. tol. 53ba26640df0ccaee75bb165c8c26288.

BLEEKER P，1860. Ichthyologiae Archipelagi Indici prodromus，Volumen II. Cyprini［J］. Acta Societatis Regiae Scientiarum Indo－Neêrlandicae，7（2）：1－492.

BLEEKER P，1864. Notices sur quelques genres et especes de Cyprinoides de Chine［J］. Nederlandsch Tijdschrift voor de Dierkunde，2：18－29.

BLEEKER P，1871. Memoire sur les Cyprinoides de Chine［J］. Verhandelingen der Koninklijke Akademie

Van Wetenschappen（Amsterdam），12（2）：1－91.

BLEEKER P，1873. Memoire sur la Faune Ichthyologique de Chine［J］. Nederlandsch Tijdschrift voor de Dierkunde，4：113－154.

BLEEKER P，1878. Sur les especes du genre *Hypophthalmichthys* Bleeker. Cephalus Bas.（ne Bl. Nec Al.）［J］. Verslagen en Mededeelingen der Koninklijke Akademie van Wetenschappen. Afdeeling Natuurkunde，12（2）：209－218.

BLEEKER P，1879. Sur quelques especes inedites ou peu connues de poisons de chine qppartenant au Museum de Hamburg［J］. Verhandelingen der Koninklijke Akademie van Wetenschappen，Afdeeling Natuurkunde（Amsterdam），18：1－17.

BLUM S D，1989. Biogeography of the Chaetodontidae：an analysis of allopatry among closely related species［J］. Environmental Biology of Fishes，25（1－3）：9－31.

BOGUTSKAYA N G，NASEKA A M，1996. Cyclostomata and fishes of Khanka Lake drainage area（Amur River Basin）an annotated check－list with comments on taxonomy and zoogeography of the region［R］. St. Petersburg：Gosniourku and Zin Ran，3：1－89.

BOGUTSKAYA N G，NASEKA A M，SHEDKO S V，et al，2008. The fishes of the Amur River：updated check－list and zoogeography［J］. Ichthyological Exploration of Freshwaters，19（4）：301－366.

BOULENGER G A，1892. Description of a new siluroid fish from China［J］. Annals and Magazine of Natural History，6（9）：247.

BOULENGER G A，1895. Catalogue of the Perciform fishes in the British Museum［J］. Catalogue of the fishes in the British Museum，1：123－217.

BRITZ，R，1996. Ontogeny of the ethmoidal region and hyopalatine arch in *Macrognathus pancalus*（Teleostei，Mastacembeloidei），with critical remarks on mastacembeloid inter－and intrarelationships［J］. American Museum Novitates，3181：1－18.

BRUCE B COLLETTE，JINXIANG S，1986. The halfbeaks（Pisces，Beloniformes，Hemiramphidae）of the Far East［J］. Proceedings of the Academy of Natural Sciences of Philadelphia，138（1）：250－301.

CARPENTER K E，NIEM V H，1999. FAO species identification guide for fishery purposes. The living marine resources of the Western Central Pacific. Volume 4. Bony fishes part 2（Mugilidae to Carangidae）［M］. Roma：FAO.

CHAKRABORTY A，ARANISHI F，IWATSUKI Y，2006a. Genetic differences among three species of the genus *Trichiurus*（Perciformes：Trichiurda）based on mitochondrial DNA analysis［J］. Ichthyological Research，53（1）：93－96.

CHAKRABORTY A，ARANISHI F，IWATSUKI Y，2006b. Genteic differentiation of *Trichiurus japonicus* and *T. lepturus*（Perciformes：Trichiurdae）based on mitochondrial DNA analysis［J］. Zoological Studies，45（45）：419－427.

CHEN D L，GUO X G，NIE P，2007. Non－monophyly of fish in the Sinipercidae（Perciformes）as inferred from cytochrome *b* gene［J］. Hydrobiologia，583：77－89.

CHEN M H，SHAO K T，1988. Fishes of Triglidae（Scorpaenoidei）from Taiwan［J］. Journal of Taiwan

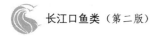

Museum，41 (1)：127 – 138.

CHU Y T，1930—1932. Contributions to the Ichthyology of China [J]. The China Journal，13 (3)：141 – 146；13 (6)：330 – 335；14 (2)：84 – 89；14 (4)：192 – 193；15 (1)：38 – 40；15 (3)：151 – 156；15 (5)：242 – 248；16 (3)：131 – 134；16 (4)：191 – 197.

CHU Y T，1931. Index Piscium Sinensium [J]. Biological Bulletin St. John's University Shanghai，1：1 –290.

COHEN D M，1990. Bregmacerotidae [M]//QUÉRO J C，HUREAU J C，POST A，et al. Check – list of the fishes of the eastern tropical Atlantic (CLOFETA) . Paris：UNESCO/SEI/UNESCO：524 – 525.

COLLETTE B B，NAUEN C E，1983. FAO species catalogue vol. 2，Scombrids of the world，An annota- ted and illustrated catalogue of tunas，mackerel，bonitos and related species known to date [M]. Rome：FAO.

COMPAGNO L J V，1979. Carcharhinoid sharks：morphology，systematics and phylogeny [D]. PaloAlto：Stanford University.

COMPAGNO L J V，1984. FAO species catalogue，Vol. 4. Sharks of the world [M]. Rome：FAO.

COMPAGNO L J V，1999. Checklist of living elasmobranchs [M]//HAMLETT W C. Sharks，skates，and rays：the biology of elasmobranch fishes. Maryland：Johns Hopkins University Press.

COMPAGNO L J V，2001. Sharks of the world [M]. An annotated and illustrated catalogue of shark species known to date. Vol. 2：Bullhead，mackerel and carpet sharks (Heterodontiformes，Lamniformes and Orectolobiformes) . Rome：FAO.

COMPAGNO L J V，LAST P R，STEVENS J D，et al，2005. Checklist of Philippine chondrich- thyes. CSIRO Marine Laboratories Report No. 243 [R]. Collingwood：CSIRO：103.

COMPAGNO L J V，Last P R，1999. Platyrhinidae [M]//CARPENTER K E，NIEM V H. FAO species identification guide for fishery purposes. The living marine resources of the Western Central Pacific. Vol. 3 Batoid fishes，chimaeras and bony fishes part 1 (Elopidae to Linopharynidae) . Rome：FAO：1431 –1432.

COMPAGNO L J V，ROBERTS T R，1982. Freshwater stingrays (Dasyatidae) of Southeast Asia and New Guinea，with description of a new species of Himantura and reports of unidentified species [J]. En- vironmental Biology of Fishes，7：321 – 339.

COOPER J A，CHAPLEAU F，1998. Monophyly and interrelationships of the family Pleuronectidae (Pleu- ronectiformes)，with a revised classification [J]. Fishery Bulletin，96：686 – 726.

DABRY DE THIERSANT P，1872. Nouvelles espèces de poissons de Chine [M]//DABRY DE THIER- SANT P. La pisciculture et la pêche en Chine. Paris：G. Masson：178 – 192.

DAWSON C E，1986. Syngnathidae [M]//SMITH M M，HEEMSTRA P C. Smiths' Sea fishes. Berlin：Springer – Verlag：445 – 458.

DIBATTISTA J D，RANDALL J E，BOWEN B W，2012. Review of the round herrings of the genus *Etrumeus* (Clupeidae：Dussumieriinae) of Africa，with descriptions of two new species [J]. Cybium，36 (3)：447 – 460.

DURAND J D, BORSA P, 2015. Mitochondrial phylogeny of grey mullets (Acanthopterygii: Mugilidae) suggests high proportion of cryptic species [J]. Comptes Rendus Biologies, 338 (4): 266 - 277.

DURAND J D, CHEN W J, SHEN K N, et al, 2012. Genus - level taxonomic changes implied by the mitochondrial phylogeny of grey mullets (Teleostei: Mugilidae) [J]. Comptes Rendus Biologies, 335 (10 - 11): 687 - 697.

ELLIOTT M, WHITFIELD A K, POTTER I C, et al, 2007. The guild approach to categorizing estuarine fish assemblages: a global review [J]. Fish and Fisheries, 8 (3): 241 - 268.

ESCHMEYER W N, 1998. Catalog of Fishes [M]. San Francisco: California Academy of Sciences.

EVERMAN B W, SHAW T H, 1927. Fishes from Eastern China, with descriptions of new species [J]. Proceedings of the California Academy of Sciences, 16 (4): 97 - 122.

FANG P W, 1934. Study on the fishes referring to Salangidae of China [J]. Sinensia, 4 (11): 231 - 268.

FANG P W, 1942. Poissons de Chine de M. Ho: Description de cinq espèces et deux sous - espèces nouvelles [J]. Bulletin de la Société Zoologique de France, 67: 79 - 85.

FANG P W, Wang K F, 1932. Elasmobranchiate fishes of Shangtung Coast. Contributions from the Biological Laboratory of the Science Society of China, 8 (8): 213 - 283.

FERRARIS C J, 2007. Checklist of catfishes, recent and fossil (Osteichthyes: Siluriformes), and catalogue of siluriform primary types [J]. Zootaxa, 1418 (1): 1 - 628.

FOWLER H W, 1929. Notes on Japanese and Chinese fishes [J]. Proceedings of the Academy of Natural Sciences of Philadelphia, 81: 592 - 596.

FOWLER H W, 1930. A collection of freshwater fishes obtained chiefly at Tsinan, China [J]. Peking Natural History Bulletin, 5 (2): 27 - 31.

FOWLER H W, 1936. A synopsis of the fishes of China [J]. Hong Kong Naturalist, 7 (2): 76 - 79.

FOWLER H W, 1960. A Synopsis of the fishes of China [J]. Quarterly Journal of the Taiwan Museum, part IX, 13 (3/4): 91 - 161; 14 (1/2): 49 - 87; 14 (3/4): 203 - 250; part X, 15 (1/2): 1 -77.

FOWLER H W, BEAN B A, 1920. A small collection of fishes from Soochow [J]. Proceedings of the Academy of Natural Sciences of Philadelphia, 58: 317.

FRASER T H, 2005. A review of the species in the *Apogon fasciatus* group with a description of a new species of cardinalfish from the Indo - West Pacific (Perciformes: Apogonidae) [J]. Zootaxa, 924: 1 -30.

FREYHOF J, HERDER F, 2002. Review of the paradise fishes of the genus *Macropodus* in Vietnam, with description of two species from Vietnam and southern China (Perciformes: Osphronemidae) [J]. Ichthyological Exploration of Freshwaters, 13 (2): 147 - 167.

FRICKE R, MULOCHAU T, DURVILLE P, et al, 2009. Annotated checklist of the fish species (Pisces) of La Réunion, including a Red List of threatened and declining species [J]. Stuttgarter Beiträge zur Naturkunde A, Neue Serie (2): 1 - 168.

FU C Z, GUO L, XIA R, et al, 2012. A multilocus phylogeny of Asian noodlefishes Salangidae (Teleostei: Osmeriformes) with a revised classification of the family [J]. Molecular Phylogenetics and Evolution, 62 (3): 848 - 855.

GARMAN S，1912. Pisces： in some Chinese vertebrates ［J］. Memoirs of the Museum of Comparative Zoology，40（4）：111-123.

GRANT W S，CLARK A M，BOWEN B M，1998. Why restriction fragment length polymorphism analysis of mitochondrial DNA failed to resolve sardine（*Sardinops*）biogeography：insights from mitochondrial DNA cytochrome *b* sequences ［J］. Canadian Journal of Fisheries and Aquatic Sciences，55（12）：2539-2547.

GüNTHER A，1850—1870. Catalogue of the fishes in the British Museum Vols 1-8. ［M］. London：British Museum.

GüNTHER A，1873. Report on a collection of fishes from China ［J］. Annals and Magazine of Natural History，（4）12（69）：239-250.

GüNTHER A，1874. Third notice of a collection of fishes made by Mr. Swinhoe in China ［J］. Annals and Magazine of Natural History，13（4）：154-159.

GüNTHER A，1888. Contribution to our knowledge of the fishes of the Yangtze-Kiang ［J］. Annals and Magazine of Natural History，1（6）：429-435.

HATOOKA K，2002. Platyrhinidae ［M］//NAKABO T. Fishes of Japan with pictorial keys to the species（English edition）. Tokyo：Tokai University Press.

HERRE A W，1927. Gobies of the Philippines and the China Sea ［J］. Monographs，Bureau of Science Manila Monogr，23：1-345.

HERRE A W，LIN S Y，1936. Fishes of the Tsien Tang river system ［J］. Bulletin of the Chekiang Provincial Fisheries Experiment Station，2（7）：1-36.

HO H C，CHOO J Y，TENG P Y，2011. Synopsis of codlet fishes（Gadiformes：Bregmacerotidae）in Taiwan ［J］. Platax，8：25-40.

HO H C，SMITH D G，MCCOSKER J E，et al，2015. Annotated checklist of eels（orders Anguilliformes and Saccopharyngiformes）from Taiwan ［J］. Zootaxa，4060（1）：140-189.

HOTTA H，TUNG I S，1966. Identification of the family Mugilidae based on the poloric caeca and position on inserted first internaeural spine ［J］. Japanese Journal of Ichthyology，14（1-3）：62-66.

HOWES G J，1981. Anatomy and phylogeny of the Chinese major carps *Ctenopharyngodon* Steind，1866 and *Hypophthalmichthys* Blkr，1860 ［J］. Bulletin British Museum Natural History（Zoology），41：1-52.

HUANG S P，ZEEHAN J，CHEN I S，2013. A new genus of *Hemigobius* generic group goby based on morphological and molecular evidence，with description of a new species ［J］. Journal of Marine Science and Technology，21（Suppl）：146-155.

ICZN，2011. OPINION 2274（Case 3455）*Pseudobagrus* Bleeker，1859（Osteichthyes，Siluriformes，BAGRIDAE）：conservation by suppression of a senior synonym not approved ［J］. Bulletin of Zoological Nomenclature，68（2）：152-153.

IMAMURA H，YOSHINO T，2009. Authorship and validity of two flatheads，*Platycephalus japonicus* and *Platycephalus crocodilus*（Teleostei：Platycephalidae）［J］. Ichthyological Research，56（3）：

308 -313.

ISHIHARA H，1987. Revision of the western North Pacific skates of the genus *Raja* [J]. Japanese Journal of Ichthyology，34：241 - 285.

ISHIYAMA B，1967. Rajidae (Pisces)，Fauna Japonica [M]. Tokoyo：Tokyo Academic Press of Japan.

ISHIYAMA R，1951. Revision of the Japanese mugilid fishes，especially based upon the osteological characters of the caranium [J]. Japanese Journal of Ichthyology，1 (4)：238 - 250.

ISOUCHI T，1977. Butterfly ray *Gymnura bimaculata*，a junior synonym of *G. japonica* [J]. Japanese Journal of Ichthyology，23：242 - 244.

IWAMOTO T，1999. Bregmacerotidae：codlets (codlings) [M]//CARPENTER K E，NIEM V H. FAO specied identification guide for fishery purposes. The living marine resources of the Western Central Pacific. Vol 3. Batoid fishes，chimaeras and bony fishes part 1 (Elopidae to Linophrynidae). Rome：FAO.

IWATA A，JEON S R，1987. First record of four Gobiid fishes from Korea [J]. Korean Journal of Limnology，20 (1)：1 - 12.

IWATSUKI Y AND NAKABO T，2005. Redescription of *Hapalogenys nigripinnis* (Schlegel in Temminck and Schlegel，1843)，a senior synonym of *H. nitens* Richardson，1844，and a new species from Japan [J]. Copeia，2005 (4)：854 - 867.

IWATSUKI Y，MIYAMOTO K，NAKAYA K，et al，2011. A review of the genus *Platyrhina* (Chondrichthys：Platyrhinidae) from the northwestern Pacific，with descriptions of two new species [J]. *Zootaxa*，2738：26 - 40.

JAYARAM K C，1955. A preliminary review of the genera of the family Bagridae (Pisces，Siluroidea) [J]. Proceedings of the National Institute of Sciences of India，Part B，21 (3)：120 - 128.

JORDAN D S，1922. A classification of fishes including families and genera as far as known [J]. Stanford University Publications，University Series，Biological Sciences，3 (2)：73 - 243.

JORDAN D S，SEALE A，1905. List of fishes collected in 1882 - 1883 by Pierre Louis Jouy at Shanghai and Hongkong，China [J]. Proceedings of the United States National Museum，29 (1433)：517 - 529.

JORDAN D S，SNYDER J O，1901. A review of the gobioid fishes of Japan，with description of twenty - one species [J]. Proceedings of the United States National Museum，24 (1244)：33 - 132.

JORDAN D S，SNYDER J O，1902. A review of the Gymnodont fishes of Japan [J]. Proceedings of the United States National Museum，24 (1254)：229 - 264.

KAI Y，NAKABO T，2009. Taxonomic review of the genus *Cottiusculus* (Cottoidei：Cottidae) with description of a new species from the Sea of Japan [J]. Ichthyological Research，56 (3)：213 - 226.

KIM I S，LEE Y J，KIM Y U，1987. A taxonomic revision of the subfamily Gobiinae (Pisces，Gobiidae) from Korea [J]. Journal of the Korean Fisheries Society，20 (6)：529 - 542.

KIMURA S，1934. Description of the fishes collected from the Yangtze-Kiang，China by late Dr. K. Kishinouye and his part in 1927 - 1929 [J]. Journal of the Shanghai Scientific Institute，1 (3)：19 - 204.

KIMURA S，1935. The freshwater fishes of the Tsung - Ming Island，China [J]. Journal of the Shanghai

Scientific Institute，3（3）：99 - 120.

KNER R，1865 - 1867. Reise der öesterreichischen Fregatte "Novara" um die Erde in den Jahren 1857 - 1859，unter den Befehlen des Commodore B. von Wüllerstorf - Urbain［J］. Wien. Zool. Theil. ，fische：1 -3.

KNER R，1865. Specielles Verzeichniss der Wahrend der Reise der Kaiserlichen Fregatte "Novara" gesammelten Fische，II. Abtheilung［J］. Sitzungsberichte der Kaiserlichen Akademie der Wissenschaften，51（1）：409 - 504.

KNER R，1866. Specielles Verzeichniss der Wahrend der Reise der Kaiserlichen Fregatte "Novara" gesammelten fishche，III. und Schlussabtheilung［J］. Sitzungsberichte der Kaiserlichen Akademie der Wissenschaften，53（1）：546 - 548.

KOTTELAT M，2001. Freshwater fishes of northern Vietnam. A preliminary check - list of the fishes known or expected to occur in northern Vietnam with comments on systematics and nomenclature［R］. Environment and Social Development Unit，East Asia and Pacific Region. The World Bank：43 - 44.

KOTTELAT M，2013. The fishes of the inland waters of Southeast Asia：a catalogue and core bibliography of the fishes known to occur in freshwaters，mangroves and estuaries［J］. The Raffles Bulletin of Zoology，（Suppl 27）：1 - 663.

KOTTELAT M，NG H H，2010. Comment on the proposed conservation of *Pseudobagrus* Bleeker，1858 （Osteichthyes，BAGRIDAE）（Case 3455）［J］. Bulletin of Zoological Nomenclature，67（1）：68 -71.

KOTTELAT，M，LIM K K P，1994. Diagnoses of two new genera and three new species of earthworm eels from the Malay Peninsula and Borneo（Teleostei：Chaudhuriidae）［J］. Ichthyological Exploration of Freshwaters，5（2）：181 - 190.

KU X Y，PENG Z G，DIOGO R，et al，2007. MtDNA phylogeny provides evidence of generic polyphyleticism for East Asian bagrid catfishes［J］. Hydrobiologia，579：147 - 159.

KUITER R H，2004. Description of a New Species of Butterflyfish，*Roa australis*，from Northwestern Australia（Pisces：Perciformes：Chaetodontidae）［J］. Records of the Australian Museum，56：167 -171.

LACEPèDE B G E，1801. Histoire naturelle des poissons. v 3［M］. Strasbourg：Levrault.

LARSON H K，2009. Review of the gobiid fish genera *Eugnathogobius* and *Pseudogobiopsis*（Gobioidei：Gobiidae：Gobionellinae），with descriptions of three new species［J］. The Raffles Bulletin of Zoology，57（1）：127 - 181.

LARSON H K，JAAFAR Z，LIM K K，2008. An annotated checklist of the gobioid fishes of Singapore ［J］. The Raffles Bulletin of Zoology，56（1）：135 - 155.

LARSON H K，2001. A revision of the gobiid fish genus *Mugilogobius*（Teleostei：Gobioidei），and its systematic placelment［J］. Records of the Western Australian Museum（Suppl 62）：1 - 233.

LAST P R，NAYLOR G J P，MABEL MANJAJI - MATSUMOTO B，2016. A revised classification of the family Dasyatidae（Chondrichthyes：Myliobatiformes）based on new morphological and molecular insights［J］. Zootaxa，4139（3）：345 - 368.

LAST P R, WHITE W T, DE CARVALHO M R, et al, 2016. Rays of the World [M]. Clayton South: CSIRO.

LEE Y J, CHOI Y, RYU B S, 1995. A taxonomic revision of the genus *Periophthalmus* (Pisces: Gobiidae) from Korea with description of a new species [J]. Korean journal of Ichthyology, 7 (2): 120 -127.

LI C S, 1992. Hairtail fishes from Chinese coastal waters (Trichiuridae) [J]. Marine Sciences Academia Sinica, 4 (3): 212 - 219.

LI C, ORTÍ G, ZHAO J, 2010. The phylogenetic placement of sinipercid fishes ("Perciformes") revealed by 11 nuclear loci [J]. Molecular Phylogenetics and Evolution, 56: 1096 - 1104.

LIN S Y, 1936. Notes on hair tails and eels of China [J]. Bulletin of Chekiang Provincial Fisheries Experiment Station, 2 (5): 1 - 16.

LINDBERG G U, 1976. Fishes of the world, A Key to families and a checklist [M]. New York: John Wiley and Sons.

LIU C K, 1940. Preliminary studies on the air-bladder and its adjacent structures in the Gobioninae [J]. Sinensia, 11 (1/2): 77 - 104.

LIU J, LI C S, 1998. A new pomfret species, *Pampus Minor* sp. Nov. (stromateidae) from Chinese waters [J]. Chinese Journal of Oceanology and Limnology, 16 (3): 280 - 285.

LOURIE S A, POLLOM R A, FOSTER S J, 2016. A global revision of the Seahorses *Hippocampus* Rafinesque 1810 (Actinopterygii: Syngnathiformes): Taxonomy and biogeography with recommendations for further research [J]. Zootaxa, 4146 (1): 1 - 66.

LOURIE S A, PRITCHARD J C, CASEY S P, et al, 1999. The taxonomy of Vietnam's exploited seahorses (family Syngnathidae) [J]. Biological Journal of the Linnean Society, 66: 231 - 256.

MABUCHI K, FRASER T H, SONG H, et al, 2014. Revision of the systematics of the cardinalfishes (Percomorpha: Apogonidae) based on molecular analyses and comparative reevaluation of morphological characters [J]. Zootaxa, 3846 (2): 151 - 203.

MANJAJI - MATSUMOTO B M, LAST P R, 2006. *Himantura lobistoma*, a new whipray (Rajiformes: Dasyatidae) from Borneo, with comments on the status of *Dasyatis microphthalmus* [J]. Ichthyological Research, 53 (3): 290 - 297.

MARTENS E V, 1876. Die preussische Expedition nach Ost-Asien [M]. Berlin: Zoologische Abtheilung, Allgemeines und Wirbelthiere.

MATSUBARA K, 1955. Fish morphology and hierarchy, Part I [M]. Tokyo: Ishizaki-shoten.

MCCOSKER J E, CHEN W L, Chen H M, 2009. Comments on the snake - eel genus *Xyrias* (Anguilliformes: Ophichthidae) with the description of a new species [J]. Zootaxa, 2289: 61 - 67.

MCKAY P J, 1985. A revision of the fishes of the Family Sillaginidae [J]. Memoirs of the Queensland Museum, 23 (1): 1 - 73.

MCKAY P J, 1992. Sillaginid fishes of the world (family Sillaginidae): an annotated and illustrated catalogue of the Sillago, Smelt or Indo - Pacific Whiting species known to date [M]. Rome: FAO.

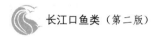

Menon A G K，1977. A systematic monograph of the Tongue Soles of the genus *Cynogtossus* Hamilton – Buchanan（Pisces：Cynoglossidae）[M]. Washington：Smithosonian Insititute Press.

MIAO C P. 1934. Notes on the freshwater fishes of the Southern part of Kiangsu I. Chinkiang [J]. Contributions from the Biological Laboratory of the Science Society of China，10（3）：111 – 244.

MO T P，1991. Anatomy，relationships and systematics of the Bagridae（Teleostei：Siluroidei）with a hypothesis of siluroid phylogeny [M]. Koenigstein：Koeltz Scientific Books.

MORI T，1936. Studies on the geographical distribution of freshwater fishes in Eastern Asia [M]. Tokio：Toppan Print.

MURDY E O，2008. *Paratrypauchen*，a new genus for *Trypauchen microcephalus* Bleeker，1860，（Perciformes：Gobiidae：Amblyopinae）with a redescription of *Ctenotrypauchen chinensis* Steindachner，1867，and a key to "*Trypauchen*" group genera [J]. Aqua，International Journal of Ichthyolog，14（3）：115 – 128.

MüLLER J，HENLE F G J，1841. Systematische Beschreibung der Plagiostomen [M]. Berlin：Viet und Comp.

NAKAMURA I，PARIN N V，1993. Snake mackerels and cutlassfishes of the world（Families Gempylidae and Trichiuridae）：an annotated and illustrated catalogue of the snake mackerels，snoeks，escolars，gemfishes，sackfishes，domine，oilfish，cutlassfishes，scabbardfishes，hairtails and frostfishes known to date [M]. Rome：FAO：103 – 107.

NAKAYA K，1984. Family Platyrhinidae [M]//MASUDA H，AMAOKA K，ARAGA C. The fishes of the Japanese Archipelago. Tokyo：Tokai University Press：12.

NEAR T J，EYTAN R I，DORNBURG A，et al，2012. Resolution of ray – finned fish phylogeny and timing of diversification [J]. Proceedings of the National Academy of Sciences of the United States of America，109（34）：13698 – 13703.

NELSON J S，2006. Fishes of the World [M]. 4th ed. New Jersey：John Wiley &. Sons，Inc.

NELSON J S，GRANDE T C，WILSON M V H，2016. Fishes of the World [M]. 5th ed. New Jersey：John Wiley &. Sons，Inc.

NG H H，FREYHOF J，2007. *Pseudobagrus nubilosus*，a new species of catfish from central Vietnam（Teleostei：Bagridae），with notes on the validity of *Pelteobagrus* and *Pseudobagrus* [J]. Ichthyological Exploration of Freshwaters，18（1）：9 – 16.

NG H H，KOTTELAT M，2007. The identity of *Tachysurus sinensis* Lacepède，1803，with the designation of a neotype（Teleostei：Bagridae）and notes on the identity of *T. fulvidraco*（Richardson，1845）[J]. Electronic Journal of Ichthyology，2：35 – 45.

NG H H，KOTTELAT M，2008. Confirmation of the neotype designation for *Tachysurus sinensis* Lacepède，1803（Teleostei：Bagridae）[J]. Ichthyological Exploration of Freshwaters，19（2）：153 –154.

Nichols J T，1925. Some Chinese fresh – water fishes（1）[J]. American Museum Novitates（185）：1 – 9.

Nichols J T，1928. Chinese fresh – water fishes in the American Museum of Natural History's collection

[J]. Bulletin of the American Museum of Natural History, 58 (1): 1－62.

Nichols J T, 1943. The fresh－water fishes of China [M]. New York: American Museum of Natural History.

OCHIAI A, 1963. Fauna Japonica. Soleina (Pisces) [M]. Tokyo: Biogeographical Society of Japan, Natural Science Museum.

OKADA Y, 1959－1960. Studies on the freshwater fishes of Japan [M]. Japan: Prefectural University of Mie Tsu.

OKAMURA O, KITAJIMA T, 1984. Fishes of the Okinawa trough and the adjacent water. Ⅰ. The intensive research of unexploited fishery resources on continental slopes [M]. Tokyo: Japan Fisheries Resource Conservation Association.

OKAZAKI M, NARUSE K, SHIMA A, et al, 2001. Phylogenetic relationships of bitterlings based on mitochondrial 12S ribosomal DNA sequences [J]. Journal of Fish Biology, 58: 89－106.

OSHIMA M, 1919. Contributions to the of the fresh water fishes of the Island of Formosa [J]. Annals of the Carnegie Museum, 12 (2－4): 169－328.

PAPKE H J, 1990. Zur Synonymie von *Macropodus chinensis* (Bloch, 1790) und *M. opercularis* (Linne, 1758) und zur Rehabilitation von *M. ocellatus* Cantor, 1842 (Pisces, Belontiidae) [J]. Mitteilungen aus dem Museum für Naturkunde in Berlin Zoologisches Museum und Institut für Spezielle Zoologie Berlin, 66 (1): 73－78.

PARENTI L R, 2008. A phylogenetic analysis and taxonomic revision of ricefishes, *Oryzias* and relatives (Beloniformes, Adrianichthyidae) [J]. Zoological Journal of the Linnean Society, 154: 494－610.

PARIN N V, COLLETT B B, SHCHERBACHEV Y N, 1980. Preliminary review of the marine halfbeaks (Hemiramphidae, Beloniformes) of the tropical Indo－west－Pacific [J]. Trudy Instituta Okeanologii, 97: 7－173.

PARRISH J D, SERRA R, GRANT W S, 1989. The monotypic sardines, *Sardina* and *Sardinops*: their taxonomy, distribution, stock structure, and zoogeography [J]. Canadian Journal of Fisheries and Aquatic Sciences, 46 (1): 2019－2036.

QUAN W M, NI Y, SHI L Y, et al, 2009. Composition of fish communities in an intertidal salt marsh creek in the Changjiang River estuary, China [J]. Chinese Journal of Oceanology and Limnology, 27 (4): 806－815.

RANDALL J E, BAUCHOT M L GUÉZÉ P, 1993. *Upeneus japonicus* (Houttuyn), a senior synonym of the Japanese goatfish *U. bensasi* (Temminck *et* Schlegel) [J]. Japanese Journal of Ichthyology, 40 (3): 301－305.

REEVES C D, 1927. A catalogue of fishes of Northeastern China and Korea [J]. Pan－Pacific Research Institute Journal, 2 (1): 147.

REEVES C D, 1931. Manual of vertebrate animal [M]. Shanghai: Chung Hwa Book co. Ltd: 540－579.

REGAN C T, 1905. On a collection of fishes from the inland sea of Japan made by Mr. R. Gordon Smith [J]. Annals and Magazine of Natural History, 15 (7): 17－26.

REGAN C T, 1908. A synopsis of the fishes of the subfamily Salangidae [J]. Annals and Magazine of Natural History，2（8）：444-446.

REGAN C T，1917. A revision of the Clupeoid fishes of the genera Pomolobus，Brevoortia and Dorosoma，and their allies ［J］. Annals and Magazine of Natural History，19（8）：306.

RENDAHL H，1923. Eine Neue Art der Familie Salangidae aus Chine ［J］. Zoologischer Anzeiger，56（3-4）：92.

RENDAHL H，1927. Zur Nomenklatur ein paar chinesischer Siluriden ［J］. Arkiv för Zoologi，19（1）：1-6.

RICHARDSON J，1845. Ichthyology. Part 3 ［M］//Hinds R B. The zoology of the voyage of H. M. S. "Sulphur"，und the command of capt. Sir E. Belcher during 1836-1842. London：Smith，Elder & Co：106-146.

RICHARDSON J，1846. Report on the ichthyology of the seas of China and Japan ［R］. Report of the British Association for the Advancement of Science 15th meeting：187-320.

ROBERTS C D，1993. Comparative morphology of spined scales and their phylogenetic significance in the Teleostei ［J］. Bulletin of Marine Science，52（1）：60-113.

ROBERTS T R，1984. Skeletal anatomy and classification of the neotenic Asian Salmoniform superfamily Salangoidea（icefishes or noodlefishes）［J］. Proceedings of the California Academy of Sciences，43：179-220.

ROSEN D E，PARENTI L R，1981. Relationships of *Oryzias*，and the groups of Atherinomorph fishes. American Museum Novitates，Number 2719 ［R］. New York：The American Museum of Natural History.

SASAKI K，1990. *Johnius grypotus*（Richardson，1846），resurrection of a Chinese sciaenid species ［J］. Japanese Journal of Ichthyology，37（3）：224-229.

SASAKI K，AMAOKA K，1989. *Johnius distinctus*（Tanaka，1916），a senior synonym of *J. tingi*（Tang，1937）（Perciformes，Sciaenidae）［J］. Japanese Journal of Ichthyology，35（4）：466-468.

SENOU H，YOSHINO T，OKIYAMA M，1987. A review of the mullets with a keel on the back，*Liza carinata* complex（Pisces：Mugilide）［J］. Publications of the Seto Marine Biological Laboratory，32（4-6）：303-321.

SHEN A L，MA C Y，NI Y，et al，2012. The taxonomis status of *Gymnura bimaculata* and *G. japonica*：evidence from mitochondrial DNA sequences ［J］. Journal of Life Sciences，6（1）：9-13.

SHEN S C，1967. Studies on flat-fishes（Pleuronectiformes or Heterosomata）in the adjacent waters of Hongkong ［J］. Quarterly Journal of the Taiwan Museum，20（1-2）：150-281.

SHEN S C，1969. Additions to the study on the flatfishes in the adjacent waters of Hongkong ［J］. Report of the Institute of Fisheries Biology Taipei，2（3）：19-27.

SHEN S C，LIM P C，1973. Ecological and morphological study on fish-fauna from the waters around Taiwan and its adjacent Island. 6. Study on the plectognath Fishes. the family of Ostraciontoid fishes. Ostraciontidae ［J］. Acta oceanogr Taiwan（3）：245-268.

SMITH H M，1938. Status of the Asiatic fish genus *Culter* ［J］. Journal of the Washington Academy of Sciences，28（9）：407-411.

SMITH J L B, 1965. The sea fishes of soutern Africa [M]. New York: Hafner Publishing Co.

SMITH M M, HEEMSTRA P C, 1986. Smiths' Sea Fishes [M]. Berlin: Springer - Verlag.

SMITH W L, WEBB J F, BLUM S D, 2003. The evolution of the laterophysic connection with a revised phylogeny and taxonomy of butterflyfishes (Teleostei: Chaetodontidae) [J]. Cladistics, 19 (4): 287 -306.

SPRINGER V G, BAUCHOT M L, 1994. Identification of the taxa Xenocephalidae, *Xenocephalus*, and *X. armatus* (Osteichthyes: Uranoscopidae) [J]. Proceedings of the Biological Society of Washington, 107 (1): 79 - 89.

SPRINGER V G, JOHNSON G D, 2004. Study of the dorsal gill - arch musculature of teleostome fishes, with special reference to Acanthopterygii [J]. Bulletin of the Biological Society of Washington (11): 1 - 235.

SPRINGER V G, RAASCH M S, 1995. Fishes, angling, and finfish fisheries on stamps of the World [M]. Tucson: American Topical Association.

STEINDACHNER F, 1892. Über einige neue und seltene Fischarten aus der ichthyologischen sammlung des k. k. naturhistorischen Hofmuseums [J]. Anzeiger der Kaiserlichen Akademie der Wissenschaften, 59 (1): 357 - 384.

STEINDACHNER F, DODERLEIN L, 1887. Beiträge Zur Kenntniss der Fische Japan's Denkschr [J]. Anzeiger der Kaiserlichen Akademie der Wissenschaften, 24 (4): 263.

TAKAGI K, 1966. Distribution and ecology of the gobioid fishes in the Japanese waters [J]. Journal of the Tokyo University of Fisheries, 52: 83 - 127.

TANAKA S, 1911 - 1930. Figures and descriptions of the fishes of Japan [M]. Tokyo: Imperial University: 1 - 48.

TANG D S, 1933. On a new ray (*Platyrhina*) from Amoy, China [J]. Lingnan Science Journal, 12 (4), 561 - 563.

TANIGUCHI N, OKADA Y, 1984. Identification of young of giant sciaenid and its morphological changes with growth [J]. Japanese Journal of Ichthyology, 31 (2): 181 - 187.

TAYLOR W R, GOMON J R, 1986. Plotosidae [M]//Daget J, Gosse J P, Thys van den Audenaerde D F E. Check - list of the freshwater fishes of Africa. Paris: CLOFFA/2. ORSTOM: 160 - 162.

TCHANG T L, 1930. Contribution á l'étude morphologique, biologique et taxonomique des Cyprinidés du Bassin du Yangtze [D]. Thèses: présentées á la Faculté des Sciences de Paris pour obtenir le grade de docteur des sciences naturelles, Sér. A (209): 1 - 171.

TCHANG T L, 1933. The study of Chinese cyprinoid fishes. Part 1 [J]. Zoologica Sinica Ser. B, 2 (1): 14 - 180.

TCHANG T L, 1936. Study on some Chinese Catfishes [J]. Bulletin of the Fan Memorial Institute of Biology, Peiping (Zoology Series) 6 (7): 33 - 56.

TCHANG T L, 1938. A review of Chinese Hemirhamphus [J]. Bulletin of the Fan Memorial Institute of Biology, Peiping (Zoology Series), 8 (4): 339 - 346.

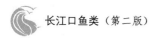

TCHANG T L，1939. The gobies of China ［J］. Bulletin of the Fan Memorial Institute of Biology，Peiping (Zoology Series)，9 (9)：263 – 288.

TEMMINCK C J，Schlegel H，1842—1850. Pisces ［M］//Siebold P F. Fauna Japonica. Leiden：Lugduni Batavorum.

TOMIYAMA I，1936. Gobiidae of Japan ［J］. Japanese Journal of Zoology，7 (1)：37 – 112.

TOMIYAMA I，1953. Notes on some fishes of the lower Yangtze region，China ［J］. Japanese Journal of Ichthyology，2 (6)：285 – 289.

TORII A，HAROLD A S，OZAWA T，et al，2003. Redescription of *Bregmaceros mcclellandi* Thompson，1840 (Gadiformes：Bregmacerotidae) ［J］. Ichthyological Research，50 (2)：129 – 139.

TORII A，JAVONILLO R，OZAWA T，2004. Reexamination of *Bregmaceros lanceolatus* Shen，1960 with description of a new species *Bregmaceros pseudolanceolatus* (Gadiformes：Bermacerotidae) ［J］. Ichthyological Research，51 (2)：106 – 112.

TORTONESE E，1937. Risultati ittiologici del viaggio circumnaviga zione del globo della R. N. "Magenta" (1865 – 1868) ［J］. Bollettino dei Musei di Zoologia ed Anatomia Comparata della R. Università di Torino，47 (100)：233 – 372.

TRAVERS R A，1984. A review of the Mastacembeloidei，a suborder of synbranchiform teleost fishes. Part Ⅱ：Phylogenetic analysis ［J］. Bulletin of the British Museum of Natural History (Zoology)，47：83 – 150.

TREWAVAS E，1971. The syntypes of the sciaenid *Corvina albida* Cuvier and the status of *Dendrophsa hooghliensis* Sinha and Rao and *Nibea coibor* (nec Hamilton) of Chu，Lo & Wu ［J］. Journal of Fish Biology，3 (4)：453 – 461.

TREWAVAS E，1977. The Sciaenid fishes (Croakers or drums) of the Indo – west – Pacific ［J］. Transactions of the Linnean Society of London (Zoology) (33)：253 – 541.

TREWAVAS E，YAZDANI G M，1966. *Chrysochir*，a new genus for the Sciaenid fish *Otolithus aureus* Richardson，with consideration of its specific synonym ［J］. Annals and Magazine of Natural History，8 (13)：249 – 255.

TUCKER D W，1956. Studies on the Trichiuroid fishes a preliminary revision of the family Trichiuridae ［J］. Bulletin of the British Museum of Natural History (Zoology) (4)：73 – 103.

VASIL'EVA E D，MAKEEVA A P，2003. Taxonomic status of the Black Amur bream and some remarks on problems of taxonomy of the genera *Megalobrama* and *Sinibrama* (Cyprinidae，Cultrinae) ［J］. Journal of Ichthyology，43 (8)：582 – 597.

VINNIKOV K A，THOMSON R C，MUNROE T A，2018. Revised classification of the righteye flounders (Teleostei：Pleuronectidae) based on multilocus phylogeny with complete taxon sampling ［J］. Molecular Phylogenetics and Evolution (125)：147 – 162.

WAKIYA Y，TAKAHASI N，1937. Study on fishes of the family Salangidae ［J］. Journal of College of Agriculture (14)：265 – 303.

WANG K F，WANG S C，1935. Study of the teleost fishes of coastal region of Shangtung. Ⅲ ［J］. Contributions from the Biological Laboratory of the Science Society of China. (Zoological Series), 11 (6): 222 – 233.

WANG Z M, KONG X Y, HUANG L M, et al, 2014. Morphological and molecular evidence supports the occurrence of a single species of *Zebrias zebrinus* along the coastal waters of China [J]. Acta Oceanologica Sinica, 33 (8): 44 – 54.

WARPACHOWSKI N, 1887. Über die Gattung *Hemiculter* Bleek. und über eine neue Gattung *Hemiculterella* [J]. Bulletin de l'Académie Impériale des Sciences de St. Pétersbourg (32): 697 – 698.

WEBER M, de BEAUFORT L F, 1913—1936. The fishes of the Indo – Australian Archipelago. 2 – 7 [M]. Leiden: Brill E J Ltd.

WEIGMANN S, 2016. Annotated checklist of the living sharks, batoids and chimaeras (Chondrichthyes) of the world, with a focus on biogeographical diversity [J]. Journal of Fish Biology, 88 (3): 837 –1037.

WHITEHEAD P J P, 1985. FAO species catalogue 7. Clupeoid fishes of the world (suborder Clupeoidei): An annotated and illustrated catalogue of the herrings, sardines, pilchards, sprats, shads anchovies and wolf – herrings [M]. Rome: FAO.

WINSTANLEY T, CLEMENTS K D, 2008. Morphological re – examination and taxonomy of the genus *Macropodus* (Perciformes, Osphronemidae) [J]. Zootaxa, 1908: 1 – 27.

WINTERBOTTOM R, 2002. A redescription of *Cryptocentrus crocatus* Wongratana, a redefinition of *Myersina* Herre (Acanthopterygii; Gobiidae), a key to the species, and comments on relationships [J]. Ichthyological Research, 49 (1): 69 – 75.

WONGRATANA T, 1983. Diagnoses of 24 new species and proposal of a new name for a species of Indo – Pacific Clupeoid fishes [J]. Japanese Journal of Ichthyology, 29 (4): 385 – 407.

WU H W, 1931. Description de deux poisons nouveaux provenant de la chine [J]. Bulletin du Muséum National d'Histoire Naturelle, 3 (2): 219 – 221.

WU H W, 1931. Note sur les poisons marins recueillis par M. Y. Chen sur la cote du Tchekiang, avec synopsis des especes du genere Tridentiger [J]. Sinensia, 1 (11): 165 – 174.

WU H W, 1931. Notes on the fishes from the coast of Foochow region and Min River [J]. Contributions from the Biological Laboratory of the Science Society of China (Zoological Series), 7 (1): 25.

XIA R, DURAND J D, FU C Z, 2016. Multilocus resolution of Mugilidae phylogeny (Teleostei: Mugiliformes): Implications for the family's taxonomy [J]. Molecular Phylogenetics and Evolution (96): 161 –177.

XIAO W H, ZHANG Y P, LIU H Z, 2001. Molecular systematics of Xenocyprinae (Teleostei: Cyprinidae): taxonomy, biogeography, and coevolution of a special group restricted in East Asia [J]. Molecular Phylogenetics and Evolution, 18 (2): 163 – 173.

YAKOGAWA K, SEKI S, 1995. Morphological and genetic differences between Japanese and Chinese sea bass of the genus *Lateolabra* [J]. Japanese Journal of Ichthyology, 41 (4): 437 – 444.

ZHANG J, LI M, XU M, et al, 2007. Molecular phylogeny of icefish Salangidae based on complete mtDNA cytochrome *b* sequences, with comments on estuarine fish evolution [J]. Biological Journal of the Linnean Society (91): 325 – 340.

中 文 名 索 引

学 名 索 引

作者简介

庄 平 男，理学博士，研究员，博士研究生导师，长期从事鱼类资源保护和河口海湾生态学研究，主持国家重点科技项目70余项，获得国家和省部级科技奖励20余项。"新世纪百千万人才工程"国家级人选，享受国务院政府特殊津贴，获得农业部"有突出贡献的中青年专家""上海领军人才"等荣誉称号。现任中国水产科学研究院东海水产研究所所长。